ZigBee 技术及应用

瞿 雷 刘盛德 胡咸斌 编著

北京航空航天大学出版社

内 容 简 介

围绕 ZigBee 技术的理论和应用作较全面的介绍。在简要介绍无线组网通信技术的基础上，第 2 章详细介绍了 ZigBee 协议栈的基础——IEEE 802.15.4 无线个域网协议；第 3 章对 ZigBee 协议规范 1.0 版本进行了阐述。从第 4 章开始，分别介绍基于单片 RF 收发器和 SoC 方式的一些典型 ZigBee 技术实现平台，主要产品有 Freescale 公司的 MC13192/MC13193，Chipcon 公司（已被 TI 公司收购）的 CC2420、CC2430 和 Ember 公司的 EM250，对其芯片的特性、功能和应用等进行了描述。第 8 章介绍 MC13192 的一个应用实例；第 9 章是 CC2420 ZigBee DK 开发套件的介绍。

本书可作为工程技术人员使用 ZigBee 技术进行开发的指南，也可作为大学高年级学生或研究生学习 ZigBee 技术及在单片机与嵌入式系统教学、实验和开发中的参考资料。

图书在版编目(CIP)数据

ZigBee技术及应用/瞿雷，刘盛德，胡咸斌编著．—北京：北京航空航天大学出版社，2007.9

ISBN 978-7-81124-218-8

Ⅰ．Z…　Ⅱ．①瞿…②刘…③胡…　Ⅲ．无线电通信—通信网　Ⅳ．TN92

中国版本图书馆 CIP 数据核字(2007)第 107064 号

ZigBee 技术及应用

瞿　雷　刘盛德　胡咸斌　编著

责任编辑　史　东　芦潇静

*

北京航空航天大学出版社出版发行

北京市海淀区学院路 37 号(100083)　发行部电话:(010)82317024　传真:(010)82328026

http://www.buaapress.com.cn　E-mail:bhpress@263.net

涿州市新华印刷有限公司印装　各地书店经销

*

开本:787×1092　1/16　印张:38　字数:973 千字

2007 年 9 月第 1 版　2007 年 9 月第 1 次印刷　印数:5 000 册

ISBN 978-7-81124-218-8　　定价:62.00 元

前 言

多年来，无线通信业一直致力于高速宽带无线通信技术的研究和开发，高速无线通信技术和产品层出不穷，且速率越来越高，距离越来越远；市场的导向使人们对高速无线通信技术更加“偏爱”，而低速无线通信领域却受到了一些冷遇。然而，无线通信应用是多领域、广范围的，在很多应用场合，如工业控制、无线监测、无线传感器网络、家居无线监控等，并不需要太高的通信速率，而是在成本、功耗、体积、可靠性等方面有着更苛刻的要求。随着泛在网络设想和普适计算理念的提出，无所不在的无线通信需求变得越来越迫切，低速、近距离的无线通信技术和产品同样有着广阔的市场前景。近年来，很多公司和组织投入到这一领域，新的技术和产品层出不穷。正是在这样一个无线通信技术快速发展的时代，ZigBee 技术应运而生。

2000 年 12 月，IEEE 成立了 802.15.4 工作组，负责低速无线个域网（LR-WPAN）的物理层和 MAC 层协议的研究和制定；2003 年，工作组正式发布了低功耗、低速率的无线网络通信协议 IEEE 802.15.4。2002 年 8 月，由英国 Invensys 公司、日本三菱电气公司、美国 Motorola 公司和荷兰 Philips 公司共同发起成立了 ZigBee 联盟，致力于以 IEEE 802.15.4 MAC 和物理层协议为基础，进行 ZigBee 技术的网络层和高层应用规范的制定、设备测试和市场推广工作，实现各家产品的相互兼容，以期与其他类似无线通信产品相抗衡并迅速拓展在这一领域的市场。ZigBee 联盟的成立，为 ZigBee 的发展奠定了坚实的基础，创造了良好的条件。这种以标准化的开放技术架构为基础的产品，正迎合了市场的需要，符合当今全球技术发展的潮流。如今，ZigBee 联盟已经吸引了全世界上百家芯片制造商、无线设备商和开发商的加盟；符合ZigBee规范的新产品在不断推出，这一领域正迸发出勃勃生机。

什么是ZigBee？有人会说，ZigBee就是一种近程的无线个域网技术；也有人说，它是无线传感器网络技术。我们认为，这些说法已是片面之词。虽说无线传感器网络是ZigBee技术一个潜在的、巨大的应用方向，ZigBee技术的基础也架构在IEEE 802.15.4无线个域网协议之上；但由于市场的推动和技术的拓展，ZigBee的应用范围远不止于此。无线Mesh技术与ZigBee技术的结合，构造了结构灵活、易于扩展的自组织网络拓扑，使得ZigBee的应用完全打破了个域网的应用范畴，延伸到了更广阔的应用空间。

出于对ZigBee技术的共同兴趣，我们合作编写了此书。瞿雷负责第1章和第7～9章的编写工作；胡咸斌负责第2章和第3章的编写工作；刘盛德负责第4～6章的编写工作。全书由瞿雷和刘盛德策划，最后由瞿雷统稿。本书相关章节以主要参考资料和芯片生产厂家的数据手册为基础，进行了全面的融会贯通和重新构思，也从中汲取了许多有益的内容。另外，孙玉才和益晓新教授、潘焱副教授也对此书的编写提出了许多有益的见解。在此对所有帮助过我们的人表示衷心的感谢。

由于水平有限，加之时间仓促，书中难免有疏漏和错误之处，敬请读者不吝赐教。如果本书能够缩短读者对ZigBee技术的了解和入门的时间，能够对研发ZigBee设备的读者提供一些参考，能够对推动我国ZigBee技术的发展有一点点帮助，都将是对我们最大的肯定和鼓励。

作　者

2007年3月于南京

目 录

第1章 ZigBee技术概述

1.1 引　言

20世纪六七十年代，计算资源（或称为“计算机”）都放在计算中心，那时计算机的体积庞大，只有很少一些专业人员和科学家使用；而刚出现的网络雏形，少得可怜的协议支持简单的数据交换和共享。到了80年代，个人电脑技术取得了巨大的革命性的突破，导致计算资源的迅速普及，不仅体积功耗更小，而且计算能力呈几何级数递增；计算机借助网络通信，实现资源共享、信息互通的能力也得到快速发展。从90年代开始，随着无线电话，尤其是蜂窝移动通信技术的诞生和普及，无线数据通信技术也经历了从萌芽到蓬勃发展的过程；而随着半导体芯片技术的飞速发展，微处理器或者说单片机一类的微控制器，嵌入到各种电子设备之中，使得控制无所不在。于是，科学家和技术的创新者们就在思考这样一个问题，在日益增加的计算密度下，能否通过既经济又便捷的无线方式，把相关联的控制或者说计算连接起来，达到信息的汇集、交换目的，以形成新的应用和拓展服务。

在1999年，IBM创造性地提出了“普适计算（Ubiquitous Computing）”的概念，让人们第一次畅想网络无处不在的前景；在人和环境融为一体的模式下，能够在任何时间、任何地点，以任何方式进行信息的获取与处理。而今，随着计算机技术、通信技术、网络技术和相关电子技术的进步，让这一预想已有机会得以实现。尤其近几年来，随着各种无线组网通信技术的迅速发展，在办公室、在家庭居室、在工业现场、在城市街道，甚至在一望无垠的田野和广袤的山川，到处都有无线通信的身影。下面描绘一下现在和不久的将来，可能出现的几种场景。

(1) 在家庭居室

各种无线网络技术发挥着作用。家中的多媒体娱乐中心，通过蓝牙适配器将主设备输出的HiFi音频由DSP压缩成MP3格式，再发射出去，用户可以在家庭音箱设置接收端或用无线耳机收听音乐；通过UWB超宽带技术将机顶盒、DVD、超清晰电视、音响连接起来，为用户提供一种“随时、随地，使用任一设备访问和欣赏任何内容”的全新体验。通过家庭无线网关，可以在书房、在卧室随意通过无线方式上网。在窗户和门上安置的传感器以无线方式随时向安防控制计算机报告“警报”/“正常”信息：当出差在外时，可以通过因特网远程访问家中的安防控制计算机获知情况（而在几年前，只有像博物馆这些地方才可能享有这种安全级别）；如果是在家中，传感器能够监控每间房子里的温/湿度和光线亮度情况，然后把数据发送给中央控制器，控制器根据光亮度及房间里是否有人，决定是否放下遮光窗帘，是否打开和调节灯光亮度，同时控制空调系统，既节能又快速地把房间维持在一个合适的温湿度和光亮度环境，而这一切都是自动完成的。

(2) 在办公室

在办公室，不仅桌上的电脑显示屏、键盘、鼠标与主机之间不再有乱七八糟的连接线，而且与同事间的电脑、打印机、复印机、传真机、投影仪的连接线都已不见了，各种设备只需要一个无线的HUB就完成了所有的网络连接，十分方便。如果课题小组需要到会议室进行讨论，所有小组成员只需带着自己的移动终端前来，讨论文件也不必一一打印，甚至也不再需要投影仪；只是借助电脑上的可重新配置上/下文敏感中间件和无线网卡，就可自动感知、动态组成一个临时网络，主持人通过自己的移动终端设备向每个参会者发送文件，并以电子白板动态显示讨论文件的内容。

(3) 在车间

由于传统有线网络本身的局限性，许多特殊环境下的网络覆盖和网络支持是个难题。比如在某些工业现场，一些工业环境禁止或限制使用电缆，而在其他一些特殊场合又要求把电缆完全屏蔽起来，以有效防止来自其他工业设施或控制设备的干扰；更有一些高速旋转的设备根本无法通过电缆来传输数据信息。此时，无线通信网技术却能有效地提供对这些问题的解决方案。通过无线传感器网络，机器对机器之间进行通信，报告它们的状况，监控生产环境，协调设备间动作，实现流水线运转，彼此之间无需人工干预，在进行预编程决策后由设备自动完成。

(4) 在城市街道

当你在街头漫步时，一幅商品广告看得让你心动，这时你只需拿出手机，对准广告的RFID标签，通过无线读取即刻在手机上显示出商品的功能、性能、价格和订购办法等详细信息，一目了然。假如愿意，马上输入自己的银行账户和密码，几次按键之后，便可轻松完成网上订购过程；回家之后，新款商品已经运到家门口。

(5) 面对突发事故

无所不在的网络提供了任何时间、任何地点的信息访问服务，一辆配备无线定位系统的急救车，根据交警报告准确定位突发事故现场所在位置，车载交通感知系统利用无线网络实时获取交通信息，驾驶员以最佳路线并绕过塞车的繁忙街区，迅速到达事故现场。在现场急救过程中，便携式设备及时监测、获取病人的脉搏、血压、呼吸等数据，并通过病人随身佩戴的RFID标签获知并确认病人身份，用无线网络访问分布式的医疗服务系统，下载有关既往病历数据等信息。这种通过基于移动设备和无线网络实现远程医疗诊断、监护和医疗数据库访问的系统，为现场抢救病人的医生及时提供辅助诊断信息，极大地节省了时间，提高了施治效率。

(6) 在田野

地下埋设的传感器定时检查土壤的温度、湿度、光照强度等，并通过田地里敷设的无线传感器网络及时汇集大片田地的各种数据；通过中央控制室，在需要时打开喷洒或滴灌装置，及时为庄稼浇水、施肥，实行自动化的田间管理。

(7) 在山林

挂在树上、埋在地里的传感器，随时监控林中的火情、山洪和可能的塌方，甚至是林木的病虫灾害；相邻的传感器通过无线网络不仅汇集数据、消除干扰，而且通过多跳的接力通信，将远方山林中的信息传递到林场的中央监控室。林场管理员在办公室即可轻松自如地管理大片林区，及时、准确、安全，又省心、省力。

1.2 无线组网通信

无线接入已成为有线接入的有效支持、补充和延伸，是快速、灵活装备与实现普遍服务的重要途径；而近年来无线组网通信发展迅速的重要原因，不仅是由于技术已达到可驾驭和可实现的高度，更是因为人们对信息随时随地获取和交换的迫切需要，从而要求各种通信技术发展的终极目标即是“无处不在”。这也是许多国家和地区都在计划开展的一项称之为“泛在网络(Ubiquitous Network)”计划的目标：希望通过各种不同通信技术的结合，构建在任何时间、任何地点都能传递任何所需信息的环境，为人们的日常生活带来更多安全与便利。泛在网络的构建，将对人们日常生活中的医疗监护、食品安全、居家生活、社会服务与流通管理等各个层面产生影响，当然也为工业现场及军事应用带来巨大的变化和深远影响。

泛在网络的实现，采用一两种无线技术是不可能办到的。它需要将包括 WLAN(Wi-Fi)、WMAN(WiMAX)、GSM/CDMA、GPRS、3G、WPAN(Bluetooth、ZigBee、UWB)等在内的不同领域的通信技术相互组合、交错应用、互为补充，构建一个包括宏大区、大区、小区、微小区、微微小区、移动、半移动、便携及固定等多种无线通信和接入模式，可有效覆盖三维物理空间的任何角落，并能有效地在任何时间连接至任何用户和设备。

一般认为，WPAN 连接距离多在 10 m 左右，远至 100 m 左右；而无线局域网 WLAN 的连接距离多为一百多米至数千米。尽管本书只介绍 WPAN 通信技术中的一种——ZigBee 无线组网通信技术，但仍有必要将上述几种典型无线通信技术的特点作一个简要汇总，以使读者对无线组网通信有比较全面的了解。

1.3 几种近距离无线通信技术

(1) Wi-Fi(IEEE802.11)

Wi-Fi(Wireless Fidelity)即 IEEE802.11x，其最初规范是在 1997 年提出的。作为目前 WLAN 的主要技术标准，目的是提供无线局域网的接入，可实现几 Mbps 至几十 Mbps 的无线接入。WLAN 最大的特点是便携性，解决了用户“最后 100 m”的通信需求，主要用于解决办公室无线局域网和校园网中用户与用户终端的无线接入。IEEE802.11 流行的几个版本包括：802.11a，在 5.8 GHz 频段最高速率为 54 Mbps；802.11b，在 2.4 GHz 频段速率为1 Mbps～11 Mbps；802.11g，在 2.4 GHz 频段与 802.11b 兼容，最高速率亦可达到 54 Mbps。Wi-Fi 规定了协议的物理(PHY)层和媒体接入控制(MAC)层，并依赖 TCP/IP 作为网络层。由于其优异的带宽是以较高的功耗为代价的，因此大多数便携 Wi-Fi 装置都需要较高的电能储备，这限制了它在工业场合的推广和应用。

(2) 无线城域网 WiMax

WiMax 亦常被称为“IEEE Wireless MAN”，其基本目标是提供一种在城域网一点对多点的多厂商设备环境下，可有效进行互操作的宽带无线接入手段。WiMax 可实现 74.81 Mbps 的最大传输速度，这个速度是 3G 所能提供的宽带速度的 30 倍，主要解决用户“最后 1 km”的通信需求。作为一种无线城域网技术，它可以将 Wi-Fi 热点连接到互联网，也可作为数字用户线 DSL 等有线接入方式的无线扩展，实现最后 1 km 的宽带接入。WiMax 最大可为 50 km 线性区域内的用户提供服务，用户无需线缆即可与基站建立宽带连接，是极具发展潜力的一种无线接入技术。

(3) 超宽带通信 UWB

超宽带技术 UWB(Ultra WideBand)是一种无线载波通信技术。它不采用正弦载波，而是利用纳秒级的非正弦波窄脉冲传输数据，因此其所占的频谱范围很宽。UWB 可在非常宽的带宽上传输信号，美国 FCC 对 UWB 的规定为：在 3.1～10.6 GHz 频段中占用 500 MHz 以上的带宽。由于 UWB 可以利用低功耗、低复杂度发射/接收机实现高速数据传输,因此在近年来得到了迅速发展。它在非常宽的频谱范围内,采用低功率脉冲传送数据而不会对常规窄带无线通信系统造成大的干扰,并可充分利用频谱资源。尤其适用于室内等密集多径场所的高速无线接入,非常适于建立一个高效的无线局域网或无线个域网(WPAN)。UWB 最具特色的应用将是视频消费娱乐方面的无线个域网(PAN)。与其他传统的无线通信技术相比较,UWB 传输速率高,通信距离短,平均发射功率低,多径分辨率极高,适合于便携型应用。

(4) 近场通信 NFC

NFC(Near Field Communication,近距离无线传输)是由 Philips、Nokia 和 Sony 公司主推的一种类似于 RFID(非接触式射频识别)的短距离无线通信技术标准。与 RFID 不同,NFC 采用了双向的识别和连接技术,在 20 cm 距离内工作于 13.56 MHz 频率。NFC 最初仅仅是遥控识别和网络技术的合并,但现在已发展成无线连接技术。它能快速自动地建立无线网络,为蜂窝、蓝牙或 Wi-Fi 设备提供一个“虚拟连接”,使设备间可以在很短距离内进行通信。通过 NFC,可实现多个设备(如数码相机、PDA、机顶盒、电脑、手机等)之间的无线互连,彼此交换数据或服务。与蓝牙等短距离无线通信标准不同的是,NFC 的作用距离进一步缩短且不像蓝牙那样需要有对应的加密设备。

(5) 蓝　牙

蓝牙(Bluetooth)工作在 2.4 GHz 的频段,最早是爱立信公司在 1994 年开始研究的一种能使手机与其附件(如耳机)之间互相通信的无线模块,采用 FHSS 扩频方式,蓝牙信道带宽为1 MHz,异步非对称连接最高数据速率为 723.2 kbps;连接距离一般小于 10 m。蓝牙被归入了 IEEE802.15.1,规定了包括 PHY、MAC、网络和应用层等集成协议栈。为对语音和特定网络提供支持,需要协议栈提供 250 KB 系统开销,从而增加了系统成本和集成复杂性。此外,由于蓝牙对每个微微网最多只能配置 7 个节点,因此制约了其在大型传感器网络中的应用。目前,新的蓝牙标准和技术也在加强速率和距离方面的研究,其 2.0 版拟支持高达 10 Mbps 以上的速率,使用蓝牙技术的无线电收发器的连接距离可达 10 m,使用高增益天线可以将有效通信范围扩展到 100 m。鉴于蓝牙在睡眠状况下消耗的电流及激活延迟,一般电池使用寿命为2～4个月。由于蓝牙的上述特性,使得它可以应用于无线设备、图像处理设备、智能卡、身份识别等安全产品,以及娱乐消费、家用电器、医疗健身和建筑等领域。

(6) 红外线数据通信 IrDA

IrDA 是一种利用红外线进行点对点通信的技术。IrDA 标准的无线设备传输速率已从 115.2 kbps 逐步发展到 4 Mbps、16 Mbps。目前,支持它的软硬件技术都很成熟,在小型移动设备(如 PDA、手机、笔记本电脑)上已被广泛使用。它具有移动通信所需的体积小、功耗低、连接方便、简单易用、成本低的特点。由于 IrDA 只能同时在 2 台设备之间连接,并且存在有视距角度等问题,因此一般不会用于工业网络上。

(7) ZigBee

ZigBee 技术是最近发展起来的一种近距离无线通信技术,它功耗低、成本低、易应用,以 2.4 GHz 为主要频段,采用扩频技术。ZigBee 被业界认为是最有可能应用在工业监控、传感器网络、家庭监控、安全系统等领域的无线技术。

1.4 ZigBee 是什么

简言之，ZigBee 就是一种便宜的、低功耗的近距离无线组网通信技术。

"ZigBee"一词源自蜜蜂群在发现花粉位置时，通过跳 ZigZag 形舞蹈来告知同伴，传递所发现新食物源的位置、距离和方向等信息。可以说，是一种小的动物通过简捷的方式实现"无线"的沟通，人们借此来称呼一种专注于低功耗、低成本、低复杂度、低速率的近程无线网络通信技术。ZigBee 早期也曾被称过"HomeRF Lite"、"RF - EasyLink"或"FireFly"无线通信技术，目前统一称之为"ZigBee 技术"。

如前所述，近年来在无线个域网 WPAN 技术领域，各种标准的技术在竞相发展，而这些不同技术的产品之间既有竞争又相互补充。ZigBee 正是在这种无线技术蓬勃发展的环境中应运而生的。不同于其他一些通信技术，它不去追求高速率、远距离；而是针对特定的在智能家庭、智能建筑、工业自动化以及医疗领域的某些特定控制应用需求，锁定只以几十 kbps 的速率、几 m～几十 m 的距离实现无线组网通信的能力，在这样的关键指标条件下，再确定出其他技术要求——微功耗、低复杂度，进而低价格，从此诞生了一种新的无线通信技术——ZigBee。在其他无线通信技术不断追求高速率、远距离的今天，ZigBee 却向着低速率、近距离的方向迈进，其目的就是为了大幅降低无线终端的成本及功耗。因为只有这样，才能达到其"无所不在"的目的。

形象化地描述 ZigBee：它是一种简单的东西，其核心是多信道无线通信装置和微控制器，它们都被集成在一两块半导体芯片上，封装在如同小指甲盖大小的塑料制品里面。使用 ZigBee技术实现的产品，一般采用廉价的 8 位微处理器，将无线射频收发模块集成在一块芯片上，外围接上几个阻容和晶振等器件，再连接一些 A/D、D/A、I/O 接口及控制电路(甚至这些电路也已集成到芯片中)，即组成了诸如各种智能控制节点、无线传感器网络节点的核心控制模块。当然，只有这些硬件电路还是远远不够的，还需要在其上加载合适的无线通信软件(协议栈)和控制程序，才能组成完整的控制模块。为此，现在也把这类带有 ZigBee 协议栈及无线收发模块的单片机称为"无线单片机"，就是这个道理。

ZigBee 技术从诞生到现在只有几年的时间。它是在 2002 年由英国 Invensys、日本三菱电气、美国 Motorola、荷兰 Philips 等几家公司宣布成立 ZigBee 联盟，合力推动 ZigBee 技术的。到了 2004 年底，ZigBee 1.0 版标准正式公布。2004 年底到 2006 年不到两年时间，ZigBee 联盟已经由最初的十多家公司发展到有全世界 150 多家知名厂商加盟的商业团体。在众多厂商的追捧之下，ZigBee 技术正呈现出蓬勃的发展态势。

当然，目前市场上也还有多种不同于 ZigBee 技术的其他近距离无线组网通信技术，如芯片及软件开发商 Zensys 日前与另外多家公司一起组建了一个新的联盟——Z - Wave 联盟，以推动在家庭自动化领域采用 Zensys 的 Z - Wave 无线协议。另外，还有其他一些以公司自有专利技术为核心的非标准化的无线通信产品；但 ZigBee 已是被国际标准组织承认的标准化的无线组网通信技术，对那些 ZigBee 的竞争对手来说，这是它的强势所在。

那么，采用标准化的无线组网通信技术 ZigBee 又有什么好处和优势呢？

首先，各种不同功能的无线网络节点要能相互交流、相互沟通，就需要保证网络节点的互通性，即网络的标准化。举例而言，设想未来家居中各种家电都装有无线功能，汇集成一个互通的无线网络，冰箱可能是日本的，电视是中国造，烟雾报警器可能来自美国，所有的家电通过无线汇集到家庭网关，必须要相互认识，才可以进行无线数据通信，这就需要有一个所有制造厂家都遵循的标准，而ZigBee正是一个专门针对这类应用的国际标准。

其次，各种功能的无线网络节点可以像一个星状连接，也可以像一个葡萄串一样串在一起；还可以像一张大网一样相互连接，相互间可以在任意节点间进行通信。这就需要管理越来越复杂的无线网络，需要有大量的软件代码来实现，也需要对无线通信技术的精通和大量的人力物力投入来进行开发，决非哪家公司可以独自包揽，自己来完成的。所以ZigBee网络实现的代码，都是由国际标准组织和ZigBee联盟这样的机构协助组织完成的，然后以软件库、源代码库的方式提供给产品设计人员，由产品设计人员编写自己的应用程序进行高层调用，实现从底层无线通信到高层应用软件控制的全过程。这样一来，产品的部分设计被标准化，显著减小了产品设计人员的工作量，有利于缩短产品上市周期。

可以这样说，按照ZigBee标准设计生产出来的监测和控制产品，与那些使用其他无线标准（如蓝牙和Wi-Fi）的产品相比，安装更容易，功耗更低；特别是在处理远程检测及控制系统中，其区别更加明显。因为ZigBee可以实现使用廉价的电池就能够连续工作多年的无线Mesh网络，这项技术成为了昂贵的有线连接系统的替代方案。这种基于标准的低功率技术特别适合楼宇自动化、成套照明、通风及自动调温系统，降低工业控制和传感器应用的安装和使用维护成本。

1.5 ZigBee能干什么

一句话，ZigBee有可能应用于几乎所有行业的低数据速率的无线通信。从ZigBee联盟和一些主流厂商的推介来看，更看好在无线传感器网络、家庭自动化、遥测遥控、汽车自动化、农业自动化和医疗护理等方面的应用。

（1）智能家居

尽管智能家居概念已提出多年，但由于相应的通信技术及应用方面的发展速度缓慢，一直没有走向实用化。随着ZigBee技术的出现，智能家居可能在未来的二三年内加速走入人们的生活。ZigBee模块可安装在电视、灯泡、遥控器、儿童玩具、游戏机、门禁系统、空调系统和其他家电产品中，实现家居的照明、温/湿度、安全和电气智能控制。例如：在灯泡中安装ZigBee模块，当人们要开灯时，不需要走到墙壁开关处，直接通过遥控便可实现；当你打开电视机时，灯光会自动减弱；当电话铃响你拿起话机准备通话时，电视机会自动静音。通过ZigBee终端设备还可以收集家居的各种信息，传送到中央控制设备；或是通过遥控达到远程控制的目的，提供家居生活自动化、网络化与智能化。通过ZigBee网络，人们可以远程控制家里的电器、门窗，查看安保系统信息等。例如，回家前预先开启家里的空调；下雨时遥控关闭门窗；家中有非法入侵者时，及时得到安保系统的通知；及时方便地采集水、电、燃气的用量。总之，只需一个ZigBee遥控器，就可控制所有的家电设备（不会再有茶几上横七竖八摆放各种遥控器的情况）。

（2）工业应用

通过ZigBee网络自动收集厂区各种设备信息，并将信息送达中央控制系统进行数据处理与分析，以掌握工厂的整体信息。例如，人们可以通过ZigBee网络实现厂房内不同区域温/湿度的监控、照明系统感测;及时得到机器运转状况信息进行生产线流程控制等;结合 RFID 标签,可以及时统计库零配件存量等,这些都可由 ZigBee 网络提供相关信息,达到工业控制和环境监测的目的。当然,目前工厂内已有大量的有线控制系统,但“以 ZigBee 为基础的系统可以对控制系统和自动化的成本削减 50%以上,单单取消管道、线缆和人工的使用这一项就能削减高达 80%的安装成本”,这些是不容忽视的。

(3) 智能交通

沿着街道、高速公路及其他地方布置大量 ZigBee 节点设备,人们就不会再担心迷路。安装在汽车里的导航显示器会告知当前所处的位置,正向何处去。全球定位系统(GPS)也能提供类似服务,但是这种新的分布式系统能够提供更精确、更具体的信息。即使在 GPS 覆盖不到的楼内或隧道内,仍能继续使用 ZigBee 系统。从 ZigBee 无线网络能够得到比 GPS 更多的信息,如限速,街道是单行线还是双行线,前面每条街的交通情况或事故信息等。使用这种系统,还可以跟踪公共交通情况,适时地赶上下一班车,而不至于在寒风中或烈日下在车站等上数十分钟。

(4) 智能建筑

通过 ZigBee 网络,智能建筑可以感知大楼内随处可能发生的火灾隐情,及早提供相关信息;根据人员分布情况自动控制中央空调,实现能源的节约;及时掌握楼内人员的出入信息,以便有突发事件时及时、准确地发出通知。在机场,携带具有 ZigBee 功能手机的乘客,通过机场候机厅内布建的 ZigBee 网络,可以随时随地得到导航信息,如登机口位置和航班变动情况,甚至附近有什么商店等等。

(5) 医院应用

在医院,ZigBee 网络可以帮助医生及时、准确地收集急诊病人的信息和检查结果,快速准确地作出诊断。携带 ZigBee 终端的患者不论走到哪里,都可以被 24 小时监控体温、脉搏等;而配有 ZigBee 终端的担架,可以直接遥控电梯门的开关。时间就是生命,ZigBee 网络可以帮助医生和患者争取每一秒的时间。

1.6　ZigBee 的主要特性

ZigBee 显著的特点就是低速率、低功耗、低成本、自配置和灵活的网络拓扑结构。

(1) 低速率

ZigBee 根据不同的工作频段,其数据传输速率会有所不同,但都处于较低的速率。在 2.4 GHz 频段,有 16 个速率为 250 kbps (或 62.5 ksymbol/s)的信道;在 915 MHz 频段,有 10 个 40 kbps(或 40 ksymbol/s)的信道;在 868 MHz 频段,有 1 个 20 kbps (或 20 ksymbol/s)的信道。从能量消耗和成本、效率来看,不同的数据速率能为不同的应用提供较好的选择。例如,对于有些计算机外围设备与互动式玩具,可能需要 250 kbps 的传输速率;而对于其他许多应用,如各种传感器、智能测控、智能标记和家用电器等,20 kbps 这样的低速率就能满足要求。

(2) 低功耗

在工作模式下,由于 ZigBee 技术的传输速率低,传输数据量很小,因此信号的收/发时间短;而在非工作模式时,ZigBee 节点又处于休眠模式。加之设备的搜索、休眠激活和信道接入时延都很短,使得 ZigBee 节点非常省电。一般 ZigBee 节点的电池工作时间可以长达 6～24 个月。此外,电池的工作时间还取决于很多因素,如电池种类、容量和应用场合等,ZigBee 技术在协议中对电池的使用也作了优化。对于典型应用,碱性电池有可能达到数年;对于某些工作时间和总时间(工作时间+休眠时间)之比小于 1%的情况,电池的寿命甚至可以超过 10 年。

(3) 低成本

由于 ZigBee 协议栈相对于蓝牙、Wi-Fi 要简单得多(不到蓝牙的 1/10),降低了对通信控制器的要求,因此可以采用 8 位单片机和规模很小的存储器,大大降低了器件成本。预计 ZigBee 模块初期成本在几十元左右,广泛应用后可降到 10～20 元;且由于 ZigBee 协议免专利费用,因此可进一步降低软件的应用费用。

(4) 短时延

ZigBee 的通信时延以及从休眠状态激活的时延都非常短。典型的搜索设备时延为 30 ms,休眠激活的时延是 15 ms,活动设备信道接入的时延为 15 ms,因此 ZigBee 技术适用于对时延要求苛刻的无线控制(如工业控制场合等)应用。

(5) 免许可无线通信频段

ZigBee 采用的物理、MAC 层协议是 IEEE 802.15.4,而它正是工作在 2.4 GHz 或 868/915 MHz 的工业科学医疗(ISM)频段,对全球 2.4 GHz 频段均免许可使用,868 MHz 在欧洲,915 MHz 则在北美被免许可使用。在 ISM 频段工作不仅免除了 ZigBee 器件的频率使用限制,而且还为许多公司提供了开发可以工作在世界任何地方的标准化产品的难得机会。

(6) 多种组网方式

ZigBee 网络可通过网络协调器组成星状、树状、网状等多种组网方式。组网方式灵活,并可通过节点设备的加入和退出使网络呈现动态变化的特点。

(7) 近距离通信

由于低功耗的特点,ZigBee 设备的发射功率较小。一般相近的两个 ZigBee 节点间的通信距离在 10～100 m 内,在加大无线发射功率后,也可增加到 1～3 km;但通过相邻节点的接续通信传输,建立起 ZigBee 设备的多跳通信链路,还可使 ZigBee 的实际通信距离大幅度增加。

(8) 可靠数据传输

ZigBee 的媒体接入控制层(MAC 层)采用 CSMA/CA 接入算法,同时为需要固定带宽的通信业务预留了专用时隙,避开了发送数据的竞争和冲突。MAC 层支持确认的数据传输模式,要求每个发送的数据包都必须等待接收方的确认信息,如果传输过程中出现问题可以进行重发,从而建立起可靠的数据通信模式。

(9) 大容量网络

ZigBee 低速率、低功耗和短距离传输的特点使它非常适宜支持简单器件。ZigBee 设备可以按 3 种方式工作,分别为个域网协调器、路由器和终端设备。一个 ZigBee 的网络最多可包括 255 个 ZigBee 网络节点,其中一个是主控设备,其余则是从属设备。若是通过网络协调器,整个网络最多可以支持超过 64 000 个 ZigBee 网络节点,再加上各个网络协调器可互相连接,整个 ZigBee 网络节点的数目将非常可观,十分符合大面积传感器网络的布建需求。

(10) 自配置

在可通信的距离内,ZigBee 通过网络协调器自动建立网络,采用载波侦听/冲突检测(CSMA-CA)方式进行信道接入;对节点设备可随时加入和退出,是一种自配置、自组织的组网模式。

(11) 三级安全模式

ZigBee 提供了基于循环冗余校验(CRC)的数据包完整性校验,支持鉴权和认证,并在数据传输中提供了三级安全处理。第一级是无安全方式:对于某种应用,如果安全并不重要或者上层已经提供足够的安全保护,设备就可以选择这种方式来转移数据。第二级安全处理:设备可以使用接入控制列表(ACL)来防止非法设备获取数据,在这一级不采取加密措施。第三级安全处理:在数据传输中采用属于高级加密标准(AES-128)的对称密码,AES 可以用来保护数据净荷和防止攻击者冒充合法设备。不同的应用可以灵活确定其安全属性。

1.7 ZigBee 产品示例

目前市场上已有多家公司提供 ZigBee 产品,从芯片级到可直接应用的产品均有。图 1-1 是一种与硬币大小相近的 ZigBee 模块,即 Ember 公司生产的 EM2420。这种 2.4 GHz RF 收发器是一款低成本、高能效集成电路,可应用于低数据速率系统,如工业和楼宇自动化系统、防御与安全系统以及环境监视系统。当将其与一个外部微控制器结合在一起时,EM2420 就符合 IEEE 802.15.4 短距离无线通信标准。Ember 公司可在这一硬件平台上安装与 ZigBee 协议兼容的软件或专有的 EmberNet 软件,构建自组织和自修复的 Mesh 网络。为了方便开发,Ember 公司提供了一种将 EM2420 RF 收发器与 Atmel 8 位 AVR 微控制器集成在一起的通信模块参考设计,包括收发器 RF 部分的印制电路板布局技术;同时,Ember 公司还为 EM2420 提供了完整的开发套件。

Crossbow Technology 公司是最先供应无线传感器网络产品的公司之一,它推出一种能实现低功耗无线传感器网络的遥感模块——MICAz,如图 1-2 所示。MICAz 内含一个符合 IEEE 802.15.4 规范和 ZigBee 规范的 RF 收发器,其工作波段为 2.4~2.4835 GHz ISM 波段。该模块具有 250 kbps 的数据传输速率,提供 -10~0 dBm 的可编程 RF 输出功率;具有 128 位 AES 加密功能和认证功能。MICAz 的 51 个引脚扩展连接器支持模拟输入、数字 I/O、I^2C、SPI 以及 UART 接口。这些接口使得连接各种外部的外围设备非常方便,其中包括 Crossbow Technology 公司的所有传感器板、数据采集板和网关。睡眠模式可使两节 AA 电池的寿命超过 1 年。MICAz 模块在小批量购买时售价约为 1200 元。

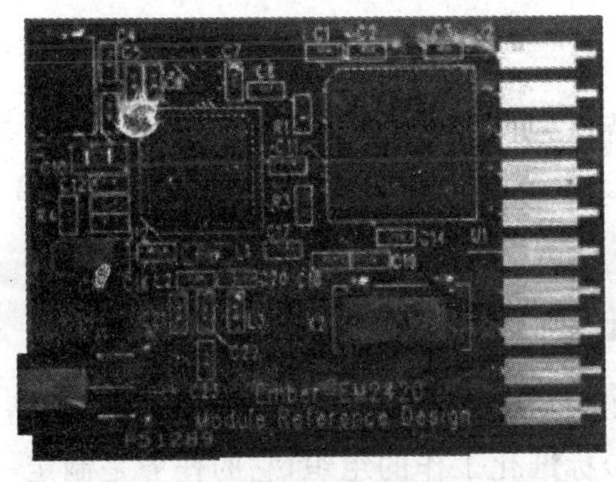

图 1-1 EM2420+AVR 微控制器的 ZigBee 模块

图 1-2 Crossbow Technology 公司的 MICAz 无线通信模块

AVR Z-Link 解决方案如图 1-3 所示，包括 Atmel 公司的超低功率、高灵敏性 2.4 GHz AT86RF230 802.15.4 无线收发设备，超低功率 ATmega1281 或 ATmega2561 AVR 微控制器，以及为 AVR 架构优化的小型完全相容的媒体访问控制（MAC）软体。Z-Link 无线电设备在传输时电流消耗为 17 mA，在接收模式时为 15 mA，而在睡眠模式时为 0.7 μA，为市面上所有 IEEE 802.15.4 无线电设备中功率消耗最低的设备。在每分钟传输一次的实际应用中，Atmel 公司的晶片集使用两节 AA 2700 mA·h 电池，平均每小时消耗电流小于 0.01 mA，从而使得电池寿命能够延长至 5 年以上。

AeroComm 公司作为全球供应商推出了号称无线业界的突破性产品 ZB2430（ZigBee Your Way，ZigBee 任你行）收发器，如图 1-4 所示。它采用 TI 公司符合 IEEE 802.15.4 标准的系统级芯片和 Z 堆栈（Z-Stack）技术，为 OEM 开发制造商提供具有卓越无线性能的产品，在功耗、集成度、作用距离、功能及特性方面均有不俗表现。AeroComm 公司称，该模块的接收器和低功耗模式是市场上现有 ZigBee 模块无法抗衡的。现在有两种输出功率模式可选择：适用于电池供电通信产品的 ZB2430 及长距离通信的 ZB2430-100（100 mW）。它的标准 128 KB 嵌入式闪存便于实现更大型、更复杂的应用。ZB2430 工作在 2.4 GHz ISM 频段，特别适合需要在通用平台将终端产品标准化的 OEM 制造商开发功率有限的工业和商用产品。

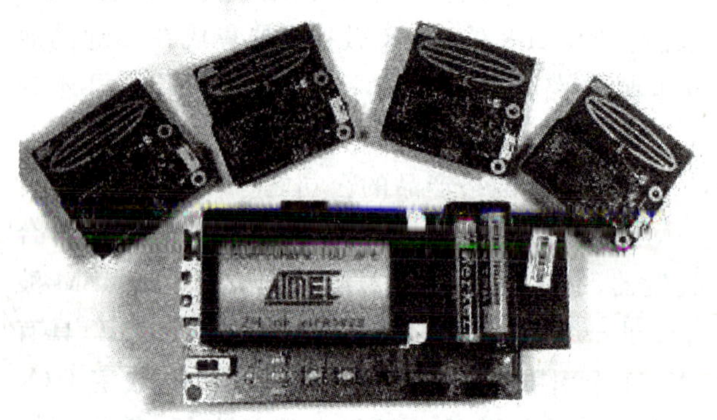

图 1-3　Atmel 公司的超低功耗 ZigBee 模块

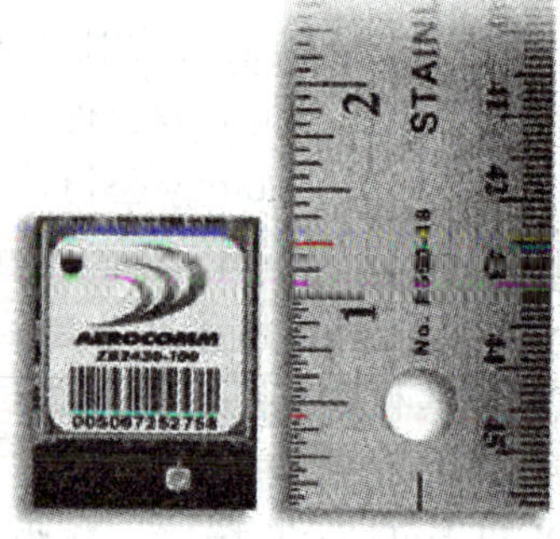

图 1-4　AeroComm 公司的 ZB2430 产品

1.8　ZigBee 基础

前面几节简要介绍了相关无线组网通信技术的特点，初步介绍了 ZigBee 组网通信技术是什么、能干什么，以及几个已推向市场的 ZigBee 产品。本节以介绍 ZigBee 协议为引子，为第 2 章和第 3 章作准备。

1.8.1　低速无线个域网 LR-WPAN 的特点

如前所述，ZigBee 的物理层、MAC 层协议是 IEEE 802.15.4，它属于 LR-WPAN 范畴。IEEE 802.15 工作组是专门从事无线个域网（WPAN）标准化工作的组织，它的任务是制定一套适用于短距离无线通信的标准。目前，IEEE 802.15 工作组已经完成了中速无线个域网标准 IEEE 802.15.1——蓝牙（Bluetooth）、高速无线个域网标准 IEEE 802.15.3——超宽带

(UWB)和低速无线个域网标准 IEEE 802.15.4。低速无线个域网(LR-WPAN)主要为电源能力受限、吞吐量要求较低的无线应用提供简单的低成本网络连接;主要目标是以简单灵活的协议构建一种安装布置简易、数据传输可靠、设备成本极低、能量消耗较小的短距离无线通信网络。IEEE 802.15.4 标准定义的 LR-WPAN 具有以下功能特点:

- 支持 250 kbps、40 kbps、20 kbps 三种速率;
- 支持星状网络结构和点对点对等网络结构;
- 分配 16 位短地址或 64 位扩展地址;
- 支持时隙保证机制,通过预留保证时隙(GTS)提供无竞争媒体访问;
- 竞争期以 CSMA-CA 机制访问媒体;
- 以完全确认的协议保证传输的可靠性;
- 低功耗;
- 能量检测(ED);
- 链路质量指示(LQI);
- 定义了 27 个信道:2450 MHz 频段 16 个信道,915 MHz 频段 10 个信道,868 MHz 频段 1 个信道。

1.8.2 ZigBee 中的设备

ZigBee 是 ZigBee 联盟在 IEEE 802.15.4 定义的物理层(PHY)和媒体访问控制层(MAC)基础之上制定的一种 LR-WPAN 技术规范。对于网络中的设备,IEEE 802.15.4 和 ZigBee 联盟所制定的标准分别有不同的定义方法和规范术语。根据设备功能的不同,IEEE 802.15.4 把网络中的设备分为全功能设备(FFD)和简化功能设备(RFD)。FFD 实现了 IEEE 802.15.4 协议的全集,而 RFD 则根据特定的应用需要只实现了 IEEE 802.15.4 完整协议中的一部分。根据设备在网络中承担任务的不同,个域网(PAN)中的设备可分 PAN 协调器、协调器和一般设备。PAN 协调器是 PAN 网的总控制器,一个 IEEE 802.15.4 网络中只有一个 PAN 协调器,PAN 协调器必须是 FFD。协调器也是 FFD,它通过发送信标提供同步服务,PAN 协调器是一种特殊的协调器。IEEE 802.15.4 网络中除 PAN 协调器和协调器之外的其他设备都是一般设备,它们可以是 FFD,也可以是 RFD。RFD 主要用于非常简单的应用,通常不需要传输大量的数据,往往同一时间只和一个 FFD 关联,所以 RFD 可以用最少的资源和存储容量来实现。一个 FFD 可以和 RFD 通信,也可以和其他的 FFD 通信;而 RFD 只能和 FFD 通信。ZigBee 联盟把 IEEE 802.15.4 中定义的 PAN 协调器、协调器和一般设备分别称作"ZigBee 协调器"、"ZigBee 路由器"和"ZigBee 终端设备"。

1.8.3 ZigBee 网络拓扑

根据不同的应用需求,LR-WPAN 可以构建成星状拓扑和点对点对等拓扑,两种拓扑结构如图 1-5 所示。需要明确的是,无论是星状拓扑还是点对点拓扑,ZigBee 网络都是无基础设施的网络。ZigBee 网络中的 ZigBee 协调器(PAN 协调器)完全不同于 Wi-Fi 网络中的接入点(AP),这里的 ZigBee 协调器是一个起网络控制中心作用的 FFD,它不单为网络控制而存在,还可以有自己的应用。就功能而言,ZigBee 协调器与扮演 ZigBee 路由器和 ZigBee 终端设备角色的 FFD 没有区别,只是根据构建网络的需要,ZigBee 协调器这个 FFD 承担了控制中心的任务。当网络状态发生变化时，其他 FFD 也能承担起 ZigBee 协调器的任务。网络中的每个设备都有一个 64 位扩展地址用于网内直接通信，如果 PAN 协调器为设备分配了 16 位短地址，则设备也可以使用短地址通信。每个 PAN 都有唯一的标识(ID)、有了 PAN 标识，网内设备可以使用短地址通信，并且不同 PAN 之间的设备也可以通信。

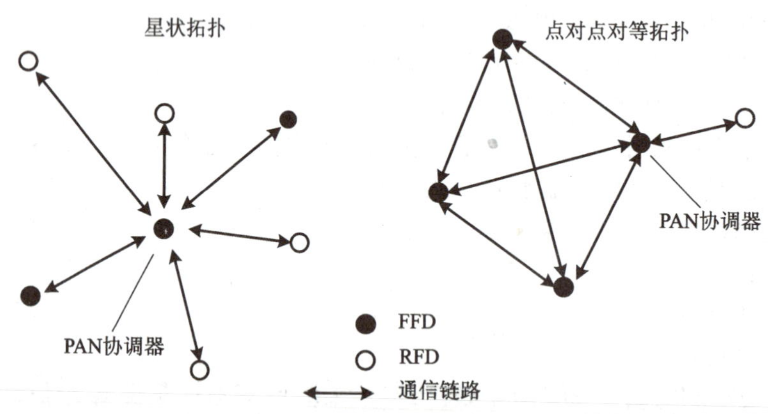

图 1-5　LR-WPAN 的网络拓扑

在星状拓扑中，所有终端设备都与唯一的中央控制设备——PAN 协调器通信，终端设备之间的通信通过 PAN 协调器的转发来完成。终端设备要么是通信的起点，要么是通信的终点。由于 PAN 协调器可以有自己的应用，所以 PAN 协调器可以是通信的起点，可以是通信的终点，也可以是两个设备之间通信的转发设备。在星状网络中，PAN 协调器一般使用持续电力系统供电，而其他设备采用电池供电。星状网络适合家庭自动化、PC 机的外设以及个人健康护理等小范围的室内应用。

点对点对等拓扑网络中，也有一个 PAN 协调器；但与星状网不同的是，对等网络中的任何两个设备只要彼此都在对方的无线辐射有效范围之内，就可以直接通信。所以对等网络可以构建成更复杂的 Mesh 网，适合于工业控制与检测、无线传感网络、仓储库存跟踪和智能农业等设备分布范围较广的应用。点对点对等网络允许通过多跳路由的方式在网络中传输数据，具有自组织、自修复的 Ad-Hoc 组网能力。

构建星状网络时，最先启动的 FFD 自任 PAN 协调器，并选定一个与其覆盖区域内的其他 PAN 不同的标识作为自身的 PAN 标识。一旦指定了 PAN 标识，网络协调器就可以把其他 FFD 和 RFD 加入到网络中。

构建 ZigBee 对等网络时，仍然需要一个 PAN 协调器；不过该网络协调器的功能不再是为其他设备转发数据，而是实现设备注册和访问控制等基本的网络管理功能。对等拓扑允许构造一个庞大的网络，簇树网络就是点对点对等网络的一个特例。在簇树网络中，绝大多数设备是 FFD 设备，而 RFD 设备总是作为簇树的叶设备连接到网络中。任何一个 FFD 都可能成为协调器(ZigBee 路由器)，为其他设备或协调器提供同步服务；但这些协调器中，只有一个成为 PAN 协调器。PAN 协调器通常比网络中的其他设备拥有更多的计算资源。PAN 协调器首先将自己设为簇首(Cluster Header ,CLH)，并将簇标识(Cluster Identifier, CID)设置为 0，形成网络中的第一个簇。PAN 协调器选择一个未被使用的 PAN 标识符，并向其邻近设备广播信标帧。邻近设备收到信标帧后，就可以申请加入该簇。如果 PAN 协调器允许请求设备加入该簇，就把该设备作为子设备加入到 PAN 协调器的邻居列表中。新加入的设备也将簇首作为它的父设备加入到自己的邻居列表中，并且发送周期性的信标帧，以便其他设备加入到网络中来。如果设备未被该簇所接受，则它将搜索新的父设备。

最简单的簇树网络是一个单簇网络，如果多个邻近簇相连成网就可以构成一个更大的网络。PAN 协调器可以指定一个设备成为邻近的一个新簇的簇首，新簇首同样可以指定其他设备成为其相邻簇首，构成一个多簇的对等网络，如图 1-6 所示。图中设备间的连线只表示设备间的父子关系，而不是通信链路。多簇网络结构扩大了网络覆盖范围，但同时增加了消息传递时延和通信开销。为了减少时延和开销，簇首可以选择最远的设备作为相邻簇的簇首，这样可以最大限度地缩小不同簇间消息传递的跳数，达到缩减延迟和降低开销的目的。

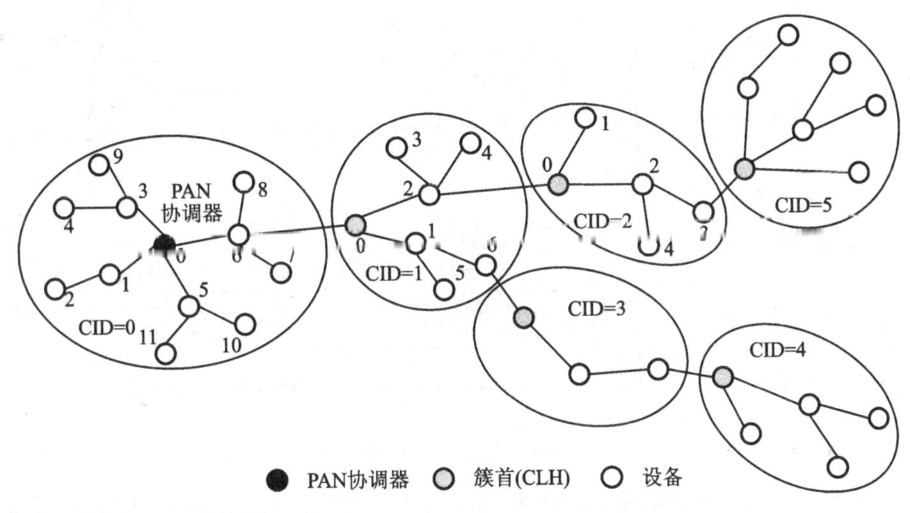

图 1-6　簇树网络

1.8.4　ZigBee 协议架构

ZigBee 的协议架构是建立在 IEEE 802.15.4 标准基础之上的。IEEE 802.15.4 标准定义了ZigBee的物理层(PHY)和媒体访问控制层(MAC)；ZigBee 联盟则定义了 ZigBee 协议的网络层(NWK)、应用层(APL)和安全服务规范。图 1-7 是 ZigBee 协议栈的结构。ZigBee 协议以 OSI 七层参考模型为基础，只定义了其中与 LR-WPAN 应用相关的协议层。

ZigBee 协议栈的每层为其上层提供一套服务功能：数据实体提供数据传输服务，管理实体提供其他的服务。每个服务实体和上层之间的接口称作“服务访问点(SAP)”，通过 SAP 交换一组服务原语为上层提供相关的服务功能。

IEEE 802.15.4 的物理层提供两类服务：物理层数据服务和物理层管理服务。PHY 层功能包括无线收发信机的开启和关闭、能量检测(ED)、链路质量指示(LQI)、信道评估(CCA)和通过物理媒体收发数据包。MAC 层提供 MAC 层数据服务和 MAC 层管理服务，其主要功能包括采用 CSMA/CA 进行信道访问控制、信标帧发送、同步服务和提供 MAC 层可靠传输机制。

ZigBee 网络层提供设备加入/退出网络的机制、帧安全机制、路由发现以及维护机制。ZigBee 协调器的网络层还负责新网络并为新关联的设备分配地址。ZigBee 应用层包括应用

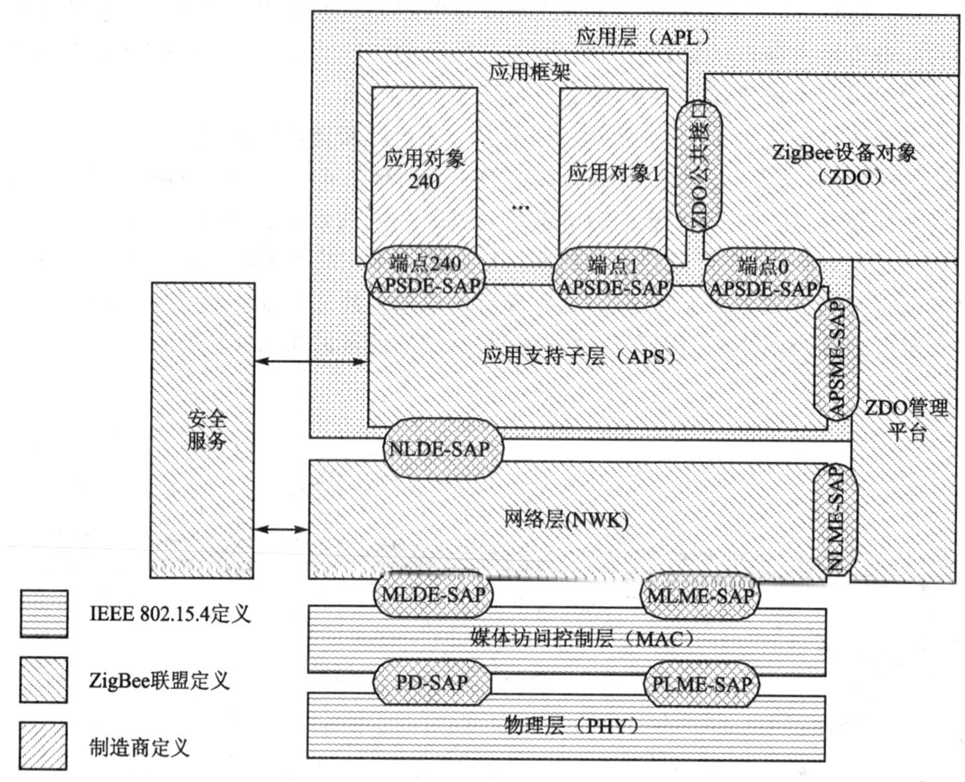

图1-7　ZigBee协议栈结构

支持子层(APS)、ZigBee设备对象(ZDO)和制造商定义的应用对象。APS子层负责维护绑定列表，根据设备的服务和需求对设备进行匹配，并在绑定的设备之间传送信息。ZDO负责发现网络中的设备并明确其提供的应用服务。

1.8.5　服务原语

服务是一个协议层(服务提供者)向其上一层(服务用户)提供的功能，而服务用户的功能是建立在其下一层提供的服务基础之上的。服务是通过服务提供层和服务用户层之间的信息流来描述的，层间信息流是一系列离散的事件，每个事件通过层间SAP发送一个服务原语。服务原语是一个抽象概念，它仅仅指定了实现特定的服务需要传递的信息，而与实现服务的具体方式无关。一种服务包括一个和多个服务原语，原语中的参数用来传递提供服务所要求的信息。OSI/RM规定了4种类型的服务原语：

① 请求(request)。请求原语由服务用户层指向服务提供层(即下一层)，请求启动一项服务。

② 指示(indication)。指示原语由服务提供层指向服务用户层，告知与其相关的服务提供层事件信息。该事件可能与远端服务请求逻辑相关，也可能是服务提供层内部事件。

③ 响应(response)。响应原语由服务用户层指向服务提供层，完成此前指示原语启动的过程。

④ 证实(confirm)。证实原语由服务提供层指向服务用户层，传递此前服务请求的结果。

第 2 章　IEEE 802.15.4 标准

如前所述，作为低速无线个域网(LR－WPAN)技术，ZigBee 协议栈的物理、MAC 层即是 IEEE 802.15.4 协议。为此，本章对其物理层和 MAC 层进行了细致描述。物理层规范，主要从物理层的服务规范、数据格式、常量和属性、物理层技术和通用射频规范等方面进行了介绍。MAC 层规范，主要从 MAC 层的服务规范、帧格式、命令帧、功能描述、安全规范和 MAC－PHY 信息交互流程等方面进行了介绍。为下一章 ZigBee 规范的介绍奠定基础。

2.1　物理层规范

2.1.1　物理层概述

IEEE 802.15.4 物理层主要完成以下几项任务：开启和关闭无线收发信机、能量检测(ED)、链路质量指示(LQI)、空闲信道评估(CCA)、信道选择、数据发送和接收。

IEEE 802.15.4 物理层定义了 868 MHz、915 MHz 和 2.4 GHz 三个频段。这些频段上所采用的调制和扩频技术参数可归纳为表 2－1。

表 2－1　IEEE 802.15.4 的扩频和调制参数

频率/MHz		扩频参数		数据参数		
		码片速率/($kchip \cdot s^{-1}$)	调制方式	比特速率/kbps	符号速率/($ksymbol \cdot s^{-1}$)	符号阶数
868/915	868～868.6	300	BPSK	20	20	二进制
	902～928	600	BPSK	40	40	二进制
2450	2400～2483.5	2000	O－QPSK	250	62.5	十六进制正交

IEEE 802.15.4 物理层在三个频段上共划分了 27 个信道，信道编号 k 为 0～26。2450 MHz 频段上划分了 16 个信道，915 MHz 频段有 10 个信道，868 MHz 频段只有 1 个信道。27 个信道的中心频率和对应的信道编号定义如下：

$$f_c = 868.3\ \text{MHz} \qquad k=0$$

$$f_c = [906+2(k-1)]\ \text{MHz} \qquad k=1,2,\cdots,10$$

$$f_c = [2405+5(k-11)]\ \text{MHz} \qquad k=11,12,\cdots,26$$

2.1.2　物理层服务规范

物理层通过射频固件和硬件提供 MAC 层与物理无线信道之间的接口。从概念上说，物理层还应包括物理层管理实体(PLME)，以提供调用物理层管理功能的管理服务接口；同时 PLME 还负责维护物理层 PAN 信息库(PHY PIB)。IEEE 802.15.4 物理层的参考模型如

图 2-1 所示。物理层通过物理层数据服务访问点(PD-SAP)提供物理层数据服务;通过物理层管理实体服务访问点(PLME-SAP)提供物理层管理服务。

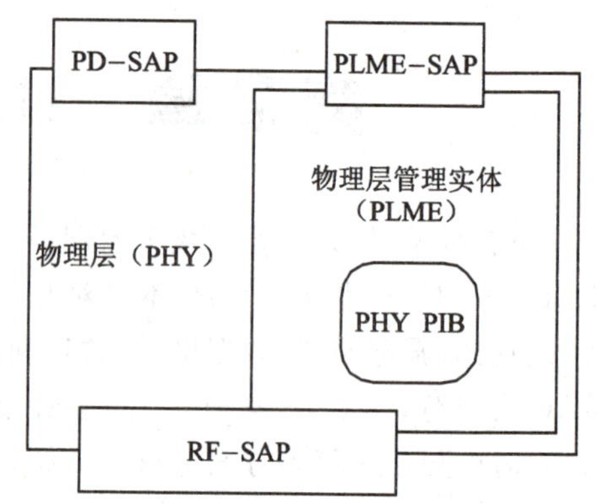

图 2-1 物理层参考模型

1. 物理层数据服务

PD-SAP 支持在两个对等的 MAC 层实体之间传输 MAC 协议数据单元(MPDU)。PD-SAP 支持的原语有三种:PD-DATA.request、PD-DATA.confirm 和 PD-DATA.indication。

PD-DATA.request 原语由 MAC 层发送给本地物理层,请求发送 MPDU(即物理层服务数据单元 PSDU)。它的语法如下:

```
PD-DATA.request          (
                         psduLength,
                         psdu
                         )
```

其中:参数 psdu 是 MAC 层请求物理层发送的实际数据;参数 psduLength 是一个无符号整数,表示 psdu 的长度,单位是字节。物理层收到 PD-DATA.request 原语时,如果设备处于发射使能状态(TX_ON),则物理层先把请求原语提供的 PSDU 封装成物理层协议数据单元(PPDU),然后开始发送。数据发送成功后,物理层就向 MAC 发出状态为 SUCCESS 的证实原语 PD-DATA.confirm。如果设备处于接收使能状态(RX_ON)或者处于收发都关闭状态(TRX_OFF),则物理层向 MAC 层发送状态为 RX_ON 或 TRX_OFF 的 PD-DATA.confirm 原语。

PD-DATA.confirm 原语由物理层实体发送给 MAC 层实体,作为对 PD-DATA.request 原语的响应。证实原语的语法如下:

```
PD-DATA.confirm          (
                         status
                         )
```

其唯一参数 status 表示 MAC 层请求发送数据的结果,它是取值为 SUCCESS、RX_ON 或 TRX_OFF 的枚举型变量。MAC 子层实体从收到的 PD-DATA.confirm 原语中获知此前数据发送请求的结果。如果数据发送请求成功,则状态参数 status 的值为 SUCCESS;如果数据发送请求失败,则状态参数指示数据发送失败的原因(RX_ON 或 TRX_OFF)。

PD-DATA.indication 原语指示一个 MPDU(也即 PSDU)从物理层传送到本地 MAC 层实体。其语法如下:

```
PD-DATA.indication       (
                         psduLength,
                         psdu,
                         ppduLinkQuality
                         )
```

其中参数ppduLinkQuality表示根据接收PPDU测得的链路质量(LQ),其取值为整数0x00～0xff。PD-DATA.indication原语由物理层产生并发送给MAC层以提交接收到的PSDU。如果接收到的psduLength字段为0或大于内部常数aMaxPHYPacketSize,则物理层不产生该服务原语。

2. 物理层管理服务

PLME-SAP允许在MLME和PLME之间传送管理命令。PLME-SAP支持的原语有PLME-CCA、PLME-ED、PLME-GET、PLME-SET-TRX-STATE和PLME-SET。

① PLME-CCA.request原语请求PLME执行空闲信道评估(CCA)。这是一个无参数的请求原语,其语法如下:

```
PLME-CCA.request      ()
```

每当MAC层的CSMA-CA算法要求进行物理信道评估时,MLME就产生PLME-CCA.request原语并发送给PLME。收到PLME-CCA.request请求原语时,如果设备处于接收使能状态,PLME就指示物理层进行信道评估。物理层完成CCA后,PLME就向MLME发送PLME-CCA.confirm原语,根据CCA结果提供信道状态信息繁忙(BUSY)或空闲(IDLE)。如果PLME收到PLME-CCA.request原语时,设备处于收发关闭状态(TRX_OFF)或处于发送使能状态(TX_ON),则无法进行信道评估。此时PLME向MLME发送PLME-CCA.confirm原语的状态参数将指示CCA失败的原因(TRX_OFF或TX_ON)。PLME-CCA.confirm原语的语法如下:

```
PLME-CCA.confirm      (
                      status
                      )
```

它是PLME向MLME报告CCA结果的证实原语。status参数的取值为TRX_OFF、TX_ON、BUSY或IDLE。

② PLME-ED.request原语由MLME产生,请求PLME执行能量检测(ED)。这也是一个无参数的请求原语,其语法如下:

```
PLME-ED.request       ()
```

收到PLME-ED.request原语时,如果设备处于接收使能状态,PLME就指示物理层执行ED。完成ED后,PLME向MLME发送PLME-ED.confirm原语,报告能量检测成功(SUCCESS)和测得的信道能量等级。PLME-ED.confirm的语法如下:

```
PLME-ED. confirm      (
                      status,
                      EnergyLevel
                      )
```

其中参数EnergyLevel表示测得的当前信道能量等级,其取值范围为整数0x00～0xff。PLME收到PLME-ED.request原语时,如果设备处于收发关闭状态(TRX_OFF)或发送使能状态(TX_ON),则无法进行能量检测。此时PLME向MLME发送的PLME-ED.confirm原语状态参数将指示能量检测失败的原因(TRX_OFF或TX_ON)。

③ PLME-GET.request原语由MLME产生,向PLME请求物理层PIB中相关属性的值。

其语法如下：

```
PLME-GET.request        (
                          PIBAttribute
                        )
```

参数PIBAttribute是PIB属性的标识。收到PLME-GET.request原语后，PLME就到数据库中检索该属性。如果数据库中找不到请求的PIB属性标识，则PLME向MLME发送PLME-GET.confirm原语，状态为“不支持的属性”(UNSUPPORTED_ATTRIBUTE)。如果从数据库中找到了PLME-GET.request请求的属性，则PLME-GET.confirm原语中的状态参数值为SUCCESS，并返回属性值。PLME-GET.confirm原语的语法如下：

```
PLME-GET.confirm        (
                          Status,
                          PIBAttribute,
                          PIBAttributeValue
                        )
```

其中参数PIBAttributeValue携带的是PIB属性的值。

④ PLME-SET-TRX-STATE.request原语由MLME产生，向PLME请求改变收发信机的内部工作状态。其语法如下：

```
PLME-SET-TRX-STATE.request        (
                                    state
                                  )
```

其唯一参数state的取值为RX_ON、TRX_OFF、FORCE_TRX_OFF或TX_ON。PLME-SET-TRX-STATE.confirm原语由PLME产生，向MLME报告PLME-SET-TRX-STATE.request请求的结果，其语法如下：

```
PLME-SET-TRX-STATE.confirm        (
                                    status
                                  )
```

其唯一参数status的取值为SUCCESS、RX_ON、TRX_OFF、TX_ON、BUSY_RX或BUSY_TX。收到PLME-SET-TRX-STATE.request原语后，PLME指令物理层改变到请求的工作状态。如改变收发信机工作状态的请求被接受，则PLME-SET-TRX-STATE.confirm的状态为SUCCESS。如果设备当前的收发状态就是请求原语请求的工作状态，则证实原语参数status值为收发信机当前状态(RX_ON、TRX_OFF或TX_ON)。如果请求原语请求改变到状态RX_ON或TRX_OFF，而此时物理层正在发送一个PPDU，则证实原语的status参数值为BUSY_TX，并在发送结束后改变到请求的收发信机工作状态。如果请求原语请求改变到状态TX_ON或TRX_OFF，而此时设备处于RX_ON状态并且已经接收到有效的帧开始符(FSD)，则证实原语的status参数值为BUSY_RX，并在接收数据结束后改变到请求的收发信机工作状态。如果PLME-SET-TRX-STATE.request原语的状态为FORCE_TRX_OFF，则不管物理层当前处于什么状态，收发信机将被强制改变到TRX_OFF(收发都关闭)状态。

⑤ PLME-SET.request原语由MLME产生，向PLME请求设置或改变PIB属性的值。

其语法如下：

PLME - SET. request　　(
PIBAttribute,
PIBAttributeValue
)

对应的 PLME - SET. confirm 原语由 PLME 产生，向 MLME 报告请求设置 PIB 属性值的结果。其语法如下：

PLME - SET. confirm　　(
status,
PIBAttribute,
)

其中参数 status 的取值为 SUCCESS、UNSUPPORTED_ATTRIBUTE 或 INVALID_PARAMETER。如果在数据库中找不到 PLME - SET. request 请求原语中的 PIB 属性，则 PLME - SET. confirm 原语中的状态值为 UNSUPPORTED_ATTRIBUTE。如果 PLME - SET. request 原语中要设置的 PIB 属性值超出有效范围，则 PLME - SET. confirm 原语中的状态值为 INVALID_PARAMETER。如果成功设置了 PIB 属性值，则 PLME - SET. confirm 原语中的状态值为 SUCCESS。

2.1.3　物理层数据格式

物理层协议数据单元(PPDU)由三部分组成：同步头(SHR)允许接收设备同步并锁定比特流；物理层帧头(PHR)包含的是帧长信息；有效载荷部分是 PSDU。PPDU 的格式如下：

字节数：4	1	1		可变长度
引导序列	帧开始符	帧长(7 位)	预留(1 位)	物理层服务数据单元(PSDU)
同步头(SHR)		物理层帧头(PHR)		物理层有效载荷

引导序列字段：收发信机用来获得码片和符号同步，它是 32 位长度的全 0 序列。

帧开始符(SFD)字段：表示引导序列的结束和数据帧的开始，它是 8 位的二进制序列 1 1 1 0 0 1 0 1。

帧长字段：它用 7 位表示物理层有效载荷 PSDU 的长度，取值范围是 0 到 aMaxPHYPacketSize 之间的整数。

PSDU 字段：可变长度的字段，它是物理层要发送的数据包，即 MPDU。

2.1.4　物理层的常量和属性

物理层常量是依赖硬件的，并且在设备工作期间是不能更改的，它表征了物理层的某些特征。IEEE 802.15.4 的两个物理层常量如表 2 - 2 所列。

表 2 - 2　物理层常量

常　量	描　述	取　值
aMaxPHYPacketSize	物理层所能接收的 PSDU 的最大长度(用字节数表示)	127
aTurnaroundTime	RX - to - TX 或 TX - to - RX 的最大切换时间	12 个符号周期

物理层的属性是存储在物理层 PIB 中的，用于设备物理层的管理，可以用 PLME－GET 和 PLME－SET 原语对其进行读写操作。PIB 中包含的物理层属性如表 2－3 所列。

表 2－3　物理层 PIB 属性

属　性	标识码	类　型	取值范围	描　述
PhyCurrentChannel	0x00	整数	0～26	收发信使用的射频信道
phyChannelsSupported	0x01	位图	0x00000000～0x07ffffff	32 位中的 5 个高有效位（$b_{27},\cdots,b_{31}$）预留，设为 0；27 个低有效位（$b_0,\cdots,b_{26}$）分别表示 27 个有效信道的状态（$b_k=1$，信道 k 可用；$b_k=0$，信道 k 不可用）
PhyTransmitPower	0x02	位图	0x00～0xbf	高 2 位表示发射功率误差的容忍度：00=±1 dB；01=±3 dB；10=±6 dB。低 6 位是带符号整数，表示发射功率标称值（dBm）
PhyCCAMode	0x03	整数	1～3	表示 CCA 的 3 种模式

2.1.5　2.4 GHz 频段的物理层技术

IEEE 802.15.4 标准 2.4 GHz 频段物理层支持 250 kbps 的数据速率，采用十六进制准正交调制技术。在每个符号周期内，4 个信息位映射为一个 32 位的准正交伪随机序列，所以其符号速率为 62.5 ksymbol/s，码片速率为 2 000 kchip/s。所有符号的伪随机序列级联后得到的码片序列再用 O－QPSK 调制到载波上，其调制原理如图 2－2 所示。

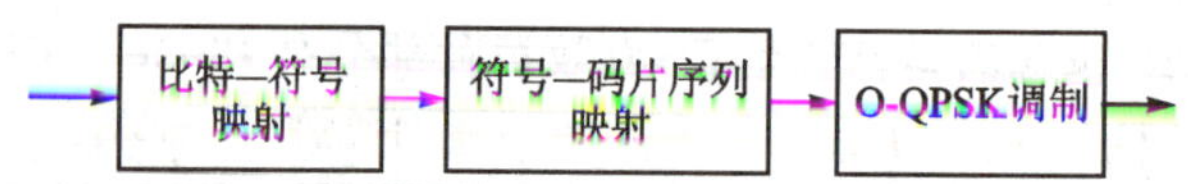

图 2－2　2.4 GHz 物理层调制方案

从 PPDU 引导序列的第一个字节开始，每个字节的低 4 位（b_0,b_1,b_2,b_3）和高 4 位（b_4,b_5,b_6,b_7）分别映射为一个符号，低位在前高位在后。每个符号再映射为一个 32 位长度的 PN 序列。IEEE 802.15.4 标准 2.4 GHz 频段调制的映射关系如表 2－4 所列。

表 2－4　Bit－Symbol－Chip 映射

二进制序列	十进制符号	码片序列（$c_0,c_1,\cdots,c_{30},c_{31}$）
0 0 0 0	0	1 1 0 1 1 0 0 1 1 1 0 0 0 0 1 1 0 1 0 1 0 0 1 0 0 0 1 0 1 1 1 0
1 0 0 0	1	1 1 1 0 1 1 0 1 1 0 0 1 1 1 0 0 0 0 1 1 0 1 0 1 0 0 1 0 0 0 1 0
0 1 0 0	2	0 0 1 0 1 1 1 0 1 1 0 1 1 0 0 1 1 1 0 0 0 0 1 1 0 1 0 1 0 0 1 0
1 1 0 0	3	0 0 1 0 0 0 1 0 1 1 1 0 1 1 0 1 1 0 0 1 1 1 0 0 0 0 1 1 0 1 0 1
0 0 1 0	4	0 1 0 1 0 0 1 0 0 0 1 0 1 1 1 0 1 1 0 1 1 0 0 1 1 1 0 0 0 0 1 1
1 0 1 0	5	0 0 1 1 0 1 0 1 0 0 1 0 0 0 1 0 1 1 1 0 1 1 0 1 1 0 0 1 1 1 0 0
0 1 1 0	6	1 1 0 0 0 0 1 1 0 1 0 1 0 0 1 0 0 0 1 0 1 1 1 0 1 1 0 1 1 0 0 1
1 1 1 0	7	1 0 0 1 1 1 0 0 0 0 1 1 0 1 0 1 0 0 1 0 0 0 1 0 1 1 1 0 1 1 0 1
0 0 0 1	8	1 0 0 0 1 1 0 0 1 0 0 1 0 1 1 0 0 0 0 0 0 1 1 1 0 1 1 1 1 0 1 1
1 0 0 1	9	1 0 1 1 1 0 0 0 1 1 0 0 1 0 0 1 0 1 1 0 0 0 0 0 0 1 1 1 0 1 1 1

续表 2-4

二进制序列	十进制符号	码片序列($c_0,c_1,\cdots,c_{30},c_{31}$)
0 1 0 1	10	0 1 1 1 1 0 1 1 1 0 0 0 1 1 0 0 1 0 0 1 0 1 1 0 0 0 0 0 0 1 1 1
1 1 0 1	11	0 1 1 1 0 1 1 1 1 0 1 1 1 0 0 0 1 1 0 0 1 0 0 1 0 1 1 0 0 0 0 0
0 0 1 1	12	0 0 0 0 0 1 1 1 0 1 1 1 1 0 1 1 1 0 0 0 1 1 0 0 1 0 0 1 0 1 1 0
1 0 1 1	13	0 1 1 0 0 0 0 0 0 1 1 1 0 1 1 1 1 0 1 1 1 0 0 0 1 1 0 0 1 0 0 1
0 1 1 1	14	1 0 0 1 0 1 1 0 0 0 0 0 0 1 1 1 0 1 1 1 1 0 1 1 1 0 0 0 1 1 0 0
1 1 1 1	15	1 1 0 0 1 0 0 1 0 1 1 0 0 0 0 0 0 1 1 1 0 1 1 1 1 0 1 1 1 0 0 0

码片序列采用半正弦脉冲成形的 O-QPSK 载波调制，偶数位的码片调制到同相载波 I 上，奇数位的码片调制到正交载波 Q 上，正交码片序列延迟一个码片周期 T_c，形成了图 2-3 所示的偏移关系。

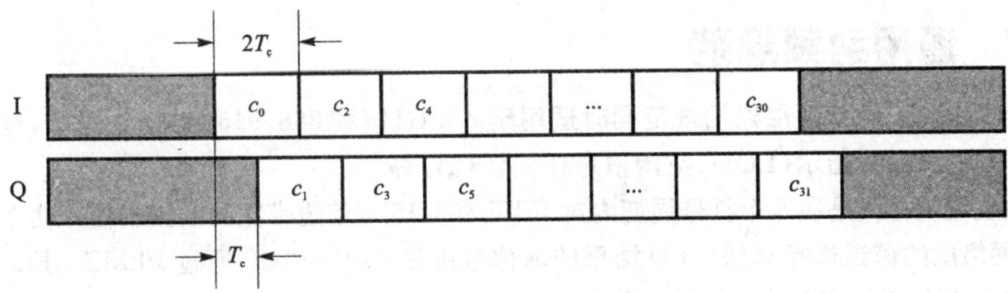

图 2-3　O-QPSK 偏移关系

以半正弦脉冲 $p(t)$ 表示基带码片，则 O-QPSK 的基带码片序列如图 2-4 所示。

$$p(t)=\begin{cases}\sin\left(\pi\dfrac{t}{2T_c}\right) & 0\leqslant t\leqslant 2T_c\\ 0 & \text{其他}\end{cases}$$

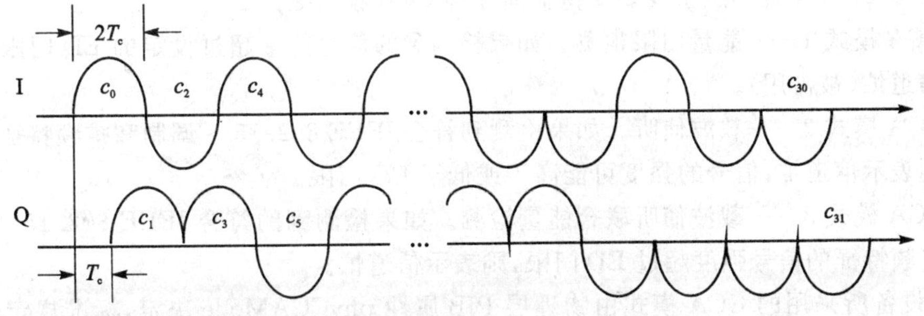

图 2-4　半正弦脉冲成形的 O-QPSK

2.1.6　868/915 MHz 频段的物理层技术

IEEE 802.15.4 标准 868 MHz 频段物理层支持 20 kbps 的数据速率，915 MHz 频段支持 40 kbps 数据速率。868/915 MHz 物理层采用图 2-5 所示的直接序列扩频(DSSS)结合差分编码和 BPSK 调制的传输方案。

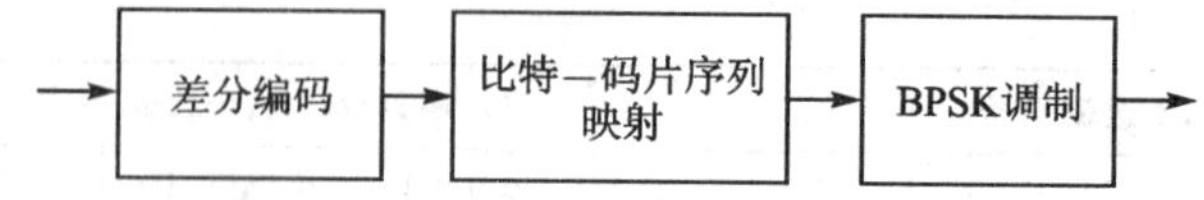

图 2-5　868/915 MHz 物理层调制方案

从 PPDU 引导序列的第一个字节开始，低有效位在前，高有效位在后，逐位进行差分编码；差分编码得到的每个位映射为一个 15 位长度的 PN 序列，然后对每个码片用 BPSK 调制。所以 868/915 MHz 物理层的码片速率分别是 300 kchip/s 和 600 kchip/s。

位差分编码通过模 2 加法实现：如果 R_n 表示差分编码器输入，E_n 表示差分编码的输出，E_{n-1} 表示前一时刻的差分编码，则有 $E_n = R_n \oplus E_{n-1}$。类似的，差分译码的模 2 加法实现为 $R_n = E_n \oplus E_{n-1}$。通过 DSSS，差分编码输出 0 映射为序列(1 1 1 1 0 1 0 1 1 0 0 1 0 0 0)，1 映射为序列(0 0 0 0 1 0 1 0 0 1 1 0 1 1 1)。码片序列用 BPSK 调制到载波上，成形脉冲为升余弦 $p(t)$：

$$p(t) = \frac{\sin(\pi t/T_c)}{\pi t/T_c} \frac{\cos(\pi t/T_c)}{1-(4t^2/T_c^2)}$$

2.1.7　通用射频规范

IEEE 802.15.4 物理层通用规范同时适用于 2.4 GHz 和 868/915 MHz 物理层，包括能量检测(ED)、链路质量指示(LQI)、空闲信道评估(CCA)等。

接收机能量检测是在 8 个符号周期内对 IEEE 802.15.4 信道带宽内的接收信号功率进行估计，用于网络层的信道选择算法。ED 结果的取值范围是 0x00～0xff，通过 PLME-ED.confirm 原语报告给 MLME。ED 结果的最小值“0”表示接收功率不超过接收灵敏度 10 dB，要求 ED 指示的功率至少达 40 dB，所以 ED 结果和接收功率的映射精度可达 6 dB。

LQI 用于指示接收数据包的质量，它通过接收机 ED、信噪比估计来测量，或者由这些方法联合实现。物理层对每个接收数据包都执行 LQI，并通过 PD-DATA.indication 原语连同数据帧一起报告给 MAC 层，以用于网络层或应用层。LQI 结果取值为 0x00～0xff，最小值 0x00 和最大值 0xff 分别表示接收机可检测信号的最差质量和最好质量。

IEEE 802.15.4 物理层至少要支持下面 3 种 CCA 模式之一：

- CCA 模式 1——能量门限检测。如果检测到的信号能量超过设定的 ED 门限，则表示信道忙(被占用)。
- CCA 模式 2——载波侦听。如果检测到符合 IEEE 802.15.4 调制和扩频特征的信号，则表示信道忙，信号的强度可能高于或低于 ED 门限。
- CCA 模式 3——载波侦听联合能量检测。如果检测到的符合 IEEE 802.15.4 调制和扩频特征的信号强度超过 ED 门限，则表示信道忙。

一个设备所采用的 CCA 模式由物理层 PIB 属性 phyCCAMode 决定，标准规定 CCA 中 ED 门限不得超过接收灵敏度 10 dB，CCA 检测时间为 8 个符号周期。

2.2　MAC 层规范

IEEE 802.15.4 标准 MAC 子层主要负责以下几项任务：协调器产生网络信标；信标同步；支持 PAN 关联和解关联；CSMA-CA 信道访问机制；处理和维护保证时隙(GTS)机制；

在两个对等 MAC 实体间提供可靠链路。

2.2.1　MAC 层服务规范

MAC 层提供了特定服务会聚子层(SSCS)和物理层之间的接口。从概念上说,MAC 层还包括 MAC 层管理实体(MLME),以提供调用 MAC 层管理功能的管理服务接口;同时,MLME 还负责维护 MAC PAN 信息库(MAC PIB)。MAC 层的参考模型如图 2-6 所示。MAC 层通过 MAC 公共部分子层(MCPS)的数据 SAP(MCPS-SAP)提供 MAC 数据服务;通过 MLME-SAP 提供 MAC 管理服务。这两种服务通过物理层 PD-SAP 和 PLME-SAP 提供了 SSCS 和 PHY 之间的接口。除了这些外部接口外,MCPS 和 MLME 之间还隐含了一个内部接口,用于 MLME 调用 MAC 数据服务。

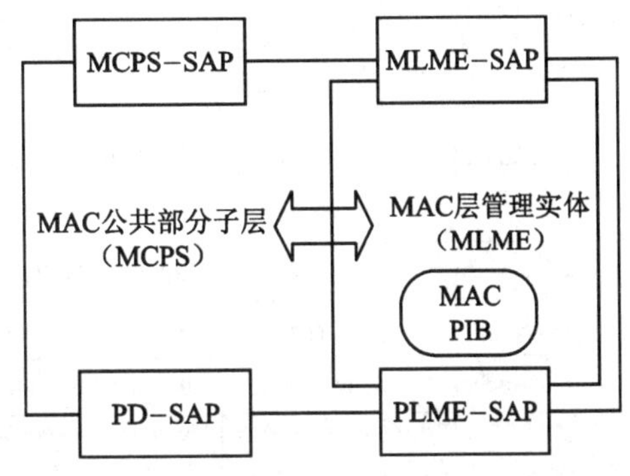

图 2-6　MAC 层参考模型

1. MAC 层数据服务

MCPS-SAP 支持两个对等的 SSCS 实体之间 SSCS 协议数据单元(SPDU)的传输。MAC 数据服务是通过两类服务原语 MCPS-DATA 和 MCPS-PURGE 实现的。其中 MCPS-PURGE 原语在简化功能设备(RFD)中是可选的,不必强制支持。

MCPS-DATA.request 原语请求从本地 SSCS 实体向一个对等的 SSCS 实体发送 SPDU(即 MAC 服务数据单元 MSDU)。当 SSCS 层有数据需要发送时,就产生该原语并通过 MCPS-SAP 传递给 MAC 层。MCPS-DATA.request 的语法如下:

```
MCPS-DATA.request      (
                        SrcAddrMode,
                        SrcPANId,
                        SrcAddr,
                        DstAddrMode,
                        DstPANId,
                        DstAddr,
                        msduLength,
                        msdu,
                        msduHandle,
                        TxOptions
                        )
```

MCPS-DATA.request 的参数定义如表 2-5 所列。

MCPS-DATA.confirm 原语是对 MCPS-DATA.request 的响应,由 MAC 层产生向 SSCS 报告请求发送 MSDU 的结果。它的语法如下:

```
MCPS-DATA.confirm      (
                        msduHandle,
```

status

)

其中：参数 msduHandle 是待证实的 MSDU 的句柄；status 指示数据发送请求的结果。

表 2-5 MCPS-DATA.request 的参数

参 数	类 型	有效范围	描 述
SrcAddrMode	整数	0x00～0x03	原语及其 MPDU 的源地址模式：0x00 表示无地址，地址字段省略；0x01 预留；0x02 表示 16 位短地址；0x03 表示 64 位扩展地址
SrcPANId	整数	0x0000～0xffff	发送 MSDU 的源设备 PAN 标识码
SrcAddr	设备地址	由 SrcAddrMode 参数决定	源地址
DstAddr	设备地址	由 DstAddrMode 参数决定	目的地址
DstAddrMode	整数	0x00～0x03	原语及其 MPDU 的目的地址模式：0x00 表示无地址，地址字段省略；0x01 预留；0x02 表示 16 位短地址；0x03 表示 64 位扩展地址
DstPANId	整数	0x0000～0xffff	接收 MSDU 的目的设备 PAN 标识码
msduLength	整数	<=aMaxMACFrameSize	MSDU 的长度(用字节数表示)
msdu			请求发送的 MSDU 内容
msduHandle	整数	0x00～0xff	MSDU 句柄
TxOptions	位图	0000XXXX (X 为 0 或 1)	发送 MSDU 的选项，它是下面四项中若干项的位相“或”：0x01(要求确认的发送)、0x02(GTS 发送)、0x03(间接发送)、0x04(使用安全机制发送)

如果 MCPS-DATA.request 的参数 TxOptions 指示采用 GTS 发送，则 MAC 层将检测是否存在有效的 GTS。如果发送设备是 PAN 协调器，则它需要检测是否为目的设备指定了接收 GTS。如果找不到有效的 GTS，则 MAC 层向 SSCS 发送状态为 INVALID_GTS 的 MCPS-DATA.confirm 原语。如果找到有效 GTS，则 MAC 等待 GTS 的到来，以无竞争的方式接入信道发送 MPDU。如果 TxOptions 参数没有指定 GTS 传输，则 MAC 层在竞争访问周期(CAP)以 CSMA-CA 机制发送数据。TxOptions 中 GTS 发送选项屏蔽间接发送选项。

如果 TxOptions 参数中指示间接发送，并且收到请求原语的是协调器的 MAC 层，则原语中的信息将被存入待处理事务列表中。如果无法存储到列表中，则 MAC 层放弃该数据的发送并向 SSCS 发送状态为 TRANSACTION_OVERFLOW 的 MCPS-DATA.confirm 原语。如果有能力存储，则把原语中的信息添加到待处理事务列表中。如果列表中的事务在时间 macTransactionPersistenceTime 内没有被处理，则 MAC 层将放弃该数据帧的发送并向 SSCS 发送状态为 TRANSACTION_EXPIRED 的 MCPS-DATA.confirm 原语。如果 TxOptions 参数指示间接发送同时又指定了 GTS 发送或者接收请求原语的不是 PAN 协调器的 MAC 层，则间接发送选项无效。

如果 TxOptions 参数指示不使用安全机制，则 MAC 层帧控制字段中的安全使能位为 0，对数据帧不作任何安全保护处理；如果请求原语参数指示使用安全机制，则安全使能位为 1，并从 MAC PIB 的访问控制列表(ACL)入口获取目的设备相关的密钥和安全信息。如果在 ACL 中找不到密钥，MAC 层将放弃数据帧的发送并向 SSCS 发出状态为 UNAVAILABLE_KEY 的 MCPS - DATA. confirm 证实原语。如果在 ACL 中找到了密钥，MAC 层将根据密钥和安全信息对数据帧作安全处理；若得到数据帧长度超过 aMaxMACFrameSize，MAC 层将放弃数据帧的发送并向 SSCS 发出状态为 FRAME_TOO_LONG 的证实原语。如果在安全处理过程中出现了任何其他错误，MAC 层将放弃数据帧发送并向 SSCS 发出状态为 FAILED_SECURITY_CHECK 的证实原语。

如果请求的事务太长以至于不能在 CAP 或 GTS 内完成发送，MAC 层将放弃数据帧发送并向 SSCS 发出状态为 FRAME_TOO_LONG 的证实原语。如果使用 CSMA - CA 机制传输数据时因故不成功，则 MAC 层将放弃数据帧发送并向 SSCS 发出状态为 CHANNEL_ACCESS_FAILURE 的证实原语。

如果要发送数据，MAC 层首先要向物理层发送状态为 TX_ON 的 PLME - SET - TRX - STATE. request 请求原语。如果收到的 PLME - SET - TRX - STATE. confirm 证实原语状态为 SUCCESS 或 TX_ON，MAC 就向物理层发送携带 MPDU 的 PD - DATA. request 数据服务请求原语，收到物理层的 PD - DATA. confirm 证实原语后，MAC 层向物理层发出状态为 RX_ON 或 TRX_OFF 的 PLME - SET - TRX - STATE. request 原语，关闭发射机，完成 MAC 帧的发送过程。

如果 TxOptions 参数指示采用要求确认的数据发送，则 MAC 层在发送完 MPDU 后置接收机为使能状态，等待接收确认帧。如果在 macAckWaitDuration 个符号周期内没有收到该数据的确认帧，则 MAC 层将重发数据帧；如果重发 aMaxFrameRetries 次仍然未收到确认帧，则 MAC 层将取消对该 MSDU 的发送，并向 SSCS 发出状态为 NO_ACK 的 MCPS - DATA. confirm证实原语。

如果 MPDU 发送成功并且在要求确认的发送中收到了确认帧，MAC 层就向 SSCS 层发送状态为 SUCCESS 的 MCPS - DATA. confirm 证实原语。如果 MCPS - DATA. request 原语中存在无效的参数，则 MAC 层向 SSCS 发送状态为 INVALID_PARAMETER 的证实原语。

MCPS - DATA. indication 原语由对等的 MAC 层产生并发给 SSCS，用以指示接收到一个 MSDU。该原语的语法如下：

```
MCPS - DATA. indication    (
                            SrcAddrMode,
                            SrcPANId,
                            SrcAddr,
                            DstAddrMode,
                            DstPANId
                            DstAddr,
                            msduLength,
                            msdu,
                            mpduLinkQuality,
```

SecurityUse,
ACLEntry
)

其中：参数 mpduLinkQuality 表示接收 MPDU 时的链路质量；参数 SecurityUse 是一个布尔量，指示接收的数据帧是否采用了安全处理；ACLEntry 表示数据帧发送设备 ACL 入口的 macSecurityMode 属性值，取值范围为 0x00～0x08，如果在 ACL 中找不到发送设备，则该参数置为 0x08。

MCPS－PURGE. request 原语由 SSCS 产生，向 MAC 层请求撤销事务队列中的数据发送事务。其语法如下：

MCPS－PURGE. request (
msduHandle
)

MAC 层收到该请求原语后，如果在事务队列中找到了和句柄匹配的 MSDU，则把该 MSDU从队列中删除并向 SSCS 返回一个状态为 SUCCESS 的 MCPS－PURGE. confirm 证实原语。如果在事务队列中找不到和句柄相匹配的 MSDU，则 MAC 层向 SSCS 返回一个状态为 INVALID_HANDLE 的 MCPS－PURGE. confirm 证实原语。MCPS－PURGE. confirm 原语的语法为：

MCPS－PURGE. confirm (
msduHandle,
status
)

在两个设备之间成功传递 MAC 数据帧的信息流程可以用图 2－7 来表示。

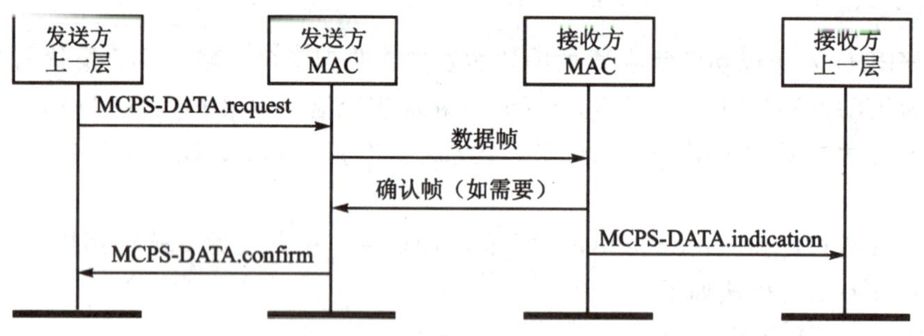

图 2－7 MAC 数据服务流程

2. MAC 层管理服务

MLME－SAP 支持在 MAC 层和其上层之间传递管理命令。其管理功能是通过下列 15 类管理服务原语来实现的。

1）关联原语 MLME－ASSOCIATE

MLME－SAP 关联原语（MLME－ASSOCIATE）定义一个设备关联到一个 PAN 的过程。所有设备都必须支持关联请求和证实原语，RFD 可选支持关联指示和响应原语。MLME－ASSOCIATE. request 原语允许设备请求关联到一个协调器。请求关联原语的语法如下：

```
MLME-ASSOCIATE.request    (
                          LogicalChannel,
                          CoordAddrMode,
                          CoordPANId,
                          CoordAddress,
                          CapabilityInformation,
                          SecurityEnable
                          )
```

其中：参数 LogicalChannel 表示关联的信道；CoordAddrMode 是协调器的地址模式(2 表示 16 位短地址，3 表示 64 位扩展地址)；CoordPANId 表示协调器所处 PAN 标识码；CoordAddress 是和地址模式相匹配的协调器地址；CapabilityInformation 表示关联设备的工作能力；SecurityEnable 表示安全使能的布尔量。

一个尚未关联到 PAN 中的设备通过其 MLME 的上层产生关联请求原语并发送给 MLME，请求关联到一个协调器。如果设备要关联到信标使能 PAN 的协调器，MLME 可选在发送关联请求原语之前跟踪该协调器的信标。当未关联设备的 MLME 收到关联请求原语时，首先调用 PLME-SET.request 原语把 PHY PIB 属性 phyCurrentChannel 更新为 LogicalChannel 值，调用 MAC 层管理命令把 MAC PIB 属性 macPANId 更新为 CoordPANId 值；然后产生一个关联请求命令，发送给关联请求原语中地址和 PAN 标识码所指定的协调器。

SecurityEnable 参数指示关联请求命令帧是否应用安全机制。通常关联请求命令不使用安全机制，如果设备知道协调器的安全信息，则也可以在关联请求命令中应用安全机制。如果 SecurityEnable 值为 FALSE，MLME 将置帧控制字段中的安全使能位为 0，关联请求命令帧中不使用安全处理；如果 SecurityEnable 值为 TRUE，MLME 将置帧控制字段中的安全使能位为 1，并通过 MAC PIB 中的 ACL 入口获得要关联的协调器的密钥和安全信息。如果在 ACL 中没有找到合适的密钥，MLME 将丢弃该关联请求命令帧并向其上层发出状态为 UNAVAILABLE_KEY 的关联证实原语 MLME-ASSOCIATE.confirm。如果找到了密钥，MLME 将把相关的安全信息应用到关联请求命令帧。如果在关联请求命令帧的安全处理中出现了任何其他的错误，则 MLME 将丢弃该帧并向其上层发出状态为 FAILED_SECURITY_CHECK 的关联证实原语。

如果关联请求命令由于 CSMA-CA 算法指示信道忙而不能送达协调器，MLME 将向其上层发出状态为 CHANNEL_ACCESS_FAILURE 的关联证实原语。

为了发送关联请求命令帧，MLME 首先调用物理层管理服务原语 PLME-SET-TRX-STATE.request 把设备置为发送使能状态(TX_ON)。当 MLME 收到 PLME-SET-TRX-STATE.confirm 证实原语的状态为 SUCCESS 或 TX_ON 时，调用物理层数据服务原语 PD-DATA.request 发送关联请求命令给协调器；最后接收到 PD-DATA.confirm 证实原语后，MLME 调用 PLME-SET-TRX-STATE.request 把设备置为接收使能状态(RX_ON)，等待接收关联请求命令的确认帧。如果重发 aMaxFrameRetries 次关联请求命令仍没收到确认帧，MLME 将向其上层发出状态为 NO_ACK 的关联证实原语。

请求关联设备的 MLME 接收到关联请求命令的确认帧后，继续等待关联响应命令。如果在 aResponseWaitTime 个符号周期内没有收到来自协调器的关联响应命令帧，MLME 将向其上层发出状态为 NO_DATA 的关联证实原语。如果关联请求原语中任何参数的值超出有效范围,则 MLME 将向其上层发出状态为 INVALID_PARAMETER 的关联证实原语。如果请求关联设备的 MLME 收到来自协调器的关联响应命令帧,则 MLME 向其上层发送的关联证实原语 MLME - ASSOCIATE. confirm 的状态等于关联响应命令帧中关联状态字段的内容。

协调器的 MLME 收到关联请求命令后,就向其上层发出 MLME - ASSOCIATE. indication 关联指示原语。MLME - ASSOCIATE. indication 原语的语法如下:

```
MLME - ASSOCIATE. indication        (
                                     DeviceAddress,
                                     CapabilityInformation,
                                     SecurityUse,
                                     ACLEntry
                                     )
```

收到关联指示原语后,协调器将决定接受或拒绝设备的关联请求,并向 MLME 发出关联响应原语 MLME - ASSOCIATE. response。协调器应当在 aResponseWaitTime 个符号周期内作出关联决策和响应,请求关联设备将根据关联响应命令判断关联请求是否成功。

关联响应原语 MLME - ASSOCIATE. response 的语法为:

```
MLME - ASSOCIATE. response          (
                                     DeviceAddress,
                                     AssocShortAddress,
                                     status,
                                     SecurityEnable
                                     )
```

其中:参数 DeviceAddress 是请求关联设备的地址;AssocShortAddress 是协调器分配给请求关联设备的 16 位短地址,如果关联不成功,则该地址设为 0xffff;参数 status 表示关联状态,0x00 表示关联成功,0x01 表示 PAN 容量饱和,0x02 表示 PAN 拒绝访问,其他值预留。

协调器的 MLME 收到关联响应原语后,生成关联响应命令帧,以间接发送方式发送给请求关联的设备,即把响应命令帧添加到待处理事务列表中由相关设备来索取。如果列表中没有足够的空间存储该事务,MAC 层将放弃该 MSDU 的发送并向其上层发送状态为 TRANSACTION_OVERFLOW 的通信状态指示原语 MLME - COMM - STATUS. indication。如果添加到列表中的事务在 macTransactionPresitenceTime 时间内没有被及时处理,MAC 层将放弃处理该事务并向其上层发送状态为 TRANSACTION_EXPIRED 的通信状态指示原语。

如果因 CSMA - CA 机制访问信道失败,MAC 层将放弃 MSDU 的发送并向其上层发送状态为 CHANNEL_ACCESS_FAILURE 的通信状态指示原语。如果关联响应原语中任何参数的值超出有效范围,MLME 将向其上层发出状态为 INVALID_PARAMETER 的通信状态指示原语。

为了发送关联响应命令帧,协调器的 MLME 首先调用物理层管理服务原语 PLME - SET - TRX - STATE. request 把设备置为发送使能状态(TX_ON)。当 MLME 收到 PLME - SET - TRX - STATE. confirm 证实原语的状态为 SUCCESS 或 TX_ON 时,调用物理层数据服务原语 PD - DATA. request 发送关联响应命令;最后接收到 PD - DATA. confirm 证实原语后,

MLME 再调用 PLME－SET－TRX－STATE. request 原语，根据是否需要接收关联响应命令确认帧，把设备置为接收使能(RX_ON)或收发都关闭状态(TRX_OFF)。如果 MPDU 成功发送并且收到有确认要求的关联响应命令帧的确认信息，则 MLME 向其上层发送状态为 SUCCESS 的通信状态指示原语。

关联证实原语 MLME－ASSOCIATE. confirm 由请求关联设备的 MLME 产生，把关联请求的结果通知给上层。关联证实原语的语法为：

MLME－ASSOCIATE. confirm (
AssocShortAddress,
status
)

关联服务的流程可用图 2－8 来表示。

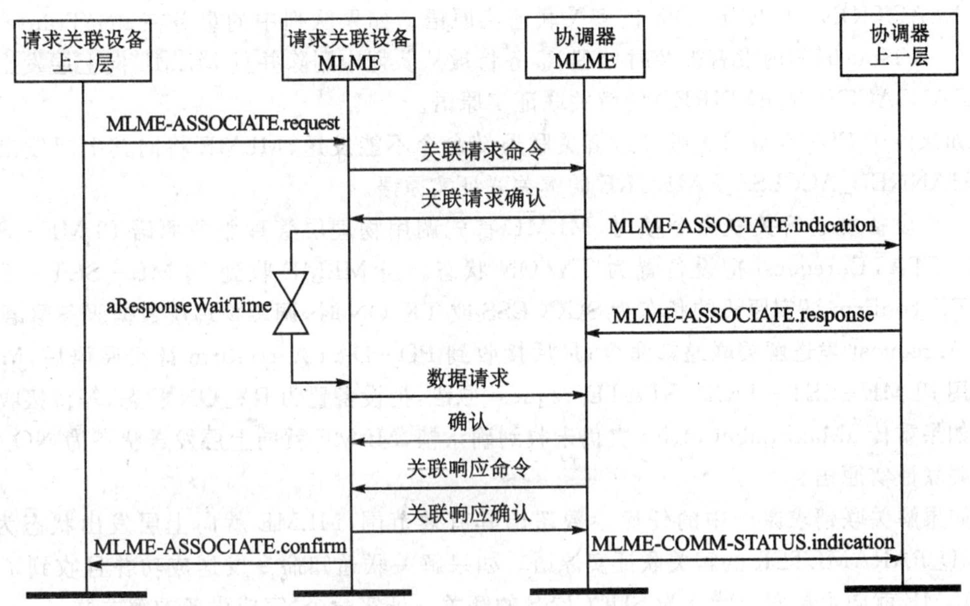

图 2－8 关联服务流程

2) 解关联原语 MLME－DISASSOCIATE

MLME－SAP 解关联原语(MLME－DISASSOCIATE)定义一个设备从 PAN 中解关联的过程。各种类型的设备都应能提供解关联原语的接口。

离开 PAN 的关联设备可通过解关联请求原语 MLME－DISASSOCIATE. request 把离网意图告知协调器，协调器也可以用解关联请求原语来强制一个关联设备离开 PAN。也就是说，解关联过程既可以由关联设备启动，也可以由协调器启动。解关联请求原语的语法为：

MLME－DISASSOCIATE. request (
DeviceAddress,
DisassociateReason,
SecurityEnable
)

其中：参数 DeviceAddress 是接收解关联通知设备的 64 位 IEEE 地址；DisassociateReason 是解关联原因，取值为 0x00～0xff；SecurityEnable 是安全使能参数。

收到来自上层的 MLME - DISASSOCIATE. request 原语，MLME 产生一个解关联通知命令，如果 DeviceAddress 等于 macCoordExtendedAddress，设备将把解关联通知命令发送给协调器。如果 DeviceAddress 不等于 macCoordExtendedAddress，并且接收原语的是协调器的 MLME，则协调器将以间接方式把解关联通知命令发送给设备。其他情况设备收到解关联请求时，MLME 将向其上层发出状态为 INVALID_PARAMETER 的解关联证实原语 MLME - DISASSOCIATE. confirm。

如果解关联通知命令在协调器上以间接方式发送，则把设备地址添加到信标帧的地址列表字段中，指示一个待处理消息；同时，协调器把原语中的信息添加待处理事务队列中。如果待处理事务队列中存储空间不足，MLME 将放弃 MSDU 的发送并向其上层发出状态为 TRANSACTION_OVERFLOW 的解关联证实原语。如果队列中的事务在 macTransaction-PresitenceTime 时间内没有被及时处理，事务将被从队列中删除并且 MLME 向上层发出状态为 TRANSACTION_EXPIRED 的解关联证实原语。

如果由于 CSMA 算法失败导致解关联通知命令不能发送，MLME 将向其上层发出状态为 CHANNEL_ACCESS_FAILURE 的解关联证实原语。

一个设备发送解关联命令帧时，MLME 首先调用物理层管理服务原语 PLME - SET - TRX - STATE. request 把设备置为 TX_ON 状态。当 MLME 收到 PLME - SET - TRX - STATE. confirm 证实原语的状态为 SUCCESS 或 TX_ON 时，调用物理层数据服务原语 PD - DATA. request 发送解关联通知命令；最后接收到 PD - DATA. confirm 证实原语后，MLME 再调用 PLME - SET - TRX - STATE. request 原语，把设备置为 RX_ON 状态，等待接收确认帧。如果重传 aMaxFrameRetries 次仍未收到确认帧，MLME 就向上层发送状态为 NO_ACK 的解关联证实原语。

如果解关联请求原语中的任何参数超出其有效范围，MLME 就向上层发出状态为 INVALID_PARAMETER 的解关联证实原语。如果解关联通知命令发送成功并且收到了确认帧，MLME 就向上层发出状态为 SUCCESS 的解关联证实命令，完成设备的解关联。

设备收到解关联通知命令后，MLME 就向上层发出解关联指示原语 MLME - DISASSOCIATE. indication，通告解关联的原因。解关联指示原语的语法如下：

```
MLME - DISASSOCIATE. indication    (
                                   DeviceAddress,
                                   DisassociateReason,
                                   SecurityUse,
                                   ACLEntry
                                   )
```

解关联证实原语 MLME - DISASSOCIATE. confirm 在设备收到解关联通知命令的确认后，由 MLME 向其上层报告解关联请求的结果，其语法如下：

```
MLME - DISASSOCIATE. confirm    (
                                status
                                )
```

解关联服务的流程可用图 2－9 来表示。

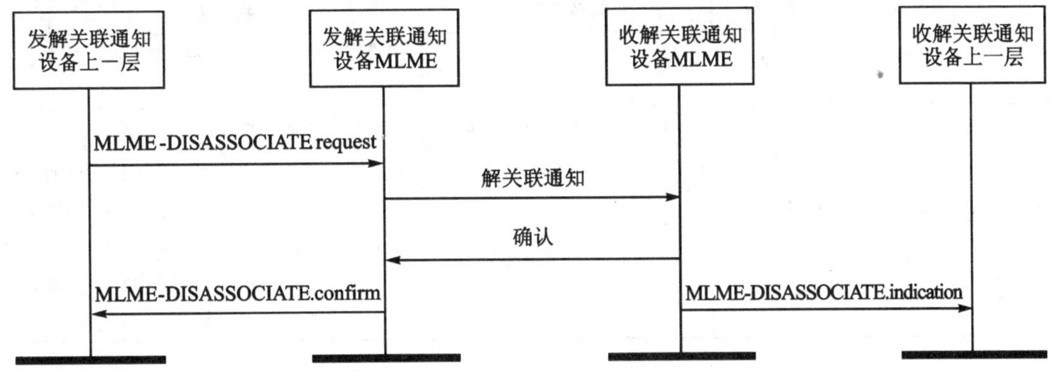

图 2－9　解关联服务流程

3）信标通知原语 MLME－BEACON－NOTIFY

信标通知指示原语 MLME－BEACON－NOTIFY. indication 把 MAC 层接收到的信标帧中的信息传递给上层。各种类型设备都应当支持信标通知原语。信标通知指示原语的语法如下：

```
MLME－BEACON－NOTIFY. indication    (
                                   BSN,
                                   PANDescriptor,
                                   PendAddrSpec,
                                   AddrList,
                                   sduLength,
                                   sdu
                                   )
```

其中参数 BSN 是信标序号，取值为 0x00～0xff；PANDescriptor 是 PAN 描述符，具体定义如表 2－6 所列；PendAddrSpec 定义了信标地址列表中短地址和长地址的个数，具体见帧格式部分；AddrList 表示信标中待处理事务所属设备的地址列表，地址数由 PendAddrSpec 决定；sdu 表示信标中携带的有效数据；sduLength 是用字节数表示的有效数据的长度。

表 2－6　PANDescriptor 各元素的定义

元素名称	类　型	有效范围	描　述
CoordAddrMode	整数	0x02～0x03	发送信标的协调器的地址模式：2 表示 16 位短地址；3 表示 64 位扩展地址
CoordPANId	整数	0x0000～0xffff	协调器所在 PAN 的标识码
CoordAddress	设备地址	CoordAddrMode 决定	发送信标的协调器的地址
LogicalChannel	整数	从物理层支持的信道中选取	网络当前占用的信道
SuperframeSpec	位图	详见帧格式部分	信标中指定的超帧配置情况
GTSPermit	布尔量	TRUE 或 FALSE	如果发送信标帧的协调器正在接受 GTS 请求，就为 TRUE；否则，为 FALSE
LinkQuality	整数	0x00～0xff	接收信标帧的链路质量

续表 2-6

元素名称	类　型	有效范围	描　述
TimeStamp	整数	0x00000～0xffffff	接收信标帧的时间，用符号数表示。精度至少为20位
SecurityUse	布尔量	TRUE或FALSE	指示信标帧是否采用了安全机制
ACLEntry	整数	0x00～0x08	发送数据帧的设备对应的ACL入口的macSecurityMode属性值。如果在ACL找不到发送数据的设备，则置0x08
SecurityFailure	布尔量	TRUE或FALSE	在安全性处理中出现任何错误就置TRUE；否则置为FALSE

4）读取属性原语 MLME-GET

获取PIB属性的原语(MLME-GET)定义从MAC PIB中读取属性值的过程。各种类型设备都应提供读取属性值原语的接口。MLME-GET. request原语用来获取指定PIB属性的值，其语法为：

```
MLME-GET. request        (
                         PIBAttribute
                         )
```

参数PIBAttribute是PIB属性的标识码。接收到来自上一层的MLME-GET. request后，MLME从MAC数据库中检索请求原语指定的PIB属性。如果数据库中找不到该属性的标识码，MLME就向其上层发出状态为UNSUPPORTED_ATTRIBUTE的证实原语MLME-GET. confirm；如果找到相关属性的标识码，MLME就向其上层发出状态为SUCCESS的证实原语。MLME-GET. confirm原语的语法为：

```
MLME-GET. confirm        (
                         status,
                         PIBAttribute,
                         PIBAttributeValue
                         )
```

如果status等于SUCCESS，则PIBAttributeValue就是请求原语中要读取的属性值。

5）GTS管理原语 MLME-GTS

GTS管理原语(MLME-GTS)定义GTS的请求和维护。使用GTS管理原语和GTS的设备通常已经跟踪了PAN协调器的信标。GTS管理原语对RFD是可选支持的。

GTS请求原语MLME-GTS. request由设备用以向PAN协调器请求分配一个GTS或撤销已分配的GTS。GTS请求原语的语法为：

```
MLME-GTS. request        (
                         GTSCharacteristics,
                         SecurityEnable
                         )
```

其中参数GTSCharacteristics表示GTS请求的特征。如果GTSCharacteristics的特征类型字

段等于 1，表示设备请求分配一个 GTS，GTSCharacteristics 随后的字段就表示该新 GTS 的特征；如果 GTSCharacteristics 的特征类型字段等于 0，表示设备请求撤销已存在的 GTS，那么 GTSCharacteristics 随后的字段就表示该现存 GTS 的特征。

收到 GTS 请求原语后，MLME 就根据原语中携带的信息产生一个 GTS 请求命令并发送给 PAN 协调器。如果 macShortAddress 属性等于 0xfffe 或 0xffff，则设备不允许请求 GTS，此时 MLME 向其上层发出状态为 NO－SHORT_ADDRESS 的 GTS 证实原语 MLME－GTS. confirm。如果由于 CSMA 算法失败导致 GTS 请求命令不能发送，则 MLME 向其上层发出状态为 CHANNEL_ACCESS_FAILURE 的 GTS 证实原语。

发送 GTS 请求命令帧时，MLME 首先调用物理层管理服务原语 PLME－SET－TRX－STATE. request 把设备置为 TX_ON 状态；当 MLME 收到 PLME－SET－TRX－STATE. confirm 证实原语的状态为 SUCCESS 或 TX_ON 时，调用物理层数据服务原语 PD－DATA. request 发送 GTS 请求命令；最后接收到 PD－DATA. confirm 证实原语，MLME 再调用 PLME－SET－TRX－STATE. request 原语，把设备置为 RX_ON 状态，等待接收确认帧。如果重传 aMaxFrameRetries 次仍未收到确认帧，MLME 就向其上层发出状态为 NO_ACK 的 GTS 证实原语。

GTS 请求得到批准和确认后，请求设备等待来自 PAN 协调器的包含 GTS 描述符的证实信标。如果 PAN 协调器能够分配 GTS，它就向其上层发出 MLME－GTS. indication 原语，指示分配的 GTS 特征；同时产生一个带有分配的 GTS 特征和请求设备短地址的 GTS 描述符。如果 PAN 协调器不能分配 GTS，它就产生一个开始时隙为 0 的带请求设备短地址的 GTS 描述符。不管 PAN 协调器能否分配 GTS，GTS 描述符都会在信标中持续 aGTSDescPersistenceTime 个超帧周期。

如果在 aGTSDescPersistenceTime 个超帧周期之前，请求设备收到 GTS 描述符中的短地址和 macShortAddress 一致的信标帧，请求设备就处理该信标帧的 GTS 描述符。如果在 aGTSDescPersistenceTime 个超帧周期之内没有收到 GTS 描述符或者向上层发送了失步原因为信标丢失 BEACON_LOST 的失步指示原语 MLME－SYNC－LOSS. indication，则请求设备的 MLME 将向其上层发出状态为 NO_DATA 的 GTS 证实原语。

如果描述符中的 GTS 特征和设备请求的特征相一致，则请求的 GTS 分配成功。请求设备的 MLME 就向其上层发出状态为 SUCCESS 的 GTS 证实原语，设备就可以使用分到的 GTS 了。如果收到信标中描述符的开始时隙为 0，则表示 GTS 请求被拒绝，请求设备的 MLME 向其上层发出状态为 DENIED 的 GTS 证实原语。如果设备请求的一个 GTS 已经撤销，请求设备的 MLME 将向其上层发出状态为 SUCCESS 的 GTS 证实原语并且 GTSCharacteristics 参数的特征类型字段为 0。PAN 协调器收到请求撤销 GTS 的命令，确认并撤销指定 GTS，协调器的 MLME 向上层发出携带撤销的 GTS 特征的指示原语 MLME－GTS. indication。如果 GTS 请求原语中的任何参数超出有效范围，MLME 就向其上层发出状态为 INVALID_PARAMETER 的 GTS 证实原语。

GTS 证实原语 MLME－GTS. confirm 由请求设备的 MLME 产生，向其上层报告 GTS 请求的结果。GTS 证实原语的语法如下：

```
MLME－GTS. confirm        (
                          GTSCharacteristics,
```

status

)

GTS 指示原语 MLME－GTS.indication 用以指示已经分配了一个新 GTS 或撤销了一个现存的 GTS。GTS 指示原语的语法如下：

MLME－GTS.indication　(

DevAddress，

GTSCharacteristics，

SecurityUse，

ACLEntry

)

其中 DevAddress 是分到 GTS 的设备的 16 位短地址。当 PAN 协调器收到请求分配或撤销 GTS 命令并执行相关操作后，MLME 向其上层发出 GTS 指示原语。当 PAN 协调器自身启动撤销 GTS 时，PAN 协调器的 MLME 也向其上层发出 GTS 指示原语；当 PAN 协调器撤销设备的一个 GTS 时，设备 MLME 也向上层发出 GTS 指示原语。

分配 GTS 和撤销现存 GTS 的流程分别如图 2－10 和 2－11 所示。图 2－11 中的 Ⅰ 表示由设备启动的撤销 GTS 过程；Ⅱ 表示由 PAN 协调器启动的撤销 GTS 过程。

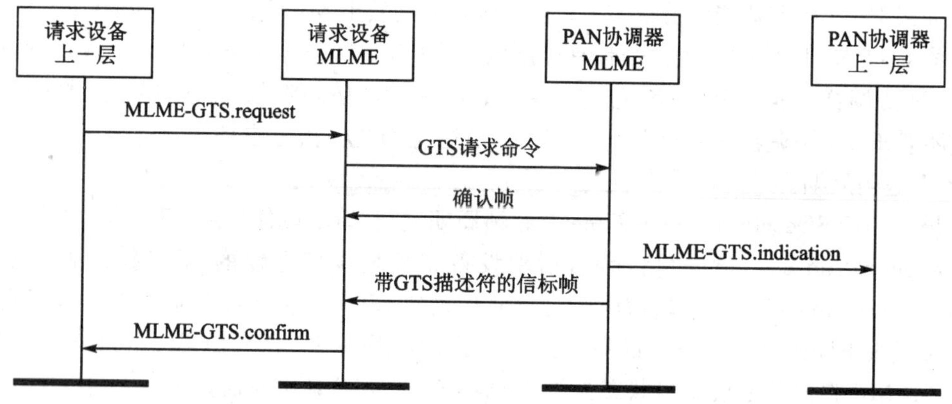

图 2－10　设备请求分配 GTS 的流程

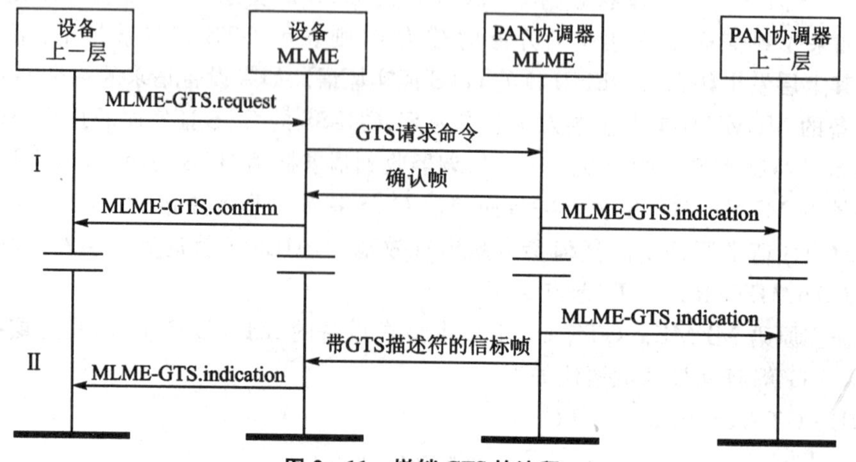

图 2－11　撤销 GTS 的流程

6) 孤立通知原语 MLME－ORPHAN

孤立通知原语(MLME－ORPHAN)定义协调器如何向一个落孤的设备发出通知。孤立通知原语对 RFD 是可选支持的。协调器收到落孤设备发出的孤立通知命令后，MLME 产生孤立指示原语 MLME－ORPHAN. indication 向其上层指示存在一个落孤的设备。MLME－ORPHAN. indication 原语的语法如下：

```
MLME－ORPHAN. indication        (
                                OrphanAddress，
                                SecurityUse，
                                ACLEntry
                                )
```

其中 OrphanAddress 是落孤设备的 64 位扩展地址。协调器 MLME 的上层收到孤立指示原语后，判断该落孤的设备是否是该协调器之前关联的设备并向 MLME 发出孤立响应原语 MLME－ORPHAN. response。孤立响应原语的语法如下：

```
MLME－ORPHAN. response          (
                                OrphanAddress，
                                ShortAddress，
                                AssociatedMember，
                                SecurityEnable
                                )
```

其中：ShortAddress 是协调器分配给落孤设备的短地址；AssociatedMember 是布尔量，指示落孤设备是否是该协调器此前关联的设备。

如果落孤设备是协调器的关联设备，则 MLME－ORPHAN. response 原语中的 AssociatedMember 为 TRUE，ShortAddress 为关联时协调器分配给落孤设备的短地址，MLME 产生一个包含 ShortAddress 字段的重排列命令，在信标使能 PAN 的 CAP 中发送或立即发送；如果落孤设备不是协调器的关联设备，则向 MLME 发出的响应原语中 AssociatedMember 为 FALSE，不再作任何后续操作。如果落孤设备在发出落孤通知命令后的 aResponseWaitTime 个符号周期内没有收到任何协调器的重排列命令，它就认为在有效范围之内没有关联的协调器。

发送协调器重排列命令帧时，MLME 首先调用物理层管理服务原语 PLME－SET－TRX－STATE. request 把发射机设置为 TX_ON 状态。当 MLME 收到 PLME－SET－TRX－STATE. confirm 证实原语的状态为 SUCCESS 或 TX_ON 时，调用物理层数据服务原语 PD－DATA. request 发送重排列命令；最后接收到 PD－DATA. confirm 证实原语，MLME 再调用 PLME－SET－TRX－STATE. request 原语，把收发信机设置为 RX_ON 状态，等待接收确认帧。如果重传 aMaxFrameRetries 次仍未收到确认帧，MLME 就向其上层发出状态为 NO_ACK 的通信状态指示原语 MLME－COMM－STATUS. indication。

如果重排列命令发送成功并且在要求确认时得到了确认，协调器的 MLME 就向其上层发出状态为 SUCCESS 的通信状态指示原语。如果 MLME－ORPHAN. response 中的任何参数超出有效范围，协调器的 MLME 就向其上层发出状态为 INVALID_PARAMETER 的通信状态指示原语。

协调器和孤立设备之间的通信过程如图 2 - 12 所示。

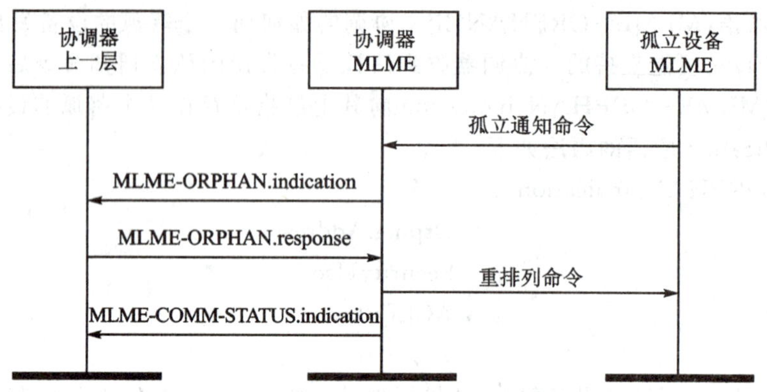

图 2 - 12　协调器和孤立设备的通信流程

7）复位原语 MLME - RESET

复位原语(MLME - RESET)定义把 MAC 层 PIB 的属性值恢复为缺省值的方法。各种类型设备都应支持复位原语。复位请求原语 MLME - RESETrequest 由上层产生，向 MLME 申请对 MAC 层作复位操作。复位请求原语的语法如下：

```
MLME - RESET. request      (
                           SetDefaultPIB
                           )
```

参数 SetDefaultPIB 是布尔量，如果等于 TRUE，则复位 MAC 层并把 MAC PIB 的所有属性设为缺省值；如果等于 FALSE，则复位 MAC 但 MAC PIB 的属性值保持不变。复位请求原语通常在 MLME - START. request 原语和 MLME - ASSOCIATE. request 原语之前使用。如果复位请求原语发给关联设备或协调器的 MLME，则表明在此之前 MLME 收到了解关联请求原语 MLME - DISASSOCIATE. request。

收到复位请求原语后，MLME 调用物理层管理服务原语 PLME - SET - TRX - STATE. request，把收发信机设置为 TRX_OFF 状态。收到收发信机设置确认原语后，MAC 层恢复到初始化条件，所有内部变量设置为缺省值；如果 SetDefaultPIB 等于 TRUE，则 MAC PIB 的属性也都设置为缺省值。

如果收到收发信机状态设置成功的证实原语，MLME 向其上层发出状态为 SUCCESS 的复位证实原语 MLME - RESET. confirm；否则复位证实原语的状态为关闭收发信机失败(DISABLE_TRX_FAILURE)。复位证实原语的语法如下：

```
MLME - RESET. confirm      (
                           status
                           )
```

8）接收机状态原语 MLME - RX - ENABLE

接收机状态原语(MLME - RX - ENABLE)定义设备如何在指定的时间段使能和关闭接收机。各种类型设备都应支持接收机状态原语。

接收机使能请求原语 MLME - RX - ENABLE. request 由上层产生，向 MLME 请求在一段时间内使能接收机。接收机使能请求原语的语法如下：

MLME－RX－ENABLE. request　(
DeferPermit，
RxOnTime，
RxOnDuration
)

其中：布尔量参数 DeferPermit 等于 TRUE 表示当请求的接收机使能时间已经过时时，可以延迟到下一个超帧周期，DeferPermit 等于 FALSE，表示只能在当前的超帧内分配接收机使能时间，该参数对无信标的 PAN 网无效；参数 RxOnTime 表示接收机使能时间起点距超帧开始位置的字符数，取值为 0x000000～0xffffff，最小精度为 20 位，该参数对无信标的 PAN 无效；RxOnDuration 表示用符号数计算的接收机使能持续时间，取值为 0x000000～0xffffff。每个请求原语接收机仅使能一次。

对不使用信标的 PAN，当收到接收机使能请求原语后，MLME 忽略 DeferPermit 和 RxOnTime，请求物理层立即置接收机为使能状态并在 RxOnDuration 个符号周期后关闭接收机。

在有信标的 PAN 中，收到接收机使能请求原语后 MLME 首先判断(RxOnTime＋RxOnDuration)是否小于信标间隔。如果不小于信标间隔，则表示请求原语中的参数无效，MLME 向其上层发出状态为 INVALID_PARAMETER 的接收机使能证实原语 MLME－RX－ENABLE. confirm；如果(RxOnTime＋RxOnDuration)小于信标间隔，MLME 判断请求的接收机使能能否在当前超帧内执行。如果当前超帧已发送符号数小于(RxOnTime － aTurnaroundTime)，MLME 将尝试在当前超帧执行接收机使能；如果当前超帧已发送符号数不小于(RxOnTime－aTurnaroundTime)并且 DeferPermit 等于 TRUE，MLME 将推迟到下一个超帧尝试执行接收机使能。其他情况下，MLME 将向其上层发出状态为 OUT_OF_CAP 的接收机使能证实原语。

为了执行接收机使能，MLME 调用状态为 RX_ON 的物理层管理服务原语 PLME－SET－TRX－STATE . request。如果物理层返回的 PLME－SET－TRX－STATE. confirm 证实原语的状态为 TX_ON，MLME 将向其上层发出状态为 TX_ACTIVE 的接收机使能证实原语 MLME－RX－ENABLE. confirm；否则，MLME 将向其上层发出状态为 SUCCESS 的接收机使能证实原语。

如果(RxOnTime＋RxOnDuration)没有超出 CAP，MLME 在执行 RxOnDuration 个符号周期接收机使能后，向物理层发出状态为 TRX_OFF 的 PLME－SET－TRX－STATE. request 原语，关闭收发信机。如果(RxOnTime＋RxOnDuration)超出当前 CAP 的持续时间，MLME 需确保接收机和 CAP 之后的任何工作要求不冲突。如果 RxOnDuration 等于 0，则 MLME 请求物理层关闭接收机。

接收机使能证实原语 MLME－RX－ENABLE. confirm 是由 MLME 向其上层报告 MLME－RX－ENABLE. request 原语请求接收机使能的结果。接收机使能证实原语的用法在上述接收机使能请求原语中已经作了介绍，它的语法如下：

MLME－RX－ENABLE. confirm　(
status
)

图 2-13 是改变接收机状态的流程，其中Ⅰ表示在有信标的 PAN 中 MLME 没有足够时间在当前超帧执行接收机使能而推迟到下一个超帧的情况；Ⅱ表示不使用信标的 PAN 中改变接收机状态的情况。

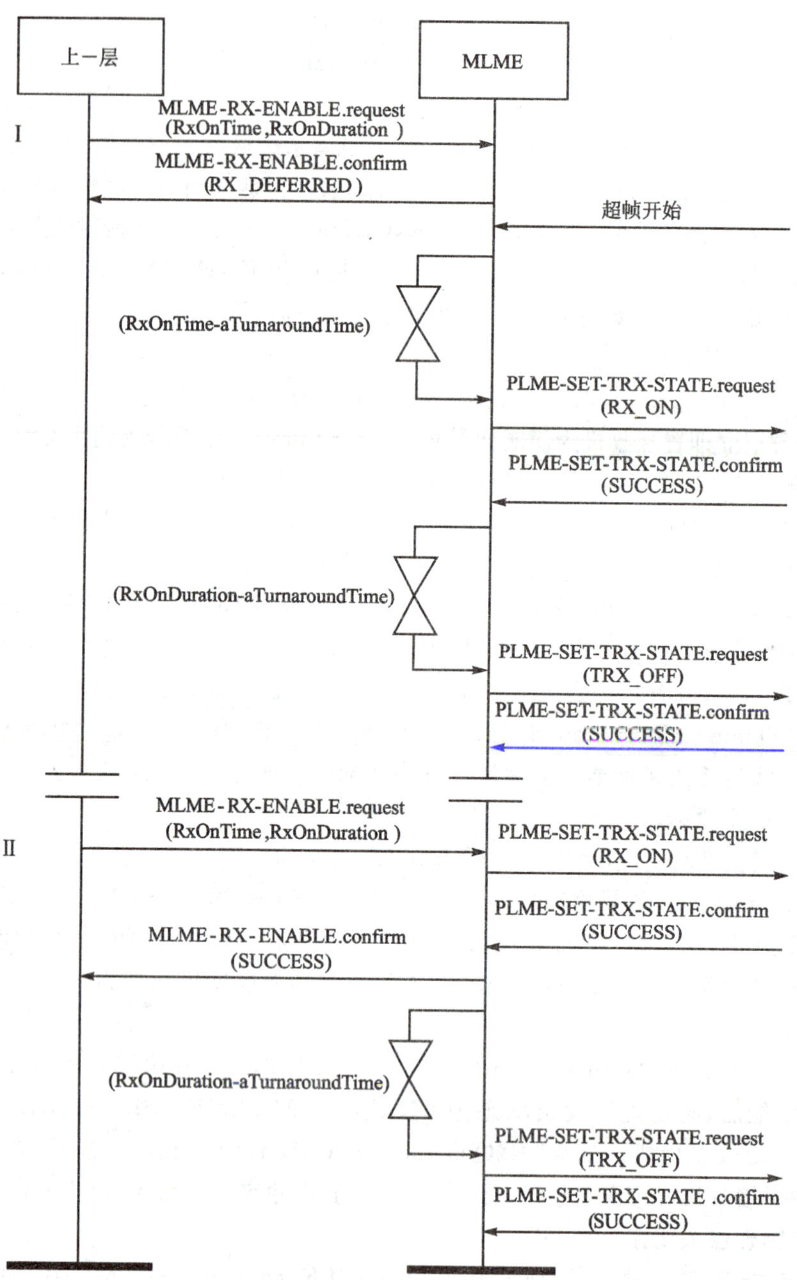

图 2-13　接收机状态改变流程

9）信道扫描原语 MLME-SCAN

信道扫描原语(MLME-SCAN)定义设备如何判断通信信道是否有信号传输或者是否存在 PAN。各种类型设备都应支持信道扫描原语。

信道扫描请求原语 MLME - SCAN. request 按照指定的信道列表启动信道扫描。设备可以通过信道扫描判断信道使用情况、搜索关联的协调器或者搜索个人工作空间(POS)范围内所有发送信标的协调器。MLME - SCAN. request 的语法如下：

```
MLME - SCAN. request        (
                            ScanType,
                            ScanChannels,
                            ScanDuration
                            )
```

其中：参数 ScanType 表示扫描类型的整数，0x00 表示 ED 扫描，0x01 表示主动扫描，0x02 表示被动扫描，0x03 表示孤立设备扫描；ScanChannels 在 32 位数据的低 27 位上以位图的形式表示扫描的信道，1 表示扫描，0 表示不扫描；ScanDuration 表示信道扫描持续时间，取 0～14 的整数。

信道扫描请求原语由 MLME 的上层产生并发给 MLME，启动信道扫描以搜索扫描设备 POS 范围内的活动情况。ED 扫描用来判断信道的使用情况；主动和被动扫描用来定位带有 PAN 标识符的信标；孤立设备扫描用来定位孤立设备所关联的 PAN。各种扫描类型的详细介绍在 MAC 层功能描述部分。

ED 扫描或主动扫描可以在 FFD 变成 PAN 协调器之前执行；主动扫描或被动扫描可以在选择关联的 PAN 之前使用；孤立设备扫描可以用来定位设备孤立之前关联的协调器。所有设备都应支持被动扫描和孤立设备扫描。RFD 可选支持 ED 扫描和主动扫描。

收到 MLME - SCAN. request 原语，MLME 对信道扫描列表中的信道进行扫描。扫描期间，扫描设备停止发送信标帧，MAC 层只接受物理层数据服务中和扫描有关的数据帧。

通过 ED 扫描，设备能够测得每个请求扫描信道上的峰值能量。ED 扫描由 MLME 针对每个扫描信道向物理层重复发送 PLME - ED. request 原语执行能量检测，检测时间为[aBaseSuperframeDuration×(2^n+1)]个符号周期，其中 n 是 ScanDuration 的参数值。完成一个信道的扫描，MLME 记下该信道最大能量，转移到请求信道列表中的下一个扫描信道继续 ED。当扫描的信道数达到实现要求的信道数或者完成了请求信道列表中所有信道的扫描，ED 扫描过程结束。

主动扫描由 FFD 用来搜索其 POS 范围内正在发送信标帧的协调器。主动扫描时，首先由 MLME 向每个信道发送一个信标请求命令；然后 MLME 使能接收机，记录每个信标中的 PAN 描述符。扫描当前信道的时间达到 ScanDuration 参数规定的时间，MLME 结束当前信道的扫描转移到下一个信道扫描。当记录的 PAN 描述符数目达到实现要求的最大数目或者对所有信道列表中的信道都完成扫描时，主动扫描过程结束。

和主动扫描一样，被动扫描也是由设备用来搜索其 POS 范围内正在发送信标帧的协调器，不同的是被动扫描只接收操作并不发送信标请求命令。对一个信道扫描时，MLME 使能接收机，记录信标中的 PAN 描述符。扫描当前信道达到 ScanDuration 参数规定的时间后，MLME 结束当前信道的扫描转移到下一个信道扫描。当记录的 PAN 描述符数目达到实现要求的最大数目或者对所有信道列表中的信道都完成扫描时，被动扫描过程结束。

孤立设备扫描用来定位扫描设备孤立之前所关联的协调器。孤立设备对每个信道进行扫描时，MLME 首先发送一个孤立通知命令，然后置接收使能状态等待接收。如果在 aResponseWait-

Time 个符号周期内，孤立设备收到一个协调器的重排列命令，扫描设备关闭接收，孤立设备和它关联的协调器重新建立了通信。如果在这个时间周期内没有收到重排列命令，则转移到扫描信道列表中的下一个信道扫描。当收到重排列命令或者完成了列表中所有信道的扫描，孤立设备扫描结束。

ED 扫描的结果记录在一个 ED 值列表中，MLME 向其上层发出状态为 SUCCESS 的扫描证实原语 MLME - SCAN. confirm，报告 ED 扫描结果。

主动扫描和被动扫描结果是记录的一组 PAN 描述符的值，由 MLME 通过 MLME - SCAN. confirm 原语向上层报告。如果扫描中没有发现信标，MLME - SCAN. confirm 原语的 PAN 描述符字段为空，状态为 NO_BEACON；如果扫描过程中发现了信标，MLME - SCAN. confirm 原语的状态为 SUCCESS，并携带了扫描得到的 PAN 描述符列表和未扫描信道列表。

孤立设备扫描如果收到了协调器的重排列命令，MLME 向其上层发送状态为 SUCCESS 的 MLME - SCAN. confirm 原语；如果未收到重排列命令，MLME - SCAN. confirm 原语的状态为 NO_BEACON。孤立设备扫描证实原语中的 PAN 描述符列表和能量检测列表总为空。

如果 MLME - SCAN. request 原语中的任何参数超出有效范围，则 MLME 向其上层发出状态为 INVALID_PARAMETER 的信道扫描证实原语。

信道扫描证实原语 MLME - SCAN. confirm 由 MLME 用来向其上层报告信道扫描请求的结果。它的语法如下：

```
MLME - SCAN. confirm      (
                          status,
                          ScanType,
                          UnscannedChannels,
                          ResultListSize,
                          EnergyDetectList,
                          PANDescriptorList
                          )
```

其中：参数 UnscannedChannels 以位图形式用 32 位数的 27 个低有效表示未扫描的信道，1 表示信道未扫描，0 表示扫描过或没有请求扫描；ResultListSize 表示扫描结果的字节数；EnergyDetectList 是 ED 扫描的峰值能量列表；PANDescriptorList 是主动扫描和被动扫描中记录的 PAN 描述符列表。信道扫描证实原语的用法在信道扫描请求原语的描述中已有详细的介绍。

10）通信状态原语 MLME - COMM - STATUS

当传输不是由请求原语. request 启动，或者到达的分组出现安全处理错误时，MLME 通过通信状态指示原语和上层交互传输状态信息。MLME - COMM - STATUS. indication 原语的语法如下：

```
MLME - COMM - STATUS. indication      (
                                      PANId,
                                      SrcAddrMode,
                                      SrcAddr,
                                      DstAddrMode,
                                      DstAddr,
```

status
)

11）设置属性原语 MLME－SET

MAC PIB 属性设置原语(MLME－SET)定义对 PIB 属性作写操作的过程。各种类型设备都应支持 PIB 属性设置原语。

MAC PIB 属性设置请求原语 MLME－SET. request 由上层发给 MLME，请求把指定的 PIB 属性设置为指定的值。MLME－SET. request 的语法如下：

```
MLME－SET. request      (
                        PIBAttribute,
                        PIBAttributeValue
                        )
```

其中：参数 PIBAttribute 是请求设置的属性标识码；PIBAttributeValue 是拟设置的属性值。接收到 PIB 属性设置请求原语后，MLME 在数据库中检索请求的属性。如果数据库找不到请求的 PIB 属性，MLME 就向其上层发出状态为 UNSUPPORTED_ATTRIBUTE 的属性设置证实原语 MLME－SET. confirm；如果请求设置的属性值超出了有效范围，MLME 就向其上层发出状态为 INVALID_PARAMETER 的属性设置证实原语；如果属性设置成功，MLME 以状态为 SUCCESS 的 MLME－SET. confirm 原语向其上层报告属性设置结果。

属性设置证实原语 MLME－SET. confirm 的语法如下：

```
MLME－SET. request      (
                        status,
                        PIBAttribute
                        )
```

12）更新超帧配置原语 MLME－START

更新超帧配置原语(MLME－START)定义一个 FFD 如何请求启用新的超帧配置来实现 PAN 初始化、信标产生、设备发现、停止发送信标等。更新超帧配置原语对 RFD 是可选的。

MLME－START. request 原语由上层发给 MLME，请求设备开始使用新的超帧配置。更新超帧配置请求原语的语法如下：

```
MLME－START. request    (
                        PANId,
                        LogicalChannel,
                        BeaconOrder,
                        SuperframeOrder,
                        PANCoordinator,
                        BatteryLifeExtension,
                        CoordRealignment,
                        SecurityEnable
                        )
```

其中：参数 BeaconOrder(BO)跟发送信标的频率有关，BO 为 0～14 时，信标间隔(BI)为

(aBaseSuperframeDuration * 2^{BO})个符号周期，取值 15 时表示协调器不发送信标，超帧结构不存在，SuperframeOrder 参数无效；参数 SuperframeOrder(SO)定义了超帧中包括信标在内的激活部分的长度(SD)，SO 为 0～BO 表示 SD 为(aBaseSuperframeDuration * 2^{SO})个符号周期，SO=15 表示超帧的信标之后没有激活部分；参数 PANCoordinator 是一个布尔量，取值 TRUE 表示该设备将成为一个新的 PAN 的网络协调器，取值 FALSE 表示该设备将发送关联 PAN 的信标；参数 BatteryLifeExtension 是一个定义节能模式的布尔量，取值 TRUE 表示该发送信标设备的接收机在信标帧间隔(IFS)之后关闭 BatLifeExtPeriods 个完整的退避周期，取值 FALSE 表示信标设备的接收机在整个 CAP 一直处于使能状态；布尔量 CoordRealignment 取 TRUE 表示在改变超帧配置之前先发送一个协调器重排列命令，否则取 FALSE；布尔量 SecurityEnable 表示发送信标帧时是否使用安全机制。

如果收到 MLME - START. request 原语时设备短地址 macShortAddress 等于 0xffff，MLME 就向其上层返回状态为 NO_SHORT_ADDRESS 的 MLME - START. confirm 证实原语。如果设备拥有合法的短地址，则收到 MLME - START. request 原语后 MLME 设置属性 macBeaconOrder 的值为参数 BeaconOrder 的值。如果 macBeaconOrder 值为 15，MLME 也设置属性 macSuperframeOrder 的值为 15，此时该原语配置了一个无信标的 PAN；如果 macBeaconOrder 的值小于 15，MLME 把属性 macSuperframeOrder 的值设置为参数 SuperframeOrder 的值。

当参数 PANCoordinator 的值为 TRUE 时，该设备将作为网络协调器建立一个新的 PAN。MLME 把 MAC 层属性 mac*PANId* 更新为参数 PANId 的值，调用物理层管理服务原语 PLME - SET. request 把物理层属性 phyCurrentChannel 更新为参数 LogicalChannel 的值。

如果参数 CoordRealignment 的值为 TRUE，MLME 将产生并广播携带 PANId 和 LogicalChannel 参数的协调器重排列命令。如果设备正在发送信标，则新的超帧配置在下一个信标时生效；如果设备不在发送信标，则新的超帧配置立即生效。信标帧中使用的地址由属性 macShort - Address 决定，该原语也设置属性 macBatt - LifeExt 为参数 BatteryLifeExtension 的值。

为了发送信标帧，MLME 首先调用 PLME - SET - TRX - STATE. request 原语置发射机为使能状态(TX_ON)。在收到状态为 SUCCESS 或 TX_ON 的证实原语 PLME - SET - TRX - STATE. confirm 后，再调用物理层数据服务原语 PD - DATA. request 发送信标帧。在收到 PD - DATA. confirm 确认帧后，如果超帧的活动部分长度超出信标帧的长度，则 MLME 调用 PLME - SET - TRX - STATE. request 原语置接收机为使能状态(RX_ON)；如果超帧的活动周期仅为信标帧周期部分，则接收机置关闭状态。

一个完整的超帧配置更新过程还包括 MLME 通过证实原语 MLME - START. confirm 对请求原语的响应。如果超帧配置更新成功，MLME 向其上层反馈一个状态为 SUCCESS 的证实原语；如果更新超帧配置请求原语中出现不支持的参数或任何参数超出了有效取值范围，则 MLME 向其上层发出状态为 INVALID_PARAMETER 的证实原语。

更新超帧配置证实原语 MLME - START. confirm 的语法为：

```
MLME - START. request      (
                             Status
                           )
```

图 2 - 14 是一个 FFD 初始化信标发送的流程。

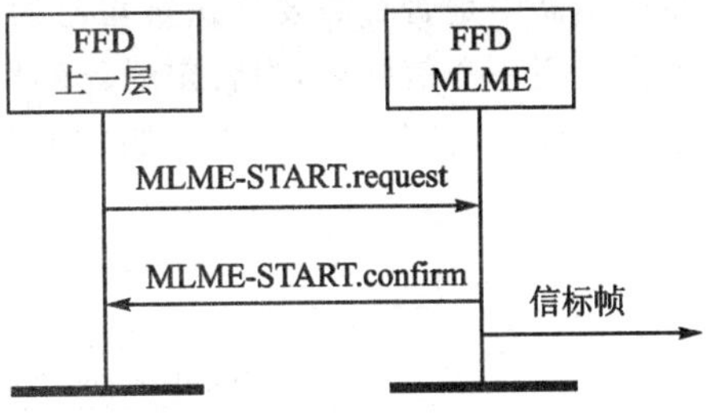

图 2-14 信标发送初始化流程

13) 同步原语 MLME-SYNC

同步原语定义设备和协调器获得同步的过程以及如何向上层报告失步信息。MLME 的同步原语包括同步请求原语 MLME-SYNC. request 和失步指示原语 MLME-SYNC-LOSS. indication。各种类型设备都应该支持这两种同步原语。

同步请求原语 MLME-SYNC. request 的语法为:

```
MLME-SYNC. request          (
                            LogicalChannel,
                            TrackBeacon
                            )
```

其中参数 TrackBeacon 是布尔量,取 TRUE 表示 MLME 将同步到下一个信标并跟踪后续的所有信标,取 FALSE 表示只同步到下一个信标。

同步请求原语由发送信标的 PAN 网中设备的上层产生并发送给 MLME,以便设备和协调器同步。带信标的 PAN 中设备收到 MLME-SYNC. request 原语后,MLME 首先调用物理层管理服务原语 PLME-SET. request 把物理层属性 phyCurrentChannel 设置为 LogicalChannel 参数的值;然后使能接收机搜索当前网络中的信标。如果 TrackBeacon 参数为 TRUE,MLME 将跟踪信标,即在每个信标出现之前置接收机为使能状态,以便对信标进行处理;如果 TrackBeacon 参数为 FALSE,MLME 则只定位下一个信标而不跟踪后续的信标帧。

如果接收到同步请求原语时 MLME 正在跟踪信标帧,MLME 并不丢弃该原语,而是当作一个新的同步请求。如果在初始捕获或跟踪过程中不能定位信标,则 MLME 上层发出失步原因为 BEACON_LOST 的失步指示原语。

14) 失步原语 MLME-SYNC-LOSS

失步指示原语 MLME-SYNC-LOSS. indication 的语法为:

```
MLME-SYNC-LOSS. indication          (
                                    LossReason
                                    )
```

失步指示原语在设备与协调器失步时由 MLME 产生并向其上层报告失步原因。失步指示原语也可以由 PAN 协调器的 MLME 产生,向其上层报告发生了 PAN 标识码冲突(PAN_ID_CONFLICT)。

如果设备检测到 PAN 标识码冲突并告知协调器,设备 MLME 向其上层发出失步原因为 PAN_ID_CONFLICT 的失步指示原语;同样地,PAN 协调器在收到 PAN ID 冲突通知命令后,其 MLME 也向上层发出失步原因为 PAN_ID_CONFLICT 的失步指示原语。

如果设备没有执行孤立设备扫描而收到了关联协调器的重排列命令,MLME 向其上层发出失步原因为 REALIGNMENT 的失步指示原语。

在收到同步请求原语后,如果设备在连续 aMaxLostBeacons 个超帧周期内都没"听"到信标,MLME 就向其上层发出状态为失步原因为 BEACON_LOST 的失步指示原语。

图 2-15 是设备和协调器同步的流程。其中 Ⅰ 是同步单个信标的情况,设备找到信标后

判断协调器中是否有需要传送给自己的数据，如果有，就请求获取数据；Ⅱ是跟踪信标的情况，设备在找到一个信标后，设置定时器刚好计数到下一个信标预期出现的时间之前以跟踪信标。在收到信标后，设备同样检查协调器上是否有要递交给自己的数据。

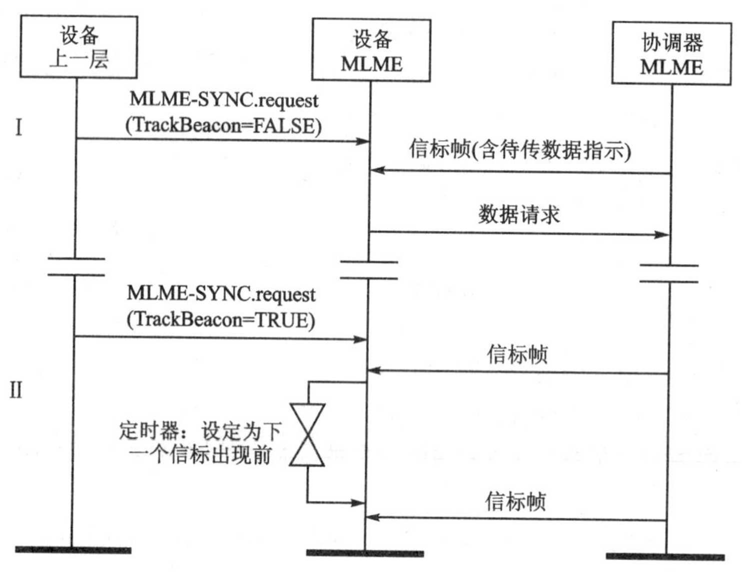

图 2-15　设备同步流程

15）轮询原语 MLME-POLL

轮询原语定义设备向协调器请求数据的过程。各种类型设备都应该支持轮询原语。轮询原语包括轮询请求 MLME-POLL. request 和轮询证实 MLME-POLL. confirm。

轮询请求原语 MLME-POLL. request 由设备上层发送给 MLME，用以向协调器请求数据。轮询请求原语的语法为：

```
MLME-POLL. request    (
                       CoordAddrMode,
                       CoordPANId,
                       CoordAddress,
                       SecurityEnable
                       )
```

接收到 MLME-POLL. request 原语后，MLME 产生并发送一个数据请求命令。如果是向 PAN 协调器请求数据，则数据请求命令中不含任何目的地址信息；否则，数据请求命令携带参数 CoordPANId 和 CoordAddress 中的目的地址信息。

如果由于 CSMA 算法失败而不能发送数据请求命令，MLME 就向其上层发出状态为 CHANNEL_ACCESS_FAILURE 的轮询证实原语 MLME-POLL. confirm。

为了发送数据请求帧，MLME 首先调用物理层管理服务原语 PLME-SET-TRX-STATE. request 把发射机设置为 TX_ON 状态；当 MLME 收到 PLME-SET-TRX-STATE. confirm 证实原语的状态为 SUCCESS 或 TX_ON 时，调用物理层数据服务原语 PD-DATA. request 发送数据请求命令；最后接收到 PD-DATA. confirm 证实原语，MLME 再调用 PLME - SET - TRX - STATE. request 原语，把收发信机设置为 RX_ON 状态，等待接收确认帧。如果重传 aMaxFrameRetries 次数据请求命令仍未收到确认帧，MLME 则向其上层发出状态为 NO_ACK 的轮询证实原语。

如果设备收到数据请求命令的确认帧，并且指示有数据需要传送，则 MLME 请求物理层置接收机为使能状态；如果确认帧指示没有待处理数据，MLME 则向上层发出状态为 NO_DATA 的轮询证实原语。

如果设备收到协调器发送的有效数据长度为 0 数据帧或 MAC 命令帧，则 MLME 向其上层发出状态为 NO_DATA 的轮询证实原语。如果设备收到协调器发送的有效数据长度不为 0 的数据帧，则 MLME 向上层发送状态为 SUCCESS 的轮询证实原语，并通过 MAC 层数据服务原语 MCPS - DATA. indication 向上层报告收到的 MSDU。

如果数据请求命令的确认帧指示协调器有数据传送给设备，但是设备在 aMaxFrameResponseTime 符号周期内没有收到数据帧，则 MLME 也向上层发出状态为 NO_DATA 的证实原语 MLME - POLL. confirm。

如果 MLME - POLL. rcqucst 原语中有不支持的参数或者任何参数值超出有效范围，则 MLME 向其上层发送状态为 INVALID_PARAMETER 的轮询证实原语。

轮询证实原语 MLME - POLL. confirm 由 MLME 向上层报告设备向协调器请求数据的结果。它的语法为：

```
MLME - POLL. confirm        (
                            status
                            )
```

图 2 - 16 是设备向协调器请求数据的流程。其中Ⅰ是协调器中没有待传送数据的情况，设备 MLME 立即向上层发送 MLME - POLL. confirm 原语；Ⅱ是协调器中有待传送数据的情

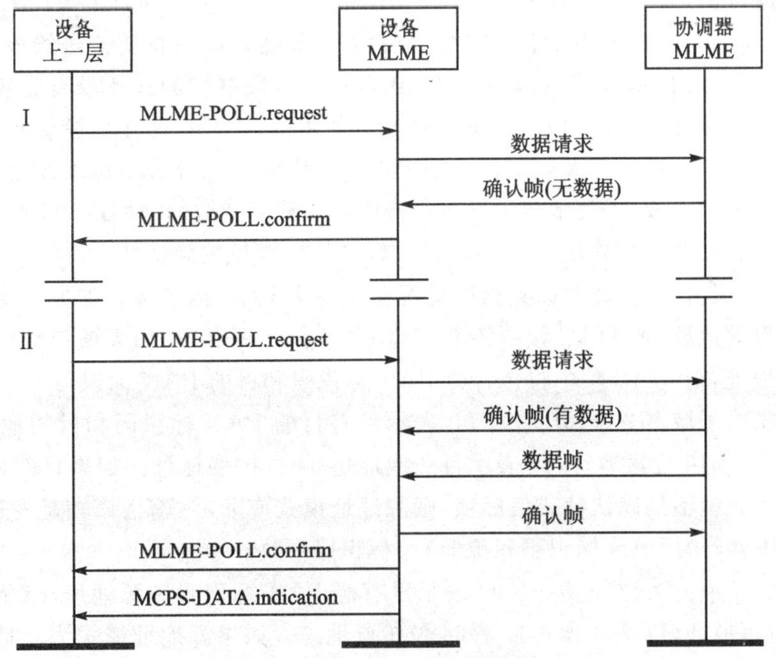

图 2 - 16　设备向协调器请求数据的流程

况，设备接收到数据后 MLME 向上层发送 MLME - POLL. confirm 原语。

2.2.2　MAC 层帧格式

1. MAC 帧一般格式

MAC 帧，即 MAC 协议数据单元(MPDU)，是由一系列字段按照特定的顺序排列而成的。MAC 帧通常包括三部分：MAC 头、MAC 有效载荷和 MAC 尾。MAC 头部分由帧控制字段、帧序号字段和地址信息域组成；MAC 有效载荷部分的长度与帧类型相关，确认帧的有效载荷部分长度为 0；MAC 尾是帧校验序列(FCS)。MAC 帧格式如下：

<table>
<tr><td>字节数：2</td><td>1</td><td>0/2</td><td>0/2/8</td><td>0/2</td><td>0/2/8</td><td>可变长度</td><td>2</td></tr>
<tr><td rowspan="2">帧控制</td><td rowspan="2">帧序号</td><td>目的 PAN 标识码</td><td>目的地址</td><td>源 PAN 标识码</td><td>源地址</td><td rowspan="2">帧有效载荷</td><td rowspan="2">FCS</td></tr>
<tr><td colspan="4">地址信息</td></tr>
<tr><td colspan="6">MAC 头(MHR)</td><td>MAC 有效载荷</td><td>MAC 尾(MFR)</td></tr>
</table>

(1) 帧控制字段

帧控制字段的长度为 16 位，共分为 9 个子域。帧控制字段格式如下：

比特位：0～2	3	4	5	6	7～9	10～11	12～13	14～15
帧类型	安全使能	数据待传	确认请求	网内/网际	预留	目的地址模式	预留	源地址模式

帧类型子域占 3 位($b_2b_1b_0$)：000 表示信标帧，001 表示数据帧，010 表示确认帧，011 表示 MAC 命令帧，其他取值预留。

安全使能子域占 1 位：0 表示 MAC 层没有对该帧作加密处理；1 表示该帧使用了 MAC PIB 中的密钥进行保护。

数据待传指示占 1 位：1 表示在当前帧之后，发送设备还有数据要传送给该接收设备，接收设备需要再发送数据请求命令来索取数据；0 表示发送数据帧的设备没有更多的数据要传送给接收设备。在信标关闭的 PAN 任何时候都可使用该指示位，而在信标使能的 PAN 中只在 CAP 期间使用；其他情况则发射设备总是置该指示位为 0，接受设备也不检测该指示。

确认请求子域占 1 位：1 表示接收设备在接收到该数据帧或命令帧后，如果判断其为有效帧就要向发送设备反馈一个确认帧；0 表示接收设备不需要反馈确认帧。

网内/网际子域占 1 位，表示该数据帧是否在同一个 PAN 内传输。如果该指示位为 1 且存在源地址和目的地址，则 MAC 帧中将不含源 PAN 标识码字段；如果该指示位为 0 且存在源地址和目的地址，则 MAC 帧中将包含源 PAN 标识码和目的 PAN 标识码。

目的地址模式子域占 2 位($b_{11}b_{10}$)：00 表示没有目的 PAN 标识码和目的地址，01 预留，10 表示目的地址是 16 位短地址，11 表示目的地址是 64 位扩展地址。如果目的地址模式为 0 且帧类型域指示该帧不是确认帧或信标帧，则源地址模式应非零，暗指该帧是发送给 PAN 协调器的，PAN 协调器的 PAN 标识码和源 PAN 标识码一致。

源地址模式子域占 2 位($b_{15}b_{14}$)：00 表示没有源 PAN 标识码和源地址，01 预留，10 表示源地址是 16 位短地址，11 表示源地址是 64 位扩展地址。如果源地址模式为 0 且帧类型域指示该帧不是确认帧，则目的地址模式应非零，暗指该帧是由与目的 PAN 标识码一致的 PAN

协调器发出的。

(2) 帧序号字段

序号是 MAC 层为每帧指定的唯一顺序标识码，帧序号字段的长度是 8 位。

信标帧的序号是信标序号（BSN），每个协调器的 BSN 是其 MAC PIB 属性 macBSN 的值，macBSN 初始值为一个随机数。构造信标帧时，协调器把 macBSN 值复制到帧序号字段，并把 macBSN 值加 1。

数据帧、确认帧或 MAC 命令帧的序号是数据序号（DSN），DSN 用于确认帧和数据帧或命令帧的匹配。一个设备不管和几个设备通信，它都只支持一个 DSN。每个设备的 DSN 是存在 MAC PIB 属性 macDSN 中的，macDSN 的初始值为一个随机数。构造数据帧或命令帧时，设备把 macDSN 值复制到帧序号字段，并把 macDSN 值加 1。

如果要求确认，接收设备就把数据帧或者命令帧的 DSN 值复制到其对应的确认帧 DSN 字段。如果发送设备在 macAckWaitDuration 个符号周期内没有收到确认帧，则以原 DSN 重新发送一遍数据帧或命令帧。

(3) 目的 PAN 标识码字段

目的 PAN 标识码字段长度是 16 位，它指定了帧的期望接收设备所在 PAN 的标识码。该字段值为 0xffff 时表示广播 PAN 标识码，此时所有监听信道的设备都把它当作有效的 PAN 标识码。只有帧控制字段中目的地址模式值不为 0 时，帧结构中才存在目的 PAN 标识码字段。

(4) 目的地址字段

目的地址是帧的期望接收设备的地址。只有帧控制字段中目的地址模式值非 0 时，帧结构中才存在目的地址字段。不同的目的地址模式决定了目的地址字段的长度为 16 位或 64 位。该字段值为 0xffff 时表示广播短地址，此时，所有监听信道的设备都把它当作有效的短地址。

(5) 源 PAN 标识码字段

源 PAN 标识码字段长度是 16 位，它指定了帧发送设备的 PAN 标识码。只有当帧控制字段中源地址模式值不为 0 并且网内/网际指示位等于 0 时，帧结构中才包含有源 PAN 标识码字段。一个设备的 PAN 标识码是初始关联到 PAN 时获得的，但是在解决 PAN 标识码冲突时可能会改变。

(6) 源地址字段

源地址是帧发送设备的地址。只有帧控制字段中源地址模式值非 0 时，帧结构中才存在源地址字段。不同的源地址模式决定了目的地址字段的长度为 16 位或 64 位。

(7) 帧有效载荷字段

有效载荷字段的长度是可变的，因帧类型的不同而不同。如果帧控制字段中的安全使能位为 1，则有效载荷部分是受到安全机制保护的数据。

(8) FCS 字段

FCS 字段是对 MAC 帧头和有效载荷计算得到的 16 位 ITU－T CRC 序列。ITU－T 标准的 16 次 CRC 生成多项式为：

$$G_{16}(x) = x^{16} + x^{12} + x^{5} + 1$$

计算 FCS 的 CRC 算法如下：

- 把计算校验和的序列(MAC 帧头和有效载荷)表示成二进制多项式形式,即

$$M(x) = b_0 x^{k-1} + b_1 x^{k-2} + \cdots + b_{k-2} x + b_{k-1}$$

- 以生成多项式的最高次幂乘以 $M(x)$ 得到被除式 $x^{16}M(x)$;
- 用 $x^{16}M(x)$ 模二除以生成多项式 $G_{16}(x)$ 得到余式,即

$$R(x) = r_0 x^{15} + r_1 x^{14} + \cdots + r_{14} x + r_{15}$$

- 余式 $R(x)$ 的系数即为 FCS 的值。

计算 CRC 校验和算法的实现方法如图 2-17 所示。

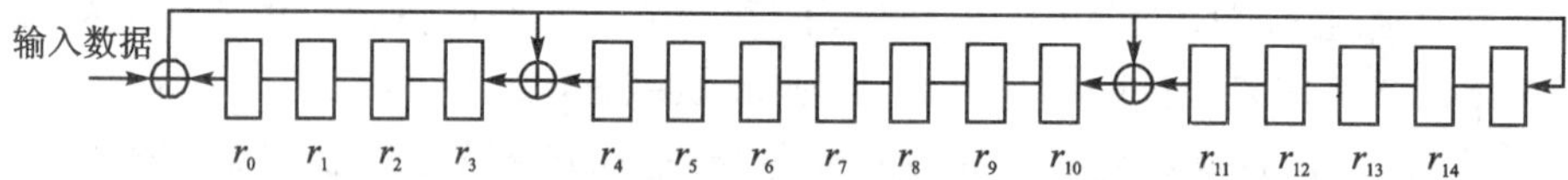

注: ① 初始化余式寄存器 r_0-r_{15} 为0; ② 从MHR的最低有效位开始逐位移入除法器;
③ 计算序列的最后一位移入除法器时,余式寄存器中的值即为FCS。

图 2-17　CRC 算法实现

2. 特定 MAC 帧格式

1) 信标帧格式

信标帧的格式如下:

字节数:2	1	4/10	2	可变长度	可变长度	可变长度	2
帧控制	序号	地址信息	超帧配置	GTS	待处理地址	信标有效载荷	FCS
MAC 头(MHR)			MAC 有效载荷				MAC 尾(MFR)

信标帧中各字段的排列顺序应和 MAC 帧一般格式相一致。其中 GTS 字段和待处理地址字段的详细配置分别如下:

GTS 字段格式

字节数:1	0/1	可变长度
GTS 配置	GTS 方向	GTS 列表

待处理地址字段格式

字节数:1	可变长度
待处理地址配置	地址列表

(1) 信标帧头部分

信标帧头部分包括帧控制字段、信标序号字段、源 PAN 标识字段和源地址字段。

帧控制中帧类型子域的值为 000,表示信标帧;源地址模式子域根据一般帧格式中的定义设置以指示发送信标的协调器的地址;如果信标帧使用了安全处理,则安全使能子域置为 1;信标帧控制中其他字段均置为 0 并且接收设备不检测这些字段。

信标序号字段置为 MAC PIB 中属性 macBSN 的当前值。

信标帧的地址域仅包含源 PAN 标识和源地址,即发送信标设备的 PAN 标识和地址。

(2) 超帧配置字段

超帧配置字段长度为 16 位,字段格式如下:

比特位：0～3	4～7	8～11	12	13	14	15
信标阶数	超帧阶数	最后 CAP 时隙	电池寿命延长	预留	PAN 协调器	关联允许

信标阶数子域的长度是 4 位，它指定了发送信标的时间间隔。如果以"BO"表示信标阶，"BI"表示信标间隔，则当 $0 \leqslant BO \leqslant 14$ 时，信标间隔为 $BI = aBaseSuperframeDuration \times 2^{BO}$ 个符号间隔；当 BO＝15 时，协调器只有在收到信标发送请求时才发送信标，其他时间不发送信标。

超帧阶数子域的长度是 4 位，它指定了包括信标发送在内的超帧活动（即接收使能）时间的长度，协调器只有在活动超帧时才和 PAN 交互信息。如果以"SO"表示超帧阶，"SD"表示超帧活动期的长度，则当 $0 \leqslant SO \leqslant 14$ 时，$SD = aBaseSuperframeDuration \times 2^{SO}$ 个符号间隔；当 SO＝15 时，表示发送完信标之后超帧一直处于非活动状态。

最后 CAP 时隙字段指定超帧中竞争访问周期 CAP 的最后一个超帧时隙，也就指定了 CAP 周期的长度。CAP 周期的长度一般不小于常数 aMinCAPLength 的值，唯一的例外是在维护 GTS 需要暂时增加信标帧的长度时。

电池寿命延长子域长度是 1 位，当要求在 CAP 内发送给信标产生设备的帧在信标帧间隔（IFS）之后第六个退避周期之前开始传送时，该子域置为 1；否则，电池寿命延长子域置为 0。

PAN 协调器，如果发送信标的设备是 PAN 协调器，则 PAN 协调器子域置为 1；否则，置为 0。

关联允许，当属性 macAssociationPermit 的值为 True 时，表示该发送信标的协调器允许设备关联，此时关联允许子域置为 1；如果协调器当前不能接受关联请求，则该子域置为 0。

(3) GTS 配置字段

GTS 配置字段长度是 8 位，其中位 0～2 是 GTS 描述符计数器子域，位 7 是 GTS 允许子域，位 3～6 是预留部分。

GTS 描述符计数器子域指定了信标帧 GTS 列表字段中 3 字节 GTS 描述符的个数。如果该子域的值大于 0，则允许 CAP 长度小于常数 aMinCAPLength 以临时增加信标帧的长度来容纳该子域配置的内容；如果该子域为 0，则信标帧中就不存在下面的 GTS 方向和 GTS 列表字段。

GTS 允许子域的值由属性 macGTSPermit 的值来决定。如果 macGTSPermit 的属性值为 TRUE，表示 PAN 协调器接受 GTS 请求，此时 GTS 允许子域置为 1；否则置为 0。

(4) GTS 方向字段

GTS 方向字段的长度是 8 位，其中 0～6 位是 GTS 方向掩码子域，最后位为预留位。GTS 方向掩码中的每一位分别指定超帧中一个 GTS 的方向，最低位对应 GTS 列表字段中第一个 GTS 的方向，其他位依此类推。GTS 为只收 GTS 时，方向掩码中对应位置为 1；为只发 GTS 时，方向掩码中对应位置为 0。

(5) GTS 列表字段

GTS 列表字段的长度由 GTS 配置字段的相关值决定，它包含一系列描述当前分配 GTS 特征的 GTS 描述符。列表中 GTS 描述符的个数最多为 7 个。每个 GTS 描述符的长度是 24 位。设备短地址子域包含的是 GTS 对应设备的 16 位短地址；GTS 开始时隙子域指定了 GTS 在超帧结构中的开始时隙位置；GTS 长度子域规定了该 GTS 所包含的相连超帧时隙数。CTS 描述符格式如下：

比特位：0～15	16～19	20～23
设备短地址	GTS开始时隙	GTS长度

(6) 待处理地址配置字段

待处理地址配置字段的长度是8位，其中位0～2指示信标帧地址列表字段中包含的短地址个数；位4～6指示地址列表字段中包含的64位扩展地址个数；位3和7是预留位。

(7) 地址列表字段

地址列表字段的长度由待处理地址配置字段的值决定，它包含的是相关设备的地址，当前发送信标的协调器有数据等待传送到这些设备。地址列表字段中不应包含广播短地址0xffff。

地址列表字段中短地址和扩展地址的总数最多为7个，其排列顺序是短地址在前，扩展地址在后。如果协调器能够存储7个以上的事务，则协调器应当以“先到先服务”的方式处理这些事务，以保证信标帧的地址列表中最多有7个地址。

(8) 信标有效载荷字段

信标有效载荷字段是一个可选的字节序列，它由MAC的上一层产生并在信标帧中发送，其最大长度为aMaxBeaconPayloadLength个字节。如果属性macBeaconPayloadLength的值不为0，则把属性macBeaconPayload的内容复制到信标有效载荷字段。

如果发送的信标帧要求安全处理，则根据aExtendedAddress对应的安全套件对信标有效载荷作安全处理。如果接收帧控制字段的安全使能子域为0，则信标有效载荷字段包含的字节序列就是要送到MAC上层的数据；如果安全使能子域为1，则设备需要根据接收帧源地址对应的安全套件对信标有效载荷字段的数据作解密处理，得到期望的数据后再传递给MAC上层。

如果设备接收到的信标中存在有效载荷字段，则先把有效载荷指示给上层然后处理超帧配置字段和地址列表字段中的信息；如果信标中无有效载荷字段，则立即解析并处理超帧配置字段和地址列表字段中的信息。

2) 数据帧格式

数据帧中各字段的排列顺序应和MAC帧一般格式相一致。数据帧的格式如下：

字节数：2	1	可变长度	可变长度	2
帧控制	序号	地址信息	数据有效载荷	FCS
MAC头(MHR)			MAC有效载荷	MAC尾(MFR)

(1) 数据帧头部分

数据帧头部分包括帧控制字段、帧序号字段、目的PAN标识字段、目的地址字段和/或源PAN标识、源地址字段。

帧控制字段中帧类型子域的值为001，表示数据帧；帧控制字段中其他子域的值根据具体应用作适当的设置。

数据帧序号字段的值设为属性macDSN的当前值。

地址信息字段根据帧控制字段中的不同设置，可能包含目的地址信息(目的PAN标识和目的地址)和/或源地址信息(源 PAN 标识和源地址)。

(2) 数据有效载荷字段

数据帧有效载荷字段包含的是 MAC 上层要求发送的一串字节。

如果待发送的数据帧要求安全处理,则根据相关安全套件对数据有效载荷进行处理。如果地址信息部分存在目的地址域,则使用目的地址对应的安全套件;如果不存在目的地址,则采用 macCoordExtendedAddress 属性对应的安全套件进行处理。

如果接收数据帧控制字段中安全使能子域为 0,则数据有效载荷字段包含的字节序列就是要传递给 MAC 上层的数据;如果安全使能子域为 1,则设备需根据所选择的安全套件对数据有效载荷字段进行解密处理后得到期望的字节序列再传递给 MAC 上层。

3) 确认帧格式

确认帧的格式非常简单。确认帧只有帧头(MHR)和帧尾(MFR)两部分。确认帧的格式如下:

字节数:2	1	2
帧控制	序号	FCS
MAC 头(MHR)		MAC 尾(MFR)

确认帧的帧头部分只有帧控制字段和帧序号字段。帧控制字段中帧类型子域的值为 010,表示确认帧;待处理子域的值根据发送确认帧的设备是否还有后续数据等待接收而进行合理的设置;其他子域则都设为 0 并在接收端忽略处理。

确认帧的序号字段的值等于它此前接收到的并将要确认的帧的序号。

4) 命令帧格式

命令帧的格式如下:

字节数:2	1	可变长度	1	可变长度	2
帧控制	序号	地址信息	命令帧标识	命令有效载荷	FCS
MAC 头(MHR)			MAC 有效载荷		MAC 尾(MFR)

(1) 命令帧头部分

MAC 命令帧的帧头部分包括帧控制字段、帧序号字段、目的 PAN 标识字段、目的地址字段和/或源 PAN 标识字段、源地址字段。

帧控制字段中帧类型子域的值为 011,标识 MAC 命令帧;其他子域则根据 MAC 命令帧的具体应用作合适的设置。

帧序号字段设为属性 macDSN 的当前值。

地址信息字段根据帧控制字段的不同设置,包含目的地址信息和/或源地址信息。

(2) 命令帧标识字段

命令帧标识字段指示所使用的 MAC 命令,其取值范围是 0x01～0x09,各取值所标识的命令名称如表 2-7 所列。

表 2－7　MAC 命令帧

命令帧标识	命令名称	命令帧标识	命令名称
0x01	关联请求	0x06	孤立通知
0x02	关联响应	0x07	信标请求
0x03	解关联通知	0x08	协调器重排列
0x04	数据请求	0x09	GTS 请求
0x05	PAN ID 冲突通知	0x0a～0xff	预留

(3) 命令有效载荷字段

命令有效载荷字段包含的是命令帧标识所指示的具体 MAC 命令的内容。

当待发送的 MAC 命令帧要求安全处理时，根据相关安全套件对命令有效载荷进行处理。如果地址信息部分存在目的地址域，则使用目的地址对应的安全套件；如果不存在目的地址，则采用 macCoordExtendedAddress 属性对应的安全套件进行处理。

如果接收命令帧控制字段中安全使能子域为 0，则命令有效载荷字段包含的就是 MAC 命令的内容；如果安全使能子域为 1，则设备需根据所选择的安全套件对命令有效载荷字段进行解密处理后得到 MAC 命令的原始内容。

2.2.3　MAC 层命令帧

MAC 层定义的 9 种命令帧如表 2－7 所列。在关闭信标的 PAN 中任何时候都可以发送 MAC 命令帧，而在开启信标的 PAN 中只有在 CAP 内才可发送 MAC 命令帧。下面分别介绍各种 MAC 命令帧的具体格式。

1. 关联和解关联命令

关联和解关联命令是设备用以关联到 PAN 或从 PAN 中解关联的一组 MAC 命令，包括关联请求、关联响应、解关联通知 3 种命令。

(1) 关联请求

关联请求命令允许设备请求和一个协调器建立关联。关联请求命令由一个尚未关联的设备发出，意图关联到一个 PAN。设备通过扫描过程，可以关联到一个允许关联的 PAN 上。标准不强制要求 RFD 能接收关联请求命令，但要求所有设备都能发送关联请求命令。关联请求命令的格式如下(其中省去了帧尾 2 字节的 FCS 部分)：

字节数：17/23	1	1
MAC 帧头(MHR)	命令帧标识	功能信息

这里根据具体的命令帧把一般格式 MAC 命令帧头部分的具体化。

帧控制字段中源地址模式子域置为 3(表示 64 位扩展地址)；目的地址模式子域的设置与关联请求命令所参考的信标帧中指示的地址模式相一致。

如果关联请求命令使用安全机制，则帧控制字段中的安全使能子域置为 1 并根据目的地址所对应的安全套件对命令帧进行处理；否则，安全使能子域置为 0。

帧控制字段中待处理帧子域置为 0；确认请求子域置为 1。

目的 PAN 标识字段置为设备意图关联的 PAN 的标识；目的地址字段根据设备意图关联的协调器所发送的信标中指示的地址来设定；源 PAN 标识字段置为广播 PAN 标识 0xffff；源地址字段置为常量 aExtendedAddress 的值。

功能信息字段的格式如下：

比特位：0	1	2	3	4～5	6	7
备用 PAN 协调器	设备类型	电源	空闲时接收使能	预留	安全能力	分配地址

如果设备能变成 PAN 协调器，则备用 PAN 协调器子域置为 1，否则置为 0；如果设备是 FFD，则设备类型子域置为 1，如果设备是 RFD，则设备类型子域置为 0；如果设备是交流电源供电则电源子域置为 1，否则电源子域置为 0；如果设备在空闲周期并不关闭接收机来节省功率，则闲时接收使能子域置为 1，否则该子域置为 0；如果设备能够发送和接收经安全套件处理的 MAC 帧，则安全能力子域置为 1，否则该子域置为 0；如果设备希望协调器分配一个短地址作为关联的结果，则分配地址子域置为 1，如果该子域置为 0，则特定短地址 0xfffe 通过关联响应命令分配给该设备，这种情况下设备和 PAN 之间的通信只能使用 64 位扩展地址来完成。

(2) 关联响应

协调器通过关联响应命令把请求关联的结果反馈给请求关联的设备。该命令只能由协调器发送给当前尝试关联的设备。虽然标准不强制要求 RFD 支持发送关联响应命令，但所有设备都必须能够接收该命令。关联响应命令的格式如下：

字节数：23	1	2	1
MAC 帧头(MHR)	命令帧标识	短地址	关联状态

关联响应命令的帧控制字段中目的地址模式和源地址模式都设为 3，即表示 64 位扩展地址。如果关联响应命令使用安全机制，则安全使能子域置为 1 并根据目的地址对应的安全套件对该帧进行安全处理；否则安全使能子域置为 0。帧控制字段中待处理帧子域置为 0；确认请求子域置为 1。目的和源 PAN 标识字段置为属性 macPANID 的值；目的地址字段包含的是请求关联设备的 64 位扩展地址；源地址字段包含的是常量 aExtendedAddress 的值。

短地址字段长度是 16 位。如果协调器不能把设备关联到 PAN，则该字段的值为 0xffff 并在关联状态字段指示关联失败的原因；如果协调器能够关联该设备，则短地址字段包含的是该请求关联设备此后与 PAN 通信时可使用的短地址，直到解关联。短地址字段值为 0xfffe 时，表示设备已经和 PAN 建立了关联但没有分配给该设备短地址，这样，该设备与 PAN 通信时就只能使用 64 位扩展地址。

关联状态字段的取值有 3 种：0x00 表示关联成功、0x01 表示 PAN 容量饱和、0x02 表示 PAN 访问被拒绝。

(3) 解关联通知

协调器或关联设备都可以发送解关联通知命令。解关联通知命令的格式如下：

字节数：17	1	1
MAC 帧头(MHR)	命令帧标识	解关联原因

解关联通知命令的帧控制字段中目的地址模式和源地址模式都设为3，即表示64位扩展地址。如果解关联通知命令使用安全机制，则安全使能子域置为1并根据目的地址对应的安全套件对该帧进行安全处理；否则安全使能子域置为0。帧控制字段中待处理帧子域置为0；确认请求子域置为1。目的和源PAN标识字段置为属性macPANID的值。如果协调器想要一个关联设备离开PAN，则目的地址字段设为将脱离PAN的设备的扩展地址；如果一个关联设备主动要求离开PAN，则目的地址字段包含的是属性macCoordExtendedAddress的值。源地址字段包含的是常量aExtendedAddress的值。

解关联原因字段的有效取值有两种：0x01表示协调器要求设备离开PAN，0x02表示关联设备主动要求离开PAN。

2. 协调器交互命令

协调器交互命令是一组用于设备和协调器间交互信息的命令，它包括数据请求、PAN ID冲突通知、孤立通知、信标请求、协调器重排列5种命令。

(1) 数据请求

数据请求命令由设备发送，向协调器请求数据。在信标使能PAN中，当设备属性macAutoRequest的值为TRUE，并且接收到的信标帧指示协调器有数据待传输到该设备时，设备向协调器发出数据请求命令。协调器通过在信标帧的地址列表字段中加入数据接收设备的地址来指示待处理数据。当设备的MAC层收到来自上层的轮询请求原语MLME-POLL.request时，也要发送数据请求命令。另外，当设备收到请求命令(如关联请求)的确认后aResponseWaitTime符号周期，也向协调器发出数据请求命令。数据请求命令的格式如下：

字节数：7/11/13/17	1
MAC帧头(MHR)	命令帧标识

如果数据请求命令是发送给PAN协调器的，则帧控制字段中的目的地址模式子域置为0；否则，根据数据请求命令指向的协调器设置为其他值。如果设备属性macShortAddress的值为0xfffe或0xffff，则源地址模式子域置为3(即64位扩展地址)；否则置为2(即16位短地址)。如果数据请求命令使用安全机制，则安全使能子域置为1并根据macCoordExtendedAddress对应的安全套件对该命令帧作安全处理；否则安全使能子域置为0。帧控制字段中待处理帧子域置为0；确认请求子域置为1。

如果帧控制字段中目的地址模式子域设为2，则目的PAN标识字段和目的地址字段分别是属性macPANID和macCoordShortAddress的值。源PAN标识字段包含的是属性macPANID的值。如果属性macShortAddress的值等于0xfffe(即没有分配短地址)，则源地址字段设为常量aExtendedAddress的值；否则，源地址字段设为属性macShortAddress的值。

(2) PAN ID冲突通知

当设备检测到PAN标识冲突时，就向PAN协调器发出PAN ID冲突通知命令。PAN ID冲突通知命令的格式如下：

字节数：23	1
MAC帧头(MHR)	命令帧标识

PAN ID冲突通知命令帧控制字段中目的地址模式和源地址模式子域均置为3(即64位

扩展地址)。发送该命令的设备要根据 macCoordExtendedAddress 对应的安全套件对该命令帧作安全处理。如果安全套件标识为 0x00,则安全使能子域置为 0;否则,安全使能子域置为 1。帧控制字段中待处理帧子域置为 0;确认请求子域置为 1。目的 PAN 标识和源 PAN 标识字段均置为属性 macPANID 的值。目的地址字段分别是属性 macCoordShortAddress 的值;源地址字段是常量 aExtendedAddress 的值。

(3) 孤立通知

当一个设备和它的协调器失步时,就发出孤立通知命令。孤立通知命令的格式如下:

字节数:17	1
MAC 帧头(MHR)	命令帧标识

孤立通知命令帧控制字段中源地址模式子域均置为 3(即 64 位扩展地址),目的地址模式子域置为 2(即 16 位短地址)。发送该命令的设备要根据 macCoordExtendedAddress 对应的安全套件对该命令帧作安全处理。如果安全套件标识为 0x00,则安全使能子域置为 0;否则,安全使能子域置为 1。帧控制字段中待处理帧子域置为 0;确认请求子域置为 1。目的 PAN 标识字段和源 PAN 标识字段均为广播 PAN 标识 0xffff。目的地址字段为广播短地址 0xffff;源地址字段为常量 aExtendedAddress 的值。

(4) 信标请求

信标请求命令由设备在主动扫描期间用来定位其 POS 范围内的所有协调器。该命令对 RFD 是可选支持的。信标请求命令的格式如下:

字节数:7	1
MAC 帧头(MHR)	命令帧标识

信标请求命令帧控制字段中目的地址模式子域置为 2(即 16 位短地址),源地址模式子域置为 0(即没有源地址信息字段)。帧控制字段中待处理帧子域置为 0;确认请求子域置为 1。目的 PAN 标识字段为广播 PAN 标识 0xffff;目的地址字段为广播短地址 0xffff。

(5) 协调器重排列

当协调器收到其 PAN 中的孤立设备发出的孤立通知命令或协调器的任何 PAN 配置属性发生改变时,就发出协调器重排列命令。对于前者,协调器重排列命令直接发送给孤立设备;对于后者则向 PAN 广播协调器重排列命令,允许能接收到该命令的任何设备接收。协调器重排列命令的格式如下:

字节数:17/23	1	2	2	1	2
MAC 头(MHR)	命令帧标识	PAN 标识	协调器短地址	逻辑信道	短地址

如果协调器重排列命令是指向孤立设备的,则该命令帧控制字段中目的地址模式子域置为 3(即 64 位扩展地址);如果该命令是向 PAN 中广播的,则目的地址模式子域置为 2(即 16 位短地址)。源地址模式子域置为 3(即 64 位扩展地址)。如果指向孤立设备的协调器重排列命令使用安全机制,则安全使能子域置为 1 并根据目的地址对应的安全套件对该命令帧作安全处理;否则安全使能子域置为 0。帧控制字段中待处理帧子域置为 0。如果该命令是指向孤

立设备的，则确认请求子域置为1；如果是向PAN广播的，则确认请求子域置为0。目的PAN标识字段为广播PAN标识0xffff。如果重排列命令是指向孤立设备的，则目的地址字段为孤立设备的扩展地址；否则目的地址字段为广播短地址0xffff。源PAN标识字段为属性macPANID的值；源地址字段为常量aExtendedAddress的值。

PAN标识字段长度为16位，它表示协调器在此后的通信中将使用的PAN新标识。

协调器短地址字段长度为16位，它包含协调器属性macShortAddress的值。

逻辑信道字段表示协调器在此后的通信中将一直使用的逻辑信道。

短地址字段长度为16位。如果重排列命令是向PAN广播的，则短地址字段置为0xffff；如果该命令是指向孤立设备的，则短地址字段包含的是该设备与PAN通信时使用的短地址。如果该孤立设备没有短地址而一直以扩展地址通信，则短地址字段置为0xfffe。

3. GTS管理命令

GTS请求是管理GTS的命令，设备可使用该命令向PAN协调器请求分配一个新的GTS或撤销一个现存的GTS。该命令对RFD是可选支持的。只有具备有效短地址的设备才可以使用GTS请求命令，即发送该命令的设备属性macShortAddress的值不应等于0xfffe或0xffff。GTS请求命令的格式如图2-18所示。

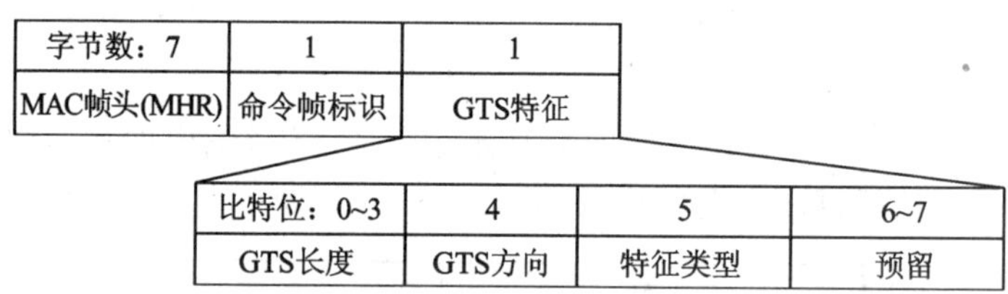

图2-18　GTS请求命令的格式

GTS请求命令帧控制字段中目的地址模式子域为0（即没有目的地址字段），源地址模式子域为2（即16位短地址）。发送GTS请求命令的设备要根据macCoordExtendedAddress对应的安全套件对该命令帧作安全处理。如果安全套件标识为0x00，则安全使能子域置为0；否则，安全使能子域置为1。帧控制字段中待处理帧子域置为0；确认请求子域置为1。源PAN标识字段包含的是属性macPANId的值；源地址字段包含的是属性macShortAddress的值。

GTS特征字段的长度是8位。GTS长度子域表示请求的GTS包含的超帧时隙数。GTS方向子域为1表示只收GTS；GTS方向为0表示只发GTS。特征类型为1表示请求分配GTS；特征类型为0表示撤销GTS。

2.2.5　MAC层功能描述

1. 信道访问机制

(1) 超帧结构

PAN中的协调器可选超帧结构来对信道时间进行划分。超帧通过发送的信标帧来标定，并且一个超帧可分为活动区间和非活动区间两部分。协调器只有在活动区间才和PAN交互信息，而在非活动区间则处于低功耗的睡眠模式。

超帧结构通过两个属性macBeaconOrder和macSuperframeOrder的值来描述。MAC

PIB 属性 macBeaconOrder 描述了协调器发送信标的间隔，如果用“BO”表示 macBeaconOrder 属性值，“BI”表示信标间隔，则当 0≤BO≤14 时，BI＝aBaseSuperframeDuration×2^{BO}个符号周期；如果 BO＝15，协调器不发送信标，超帧结构不存在，也就不必关注 macSuperframeOrder 的属性值了。

MAC PIB 属性 macSuperframeOrder 描述了超帧中包括信标帧在内的活动区间的长度。如果用“SO”表示 macSuperframeOrder 属性值，用“SD”表示超帧活动区间的长度，则当 0≤SO≤BO≤14 时，SD＝aBaseSlotDuration×2^{SO}个符号周期；如果 SO＝15，则超帧的活动区间仅仅是信标帧部分。

每个超帧的活动区间划分成 aNumSuperframeSlots 个等间隔的时隙，时隙宽度为 2^{SO}×aBaseSlotDuration。超帧活动区间由三部分构成：信标、竞争访问周期（CAP）和无竞争周期（CFP）。信标帧在时隙 0 开始时发送，不使用 CSMA 机制，信标之后就是 CAP，如果存在 CFP，则 CFP 紧跟在 CAP 之后直到活动区间结束。CFP 由所分配的 GTS 构成。

PAN 要采用超帧结构时应该设置 macBeaconOrder 属性值在 0～14 之间，macSuperframeOrder 属性值在 0 到 macBeaconOrder 值之间。如果 PAN 不采用超帧结构（即无信标的 PAN），则 macBeaconOrder 和 macSuperframeOrder 属性值均设为 15。在协调器不发送信标的 PAN 中，除了确认帧和紧跟在数据请求命令确认之后的数据帧外，所有的发送都采用无时隙的 CSMA－CA 机制来访问信道。在无信标的 PAN 中也不允许使用 GTS。

图 2－19 是一个超帧结构的例子，其中信标间隔 BI 是超帧活动周期 SD 的两倍，CFP 包含两个 GTS。

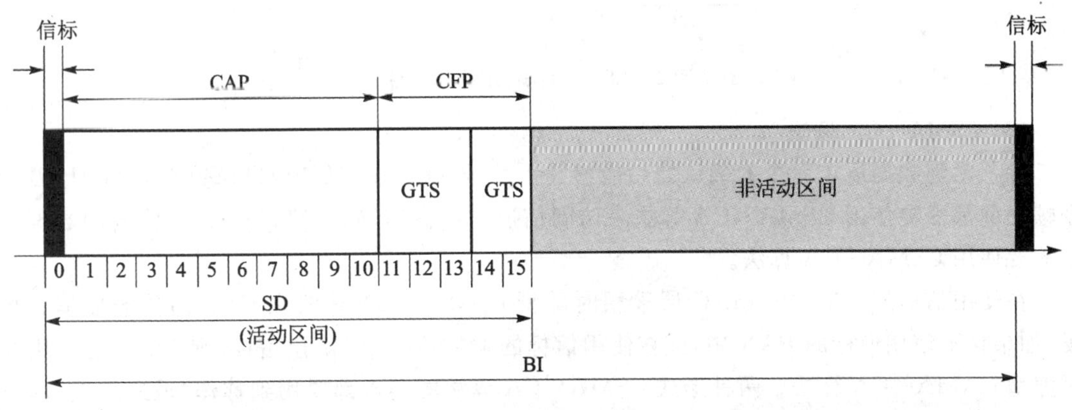

图 2－19 超帧结构示例

在超帧结构中，竞争周期 CAP 开始于信标帧结束的时刻，并一直延续到无竞争周期 CFP 开始前的超帧时隙边界。如果 CFP 长度为 0，则 CAP 一直到超帧活动区间结束时刻。除非因维护 GTS 的需要而临时增加信标帧的长度，CAP 的长度至少是 aMinCAPLength 个符号，并根据 CFP 长度的变化而动态地增大或缩小。

除了确认帧和紧跟在数据请求命令确认之后的数据帧外，在 CAP 内传输所有其他帧都需要采用时隙 CSMA－CA 机制来访问信道。在 CAP 内传输数据的设备必须保证其事务（包括接收确认帧）在 CAP 结束前一个帧间隔（IFS）完成，否则该事务就需要推迟到下一个超帧的 CAP 中处理。MAC 命令帧总是在 CAP 内发送的。

无竞争周期(CFP)紧跟 CAP 并开始于 CAP 结束后的第一个超帧时隙边界,直到下一个信标的开始。PAN 协调分配的任何保证时隙(GTS)都在 CFP 中占有连续的超帧时隙,因此 CFP 的长度是随着所有 GTS 总长度的变化而变化的。CFP 内的传输不使用 CSMA - CA 信道访问机制,在 CFP 内传输数据的设备应保证当前事务在该设备分配的 GTS 结束前一个帧间隔(IFS)完成。

(2) 帧间隔(IFS)

MAC 层需要一定的时间处理来自物理层的数据,所以发送帧之后应预留一段空闲时间,即帧间隔(IFS)。如果发送帧需要确认,则 IFS 预留在确认帧之后。IFS 的长度与发送帧的大小有关。发送帧长度不超过 aMaxSIFSFrameSize 时,使用长度至少为 aMinSIFSPeriod 个符号的短帧间隔(SIFS)。当发送帧长度大于 aMaxSIFSFrameSize 时,要使用长度至少为 aMinLIFSPeriod 个符号的长帧间隔(LIFS)。在 CAP 内采用 CSMA - CA 算法传输数据时,要考虑帧间隔的这些要求。图 2 - 20 是帧间隔的示意图。

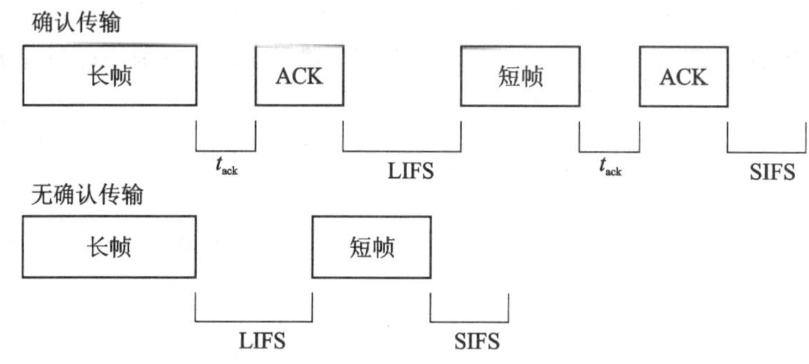

图 2 - 20 帧间隔(IFS)示意图

(3) CSMA - CA 算法

除了紧随数据请求命令的确认之后能够马上发送的帧,在 CAP 内发送数据帧和 MAC 命令帧之前都需要使用 CSMA - CA 算法来访问信道。信标帧、确认帧和 CFP 内传输的数据帧不需要使用 CSMA - CA 算法。

在使用信标的 PAN 中,MAC 层采用时隙型 CSMA - CA 算法在 CAP 内传输数据。相反,如果在不使用信标的 PAN 中,或在使用信标的 PAN 中无法定位信标,则 MAC 层采用非时隙型 CAMA - CA 算法。两种形式 CSMA - CA 算法的实现都要用到称作"退避周期"的单位时间,一个退避周期等于 aUnitBackoffPeriod 个符号周期。

在时隙 CSMS - CA 算法中,PAN 每个设备退避周期的边界都应该与 PAN 协调器超帧时隙的边界对齐,即每个设备的第一个退避周期的开始位置总是和信标的开始位置对齐的。使用时隙 CSMA - CA 算法时,MAC 层应保证物理层的所有发送开始于退避周期的边界处;使用非时隙 CSMA - CA 算法时,PAN 中一个设备的退避周期在时间上与任何其他设备的退避周期是不相关的。

每个设备在每次尝试传输时都需要维护 3 个变量:NB、CW 和 BE。变量 NB 是尝试当前帧发送过程中 CSMA - CA 算法执行随机退避的次数,在每个新的传输尝试之前 NB 应初始化为 0。变量 CW 是竞争窗口的长度,它表示允许发送前要求信道连续空闲的时间(用退避周期数度量);每次发送尝试之前 CW 初始化为 2,并且每次探测到信道忙时也复位为 2。变量 CW

只用于时隙 CSMA - CA 算法。变量 BE 是退避指数，设备试图评估信道前退避的时间与 BE 有关。在非时隙系统或时隙系统的属性 macBattLifeExt 的值等于 FALSE 时，BE 初始化为 macMinBE 的属性值；在时隙系统的属性 macBattLifeExt 的值等于 TRUE 时，BE 初始化为 2 和 macMinBE 属性值中的较小者。所以如果 macMinBE 属性值设为 0，则 CSMA - CA 算法第一次迭代中冲突将不可避免。虽然在 CSMA - CA 算法的信道评估阶段设备接收机处于使能状态，但设备会丢弃这段时间收到的任何帧。

图 2 - 21 是 CSMA - CA 算法的流程。在时隙 CSMA - CA 算法中，MAC 层首先初始化变量 NB、CW 和 BE，然后定位下一个退避周期的边界（第①步）。在非时隙 CSMA - CA 算法中，MAC 层初始化变量 NB 和 BE 后直接执行第②步。

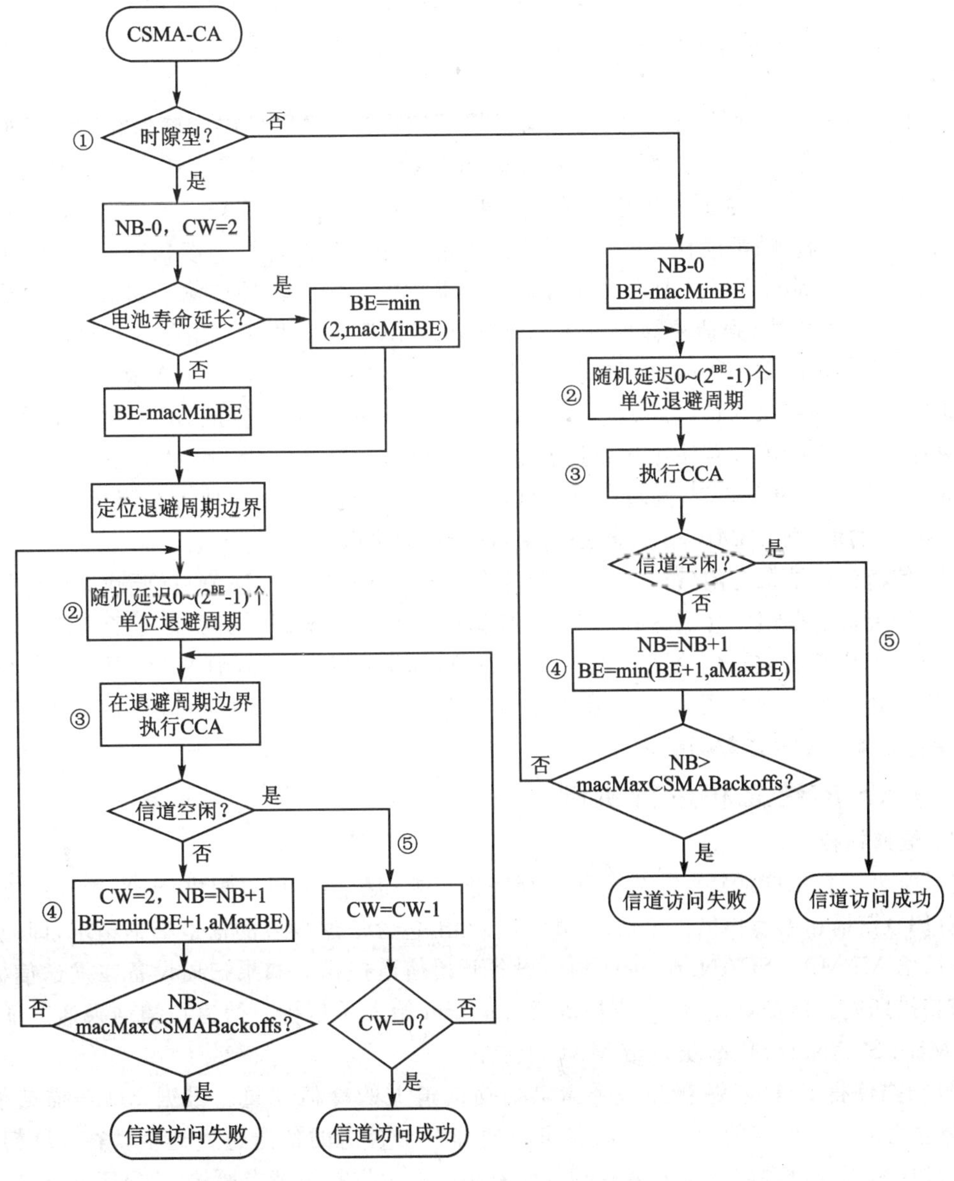

图 2 - 21 CSMA - CA 算法流程

MAC层延迟随机数个完整退避周期(第②步)后，请求物理层执行信道评估(CCA)(第③步)。退避周期随机数的取值范围是 $0\sim2^{BE}-1$。在时隙CSMA-CA系统中，CCA在退避周期的边界处开始执行；而在非时隙CSMA-CA系统中，CCA立即开始执行。

在时隙CSMA-CA中，如果电池寿命扩展子域设为0，MAC层应确保在随机退避之后CAMA-CA算法的剩余操作以及完整的传输事务能够在CAP结束之前完成。如果退避周期数大于CAP剩下的时间，则MAC层在CAP结束时暂停退避递减计数并在下一个超帧的CAP开始时恢复CSMA-CA算法的退避递减计数。如果退避周期小于或等于CAP剩余时间，则MAC层应执行退避延迟并评估是否可以继续执行算法。如果CSMA-CA算法的剩余步骤、帧传输以及任何确认帧都能在CAP结束之前完成，则可以继续执行CSMA-CA算法。如果MAC层能够继续CSMA-CA算法，则请求物理层在当前超帧执行CCA；如果不能继续执行算法，则MAC层等到下一个超帧的CAP开始后重新评估是否可以继续执行CSMA-CA算法。

在时隙CSMA-CA中，如果电池寿命扩展子域设为1，MAC层应确保在随机退避之后CAMA-CA算法的剩余操作以及完整的传输事务能够在CAP结束之前完成。退避倒计数只在信标IFS周期之后的前六个完整退避周期内执行。如果CSMA-CA算法的剩余步骤、帧传输以及任何确认帧都能在CAP结束之前完成，则MAC层可以继续执行CSMA-CA算法，并在信标IFS周期之后的前六个完整退避周期中的一个开始帧传输。如果MAC层能够继续CSMA-CA算法，则请求物理层在当前超帧执行CCA；如果不能继续执行算法，则MAC层等到下一个超帧的CAP开始后重新评估是否可以继续执行CSMA-CA算法。

如果信道评估结果为忙(第④步)，则变量NB和BE都加1，并保证BE不超过常量aMaxBE。在时隙CSMA-CA算法中还要把变量CW置为2。如果变量NB的值小于或等于属性macMaxCSMABackoffs的值，则算法跳转到第②步；如果变量NB的值大于属性macMaxCSMABackoffs的值，则CSMA-CA算法结束，信道访问失败。

如果信道评估结果为闲(第⑤步)，在时隙CSMA-CA系统中MAC层要确保在竞争窗口之后才开始传输数据帧。为了达到这个目的，算法把变量CW减1并判断是否等于0。如果CW不等于0，则算法跳转到第③步重新执行CCA；如果CW等于0，则MAC层在下一个退避周期的边界处开始发送数据帧。如果在非时隙CSMA-CA系统中信道评估结果为闲，则MAC层将立即开始发送数据帧。

2. PAN的建立和运行机制

(1) 信道扫描

各种类型设备都应能够对指定的信道列表进行被动扫描和孤立扫描，FFD则还应支持能量检测(ED)扫描和主动扫描。上层向MAC层发出包含信道列表的信道扫描请求，即通过扫描请求原语MLMA-SCAN.request指令设备开始信道扫描。如果扫描设备在发送信标，则在信道扫描期间暂停信标发送，完成扫描后再重新开始发送信标。信道扫描结果通过证实原语MLME-SCAN.confirm报告给MAC上层。

ED扫描使得FFD能够获知每个请求扫描信道上的峰值能量。根据ED扫描结果，在PAN建立之前一个可能的PAN协调器可以选择一个合适的信道进行通信。在ED扫描期间，MAC层将丢弃物理层数据服务收到的所有帧。通过把扫描请求原语MLME-SCAN.request中的扫描类型参数ScanTye设为ED扫描，设备就对一组指定的逻辑信道执行ED扫描。对列表中的每一个信道，MLME 首先通过设置 phyCurrentChannel 把设备切换到该信道；然后连续执行 [aBaseSuperframeDuration×$2n+1$]个符号周期的 ED，其中 n 是扫描请求原语中参数 ScanDuration 的值。ED 是通过 MLME 向物理层发出能量检测请求原语 PLME-ED. request 来实现的。扫描一个信道就记下它的峰值能量，设备所能记录的信道峰值能量个数是与设备实现有关的。当扫描信道数达到设备所能存储的最大数或设备已完成对所有信道的扫描时，ED 扫描过程结束。

主动扫描使得 FFD 能够查找其 POS 范围内的协调器。建立新的 PAN 前，一个可能的 PAN 协调器能够通过主动扫描选择合适的 PAN 标识。另外，设备在关联之前也可以用主动扫描来寻找协调器。在主动扫描期间，MAC 层将丢弃 PHY 层数据服务接收到的除信标以外的所有帧。主动扫描时，MAC 层先保存其当前 PAN 标识，即 macPANId 的当前值；然后把扫描期间的 macPANId 设置为 0xffff，以便能接收到所有信标而不只是设备当前 PAN 的信标。主动扫描结束后，MAC 层应恢复扫描前保存的 macPANId 值。通过把扫描请求原语 MLME-SCAN. request 中的扫描类型参数 ScanTye 设为主动扫描，设备就对一组指定的逻辑信道执行主动扫描。对列表中的每一个信道，MLME 首先通过设置 phyCurrentChannel 把设备切换到该信道，发出信标请求命令；然后设备使能接收机的时间最多为 [aBaseSuperframeDuration×$2n+1$]个符号周期，其中 n 是 0～14 间的一个值。在这段接收时间内，设备丢弃所有非信标帧，并以 PAN 描述符结构记录每个唯一信标包含的信息。如果一个信标包含的 PAN 标识和源地址是扫描该信道前没出现过的，就认为该信标是唯一的。设备至少能存储一个 PAN 描述符，最多存储个数是与设备实现有关的。对经过安全处理的信标帧进行分析时，忽略安全处理过程中遇到的任何错误，并把信标相关信息记录在 PAN 描述符的 SecurityUse、ACLEntry 和 SecurityFailure 字段上。信标使能 PAN 中的协调器忽略主动扫描设备的信标请求命令，继续按正常方式发送信标；而非信标使能 PAN 中的协调器收到信标请求命令时，就采用非时隙 CSMA-CA 算法发送一个信标帧。在对一个特定信道进行扫描时，如果发现的信标达到可存储的最大数或已经完全扫描了该信道，则中止对该信道的扫描。如果设备存储的 PAN 描述符的个数达到最大允许值或已完成了信道列表中所有信道的扫描，则整个主动扫描过程结束。

被动扫描使得设备(包括 FFD 和 RFD)能够查找其 POS 范围内发送信标的协调器。与主动扫描不同的是，被动扫描设备不发送信标请求命令，只是监听信标。设备关联前可用被动扫描来查找周围的协调器。被动扫描期间，MAC 层丢弃 PHY 层数据服务接收到的所有非信标帧。和主动扫描一样，被动扫描开始前 MAC 层先保存 macPANId 的当前值；然后把扫描期间的 macPANId 设置为 0xffff，以便能接收到所有信标而不只是设备当前 PAN 的信标。被动扫描结束后，MAC 层应恢复扫描前保存的 macPANId 值。通过把扫描请求原语 MLME-SCAN. request 中的扫描类型参数 ScanTye 设为被动扫描，设备就对一组指定的逻辑信道执行被动扫描。对列表中的每一个信道，MLME 首先通过设置 phyCurrentChannel 把设备切换到该信道；然后启动设备接收机最多监听 [aBaseSuperframeDuration×$2n+1$]个符号周期，其中 n 是 0～14 间的一个值。在这段接收时间内，设备丢弃所有非信标帧，并以 PAN 描述符结构记录每个唯一信标包含的信息。如果一个信标包含的 PAN 标识和源地址是扫描该信道前没出现过的，就认为该信标是唯一的。设备至少能存储一个 PAN 描述符，最多存储个数是与设备实现有关的。对经过安全处理的信标帧进行分析时，忽略安全处理过程中遇到的任何错误，并把信标相关信息记录在 PAN 描述符的 SecurityUse、ACLEntry 和 SecurityFailure 字段上。在对一个特定信道进行被动扫描时，如果发现的信标达到可存储的最大数或已经完全扫描了该信道，则中止对该信道的扫描。如果设备存储的 PAN 描述符的个数达到最大允许值或已完成了信道列表中所有信道的扫描，则整个被动扫描过程结束。

孤立扫描在设备与协调器失去同步之后，用来重新查找该关联协调器。在孤立扫描期间，MAC 层只接收协调器重排列命令帧，而丢弃 PHY 数据服务收到的所有其他帧。通过把扫描请求原语 MLME - SCAN. request 中的扫描类型参数 ScanTye 设为孤立扫描，设备就对一组指定的逻辑信道执行孤立扫描。对列表中的每一个信道，MLME 首先通过设置 phyCurrentChannel 把设备切换到该信道，发出孤立通知命令；然后启动设备接收机最多监听 aResponseWaitTime 个符号周期。在这段时间内，如果设备成功接收到协调器重排列命令就关闭接收机。一个协调器接收到孤立通知命令后，就到设备列表中查找发送命令的设备。如果协调器找到了该孤立设备的记录，就向其发出一个协调器重排列命令。搜索设备和发送协调器重排列命令的过程应在 aResponseWaitTime 个符号周期内完成。协调器重排列命令中应包含其当前 PAN 标识 macPANId、当前逻辑信道和孤立设备的短地址。如果协调器的设备列表中没有发送孤立通知命令的设备记录，则不作后续的处理，也不发送重排列命令。当孤立设备接收到一个协调器重排列命令或者对信道列表中的所有信道都执行了扫描，孤立扫描过程结束。

(2) PAN 标识冲突处理

在某些情况下，可能会有两个 PAN 标识码相同的网络共存于同一个 POS 范围内。发生这种冲突时，协调器及其设备就要启动 PAN 标识冲突处理程序。RFD 可选支持 PAN 标识冲突处理程序。

当出现下列情形之一时，PAN 协调器就认为发生了 PAN 标识冲突：

- PAN 协调器收到的一个信标帧中 PAN 协调器字段等于 1，PAN 标识等于 macPANId；
- PAN 协调器收到其网内设备发出的 PAN 标识冲突通知命令。

当出现下列情形时，PAN 设备认为发生了 PAN 标识冲突：设备接收到的信标帧中 PAN 协调器字段等于 1，PAN 标识等于 macPANId，但地址既不等于 macCoordShortAddress 也不等于 macCoordExtendedAddress。

PAN 协调器检测到 PAN 标识冲突后，首先执行主动扫描，根据信道扫描结果选择一个新的 PAN 标识；然后发出包含 PAN 新标识的重排列命令，该命令帧中源 PAN 标识字段等于 macPANId 的属性值。一旦重排列命令发送完成，PAN 协调器就把 macPANId 的值更换成新的 PAN 标识。

PAN 中一般设备检测到 PAN 标识冲突后，就向 PAN 协调器发出 PAN 标识冲突通知命令。如果 PAN 协调器正确接收 PAN 标识冲突命令，就向设备发出确认帧，并采取上述解决 PAN 标识冲突的程序。

(3) PAN 建立

建立新的 PAN 之前，一个 FFD 通过主动扫描信道选择一个合适的 PAN 标识，并设置属性 macShortAddress 为小于 0xffff 的值。在请求原语 MLME - START. request 的指示下，FFD 开始建立一个 PAN。此时该请求原语中 PANCoordinator 参数为 TRUE，CoordRealigment 参数为 FALSE。FFD 的 MAC 层接收到请求原语后，把 phyCurrentChannel 属性值设置为原语中的逻辑信道，把 macPANId 属性值设置为原语中的 PAN 标识。完成这些操作后，MAC 层就通过证实原语 MLME - START. confirm 向其上层报告建立 PAN 的结果，此后该 FFD 就以一个 PAN 协调器的身份开始工作。

(4) 信标产生

一个设备仅当其 macShortAddress 属性不等于 0xffff 时才允许发送信标帧。FFD 使用请求原语 MLME - START. request 来实现信标发送，根据原语中 PANCoordinator 参数的不同设置，发送信标的 FFD 可以是新建网络的 PAN 协调器，也可以是已建 PAN 的设备。收到请求原语后，MAC 层把属性 macPANId 的值置为原语参数 PAN identifier 的值，并把该参数值用作信标帧中的源 PAN 标识字段。如果属性 macShortAddress 等于 0xfffe，则信标帧源地址字段为常量 aExtendedAddress 的值；否则，源地址字段为属性 macShortAddress 的值。

最近一个信标帧的发送时间记录在属性 macBeaconTxTime 中，该时间值应该处于每个信标帧中相同的符号边界处。该符号边界应和收到信标的时间戳使用的符号边界一样。

所有信标帧都在超帧的开始时刻发送，信标间隔是 aBaseSuperframeDuration $\times 2^{BO}$ 个符号周期。信标的发送优先级高于任何其他的发送和接收操作。

(5) 设备发现

一个 FFD 可以通过发送信标来向 PAN 中的其他设备声明其存在，这就帮助其他设备完成了设备发现功能。

一个不是 PAN 协调器的 FFD 在成功关联到 PAN 后开始发送信标帧。该 FFD 的信标发送是使用 MLME - START. request 原语来实现的，原语参数 PANCoordinator 的值是 FALSE。收到上层的请求原语后，MLME 使用设备已关联网络的 PAN 标识 macPANId 和短地址 macShortAddress 开始发送信标，信标间隔是 aBaseSuperframeDuration $\times 2^{BO}$ 个符号周期。

3. 关联和解关联

(1) 关　联

在先执行 MAC 层复位(通过 MLME - RESET. request 原语)再进行主动信道扫描或被动信道扫描后，设备就尝试关联操作。信道扫描的结果用以选择一个合适的 PAN。一个协调器仅当其属性 macAssociationPermit 值为 TRUE 时才允许关联，所以设备要根据信道扫描的结果选择合适的协调器进行关联尝试。一个不允许关联的协调器收到设备的关联请求命令时不会作任何响应。

设备选定关联 PAN 后，上层就会请求 MLME 配置关联过程必需的几个 PHY 层和 MAC 层 PIB 属性值：

- phyCurrentChannel 属性设置为要关联的逻辑信道；
- macPANId 属性设置为要关联的 PAN 的标识码；
- 根据要关联的协调器的信标帧的指示，把 macCoordExtendedAddress 或 macCoordShortAddress 属性设置为适当的值。

为了优化信标使能 PAN 中的关联过程，设备可以事先跟踪意图关联协调器的信标。这种优化操作通过设置同步请求原语 MLME - SYNC. request 中的 TrackBeacon 参数值为 TRUE 来实现。通过关联请求原语 MLME - ASSOCIATE. request 的指令执行关联操作的设备会尝试关联到一个现存的PAN中，而不会试图建立自己的PAN。

一个尚未关联的设备关联过程是首先向一个现存PAN中的协调器发出关联请求命令，如果协调器正确接收到了关联请求命令就反馈一个确认帧。协调器发出的关联请求确认并不表示设备已经关联，协调器需要时间判决PAN当前的资源能否允许一个设备关联，并且在aResponseWaitTime个符号周期内作出决定。如果协调器发现请求关联的设备是PAN以前的一个关联设备，则删除与该设备有关的一切信息。如果有足够的系统资源，协调器就给请求关联设备分配一个短地址并发出关联响应命令，关联响应命令中包含有新地址和表示关联成功的状态信息。如果没有足够的系统资源，协调器就向设备发出携带有关联失败状态信息的关联响应命令。关联响应命令以间接传输的方式发送给请求关联的设备，即把关联响应命令帧添加在协调器的待处理事务列表中，由设备来探测和获取。

如果关联请求命令中功能信息字段的分配地址位是1，则协调器根据表2-8所列的取值范围分配给设备一个16位短地址；如果分配地址位是0，则协调器分配给请求关联设备的短地址是0xfffe，表示设备关联成功但是没有分配有效的短地址，设备在网络中的通信只能使用64位扩展地址。

表2-8 短地址的使用

macShortAddress取值	描述
0x0000～0xfffd	设备可以使用短地址模式
0xfffe	设备只能使用64位扩展地址aExtendedAddress
0xffff	设备尚未关联

收到关联请求命令的确认后，设备最多等待aResponseWaitTime个符号周期，以便协调器作出关联决定。如果设备跟踪信标，则一旦信标帧中指示协调器发出了关联响应命令，设备就可以随时提取；如果设备没有跟踪信标，则设备在aResponseWaitTime个符号周期后尝试提取关联响应命令。如果设备不能从协调器获得关联响应命令帧，就向MAC上层发出状态为NO_DATA的关联证实原语MLME-ASSOCIATE. eonfvrm，关联尝试失败。此时，MAC上层应中止对任何信标的跟踪。

收到关联响应命令后，请求关联设备反馈一个确认帧。如果关联响应命令的关联状态指示关联成功，则设备保存关联协调器的地址信息。通过关联前的信道扫描，从原始信标中得到的协调器短地址保存到设备的macCoordShortAddress属性中；从关联响应命令帧头部分得到的协调器扩展地址保存到设备的macCoordExtendedAddress属性中。设备也要把关联响应命令帧中短地址字段的内容，即协调器分配给请求关联设备的短地址，保存到macShortAddress属性中。如果关联状态字段指示关联不成功，则设备设置macPANId属性为缺省值0xffff。

(2) 解关联

解关联过程由MAC上层向MLME发出的解关联请求原语MLME-DISASSOCIATE. request来启动。

当协调器想要一个关联着的设备离开PAN时，就以间接传输方式向该设备发送解关联通知命令，即把解关联通知命令添加在协调器的待处理事务列表中，等待设备来提取。如果设备向协调器请求并正确接收到了解关联通知命令，就向协调器发出确认帧。即便协调器没有收到解关联通知命令的确认，它也解关联该设备。当一个关联设备想离开PAN时，就向它的协调器发出解关联通知命令。协调器正确接收到设备的解关联通知命令后，反馈一个确认帧。即使没有收到确认帧，设备也认为自身解关联。

如果解关联通知命令中的源地址等于 macCoordExtendedAddress 属性值，接收到命令的设备就解关联了。如果一个协调器接收到解关联通知命令，并且源地址不等于 macCoordExtendedAddress 属性值，协调器就查证该源地址是否是其关联设备的地址；如果是一个设备的地址，则协调器认为该设备解关联了。如果不是上述两种情况中的任何一种，则该命令被忽略。一个设备通过删除它与 PAN 有关的所有信息来达到自身解关联；协调器则通过删除与一个设备相关的所有信息来使得该设备解关联。请求设备通过发送解关联证实原语 MLME - DISASSOCIATE. confirm 来向其 MAC 上层报告解关联操作的结果。

4. PAN 同步机制

同步问题主要涉及的是协调器产生信标帧的过程和设备与协调器保持同步的过程。在支持信标的 PAN 中，同步通过接收和解析信标帧来实现；在不支持信标的 PAN 中，同步通过向协调器轮询数据来实现。

(1) 支持信标的 PAN 同步

支持信标的 PAN(即 macBeaconOrder<15)中的设备，为了检测待收数据或跟踪信标，应能够捕获信标同步。设备只允许对信标中的 PAN 标识等于 macPANId 的信标进行信标同步。如果设备的 macPANId 属性等于广播 PAN 标识 0xffff，则不会尝试捕获信标同步。

设备捕获信标的过程通过同步请求原语 MLME - SYNC. request 来启动。如果 MLME - SYNC. request 原语的参数设定为跟踪信标，则设备将尝试捕获信标并通过有规律的启动接收机来跟踪信标。如果原语参数设定为不跟踪信标，则设备将只作一次捕获信标的尝试或在下一个信标之后停止跟踪。

为了捕获信标，设备将开启接收机，最多侦听 aBaseSuperframeDuration $\times 2^{BO}$ 个符号周期。如果在这段时间内没有收到携带设备当前 PAN 标识的信标，MLME 重复侦听过程。一旦丢失的信标数达到 aMaxLostBeacons，MLME 就向 MAC 上层发出失步原因为信标丢失(BEACON_LOSS)的失步指示原语 MLME - SYNC - LOSS. indication。

MLME 在每帧相同的符号边界处为每个接收到的信标帧打上时间戳。选为时间戳的符号边界应和发送信标的时间戳相同，并保存在 macBeaconTxTime 属性中。

如果安全使能子域等于 1，那么 MLME 将对接收到的信标帧作相应的安全处理。如果安全处理失败，就丢弃该帧，MLME 发出 MLME - COMM - STATUS. indication 原语来指示这个错误。

如果接收到一个信标帧，设备需要判断该信标是否来自其关联的协调器。如果信标帧头部分的源地址和源 PAN 标识字段的内容与协调器的源地址和设备的 PAN 标识不相符，则 MLME 丢弃该信标帧。

如果接收到有效的信标帧并且 macAutoRequest 属性值为 FALSE，MLME 将通过信标通知指示原语 MLME - BEACON - NOTIFY. indication 向其上层报告信标参数。当接收到有效的信标帧并且 macAutoRequest 属性值为 TRUE，如果信标帧中含有有效载荷，则 MLME 先向上层发出 MLME - BEACON - NOTIFY. indication 原语，然后比较信标帧地址列表中的地址。如果信标帧地址列表中包含有设备的短地址或扩展地址，并且源 PAN 标识与设备的 macPANId 相同，MLME 将启动从协调器中提取数据的程序。

如果启动了信标跟踪，MLME 每次在下一个信标帧发送，即下一个超帧开始之前，开启接收机。如果连续丢失的信标数达到 aMaxLostBeacons，MLME 就向 MAC 上层发出失步原因为信标丢失(BEACON_LOSS)的失步指示原语 MLME - SYNC - LOSS. indication。

(2) 不支持信标的 PAN 同步

不支持信标的PAN(即 macBeaconOrder=15)中的设备在 MAC 上层的控制下，向协调器轮询数据。当 MLME 收到轮询请求原语 MLME - POLL. request 时，就指令设备向协调器轮询，启动向协调器索取数据的程序。

(3) 孤立设备重排列

如果 MAC 上层请求发送数据时连续多次收到通信失败的指示，它就可能认为该设备已经被孤立了。当一个设备事务没有到达协调器时，即重复发送数据 aMaxFrameRetries 次都没有收到确认帧，称作"一次通信失败"。当 MAC 上层断言设备已经孤立时，它指示 MLME 要么启动孤立设备重排列程序，要么复位 MAC 层然后执行关联操作。

如果 MAC 上层决定执行孤立设备重排列程序，就发出 ScanType 参数为孤立扫描的扫描请求原语 MLME - SCAN. request。MAC 层接收到扫描请求原语后就开始孤立信道扫描。如果孤立扫描成功，即找到了 PAN，设备就根据协调器重排列命令中携带的 PAN 信息来更新 MAC PIB；如果孤立扫描失败，MAC 上层将决定采取进一步的措施，如重新扫描或重新关联。

5. 事务处理

因为 IEEE 802.15.4 标准支持非常低成本的设备，这种设备通常是由电池供电的。这种功率受限的设备可能要求由设备来触发传输事务而不是协调器。换句话说，要么当协调器中有数据等待设备接收时就在信标中指示，要么需要设备自身轮询协调器以探测是否有数据要接收。这两种传输方式称作"间接传输"。

当协调器收到数据请求原语或收到来自 MLME 的发送 MAC 命令请求，如关联响应原语，就开始处理接收间接传输请求的事务。事务处理完成后，MAC 层要向其高层指示一个状态值。如果是请求原语启动的间接传输，则相应的证实原语用来传递状态信息；相反，如果是响应原语启动的间接传输，则用通信状态指示原语 MLME - COMM - STATUS. indication 来传递状态信息。

包含在间接传输请求中的信息构成了一个事务，协调器至少能够存储一个事务。当接收到间接传输请求时，如果协调器没有足够的空间来存储事务，则 MAC 层向其上层发出状态为 TRANSACTION_OVERFLOW(事务溢出)的 MLME - COMM - STATUS. indication 原语。

如果协调器能够存储多个事务，则同一个设备的多个事务应该按照它们到达 MAC 层的先后顺序发送。每发送一个事务，如果列表中还有同一设备的其他事务，则 MAC 层置待处理帧子域为 1，表示协调器中还有数据等待该设备接收。

每个事务在协调器中驻留的时间最多为 macTransactionPersistenceTime。如果事务在这个时间内没有被相应的设备取走，则事务信息将被废弃，并且 MAC 层向其上层发出状态为 TRANSACTION_EXPIRED(事务过期)的 MLME - COMM - STATUS. indication 原语。

如果协调器发送信标，它就把每个事务关联的地址存放在信标帧的地址列表字段中，把总的地址数存放在待处理地址配置字段中。如果协调器能够存储 7 个以上的事务，则它以"先到先服务"的原则在信标中指示这些事务，以保证信标帧地址列表中最多只有 7 个地址。对要求 GTS 的事务，PAN 协调器不应把它的地址加入信标帧地址列表中，而是在分配给相应设备的 GTS 上传输这些事务。

在支持信标的 PAN 中，当设备接收到的信标帧的地址列表中有该设备的地址时，设备将向协调器索取数据。在不支持信标的PAN中,当接收到轮询请求原语MLME-POLL.request时,设备就尝试向协调器索取数据。

事务处理完成后,从协调器存储空间中删除事务相关信息,并向MAC上层报告数据传输的结果。如果事务要求确认但没有收到确认,则MAC层指示状态为NO_ACK;如果事务传输成功,则MAC层指示状态为SUCCESS。

6. 帧的传输

(1) 发 送

每产生一个数据帧或MAC命令帧时,MAC层就拷贝macDSN的值到帧头(MHR)的序号字段中,并把macDSN加1。类似的,每产生一个信标帧时,MAC层拷贝macBSN的值到MHR的序号字段中,并把macBSN加1。

帧结构中源地址字段包含的是发送设备的地址。当一个关联设备已经分配了短地址(即macShortAddress不等于0xfffe或0xffff)时,尽可能使用短地址而不使用64位扩展地址(即aExtendedAddress)。当设备尚未关联到一个PAN或设备属性macShortAddress等于0xfffe时,设备只能使用64位扩展地址来通信。如果MHR中不存在源地址字段,则帧的发送设备是PAN协调器,目的地址字段是帧接收设备的地址。如果目的地址字段不存在,则帧接收设备是PAN协调器,源地址字段是帧发送设备的地址。

如果MHR中目的地址信息和源地址信息都存在,MAC层将比较目的PAN标识和源PAN标识。如果两个PAN标识相同,则帧控制字段中网内/网际子域置为1,并在发送帧中省略源PAN标识字段。如果两个PAN标识不同,则帧控制字段中网内/网际子域置为0,发送帧源PAN标识字段和目的PAN标识字段都存在。

如果在支持信标的PAN中发送帧,发送之前设备将尝试捕获信标。如果设备没有跟踪信标,不知道它出现的时刻,设备将启动接收机来寻找信标。如果在规定的时限内设备没有找到信标,就采用非时隙型CSMA-CA算法把帧发送出去;如果设备找到了信标,则在超帧的适当时刻把帧发送出去。在超帧的CAP内发送帧时采用时隙型CSMA-CA算法访问信道,在GTS上发送帧时不使用CSMA-CA算法。

在不支持信标的PAN中发送帧时,采用非时隙型CSMA-CA算法访问信道。

(2) 接收和拒绝

每个设备可以根据需要选择在空闲期间是否打开接收机。空闲期间MAC层仍要处理来自上一层的收发任务请求,收发任务请求是指包括接收确认在内的发送请求或接收请求。每处理完一个收发任务,MAC层根据macRxOnWhenIdle的属性值请求PHY层开启或关闭接收机:如果macRxOnWhenIdle等于TRUE,空闲期间接收机打开;如果macRxOnWhenIdle等于FALSE,接收机关闭。如果macBeaconOrder小于15,则只在CAP的空闲阶段考虑macRxOnWhenIdle的属性值。

由于无线通信信道的开放特性,设备接收机开启时将接收到POS范围内、工作在同一信道上、遵循IEEE 802.15.4标准的所有设备的发送帧,以及其他干扰信号;因此,MAC层要能够对接收帧进行过滤,只把有用的帧递交给上层。MAC层的第一级过滤是采用CRC校验算法,丢弃帧尾(MFR)FCS字段的校验值错误的那些接收帧。MAC层的第二级过滤与其是否工作在混杂模式有关:如果工作在混杂模式(即macPromiscuousMode等于TRUE),则MAC层不再作进一步的过滤,把第一级过滤后的所有帧直接递交给上层;如果工作在非混杂模式

(即 macPromiscuousMode 等于 FALSE),则 MAC 层保留同时满足下面这些条件的帧:

- 帧控制字段的帧类型子域没有非法的帧类型值;
- 帧类型指示为信标帧时,如果 macPANId 不等于 0xffff,源 PAN 标识应和 macPANId 值一致(macPANId 等于 0xffff 时,不管源 PAN 标识,设备接收所有信标帧);
- 如果帧中包含有目的 PAN 标识,则它应与 macPANId 值一致或等于广播 PAN 标识 0xffff;
- 如果帧中包含有短目的地址,则它应与 macShortAddress 值一致或等于广播短地址 0xffff;如果目的地址是扩展地址,则它应与 aExtendedAddress 常量值一致;
- 如果一个数据帧或 MAC 命令帧中只有源地址信息,则只有接收设备为 PAN 协调器并且源 PAN 标识等于 macPANId 值时,才保留该帧。

如果上述任何一个条件不满足,MAC 层将丢弃相应的帧。只有这些条件都满足时,MAC 层才把该帧当作有效帧,并作进一步处理。对接收到的有效帧,如果帧类型字段指示为一个数据帧或 MAC 命令帧,并且确认请求字段等于 1,则 MAC 层要发送一个确认帧。在构造确认帧时,把接收的数据帧或 MAC 命令帧中序号字段的内容复制到相应确认帧序号字段中,使事务发起方知道这是对哪个帧的确认。

如果接收帧的安全使能子域等于 1,则 MAC 层对接收帧作相应的安全处理。在主动扫描或被动扫描信标时,即使信标帧的安全处理出错,信标中包含的信息也存到 PAN 描述符中,递交给 MAC 上层。

如果帧控制字段中网内/网际子域等于 1(即网内传输),并且源地址和目的地址字段都存在时,MAC 层认为省略了的源 PAN 标识字段内容等于帧中的目的 PAN 标识字段。

成功处理帧后,MAC 调用数据指示原语 MCPS - DATA. indication,把帧信息传递给 MAC 上层。

(3) 从协调器提取数据

支持信标的 PAN 中的设备通过检测信标中的地址列表字段,可以知道协调器中是否有数据要传送给它。如果设备地址出现在信标的地址列表中,设备 MLME 就在 CAP 内向协调器发出数据请求命令,数据请求命令帧的确认请求字段设为 1。另外还有两种情况设备会向协调器发出数据请求命令:第一种情况是当 MLME 收到轮询请求原语 MLME - POLL. request 时;第二种情况是在收到一个请求命令的确认(如关联过程)aResponseWaitTime 个符号周期后,设备可能发送数据请求命令。数据请求命令只要不是指向 PAN 协调器,都应包含目的地址信息。

成功接收数据请求命令后,协调器将反馈一个确认帧。如果协调器有足够的时间来判断是否有数据等待传送给请求设备,并且能够在 macAckWaitDuration 个符号周期内发出数据请求的确认帧,则协调器根据判断结果设置确认帧的待处理帧字段("1"表示有数据待传,"0"表示没有数据),告知请求设备是否有数据。如果协调器在发送确认帧前没有足够时间作出判断,则设置待处理帧字段为 1。

如果接收到数据请求命令的确认帧中的待处理帧字段为 0,则设备认为协调器中没有它的数据;如果确认帧中的待处理帧字段为 1,设备就启动接收机以便接收来自协调器的数据帧。在支持信标 PAN 中,设备接收机最多开启 aMaxFrameResponseTime 个 CAP 符号周期,在不支持信标 PAN 中,设备最多开启 aMaxFrameResponseTime 个符号周期。如果协调器中确实有请求设备的数据，协调器就把数据帧发送给请求设备；如果协调器中没有请求设备的数据，协调器就向设备发出一个有效载荷为空的不需确认的数据帧。协调器在确认数据请求命令后，向请求设备发送数据帧的机制有两种：

① 不使用 CSMA－CA 机制。如果协调器 MAC 层能够在确认后的回退时隙边界处开始发送数据帧，则帧长在 aTurnaroundTime 到 aTurnaroundTime＋aUnitBackoffPeriod 个符号之间，并且 CAP 有足够的剩余时间用于发送数据、预留 IFS 和接收确认。如果协调器没有收到传输该数据帧要求的确认，则此后该数据的重传都要使用 CSMA－CA 机制。

② 其他情况使用 CSMA－CA 机制。如果请求设备在最大等待时限内没有接收到协调器发出的数据帧，或者接收到的数据帧有效载荷长度为 0，则设备认为协调器中没有它的数据；如果请求设备收到协调器的数据帧要求确认，则设备反馈一个确认帧。如果设备从协调器接收到的数据帧的帧控制字段中待处理帧子域等于 1，则表示协调器中还有该设备的数据。此时设备可以再次发送一个新的数据请求命令，用上述同样的程序继续向协调器索取数据。

(4) 确　认

发送数据帧或 MAC 命令帧时，根据需要可以设置帧控制字段中的确认请求子域为 1 或 0；而信标帧和确认帧中该字段总设为 0。另外，任何广播帧的确认请求子域也设为 0。

发送帧的确认请求子域等于 0 时，不要求接收设备，发送设备发出帧就认为发送成功。图 2－22 是发送不需确认的数据帧的信息流程，其中 AR=0 表示确认请求子域等于 0。

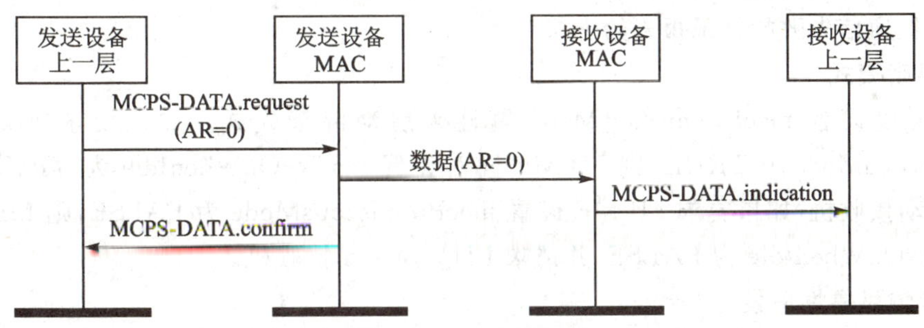

图 2－22　无确认的数据帧成功发送

发送帧的确认请求子域等于 1 时，要求接收设备在接收到该帧后作出确认。接收设备正确接收到要求确认的帧后，向发送设备反馈一个确认帧。确认帧的 DSN 等于它所确认的数据帧或 MAC 命令帧的 DSN。

在不支持信标的 PAN 中或在超帧结构的 CFP 内，在接收到数据帧或者 MAC 命令帧后 aTurnaroundTime 个符号周期，确认帧开始发送。在超帧的 CAP 内，确认帧的发送时刻位于退避时隙的边界处，发送确认帧的开始时刻在收到数据帧或 MAC 命令帧后 aTurnaroundTime 个符号周期到 aTurnaroundTime＋aUnitBackoffPeriod 个符号周期之间。

图 2－23 是发送要求确认的数据帧的信息流程，其中 AR=1 表示确认请求子域等于 1。

(5) 重　传

帧发送设备如果把帧控制字段中确认请求子域设为 0，则认为发送的帧都被成功接收，所以也就不需要重传程序；如果设备发送数据帧或 MAC 命令帧时帧控制字段中确认请求子域设为 1，则发送完成后设备等待接收相应的确认帧。如果在 macAckWaitDuration 个符号周期

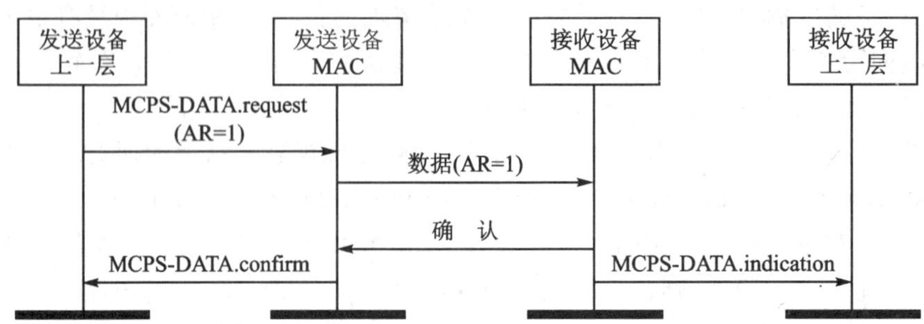

图 2-23　有确认的数据帧成功发送

的时限内，帧发送设备收到了一个确认帧，并且该确认帧的 DSN 与发送帧的 DSN 相同，则表示帧发送成功；如果在这个时限内帧发送设备没有收到确认帧或确认帧的 DSN 与发送帧的 DSN 不一致，则表示帧发送失败。

如果间接传输的一次帧发送失败，协调器并不重传失败的数据帧或 MAC 命令帧，而是继续放在协调器的事务排队中。如果直接传输的一次帧发送失败，设备将重新发送数据帧或命令帧，最多可以重传 aMaxFrameRetries 次。超帧结构中的每次重传必须在相同时间段内完成，如 CAP 或失败传输时使用的 GTS。如果重传操作不能在 CAP 结束前完成或不能在当前 GTS 内完成，则整个重传过程推迟到下一个超帧对应的 CAP 或 GTS 内重新尝试。如果一个数据帧或 MAC 命令帧重传 aMaxFrameRetries 次仍然没有收到确认帧，则 MAC 层判断为发送失败，并把通信失败的结果报告给上层。

(6) 混杂模式

设备可以设置 macPromiscousMode 属性来启动混杂模式。如果要求 MLME 设置 macPromiscousMode 为 TRUE，则 MLME 同时设置 macRxOnWhenIdle 为 TRUE，并请求 PHY 层启动接收机；如果要求 MLME 设置 macPromiscousMode 为 FALSE，则 MLME 同时设置 macRxOnWhenIdle 为 FALSE，并请求 PHY 层关闭接收机。

(7) 传输可靠性情景

由于无线传输媒质的不理想，发送帧不是都能成功到达接收设备。图 2-24 列出了帧传输过程中可能出现的 3 种情况：

① 数据发送成功。发送设备的 MAC 层利用 PHY 层的数据服务把数据帧发送到接收设备。在等待确认时，发送设备 MAC 层启动一个计时器，计时时间为 macAckWaitDuration 个符号周期。接收设备 MAC 层收到数据帧后，向发送设备回送一个确认帧，并把收到的帧提交给上层。发送设备 MAC 在计时结束前收到接收设备发回的确认后，就关闭和复位计时器。此时数据发送完成，发送设备 MAC 就向上层发送一个成功证实。

② 数据帧丢失。发送设备的 MAC 层利用 PHY 层的数据服务把数据帧发送到接收设备。在等待确认时，发送设备 MAC 层启动一个计时器，计时时间为 macAckWaitDuration 个符号周期。接收设备的 MAC 层没有收到数据帧，因此也不会发送设备反馈确认。发送设备的计时结束前没有收到确认帧，帧发送失败，发送设备将再次发送该数据帧。这个重传过程最多可以重复 aMaxFrameRetries 次。如果一个数据帧的(1＋aMaxFrameRetries)次传输尝试都失败了，发送设备 MAC 就向上层发送一个失败证实。

③ 确认帧丢失。发送设备的 MAC 层利用 PHY 层的数据服务把数据帧发送到接收设备。

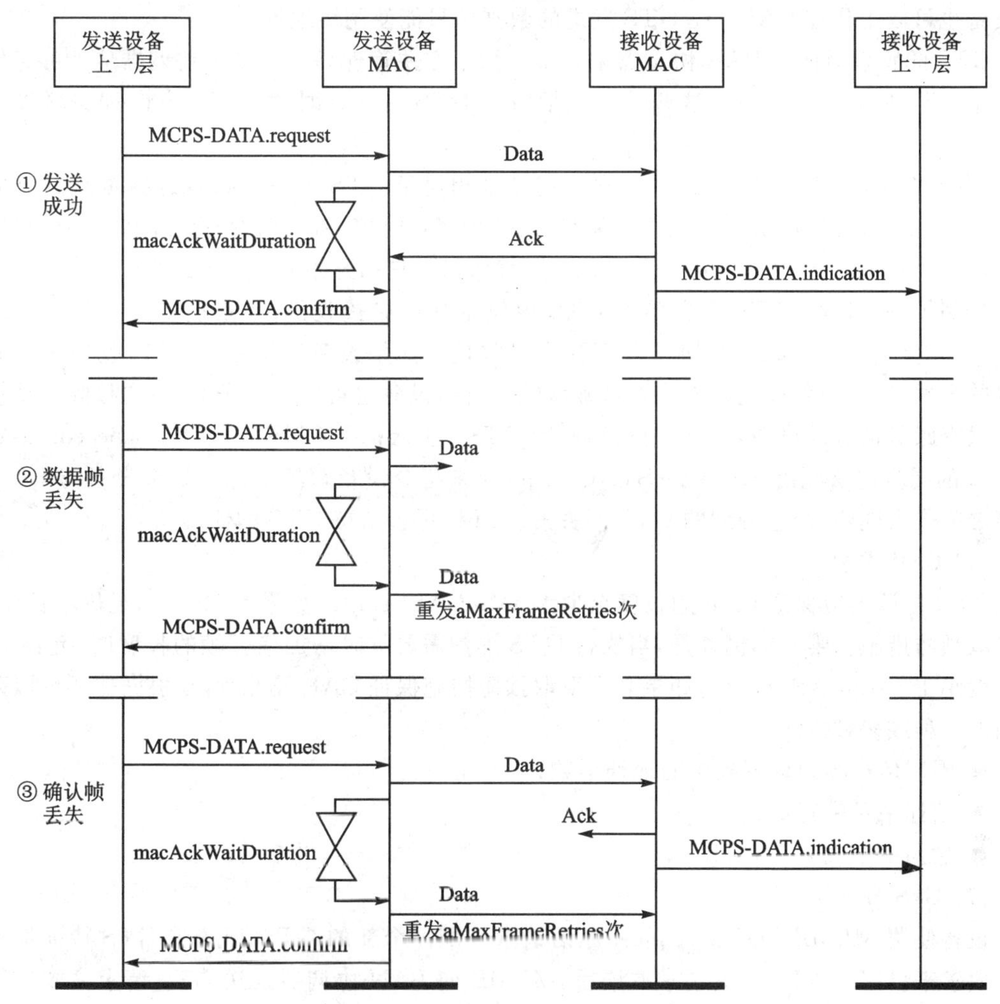

图 2-24　帧传输的 3 种可靠性情况

在等待确认的时候，发送设备 MAC 层启动一个计时器，计时时间为 macAckWaitDuration 个符号周期。接收设备 MAC 层收到数据帧后，向发送设备回送一个确认帧，并把收到的帧提交给上层。发送设备 MAC 层没有收到确认帧，计时器超时，帧发送失败，发送设备将再次发送该数据帧。这个重传过程最多可以重复 aMaxFrameRetries 次。如果一个数据帧的(1＋aMaxFrameRetries)次传输尝试都失败了，发送设备 MAC 就向上层发送一个失败证实。

7. GTS 分配和管理

保证时隙(GTS)允许设备独享超帧中的部分时隙，作为专用信道使用。GTS 是由 PAN 协调器负责分配，只可用于 PAN 协调器和设备之间的通信。一个 GTS 可占用一个或多个超帧时隙，只要超帧结构中有足够的时间资源，PAN 协调器最多可以同时分配 7 个 GTS。

设备使用 GTS 遵循先分配后使用的原则。PAN 协调器根据设备的 GTS 请求以及当前超帧的容量来决定是否分配 GTS 给该设备。PAN 协调器分配 GTS 遵循先到先服务的原则，所有 GTS 都连续排列在超帧的末端，跟随在 CAP 之后。每个 GTS 不再使用时就被撤销，PAN 协调器可以随时撤销一个 GTS，申请使用 GTS 的设备也可以撤销 GTS。分配了 GTS

的设备也可以工作在CAP。在GTS发送的数据帧只能使用短地址。

GTS的管理只能由PAN协调器来承担。为了方便管理GTS,PAN协调器应能够存储管理7个GTS所必需的信息。这些信息包括每个GTS的开始时隙、长度、方向和关联设备的地址。

GTS的方向可以是发送或接收,它的定义是相对于GTS关联设备发送数据流的方向而言的。每个设备可以申请一个发送时隙和/或一个接收时隙,所以用设备地址和方向就可以唯一标识一个GTS。当设备得到一个GTS时,就保存下它的开始时隙、长度和方向信息。如果设备分到了一个接收GTS,则在整个GTS内设备都开启接收机;如果设备分到了一个发送GTS,则在整个GTS内PAN协调器都开启接收机。如果设备在接收GTS内收到一个要求确认的数据帧,则设备以正常方式发送确认帧;同样,设备也可以在发送GTS内接收确认帧。

只有跟踪信标的设备才可以请求和使用GTS。上层向MLME发出TrackBeacon参数为TRUE的同步请求原语MLME-SYNC.request来指令设备跟踪信标。如果设备与PAN协调器之间失去同步,则它分到的GTS都丢失。RFD可选支持GTS的使用。

(1) CAP维护

PAN协调器应保证CAP的长度至少为aMinCAPLength,如果CAP不满足最小长度,就要采取预防措施。唯一的例外是,当执行GTS维护需要临时增加信标帧的长度时,允许CAP的长度小于aMinCAPLength;如果必须采取预防措施保证CAP长度时,则根据需要可以采用下面的一种或多种方法:

- 限制信标帧地址列表中的地址个数;
- 信标中不带有效载荷;
- 撤销一个或多个GTS。

(2) GTS分配

设备使用MLME-GTS.request原语请求分配一个新的GTS,原语中GTS特征集根据应用要求来设定。收到GTS请求原语后,MLME向PAN协调器发送GTS请求命令。GTS请求命令帧中GTS特征字段的GTS类型子域应设为1(表示分配GTS),长度和方向子域按照应用要求来设定。正确接收到GTS请求命令后,PAN协调器反馈一个确认帧。

PAN协调器收到要求分配GTS的请求命令后,首先根据CAP的剩余长度和请求的GTS长度判断当前超帧是否有足够的容量。如果超帧中GTS个数尚未达到最大,并且分配一个GTS后CAP的长度也不会小于aMinCAPLength,则PAN协调器有足够的容量。只要PAN协调器有足够的可用带宽,它就以"先到先服务"的原则分配多个GTS。PAN协调器要在aGTSDescPersistenceTime个超帧内作出能否分配GTS的决定。

设备收到GTS请求命令的确认后,继续跟踪信标,最多等待aGTSDescPersistenceTime个超帧。如果在这段时间内信标中没有出现该设备的GTS描述符,设备的MLME就通知上层请求GTS失败。这个通知由MLME发送状态为NO_DATA的证实原语MLME-GTS.confirm来实现。

PAN协调器在判断是否有足够的容量满足GTS请求的同时产生一个GTS描述符,描述符中包含GTS的请求配置和请求设备的短地址。如果GTS分配成功,PAN协调器把GTS描述符中的开始时隙设置为GTS开始的超帧时隙,把长度设置为GTS的长度。此外,PAN协调器还使用MLME-GTS.indication指示原语把新分配GTS的特征告知上层。如果当前超帧没有足够的容量用来分配请求的 GTS，则 PAN 协调器把 GTS 描述符的开始时隙设置为 0，把长度设置为当前可分配的最大 GTS 长度。然后 PAN 协调器把产生的 GTS 描述符放入信标中，更新信标帧的 GTS 配置字段。另外 PAN 协调器还要根据分配 GTS 的结果，更新信标帧的超帧配置字段中的 CAP 最后时隙子域。GTS 描述符在信标中驻留 aGTSDescPersistenceTime 个超帧，然后自动删除。当 GTS 描述符要临时增加信标帧的长度时，PAN 协调器允许超帧中的 CAP 长度小于 aMinCAPLength。

当接收的信标帧中包含有 macShortAddress 对应的 GTS 描述符时，设备就对 GTS 描述符进行处理。设备的 MLME 也发送 MLME - GTS. confirm 向其上层报告 GTS 分配请求的结果。如果 GTS 描述符的开始时隙大于 0，则证实原语的状态为 SUCCESS；如果 GTS 描述符的开始时隙等于 0 或者长度与请求的 GTS 长度不一致，则证实原语的状态为 DENIED。

(3) GTS 使用

当设备 MAC 层收到数据请求原语 MCPS - DATA. request 的 TxOptions 参数指示为 GTS 发送时，设备先要判断是否有有效的 GTS。如果设备是 PAN 协调器，则它要判断数据发送请求的目的地址对应的设备是否有接收 GTS；如果设备不是 PAN 协调器，则它要判断自己是否分配有发送 GTS。如果存在有效的 GTS，则 MAC 在 GTS 内发送数据。如果请求事务能够在 GTS 结束前完成，则 MAC 层马上发送 MPDU，不使用 CSMA - CA；如果请求事务不能在当前 GTS 结束前完成，则 MAC 层推迟到下一个超帧相同的 GTS 发送数据。

如果设备有接收 GTS，则设备 MAC 层要保证在 GTS 期间接收机一直处于开启状态；PAN 协调器将在 GTS 内发送所有帧，帧控制字段中确认请求子域为 1。

当 PAN 协调器 MAC 层收到数据请求原语 MCPS - DATA. request 的 TxOptions 参数指示为 GTS 发送时，它等到目的接收设备的接收 GTS 开始后才开始发送数据。这种要求 GTS 发送的设备的地址不要添加到信标帧的地址列表中。PAN 协调器 MAC 层必须确保它的接收机在每个设备的发送 GTS 期间都处于开启状态。

每个设备在 GTS 内开始发送之前，应保证数据发送、确认和 IFS 都能够在 GTS 结束前完成。如果设备错过了超帧开始的信标帧，则它需要捕获下一个超帧的信标后才能使用 GTS。如果设备因丢失信标而失步，那么它就认为分配给它的信标被撤销了。

(4) GTS 撤销

设备请求撤销现存的 GTS 也是使用 MLME - GTS. request 原语。设备就不再使用将要撤销的 GTS，并且复位有关该 GTS 的特征信息。设备请求撤销现存的 GTS 时，MLME 向 PAN 协调器发送 GTS 请求命令。GTS 请求命令帧中 GTS 特征字段的 GTS 类型子域应设为 0(表示撤销 GTS)，长度和方向子域按照要撤销的 GTS 的特征设定。PAN 协调器正确接收到撤销 GTS 的请求命令后就向请求设备发送一个确认帧；设备接收到确认帧后，MLME 就用 MLME - GTS. confirm 原语把撤销的 GTS 告知其上层。如果 PAN 协调器不能正确接收到撤销 GTS 请求命令，则需要按照下面“GTS 空闲判断”中介绍的方法，来判断设备是否停止使用 GTS。

PAN 协调器接收到撤销 GTS 的请求命令后，就着手撤销 GTS。如果没有一个现存的 GTS 与撤销 GTS 的请求命令中的 GTS 特征相符，则 PAN 协调器忽略 GTS 请求命令；如果有一个 GTS 与请求命令中要撤销的 GTS 特征相符，则 PAN 协调器的 MLME 撤销该 GTS，并把 GTS 改变结果通知给上层。撤销 GTS 后，超帧中 CAP 长度增加，所以 PAN 协调器也要相应地更新信标帧中超帧配置字段的 CAP 最后时隙子域的值。设备请求撤销 GTS 时，不需要把 GTS 描述符添加到信标中。

当撤销 GTS 的过程由 PAN 协调器启动时，PAN 协调器首先使用 GTS 指示原语 MLME - GTS. indication 把要撤销的 GTS 通知给 MAC 上层，然后撤销指定的 GTS 并把该 GTS 的描述符添加到信标中。撤销的 GTS 描述符的开始时隙值为 0。该描述符将在信标中驻留 aGTSDescPersistenceTime 个超帧。当 GTS 描述符要临时增加信标帧的长度时，PAN 协调器允许超帧中的 CAP 长度小于 aMinCAPLength。

当设备接收到的信标中含有 macShortAddress 对应的 GTS 描述符，并且描述符的开始时隙值等于 0 时，设备立即停止使用 GTS，并使用 MLME - GTS. indication 原语把撤销的 GTS 通知给设备的 MAC 上层。

(5) GTS 重分配

撤销 GTS 后可能导致超帧变成零散的碎片。图 2 - 25 示意了撤销超帧 GTS 的 3 个阶段：第 1 阶段超帧的 CFP 有 3 个分配的 GTS，分别开始于第 14 个、第 10 个和第 8 个超帧时隙；第 2 阶段撤销 GTS 2，此时 GTS 1 和 GTS 3 之间就有一段不能利用的空隙；为了消除空隙，在第 3 阶段移动 GTS 3 与 GTS1 连接起来，增加 CAP 的长度。PAN 协调器能消除因撤销 GTS 在 CFP 内产生的空隙，使得 CAP 长度最大化。

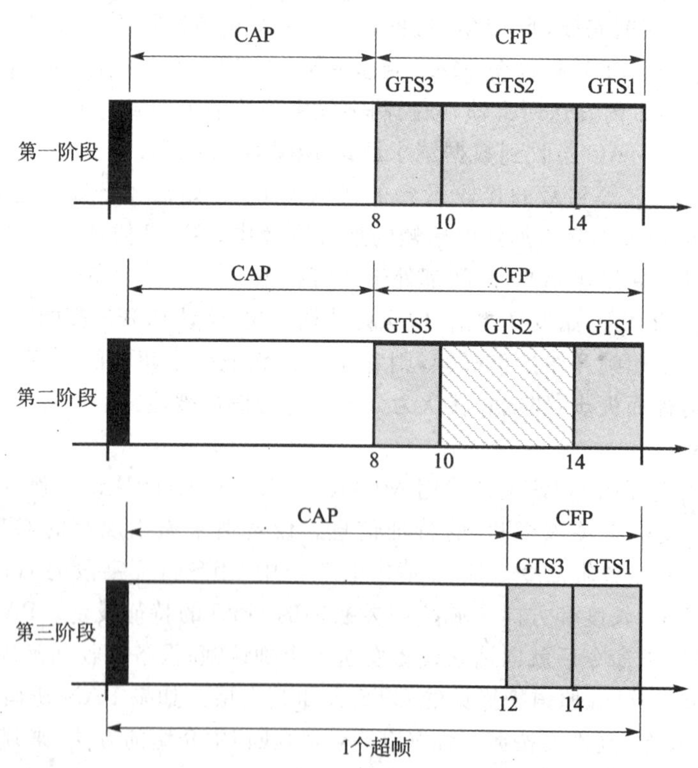

图 2 - 25　GTS 撤销和 CFP 碎片整理

当 PAN 协调器撤销 GTS 时，它把撤销的 GTS 描述符添加到信标中，向设备指示 GTS 的撤销；当撤销 GTS 的过程由设备请求启动时，撤销的 GTS 描述符不添加到信标中。撤销一个 GTS 后，PAN 协调器将把那些开始时隙位置小于撤销的 GTS 开始时隙的设备 GTS 向 CFP

的尾部方向平移，更新这些 GTS 的开始时隙，并把平移调整过的 GTS 描述符添加到信标中。撤销 GTS 后平移整合 GTS 的原则，是使 CFP 的末端和 GTS 时隙之间都没有空隙。

当需要对多个 GTS 重分配时，PAN 协调器可选择分步实现，并保证每个 GTS 描述符在信标中驻留 aGTSDescPersistenceTime 个超帧周期。当设备接收到的信标中含有 macShortAddress 对应的 GTS 描述符，并且方向和长度与设备当前的一个 GTS 相同，则设备把当前 GTS 的开始时隙调整为信标中 GTS 描述符指示的开始时隙，并可立即应用。

当 PAN 协调器必须添加 GTS 描述符到信标中时，允许超帧中的 CAP 长度小于 aMinCAPLength 以临时增加信标帧的长度。aGTSDescPersistenceTime 个超帧周期后，PAN 协调器将从信标中删除 GTS 描述符。

6) GTS 空闲判断

当 PAN 协调器不能正确接收设备撤销 GTS 的请求命令时，可以通过下面的规则来判断设备是否停止使用 GTS：

- 对于发送 GTS，如果在至少 $2\times n$ 个超帧周期内 PAN 协调器在一个设备的 GTS 上没有收到设备发出的数据帧，则认为设备已不再使用该发送 GTS；
- 对于接收 GTS，如果在至少 $2\times n$ 个超帧周期内 PAN 协调器在一个设备的 GTS 上没有收到设备发出的确认帧，则认为设备已不再使用该接收 GTS。

其中 n 值的定义如下：

$$n=\begin{cases}2^{(8-\text{macBeaconOrder})} & 0\leqslant \text{macBeaconOrder}\leqslant 8\\ 1 & 9\leqslant \text{macBeaconOrder}\leqslant 14\end{cases}$$

8. MAC 帧的安全处理

在上层要求的情况下，MAC 层可以为发送和接收帧提供安全服务。IEEE 802.15.4 支持 4 种安全服务：访问控制、数据加密、帧完整性、顺序保鲜。

协议同时提供了 3 种安全模式：不安全模式、ACL 模式和安全模式。决定如何提供安全的信息保存在 MAC PIB 中。

(1) ACL 入口

MAC PIB 安全属性包括 1 个默认 ACL 入口和 1 组个别 ACL 入口。默认 ACL 入口是 PAN 中所有设备都知道的一个入口，它用于未知的一个或多个设备之间的通信；个别 ACL 入口则用于两个已知设备间以共享密钥的方式通信。

默认 ACL 入口包括 3 个属性：macDefaultSecurity、macDefaultSecuritySuite 和 macDefaultSecurityMaterial。macDefaultSecurity 属性指示不在 ACL 中的设备是否使用安全服务；macDefaultSecuritySuite 属性表示不在 ACL 中的设备发送和接收帧使用的默认安全套件；macDefaultSecurityMaterial 属性表示不在 ACL 中的设备安全通信时发送和接收帧使用的密钥材料。如果 macDefaultSecurity 等于 FALSE，则不使用 macDefaultSecuritySuite 和 macDefaultSecurityMaterial。

其他 ACL 入口包含在 macACLEntryDescriptorSet 属性中，它是一组 ACL 入口描述符。每个 ACL 入口对应一个信任设备，包括该设备的 PAN 标识、64 位扩展地址、短地址（如果不知道就为 0xffff），以及它的安全套件和相关密钥材料。

(2) 不安全模式

不安全模式不提供任何安全服务，它是 MAC 层默认的安全模式。工作在不安全模式的设备既不使用ACL入口，也不对接收帧作任何安全相关的操作。工作在不安全模式的设备先对到达的帧进行过滤，然后检查其安全使能子域。如果帧的安全使能位等于1，并且设备没有执行主动或被动扫描，则MAC层调用数据指示原语MCPS-DATA. indication，把帧递交给上层。指示原语中SecurityUse参数设为TRUE，ACLEntry参数设为0x08。如果设备在执行主动或被动扫描，则它接受安全使能位等于1的信标帧，并把该信标帧对应的PAN描述符中的SecurityUse、ACLEntry和SecurityFailure字段分别设置为TRUE、0x08和TRUE。如果MAC层收到的数据帧安全使能位等于0，则通过MCPS-DATA. indication原语把帧递交给上层，指示原语中SecurityUse参数设为FALSE，ACLEntry参数设为0x08。

(3) ACL模式

ACL模式提供给MAC层一种判断接收的帧是否源自访问控制列表(ACL)中设备的机制。工作在ACL模式的设备不应对MAC帧作任何修改或加密操作，ACL模式只是提供给设备一种根据源地址对接收帧进行过滤的方法，而并不是一种安全识别帧产生设备的方法(即不能确保帧的实际产生者就是源地址对应的设备)。工作在ACL模式的设备MAC层先对到达的帧进行过滤，然后检查其安全使能子域。如果帧的安全使能位等于1，并且设备没有执行主动或被动扫描，则MAC层调用数据指示原语MCPS-DATA. indication，把帧递交给上层。指示原语中SecurityUse参数设为TRUE，ACLEntry参数的设置则要看ACL中是否存在帧的源地址指示的发送设备。如果ACL中包含有帧的发送设备，则把ACLEntry参数设为发送设备关联的ACL入口的macSecurityMode属性值；如果ACL中没有帧发送设备，则把ACLEntry参数设为0x08。如果设备在执行主动或被动扫描，则它接受安全使能位等于1的信标帧，并把该信标帧对应的PAN描述符中的SecurityUse和SecurityFailure字段都设置为TRUE，描述符中ACLEntry字段的设置则要看ACL中是否包含发送信标的设备。如果ACL中包含有信标帧的发送设备，则把ACLEntry参数设为发送设备关联的ACL入口的macSecurityMode属性值；如果ACL中没有帧发送设备，则把ACLEntry参数设为0x08。如果MAC层收到的数据帧安全使能位等于0，则通过MCPS-DATA . indication原语把帧递交给上层，指示原语中SecurityUse参数设为FALSE，ACLEntry参数的设置则要看ACL中是否存在帧的源地址指示的发送设备。如果ACL中包含有帧的发送设备，则把ACLEntry参数设为发送设备关联的ACL入口的macSecurityMode属性值；如果ACL中没有帧发送设备，则把ACLEntry参数设为0x08。设备通过搜索macACLEntryDescriptorSet中每个ACL入口来判断接收帧的发送设备是否包含在ACL中。如果有一个ACL入口的ACLPANId值等于接收到的PAN标识，ACLExtendedAddress或ACLShortAddress的值等于接收帧的源地址，则表示ACL中包含有该接收帧的发送设备。如果接收帧没有源地址，则ACLEntry设为0x08。

(4) 安全模式

安全模式提供给MAC一种既使用ACL功能又为帧提供加密保护的机制。工作在安全模式的设备MAC接收到帧或者接收到上层的帧发送请求时，就分别按照下面的方法进行处理。

安全模式时，如果设备MLME收到上层要求发送一个安全帧的请求(即TxOptions的安全使能位为1)，它就扫描ACL入口，寻找要使用的正确入口。MLME首先搜索macACLEntryDescriptorSet，寻找ACLPANId值和ACLExtendedAddress或ACLShortAddress的值与要产生的帧的目的地址信息相匹配的ACL入口。如果找到了相匹配的ACL入口，MLME就用该ACL入口ACLSecuritySuite字段的安全套件和ACLSecurityMaterial字段的安全材料处理要发送的帧；如果 MLME 在 macACLEntryDescriptorSet 中没有找到 ACLPANId 值和 ACLExtendedAddress 或 ACLShortAddress 的值与要产生的帧的目的地址信息相匹配的 ACL 入口，MLME 将检测 macDefaultSecurity。如果 macDefaultSecurity 等于 TRUE，MLME 就用 macDefaultSecuritySuite 的安全套件和 macDefaultSecurityMaterial 的安全材料处理要发送的帧。如果 MLME 在 macACLEntryDescriptorSet 中找不到与目的地址信息相匹配的 ACL 入口，并且 macDefaultSecurity 等于 FALSE，则 MLME 向其上层发出状态为 UNAVAILABLE_KEY 的通信状态指示原语 MLME-COMM-STATUS. indication。

MLME 从 ACL 得到合适的安全套件和安全材料后，首先把帧控制字段中的安全使能位设为 1，然后对帧进行加密。如果安全套件指定了加密要求，则加密操作只应用于 MAC 有效载荷部分的有效载荷字段，即信标有效载荷字段、命令有效载荷字段或数据有效载荷字段。如果一帧不含有效载荷字段，则不需进行加密。加密后的数据插入到帧中原始数据所在的有效载荷字段。

如果安全套件指定要使用帧完整性保护，则完整性码应用于 MHR 连同 MAC 有效载荷部分。完整码计算的结果和有效载荷字段的其他数据一起放在 MAC 有效载荷的有效载荷字段。如果要发送帧的有效载荷字段没有数据，则该字段只放完整码。确认帧中不使用完整码。

加密和完整性保护操作的顺序和具体方法，以及加密后的数据和完整性检验码在有效载荷字段如何存放，都是由所选择的安全套件来决定的。详见 MAC 层安全套件规范部分。

如果任何安全操作失败，MLME 都不发送请求的帧，而是向上层发出状态为 FAILED_SECURITY_CHECK 的 MLME-COMM-STATUS. indication 原语，告知安全处理失败；如果安全处理后帧长超过 aMaxMACFrameSize，MLME 也不发送请求的帧，而是向上层发出状态为 FRAME_TOO_LONG 的 MLME-COMM-STATUS. indication 原语，告知通信失败的原因；如果成功完成了安全操作并且按安全套件的规定修改了有效载荷字段，则设备安全处理后的帧计算帧校验序列 FCS，就得到一个完整的 MAC 协议数据单元(MPDU)。

接收的帧也可能是收到安全保护的。工作于安全模式时，设备 MLME 收到帧后，首先执行过滤操作，然后检测其安全使能字段判断该帧是否采用了安全保护。

如果接收帧的安全使能字段为 0，并且是关联请求命令帧，则协调器的 MLME 调用关联指示原语 MLME-ASSOCIATE. indication 把帧信息提交给上层。如果接收帧是信标请求命令帧且安全使能字段为 0，则支持信标的 PAN 中的协调器忽略信标请求命令，继续以正常方式发送信标；而不支持信标的 PAN 中的协调器以非时隙 CSMA-CA 算法发送一个信标。如果设备正在执行主动或被动扫描时收到一个信标的安全使能字段为 0，设备将接受该信标帧并把它对应的 PAN 描述符中的 SecurityUse 和 SecurityFailure 字段分别设为 FALSE 和 TRUE，ACLEntry 字段的设置则要看 ACL 中是否存在帧发送设备。如果 ACL 中包含有帧的发送设备，则把 ACLEntry 字段设为发送设备关联的 ACL 入口的 macSecurityMode 属性值；如果 ACL 中没有帧发送设备，则把 ACLEntry 参数设为 0x08。其余情况下，如果接收帧的安全使能字段为 0，则设备调用 MCPS-DATA. indication 原语把帧提交给 MAC 上层。数据指示原语中 SecurityUse 参数设为 FALSE，ACLEntry 参数的设置则要看 ACL 中是否存在帧的源地址指示的发送设备。如果 ACL 中包含有帧的发送设备，则把 ACLEntry 参数设为发送设备关联的 ACL 入口的 macSecurityMode 属性值；如果 ACL 中没有帧发送设备，则把

ACLEntry 参数设为 0x08。

如果接收帧的安全使能字段为 1，则设备在 MAC PIB 安全属性中扫描 ACL 入口，寻找要使用的正确入口。MLME 首先搜索 macACLEntryDescriptorSet，寻找 ACLPANId 值和 ACLExtendedAddress 或 ACLShortAddress 的值与接收帧源地址信息相匹配的 ACL 入口。如果找到了相匹配的 ACL 入口，MLME 就用该 ACL 入口 ACLSecuritySuite 字段的安全套件和 ACLSecurityMaterial 字段的安全材料来处理接收的帧；如果 MLME 在 macACLEntryDescriptorSet 中没有找到 ACLPANId 值和 ACLExtendedAddress 或 ACLShortAddress 的值与接收帧的源地址信息相匹配的 ACL 入口，MLME 将检测 macDefaultSecurity。如果 macDefaultSecurity 等于 TRUE，MLME 就用 macDefaultSecuritySuite 的安全套件和 macDefaultSecurityMaterial 的安全材料来处理接收的帧。如果 MLME 在 macACLEntryDescriptorSet 中找不到与接收帧的源地址信息相匹配的 ACL 入口，并且 macDefaultSecurity 等于 FALSE，设备也没有执行主动扫描或被动扫描，则 MLME 调用 MCPS－DATA. indication 原语把帧提交给 MAC 上层。数据指示原语中 SecurityUse 参数设为 TRUE，ACLEntry 参数设为 0x08。如果设备正在执行主动扫描或被动扫描，则尽管找不到该信标的相关安全材料，设备还是接受该信标帧，并且把该信标对应的 PAN 描述符的 SecurityUse、ACLEntry 和 SecurityFailure 字段分别设置为 TRUE、0x08 和 TRUE。

MLME 从 ACL 中搜索到合适的安全套件和安全材料后，MAC 层就对接收的帧进行安全处理。如果安全套件中有加密要求，则对 MAC 有效载荷中有效载荷字段的数据进行解密。如果有效载荷字段没有数据，则不需执行解密操作。解密后的数据存放到有效载荷字段替换原始的加密数据。如果安全套件要求帧完整性校验，则首先把完整性校验码和安全套件的其他数据从 MAC 有效载荷的有效载荷字段中删除，然后对 MHR 连同 MAC 有效载荷一起作完整性验证。至于执行解密操作和完整性验证的顺序和具体方法以及安全数据在有效载荷字段中的存放位置是由具体使用的安全套件来决定的。

一个没有执行主动扫描或被动扫描的设备，如果至少出现了一个安全操作失败，则 MLME 丢弃该接收帧，并调用状态为 FAILED_SECURITY_CHECK 的通信状态指示原语 MLME－COMM－STATUS. indication 向上层报告。如果接收设备正在执行主动扫描或被动扫描，则尽管安全操作失败，设备还是接受该信标帧，并且把该信标对应的 PAN 描述符的 SecurityUse 和 SecurityFailure 字段都设置为 TRUE，ACLEntry 字段的设置则因情况而定。如果解密操作中的密钥能够在 macACLEntryDescriptorSet 中找到，则 ACLEntry 设为 TRUE；如果解密操作中的密钥能够在 macDefaultSecurityMaterial 中找到，则 ACLEntry 设为 FALSE。如果安全操作成功完成并且有效载荷字段已经修改成了合适的内容，则设备调用 MCPS－DATA. indication 原语，把得到的 MSDU 提交给 MAC 上层作进一步处理。数据指示原语中的 SecurityUse 参数设为 TRUE，ACLEntry 参数的值因实际情况而定。如果解密操作中的密钥能够在 macACLEntryDescriptorSet 中找到，则 ACLEntry 设为 TRUE；如果解密操作中的密钥能够在 macDefaultSecurityMaterial 中找到，则 ACLEntry 设为 FALSE。

2.2.6　MAC 层安全规范

设备工作在安全模式时可能会用到安全套件。安全套件是为提供安全服务而对 MAC 帧执行的一组操作。从安全套件的名称上就能看出它所使用对称加密算法、模式和完整性校验码的比特长度。IEEE 802.15.4 标准中的安全套件使用的加密算法都是高级加密标准(AES)。该标准定义了 7 种安全套件，如表 2-9 所列，表中的“X”表示安全套件提供的安全服务。每个安全套件对应一个 1 字节长度的标识码，标识码 0x00 表示不使用安全模式。每个能提供安全保护的设备至少应支持 AES-CCM-64 安全套件。

表 2-9　安全套件

安全套件标识码	安全套件名称	提供的安全服务			
		访问控制	数据加密	帧完整性	顺序保鲜(可选)
0x00	不使用安全模式				
0x01	AES-CTR	X	X		X
0x02	AES-CCM-128	X	X	X	X
0x03	AES-CCM-64	X	X	X	X
0x04	AES-CCM-32	X	X	X	X
0x05	AES-CBC-MAC-128	X		X	
0x06	AES-CBC-MAC-64	X		X	
0x07	AES-CBC-MAC-32	X		X	

1. 安全套件构造模块

(1) CTR 加密模式

计数器模式(CTR)对称加密算法的加密过程是，分组密码产生器以共享密钥和现时值(nonce)产生一个密钥流，密钥流与等长的明文“异或”后得到密文。现时值在每次加密时都不同，它可以是时间戳、计数器或者为防止非授权的消息重发而设定的特殊记号。CTR 模式的解密过程是产生同样的密钥流与密文“异或”后译出对应的明文。

图 2-26 是 CTR 模式的加密和解密原理。加密时，一组输入分组(即计数器)经过分组密码产生模块后得到一组输出分组，一条明文划分成与输出分组等长的分组后分别与对应的输出分组“异或”得到密文分组；反之解密过程亦然。这些计数器的特点是产生的输入分组各不相同，这个要求不单局限于一条消息，对所有以同一共享密钥加密的消息，所有的计数器必须各不相同。一条消息对应的计数器分别表示为 $T_1, T_2, \cdots, T_n$，共享密钥为 K 的分组密码产生模块表示为 CIPH_K，则 CTR 模式可以定义为：

$$
\text{加密：}\quad
\begin{aligned}
O_j &= \mathrm{CIPH}_K(T_j) && j = 1,2,\cdots,n \\
C_j &= P_j \oplus O_j && j = 1,2,\cdots,n-1 \\
C_n^* &= P_n^* \oplus \mathrm{MSB}_u(O_n)
\end{aligned}
$$

$$
\text{解密：}\quad
\begin{aligned}
O_j &= \mathrm{CIPH}_K(T_j) && j = 1,2,\cdots,n \\
P_j &= C_j \oplus O_j && j = 1,2,\cdots,n-1 \\
P_n^* &= C_n^* \oplus \mathrm{MSB}_u(O_n)
\end{aligned}
$$

CTR 加密时，每个计数器分组都激活分组密码产生功能，各输出分组与对应的明文分组“异或”得到密文分组。最后一个明文分组的长度 u 可能小于输出分组的长度，此时与最后一个输出分组的 u 个高有效位“异或”得到最后一个密文分组。

CTR 解密时，每个计数器分组都激活分组密码产生功能，各输出分组与对应的密文分组

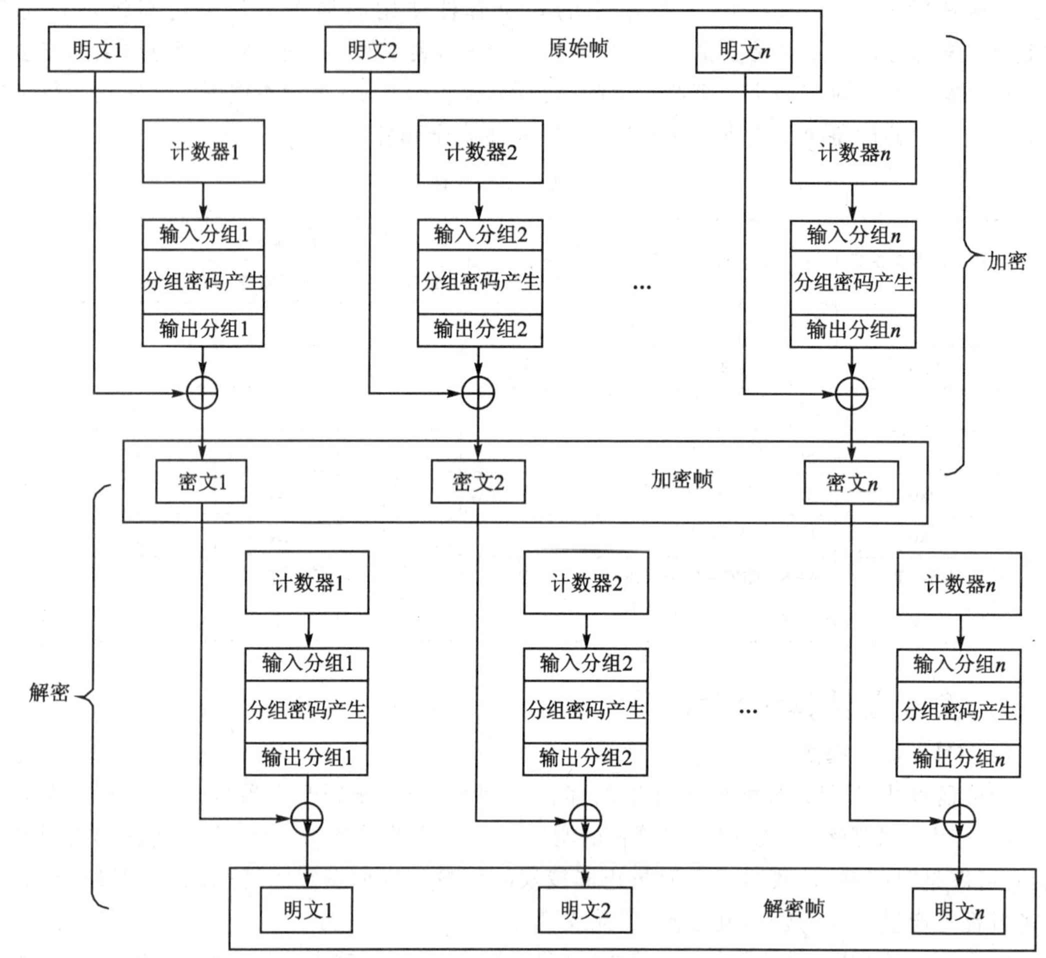

图 2-26　CTR 模式的加密和解密原理

"异或"得到明文分组。最后一个密文分组的长度 u 可能小于输出分组的长度,此时与最后一个输出分组的 u 个高有效位"异或"得到最后一个明文分组。

在 CTR 加密和解密时,对应各个计数器的分组密码产生功能可以并行工作;类似的,只要能够得到计数器分组,每个密文分组对应的明文分组都可以独立地解密得到。甚至于可以在明文或密文到来之前,事先执行分组密码产生功能。

(2) CBC-MAC 认证模式

密码分组链接消息认证码(CBC-MAC)对称认证算法以 CBC 模式用分组密码产生器得到消息完整性校验码,以计算完整码的消息开始部分是实际认证数据的长度。验证操作时,计算接收消息的完整码并与接收到的完整码进行比较。

CBC-MAC 算法利用分组密码产生器得到输入数据的完整性校验码。分组密码产生器利用已知的密钥把长度等于分组密码长度的输入矢量转换(加密)为等长度的输出矢量。如果用 $\boldsymbol{I}$ 表示输入矢量,$\boldsymbol{O}$ 表示输出矢量,e 表示加密操作,则一次分组加密过程可以描述为:

$$\boldsymbol{O}=e(\boldsymbol{I})$$

用于计算消息完整码(MIC)的数据划分成长度等于分组长度的数据分组 $D_1,D_2,\cdots,D_n$。

如果数据的比特长度不是分组长度的整数倍，则最后一个输入分组 D_n 的低有效位用 0 来补足。MIC 的计算通过下面的链式计算得到：

$$\boldsymbol{O}_1 = e(D_1)$$
$$\boldsymbol{O}_2 = e(D_2 \oplus \boldsymbol{O}_1)$$
$$\boldsymbol{O}_3 = e(D_3 \oplus \boldsymbol{O}_2)$$
$$\vdots$$
$$\boldsymbol{O}_n = e(D_n \oplus \boldsymbol{O}_{n-1})$$

选取 $\boldsymbol{O}_n$ 的 M 个高有效位作为 MIC，M 是 8 倍数并且满足条件 $32 < M < 128$。图 2－27 是 MIC 产生的原理框图。

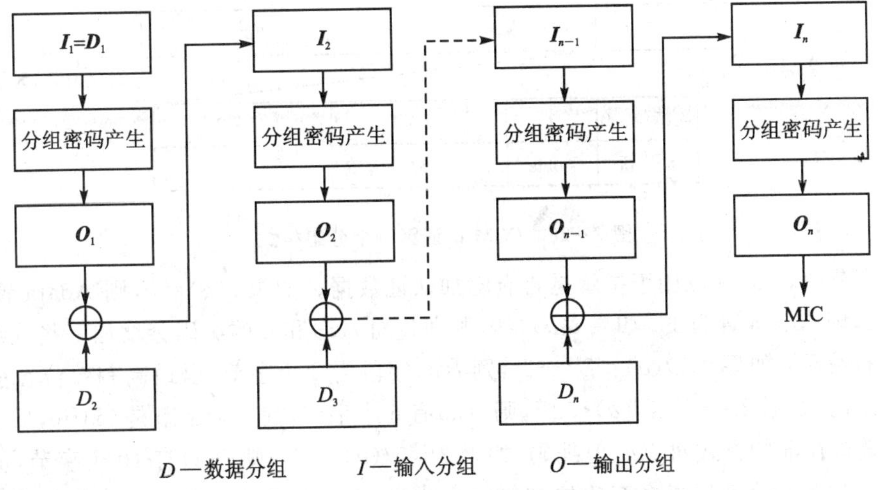

图 2－27　MIC 产生的原理框图

(3) CCM 联合加密和认证模式

CTR 加密结合 CBC－MAC(CCM)联合对称加密和认证算法首先计算 MIC，然后对 MIC 和明文数据进行加密；输出则由加码的数据和加密的完整码组成。

该安全套件的对称认证操作首先以 CBC 模式用分组加密计算得到完整码，用于计算完整码的输入数据是由现时值(nonce)、认证数据和明文数据组成的。验证完整性时先根据接收数据计算完整码，再与收到的完整码比较。

该安全套件的加密操作首先根据已知密钥和现时值以 CTR 模式计算密钥流，然后把密钥流与完整码和明文“异或”得到密文。解密操作时先产生密钥流，然后与密文“异或”得到明文和完整码。

CCM 模式一般要选择两个参数。第一个参数是认证字段的长度 M，即选取的 MIC 长度。参数 M 的选择需要折中考虑消息扩展度和消息遭无法察觉的位篡改概率，它的有效值是 4、6、8、10、12、14 和 16 字节，表示 M 值的字段长度是 3 位，编码 001～111 分别表示它的 7 个有效值。第二个参数是用以表示消息长度的字段的长度 L。参数 L 的选择需要折中考虑最大消息长度和现时值(nonce)的长度。不同的应用要求不同的折中，L 的有效值为 2～8 字节，表示 L 值的字段长度是 3 位，编码 001～111 分别表示它的 7 个有效值。

为了发送一个消息，发送者必须提供下面这些信息：

- 分组加密的密钥 K。
- $15-L$ 字节长的现时值 N。在使用同一个密钥加密的过程中，不能出现重复的现时值。
- 要发送的消息 m。消息长度范围是 $0 \leqslant l(m) < 2^{8L}$ 字节，即能够用 L 字节的长度字段来表示。
- 附加认证数据 a。它的长度范围是 $0 \leqslant l(a) < 2^{64}$ 字节。附加认证数据只用于计算认证码，不加密，也不包含在输出分组中。

CCM 的第一步是用 CBC－MAC 计算认证字段 T，即 MIC。首先定义一系列分组 $B_0, B_1, \cdots, B_n$，然后用于 CBC－MAC。第一个 16 字节分组 B_0 的格式如图 2－28 所示。

字节序号：0	1,…,15-L	16-L,…,15
标　志	现时值N	$l(m)$

比特位：0	1	2～4	5～7
预　留	Adata	M	L

图 2－28　CCM 认证第一个分组格式

标志字节中，Adata 位用于指示是否有附加认证数据。如果 $l(a)=0$，则 Adata 置为 0；如果 $l(a)>0$，则 Adata 置为 1。如果 $l(a)>0$，则通过对 $l(a)$ 和 a 的编码会增加一些分组。首先对 $l(a)$ 进行编码：如果 $0<l(a)<2^{16}-2^8$，则 $l(a)$ 字段为 2 个字节，以最高有效位在前的方式对 $l(a)$ 值编码；如果 $2^{16}-2^8 \leqslant l(a) < 2^{32}$，则 $l(a)$ 有 6 个字节，前 2 个字节是 0xfffe，后 4 个字节以最高有效位在前的方式对 $l(a)$ 值编码；如果 $2^{32} \leqslant l(a) < 2^{64}$，则 $l(a)$ 有 10 个字节，前 2 个字节是 0xffff，后 8 个字节以最高有效位在前的方式对 $l(a)$ 值编码。把 $l(a)$ 字段与附加数据 a 级联，划分成 16 字节的分组，最后一个分组不足 16 字节时用 0 补足，并把附加认证数据的分组添加在 B_0 之后。

附加认证分组之后添加消息分组。发送的消息 m 也划分成 16 字节的分组，最后一个分组不足 16 字节时用 0 补足。

得到数据分组 $B_0, B_1, \cdots, B_n$ 后，通过 CBC－MAC 计算消息认证码 T。

$$X_1 = E(K, B_0)$$
$$X_{i+1} = E(K, X_i \oplus B_i) \qquad i = 1, 2, \cdots, n$$
$$T = \mathrm{MSB}_{8M}(X_{n+1})$$

其中：$E()$表示分组密码的加密功能，K 是共享密钥，X_i 是加密输出分组，$\mathrm{MSB}_{8M}(X_{n+1})$表示 CBC－MAC 链式加密最后一次输出分组的高有效位 8 个字节。

CCM 的加密采用 CTR 模式。CTR 模式的密钥流分组定义为：

$$S_i = E(K, A_i) \qquad i = 0, 1, 2, \cdots$$

其中输入分组 A_i 的格式如图 2－29 所示。

消息明文 m 与级联密钥流 S_1, S_2, S_3……的前 $l(m)$个字节得到加密的消息。第一个密钥流 S_0 用来加密认证码 T，得到加密的认证码 $U=T \oplus \mathrm{MSB}_{8M}(S_0)$。最后得到 CCM 加密认证后的数据 c 是加密的消息级联加密的 MIC。

解码时，必须获知以下信息：分组加密的密钥 K、现时值 N、附加认证数据 a、加密认证后

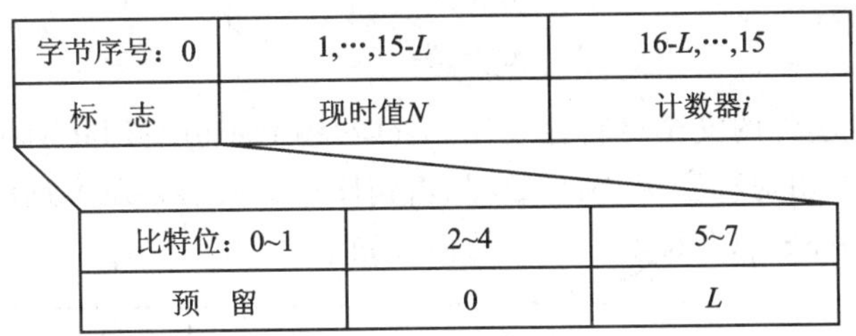

图 2-29　加密分组格式

的消息 c。

译码时首先计算密钥流，把密文与密钥流“异或”恢复出消息 m 和认证码 T。利用恢复出的消息 m 和附加认证数据 a 再次计算认证码，并与恢复得到的 T 进行比较。如果认证码不正确，接收机将只指示完整性验证失败，而不会有其他任何信息。

(4) AES 加密算法

高级加密标准(AES)是现行的国际加密标准，该分组加密算法的密钥长度有 128、192 和 256 三种。IEEE 802.15.4 采用的是分组长度为 128 位、密钥长度为 128 位的 AES 加密算法。AES 的加密和解密流程如图 2-30 所示。

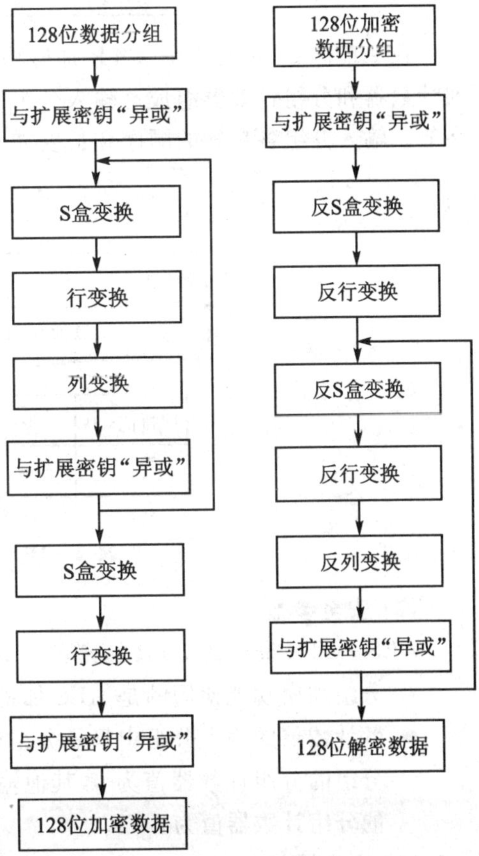

(5) PIB 安全材料

存放在 MAC PIB 中的安全信息因不同的安全套件而有所不同。

对称密钥是 ACL 入口对应的 AES 密钥，一个 AES 密钥不能用于不同的安全套件。

帧计数器是运行计数器，它放在 MAC 有效载荷的有效载荷字段，每发送一个安全帧计数器加 1。帧计数器不能溢出，它可用来保证 CCM 现时值的唯一性和接收帧的新鲜度。

密钥序列计数器是由上层固定的，它放在 MAC 有效载荷的有效载荷字段。如果帧计数器计满，则可用密钥序列计数器来保证 CCM 现时值的唯一性和接收帧的新鲜度。如果启用了保鲜功能，则即使接收端保鲜操作失败，上层也不应减小该计数器。

外部帧计数器和外部密钥序列计数器是 ACL 入口中的可选字段，它们分别表示接收到的与 ACL 入口对应的最近一个安全帧的帧计数器和密钥序列计数器的值。它们也可以用来验证接收帧的新鲜度。

128位数据分组
与扩展密钥“异或”
S盒变换
行变换
列变换
与扩展密钥“异或”
S盒变换
行变换
与扩展密钥“异或”
128位加密数据

128位加密数据分组
与扩展密钥“异或”
反S盒变换
反行变换
反S盒变换
反行变换
反列变换
与扩展密钥“异或”
128位解密数据

图 2-30　AES 的加密和解密流程

2. AES-CTR 安全套件

AES-CTR 安全套件利用共享数据、帧计数器和密钥序列计数器对 MAC 有效载荷的有效载荷字段进行加密和解密。AES-CTR 套件可提供访问控制、数据加密和顺序保鲜三种安全服务。

(1) 数据格式

AES－CTR安全套件的安全材料存放在macDefaultSecurityMaterial或ACL的ACLSecurityMaterial字段中，由对称密钥、帧计数器、密钥序列计数器以及可选的外部帧计数器和密钥序列计数器组成。AES－CTR安全材料的格式如下：

字节数：16	4	1	(4)	(1)
对称密钥	帧计数器	密钥序列计数器	可选外部帧计数器	可选外部密钥序列计数器

AES－CTR加密帧有效载荷的有效载荷字段由三部分组成：帧计数器、密钥序列计数器和加密的有效载荷。加密的有效载荷长度等于加密前的有效载荷字段长度，所以AES－CTR加密帧的有效载荷长度增加了5个字节。AES－CTR有效载荷字段格式如下：

字节数：4	1	可变长度
帧计数器	密钥序列计数器	加密的有效载荷

在AES－CTR套件中，CTR加密功能的输入分组由标志字节、源地址、帧计数器、密钥序列计数器和分组计数器组成。输入分组的标志字节的设置只是为了区别AES－CCM的标志字节。输入分组各字段的顺序和长度如图2－31所示。这些输入分组对应于CTR模式中的$T_1, T_2, \cdots, T_n$。

字节数：1	8	4	1	2
标　志	源地址	帧计数器	密钥序列计数器	分组计数器

比特位：0	1~5	6	7
1	0	1	0

图2－31　AES－CTR输入分组格式

(2) 安全参数

AES－CTR套件的CTR加密可以参数化以下两点：

- 分组加密功能使用的是AES加密算法。
- 各计数器的输入分组中只是分组计数器字段不同，其他字段都是相同的。第一个输入分组的分组计数器值为0，其他输入分组的分组计数器依次加1，即输入分组T_i对应的分组计数器值为$i-1$。

(3) 安全操作

用AES－CTR套件保护输出帧时，MAC层需要执行以下操作：

① 从MAC PIB中获取设备的64位扩展地址aExtendedAddress、帧计数器、密钥序列计数器值，构造输入分组。

② 按照AES－CTR的安全参数用CTR模式对MAC帧有效载荷的有效载荷字段加密。

③ 以帧计数器、密钥序列计数器和②的输出构造新的有效载荷字段。

④ 增加帧计数器。如果帧计数器增加成功，则把新计数器值存入 MAC PIB 中；如果因溢出导致帧计数器增加失败，则设备放弃对发送帧的操作并向上层发出状态为 FAILED_SECURITY_CHECK 的指示原语 MLME－COMM－STATUS.indication。

用 AES－CTR 套件处理输入帧时，MAC 层需要执行以下操作：

① 如果输入帧相关的 macDefaultSecurityMaterial 或 ACL 的 ACLSecurityMaterial 字段中包含外部帧计数器和外部密钥序列计数器，则通过检验接收的密钥序列计数器大于或等于外部密钥序列计数器来保证顺序鲜度。如果接收的密钥序列计数器大于或等于外部密钥序列计数器，则检验接收的帧计数器大于或等于外部帧计数器。如果上述任何一个检验失败，设备将拒绝该输入帧并向上层发出状态为 FAILED_SECURITY_CHECK 的指示原语 MLME－COMM－STATUS.indication。

② 从输入帧或 ACL 中获取 64 位源地址，从 MAC 帧有效载荷的有效载荷字段提取出帧计数器和密钥序列计数器，构造计数器输入分组。如果因不能获得数据而不能构造 nonce 值，则设备将向上层发出状态为 FAILED_SECURITY_CHECK 的指示原语 MLME－COMM－STATUS.indication。

③ 按照 AES－CTR 的安全参数和②构造的输入分组对加密的有效载荷字段解密。

④ 把输入帧的有效载荷字段替换成③中解密出的数据。如果执行了①的顺序保鲜操作并且检验成功，则把相应的外部帧计数器和外部密钥序列计数器更新为接收帧的帧计数器和密钥序列计数器的值。

3. AES－CCM 安全套件

AES－CCM 安全套件利用共享数据、帧计数器和密钥序列计数器对 MHR 和 MAC 有效载荷部分进行认证和校验，并对 MAC 有效载荷部分的有效载荷字段进行加密和解密。在 IEEE 802.15.4 中，AES－CCM 的实现支持 32 位、64 位和 128 位完整码。AES－CCM 套件可提供访问控制、数据加密、完整性认证和顺序保鲜 4 种安全服务。

(1) 数据格式

AES－CCM 安全套件的安全材料存放在 macDefaultSecurityMaterial 或 ACL 的 ACLSecurityMaterial 字段中，由对称密钥、帧计数器、密钥序列计数器以及可选的外部帧计数器和密钥序列计数器组成。AES－CCM 安全材料各字段的顺序和长度与 AES－CTR 相同。

AES－CCM 安全帧的有效载荷的有效载荷字段由 4 部分组成：帧计数器、密钥序列计数器、加密的有效载荷和加密的完整码。加密的有效载荷长度等于加密前的有效载荷字段长度，完整码的长度可以选择 4、8 或 16 个字节，所以 AES－CCM 安全帧的有效载荷长度增加了 9、13 或 21 个字节。AES－CCM 有效载荷字段格式如下：

字节数：4	1	可变长度	4/8/16
帧计数器	密钥序列计数器	加密的有效载荷	加密的完整码

在 AES－CCM 套件中，用于 CCM 认证和加密的现时值(nonce)的长度是 13 字节，它由 64 位源地址、帧计数器和密钥序列计数器构成。AES－CCM 现时值(nonce)的格式如下：

字节数：8	4	1
源地址	帧计数器	密钥序列计数器

(2) 安全参数

AES-CCM 套件的 CCM 操作可以参数化以下四点：

- 分组加密功能使用的是 AES 加密算法；
- 表示消息长度 L 的字段长度是 2 字节；
- 认证码字段长度 M 可根据需要选择 4、8 或 16 字节；
- 现时值(nonce)具有上述 AES-CCM 现时值的格式。

(3) 安全操作

用 AES-CCM 套件保护输出帧时，MAC 层需要执行以下操作：

① 从 MAC PIB 中获取设备的 64 位扩展地址 aExtendedAddress、帧计数器、密钥序列计数器值，构造现时值。

② 按照 AES-CCM 的安全参数，用①构造的现时值对 MHR 和 MAC 有效载荷部分进行 CCM 认证，对有效载荷字段和认证时得到的完整码进行加密。CCM 认证加密过程中，以 MAC 有效载荷部分的有效载荷字段作为消息 m；MHR 及 MAC 有效载荷除去有效载荷字段的部分作为附加认证数据 a。

③ 以帧计数器、密钥序列计数器和②的输出构造新的有效载荷字段。

④ 增加帧计数器。如果帧计数器增加成功，则把新计数器值存入 MAC PIB 中；如果因溢出导致帧计数器增加失败，则设备放弃对发送帧的操作并向上层发出状态为 FAILED_SECURITY_CHECK 的指示原语 MLME-COMM-STATUS. indication。

用 AES-CCM 套件处理输入帧时，MAC 层需要执行以下操作：

① 如果输入帧相关的 macDefaultSecurityMaterial 或 ACL 的 ACLSecurityMaterial 字段中包含外部帧计数器和外部密钥序列计数器，则通过检验接收的密钥序列计数器大于或等于外部密钥序列计数器来保证顺序鲜度。如果接收的密钥序列计数器大于或等于外部密钥序列计数器，则检验接收的帧计数器大于或等于外部帧计数器。如果上述任何一个检验失败，设备将拒绝该输入帧并向上层发出状态为 FAILED_SECURITY_CHECK 的指示原语 MLME-COMM-STATUS. indication。

② 从输入帧或 ACL 中获取 64 位源地址，从 MAC 帧有效载荷的有效载荷字段删除帧计数器和密钥序列计数器，构造现时值(nonce)。如果因不能获得数据而不能构造 nonce 值，则设备将向上层发出状态为 FAILED_SECURITY_CHECK 的指示原语 MLME-COMM-STATUS. indication。

③ 按照②构造的现时值，用 CCM 模式对加密的有效载荷字段进行解密和完整性认证。如果完整码校验失败，则设备丢弃该帧并向上层发出状态为 FAILED_SECURITY_CHECK 的指示原语 MLME-COMM-STATUS. indication。

④ 把输入帧的有效载荷字段替换成③中解密出的数据。如果执行了①的顺序保鲜操作并且检验成功，则把相应的外部帧计数器和外部密钥序列计数器更新为接收帧的帧计数器和密钥序列计数器的值。

4. AES-CBC-MAC 安全套件

AES-CBC-MAC 安全套件对 MHR 和 MAC 有效载荷部分进行认证，AES-CBC-MAC 的实现支持 32 位、64 位和 128 位完整码。AES-CBC-MAC 套件可提供访问控制和完整性认证两种安全服务。

(1) 数据格式

AES－CBC－MAC 安全套件的安全材料存放在 macDefaultSecurityMaterial 或 ACL 的 ACLSecurityMaterial 字段中，它只包含 1 个 128 位对称密钥。

AES－CBC－MAC 安全帧的有效载荷字段是在原有的有效载荷之后添加完整码，格式如下：

字节数：可变长度	4/8/16
有效载荷	完整码

AES－CBC－MAC 套件用来计算完整码的输入数据由 3 部分组成：MHR、MAC 有效载荷以及表示认证数据长度的字段。把输入数据从高位到低位划分成一系列 16 字节长的输入分组。AES－CBC－MAC 输入数据格式如下：

字节数：1	n	m
$n+m$	MHR	MAC 有效载荷

(2) 安全参数

AES－CBC－MAC 套件的 CBC－MAC 操作可以参数化以下 3 点：

- 分组加密功能使用的是 AES 加密算法；
- CBC－MAC 功能的输入数据格式如上述定义；
- 完整码长度 M 可根据需要选择 32、64 或 128 位。

(3) 安全操作

用 AES－CBC－MAC 套件保护输出帧时，MAC 层需要执行以下操作：

① 计算 MHR 和 MAC 有效载荷部分的总长度(字节数)，并编码存放为 1 个字节。

② 按照 AES－CBC－MAC 的安全参数及输入格式，用 CBC－MAC 认证计算 MHR 和 MAC 有效载荷的完整码。

③ 在现有的有效载荷字段后添加②的输出得到新的有效载荷字段。

用 AES－CBC－MAC 套件处理输入帧时，MAC 层需要执行以下操作：

① 计算 MHR 和 MAC 有效载荷部分(不包含完整码)的总长度(字节数)，并编码存放为 1 个字节。

② 把接收帧的有效载荷字段分解成有效载荷和完整码两个子字段；以①计算得到的长度、接收的 MHR 以及不包含的完整码的 MAC 有效载荷作为输入，用 CBC－MAC 计算完整码并与接收到的完整码进行比较认证。如果完整码校验失败，则设备丢弃该帧并向上层发出状态为 FAILED_SECURITY_CHECK 的指示原语 MLME－COMM－STATUS.indication。

③ 把完整码从 MAC 有效载荷的有效载荷字段中删除。

2.3.7 MAC－PHY 信息交互流程

图 2－32 至图 2－38 给出了 IEEE Std 802.15.4 的几项主要功能的 MAC－PHY 信息交互流程，包括 PAN 的创建、信道扫描、关联、数据传输等。

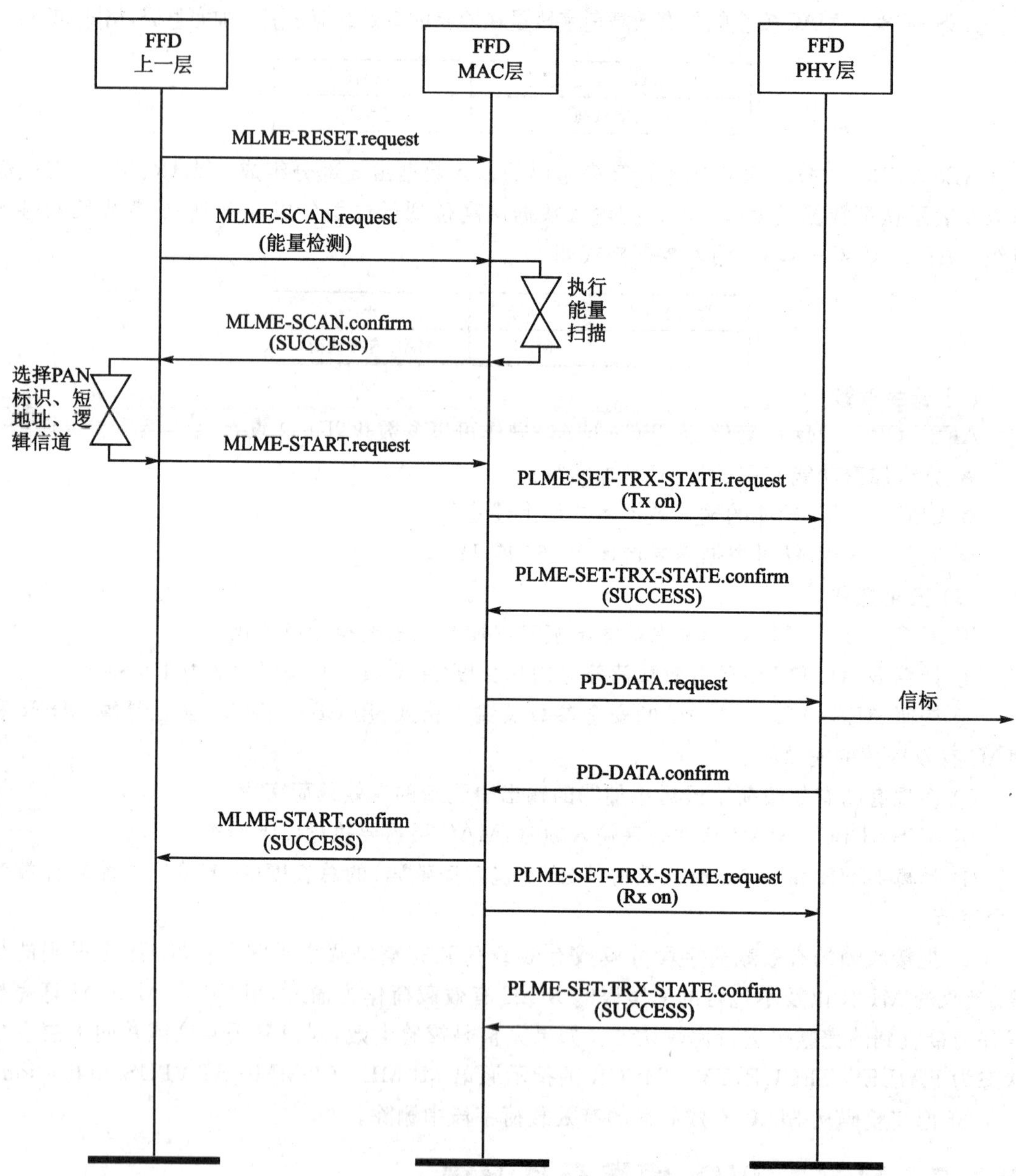

图 2-32　创建 PAN 的信息流程——PAN 协调器

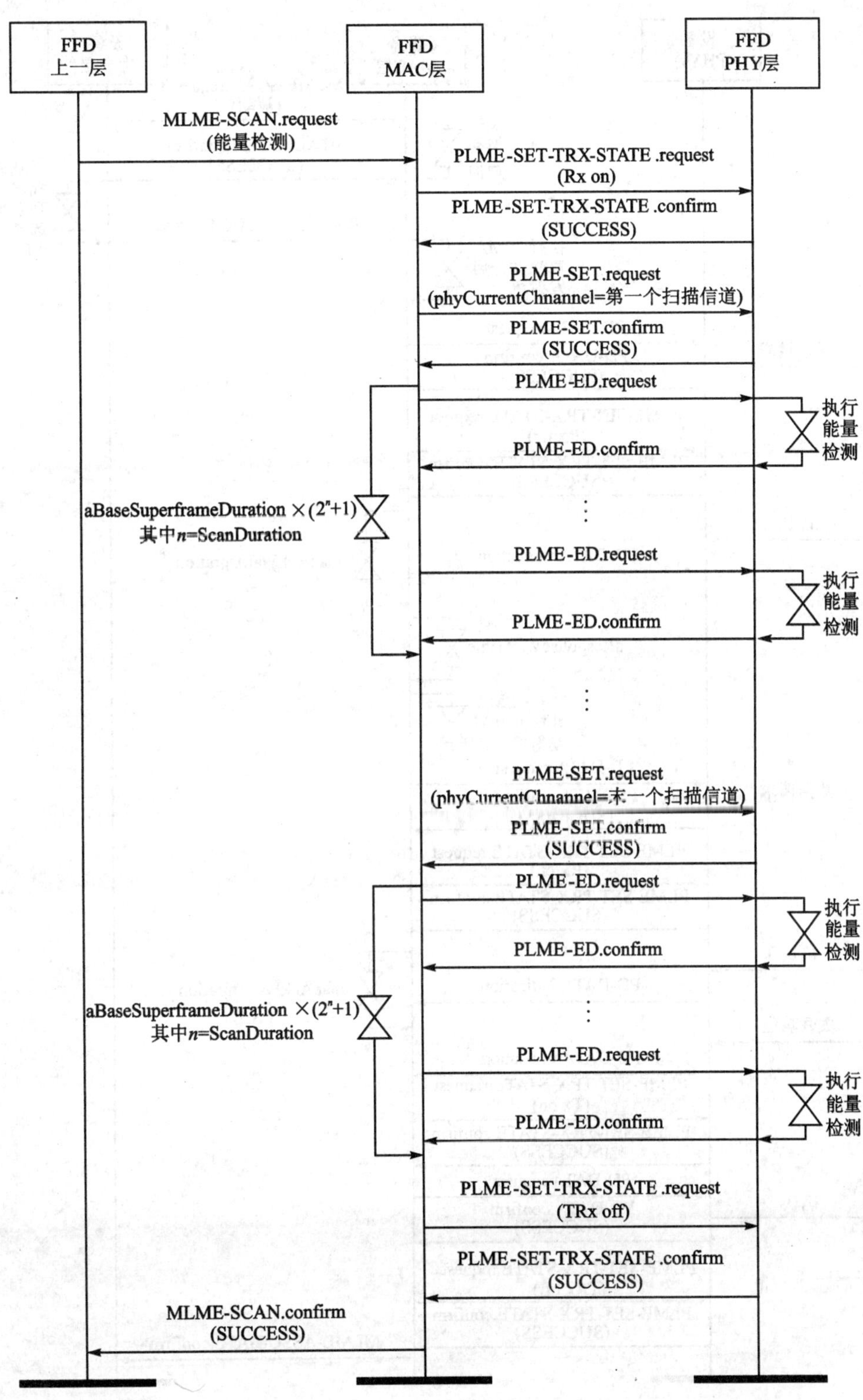

图 2-33 ED 扫描信息流程

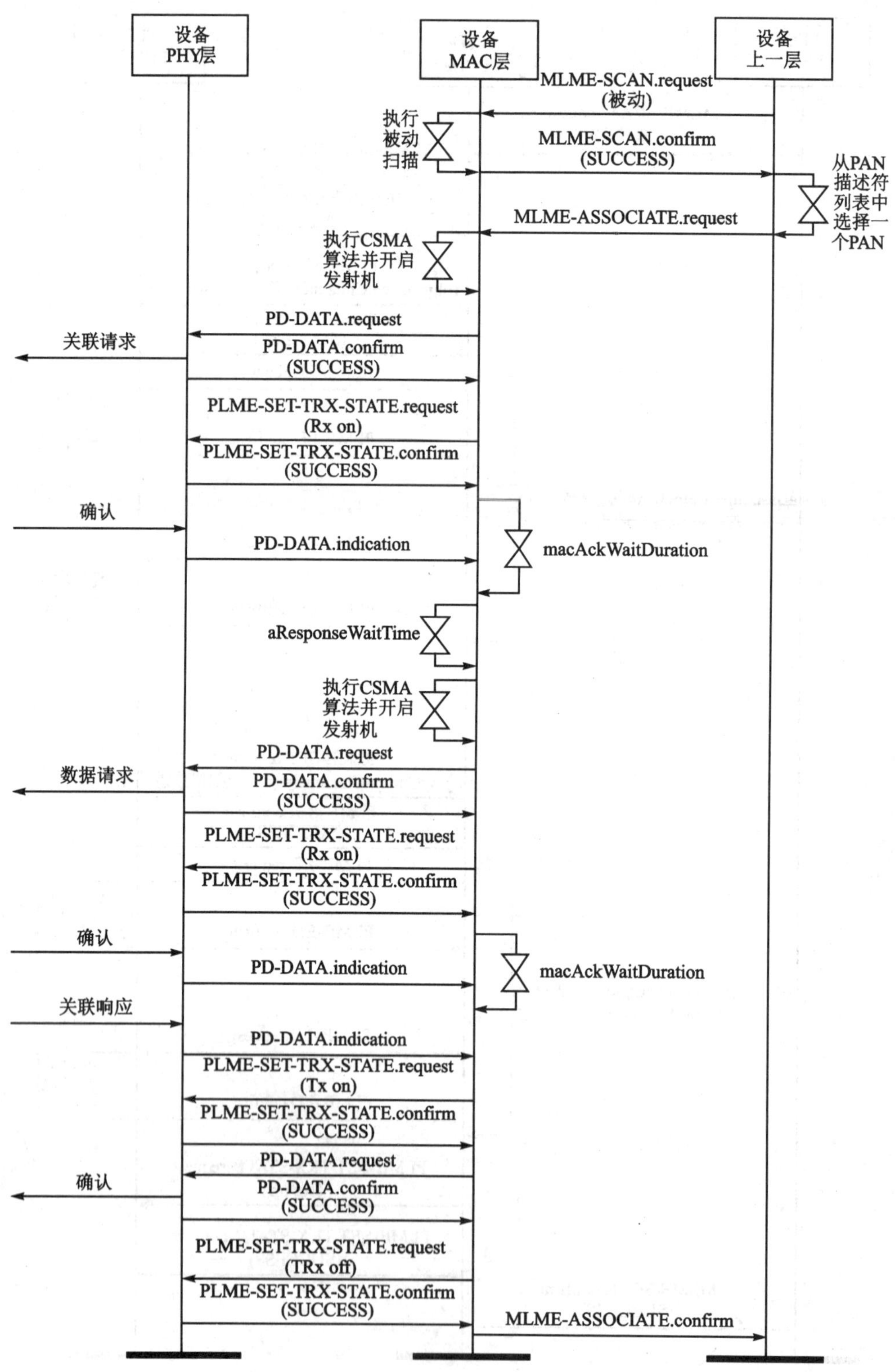

图 2-34　关联的信息流程——请求设备

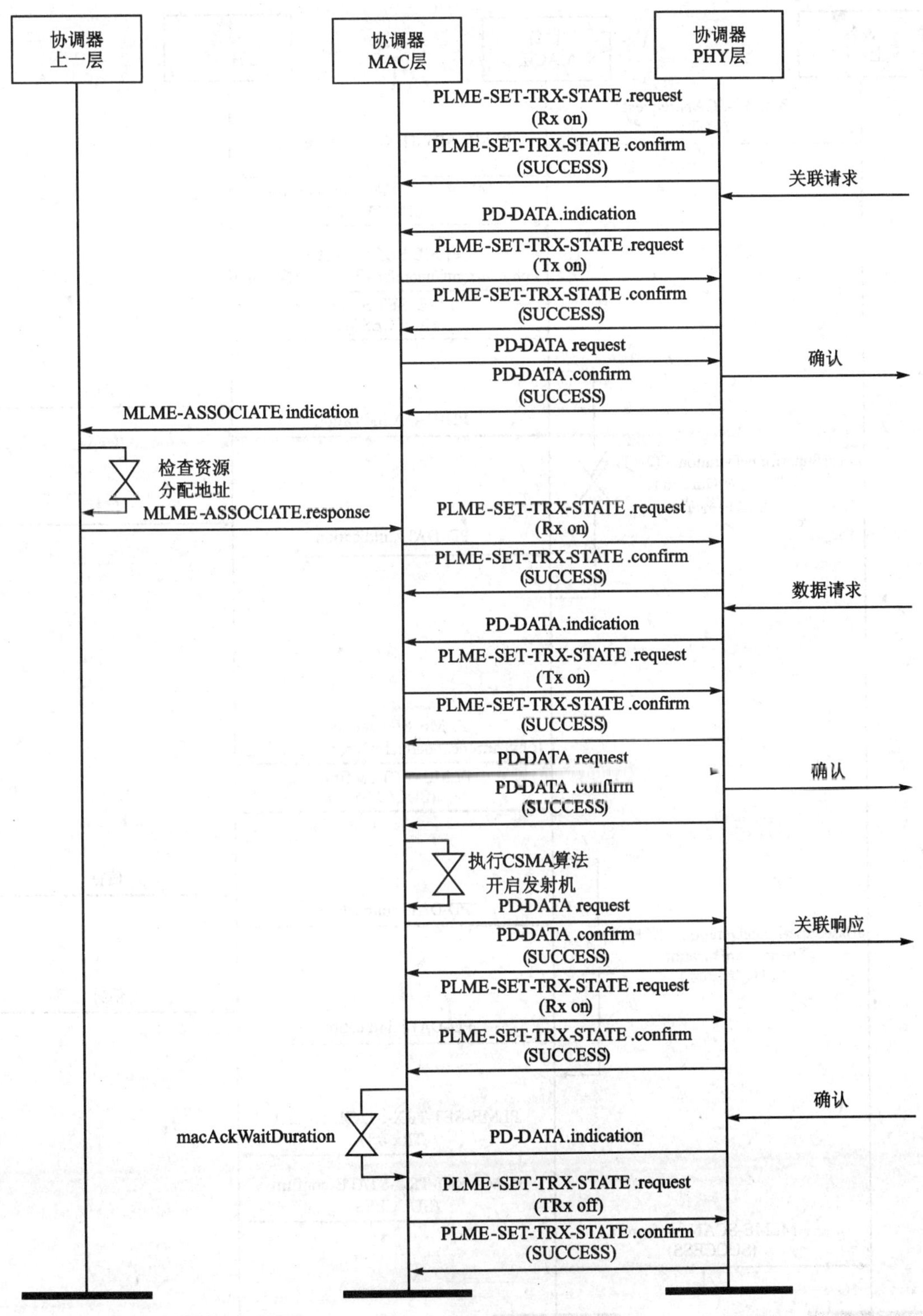

图 2-35　关联的信息流程——协调器

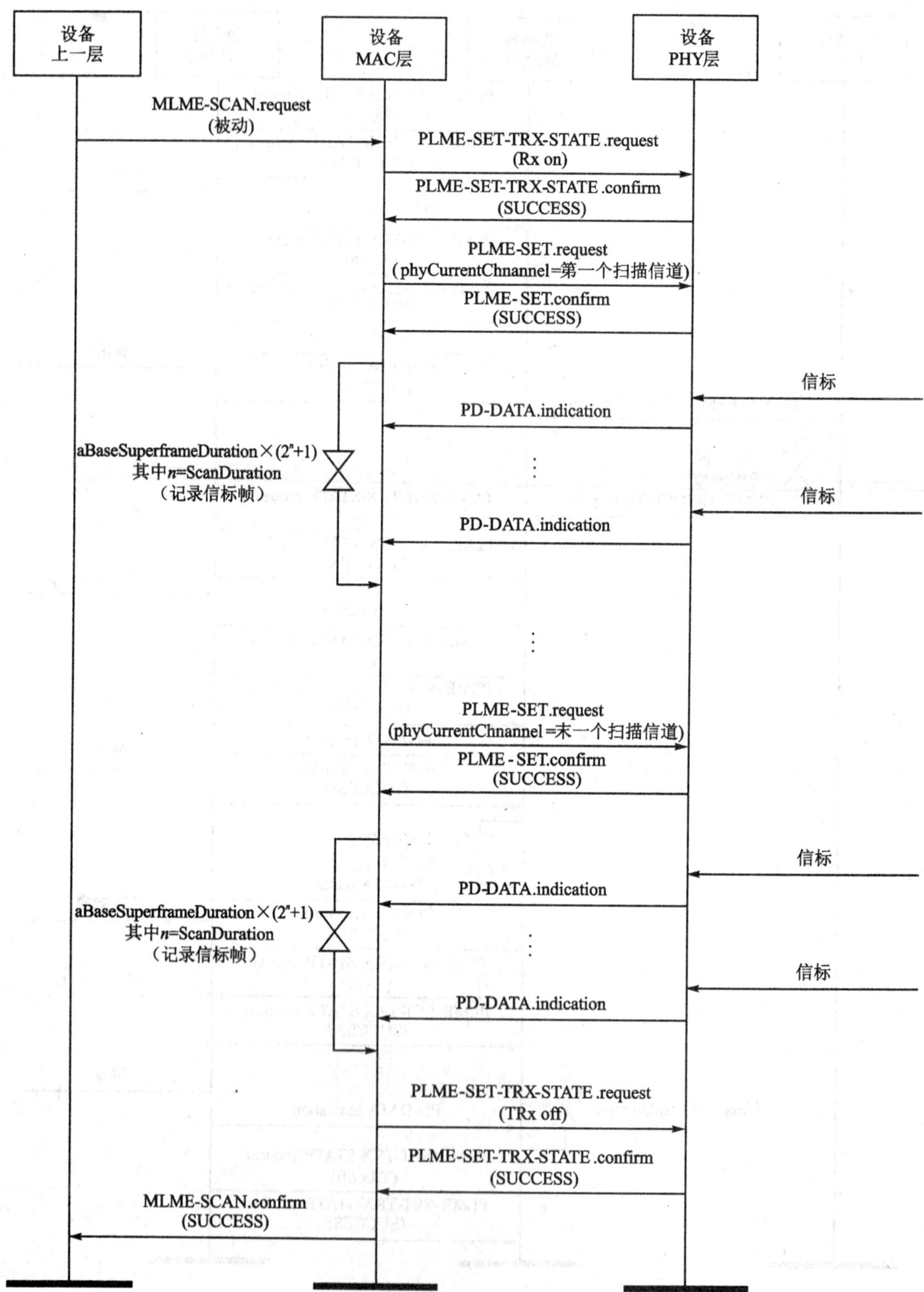

图 2-36 被动扫描的信息流程

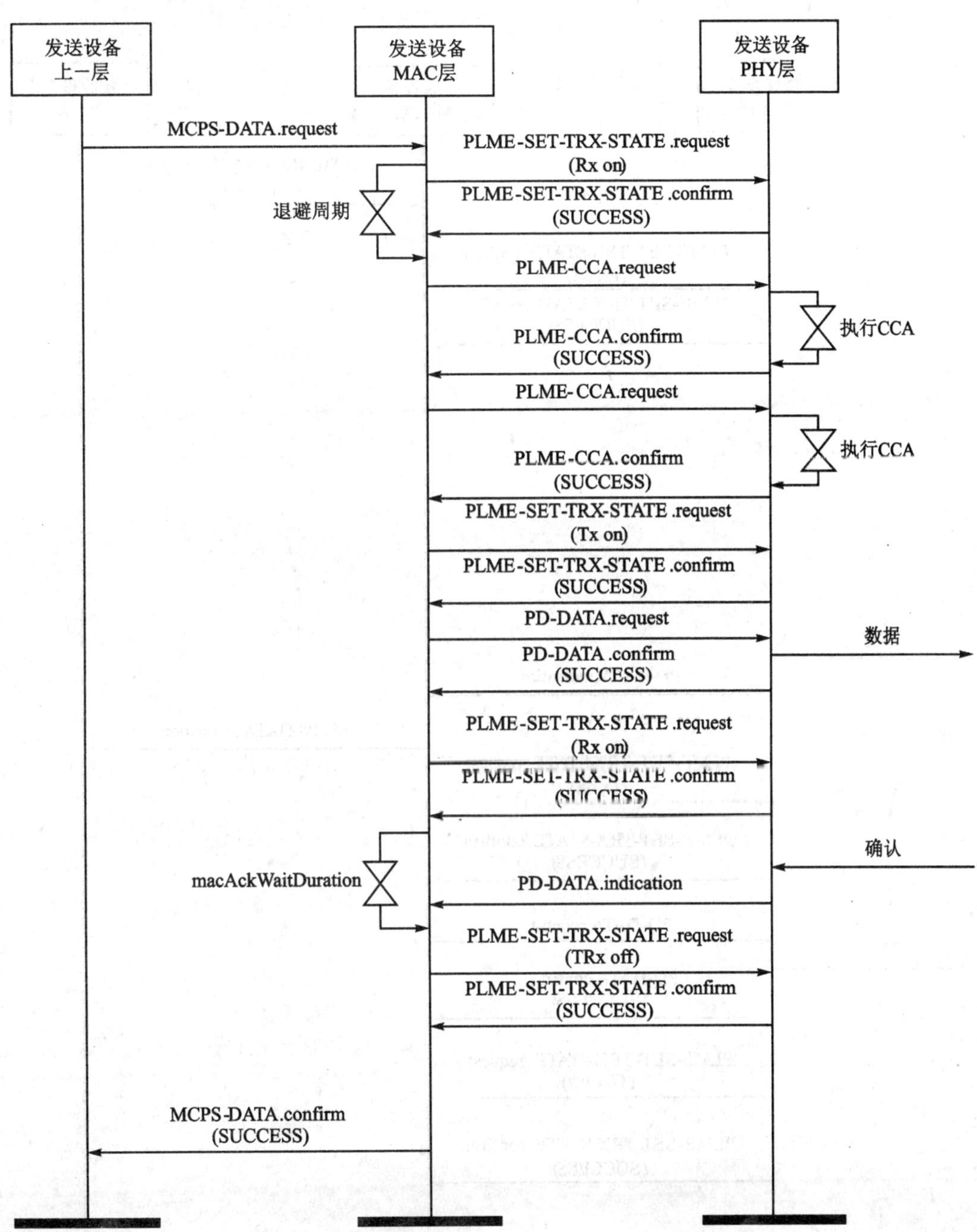

图 2－37　数据传输的信息流程——发送设备

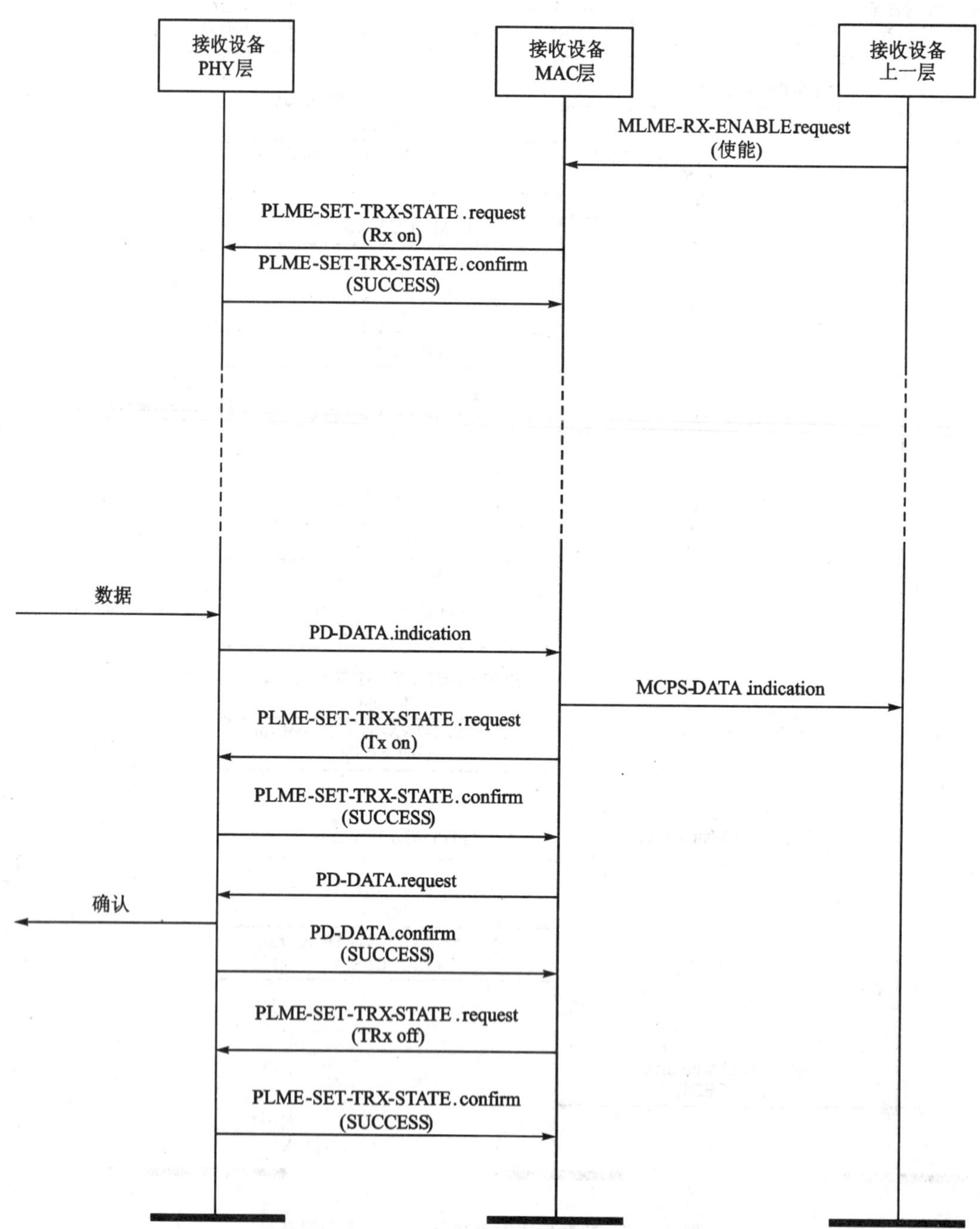

图 2-38 数据传输的信息流程——接收设备

第3章 ZigBee规范

ZigBee联盟致力于开发一种极低成本、极低功耗的双向无线通信标准。ZigBee技术将应用于消费电子、家庭楼宇自动化、工业控制、PC外设、医疗传感、玩具、游戏等方面。

ZigBee规范文件详细描述了ZigBee协议标准。遵照ZigBee标准,任何厂商生产的设备和平台将具有互操作性、低成本和高可用性。

ZigBee协议栈具有多层结构,每一层都为其上层提供一组特定的服务:数据实体提供数据传输服务,管理实体提供其他的服务。每个服务实体通过一个服务访问点(SAP)与上层接口,每个SAP支持一组服务原语来实现所需的功能。ZigBee协议栈是基于OSI七层参考模型的,但是只定义了目标应用市场所要求功能的相关协议层。IEEE 802.15.4标准定义了ZigBee协议栈的物理层(PHY)和媒体访问控制层(MAC)。ZigBee联盟在IEEE 802.15.4标准的基础上定义了网络层(NWK)和应用层框架。应用层框架包括应用支持子层(APS)、ZigBee设备对象(ZDO)和厂商定义的应用对象。

IEEE 802.15.4支持工作在两个独立频段868/915 MHz和2.4 GHz的PHY层。IEEE 802.15.4的MAC子层采用CSMA-CA机制对无线信道的访问进行控制。MAC子层还负责信标发送、同步和提供可靠的传输机制。ZigBee的NWK层负责设备加入和离开网络、帧安全和帧路由。另外NWK层还负责路由发现和维护、发现单跳邻居并存储邻居相关信息。ZigBee协调器的NWK层还负责建立一个新网络并为新关联设备分配地址。

ZigBee应用层包括APS、应用框架(AF)、ZDO和厂商定义的应用对象。APS子层负责维护绑定表并在绑定设备间传递信息。绑定是根据服务和需求把两个设备进行匹配的能力。ZDO的任务包括定义设备在网络中的角色(ZigBee协调器、路由器或终端设备)、初始化和响应绑定请求并在网络设备之间建立安全关系。另外ZDO还负责网络设备发现并获知其所能提供的应用服务。

ZigBee网络层支持星状、树状和网状拓扑。在星状拓扑中,网络由一个称作ZigBee协调器的设备控制,ZigBee协调器负责网络中设备的初始化和维护,而其他设备(即终端设备)直接与ZigBee协调器通信。在网状和树状拓扑中,ZigBee协调器负责建立网络并选定网络关键参数,但是可以通过ZigBee路由器来扩展网络。在树状拓扑中,路由器采用分层路由策略在网络中移动数据和控制信息。树状网络可以采用IEEE 802.15.4定义的面向信标的通信方式。网状网络则允许完全对等通信,网状网络中的ZigBee路由器不得发送规则的信标。

本章介绍的是ZigBee V1.0规范。

3.1 应用层规范

3.1.1 应用层规范概述

ZigBee应用层包括APS子层、ZDO(包含ZDO管理平台)和厂商定义的应用对象。APS

子层的任务是维护绑定表和在绑定设备之间传递信息。ZDO负责定义设备在网络中的角色(如ZigBee协调器或终端设备)、发现设备并决定设备所能提供的应用服务、初始化并响应绑定请求和在网络设备之间建立安全关系。

应用支持子层(APS)提供了网络层(NWK)和应用层(APL)之间的接口,其接口功能是通过ZDO和厂商定义的应用对象都可以使用的一组服务来实现的。APS子层的服务通过两个实体来提供:APS数据实体(APSDE)通过APSDE服务访问点(APSDE-SAP)提供;APS管理实体(APSME)通过APSME服务访问点(APSME-SAP)提供。APSDE提供的数据传输服务在同一网络的两个或多个设备之间传输应用层PDU;APSME提供设备发现和绑定服务,并维护一个管理对象数据库——APS信息库(AIB)。

ZigBee应用框架是应用对象驻留在ZigBee设备中的环境。在应用框架内,应用对象通过APSDE-SAP发送和接收数据。应用对象的控制和管理通过ZDO公共接口来实现。通过APSDE-SAP提供的数据服务包括数据传输的请求、证实、响应和指示原语。请求原语支持对等应用实体间的数据传输;证实原语报告请求原语调用的结果;指示原语用来指示从APS到目的应用对象实体的数据传输。ZigBee可定义多达240个不同的应用对象,以标号1～240的端点为接口。另外还定义了两个端点:0端点用于ZDO的数据接口,255端点用作向所有应用对象提供广播数据的接口,241～254号端点预留给未来应用。使用APSDE-SAP提供的这些服务,应用框架提供给应用对象两种数据服务:键值对服务和一般消息服务。键值对(KVP)服务允许采用状态变量的方法操作应用对象定义的属性。该状态变量包含获取(get)、获取响应(get response)、设置(set)和事件(event)四种事务,其中后两种事务能以要求响应的请求方式发送,这样就有相应的设置响应(set response)和事件响应(event response)事务。另外,KVP采用压缩XML标记数据结构。这种解决方案为小型设备提供了很好的命令/控制机制,并保留了向完全XML的扩展性。但是,ZigBee的许多目标应用领域采用专用协议,很难映射到KVP;另外由于状态变量方法要能支持get、set、event中任何一个事务就要求设备维护存储状态变量,这就增加了KVP的开销。针对这些情况,ZigBee也支持一般的消息(MSG)服务。MSG服务类型采用与KVP一样的传输机制;所不同的是,MSG的APS数据帧不携带任何内容,而是留给配置文件开发者来定义。

ZigBee的寻址包括节点寻址和端点寻址。图3-1的ZigBee系统有两个节点,每个节点有一个射频端。其中一个节点包含2个开关,另一个节点包含4个电灯。一个节点包含一个或多个设备描述,但只有一个IEEE 802.15.4无线射频端。节点的每个设备描述为一个子单元,节点加入ZigBee网络时被分配一个地址。图3-1中第1个开关控制1、2、3号灯,而第2个开关仅控制4号灯。如果仅仅能寻址射频端,就不可能识别或寻址每个子单元,所以第2个开关就不可能只开启4号灯。于是,ZigBee提供了另一个层次的寻址——端点寻址。端点寻址结合IEEE 802.15.4机制使用,每个开关和电灯可以用一个端点号来识别。例如在上面的例子中,第1个开关可使用端点3,第2个开关可使用端点21;类似地,每个电灯也有各自的端点。端点0留给设备管理,用来寻址节点中的描述符。节点中每个可识别的子单元(如开关和电灯)都分配有一个1～240范围内特定的端点。物理设备的描述是根据其包含的数据属性描述。如温度计包含一个输出属性“温度”,表示房间的当前温度;锅炉控制器可用这个属性作为输入,根据从温度计接收到的温度值来控制锅炉。这两种物理设备及其属性将用相关设备描述来定义。这种简单的房间温度计有温度感应电路供外部锅炉控制器查询，它以简单描述在一个端点上描述并发布服务。一个更复杂的温度计可以有一个可选的"心跳"报告定时器，使设备以设定的周期报告当前房间温度。这种实现将在一个不同的端点发布它的服务。为了允许市场产品的多样性，制造商可以增加包含自己额外属性的簇。制造商专用簇不是 ZigBee 规范的内容，所以这些簇的互操作性不能保证。这些服务将在与上述端点不同的端点上发布。

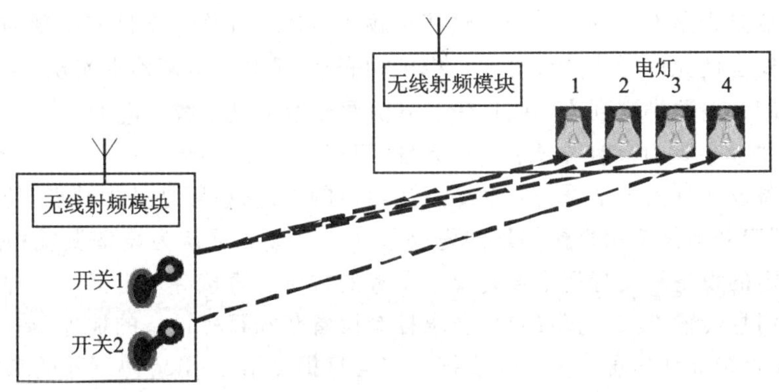

图 3-1　一种简单的照明控制 ZigBee 系统

配置文件是一种关于消息、消息格式和处理动作的协定，它使得不同设备上的应用根据该协定发送命令、请求数据、处理命令/请求能实现可互操作的、分布式应用。例如，一个节点上的温度计与另一个节点上的锅炉通信，它们共同构成一个加热应用配置文件。配置文件由 ZigBee 厂商开发，为特定的技术需求提供解决方案。另外，配置文件也是一种在 ZigBee 标准内统一互操作技术方案、在特定市场范围内专注可用性的方式。例如，照明设备厂商提供的 ZigBee 配置文件要能够与几种不同的照明类型或控制方式互操作。

簇通过簇标识来识别，簇标识与流出或流入设备的数据关联。在特定配置文件的范围内簇标识是唯一的。绑定判决就是匹配同一个配置文件内的一个输出簇标识和一个输入簇标识。在上面的加热配置文件中，绑定发生在一个以温度簇标识为输出的设备和一个以温度簇标识为输入的设备间。绑定列表包含 8 位的温度簇标识以及源设备和目的设备地址。

设备发现是 ZigBee 设备以广播或单播方式初始化查询来发现其他 ZigBee 设备的过程。有两种格式的设备发现请求：IEEE 地址请求和 NWK 地址请求。IEEE 地址请求是单播方式并且 NWK 地址已知；NWK 地址请求是广播方式并以已知的 IEEE 地址作为数据载荷。对广播或单播设备发现消息的响应因逻辑设备类型的不同而不同：ZigBee 终端设备根据请求格式发送 IEEE 或 NWK 地址来响应设备发现查询；ZigBee 协调器发送 IEEE 或 NWK 地址以及该 ZigBee 协调器关联的所有设备的 IEEE 或 NWK 地址来响应设备发现查询；ZigBee 路由器发送 IEEE 或 NWK 地址以及该 ZigBee 路由器关联的所有设备的 IEEE 或 NWK 地址来响应设备发现查询。

服务发现是外部设备获知接收设备端点所能提供的服务的过程。服务发现可以通过发送针对设备每个端点的查询或通过使用匹配服务特性（广播或单播）来实现。服务发现使用复杂、用户、节点或电源描述符外加简单描述符来实现。ZigBee 的服务发现过程是网络中设备接口的关键。

ZigBee 中有一个应用级概念：在不同节点的各个端点上使用簇标识。这就是绑定——在互补的应用设备和端点间生成逻辑链路。如在上述加热系统中可以把温度计和锅炉控制器绑定；在图 3-1 中，开关 1 和电灯 1～3 绑定；而开关 2 只和电灯 4 绑定。节点间哪个簇被绑定的信息存储在绑定列表中。开关 1 的绑定列表中的 3 个条目允许它控制 3 盏电灯，另外，1 盏电灯也可以同时受几个开关控制。绑定总是在通信链路建立后执行。一旦链路建立，实现将决定一个新节点是否是网络的一部分。这将依赖于应用的操作安全性和实现的方式。只有所有设备实现的安全性允许时才允许绑定。绑定列表在 ZigBee 协调器中实现，这是因为在网络工作的任何时间都需要绑定列表，并且 ZigBee 协调器通常是干线供电的。

ZigBee 的消息传递有 3 种方式：直接寻址、间接寻址和广播寻址。一旦设备关联，命令就可以从一个设备发送到另一个设备。命令发送给目的地址（射频地址加端点）的应用对象。值得注意的是，绑定并不是使用直接寻址的先决条件。直接寻址认为设备发现和服务发现已经识别到一个特定的设备和支持请求设备要求服务的端点。直接寻址定义了一种包含完全地址和端点信息的消息传输方式。直接寻址要求控制设备获知目标设备的地址、端点、簇标识和属性标识，并且在直接寻址信息产生之前要把这些信息提交给 ZigBee 协调器的绑定列表。一个完整的 IEEE 802.15.4 地址达到 10 个字节（PAN 标识加 64 位 IEEE 地址），另外还有端点所要求的字节。特别简单的设备，如电池供电的开关，可能不希望存储这些开销并且软件也不需要这些信息，这时间接寻址则更合适。当一个源设备用间接寻址方式向一个目的设备发送命令时，它不包含目的设备的地址（不知道或没有存储）而是通过 APSDE-SAP 指定间接寻址。间接寻址消息中包含的源地址、源端点和簇标识通过绑定列表转换成目的设备的地址信息，并把消息转发给目的设备。当簇中包含几个属性时，簇标识用来寻址而属性标识用在命令中来标识簇中的特定属性。属性没有用在间接寻址机制中，而是看作数据载荷的一部分。然而，应用可以解析和使用属性。应用可能向一个目的设备的所有端点广播消息，这种广播寻址方式叫作“应用广播”。目的地址是 16 位网络广播地址，广播标记在 APS 帧的控制字段设置。APS 帧的源地址信息包含簇标识、配置文件标识和源端点字段。

ZigBee 设备对象（ZDO）代表功能的基本类，在应用对象、设备配置文件和 APS 之间提供一个接口。ZDO 位于应用框架和应用支持子层之间，它满足 ZigBee 协议栈中所有应用的共同要求。ZDO 主要负责以下工作：初始化应用支持子层（APS）、网络层（NWK）和安全服务规范（SSS）；集合终端应用的配置信息以判定和实现发现、安全管理、网络管理和绑定管理。ZDO 在应用框架层和应用对象之间有一个公共接口，应用对象通过这个公共接口控制设备和网络功能。ZDO 与 ZigBee 协议栈的下层接口时，在端点 0 上通过 APSDE-SAP 交互数据信息，通过 APSME-SAP 交互控制信息。ZDO 的公共接口在 ZigBee 协议栈的应用框架层内提供设备地址管理、发现、绑定和安全功能。发现管理提供给应用对象，当 ZigBee 终端设备收到设备发现查询命令时，它将返回 IEEE 地址；当 ZigBee 协调器或路由器收到设备查询命令时，还要返回关联在该协调器或路由器上的所有其他设备的地址。除了设备发现功能，服务发现功能用来探定设备中各个应用对象对应的端点所能提供的服务。通过服务发现，设备能够发现激活的端点以及满足一定准则的特定服务。提供给应用对象的绑定管理用来绑定 ZigBee 设备间的应用对象，以明确应用对象通过协议栈的各层和 ZigBee 网络节点的连接关系。绑定表根据绑定调用和结果来编制，终端设备绑定、设备间的绑定和解绑定命令通过 ZigBee 设备配置文件来支持。提供给应用对象的安全管理用来开启或关闭

ZigBee 系统的安全服务。如果安全服务开启，则需要执行密钥管理程序来管理主密钥、网络密钥以及建立链路密钥的方式。

3.1.2　ZigBee 应用支持子层(APS)

1. APS 概述

应用支持子层通过一组 ZigBee 设备对象(ZDO)和厂商定义的应用对象都可使用的服务，提供了网络层和应用层之间的接口。这些服务通过两个实体来提供：APS 数据实体(APSDE)通过 APSDE－SAP 提供数据传输服务；APS 管理实体(APSME)通过 APSME－SAP 提供管理服务并维护一个管理对象数据库——APS 信息库(AIB)。

APSDE 提供数据服务给网络层以及 ZDO 和应用对象，使得应用 PDU 能够在两个或多个设备间传输。APSDE 提供以下服务：

- 生成应用级 PDU(APDU)。APS 在应用 PDU 上增加适当的协议头产生 APS PDU。
- 绑定。根据服务和需求把两个设备进行匹配。一旦绑定了两个设备，APSDE 就能够把从一个绑定设备接收到的信息发送给下一个设备。

APSME 提供管理服务，允许应用与协议栈进行交互。APSME 能够提供根据设备的服务和需求来匹配两个设备的能力。这种服务称作“绑定服务”。APSME 应能构造和维护一个表来存储这种信息。此外，APSME 还提供以下两种服务：

- AIB 管理——获取和设置设备 AIB 属性的能力。
- 安全管理——通过使用安全密钥设置与其他设备之间信任关系的能力。

2. 服务规范

APS 提供了上一层实体(NHLE)和 NWK 层之间的接口。APS 子层概念上包含一个管理实体——APS 子层管理实体(APSME)。通过该管理实体提供的服务接口可以调用 APS 子层的管理功能。另外 APSME 还负责维护一个与 APS 子层有关的被管理对象数据库，该数据库称作“APS 子层信息库(AIB)”。图 3－2 描述了 APS 子层的组件和接口。APS 子层通过两个服务访问点(SAP)提供了两类服务，即通过 APS 数据实体 SAP(APSME－SAP)提供的数据服务和通过 APS 管理实体 SAP(APSME－SAP)提供的管理服务。这两类服务经 NLDE－SAP 和 NLME－SAP 提供了 NHLE 与 NWK 层之间的接口。除了这些外部接口，APS 子层的 APSME 和 APSDE 之间还隐含了一个接口，允许 APSME 使用 APS 数据服务。

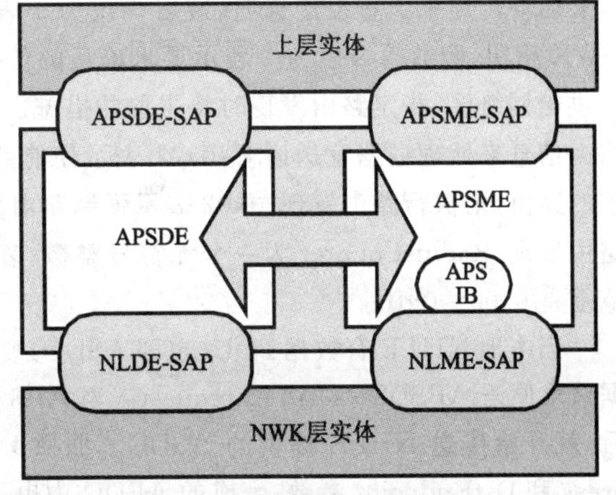

图 3－2　APS 子层的参考模型

(1) APS 数据服务

APSDE－SAP 支持在对等应用实体之间传输应用协议数据单元。APS 数据服务通过 3 个原语来实现：APSDE－DATA. request、APSDE－DATA. confirm 和APSDE－DATA. indication。

APS 数据请求原语 APSDE - DATA . request 请求把本地 NHLE 的一个 PDU(即 ASDU)传送到一个对等的 NHLE 实体。该原语的语法如下：

```
APSDE - DATA. request    (
                          DstAddrMode,
                          DstAddress,
                          DstEndpoint,
                          ProfileId,
                          ClusterId,
                          SrcEndpoint,
                          asduLength,
                          asdu,
                          TxOptions,
                          DiscoverRoute,
                          RadiusCounter
                          )
```

其中各参数的定义如下：DstAddrMode 为整数，指示目的地址寻址模式，0x00 表示目的地址 DstAddress 和目的端点 DstEndpoint 都不存在，0x01 表示 DstAddress 为 16 位短地址并且 DstEndpoint 存在，0x02 表示 DstAddress 为 64 位扩展地址并且 DstEndpoint 存在；DstAddress 为 ASDU 目的实体的设备地址，其格式由 DstAddrMode 参数决定；DstEndpoint 为 ASDU 目的实体的端点地址，它的取值范围是 0x00～0xff；ProfileId 表示该帧应用配置文件的标识，其取值范围是整数 0x0000～0xffff；ClusterId 表示间接寻址发送帧时绑定操作中所用对象的标识，如果没有使用间接寻址，则忽略该参数；SrcEndpoint 表示发送 ASDU 源端点地址，其取值范围是整数 0x00～0xfe；asduLength 表示 ASDU 长度的字节数；TxOptions 的前 5 位为 0，最后 3 位用来设置发送选项(最后 1 位为 1 表示安全使能传输，倒数第 2 位为 1 表示采用 NWK 密钥，倒数第 3 位为 1 表示要求确认的传输)；DiscoverRoute 参数把应用层的控制信息提供给网络层，指定路由发现时将采取的措施。取值 0x00 表示抑制路由发现，即利用现存的路由信息来处理数据发送请求；0x01 表示使能路由发现，即如果现存路由中没有该请求所要求的路由，则执行路由发现；0x02 表示强制路由发现，即处理数据发送请求之前总是要求执行路由发现；RadiusCounter 为一个无符号整数，表示允许广播帧在网络中传播的跳数，其取值范围是 0x00～0xff。

当本地 NHLE 有数据 PDU(也即 ASDU)要发送到一个对等的 NHLE 时，就产生 APS 数据请求原语 APSDE - DATA. request。当 APS 子层实体收到 APSDE - DATA. request 原语后，就开始传送 NHLE 提供的 ASDU。如果 DstAddrMode 参数设为 0x00，则忽略 DstAddress 和 DstEndpoint 参数，生成的 APDU 中也不含 DstEndpoint 参数值；如果 DstAddrMode 参数设为 0x01，则 DstAddress 参数包含一个 16 位短地址并把 DstEndpoint 参数值放在生成的 APDU 中；如果 DstAddrMode 参数设为 0x02，则 DstAddress 参数包含一个 64 位 IEEE 地址，并把 DstEndpoint 参数值放在生成的 APDU 中。DiscoverRoute 参数根据应用要求网络层执行的路由发现动作来设定，应用可能会要求 APS 确认或应用级消息响应来判定消息是否可靠送达了目的地。应用可使用 DiscoverRoute 参数请求网络层执行路由发现，以增加消息传递的可靠性。如果发送网络广播消息(DstAddress 设为 0xffff)，应用可指定 RadiusCounter 参数，0x00 表示指向网络中的所有设备，取 0x01～0xff 之间的值表示广播消息在网络中传播的范围，用跳数来表示。

如果采用直接寻址(即存在目的地址)方式发送 APDU，则 APSDE 向网络层发出 NLDE - DATA. request 原语，把构造的 APDU 帧发送到 NWK 层。收到 NWK 层的 NLDE - DATA. confirm 证实原语后，APSDE 也向其上层发出同样状态的 APSDE - DATA. confirm 原语。如果采用间接寻址方式发送 APDU 并且是 ZigBee 协调器或路由器的 APSDE 收到了数据发送请求原语，设备就搜索绑定表，寻找与 SrcEndpoint 参数指定的发送设备端点绑定的设备。如果没有找到绑定设备，APSDE 就向上层发出状态为 NO_BOUND_DEVICE 的证实原语 APSDE - DATA. confirm。如果找到一个或多个绑定设备，则 APSDE 用绑定设备的目的地址和端点信息构造 APDU 并调用 NLDE - DATA. request 原语发送到 NWK 层；收到相应的 NLDE - DATA. confirm 证实原语后，APSDE 接着构造发送到下一个绑定设备的 APDU，直到没有剩余的绑定设备。收到最初的请求后，APSDE 就向上层发出状态为 SUCCESS 的 APSDE - DATA. confirm 证实原语，表示信息将被转发给绑定表中的每一个绑定设备。如果采用间接寻址方式发送 APDU 并且是 ZigBee 终端设备(非 ZigBee 协调器、非 ZigBee 路由器)的 APSDE 收到了数据发送请求原语，则 APSDE 构造没有目的端点字段的 APDU 并通过 NLDE - DATA. request 原语发送给 NWK 层。收到 NLDE - DATA. confirm 证实原语后，APSDE 也向其上层发出同样状态的 APSDE - DATA. confirm 原语。

如果 TxOptions 参数指定要求加密传输，APS 子层就要采用安全服务来保护 ASDU。如果安全处理失败，APSDE 将向上层发出状态为 SECURITY_FAIL 的证实原语 APSDE - DATA. confirm。APSDE - DATA. confirm 原语报告本地 NHLE 请求向一个对等的 NHLE 传送数据 PDU 的结果。该证实原语的语法如下：

```
APSDE - DATA. confirm     (
                          DstAddrMode,
                          DstAddress,
                          DstEndpoint,
                          SrcEndpoint,
                          Status
                          )
```

其中：前 4 个参数的定义同 APSDE - DATA. request 原语；Status 参数表示相应请求的状态，该枚举量可取值为 SUCCESS、NO_BOUND_DEVICE、SECURITY_FAIL 或是 NLDE. confirm 原语返回的任意状态值。

APSDE - DATA. confirm 原语由 APS 子层实体产生，作为对 APSDE - DATA. request 原语的响应。该证实原语返回 SUCCESS 状态指示请求发送成功，或返回状态为错误代码 NO_BOUND_DEVICE、SECURITY_FAIL 或是 NLDE. confirm 原语返回的任意状态值。APSDE - DATA. confirm 原语由 APS 发送给上层，通知其请求数据发送的结果。如果发送尝试成功，该证实原语的状态参数设为 SUCCESS，否则状态参数指示错误原因。

APSDE - DATA. indication 原语用来指示一个数据 PDU 从 APS 子层传送到本地应用实

体。该指示原语的语法如下：

```
APSDE-DATA.indication    (
                          DstEndpoint,
                          SrcAddrMode,
                          SrcAddress,
                          SrcEndpoint,
                          ProfileId,
                          ClusterId,
                          asduLength,
                          asdu,
                          WasBroadcast,
                          SecurityStatus
                          )
```

其中：参数DestEndpoint表示ASDU要传送到的本地实体目标端点；SrcAddrMode参数表示原语中使用的原地址模式和发送APDU要使用的地址模式，其取值同APSDE-DATA.request原语中的DstAddrMode参数；SrcAddress和SrcEndpoint参数分别表示发送ASDU的设备地址和源端点；ProfileId参数表示产生该帧的配置文件标识；ClusterId表示被接收对象的标识；asdu和asduLength参数分别表示APSDE指示的ASDU内容和长度字节数；WasBroadcast参数是一个布尔量，如果接收到的是广播消息，则设为TRUE，否则设为FALSE；SecurityStatus参数是一个枚举量，如果接收到的ASDU没有采取任何安全措施则设为UNSECURED，如果接收的ASDU受NWK密钥保护就设为SECURED_NWK_KEY，如果接收的ASDU首链路密钥保护就设为SECURED_LINK_KEY。

当APS子层接收到来自本地NWK层实体寻址正确的数据帧时，就向其上一层发出APSDE-DATA.indication指示原语。如果ASDU帧头的控制字段显示采用了安全机制，则需要作相应的安全处理。APS的上一层收到该指示原语就得到了数据到达设备的通知。

(2) APS管理服务

APS管理实体SAP(APSME-SAP)支持在APSME和上层之间传送管理命令。APSME通过APSME-SAP接口支持的原语包括APSME-BIND、APSME-UNBIND、APSME-GET和APSME-SET。

APSME-BIND和APSME-UNBIND原语定义设备上一层如何向本地绑定表中增加绑定记录和从绑定表中删除记录。

绑定请求原语APSME-BIND.request允许APS的上一层请求把两个设备绑定到一起，该原语由ZigBee协调器或该请求的源地址参数SrcAddr指示设备的APS上层发出。APSME-BIND.request原语的语法如下：

```
APSME-BIND.request    (
                       SrcAddr,
                       SrcEndpoint,
                       ClusterId,
                       DstAddr,
```

DstEndpoint

)

其中：SrcAddr 和 DstAddr 参数是有效的 64 位 IEEE 地址，分别表示本次绑定的源地址和目的地址；SrcEndpoint 和 DstEndpoint 参数分别表示本次绑定的源端点和目的端点；ClusterId 表示将被绑定到目的设备的源设备的簇标识。

绑定请求原语由上层发给 APS 子层，在 ZigBee 协调器或绑定源设备上启动一个绑定操作。ZigBee 协调器或原语 SrcAddr 参数指示设备的 APS 接收到来自 NHLE 的 APSME－BIND. request 原语后，APSME 将尝试在其绑定表中创建原语指定的绑定记录。如果绑定记录创建成功，APSME 就向其上层发出状态为 SUCCESS 的绑定证实原语 APSME－BIND. confirm；如果绑定表中容量不够创建绑定记录，APSME 就向其上层发出状态为 TABLE_FULL 的 APSME－BIND. confirm 原语。

APSME－BIND. confirm 原语用来通知上层其请求直接绑定或代理绑定两个设备的结果。绑定证实原语的语法如下：

```
APSME-BIND. confirm     (
                        Status,
                        SrcAddr,
                        SrcEndpoint,
                        ClusterId,
                        DstAddr,
                        DstEndpoint
                        )
```

其中：参数 Status 是一个枚举量，表示绑定请求的结果，其值可取 SUCCESS、ILLEGAL_DEVICE、ILLEGAL_REQUEST、TABLE_FULL、NOT_SUPPORTED；其他参数的定义同绑定请求原语。

APSME－BIND. confirm 原语由 APSME 产生并发送给 NHLE，作为对绑定请求原语 APSME－BIND. request 的响应。如果绑定请求成功，设置 Status 参数为 SUCCESS；否则 Status 参数设置为一个错误代码 ILLEGAL_DEVICE、ILLEGAL_REQUEST 或 TABLE_FULL。NHLE 接收到该证实原语后，就获知了绑定请求的结果。

解绑定请求原语 APSME－UNBIND. request 允许 APS 的上一层请求解除两个设备的绑定，该原语由 ZigBee 协调器或该请求的源地址参数 SrcAddr 指示设备的 APS 上层发出。APSME－UNBIND. request 的语法如下：

```
APSME-UNBIND. request     (
                          SrcAddr,
                          SrcEndpoint,
                          ClusterId,
                          DstAddr,
                          DstEndpoint
                          )
```

其中：参数 SrcAddr 和 DstAddr 分别是绑定记录的源 IEEE 地址和目的 IEEE 地址；SrcEndpoint和DstEndpoint参数分别是绑定记录的源端点和目的端点；ClusterId参数是被绑定的两个设备中源设备的簇标识。

APSME－UNBIND.request原语由上层发给APS子层，在ZigBee协调器或绑定源设备上启动解除绑定操作。如果一个尚未加入网络的设备接收到该原语，APSME就向其上层发出状态参数值为ILLEGAL_REQUEST的解绑定证实原语APSME－UNBIND.confirm；如果ZigBee协调器或者解绑定请求原语中SrcAddr对应的设备收到来自NHLE的APSME－UNBIND.request原语，APSME就在其绑定表中搜索请求原语指定的记录。如果请求的记录存在，APSME删除该绑定记录并向NHLE发出Status参数置为SUCCESS的APSME－UNBIND.confirm原语；如果绑定表中找不到请求的记录，APSME就向NHLE发出Status参数置为INVALID_BINDING的APSME－UNBIND.confirm原语；如果绑定的设备不在网络中，APSME就向NHLE发出Status参数置为ILLEGAL_DEVICE的APSME－UNBIND.confirm原语。

APSME－UNBIND.confirm原语用来通知上层其请求直接解除或代理解除两个绑定设备的结果。APSME－UNBIND.confirm原语的语法如下：

```
APSME－UNBIND.confirm    (
                         Status,
                         SrcAddr,
                         SrcEndpoint,
                         ClusterId,
                         DstAddr,
                         DstEndpoint
                         )
```

其中：参数Status是枚举量，表示解绑定请求的结果，其值可取SUCCESS、ILLEGAL_DEVICE、INVALID_BINDING；其他参数的定义同解绑定请求原语。

APSME－UNBIND.confirm原语由APSME产生并发给其NHLE，作为对APSME－UNBIND.request原语的响应。如果请求成功，Status参数置为SUCCESS来指示成功的解绑定请求；否则，Status置为一个错误代码ILLEGAL_DEVICE、ILLEGAL_REQUEST或INVALID_BINDING。NHLE接收到APSME－UNBIND.confirm原语就被告知了请求解绑定的结果。

APSME－GET和APSME－SET原语定义了APS上层如何对APS信息库(AIB)的属性进行读写。APSME－GET.request原语允许上层读取AIB属性值，其语法如下：

```
APSME－GET.request    (
                      AIBAttribute
                      )
```

其唯一参数AIBAttribute是要读取的AIB属性的标识。

APSME接收到APSME－GET.request原语后，就到其数据库中检索请求的AIB属性。如果数据库中找不到请求的AIB属性标识，APSME就向其上层发出状态为UNSUPPORTED_ATTRIBUTE的证实原语APSME－GET.confirm。如果在数据库中检索到了请求的AIB属性，APSME就向其上层发出状态为SUCCESS的APSME－GET.confirm原语，并携带AIB属性标识和属性值。

APSME-GET.confirm原语用来向APS上层报告请求读取AIB属性值的结果。该原语的语法如下：

```
APSME-GET.confirm        (
                          Status,
                          AIBAttribute,
                          AIBAttributeValue
                          )
```

其中：参数Status是枚举量，指示请求读AIB属性值的结果，其取值为SUCCESS或UNSUPPORTED_ATTRIBUTE；参数AIBAttribute和AIBAttributeValue是请求读取的属性标识和属性值。

APSME-GET.confirm原语由APSME发给其上层，作为对APSME-GET.request原语的响应。该原语返回状态为SUCCESS时表示成功读取到了请求的属性值，否则返回状态为错误代码UNSUPPORTED_ATTRIBUTE。上层接收到APSME-GET.confirm原语就获知了其请求读取AIB属性值的结果。

APSME-SET.request原语允许上层向AIB中写入属性值，该请求原语的语法如下：

```
APSME-SET.request        (
                          AIBAttribute,
                          AIBAttributeValue
                          )
```

其中两个参数分别表示要写的AIB属性标识和属性值。

APSME-SET.request原语由上层产生并发给APSME，请求写入一个AIB属性值。APSME收到该请求原语就尝试把给定的值写入到AIB属性中。如果数据库中找不到AIBAttribute参数指定的属性，APSME就向其上层发出状态为UNSUPPORTED_ATTRIBUTE的证实原语APSME-SET.confirm；如果AIBAttributeValue参数指定的值超出了指定属性的有效取值范围，APSME就向其上层发出状态为INVALID_PARAMETER的证实原语APSME-SET.confirm；如果把指定的值成功写入到请求的AIB属性，APSME就向其上层发出状态为SUCCESS的APSME-SET.confirm原语。

APSME-SET.confirm原语用来向APS上层报告其请求写入AIB属性值的结果。该原语的语法如下：

```
APSME-SET.confirm        (
                          Status,
                          AIBAttribute
                          )
```

其中：Status参数是枚举量，指示请求写AIB属性的结果，其取值为SUCCESS、INVALID_PARAMETER或UNSUPPORTED_ATTRIBUTE；AIBAttribute参数表示被写的AIB属性标识。

APSME-SET.confirm原语由APSME产生并发给其上层，作为对APSME-SET.request原语的响应。该原语返回状态为SUCCESS时表示成功写入了请求的属性值，否则返回状态为错误代码 UNSUPPORTED_ATTRIBUTE 或 INVALID_PARAMETER。上层接收到 APSME - SET. confirm 原语就获知了其请求写入 AIB 属性值的结果。

3. 帧格式

每个 APS 帧(APDU)包括两个基本部分：APS 帧头和 APS 有效载荷。帧头由帧控制信息和地址信息组成;有效载荷则是可变长度的,与帧类型相关的有效信息。APS 帧头中各字段是以固定顺序排列的,但不是所有帧都包含地址信息字段。APS 帧的一般格式如下：

<table>
<tr><td>字节数：1</td><td>0/1</td><td>0/1</td><td>0/2</td><td>0/1</td><td>可变长度</td></tr>
<tr><td rowspan="2">帧控制</td><td>目的端点</td><td>簇标识</td><td>配置文件标识</td><td>源端点</td><td rowspan="2">帧有效载荷</td></tr>
<tr><td colspan="4">地址字段</td></tr>
<tr><td colspan="5">APS 帧头</td><td>APS 有效载荷</td></tr>
</table>

帧控制字段长度为 8 位,定义了帧类型、寻址方式和其他控制标记。帧控制字段各位的定义如下：

比特位：0～1	2～3	4	5	6	7
帧类型	传递模式	间接寻址模式	安全	确认请求	预留

其中**帧类型**子域长度为 2 位,00 表示数据帧,01 表示命令帧,10 表示确认帧,11 暂时预留。**传递模式**子域长度为 2 位,00 表示正常单播传递,01 表示间接寻址,10 表示广播,11 暂时预留。如果传递模式子域的值为 01,传递过程中使用间接寻址方式,帧格式中将根据间接寻址模式子域的值省略目的端点或源端点;如果传递模式子域的值为 10,该帧为广播消息,广播消息将到达所有设备和所有端点。**间接寻址模式**子域长度为 1 位,它在传递模式子域置为间接寻址时用来指定帧格式中是否存在源端点或目的端点字段。如果该子域设为 1,帧格式中省略目的端点字段,表示到 ZigBee 协调器的间接传输;如果该子域设为 0,帧格式中省略源端点字段,表示来自 ZigBee 协调器的间接传输。如果帧控制字段中传递模式子域不是间接寻址,则忽略间接寻址模式子域。**安全**子域由后述的安全服务提供模块来管理。**确认请求**子域长度 1 位,用来指定当前发送是否要求接收方回送确认帧。如果该子域设为 1,接收方收到有效帧后需要构造并向发送方回送一个确认帧;如果该子域设为 0,则接收方在收到有效帧后并不向发送方回送确认帧。

目的端点字段长度为 8 位,用来指定最终接收帧的端点。目的端点值为 0x00,表示帧传送给 ZigBee 设备对象(ZDO);目的端点值为 0x01～0xf0,表示帧传送给运行在该端点上的应用;目的端点值为 0xff,表示帧传送给所有活动的端点。其他端点值暂时预留。

簇标识字段长度为 8 位,它指定了绑定操作中将使用的簇标识。帧控制字段中的帧类型子域决定了帧格式中是否存在簇标识字段。只有数据帧中使用簇标识,命令帧不用簇标识。

配置文件标识字段长度为 2 字节,用来指定该帧应用的 ZigBee 配置文件标识。每个传递帧的设备使用配置文件标识对消息进行过滤。该字段只存在于数据帧或确认帧中。

源端点字段长度为 8 位,用来指示该帧的初始发起端点。源端点值 0x00 表示帧由设备的 ZDO 发出;源端点值 0x01～0xf0 表示帧由运行在该端点上的应用发出;其他端点值暂时预留。如果帧控制字段的传递模式子域指示为间接寻址传递模式并且间接地址模式子域为 0,

则帧格式中不含有源端点字段。

帧有效载荷字段长度可变，包含的是与帧类型相关的有效信息。

ZigBee 定义了 3 种 APS 帧类型：数据、APS 命令和确认。下面分别详细介绍 3 种类型的帧格式。

数据帧中各字段的顺序应与一般 APS 帧格式中的顺序一致。数据帧的格式如下：

字节数：1	0/1	1	2	0/1	可变长度
帧控制	目的端点	簇标识	配置文件标识	源端点	数据有效载荷
APS 帧头					APS 有效载荷

APS 数据帧帧头部分包含帧控制、簇标识、配置文件标识和源端点字段。目的端点字段的存在与否有赖于帧控制字段传递模式子域的值。数据帧的帧控制字段中帧类型子域应置为 00，源端点存在子域（即间接寻址模式子域）应置为 1，其他子域则根据数据帧的应用意图作适当的设置。

发送的数据帧，其数据有效载荷字段包含的是上层请求 APS 数据服务发送的一串字节；接收的数据帧，其数据有效载荷字段包含的是 APS 数据服务接收到的一串字节，如果协调器本身也是目的设备，则 APS 把接收到的数据帧有效载荷递交给上一层，否则 APS 把数据帧转发给目的设备。

APS 命令帧中各字段的顺序也应该与 APS 帧的一般格式相一致。APS 命令帧的帧头仅含帧控制字段，APS 有效载荷部分则含 APS 命令标识字段和 APS 命令有效载荷字段。APS 命令帧的格式如下：

字节数：1	1	可变长度
帧控制	APS 命令标识	APS 命令有效载荷
APS 帧头	APS 有效载荷	

APS 命令帧的帧控制字段中，帧类型子域的值应置为 01。APS 命令标识字段指明了所用的 APS 命令。APS 命令有效载荷字段则根据具体使用的 APS 命令作适当的设置。

APS 确认帧中各字段的顺序与 APS 帧的一般格式相一致。APS 确认帧的格式如下：

字节数：1	0/1	1	2	0/1
帧控制	目的端点	簇标识	配置文件标识	源端点
APS 帧头				

APS 确认帧只有帧头部分，它包含帧控制、簇标识和配置文件标识字段。如果帧控制字段中传递模式子域指示为直接寻址，则确认帧帧头还应包含源端点和目的端点字段；如果传递模式子域指示为间接寻址，则根据帧控制字段中间接寻址模式子域的值决定确认帧中还应包含源端点或目的端点字段。

APS 确认帧的帧控制字段中帧类型子域应置为 10，其他子域则根据确认帧的应用情况作适当的设置。当确认帧中存在源端点字段时，它反映的是被确认帧中目的端点字段的值；同样，当确认帧中存在目的端点字段时，它反映的是被确认帧中源端点字段的值。

4. 常量和PIB属性

描述APS子层特征的常量有：

① apscMaxAddrMapEntries，地址映射入口数量的最大值。

② apscMaxDescriptorSize，非复杂描述符所含字节数的最大值。该常量为64。

③ apscMaxDiscoverySize，发现过程能返回字节数的最大值。该常量为64。

④ apscMaxFrameOverhead，APS子层在有效载荷上添加开销的最大字节数。没有安全处理时该常量为6，采取安全处理时该常量为20。

⑤ apscMaxFrameRetries，发送失败后允许重发的最大次数。该常量为3。

⑥ apscAckWaitDuration，等待确认帧的最大时间(单位为s)。

APS信息库由管理设备的APS层所需的属性组成，另外还包括管理安全服务模块所需的一些属性。这些属性将在安全服务规范部分介绍，这里只介绍下面两个属性：

① apsAddressMap。这是一个集合类型的属性，属性标识为0xc0。它表示当前64位IEEE地址与16位NWK地址映射的集合。地址映射如下：

入口号　　0x00～apscMaxAddrMapEntries

64位IEEE地址　　0x00000000～0xffffffff

16位NWK地址　　0x0000～0xffff

② apsBindingTable。这是一个集合类型的属性，属性标识为0xc1。它表示设备中当前绑定表记录的集合。

5. 功能描述

(1) 绑　定

APS维护一个绑定表，允许ZigBee设备为来自特定源端点特定簇标识的帧建立一个指定的目的地。绑定表用在间接寻址机制中。ZigBee协调器或源地址指定的设备应能支持实现特定长度的绑定表。绑定表应实现下面的映射关系：

$$(a_s, e_s, c_s) = \{(a_{d1}, e_{d1}), (a_{d2}, e_{d2}), \cdots, (a_{dn}, e_{dn})\}$$

其中：a_s是绑定链路源设备的地址；e_s是绑定链路源设备的端点标识；c_s是绑定链路使用的簇标识；a_{di}是绑定链路第i个目的设备地址；e_{di}是绑定链路第i个目的设备的端点标识。

ZigBee协调器或SrcAddr指示的设备上执行的APSME-BIND.request或APSME-UNBIND.request原语分别启动创建绑定链路或解除绑定链路过程。只有ZigBee协调器或请求原语中SrcAddr指示的设备可以启动该过程，如果任何其他设备试图启动绑定或解除绑定过程，APSME将中断该过程并向上层发出状态为ILLEGAL_REQUEST的APSME-BIND.confirm或APSME-UNBIND.confirm原语，把非法请求通知给NHLE。

绑定或解除绑定过程启动后，ZigBee协调器或SrcAddr指示设备的APSME将首先提取出绑定链路起点和终点的地址和端点。如果启动了绑定过程，APSME将根据这些地址和端点信息在绑定表中添加一个新记录；如果启动的是解除绑定过程，APSME将根据地址和端点信息从绑定表中删除一个记录。请求绑定操作时，如果ZigBee协调器或SrcAddr指示设备没有足够资源用来增加新的绑定记录，APSME将中断绑定过程并向NHLE发出状态为TABLE_FULL的APSME-BIND.confirm原语。请求解除绑定操作时，如果APSME在绑定表中检索不到请求的绑定记录就中断解除绑定过程，并通知NHLE其请求解除的是无效绑定。

该通知以状态为 INVALID_BINDING 的 APSME - UNBIND. confirm 原语发送给上层。如果在绑定表中找到了匹配的记录，APSME 将把该记录从绑定表中删除。如果成功创建或解除了绑定链路，APSME 就向其上层发出状态为 SUCCESS 的相应证实原语。成功实现直接绑定(解绑定)的信息流程如图 3 - 3 所示。

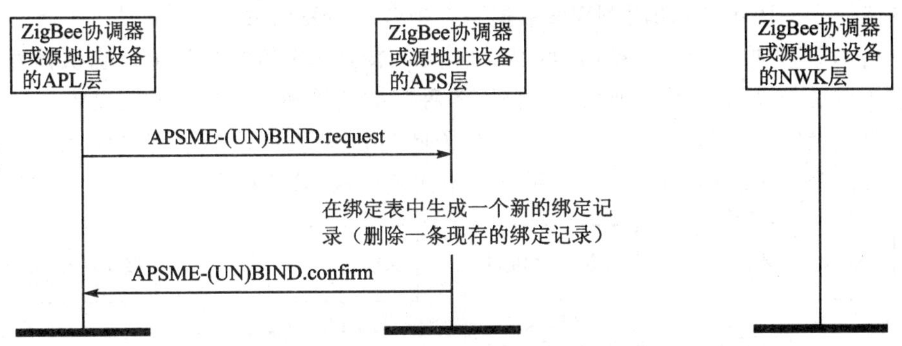

图 3 - 3 绑定(解绑定)的信息流程

(2) 发送、接收和确认

只有当前处于网络中的设备才能从 APS 子层发送帧。任何其他设备收到发送帧的请求时都将丢弃帧并把错误通知给请求发送的上层。状态为 CHANNEL_ACCESS_FAILURE 的 APSME - DATA. confirm 原语表示由于信道忙而导致发送失败。APS 子层处理或产生的所有帧都应遵循 APS 一般帧格式进行构造，再调用 NWK 层数据服务来发送。发送可以是直接或间接的。直接发送应同时包括目的端点和源端点字段，这种情况下帧控制字段中传递模式子域应设为 0x00(正常单播)或 0x02(广播)。设备 APS 层发起间接传输时，如果绑定表存储在 ZigBee 协调器中，则它将把帧发送给 ZigBee 协调器，再由协调器根据绑定表对消息进行转发。间接传输，即帧结构中传递模式子域为 01 时，根据传输相对 ZigBee 协调器的方向，帧结构中应只包含源端点字段或目的端点字段。如果间接传输指向 ZigBee 协调器，则帧结构的间接寻址模式子域置为 1 并省略目的端点字段；相反，如果间接传输是 ZigBee 协调器转发的消息，则帧结构的间接地址模式子域置为 0 并省略源端点字段。

如果源设备本身存储了绑定表，则源设备发起的传输应采用直接方式，从绑定表相应的绑定记录中提取目的地址。采用直接传输时，帧控制字段中传递模式子域应置为 0x00。

如果存在目的端点字段，则它包含的是接收 APDU 的端点；如果存在源端点字段，则它包含的是发送 APDU 的端点。如果要求帧安全保护，则要根据后续关于安全服务的机制进行处理。当构造好 APS 帧并准备发送时，APS 把携带适当目的地址和源地址的帧递交给 NWK 数据服务。APS 层通过向 NWK 层发送 NLDE - DATA. request 原语来发起 APDU 发送，NWK 层通过 NLDE - DATA. confirm 原语来返回 APS 帧的传输结果。

APS 子层应能够对来自 NWK 层数据服务的帧进行过滤，只把 NHLE 感兴趣的帧提交给上层。如果 APSDE 接收到经过安全保护的帧，则需要对帧作相应的解密处理来去除安全保护引入的开销。如果 APSDE 接收到的帧同时包含目的端点和源端点，则它被当作直接传输的帧。此时，APSDE 把它直接提交给 NHLE。如果 ZigBee 协调器的 APSDE 接收到的帧只包含源地址，帧控制字段中传递模式子域为间接寻址值 0x01，该帧被当作间接传输的帧。如果设备不是 ZigBee 协调器，当接收到的帧中不含目的端点且帧控制字段中传递模式子域为间接寻址值0x01时，设备APS层将丢弃该帧。

如果ZigBee协调器的APSDE接收到间接传输帧，它将检索绑定表，搜索与NWK层通信源地址以及接收帧中包含的簇标识和源端点相匹配的绑定记录。如果在绑定表中没有找到匹配的记录，则接收帧将被丢弃；如果找到了匹配的绑定记录，APSDU将为绑定记录中每个目的端点构造一个APDU，并调用NWK数据服务把各帧转发出去。

在发送APS数据帧或命令帧时，可以对确认请求子域作适当的设置。确认帧发送时，其确认请求子域总是设为0(无须确认)。另外，各种广播帧的确认请求子域也设为0。

如果最终接收方收到的帧确认请求(AR)子域为0，则表示该帧不需要反馈确认，发送方发出该帧就认为发送成功。图3-4表示了一个无须确认APS数据帧传输的信息流程。

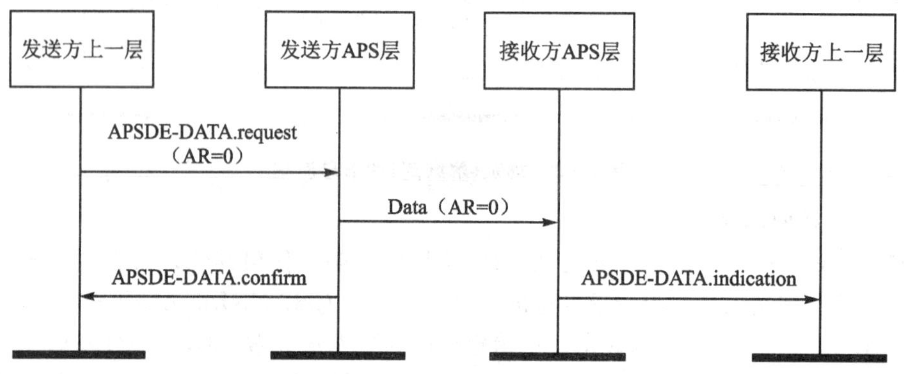

图3-4　传输APS数据帧的信息流程(不确认)

如果最终接收方收到帧的确认请求(AR)子域为1，则它需要对接收帧进行确认。如果接收方正确接收到要求确认的帧，它将产生并向发送方发送一个确认帧。如果采用间接传输模式，则ZigBee协调器要向该发送的发起方发送一个确认，然后在每一次信息转发时都把数据帧帧控制字段的确认请求子域置为1，要求接收者对转发的帧进行确认。APS只有在判定接收帧有效后才着手发送确认帧。图3-5是发送一个需要确认的数据帧的信息流程。

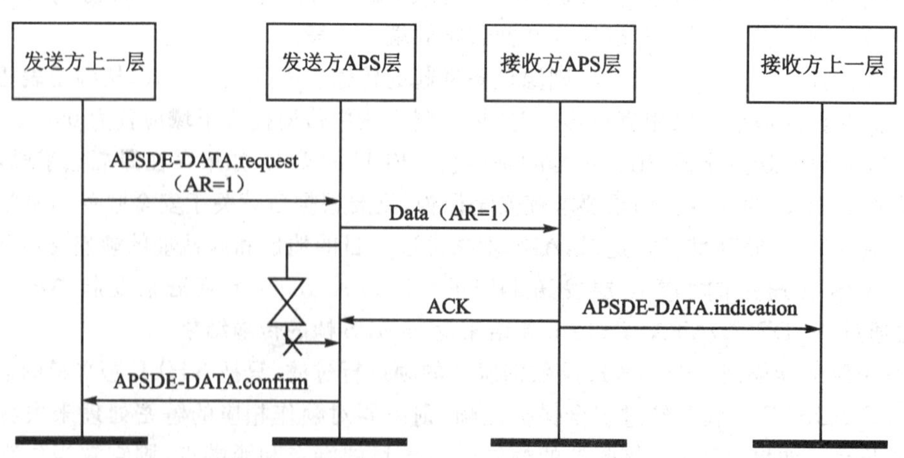

图3-5　传输APS数据帧的信息流程(确认)

当设备发送帧的确认请求子域置为0时，它就认为该帧能被目的端点成功接收，因此不需执行重发程序；当设备发送帧的确认请求子域置为1时，它最多等待apscAckWaitDuration秒以接收相应的确认帧。

如果设备在 apscAckWaitDuration 秒时间内收到一个确认帧的簇标识与原始发送帧的簇标识相同，确认帧的源端点等于原始发送帧的目的端点，则认为发送成功，设备无须再作进一步动作。如果设备在 apscAckWaitDuration 秒时间内没有收到确认帧，或者收到的确认帧簇标识与原始发送帧簇标识不同，或确认帧的源端点不等于待确认帧的目的端点，则认为发送尝试失败。如果一次发送尝试失败，设备将重发该帧并等待确认，最多可以重发 apscMaxFrameRetries 次。如果重发 apscMaxFrameRetries 次后仍未收到确认，则 APS 子层就认为发送失败，并且把发送失败的事实通知给上一层。

3.1.3 ZigBee 应用框架

1. 创建 ZigBee 配置文件

ZigBee 网络中设备间通信的关键是配置文件协议。家庭照明控制配置文件是最早的配置文件，该配置文件允许 6 个设备类型相互交换控制信息构成一个家庭无线自动化应用。这些设备结合在一起交换约定消息（采用 KVP 服务类型）来实现控制，如开灯、关灯、发送光感应器的测量结果到照明控制器或感应器检测到移动时发出报警信息。

配置文件的另一个例子是设备配置文件，它定义了 ZigBee 设备间的公共动作。例如，无线网络依赖这种能力来实现自治设备加入网络，发现其他设备和发现网络设备上的服务。设备和服务发现是设备配置文件使用 MSG 服务类型所支持的特性。

ZigBee 定义的配置文件一般分为 3 类：专用的、有版权的和公用的。这些类型的具体定义和原则是 ZigBee 联盟内部的行政问题，不属于 ZigBee 规范涉及的内容。在技术规范上需要清楚的唯一原则就是：配置文件标识是唯一的。一旦得到配置文件标识，就允许配置文件设计者定义以下内容：设备描述、簇标识、服务类型（KVP 或 MSG）。

ZigBee 联盟发布配置文件标识的关键原则是配置文件标识要能应用于市场。配置文件应覆盖足够广范围的设备以允许可能出现的不同设备间互操作，但覆盖范围过大又会导致描述设备接口的簇标识短缺。反过来，配置文件覆盖的设备范围又不能太窄，否则会导致许多设备需要各自的配置文件标识来描述，从而浪费配置文件标识编址空间，影响描述设备接口的互操作性。ZigBee 联盟的政策小组负责建立配置文件定义准则，并指导配置文件申请者修剪其配置文件标识请求。

配置文件标识是 ZigBee 协议中的主要枚举特性。每个配置文件标识分别定义了设备描述和簇标识的一个关联枚举。例如，对配置文件标识“1”，存在一组用 16 位值描述的设备描述和一组用 8 位值描述的簇标识，也就是说一个配置文件中可以有 65536 个设备描述和 256 个簇标识。对于 KVP 服务类型，每个簇标识还支持一组用 16 位值描述的属性，也就是说，每个配置文件标识有 256 个簇标识，每个簇标识包含 65536 个属性。配置文件开发者的任务就是定义并分配设备描述、簇标识和该配置文件标识里的属性。在定义设备描述、簇标识和属性标识时必须仔细斟酌，以确保能有效产生简单的描述符并简化信息交换时的处理过程。使用设备描述和簇标识的前提是知道要处理的配置文件标识。在向设备发送任何信息之前，ZigBee 协议认为通过服务发现已经判定了设备和端点所支持的配置文件。同样的，绑定过程也在类似的服务发现和配置文件匹配的前提下执行，因为绑定的匹配结果是由源地址、源端点、簇标识、目的地址和目的端点表示的。

一个 ZigBee 设备可以支持多个配置文件，提供这些配置文件中各种簇标识的子集，支持多个设备描述。这种支持能力是采用下面分层编址方案来定义的：

① 设备。整个设备只有一个无线射频端，具有唯一的 IEEE 地址和 NWK 地址。

② 端点。它是一个 8 位的字段，描述一个射频端所支持的不同应用。端点 0x00 用于寻址设备配置文件，这是每个 ZigBee 都必须使用的端点。端点 0xff 用来寻址所有活动端点，而端点 0xf1 ~ 0xfe 暂时预留。因此，一个物理 ZigBee 射频端在端点 0x01 ~ 0xf0 上共支持 240 个应用。

把设备端点分配给各种应用的唯一要求是，为每个端点生成简单的描述符并能被服务发现过程得到。

一旦设备支持明确的配置文件并且这些配置文件中的簇标识和设备描述一致，就可以在设备上布置应用。每个应用分配一个端点，用一个简单描述符来描述。通过简单描述符和 ZigBee 设备配置文件中的其他服务发现机制，就可以实现服务发现，支持设备绑定，便于互补设备间的应用信息交互。需要强调的是，服务发现是基于配置文件标识、输入簇标识列表和输出簇标识列表，而设备描述只是详细列出设备强制支持和可选支持的簇标识。另外，设备描述枚举通常用在 PDA 或其他辅助绑定设备来提供对设备能力的外部描述。

如果厂商希望开发的 ZigBee 设备既要支持标准配置文件“XX”，又要提供自有的专用扩展，那么这些扩展将发布在其他端点上。仅支持标准配置文件标识“XX”而不支持厂商扩展的设备也只会发布其对配置文件标识“XX”的支持，不会响应厂商专用扩展，也不会用厂商专用扩展来产生消息。

在前面的例子中，假设设备支持的标准 ZigBee 配置文件标识“XX”包含的是该标准配置文件的初始版本。如果 ZigBee 联盟对该标准配置文件进行升级，增加新的特性，那么升级后的版本将用一个新的配置文件标识“XY”来描述。仅支持配置文件标识“XX”的设备应后向兼容支持配置文件标识“XY”新设备，这种兼容性通过新设备发布同时支持配置文件标识“XX”和“XY”来实现。在这种方式中，新设备在同一个应用中既可以使用配置文件标识“XX”与旧设备通信，又可以使用配置文件标识“XY”与新设备通信。ZigBee 中的服务发现特征使得网络中的设备能够判定支持等级。

2. 标准数据类型

ZigBee 设备是用它的一系列属性来定义的，这种属性能够采用 KVP 服务类型或用 MSG 服务类型把属性组合进特定应用信息中，用设置、获取和事件命令进行写、读和报告。这就需要定义这些属性的数据类型和格式。设备描述展示了设备属性的有效值、范围和单位。ZigBee 定义的数据类型如表 3-1 所列。在 KVP 命令帧中，属性数据类型字段包含的就是用表中适当的数据类型标识来表示属性的数据类型。

无数据类型(0000)是一种特殊的数据类型，表示属性没有关联数据。无符号 8 位整数的范围是 0～255，有符号 8 位整数的范围是 －128～＋127。无符号 16 位整数的范围是 0～65535，最小分辨率是 1 位；有符号 16 位整数的范围是 －32768～＋32767，最小分辨率是 1 位。

有些数值(如光强度)的范围很宽。当周围光强度是 1 lx 时，眼睛对光强度增加 1 lx 非常敏感；然而，如果周围光强度为 100 lx，则再增加 1 lx 就不易察觉。这种数值最好用 ZigBee 半精度数来表示，它允许分辨率随数值范围的不同而变化。ZigBee 半精度数的格式是基于二进制浮点数标准 IEEE 754 的。必须记住，只有在绝对必要并且代码和处理能力支持的情况下才使用半精度数据类型。ZigBee 半精度数据格式如图 3-6 所示。

表 3-1　ZigBee 标准数据类型

数据类型标识 $b_3b_2b_1b_0$	数据类型	数据长度/字节
0000	无数据	0
0001	无符号 8 位整数	1
0010	有符号 8 位整数	1
0011	无符号 16 位整数	2
0100	有符号 16 位整数	2
0101～1010	预留	—
1011	半精度	2
1100	绝对时间	4
1101	相对时间	4
1110	字符串	由第一个字节定义
1111	字节串	由第一个字节定义

	符号	指　数					隐藏	尾　　数									
	S	E_4	E_3	E_2	E_1	E	H	M_9	M_8	M_7	M_6	M_5	M_4	M_3	M_2	M_1	M_0
比特位	15	14	13	12	11	10		9	8	7	6	5	4	3	2	1	0

图 3-6　ZigBee 半精度数的格式

它表示的值通过下面的公式来计算：

$$\text{value} = (-1)^{\text{Sign}} \times (\text{Hidden} + \text{Mantissa}/1024) \times 2^{(\text{Exponent}-15)}$$

对归一化数（$>2^{-14}$），Hidden 位等于 1，分辨率恒为 11 位；对非归一化数，Hidden 位等于 0，分辨率不再是 11 位，并且数越小分辨率越低。Hidden 位不在链路中传送，为了表示 ZigBee 半精度数，Hidden 位为 1。正数的符号位为 0，负数的符号位为 1。指数部分是 5 位，2 的实际指数是（exponent－15）。另外，还保留了一些特殊值：

不是数　它表示未定义的数，它用指数 31、尾数非零的半精度数据格式表示。

无穷大　指数为 31，尾数为 0 时表示无穷大。符号位用来区分正无穷大和负无穷大。0x7c00 表示$+\infty$，0xfc00 表示$-\infty$。

零　指数和尾数都为 0 时表示零。符号位用来区分正零和负零，即 0x0000 表示＋0，0x8000 表示－0。

非归一化数　$<2^{-14}$ 的数是非归一化数，非归一化数的指数部分为 0，Hidden 位设为 0。

尾数表示的最大值是 0x3ff/1024，所以半精度格式能表示的最大数是：

$$(-1)^{\text{Sign}} \times (1 + 1023/1024) \times 2^{(30-15)} = \pm 1.9990234 \times 32768 = \pm 65504$$

例如，＋2 的半精度格式为 $+2^{(16-15)} \times 1.0 =$ 0x4000，而－2 表示为 0xc000。类似的，0.625 表示为 $+2^{(17-15)} \times 1.625 =$ 0x4680，而－0.625 表示为 0xc680。

ZigBee 中绝对时间用一个无符号的 32 位整数来表示。绝对时间是从 2000 年 1 月 1 日零点开始到当前时刻的秒数。相对时间也是用一个无符号 32 整数表示，它用 ms 来度量。

字符串数据包含的是根据语言和复杂描述符字符集编码成的数据字节。字符串数据由两部分组成：第 1 个字节存放字符串的长度；从第 2 个字节开始就是实际的字符数据，它的长度是 $e \times n$ 字节。这里 e 是单个字符编码的长度，n 是字符串的长度。

3. ZigBee 描述符

ZigBee 设备用描述符数据结构对自身进行描述。描述符中的实际数据分别在各自的设备描述中定义。ZigBee 描述符分为 5 种：节点、节点电源、简单的、复杂的、用户。其中前三种描述符是各种 ZigBee 设备必须支持的，而后两种描述符则是可选支持的。节点描述符描述了节点的类型和能力；节点电源描述符描述了节点电源特性；简单描述符包含了节点中的设备描述；复杂描述符则包含了有关设备描述的进一步信息；用户描述符是用户可定义的描述符。

节点描述符、节点电源描述符、简单描述符和用户描述符的发送按照它们各自表中的顺序进行，最先发送表中最上层的字段，最后发送表中最低层的字段。复杂描述符的格式如下：

字节数：1	可变长度	…	可变长度
字段计数	字段 1	…	字段 n

字段计数字段长度为 1 字节，它指定了复杂描述符包含的字段数。这些字段的格式如下：

字节数：1	可变长度
压缩 XML 标记	字段数据

压缩 XML 标记子域长度是 1 字节，它指定了当前字段的 XML 标记。字段数据子域长度可变，它包含的是当前字段的数据。

服务发现程序用 ZigBee 设备配置文件请求原语寻址端点 0(即 ZDO)来查询描述符信息。查询结果通过 ZigBee 设备配置文件指示原语返回。节点和节点电源描述符应用于整个节点，其他描述符则要指定到节点中的每个端点。如果一个节点中包含多个子单元，则每个子单元对应一个端点，读取特定端点的描述符时需要在 ZigBee 设备配置文件原语中指定端点号。

(1) 节点描述符

节点描述符包含的是有关 ZigBee 节点能力的信息，该描述符对各个节点都是强制支持的。在一个节点中只有一个节点描述符。节点描述符包含的字段和它们的传输顺序如表 3-2 所列。

表 3-2　节点描述符的字段

字段名	长度/位	字段名	长度/位
逻辑类型	3	MAC 能力标志	8
预留	5	厂商代码	16
APS 标志	3	最大缓存空间	8
频带	5	最大发送长度	16

① 节点描述符的**逻辑类型**字段长度是 3 位，它指定了 ZigBee 节点的设备类型：000 表示 ZigBee 协调器，001 表示 ZigBee 路由器，010 表示 ZigBee 终端设备。

② APS标志字段长度为3位，它指示该节点应用支持子层的能力；该字段暂不支持，应设为0。

③ 节点描述符的频带字段长度是5位，它指示该节点 IEEE 802.15.4 射频端所支持的频带。支持868～868.6 MHz频段时，该字段的0比特位设为1，其他4位设为0；支持902～928 MHz时，该字段的2比特位设为1，其他4位设为0；支持2400～2483.5 MHz时，该字段的3比特位设为1，其他4位设为0。

④ MAC能力标志字段长度是8位，它指示了该节点设备 IEEE 802.15.4 MAC层的能力。MAC能力标记字段的格式如下：

比特位：0	1	2	3	4～5	6	7
备用PAN协调器	设备类型	电源	空闲时接收机使能	预留	安全能力	预留

备用PAN协调器子域长度为1位，如果该节点能够充当PAN协调器则该位设为1，否则设为0。**设备类型**子域长度为1位，如果该节点是全功能设备(FFD)，则该位设为1；如果节点是精简功能设备，则该位设为0。**电源**子域长度是1位，如果节点是干线供电，则该位设为1，否则该位设为0。该位的信息从节点电源描述符的当前电源字段获得。**空闲时接收机使能**子域长度1位，如果设备在空闲时并不关闭接收机来节省功率则该位设为1，否则该位设为0。**安全能力**子域长度1位，如果设备能够用 IEEE 802.15.4 安全套件来发送和接收安全帧则该位设为1，否则安全能力子域设为0。

⑤ 厂商代码字段长度16位，它指示的是ZigBee联盟分配给设备制造商的代码。

⑥ 最大缓存空间子域长度是8位，它的有效取值范围是0x00～0x7f，它表示该节点应用支持子层数据单元(ASDU)长度的最大字节数。

⑦ 最大发送长度字段为16位，它的有效取值范围是0x0000～0x7fff，它表示该节点发送或接收帧的长度最大字节数。ZigBee规范目前还不支持该字段，应设为0。

(2) 节点电源描述符

节点电源描述符动态指示节电电源的状态，它是每个节点必须支持的描述符。每个节点只能有一个节点电源描述符。节点电源描述符的各字段及传输顺序如表3-3所列。

表3-3 节点电源描述符的格式

字段名	长度/位
当前电源模式	4
可用电源	4
当前电源	4
当前电量	4

① 节点电源描述符中当前电源模式字段长度是4位，它表示节点当前的休眠/节能模式。该字段为0000表示接收机模式与节点描述符中空闲时使能接收子域同步；0001表示接收机根据节点电源描述符的定义周期性地唤醒；0010表示接收机在用户干预(如按钮)下才唤醒。

② 可用电源字段长度是4位，它表示节点可以得到的供电模式。供电模式分别为干线供电，充电电池供电，一次性干电池供电时，分别设置该字段的0、1、2位为1，其他3个位设为0。

③ 当前电源字段长度是4位，它表示节点当前使用的供电模式。当前供电模式分别为干线供电，充电电池供电，一次性干电池供电时，分别设置该字段的0、1、2位为1，其他3个位设为0。

④ 当前电量字段长度是4位，它表示电源的当前电量：0000表示电量将耗尽；0100表示33%电量；1000表示66%电量；1100表示100%电量。

(3) 简单描述符

简单描述符包含的是节点中各端点的特定信息。简单描述符是节点中每个端点必须支持的描述符。简单描述符包含的字段及传输顺序如表3-4所列。

表3-4　简单描述符的字段

字段名	长度/位
端点	8
应用配置文件标识	16
应用设备标识	16
应用设备版本	4
应用标志	4
应用输入簇计数	8
应用输入簇列表	$8\times i$位，这里i是应用输入簇计数字段的值
应用输出簇计数	8
应用输出簇列表	$8\times j$位，这里j是应用输出簇计数字段的值

① 简单描述符的端点字段长度是8位，它表示该描述符对应的节点。应用只能使用节点1～240。

② 应用配置文件标识字段长度是16位，它表示该端点支持的配置文件。配置文件标识从ZigBee联盟得到。

③ 应用设备标识字段长度是16位，它表示端点支持的设备描述。设备描述标识从ZigBee联盟得到。

④ 应用设备版本字段长度4位，它表示端点支持的设备描述的版本。该字段当前有效值为0000，表示1.0版本。

⑤ 应用标志字段长度是4位，它表示特定应用的标志。节点上的应用支持一种特性就将相应的位设为1，其余3位都设为0。位0设为1表示可得复杂描述符，位1设为1表示可得用户描述符。

⑥ 应用输入簇计数字段长度是8位，表示端点支持的输入簇个数，这些输入簇将列在应用输入簇列表字段。如果该字段为0，则简单描述符将不含应用输入簇列表字段。

⑦ 应用输入簇列表字段长度是$8i$位。这里“i”是应用输入簇计数字段的值，该字段是端点支持的输入簇列表，这些输入簇将在绑定过程中使用。

⑧ 应用输出簇计数字段长度是8位，它表示端点支持的输出簇个数，这些输出簇将列在应用输出簇列表字段。如果该字段为0则简单描述符将不含应用输出簇列表字段。

⑨ 应用输出簇列表字段长度是$8j$位。这里“j”是应用输出簇计数字段的值，该字段是端点支持的输出簇列表，这些输出簇将在绑定过程中使用。

(4) 复杂描述符

复杂描述符包含的是节点中各个设备描述的扩展信息。复杂描述符的使用是可选的。由于该描述符中数据的扩展和复杂性，它用压缩XML标记的XML形式来表示。表3-5列出了复杂描述符中的各字段，这些字段可以任意顺序传输。由于该描述符要在空中传输，所以复杂描述符的总长度不得超过maxCommandSize。

① 复杂描述符的语言和字符集字段长度是3字节，它表示复杂描述符中字符串使用的语言和字符集。前两个字节表示ISO 639-1语言代码，后一个字节是字符集标识，表示字符集中字符的编码方式。如果没有指定语言和字符集，则默认语言为英语(语言代码“EN”)，默认字符集为ISO 646 ASCII字符集。

② 厂商名称字段长度可变，它包含的是表示设备生产商名称的字符串。

③ 模型名称字段长度可变，它包含的是表示设备生产商模型名称的字符串。

④ 序列号字段长度可变，它包含的是表示设备制造商序列号的字符串。

表 3-5　复杂描述符的字段

字段名	XML 标记	压缩 XML 标记值 $b_3b_2b_1b_0$	数据类型
预留	—	0000	—
语言和字符集	<语言字符>	0001	—
厂商名称	<厂商名称>	0010	字符串
模型名称	<模型名称>	0011	字符串
序列号	<序列号>	0100	字符串
设备 URL	<设备 URL>	0101	字符串
图标	<图标>	0110	未定义
图标 URL	<图标 URL>	0111	字符串
预留	—	1000～1111	—

⑤ 设备 URL 字段长度可变，它包含的是表示 URL 的字符串，通过这个 URL 可以得到设备的更多信息。

⑥ 图标字段长度可变，它包含在计算机、网关或 PDA 上显示设备图标的数据。目前 ZigBee 规范尚未定义该数据格式。

⑦ 图标 URL 字段长度可变，它包含一个表示 URL 的字符串，通过该字符串可以得到该设备的图标。

(5) 用户描述符

用户描述符包含的信息允许用户使用用户友好的字符串来标识设备，如“Bedroom TV”、“Stairs light”等。用户描述符的使用是可选的。该描述符只有一个 16 字节的字段，最多包含 16 个字符。

4. AF 帧格式

AF 帧的一般格式如下：

比特数：4	4	可变长度	可变长度	可变长度
事务计数	帧类型	事务 1	…	事务 n

其中各事务字段的格式为：

比特数：8	可变长度
事务序号	事务数据
事务头	事务有效载荷

每个事务包含由事务序号构成的事务头和与帧类型有关数据构成的事务有效载荷。

AF 帧的一般格式中，**事务计数**字段长度为 4 位，表示该帧包含的事务数 n。这些事务在帧类型字段后依次排列。**帧类型**字段长度是 4 位，它表示其后各事务使用的服务类型。0001 表示 KVP，0010 表示 MSG，其他取值暂时预留。

事务序号字段长度为 8 位，它指定了事务的标识，以便响应命令帧可与可请求帧联系起来。应用对象本身有一个 8 位计数器，把该计数器拷贝到事务序号字段，并且每发送一个命令就增加1。如果设备发送一个要求确认的KVP命令，目标设备将使用包含原始请求命令事务序号的相关命令作出响应。类似的，该字段也可以用来实现MSG命令的确认。事务数据字段长度可变，它包含的是一个事务的具体数据。该字段的内容与帧类型字段有关，它是一个KVP帧或MSG帧。

AF帧分为两类：键值对(KVP)和消息(MSG)。KVP帧类型使得应用能够操作应用配置文件定义的属性。属性有一个指示器(即键)和相关联的值，它们可以用命令进行设置和请求。这些命令的发送和接收是通过ASDU数据字段，用APS APSDE-DATA.request和APSDE-DATA.indication原语来实现的。设置或读取属性的命令的发送和接收可以采用直接寻址方式，也可以通过ZigBee协调器的绑定表采用间接寻址方式。APS簇标识应与包含被操作属性的簇相匹配。APS安全套件应指示出命令所要求的安全套件。

KVP命令帧的格式如下：

比特数：4	4	16	0/8	可变长度
命令类型标识	属性数据类型	属性标识	错误代码	属性数据

其中：**命令类型标识**字段长度是4位，该字段各种取值对应的命令如表3-6所列。需要注意的是，通过ZigBee协调器间接发送命令时，只允许设置(set)和事件(event)命令。**属性数据类型**字段长度是4位，该字段的取值为前述数据类型部分中的一种数据类型的标识码。**属性标识**字段长度是16位，它指定了命令操作的目标设备属性。该字段的取值在相关设备描述中定义。**错误代码**字段长度是8位，该字段只存在于响应命令中，用来指示事务的状态。错误代码字段的取值范围如表3-7所列。**属性数据**字段的长度与属性类型有关，它包含的是属性标识字段指定的属性值。该字段与特定命令、属性数据类型和设备描述有关。属性数据字段的长度要么通过属性数据类型来反映，要么包含在该字段的第一个字节中。如果是后一种情况，除非源和目的实体都支持数据拆分，否则该字段的长度需满足整个命令帧的长度不超过max-CommandSize。

表3-6　命令类型标识字段值

命令类型标识值 $b_3b_2b_1b_0$	描　述
0000	预留
0001	设置
0010	事件
0011	预留
0100	具有确认的获取
0101	具有确认的设置
0110	具有确认的事件
0111	预留
1000	获取响应
1001	设置响应
1010	事件响应
1011～1111	预留

表3-7　错误码字段值

错误代码	描　述
0x00	成功
0x01	无效端点
0x02	预留
0x03	不支持属性
0x04	无效命令类型
0x05	无效属性数据长度
0x06	无效属性数据
0x07～0x0f	预留
0x10～0xff	应用定义的错误

MSG 帧类型使得应用配置文件能够以自由的形式定义自己的帧格式。MSG 允许那些难以定义成 KVP 帧结构的应用也能灵活地定义适合它们需要的命令。MSG 帧通过 APS APSDE - DATA. request 原语发送，通过 APSDE - DATA. indication 原语接收。应用对象用设备描述来定义每个簇的服务类型，因此也定义了支持相应服务的帧类型。对于 MSG 帧，设备描述还负责定义消息的用法。MSG 事务帧的格式如下：

比特数：8	可变长度
事务长度	事务数据

事务长度字段的长度是 8 位，它指定了事务数据字段包含数据的字节数。**事务数据**字段包含的是特定应用配置文件定义的消息，除非源和目的实体都支持数据拆分，否则该字段的长度不超过 maxCommandSize。

5. KVP 命令帧

ZigBee 规范 1.0 目前支持下面这些 KVP 命令：

- 设置、要求确认的设置、要求确认的读取命令，它们是对属性值进行操作；
- 设置响应和读取响应命令，它们分别是对接收到的要求确认设置属性命令和要求确认读取属性值命令的回应；
- 事件和要求确认的事件命令，它们用来通知另一个设备某个属性值发生了改变；
- 事件响应命令，它是对要求确认的事件命令的回应。

KVP 命令格式采用基于 WBXML(WAP 二进制 XML)的压缩 XML(扩展标记语言)。在这种压缩格式中，原文标记被压缩成一个单字节的表示格式。根据 XML 模式，压缩 XML 可以扩展成一个不压缩的 XML 描述，用到其他系统中。正常操作情况下，ZigBee 无线链路不发送不压缩的 XML。

当一个设备想从另一个设备读取一个属性值的时候，就产生要求确认的读取命令。该命令帧的格式如下：

比特数：8	4	4	16
事务序号	命令类型标识	属性数据类型	属性标识
事务头	事务有效载荷		

其中：**事务序号**字段设为应用层维护的序号加 1；**命令类型标识**字段设为二进制 0100；**属性数据类型**字段根据要操作的属性作相应的设置；**属性标识**字段包含的是要读取的属性的标识码。

收到要求确认的读取命令帧，接收设备将判断是否定义了命令请求的属性。如果没有定义该属性，接收设备将产生并向读取命令发送设备反馈一个读取响应命令帧，并把该响应命令帧的错误代码设为适当的值来指示读取属性命令出现的错误。如果接收设备定义了读取命令请求的属性，接收设备将产生并向读取命令发送设备反馈一个读取响应命令帧，该响应命令中携带了被请求属性的值。读取响应命令帧的格式如下：

比特数：8	4	4	16	8	可变长度
事务序号	命令类型标识	属性数据类型	属性标识	错误代码	属性数据
事务头	事务有效载荷				

读取响应命令帧是对要求确认读取命令的响应。其中：事务序号字段应设为相应读取命令帧中的事务序号值。**命令类型标识**字段应设为二进制 1000。**属性数据类型**字段应设为被请求属性的类型。**属性标识**字段包含的是被请求属性的标识码。如果设备定义了被请求的属性，并且读取命令帧中不含错误，则**错误代码**字段设为 0x00，表示读取属性值成功；否则，错误代码字段就设置为适当的错误代码。**属性数据**字段包含的是被请求属性的值，它应是特定数据类型格式的整数个字节。如果该字段的长度不是由属性的数据类型直接定义，则该字段的第一个字节便是剩余数据的长度(字节数)。接收到读取响应命令帧后，如果错误代码字段等于 0x00，则表示读取属性成功并可以使用读到的属性值；如果错误代码字段不等于 0x00，则表示读取属性的事务失败。

当一个设备想设置另一个设备的属性值时，就产生设置和要求确认的设置命令帧。当要求接收设备对设置命令进行确认时，使用要求确认的设置命令。设置命令帧的格式如下：

比特数：8	4	4	16	可变长度
事务序号	命令类型标识	属性数据类型	属性标识	属性数据
事务头	事务有效载荷			

其中：**事务序号**字段设为应用层维护的序号数加 1。**命令类型标识**字段设为二进制 0001 或 0101，分别表示设置或要求确认的设置命令帧。**属性数据类型**字段应置为要设置属性的数据类型。**属性标识**字段包含的是要设置的属性标识码。**属性数据**字段包含的是要写到属性标识字段指定属性的数据，该数据应是特定数据类型的整数字节长度。如果该字段的长度不是由属性的数据类型直接定义的，则该字段的第一个字节便是剩余数据的长度(字节数)。收到设置命令帧后，接收设备先判断是否定义了请求设置的属性。如果被请求的属性没有定义，接收设备将忽略设置命令；如果定义了被请求的属性，接收设备将把属性数据字段中的数据写到属性标识字段指定的属性中。当收到要求确认的设置命令帧时，接收设备先判断是否定义了请求设置的属性。如果被请求的属性没有定义，接收设备将产生并向设置命令发送设备反馈一个设置响应命令帧，该响应命令帧的错误代码字段设为合适的值来指示设置过程中产生的错误；如果定义了被请求的属性，接收设备将把属性数据字段中的数据写到属性标识字段指定的属性中，并向设置命令发送设备反馈一个设置响应命令帧，合理设置错误代码字段。设置响应命令帧的格式如下：

比特数：8	4	4	16	8
事务序号	命令类型标识	属性数据类型	属性标识	错误码
事务头	事务有效载荷			

其中：**事务序号**字段应设为要求确认设置命令帧中的事务序号值。**命令类型标识**字段设为二进制 1001。**属性数据类型**字段设为被设置属性的数据类型。**属性标识**字段包含的是被设置属性的标识码。如果定义了被请求的属性，并且要求确认的设置命令没有错误，则设置响应命令中的**错误代码**字段设为 0x00，表示请求设置成功；否则，**错误代码**字段将根据错误情况设置为非 0x00 值。接收到设置响应命令帧，如果错误代码字段为 0x00，则表示请求设置成功；否则就表示设置属性的事务失败。

当一个设备要通知另一个设备某个属性值发生改变时，就发送事件或要求确认的事件命令帧。当要求接收设备反馈确认时，使用带确认的事件命令。事件命令帧的格式如下：

比特数：8	4	4	16	可变长度
事务序号	命令类型标识	属性数据类型	属性标识	属性数据
事务头	事务有效载荷			

其中：**事务序号**字段应设为应用层维护的序号加 1。**命令类型标识**字段设为二进制 0010 或 0110，分别表示事件命令和要求确认的事件命令。**属性数据类型**字段包含的是属性标识字段指定属性的新值。接收到事件命令帧时，接收设备就获知了属性标识字段指定属性的新值。当接收到要求确认的事件命令时，接收设备获知属性标识字段指定属性的新值，并向发送设备反馈一个事件响应命令帧。事件响应命令帧的格式如下：

比特数：8	4	4	16	8
事务序号	命令类型标识	属性数据类型	属性标识	错误码
事务头	事务有效载荷			

它是对要求确认的事件命令的响应。其中：**事务序号**字段设置为要求确认事件命令帧中事务序号字段的数据。**命令类型标识**字段设为二进制 1010。如果要求确认的事件命令帧中不含错误，则事件响应命令中错误代码字段设为 0x00，表示通知成功；否则，错误代码字段指示一个相应的错误。当接收到事件响应命令时，事件命令的发送设备就被告知属性值改变的通知结果。如果响应命令的错误代码字段为 0x00，表示通知事务成功；否则，就表示通知事务失败。

6. AF 功能描述

一般应用框架帧结构允许把几个独立的事务组合到一个帧中，这种事务的组合叫作“聚合”。只有那些共享相同服务类型(KVP 或 MSG)和簇标识的事务才能聚合到一起，且聚合的帧长度不能超过最大允许值。当接收到 KVP 事务的聚合集时，接收设备将依次处理各个事务；对那些要求响应的事务，接收设备也组合一个响应事务的聚合集，一并反馈给发送设备。接收方应保证响应事务聚合集的长度不超过 APS 帧长限制，如果超过单个 APS 帧长，接收设备将对聚合响应帧进行拆分，通过多次发送，并在不超过长度限制的前提下把尽量多的响应帧聚合到一起发送。

应用框架能够过滤经 APS 子层数据服务到达的帧，只把有用的帧提交给驻留在活动端点上的应用。应用框架通过 APSDE - DATA. indication 原语从 APS 子层接收数据，并提交给 DstEndpoint 和 ProfileId 参数指定的端点。如果应用框架接收到非活动端点的帧，它将丢弃该帧；否则，应用框架将判断原语指定的配置文件标识与指定端点实现的配置文件标识是否匹配。如果配置文件标识不匹配，应用框架将拒绝该帧；如果配置文件标识匹配，则应用框架将把接收帧的有效载荷递交给指定端点上的应用。

3.1.4　ZigBee 设备配置文件

1. 设备配置文件概述

ZigBee 设备配置文件定义了设备描述和簇，它的工作原理与所有 ZigBee 配置文件一样；

但与专用配置文件不同的是，ZigBee设备配置文件中的设备描述和簇标识定义的是所有ZigBee设备都支持的能力。ZigBee设备配置文件支持ZigBee协议内设备间通信的四种关键功能：

设备和服务发现，终端设备绑定请求处理，绑定和解绑定命令处理，网络管理。

设备发现为设备提供了判别PAN中其他设备身份的能力。64位IEEE地址和16位网络地址都支持设备发现功能。设备发现消息可以使用下面两种方式：

① 广播寻址。网络中的所有设备都要根据逻辑设备类型和匹配原则对设备发现请求作出响应。ZigBee终端设备以其自身地址作为响应；ZigBee协调器和ZigBee路由器除以自身的地址作为响应外，还要根据设备发现请求类型返回与其关联的设备地址。广播设备发现中的响应设备采用的是单播响应的APS确认服务。

② 单播寻址。仅指定的单个设备对设备发现请求作出响应。ZigBee终端设备以其自身地址作出响应；ZigBee协调器或路由器除了以自身地址响应外，还要返回每个关联设备的地址。

服务发现为设备提供了判别PAN中其他设备提供服务的能力。服务发现消息可以使用下面两种方式：

① 广播寻址。每个与服务发现请求准则匹配的设备都应作出响应，返回相应的信息；对带有休眠关联设备的ZigBee协调器或ZigBee路由器，如果休眠设备与服务发现请求的准则匹配，则ZigBee协调器或ZigBee路由器将缓存服务发现信息并代表休眠设备作出响应。

② 单播寻址。仅指定的设备响应服务发现请求。对带有休眠关联设备的ZigBee协调器或ZigBee路由器，如果休眠设备与服务发现请求的准则匹配，则ZigBee协调器或ZigBee路由器将缓存服务发现信息并代表休眠设备作出响应。

服务发现支持下面7种查询类型：

① 活动端点。这种命令允许探询设备判定活动端点。该命令可以使用广播或单播方式寻址。

② 匹配简单描述符。这种命令允许探询设备从匹配的目的设备获知配置文件ID、输入/输出簇标识列表，并要求返回端点标识。该命令可以使用广播或单播方式寻址。对广播服务发现请求，响应设备应采用单播响应的APS确认服务作出响应。

③ 简单描述符。这种命令允许探询设备获得端点的简单描述符。该命令应使用单播寻址方式。

④ 节点描述符。这种命令允许探询设备获得指定设备的节点描述符。该命令应使用单播寻址方式。

⑤ 电源描述符。这种命令允许探询设备获得指定设备的电源描述符。该命令应使用单播寻址方式。

⑥ 复杂描述符。这种可选命令允许探询设备获得指定设备的复杂描述符。该命令应使用单播寻址方式。

⑦ 用户描述符。这种可选命令允许探询设备获得指定设备的用户描述符。该命令应使用单播寻址方式。

终端设备绑定提供下面两种功能：

① 为应用提供“简单绑定”的能力，通过用户干预来识别命令/控制设备对。典型的应用

是要求用户按两个设备上的按钮来完成安装。

② 为应用提供简化绑定方法的能力，通过用户干预来识别命令/控制设备对。典型的应用是要求用户按两个设备上的按钮来完成安装。再次使用同样的机制将删除绑定列表的记录。

绑定功能提供了创建绑定表记录的能力，绑定表记录把控制信息映射到其目标对象；解绑定功能则提供了删除绑定表记录的能力。

网络管理功能提供了从设备中获知管理信息的能力和实施管理信息控制的能力。网络管理功能从设备中获得的管理信息包括网络发现结果、到邻近节点的链路质量、路由表和绑定表。实施管理信息控制就是指网络解关联。

ZigBee 设备配置文件使用单一的设备描述。其中的强制簇是在所有 ZigBee 设备中都存在的，某些信息的响应方式是与逻辑设备类型有关的；而可选簇则是与逻辑设备类型无关的。

ZigBee 设备配置文件采用 MSG 服务类型。

ZigBee 设备配置文件采用了一种客户端/服务器的拓扑。执行设备发现、服务发现、绑定或网络管理请求的设备充当的是客户端的角色，而对这些请求进行服务和作出响应的设备充当的是服务器的角色。一个设备中客户端和服务器两种角色不是排他性的，一个设备既可以是客户端也可以是服务器。客户端通过设备配置文件消息发送请求。服务器对请求进行处理，客户端就接收到服务器对其发送请求的响应。服务器是客户端请求的目标，它对来自客户端的请求进行处理并作出响应。

ZigBee 设备配置文件中的簇标识格式如下：

比特位：0～6	7
消息号	请求/响应位：请求＝0，响应＝1

2. 客户端服务

ZigBee 设备配置文件客户端服务支持从客户端向服务器传送设备发现和服务发现请求、终端设备绑定请求、绑定和解绑定请求、网络管理请求。另外，客户端服务还支持接收服务器对客户端这些请求的响应。ZigBee 设备配置文件设备和服务发现客户端服务支持的原语包括：NWK_addr_req、IEEE_addr_req、Node_Desc_req、Power_Desc_req、Simple_Desc_req、Active_EP_req、Match_Desc_req、Complex_Desc_req、User_Desc_req、Discovery_Register_req、End_Device_annce、User_Desc_set。终端设备绑定、绑定和解绑定客户端服务支持的原语包括：End_Device_Bind_req、Bind_req、Unbind_req。网络管理客户端服务支持的原语包括：Mgmt_NWK_Disc_req、Mgmt_Lqi_req、Mgmt_Rtg_req、Mgmt_Bind_req、Mgmt_Leave_req、Mgmt_Direct_Jonit_req。下面分别介绍每个原语的语法和功能。

1) 设备和服务发现客户端服务

(1) NWK_addr_req 原语

NWK_addr_req 原语由本地设备根据已知的远端设备 IEEE 地址产生，试图查询远端设备的 16 位网络地址。该原语的目的寻址应采用广播方式。NWK_addr_req 原语的语法如下：

```
ClusterID=0x00        NWK_addr_req        (
                                              IEEEAddr
```

RequestType
StartIndex
)

其中：参数 IEEEAddr 表示远端设备要匹配的 IEEE 地址；参数 RequestType 是整数变量，表示该命令的请求类型，0x00 表示单设备响应，0x01 表示扩展响应，其他取值预留；参数 StartIndex 是整数变量，其取值范围是 0x00～0xff，当该命令为扩展响应时，StartIndex 表示关联设备列表中被请求设备的起始索引。

远端设备接收到网络地址请求命令后，比较 IEEEAddr 参数和本地 IEEE 地址。如果远端设备的 IEEE 地址与 IEEEAddr 参数不匹配，该请求将被丢弃，也不作出响应；如果远端设备的 IEEE 地址与 IEEEAddr 参数匹配，远端设备将根据 RequestType 作出响应。如果 RequestType 参数是预留值，响应命令将返回一个状态 INV_REQUESTTYPE；如果 RequestType 是单设备请求或扩展请求，远端设备将产生一个单播消息对本地设备的请求作出响应，该响应以远端设备的 16 位 NWK 地址作为源地址，匹配的 IEEE 地址作为响应有效载荷。如果 RequestType 是单设备请求，响应消息以 SUCCESS 状态发送。如果 RequestType 是扩展请求并且远端设备是带有关联设备的 ZigBee 协调器或路由器，则远端设备首先把匹配的 IEEE 地址和 NWK 地址放入响应消息有效载荷中，再从关联设备 NWK 地址列表的 StartIndex 位置开始放入完整的地址记录，直到响应帧长达到 APS 帧的最大长度，响应命令的状态是 SUCCESS。

(2) IEEE_addr_req 原语

IEEE_addr_req 原语由本地设备根据已知的远端设备 NWK 地址产生，试图查询远端设备的 64 位 IEEE 地址。该原语的目的寻址应采用单播方式。IEEE_addr_req 原语的语法如下：

```
ClusterID=0x01        IEEE_addr_req        (
                                           NWKAddrOfInterest
                                           RequestType
                                           StartIndex
                                           )
```

其中：参数 NWKAddrOfInterest 表示用于 IEEE 地址映射的 NWK 地址；参数 RequestType 是整数变量，表示该命令的请求类型，0x00 表示单设备响应，0x01 表示扩展响应，其他取值预留；参数 StartIndex 是整数变量，其取值范围是 0x00～0xff，当该命令为扩展响应时，StartIndex 表示关联设备列表中被请求设备的起始索引。

远端设备接收到 IEEE 地址请求命令后，产生一个单播消息对 IEEE_addr_req 指示的源地址作出响应，远端设备 64 位 IEEE 地址放在 IEEE_addr_rsp 有效载荷的第一个字段。另外，如果 RequestType 为扩展请求并且远端设备是带有关联设备的 ZigBee 协调器或路由器，远端设备应首先把自身的 64 位 IEEE 地址放在响应帧的有效载荷部分，再从关联设备 IEEE 地址列表的 StartIndex 位置开始放入完整的 IEEE 地址记录，直到响应帧长达到 APS 帧的最大长度，响应命令的状态是 SUCCESS。

(3) Node_Desc_req 原语

Node_Desc_req 原语由本地设备产生，用来查询远端设备的节点描述符。该原语的目的寻址只能采用单播方式。Node_Desc_req 原语的语法如下：

```
ClusterID=0x02      Node_Desc_req       (
                                         NWKAddrOfInterest
                                         )
```

该原语的唯一参数 NWKAddrOfInterest 表示被请求远端设备的 NWK 地址。当远端设备接收到节点描述符请求命令后，产生一个单播消息对 Node_Desc_req 指示的源地址作出响应，响应命令帧中包含远端设备的节点描述符。

(4) Power_Desc_req 原语

Power_Desc_req 原语由本地设备产生，用来查询远端设备的电源描述符。该原语的目的寻址只能采用单播方式。Power_Desc_req 原语的语法如下：

```
ClusterID=0x03      Power_Desc_req      (
                                         NWKAddrOfInterest
                                         )
```

该原语的唯一参数 NWKAddrOfInterest 表示被请求远端设备的 NWK 地址。当远端设备接收到电源描述符请求命令后，产生一个单播消息对 Power_Desc_req 指示的源地址作出响应，响应命令帧中包含远端设备的电源描述符。

(5) Simple_Desc_req 原语

Simple_Desc_req 原语由本地设备产生，用来查询远端设备指定端点的简单描述符。该原语的目的寻址只能采用单播方式。Simple_Desc_req 原语的语法如下：

```
ClusterID=0x04      Simple_Desc_req     (
                                         NWKAddrOfInterest
                                         endpoint
                                         )
```

其中：参数 NWKAddrOfInterest 表示被请求远端设备的 NWK 地址；endpoint 表示目的设备的端点。当远端设备接收到简单描述符请求命令后，产生一个单播消息对 Simple_Desc_req 指示的源地址作出响应，响应命令帧中包含远端设备指定端点的简单描述符。

(6) Active_Ep_req 原语

Simple_Ep_req 原语由本地设备产生，用来获得远端设备的活动端点列表。该原语的目的寻址只能采用单播方式。Active_Ep_req 原语的语法如下：

```
ClusterID=0x05      Active_Ep _req      (
                                         NWKAddrOfInterest
                                         )
```

该原语的唯一参数 NWKAddrOfInterest 表示被请求远端设备的 NWK 地址。当远端设备接收到活动端点请求命令后，产生一个单播消息对 Active_Ep _req 指示的源地址作出响应，响应命令帧中包含远端设备的活动端点列表。

(7) Match_Desc_req 原语

Match_Desc_req 原语由本地设备产生，用来探询支持某种匹配规则的远端设备，满足请求的匹配规则的远端设备以地址和端点作为响应。该原语的目的寻址可以采用广播或单播方式。Match_Desc_req 原语的语法如下：

ClusterID=0x06 Match_Desc_req (
NWKAddrOfInterest
ProfileID
NumInClusters
InClusterList
NumOutClusters
OutClusterList
)

其中：参数NWKAddrOfInterest表示被请求远端设备的NWK地址；参数NumInClusters表示InClusterList中列出的用于匹配的输入簇的个数；参数InClusterList是用于匹配远端设备的输入簇标识的列表，该列表的元素为本地设备的输出簇标识；参数NumOutClusters表示OutClusterList中列出的用于匹配的输出簇的个数；参数OutClusterList是用于匹配远端设备的输出簇标识的列表，该列表的元素为本地设备的输入簇标识。

远端设备收到匹配描述符请求命令后，将对所有活动端点上的简单描述符进行评估匹配。如果ProfileID匹配，并且InClusterList或OutClusterList中存在一个元素对应地与远端设备活动端点简单描述符的AppInClusterList或AppOutClusterList中的一个元素相匹配，就表示找到了匹配的设备。需要注意的是，该原语中参数NumInClusters和NumOutClusters可以设为0，并省略参数InClusterList和OutClusterList，此时，只要ProfileID匹配就表示找到了匹配的远端设备。如果检测到了匹配，远端设备将产生一个单播消息对本地设备的请求作出响应，响应帧中包含远端设备的地址和检测到匹配的端点号。

(8) Complex_Desc_req 原语

Complex_Desc_req原语由本地设备产生，用以获得远端设备的复杂描述符。该原语的目的寻址只能采用单播方式。Complex _Desc_req原语的语法如下：

ClusterID=0x10 Complex _Desc_req (
NWKAddrOfInterest
)

该原语的唯一参数NWKAddrOfInterest表示被请求远端设备的NWK地址。当远端设备接收到复杂描述符请求命令后，产生一个单播消息对Complex _Desc_req指示的源地址作出响应。如果远端设备支持复杂描述符，则响应命令帧中包含远端设备的复杂描述符；如果远端设备不支持复杂描述符，则响应命令返回一个状态NOT_SUPPORTED。

(9) User_Desc_req 原语

User_Desc_req原语由本地设备产生，用以获得远端设备的用户描述符。该原语的目的寻址只能采用单播方式。User _Desc_req原语的语法如下：

ClusterID=0x11 User _Desc_req (
NWKAddrOfInterest
)

该原语的唯一参数NWKAddrOfInterest表示被请求远端设备的NWK地址。当远端设备接收到用户描述符请求命令后，产生一个单播消息对User_Desc_req指示的源地址作出响应。如果远端设备支持用户描述符，则响应命令帧中包含远端设备的用户描述符；如果远端设备不支持用户描述符，则响应命令返回一个状态 NOT_SUPPORTED。

(10) Discovery_Register_req 原语

Discovery_Register_req 原语使得网络中的设备能够向 ZigBee 协调器注册发现信息。该原语的目的寻址只能采用单播方式，其目的地址就是 ZigBee 协调器的地址。Discovery_Register_req 原语的语法如下：

```
ClusterID=0x12    Discovery_Register_req    (
                                             NWKAddr
                                             IEEEAddr
                                             )
```

其中：参数 NWKAddr 和 IEEEAddr 分别是本地设备的 NWK 地址和 IEEE 地址。ZigBee 协调器接收到发现注册请求命令后，将产生一个单播信息对 Discovery_Register_req 指示的源地址作出响应，响应命令帧中包含请求的状态。如果 ZigBee 协调器不支持 Discovery_Register_req，则响应命令返回状态 NOT_SUPPORTED；如果 ZigBee 协调器支持 Discovery_Register_req，它将使用设备和服务发现命令上载本地设备的发现信息。这样，以后的发现请求就可以指向 ZigBee 协调器，ZigBee 协调器能够提供注册设备的设备和服务信息。

(11) End_Device_annce 原语

End_Device_annce 原语使得 ZigBee 终端设备加入和重新加入网络时能够通知 ZigBee 协调器。该原语的目的寻址采用广播方式。End_Device_annce 原语的语法如下：

```
ClusterID=0x13    End_Device_annce    (
                                       NWKAddr
                                       IEEEAddr
                                       )
```

其中：参数 NWKAddr 和 IEEEAddr 分别是本地设备的 NWK 地址和 IEEE 地址。当远端设备(ZigBee 协调器或绑定操作的源设备)收到该命令后，将利用消息中的 IEEEAddr 来匹配远端设备中绑定表记录。如果存在匹配的记录，远端设备用 IEEEAddr 对应的 NWKAddr 来更新 APS 信息库地址映射。

(12) User_Desc_set 原语

User_Desc_set 原语由本地设备产生，用来配置远端设备的用户描述符。该原语的目的寻址只能采用单播方式。User_Desc_set 原语的语法如下：

```
ClusterID=0x14    User_Desc_set    (
                                    NWKAddrOfInterest
                                    UserDescription
                                    )
```

其中：参数 NWKAddr 表示被请求设备的 NWK 地址；参数 UserDescription 是 ASCII 字符串，表示要配置的远端设备用户描述符。远端设备收到该命令后，就用提供的数据配置用户描述符，请求命令的结果通过 User_Desc_conf 命令返回给本地设备。如果远端设备不支持用户描述符设置命令或不存在用户描述符，则 User_Desc_conf 命令返回状态 NOT_SUPPORTED；如果存在用户描述符，则远端设备用 User_Desc_set 命令中的 UserDescription 配置用户描述符，并用 User_Desc_conf 命令返回状态 SUCCESS。

2）绑定和解绑定客户端服务

（1）End_Device_Bind_req 原语

End_Device_Bind_req 原语由本地设备产生，用来执行终端设备与远端设备的绑定。End_Device_Bind_req 通常在用户执行某种动作（如按下按钮）时产生。该原语的目的地址是 ZigBee 协调器，目的寻址应采用单播方式。End_Device_Bind_req 原语的语法如下：

```
ClusterID=0x20     End_Device_Bind_req     (
                                            LocalCoordinator
                                            BindingTarget
                                            Endpoint
                                            ProfileID
                                            NumInClusters
                                            InClusterList
                                            NumOutClusters
                                            OutClusterList
                                            )
```

其中：参数 LocalCoordinator 表示 ZigBee 协调器的地址；参数 BindingTarget 表示绑定目标的 16 位地址；参数 Endpoint 表示原语产生设备的端点，其取值为 1～240；参数 ProfileID 表示在 ZigBee 协调器预先设置的超时间隔内收到的两个 End_Device_Bind_req 要匹配的配置文件 ID；参数 NumInClusters 表示用于设备绑定的 InClusterList 中包含的簇标识数目；参数 InClusterList 表示远端设备要匹配的输入簇标识列表，该列表中的元素为本地设备所支持的输出簇标识；参数 NumOutClusters 表示用于设备绑定的 OutClusterList 中包含的簇标识数目；参数 OutClusterList 表示远端设备要匹配的输出簇标识列表，该列表中的元素为本地设备所支持的输入簇标识。

ZigBee 协调器接收到第一个 End_Device_Bind_req 后保留至预设的超时时限，等待第二个 End_Device_Bind_req。如果在预设时限内没有收到第二个 End_Device_Bind_req，ZigBee 协调器将产生一个状态为 TIMEOUT 的 End_Device_Bind_rsp 原语作为对产生请求原语的本地设备的响应；如果在规定时限内收到第二个 End_Device_Bind_req，则基于 ProfileID、InClusterList 和 OutClusterList 检测两个 End_Device_Bind_req 的匹配性。如果 ProfileID 不匹配或 InClusterList 或 OutClusterList 中没有匹配的元素，ZigBee 协调器将产生状态为 NO_MATCH 的 End_Device_Bind_rsp 原语，分别对两个本地设备的请求作出响应；如果 ProfileID 匹配，并且至少有一个输入或输出簇 ID 匹配，则 ZigBee 协调器将产生状态为 SUCCESS 的 End_Device_Bind_rsp 原语，分别对两个本地设备的 End_Device_Bind_req 作出响应。此时，ZigBee 协调器需要每个本地设备的 64 位 IEEE 地址。如果这些地址未知，ZigBee 协调器要使用 IEEE_Addr_req 命令和相应的 IEEE_Addr_rsp 响应命令来获取地址。为了便于绑定操作，ZigBee 协调器任意指定一个匹配的簇 ID 值向 BindingTarget 发出 Unbind_req 命令。如果返回状态为 NO_ENTRY，ZigBee 协调器将针对每个匹配的簇 ID 值发出 Bind_req 命令；否则 ZigBee 协调器认为 End_Device_Bind_req 意图删除已有的绑定记录，于是针对其余的匹配簇 ID 分别发出 Unbind_req 命令。该过程中的第一个 Unbind_req 命令以及其后的 Bind_req 或 Unbind_req 命令都是指向第一个 End_Device_Bind_req 命令指定的 BindingTarget 的，即这些命令的64位源地址和目的地址分别由第一和第二个End_Device_Bind_req命令中的16位网络地址得到;源端点和目的端点分别是第一和第二个End_Device_Bind_req命令中包含的端点。

(2) Bind_req 原语

Bind_req原语由本地设备产生,意图为其参数中的源地址和目的地址创建一条绑定表记录。该原语的目的寻址只能采用单播方式,其目的地址必须是ZigBee协调器的地址或SrcAddress。Bind_req原语的语法如下:

```
ClusterID=0x21    Bind_req    (
                              SrcAddress
                              SrcEndp
                              ClusterID
                              DstAddress
                              DstEndp
                              )
```

其中:参数SrcAddress是源设备的IEEE地址;SrcEndp是绑定记录的源端点;ClusterID是源设备要绑定到目的设备的簇标识;DstAddress是目的设备的IEEE地址;DstEndp是绑定记录的目的端点。接收到Bind_req命令后,远端设备(ZigBee协调器或SrcAddress指定的设备)将根据命令提供的参数创建绑定表记录。如果远端设备支持绑定管理器并且创建了一个绑定表记录,则响应状态为SUCCESS;否则,远端设备的响应状态为NOT_SUPPORTED。

(3) Unbind_req 原语

Unbind_req原语由本地设备用来删除源地址和目的地址指定的一个绑定表记录。该原语的寻址只能采用单播方式,其目的地址必须是ZigBee协调器的地址或SrcAddress。Unbind_req原语的语法如下:

```
ClusterID=0x22    Unbind_req    (
                                SrcAddress
                                SrcEndp
                                ClusterID
                                DstAddress
                                DstEndp
                                )
```

其中各参数的定义同Bind_req原语。接收到Unbind_req命令后,远端设备首先判断是否支持该请求。如果不支持该请求,远端设备将返回状态为NOT_SUPPORTED的响应命令;如果远端设备(ZigBee协调器或SrcAddress指定的设备)支持该请求,则根据命令参数提供的地址参数删除相应的绑定表记录。如果SrcAddress指定的远端设备不支持绑定管理器,就返回状态NOT_SUPPORTED;如果地址、端点和簇标识参数指定的绑定表记录不存在,则返回状态NO_ENTRY;其他情况下,远端设备将删除指定的绑定表记录并返回状态SUCCESS。

3) 网络管理客户端服务

(1) Mgmt_NWK_Disc_req 原语

Mgmt_NWK_Disc_req原语由本地设备用来请求远端设备执行信道扫描,报告本地设备附近存在的网络情况。该原语的寻址应采用单播方式。Mgmt_NWK_Disc_req 原语的语法如下：

```
ClusterID=0x30    Mgmt_NWK_Disc_req    (
                                        ScanChannels
                                        ScanDuration
                                        StartIndex
                                        )
```

其中：参数 ScanChannels 为 32 位，其低有效位的 27 位分别表示 27 个有效信道是否扫描，1 表示扫描，0 表示不扫描；参数 ScanDuration 用来定义扫描每个信道所用的时间；参数 StartIndex 表示响应命令报告的扫描结果在 NLME - NETWORK - DISCOVERY. confirm 的 NetworkList 中的起始索引。远端设备接收到 Mgmt_NWK_Disc_req 命令后，执行网络层请求原语 NLME - NETWORK - DISCOVERY. request 来扫描信道，扫描结果通过 Mgmt_NWK_Disc_rsp 命令报告给本地设备。如果远端设备不支持 Mgmt_NWK_Disc_req 命令，就返回状态为 NOT_SUPPORTED 的 Mgmt_NWK_Disc_rsp 命令；如果扫描成功，则 Mgmt_NWK_Disc_rsp 命令的状态为 SUCCESS 并包含扫描结果，报告的结果从扫描结果 NetworkList 的元素 StartIndex 开始；如果扫描不成功，则 Mgmt_NWK_Disc_rsp 命令包含 NLME - NETWORK - DISCOVERY. confirm 原语报告的错误代码。

(2) Mgmt_Lqi_req 原语

Mgmt_Lqi_req 原语由本地设备产生，用来获取远端设备的邻近列表以及远端设备与每个邻居之间的 LQI 值。该原语的寻址应采用单播方式，其目的地址是 ZigBee 协调器或 ZigBee 路由器的地址。Mgmt_Lqi_req 原语的语法如下：

```
ClusterID=0x31    Mgmt_Lqi_req    (
                                   StartIndex
                                   )
```

其唯一参数 StartIndex 表示邻居列表中被请求元素的起始索引。接收到 Mgmt_Lqi_req 命令后，远端设备(ZigBee 协调器或 ZigBee 路由器)将通过 NLME - GET. request 原语检索邻居表和相关 LQI 值，并通过 Mgmt_Lqi_rsp 命令报告查询结果。如果远端设备不支持 Mgmt_Lqi_req 命令，则返回状态为 NOT_SUPPORTED 的 Mgmt_Lqi_rsp 命令；如果成功获得邻居表，则 Mgmt_Lqi_rsp 命令的状态为 SUCCESS，包含的邻居信息从列表的元素 StartIndex 开始；如果获取邻居表不成功，则 Mgmt_Lqi_rsp 命令包含 NLME - GET. confirm 原语报告的错误代码。

(3) Mgmt_Rtg_req 原语

Mgmt_Rtg_req 原语由本地设备产生，用来获取远端设备的路由表信息。该原语的寻址应采用单播方式，其目的地址必须是 ZigBee 协调器或 ZigBee 路由器的地址。Mgmt_Rtg_req 原语的语法如下：

```
ClusterID=0x32    Mgmt_Rtg_req    (
                                   StartIndex
                                   )
```

其唯一参数 StartIndex 表示路由表中被请求元素的起始索引。接收到 Mgmt_Rtg_req 命令后，远端设备(ZigBee 协调器或 ZigBee 路由器)将通过 NLME - GET. request 原语向 NWK 层索取路由表中的相关记录，并通过 Mgmt_Rtg_rsp 命令报告请求结果。如果远端设备不支持 Mgmt_Rtg_req 这种可选的管理请求，它将返回状态为 NOT_SUPPORTED 的 Mgmt_Rtg_rsp 命令。如果成功获得路由表，则 Mgmt_Rtg_rsp 命令状态为 SUCCESS，并报告获得的路由信息，这些路由信息从路由表的第 StartIndex 个记录开始；如果获取路由表不成功，则 Mgmt_Rtg_rsp 命令包含 NLME - GET. confirm 原语报告的错误代码。

(4) Mgmt_Bind_req 原语

Mgmt_Bind_req 原语由本地设备产生，用来获取远端设备的绑定表信息。该原语的寻址应采用单播方式，其目的地址必须是 ZigBee 协调器或 ZigBee 路由器的地址。Mgmt_Bind_req 原语的语法如下：

```
ClusterID=0x33      Mgmt_Bind_req      (
                                        StartIndex
                                        )
```

其唯一参数 StartIndex 表示绑定表中被请求元素的起始索引。接收到 Mgmt_Bind_req 命令后，远端设备(ZigBee 协调器或 ZigBee 路由器)将通过 APSME - GET. request 原语向 APS 子层索取绑定表中的相关记录，并通过 Mgmt_ Bind _rsp 命令报告请求结果。如果远端设备不支持 Mgmt_Bind_req 这种可选的管理请求，它将返回状态为 NOT_SUPPORTED 的 Mgmt_Bind_rsp 命令。如果成功获得绑定表，则 Mgmt_Bind_rsp 命令状态为 SUCCESS，并报告获得的绑定信息，这些绑定信息从绑定表的第 StartIndex 个记录开始；如果获取绑定表不成功，则 Mgmt_Bind_rsp 命令包含 APSME - GET. confirm 原语报告的错误代码。

(5) Mgmt_Leave_req 原语

Mgmt_Leave_req 原语由本地设备产生，请求远端设备离开网络或请求另一个设备离开网络。该请求由本地设备的管理应用指向远端设备，远端设备根据 Mgmt_Leave_req 提供的参数执行 NLME - LEAVE. request。Mgmt_Leave_req 原语的语法如下：

```
ClusterID=0x34      Mgmt_Leave_req      (
                                         DeviceAddress
                                         )
```

其唯一参数 DeviceAddress 表示要离开网络的设备 64 位 IEEE 地址。接收到 Mgmt_Leave_req 命令后，远端设备根据 Mgmt_Leave_req 命令提供的设备地址 DeviceAddress，发出 NLME - LEAVE. request 原语，并通过 Mgmt_Leave_rsp 命令把请求设备离开网络的结果报告给本地设备。如果远端设备不支持 Mgmt_Leave_req 这种可选的管理请求，它将返回状态为 NOT_SUPPORTED 的 Mgmt_Leave_rsp 命令。如果成功实现指定设备离开网络，则 Mgmt_Leave_rsp 响应命令状态为 SUCCESS；如果请求指定设备离开网络不成功，则 Mgmt_Leave_rsp 命令包含 NLME - LEAVE. confirm 原语报告的错误代码。

(6) Mgmt_Direct_Join_req 原语

Mgmt_Direct_Join_req 原语由本地设备产生，请求远端设备允许 DeviceAddress 指定的设备立即加入网络。该请求由本地设备的管理应用指向远端设备，远端设备根据 Mgmt_Direct_Join_req 提供的参数执行 NLME - DIRECT_JOIN. request。Mgmt_Direct_Join_req 原语的语法如下：

ClusterID=0x35　Mgmt_Direct_Join_req　(
DeviceAddress
CapabilityInformation
)

其中：参数DeviceAddress表示要加入网络的设备64位IEEE地址；CapabilityInformation表示要加入网络的设备的功能。收到Mgmt_Direct_Join_req命令后，远端设备根据Mgmt_Direct_Join_req命令提供的设备地址DeviceAddress和功能信息CapabilityInformation，发出NLME-DIRECT_JOIN.request原语，并通过Mgmt_Direct_Join_rsp命令把请求设备加入网络的结果报告给本地设备。如果远端设备不支持Mgmt_Direct_Join_req这种可选的管理请求，它将返回状态为NOT_SUPPORTED的Mgmt_Direct_Join_rsp命令。如果指定设备成功加入网络，则Mgmt_Direct_Join_rsp响应命令状态为SUCCESS；如果请求指定设备加入网络不成功，则Mgmt_Direct_Join_rsp命令包含NLME-DIRECT_JOIN.confirm原语报告的错误代码。

3. 服务器服务

设备配置文件服务器服务处理设备和服务发现请求、终端设备绑定请求、绑定请求、解绑定请求和网络管理请求，并把对这些请求的响应返回给客户端。ZigBee设备配置文件设备和服务发现服务器服务支持的原语包括：NWK_addr_rsp、IEEE_addr_rsp、Node_Desc_rsp、Power_Desc_rsp、Simple_Desc_rsp、Active_EP_rsp、Match_Desc_rsp、Complex_Desc_rsp、User_Desc_rsp、Discovery_Register_rsp、User_Desc_conf。终端设备绑定、绑定和解绑定服务器服务支持的原语包括：End_Device_Bind_rsp、Bind_rsp、Unbind_rsp。网络管理服务器服务支持的原语包括：Mgmt_NWK_Disc_rsp、Mgmt_Lqi_rsp、Mgmt_Rtg_rsp、Mgmt_Bind_rsp、Mgmt_Leave_rsp、Mgmt_Direct_Jonit_rsp。每个原语的语法和功能分别介绍如下。

1) 设备和服务发现服务器服务

(1) NWK_addr_rsp原语

远端设备在接收到广播的NWK_addr_req后，检测其自身的IEEE地址与NWK_addr_req的IEEEAddr参数是否匹配，然后产生NWK_addr_rsp原语。NWK_addr_rsp响应原语的寻址为单播方式，它的语法如下：

ClusterID=0x80　NWK_addr_rsp　(
Status
IEEEAddrRemoteDev
NWKAddrRemoteDev
NumAssocDev
StartIndex
NWKAddrAssocDevList
)

其中：参数Status为整数，表示NWK_addr_req执行结果的状态，0x00表示SUCCESS，0x01表示INV_REQUESTTYPE，0x02表示DEVICE_NOT_FOUND，其他取值暂时预留；IEEEAddrRemoteDev和NWKAddrRemoteDev分别表示远端设备的64位IEEE地址和16位

NWK地址;NumAssocDev表示远端设备关联设备的个数,其取值范围是0x00~0xff,如果NumAssocDev等于0,则省略后两个参数StartIndex和NWKAddrAssocDevList;参数StartIndex表示关联设备列表的起始索引号;NWKAddrAssocDevList是关联设备的NWK地址列表,地址数由NumAssocDev指定。如果远端设备的IEEE地址与NWK_addr_req中的IEEEAddr参数不匹配,远端设备将丢弃NWK_addr_req请求,不返回任何响应信息;如果远端设备的IEEE地址与NWK_addr_req中的IEEEAddr参数匹配,远端设备将产生一个单播响应信息,NWK_addr_rsp的有效载荷包含远端设备匹配的IEEE地址和NWK地址;如果远端设备是带有关联设备的ZigBee协调器或ZigBee路由器,则NWK_addr_rsp中还应包含这些关联设备的NWK地址列表。

(2) IEEE_addr_rsp原语

IEEE_addr_rsp原语是远端设备对单播的IEEE_addr_req原语的响应。IEEE_addr_rsp响应原语的寻址为单播方式,它的语法如下:

```
ClusterID=0x81        IEEE_addr_rsp        (
                                            Status
                                            IEEEAddrRemoteDev
                                            NWKAddrRemoteDev
                                            NumAssocDev
                                            StartIndex
                                            NWKAddrAssocDevList
                                            )
```

其中:参数Status为整数,表示IEEE_addr_req执行结果的状态,0x00表示SUCCESS,0x01表示INV_REQUESTTYPE,0x02表示DEVICE_NOT_FOUND,其他取值暂时预留;IEEEAddrRemoteDev和NWKAddrRemoteDev分别表示远端设备的64位IEEE地址和16位NWK地址;NumAssocDev表示远端设备关联设备的个数,其取值范围是0x00~0xff,如果IEEE_addr_req的RequestType为扩展响应并且远端设备没有关联设备,则NumAssocDev为0且省略后两个参数StartIndex和NWKAddrAssocDevList,如果RequestType为单设备响应,则NumAssocDev及其后的参数都省略;参数StartIndex表示关联设备列表的起始索引号;NWKAddrAssocDevList是关联设备的NWK地址列表,地址数由NumAssocDev指定。远端设备收到IEEE_addr_req后,产生一个单播响应消息IEEE_addr_rsp,响应有效载荷的第一个字段是远端设备的IEEE地址。另外,如果RequestType为扩展响应并且远端设备为带有关联设备的ZigBee协调器或ZigBee路由器,则在远端设备IEEE地址之后还要添加关联设备的NWK地址列表,关联地址列表从索引号StartIndex开始,地址数为NumAssocDev。如果RequestType为扩展响应但远端设备没有关联设备,则NumAssocDev为0,其后的两个参数省略;如果RequestType为单设备响应,则包括NumAssocDev在内的后3个参数都省略。

(3) Node_Desc_rsp原语

Node_Desc_rsp原语是远端设备对Node_Desc_req请求原语的响应。该原语的语法如下:

```
ClusterID=0x82        Node_Desc_rsp        (
                                            Status
```

NWKAddrOfInterest
NodeDiscriptor
)

其中：参数 Status 表示 Node_Desc_req 命令的状态，其值为 SUCCESS 或 DEVICE_NOT_FOUND，目前 ZigBee 规范 1.0 只支持 SUCCESS 状态；NWKAddrOfInterest 表示请求设备的 NWK 地址；NodeDiscriptor 是远端设备的节点描述符。当远端设备收到本地设备的 Node_Desc_req 请求原语后，产生状态为 SUCCESS 的 Node_Desc_rsp 响应原语，携带远端设备节点描述符，发送给发起请求的本地设备。

(4) Power_Desc_rsp 原语

Power_Desc_rsp 原语是远端设备对 Power_Desc_req 请求原语的响应。该原语的语法如下：

ClusterID=0x83　　Power_Desc_rsp　　(
Status
NWKAddrOfInterest
PowerDiscriptor
)

其中：参数 Status 表示 Power_Desc_req 命令的状态，其值为 SUCCESS 或 DEVICE_NOT_FOUND，目前 ZigBee 规范 1.0 只支持 SUCCESS 状态；NWKAddrOfInterest 表示请求设备的 NWK 地址；PowerDiscriptor 是远端设备的电源描述符。当远端设备收到本地设备的 Power_Desc_req 请求原语后，产生状态为 SUCCESS 的 Power_Desc_rsp 响应原语，携带远端设备电源描述符，发送给发起请求的本地设备。

(5) Simple_Desc_rsp 原语

Simple_Desc_rsp 原语是远端设备对 Simple_Desc_req 请求原语的响应。该原语的语法如下：

ClusterID=0x84　　Simple_Desc_rsp　　(
Status
NWKAddrOfInterest
Length
SimpleDiscriptor
)

其中：参数 Status 表示 Simple_Desc_req 命令的状态，其值为 SUCCESS、INVALID_EP、NOT_ACTIVE 或 DEVICE_NOT_FOUND，目前 ZigBee 规范 1.0 不支持 DEVICE_NOT_FOUND 状态；NWKAddrOfInterest 表示请求设备的 NWK 地址；Length 表示其后简单描述符长度的字节数；SimpleDiscriptor 是远端设备的简单描述符。远端设备收到本地设备的 Simple_Desc_req 请求原语后，首先检验端点参数 endpoint 的取值是否有效，然后到远端设备的活动端点简单描述符列表中查找对应的简单描述符。如果请求原语端点参数为 0 或大于 240，远端设备向本地设备发出状态为 INVALID_EP 的 Simple_Desc_rsp 响应，此时 SimpleDiscriptor 字段为空。如果请求原语的端点值有效，但远端设备没有该端点简单描述符，则远端设备向本地设备发出状态为 NOT_ACTIVE 的 Simple_Desc_rsp 响应，此时 SimpleDiscriptor 字段也为空。如果请求原语的端点值有效，且远端设备有该端点简单描述符，则远端设备向本地设备发出状态为 SUCCESS 的 Simple_Desc_rsp 响应，并返回远端设备指定端点的简单描述符。

(6) Active_Ep_rsp 原语

Active_Ep_rsp 原语是远端设备对 Active_Ep_req 请求原语的响应。该原语的语法如下：

```
ClusterID=0x85      Active_Ep_rsp      (
                                        Status
                                        NWKAddrOfInterest
                                        ActiveEPCount
                                        ActiveEPList
                                        )
```

其中：参数 Status 表示 Active_Ep_req 命令的状态，其值为 SUCCESS 或 DEVICE_NOT_FOUND，目前 ZigBee 规范 1.0 不支持 DEVICE_NOT_FOUND 状态；NWKAddrOfInterest 表示请求设备的 NWK 地址；ActiveEPCount 表示远端设备活动端点数；ActiveEPList 是活动端点号的列表。收到本地设备的 Active_Ep_req 请求原语后，远端设备检测每个有效端点，找出其中支持了简单描述符的端点即为活动端点。远端设备记录活动端点数和端点号，向本地设备发出状态为 SUCCESS 的 Active_Ep_rsp 响应。

(7) Match_Desc_rsp 原语

Match_Desc_rsp 原语是远端设备对 Active_Ep_req 请求原语的响应。该原语的语法如下：

```
ClusterID=0x86      Match_Desc_rsp      (
                                         Status
                                         NWKAddrOfInterest
                                         MatchLength
                                         MatchList
                                         )
```

其中：参数 Status 表示 Match_Desc_req 命令的状态，其值为 SUCCESS 或 DEVICE_NOT_FOUND，目前 ZigBee 规范 1.0 不支持 DEVICE_NOT_FOUND 状态；NWKAddrOfInterest 表示请求设备的 NWK 地址；MatchLength 表示满足匹配准则的远端设备端点数；MatchList 是匹配端点号列表。收到本地设备的 Match_Desc_req 请求原语后，远端设备根据 Match_Desc_req 中的参数 Profile、InClusterList 或 OutClusterList 对每个端点进行匹配检测。在 ProfileID 匹配的前提下，还要检测 InClusterList 或 OutClusterList 中是否存在与远端设备端点的簇标识匹配的元素。如果远端设备没有满足匹配条件的端点，则对 Match_Desc_req 不作任何响应；如果远端设备存在满足匹配条件的端点，则向本地设备发出状态为 SUCCESS 的 Match_Desc_rsp 响应，并列出所有匹配的端点。

(8) Complex_Desc_rsp 原语

Complex_Desc_rsp 原语是远端设备对 Complex_Desc_req 请求原语的响应。该原语的语法如下：

```
ClusterID=0x90      Simple_Desc_rsp      (
```

Status
NWKAddrOfInterest
Length
ComplexDiscriptor
)

其中：参数 Status 表示 Complex_Desc_req 命令的状态，其值为 SUCCESS 或 NOT_SUPPORTED；NWKAddrOfInterest 是请求设备的 NWK 地址；Length 表示其后复杂描述符长度的字节数；ComplexDiscriptor 是远端设备的简单描述符。如果 Status 参数值为 NOT_SUPPORTED，则省略后两个参数。收到 Complex_Desc_req 命令后，远端设备首先判断其自身是否支持复杂描述符。如果不支持复杂描述符，远端设备将返回状态为 NOT_SUPPORTED 的 Complex_Desc_rsp 响应；如果支持复杂描述符，远端设备则把复杂描述符长度存放在 Length 参数位置，把复杂描述符的内容存放在 ComplexDiscriptor 参数位置，并以状态 SUCCESS 向本地设备发出 Complex_Desc_rsp 响应。

(9) User_Desc_rsp 原语

User_Desc_rsp 原语是远端设备对 User_Desc_req 请求原语的响应。该原语的语法如下：

ClusterID=0x91　　User_Desc_rsp　　(
Status
NWKAddrOfInterest
Length
UserDiscriptor
)

其中：参数 Status 表示 User_Desc_req 命令的状态，其值为 SUCCESS 或 NOT_SUPPORTED；NWKAddrOfInterest 是请求设备的 NWK 地址；Length 表示其后用户描述符长度的字节数；UserDiscriptor 是远端设备的用户描述符。如果 Status 参数值为 NOT_SUPPORTED，则省略后两个参数。收到 User_Desc_req 命令后，远端设备首先判断其自身是否支持用户描述符。如果不支持用户描述符，远端设备将返回状态为 NOT_SUPPORTED 的 User_Desc_rsp 响应；如果支持用户描述符，远端设备则把用户描述符长度存放在 Length 参数位置，把用户描述符的内容存放在 UserDiscriptor 参数位置，并以状态 SUCCESS 向本地设备发出 User_Desc_rsp 响应。

(10) Discovery_Register_rsp 原语

Discovery_Register_rsp 原语是远端设备收到 Discovery_Register_req 命令后作出的响应。该原语的语法如下：

ClusterID=0x92　　Discovery_Register_rsp　　(
Status
)

其唯一参数 Status 表示 Discovery_Register_req 命令的状态，其取值为 SUCCESS 或 NOT_SUPPORTED。如果远端设备支持发现注册，则对 Discovery_Register_req 请求作出状态为 SUCCESS 的 Discovery_Register_rsp 响应；否则，响应状态为 NOT_SUPPORTED。目前 1.0 版本的 ZigBee 规范并不支持发现注册。

(11) User_Desc_conf 原语

User_Desc_conf 原语是远端设备对 User_Desc_set 命令的响应，用以告知本地设备其请求配置远端设备用户描述符的结果。该原语的语法如下：

```
ClusterID=0x94      User_Desc_conf      (
                                         Status
                                        )
```

其唯一参数 Status 表示 User_Desc_set 命令的状态，其取值为 SUCCESS 或 NOT_SUPPORTED。如果远端设备不支持 User_Desc_set 命令或不存在用户描述符，则返回状态为 NOT_SUPPORTED 的 User_Desc_conf 响应；否则，远端设备配置用户描述符并返回状态为 SUCCESS 的响应。

2）绑定和解绑定服务器服务

(1) End_Device_Bind_rsp 原语

End_Device_Bind_rsp 原语是 ZigBee 协调器对 End_Device_Bind_req 命令的响应。该原语的语法如下：

```
ClusterID=0xA0      End_Device_Bind_rsp      (
                                              Status
                                             )
```

其唯一参数 Status 表示 End_Device_Bind_req 命令的状态，取值为 SUCCESS、NOT_SUPPORTED、TIMEOUT 或 NO_MATCH。如果 End_Device_Bind_req 命令指向的命令不是 ZigBee 协调器或 ZigBee 协调器不支持终端设备绑定，则远端设备返回状态为 NOT_SUPPORTED 的 End_Device_Bind_rsp 响应。ZigBee 协调器接收到第一个 End_Device_Bind_req 时，存储请求并启动一个定时器，如果在预设的时限内没有收到第二个 End_Device_Bind_req，则 ZigBee 协调器将返回状态为 TIMEOUT 的 End_Device_Bind_rsp 响应；如果 ZigBee 协调器在定时时限内收到第二个 End_Device_Bind_req，则比较两个 End_Device_Bind_req，判断它们的匹配性。如果 ProfileID 不匹配，或 ProfileID 匹配但 InClusterList 和 OutClusterList 中没有匹配的元素，则 ZigBee 协调器将返回状态为 NO_MATCH 的 End_Device_Bind_rsp 响应。如果 ProfileID 匹配，且 InClusterList 或 OutClusterList 中存在匹配的簇标识，则 ZigBee 协调器将返回状态为 SUCCESS 的 End_Device_Bind_rsp 响应，并且 ZigBee 协调器向 OutClusterList 中元素匹配的本地设备的父设备发出 Bind_req 请求。

(2) Bind_rsp 原语

Bind_rsp 原语是 Bind_req 命令的响应。该原语的语法如下：

```
ClusterID=0xA1      Bind_rsp      (
                                   Status
                                  )
```

其唯一参数 Status 表示 Bind_req 命令的状态，取值为 SUCCESS、NOT_SUPPORTED 或 TABLE_FULL。如果远端设备处理了 Bind_req 并在绑定表中增加了相应的记录，就返回状态为 SUCCESS 的 Bind_rsp；如果远端设备不是 ZigBee 协调器或 SrcAddress 指定的设备，则返回状态为 NOT_SUPPORTED 的 Bind_rsp；如果远端设备是 ZigBee 协调器或 SrcAddress 指定的设备，但没有足够的绑定表资源来处理绑定请求，则返回状态为 TABLE_FULL 的

Bind_rsp 响应原语。如果 Bind_rsp 的状态为 SUCCESS，则通过 APSME－BIND. request 原语把 Bind_req 的参数添加到绑定表中形成相应的绑定记录。

(3) Unbind_rsp 原语

Unbind_rsp 原语是 Unbind_req 命令的响应。该原语的语法如下：

```
ClusterID=0xA2    Unbind_rsp    (
                                  Status
                                )
```

其唯一参数 Status 表示 Unbind_req 命令的状态，取值为 SUCCESS、NOT_SUPPORTED 或 NO_ENTRY。如果远端设备处理了 Unbind_req 并在绑定表中删除了相应的记录，就返回状态为 SUCCESS 的 Unbind_rsp；如果远端设备不是 ZigBee 协调器或 SrcAddress 指定的设备，则返回状态为 NOT_SUPPORTED 的 Unbind_rsp；如果远端设备是 ZigBee 协调器或 SrcAddress 指定的设备，但绑定表中没有请求解除的绑定记录，则返回状态为 NO_ENTRY 的 Unbind_rsp 响应原语。如果 Unbind_rsp 的状态为 SUCCESS，则通过 APSME－UNBIND. request 原语从远端设备绑定表中删除 Unbind_req 参数指定的绑定记录。

3) 网络管理服务器服务

(1) Mgmt_NWK_Disc_rsp 原语

Mgmt_NWK_Disc_rsp 原语是 Mgmt_NWK_Disc _req 命令的响应，用以向本地设备报告网络发现请求的结果。该原语的语法如下：

```
ClusterID=0xB0    Mgmt_NWK_Disc_rsp    (
                                         Status
                                         NetworkCount
                                         StartIndex
                                         NetworkListCount
                                         NetWorkList
                                       )
```

其中：参数 Status 表示 Mgmt_NWK_Disc_req 命令的状态，其取值为 NOT_SUPPORTED 或 NLME－NETWORK－DISCOVERY. confirm 返回的状态；参数 NetworkCount 表示 NLME－NETWORK－DISCOVERY. confirm 报告的网络总数；参数 StartIndex 表示该响应报告的网络发现结果在 NLME－NETWORK－DISCOVERY. confirm 的 NetWorkList 中的起始索引；NetworkListCount 表示该响应报告的网络描述符的个数；NetWorkList 表示该响应报告的 NetworkListCount 个网络描述符构成的列表，该网络列表从 NLME－NETWORK－DISCOVERY. confirm 的 NetWorkList 中的第 StartIndex 个元素开始。如果远端设备不支持 Mgmt_NWK_Disc_req 管理命令，则 Mgmt_NWK_Disc_rsp 的状态为 NOT_SUPPORTED 并省略其后的其他参数字段；如果远端设备支持 Mgmt_NWK_Disc_req 管理命令，则根据 Mgmt_NWK_Disc_req 提供的 ScanChannels 参数执行网络发现请求 NLME－NETWORK－DISCOVERY. request，在收到 NLME－NETWORK－DISCOVERY. confirm 后，通过 Mgmt_NWK_Disc_rsp 向本地设备报告网络发现的结果。Mgmt_NWK_Disc_rsp 中参数 NetworkCount 的值与 NLME－NETWORK－DISCOVERY. confirm 中参数 NetworkCount 的值相同；Mgmt_NWK_Disc_rsp 的 NetWorkList 从 NLME－NETWORK－DISCOVERY. confirm

参数 NetWorkList 的第 StartIndex 个元素开始，尽可能多地报告发现的网络，只要保证 MSDU 不超过 aMaxMACFrameSize 个字节。

（2）Mgmt_Lqi_rsp 原语

Mgmt_Lqi_rsp 原语是 Mgmt_Lqi_req 命令的响应，用以向本地设备报告远端设备邻居表请求的结果。该原语的语法如下：

ClusterID＝0xB1 Mgmt_Lqi_rsp (
Status
NeighborTableEntries
StartIndex
NeighborTableListCount
NeighborTableList
)

其中：参数 Status 表示 Mgmt_Lqi_req 命令的状态，其取值为 NOT_SUPPORTED 或 NLME - GET. confirm 原语返回的状态；参数 NeighborTableEntries 表示远端设备邻居表的记录总数；StartIndex 表示 Mgmt_Lqi_rsp 报告的 NeighborTableList 在远端设备邻居表中的起始索引；NeighborTableListCount 表示远端设备报告的邻居列表 NeighborTableList 中包含的邻居数；NeighborTableList 是远端设备报告的邻居描述符列表，它是从邻居表的第 StartIndex 个记录开始的连续 NeighborTableListCount 个邻居描述符。邻居描述符中包括设备地址及相关 LQI 等，其具体参数如表 3－8 所列。如果远端设备不支持 Mgmt_Lqi_req 管理命令，则 Mgmt_Lqi_rsp 的状态为 NOT_SUPPORTED 并省略其后的其他参数；如果远端设备支持 Mgmt_Lqi_req 管理命令，则远端设备将执行 NLME－GET. request 原语来获取 nwkNeighborTable 属性并据此生成 Mgmt_Lqi_rsp 命令。如果成功获取 nwkNeighborTable 但不支持 NeighborTableList 记录的一个或多个字段，则 Mgmt_Lqi_rsp 返回的状态为 NOT_SUPPORTED 并省略 Status 之后的其他参数；否则，Mgmt_Lqi_rsp 的状态与 NLME－GET. confirm 原语返回的状态相同，如果该状态不是 SUCCESS，则 Status 之后的其他参数都将被省略。如果远端设备成功获取 nwkNeighborTable 属性并支持 NeighborTableList 记录的各个字段，则从第 StartIndex 个索引开始，把 nwkNeighborTable 中的邻居描述符复制到 Mgmt_Lqi_rsp 命令的 NeighborTableList 字段。Mgmt_Lqi_rsp 命令应在 MSDU 长度限制 aMaxMACFrameSize 的范围内尽最大可能报告邻居表。

表 3－8 邻居表记录的格式

名　称	类　型	有效范围	描　述
PAN Id	整数	0x0000～0x3fff	邻居设备的 16 位 PAN 标识
Extended address	整数	扩展 64 位 IEEE 地址	每个设备唯一的 64 位 IEEE 地址
Network address	网络地址	网络地址	邻居设备的 16 位网络地址
Device type	整数	0x00～0x03	邻居设备的类型：0x00＝ZigBee 协调器；0x01＝ZigBee 路由器；0x02＝ZigBee 终端设备
RxOnWhenIdle	布尔量	TRUE 或 FALSE	指明在 CAP 的空闲期间，邻居设备的接收机是否使能：TRUE＝接收机开启；FALSE＝接收机关闭

续表 3-8

名　称	类　型	有效范围	描　述
Relationship	关系	0x00～0x03	邻居与当前设备之间的关系：0x00＝邻居是当前设备的父设备；0x01＝邻居是当前设备的子设备；0x02＝邻居是当前设备的兄弟设备；0x03＝非以上任何一种关系
Depth	整数	0x00～nwkcMaxDepth	邻居设备的树深度。数值 0x00 指明，该设备是用于网络的 ZigBee 协调器
Permit joining	布尔量	TRUE 或者 FALSE	指明邻居设备是否接受入网请求：TRUE＝邻居设备接受入网请求；FALSE＝邻居设备不接受入网请求
LQI	整数	0x00～0xff	从本设备 RF 发送估计得到的链路质量

（3）Mgmt_Rtg_rsp 原语

Mgmt_Rtg_rsp 原语是 Mgmt_Rtg_req 命令的响应，用以向本地设备报告请求远端设备路由表的结果。该原语的语法如下：

```
ClusterID=0xB2      Mgmt_Rtg_rsp      (
                                       Status
                                       RoutingTableEntries
                                       StartIndex
                                       RoutingTableListCount
                                       RoutingTableList
                                       )
```

其中：参数 Status 表示 Mgmt_Rtg_req 命令的状态，其取值为 NOT_SUPPORTED 或 NLME-GET.confirm 原语返回的状态；参数 RoutingTableEntries 表示远端设备路由表的记录总数；StartIndex 表示 Mgmt_Rtg_rsp 报告的 RoutingTableList 在远端设备路由表中的起始索引；RoutingTableListCount 表示远端设备报告的路由列表 RoutingTableList 中包含的路由数；RoutingTableList 是远端设备报告的路由记录列表，它是从路由表的第 StartIndex 个记录开始的连续 RoutingTableListCount 个路由。路由记录包含的参数如表 3-9 所列。如果远端设备不支持 Mgmt_Rtg_req 管理命令，则 Mgmt_Rtg_rsp 返回状态为 NOT_SUPPORTED 并省略其后的其他参数；如果远端设备支持 Mgmt_Rtg_req 管理命令，则远端设备将执行 NLME-GET.request 原语来获取 nwkRouteTable 属性并据此生成 Mgmt_Rtg_rsp 命令。Mgmt_Rtg_rsp 的状态与 NLME-GET.confirm 原语返回的状态相同，如果该状态不是 SUCCESS，则 Status 之后的其他参数都将被省略。如果成功获取路由表属性，远端设备就从 nwkRouteTable 的第 StartIndex 个索引开始，把完整的路由记录复制到 Mgmt_Rtg_rsp 命令的 RoutingTableList 字段。Mgmt_Rtg_rsp 命令应在 MSDU 长度限制 aMaxMACFrameSize 的范围内尽最大可能报告路由表。

表3-9 路由表记录的格式

名 称	类 型	有效范围	描 述
目的地址	2字节	本路由的16位网络地址	目的地址
状态	3位	路由状态	0x0=活动 0x1=DISCOVERY_UNDERWAY 0x2=DISCOVERY_FAILED 0x3=不活动 0x4～0x7=预留
下一跳地址	2字节	通往目的地址的下一跳16位网络地址	下一跳地址

(4) Mgmt_Bind_rsp 原语

Mgmt_Bind_rsp 原语是 Mgmt_Bind_req 命令的响应，用以向本地设备报告请求远端设备绑定表的结果。该原语的语法如下：

```
ClusterID=0xB3      Mgmt_Bind_rsp      (
                                        Status
                                        BindingTableEntries
                                        StartIndex
                                        BindingTableListCount
                                        BindingTableList
                                        )
```

其中：参数 Status 表示 Mgmt_Bind_req 命令的状态，其取值为 NOT_SUPPORTED 或 APSME-GET.confirm 原语返回的状态；参数 BindingTableEntries 表示远端设备绑定表的记录总数；StartIndex 表示 Mgmt_Bind_rsp 报告的 BindingTableList 在远端设备绑定表中的起始索引；BindingTableListCount 表示远端设备报告的绑定列表 BindingTableList 中包含的绑定表记录数；BindingTableList 是远端设备报告的绑定记录列表，它是从绑定表的第 StartIndex 个记录开始的连续 BindingTableListCount 个绑定记录。绑定记录包含的参数如表3-10所列。如果远端设备不支持 Mgmt_Bind_req 管理命令，则 Mgmt_Bind_rsp 返回状态为 NOT_SUPPORTED 并省略其后的其他参数；如果远端设备支持 Mgmt_Bind_req 管理命令，则远端设备将执行 APSME-GET.request 原语来获取 apsBindingTable 属性并据此生成 Mgmt_Bind_rsp 命令。Mgmt_Bind_rsp 的状态与 APSME-GET.confirm 原语返回的状态相同，如果该状态不是 SUCCESS，则 Status 之后的其他参数都将被省略。如果成功获取绑定表，远端设备就从 apsBindingTable 的第 StartIndex 个索引开始，把完整的绑定记录复制到 Mgmt_Bind_rsp 命令的 BindingTableList 字段。Mgmt_Bind_rsp 命令应在 MSDU 长度限制 aMaxMACFrameSize 的范围内尽最大可能报告绑定表。

(5) Mgmt_Leave_rsp 原语

Mgmt_Leave_rsp 原语是 Mgmt_Leave_req 命令的响应，用以向本地设备报告其试图使远端设备离开网络的结果。该原语的语法如下：

```
ClusterID=0xB4      Mgmt_Leave_rsp     (
                                        Status
                                        )
```

其唯一参数 Status 表示 Mgmt_Leave_req 命令的状态，其取值为 NOT_SUPPORTED 或 NLME-LEAVE.confirm 原语返回的状态。如果远端设备不支持 Mgmt_Leave_req 命令，则 Mgmt_Leave_rsp 返回状态为 NOT_SUPPORTED；如果远端设备支持 Mgmt_Leave_req 命令，则执行 NLME-LEAVE.request 原语与当前所处的网络解关联。Mgmt_Leave_rsp 的状态与 NLME-LEAVE.confirm 原语返回的状态一致。一旦设备解关联，它将按照预编程的逻辑执行 NLME-NETWORK-DISCOVERY 和 NLME-JOIN 原语，试图重新加入一个网络。

表 3-10　绑定表记录的格式

名　称	类　型	有效范围	描　述
SrcAddr	IEEE 地址	有效 64 位 IEEE 地址	绑定记录的源 IEEE 地址
SrcEndpoint	整数	0x01～0xff	绑定记录的源端点
ClusterId	整数	0x00～0xff	与目标设备绑定的源设备上的簇标识
DstAddr	IEEE 地址	有效 64 位 IEEE 地址	绑定记录的目的 IEEE 地址
DstEndpoint	整数	0x01～0xff	绑定记录的目的端点

(6) Mgmt_Direct_Join_rsp 原语

Mgmt_Direct_Join_rsp 原语是 Mgmt_Direct_Join_req 命令的响应。该原语的语法如下：

```
ClusterID=0xB5      Mgmt_Direct_Join_rsp      (
                                                 Status
                                                 )
```

其唯一参数 Status 表示 Mgmt_Direct_Join_req 命令的状态，其取值为 NOT_SUPPORTED 或 NLME-DIRECT-JOIN.confirm 原语返回的状态。如果远端设备不支持 Mgmt_Direct_Join_req 命令，则 Mgmt_Direct_Join_rsp 返回状态为 NOT_SUPPORTED；如果远端设备支持 Mgmt_Direct_Join_req 命令，则远端设备执行 NLME-DIRECT-JOIN.request 原语，直接把 Mgmt_Direct_Join_req 命令中 DeviceAddress 参数指定的设备关联到网络。Mgmt_Direct_Join_rsp 的状态与 NLME-DIRECT-JOIN.confirm 原语返回的状态一致。

3.1.5　ZigBee 设备对象(ZDO)

1. 设备对象描述

ZigBee 设备对象(ZDO)是驻留于应用层(APL)的一种应用解决方案，它位于 ZigBee 协议栈的应用支持子层(APS)之上。ZDO 负责初始化应用，支持子层(APS)、网络层(NWK)、安全服务提供模块(SSP)及非 1～240 端点应用的任何其他 ZigBee 设备层；另外 ZDO 还负责从终端应用收集配置信息来实现设备和服务发现、安全管理、网络管理、绑定管理和节点管理功能。

设备和服务发现功能应支持在单个 PAN 内的设备和服务发现。对 ZigBee 协调器、ZigBee 路由器和 ZigBee 终端设备 3 种不同类型的设备，发现功能分别执行不同的操作。对于要进入休眠状态的 ZigBee 终端设备，设备和服务发现应设法把 NWK 地址、IEEE 地址、活动端点、简单描述符、节点描述符和电源描述符上载并保存到关联的 ZigBee 协调器或 ZigBee 路由器，以允许对这些休眠设备执行设备和服务操作。对 ZigBee 协调器和 ZigBee 路由器，设备和服务发现应代表其关联的休眠 ZigBee 终端设备对发现请求作出响应。对所有类型的 ZigBee 设备，设备和服务发现应支持其他设备的设备和服务发现请求并允许本地应用对象产生发现请求。在设备发现中，如果单播查询 ZigBee 协调器或 ZigBee 路由器的 IEEE 地址，则被查询设备应返回其 IEEE 地址，并可选同时返回其关联设备的 NWK 地址；如果单播查询 ZigBee 终端设备的 IEEE 地址，则被查询设备返回 IEEE 地址；如果根据指定的 IEEE 地址广播查询 ZigBee 协调器或 ZigBee 路由器的 NWK 地址，则被查询设备返回其 NWK 地址并可选同时返回其关联设备的 NWK 地址；如果根据指定的 IEEE 地址广播查询 ZigBee 终端设备的 NWK 地址，则被查询设备应返回其 NWK 地址，响应设备采用单播响应的 APS 确认服务对广播查询作出响应。在服务发现中，根据不同的请求输入类型，服务发现功能作出不同的响应。对 NWK 地址及活动端点查询类型，指定设备应返回所有应用驻留的端点号。对 NWK 地址或广播地址及包含配置文件 ID、输入和输出簇的服务匹配查询类型，指定设备先判断所有活动端点与配置文件 ID 是否匹配；如果没有输入输出簇，则与请求的配置文件 ID 匹配的端点都被返回；如果请求中提供了输入和/或输出簇，则还要判断输入输出簇是否匹配，并在响应中以端点列表的形式把匹配的端点返回给请求设备。响应设备应使用单播响应的 APS 确认服务对广播查询作出响应。对 NWK 地址及节点描述符或电源描述符查询类型，指定设备应返回节点描述符或电源描述符。对 NWK 地址、端点号及简单描述符查询类型，指定地址应返回设备对应端点的简单描述符。另外，对可选的 NWK 地址及复杂或用户描述符查询类型，如果设备支持该请求类型则指定设备应返回复杂描述符或用户描述符。

安全管理功能决定是否采用安全机制。如果采用安全机制，则应建立密钥、传递密钥和认证。安全管理由 ZDO 调用 APSME 原语执行以下操作来实现。首先，设备联系位于 ZigBee 协调器的信用中心获取该设备与信用中心之间的主密钥。这一步使用 APSME - Key 原语，如果设备本身就是 ZigBee 协调器或预先配置了设备与信用中心之间的主密钥，则可以省略这一步。其次设备要建立与信用中心之间的链路密钥，这一步使用 APSME - Estabish - Key 原语。然后设备通过与信用中心之间的安全通信来获取 NWK 密钥，这一步使用 APSME - Transport - Key 原语。如果需要，则可以为网络中的消息目的设备建立链路密钥和主密钥，这一步使用 APSME - Key 和 APSME - Establish - Key 原语。如果设备是 ZigBee 路由器，则使用 APSME - Device - Update 原语把加入网络的设备通知给信用中心。

网络管理功能通过编程应用或在安装过程中对 ZigBee 协调器、ZigBee 路由器或 ZigBee 终端设备的逻辑设备类型进行配置。如果设备类型是 ZigBee 路由器或 ZigBee 终端设备，网络管理功能应为设备提供选择现存 PAN 并加入网络的能力，和在网络通信中断后允许设备重新关联到同一 ZigBee 协调器或ZigBee路由器的能力；如果设备类型是 ZigBee 协调器或者ZigBee路由器，网络管理功能应为设备提供选择空闲信道建立新 PAN 的能力。网络管理主要涉及以下内容：配置网络扫描过程中的信道列表；管理网络扫描过程来发现邻近网络及其 ZigBee 协调器和路由器标识；允许 ZigBee 协调器选择信道创建新网络和 ZigBee 路由器或 ZigBee 终端设备加入一个现存网络；支持孤立设备重新加入网络；支持直接加入网络和通过网络层代理加入网络；还可能支持允许外部网络管理的管理实体。

绑定管理功能包括下面这些内容：一是创建绑定表资源空间，资源空间的大小由定制的应用来决定或由安装过程中的配置参数来设定；二是处理增加或删除 APS 绑定表记录的绑定请求；三是支持来自外部应用的绑定和解绑定命令以支持辅助绑定，绑定和解绑定命令通过

ZigBee设备配置文件来支持；四是对于ZigBee协调器，支持终端设备绑定。终端设备绑定是在按钮或其他手动方式基础上的绑定。

对于ZigBee协调器和ZigBee路由器，节点管理功能允许远端管理命令执行网络发现；提供远端管理命令去检索路由表；提供远端管理命令去检索绑定表；提供远端管理命令去使远端设备离开网络或指令另一个设备离开网络；提供远端管理命令去获取远端设备与其近邻之间的LQI。

2. 层接口描述

与端点1～240上应用的设备描述符不同，ZDO除通过APSDE－SAP与APS接口外，还通过APSME－SAP与APS层接口，通过NLME－SAP与NWK层接口。与其他端点上的应用一样，ZDO在端点0上通过配置文件使用APSDE－SAP通信。ZDO使用的配置文件是ZigBee设备配置文件。

3. 对象定义和行为

1）对象概述

ZDO包括下面五种对象：设备和服务发现、网络管理、绑定管理、安全管理、节点管理。顾名思义，设备和服务发现对象是完成设备发现和服务发现功能。网络管理对象是处理网络活动，如网络发现、设备加入/离开网络、创建网络、复位网络连接等。绑定管理对象处理终端设备绑定、绑定和解绑定。安全管理对象处理安全服务，如密钥加载、密钥建立、密钥传递、认证等。节点管理对象承担节点管理功能。其中设备和服务发现、网络管理是所有类型的ZigBee设备都要强制支持的对象，而其他三个对象则是可选支持的。ZDO的ZigBee设备配置文件原语在产生包时可采用安全机制，这些在APSDE端点0上产生的应用包除了使用各自的链路密钥外还要使用网络密钥。设备中任何端点应用都可以访问的方法称作“公用方法”，而那些只允许端点0上的应用访问的方法称作“私有方法”。对不同逻辑类型的设备，在不同的状态下其功能表现有所不同。

2）状态机功能描述

（1）ZigBee协调器

ZigBee协调器初始化时，需要向ZDO网络管理对象提供一套网络配置参数：Config_NWK_Mode_and_Params；另外还要提供活动端点列表以及描述各活动端点和应用的节点描述符、电源描述符、简单描述符时所需的配置元素，这些配置元素包含在配置属性：Config_Node_Descriptor、：Config_Power_Descriptor和：Config_Simple_Descriptor中。在设备支持的情况下，还应提供复杂描述符和用户描述符的配置元素信息、绑定记录最大数和主密钥，这些配置信息包含在配置属性：Config_Complex_Descriptor、：Config_User_Descriptor、：Config_Max_Bind和：Config_Master_Key中。设备应用使用NLME－NETWORK－DISCOVERY. request原语对：Config_NWK_Mode_and_Params属性中ChannelList指定的信道进行扫描，扫描结果通过NLME－NETWORK－DISCOVERY. confirm原语中的NetworkList参数列出设备工作范围内存在的活动PAN。设备应用把ChannelList与NetworkList进行比较，选择空闲信道。一旦确定了空闲信道，设备应用将根据配置属性的值设置NIB属性nwkSecurityLevel和nwkSecureAllFrames。然后，设备应用将使用NLME－NETWORK－FORMATION. request原语，依据：Config_NWK_Mode_and_Params属性中的相关参数，在选定的空闲信道上创建一个新的PAN。

设备应用通过 NLME－NETWORK－FORMATION. confirm 原语返回的状态判断 PAN 创建是否成功。另外，设备还将根据 NLME－PERMIT－JOINING. request 提供的默认参数值设置属性：Config_Permit_Join_Duration，并分别根据：Config_NWK_BroadcastDeliveryTime 和：Config_NWK_ TransactionPersistenceTime 设置网络信息参数 nwkNerworkBroadcastDeliveryTime 和 nwkTransactionPersistenceTime。在 ZDO 完成初始化转入正常工作状态之前，应保证端点 1～240 调用 APS 原语能返回合适的错误状态。

在正常工作状态时，ZigBee 协调器应在满足配置属性：Config_Permit_Join_Duration 和：Config_Max_Assoc的前提下允许其他设备加入网络。当一个新设备加入网络时，设备应用通过 NLME－JOIN. indication 原语获知新入网设备的信息。ZigBee 协调器能够对指向其本身的或其关联休眠设备的设备发现或服务发现请求作出响应。ZigBee 协调器应支持 NLME－PERMIT－JOINING. request 和 NLME－PERMIT－JOINING. confirm，以便对设备加入网络的过程进行应用控制。ZigBee 协调器还应支持 NLME－LEAVE. request 和 NLME－LEAVE. confirm，以便对关联设备离开网络的行为进行应用控制。ZigBee 协调器应维护一个关联设备列表，以便孤立设备重新加入网络。该列表中包含的设备在孤立后要重新加入网络时，通过 ZigBee 协调器支持的 NLME－DIRECT－JOIN. request 和 NLME－DIRECT－JOIN. confirm 直接加入网络，而不需要执行关联过程。ZigBee 协调器应处理来自 ZigBee 路由器和 ZigBee 终端设备的 End_Device_Bind_req，并作出响应 End_Device_Bind_rsp。ZigBee 协调器要处理来自 ZigBee 终端设备的 End_Device_annce 消息。

当网络中使用安全机制时，ZigBee 协调器还要承担信用中心的任务。新加入网络的设备通过 APSME－DEVICE－UPDATE. indication 原语通知信用中心，信用中心根据网络访问控制策略决定一个设备在网络中的去留。信用中心要求设备离开网络时，使用 APSME－REMOVE－DEVICE. req 原语。信用中心允许一个设备继续留在网络中时，就使用 APSME－TRANSPORT－KEY. req 为设备创建一个主密钥。建立主密钥后，信用中心使用 APSME－ESTABLISH－KEY. req 为设备传建一个链路密钥。然后，信用中心还要使用 APSME－TRANSPORT－KEY. req 为设备提供一个 NWK 密钥。通过提供共同的主密钥，信用中心可以在任何两个设备之间建立链路密钥。信用中心应按照一定的策略周期性地更新 NWK 密钥，网络中的所有设备使用 APSME－TRANSPORT－KEY. req 来更新 NWK 密钥。

(2) ZigBee 路由器

ZigBee 路由器初始化时，需要向 ZDO 网络管理对象提供一套网络配置参数：Config_NWK_Mode_and_Params；在设备支持的情况下，还应提供复杂描述符和用户描述符的配置元素信息、绑定记录最大数和主密钥，这些配置信息包含在配置属性：Config_Complex_Descriptor、：Config_User_Descriptor、：Config_Max_Bind 和：Config_Master_Key 中。设备应用使用 NLME－NETWORK－DISCOVERY. request 原语对：Config_NWK_Mode_and_Params 属性中 ChannelList 指定的信道进行扫描，扫描结果通过 NLME－NETWORK－DISCOVERY. confirm 原语中的 NetworkList 参数列出设备工作范围内存在的活动 PAN。设备将执行 NLME－NETWORK－DISCOVERY. request 过程：Config_NWK_Scan_Attempts 次，每次持续时间为：Config_NWK_Time_btwn_Scans。重复执行网络发现请求的目的是为 NWK 层提供更精确的近邻列表和相关链路质量指示。设备应用将比较 ChannelList 和 NetworkList，选择一个想加入的现存网络。一旦确定了要加入的 PAN，设备应用将使用 NLME

-JOIN. request 来加入该网络并通过检验 NLME-JOIN. confirm 返回的状态确定设备在 PAN 中关联的 ZigBee 路由器或 ZigBee 协调器。能够成为路由器的设备应支持 NLME-START-ROUTER. request 和 NLME-START-ROUTER. confirm，以使得它能够在加入的 PAN 中以 ZigBee 协调器的身份开始工作。另外，设备还将根据 NLME-PERMIT-JOINING. request 提供的默认参数值设置属性：Config_Permit_Join_Duration，并分别根据：Config_NWK_BroadcastDeliveryTime 和：Config_NWK_TransactionPersistenceTime 设置网络信息参数 nwkNerworkBroadcastDeliveryTime 和 nwkTransactionPersistenceTime。在 ZDO 完成初始化转入正常工作状态之前，应保证端点 1～240 APS 原语调用能返回合适的错误状态。如果网络中采用了安全机制，设备应等待信用中心通过 APSME-TRANSPORT-KEY. ind 提供一个主密钥；然后用 APSME-ESTABLISH-KEY. rsp 响应信用中心的请求，建立一个链路密钥；最后设备还要等待信用中心通过 APSME-TRANSPORT-KEY. ind 提供一个 NWK 密钥。在成功获得 NWK 密钥后，设备就通过了认证，设备应用把 NIB 属性 nwkSecurityLevel 和 nwkSecureAllFrames 设置为网络中使用的值，使用 NLME-START-ROUTER. request 就可以开始在网络中承担 ZigBee 路由器的工作了。

在正常工作状态下，ZigBee 路由器应在满足配置属性：Config_Permit_Join_Duration 和：Config_Max_Assoc 的前提下允许其他设备加入网络。当一个新设备加入网络时，设备应用通过 NLME-JOIN. indication 属性获知新加入网络的设备情况。如果允许设备加入 PAN，ZigBee 路由器应使用状态为 SUCCESS 的 NLME-JOIN. confirm 原语来指示设备成功加入网络。如果网络中采用了安全机制，设备应用将通过 APSME-DEVICE-UPDATE. req 把新加入的设备通知给信用中心。ZigBee 路由器能够对指向其本身的或其关联休眠设备的设备发现或服务发现请求作出响应。ZigBee 路由器的应用也要保证绑定记录数不超过：Config_Max_Bind 属性值。如果支持安全机制，ZigBee 路由器应支持：Config_Master_Key 配置属性并链路密钥建立过程中使用主密钥。如果远端目的地址要与 ZigBee 路由器进行安全通信，ZigBee 路由器应支持 APSME-KEY. req 以便与远端设备建立主密钥，还应支持 APSME-ESTABLISH-KEY. request、APSME-ESTABLISH-KEY. confirm 和 APSME-ESTABLISH-KEY. response 以完成链路密钥的建立过程。ZigBee 路由器应具备存储、添加、删除已知目的设备链路密钥的能力。ZigBee 路由器应支持 APSME-TRANSPORT-KEY. ind 以从信用中心接收密钥，应通过 APSME-KEY. req 请求信用中心更新 NWK 密钥。ZigBee 路由器应支持 NLME-PERMIT-JOINING. request 和 NLME-PERMIT-JOINING. confirm，以允许对设备加入网络的过程进行应用控制。ZigBee 路由器还应支持 NLME-LEAVE. request 和 NLME-LEAVE. confirm，以便对关联设备离开网络的行为进行应用控制。ZigBee 路由器应维护一个当前关联设备列表，以便孤立设备重新加入网络。

(3) ZigBee 终端设备

终端设备初始化时，需要向 ZDO 网络管理对象提供一套网络配置参数：Config_NWK_Mode_and_Params；在设备支持的情况下，还应提供复杂描述符和用户描述符的配置元素信息、绑定记录最大数和主密钥，这些配置信息包含在配置属性：Config_Complex_Descriptor、：Config_User_Descriptor、：Config_Max_Bind 和：Config_Master_Key 中。设备应用使用 NLME-NETWORK-DISCOVERY. request 原语对：Config_NWK_Mode_and_Params 属性中 ChannelList 指定的信道进行扫描，扫描结果通过 NLME-NETWORK-DISCOVERY.

confirm 原语中的 NetworkList 参数列出设备工作范围内存在的活动 PAN。设备将执行 NLME－NETWORK－DISCOVERY. request 过程：Config_NWK_Scan_Attempts 次，每次持续时间为：Config_NWK_Time_btwn_Scans。重复执行网络发现请求的目的是为 NWK 层提供更精确的近邻列表和相关链路质量指示。设备应用将比较 ChannelList 和 NetworkList，选择一个想加入的现存网络。一旦确定了要加入的 PAN，设备应用将使用 NLME－JOIN. request 来加入该网络并通过检验 NLME－JOIN. confirm 返回的状态确定设备在 PAN 中关联的 ZigBee 路由器或 ZigBee 协调器。终端设备成功加入网络后将发送 End_Device_annce 命令来广播 64 位 IEEE 地址和 16 位 NWK 地址。如果网络采用了安全机制，终端设备将等待信用中心通过 APSME－TRANSPORT－KEY. ind 提供一个主密钥；然后用 APSME－ESTABLISH－KEY. rsp 响应信用中心的请求，建立一个链路密钥；最后设备还要等待信用中心通过 APSME－TRANSPORT－KEY. ind 提供一个 NWK 密钥。在成功获得 NWK 密钥后，设备就加入了网络并通过认证。

在正常工作状态下，ZigBee 终端设备应能响应任何设备发现或服务发现请求。如果远端目的地址要与 ZigBee 终端设备进行安全通信，ZigBee 终端设备应支持 APSME－KEY. req 以便与远端设备建立主密钥，还应支持 APSME－ESTABLISH－KEY. request、APSME－ESTABLISH－KEY. confirm 和 APSME－ESTABLISH－KEY. response 以完成链路密钥的建立过程。ZigBee 路由器应具备存储、添加、删除已知目的设备链路密钥的能力。ZigBee 终端设备应支持 APSME－TRANSPORT－KEY. ind 以从信用中心接收密钥，应通过 APSME－KEY. req 请求信用中心更新 NWK 密钥。

3）设备和服务发现

设备管理使用 ZigBee 设备配置文件执行设备发现和服务发现功能。表 3－11 中列出了设备和服务发现对象的全部属性。其中所有请求属性是各种逻辑类型的 ZigBee 设备可选支持的，部分响应属性是各种逻辑类型的 ZigBee 设备强制支持的，另有部分响应属性是可选支持的。

表 3－11 设备和服务发现的属性

属 性	M/O	类 型	属 性	M/O	类 型
NWK_addr_req	O	公共	Match_Desc_req	O	公共
NWK_addr_rsp	M	公共	Match_Desc_rsp	M	公共
IEEE_addr_req	O	公共	Complex_Desc_req	O	公共
IEEE_addr_rsp	M	公共	Complex_Desc_rsp	O	公共
Node_Desc_req	O	公共	User_Desc_req	O	公共
Node_Desc_rsp	M	公共	User_Desc_rsp	O	公共
Power_Desc_req	O	公共	Discovery_Register_req	O	公共
Power_Desc_rsp	M	公共	Discovery_Register_rsp	O	公共
Simple_Desc_req	O	公共	End_Device_annce	O	公共
Simple_Desc_rsp	M	公共	End_Device_annce_rsp	O	公共
Active_EP_req	O	公共	User_Desc_set	O	公共
Active_EP_rsp	M	公共	User_Desc_conf	O	公共

注：M—强制，O—可选。

4) 安全管理器

安全管理对象决定网络是否采用安全机制，安全管理执行建立密钥、传递密钥和认证的功能。安全管理对象本身是各种逻辑类型 ZigBee 设备的可选支持对象。如果设备支持安全管理对象，则该对象中的所有请求和响应属性是各种类型设备都要强制支持的；如果设备不支持安全管理对象，则该对象包含的任何属性都不会出现在设备中。安全管理对象的各种属性如表 3 - 12 所列。

5) 绑定管理器

绑定管理功能支持终端设备绑定、绑定和解绑定。当绑定指示到达 ZigBee 协调器或路由器时，绑定管理使用 ZigBee 设备配置文件和 APSME - SAP 原语实现该功能。绑定管理也是各种逻辑类型的 ZigBee 设备的可选对象。如果设备支持绑定管理对象，则该对象的全部请求属性都是各种逻辑类型设备可选支持的，同时，ZigBee 协调器或 ZigBee 路由器和绑定表记录源地址对应的 ZigBee 终端设备应支持相关的响应属性；如果设备不支持绑定管理对象，则各种逻辑类型的 ZigBee 设备都不支持该对象中的任何属性。绑定管理对象的属性如表 3 - 13 所列。

表 3 - 12 安全管理属性

属 性	M/O	类 型
APSME - ESTABLISH - KEY. request	M	公共
APSME - ESTABLISH - KEY. response	M	公共
APSME - TRANSPORTKEY. request	M	公共
APSME - TRANSPORTKEY. response	M	公共
APSME - AUTHENTICATE. request	M	公共
APSME - AUTHENTICATE. response	M	公共
APSME - DEVICEUPDATE. request	M	私有
APSME - REMOVEDEVICE. request	M	私有
APSME - KEY. request	M	私有

表 3 - 13 绑定管理属性

属 性	M/O	类 型
End_Device_Bind_req	O	公共
End_Device_Bind_rsp	O	公共
Bind_req	O	公共
Bind_rsp	O	公共
Unbind_req	O	公共
Unbind_rsp	O	公共
APSME - BIND. request	O	私有
APSME - BIND. confirm	O	私有
APSME - UNBIND. request	O	私有
APSME - UNBIND. confirm	O	私有

6) 网络管理器

网络管理功能支持网络发现、网络构建、允许/禁止关联、关联和解关联、路由发现、网络复位、无线接收机状态使能/禁止、读取和设置网络管理信息库数据。网络管理对象使用 NLME - SAP 原语来完成这些管理功能。网络管理是各种类型 ZigBee 设备的强制对象。该对象中的网络发现、读取和设置属性是各种类型 ZigBee 设备都要强制支持的。如果设备是 ZigBee 协调器，则应支持构建网络请求和证实、离开网络指示、加入网络指示、网络允许加入请求和证实、直接加入网络请求和证实，不支持加入网络请求、加入网络证实、离开网络请求、离开网络证实；如果设备是 ZigBee 路由器，则还应支持启动路由器请求和证实、加入网络请求和证实、加入网络指示、离开网络请求和证实、离开网络指示、直接加入网络请求和证实、网络允许加入请求和证实，不支持构建网络请求和证实；如果设备是 ZigBee 终端设备，则还应加入网络请求和证实、离开网络请求和证实，不支持构建网络请求和证实、启动路由器请求和证实、加入网络指示、离开网络指示、网络允许加入请求。对于各种逻辑类型的 ZigBee 设备，网络同步请求、指示和证实、网络复位请求和证实都是可选支持的属性。网络管理对象的属性如表 3-14 所列。

表 3-14 网络管理属性

属 性	M/O	类 型
NLME-GET. request	M	私有
NLME-GET. confirm	M	私有
NLME-SET. request	M	私有
NLME-SET. confirm	M	私有
NLME-NETWORK-DISCOVERY. request	M	公共
NLME-NETWORK-DISCOVERY. confirm	M	公共
NLME-NETWORK-FORMATION. request	O	私有
NLME-NETWORKFORMATION. confirm	O	私有
NLME-JOIN. request	O	私有
NLME-JOIN. confirm	O	私有
NLME-DIRECT-JOIN. request	O	公共
NLME-DIRECTJOIN. confirm	O	公共
NLME_LEAVE. request	O	私有
NLME-LEAVE. confirm	O	私有
NLME-RESET. request	O	私有
NLME-RESET. confirm	O	私有
NLME-SYNC. request	O	公共
NLME-SYNC. indication	O	公共
NLME-SYNC. confirm	O	公共

7) 节点管理器

节点管理支持请求和响应管理功能的能力。这些管理功能只是使得接收到请求的设备的工作状态对外部设备可视化。节点管理对象是各种逻辑类型的 ZigBee 设备都可选支持的对象。如果设备支持节点管理对象，则该对象中的各种请求和响应属性也是可选支持的。

4. 配置属性

ZDO 的配置属性如表 3-15 所列。

表 3-15 配置属性

属 性	M/O	类 型
:Config_Node_Descriptor	M	公共
:Config_Power_Descriptor	M	公共
:Config_Simple_Descriptors	M	公共
:Config_NWK_Mode_and_Params	M	公共
:Config_NWK_Scan_Attempts	M	私有
:Config_NWK_Time_btwn_Scans	M	私有
:Config_Complex_Descriptor	O	公共
:Config_User_Descriptor	O	公共

续表 3-15

属　性	M/O	类　型
:Config_Max_Bind	O	私有
:Config_Master_Key	O	私有
:Config_EndDev_Bind_Timeout	O	私有
:Config_Permit_Join_Duration	O	公共
:Config_NWK_Security_Level	O	私有
:Config_NWK_Secure_All_Frames	O	私有
:Config_NWK_Leave_removeChildren	O	私有
:Config_NWK_BroadcastDeliveryTime	O	私有
:Config_NWK_TransactionPersistenceTime	O	私有

各种属性的定义如下：

:Config_Node_Descriptor 是设备节点描述符的内容。该属性在应用首次加载时创建或是设备在网络中运行前初始化，它用于在服务发现中向外部查询设备描述节点特性。

:Config_Power_Descriptor 是设备电源描述符的内容。该属性在应用首次加载时创建或是设备在网络中运行前初始化，它用于在服务发现中向外部查询设备描述节点电源特性。

:Config_Simple _Descriptors 是设备每个活动端点简单描述符的内容。该属性在应用首次加载时创建并且是只读的，它用于在服务发现中向外部查询设备描述接口特性。

:Config_NWK_Mode_and_Params 属性包含执行网络发现时要扫描的信道列表 ChannelList、协议版本号、协议栈配置文件、信标阶数、超帧阶数、电池寿命扩展和安全设置字段。:Config_Node_Descriptor 属性包含有一个描述设备逻辑设备类型的字段。逻辑设备类型和设备 ZDO 使用的详细逻辑允许设备应用使用:Config_NWK_Mode_and_Params 中的参数构建或加入一个与该设备支持应用一致的网络。

:Config_NWK_Scan_Attempts 属性是一个整数值，表示设备 NWK 层在决定要关联的 ZigBee 协调器或路由器前执行网络发现扫描 NLME-NETWORK-DISCOVERY.request 的次数。该属性的默认值是 5，有效取值范围为 1～255。

:Config_NWK_Time_btwn_Scans 属性是一个整数值，表示:Config_NWK_Scan_Attempts 次重复扫描中每次扫描持续的时间(s)。该属性的默认值是 1，有效取值范围 1～255。

:Config_Complex_Descriptor 是设备可选的复杂描述符的内容。该属性在应用首次加载时创建或是设备在网络中运行前初始化，它用于在服务发现中向外部查询设备描述设备的扩展特性。

:Config_User_Descriptor 是设备可选的用户描述符的内容。该属性在应用首次加载时创建或是设备在网络中运行前初始化，它是在服务发现中向外部查询设备提供的有关该设备的描述性字符串。

:Config_Max_Bind 是一个常量，它表示 ZigBee 协调器或 ZigBee 路由器中绑定表支持的最大绑定记录数。

:Config_Master_Key 是设备采用安全机制时使用的主密钥。该属性在应用首次加载时创建或是设备在网络中运行前初始化，用在安全操作过程中。

:Config_EndDev_Bind_Timeout 是终端设备绑定时的超时时间值，它只用在 ZigBee 协调

器中判断两个终端设备绑定请求是否在该超时窗口内到达。

:**Config_Permit_Join_Duration** 是 NLME - PERMIT - JOINING. request 设定的允许入网持续时间。该属性的默认值是 0,可以根据配置文件的需要设置为不同的值。

:**Config_NWK_Security_Level** 属性只用在信用中心,用以设定网络的安全级别。

:**Config_NWK_Secure_All_Frames** 属性只用在信用中心,用以决定是否对所有帧都采取安全机制。

:**Config_NWK_Leave_removeChildren** 属性决定当设备被要求离开网络时其子设备是否也离开网络。该属性值在协议栈配置文件中定义。

:**Config_NWK_BroadcastDeliveryTime** 表示广播消息在网络中传播的时间(s)。该属性值在协议栈配置文件中定义。

:**Config_NWK_TransactionPersistenceTime** 表示设备存储并在信标上指示一个事务的最长时间(以超帧周期为单位)。该属性在 ZigBee 协调器和 ZigBee 路由器中是强制支持的,在 ZigBee 终端设备中不使用该属性,属性值在协议栈配置文件中定义。该属性反映的是 MAC PIB 属性 macTransactionPersistenceTime 的值,高层对该属性值的更改也将反映到 MAC PIB 属性中。

3.2 网络层规范

3.2.1 网络层规范概述

网络层应提供保证 IEEE 802.15.4 MAC 层正确工作的能力并为应用层提供合适的服务接口。为了与应用层接口,网络层概念上也包括两个服务实体——网络层数据实体和网络层管理实体,提供必要的功能。网络层数据实体(NLDE)通过 NLDE - SAP 为应用层提供数据服务;网络层管理实体(NLME)通过 NLME - SAP 为应用层提供管理服务。NLME 要借助 NLDE 完成部分管理任务,另外它还要维护一个有关管理对象的数据库——网络层信息库(NIB)。

NLDE 提供的数据服务允许在同一网络中的两个或多个设备之间传输应用协议数据单元(APDU)。具体来说,NLDE 提供的服务:一是在应用支持子层 PDU 基础上添加适当的协议头产生网络协议数据单元(NPDU);二是根据拓扑路由,把 NPDU 发送到通信链路的目的地址设备或通信链路的下一跳。

NLME 提供的管理服务允许应用与协议栈之间交互。具体来说,NLME 提供的服务包括配置新设备、创建新网络、设备请求加入/离开网络和 ZigBee 协调器或路由器请求设备离开网络、寻址、近邻发现、路由发现、接收控制等。

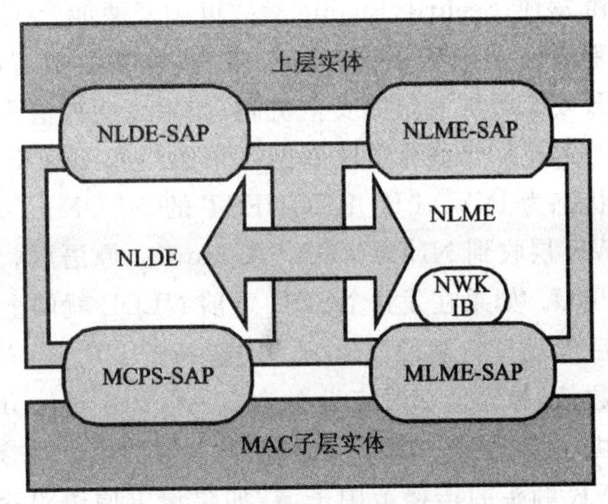

图 3-7 ZigBee 网络层参考模型

图 3-7 是 ZigBee 网络层参考模型。NWK 层通过两个服务接入点(SAP)提供了两种服务,即通过 NWK 层数据实体 SAP

(NLDE－SAP)提供的NWK数据服务和通过NWK层管理实体SAP(NLME－SAP)提供的NWK管理服务。网络层的这两种服务通过MCPS－SAP和MLME－SAP提供了应用层和MAC子层之间的接口。除了这些外部接口，在NWK内部NLME和NLDE之间还存在一个隐含接口，允许NLME使用NWK数据服务。

3.2.2　网络层服务规范

1. 网络层数据服务

NLDE－SAP支持在对等应用实体之间传送应用协议数据单元(APDU)。NLDE－SAP支持的原语包括NLDE－DATA请求、证实和指示原语。

(1) NWK数据请求原语NLDE－DATA.request

NWK数据请求原语NLDE－DATA.request请求把一个APDU(即NSDU)从本地APS子层传送到一个或多个对等的APS子层实体。当有APDU(即NSDU)需要传送到对等的APS子层实体时，本地APS子层实体就产生NLDE－DATA.request原语。该请求原语的语法如下：

```
NLDE－DATA.request    (
                      DstAddr,
                      NsduLength,
                      Nsdu,
                      NsduHandle,
                      Radius,
                      DiscoverRoute,
                      SecurityEnable
                      )
```

其中：参数DstAddr表示NSDU要传送到目的实体的网络地址；NsduLength表示待传送的NSDU包含的字节数；Nsdu表示待传送的NSDU的内容；NsduHandle表示NWK实体要传送的NSDU的句柄；Radius表示允许帧在网络中传播的跳数；DiscoverRoute参数可用来控制帧传送时的路由发现操作，0x00表示禁止路由发现，0x01表示允许路由发现，0x02表示强制路由发现；SecurityEnable参数可用来使能当前帧的NWK层安全处理。如果NIB中的安全级别属性为0，表示没有安全机制，该参数被忽略；如果该参数值为TRUE，则对当前帧应用NIB安全级别制定的安全机制；如果该参数值为FALSE，则对当前帧不使用进行安全处理。

如果一个尚未关联到网络中的设备NWK层收到NLDE－DATA.request原语，它将返回状态为INVALID_REQUEST的NLDE－DATA.confirm证实原语。一个已关联设备的NWK层收到NLDE－DATA.request原语后，为了发送原语提供的NSDU，NLDE首先构造NPDU。如果在发送NSDU之前NLDE就向上层发出了NLDE－DATA.confirm证实原语，则后续处理将被取消。为了构造新的NPDU，NWK帧头的目的地址字段应设定了DstAddr参数值，源地址字段应设置为MAC PIB属性macShortAddress的值。帧控制字段中的发现路由子域设置为DiscoverRoute参数的值。如果请求原语提供了Radius参数值，则把它放在NWK帧头的传播范围子域；如果请求原语没有提供Radius参数的有效值，则把NWK帧头的传播范围子域设置为NIB属性nwkMaxDepth值的两倍。NWK层将为帧产生一个序号并放在 NWK 帧头的序号字段中。当 NPDU 构造完成后，就可以根据路由发送 NSDU 了。如果寻找到了合适的路由，NWK 层实体就调用 MCPS-DATA. request 原语来发送 NSDU。MCPS-DATA. request 原语中的 SrcAddrMode 和 DstAddrMode 参数均设为 0x02，表示源地址和目的地址都使用 16 位网络地址；SrcPANId 和 DstPANId 参数应设置为 MAC PIB 属性 macPANId 的当前值；SrcAddr 参数应设置为 MAC PIB 属性 macShortAddr 的值；DstAddr 参数设置为路由过程决定的下一跳的地址；TxOptions 参数与 0x01 逐位相"与"后应不为零，表示要求确认的发送。在接收到 MCPS-DATA. confirm 证实原语后，NLDE 才向上层发送 NLDE-DATA. confirm 证实原语，该原语的状态等于 MCPS-DATA. confirm 返回的状态。如果 NIB 中安全级别属性不为 0 并且 NLDE-DATA. request 原语的 SecurityEnable 参数值为 TRUE，则在发送帧之前还要进行 NWK 层安全处理。如果某种原因使得 NWK 层安全处理失败，则该帧被丢弃并且 NLDE 向上层发送状态等于安全套件返回状态的 NLDE-DATA. confirm 证实原语。

(2) NWK 数据证实原语 NLDE-DATA. confirm

NWK 数据证实原语 NLDE-DATA. confirm 用来报告请求从本地 APS 子层实体向对等的 APS 子层实体发送 NSDU 的结果。该原语由本地 NLDE 产生，作为对接收到的 NLDE-DATA. request 原语的响应。NLDE-DATA. confirm 原语的语法如下：

```
NLDE-DATA.confirm        (
                          NsduHandle,
                          Status
                          )
```

其中：参数 NsduHandle 表示被证实 NSDU 的句柄；Status 表示相应请求的状态，其取值为 INVALID_REQUEST、MAX_FRM_COUNTER、NO_KEY、BAD_CCM_OUTPUT 或是安全套件返回的状态，或是 MCPS-DATA. confirm 原语返回的状态。发起请求设备的 APS 子层收到 NLDE-DATA. confirm 原语就被告知了其请求发送 APDU 的结果。如果发送尝试成功，则该原语的状态参数为 SUCCESS；否则，状态参数将指示出发送失败的原因。

(3) NWK 数据指示原语 NLDE-DATA. indication

NWK 数据指示原语 NLDE-DATA. indication 指示一个数据 PDU(NSDU)从 NWK 传送到本地 APS 子层实体。NLDE 收到来自 MAC 层实体的正确寻址数据帧后就向 APS 子层发出该指示原语。NLDE-DATA. indication 原语的语法如下：

```
NLDE-DATA.indication        (
                             SrcAddress,
                             NsduLength,
                             Nsdu,
                             LinkQuality
                             )
```

其中：参数 SrcAddress 表示接收到的 NSDU 的起始设备 16 位地址；NsduLength 表示接收的 NSDU 包含的字节数；Nsdu 表示接收的 NSDU 的内容；LinkQuality 表示 MAC 层接收到该帧时的链路质量，它是 MCPS-DATA. indication 原语中的一个参数。APS 子层收到该指示原语就被告知有数据帧到达。

2. 网络层管理服务

NLME－SAP允许在上层和NLME之间传送命令帧。NLME－SAP支持的管理原语有NLME－NETWORK－DISCOVERY请求和证实原语、NLME－NETWORK－FORMATION请求和证实原语、NLME－PERMIT－JOINING请求、证实和指示原语、NLME－START－ROUTER请求和证实原语、NLME－JOIN请求、证实和指示原语、NLME－DIRECT－JOIN请求和证实原语、NLME－LEAVE请求、证实和指示原语、NLME－RESET请求和证实原语、NLME－SYNC请求和证实原语、NLME－GET请求和证实原语、NLME－SET请求和证实原语。

1）网络发现

NLME－SAP支持发现正在运行的网络，网络发现过程中使用的原语是NLME－NETWORK－DISCOVERY。NLME－NETWORK－DISCOVERY.request原语由ZigBee设备上层产生并发送给NLME，请求发现设备POS内正在运行的网络。该请求原语的语法如下：

```
NLME－NETWORK－DISCOVERY.request        (
                                         ScanChannels,
                                         ScanDuration
                                         )
```

其中：参数ScanChannels为32位数据，其27个低有效位分别对应一个信道，用来指示网络发现过程中要扫描的信道，1表示要扫描，0表示不扫描；ScanDuration用来计算扫描每个信道时持续的时间，每个信道的扫描时间为aBaseSuperframeDuration×$(2n+1)$个符号周期，其中n即为ScanDuration的值。NWK层收到网络发现请求原语后，扫描ScanChannels参数指定的信道，搜索设备POS范围内当前正在运行的网络。如果设备是IEEEE 802.15.4 FFD，则它将主动扫描；如果设备是RFD，倘若它支持主动扫描，就执行主动扫描，否则使用MLME－SCAN.request原语执行被动扫描。接收到MLME－SCAN.confirm原语后，设备近邻表将根据扫描返回的信息被更新，并且会产生一个网络描述符列表。NLME就向上层发送NLME－NETWORK－DISCOVERY.confirm原语，返回搜索发现网络的信息，Status参数值等于MLME－SCAN.confirm原语返回的状态。

NLME－NETWORK－DISCOVERY.confirm原语由NLME产生并发送给上一层，用以报告NLME－NETWORK－DISCOVERY.request请求网络发现操作的结果。该证实原语的语法为：

```
NLME－NETWORK－DISCOVERY.confirm        (
                                         NetworkCount,
                                         NetworkDescriptor,
                                         Status
                                         )
```

其中：参数NetworkCount表示发现的网络个数；NetworkDescriptor表示发现的各个网络描述符列表；Status参数值为MLME－SCAN.confirm原语返回的状态值。网络描述符包含7个信息字段，PanID是发现网络的16位PAN标识，其最高两个有效位暂时预留，应设为0；LogicalChannel表示网络当前使用的逻辑信道；StackProfile表示发现网络中使用的ZigBee

协议栈的配置文件标识；ZigBee version 表示发现网络使用的 ZigBee 版本；BeaconOrder 规定了网络发送 MAC 层信标的频率；SuperframeOrder 规定了信标网络超帧中活动周期的长度；PermitJoining 为 TRUE 时表示网络中当前至少有一个 ZigBee 路由器允许设备加入。

2）网络构建

NLME - NETWORK - FORMATION. request 原语允许上层请求设备自任协调器创建一个 ZigBee 新网络，并对其超帧配置进行修改。该请求原语的语法如下：

```
NLME - NETWORK - FORMATION. request    (
                                        ScanChannels,
                                        ScanDuration,
                                        BeaconOrder,
                                        SuperframeOrder,
                                        PANId,
                                        BatteryLifeExtension
                                        )
```

其中：ScanChannels 为 32 位数据，其 27 个低有效位分别对应一个信道，用来指示准备新建网络时要扫描的信道，1 表示要扫描，0 表示不扫描；ScanDuration 用来计算扫描每个信道时持续的时间，每个信道的扫描时间为 aBaseSuperframeDuration$\times(2n+1)$个符号周期，其中 n 即为 ScanDuration 的值；BeaconOrder 是上层指定创建网络的信标阶数；SuperframeOrder 是上层指定创建网络的超帧阶数；PANId 是可选的 PAN 标识，表示上层预定的创建新网络的标识，如果上层没有指定 PANId，则 NWK 层将选择一个 PAN ID，该参数的最高两个有效位应为 0；BatteryLifeExtension 如果为 TRUE，NLME 将请求 ZigBee 协调器支持电池寿命延长模式，否则 NLME 将请求 ZigBee 协调器不支持电池寿命延长模式。

一个不能承担 ZigBee 协调器的设备或是一个已成为网络协调器的设备的 NLME 收到 NLME - NETWORK - FORMATION. request 原语后，将向上层发送状态为 INVALID_REQUEST 的证实原语 NLME - NETWORK - FORMATION. confirm。如果设备要被初始化成一个 ZigBee 协调器，NLME 请求 MAC 子层在指定的一组信道上先执行一次能量检测扫描，再执行一次主动扫描。为了执行这两次扫描，NLME 先向 MAC 子层发出 ScanType 参数为能量检测扫描的扫描请求原语 MLME - SCAN. request 原语，再向 MAC 子层发出 ScanType 参数为主动扫描的扫描请求原语。完成主动扫描后，NLME 接收到 MAC 子层返回的扫描证实原语 MLME - SCAN. confirm，选择一个合适的信道。如果上层指定了 PANId 参数，NWK 层要确认指定的 PAN 标识与选定信道上已经运行网络的 PAN 标识不冲突。如果发生冲突，则在可能的前提下要从扫描信道组中重新选择一个信道；如果没有合适的信道满足 PAN 不冲突，则 NWK 将发出状态为 STARTUP_FAILURE 的 NLME - NETWORK - FORMATION. confirm 原语。如果上层没有指定 PAN 标识，NWK 层将选择一个与选定信道上其他网络 PAN 标识不冲突的标识作为新建 PAN 的标识。一旦选定了合适的信道和 PAN 标识，NLME 将指定 0x0000 为设备的 16 位 MAC 地址。指定 16 位短地址通过调用 MLME - SET. request 原语设置 MAC PIB 属性 macShortAddress 来实现。如果不能找到合适的信道或 PAN 标识，NLME 将发出 Status 参数为 STARTUP_FAILURE 的 NLME - NETWORK - FORMATION. confirm 原语。要初始化一个新的或修改一个现存的超帧配置，NLME 将向

MAC 子层发出 MLME－START. request 原语。MLME－START. request 原语中的 PANCoordinator 参数设为 TRUR，BeaconOrder 和 SuperframeOrder 参数与 NLME－NETWORK－FORMATION. request 原语中的参数值相同。如果 MLME－START. request 是初始化一个新的超帧，则其参数 CoordRealignment 设为 FALSE；如果 MLME－START. request 是改变现存超帧的配置属性，则参数 CoordRealignment 设为 TRUE。收到 MLME－START. confirm 证实原语后，NLME 才向上层发送证实原语 NLME－NETWORK－FORMATION. confirm，该原语的状态等于 MLME－START. confirm 原语返回的状态。

NLME－NETWORK－FORMATION. confirm 原语由 NLME 产生，向上层报告请求初始化一个新网络的 ZigBee 协调器的结果。NLME－NETWORK－FORMATION. confirm 原语是对请求原语 NLME－NETWORK－FORMATION. request 的响应，它的语法如下：

```
NLME－NETWORK－FORMATION. confirm    (
                                    Status
                                    )
```

其唯一参数 Status 表示请求把设备初始化成 ZigBee 协调器或请求改变超帧配置的结果，取值为 INVALID_REQUEST、STARTUP_FAILURE 或是 MLME－START. confirm 原语返回的状态值。如果 NLME 把设备成功初始化为 ZigBee 协调器或成功改变了超帧配置，则证实原语 NLME－NETWORK－FORMATION. confirm 的状态参数为 SUCCESS；否则，状态参数值将反映请求失败的原因。

3）允许设备入网

NLME－PERMIT－JOINING 请求和证实原语定义了 ZigBee 协调器或路由器如何允许设备加入到网络中。NLME－PERMIT－JOINING. request 原语由 ZigBee 协调器或路由器的上层产生并发送给 NLME，用以把 MAC 子层的允许关联标志位设置为一个固定时限，在这段时间内 ZigBee 协调器或路由器允许其他设备加入到它所在的网络。该请求原语的语法如下：

```
NLME－PERMIT－JOINING. request    (
                                 PermitDuration
                                 )
```

其唯一参数 PermitDuration 表示 ZigBee 协调器或路由器允许关联的时间长度（s），其取值范围是整数 0x00～0xff。其中 0x00 表示禁止设备关联，0xff 表示总允许设备关联，其他值则表示在规定的时限内允许设备关联到 ZigBee 协调器或路由器。

只有 ZigBee 协调器或路由器的上层能够发送 NLME－PERMIT－JOINING. request 原语。如果一个 ZigBee 终端设备的 NWK 层收到该请求原语，NLME－PERMIT－JOINING. confirm 证实原语将返回状态 INVALID_REQUEST。当接收到 NLME－PERMIT－JOINING. request 原语的 PermitDuration 参数值等于 0x00 时，NLME 就向 MAC 子层发出 MLME－SET. request 原语把 MAC PIB 属性 macAssociationPermit 设为 FALSE。MLME 在收到来自 MAC 层的证实原语 MLME－SET. confirm 后，再向上一层发送与 MLME－SET. confirm 相同状态的证实原语 NLME－PERMIT－JOINING. confirm。当接收到 NLME－PERMIT－JOINING. request 原语的 PermitDuration 参数值等于 0xff 时，NLME 就向 MAC 子层发出 MLME－SET. request 原语把 MAC PIB 属性 macAssociationPermit 设为 TRUE。MLME 在收到证实原语 MLME－SET. confirm 后，再向上一层发送相同状态的证实

原语 NLME－PERMIT－JOINING. confirm。如果接收到 NLME－PERMIT－JOINING. request 原语的 PermitDuration 参数值不等于 0x00 或 0xff，NLME 将采用同样的方法把 MAC PIB 属性 macAssociationPermit 设为 TRUE，在接收到证实原语 MLME－SET. confirm 后启动一个定时器，计时时长为 PermitDuration 秒。启动定时器后，NLME 就是上层发送 NLME－PERMIT－JOINING. confirm 证实原语，状态等于 MAC 子层返回的状态。计时期满后，NLME 再次调用 MLME－SET. request 原语把属性 macAssociationPermit 设置为 FALSE。

NLME－PERMIT－JOINING. confirm 证实原语是对 NLME－PERMIT－JOINING. request 原语的响应，它由 ZigBee 协调器或路由器的 NLME 发送，告知应用层请求允许关联的请求结果。该原语的语法如下：

```
NLME－PERMIT－JOINING. confirm      (
                                   Status
                                   )
```

其唯一参数 Status 表示请求允许关联的状态，取值为 INVALID_REQUEST 或 MLME－SET. confirm 原语返回的状态值。

4) 配置 ZigBee 路由器

NLME－START－ROUTER 原语用来把一个新加入网络的设备初始化成 ZigBee 路由器，或用来重新配置一个 ZigBee 路由器的超帧。NLME－START－ROUTER. request 原语的语法如下：

```
NLME－START－ROUTER. request        (
                                   BeaconOrder,
                                   SuperframeOrder,
                                   BatteryLifeExtension
                                   )
```

其中：参数 BeaconOrder 表示上层期望的网络信标阶数；SuperframeOrder 表示上层期望的网络超帧阶数；BatteryLifeExtension 取值为 TRUE 时，NLME 将请求 ZigBee 路由器运行时支持电池寿命延长模式，取值为 FALSE 时，NLME 将请求 ZigBee 路由器运行时不支持电池寿命延长模式。

如果一个非 ZigBee 网络路由器设备的 NLME 收到 NLME－START－ROUTER. request 原语，它将向上层发送 Status 参数值为 INVALID_REQUEST 的 NLME－START－ROUTER. confirm 证实原语。为了初始化一个新路由器的超帧配置或重新配置一个现存路由器的超帧，NLME 向 MAC 子层发送 MLME－START. request 原语。如果 MLME－START. request 原语用来初始化一个新超帧，则该原语的 CoordRealignment 参数设为 FALSE；如果 MLME－START. request 原语用来改变 PAN 的任何配置属性，则 CoordRealignment 参数设为 TRUE。NLME 在收到 MAC 层对 MLME－START. request 的响应 MLME－START. confirm 后，才向上层发送证实原语 NLME－START－ROUTER. confirm，状态与 MLME－START. confirm 返回的状态相同。当且仅当 MLME－START. confirm 返回状态为 SUCCESS 时，设备才开始履行 ZigBee 路由器的职能，包括数据帧寻路、路由发现、路由准备、接收其他设备加入网络的请求等；否则设备将被禁止执行这些行为。

NLME－START－ROUTER. confirm 原语由 NLME 产生并发送给上一层，作为对 NLME－START－ROUTER. request 的响应。该原语的语法如下：

```
NLME－START－ROUTER. confirm    (
                                Status
                                )
```

其唯一参数 Status 表示 NLME－START－ROUTER. request 请求的结果，取值为 INVALID_REQUEST 或 MLME－START. confirm 返回的状态值。如果 NLME 成功初始化或改变了一个 ZigBee 路由器的超帧配置，NLME－START－ROUTER. confirm 的状态参数设为 SUCCESS；否则，状态参数将反映出 NLME 请求失败的原因。

5）设备入网

NLME－JOIN. request 原语定义了上层如何请求通过关联加入网络、直接加入网络和在孤立后重新加入网络。该请求原语的语法如下：

```
NLME－JOIN. request    (
                       PANId,
                       JoinAsRouter,
                       RejoinNetwork,
                       ScanChannels,
                       ScanDuration,
                       PowerSource
                       RxOnWhenIdle,
                       MACSecurity
                       )
```

其中：参数 PANId 表示设备要加入网络的 PAN 标识码，两个最高有效位应为 0；JoinAsRouter 只是在关联加入网络时有效，直接加入或孤立后重新加入网络时无效，如果设备加入网络后成为 ZigBee 路由器，则该参数设为 TRUE，否则设为 FALSE；如果设备直接加入或在孤立后重新加入网络，RejoinNetwork 参数设为 TRUE，如果设备通过关联方式加入网络，RejoinNetwork 参数设为 FALSE；ScanChannels 的 27 个低有效位分别对应一个信道，1 表示要扫描，0 表示不扫描，设备通过关联方式进入网络时忽略该参数；ScanDuration 规定了扫描每个信道需要持续的时间；PowerSource 是 MLME－ASSOCIATE. request 原语中 CapabilityInformation 参数的一部分，参数值 0x01 表示设备由干线供电，0x00 表示其他电源供电；RxOnWhenIdle 参数决定设备在 CAP 的空闲部分是否能接收数据包，参数值 0x01 表示设备空闲时开启接收机，0x00 表示设备空闲时关闭接收机，非信标网络中的 ZigBee 协调器和 ZigBee 路由器，其 RxOnWhenIdle 参数值应为 0x01；MACSecurity 是 MLME－ASSOCIATE. request 原语中 CapabilityInformation 参数的一部分，参数值 0x01 表示 MAC 层使用安全处理，0x00 表示 MAC 层不使用安全处理。

当一个已经处在网络中的设备 NLME 收到 NLME－JOIN. request 原语时，将向其上层发送状态为 INVALID_REQUEST 的证实原语 NLME－JOIN. confirm。当一个尚未加入到网络中的设备收到 NLME－JOIN. request 原语时，它将尝试加入到 PANId 参数指定的网络中。如果 RejoinNetwork 参数为 FALSE，NLME 将向 MAC 层发送 MLME－ASSOCIATE.

request 原语。MLME－ASSOCIATE. request 原语中 CoordAddress 参数设为设备近邻表中满足下列条件的一个路由器的地址：① 该路由器属于 PANId 参数标识的网络；② 路由器能接受设备加入请求；③ 设备与该路由器之间的链路质量满足要求。如果设备的近邻表中存在一个满足上述条件的设备，MLME－ASSOCIATE. request 原语中的 LogicalChannel 参数将设置为近邻表中该设备地址对应的信道。如果不止一个设备满足上述条件，则设备将选择树深度最小的设备作为关联路由器。如果近邻表中没有满足上述条件的设备，NLME 将向上层发送 Status 参数为 NOT_PERMITTED 的 NLME－JOIN. confirm 原语；否则 NLME 将向上层发送 Status 参数等于 MLME－ASSOCIATE. confirm 返回状态的 NLME－JOIN. confirm 原语。如果 RejoinNetwork 参数为 FALSE 并且 JoinAsRouter 参数设为 TRUE，设备加入网络将成为 ZigBee 路由器；如果 RejoinNetwork 参数为 FALSE 并且 JoinAsRouter 参数设为 FALSE，则设备加入网络将成为终端设备，不参与路由安排。如果一个尚未加入网络的设备收到 NLME－JOIN. request 原语并且 RejoinNetwork 参数为 TRUE，它将向 MAC 层发送 MLME－SCAN. request 原语，ScanType 参数设置为孤立扫描，扫描周期设置为 ScanDuration 参数值。NLME 在收到扫描证实原语 MLME－SCAN. confirm 后，如果找不到要加入的网络，则向上层发送 Status 参数为 NO_NETWORKS 的证实原语 NLME－JOIN. confirm；否则 NLME－JOIN. confirm 原语的状态为扫描证实原语返回的状态。

当一个新设备通过 MAC 关联过程加入到网络中时，其关联的 ZigBee 协调器或路由器的 NLME 就向其上层发送指示原语 NLME－JOIN. indication。ZigBee 协调器或路由器的 NLME 在收到关联指示原语 MLME－ASSOCIATE. indication 并向 MAC 层发送响应原语 MLME－ASSOCIATE. response 后，才向上层发送入网指示原语 NLME－JOIN. indication。该原语的语法如下：

```
NLME－JOIN. indication      (
                            ShortAddress,
                            ExtendedAddress,
                            CapabilityInformation,
                            SecureJoin
                            )
```

其中：参数 ShortAddress 表示新加入设备的 16 位网络地址；ExtendedAddress 表示新加入设备的 64 位 IEEE 地址；CapabilityInformation 规定了新加入设备的工作能力；如果隐含的 MAC 关联过程采用了安全机制，则 SecureJoin 参数设为 TRUE，否则，SecureJoin 参数设为 FALSE。

NLME－JOIN. confirm 原语由请求加入网络的设备 NLME 发送给上层，作为对请求原语 NLME－JOIN. request 的响应。该原语的语法如下：

```
NLME－JOIN. confirm      (
                         PANId,
                         Status
                         )
```

其中：参数 PANId 是该证实原语对应的 NLME－JOIN. request 原语中的 PAN 标识；Status 表示设备请求加入网络的结果，其取值为 INVALID_REQUEST、NOT_PERMITTED、NO_NETWORKS 或是 MLME－ASSOCIATE. confirm 或 MLME－SCAN. confirm 原语返回的

状态值。

NLME-DIRECT-JOIN.request原语允许ZigBee协调器或路由器的上层请求把另一个设备直接加入到网络中来。该过程仅在ZigBee协调器或路由器的内部完成,不需要任何空中传输。NLME-DIRECT-JOIN.request原语的语法如下:

```
NLME-DIRECT-JOIN.request          (
                                  DeviceAddress,
                                  CapabilityInformation,
                                  )
```

其中:参数DeviceAddress表示将被直接加入到网络中的设备的64位IEEE地址;CapabilityInformation表示将被直接加入到网络中的设备的工作能力,它是8位的数据,各位的定义如下:

比特位:0	1	2	3	4~5	6	7
备用PAN协调器	设备类型	电源	空闲时接收机使能	预留	安全能力	预留

ZigBee协调器或路由器的NLME收到NLME-DIRECT-JOIN.request原语后,将尝试把DeviceAddress参数指定的设备加入到近邻表中。在该原语中,CapabilityInformation参数的"备用PAN协调器"比特位应设为0。如果加入网络的设备是ZigBee路由器,则"设备类型"比特位设为1;如果加入网络的设备是ZigBee终端设备,则"设备类型"比特位设为0。如果设备的供电电源是交流电源,则"电源"比特位设为1,否则设为0。如果设备在空闲期间开启接收机,则"空闲时接收机开启"比特位应设为1;否则应设为0。如果设备支持安全处理,则"安全能力"比特位应设为1,否则设为0。如果NLME能够把设备直接加入到网络,就向上层发送状态为SUCCESS的证实原语NLME-DIRECT-JOIN.confirm。如果NLME发现原语请求加入的设备已经存在于近邻表中,就向上层发送状态为ALREADY_PRESENT的NLME-DIRECT-JOIN.confirm原语。如果NLME发现设备列表中没有足够的空间添加新设备,就向上层发送状态为TABLE_FULL的NLME-DIRECT-JOIN.confirm原语。

NLME-DIRECT-JOIN.confirm原语是对NLME-DIRECT-JOIN.request原语的响应。它由ZigBee协调器或路由器的NLME产生并发送给上层,向上层报告其请求直接加入设备的结果。该证实原语的语法如下:

```
NLME-DIRECT-JOIN.confirm          (
                                  DeviceAddress,
                                  Status
                                  )
```

其中:参数Status表示NLME-DIRECT-JOIN.request请求的状态,其取值为SUCCESS、ALREADY_PRESENT或TABLE_FULL。

6)离开网络

NLME-LEAVE一组原语定义了设备的上层如何请求设备自身离开网络或请求另一个设备离开网络;同时还定义了ZigBee协调器的上层如何获知一个设备已经离开网络的信息。NLME-LEAVE.request原语由设备上层产生并发送给NLME,设备用该原语来请求离开网络，另外 ZigBee 协调器或路由器还可以用该原语请求其他设备离开网络。NLME－LEAVE. request 原语的语法如下：

```
NLME－LEAVE.request    (
                        DeviceAddress,
                        RemoveChildren,
                        MACSecurityEnable
                       )
```

其中：参数 DeviceAddress 如果为空，则表示设备请求把自己从网络中删除，否则该参数表示原语请求要从网络中删除的设备的 IEEE 地址；RemoveChildren 参数值如果等于 TRUE，则被从网络中删除的设备同时还要删除它的子设备，如果等于 FALSE，则只是 DeviceAddress 指定的设备自身离开网络；MACSecurityEnable 用来控制 MAC 层原语中 SecurityEnable 参数的值。

如果一个尚未加入网络的设备的 NLME 收到 NLME－LEAVE. request 原语，NLME 将向上层发送状态为 INVALID_REQUEST 的证实原语 NLME－LEAVE. confirm。如果一个已入网设备的 NLME 收到的 NLME－LEAVE. request 原语中 DeviceAddress 参数为空，RemoveChildren 参数等于 FALSE，则 NLME 将把设备自身从网络中删除，之后，NLME 将清空路由表并向 MAC 子层发送一个复位请求原语 MLME－RESET. request。如果 NLME 接收到 MLME－RESET. confirm 证实原语的 Status 参数不是 SUCCESS，NLME 将重新发送复位请求。NLME 还要把近邻表中其前父设备对应记录中的关系字段设为 0x03，表示没有关系。如果一个已入网设备的 NLME 收到 NLME－LEAVE. request 原语，并且原语中 DeviceAddress 参数为空，RemoveChildren 参数等于 TRUE，则 NLME 把设备自身从网络中删除之前要先删除设备的子设备。每完成一次删除子设备的操作，NLME 都向上层发送一个 NLME－LEAVE. confirm 原语，证实原语中 DeviceAddress 参数等于刚删除设备的 IEEE 地址，如果删除子设备成功，则 Status 参数等于 SUCCESS，如果因为任何原因导致删除子设备失败，则 Status 参数等于 LEAVE_UNCONFIRMED。同时，NLME 还要把近邻表中被删除子设备对应记录中的关系字段设为 0x03，表示没有关系。在删除了所有的子设备之后，NLME 才把设备自身从网路中删除。如果 ZigBee 协调器或 ZigBee 路由器的 NLME 收到的 NLME－LEAVE. request 原语中 DeviceAddress 参数不为空，NLME 将判断指定的设备是否存在于近邻表中。如果被请求的设备不存在，NLME 就向上层发送状态为 UNKNOWN_DEVICE 的 NLME－LEAVE. confirm 原语。如果被请求的设备存在于近邻表中，NLME 将尝试使指定的设备离开网络。此时，如果 RemoveChildren 参数等于 TRUE，则该原语还要求被请求设备的子设备离开网络。每完成一次删除子设备的操作，NLME 都向上层发送一个 NLME－LEAVE. confirm 原语，证实原语中 DeviceAddress 参数等于删除设备的 IEEE 地址，如果删除子设备成功，则 Status 参数等于 SUCCESS，如果因为任何原因导致删除子设备失败，则 Status 参数等于 LEAVE_UNCONFIRMED。同时，被请求设备还要把近邻表中被删除子设备对应记录中的关系字段设为 0x03，表示没有关系。

NLME－LEAVE. confirm 原语是对 NLME－LEAVE. request 原语的响应，它由 NLME 产生并发送给上层，向上层反馈其请求设备自身或另一设备离开网络的结果。该原语的语法如下：

NLME - LEAVE. confirm (
DeviceAddress,
Status
)

其中：参数 DeviceAddress 是请求原语意图删除设备的 64 位 IEEE 地址；Status 表示相应请求的状态，其取值为 SUCCESS、INVALID_REQUEST、UNKNOWN_DEVICE 或 LEAVE_UNCONFIRMED。

NLME - LEAVE. indication 原语允许 ZigBee 设备被父设备从网络中删除时能够通知给上层。另外，一个 ZigBee 设备通过解关联离开网络时，可以通过该指示原语通知给设备关联的 ZigBee 路由器或 ZigBee 协调器的上层。该原语的语法如下：

NLME - LEAVE. indication (
DeviceAddress,
)

其唯一参数 DeviceAddress 值如果为空，则表示发送原语的设备自身被其父设备删除；否则 DeviceAddress 参数就表示离开网络的设备的 64 位 IEEE 地址。

7）设备复位

网络层复位请求原语 NLME - RESET. request 允许设备上层请求 NLME 执行复位操作。这是一个不含参数的原语，其语法如下：

NLME - RESET. request (
)

NLME 接收到上层的复位请求后，也向 MAC 子层发送复位请求 MLME - RESET. request，其参数 SetDefaultPIB 设为 TRUE。NWK 层在收到 MAC 层的复位证实原语 MLME - RESET. confirm 后，也对 NWK 层进行复位，即清除所有内部变量和路由发现表记录，并把所有 NIB 属性设为默认值。如果 MAC 层复位成功并且 NWK 层复位成功，NLME 就向上层发送状态为 SUCCESS 的证实原语 NLME - RESET. confirm；否则，证实原语状态参数值为 DISABLE_TRX_FAILURE。

NLME - RESET. confirm 原语是对 NLME - RESET. request 原语的响应，它由 NLME 发送给上层，以告知其请求复位网络层的结果。该原语的语法如下：

NLME - RESET. confirm (
Status
)

其唯一参数 Status 表示复位操作的结果，参数值等于 MAC 复位确认原语 MLME - RESET. confirm 返回的状态值。网络层复位的信息流程如图 3 - 8 所示。

8）接收机同步

网络层同步请求原语 NLME - SYNC. request 定义设备的 APL 层如何与 ZigBee 协调器或路由器同步，以及如何从 ZigBee 协调器或路由器提取待接收的数据。每当 APL 层要与 ZigBee 协调器或路由器同步，或检查是否要数据需要接收时，就向 NLME 发送同步请求原

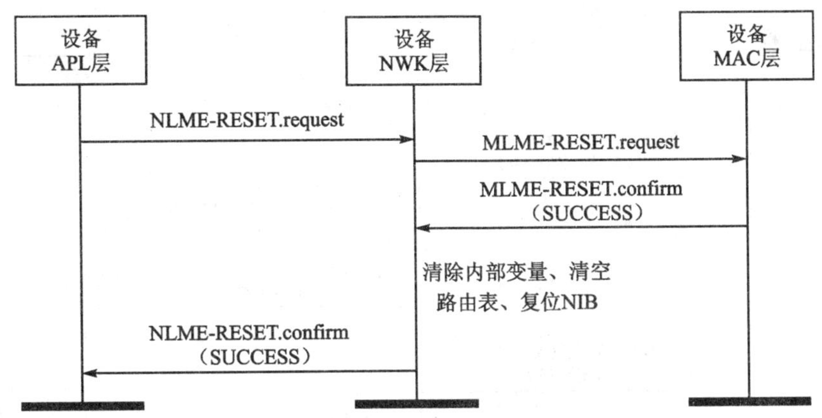

图 3-8　网络层复位的信息流程

语。该原语的语法如下：

```
NLME-SYNC.request      (
                         Track
                       )
```

其唯一参数 Track 的取值决定是否要维持与信标的同步。如果 Track 参数值为 FALSE 并且设备工作在非信标的网络中，NLME 就向 MAC 子层发送请求原语 MLME-POLL.request。接收到 MLME-POLL.confirm 证实原语后，如果 MAC 请求原语成功，NLME 就向上层发送 Status 参数值为 SUCCESS 的 NLME-SYNC.confirm；否则，Status 参数值为 SYNC_FAILURE。如果 Track 参数值为 FALSE 并且设备工作在信标网络中，NLME 将首先调用 MLME-SET.request 原语把 MAC PIB 属性 macAutoRequest 设为 TRUE；再向 MAC 层发送 TrackBeacon 参数设为 FALSE 的同步请求原语 MLME-SYNC.request；最后，NLME 才向上层发送 Status 参数为 SUCCESS 的网络层同步证实原语 NLME-SYNC.confirm。如果 Track 参数值为 TRUE 并且设备工作在非信标的网络中，NLME 将直接向上层返回一个状态为 INVALID_PARAMETER 的证实原语 NLME-SYNC.confirm。如果 Track 参数值为 TRUE 并且设备工作在信标网络中，NLME 将首先调用 MLME-SET.request 原语把 MAC PIB 属性 macAutoRequest 设为 TRUE；再向 MAC 层发送 TrackBeacon 参数设为 TRUE 的同步请求原语 MLME-SYNC.request；最后，NLME 才向上层发送 Status 参数为 SUCCESS 的网络层同步证实原语 NLME-SYNC.confirm。

证实原语 NLME-SYNC.confirm 是对请求原语 NLME-SYNC.request 的响应，它由 NLME 层发送给上层，用以报告其请求同步或从 ZigBee 协调器或路由器提取数据的结果。该原语的语法如下：

```
NLME-SYNC.confirm      (
                         Status
                       )
```

其唯一参数 Status 表示请求同步的结果，取值为 SUCCESS、SYNC_FAILURE 或 INVALID_PARAMETER。各状态值对应的条件在请求原语中有详细的介绍。图 3-9 和 3-10 分别是非信标网络和信标网络中的设备成功同步到 ZigBee 协调器的信息流程。

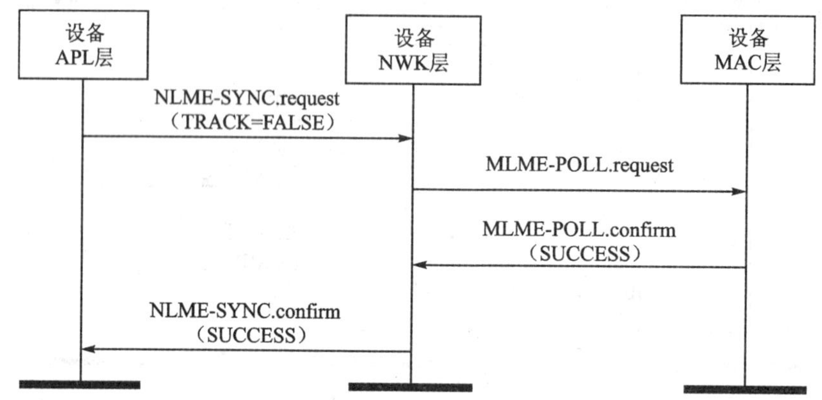

图 3-9 无信标网络中设备同步到 ZigBee 协调器的流程

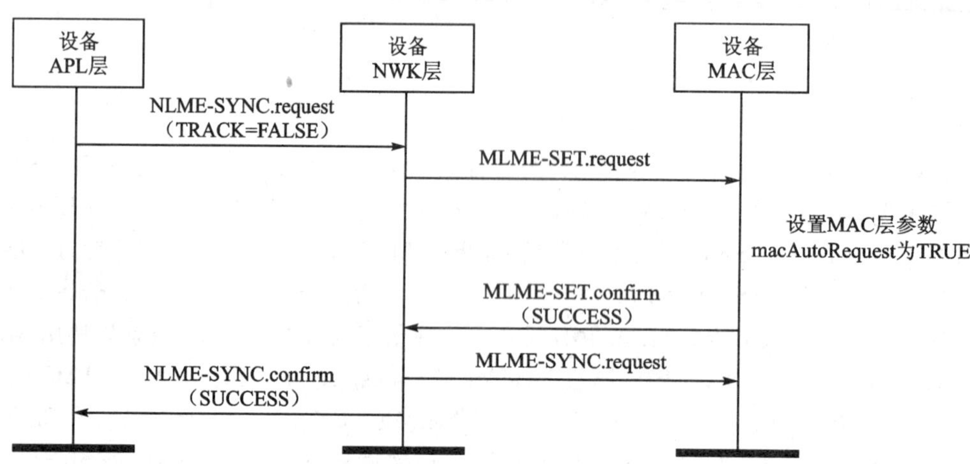

图 3-10 信标网络中设备同步到 ZigBee 协调器的流程

网络层同步指示原语 NLME-SYNC. indication 用来把 MAC 层失步的信息通知给 APL 层。当 NLME 收到来自 MAC 层的失步指示原语 MLME-SYNC-LOSS. indication 中的参数 LossReason 等于 BENCON_LOST 时，就向上层发送 NLME-SYNC. indication 原语。该原语的语法如下：

NLME-SYNC. indication (
)

9) NIB 维护

NLME-GET. request 原语允许 APL 层读取 NIB 属性值。该原语的语法为：

NLME-GET. request (
NIBAttribute
)

其唯一参数 NIBAttribute 表示要读取的 NIB 属性的标识码。NLME 收到 NLME-GET. request 原语后就到数据库中检索要读取的 NIB 属性。如果在数据库中找不到要读取 NIB 属性的标识码,NLME 就向上层发送状态为 UNSUPPORTED_ATTRIBUTE 的证实原语 NLME - GET. cofiirm。如果在数据库中成功找到了要读取的 NIB 属性,NLME 就向上层发送状态为 SUCCESS 的 NLME - GET. cofiirm 原语,并返回 NIB 属性标识码和属性值。

NLME - GET. cofiirm 原语是对 NLME - GET. request 原语的响应,NLME 用它向上层报告请求读取 NIB 属性的结果。该原语的语法如下:

```
NLME - GET. confirm        (
                           Status,
                           NIBAttribute,
                           NIBAttributeLength,
                           NIBAttributeValue
                           )
```

其中:参数 Status 表示请求读取 NIB 属性值的结果,其取值为 SUCCESS 或 UNSUPPORTED_ATTRIBUTE;NIBAttribute 是读取的 NIB 属性的标识码;NIBAttributeLength 表示返回的 NIB 属性值的字节数;NIBAttributeValue 表示读取的 NIB 属性值。

NLME - SET. request 原语允许 APL 层设置 NIB 属性值。该原语的语法为:

```
NLME - SET. request        (
                           NIBAttribute,
                           NIBAttributeLength,
                           NIBAttributeValue
                           )
```

其中:参数 NIBAttribute 是要设置的 NIB 属性的标识码;NIBAttributeLength 表示要设置的 NIB 属性值的字节数;NIBAttributeValue 表示设置的 NIB 属性值。NLME 收到 NLME - SET. request 原语后就尝试把给定的值写入到数据库中对应的 NIB 属性。如果在数据库中找不到 NIBAttribute 参数指定的属性,NLME 就向上层发送状态为 UNSUPPORTED_ATTRIBUTE 的证实原语 NLME - SET. cofiirm。如果 NIBAttributeValue 参数的值超出了要设置的 NIB 属性有效范围,NLME 就向上层发送状态为 INVALID_PARAMETER 的 NLME - SET. cofiirm 原语。如果成功设置了指定 NIB 属性的值,NLME 向上层发送的 NLME - SET. cofiirm 原语的状态就为 SUCCESS。

NLME - SET. cofiirm 原语是对 NLME - SET. request 原语的响应,NLME 用它向上层报告请求设置 NIB 属性的结果。该原语的语法如下:

```
NLME - SET. confirm        (
                           Status,
                           NIBAttribute
                           )
```

其中:参数 Status 表示请求设置 NIB 属性的结果,其取值为 SUCCESS、INVALID_PARAMETER 或 UNSUPPORTED_ATTRIBUTE;NIBAttribute 是设置的 NIB 属性的标识码。

3.2.3　网络层帧格式

1. NWK 帧的一般格式

一个 NWK 帧(即 NPDU)由两个基本部分组成：NWK 头和 NWK 有效负载。NWK 头部分包含帧控制、地址和序号信息；NWK 有效负载部分包含的信息因帧类型的不同而不同，它是可变长度的。NWK 头中的字段按固定的顺序排列，但不是每个 NWK 帧都包含完整的地址和序号信息字段。NWK 帧的一般格式如下：

字节数：2	2	2	1	1	可变长度
帧控制	目的地址	源地址	半径	序号	帧有效载荷
	路由字段				
NWK 头					NWK 有效载荷

帧头部分的**帧控制**字段长度为 16 位，各子域的划分如下：

比特位：0～1	2～5	6～7	8	9	10～15
帧类型	协议版本	发现路由	预留	安全	预留

其中**帧类型**子域占 2 位，取值 00 表示 NWK 数据帧，01 表示 NWK 命令帧。**协议版本**子域占 4 位，表示的是设备使用的 ZigBee NWK 协议版本。一个设备使用的协议版本可以从 NWK 常量 nwkcProtocolVersion 中得到。**发现路由**子域占 2 位，用来控制发送帧时的路由发现操作，0x00 表示禁止路由发现，0x01 表示使能路由发现，0x02 表示强制路由发现。**安全**子域占 1 位，当且仅当该帧需执行 NWK 层安全操作时，安全子域置为 1；如果该帧在其他层执行安全操作或完全不使用安全操作，则安全子域置为 0。

帧头部分的**目的地址**字段在帧结构中总是存在的。它的长度是 2 字节，包含的是目的设备的 16 位网络地址或广播地址 0xffff。设备网络地址总是与 IEEE 802.15.4－2003 的 MAC 短地址相同。

帧头部分的**源地址**字段在帧结构中总是存在的。它的长度是 2 字节，包含的是该帧源设备的 16 位网络地址。设备网络地址总是与 IEEE 802.15.4－2003 的 MAC 短地址相同。

帧头部分的**半径**字段在帧结构中总是存在的。它的长度是 1 字节，指定了帧传输的范围。每个接收设备都把该字段的值减 1。

帧头部分的**序号**字段在每个帧中都是存在的，它的长度是 1 字节。设备每发送一个新的帧就把序号值加 1，序号字段和源地址字段的一对值可以唯一确定一个帧。

2. 特定 NWK 帧的格式

NWK 层定义了两种类型的帧：数据帧和命令帧。

NWK 数据帧的格式如下：

字节数：2	6	可变长度
帧控制	路由信息	数据有效载荷
NWK 头		NWK 有效载荷

NWK 数据帧中各字段的排列顺序与一般 NWK 帧格式相同。数据帧头部分的**帧控制**字段中，帧类型子域的值为 00，其他子域根据数据帧的具体应用情况来设置。**路由信息**部分包含的是地址和广播字段的适当组合，这些字段的设置与帧控制字段有关。数据有效载荷字段包含的是上层要求 NWK 发送的一串字节。

NWK 命令帧的格式如下：

字节数：2	6	1	可变长度
帧控制	路由信息	NWK 命令标识	NWK 命令有效载荷
NWK 头		NWK 有效载荷	

NWK 命令帧中各字段的排列顺序与一般 NWK 帧中字段的排列一致。NWK 命令帧头的**帧控制**字段中帧类型子域的值为 01，其他子域根据 NWK 命令帧的具体应用来设置。NWK 头的**路由信息**部分是多个地址和广播字段的适当组合，它们与帧控制字段的设置有关。

NWK 命令帧的有效负载部分包括 NWK 命令标识和 NWK 命令有效负载两个字段。**NWK 命令标识**字段长度是 1 字节，表示正使用的 NWK 命令名称。命令标识 0x01 表示路由请求命令，0x02 表示路由应答命令，0x03 表示路由错误命令，0x04 表示离开网络命令。**NWK 命令有效载荷**部分则是当前命令的具体内容。

3.2.4 网络层命令帧

NWK 命令标识 0x01 表示路由请求命令，它允许发送该命令的设备请求其无线覆盖范围的其他设备针对一个特定的目的设备执行路由搜索，在网络中建立状态信息以使得消息能够更方便快捷地传递到目的设备。路由请求命令帧的有效载荷部分如下：

字节数：1	1	1	2	1
命令帧标识	命令选项	路由请求标识	目的地址	路径成本
NWK 有效载荷				

使用 MAC 数据服务发送 NWK 路由请求命令时，MAC 帧头要作如下设置：

目的 PAN 标识应设置为发送路由请求命令的设备的 PAN 标识；目的地址设置为广播地址 0xffff；源 MAC 地址和源 PAN 标识应设置为发送路由请求命令的设备地址和 PAN 标识，该设备可能并不是路由请求命令的原始发起设备，而是转发设备；帧控制字段的设置应指定该帧为 MAC 数据帧并禁止 MAC 安全处理，因为 NWK 层发起的任何安全帧都应采用 NWK 层安全处理。由于该帧是广播帧，所以应设定为不需确认。地址模式和 PAN 内标志位应根据地址字段的情况设置。

为了发送路由请求命令帧，NWK 帧头部分的源地址字段应设为命令发起设备的地址。NWK 帧头部分的目的地址应设为广播地址。路由请求命令帧的有效负载部分包含命令帧标识字段、命令选项字段、路由请求标识字段、目的地址字段和路径成本。其中**命令帧标识**字段应设为 0x01 以指示为路由请求命令帧；**命令选项**字段长度是 1 字节，前 7 位预留，最后 1 位是路由修复子域。当且仅当该路由请求命令是 Mesh 网络拓扑路由修复操作的一部分时，路由修复才设为 1。**路由请求标识**是一个 8 位的路由请求序号，一个特定设备的 NWK 层每发出一个路由请求命令，路由请求序号就加 1。**目的地址**字段是 2 字节长度的地址，表示该路由请求命令意图搜索到该目的地址的路由。**路径成本**字段长度是 1 字节,它用来累计路由请求命令帧在网络中传递的路由成本信息。

NWK 命令标识 0x02 表示路由应答命令,它允许路由请求命令指定的目的设备在收到请求时通知路由请求的发起设备;它还允许路由请求命令经过路径上的 ZigBee 路由器建立状态信息,以使得从源设备向目的设备发送数据帧时更加高效。路由应答命令的有效负载格式如下:

字节数:1	1	1	2	2	1
命令帧标识	命令选项	路由请求标识	原始地址	响应地址	路径成本
NWK 有效载荷					

使用 MAC 数据服务发送 NWK 路由应答命令时,MAC 帧头要作如下设置:

目的 MAC 地址和目的 PAN 标识应分别设置为返回到相应的路由请求命令帧发起设备路径中第一跳的网络地址和 PAN 标识,该目的 PAN 标识应与相应路由请求命令发起设备的 PAN 标识相同。源 MAC 地址和源 PAN 标识应分别设置为发送路由应答命令设备的地址和 PAN 标识,该发送设备不一定是路由应答命令的发起设备,而只是转发设备。帧控制字段的设置应指定该帧为 MAC 数据帧并禁止 MAC 安全处理,因为 NWK 层发起的任何安全帧都应采用 NWK 层安全处理。在 MAC 帧的发送选项中应指定该帧要求确认。地址模式和 PAN 内标志位应支持地址字段的相应设置。

为了使路由应答到达目的设备并正确完成路由发现过程,NWK 帧头部分必须提供以下信息。NWK 帧控制字段中帧类型子域应设为 01,表示该帧是 NWK 层命令帧。NWK 帧头部分的目的地址字段应设置为路由应答设备返回到相应请求发起设备的路径中第一跳的网络地址。NWK 帧头部分的源地址字段则应设为该帧当前发送设备的 16 位网络地址。路由应答命令帧的有效负载部分包含命令帧标识字段、命令选项字段、路由请求标识字段、路由请求发起设备地址和应答设备地址、路径成本。其中**命令帧标识**字段应设为 0x02,以指示为路由应答命令帧;**命令选项**字段长度是 1 字节,前 7 位预留,最后 1 位是路由修复子域。当且仅当该路由请求命令是 Mesh 网络拓扑路由修复操作的一部分时,路由修复才设为 1。**路由请求标识**字段应设置为相应的路由请求命令帧中路由请求标识值。**发起设备地址**字段长度是 2 字节,它包含的是该帧正在应答的路由请求命令发起设备的 16 位网络地址。应答设备地址字段长度是 2 字节,当前路由请求和应答过程就是为了发现该设备的路由,该字段的值总是与相应的路由请求命令帧有效负载部分的目的地址字段的值相同。**路径成本**字段用来累计路由应答命令帧在网路中传递时的总链路成本。

当设备不能完成数据帧的转发时,它就用路由错误命令来通知数据帧的源设备,告知数据帧转发失败信息。路由错误命令帧的有效负载格式如下:

字节数:1	1	2
命令帧标识	错误代码	目的地址

使用 MAC 数据服务发送 NWK 路由错误命令时,MAC 帧头要作如下设置:

目的 MAC 地址和目的 PAN 标识应分别设为从遭遇转发失败的设备返回到数据帧源设备的路径中第一跳的地址和 PAN 标识。源 MAC 地址和源 PAN 标识应设为发送路由错误命令设备的地址和 PAN 标识。帧控制字段的设置应指定该帧为 MAC 数据帧并禁止 MAC 安全处理，因为 NWK 层发起的任何安全帧都应采用 NWK 层安全处理。至于该帧是否要求确认则由实现者来决定。地址模式和 PAN 内标志位应支持地址字段的相应设置。

为了发送路由错误命令帧，NWK 帧头部分的目的地址字段应设为遭遇转发失败的数据帧的源地址字段值。NWK 帧头部分的源地址字段则应设为路由错误命令发送设备的地址。NWK 路由错误命令帧有效负载部分的错误代码字段根据发生错误的具体原因设置为表 3-16 中不同的值。有效负载部分的目的地址字段长度是 2 字节，它包含的是遭遇转发失败的数据帧意图指向的转发地址。

表 3-16 路由错误代码及错误原因

数 值	错误码
0x00	无路由可用
0x01	树状链路失败
0x02	非树状链路失败
0x03	电池电压低
0x04	无路由能力
0x05～0xff	预留

一个设备离开网络时，NLME 用 NWK 离开命令来通知其父设备和子设备；另外设备还可以使用离开命令来请求另外一个设备离开网络。NWK 离开命令的有效负载部分格式如下：

字节数：1	1
命令帧标识	命令选项

使用 MAC 数据服务发送 NWK 离开命令时，MAC 帧头要作如下设置：

目的 MAC 地址和目的 PAN 标识应分别设为该帧指向的近邻设备的地址和 PAN 标识。源 MAC 地址和源 PAN 标识应设为发送离开命令的设备地址和 PAN 标识。帧控制字段的设置应指定该帧为 MAC 数据帧并禁止 MAC 安全处理，因为 NWK 层发起的任何安全帧都应采用 NWK 层安全处理。该 MAC 帧应设置为要求确认。地址模式和 PAN 内标志位应支持地址字段的相应设置。

为了发送离开命令帧，NWK 帧头部分的目的地址字段应设为该 NWK 帧指向的近邻设备的网络地址。NWK 帧头部分的源地址字段则应设为离开命令发送设备的地址。NWK 帧头中的半径字段应设为 1。NWK 离开命令帧有效负载部分的命令选项字段格式如下：

比特位：0～5	6	7
预留	请求/指示	删除子设备

其中**请求/指示**子域长度是 1 位，该子域取值为 1，表示离开命令请求另一个设备离开网络；该子域取值为 0，则指示离开命令的发送设备计划离开网络。**删除子设备**子域长度是 1 位，其值为 1，表示离开网络设备的子设备也要离开网络。

3.2.5 网络层功能详述

1. 网络和设备维护

所有 ZigBee 设备都应具有两个最基本的功能，即加入网络和离开网络。ZigBee 协调器和 ZigBee 路由器还应提供以下功能：允许设备加入网络，允许设备离开网络，参与分配逻辑网络地址，维护近邻设备列表。其中允许设备加入/离开网络功能支持两种实现方式：一种是根据 MAC 层的关联/解关联指示；另一种是根据应用层的直接加入/离开请求。此外，ZigBee 协调器还应具备创建一个新网络的功能。

(1) 创建新网络

创建新网络的过程是通过使用 NLME - NETWORK - FORMATION. request 原语来初始化的。只有能够担当 ZigBee 协调器的、尚未加入到网络中的全功能设备才能尝试创建一个新网络。如果在任何其他 ZigBee 设备上初始化创建新网络过程，NLME 将中止该过程并通知上层——这是一个非法的请求，即 NLME 向上层发送一个 Status 参数值为 INVALID_REQUEST 的证实原语 NLME - NETWORK - FORMATION. confirm。

当设备 NLME 收到的 NLME - NETWORK - FORMATION. request 请求原语有效时，NLME 将首先请求 MAC 子层在一组指定的信道或默认的所有信道上执行能量检测扫描，搜索可能存在的干扰。此时的信道扫描由 NLME 向 MAC 子层发送扫描请求原语 MLME - SCAN. request 来实现，其中 ScanType 参数设为能量检测扫描。信道扫描结果通过 MLME - SCAN. confirm 证实原语反馈给 NLME。接收到成功的能量检测信道扫描结果后，NLME 将根据能量递增的顺序对信道排序并剔出其中能量强度不符合要求的信道。然后，NLME 在剩下的信道上执行主动扫描来搜索其他 ZigBee 设备。此时 NLME 向 MAC 子层发送的 MLME - SCAN. request 原语中 ScanType 参数设为主动扫描，ChannelList 参数设为能量强度满足要求的一组信道。为了找到最适合创建新网络的信道，NLME 将检索主动扫描返回的 PAN 描述符，找到其中现存网络最少的第一个信道作为创建的新网络的工作信道。如果找不到合适的信道，NLME 将中止创建新网络的过程并通知上层：创建新网络失败。这是通过向应用层发送 Status 参数值为 STARTUP_FAILURE 的 NLME - NETWORK - FORMATION. confirm原语来实现的。如果找到一个合适的信道，NLME 将为新网络选择一个 PAN 标识。在决定新网络的 PAN 标识时，首先检查 NLME - NETWORK - FORMATION. request 原语中的可选参数 PANId 是否指定了 PAN 标识。如果创建网络的请求原语中指定了 PAN 标识并且与现存网络的 PAN 标识不冲突，那么 PANId 的值就是新网络的 PAN 标识；否则，设备将随机选择一个 PAN 标识，只要它不是广播 PAN 标识 0xffff 并且在选定信道上的网络中是唯一的。另外，PAN 标识不得大于 0x3fff，因为 16 位 PAN 标识的最高两个有效位预留给将来使用。一旦 NLME 选定了 PAN 标识，就通过 MLME - SET. Request 原语把 MAC 层属性 macPANID 设为选定的 PAN 标识。如果没有唯一的 PAN 标识可选，NLME 将中止创建新网络的过程并通知上层：创建新网络失败。这也是通过向应用层发送 Status 参数值为 STARTUP_FAILURE 的 NLME - NETWORK - FORMATION. confirm 原语来实现的。选定 PAN 标识后，NLME 将选择 16 位网络地址 0x0000 作为 ZigBee 协调器的地址，并将 MAC 层 PIB 属性 macShortAddress 的值设为 0x0000。选定网络地址后，NLME 将向 MAC 层发送 MLME - START. request 原语启动新的 PAN。MLME - START. request 的参数根据 NLME - NETWORK - FORMATION. request 原语传递的参数进行设置，如信道扫描结果、选定的 PAN 标识等。PAN 启动状态通过 MLME - START. confirm 原语来反馈。NLME 接收到 PAN 启动状态后，就向上层发送证实原语 NLME - NETWORK - FORMATION. confirm，把请求初始化 ZigBee 协调器的状态通知给应用层，该证实原语的 Status 参数设为 MAC 层返回原语的 MLME - START. confirm 中的状态值。成功创建一个新网络的信息流程如图 3 - 11 所示。

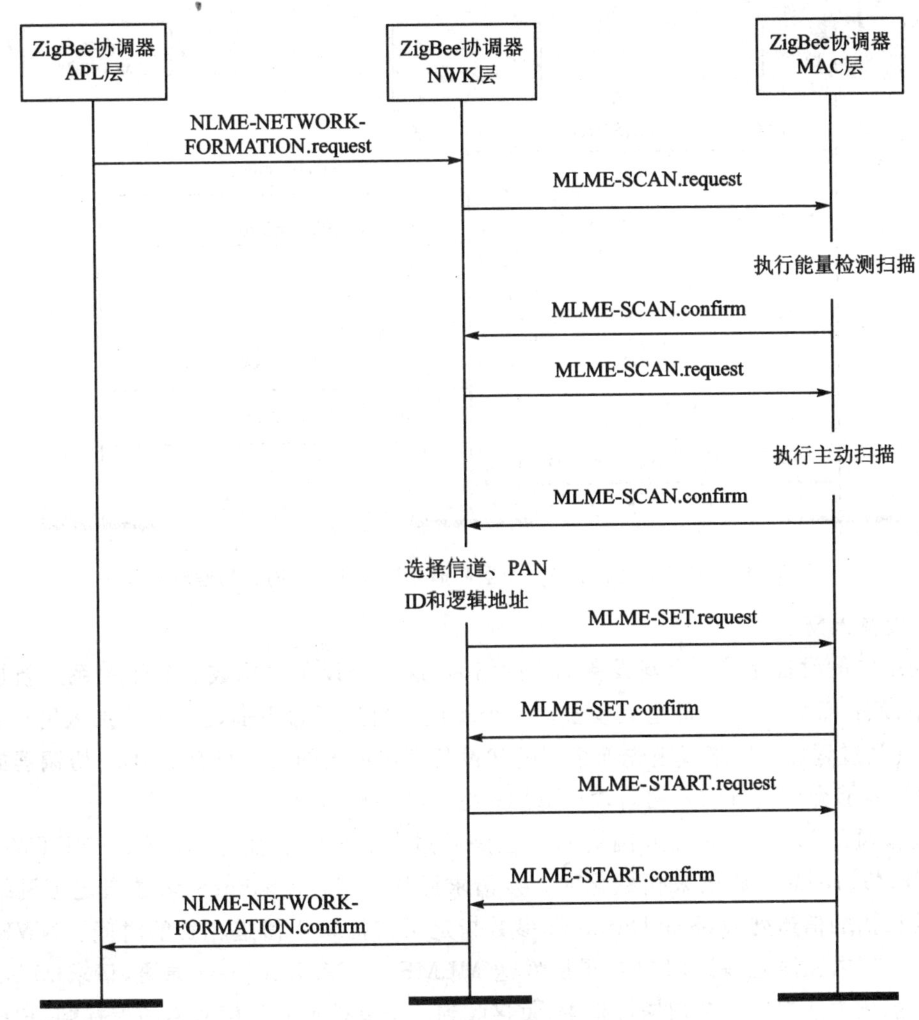

图 3-11　ZigBee 协调器成功创建新网络的信息流程

(2) 允许设备加入网络

允许设备加入网络的过程是通过 NLME-PERMIT-JOINING. request 原语来初始化。只有 ZigBee 协调器或 ZigBee 路由器才能够允许其他设备加入网络。如果允许设备加入网络过程初始化发生在一个 ZigBee 终端设备上，设备 NLME 将中止该过程。如果 NLME-PERMIT-JOINING. request 原语中 PermitDuration 参数为 0x00，NLME 将调用 MAC 属性设置原语 MLME-SET. request，把 MAC PIB 属性 macAssociationPermit 设为 FALSE。如果 NLME-PERMIT-JOINING. request 原语中 PermitDuration 参数为 0x01～0xfe 之间的值，NLME 将把 MAC PIB 属性 macAssociationPermit 设为 TRUE 并启动一个计时周期为 PermitDuration 的定时器，计时期满后，NLME 再把属性 macAssociationPermit 设为 FALSE。如果 NLME-PERMIT-JOINING. request 原语中 PermitDuration 参数为 0xff，NLME 将把 MAC PIB 属性 macAssociationPermit 设为 TRUE 并且不限时，除非再次收到 NLME-PERMIT-JOINING. request 原语才会重新设置 macAssociationPermit 属性值。ZigBee 协调器或 ZigBee 路由器在有限时段内允许设备加入网络的信息流程如图 3-12 所示。

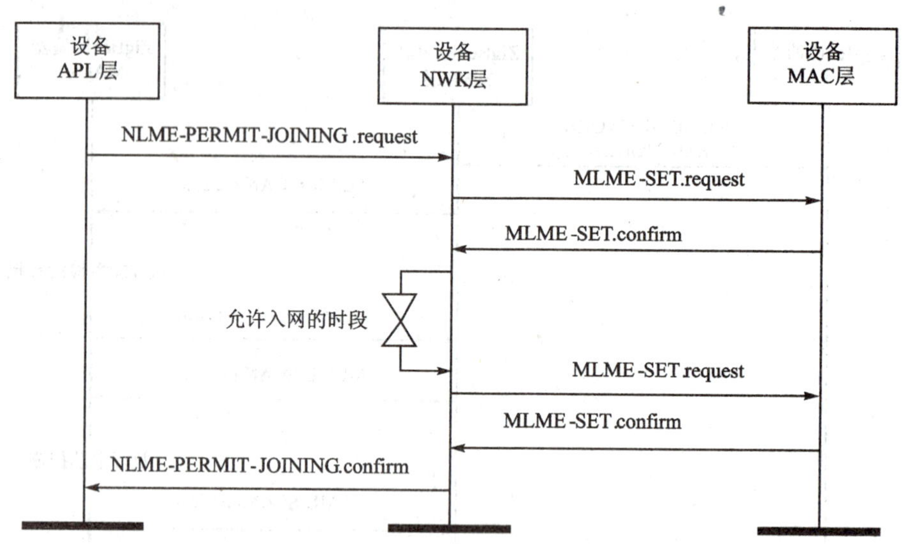

图 3－12　ZigBee 协调器或路由器限时允许设备加入网络的信息流程

(3) 设备入网

当网络中的设备允许一个新设备加入网络时，这两个设备就构成了父子关系。新加入的设备是子设备，而第一个设备是父设备。一个子设备可以通过下面两种方式加入网络：通过 MAC 层关联过程加入网络或由先前指定的父设备直接加入网络。只有 ZigBee 协调器或 ZigBee 路由器能够允许设备加入网络，而 ZigBee 终端设备则不能。

子设备通过 MAC 关联加入网络的过程是通过向 NWK 层发送 NLME－NETWORK－DISCOVERY. request 原语来初始化的。该请求原语中 ScanChannels 参数指定了网络发现过程中要扫描的信道列表，ScanDuration 参数指定了扫描每个信道花费的时间。NWK 层收到网络发现请求原语后，就向 MAC 子层发送 MLME－SCAN. request 原语，请求 MAC 层执行被动扫描或主动扫描。在扫描过程中，每接收到一个有效负载长度非零的信标帧，扫描设备的 MAC 层就向 NLME 发送一个 MLME－BEACON－NOTIFY. indication 指示原语。该指示原语中包含的信息有信标设备地址信息、是否允许关联以及信标有效负载等。扫描设备的 NLME 将检查信标有效负载中的协议 ID 字段，看它是否与自身的 ZigBee 协议标识匹配。如果不匹配，该信标就被忽略；如果匹配，扫描设备就把接收信标中的相关信息拷贝到近邻表中。当 MAC 层完成扫描向 NLME 发送 MLME－SCAN. confirm 原语后，NWK 层就向其上层发送 NLME－NETWORK－DISCOVERY. confirm 原语，把侦听到的每个网络的描述信息传递给应用层。每个网络描述信息包括 ZigBee 版本、协议栈配置文件、PAN ID、逻辑信道以及是否允许加入网络等。接收到 NLME－NETWORK－DISCOVERY. confirm 原语后，应用层就获知了设备临近区域内存在网络的信息。如果要从中选择一个网络加入，设备应用层就向 NLME 发送 NLME－JOIN. request 原语，原语中 PANId 参数设置为选定网络的 PAN 标识，RejoinNetwork 参数设为 FALSE，JoinAsRouter 参数则根据加入网络的设备是否是路由设备来设置。只有尚未加入网络的设备才能初始化通过 MAC 关联加入网络的过程，任何其他设备初始化该过程时，NLME 将中止该过程并告知其上层。这是通过向上层发送 Status 参数为 INVALID_REQUEST 的证实原语 NLME－JOIN. confirm 来实现的。一个尚未加入网络的设备NWK层收到NLME-JOIN.request原语后，将从近邻表中搜索合适的父设备。一个合适的父设备应有期望的PAN ID，应允许关联并且链路成本至多为3。如果近邻表记录中有潜在父设备字段，则该字段的值也应为1。如果近邻表中没有合适的父设备，NLME就向上层发送状态参数为NOT_PERMITTED的NLME-JOIN.confirm原语。如果近邻表中有多个设备可以作为父设备，则选择其中与ZigBee协调器深度最小的设备为父设备。一旦确定了合适的父设备，NLME就向MAC层发送MLME-ASSOCIATE.request原语。关联状态通过证实原语MLME-ASSOCIATE.confirm反馈给NLME。如果通过关联加入网络不成功，NWK层收到的来自MAC层的MLME-ASSOCIATE.confirm原语中状态参数将指示出失败原因。如果状态参数指示近邻设备拒绝新设备加入，那么意图加入网络的设备应把近邻表中该近邻设备对应记录中的潜在父设备字段设为0，以防止NWK层再次发送关联请求给这个拒绝关联的近邻设备。每次发送MLME-SCAN.request原语的时候，紧邻表中每个记录的潜在父设备字段都设为1。如果要加入网络的设备把JoinAsRouter参数设为TRUE，但潜在的父设备不允许新的路由器关联（如它关联的路由器已经达到最大值nwkMaxRouters），加入请求也会失败。这种情况下，NLME-JOIN.confirm原语中的状态为NOT_PERMITTED。此时，子设备的应用层可以尝试以终端设备加入网络，把NLME-JOIN.reques原语中的JoinAsRouter参数设为FALSE。如果设备尝试加入网络失败，NLME将尝试从近邻表中寻找另一个合适的父设备。如果找不到这样的父设备，NLME向上层发送的NLME-JOIN.confirm原语中Status参数的值等于MLME-ASSOCIATE.confirm原语返回的状态值。如果设备尝试加入网络失败，但近邻表中有第二个合适的父设备，则NWK层将针对第二个设备重新初始化MAC层关联过程。NWK层将重复这个过程直到设备成功加入到PAN或尝试了所有合适的父设备。如果设备不能成功加入到应用层指定的PAN中，NLME将通过发送NLME-JOIN.confirm原语来中止加入网络的过程，此时，设备得不到有效的逻辑地址，不能在网络中发送数据。如果子设备成功加入到网络中，NWK层收到的MLME-ASSOCIATE.confirm原语中包含一个16位的逻辑地址，子设备以后就可以使用该逻辑地址来通信。子设备的NWK层还要设置相应近邻表记录中的Relationship字段，指示该近邻设备是它的父设备。如果设备试图加入一个安全网络中成为路由器，那么它在发送信标之前需要等待父设备的认证。如果设备成功加入网络，并且收到上层发送NLME-START-ROUTER.request原语，设备NWK层就向MAC层发送MLME-START.request原语，设置超帧配置并在要求的时候开始发送信标帧。只有BeaconOrder参数不等于15时，路由器才发送信标帧。PANId、LogicalChannel、BeaconOrder和SuperframeOrder参数应设置为其近邻表中父设备对应记录的值。PANCoordinator和CoordRealignment参数都应设为FALSE。接收到MLME-START.confirm原语后，NWK也向上层发送一个同样状态的NLME-START-ROUTER.confirm证实原语。子设备通过关联加入网络的信息流程如图3-13所示。

ZigBee协调器或路由器通过MAC层关联把一个设备加入到网络的过程是由MAC层指示原语MLME-ASSOCIATE.indication来初始化的。收到该指示原语后，潜在父设备的NLME首先判断想加入的设备是否已经存在于网络中，即NLME搜索近邻表看是否有有匹配的64位扩展地址。如果找到匹配的扩展地址，NLME将获得对应的16位网络地址并向MAC层发送关联响应；如果找不到匹配的扩展地址，NLME在可能的情况下将为新设备分配一个唯一的16位网络地址。ZigBee协调器为每个潜在的父设备分配了有限的地址空间，一

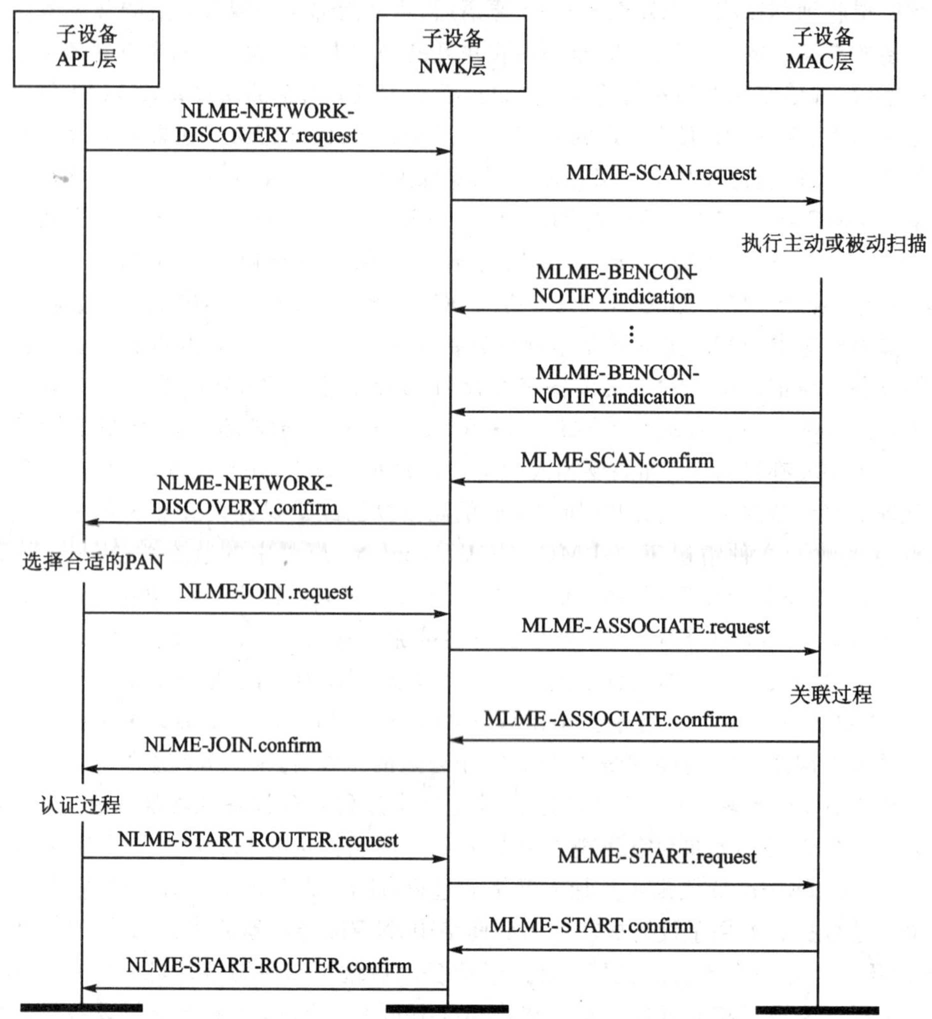

图 3-13　子设备通过关联加入网络的信息流程

旦地址空间占满，父设备就不接受入网请求了。如果潜在的父设备用尽了分配的地址空间，NLME 将中止设备加入网络的过程，并在随后的 MLME-ASSOCIATE. response 响应原语中反映这一事实。如果潜在的父设备接受了新设备的入网请求，NLME 将在近邻表中为新加入的子设备增加一条记录，记录设备信息，并向 MAC 层发送 MLME-ASSOCIATE. response 响应原语，指示关联成功。响应传输到子设备的状态通过 MLME-COMM-STATUS. indication 指示原语反馈给网络层。如果响应命令传输到子设备不成功，即 MLME-COMM-STATUS. indication 原语的状态不是 SUCCESS，则 NLME 将中止设备加入网络的过程；如果响应命令传输成功，NLME 将向上层发送 NLME-JOIN. indication 原语，告知一个新设备已经加入到网络中。父设备接收入网请求的信息流程如图 3-14 所示。

ZigBee 协调器或路由器把设备直接加入到网络的过程通过 NLME-DIRECT-JOIN. request 原语来初始化，原语中 DeviceAddress 参数设为将被加入到网络的设备地址。收到 NLME-DIRECT-JOIN. request 原语后，NLME 首先判断指定的设备是否已经存在于网络中，这是通过搜索近邻表判断是否有匹配的 64 位扩展地址来实现的。如果找到匹配的地址，

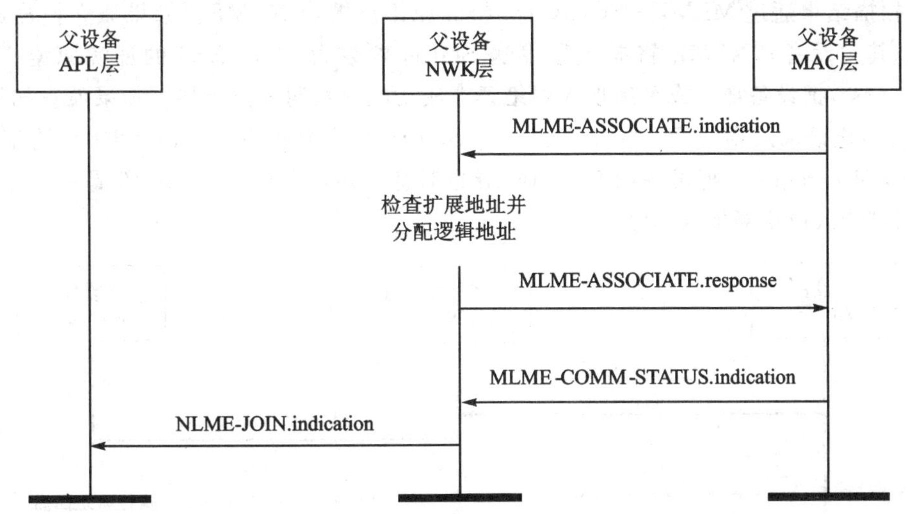

图3-14 父设备接收入网请求的信息流程

NLME将中止该过程，并向上层发送Status参数为ALREADY_PRESENT的证实原语NLME-DIRECT-JOIN.confirm；如果找不到匹配的地址，NLME在可能的情况下将为新设备分配一个16位网络地址。每个潜在父设备分到的地址空间是有限的，如果它有足够的空间接受一个新设备，则它还要在近邻表中增加一条新记录，记录新设备的信息。如果地址空间容量不够，NLME将中止该过程，向上层发送Status参数为TABLE_FULL的NLME-DIRECT-JOIN.confirm原语。如果有足够的空间，NLME就向上层发送Status参数为SUCCESS的证实原语NLME-DIRECT-JOIN.confirm。ZigBee协调器或ZigBee路由器把设备直接成功加入网络的过程如图3-15所示。

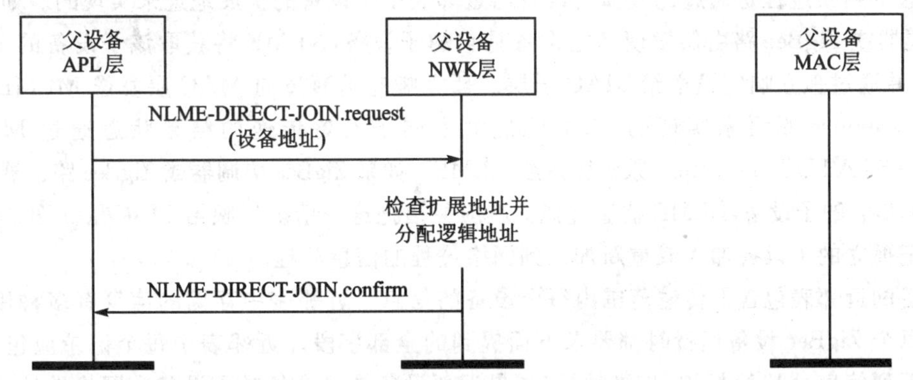

图3-15 ZigBee协调器或路由器把设备直接加入网络的信息流程

一个被直接加入到网络中的设备为了完成与父设备的关系建立，将启动孤立申明过程，即子设备通过孤立申明加入网络；一个加入到网络中的子设备又与父设备失去联系时，要重新加入网络也要启动孤立申明过程，即子设备通过孤立申明重新加入网络。子设备通过孤立申明加入网络的过程是通过NLME-JOIN.request原语来启动的，原语中RejoinNetwork参数设为TRUE。收到来自上层的NLME-JOIN.request原语后，NLME首先请求MAC子层执行在所有可用信道上的孤立扫描。NLME向MAC层发送MLME-SCAN.request原语启动孤立扫描，扫描结果通过 MLME－SCAN. confirm 原语反馈给 NLME。如果孤立扫描成功（即设备找到其父设备），NLME 将向上层发送 Status 参数为 SUCCESS 的证实原语 NLME－JOIN. request，把设备加入或重新加入网络请求成功的消息通知给上层。如果孤立扫描失败，NLME 将中止请求入网过程，并向上层发送 Status 参数为 NO_NETWORKS 的证实原语 NLME－JOIN. request，把设备没有找到网络的消息通知给上层。图 3－16 是一个子设备通过孤立扫描加入或重新加入网络的信息流程。

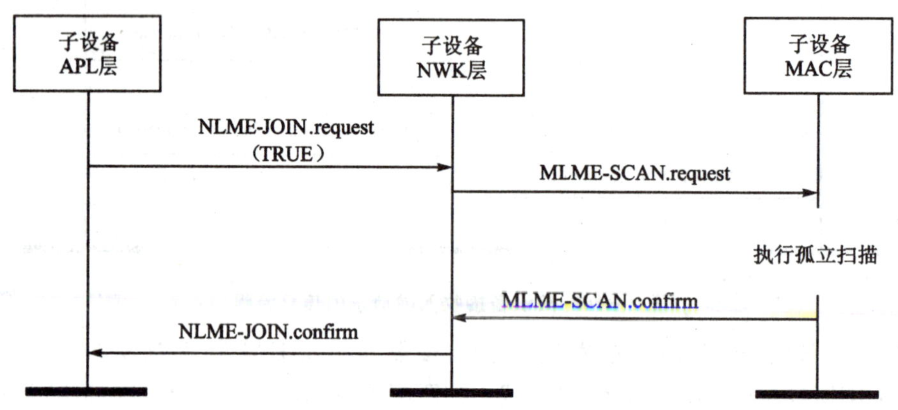

图 3－16　子设备通过孤立扫描或重新加入网络的信息流程

设备的 MAC 层向上层发送 MLME－ORPHAN. indication 原语告知一个孤立设备的存在。只有 ZigBee 协调器或 ZigBee 路由器才可以接受 MLME－ORPHAN. indication 原语，其他设备收到 MLME－ORPHAN. indication 原语时 NLME 将中止该过程。ZigBee 协调器或 ZigBee 路由器收到 MLME－ORPHAN. indication 原语后，首先判断孤立设备是否是它的子设备。这个判断过程是通过比较孤立设备与近邻表中子设备的扩展地址来实现的。如果 ZigBee 协调器或 ZigBee 路由器发现孤立设备是它的子设备，NLME 将获取该子设备的 16 位网络地址，并通过孤立响应发送给 MAC 子层。孤立响应是通过向 MAC 层发送 MLME－ORPHAN. response 原语来实现的，孤立响应命令向子设备传送的结果状态通过 MLME－COMM－STATUS. indication 原语反馈给 NLME。如果 ZigBee 协调器或 ZigBee 路由器发现孤立设备不是它的子设备，NLME 就通过孤立响应原语把这一情况反映给 MAC 层。图 3－17 是父设备把孤立的子设备加入或重新加入到网络过程的信息流程。

设备的近邻表包含了传输范围内每个设备的信息。近邻表中存储的信息有多种用途，但并不是每个 ZigBee 设备运行时都要求下面提到的全部字段。近邻表中每个记录应包含近邻设备的下列信息：PAN 标识、扩展地址（如果近邻设备是父设备或子设备）、网络地址、设备类型、关系。另外，有些信息不是近邻表记录中必需的字段但具体实现时可以包含这些信息：空闲时接收机开启指示、任何近邻设备的扩展地址、深度、信标阶数、允许入网指示、发送失败指示、潜在父设备指示、平均 LQI、逻辑信道、接收信标帧时间戳、信标发送时间偏移；近邻表中甚至还可以包含近邻设备的其他信息。设备每次接收到近邻设备的任何帧时，都要对近邻表中相应的记录进行更新。近邻表中各信息字段的定义如下：

PAN 标识　近邻设备的 16 位 PAN 标识，其取值范围是 0x0000～0x3fff。这是每一个近邻表记录都必须包含的信息。

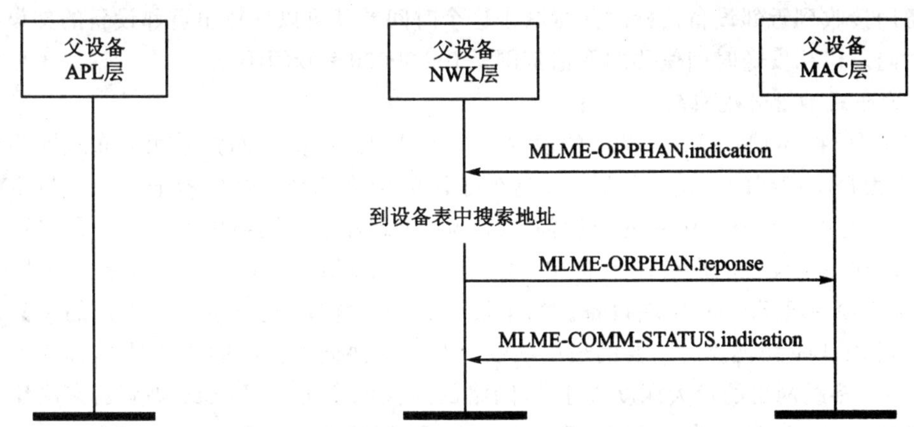

图 3-17　父设备把孤立的子设备加入网络的信息流程

扩展地址　每个设备唯一的 64 位扩展地址。如果近邻设备是该设备的父设备或子设备，就必须包含该字段。

网络地址　近邻设备的 16 位网络地址，其取值范围是 0x0000～0xffff。这是每一个近邻表记录都必须包含的信息。

设备类型　近邻设备的类型，0x00 表示 ZigBee 协调器，0x01 表示 ZigBee 路由器，0x02 表示 ZigBee 终端设备。这是每一个近邻表记录都必须包含的信息。

关系　近邻设备与当前设备之间的关系，0x00 表示近邻设备是父设备，0x01 表示近邻设备是子设备，0x02 表示近邻设备是兄弟设备，0x03 表示其他关系。这是每一个近邻表记录都必须包含的信息。

空闲时接收机开启指示　指示近邻设备的接收机在 CAP 的空闲期间是否开启，TRUE 表示开启，FALSE 表示关闭。如果近邻设备是父设备或是 ZigBee 路由器/ZigBee 协调器的字设备，近邻表记录必须包含该字段。

近邻设备的扩展地址　近邻设备的 64 位扩展地址。这是近邻表记录中的可选字段。

深度　近邻设备在网络拓扑中的深度，即到 ZigBee 协调器的最小跳数，深度值 0x00 表示近邻设备是 ZigBee 协调器。这是近邻表记录中的可选字段。

信标阶数　它指定了发送信标的频率。这是近邻表记录中的可选字段。

允许入网指示　指示近邻设备是否接受其他设备的入网请求，TRUE 表示接受入网请求，FALSE 表示不接受入网请求。这是近邻表记录中的可选字段。

发送失败指示　其值指示此前向近邻设备发送是否失败，其取值为 0x00～0xff，值越大表示失败次数越多。这是近邻表记录中的可选字段。

潜在父设备指示　指示近邻设备是否被指定为一个潜在的父设备，0x00 表示近邻设备不是潜在的父设备，0x01 表示近邻设备是潜在的父设备。这是近邻表记录中的可选字段。

平均 LQI　当前设备到近邻设备的链路质量估计。这是近邻表记录中的可选字段。

逻辑信道　近邻设备工作使用的逻辑信道。这是近邻表记录中的可选字段。

接收信标帧时间戳　设备接收到近邻设备最近一个信标帧的时间(用符号数表示)，这个值等于设备接收信标时打的时间戳，其取值范围是 0x000000～0xffffff。

信标发送时间偏移　近邻设备发送信标和它的父设备发送信标之间的时间差(用符号表

示)，设备用接收到近邻设备信标时间戳减去这个时间差就可以计算出近邻设备的父设备发送信标的时间。信标发送时间偏移的取值范围是0x000000～0xffffff。

(4) 分布式地址分配机制

当NIB属性nwkUseTreeAlloc的值等于TRUE时，ZigBee网络采用分布式网络地址分配机制，即为每个潜在的父设备分配一个有效子段的网络地址。这些地址在一个特定的网络中是唯一的，它由父设备分配它的子设备。ZigBee协调器规定网络中每个设备最多可接受的子设备数。在一个设备的所有子设备中，最多可以有nwkMaxRouters个具备路由器功能的设备，其余的预留给ZigBee终端设备。每个设备有一个深度，它表示设备发送的帧只采用父子链路达到ZigBee协调器时需要的最小跳数。ZigBee协调器自身的深度是0，而它的子设备的深度是1。多跳网络的最大深度大于1，网络的最大深度也由ZigBee协调器来决定。给定父设备最多允许的子设备数nwkMaxChildren(Cm)、网络最大深度nwkMaxDepth(Lm)、设备的子设备中最多允许的路由器数nwkMaxRouters(Rm)就可以根据下面的公式计算深度为d的父设备给它的每个具有路由器功能的子设备分配的地址段中的地址数Cskip(d)：

$$\mathrm{Cskip}(d)=\begin{cases}1+\mathrm{Cm}\cdot(\mathrm{Lm}-d-1) & \mathrm{Rm}=1\\ \dfrac{1+\mathrm{Cm}-\mathrm{Rm}-\mathrm{Cm}\cdot\mathrm{Rm}^{\mathrm{Lm}-d-1}}{1-\mathrm{Rm}} & \mathrm{Rm}\neq 1\end{cases}$$

如果一个设备的Cskip(d)值等于0，则它不能接受其他设备为子设备，这个设备就只能是ZigBee终端设备。设备的NLME就调用MLME-SET.request原语把MAC层PIB属性macAssociationPermit设为FALSE。ZigBee终端设备的NLME收到PermitDuration参数大于或等于0x01的NLME-PERMIT-JOINING.request原语时，就响应一个Status参数等于INVALID_REQUEST的证实原语NLME-PERMIT-JOINING.confirm，终止允许设备加入过程。如果一个Cskip(d)值大于0的父设备可以接受子设备，并根据子设备是否具有路由器功能而分配不同的地址。

具有路由器功能的子设备分得的网络地址之间的偏移是Cskip(d)。父设备分配给第一个具有路由器功能的子设备的网络地址比其自身地址大1；父设备分配给第二个具有路由器功能的子设备的地址与第一个具有路由器功能子设备的地址偏移是Cskip(d)。如此类推，父设备最多为nwkMaxRouters个这样的子设备分配地址。父设备为子设备中的终端设备分配的地址是连续的，第n个ZigBee终端设备类型的子设备地址为：

$$A_n=A_{\mathrm{parent}}+\mathrm{Cskip}(d)\cdot\mathrm{Rm}+n$$

其中：$1\leqslant n\leqslant(\mathrm{Cm}-\mathrm{Rm})$，$A_{\mathrm{parent}}$表示父设备的网络地址。图3-18所示的ZigBee网络中nwkMaxChildren＝4，nwkMaxRouters＝4，nwkMaxDepth＝3。表3-17列出了不同深度的父设备分配地址时的偏移量Cskip(d)，并在图中标出了各设备分配的地址。因为分配给各设备的地址段在设备间是不能共享的，所以有可能一个父设备的地址已经用完，而另一个父设备还有地址没有使用。这时，地址已经用完的父设备将不再接受新设备的入网请求，新设备只有寻找别的父设备。如果新设备工作范围内没有可以接受入网请求的父设备，那么新设备就不能加入到网络中。

表3-17 实例中不同深度的父设备分配地址时的偏移量

父设备的网络深度d	偏移量Cskip(d)
0	21
1	5
2	1
3	0

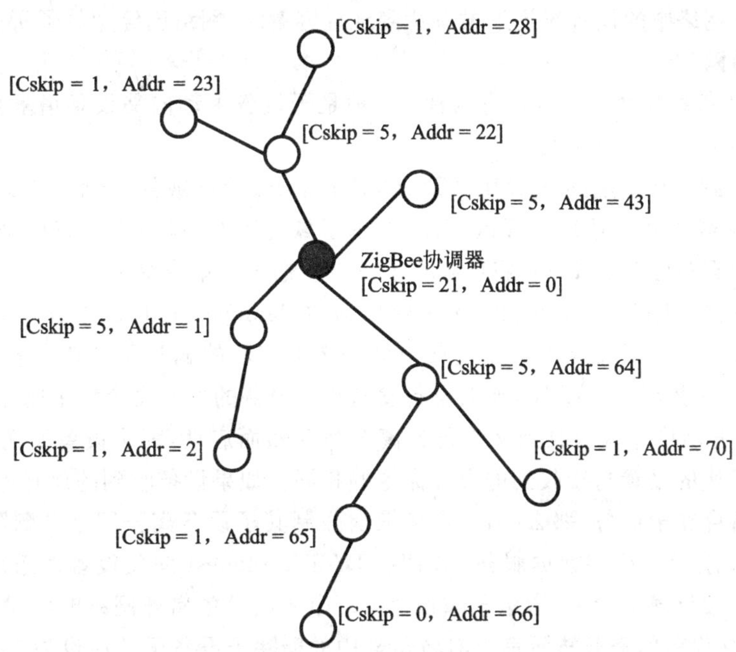

图 3-18 ZigBee 网络的地址分配实例

(5) 上层地址分配机制

当 NIB 属性 nwkUseTreeAlloc 的值等于 FALSE 时，ZigBee 网络采用另一种地址分配机制。设备上层通过设置 NIB 属性 nwkNextAddress、nwkAvailableAddresses 和 nwkAddressIncrement 来分配地址段。在这种地址分配机制中，如果一个设备的 nwkAvailableAddresses 属性值等于 0，则该设备不能接受关联请求。这类设备的 NLME 就调用 MLME - SET. request 原语把 MAC 层 PIB 属性 macAssociationPermit 设为 FALSE；同时，这类设备的 NLME 收到 PermitDuration 参数大于或等于 0x01 的 NLME - PERMIT - JOINING. request 原语时，就响应一个 Status 参数等于 INVALID_REQUEST 的证实原语 NLME - PERMIT - JOINING. confirm，终止允许设备加入过程。如果设备的 nwkAvailableAddresses 属性值大于 0，则设备的 NLME 就调用 MLME - SET. request 原语把 MAC 层 PIB 属性 macAssociationPermit 设为 TRUE，可以接受其他设备的关联请求。同时，这类设备的 NLME 收到 PermitDuration 参数大于或等于 0x01 的 NLME - PERMIT - JOINING. request 原语时，就响应一个 Status 参数等于 SUCCESS 的 NLME - PERMIT - JOINING. confirm 原语。如果设备正在接受一个新设备的关联，则它将把 nwkNextAddress 属性值作为分配给新关联设备的网络地址。关联成功后，把 nwkNextAddress 属性值增加 nwkAddressIncrement，把 nwkAvailableAddresses 属性值减 1。

需要明确的是，nwkMAxDepth 粗略决定了从拓扑树的根设备到最远的终端设备的距离；同时，nwkMAxDepth 也大体上决定了网络的直径。特别的，在 ZigBee 协调器处于网络中心的理想网络规划中，网络直径应为 2 * nwkMAxDepth；而在实际应用中，网络直径可能要小些。这种情况下，nwkMAxDepth 和 2 * nwkMAxDepth 分别代表了网络直径的下界和上界。另外，在 ZigBee 1.0 中，网络拓扑树不是动态平衡的，那么在例如长线形的应用环境中，可能存在这种情况：网络中的设备还远远没有达到地址容量时，网络已经用尽了所有的地址资源。

(6) 设备离网

ZigBee子设备离开网络的方式有两种：一种是子设备主动向父设备请求离开网络；另一种是父设备命令子设备离开网络。

当设备接收到来自上层的NLME－LEAVE.request原语或接收到来自父设备的离开网络命令帧有效负载中命令选项字段的请求/指示子域为1时，设备自身就启动离开网络的过程。设备启动离开过程时，NLME将向各个子设备发送离开请求命令。如果离开网络过程由设备上层启动并且NLME－LEAVE.request原语的RemoveChildren参数等于FALSE，那么设备发送给子设备的离开命令帧有效负载中命令选项字段的删除子设备子域应设为0；如果RemoveChildren参数等于TRUE，那么设备发送给子设备的离开命令帧中删除子设备子域应设为1。如果离开网络过程因收到父设备的离开命令帧而启动，那么设备发送的离开命令帧中删除子设备子域的设置与接收到的离开命令帧相同。如果设备收到的离开命令帧要求删除子设备并且设备存在子设备，那么NLME将依次强制其子设备离开网络。删除子设备后，设备的NLME将调用MAC层数据服务MCPS－DATA.request向父设备发送离开指示命令，即离开命令帧有效负载中请求/指示子域设为0。如果该设备离开网络时没被要求删除子设备，那么它发给父设备的离开指示命令有效负载中的删除子设备子域应设为0；如果设备离开网络时被要求删除子设备但它没有子设备或者已经成功删除了所有子设备，那么它发给父设备的离开指示命令有效负载中的删除子设备子域应设为1，否则设为0。最后，设备的NLME向MAC层发送解关联请求原语MLME－DISASSOCIATE.request，原语中DeviceAddress参数等于父设备的地址，DisassociateReason参数等于0x02。在接收到解关联证实原语MLME－DISASSOCIATE.confirm后，NLME才向上层发送离网证实原语NLME－LEAVE.confirm，原语中DeviceAddress参数等于0。如果上述过程中MCPS－DATA.confirm返回状态为SUCCESS，要求设备删除的子设备都被成功删除，并且MLME－DISASSOCIATE.confirm原语返回的状态也是SUCCESS时，NLME－LEAVE.confirm原语中的Status参数值才是SUCCESS；否则，Status参数值为LEAVE_UNCONFIRMED。

任何设备的NLME收到离开命令帧时，都必须检测它与离开命令发送设备之间的关系。如果离开命令帧接收设备是该命令发送设备的父设备，它将检测命令帧有效负载部分删除子设备子域的值。如果删除子设备子域的值为1，那么父设备可以重新利用以前分配给欲离开网络设备的16位网络地址；如果删除子设备子域的值为0，那么父设备不可重新利用此前分配该设备的16位网络地址。此外，父设备还要把近邻表中有关该离网设备的纪录中的关系字段置为0x03，表示两者之间已经没有关系了。如果离开命令帧接收设备是该命令发送设备的子设备，它将检测命令帧有效负载部分请求/指示子域的值。如果请求/指示子域的值为1，即父设备要求子设备离开网络，那么离开命令接收设备的NLME将启动上述的离网过程；如果请求/指示子域的值为0，即父设备把其自身将离网的事实通知给子设备，那么子设备的NLME将向上层发送离网指示原语NLME－LEAVE.indication，原语中DeviceAddress参数设为将要离网的父设备的64位扩展地址。

父设备强制子设备离开网络时，它将发送NLME－LEAVE.request原语，其中DeviceAddress参数设为被要求离网子设备的地址。显然，只有ZigBee协调器或ZigBee路由器可以启动强制子设备离网的过程，如果任何其他设备试图启动该过程，NLME将终止该过程并向上层发送 Status 参数等于 INVALID_REQUEST 的 NLME - LEAVE. confirm 原语，告知其请求非法。当上层发送 NLME - LEAVE. request 原语启动强制子设备离网过程时，NLME 将首先判断指定的设备是否在网络中，即 NLME 通过搜索近邻表查看是否有与指定设备匹配的扩展地址。如果找不到匹配的扩展地址，NLME 将终止离网过程并向上层发送 Status 参数等于 UNKNOWN_DEVICE 的 NLME - LEAVE. confirm 原语；如果找到匹配的扩展地址，NLME 将调用 MAC 层数据服务 MCPS - DATA. request 向子设备发送离网命令帧。离网命令帧有效负载部分请求/指示子域的值应设为 1。如果要求离网的子设备递归地删除子设备，则发送的离网命令帧中删除子设备子域设为 1；否则设为 0。发送离网命令帧后，NLME 将启动定时器，等待一个超时周期。如果不要求离网设备删除子设备，则超时周期为 nwkTransactionPersistenceTime；如果要求离网设备删除子设备，则超时周期为 nwkTransactionPersistenceTime * Cskip(d)。在超时前，设备应收到通过 MAC 层指示原语 MCPS - DATA. indication 传递的离开指示命令帧，该帧的原地址是被要求离开网络的子设备的地址，离网命令帧中请求/指示子域的值为 0。在超时周期内，设备还可能要等待接收子设备的解关联指示 MLME - DISSOCIATE. indication。在接收到这些信息后，NLME 向上层发送 NLME - LEAVE. confirm 原语，其中 DeviceAddress 参数设为离网设备的 64 位扩展地址。如果传输离网命令帧的 MAC 层证实原语 MCPS - DATA. confirm 返回的状态为 SUCCESS，在超时前设备收到子设备的离网指示命令帧，并且设备不要求子设备递归删除子设备或要求递归删除子设备时设备收到的离网指示命令帧中删除子设备子域的值为 1，那么 NLME - LEAVE. confirm 原语的 Status 参数值为 SUCCESS；否则，Status 参数值为 LEAVE_UNCONFIRMED。子设备接收到父设备的离网命令帧后，要执行此前介绍的设备主动要求离开网络的过程。

图 3 - 19 和图 3 - 20 分别是多种情形下离网请求和离网命令在设备间传递的信息流程。

(7) 变更 ZigBee 协调器配置

改变 ZigBee 协调器的配置也是 NWK 层的功能之一。如果 ZigBee 协调器的上层想改变网络的配置，它将请求 MAC 层改变 PIB 属性。ZigBee 协调器的配置包括以下几项内容：设备是否愿意担当 ZigBee 协调器，MAC 超帧的信标阶数，MAC 超帧的阶数，是否使用电池寿命延长模式。改变 ZigBee 协调器的配置由上层向 NLME 发送 NLME - NETWORK - FORMATION. request 原语来实现，尝试改变配置的状态通过 NLME - NETWORK - FORMATION. confirm 原语来反馈。

(8) 设备复位

在通过关联尝试入网之前和通过解关联尝试离网之后，设备在加电后立即对 NWK 层进行复位。NWK 层复位是由上层向 NLME 发送复位请求原语 NLME - RESET. request 来实现的，复位尝试的结果通过证实原语 NLME - RESET. confirm 反馈给上层。复位过程将清除设备路由表的记录，有些设备可能还要在不变的存储器中存储某些 NWK 层参量并在复位后恢复。然而，设备复位后将丢弃网络地址，它需要重新搜索关联并从协调器获取新的网络地址。新的网络地址可能不同于老的网络地址。此时，任何设备要与复位设备通信时都必须使用高层协议和过程重新发现设备。

2. 发送和接收

只有当前关联在网络中的设备才能从网络层发送数据帧。如果尚未关联的设备收到发送

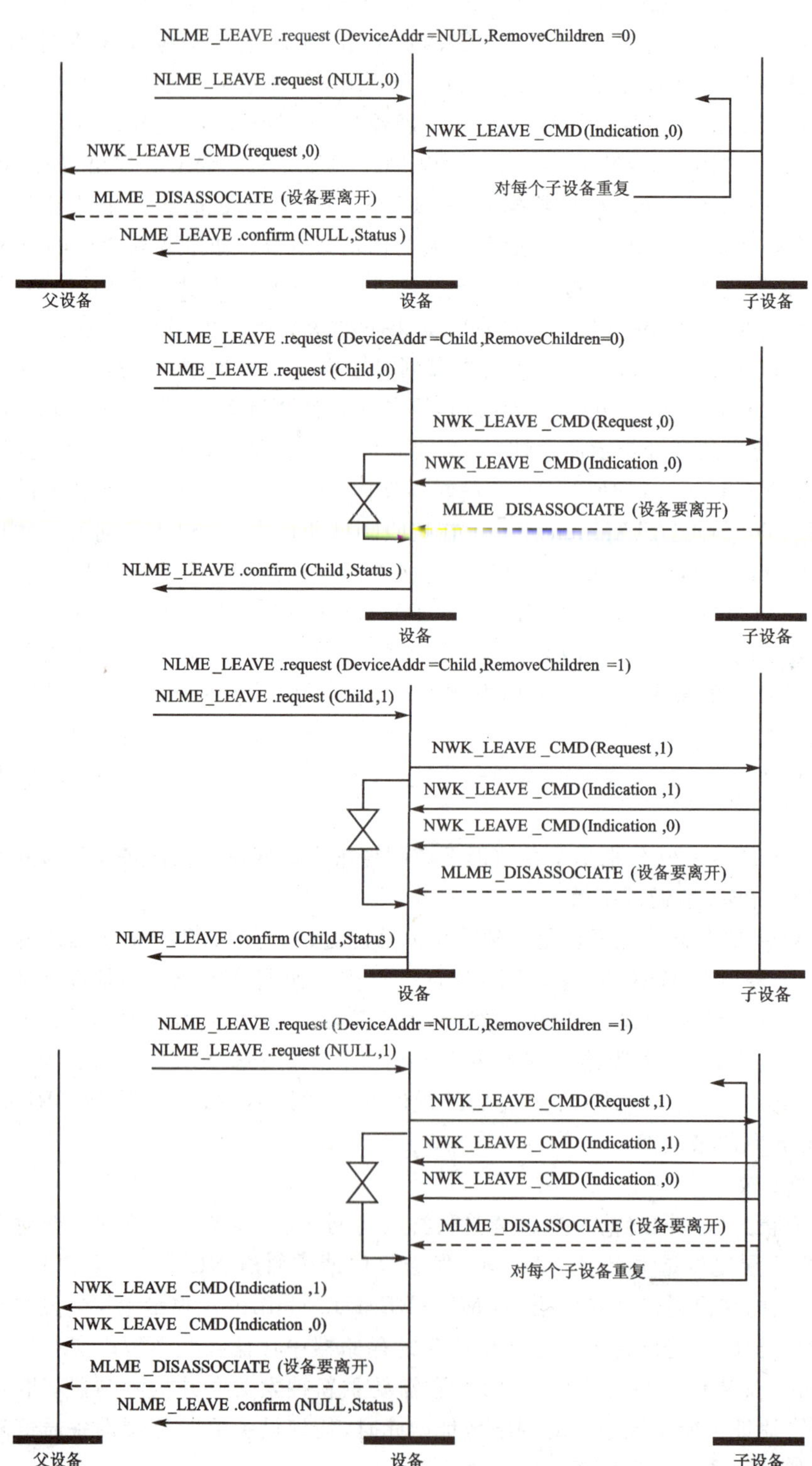

图 3-19 多种情形下离网请求在设备间传递的信息流程

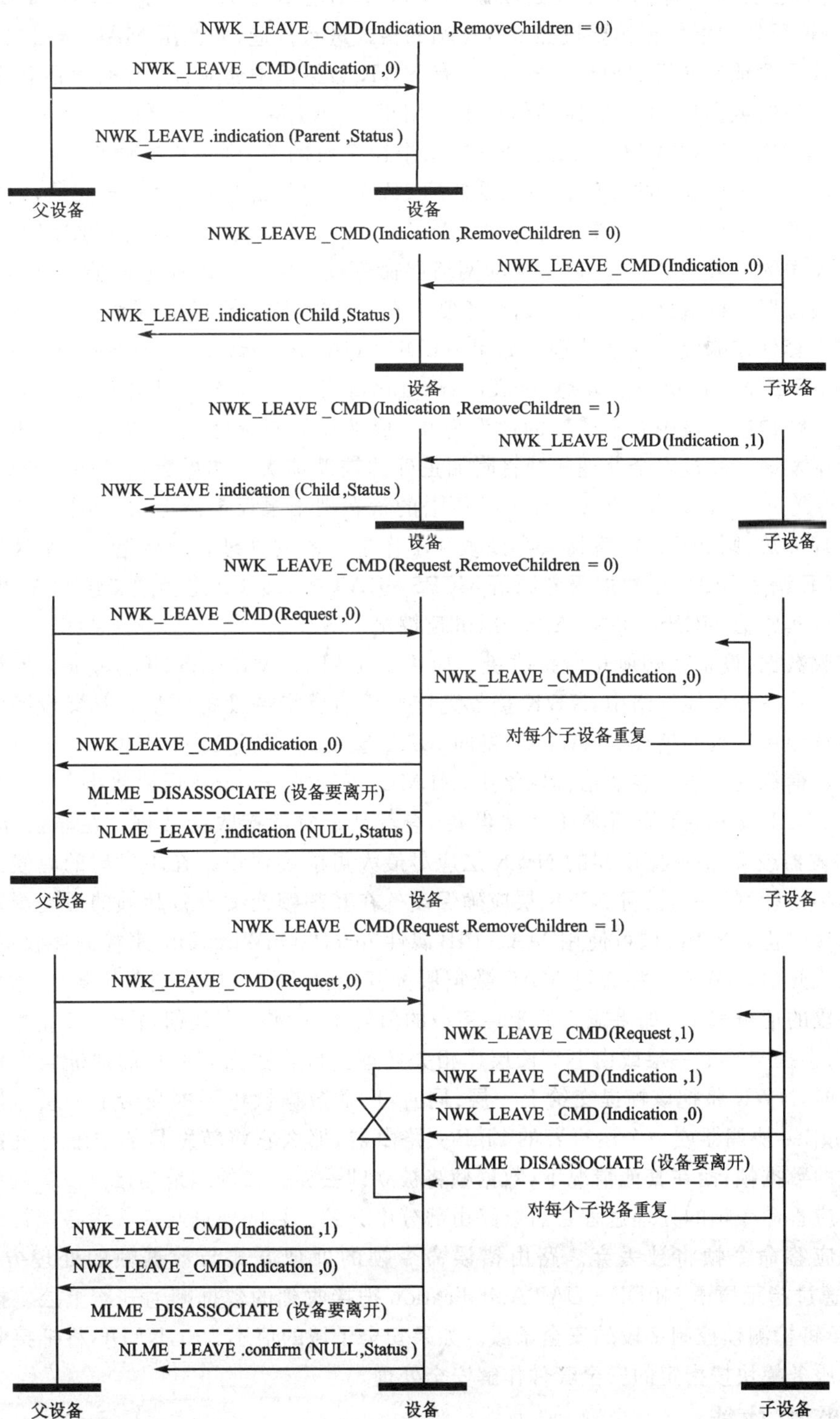

图 3-20　多种情形下离网命令在设备间传递的信息流程

帧请求，它将丢弃该帧并向上层发送状态为 INVALID_REQUEST 的 NLDE-DATA.confirm。NWK 层发送的数据帧要按照 NWK 帧的格式进行构造，并调用 MAC 子层数据服务进行发送。除了源地址和目的地址字段外，所有 NWK 数据帧中还应包括半径字段和序号字段。上层请求发送的数据帧，半径字段的值可由 NLDE-DATA.request 原语的 Radius 参数来提供。如果 NLDE-DATA.request 原语不提供半径字段的值，则 NWK 帧头的半径字段应设为 nwkMaxDepth 属性值的 2 倍。每个设备的 NWK 层都维护一个帧序号变量，它的初始值是一个随机数。NWK 层每构造一个新的 NWK 帧，序号变量就加 1。构造的 NWK 帧可以是上层请求发送的新数据帧，也可以是新的网络层命令帧。加 1 后的序号值插入到 NWK 帧头的序号字段位置。构造好的 NPDU 如果还要求安全处理，则把它提交给安全服务提供模块按指定的安全套件作响应的安全处理。如果 NLDE-DATA.request 中的 SecurityEnable 参数等于 FALSE 或 NWK 层安全级别 nwkSecurityLevel 等于 0，NWK 层帧不需要作安全处理。此时 NWK 帧控制字段中安全子域的值设为 0。成功完成安全处理后，安全套件再把帧返回给 NWK 层发送。经过安全处理的帧将附加正确的辅助帧头。如果数据帧的安全处理失败，NWK 层将通过 NLDE-DATA.confirm 原语的状态把结果反馈给上层；如果 NWK 命令帧的安全处理失败，则 NWK 将直接丢弃该帧并不作进一步的处理。当构造好 NWK 帧准备发送时，NLDE 调用 MAC 层数据服务原语 MCPS-DATA.request 把帧递交给 MAC 层。发送结果通过证实原语 MCPS-DATA.confirm 反馈给 NWK 层。

要接收数据，设备就必须开启接收机。应用层可用 NLME-SYNC.request 原语来启动接收过程。在信标使能网络中，NWK 接收到该原语后就指令设备同步到其父设备的下一个信标并可选跟踪后续的信标。NWK 层将向 MAC 层发送 MLME-SYNC.request 原语来实现与父设备信标的同步。在非信标网络中，NLME-SYNC.request 原语将指令 NWK 层调用 MLME-POLL.request 原语来轮询父设备，查看是否有待接收的数据。在非信标网络中，ZigBee 协调器或 ZigBee 路由器的 NWK 层应尽最大可能确保设备在不发射的时候开启接收机。在信标使能网络中，设备 NWK 层应确保设备在其超帧或父设备超帧的活动周期内不发射时开始接收机。NWK 层可使用 MAC PIB 属性 macRxOnWhenIdle 来控制接收机的开关。如果接收机开启，NWK 层将通过 MAC 数据服务开始接收帧。接收到每个帧时，NWK 帧头的半径字段的值被减 1。如果减 1 后半径字段的值等于 0，那么在任何情况下设备都不再转发该帧，而只会提交给上一层或由 NWK 层作相关处理。接收数据帧的目的地址与设备的网络地址一致时，NWK 将把该帧提交给上一层；同时，广播数据帧也要提交给上一层。如果接收设备是 ZigBee 协调器或一个运行着的 ZigBee 路由器，那么它将转发目的地址与设备网络地址不一致的数据帧；而在其他情况下，数据帧将被立即丢弃。目的地址与接收设备网络地址一致的路由应答命令帧的处理过程在后续路由部分中介绍。目的地址与接收设备网络地址不一致的路由应答命令帧将被丢弃。路由错误命令帧的处理方式与数据帧的处理方式相同。NWK 层通过指示原语 NLDE-DATA.indication 把接收到的数据帧通知给上层。接收到帧时，NLDE 将检测帧控制字段的安全子域。如果安全子域的值不为 0，NLDE 将把接收的帧提交给安全服务模块按指定的安全套件作解安全处理。

3. 路由功能

ZigBee 协调器和路由器应提供以下路由功能：代表上层转发数据帧；代表其他 ZigBee 路由器转发数据帧；为后面的数据帧建立路由而参与路由发现；代表终端设备参与路由发现；参

与端到端路由修复；参与本地路由修复；使用路由发现和路由修复中指定的 ZigBee 路径成本度量。此外，ZigBee 协调器和路由器还可能提供下列路由功能：为记住最好的可用路由而维护路由表；代表上层启动路由发现；代表其他 ZigBee 路由器启动路由发现；启动端到端路由修复；代表其他 ZigBee 路由器启动本地路由修复。

(1) 路由成本

在路由发现和维护中，ZigBee 路由算法使用路径成本度量来进行路由比较。为了比较这个度量，这里赋予路径中每段链路度量——链路成本，构成路径的所有链路的成本之和就是整条路径的度量——路径成本。更正式地，如果把一组有序的设备 $[D_1, D_2, \cdots, D_L]$ 定义长度为 L 的路径 P，而其中的一段链路 $[D_i, D_{i+1}]$ 定义为长度为 2 的子路径，那么路径成本可以表示为：

$$C\{P\} = \sum_{i=1}^{L-1} C\{[D_i, D_{i+1}]\}$$

这里 $C\{[D_i, D_{i+1}]\}$ 是链路成本。链路 l 的成本 $C\{l\}$ 是取值在 $[0 \cdots 7]$ 范围内的函数。它定义为：

$$C\{1\} = \begin{cases} 7 \\ \min\left(7, \text{round}\left(\frac{1}{p_1^4}\right)\right) \end{cases}$$

其中 p_1 表示包在链路 l 上传递的概率。这样，具体实现时可以选择常数 7 作为链路成本，也可以选择反映概率 p_1 的函数作为链路成本。如果一个设备提供了链路成本的这两种选项，那么通过设置 NIB 属性 nwkReportConstantCost 的值为 TRUE 可以强制使用常数 7 作为链路成本。现在剩下的问题就是如何得到概率 p_1。p_1 的估计是一个实现问题，完全由设计者按照自己的方式来实现。一种是可以通过在一段时间内统计丢帧来计算 p_1，人们普遍认为这种方法得到的概率 p_1 是最精确的。然而，最直接的方法是基于 MAC 和 PHY 层提供的每帧平均 LQI 来估计 p_1，一个函数可以把平均 LQI 映射到 $C\{1\}$ 上，根据 LQI 通过查表就可以得到链路成本。

(2) 路由表

ZigBee 路由器或 ZigBee 协调器可能维护了一个路由表，路由表中存放的信息如表 3-18 所列。路由表记录中路由状态信息的取值如表 3-19 所列。ZigBee 路由器或 ZigBee 协调器还可能预留一些路由表记录专用于路由修复和在其他路由能力都耗尽的时候才使用。在后面的路由算法中会用到“路由表能力”这个术语，所谓路由表能力是指设备使用路由表能够建立起一条到达特定目的设备的路由。如果一个设备是 ZigBee 协调器或 ZigBee 路由器，它维护的路由表中有空闲的路由表记录或已经有一个与目的设备对应的路由表记录，并且正在尝试路由修复的设备预留了专用于路由修复的路由表记录，那么就说它具有“路由表能力”。如果 ZigBee 路由器或 ZigBee 协调器维护了一个路由表，那么它还应该维护一个路由发现表。路由发现表包含的信息如表 3-20 所列。路由表记录在设备中是长期存在的，而路由发现表记录仅维持一次路由发现操作的时间并且可以重复使用。如果一个设备维护了一个路由发现表，并且路由发现表中有空闲的记录，那么就说这个设备具有“路由发现表能力”。如果一个设备既有路由表能力，又有路由发现表能力，那么就说设备具有“路由能力”。

表 3-18 路由表各字段的定义

字段名	字段长度	描 述
目的地址	2字节	本路由最终目的设备的16位网络地址
状态	3位	路由状态
下一个跳点地址	2字节	去往目的地址的路由上下一个跳的16位网络地址

表 3-19 路由状态值及意义

数 值	状 态
0x0	ACTIVE(活动)
0x1	DISCOVERY_UNDERWAY(正在执行路由发现)
0x2	DISCOVERY_FAILED(路由发现失败)
0x3	INACTIVE(不活动)
0x4～0x7	预留

表 3-20 路由发现表

字段名	字段长度/字节	描 述
路由请求标识	1	路由请求命令帧的序号，该序号在每次设备发起路由请求时递增
源地址	2	路由请求发起设备的16位网络地址
发送地址	2	最新发送最低成本路由请求命令帧的设备网络地址。该信息用于决定最后路由应答命令帧应遵循的路径
前期成本	1	从路由请求源地址设备到当前设备的累加路径成本
剩余成本	1	从当前设备到目的设备的累加路径成本
到期时间	2	用以设定路由发现到期时间的递减定时器上的时间(单位为ms)，其初始值是nwkcRouteDiscoveryTime的属性值

(3) 基本路由算法

设备NWK接收到数据帧时按照下面的程序为帧安排路由。如果NWK接收到的数据帧来自其上层并且目的地址为广播地址，NWK层将按照后续部分将要介绍的程序来广播该数据帧。如果接收设备是ZigBee路由器或ZigBee协调器，帧的目的设备是ZigBee终端设备并且还是接收设备的子设备，那么接收设备将使用MCPS-DATA.request原语把帧直接发送给目的设备，即下一跳的目的地址就等于最终目的地址。具有路由能力的设备应检查NWK帧头部分帧控制字段中的发现路由子域，如果发现路由子域的值等于0x02，那么设备将立即启动路由发现过程。如果发现路由子域的值不等于0x02，设备将在路由表中查找与帧目的地址对应的记录。如果找到帧目的地址对应的路由表记录，并且其中路由状态的值为ACTIVE，那么设备就用MCPS-DATA.request原语转发接收到的帧。转发帧时，MCPS-DATA.request原语中SrcAddrMode和DstAddrMode参数值应都为0x02，即使用16位短地址；原语中SrcPANId和DstPANId参数值都应为转发设备的MAC PIB属性macPANId的值；SrcAddr参数应设为转发设备的MAC PIB属性macShortAddress的值，DstAddr参数应设为目的地址对应的路由表记录中下一跳地址字段的值；TxOptions参数与0x01逐位相与操作后结果总是非零值，即转发的帧要求确认。如果找到帧目的地址对应的路由表记录，但其中路由状态的值为DISCOVERY_UNDERWAY，则表示设备正在为该帧执行路由发现操作。此时设备可以选择缓存该帧以等待路由发现完成，也可以选择在NIB属性nwkUseTreeRouting等于TRUE时用分级路由把该帧沿着树传递。如果沿树传递帧，NWK头的帧控制字段中的发现路由子域应设为0x00。如果找到帧目的地址对应的路由表记录，但其中路由状态的值为DISCOVERY_FAILED或INACTIVE，则在NIB属性nwkUseTreeRouting等于TRUE时可采用分级路由把该帧沿着树传递。如果设备路由表中找不到帧目的地址对应的路由记录，设备将检测NWK头部分帧控制字段的发现路由子域。如果发现路由子域的值等于0x01，设备将启动路由发现过程；如果发现路由子域的值等于0x00并且NIB属性nwkUseTreeRouting等于TRUE，设备将用分级路由把该帧沿着树传递。如果发现路由子域的值等于0x00并且NIB属性nwkUseTreeRouting等于FALSE，设备路由表中又找不到帧目的地址对应的路由记录，则NLDE将丢弃该帧并向上层发送Status参数等于INVALID_REQUEST的NLDE-DATA.request原语。

对于一个没有路由能力的设备，如果NIB属性nwkUseTreeRouting等于TRUE，设备将采用分级路由沿着树转发帧。在分级路由算法中，如果帧的目的设备是当前设备的后代设备，那么设备就把帧转发给适当的子设备。如果帧的目的设备就是当前设备的一个子设备，并且该子设备是终端设备，那么该终端设备的macRxOnWhenIdle状态可能会导致不能立即递交帧。当子设备的macRxOnWhenIdle值等于FALSE时，设备只能采用间接传输来递交帧。如果帧的目的设备不是当前设备的后代设备，那么设备将把帧提交给父设备。ZigBee网络中除ZigBee协调器之外的每一个设备都是ZigBee协调器的后代设备，而任何一个ZigBee终端设备都没有后代设备。对一个地址为A、深度为d的ZigBee路由器，如果下面的逻辑表达式成立，那么地址为D的目的设备就是该路由器的后代设备：

$$A < D < A + \text{Cskip}(d-1)$$

如果确定了帧的目的设备是当前接收设备的后代，那么当目的设备是当前接收设备的子设备且为终端设备时，下一跳地址N为：

$$N = D$$

这里$D > A + \text{Rm} \times \text{Cskip}(d)$。当目的设备是当前接收设备的其他后代设备时，下一跳的地址N为：

$$N = A + 1 + \left\lfloor \frac{D-(A+1)}{\text{Cskip}(d)} \right\rfloor \times \text{Cskip}(d)$$

如果NWK层接收到的数据帧来自MAC子层并且目的地址为广播地址，NWK层将首先重新广播该帧再把该帧送给上层处理。如果NWK层接收到的来自MAC子层的数据帧不是广播帧，那么NWK层将判断该帧的目的地址是否等于当前接收设备的逻辑地址。如果帧的目的地址等于当前设备的逻辑地址，NWK层就把帧传递给上层处理；否则，当前接收设备就只是该帧的一个中间设备，此时NWK层对该帧的处理过程与上文介绍的NWK层处理来自上层的单播数据帧的过程一样。图3-21是ZigBee的基本路由算法。

(4) 路由发现

路由发现是网络中的设备相互配合，发现并建立路由的过程。路由发现总是针对特定的

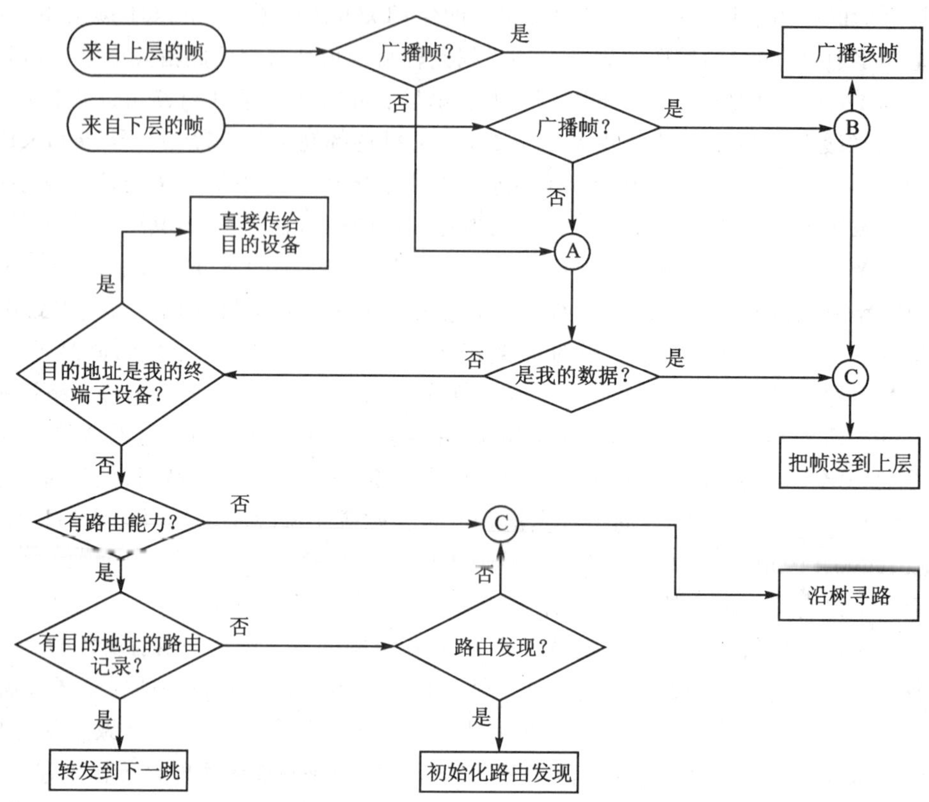

图 3－21　ZigBee的基本路由算法

源设备和目的设备执行的。在下面三种情况下，NWK层将启动路由发现过程：第一种情况是NWK层收到来自上层的NLDE－DATA.request原语中DiscoverRoute参数值为0x02；第二种情况是NWK层收到来自上层的NLDE－DATA.request原语中DiscoverRoute参数值为0x01并且没有DstAddr参数对应的路由表记录；第三种情况是NWK层收到来自MAC层的数据帧，NWK头的目的地址不是当前设备的地址或是广播地址，并且其帧控制字段中发现路由子域的值等于0x02或0x01，当前设备路由表中没有NWK头目的地址对应的记录。在上述任何一种情况下，如果当前设备没有路由能力并且NIB属性nwkUseTreeRouting的值等于TRUE，NWK层将用分级路由算法沿树递交该数据帧；如果设备没有路由能力并且NIB属性nwkUseTreeRouting的值等于FALSE，NWK层将丢弃该帧。

对具有路由能力的设备，如果其路由表中没有帧目的地址对应的记录，它将创建一条状态为DISCOVERY_UNDERWAY的路由表记录；如果路由表中有一条对应于帧目的地址的记录，并且状态为ACTIVE，那么设备将使用该路由转发数据帧并保持该路由表记录的状态不变；如果路由表中存在帧目的地址对应的记录，但状态不等于ACTIVE，那么设备将使用该路由表记录，并把其状态设为DISCOVERY_UNDERWAY；同时，设备还要建立相应的路由发现表记录。

每个发送路由请求命令帧的设备都要维护一个计数器，用来产生路由请求标识。每当设备产生一个新的路由请求命令帧时，路由请求计数器加1，并把路由请求计数器的值存放在设备路由请求发现表的路由请求标识字段中。路由发现表中路由请求定时器的计时周期应设为

nwkcRouteDiscoveryTime 毫秒，计时期满后，设备将把对应的路由请求记录从路由发现表中删除。如果此时目的地址对应的路由表记录中 Status 字段的值仍然是 DISCOVERY_UNDERWAY，并且路由发现表没有该目的地址对应的其他记录，则设备同时还要删除该路由表记录。NWK 层可选择缓存接收的帧等待路由发现或在 NIB 属性 nwkUseTreeRouting 等于 TRUE 时，把 NWK 头帧控制字段中的发现路由子域设为 0 并沿着树递交帧。

设备创建了路由发现表和路由表记录后，就要按照前面介绍过的帧格式构造路由请求命令帧的有效负载部分。命令帧标识字段应设为 0x01 表示路由请求；路由请求标识字段应设为路由发现表记录中存放的值；目的地址字段应设为该路由发现过程所指向目的设备的 16 位网络地址；路径成本字段应设为 0。准备好路由请求命令广播帧后，NWK 层就调用 MCPS - DATA. request 原语把它递交给 MAC 子层。路由发现过程的启动设备广播路由请求命令帧时，NWK 在初次广播之后还应重复广播 nwkcInitialRREQRetries 次，即总计广播 nwkcInitialRREQRetries+1 次路由请求命令帧。每两次广播之间的时间间隔是 nwkcRREQRetryInterval 毫秒。

接收到路由请求命令帧后，设备将判断自己是否具有路由能力。如果设备没有路由能力，它将检测接收的帧是否来自有效路径。如果接收帧来自设备的一个子设备并且源设备是该子设备的一个后代或者接收帧来自设备的父设备并且源设备不是当前的后代，那么这样的路径就是有效的。如果接收到的路由请求命令帧不是来自有效路径，设备将丢弃该帧。如果路由请求命令帧是来自有效路径，设备将检测路由请求命令帧的目的设备是否是当前设备或当前设备的终端子设备。如果当前设备或其一个终端子设备是该路由请求命令帧的目的设备，它将回应一个路由应答命令帧。设备用路由应答命令帧回应路由请求时，设备将构造一个帧类型为 0x01(命令帧)的帧。路由应答的源地址应设为路由应答产生设备的 16 位网络地址，目的地址应设为计算出的下一跳的地址，而对应的路由请求发起设备的地址则是应答帧的最终目的地址，它是放在有效负载部分的发起地址字段内的。计算出当前设备到下一跳设备的链路成本并插入到路由应答命令帧的路径成本字段。路由应答命令发起设备将调用 MCPS - DATA. request 原语把路由应答单播发送到下一跳设备。如果当前设备不是路由请求命令帧的目的地址，设备将计算从前一跳设备到其自身的这段链路的成本，并累加到路由请求命令帧的路径成本值中。然后，设备将调用 MCPS - DATA. request 服务原语把路由请求命令帧向目的地址单播转发。此时单播发送的下一跳地址的决定方法与数据帧一样，即把当前的路由请求命令帧看作一个数据帧，而该数据帧的目的设备则是路由请求命令帧有效负载部分目的地址字段指定的设备。

如果接收路由请求命令帧的设备具有路由功能，它将检测路由请求命令帧的目的设备是否是当前设备或当前设备的终端子设备。如果当前设备或其一个终端子设备是路由请求命令帧的目的设备，设备将判断是否存在对应于路由请求标识和源地址字段的路由发现表记录。如果路由发现表中没有这样的记录，设备将产生该路由请求的路由发现表记录。路由发现表记录中的各字段根据路由请求命令帧中对应的字段设置，唯一的例外就是路由发现表中前期成本字段的值要在路由请求命令帧路径成本的基础上累加前一跳设备到当前设备的链路成本。如果 nwkSymLink 属性值为 TRUE，即对称链路路由，则设备还要创建一个路由表记录。路由表记录中目的地址字段设置为路由请求命令帧的源地址，下一跳字段设置为路由请求命令前一个发送设备的地址，状态字段设置为 ACTIVE。然后设备应向路由请求命令帧的发起设备发送一个路由应答命令。如果路由发现表中存在一个对应于路由请求标识和源地址字段的路由发现表记录，设备将判断当前路由发现过程中得到的路径成本是否小于现存的路由发现表记录中对应的前期成本字段的值。如果当前路由发现得到的路径成本大于现存的路由发现表记录中的前期成本，设备将丢弃该路由请求命令帧，不需再作进一步处理；否则，设备就把路由发现表记录中前期成本和发送设备地址字段的值更新为当前路由发现得到的路径成本值和路由请求命令帧的前一个发送设备的地址。同样，如果 nwkSymLink 属性值为 TRUE，则设备还要创建一个路由表记录。路由表记录中目的地址字段设置为路由请求命令帧的源地址，下一跳字段设置为路由请求命令前一个发送设备的地址，状态字段设置为 ACTIVE。然后设备应向路由请求命令帧的发起设备发送一个路由应答命令。在上述任何一种情况下，如果设备是代表其终端子设备发送路由应答命令，则路由应答命令帧有效负载中应答地址字段应设为终端子设备的地址而不是应答设备的地址。

如果具有路由能力的设备不是接收到的路由请求命令帧的目的设备，它将判断是否存在该路由请求命令的路由请求标识和源地址对应路由发现表记录。如果不存在这样的路由发现表记录，设备将产生一条记录，并把路由请求定时器的定时周期设为 nwkcRouteDiscoveryTime 毫秒。如果存在路由请求目的地址对应的路由表记录但状态值不是 ACTIVE，则把状态值设为 DISCOVERY_UNDERWAY；如果不存在路由请求目的地址对应的路由表记录，则创建一条记录。如果 nwkSymLink 属性值为 TRUE，则设备还要创建一个路由表记录。路由表记录中目的地址字段设置为路由请求命令帧的源地址，下一跳字段设置为路由请求命令前一个发送设备的地址，状态字段设置为 ACTIVE。当路由请求定时器计时期满后，设备将把对应的路由请求记录从路由发现表中删除。如果此时目的地址对应的路由表记录中 Status 字段的值仍然是 DISCOVERY_UNDERWAY，并且路由发现表没有该目的地址对应的其他记录，则设备还要同时删除该路由表记录。如果路由发现表中存在一个对应于路由请求标识和源地址字段的路由发现表记录，设备将判断当前路由发现过程中得到的路径成本是否小于现存的路由发现表记录中对应的前期成本字段的值。如果当前路由发现得到的路径成本大于现存的路由发现表记录中的前期成本，设备将丢弃该路由请求命令帧，不需再作进一步处理；否则，设备就把路由发现表记录中前期成本和发送设备地址字段的值更新为当前路由发现得到的路径成本值和路由请求命令帧的前一个发送设备的地址。如果 nwkSymLink 属性值为 TRUE，设备还要把目的地址字段等于路由请求命令帧源地址的所有路由表记录中的下一跳字段更新为路由请求命令帧的前一个发送设备的地址；状态值设为 ACTIVE。最后，设备将调用 MCPS-DATA.request 原语转播路由请求命令帧。

NWK 层重复转播路由请求命令帧时，两次广播之间的随机延时按照下面的公式来计算：

$$2 \times R[\mathrm{nwkcMinRREQJitter}, \mathrm{nwkcMaxRREQJitter}]$$

这里 $R[a,b]$表示在区间$[a,b]$上的随机函数，时延抖动的单位是 ms。具体实现时，实现者可以调整抖动量使得转播时路由成本大的路由请求命令比路由成本小的路由请求命令延时更大。NWK 层在第一次转发路由请求命令帧后还要再重复广播 nwkcRREQRetries 次，即最多可以转播 nwkcRREQRetries＋1 次收到的路由请求命令帧。NWK 层在重复广播路由请求命令帧的过程中，如果收到源地址和路由请求标识相同、路径成本更低的路由请求命令帧，则可以选择丢弃正在等待重发的路由请求命令帧。设备同样要把路由请求命令帧有效负载部分目的地址字段的值对应的路由表记录中的状态字段设置为 DISCOVERY_UNDERWAY；如果这样的路由表记录不存在，则设备要创建一条这样的路由表记录。

当用路由应答命令帧来响应路由请求时，设备将构造一个帧类型字段值为 0x01 的 NWK 命令帧，设备中有一条对应于路由请求源地址和路由请求标识的路由发现表记录。路由应答命令帧头的源地址字段设为当前设备的 16 位网络地址；目的地址字段设为相应的路由发现表记录中发送设备地址字段的值，即路由请求命令帧前一跳设备的地址。路由应答命令帧有效负载部分的 NWK 命令标识字段应设为 0x02，表示路由应答命令；路由请求标识字段的设置与路由请求命令帧中该字段的值相同；发起地址字段的值设为路由请求命令帧头部分的源地址字段的值；路径成本字段的值应设为当前设备到对应的路由发现表记录中发送设备地址字段指定设备的链路成本。构造好路由应答命令帧后，设备就调用 MCPS－DATA. request 原语把它单播发送到最终目的设备（即路由请求的发起设备），而当前发送的下一跳就是路由发现表记录中发送设备地址字段指定的设备。图 3－22 就是设备接收到路由请求命令帧时的处理过程。

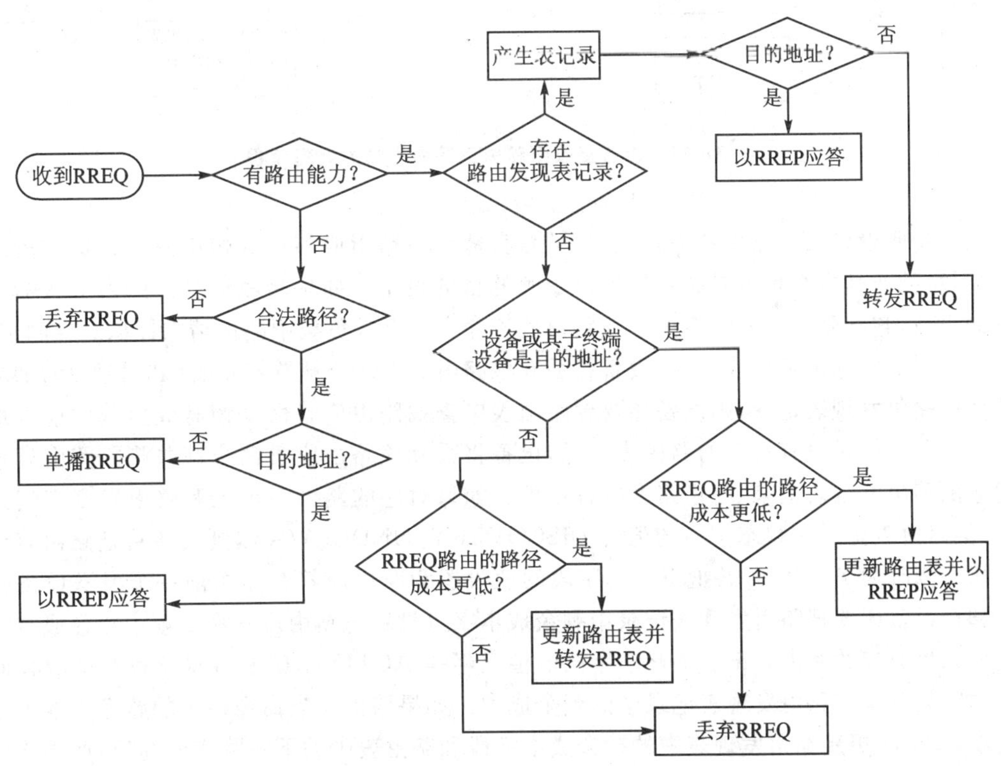

图 3－22 设备接收到路由请求命令帧的处理流程

设备接收到路由应答命令帧时，将按照图 3－23 的流程进行处理。

如果接收设备没有路由能力但设备 NIB 属性 nwkUseTreeRouting 的值为 TRUE，则设备将沿树向前转发路由应答。如果接收设备没有路由能力且设备 NIB 属性 nwkUseTreeRouting 的值为 FALSE，设备将丢弃路由应答命令帧。设备在向前转发路由应答命令帧之前要更新有效负载中路径成本字段的值：计算当前设备与下一跳设备之间的链路成本并累加到路由应答命令的路径成本字段中。

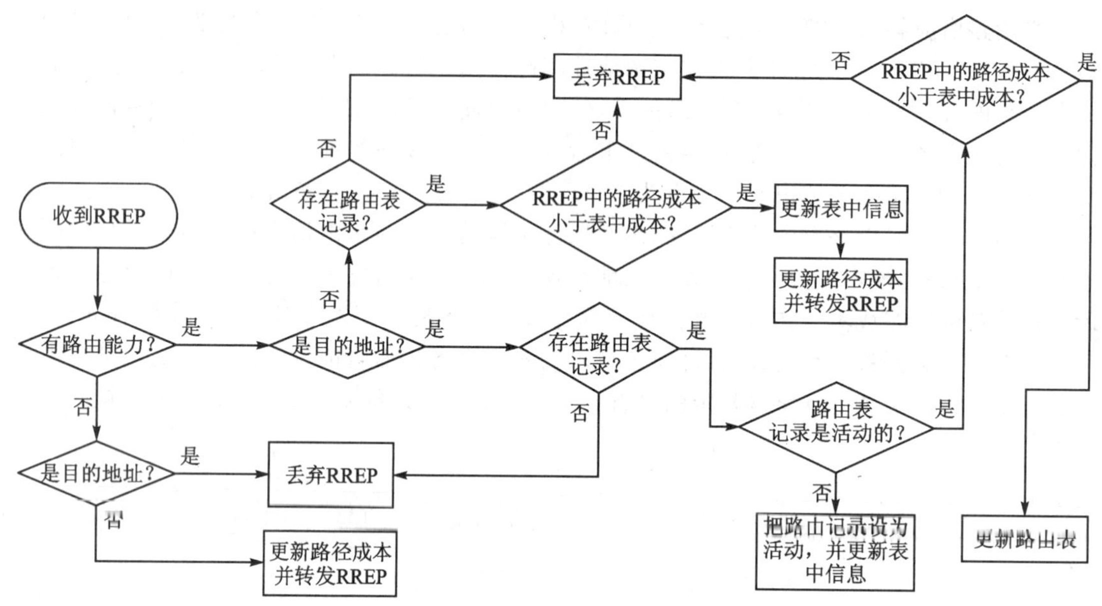

图 3-23　设备接收到路由应答命令帧的处理流程

如果接收设备具有路由能力，设备将把自身地址与路由应答命令帧中发起地址字段的值进行比较，判断其自身是否是路由应答命令帧的目的设备。如果接收设备是路由应答命令帧的目的设备，它就到路由发现表中查找路由应答命令帧有效负载中路由请求标识对应的记录。如果没有对应的路由发现表记录，设备将丢弃该路由应答命令帧并终止路由应答处理；如果存在这样的路由发现表记录，则设备还要到路由表中查找路由应答命令帧有效负载中应答地址对应的记录。如果没有对应的路由表记录，设备将丢弃该路由应答命令帧并删除路由请求标识对应的路由发现表记录，终止路由应答处理。如果对应的路由表记录和路由发现表记录都存在，但路由表记录中状态字段的值为 DISCOVERY_UNDERWAY，则设备将把路由表记录中的状态修改为 ACTIVE 并把下一跳字段的值设置为路由应答命令帧前一个发送设备的地址；同时，设备还要把路由发现表记录中剩余成本字段设置为路由应答命令帧中路径成本字段的值。如果对应的路由表记录中状态字段的值已经是 ACTIVE，则设备将比较路由应答命令帧中的路径成本和路由发现表记录中的剩余成本。如果路由应当命令帧中的路径成本小于剩余成本，设备将更新路由发现表中的剩余成本字段和路由表中的下一跳字段的值；如果路由应答中的路径成本不小于剩余成本，设备将丢弃该路由应答，不作进一步处理。如果接收路由应答的设备不是目的设备，设备就到路由发现表中查找路由应答命令帧有效负载中发起地址和路由请求标识对应的记录。如果没有这样的路由发现表记录，设备将丢弃该路由应答命令帧；如果存在这样的路由发现表记录，设备将比较路由应答命令帧中的路径成本值和路由发现表记录中的剩余成本值。如果路由发现表记录中的剩余成本值小于路由应答命令中的路径成本值，设备就丢弃该路由应答命令帧；否则，设备将查找路由应答中应答地址对应的路由表记录。如果存在路由发现表记录而找不到相应的路由表记录，设备将丢弃路由应答命令帧。如果找到相应的路由表记录，设备就把路由表记录中下一跳字段更新为路由应答命令帧前一个发送设备的地址，并把路由发现表记录中剩余成本字段的值更新为路由应答命令帧的路径成本值。完成这些路由记录更新后，设备将继续向目的地址转发路由应答。在转发路由应答之前，设备还要更新路由应答命令帧中的路径成本值。设备找到路由发现表中对应于路由请求标识和源地址的记录，该记录中发送设备地址字段的值即为路由应答的下一跳地址。计算当前设备到下一跳的链路成本并累加到路由应答命令帧的路径成本字段中，NWK 命令帧头部分的目的地址字段设为下一跳地址，然后设备就调用 MCPS - DATA. request 原语把路由请求命令单播转发到下一跳设备。MCPS - DATA. request 原语中 DstAddr 参数应设为从路由发现表中得到的下一跳地址。

(5) 路由维护

每个设备的 NWK 层针对它需要发送数据帧的每个近邻设备都有一个失败计数器。任何一个发送链路失败计数器的值超过 nwkcRepairThreshold 时，设备就要启动路由修复程序。实现者可以选择一种简单的计算失败的方法来产生失败计数器的值，也可以选择更精确的时间窗方法。需要注意的是，网络中不要过于频繁地启动路由修复，否则就会拥塞网络，影响正常的业务支持。

Mesh 网络中的路由修复。当 mesh 网络中一条链路或一个设备失败时，上行设备将启动路由修复程序。如果由于没有路由能力或其他限制使得上行设备不能启动路由修复，设备将向源设备发送路由错误命令，NWK 命令中的错误代码将指示出链路失败的原因。如果上行设备能够启动路由修复，它将广播路由请求命令来修复路由，路由请求命令中源地址设为失败链路上行设备的地址，目的地址设为传输失败的帧的目的地址。该路由请求命令帧有效负载中命令选项字段的路由修复子域应设为1，表示这是路由修复的路由请求命令。当一个设备正在修复一个特定目的设备的路由时，它不应向该目的设备发送帧。对路由修复启动时要传送到目的设备的帧和在路由修复完成前又到达的帧，修复设备要么把它们缓存起来，直到路由修复完成，要么丢弃这些帧，具体采取哪种措施根据设备的能力来决定。当一个路由节点接收到路由请求命令帧时，它将根据前面介绍过的路由发现过程来处理。如果该路由节点或它的一个终端子设备是路由请求命令帧的目的地址，那么该路由节点将回应一个路由应答命令帧。路由应答命令帧有效负载中路由修复子域的值设为 1，表示路由修复应答。如果在 nwkcRouteDiscoveryTime 毫秒内失败链路的上行设备没有收到路由应答命令帧，它将向失败帧的源设备发送一个路由错误命令帧。如果上行设备在规定的时间内收到了路由修复应答命令帧，它将按照新的路由转发那些缓存的数据。接收到路由错误命令帧的源设备如果没有路由能力但 NIB 属性 nwkUseTreeRouting 值等于 TRUE，它将采用分级路由算法沿着树向目的设备单播发送路由请求命令帧；如果源设备具有路由能力，它将启动正常的路由发现过程。如果一个 RFD 类型的终端设备不能向其父设备发送信息，它将启动孤立申明过程。如果终端设备孤立扫描成功并与父设备重新建立通信，那么该终端设备将恢复此前在网络中的操作。如果该终端设备的孤立扫描失败，它将尝试通过新的父设备重新加入网络，此时新的父设备要为该终端设备分配一个新的 16 位网络地址。如果由于临近区域内没有能够继续接受子设备的设备使得终端设备找不到父设备，那么该终端设备将不能重新加入到网络中。此时可能就需要人为干预，使得其重新加入网络。

树状网络中的路由修复。当树状网络中的一个设备与父设备的信标失去同步或不能向父设备发送消息时，它可能启动孤立扫描过程搜索其关联的父设备或启动关联过程寻址一个新的父设备。如果孤立扫描失败或设备重新与一个新的父设备关联，它将从新的父设备收到一个新的16位网络地址并恢复此前在网络中的操作。这样，网络同样还是以树状拓扑运行。设备在尝试重新加入网络、得到新的网络地址之前，应使用MAC层解关联程序与它所有的子设备解除关联。如果该设备不能访问其子设备，那么它就认为该子设备已经与网络解关联并把该子设备的16位网络地址从近邻表中删除，然后设备才重新加入网络，开始以新的网络地址运行。如果一个设备不能向它的子设备发送消息，它将丢弃该消息并向帧的发起设备发送路由错误命令帧，表示消息没有送达目的地址。

4. 信标发送时序

在多跳拓扑中为了避免一个设备的信标帧与近邻设备的信标帧或数据帧碰撞，信标发送的时序安排是必不可少的。然而，只是在树状拓扑中要求信标发送时序，而mesh拓扑并不需要，因为ZigBee mesh网络中不允许发送信标。

ZigBee协调器将决定网络中每个设备的信标阶数和超帧阶数。因为多跳信标网络的一个目的就是允许路由节点有休眠的机会以省电，所以信标阶数应设置得比超帧阶数大得多。按照这种方式设置信标阶数和超帧阶数，可使任何邻近区域内每个设备超帧的活动部分在时间上是互不重叠的。换句话说，把时间划分成约(macBeaconInterval/macSuperframeDuration)个互不重叠的时隙，网络中每个设备超帧的活动部分分别占用一个时隙。图3-24是按照这种时序安排得到的一个信标设备的帧结构。

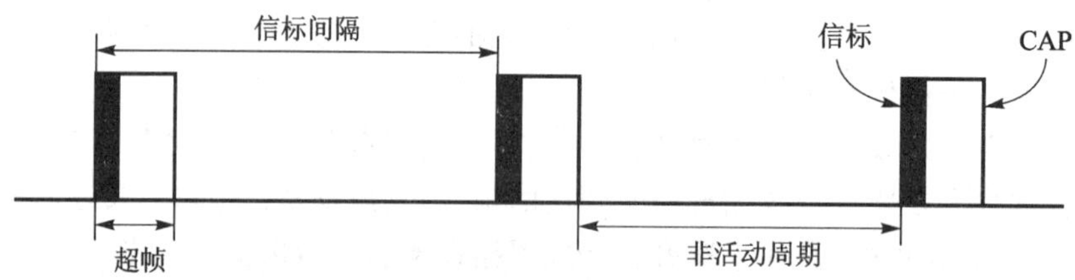

图3-24　ZigBee信标设备的典型帧结构

设备的信标应在时隙的起始点发送，发送时间是相对于父设备的信标发送时间来测定的。设备与父设备信标发送的时间偏移应包含在多跳信标网络每个设备信标帧的有效负载中。因此，一个设备接收到近邻设备的信标帧后，不但知道了近邻设备的信标发送时间，还知道了该近邻设备父设备的信标发送时间。因为用信标帧的时间戳减去时间偏移就可以得到父设备的信标发送时间。接收设备要把信标帧的时间戳和有效负载中的时间偏移都保存在近邻表中。让设备知道近邻父设备的活动周期的目的，是通过减轻隐藏节点问题维护父-子通信链路的完整性。

树状网络中的通信是使用父-子链路沿着树安排路由来实现的。因为每个子设备都要跟踪父设备的信标帧，所以从父设备到子设备的发送是通过间接传输技术实现的。从子设备到父设备的发送则应在父设备的CAP周期内完成。一个新设备在加入网络的过程中，要根据MAC层扫描收集的信息建立近邻表。根据这些近邻信息，新设备将选择一个合适的信标发送和CAP时间，使得其超帧结构的活动部分不会与任何一个近邻设备或近邻设备的父设备重叠。如果在邻近区域内找不到不重叠的时隙，设备将不发送信标而只是以一个终端设备运行在网络中。如果有可用的不重叠时隙，新设备将选定其信标与父设备信标之间的时间偏移量，并包含到信标有效负载中。在保证互操作性的前提下，选择信标发送时间、避免冲突的任何算法都可以采用。为了对抗漂移，新设备应跟踪父设备的信标并适时调整自己的信标发送时间，使得它与父设备之间的信标发送时间保持不变。因此，网络中每个设备的信标帧必须与 ZigBee 协调器的信标帧保持同步。图 3－25 是父-子设备超帧的位置关系。

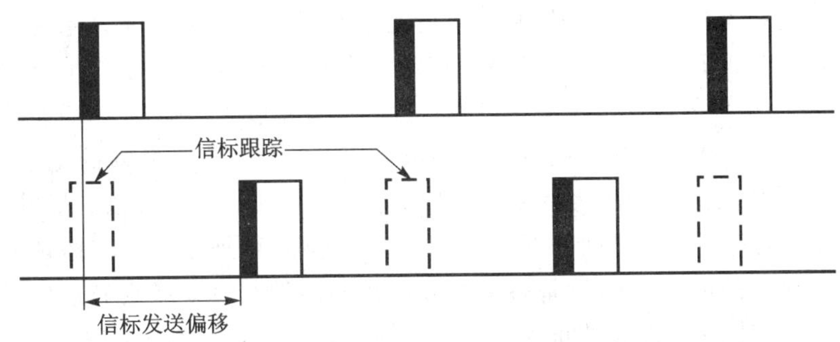

图 3－25 父-子设备超帧的位置关系

网络支持的设备密度与超帧阶数和信标阶数之比成反比。超帧阶数和信标阶数的比值越小，每个设备的非活动周期就越长，那么在同一个邻近区域内就有更多的设备可以发送信标帧。在树状网络中推荐使用的超帧阶数是 0，即超帧时长是 15.36 ms，推荐使用的信标阶数是 6～10，即信标间隔在 0.98304～15.72864 s。使用推荐的超帧和信标配置，网络中设备的典型占空比将在约 2%～0.1%。

为了使用上述信标时序算法，必须对 IEEE 802.15.4 的 MAC 子层作些增强。MLME－START.request 原语中应增加一个参数 StartTime，用来指定开始发送信标的时间。该原语的新格式如下：

```
MLME－START.request    (
                        PANId,
                        LogicalChannel,
                        BeaconOrder,
                        SuperframeOrder,
                        PANCoordinator,
                        BatteryLifeExtension,
                        CoordRealignment,
                        SecurityEnable,
                        StartTime
                        )
```

5. 广播通信

ZigBee 网络中的任何一个设备都可以启动广播发送，向同一网络中的其他设备广播网络层数据帧。APS 子层实体把 NLDE－DATA.request 原语的 DstAddr 参数设为 0xffff 就启动了广播发送过程。为了广播 MSDU，NWK 层向 MAC 子层发送 MCPS－DATA.request 原语。原语中 DstAddrMode 参数设为 0x02，表示使用 16 位网络地址；DstAddr 参数设为广播网络地址 0xffff；PANId 参数设为 ZigBee 网络的 PAN 标识。目前 1.0 版本的 ZigBee 规范不支持在多个网络间的广播。广播发送不使用 MAC 层确认，而在非信标网络中取而代之的是一种被动确认机制。被动确认的原理是每个设备保持监测每个近邻设备是否成功转发了广播帧。禁止 MAC 层确认是通过设置 TxOptions 参数的确认传输标志位为 FALSE 来实现的，该参数中其他标志位的设置应根据网络配置来设置。

每个设备都应记录任何新的广播事务，不管是本地发起的广播还是从近邻设备接收的广播帧。记录广播信息的记录叫作"广播事务记录(BTR)"，它至少包含广播帧的序号和源地址。BTR 保存在广播事务表(BTT)中。设备从近邻设备接收到广播帧后，就把广播帧中的序号和源地址与 BTT 中的记录进行比较。如果设备 BTT 中有该广播帧的记录，设备就更新 BTR，记下转发该帧的近邻设备，然后丢弃广播帧。如果 BTT 中没有该广播帧的记录，它将产生一条新的 BTR，记下转发该帧的近邻设备，然后 NWK 层把新接收广播帧的消息通知给上层。如果半径字段的值大于 0，设备就转发该广播帧；否则，设备就丢弃该广播帧。转发广播帧之前，设备将等待一个随机时间周期——广播抖动，广播抖动的范围由属性 nwkcMaxBroadcastJitter 的值来限定。如果接收到广播帧时，设备 NWK 层发现 BTT 已满并且没有过时的记录，设备就忽略该广播帧，不转发也不向上层报告。在非信标 ZigBee 网络中，如果在 nwkPassiveAckTimeout 秒时间内设备的任何一个近邻都没有转发前一个广播帧，设备就重发前一个广播帧，最多重发 nwkMaxBroadcastRetries 次。从创建 BTR 开始，nwkNetworkBroadcastDeliveryTime 秒后设备就把记录的状态改为过时，此后如果新接收的广播帧需要空间就可以覆盖过时的 BTR 了。

当 MAC PIB 属性 macRxOnWhenIdle 等于 FALSE 的 ZigBee 路由器收到广播帧时，它将采用不同的程序来转发广播帧。此时，ZigBee 路由器将使用 MAC 层单播，以不延时的方式向它的各个近邻设备转发该帧。类似的，如果 ZigBee 路由器的属性 macRxOnWhenIdle 等于 TRUE，并且有一个或多个近邻设备的 macRxOnWhenIdle 属性等于 FALSE，那么设备除了执行一般的广播程序外，还要用 MAC 层单播依次向这些近邻设备转发广播帧。为了保证这些单播到达目的设备，ZigBee 路由器可以采用间接发送方式。为了方便重发广播帧，每个 ZigBee 路由器的 NWK 层至少能够缓存 1 帧数据。

图 3-26 是一个设备与两个近邻设备之间广播事务的信息流程。

6. MAC 信标中的 NWK 信息

NWK 层使用 MAC 子层信标帧的有效负载向近邻设备传递 NWK 层信息。当设备信标帧超帧配置字段的关联允许子域设置为 1 时，表示该设备允许关联。信标中包含的网络信息使得正在执行网络发现的新设备能够方便选择网络和关联设备。当设备信标帧超帧配置字段的关联允许子域设置为 0 时，表示该设备不允许关联，信标有效负载不必包含这些网络信息。MAC 子层信标帧有效负载的格式如下：

位：0～7	8～11	12～15	16～17	18	19～22	23	24～47
协议 ID	协议栈配置文件	协议版本	预留	路由器能力	设备深度	终端设备能力	发送偏移量(可选)

信标有效负载中，**协议 ID** 字段表示当前使用的网络层协议的标识码，其取值范围是 x00～0xff；**协议栈配置文件**字段表示 ZigBee 协议栈配置文件的标识码，其取值范围是 0x00～0x0f；协议版本字段表示 ZigBee 协议的版本，其取值范围是 0x00～0x0f；**路由器能力**字段设为

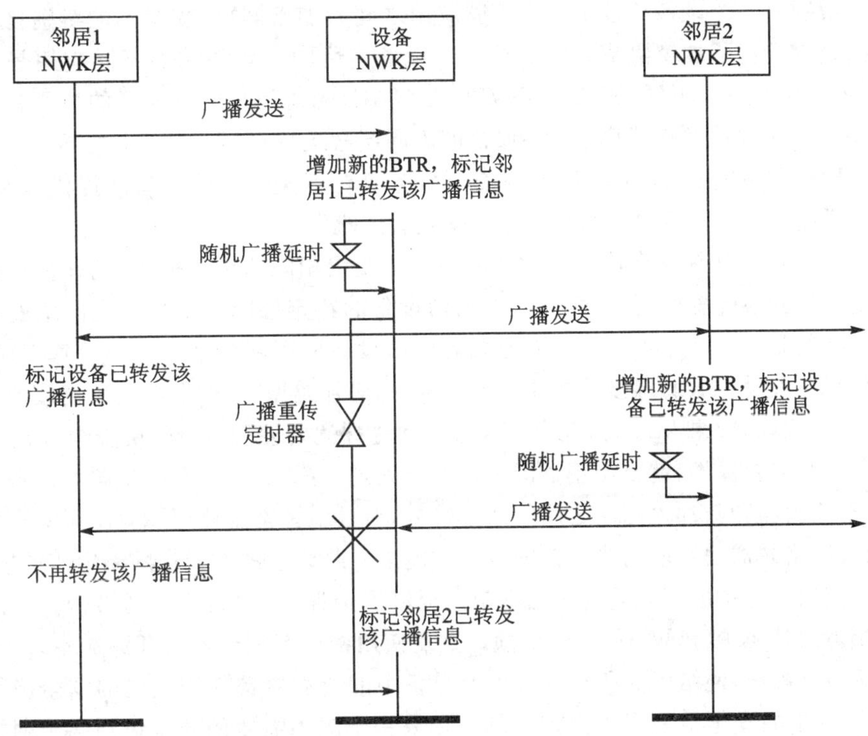

图 3－26　近邻设备间广播事务的信息流程

TRUE 表示设备能够接受具有路由器功能的设备的入网请求，否则就设为 FALSE；**设备深度**字段表示设备在拓扑树上的深度，即到 ZigBee 协调器的最小跳数，其取值范围是 0x00－nwkMaxDepth，0x00 表示设备就是 ZigBee 协调器；**终端设备能力**字段设为 TRUE 表示设备能够接受 ZigBee 终端设备的入网请求，否则就设为 FALSE；发送偏移字段表示设备与其父设备发送信标的时间差，其取值范围是 0x000000～0xffffff，时间单位是符号周期。用设备的信标发送时间减去该时间偏移就可以得到父设备的信标发送时间。

ZigBee 协调器的 NWK 层在新网络创建后立即更新信标有效负载；其他 ZigBee 设备则在完成关联后和网络配置改变时，立即更新信标有效负载。设备使用 MLME－SET. request 原语把信标有效负载写到 MAC 子层 PIB 中。信标有效负载的长度写在属性 macBeaconPayloadLength 中，信标有效负载部分的内容写在属性 macBeaconPayload 中。

3.3　安全服务规范

3.3.1　安全服务规范概述

ZigBee 提供的安全服务包括密钥建立、密钥运输、帧保护和设备管理的方法。这些服务共同构成了 ZigBee 设备的安全体系。我们知道，ZigBee 协议栈是以 IEEE 802.15.4 为基础的，所以 ZigBee 安全体系是对 802.15.4 安全规范的补充和增强。ZigBee 安全体系提供的安全级别依赖于对称密钥的保密度、使用的保护机制、加密机制的正确实现和相关的安全规定。

由于受成本限制，ZigBee 设备中使用同一射频终端的不同应用不是逻辑隔离。另外，一个设备不能辨别另一个设备是否实现了不同应用之间的加密隔离，甚至不能辨别自身协议栈的不同层间是否进行了加密隔离；所以 ZigBee 设备使用同一射频端的不同应用是相互信任的，并且各种应用对协议下层（如 APS、NWK 或 MAC）的访问是完全通畅的。所有这些使得 ZigBee 设备是一个开放的信任模型：协议栈的不同层和运行在同一设备上的不同应用都是互相信任的。归纳起来就是，ZigBee 提供的安全服务只在不同设备的接口间提供加密保护，而不提供同一设备不同协议层之间接口的加密隔离。

ZigBee 的开放信任模型允许同一设备的不同层使用相同的密钥材料，允许在设备到设备的基础上实现端到端的安全，而不需在两个通信设备的特定层间来实现。在网络安全上还要考虑的一个问题是：是否允许未经允许的恶意网络设备使用网络来传输帧？基于这些情况，ZigBee 系统的安全体系设计需要作如下选择：第一，必须遵循“帧的发起层负责帧的最初安全处理”的原则。例如，如果 MAC 层解关联帧需要保护，就要使用 MAC 层安全处理；同样，如果 NWK 命令帧需要保护，就要使用 NWK 层安全处理。第二，如果要防止恶意设备盗用网络服务，则除了路由器和新加入网络之间的通信帧外，对其他帧都要使用 NWK 层安全处理。这样，只要加入网络并成功获取网络密钥的设备才能以一跳以上的方式在网络中传递帧。第三，开放的信任模型允许每层可以重复使用密钥来提供安全保护，如激活的网络密钥将用于保护 APS 层广播帧、NWK 帧和 MAC 层命令帧。重复使用密钥有利于降低存储成本。第四，为了简化设备间的互操作，网络中的所有设备以及设备中的所有层都使用相同的安全级别。特别是 PIB 和 NIB 中的安全级别指示应该相同。如果一个应用需要的安全级别高于网络提供的安全等级，那么它只有独立构造一个更高安全级别的网络。此外，在实现中还必须正确处理并在应用配置文件中包含下面几条规则：处理加密和解密包时的错误；检测并处理计数器失步和计数器溢出；检测并处理密钥失步；在需要时周期性地更新过期的密钥。

ZigBee 网络的安全是基于链路密钥和网络密钥的。两个对等的 APL 实体之间单播通信的安全保护采用两设备共享的 128 位链路密钥；而广播通信的安全保护则采用网络中所有设备共享的 128 位网络密钥。设备通过密钥运输、密钥建立或预先安装来获得链路密钥；通过密钥运输或预先安装来获得网络密钥。用以获取链路密钥的密钥建立技术是基于主密钥的，设备应通过密钥运输或预先安装的方式来获得主密钥。一个安全网络能够提供多种安全服务，在使用时最好避免不同的安全服务重复使用相同的密钥，因为这种多余的交互可能会带来安全漏洞。使用不相关的密钥能够保证执行不同安全协议时的逻辑隔离。运输主密钥用密钥加载密钥来保护，运输其他密钥则用密钥运输密钥来保护。网络密钥可用于 ZigBee 的 MAC 层、NWK 层和 APL 层，这样，所有这些层都可以得到同样的网络密钥和相关的发送和接收帧计数器；而链路密钥和主密钥可以只用于 APS 子层，这样就只有 APL 层能得到该链路密钥和主密钥。

ZigBee 应用采用 IEEE 802.15.4 无线标准进行通信。IEEE 802.15.4 定义了 PHY 层和 MAC 层，ZigBee 在这两层的基础上构建了 NWK 层和 APL 层。PHY 层提供物理射频的基本通信能力；MAC 层提供的服务保证了设备间单跳链路的可靠通信；ZigBee NWK 层提供了构建不同网络拓扑所需要的路由和多跳功能；APL 层包括 APS 子层、ZDO 和各种应用。ZDO 负责整个设备的管理，APS 子层为 ZDO 和 ZigBee 应用提供服务。ZigBee 安全体系涉及 ZigBee 协议栈的三层，MAC、NWK 和 APS 层分别负责各自帧的安全传输。此外，APS 子层还提供安全关系建立和维护的服务，ZDO 管理一个设备的安全规定和安全配置。

当 MAC 层发起的帧需要保护时，ZigBee 就使用 IEEE802.15.4 标准定义的 MAC 层安全机制。ZigBee 对 IEEE802.15.4 标准 MAC 层的加密算法 CCM 稍作修改得到了 CCM* 算法。CCM* 在包含 CCM 所有特征的基础上，增加了只加密和只完整性验证的安全保护能力。有了 CCM* 的这些额外能力，ZigBee 就可以不使用 IEEE802.15.4 标准定义的 CTR 和 CBC-MAC 安全算法，简化安全处理。另外，MAC 层的其他安全模式不同的安全级别要求不同的密钥，而使用 CCM* 可以把同一个密钥用于 CCM* 的所有安全级别。如果在 ZigBee 协议栈全部使用 CCM*，则 MAC、NWK 和 APS 层可以重复使用同一个密钥。

MAC 层负责自己的安全处理，但上层将决定 MAC 层使用的安全级别。ZigBee 中需要安全的帧将用 MAC PIB 属性 macDefaultSecurityMaterial 或 macACLEntryDescriptorSet 中的安全材料进行处理。上层设置的 macDefaultSecurityMaterial 应与 NWK 层的网络密钥和计数器一致，设置的 macACLEntryDescriptorSet 应与 APS 层的任何链路密钥一致。使用的安全套件应为 CCM*，上层设置的安全级别应与 NIB 属性 nwkSecurityLevel 的值一致。在 ZigBee 中，MAC 层链路密钥是首选的。如果得不到 MAC 层链路密钥就用默认的密钥。图 3-27 是 ZigBee 的 MAC 层帧使用安全处理的例子。

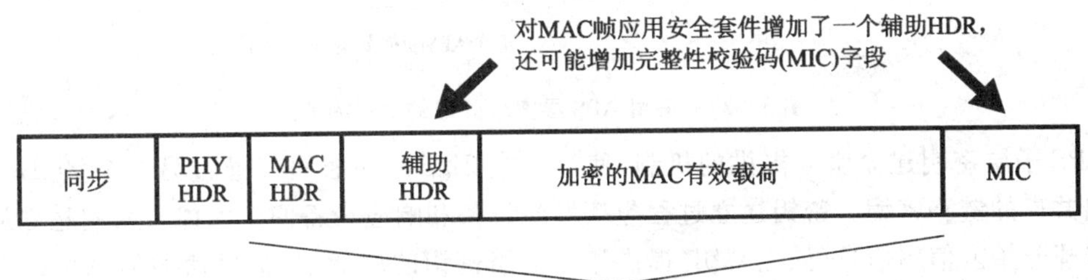

图 3-27　采用 MAC 层安全处理的 ZigBee 帧

当 NWK 层发起的帧需要安全保护时，或是上层发起的帧、NIB 属性 nwkSecureAllFrames 等于 TRUE 并且 NLDE-DATA.request 原语中 SecurityEnable 参数不等于 FALSE 时，ZigBee 将使用 NWK 层帧保护机制对帧进行安全处理。类似 MAC 层，NWK 层帧保护也要使用高级加密标准(AES)和 CCM* 加模式。NWK 帧使用的安全级别由 NIB 属性 nwkSecurityLevel 来设定。上层对 NWK 层安全的管理主要表现在设置激活的网络密钥和备用网络密钥，决定 NWK 层安全级别。我们知道，NWK 层的任务之一是在多跳链路上发送信息；而作为该任务的一部分，NWK 层要向近邻设备广播路由请求消息并处理接收的路由应答消息。如果有合适的链路密钥可用，NWK 层将使用链路密钥对输出的 NWK 帧进行处理；如果没有可用的链路密钥，为了防止非法用户听到消息，NWK 层将使用激活的网络密钥来处理输出的 NWK 帧，用激活的或备用的网络密钥来处理经过安全保护的输入 NWK 帧。在这种情况下，帧格式明确指示出帧保护所使用的密钥，接收设备就可以知道使用什么密钥来处理输入的帧，并且可以判断出接收的帧是网络中所有设备都可读的还是仅仅接收设备自身可读。图 3-28 是对 NWK 帧进行安全处理的例子。

当 APL 层发起的帧需要安全保护时，APS 子层将对它进行安全处理。APS 层对帧的安全处理可以基于链路密钥或网络密钥。图 3-29 是对 APL 帧进行安全处理的例子。APS 层的另一个安全职责是为应用和 ZDO 提供密钥建立、密钥传递和设备管理服务。

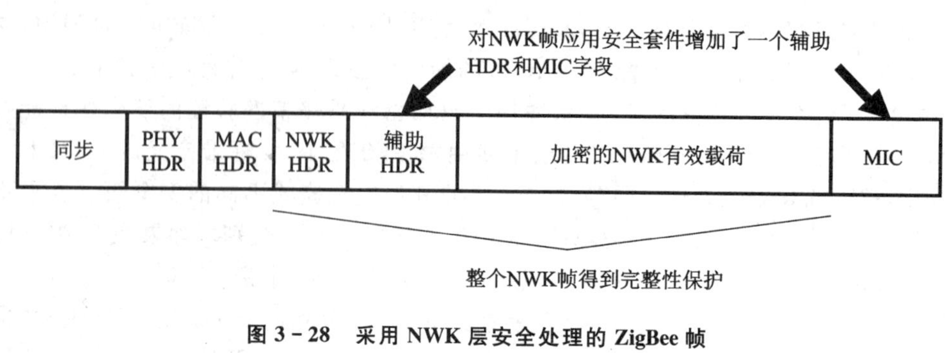

图 3-28 采用 NWK 层安全处理的 ZigBee 帧

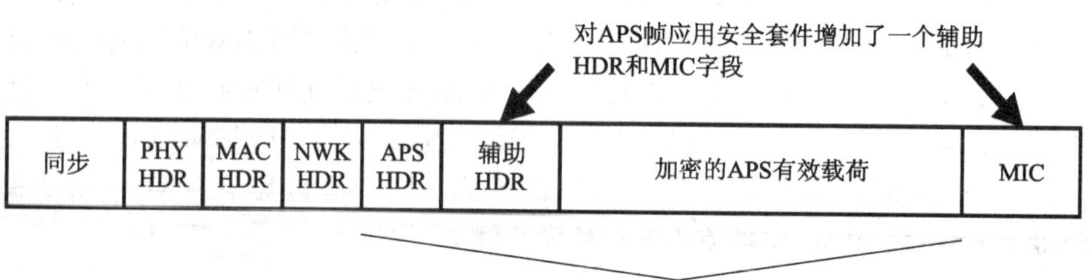

图 3-29 采用 APS 层安全处理的 ZigBee 帧

APS 子层密钥建立服务提供的机制，使得一个 ZigBee 设备可以通过另一个 ZigBee 设备推导出共享的链路密钥。密钥建立过程包括发起设备和响应设备两个实体。密钥建立从信用提供步骤开始。信用信息（如主密钥）提供建立链路密钥的起始点，提供信用信息可以采用带内或带外方式。一旦提供了信用信息，密钥建立协议就包括 3 步：瞬息数据交换，使用瞬息数据得到链路密钥，对链路密钥计算正确的确认。在对称密钥建立（SKKE）协议中，发起设备使用主密钥在响应设备的配合下建立起链路密钥。主密钥可能是设备制造过程中预装的、信用中心安装的或是基于用户输入数据（如 PIN、口令或密钥等）生成的。为了维持整个信用基础，ZigBee必须相信主密钥的安全性和真实性。

密钥传递服务提供了安全和不安全的密钥传递方式。安全的密钥传递命令提供了一种从密钥源（如信用中心）向其他设备传递主密钥、链路密钥、网络密钥的方式。不安全的密钥传递命令提供了一种向设备加载初始密钥的方式。这种方法对加载的密钥不作加密保护。为了实现不加密的密钥传递安全性，可以在带外信道上传送密钥传递命令。

设备更新服务提供了一种安全方式，一个设备（如 ZigBee 路由器）借助这种方式通知第二个设备（如信用中心），告知第三个设备的状态发生了改变，需要更新（如设备加入或离开网络）。通过这种方式，信用中心就能维护一个网络中活动设备的精确列表。

删除设备服务提供了一种安全方式，使得一个设备（如信用中心）能够借助这种方式通知另一个设备（如路由器），告知其一个子设备将被从网络中删除。例如，当一个设备不满足信用中心对网络设备的安全要求时，信用中心就可以使用删除设备服务来删除该设备。

请求密钥服务提供了一种安全方式，使得一个设备可以借助这种方式向另一个设备（如信用中心）请求当前网络密钥或端到端应用主密钥。转换密钥服务提供了一种安全方式，使得一个设备可以通知另一个设备切换使用不同激活网络密钥。

出于安全目的，ZigBee 定义了信用中心的任务。信用中心是网络中设备都信任的、为网络和端到端应用配置管理分配密钥的一个设备。网络中每个设备只能认可一个信用中心，并且每个安全网络中也只能有一个信用中心。在高安全要求的商业应用中，一个预加载了信用中心地址和初始主密钥的设备承担信用中心的任务。如果应用能忍受瞬间的攻击，则主密钥也可以采用带内非安全的密钥传输方式来发送。如果信用中心不是预加载的，则 PAN 协调器就是默认的信用中心或由 PAN 协调器指定的设备作信用中心。在低安全要求的住宅应用中，设备使用网络密钥与信用中心安全通信，网络密钥可以预配置或通过带内非安全密钥传递方式传递。信用中心执行的功能可细分为三部分：信用管理器、网络管理器和配置管理器。设备信任信用管理器和配置管理器。网络管理器负责网络管理，向其管理的设备分发网络密钥和维护网络密钥。配置管理器负责绑定两个应用并保证它管理的设备间端到端的通信安全。为了简化信用管理，这三种管理功能是集中于同一个设备的，即信用中心。

3.3.2　MAC 层安全服务

MAC 层的安全处理包括安全发送流出的 MAC 帧和安全接收流入的 MAC 帧。上层通过设置密钥、帧计数器和安全级别来控制 MAC 安全处理操作。以下是 MAC 层对流出 MAC 帧和流入 MAC 帧安全处理的详细步骤。

1. 流出 MAC 帧的安全处理

一个 MAC 帧由帧头 MacHeader 和有效负载 Payload 组成。MAC 帧的安全处理按照以下步骤进行：

① 从 MAC PIB 获取安全材料，包括密钥、流出帧计数器 FrameCount、密钥序号计数器 SeqCount 和安全等级标识码。首先，MAC 层尝试在 MAC PIB 属性 macACLEntryDescriptorSet 中查找流出帧目的地址对应的安全材料和安全级别标识码。如果查找失败，MAC 层就在 MAC PIB 属性 macDefaultSecurityMaterial 中查找安全材料，在 macDefaultSecuritySuite 中查找安全等级。如果 4 字节长度的流出帧计数器的值等于 $2^{32}-1$ 或找不到安全材料中的部分元素，则安全处理失败，不再对帧作进一步安全处理。

② 设置安全控制字段 SecField。安全控制字段长度是 1 字节，其中安全级别子域长度是 3 位，设置为第 1 步得到的安全等级标识码；密钥标识码子域长度是 2 位，设置为 00；扩展现时值子域长度是 1 位，设置为 0；最后两个预留位设置为 00。

③ 执行 CCM* 模式的加密和认证操作。根据安全级别得到对应的完整性认证序列长度 M(字节)；比特串 Key 是从安全材料中得到的密钥；13 字节长度的现时值 N 由本地设备的 64 位扩展地址、安全控制字段 SecField 和帧计数器 FrameCount 构成。如果安全级别要求加密，那么字节串 a 设为 MacHeader，字节串 m 设为 Payload；否则，字节串 a 设为 MacHeader ‖ Payload，字节串 m 长度为 0。

④ 如果第③步 CCM* 模式的输出为“invalid”，则安全处理失败，不作进一步处理；否则用 c 表示上面第③步的输出结果。

⑤ 如果安全级别要求加密，则安全处理后的流出 MAC 帧为 MacHeader ‖ FrameCount ‖ SeqCount ‖ c；否则，安全处理后的流出 MAC 帧为 MacHeader ‖ FrameCount ‖ SeqCount ‖ Payload ‖ c。

⑥ 如果经过安全处理后 MAC 帧长度大于 aMaxPHYPacketSize，则安全处理失败，不作进一步处理；否则，执行下一步操作。

⑦ 流出 MAC 帧计数器加 1，并保存到第①步获取安全材料的位置。

2. 流入 MAC 帧的安全处理

MAC 层接收到的安全帧由帧头 MacHeader、帧计数器 ReceivedFrameCount、序号计数器 ReceivedSeqCount 和有效负载 SecuredPayload 组成。MAC 层对流入安全帧的处理过程如下：

① 如果 ReceivedFrameCount 的值为 $2^{32}-1$，则安全处理失败，不作进一步处理；否则，执行下一步操作。

② 从 MAC PIB 获取安全材料，包括密钥、可选的外部帧计数器 FrameCount、可选的密钥序号计数器 SeqCount 和安全等级标识码。首先，MAC 层尝试在 MAC PIB 属性 macACLEntryDescriptorSet 中查找流出帧目的地址对应的安全材料和安全级别标识码。如果查找失败，MAC 层就在 MAC PIB 属性 macDefaultSecurityMaterial 中查找安全材料，在 macDefaultSecuritySuite 中查找安全等级。如果不能获得安全材料或存在的 SeqCount 与 ReceivedSeqCount 不匹配，则安全处理失败，不再作进一步处理。

③ 如果 FrameCount 存在且 ReceivedFrameCount 小于 FrameCount，则安全处理失败，不再作进一步处理；否则，执行下一步操作。

④ 设置安全控制字段 SecField。安全控制字段长度是 1 字节，其中安全级别子域长度是 3 位，设置为第 1 步得到的安全等级标识码；密钥标识码子域长度是 2 位，设置为 00；扩展现时值子域长度是 1 位，设置为 0；最后两个预留位设置为 00。

⑤ 执行 CCM* 模式的解密和完整性校验操作。根据安全级别得到对应的完整性认证序列长度 M(字节)；比特串 Key 是从安全材料中得到的密钥；13 字节长度的现时值 N 是由发送设备的 64 位扩展地址、安全控制字段 SecField 和帧计数器 ReceivedFrameCount 构成的。把字符串 SecuredPayload 分割成两部分 Payload1 ‖ Payload2，其中右边部分长度是 M 字节。如果安全级别要求加密，那么字节串 a 设为 MacHeader ‖ ReceivedFrameCount ‖ ReceivedSeqCount，字节串 c 设为 SecuredPayload；否则，字节串 a 设为 MacHeader ‖ ReceivedFrameCount ‖ ReceivedSeqCount ‖ Payload1，字节串 c 设为 Payload2。

⑥ 返回 CCM* 操作的结果。如果上一步输出为“invalid”，则安全处理失败，不作进一步处理；否则，用 m 表示流入帧安全处理后的结果。如果安全级别要求加密，则解密处理后的 MAC 帧 UnsecuredMacFrame 等于 a ‖ m；否则，UnsecuredMacFrame 等于 a。

⑦ 如果可选的 FrameCount 存在，则把它设置为 ReceivedFrameCount 的值并更新 MAC PIB 的相关属性值。

3. 与安全有关的 MAC PIB 属性

CCM* 模式使用的安全材料与 IEEE802.15.4 中 CCM 模式使用的安全材料一样。对于 MAC PIB 属性 macDefaultSecurityMaterial，上层设置对称密钥、流出帧计数器和可选的外部密钥序号计数器。外部密钥序号计数器等于 NIB 中网络安全材料描述符 nwkSecurityMaterialSet 的 nwkActiveKeySeqNumber 属性值。macDefaultSecurityMaterial 安全材料不使用外部帧计数器，可选的外部密钥序号计数器应等于网络密钥的序号。对于属性 macACLEntryDescriptorSet，上层设置对称密钥和流出帧计数器。此时，流出帧计数器等于 AIB 属性 apsDeviceKeyPairSet 中网络密钥对描述符相应元素的值。可选的外部帧计数器应设为流入帧计数器的值,不使用外部密钥序号计数器。

3.3.3 NWK 层安全服务

NWK 层的安全处理包括安全发送流出的 NWK 帧和安全接收流入的 NWK 帧。上层通过设置密钥、帧计数器和安全级别来控制 NWK 安全处理操作。下面介绍 NWK 层对流出 NWK 帧和流入 NWK 帧安全处理的详细步骤。

1. 流出 NWK 帧的安全处理

一个 NWK 帧包含帧头 NwkHeader 和有效负载 Payload。如果 NWK 帧要求安全处理并且 nwkSecurityLevel>0,则按照以下步骤进行安全处理:

① 从 NIB 中获取 nwkActiveKeySeqNumber 并用来查找激活的网络密钥;从 NIB 属性 nwkSecurityMaterialSet 中获取流出帧计数器 OutgoingFrameCounter 和密钥序号 KeySeqNumber;从 NIB 属性 nwkSecurityLevel 中获取安全级别。如果流出帧计数器的值等于 $2^{32}-1$ 或不能获取密钥,则安全处理失败,不作进一步处理;否则,执行下一步操作。

② 构造辅助帧头 AuxiliaryHeader。安全控制字段的安全级别子域按照第①步获取的安全级别进行设置,密钥标识子域设置为 01 表示网络密钥,扩展现时值子域设置为 1。源地址字段设为本地设备的 64 位扩展地址。帧计数器字段设置为第①步得到的流出帧计数器的值。密钥序号字段设置为第①步得到的密钥序号。

③ 执行 CCM* 模式的加密和认证操作。根据安全级别得到对应的完整性认证序列长度 M(字节);比特串 Key 是第①步得到的密钥;13 字节长度的现时值 N 是由第②步的安全控制字段、帧计数器字段和源地址字段构成的。如果安全级别要求加密,则字节串 a 设为 NwkHeader ‖ AuxiliaryHeader,字节串 m 设为 Payload;否则,字节串 a 设为 NwkHeader ‖ AuxiliaryHeader ‖ Payload,字节串 m 设为长度为 0 的空值。

④ 如果上一步 CCM* 操作的输出为"invalid",则安全处理失败,不作进一步处理;否则,用 c 表示上一步的输出。

⑤ 如果安全级别要求加密,则安全处理后的帧为 NwkHeader ‖ AuxiliaryHeader ‖ c;否则,安全处理后的流出帧为 NwkHeader ‖ AuxiliaryHeader ‖ Payload ‖ c。

⑥ 如果经过安全处理后 NWK 帧长度大于 aMaxMACFrameSize,则安全处理失败,不作进一步处理;否则,执行下一步操作。

⑦ 把流出帧计数器的值加 1,并保存到 NIB 属性 nwkActiveKeySeqNumber 对应安全材料描述符的 OutgoingFrameCounter 元素中,即更新密钥对应的输出帧计数器的值。

⑧ 用"000"覆盖安全控制字段中安全级别子域的值。

2. 流入 NWK 帧的安全处理

NWK 层接收到的安全帧由帧头 NwkHeader、辅助帧头 AuxiliaryHeader 和有效负载 SecuredPayload 组成。NWK 层对流入安全帧的处理过程如下:

① 从 NIB 属性 nwkSecurityLevel 获知安全级别并用它覆盖接收帧辅助帧头部分的安全控制字段安全级别子域;从辅助帧头 AuxiliaryHeader 中得到序号 SequenceNumber、发送设备地址 SenderAddress 和接收帧计数器 ReceivedFrameCount。如果得到的 ReceivedFrameCount 值等于 $2^{32}-1$,则安全处理失败,不再作进一步处理;否则,执行下一步操作。

② 通过 SeqenceNumber 与 NIB 属性 nwkSecurityMaterialSet 中密钥序号的匹配，获得相应的安全材料(包括密钥和其他属性)。如果得不到安全材料，则安全处理失败，不再作进一步处理。如果接收帧的 SeqenceNumber 是比 nwkSecurityMaterialSet 中的所有序号更新的一个密钥序号，并且源地址为信用中心，则把 NIB 属性 nwkActiveKeySeqNumber 的值设为接收帧的 SeqenceNumber 值。

③ 如果安全材料中存在一个 SenderAddress 对应的流入帧计数器 FrameCount，但 ReceivedFrameCount 小于 FrameCount，则安全处理失败，不再作进一步处理；否则，执行下一步操作。

④ 执行 CCM* 模式解密和完整性校验操作。根据安全级别得到对应的完整性校验序列长度 M(字节)；比特串 Key 是从安全材料中得到的密钥；13 字节长度的现时值 N 由 AuxiliaryHeader 中的安全控制字段、帧计数器字段和源地址字段构成。把字符串 SecuredPayload 分割成两部分 Payload1 ‖ Payload2，其中右边部分长度是 M 字节。如果安全级别要求加密，那么字节串 a 设为 nwkHeader ‖ AuxiliaryHeader，字节串 c 设为 SecuredPayload；否则，字节串 a 设为 nwkHeader ‖ AuxiliaryHeader ‖ Payload1，字节串 c 设为 Payload2。

⑤ 返回 CCM* 操作结果。如果上一步输出为“invalid”，则安全处理失败，不作进一步处理；否则用 m 表示流入帧安全处理后的结果。如果安全级别要求加密，则解密处理后的 NWK 帧 UnsecuredNwkFrame 等于 a ‖ m；否则，UnsecuredNwkFrame 等于 a。

⑥ 把 FrameCount 设为(ReceiveFrameCount＋1)，并把 FrameCount 和 SenderAddress 存储到 NIB 中。

3. 与安全有关的 NIB 属性

下面这些 NWK PIB 属性都是与 NWK 层安全管理相关的属性。它们都可以分别用 NLME-GET.request 和 NLME-SET.request 原语来读和写。

nwkSecurityLevel 是流入和流出 NWK 帧的安全级别。该属性的取值范围是 0x00～0x07，不同取值所表示的安全操作在后面章节将有详细介绍。

nwkSecurityMaterialSet 是一组网络安全材料描述符，它可以包含 0、1 或 2 个描述符。网络安全材料描述符包含的元素有密钥序号 KeySeqNumber、流出帧计数器 OutgoingFrameCounter、流入帧计数器描述符 IncomingFrameCounterSet 和密钥 Key。其中流入帧计数器描述符 IncomingFrameCounterSet 由两部分组成：发送设备地址 SenderAddress 和流入帧计数器 IncomingFrameCounter。

nwkActiveKeySeqNumber 是 nwkSecurityMaterialSet 中激活的网络密钥的序号，其取值范围是 0x00～0xFF。

nwkAllFresh 是一个布尔量，用以指示在流入帧计数器超出时是否要对所有流入的 NWK 帧作新鲜度检测。

nwkSecureAllFrame 是一个布尔量，用以指示是否对所有流入和流出的 NWK 帧作安全处理。如果该属性为 TRUE，则除了帧控制字段中安全子域为 0 的当前设备接收帧外，设备还要对所有的流入和流出 NWK 帧作安全处理。当该属性为 TRUE 时，NWK 层不转发帧控制字段中安全子域为 0 的 NWK 帧。但需要注意的是，NLDE-DATA.request 原语中 SecurityEnable 参数的优先级高于 nwkSecureAllFrame 属性。

3.3.4 APS 层安全服务

APS 层的安全处理安全发送流出的 APS 帧、安全接收流入的 APS 帧以及安全建立和管理密钥。上层通过向 APS 发送原语来管理密钥，这些原语将在后续章节中详细描述。在对流出帧进行保护时，安全级别也由上层来指定。

1. 流出 APS 帧的安全处理

APS 帧有帧头 ApsHeader 和有效负载 Payload 两部分，APS 帧的安全处理遵照以下步骤：

① 获取安全材料和密钥标识 KeyIdentifier。当要处理的是 APSDE - DATA. request 原语请求发送的 APS 数据帧时，如果 useNwkKeyFlag 参数为 TRUE，则根据 NIB 属性 nwkActiveKeySeqNumber 到 nwkSecurityMaterialSet 中查找相应的激活网络密钥、流出帧计数器、密钥序号等安全材料。KeyIdentifier 应设为 01，表示网络密钥。如果 useNwkKeyFlag 参数为 FALSE，则从 AIB 属性 apsDeviceKeyPairSet 中获取流出帧目的地址对应的安全材料。如果采用间接寻址传输帧，则目的地址应为绑定管理器的地址。KeyIdentificr 应设为 00，表示数据密钥。当要处理的是 APS 命令帧时，首先尝试从 AIB 属性 apsDeviceKeyPairSet 中获取流出帧目的地址对应的安全材料。除密钥传递命令外，KeyIdentifier 都应设为 00，表示数据密钥。如果密钥传递命令传递的是网络密钥，则 KeyIdentifier 应设为 02，表示密钥传递密钥；如果密钥传递命令传递的是应用链路密钥、应用主密钥或信用中心主密钥，则 KeyIdentifier 应设为 03，表示密钥加载密钥。如果从 AIB 中获取安全材料失败，则根据 nwkActiveKeySeqNumber 到 NIB 中查找相应的安全材料。KeyIdentifier 设为 01，表示网络密钥。

② 如果密钥标识 KeyIdentifier 等于 01(即网络密钥)，则 APS 在安全处理之前首先要核实 NWK 层没有应用安全处理。如果 NWK 层应用了安全处理，APS 层不作任何网络安全处理。APS 层根据 NIB 属性 nwkSecureAllFrames 值为 TRUE 和 nwkSecurityLevel 值不为零，就可以知道 NWK 层使用了安全处理。

③ 从第①步得到的安全材料中提取流出帧计数器。如果 KeyIdentifier 等于 01，则还要提取密钥序号。如果流出帧计数器的值等于 $2^{32}-1$ 或得不到密钥，则安全处理失败，不再作进一步处理；否则，执行下一步操作。

④ 从 NIB 属性 nwkSecurityLevel 获取安全级别。如果要处理的是 APS 命令帧，则安全级别强制为 7，即 ENC - MIC - 128。

⑤ 构造 APS 辅助帧头。安全控制字段中安全级别子域设为第④步获得的安全等级；密钥标识子域设为 KeyIdentifier；扩展现时值子域设为 0。帧计数器字段设为第③步得到的流出帧计数器的值。如果 KeyIdentifier 等于 01，则辅助帧头中存在密钥序号字段并设为第③步得到的密钥序号；否则，辅助帧头部分不存在密钥序号字段。

⑥ 执行 CCM* 模式的加密和认证操作。根据安全级别得到对应的完整性校验序列长度 M(字节)；比特串 Key 是第①步得到的密钥；13 字节长度的现时值 N 是由第⑤步得到的安全控制字段、帧计数器字段和当前设备的 64 位扩展地址构成。如果安全级别要求加密，则字节串 a 设为 ApsHeader ‖ AuxiliaryHeader，字节串 m 设为 Payload；否则，字节串 a 设为 ApsHeader ‖ AuxiliaryHeader ‖ Payload，字节串 m 设为长度为 0 的空值。

⑦ 如果上一步CCM*操作的输出为“invalid”，则安全处理失败，不再作进一步处理；否则，用 c 表示上一步的输出。

⑧ 如果安全级别要求加密，则安全处理后的帧为 ApsHeader ‖ AuxiliaryHeader ‖ c；否则，安全处理后的流出帧为 ApsHeader ‖ AuxiliaryHeader ‖ Payload ‖ c。

⑨ 如果经过安全处理后的APS帧将导致MSDU长度大于aMaxMACFrameSize，则安全处理失败，不作进一步处理；否则，执行下一步操作。

⑩ 把流出帧计数器加1，并根据安全处理中使用的密钥把帧计数器的值保存到NIB、AIB和MAC PIB的适当位置。

⑪ 用“000”覆盖安全控制字段的安全级别子域。

2. 流入APS帧的安全处理

APS层接收到的安全帧由帧头ApsHeader、辅助帧头AuxiliaryHeader和经过安全处理的有效负载SecuredPayload组成。APS层对流入安全帧的处理过程如下：

① 从辅助帧头AuxiliaryHeader中得到密钥序号SequenceNumber、密钥标识KeyIdentifier和接收帧计数器的值ReceivedFrameCounter。如果接收帧计数器ReceivedFrameCounter的值等于 $2^{32}-1$，则安全处理失败，不再作进一步处理；否则，执行下一步操作。

② 以APS帧的源地址为索引，从AIB地址映射表中得到源地址SourceAddress。如果得不到源地址或源地址不完整，则安全处理失败，不再作进一步处理。如果ApsHeader部分帧控制字段的发送模式子域等于1，即间接寻址，则源地址应为绑定管理器的地址。

③ 根据密钥标识KeyIdentifier得到合适的安全材料。如果KeyIdentifier为“00”(即数据密钥)，则从AIB属性apsDeviceKeyPairSet中获取与流入帧SourceAddress对应的安全材料。如果KeyIdentifier为“01”(即网络密钥)，则从NIB属性nwkSecurityMaterialSet中获取与SequenceNumber匹配的安全材料。如果接收帧的密钥序号比nwkSecurityMaterialSet中的序号更新，则把nwkActiveKeySeqNumber设置为接收帧的密钥序号值。如果此时能从AIB中找到与流入帧SourceAddress对应的安全材料，则安全处理失败，不再作进一步处理。如果KeyIdentifier为“02”(即密钥传递密钥)，则从AIB属性apsDeviceKeyPairSet中获取与流入帧SourceAddress对应的安全材料并从安全材料中密钥传递密钥。如果KeyIdentifier为“03”(即密钥加载密钥)，则从AIB属性apsDeviceKeyPairSet中获取与流入帧SourceAddress对应的安全材料并从安全材料中得到密钥加载密钥。

④ 如果第③步得到的安全材料中有一个与SourceAddress对应的流入帧计数器FrameCount，但ReceivedFrameCount的值小于FrameCount，则安全处理失败，不再作进一步处理；否则，执行下一步操作。

⑤ 获取安全级别SecLevel。如果ApsHeader部分帧控制字段的帧类型子域指示接收帧为APS数据帧，则SecLevel应设为NIB属性nwkSecurityLevel的值；否则，SecLevel应设为7(即ENC-MIC-128)。用SecLevel覆盖AuxiliaryHeader部分安全控制字段安全级别子域的值。

⑥ 执行CCM*模式的解密和完整性校验。根据安全级别得到对应的完整性校验序列长度 M(字节)；比特串Key是从安全材料中得到的密钥；13字节长度的现时值 N 由AuxiliaryHeader中的安全控制字段、帧计数器字段和SourceAddress字段构成。把字符串SecuredPayload分割成两部分Payload1 ‖ Payload2，其中右边部分长度是 M 字节。如果安全级别要

求加密，那么字节串 a 设为 ApsHeader ‖ AuxiliaryHeader，字节串 c 设为 SecuredPayload；否则，字节串 a 设为 ApsHeader ‖ AuxiliaryHeader ‖ Payload1，字节串 c 设为 Payload2。

⑦ 返回 CCM* 操作结果。如果上一步输出为“invalid”，则安全处理失败，不作进一步处理；否则用 m 表示流入帧安全处理后的结果。如果安全级别要求加密，则解密处理后的 APS 帧 UnsecuredApsFrame 等于 a ‖ m；否则，UnsecuredNwkFrame 等于 a。

⑧ 把 FrameCount 设为（ReceiveFrameCount＋1）并把 FrameCount 和 SourceAddress 存储到合适的安全材料中。

3. 建立密钥服务

APSME 提供的建立密钥服务允许两个设备相互配合建立链路密钥。在运行密钥建立协议之前，每个设备上必须安装初始信用信息（如主密钥）。提供建立密钥服务的原语包括请求原语 APSME－ESTABLISH－KEY. request、证实原语 APSME－ESTABLISH－KEY. confirm、指示原语 APSME－ESTABLISH－KEY. indication 和响应原语 APSME－ESTABLISH－KEY. response。

(1) 请求原语 APSME－ESTABLISH－KEY. request

APSME－ESTABLISH－KEY. request 原语用来启动密钥建立协议。当一个设备需要与另一个设备安全通信时使用该原语。一个设备将充当启动设备，另一个设备充当响应设备。启动设备发出 APSME－ESTABLISH－KEY. request 原语并在参数中指明响应设备的地址和使用的密钥建立协议（即 SKKE 直接或间接），启动密钥建立协议。APSME－ESTABLISH－KEY. request 原语提供以下接口：

```
APSME-ESTABLISH-KEY.request     (
                                ResponderAddress,
                                UseParent,
                                ResponderParentAddress,
                                KeyEstablishmentMethod
                                )
```

其中：参数 ResponderAddress 是响应设备的 64 位扩展地址；参数 UseParent 是一个布尔量，用来指示是否使用响应设备的父设备来转发消息；如果 UseParent 为 TRUE，则参数 ResponderParentAddress 包含的是响应设备父设备的 64 位扩展地址，否则不使用也不需要设置 ResponderParentAddress 参数；参数 KeyEstablishmentMethod 表示请求的密钥建立方法，取值 0x00 表示 SKKE，0x01～0x03 暂时预留。

当启动设备要求与一个响应设备建立链路密钥时，其上层就产生 APSME－ESTABLISH－KEY. request 原语。如果启动设备出于 NWK 安全目的希望使用响应设备的父设备作联络时，它将设置 UseParent 参数为 TRUE 并在 ResponderParentAddress 参数中指定响应设备父设备的 64 位扩展地址。APSME 接收到 KeyEstablishmentMethod 参数等于 SKKE 的 APSME－ESTABLISH－KEY. request 原语就执行 SKKE 协议。本地 APSME 是 SKKE 协议的发起设备，ResponderAddress 参数指定设备的 APSME 是协议的响应设备。UseParent 参数控制是否需要通过响应设备的父设备来间接向响应设备发送消息。

(2) 证实原语 APSME－ESTABLISH－KEY. confirm

密钥建立协议执行完成或失败后，APSME 向 ZDO 发送证实原语 APSME－ESTAB-

LISH－KEY.confirm。该原语提供以下接口：

APSME－ESTABLISH－KEY.confirm　　(
Address,
Status
)

其中：参数Address表示与当前设备一起执行密钥建立协议的设备64位扩展地址；参数Status表示执行密钥建立协议的最终状态。在密钥建立协议执行完成后，响应设备和发起设备的APSME都要向ZDO发送APSME－ESTABLISH－KEY.confirm原语。如果密钥建立成功，发起设备和响应设备都将更新AIB的相关属性，记录新的链路密钥，发起设备就可以与响应设备安全通信。如果密钥建立不成功，则AIB不改变。

(3) 指示原语APSME－ESTABLISH－KEY.indication

响应设备接收到发起设备的密钥建立初始消息时，APSME就向ZDO发送密钥建立指示原语APSME－ESTABLISH－KEY.indication。该原语提供以下接口：

APSME－ESTABLISH－KEY.indication　　(
InitiatorAddress,
KeyEstablishmentMethod
)

其中：参数InitiatorAddress是密钥建立协议发起设备的64位扩展地址；参数KeyEstablishmentMethod表示建立密钥的方法。响应设备收到发起设备的密钥建立请求，并且AIB中存在发起设备的主密钥时，响应设备APSME向ZDO发送密钥建立指示原语。ZDO收到APSME－ESTABLISH－KEY.indication原语后，根据原语参数来决定是否与发起设备建立一个密钥，并用APSME－ESTABLISH－KEY.response原语作出响应。

(4) 响应原语APSME－ESTABLISH－KEY.response

响应设备ZDO用APSME－ESTABLISH－KEY.response原语来响应密钥建立指示原语。ZDO决定是继续还是终止与发起设备的密钥建立过程，并在Accept参数中指示它的决定。APSME－ESTABLISH－KEY.response原语提供的接口如下：

APSME－ESTABLISH－KEY.response　　(
InitiatorAddress,
Accept
)

其中：参数InitiatorAddress表示密钥建立发起设备的64位扩展地址；参数Accept是布尔量，表示是否接受发起设备的密钥建立请求。如果Accept参数值为TRUE，响应设备的APSME将执行KeyEstablishmentMethod参数指定的密钥建立协议；如果Accept参数值为FALSE，响应设备的APSME将终止执行密钥建立协议并清除密钥建立协议相关的中间数据。

图3－30是两个设备成功建立密钥的信息流程。

4. 传递密钥服务

APSME提供的传递密钥服务，允许发起设备向响应设备传递密钥材料。发起设备要向响应设备发送密钥时，发起设备ZDO就产生APSME－TRANSPORT－KEY.request原语。

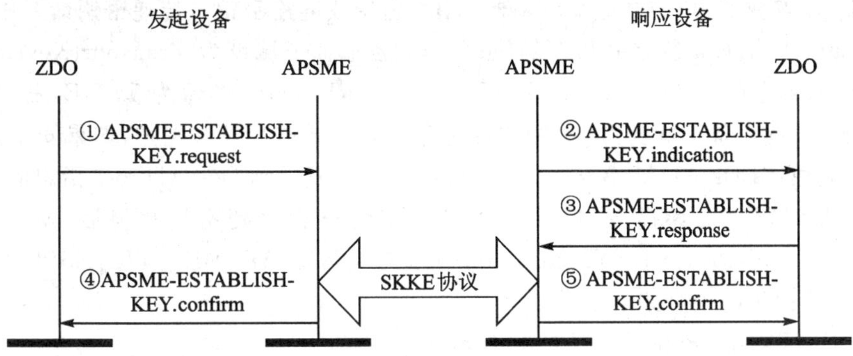

图 3-30　两个设备成功建立密钥的信息流程

密钥传递请求原语提供的接口如下：

```
APSME-TRANSPORT-KEY.request        (
                                    DestAddress,
                                    KeyType,
                                    TransportKeyData
                                    )
```

其中：参数 DestAddress 表示目的设备的 64 位扩展地址；参数 KeyType 是传递的密钥材料的类型标识码，0x00 代表信用中心主密钥，0x01 代表网络密钥，0x02 代表应用主密钥，0x03 代表应用链路密钥；参数 TransportKeyData 是传递的密钥和有关使用参数。TransportKeyData 参数的类型与 KeyType 参数值有关，如果 KeyType＝0x00，TransportKeyData 参数的内容包括 DestAddress 父设备的 64 位地址 ParentAddress 和 16 字节长度的信用中心主密钥 Trust-Master-Key；如果 KeyType＝0x01，TransportKeyData 参数的内容包括网络密钥序号 KeySeqNumber、16 字节长度的网络密钥 NetworkKey、是否使用目的设备父设备的指示参数 UseParent 和目的设备的父设备地址 ParentAddress；如果 KeyType＝0x02 或 0x03，TransportKeyData 参数的内容包括 64 位扩展地址 PartnerAddress、目的设备是否请求主密钥的指示参数 Initiator 和 16 字节长度的应用主密钥或链路密钥。

APSME 收到 APSME-TRANSPORT-KEY.request 原语后，产生一个传递密钥命令包。如果 KeyType 参数值为 0x00(即信用中心主密钥)，传递密钥命令的密钥描述符字段要作如下设置：密钥子域设为 TransportKeyData 参数中 Trust-Master-Key 的值；目的地址子域设为 DestAddress 参数值；源地址子域设为当前设备的地址。该命令帧要进行安全保护，如果安全处理成功，APSME 就调用 NLDE-DATA.request 原语把该命令发送到 TransportKeyData 参数中 ParentAddress 指定的设备。如果 KeyType 参数值为 0x01(即网络密钥)，传递密钥命令中密钥子域设为 TransportKeyData 参数中 NetworkKey 的值；序号子域设为 TransportKeyData 参数中 KeySeqNumber 的值；目的地址子域设为 DestAddress 参数值；源地址子域设为当前设备的地址。该命令帧要进行安全保护，如果安全处理成功，APSME 就调用 NLDE-DATA.request 原语把该命令发送到指定的设备。如果 TransportKeyData 参数中 UseParent 等于 TRUE，APSME 把密钥传递命令发送给 TransportKeyData 参数中 ParentAddress 指定的设备；否则，APSME 把密钥传递命令发送给 DestAddress 参数指定的设备。

如果 KeyType 参数值为 0x02 或 0x03(即应用主密钥或链路密钥)，传递密钥命令中密钥子域设为 TransportKeyData 参数中 Key 的值；合作设备地址子域设为 TransportKeyData 参数中 PartnerAddress 的值；如果 TransportKeyData 参数中 Initiator 的值为 TRUE，发起设备子域设为 1，否则，发起设备子域设为 0。密钥传递命令帧需要进行安全保护，如果安全处理成功，APSME 就调用 NLDE－DATA. request 原语把该命令发送到 DestAddress 指定的设备。

设备接收到密钥传递命令，成功解密和完整性校验得到密钥材料后，使用指示原语 APSME－TRANSPORT－KEY. indication 来通知 ZDO。APSME－TRANSPORT－KEY. indication 原语提供的接口如下：

```
APSME－TRANSPORT－KEY. indication      (
                                        SrcAddress,
                                        KeyType,
                                        TransportKeyData
                                        )
```

其中：参数 SrcAddress 是传递密钥原始设备的 64 位扩展地址；参数 KeyType 是传递的密钥材料的类型标识码，0x00 代表信用中心主密钥，0x01 代表网络密钥，0x02 代表应用主密钥，0x03 代表应用链路密钥；参数 TransportKeyData 是传递的密钥和有关使用参数。TransportKeyData 参数的类型与 KeyType 参数值有关，如果 KeyType＝0x00，则 TransportKeyData 参数是 16 字节长度的信用中心主密钥 Trust－Master－Key；如果 KeyType＝0x01，则 TransportKeyData 参数的内容包括网络密钥序号 KeySeqNumber、16 字节长度的网络密钥 NetworkKey；如果 KeyType＝0x02 或 0x03，则 TransportKeyData 参数的内容包括 64 位扩展地址 PartnerAddress、目的设备是否请求主密钥的指示参数 Initiator 和 16 字节长度的应用主密钥或链路密钥。

接收到传递密钥命令后，APSME 将执行流入帧安全处理，然后检测密钥类型字段的值。如果密钥类型字段的值为 2 或 3(即应用主密钥或链路密钥)，则 APSME 产生的原语 APSME－TRANSPORT－KEY. indication 中 SrcAddress 参数设为密钥传递命令帧的源地址；KeyType 参数设为命令帧中密钥类型字段的值；TransportKeyData 参数中 Key 设为命令帧中密钥字段的值，PartnerAddress 设为命令帧中合作设备字段的值。如果命令帧中发起设备字段的值为 1，则 TransportKeyData 参数中 Initiator 设为 TRUE；否则，Initiator 设为 FALSE。如果密钥类型字段的值为 0 或 1(即信用中心主密钥或 NWK 密钥)并且目的地址字段等于当前设备地址，则 APSME 产生的原语 APSME－TRANSPORT－KEY. indication 中 SrcAddress 参数设为密钥传递命令帧的源地址；KeyType 参数设为命令帧中密钥类型字段的值；TransportKeyData 参数中 Key 设为命令帧中密钥字段的值。在传递网络密钥时，TransportKeyData 参数中 KeySeqNumber 参数还要设为命令帧中序号字段的值。如果密钥类型字段的值为 0 或 1(即信用中心主密钥或 NWK 密钥)但目的地址字段不等于当前设备地址，APSME 将调用 NLDE－DATA. request 原语把密钥传递命令转发给目的地址字段指定的设备。

接收到没有经过安全处理的密钥传递命令帧时，APSME 也要检测密钥类型字段。如果密钥类型字段为 0(即信用中心主密钥)，目的地址字段等于当前设备地址，并且设备没有信用中心主密钥和地址，则 APSME 将向 ZDO 发送 APSME－TRANSPORT－KEY. indication 原语。如果密钥类型字段为 1(即网络密钥)，目的地址字段等于当前设备地址，并且设备没有网络密钥，则 APSME 将向 ZDO 发送 APSME-TRANSPORT-KEY. indication 原语。原语中 SrcAddress 参数设为密钥传递命令帧中源地址字段的值；KeyType 参数设为命令帧中密钥类型字段的值；TransportKeyData 参数中 Key 设为命令帧中密钥字段的值，如果传递的是网络密钥，则 TransportKeyData 参数中 KeySeqNumber 还要设为命令帧中序号字段的值。

5. 设备更新服务

APSME 提供的设备更新服务允许一个设备(如路由器)向另一个设备(如信用中心)通知第三个设备的状态改变情况(如加入或离开网络)。当设备需要向另一个设备发送其他设备状态更新信息时，ZDO 发出设备更新请求原语。APSME-UPDATE-DEVICE. request 原语提供的接口如下：

```
APSME-UPDATE-DEVICE.request        (
                                   DestAddress,
                                   DeviceAddress,
                                   Status,
                                   DeviceShortAddress
                                   )
```

其中：参数 DestAddress 表示发送设备更新信息的目的地址；参数 DeviceAddress 是发生状态更新的设备的 64 位扩展地址；Status 表示 DeviceAddress 指定设备的更新状态，其值 0x00 表示设备以安全方式入网，0x01 表示设备以非安全方式入网，0x02 表示设备离开网络，0x03～0x07 为预留值；参数 DeviceShortAddress 是状态更新设备的 16 位网络地址。接收到 APSME-UPDATE-DEVICE. request 原语后，APSME 将首先生成更新设备命令帧。命令帧中设备地址字段设为 DeviceAddress 参数值；状态字段设为 Status 参数值；设备短地址字段设为 DeviceShortAddress 参数值。更新设备命令帧需要作安全保护，如果安全处理成功，APSME 就调用 NLDE-DATA. request 原语把安全处理过的命令帧发送给 DestAddress 参数指定的设备。

设备 APSME 收到更新设备命令帧后，就向 ZDO 发送设备更新指示原语。APSME-UPDATE-DEVICE. indication 原语提供的接口如下：

```
APSME-UPDATE-DEVICE.indication        (
                                      SrcAddress,
                                      DeviceAddress,
                                      Status,
                                      DeviceShortAddress
                                      )
```

其中：参数 SrcAddress 表示设备更新命令帧发起设备的 64 位扩展地址；其他参数的定义与 APSME-UPDATE-DEVICE. request 原语相同。

6. 删除设备服务

APSME 提供的删除设备服务允许一个设备(如信用中心)通知另一个设备(如路由器)，告知其一个子设备将被删除出网络。当设备请求一个父设备把它的一个子设备从网络中删除时，ZDO 就向 APSME 发送删除设备请求原语。APSME-REMOVE-DEVICE. request 原语提供的接口如下：

APSME－REMOVE－DEVICE.request (
ParentAddress,
ChildAddress
)

其中：参数ParentAddress表示设备请求其删除子设备的父设备的64位扩展地址；ChildAddress表示被请求删除的子设备地址。接收到APSME－REMOVE－DEVICE.request原语后，设备将首先生成删除设备命令帧。命令帧中子设备地址字段设为ChildAddress参数值。删除设备命令帧需要作安全保护，如果安全处理成功，APSME就调用NLDE－DATA.request原语把安全处理过的命令帧发送给ParentAddress参数指定的设备。

设备收到删除设备命令帧后，APSME就向ZDO发送删除设备指示原语APSME－REMOVE－DEVICE.indication。该原语提供的接口如下：

APSME－REMOVE－DEVICE.indication (
SrcAddress,
ChildAddress
)

其中：参数SrcAddress表示请求当前设备删除一个子设备的设备地址；ChildAddress表示被请求删除的当前设备的子设备地址。

7. 请求密钥服务

APSME提供的请求密钥服务允许设备向另一个设备请求当前网络密钥或主密钥。APSME－REQUEST－KEY.request原语允许ZDO请求当前网络密钥或一个新的端到端应用主密钥。该原语提供的接口如下：

APSME－REQUEST－KEY.request (
DestAddress,
KeyType,
PartnerAddress
)

其中：参数DestAddress表示请求密钥命令帧的目的地址；参数KeyType表示请求的密钥类型，其取值0x01表示网络密钥，0x02表示应用密钥，其他值暂时预留；当KeyType为应用密钥时，PartnerAddress参数是一个设备的64位扩展地址，当前设备请求密钥时，PartnerAddress参数指定的设备将接收到同样的密钥。接收到APSME－REQUEST－KEY.request原语后，设备将首先生成请求密钥命令帧。命令帧中密钥类型字段设为KeyType参数值；如果KeyType参数值为0x02，则命令帧中伴随设备字段设为PartnerAddress参数值。请求密钥命令帧需要作安全保护，如果安全处理成功，APSME就调用NLDE－DATA.request原语把安全处理过的命令帧发送给DestAddress参数指定的设备。

设备收到请求密钥命令帧后，APSME就向ZDO发送APSME－REQUEST－KEY.indication原语。请求密钥指示原语提供的接口如下：

APSME－REQUEST－KEY.indication (
SrcAddress,

KeyType,
PartnerAddress
)

其中：参数 SrcAddress 表示发送请求密钥命令帧的设备地址；其余两个参数的定义与 APSME－REQUEST－KEY. request 原语相同。

8. 切换密钥服务

APSME 提供的切换密钥服务允许一个设备(如信用中心)通知另一个设备切换到新的网络密钥。APSME－SWITCH－KEY. request 原语提供的接口如下：

APSME－SWITCH－KEY. request (
DestAddress,
KeySeqNumber
)

其中：参数 DestAddress 表示切换密钥命令的目的设备地址；参数 KeySeqNumber 表示新的激活网络密钥的序号。接收到 APSME－SWITCH－KEY. request 原语后，设备将首先生成切换密钥命令帧，命令帧中序号字段设为 KeySeqNumber 参数值。切换密钥命令帧需要作安全保护，如果安全处理成功，APSME 就调用 NLDE－DATA. request 原语把安全处理过的命令帧发送给 DestAddress 参数指定的设备。

设备收到切换密钥命令帧后，APSME 就向 ZDO 发送 APSME－SWITCH－KEY. indication 原语。切换密钥指示原语提供的接口如下：

APSME－SWITCH－KEY. indication (
SrcAddress,
KeySeqNumber
)

其中：参数 SrcAddress 表示发送切换密钥命令的源设备地址；参数 KeySeqNumber 表示新的激活网络密钥的序号。

9. APS 安全命令帧

APS 层与安全相关的命令帧有建立密钥命令帧、传递密钥命令帧、更新设备命令帧、删除设备命令帧、请求密钥命令帧和切换密钥命令帧。这些命令的名称和对应标识码如表 3－21 所列，其中前 4 个命令是建立密钥命令。

表 3－21 APS 层安全相关命令名称和标识

命令名称	标识值	命令名称	标识值
APS_CMD_SKKE_1	0X01	APS_CMD_UPDATE_DEVICE	0X06
APS_CMD_SKKE_2	0X02	APS_CMD_REMOVE_DEVICE	0X07
APS_CMD_SKKE_3	0X02	APS_CMD_REQUEST_KEY	0X08
APS_CMD_SKKE_4	0X04	APS_CMD_SWITCH_KEY	0X09
APS_CMD_TRANSPORT_KEY	0X05		

密钥建立过程中使用的 APS 命令帧有 APS_CMD_SKKE_1、APS_CMD_SKKE_2、APS_

CMD_SKKE_3 和 APS_CMD_SKKE_4。SKKE 命令帧的一般格式如下：

字节数：1	1	8	8	16
帧控制	命令标识	发起设备地址	响应设备地址	数据
APS 头	有效载荷			

其中**命令标识码**字段指示了 APS 命令类型，4 种 SKKE 帧 SKKE－1、SKKE－2、SKKE－3 和 SKKE－4 的命令标识码分别是 0x01、0x02、0x03 和 0x04。**发起设备地址**字段是密钥建立协议发起设备的 64 位扩展地址。**响应设备地址**字段是密钥建立协议响应设备的 64 位扩展地址。SKKE 命令帧中数据字段的内容与命令标识码字段有关。

传递密钥命令帧的格式如下：

字节数：1	1	1	可变长度
帧控制	APS 命令标识	密钥类型	密钥描述符
APS 头	有效载荷		

这里 **APS 命令标识码**字段设为 0x05。**密钥类型**字段为 0x00 表示信用中心主密钥，0x01 表示网络密钥，0x02 表示应用主密钥，0x03 表示应用链路密钥。**密钥描述符**字段的内容与密钥类型字段有关，它包含的是没有经过安全处理的密钥和相关参数。信用中心主密钥描述符由 16 字节的密钥、8 字节的目的地址和 8 字节的源地址构成。网络密钥描述符由 16 字节的密钥、1 字节的密钥序号、8 字节的目的地址和 8 字节的源地址构成。应用主密钥和链路密钥描述符由 16 字节的密钥、8 字节的伴随设备地址和 1 字节的发起设备标志构成。

APS 更新设备命令帧的格式如下：

字节数：1	1	8	2	1
帧控制	命令标识	设备地址	设备短地址	状态
APS 头	有效载荷			

这里 APS **命令标识码**字段设为 0x06。**设备地址**字段是发生状态更新的设备的 64 位扩展地址；**设备短地址**字段是发送状态更新的设备的 16 位短地址。**状态**字段为 0x00 表示设备以安全方式加入网络、0x01 表示设备以非安全方式加入网络、0x03 表示设备离开网络。

APS 删除设备命令帧的格式如下：

字节数：1	1	8
帧控制	命令标识	子设备地址
APS 头	有效载荷	

这里 APS **命令标识码**字段设为 0x07。**子设备地址**字段是该命令意图删除的子设备 64 位扩展地址。

APS 请求密钥命令帧的格式如下：

字节数：1	1	1	8
帧控制	命令标识	密钥类型	伴随设备地址
APS 头	有效载荷		

这里 APS **命令标识码**字段设为 0x08。如果命令请求的是网络密钥，则密钥类型字段设为 1；如果请求的是应用密钥，则密钥类型字段设为 2。当密钥类型字段的值为 2 时，伴随设备地址字段是一个 64 位扩展地址，该命令的接收设备将向伴随设备和该命令帧的发起设备都发送密钥；如果密钥类型字段的值为 1，则该命令帧中不含伴随设备地址字段。

APS 切换密钥命令帧的格式如下：

字节数：1	1	1
帧控制	命令标识	序号
APS 头	有效载荷	

这里 APS **命令标识**码字段设为 0x09。**序号**字段包含的是网络密钥序号。

3.3.5 安全处理公共基础

下面介绍的是在多个 ZigBee 协议层中使用的、与安全处理有关的特性。NWK 层和 APS 层安全处理时增加的辅助帧头的格式如下：

字节数：1	4	0/8	0/1
安全控制	帧计数器	源地址	密钥序号

安全控制字段由安全级别、密钥标识、扩展现时值子域组成，最后两个比特位预留。安全级别子域占 3 位，它表示对流出帧要进行的安全处理方式，也指示流入帧实现了的安全处理方式。不同的安全级别通过对帧有效负载的加密/不加密和所采用消息完整码(MIC)的不同长度，提供不同的安全保护能力。CCM* 模式中 MIC 的长度可取的值是 0、32、64 或 128 位。表 3－23 列出了 8 种安全级别的安全处理方式。密钥标识子域占 2 位，它表示用于帧保护的密钥类型，0x00 表示链路密钥，0x01 表示网络密钥，0x02 表示密钥传递密钥，0x03 表示密钥加载密钥。扩展现时值子域占 1 位，如果辅助帧头中存在发送设备地址字段则该子域设为 1；否则该子域设为 0。**源地址**字段表示对该帧进行安全保护的设备的 64 位扩展地址。当安全控制字段的扩展现时值子域为 1 时，辅助帧头中一定存在源地址字段。**帧计数器**用来指示帧的新鲜度，避免处理重复的帧。当安全控制字段中密钥标识子域为 1(即网络密钥)时，辅助帧头中才存在**密钥序号**字段，它表示用于帧保护的网络密钥对应的序号。

表 3－22 CCM* 模式的安全级别及相应安全处理

安全级别标识	安全级别字段	安全属性	数据加密	帧完整性
0x00	000	None	OFF	NO (M=0)
0x01	001	MIC－32	OFF	YES (M=4)
0x02	010	MIC－64	OFF	YES (M=8)
0x03	011	MIC－128	OFF	YES (M=16)
0x04	100	ENC	ON	NO (M=0)
0x05	101	ENC－MIC－32	ON	YES (M=4)
0x06	110	ENC－MIC－64	ON	YES (M=8)
0x07	111	ENC－MIC－128	ON	YES (M=16)

ZigBee中MAC、NWK和APS层的安全处理都采用CCM*模式。AES－CCM*安全模式是对802.15.4 MAC层使用的AES－CCM模式的扩展，它能单独提供加密或完整性校验功能，也能同时提供这两种安全处理措施。各种安全级别所使用的安全处理措施已经明确列举在表3－23中。CCM*模式中的现时值(nonce)是在CCM*加密和完整性保护以及在CCM*解密和完整性校验中都要使用的一个输入数据。现时值由帧中包含的数据和安全通信的双方设备能独立获取的数据构成。CCM*现时值各字段的排列顺序和长度如下：

字节数：8	4	1
源地址	帧计数器	安全控制

现时值中帧控制和帧计数器字段与辅助帧头中的帧控制和帧计数器字段相同；现时值中源地址字段设为安全帧发起设备的64位地址。当辅助帧头安全控制字段的扩展现时值子域为1时，现时值中源地址字段的值等于辅助帧头中源地址字段的值。

3.3.6 安全服务功能详述

ZigBee协调器通过设置NIB属性NwkSecurityLevel来配置整个网络的安全级别。如果NwkSecurityLevel属性值为0，则网络是不安全的；否则，网络就是安全的。ZigBee协调器还通过设置AIB属性apsTrustCenterAddress来配置信用中心的地址。信用中心缺省地址是协调器自身的地址，即ZigBee协调器是默认的网络信用中心。ZigBee协调器可以设置信用中心地址来指定其他设备充当ZigBee网络的信用中心。

信用中心是ZigBee网络中其他设备都信任的设备，信用中心的应用为网络和端到端应用配置管理分发密钥。通过配置，信用中心可以工作在商业模式或住宅模式。信用中心可以通过直接发送链路密钥或发送主密钥帮助设备创建端到端的应用密钥。在要求高安全性的商业应用中，信用中心需要维护一个它所控制的设备、主密钥、链路密钥和网络密钥列表，并强制执行网络密钥更新和网络准入制度。在商业模式中，信用中心需要的存储容量随着网络中设备数量的增加而增加，NIB属性nwkAllFresh应设为TRUE。在安全性要求较低的住宅应用中，信用中心不需要维护网络中设备、主密钥或链路密钥列表，但需要维护网络密钥以控制网络的准入制度。在住宅模式中，信用中心需要的存储容量不随网络设备数量的增加而增加，NIB属性nwkAllFresh应设为FALSE。

ZigBee安全处理包含的程序有加入安全网络、认证新加入的设备、更新网络密钥、恢复网络密钥、创建端到端应用密钥和离开安全网络。

1. 加入安全网络

图3－31是一个设备加入安全网络时与路由器通信的信息流程。要加入网络的设备首先发送NLME－NETWORK－DISCOVERY.request原语，网络层收到网络发现请求原语后就向MAC层发送MLME－SCAN.request原语，MAC层收到扫描请求原语后就发出不加密的信标请求命令帧。设备收到近邻路由器的信标后，NWK就向上层发送证实原语NLME－NETWORK－DISCOVERY.confirm，原语中NetworkList参数列出了附近的所有PAN以及各个网络的nwkSecurityLevel和nwkSecureAllFrames属性。图中的路由器已经置于允许关

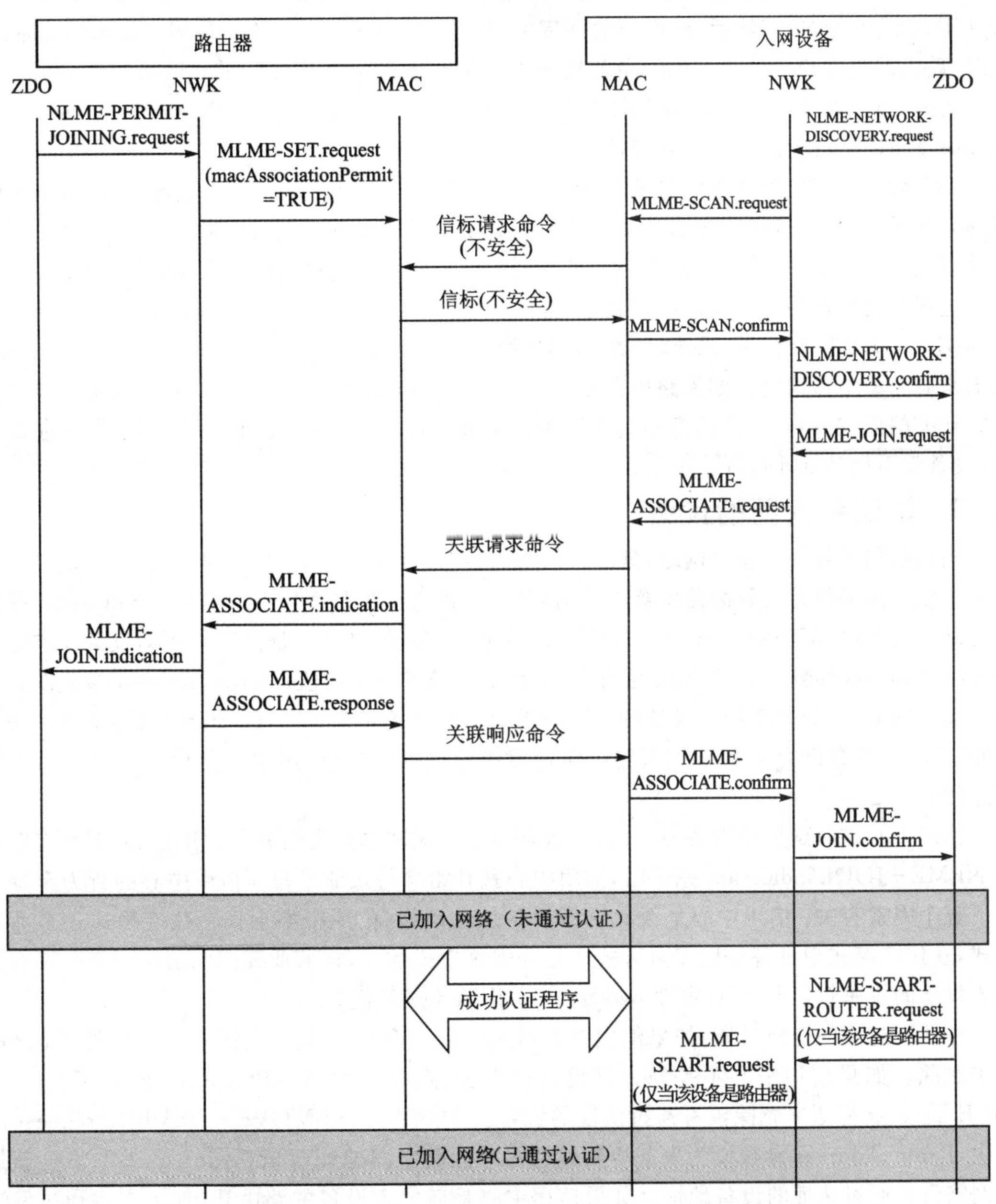

图 3-31　设备加入安全网络时与路由器通信的信息流程

联状态。设备根据 NLME-NETWORK-DISCOVERY. confirm 原语返回的信息决定要加入哪个 PAN 后，就发出入网请求原语 NLME-JOIN. request。如果设备有要加入 PAN 的网络密钥，NLME-JOIN. request 原语中 SecurityEnable 参数就设为 TRUE；否则 SecurityEnable 参数就设为 FALSE。NWK 层收到 NLME-JOIN. request 原语后就向 MAC 层发送关联请求原语，MAC 层收到 MLME-ASSOCIATE. request 原语后向路由器发送一个关联请求命令。路由器 MAC 层收到设备的管理请求命令后，向 NWK 层发送 MLME-ASSOCIATE.

indication 原语，并根据关联请求命令是否经过安全处理把指示原语中的 SecurityUse 参数设为 TRUE 或 FALSE。然后，路由器的 NWK 层向 ZDO 发送 NLME－JOIN. indication 原语，这时，路由器就知道了请求入网设备的地址以及关联请求命令是否经过了网络密钥的安全处理。另外，路由器的 NWK 层还要向 MAC 层发送关联响应原语 MLME－ASSOCIATE. response，MAC 层收到该原语后就向请求入网的设备发送一个关联响应命令帧。设备收到关联响应命令后，向 ZDO 发送入网证实原语 NLME－JOIN. confirm。至此，设备“已经加入网络但尚未认证”。认证过程将在后面单独介绍。如果入网的设备不做路由器，则在成功执行认证过程后立即“加入网络并通过认证”；如果入网的设备要承担路由器的任务，则只有在成功执行认证过程并且启动路由器功能后设备才“加入网络并通过认证”。设备 ZDO 向 NWK 层发送 NLME－START. request 原语后，继而 NWK 层向 MAC 层发送 MLME－START. request 原语来启动路由器功能。如果路由器拒绝设备入网，则关联响应命令帧中关联状态字段设为非“0x00”的值，当拒绝入网信息通过 NLME－JOIN. confirm 原语传到请求入网设备的 ZDO 时，设备就不启动认证过程。

2. 认证新入网的设备

当设备加入到一个安全网络，处于“已经加入网络但尚未认证”状态时，它还必须通过认证才能工作。如果设备关联的路由器不是信用中心，则它在收到 NLME－JOIN. indication 原语后立即发送 APSME－UPDATE－DEVICE. request 原语，开始认证过程。更新设备请求原语中 DestAddress 参数设为 AIB 属性 apsTrustCenterAddress 的值；DeviceAddress 参数设为新加入设备的地址；如果新加入设备的关联请求命令经过了安全处理，则 Status 参数设为 0x00，否则，Status 参数设为 0x01。如果路由器是信用中心，则它以信用中心身份工作就开始了认证过程。

信用中心在收到更新设备命令后，或者如果设备关联的路由器就是信用中心，那么在它收到 NLME－JOIN. indication 原语后，信用中心就开始参与认证过程。信用中心的行为至少与以下五个因素有关：信用中心是否允许新设备加入网络，信用中心工作在住宅模式还是商业模式，在住宅模式中设备是以安全方式还是非安全方式加入，在商业模式中信用中心是否有新加入设备的主密钥以及 NIB 属性 nwkSecureAllFrames 的值。

在认证过程的任何时候，如果信用中心不允许新设备加入网络，它将采取措施把设备从网络中删除。如果信用中心不是新入网设备的路由器，它就发送 APSME－REMOVE－DEVICE. request 原语来删除没有通过认证的设备。APSME－REMOVE－DEVICE. request 原语中，ParentAddress 参数设为发起更新设备命令的路由器地址，ChildAddress 参数设为新加入网络没有通过认证的设备地址。如果信用中心是新加入设备的路由器，那么它将通过发送 NLME－LEAVE. request 原语来删除未通过认证的设备，原语中 DeviceAddress 参数设为新加入网络未通过认证的设备地址。

如果工作于住宅模式的信用中心允许新设备加入，它就调用密钥传递原语 APSME－TRANSPORT－KEY. request 向新入网的设备发送当前使用的网络密钥，原语中 DestAddress 参数设为新加入设备的地址，KeyType 参数设为 0x01（即网络密钥）。如果新加入的设备已有网络密钥（即更新设备命令中 Status 字段为 0x00），则该原语参数 TransportKeyData 中 KeySeqNumber 设为 0，NetworkKey 设为全 0，UseParent 设为 FALSE。如果新加入的设备没有预置网络密钥，则该原语参数 TransportKeyData 中 KeySeqNumber 设为网络密钥顺序计数器的值，NetworkKey 设为要传递的网络密钥。如果信用中心就是新加入设备的路由器，则 UseParent 参数设为 FALSE；否则，UseParent 参数设为 TRUE，ParentAddress 参数设为产生更新设备命令的路由器地址。在新入网设备没有预置网络密钥的情况下，发送的传递密钥原语将指令路由器以不安全方式向新加入的设备发送网络密钥。如果在路由器和新加入设备的外部输入结束之后立即以低功率仅发送一次密钥，那么可以认为这种没有加密的密钥传递方式还是安全的。

如果工作于商业模式的信用中心允许新设备加入，则它的行为与新加入设备是否预置了信用中心主密钥有关。如果信用中心与新入网的设备之间没有共享主密钥，它就调用密钥传递原语 APSME - TRANSPORT - KEY. request 向新入网的设备发送一个主密钥。密钥传递原语中 DestAddress 参数设为新加入设备的地址，KeyType 参数设为 0x00（即信用中心主密钥）。原语参数 TransportKeyData 中 TrustCenterMasterKey 设为传递的信用中心主密钥，如果新入网设备关联的路由器就是信用中心，则 ParentAddress 设为当前设备的地址；否则，ParentAddress 设为产生更新设备命令的路由器地址。同样，在新入网设备没有预置信用中心主密钥的情况下，传递密钥原语将指令路由器以不安全方式向新加入的设备发送主密钥。完成信用中心主密钥传递后，信用中心发送 APSME - ESTABLISH - KEY. request 原语来启动创建链路密钥的过程。创建密钥原语中 ResponderAddress 参数设为新加入设备的地址，KeyEstablishmentMethod 参数设为 0x00（即 SKKE）。另外，如果 NIB 属性 nwkSecureAllFrames 等于 FALSE 或信用中心就是路由器，则 UseParent 参数设为 FALSE；否则，UseParent 参数设为 TRUE 并且 ResponderParentAddress 参数设为产生更新设备命令的路由器地址。信用中心收到 Status 参数等于 0x00（即创建密钥成功）的 APSME - ESTABLISH - KEY. confirm 原语后，再次调用 APSME - TRANSPORT - KEY. request 原语向新加入的设备传递网络密钥。传递密钥请求原语中 KeyType 参数设为 0x01（即网络密钥），TransportKeyData 参数中 KeySeqNumber 设为该网络密钥顺序计数器的值，NetworkKey 设为要传递的网络密钥，UsePraent 设为 FALSE。

设备成功关联到一个安全网络后，它将进入认证过程。成功通过认证后，新入网的设备就把 NIB 属性 nwkSecurityLevel 和 nwkSecureAllFrames 设置为其关联路由器信标中指示的值。如果一个加入安全网络并通过认证的设备，其 nwkSecureAllFrames 属性值为 TRUE，那么除了那些发送给或是来自尚未通过认证的子设备的帧外，NWK 层将对其他所有的流入和流出帧执行 NWK 层安全操作。如果 nwkSecureAllFrames 属性值为 FALSE，就没有这种约束。新入网设备在认证过程中的行为与设备的状态有关。新加入的设备在认证前有 3 种可能的初始状态，即在住宅模式应用中预置了网络密钥、在商业模式应用中预置了信用中心主密钥和地址以及没有预置密钥的状态。在安全网络中，如果在预设的时间内没有通过认证，设备就要离开网络。

如果一个成功关联到安全网络中的设备预置了网络密钥，它应把该密钥的流出帧计数器设为 0，清空该密钥的流入帧计数器，等待接收信用中心发送的一个全零的假网络密钥。新加入的设备收到 KeyType 参数等于 0x01 的 APSME - TRANSPORT - KEY. indication 原语后，把 AIB 属性 apsTrustCenterAddress 设为该指示原语中 SrcAddress 参数值。此时，新加入的设备已经通过认证，将进入住宅模式的正常工作状态。

如果新关联的设备预置了信用中心主密钥和信用中心地址（即 AIB 属性 apsTrustCenter-

Address)，它就等待创建链路密钥和从信用中心接收网络密钥。因此，在收到 InitiatorAddress 参数等于信用中心地址、KeyEstablishmentMethod 参数等于 SKKE 的 APSME - ESTABLISH - KEY. indication 原语后，新设备以 APSME - ESTABLISH - KEY. response 原语为响应，该响应原语中 InitiatorAddress 参数设为信用中心地址，Accept 参数设为 TRUE。在收到 Address 参数等于信用中心地址，Status 参数等于 0x00 的证实原语 APSME - ESTABLISH - KEY. confirm 后，新加入的设备就等待接收网络密钥。在接收到 SoureAddress 参数等于信用中心地址，KeyType 参数等于 0x00 的 APSME - TRANSPORT - KEY. indication 原语后，设备就从 TransportKeyData 参数中提取出网络密钥。此时，新加入的设备已经通过认证，将进入商业模式的正常工作状态。

如果新加入的设备没有预置网络密钥或信用中心主密钥和地址，它就等待接收未保护的信用中心主密钥或网络密钥。需要注意的是，以不加密的方式传递密钥是存在安全风险的，如果出于安全考虑，最好还是预置密钥。如果收到的 APSME - TRANSPORT - KEY. indication 原语中 KeyType 参数等于 0x01，新入网设备就从 TransportKeyData 参数中提取网络密钥，并把 AIB 属性 apsTrustCenterAddress 设置为该原语中 SrcAddress 参数的值。此时，新加入的设备已经通过认证，将进入住宅模式的正常工作状态。如果收到的 APSME - TRANSPORT - KEY. indication 原语中 KeyType 参数等于 0x00，新入网设备就从 TransportKeyData 参数中提取信用中心主密钥，并把 AIB 属性 apsTrustCenterAddress 设置为该原语中 SrcAddress 参数的值。然后，在收到 InitiatorAddress 参数等于信用中心地址、KeyEstablishmentMethod 参数等于 SKKE 的 APSME - ESTABLISH - KEY. indication 原语后，新设备以 APSME - ESTABLISH - KEY. response 原语为响应，该响应原语中 InitiatorAddress 参数设为信用中心地址，Accept 参数设为 TRUE。在收到 Address 参数等于信用中心地址，Status 参数等于 0x00 的证实原语 APSME - ESTABLISH - KEY. confirm 后，新加入的设备就等待接收网络密钥。在接收到 SoureAddress 参数等于信用中心地址，KeyType 参数等于 0x00 的 APSME - TRANSPORT - KEY. indication 原语后，设备就从 TransportKeyData 参数中提取出网络密钥。此时，新加入的设备已经通过认证，将进入商业模式的正常工作状态。

图 3 - 32 和图 3 - 33 分别是住宅应用模式和商业应用模式时认证过程的信息流程，这里假设信用中心和路由器是不同的设备。在图 3 - 32 中，信用中心和路由器之间传递的更新设备命令和传递密钥命令要使用网络密钥进行 APS 层安全处理。如果 NIB 属性 nwkSecureAllFrames 等于 TRUE，则还要在 NWK 层用网络密钥对这些命令帧作安全处理。从路由器发送给新加入设备的密钥传递命令没有经过安全处理。在图 3 - 33 中，如果 NIB 属性 nwkSecureAllFrames 等于 TRUE，在信用中心与新加入设备之间传递的 SKKE 命令以路由器作为联络转发设备，这种转发方式的目的是在 NWK 层用网络密钥对信用中心和路由器之间的 SKKE 命令进行安全处理，而在路由器与新入网设备之间传递的 SKKE 命令则不作安全处理。如果 NIB 属性 nwkSecureAllFrames 等于 FALSE，则在信用中心与新入网设备之间传递的 SKKE 命令都不作安全处理。信用中心与新入网设备之间最后的密钥传递命令在 APS 层用信用中心链路密钥进行安全处理。如果 NIB 属性 nwkSecureAllFrames 等于 TRUE，则在 NWK 层还要用网络密钥对该命令帧进行处理。

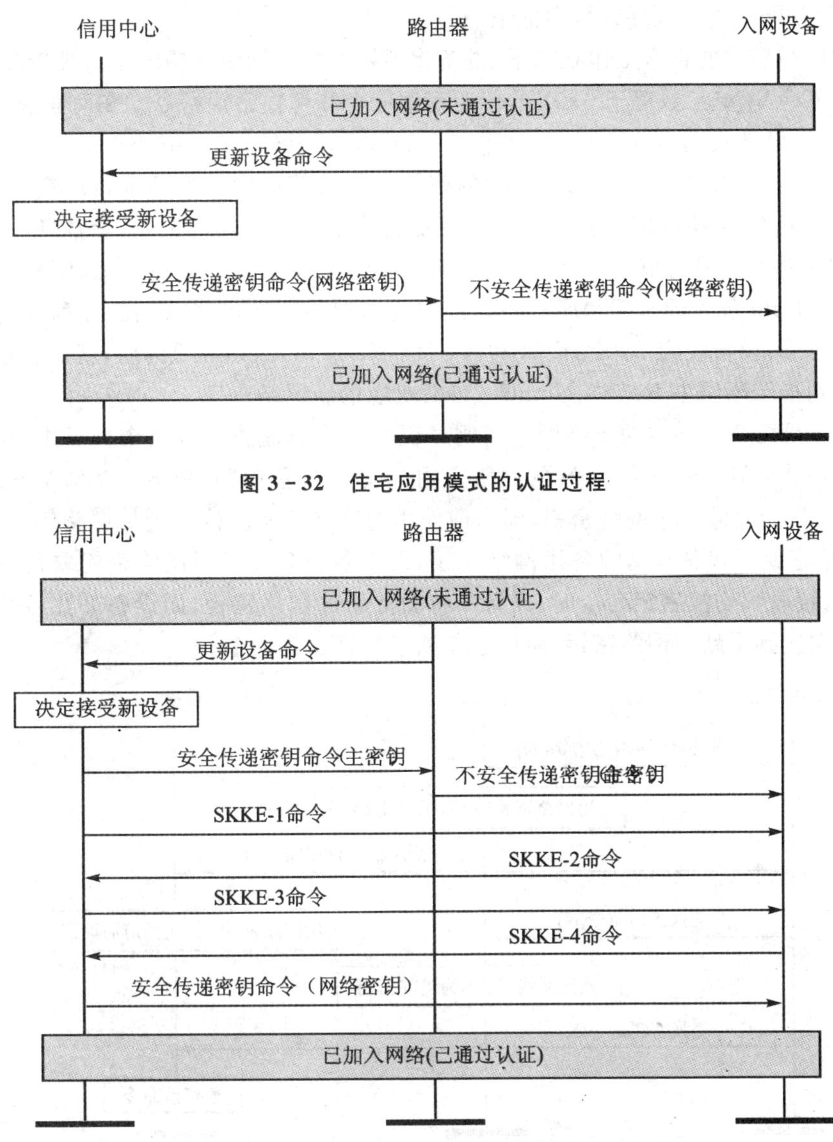

图 3-32 住宅应用模式的认证过程

图 3-33 商业应用模式的认证过程

3. 更新网络密钥

在住宅应用模式中,信用中心从不更新网络密钥。这是通过降低安全性来实现降低复杂度的。在商业应用模式中,信用中心要维护一个关于网络中所有设备的列表。更新网络密钥时,信用中心首先把新密钥发送给列表中的每个设备,再让每个设备切换使用新的密钥。信用中心通过发送 APSME-TRANSPORT-KEY. request 原语来分发新密钥,原语中 DestAddress 参数设为列表中设备的地址,KeyType 参数设为 0x01,TransportKeyData 参数中 KeySeqNumber 设为新网络密钥顺序计数器的值,NetworkKey 设为传递的新密钥,UseParent 设为 FALSE。如果旧网络密钥的顺序计数器值用 N 来表示,则新网络密钥的顺序计数器值为 $(N+1)\mathrm{mod}\ 256$。信用中心通过发送 APSME-SWITCH-KEY. request 原语来指令网络中的设备切换到新的网络密钥,原语中 DestAddress 参数设为列表中设备的地址,KeySeqNumber 参数设为新网络密钥顺序计数器的值。

在住宅应用模式的正常工作状态下，设备将不接受更新网络密钥。在这种情况下，设备将忽略收到的 KeyType 参数等于 0x01 的传递密钥命令和切换密钥密令。在商业应用模式的正常工作状态下，设备收到 KeyType 参数等于 0x01 的 APSME - TRANSPORT - KEY. indication 原语时，如果原语中 SreAddress 参数的值等于网络信用中心的地址，设备就接受原语参数 TransportKeyData 中的网络密钥。如果设备能够存储备用网络密钥，参数 TransportKey-Data 包含的密钥和序号将取代存储的备用网络密钥。如果设备不能存储备用网络密钥，参数 TransportKeyData 包含的密钥和序号将直接取代当前使用的网络密钥。在商业应用模式的正常工作状态下，设备收到 APSME - SWITCH - KEY. indication 原语后，就从当前使用的网络密钥切换到指示原语中 KeySeqNumber 参数对应的新网络密钥。

图 3 - 34 是两个设备成功更新网络密钥过程中的信息流程。在这个例子中，信用中心向设备 1 和设备 2 分别发送序号为 N 的网络密钥。设备 1 是 FFD，能够存储两个网络密钥；设备 2 是 RFD，只能存储一个网络密钥，即当前使用的网络密钥。接收到传递密钥命令后，设备 1 就用新网络密钥取代其存储的备用网络密钥，而设备 2 只能用新网络密钥取代激活的网络密钥。此后，接收到切换密钥命令时，设备 1 将激活新的网络密钥，而设备 2 在接收密钥传递命令时已经切换到了新的网络密钥，所以它忽略该切换密钥命令。

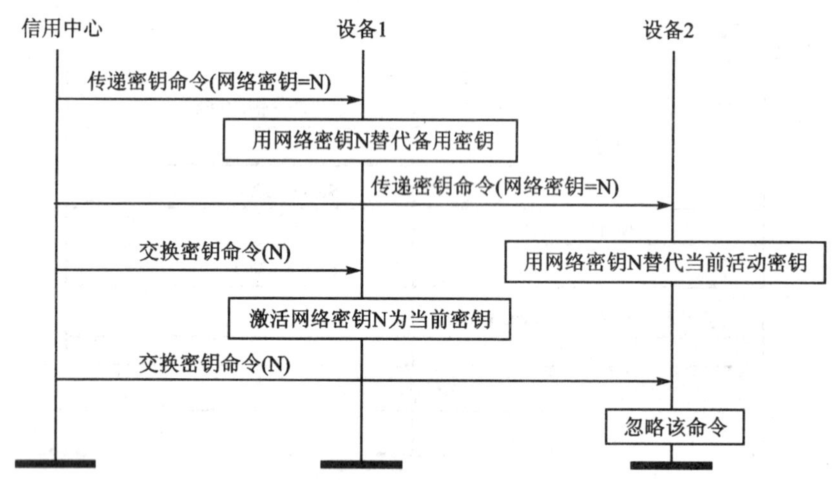

图 3 - 34 设备成功更新网络密钥的信息流程

4. 恢复网络密钥

在住宅应用模式的正常工作状态下，网络密钥是不会更新的。所以住宅应用模式下的网络设备不会生成请求网络密钥的 APSME - REQUEST - KEY. request 原语，信用中心也忽略可能收到的 KeyType 参数等于 0x01 的 APSME - REQUEST - KEY. indication 原语。

在商业应用模式的正常工作状态下，网络设备可以发送 APSME - REQUEST - KEY. request 原语请求当前网络密钥。原语中 DestAddress 参数设为信用中心的地址，KeyType 参数设为 0x01，ParentAddress 参数设为 0。在商业应用模式的正常工作状态下，信用中心收到 KeyType 参数等于 0x01 的 APSME - REQUEST - KEY. indication 原语时，它将判断 SrcAddress 参数指定的设备是否存在于设备列表中。如果设备存在于列表中，信用中心就发送

APSME-TRANSPORT-KEY.request 原语，原语参数 DestAddress 设为请求密钥设备的地址，参数 KeyType 设为 0x01，参数 TransportKeyData 中 NetworkKey 是传递的网络密钥，KeySeqNumber 设为该网络密钥的序号，UseParent 设为 FALSE。然后，信用中心发送 APSME-SWITCH-KEY.request 原语指令设备切换到新的密钥。该切换密钥原语中，DestAddress 参数设为请求密钥的设备地址，KeySeqNumber 参数设为更新网络密钥的顺序计数器的值。图 3-35 是网络密钥恢复过程的信息流程。网络设备向信用中心请求当前的网络密钥，信用中心以当前网络密钥响应后，指令设备切换到该密钥。

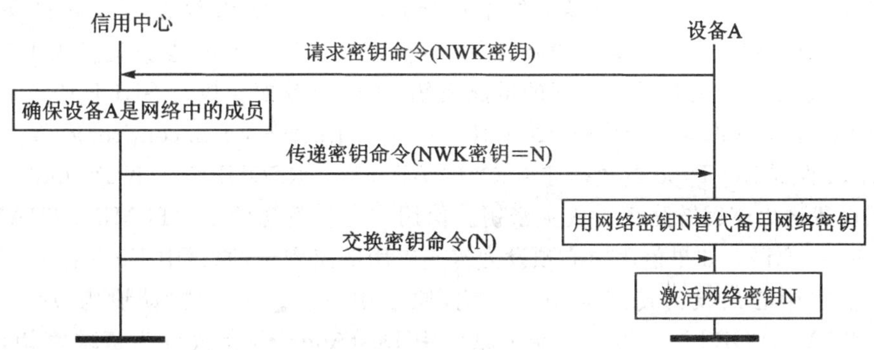

图 3-35 网络密钥恢复的信息流程

5. 创建端到端应用密钥

创建端到端应用密钥过程涉及的对象包括发起设备、信用中心和响应设备。发起设备发送 APSME-REQUEST-KEY.request 原语，启动创建链路密钥的过程。该请求密钥原语中 DstDevice 参数应设为网络信用中心的地址，KeyType 参数应设为 0x02(即应用密钥)，PartnerAddress 参数应设为响应设备的地址。

此后，如果发起设备收到链路密钥，即收到的 APSME-TRANSPORT-KEY.indication 原语中 KeyType 参数等于 0x03，并且 SrcAddress 参数等于 AIB 属性 apsTrustCenterAddress 的值，那么 TransportKeyData 参数中包含的密钥就是发起设备与 PartnerAddress 参数指定设备间的链路密钥。发起设备得到链路密钥后，需要更新 AIB 属性 DeviceKeyPairSet。如果 DeviceKeyPairSet 属性中没有 PartnerAddress 参数指定设备的密钥对描述符，设备就新生成一个描述符；如果 DeviceKeyPairSet 属性中已经存在响应设备的密钥对描述符，设备就更新描述符中的元素值。描述符中 DeviceAddress 元素设为 PartnerAddress 参数的值；LinkKey 元素设为 TransportKeyData 参数包含的链路密钥；OutgoingFrameCounter 和 IncomingFrameCounter 元素都设为 0。

同样，如果发起设备收到应用主密钥，即收到的 APSME-TRANSPORT-KEY.indication 原语中 KeyType 参数等于 0x02，并且 SrcAddress 参数等于 AIB 属性 apsTrustCenterAddress 的值，那么 TransportKeyData 参数中包含的密钥就是发起设备与 PartnerAddress 参数指定设备间的主密钥。发起设备得到主密钥后，需要更新 AIB 属性 DeviceKeyPairSet。如果 DeviceKeyPairSet 属性中没有 PartnerAddress 参数指定设备的密钥对描述符，设备就新生成一个描述符；如果 DeviceKeyPairSet 属性中已经存在响应设备的密钥对描述符，设备就更新描述符中的元素值。描述符中 DeviceAddress 元素设为 PartnerAddress 参数的值；Master-

Key元素设为TransportKeyData参数包含的主密钥；OutgoingFrameCounter和IncomingFrameCounter元素都设为0。如果APSME－TRANSPORT－KEY.indication原语TransportKeyData参数中Initiator的值为TRUE，发起设备就发送APSME－ESTABLISH－KEY.request原语，启动创建链路密钥的过程。原语中ResponderAddress参数设为TransportKeyData参数中PartnerAddress的值，UseParent参数设为FALSE，KeyEstablishmentMethod参数设为0x00（即SKKE）。响应设备收到APSME－ESTABLISH－KEY.indication原语即被告知发起设备想与它创建链路密钥。如果响应设备决定创建链路密钥，它就发送APSME－ESTABLISH－KEY.response原语，原语中InitiatorAddress参数设为发起设备的地址，Accept参数设为TRUE。如果响应设备拒绝创建链路密钥，Accept参数就设为FALSE。如果响应设备同意创建与发起设备之间的链路密钥，则两设备配合执行SKKE协议后，发起设备和响应设备的APS都向上层发送APSME－ESTABLISH－KEY.confirm原语。

信用中心收到KeyType参数等于0x02的APSME－REQUEST－KEY.indication原语后，它根据设置送出应用链路密钥或主密钥。信用中心将发送两个APSME－TRANSPORT－KEY.request原语。如果信用中心预设为传递应用链路密钥，原语中KeyType参数就设为0x03；如果信用中心预设为传递应用主密钥，原语中KeyType参数就设为0x02。第一个APSME－TRANSPORT－KEY.request原语中DestAddress参数设为请求密钥设备的地址；TransportKeyData参数中PartnerAddress与APSME－REQUEST－KEY.indication原语TransportKeyData参数的PartnerAddress值相同，Initiator设为TRUE，Key设为新的密钥K。第二个APSME－TRANSPORT－KEY.request原语中DestAddress参数设为APSME－REQUEST－KEY.indication原语中TransportKeyData参数的PartnerAddress值；TransportKeyData参数中PartnerAddress设为请求密钥设备的地址，Initiator设为FALSE，Key设为新的密钥K。

图3－36是端到端链路密钥创建过程的信息流程。该过程从发起设备向信用中心发送请求密钥命令开始，然后信用中心启动一个超时定时器。在定时周期内，信用中心将丢弃非发起设备发出的有关这一对设备的新的密钥请求命令。收到请求密钥命令后，信用中心就向发起设备和响应设备发送包含应用链路密钥或主密钥的传递密钥命令。因为只有发送给发起设备的传递密钥命令中的Initiator字段被设为TRUE，所以如果信用中心送出的是主密钥，则只能由发起设备通过发送SKKE－1命令来启动密钥创建协议。如果响应设备决定接受创建与发起设备之间的链路密钥，则继续交换SKKE－2、SKKE－3和SKKE－4命令，完成SKKE协议。SKKE协议完成或超时后，发起设备和响应设备都要把协议执行的状态报告给各自的ZDO。如果创建密钥成功，发起设备和响应设备之间就有了共享的链路密钥，相互之间可以进行安全通信了。

6. 离开网络

如果信用中心要求一个设备离开网络并且信用中心不是该设备的路由器，信用中心就发送APSME－REMOVE－DEVICE.request原语。原语中ParentAddress参数设为要离开网络设备路由器的地址，ChildAddress参数设为要离开网络的设备地址。如果设备离开了网络，信用中心也可以通过收到的APSME－UPDATE－DEVICE.indication原语得到设备离网通知。该原语中Status参数应设为0x02（表示设备离开网络），DeviceAddress参数设为离开网络的设备地址，SrcAddress参数设为离网设备的父设备地址。如果网络工作在商业应用模

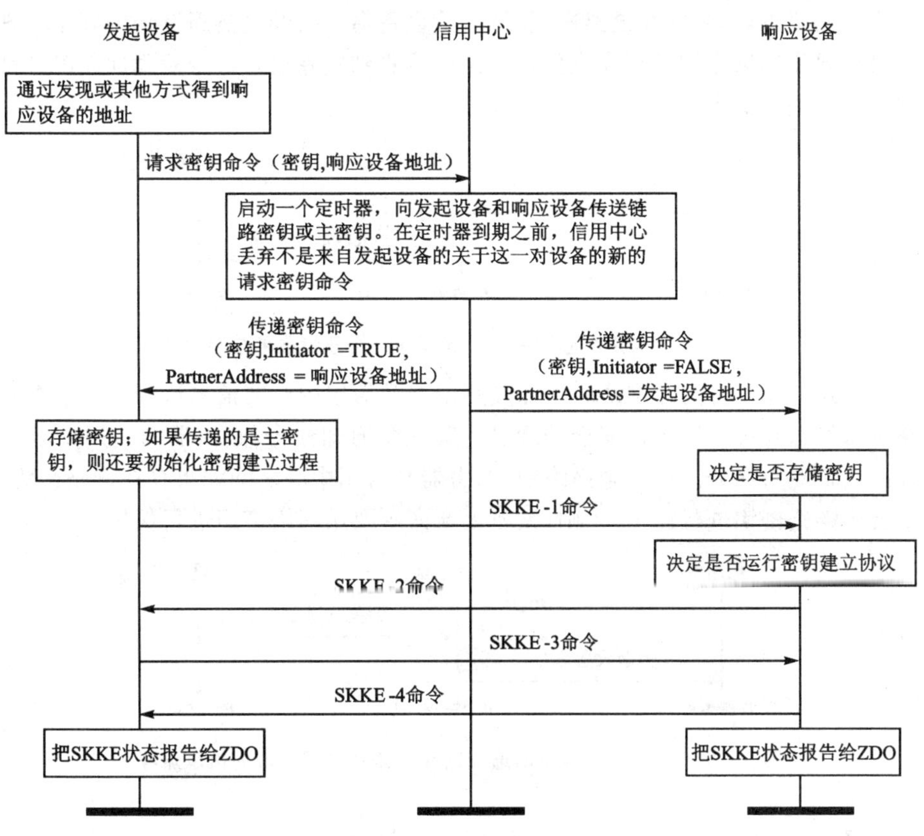

图 3-36　端到端链路密钥创建的信息流程

式，则信用中心要从网络设备列表中删除离开网络的设备地址。

离开网络设备的路由器负责接收删除设备命令或发送更新设备命令。路由器收到 APSME-REMOVE-DEVICE. indication 原语后，如果原语 SrcAddress 参数等于 AIB 属性 apsTrustCenterAddress 的值，路由器就发送 NLME-LEAVE. request 原语。NLME-LEAVE. request 中 DeviceAddress 参数的值与 APSME-REMOVE-DEVICE. indication 原语中 DeviceAddress 参数的值相同。如果 SrcAddress 参数值不等于 AIB 属性 apsTrustCenterAddress 的值，路由器就忽略 APSME-REMOVE-DEVICE. indication 原语。路由器收到 NLME-LEAVE. indication 原语后，如果路由器不是网络信用中心，它将发送 APSME-REMOVE-DEVICE. request 原语，把它一个子设备离开网络的信息通知给信用中心。APSME-REMOVE-DEVICE. request 原语中 DestAddress 参数设为信用中心地址，Status 参数设为 0x02，DeviceAddress 参数的设置与 NLME-LEAVE. indication 原语的 DeviceAddress 参数相同。如果离网设备的路由器同时还是网络的信用中心，则它不需要发送 APSME-REMOVE-DEVICE. request 原语。

设备通过接收或发送解关联通知命令离开网络。在安全的 ZigBee 网络中，解关联通知命令发送前要根据安全级别 nwkSecurityLevel 用网络密钥进行保护；同样，设备接收到安全的解关联通知命令后也要作相反的安全处理。

图 3-37 是信用中心要求路由器删除一个子设备的信息流程。如果信用中心想要一个设备离开网络并且信用中心不是该设备的路由器，信用中心就向该设备的路由器发送删除设备

命令。在安全网络中，如果存在链路密钥，则删除设备命令要经过链路密钥的安全处理；否则，删除设备命令要用网络密钥进行安全处理。路由器收到删除设备命令后就向要离开网络的子设备发送解关联通知命令。

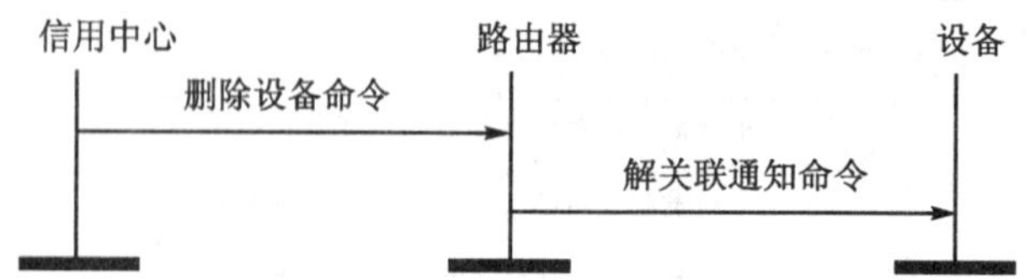

图 3-37 信用中心指令路由器删除一个子设备的信息流程

图 3-38 是一个设备离开网络时通知其路由器及信用中心的信息流程。主动离开网络的设备向路由器发送经过网络密钥安全处理过的解关联通知命令；路由器向信用中心发送经过安全处理的设备更新命令。在安全网络中，路由器与信用中心之间如果存在链路密钥，则设备更新命令要用链路密钥进行保护；否则，设备更新命令要用网络密钥进行保护。

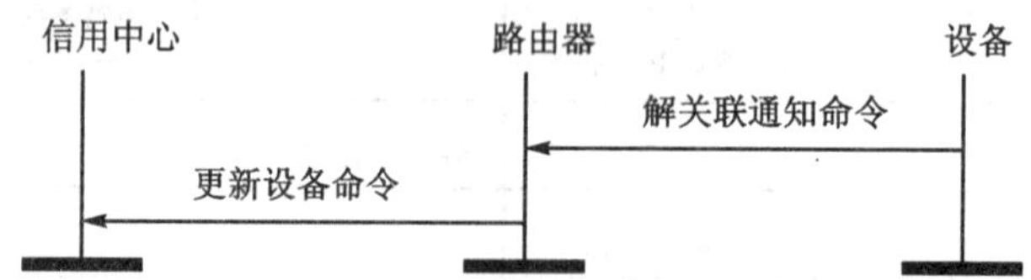

图 3-38 设备离开网络时通知其路由器及信用中心的信息流程

第4章 MC13192/MC13193 RF 收发器

4.1 概 述

MC13192/MC13193 是 Freescale 公司推出的 RF 收发器(以下所述的收发器,均为 MC13192/MC13193 RF 收发器)。它们适用于短距离、低功耗的 2.4 GHz 工业、科学和医学(ISM)频段;包含了完整的 IEEE 802.15.4 标准物理层(PHY)调制解调器,用于支持 IEEE 802.15.4 标准所规定的点对点、星状和网状网络通信。

MC13192/MC13193 具有微控制器(MCU)家族 HCS08 可以使用的 IEEE 802.15.4 PHY/MAC。除此之外,MC13193 还添加了 ZigBee 协议栈。除了添加的 ZigBee 协议栈之外,MC13193 的功能与 MC13192 的功能是一样的。

当搭配了适当的 MCU 时,MC13192/MC13193 就能给用户提供低成本的高效解决方案,用于短距离数据链接和网络通信。它们与 MCU 之间的接口依靠 4 线串行外部设备接口(SPI)完成。它们适应的应用范围很大,从简单的点对点系统到完整的 ZigBee 网络,只要根据具体应用的复杂程度,调整 MCU 和对应的软件即可实现。

MC13192/MC13193 RF 收发器集成了低噪声放大器、1.0 mW 功率放大器、电压控制振荡器、稳压器以及全扩频调制解调器。它们支持 250 kbps 的偏移正交相移键控(O - QPSK)数据,在 IEEE 802.15.4 标准规定的每 5.0 MHz 信道空间,以 2.0 MHz 信道进行传输。它们的 SPI 口以及中断请求用于传送和控制接收(RX)数据和发送(TX)数据。

4.1.1 主要特性

- 供电范围:2.0～3.4 V。
- 运行在 2.4 GHz ISM 频段范围 16 个可选信道中的一个信道。
- 标称输出功率为 0 dBm,可编程设置的输出功率从－27 dBm～4 dBm。
- 输入和输出数据包具有缓冲,可以用于低成本 MCU 的简单应用。
- 既支持包模式(packet mode),又支持流模式(streaming mode)。
- 支持 250 kbps O - QPSK 数据在 5.0 MHz 信道中传输,支持全扩频调制和解调(与 IEEE 802.15.4 标准兼容)。
- 具有 3 种掉电模式用于节能:＜1 μA,关断电流;1 μA,典型的休眠电流;35 μA,典型的睡眠电流。
- RX 灵敏度:包差错率在 1.0%时,小于－92 dBm(典型值),远优于 IEEE 802.15.4 标准所规定的－85 dBm。
- 提供 4 个内部计数器比较器,用来减少对 MCU 资源的需求。
- 输出可编程设置的频率时钟,提供给 MCU 使用。
- 片上 16 MHz 晶体基准振荡器的整理能力,能够自动校准频率。
- 7 个通用输入/输出(GPIO)信号。
- 运行温度范围:－40～85℃。

● 小型封装 QFN-32：遵从危险物质的限制(RoHS)；符合湿度敏感度(MSL)3 级；回流焊温度峰值为 260℃；满足无铅需求。

4.1.2 软件支持

Freescale 公司提供足够的软件支持 MC13192/MC13193 硬件。针对 3 种不同层次的应用，提供的解决方案各不相同：简单的个人无线连接；建立在 IEEE 802.15.4 MAC 基础上的用户网络；适应 ZigBee 网络栈的网络。

(1) 简单 MAC(SMAC)

● 小存储器跟踪(footprint)，典型值大约 3 KB。

● 支持点对点和星状网络配置。

● 个域网络。

● 提供源代码和应用实例。

(2) 适应 IEEE 802.15.4 标准 MAC

● 支持星状、网状和簇树状网络拓扑；支持信标网络，支持确保时隙(GTS)，用于短延迟时间。

● 多种节电模式：空闲、睡眠、休眠。

(3) 适应 ZigBee 网络栈

● 支持 ZigBee 1.0 规范；支持星状、网状和簇树状网络。

● 高级加密标准(AES)128 位密钥。

4.1.3 模块框图及引脚配置

1. 模块框图

图 4-1 所示为 MC13192/MC13193 应用的基本系统模块图。其接口具有收发功能，通过 4 线 SPI 口和中断请求线来实现。在主控制器之中，集成了媒体存取控制(MAC)、驱动、网络和应用软件。根据应用的需求，主控制器可以使用从简单的 8 位到复杂的 32 位微控制器。

图 4-2 所示为 MC13192/MC13193 的简化模块框图。

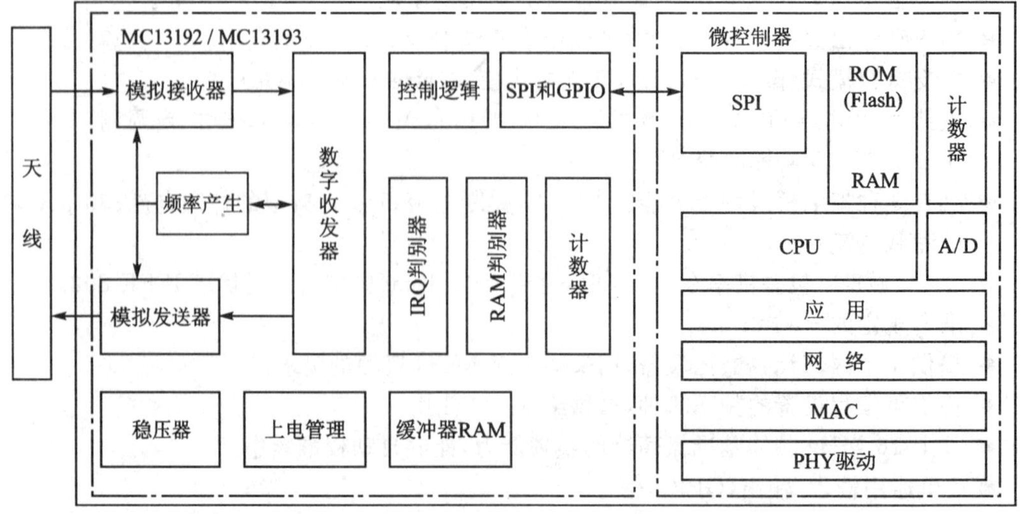

图 4-1 基本系统模块框图

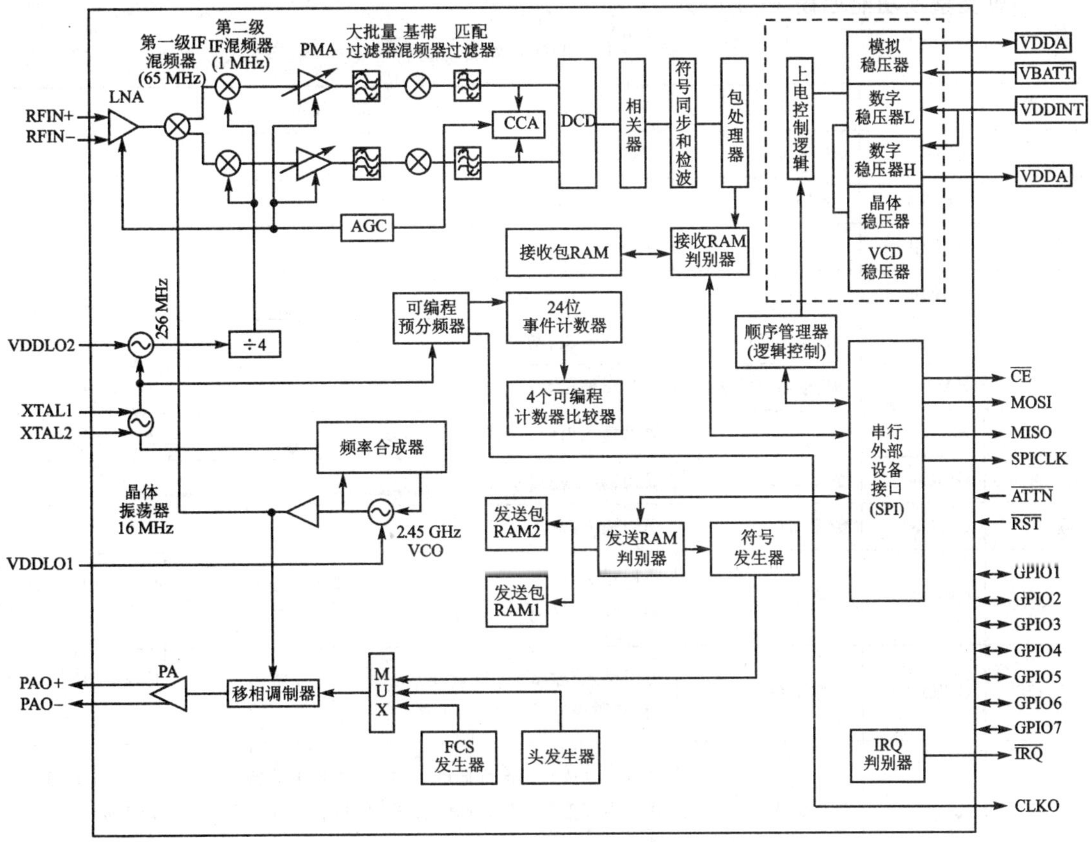

图 4-2　MC13192/MC13193 简化模块框图

2. 引脚配置

MC13192/MC13193 的引脚配置如图 4-3 所示。

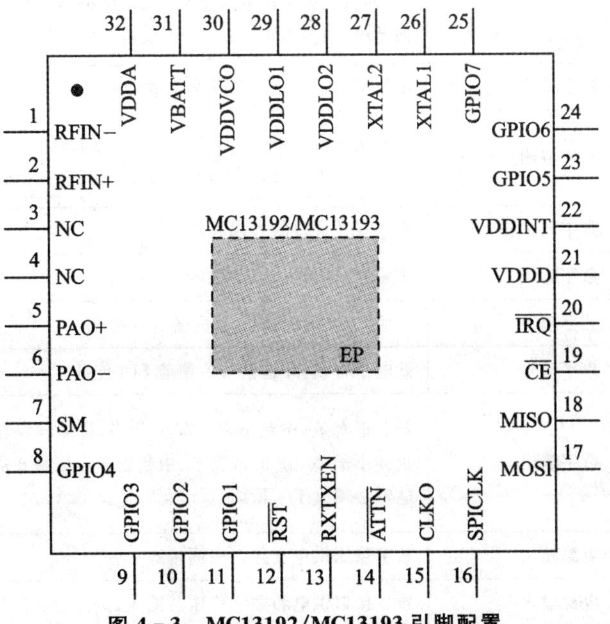

图 4-3　MC13192/MC13193 引脚配置

引脚类型及功能如表4-1所列。

表4-1 引脚类型及功能

引脚号	引脚名	类　型	功　能
1	RFIN−	RF输入	LNA负差动输入
2	RFIN+	RF输入	LNA正差动输入
3	不使用	—	接地
4	不使用	—	接地
5	PAO+	RF输出/DC输入	功放正输出，漏极开路，连接到 V_{DDA}
6	PAO−	RF输出/DC输入	功放负输出，漏极开路，连接到 V_{DDA}
7	SM	—	测试模式引脚。正常运行时接地
8	GPIO4	数字I/O	通用输入/输出4
9	GPIO3	数字I/O	通用输入/输出3
10	GPIO2	数字I/O	通用输入/输出2。当gpio_alt_en(即寄存器9，位7)=1时，GPIO2的功能为“CRC有效”指示器
11	GPIO1	数字I/O	通用输入/输出1。当gpio_alt_en(即寄存器9，位7)=1时，GPIO1的功能为“空闲模式之外”指示器
12	$\overline{\text{RST}}$	数字输入	低电平复位。当保持低电平时，芯片处于关断模式，所有RAM和SPI接口内部信息丢失；当保持高电平时，芯片处于空闲模式，SPI处于缺省状态
13	RXTXEN	数字输入	高电平有效。电平由低到高转换开始RX或者RX序列，取决于SPI的设置。当SPI运行程序，开始RX或者TX序列，RXTXEN将变成高电平，而且在整个序列中RXTXEN保持高电平；当序列完成，RXTXEN返回低电平；当RXTXEN保持低电平时，强制进入空闲模式
14	$\overline{\text{ATTN}}$	数字输入	低电平有效。将芯片从休眠或者睡眠模式改变为空闲模式
15	CLKO	数字输出	时钟输出到主机MCU。可编程设置的频率为16 MHz、8 MHz、2 MHz、1 MHz、62.5 kHz、32.786 kHz(缺省值)和16.393 kHz
16	SPICLK	数字时钟输入	用于SPI接口的外部时钟输入
17	MOSI	数字输入	主输出/从输入，SPI数据输出专用
18	MISO	数字输出	主输入/从输出，SPI数据输出专用
19	$\overline{\text{CE}}$	数字输入	低电平有效，片选信号。使能SPI传送
20	$\overline{\text{IRQ}}$	数字输出	低电平有效，中断请求。漏极开路，可编程设置为40 kΩ内部上拉。在负载小于20 pF的情况下，中断服务可以每6 μs一次。可选项外部上拉电阻必须大于4 kΩ
21	VDDD	电源输出	数字稳压供电支路。去耦接地
22	VDDINT	电源输入	数字接口供电和数字稳压器输入，接电池。2.0～3.4 V去耦接地

续表 4-1

引脚号	引脚名	类　型	功　能
23	GPIO5	数字 I/O	通用输入/输出 5
24	GPIO6	数字 I/O	通用输入/输出 6
25	GPIO7	数字 I/O	通用输入/输出 7
26	XTAL1	输入	晶体振荡器输入。连接到 16 MHz 晶振和负载电容器
27	XTAL2	输入/输出	晶体振荡器输出。连接到 16 MHz 晶振和负载电容器。注意，不要将这个引脚用作 16 MHz 源。测量 16 MHz 输出应在引脚 15（即 CLKO）。该引脚可编程设置 16 MHz
28	VDDLO2	电源输入	LO2 VDD 供电，从外部连接到 VDDA
29	VDDLO1	电源输入	LO1 VDD 供电，从外部连接到 VDDA
30	VDDVCO	电源输出	VCO 稳压供电支路。去耦接地
31	VBATT	电源输入	模拟稳压器输入，接电池。去耦接地
32	VDDA	电源输出	模拟稳压供电输出，去耦接地。通过频率陷波器，从外部连接 VDDLO1、VDDLO2 、PAO＋和 PAO－。注意，不要用这个引脚给芯片的外部电路供电
EP	Ground	—	外部衬垫/接地点

4.1.4　数据传送模式和包结构

MC13192/MC13193 有两种传送模式：

- 包模式——数据在片上 RAM 的缓冲器中；
- 流模式——数据逐字处理。

Freescale 公司的 IEEE802.15.4 MAC 软件支持数据传送的流模式；Freescale 公司的 SMAC 软件支持数据传送的包模式。

MC13192/MC13193 的包结构为：

4 字节	1 字节	1 字节	最多125字节	2 字节
帧引导序列	SFD	FLI	有效载荷数据	FCS

支持高达 125 字节的有效载荷。MC13192/MC13193 在数据之前，添加了 4 字节的帧引导序列，1 字节的帧开始定界符(SFD)以及 1 字节的帧长度指示器(FLI)。帧校验序列(FCS)是计算出来的，附加在数据结束处。

4.1.5　接收和发送路径

在接收路径，RF 输入通过两级降频，转换为低中频和同相/正交相位(I/Q)信号，然后执行空闲信道评估(CCA)。在接收路径的数字电路后端，执行差动片码解调(DCD)，由符号相关"解扩频"直接序列扩频(DSSS)偏移正交相移键控(O－QPSK)信号，确定符号和包，最后检测出数据。

帧引导序列、帧开始定界符(SFD)和帧长度指示器(FLI)用于分析和检测收到的有效数据和帧校验序列(FCS)。FCS 占 2 字节，即收到的数据中计算所得的循环冗余校核(CRC)码，与发送数据附加的 FCS 比较。在包引导并且存入 RAM 后,测试链接质量耗时超过 64 μs。

如果 MC13192/MC13193 处于包模式,那么数据就作为一个完整的包来处理。通过中断,通报 MCU 已经收到一个完整的包。如果 MC13192/MC13193 处于流模式,那么,逐字处理产生的中断,也通报 MCU。

事先存储在 RAM 中的 TX 数据,直接检测出来(包模式)或者通过 SPI(流模式)时钟节拍检测出来。该数据通过 IEEE 802.15.4 PHY 组成包,扩频,再升频转换到发送频率。

如果 MC13192/MC13193 处于包模式,那么数据就作为一个完整的包来处理。数据首先装到 TX 缓冲器中,然后,MCU 请求 MC13192/MC13193 发送数据。当整个包发送完毕,就产生中断,通报 MCU。如果 MC13192/MC13193 处于流模式,那么,逐字处理产生中断,也通报 MCU,MC13192/MC13193 准备发送下一个字。这个过程将持续到数据发送完毕。

4.2　系统层 MOMEM 操作系统

MC13192/MC13193 能够提供个域网络、IEEE 802.15.4 标准 MAC 兼容网络或者全 ZigBee 兼容网络的解决方案。所有对 MODEM 的控制都是通过公共 SPI 总线、MCU 中断请求连线以及若干 MCU 的引脚 GPIO 连线完成的。主要的具有 MODEM 的接口都通过 SPI 命令读/写 MODEM 寄存器,并且提供初始化参数、读 MODEM 状态以及控制 MODEM 等操作。通过中断请求信号,MODEM 可以要求 MCU 实时响应。

4.2.1　电源连接

MC13192/MC13193 的电源引脚功能如表 4-2 所列。

表 4-2　电源引脚功能

引脚号	引脚名	类　型	描　述	功　能
22	VDDINT	电源输入	数字接口供电和数字稳压器输入。接电池	2.0～3.4 V 去耦接地
21	VDDD	电源输出	稳压输出供电	去耦接地
31	VBATT	电源输入	稳压器输入,接电池	去耦接地
32	VDDA	电源输出	模拟稳压供电输出	去耦接地。从外部连接 VDDLO1 和 VDDLO2
30	VDDVCO	电源输出	MODEM VCO 稳压供电支路	去耦接地
29	VDDLO1	电源输入	MODEM LO1 VDD 供电	从外部连接到 VDDA
28	VDDLO2	电源输入	MODEM LO1 VDD 供电	从外部连接到 VDDA
EP	VSS	电源输入	外部衬垫/接地点。公共 VSS	接地

当设计芯片的供电时,需要考虑下列几点:

- QFN 封装芯片有一个公共 EP 接地点(VSS)。
- 有两个主要的输入电源,包括用于 MODEM 的 VBATT 和用于数字接口的 VDDINT。
- 为了兼容逻辑电平,在 MODEM 和系统 CPU 之间,VBATT 和 VDDINT 必须与 CPU 一起,连接到公共供电电源 2.0～3.4 V DC。
- 输入电压 VBATT 供电给模拟和数字稳压电路。模拟稳压器输出电压 VDDA,既能供给支路又能供给引脚 VDDLO1 和 VDDLO2,这两个引脚是本地振荡器的供电渠道。

- 输出电压 VDDVCO 提供 MODEM 无线 VCO 稳压供电的各别支路。

MC13192/MC13193 的供电连接如图 4－4 所示。

注意: 在引脚 VDDA、VDDD 和 VDDVCO 处,连接了各支路的电容器。在某些 RF 电路的配置中,引脚 VDDA 也需要直流耦合到无线功率放大输出。

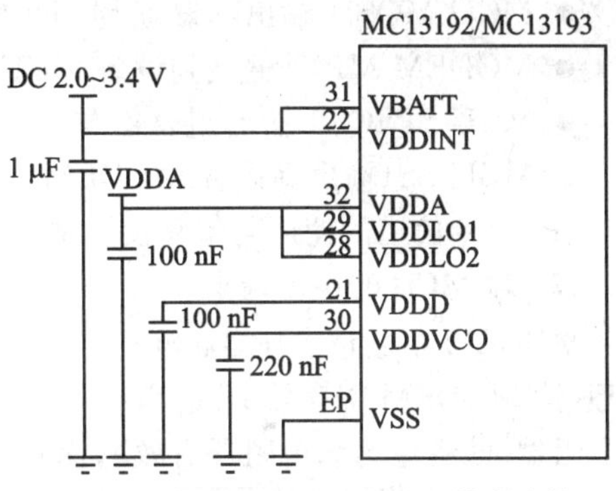

图 4－4　MC13192/MC13193 供电连接

4.2.2　测试引脚 SM 与复位使用方法

(1) 测试引脚 SM

输入引脚 SM 是测试引脚。在正常运行时,必须接地。

(2) 复位使用方法

建议用 MCU 的引脚 GPIO 驱动低电平有效的 MODEM 复位输入信号$\overline{\text{RST}}$。为满足最低功耗的需求,在输入信号$\overline{\text{RST}}$上,没有外接上拉电阻器。MCU 的引脚 GPIO 编程设置为典型的输出口,具有软件控制的上拉电阻器。然而,它还是不能正常使用,因为 MODEM 能够通过 MCU 保持硬件复位。收发器$\overline{\text{IRQ}}$的软件上拉电阻器也能够禁止。

在上电或"冷启动"的情况下,MCU 的引脚 GPIO 通常以高阻抗开始运行,其内部上拉电阻器禁止,而$\overline{\text{IRQ}}$上拉电阻器使能,并且保持到 MODEM 复位输入变高。作为 MCU 初始化的一部分,引脚 GPIO 必须编程设置为输出,然后驱动低电平来复位 MODEM。$\overline{\text{RST}}$异步输入,仅需要保持低电平一个很短的时期。

在复位的情况下,MODEM 完全掉电,而且不提供时钟。$\overline{\text{RST}}$信号解除之后,MODEM 在 10～25 ms 之内上电,初始化,继而进入空闲状态。这将导致$\overline{\text{ATTN}}$中断请求,并使CLKO开始振荡在 32.768 kHz(两者都是缺省状态)。$\overline{\text{ATTN}}$硬件中断请求通常由发送给MODEM信号$\overline{\text{ATTN}}$引起,随着复位信号的消失,$\overline{\text{ATTN}}$的状态位设置为 1,$\overline{\text{ATTN}}$的中断请求屏蔽位也设置为 1。

一旦 MCU 得知中断请求,MCU 就假定 MODEM 使能而且就绪,能够通过 SPI 总线执行程序。MODEM 复位操作以及控制的细节请见 4.8 节。

4.2.3　与 MCU 之间的接口

MODEM 和主 MCU 之间通过 SPI 接口、中断请求以及若干个状态和控制信号相互作用。

(1) SPI 命令信道

连接 MODEM 的主接口通过 SPI 命令配置而成。它允许读/写 MODEM 寄存器,而且提供初始化参数、读状态、控制 MODEM 的操作。MODEM 只能作为从方,MCU SPI 必须作为主方来编程设置和使用。SPI 的性能为 MODEM 所规定的 8 MHz 最高 SPI 时钟频率所限,使用 MCU SPI 必须通过编程设置来适应 MODEM SPI 协议。Freescale 公司的 9S08 典型 SPI 总线连接如下:

- MCU MOSI1 输出到设备 MODEM MOSI；
- MODEM MISO 输出到设备 MCU MISO1；
- MCU SPSCK1 输出到设备 MODEM SPICLK；
- MCU $\overline{SS1}$输出到设备 MODEM $\overline{CE}$。

SPI 命令信道的使用与编程设置请见 4.4 节。

(2) 对 MCU 的中断请求

MODEM 中断请求$\overline{IRQ}$低电平有效，漏极开路输出，该信号在中断未决时发送。通过 SPI 处理，读 MODEM 寄存器 IRQ_Status，该信号解除，变为高电平。$\overline{IRQ}$有一个可编程设置的上拉电阻器(缺省值为该电阻器有效)，而且输出的驱动强度也可以编程设置。$\overline{IRQ}$的细节请见 4.7.1 小节中的“输出引脚$\overline{IRQ}$”。

$\overline{IRQ}$的最大驱动强度建议按照对于中断信号下降时能够给出最快的响应速度来设置。

(3) MODEM 控制信号

MODEM 需要两个附加输入控制信号。该信号为典型的 MCU 的引脚 GPIO 控制的信号：

- $\overline{ATTN}$——低电平有效，“关注(attention)”信号，用于从休眠模式到睡眠模式唤醒 MODEM。MCU 的引脚 GPIO 必须编程设置为输出来控制该输入信号。
- RXTXEN——高电平有效，用于使能 MODEM 中的发送、接收和 CCA 操作。MCU 的引脚 GPIO 通常编程设置为输出来控制该输入信号。

(4) MODEM 状态信号

MODEM 有两个可编程设置的信号。该信号可以提供实时状态给 MCU：

- 输出信号 GPIO1/Out_of_Idle——MODEM GPIO1 信号可选、可编程设置为“空闲模式之外”指示器，用于监控 RX、TX 或者 CCA 操作。MCU 的引脚 GPIO 必须编程设置为输入来监控这个信号。MODEM GPIO1 信号也可以用于通用 I/O 口。
- 输出信号 GPIO2/CRC_Valid——MODEM GPIO2 信号可选、可编程设置为“CRC 有效”指示器，用于监控 RX 操作。MCU 的引脚 GPIO 必须编程设置为输入来监控这个信号。MODEM GPIO2 信号也可以用于通用 I/O 口。

4.2.4　系统振荡器和时钟

(1) MODEM 晶体振荡器

MODEM 振荡器源必须一直存在，外接晶振用来组成该振荡器。源频率必须是 16 MHz，总体精度为±40 ppm，大于 IEEE 802.15.4 标准的需求。晶振特性请见 4.8.3 节中的“晶体需求”部分。

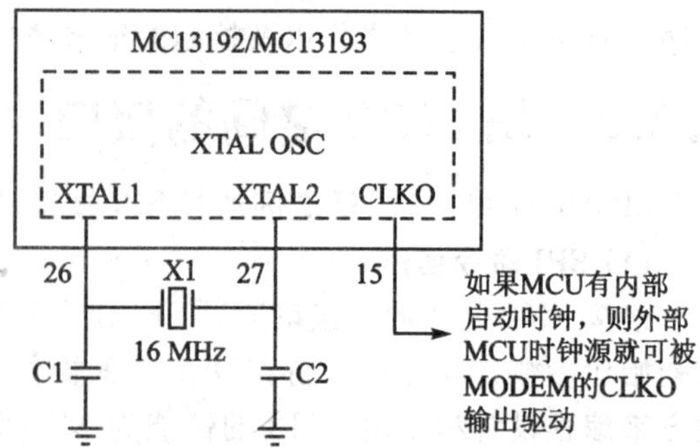

图 4-5　MC13192 振荡器和外部时钟连接

在图 4-5 中，晶振 X1、电容器 C1 和 C2 组成 MODEM 晶体振荡器电路。处于输入 XTAL1 和输出 XTAL2 之间，近似 1 MΩ(未画在图上)的反馈电阻器为振荡器的缓冲器提供直流偏置。16 MHz 晶振 X1 的负载电容小于 9 pF。MC13192/MC13193 的引脚 XTAL1 或者 XTAL2 上的负载电容器 C1 或 C2 的典型值是 6～9 pF。电容器容量高，会导致振荡器启动时出问题。

正如 4.8.3 小节中“晶体振荡频率整理操作”所述，MC13192 晶体振荡器的频率可以通过编程设置 xtal_trim[7：0]（即 MODEM 寄存器 CLKO_Ctl 0A，位 15～8）来整理。整理过程中，每步只改变很少的几 Hz 频率，其整理量取决于晶振的类型。如果 xtal_trim[7：0]增加，那么频率就会减小。这个特性对于生产厂商校准晶振的频率很有用，可以用来精确设置无线频率，以适应 IEEE 802.15.4 标准的需求。

(2) 系统时钟配置

由于 MCU 和来自 MODEM 的 CLKO 输出配置多重时钟，用于系统时钟的配置就有一系列的改变。对于任何系统时钟的配置，关键要考虑的地方是：

- MODEM 16 MHz 源（典型晶体振荡器）必须一直存在。晶体有特殊要求，而且基准频率必须符合 IEEE 802.15.4 标准的需求。
- 使用电池的低功耗应用将影响对 MCU 时钟源的选择。
- 系统时钟配置将影响系统的初始化过程。
- 软件需求将影响 MCU 和总线的速度。用户必须知道对 MCU 的性能需求。Freescale 公司的软件在 689S08 上运行时，CPU 时钟总是两倍于内部总线的速度，而且应用软件，诸如 ZigBee 协议栈和 IEEE 802.15.4 标准 MAC 就需要 8 MHz 或者 16 MHz 总线速率。这就意味着 MCU 时钟源必须具备产生这些总线速度的能力。

(3) 单个系统晶体具有 CLKO 驱动的 MCU 外部时钟输入

单个晶体（MODEM 晶体）具有 CLKO 驱动的 MCU 外部时钟输入，是一种普通的配置，其性能优异，频率精确而且成本低。CLKO 频率从 16.393 kHz 到 16 MHz 可编程设置，用来驱动 MCU 外部时钟。

注意，为了使本系统的选项可用，系统 MCU 必须有一个可选择的启动时钟。

在这种配置下，时钟从复位状态启动涉及如下操作：

- MCU 复位解除，MCU 启动内部时钟。
- 初始化软件必须复位 MODEM，随后解除到 MODEM 的复位信号（MCU 仍在启动时钟下运行）。
- 等待 MODEM 启动中断请求（约需 10～25 μs）。CLKO 频率缺省值为 32.786 kHz。
- 如果需要，可根据运行的程序，将 CLKO 设置为不同的频率。
- 等待 CLKO 源锁定，然后切换 MCU 时钟到外部源。

对于这种操作模式，附加的考虑包括：

- 如果 MODEM 被迫关断且 CLKO 断开，在 $\overline{\text{RST}}$ 信号解除后，就要等待 10～25 μs，使得 MODEM CLKO 从关断状态转换到启动状态。
- 如果 MCU 使 MODEM 处于睡眠模式，保持 CLKO 有效就需要较高的功耗，这是一种可选模式。
- 如果需要精确周期作为长时期延迟（如信标周期），也可以保持 CLKO 一直有效，但是，选择这种方式比起 MCU 使用自己的晶振来说，需要更高的功耗。

4.2.5 GPIO 特性

MODEM GPIO 硬件共包含 7 个信号（GPIO1～GPIO7）。复位之后，所有的 GPIO 引脚立即配置为高阻抗的通用输入口。这些引脚无内部上拉电阻器。

注意：为了避免额外的电流从浮空的引脚中泄漏，用户在上电初始化程序中应将不使用的引脚方向改为输出，而且编程设置为低电平，这样，这些引脚就不浮空了。这是低功耗应用时的首选。

正如4.2.2小节中的“MODEM状态信号”所述，GPIO1和GPIO2可以编程设置为特殊的状态信号，由应用程序控制改变GPIO1～GPIO2功能。这些引脚的使用细节请见4.8节。

通过SPI接口编程设置MODEM SPI寄存器，来控制MODEM GPIO的功能。有关控制所有的引脚作为通用I/O引脚的方法，请见4.8节。

4.2.6 MC13192/MC13193数字信号特性汇总

表4-3汇总了数字信号的特性。这些特性取决于公共引脚接口硬连线到内部电路的路由。

表4-3 MC13192/MC13193数字信号特性

引脚名称	方　向	高电流引脚	输出转换①	上拉电阻器②	备　注
$\overline{\text{IRQ}}$	O	N	SWC	SWC	漏极开路
XTAL1	I	—	—	N	—
XTAL2	O	N	N	N	—
$\overline{\text{ATTN}}$	I	—	—	N	—
RXTXEN	I	—	—	N	—
$\overline{\text{RST}}$	I	—	—	N	—
CLKO	O	N	SWC	N	—
SPICLK	I	—	—	N	—
MOSI	I	—	—	N	—
MISO	O	N	SWC	N	关断状态为SWC
$\overline{\text{CE}}$	I	—	—	N	—
GPIO1/Out_of_Idle	I/O	N	SWC	N	可编程设置的状态位
GPIO2/CRC_Valid	I/O	N	SWC	N	可编程设置的状态位
GPIO3	I/O	N	SWC	N	—
GPIO4	I/O	N	SWC	N	—
GPIO5	I/O	N	SWC	N	—
GPIO6	I/O	N	SWC	N	—
GPIO7	I/O	N	SWC	N	—

注：① SWC是软件控制转换速率，寄存器与各自对应的口关联。

② SWC是软件控制上拉电阻器，寄存器与各自对应的口关联。

4.2.7 收发器RF接口操作和外部连接

MC13192/MC13193的RF接口使用灵活，价格低廉：

- 输出功率可编程设置——标称输出功率为0 dBm，可编程设置输出功率典型值为－27 dBm～＋3 dBm。

- 在PER为1%时,20字节包接收灵敏度典型值小于-92 dBm。(优于IEEE 802.15.4标准规定的-85 dBm)
- 分隔提供RF RF_IN输入信号的全差动设置以及PA输出信号的全差动设置。分隔输入和输出,确保改变包括外部LNA和PA增加范围的RF配置。
- 16 MHz晶体振荡器的整理能力——IEEE 802.15.4标准规定,载波频率的误差为±40 ppm。MODEM晶体振荡器具有很好的整理能力,能够自动校准频率,不需要外部可变电容器。严格的载波频率误差确保了更好的接收灵敏度。

RFIN+和RFIN-是接收输入引脚,而PAO+和PAO-是差动PA输出引脚。这些信号支持全差动双口无线接口;也可以配置多重外部硬件接口。

图4-6所示为两个双口配置。第一个是具有外部低噪声放大器(LNA)的单端天线配置。外部天线开关与多元天线连接,用来切换接收和发送。LNA处于接收路径上,可以添加增益,加强接收灵敏度。需要两个外部不平衡变压器来转换单端天线信号到所需要的差动信号。MCU GPIO信号用来改变天线开关的方向(切换天线接通接收模块或者发送模块)。

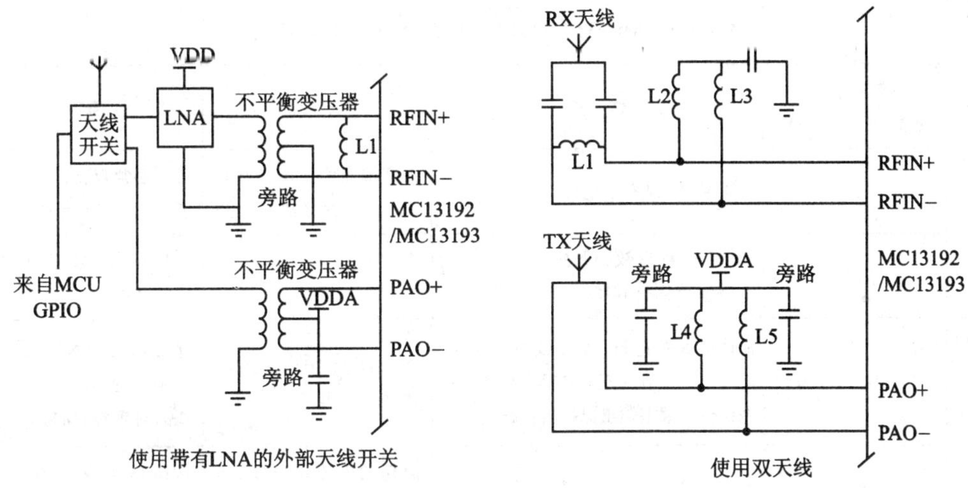

图4-6 双口RF配置实例

图中还描述了双天线配置,既有RX天线又有TX天线。在接收端,RX天线交流耦合到差动RFIN输入端,两个电容器随同电感器L1一起与网络匹配。电感器L2和L3通过一个电容器交流耦合接地,组成一个频率陷阱。在发送端,TX天线连接到差动PAO输出端,电感器L4和L5提供直流偏压到VDDA,但对于交流是隔离的。这个双天线系统的成本很低,因为天线可以印刷在PCB上。

4.2.8 低功耗问题

许多ZigBee或者IEEE 802.15.4的标准应用需要电池供电,例如传感器终端设备。在此类应用中,希望电池长寿,而电池的寿命却依赖于设备的运行参数。使用RX、TX和CCA模式的无线操作功耗最大;但事实上,在两个无线操作之间的低功耗运行时间极长。

在设计MC13192/MC13193于低功耗运行时,应当考虑:

- MODEM有若干低功耗选项。
- MODEM完全由MCU控制;其低功耗选项取决于MCU的程序设置。

● 必须在 MCU 的掉电配置中，由 MCU 维持 MODEM 的电源关断控制。

系统的最低功耗仅仅高于将 MODEM 和 MCU 置于低功耗模式时的功耗。必须考虑功能之间的关系、它们之间的时序以及时钟管理。主动操作的占空比非常重要，因为主动操作与睡眠操作在整个运行周期中各自所占份额，是影响系统功耗的最主要原因。

1. MODEM 低功耗状态

表 4-4 列出 MODEM 低功耗状态。其模式的细节请见 4.5 节。可以提供 3 种低功耗模式：

① 关断。需要输入 MODEM 复位信号 $\overline{\text{RST}}$，而且保持收到的低电平。此时功耗最低，禁止全部功能。此时数字 GPIO 引脚的缺省状态为输入。

② 休眠。此时功耗次低。所有的硬件模块无效，RAM 和 SPI 寄存器保持其数据，数字 I/O保持其状态。

③ 睡眠。当事件计数器有效时，允许使用该计数器。事件计数器可以用来引导睡眠模式期间的定时出口，CLKO 输出在睡眠时保持有效，给 MCU 提供时钟。睡眠时使用的电流比关断和休眠时使用的电流多。RAM 和寄存器保持其数据，数字 I/O 保持其状态。

表 4-4 MC13192/MC13193 MODEM 低功耗状态

模 式	电流/μA (典型值，@2.7 V)	优 点	缺 点	备 注
关断	0.2	最低功耗（仅有漏电）	数字输出为三态。所有 RAM/寄存器数据丢失	$\overline{\text{RST}}$必须保持。所有的 IC 功能关断
休眠	1.0	RAM/寄存器数据保持。数字输出保持其状态	—	使用$\overline{\text{ATTN}}$或者$\overline{\text{M_RST}}$退出该状态
睡眠*	35（无 CLKO）	晶体振荡器运行。CLKO 可以使能。定时出口可以实现。RAM/寄存器数据保持。数字输出保持其状态	消耗的电流比关断或者休眠时大得多	能够由$\overline{\text{ATTN}}$或$\overline{\text{RST}}$退出或定时退出。CLKO 可以作为时钟源，保持有效
空闲	500	迅速转换到 RX、TX 或者 CCA	消耗的电流比关断、休眠或者睡眠时大得多	从该状态起开始所有的 RX、TX 或者 CCA

* CLKO 频率的缺省值是 32.786 kHz。

空闲状态不是低功耗状态，但是也列在表 4-4 中作为比较。注意，所有的主动状态 RX、TX 和 CCA 必须从空闲状态开始，这一点极为重要。

2. 对休眠和睡眠低功耗模式的特殊考虑

(1) 睡眠电流大于指定值

当编程设置 CLKO 频率为缺省值 32.786 kHz 时，睡眠电流（无 CLKO 输出）指定为 35 μA（典型值）。可以考虑睡眠电流大于某些高于 CLKO 频率和事件计数器预分频时的电流。这些预分频由下列因素决定：

● CLKO 频率＝16 MHz，预分频选择为 5、6 或 7；

● CLKO 频率＝8 MHz，预分频选择为 6 或 7；

● CLKO 频率＝4 MHz，预分频选择为 7。

其他的预分频没有问题。当睡眠状态使能时，并非总是发生较大的电流；而所发送的较大的睡眠电流并无潜在的其他损害。

对于这个问题，可以有 3 种选择：

① 在睡眠模式中，接受电流大于指定值的事实。

② 在睡眠模式下，不使用任何预分频。

③ 当使用 CLKO 作为 MCU 时钟源时，如果需要较高的 CLKO 频率，而需要的预分频选择会产生问题，只需要在进入睡眠模式之前，编程设置 CLKO 频率到较低值，然后在睡眠模式中使用需要的预分频值。最后，退出睡眠模式时，在结束使用 CLKO 作为 MCU 时钟源之前，再编程设置 CLKO 频率到需要的频率值。

(2) 提前收到$\overline{ATTN}$，退出休眠模式或者睡眠模式

当收发器还没有完全进入休眠模式或者睡眠模式时，提前收到$\overline{ATTN}$就会出现问题。一旦收发器 MC13192/MC13193 由编程设置进入休眠模式或者睡眠模式，只有在 128 个 CLKO 周期之后，该收发器才完全进入低功耗模式。不管 CLKO 输出是否使能，都是如此。如果 CLKO 延迟时间仍然有效，却收到了$\overline{ATTN}$，就会发送退出低功耗模式的$\overline{IRQ}$，但在中断服务程序期间，读寄存器 IRQ_Status 返回，使能位无效。这样，退出低功耗模式的状态位并没有置 1。

如果中断服务程序未能返回中断源，就会导致该程序出现故障。

延迟 CLKO 循环都是 128 个。鉴于 CLKO 频率不同，延迟时间大约从 7.8 ms(CLKO 频率＝16.393 kHz)到 8 μs(CLKO 频率＝16 MHz)。

对于这个问题，可以有 3 种选择：

① 预防在本周期内收到$\overline{ATTN}$。例如，对于已经长时期睡眠的末端节点，收到$\overline{ATTN}$就不存在问题。

② 如果有提前唤醒收发器的潜在征兆，在进入休眠或者睡眠模式之前，应当编程设置 CLKO 到高频率。软件可以在 8 μs 之内，预防提前唤醒。如果采取这个措施，前面“睡眠电流大于指定值”中所描述的也必须考虑。

③ 编写应用软件时应该清楚，退出低功耗模式时的中断不一定会设置有效状态位。

3. 从低功耗模式恢复时间

操作模式由 MCU 控制。如果 MODEM 不使用，就可能掉电，而此时 MCU 正在运行其他任务或者整个节点正在“睡眠”，亦即 MCU 掉电。MODEM 和 MCU 的恢复时间对于系统的性能极为重要，而它们的恢复时间互不相干。

每个 MODEM 恢复时间从低功耗状态到空闲状态。关断和休眠的启动时间相当长，这是因为启动稳压器和时钟振荡器所需时间造成的。

图 4-7 所示为低功耗模式的简化状态图。它给出了从关断、休眠和睡眠模式到空闲模式的转换时间：

① 从关断到空闲的转换时间为 10～25 ms。解除关断状态需要通过$\overline{RST}$变为高电平来实现。从这时起一直到 MODEM 发送$\overline{ATTN}$中断，且 CLKO 以缺省频率 32.786 kHz 开始运行，所需时间最长为 25 ms。

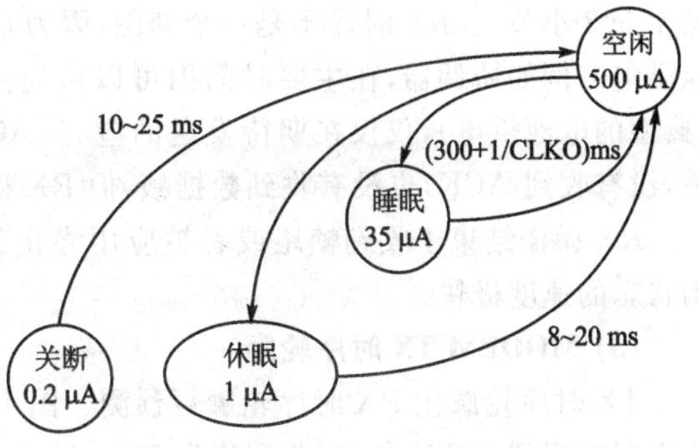

图 4-7　低功耗模式的简化状态图

② 从休眠到空闲的转换时间为8～20 ms。解除休眠状态通常通过收到$\overline{\text{ATTN}}$低电平来实现。启动时间最长为20 ms,稍微比解除关断状态短一点。MODEM也发送$\overline{\text{ATTN}}$中断(如果已经使能),且CLKO开始(如果已经使能)以进入休眠之前编程设置的数值运行。

③ 从睡眠到空闲的转换时间为(300+1/CLKO) ms。解除睡眠状态需要通过计数器或者收到$\overline{\text{ATTN}}$低电平来实现。启动时间相当短,为(300+1/CLKO) μs,因为此时时钟振荡器已经运行。在睡眠期间,CLKO可以编程设置运行;否则,如果CLKO已经使能,那么就可以以正常的操作方式启动。当$\overline{\text{ATTN}}$用于退出睡眠模式时,就会发送$\overline{\text{ATTN}}$中断(如果已经使能)。当通过计数器退出睡眠模式时,也会发送中断。

在正常的操作模式中,MODEM的复位状态是空闲模式。所有的主动运行序列都起源于空闲模式,然后返回空闲模式。3个主动序列是空闲信道评估(CCA)、RX和TX。表4-5列出不同模式下的典型电流,但是没有列出模式转换时的电流。

表 4-5 MC13192/MC13193 主动状态电流

模 式	电流/mA(典型@2.7 V)
空闲	0.5
CCA/ED	37
RX	37
TX(0 dBm标称输出功率)	30

正常序列的事件可以包括IEEE 802.15.4标准节点,首先完成CCA(如果信道空闲),其次发送数据帧(假定信道空闲),最后在TX之后进入RX模式寻找应答。MODEM必须完成每次操作,每次操作的时序都有所不同。

(1) MODEM CCA/ED 时序轮廓

在CCA操作中,MODEM将扫描能量检测,有关CCA的详细内容请见4.5.3小节中的"空闲信道评估(CCA)模式(包括链路质量指示LQI)"。这是一个特殊的RX实例,因此CCA电流与RX电流相同。有两个版本的CCA,其中一个叫CCA,另一个叫能量检测(ED)。

图4-8所示为CCA和ED操作的时序轮廓。一旦CCA操作开始,状态机就开始动作,通过一个144 μs的热身周期。在该周期中,模拟稳压器接通,模拟RX电路进入满负荷状态。真正的CCA或者ED分别持续134 μs或者198 μs。在热身期间,MODEM电流沿斜面,从空闲电流(典型值500 μA)上升到全CCA电流(典型值为37 mA)。CCA/ED操作时间到了之后,迅速返回空闲电流。

(2) MODEM RX 时序轮廓

RX时序轮廓很像CCA轮廓。图4-9所示为RX操作时序轮廓。从空闲电流开始到全RX电流(典型值为37 mA)要通过144 μs热身周期,随后是RX操作(有关RX的详细内容请见4.5.3小节)。RX时序不是一个套图,因为它处于CCA操作之中。某些应用(典型的非电池供电),例如协调器,在主要时间内可以接通接收器来侦听末端设备或者路由;而末端设备(典型的电池供电),仅仅在期待发送的应答(ACK)时,接收器才接通。准时RX的最坏情况是,没有收到ACK,也没有收到数据帧,但RX操作时间已到。

RX操作结束于收到帧尾或者被应用终止(操作时间已到,异常退出RX操作)。返回空闲状态的速度极快。

(3) MODEM TX 时序轮廓

TX时序轮廓比RX时序轮廓可预测。图4-10所示为TX操作时序轮廓。通常,有一个从空闲电流到全TX电流(典型值为30 mA)的144 μs热身周期,随后就是TX操作(有关TX的详细内容请见4.5.3小节)。TX时序不是一个套图,但是可以预测。

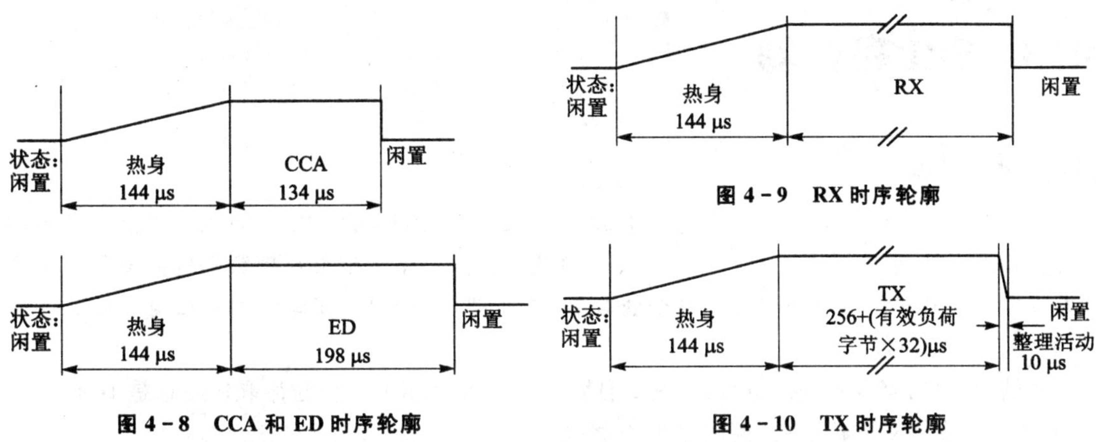

图 4-8　CCA 和 ED 时序轮廓

图 4-9　RX 时序轮廓

图 4-10　TX 时序轮廓

IEEE 802.15.4 标准 2.4 GHz 物理层的粗略发送速率是 250 kbps。这意味着数据的 1 个字节的 TX 时间是 32 μs。适应 IEEE 802.15.4 标准的包有 4 字节帧引导序列，1 字节 SFD，1 字节 FLI，2 字节 FCS 加上有效载荷数据(最多 125 字节)。作为结果，帧头是 8 字节，耗时 8×32=256 μs，最大有效负荷 TX 时间为 125×32=4000 μs。每个包的 TX 时间(单位为 μs)是：

合计 TX 时间=256+(有效负荷字节×32)

TX 操作在 FCS 字节送到之后结束。返回空闲有一个 10 μs 的"整理活动"周期，使得 RF 发送逐渐减少，避免 RF"结巴"。

4. 通用系统低功耗考虑

对于电池供电的应用，如 IEEE 802.15.4 标准末端设备低功耗最为重要。MODEM 的最高瞬间功率取决于 CCA、RX 和 TX 模式。MCU 电流消耗取决于时钟频率。下面是一些对用户有益的建议：

- MCU 时钟管理——使用时钟管理来降低功耗的需求；CPU 性能处于临界时，快速运行；等待外部设备时(如 A/D 转换)，慢速运行；懂得软件功能的需求(运行时间总线时钟可能需要 16 MHz)；为求最低功耗，如果可能的话，使用外部时钟选件(MODEM CLKO 能供应频率高达 16 MHz)。
- 当 MODEM 恢复关断(10～25 ms)或者休眠模式时，MCU 可以进入低功耗模式。
- 当 MCU 开始从"冷启动"上电复位时，MODEM 复位必须由程序尽早驱动到低功耗状态。
- 当 MODEM 和 MCU 都有效时，要勾画出它们的使用细节。对于操作的时间和模式，需要评估其电流的使用。
- 如果可能的话，当 MCU 有效且不需要与 MODEM 接口时，设置 MODEM 于低功耗模式。睡眠模式对节能很有用，它可以提供 CLKO，而且可以迅速恢复到空闲模式。
- 如果 MCU 在等待 MODEM 的 $\overline{\text{IRQ}}$ 信号，那么就交替设置 MCU 于低功耗模式。
- 编程设置所有未使用的 GPIO 引脚于 MODEM 和 MCU 上，作为低功耗的输出口。
- 当 $\overline{\text{CE}}$ 尚未收到时，MISO 的缺省状态为三态。当睡眠模式或者休眠模式使能时，其结果 MISO 不会浮空。

4.3 SPI 寄存器

4.3.1 概　述

所有的控制、读状态、读/写数据均由 MC13192/MC13193 的 SPI 口完成。主机微控制器通过 SPI“处理”来访问收发器，其间，在 SPI 总线上发送了多个字节长度数据的猝发段。每个“处理”有 3 个或者更多的猝发段，其个数取决于“处理”的类型。其详细内容请见 4.4.2 小节中的“SPI 猝发段操作”。

“处理”要对寄存器地址进行读/写。任何单独寄存器相关的数据存取长度总是 16 位。本节介绍用户在 MC13192 中访问的全部寄存器。

注意： 除非特别标注，保留域中的寄存器缺省值不修改。Freescale 公司建议，对于所有的寄存器，只修改控制域的部分 16 位字，采取“读—修改—写”操作来完成。

4.3.2 强制寄存器初始化

为了正确操作收发器，必须初始化某些隐藏的寄存器到指定状态。这些可编程设置的状态如表 4-6所列(表中所列为非缺省值)。

作为基准，对于上述寄存器，复位缺省值如下：

- 寄存器 0x06(缺省值)=0x0010；
- 寄存器 0x08(缺省值)=0xFFE5；
- 寄存器 0x11(缺省值)=0x21FF。

表 4-6　强制寄存器初始化

地址(十六进制)	位	条　件
08	1	设置为 1
08	4	设置为 1
11	9∶8	设置为 00
06	14	设置为 1

4.3.3 寄存器模型

表 4-7 概述了 MC13192/MC13193 的寄存器模型。

表 4-7　MC13192/MC13193 SPI 寄存器模型

<table>
<tr><th>寄存器名</th><th>地址(Hex) \ 位号</th><th>15</th><th>14</th><th>13</th><th>12</th><th>11</th><th>10</th><th>9</th><th>8</th><th>7</th><th>6</th><th>5</th><th>4</th><th>3</th><th>2</th><th>1</th><th>0</th></tr>
<tr><td>Reset</td><td>00</td><td colspan="16">software_reset</td></tr>
<tr><td>RX_Pkt_RAM</td><td>01</td><td colspan="16">rx_pkt_ram[15∶0]</td></tr>
<tr><td>TX_Pkt_RAM</td><td>02</td><td colspan="16">tx_pkt_ram[15∶0]</td></tr>
<tr><td>TX_Pkt_Ctl</td><td>03</td><td>tx_ram2_select</td><td></td><td></td><td></td><td></td><td></td><td></td><td></td><td></td><td colspan="7">tx_pkt_length[6∶0]</td></tr>
<tr><td>CCA_Thresh</td><td>04</td><td colspan="8">cca_vt[7∶0]</td><td colspan="8">power_comp[7∶0]</td></tr>
</table>

续表 4-7

寄存器名	地址(Hex) \ 位号	15	14	13	12	11	10	9	8	7	6	5	4	3	2	1	0
IRQ_Mask	05	attn_mask			ram_addr_mask	arb_busy_mask	strm_data_mask	pll_lock_mask	acoma_en				doze_mask	tmr4_mask	tmr3_mask	tmr2_mask	tmr1_mask
Control_A	06				tx_strm	rx_strm	cca_mask	tx_sent_mask	rx_rcvd_mask	tmr_trig_en		cca_type[1:0]				xcvr_seq	
Control_B	07	tmr_load				miso_hiz_en		clko_doze_en		tx_done_mask	rx_done_mask	use_strm_mode				hib_en	doze_en
PA_Enable	08	pa_en															
Control_C	09									gpio_alt_en		clko_en			tmr_prescale[2:0]		
CLKO_Ctl	0A	xtal_trim[7∶0]													clko_rate[2∶0]		
GPIO_Dir	0B	gpio1234_drv[1:0]		gpio7_oen	gpio6_oen	gpio5_oen	gpio4_oen	gpio3_oen	gpio2_oen	gpio1_oen	gpio7_ien	gpio6_ien	gpio5_ien	gpio4_ien	gpio3_ien	gpio2_ien	gpio1_ien
GPIO_Data_Out	0C	gpio567_drv[1:0]		miso_drv[1:0]		clko_drv[1:0]		irqb_drv[1:0]		irqb_pup_en	gpio7_o	gpio6_o	gpio5_o	gpio4_o	gpio3_o	gpio2_o	gpio1_o
LO1_Int_Div	0F									lo1_idiv[7∶0]							
LO1_Num	10	lo1_num[15∶0]															

续表 4-7

寄存器名 \ 地址(Hex) \ 位号		15	14	13	12	11	10	9	8	7	6	5	4	3	2	1	0
PA_Lvl	12									pa_lvl_coarse[1:0]		pa_l vl_fine[1:0]		pa_drv_coarse[1:0]		pa_drv_fine[1:0]	
Tmr_Cmp1_A	1B	tmr_cmp1_dis								tmr_cmp1[23:16]							
Tmr_Cmp1_B	1C	tmr_cmp1[15:0]															
Tmr_Cmp2_A	1D	tmr_cmp2_dis								tmr_cmp2[23:16]							
Tmr_Cmp2_B	1E	tmr_cmp2[15:0]															
Tmr_Cmp3_A	1F	tmr_cmp3_dis								tmr_cmp3[23:16]							
Tmr_Cmp3_B	20	tmr_cmp3[15:0]															
Tmr_Cmp4_A	21	tmr_cmp4_dis								tmr_cmp4[23:16]							
Tmr_Cmp4_B	22	tmr_cmp4[15:0]															
TC2_Prime	23	tc2_prime[15:0]															
IRQ_Status	24	pll_lock_irq	ram_addr_err	arb_busy_err	strm_data_err		attn_irq	doze_irq	tmr1_irq	rx_rcvd_irq	x_sent_irq	cca_irq	tmr3_irq	tmr4_irq	tmr2_irq	cca	crc_valid
RST_Ind	25									reset_ind							
Current_Time_A	26									et[23:16]							
Current_Time_B	27	et[15:0]															

续表 4-7

寄存器名	地址(Hex)	15	14	13	12	11	10	9	8	7	6	5	4	3	2	1	0
GPIO_Data_In	28		gpio7_i	gpio6_i	gpio5_i	gpio4_i	gpio3_i	gpio2_i	gpio1_i								
Chip_Id	2C	chip_id[8:0]															
RX_Status	2D	cca_final[7:0]									rx_pkt_latch[6:0]						
Timestamp_A	2E									timestamp[23:16]							
Timestamp_B	2F	timestamp[15:0]															
BER_Enable	30	ber_en															
PSM_Mode	31											psm_tm[2:0]					

4.3.4 寄存器详细介绍

(1) Reset——寄存器 00

写复位寄存器 00 导致复位，届时，数字逻辑复位，但收发器并未掉电。强制收发器进入空闲模式，SPI 寄存器全部复位，强制进入其缺省状态；但此时在 Packet RAM 中的数据依然保持不变。复位持续的时间与$\overline{CE}$收到维持的时间一致，当$\overline{CE}$的电平变高，复位就解除了。读这个寄存器不影响其状态。

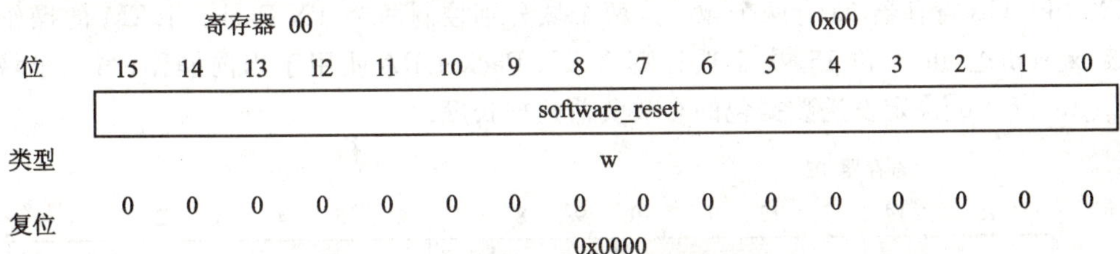

(2) RX_Pkt_RAM——寄存器 01

当 MC13192/MC13193 以包模式或者流模式传送数据时，就要访问 RX Packet RAM 寄存器。在包模式下，收到一个包，有效载荷数据就存储在 RX Packet RAM 中，包数据的长度保存在 RX_Status 寄存器 2D、位 6～0 中。如果要访问该有效载荷数据，就必须递归读出 RX_Pkt_RAM 寄存器 01(详见 4.4.5 小节中的“递归 SPI 寄存器读”)。

在流模式中，通过重复读 SPI 总线来逐字接收有效载荷数据。在流模式运行期间，当寄存器 RX_Pkt_RAM 提供有效数据时，状态位 rx_strm_irq （即寄存器 24，位 7)置 1，且中断产生(必须使能)。读寄存器 RX_Pkt_RAM 会清除 rx_strm_irq 引起的中断，因此，读 IRQ_Status 寄存器 24 就没有必要了(详见 4.5.3 小节中的“流接收模式”)。

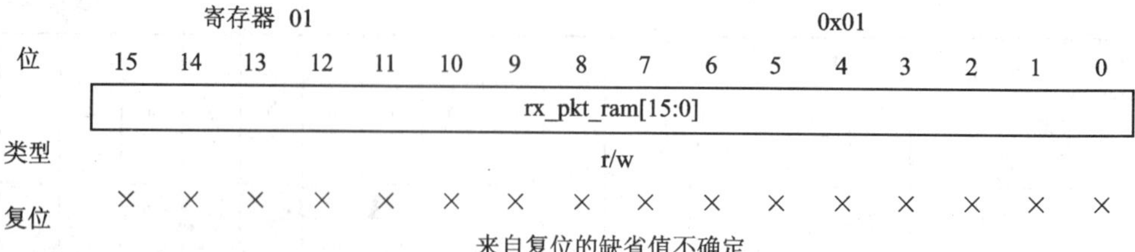

(3) TX_Pkt_RAM——寄存器 02

当 MC13192/MC13193 以包模式或者流模式传送数据时，也要访问 TX Packet RAM 寄存器。有两个 TX Packet RAM 寄存器，当 MC13192/MC13193 以包模式传送数据时，只访问其中之一。在包模式下，有效载荷数据必须写入所选择的 TX Packet RAM 中，包数据的长度必须写入 TX_Pkt_Ctl 寄存器 03、位 6～0 中。如果要装入 TX Packet RAM 有效载荷数据，就必须递归写入 TX_Pkt_RAM 寄存器 02(详见 4.4.5 小节中的"递归 SPI 寄存器写")。

在流模式中，通过 SPI 总线重复访问，TX 有效载荷数据逐字写入寄存器 02。在流模式运行期间，当数据字需要寄存器 TX_Pkt_RAM 时，状态 tx_strm_irq 置 1，且中断产生(必须使能)。写寄存器 TX_Pkt_RAM 会清除中断 tx_strm_irq，因此，读 IRQ_Status 寄存器 24 就没有必要了(见 4.5.3 小节中的"流发送模式")。

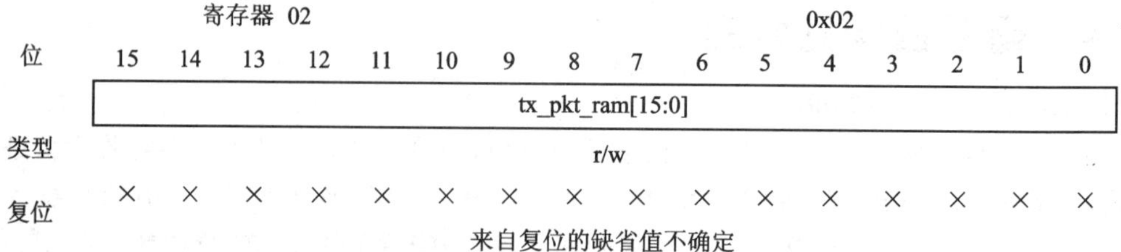

(4) TX_Pkt_Ctl——寄存器 03

TX_Pkt_Ctl 寄存器 03 有两个域。这两个域分别控制两个 TX Packet RAM 的操作：第一个域 tx_ram2_select、位 15，决定选择哪个 TX Packet RAM 用于当前操作；第二个域 tx_pkt_length、[6：0]决定发送数据包的有效负荷数据长度。

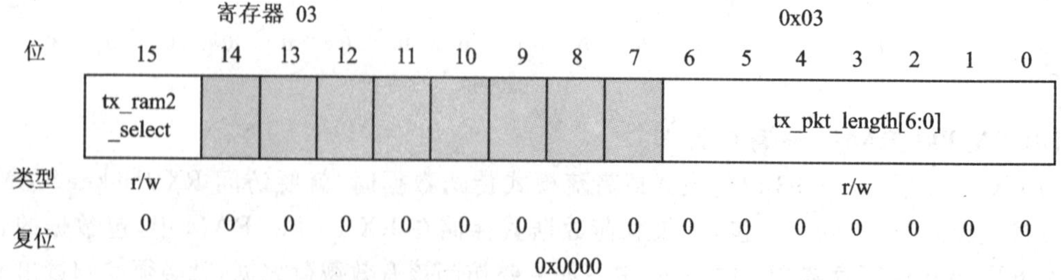

(5) CCA_Thresh——寄存器 04

CCA_Thresh 寄存器 04，位 15～8 包含 cca_vt[7：0]，这是 8 位的 CCA 阈值。根据下列等式，计算所需的 cca_vt[7：0]值：

阈值＝hex(|以 dBm 为单位的功率阈值×2|)

第二个域是 power_comp[7：0]，位 4～0(缺省值＝0x8D)。该域存放偏移量。该偏移量除以 2，加上来自 CCA/ED 功能的平均能量测量值，或者加上来自 RX 功能的 LQI 值，其结果值存入 RX_Status 寄存器 2D 的 cca_final[7：0]。通过使用 power_comp[7：0]值，用户可以补偿 cca_final[7：0]值，用于 RX 路径中的外部增益。详细内容请见 4.5.3 小节中的“空闲信道评估(CCA)功能(use_strm＝0)”。

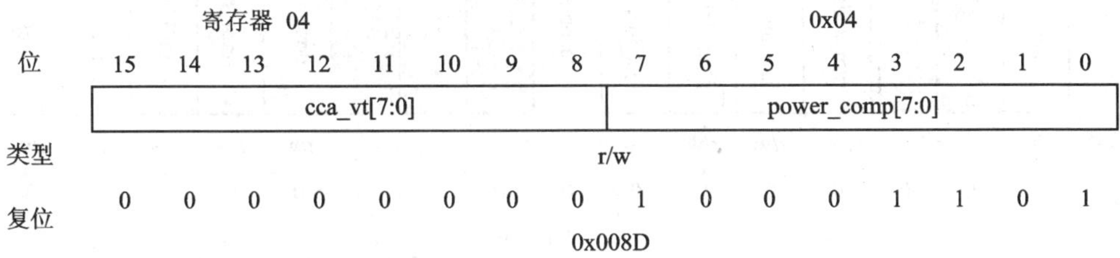

表 4-8 为寄存器 00～04 的功能描述。

表 4-8　寄存器 00～04 功能描述

名　称	位　号	描　述	操　作
寄存器 00	15～0	software_reset。写该寄存器提供软件复位，当 SPI 写入寄存器 00 时，IC 复位并且保持复位，与$\overline{CE}$收到维持的时间一致。当$\overline{CE}$的电平变高，就返回正常操作。读该寄存器不影响其状态	“不关心”写数据
寄存器 01	15～0	rx_pkt_ram[15：0]。这些数据位是主机用来从 RX Packet RAM 中存取数据的信道	来自$\overline{RST}$复位的缺省值不确定
寄存器 02	15～0	tx_pkt_ram[15：0]。这些数据位是主机用来从所选的 TX Packet RAM 中存取数据的信道	来自$\overline{RST}$复位的缺省值不确定
寄存器 03	15	tx_ram2_select。发送 RAM 选择位，在 TX Packet RAM1 和 TX Packet RAM2 之间选择用来操作的 TX RAM，包括 SPI 读、SPI 写、包发送和软件出错中断	如果 tx_ram2_select＝0，则选择 TX Packet RAM1；如果 tx_ram2_select＝1，则选择 TX Packet RAM2
	14～7	保留	缺省值不动
	6～0	tx_pkt_length[6：0]，TX Packet 长度，表示 TX Packet RAM 加上两字节的 FCS 用作发送的字节数	发送的有效数据的字节长度
寄存器 04	15～8	cca_vt[7：0]，CCA 阈值，其格式为线性 dB	缺省值为 0x00
	7～0	power_comp[7：0]，是一个二进制的值，该值加上 CCA 操作的测量值，其结果存入 cca_final[7：0]	缺省值为 0x8D

(6) IRQ_Mask——寄存器 05

IRQ_Mask 寄存器 05 为 MC13192/MC13193 众多的中断源提供最多的，但并非全部的屏蔽位。如果置 1 屏蔽位，其关联的状态位一旦为 1，则会产生中断到 MC13192/MC13193 的引脚$\overline{IRQ}$。当通过 SPI 处理读出该状态位时，该中断就被清除了。

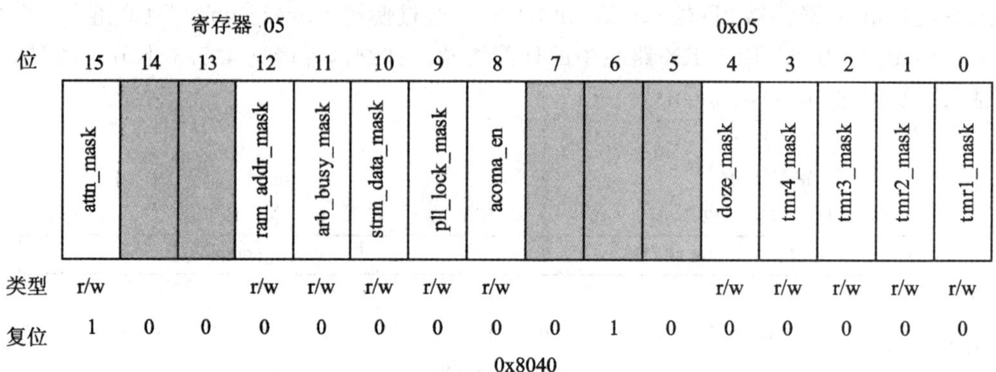

寄存器05功能描述如表4-9所列。

表4-9　寄存器05功能描述

位　号	描　述	操　作
15	attn_mask,关注中断屏蔽位。用于引脚$\overline{IRQ}$上,控制attn_irg中断。缺省值用于中断使能远离复位	如果attn_mask=0,则状态位attn_irg为1时,引脚IRQ不发送中断请求;如果attn_mask=1,则允许状态位attn_irg在引脚$\overline{IRQ}$上产生中断
14～13	保留	缺省值不动
12	ram_addr_mask,Packet RAM地址错误中断屏蔽位。用于引脚$\overline{IRQ}$上,控制ram_addr_err中断	如果ram_addr_mask=0,则状态位ram_addr_err为1时,引脚$\overline{IRQ}$不发送中断请求;如果ram_addr_mask=1,则允许状态位ram_addr_err在引脚$\overline{IRQ}$上产生中断
11	arb_busy_mask,Packet RAM判别器忙错误中断屏蔽位。用于引脚$\overline{IRQ}$上,控制arb_busy_err中断	如果arb_busy_mask=0,则状态位arb_busy_err为1时,引脚$\overline{IRQ}$不发送中断请求;如果arb_busy_mask=1,则允许状态位arb_busy_err在引脚$\overline{IRQ}$上产生中断
10	strm_data_mask,流模式数据错中断屏蔽位。用于引脚$\overline{IRQ}$上,控制strm_data_irq中断	如果strm_data_mask=0,则状态位strm_data_err为1时,引脚$\overline{IRQ}$不发送中断请求;如果strm_data_mask=1,则允许状态位strm_data_err在引脚$\overline{IRQ}$上产生中断
9	pll_lock_mask,LO1未上锁检测屏蔽位。用于引脚$\overline{IRQ}$上,控制pll_lock_irq中断	如果pll_lock_mask=0,则状态位pll_lock_irq为1时,引脚$\overline{IRQ}$不发送中断请求;如果pll_lock_mask=1,则允许状态位pll_lock_irq在引脚$\overline{IRQ}$上产生中断
8	acoma_en,Acoma模式使能位。用于控制睡眠模式。Acoma模式是睡眠模式中增强省电的模式	如果acoma_en=0,则正常操作。通过TC2匹配或者收到$\overline{ATTN}$,退出睡眠模式;如果acoma_en=1,则MC13192/MC13193逗留在睡眠模式,直到收到$\overline{ATTN}$为止。禁止事件计数器和预分频器时钟,可以进一步降低能耗
7～5	保留	—
4	doze_mask,睡眠计数器中断屏蔽位。用于引脚$\overline{IRQ}$上,控制doze_irq中断	如果doze_mask=0,则状态位doze_irq为1时,引脚$\overline{IRQ}$不发送中断请求;如果doze_mask=1,则允许状态位doze_irq在引脚$\overline{IRQ}$上产生中断

续表 4－9

位　号	描　述	操　作
3	tmr4_mask，事件计数器 4 中断屏蔽位。用于引脚$\overline{\text{IRQ}}$上，控制 tmr4_irq 中断	如果 tmr4_mask＝0，则状态位 tmr4_irq 为 1 时，引脚$\overline{\text{IRQ}}$不发送中断请求；如果 tmr4_mask＝1，则允许状态位 tmr4_irq 在引脚$\overline{\text{IRQ}}$上产生中断
2	tmr3_mask，事件计数器 3 中断屏蔽位。用于引脚$\overline{\text{IRQ}}$上，控制 tmr3_irq 中断	如果 tmr3_mask＝0，则状态位 tmr3_irq 为 1 时，引脚$\overline{\text{IRQ}}$不发送中断请求；如果 tmr3_mask＝1，则允许状态位 tmr3_irq 在引脚$\overline{\text{IRQ}}$上产生中断
1	tmr2_mask，事件计数器 2 中断屏蔽位。用于引脚IRQ上，控制 tmr2_irq 中断	如果 tmr2_mask＝0，则状态位 tmr2_irq 为 1 时，引脚$\overline{\text{IRQ}}$不发送中断请求；如果 tmr2_mask＝1，则允许状态位 tmr2_irq 在引脚$\overline{\text{IRQ}}$上产生中断
0	tmr1_mask，事件计数器 1 中断屏蔽位。用于引脚$\overline{\text{IRQ}}$上，控制 tmr1_irq 中断	如果 tmr1_mask＝0，则状态位 tmr1_irq 为 1 时，引脚$\overline{\text{IRQ}}$不发送中断请求；如果 tmr1_mask＝1，则允许状态位 tmr1_irq 在引脚IRQ上产生中断

(7) Control_A——寄存器 06

Control_A 寄存器 06 是给 MC13192/MC13193 提供控制域的若干寄存器之一。

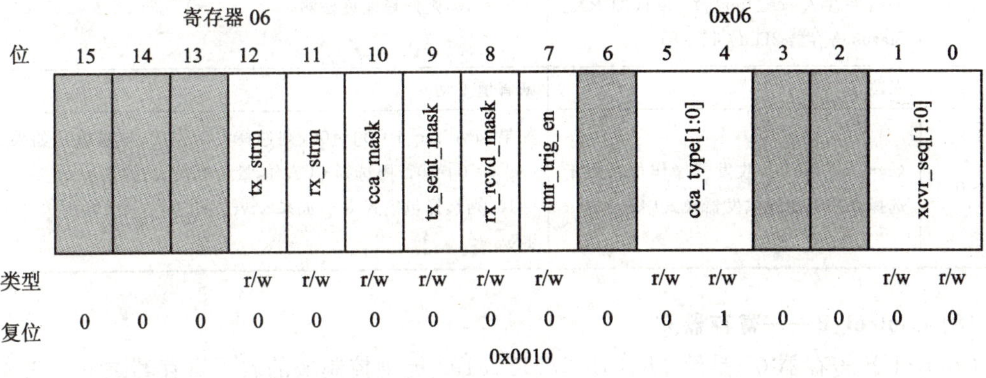

寄存器 06 功能描述如表 4－10 所列。

表 4－10　寄存器 06 功能描述

位　号	描　述	操　作
15～13	保留	缺省值原封不动
12	tx_strm，发送流模式位。用于使能发送流数据传送模式	如果 tx_strm＝0，则为发送包模式，数据预装入 TX RAM；如果 tx_strm＝1，则通过 SPI 总线和$\overline{\text{IRQ}}$，以逐字发送为基础，发送数据的实时数据流到收发器
11	rx_strm，接收流模式位。用于使能接收流数据传送模式	如果 rx_strm＝0，则为接收包模式，数据预装入 RX RAM；如果 rx_strm＝1，则通过 SPI 总线和$\overline{\text{IRQ}}$，以逐字接收为基础，从收发器中接收数据的实时数据流

续表 4-10

位 号	描 述	操 作
10	cca_mask，CCA 中断屏蔽位。用于引脚$\overline{IRQ}$上，控制 cca_irq 中断	如果 cca_mask=0，则状态位 cca_irq 为 1 时，引脚$\overline{IRQ}$不发送中断请求；如果 cca_mask=1，则允许状态位 cca_irq 在引脚$\overline{IRQ}$上产生中断
9	tx_sent_mask，发送屏蔽位。用于引脚$\overline{IRQ}$上，控制 tx_sent_irq 中断	如果 tx_sent_mask=0，则状态位 tx_sent_irq 为 1 时，引脚$\overline{IRQ}$不发送中断请求；如果 tx_sent_mask=1，则允许状态位 tx_sent_irq 在引脚$\overline{IRQ}$上产生中断
8	rx_rcvd_mask，包接收屏蔽位。用于引脚$\overline{IRQ}$上，控制 rx_rcvd_irq 中断	如果 rx_rcvd_mask=0，则状态位 rx_rcvd_irq 为 1 时，引脚$\overline{IRQ}$不发送中断请求；如果 rx_rcvd_mask=1，则允许状态位 rx_rcvd_irq 在引脚$\overline{IRQ}$上产生中断
7	tmr_trig_en，计数器触发使能位。用于决定收发器的操作是通过计数器比较器 2 还是通过手工开始的	如果 tmr_trig_en=0，则选择收发器的操作通过引脚 RXTXEN 以及 SPI 编程设置由手工开始；如果 tmr_trig_en=1，则选择收发器的操作通过计数器比较器 2 或者通过 TC2_Prime 开始
6	保留	缺省值不动
5～4	cca_type[1∶0]，CCA 类型位。用于选择两个可能 CCA 功能中的一个。计算的结果存入 cca_final[7∶0]（即 RX_Status 寄存器 2D，位 15～8）	如果 cca_type[1∶0]=01，则选择空闲信道评估；如果 cca_type[1∶0]=10，则选择能量检测
3～2	保留	缺省值不动
1～0	xcvr_seq[1∶0]，收发器操作位。用于选择四个可能的收发器模式中的一个	如果 xcvr_seq[1∶0]=00，则选择空闲模式（缺省值）；如果 xcvr_seq[1∶0]=01，则选择 CCA/能量检测模式；如果 xcvr_seq[1∶0]=10，则选择包模式 RX；如果 xcvr_seq[1∶0]=11，则选择包模式 TX

(8) Control_B——寄存器 07

Control_B 寄存器 07 是给 MC13192/MC13193 提供控制域的若干寄存器之一。表 4-11 为寄存器 07 描述。

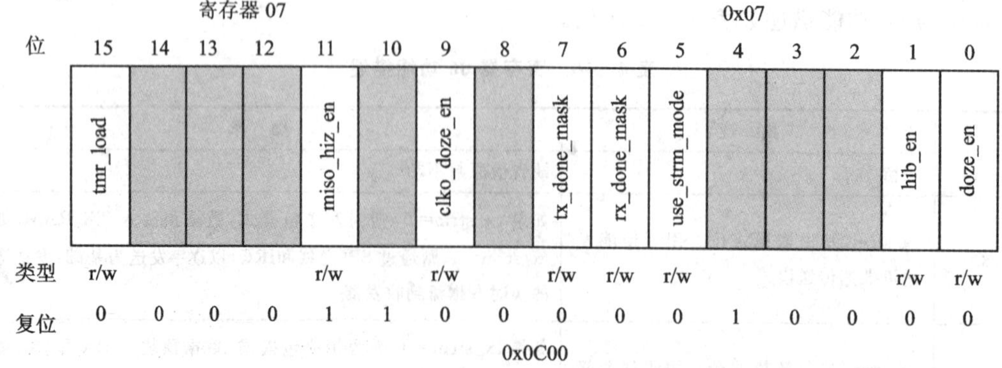

表 4-11 寄存器07描述

位 号	描 述	操 作
15	tmr_load,事件计数器装入位。当编程设置使之由0到1时,则导致SPI域tmr_cmp1[23:0]的值装入事件计数器	为了将SPI域tmr_cmp1[23:0]的值装入事件计数器,该位从0写入1;为了SPI域tmr_cmp1[23:0]的值再次装入事件计数器,该位在写入下一个1之前,要重新写入0
14~12	保留	缺省值不动
11	miso_hiz_en,引脚MOSI高阻使能位。用于当$\overline{CE}$无效(置1)时,引脚MOSI为三态或者为逻辑0	如果miso_hiz_en=0,则当$\overline{CE}$无效(置1)时,引脚MOSI驱动为逻辑0;如果miso_hiz_en=1,则当$\overline{CE}$无效(置1)时,引脚MOSI为三态(缺省值)。建议编程设置miso_hiz_en=0,以便运行于低功耗模式
10	保留	缺省值不动
9	clko_doze_en,睡眠模式中CLKO使能位。用于在睡眠期间,控制引脚CLKO上面的时钟信号	如果clko_doze_en=0,则当位doze_en编程设置为1之后128个晶振时钟周期或者基准周期时,停止引脚CLKO上面的时钟信号;如果clko_doze_en=1,且CLKO使能(clko_en=1),则引脚CLKO继续发送在睡眠模式期间选择的时钟信号。注意:只有在睡眠模式时,才给CLKO提供1.0 MHz或者更低的频率信号
8	保留	缺省值不动
7	tx_done_mask,流模式发送完毕中断位。用于控制tx_done_irq中断	如果tx_done_mask=0,则状态位tx_done_irq为1时,引脚$\overline{IRQ}$不发送中断请求;如果tx_done_mask=1,则允许状态位tx_done_irq在引脚$\overline{IRQ}$上产生中断。注意:当SPI位use_strm_mode(即寄存器7,位5)=1时,由tx_done_irq替换ram_addr_err
6	rx_done_mask,流模式接收完毕中断位。用于控制rx_done_irq中断	如果rx_done_mask=0,则状态位rx_done_irq为1时,引脚$\overline{IRQ}$不发送中断请求;如果rx_done_mask=1,则允许状态位rx_done_irq在引脚$\overline{IRQ}$上产生中断。注意:当SPI位use_strm_mode(即寄存器7,位5)=1时,由rx_done_irq替换arb_busy_err
5	use_strm_mode,流模数选择位。用于选择流模式或者包模式来处理发送或者接收	在包模式中,数据存储在RAM里,作为包来处理;在流模式中,数据通过SPI,逐字处理。如果use_strm_mode=0,则选择包模式;如果use_strm_mode=1,则选择流模式
4~2	保留	缺省值不动
1	hib_en,休眠模式使能位。可以设置MC13192/MC13193进入其最低功耗省电模式,无运行时基	如果hib_en=0,则正常运行;如果hib_en=1,则设置MC13192/MC13193进入其最低功耗省电模式,无运行时基
0	doze_en,睡眠模式使能位。可以设置MC13192/MC13193进入其最低功耗省电模式,尚有运行时基	如果doze_en=0,则正常运行;如果doze_en=1,则设置MC13192/MC13193进入其最低功耗省电模式,尚有运行时基

(9) PA_Enable——寄存器08

PA_Enable寄存器08含有功率放大器(PA)使能位,用来接通或关断发送功率输出。这个特性对于RF的测试配置极为有用。该寄存器的缺省状态是使能。

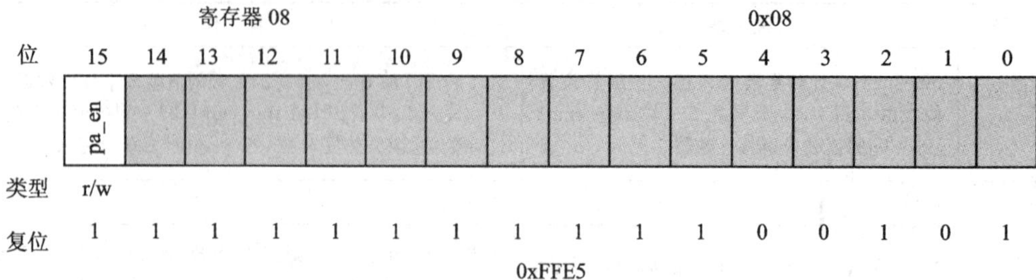

(10) Control_C——寄存器09

Control_C寄存器09是给MC13192/MC13193提供控制域的若干寄存器之一。

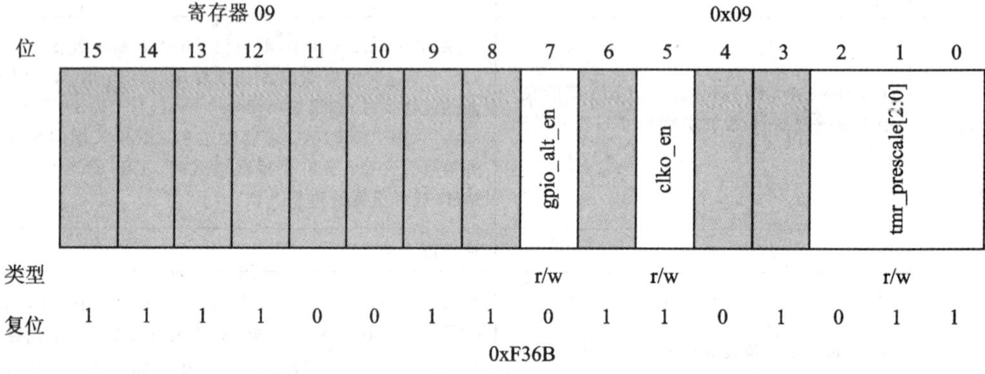

寄存器08和09描述如表4-12所列。

表4-12 寄存器08和09描述

名 称	位 号	描 述	操 作
寄存器08	15	pa_en,功率放大(PA)使能位。用于控制TX功率放大器输出	如果pa_en=0,则发送器不输出功率;如果pa_en=1,则PA使能
	14～0	保留	
寄存器09	15～8	保留	缺省值不动
	7	gpio_alt_en,GPIO与MCU之间接口功能转换使能位。用于控制GPIO1和GPIO2	如果gpio_alt_en=0,则GPIO正常运行;如果gpio_alt_en=1,则GPIO提供状态给MCU。GPIO1指示MC13192/MC13193何时处于"空闲模式之外";GPIO2指示有效的CRC或者CCA结果。Freescale公司的802.15.4标准MAC软件需要这些指示信号
	6	保留	缺省值不动
	5	clko_en,时钟输出使能位。用于MCU基准时钟。其频率依赖于clko_rate[2:0]的值(寄存器0A,位2～0)	如果clko_en=0,则输出低电平;如果clko_en=1,则输出使能(缺省值)
	4～3	保留	缺省值不动
	2～0	tmr_prescale[2:0],事件计数器预分频值选择位。用于选择事件计数器模块的基础时钟频率	详见4.6.1小节"事件计数器模块"

(11) CLKO_Ctl——寄存器 0A

MC13192/MC13193 具有整理晶体振荡器频率的功能，其输出的时钟频率可编程设置，该频率可用于驱动其他设备。域 xtal_trim[7：0]（即 CLKO_Ctl 寄存器 0A，位 15～8）装入影响晶体振荡器频率的数值。详见 4.8.3 小节中的“晶体振荡频率整理操作”。

CLKO 频率使用域 clko_rate[2：0]（即 CLKO_Ctl 寄存器 0A，位 2～0）来编程设置。表 4-13 列出每项设置及其对应的频率。

表 4-13 CLKO 频率

clko_rate	CLKO 频率/MHz	clko_rate	CLKO 频率/MHz
000	16	100	1
001	8	101	62.5 kHz
010	4	110(缺省值)	32.786 kHz=16 MHz/488
011	2	111	16.393 kHz=16 MHz/976

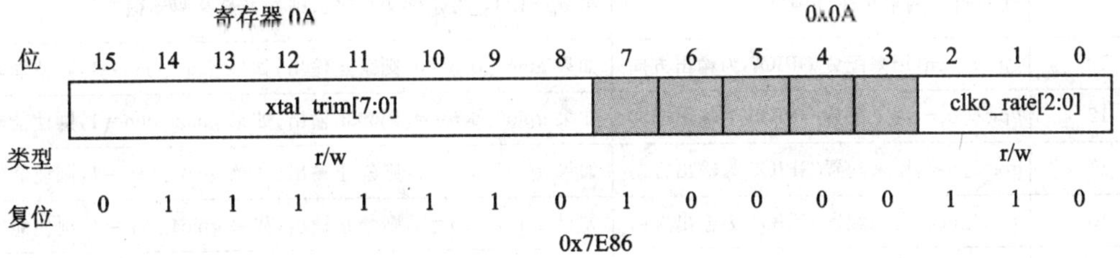

寄存器 0A　　0x0A

位	15	14	13	12	11	10	9	8	7	6	5	4	3	2	1	0
	xtal_trim[7:0]													clko_rate[2:0]		
类型	r/w													r/w		
复位	0	1	1	1	1	1	1	0	1	0	0	0	0	1	1	0

0x7E86

寄存器 0A 描述如表 4-14 所列。

表 4-14 寄存器 0A 描述

位 号	描 述	操 作
15～8	xtal_trim[7：0]，晶体振荡器电容器整理位。用于校正频率，大约－0.25 ppm/位	0x7E 为缺省的设置值。推荐为整理的起始点
7～3	保留	缺省值不动
2～0	clko_rate[2：0]，CLKO 速率选择位。用于选择引脚 CLKO 上面的时钟频率	详见表 4-13“CLKO 频率”

(12) GPIO_Dir——寄存器 0B

GPIO_Dir 寄存器 0B 包含 GPIO1 到 GPIO7 的控制位，这些控制位配置每个 GPIO 的数据方向；还包含一个控制域，用来配置 GPIO1 到 GPIO4 的输出驱动强度。每个 GPIO 有其对应位，分别用来设置 GPIO 的方向是输入还是输出。如果设置的输入和输出方向同时给一个指定的 GPIO 位，那么配置的就是输入方向（输入优先）。在硬件通过 $\overline{\text{RST}}$ 复位期间，所有的 GPIO 为三态，而且缺省值为输入。

寄存器 0B 描述如表 4-15 所列。

寄存器 0B　　0x0B

位	15	14	13	12	11	10	9	8	7	6	5	4	3	2	1	0
	gpio1234_drv[1:0]		gpio7_oen	gpio6_oen	gpio5_oen	gpio4_oen	gpio3_oen	gpio2_oen	gpio1_oen	gpio7_ien	gpio6_ien	gpio5_ien	gpio4_ien	gpio3_ien	gpio2_ien	gpio1_ien
类型	r/w		r/w	r/w	r/w	r/w	r/w	r/w	r/w	r/w	r/w	r/w	r/w	r/w	r/w	r/w
复位	0	0	0	0	0	0	0	0	0	1	1	1	1	1	1	1

0x007F

表 4－15　寄存器 0B 描述

位　号	描　述	操　作
15～14	gpio1234_drv[1∶0]，用来选择 GPIO1 到 GPIO4的输出驱动强度	如果 gpio1234_drv[1∶0]＝00，则选择最低驱动强度(缺省值)；如果 gpio1234_drv[1∶0]＝11，则选择最高驱动强度
13	gpio7_oen，用来配置 GPIO7 为输出方向	如果 gpio7_oen＝0，则禁止输出；如果 gpio7_oen＝1，则使能输出
12	gpio6_oen，用来配置 GPIO6 为输出方向	如果 gpio6_oen＝0，则禁止输出；如果 gpio6_oen＝1，则使能输出
11	gpio5_oen，用来配置 GPIO5 为输出方向	如果 gpio5_oen＝0，则禁止输出；如果 gpio5_oen＝1，则使能输出
10	gpio4_oen，用来配置 GPIO4 为输出方向	如果 gpio4_oen＝0，则禁止输出；如果 gpio4_oen＝1，则使能输出
9	gpio3_oen，用来配置 GPIO3 为输出方向	如果 gpio3_oen＝0，则禁止输出；如果 gpio3_oen＝1，则使能输出
8	gpio2_oen，用来配置 GPIO2 为输出方向	如果 gpio2_oen＝0，则禁止输出；如果 gpio2_oen＝1，则使能输出
7	gpio1_oen，用来配置 GPIO1 为输出方向	如果 gpio1_oen＝0，则禁止输出；如果 gpio1_oen＝1，则使能输出
6	gpio7_ien，用来配置 GPIO7 为输入方向	如果 gpio7_ien＝0，则禁止输入；如果 gpio7_ien＝1，则使能输入
5	gpio6_ien，用来配置 GPIO6 为输入方向	如果 gpio6_ien＝0，则禁止输入；如果 gpio6_ien＝1，则使能输入
4	gpio5_ien，用来配置 GPIO5 为输入方向	如果 gpio5_ien＝0，则禁止输入；如果 gpio5_ien＝1，则使能输入
3	gpio4_ien，用来配置 GPIO4 为输入方向	如果 gpio4_ien＝0，则禁止输入；如果 gpio4_ien＝1，则使能输入
2	gpio3_ien，用来配置 GPIO3 为输入方向	如果 gpio3_ien＝0，则禁止输入；如果 gpio3_ien＝1，则使能输入
1	gpio2_ien，用来配置 GPIO2 为输入方向	如果 gpio2_ien＝0，则禁止输入；如果 gpio2_ien＝1，则使能输入
0	gpio1_ien，用来配置 GPIO1 为输入方向	如果 gpio1_ien＝0，则禁止输入；如果 gpio1_ien＝1，则使能输入

(13) GPIO_Data_Out——寄存器 0C

GPIO_Data_Out 寄存器 0C 含有对每个 GPIO 输出值的设置位(该 GPIO 已经配置为输出)。该寄存器也含有控制域，用来设置从 GPIO5 到 GPIO7、MISO、CLKO 和$\overline{\text{IRQ}}$的输出驱动强度。该寄存器还包含使能引脚$\overline{\text{IRQ}}$的上拉电阻器。

寄存器 0C 描述如表 4－16 所列。

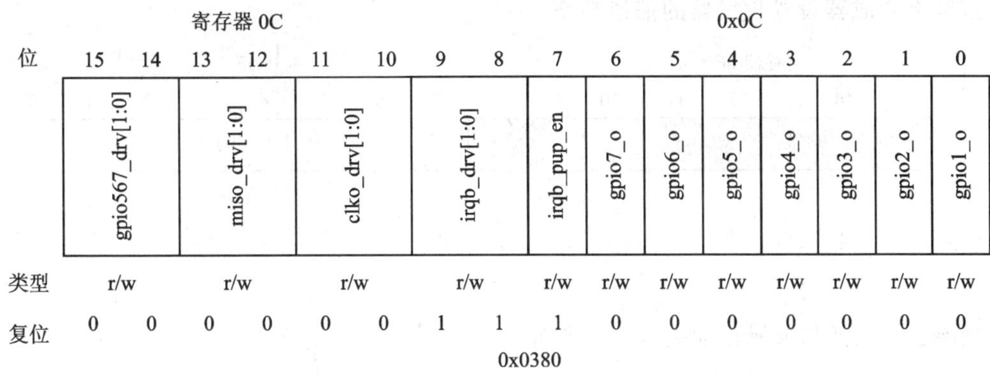

表 4-16 寄存器 0C 描述

位 号	描 述	操 作
15～14	gpio567_drv[1:0],用来选择 GPIO5 到 GPIO7 的输出驱动强度	如果 gpio567_drv[1:0]=00,则选最低驱动强度(缺省值); 如果 gpio567_drv[1:0]=11,则选最高驱动强度
13～12	miso_drv[1:0],用来选择信号 MISO 的输出驱动强度	如果 miso_drv[1:0]=00,则选最低驱动强度(缺省值); 如果 miso_drv[1:0]=11,则选最高驱动强度
11～10	clko_drv[1:0],用来选择信号 MISO 的输出驱动强度	如果 clko_drv[1:0]=00,则选最低驱动强度(缺省值); 如果 clko_drv[1:0]=11,则选最高驱动强度
9～8	irqb_drv[1:0],用来选择信号 MISO 的输出驱动强度	如果 irqb_drv[1:0]=00,则选最低驱动强度; 如果 irqb_drv[1:0]=11,则选最高驱动强度(缺省值)
7	irqb_pup_en,引脚$\overline{IRQ}$上拉使能	如果 irqb_pup_en=0,则只是漏极开路(需要外部上拉); 如果 irqb_pup_en=1,则引脚$\overline{IRQ}$上拉使能(标称 40 kΩ,缺省值)
6	gpio7_o,GPIO 输出值	如果 gpio7_o=0,则 GPIO7 输出低电平; 如果 gpio7_o=1,则 GPIO7 输出高电平
5	gpio6_o,GPIO 输出值	如果 gpio6_o=0,则 GPIO6 输出低电平; 如果 gpio6_o=1,则 GPIO6 输出高电平
4	gpio5_o,GPIO 输出值	如果 gpio5_o=0,则 GPIO5 输出低电平; 如果 gpio5_o=1,则 GPIO5 输出高电平
3	gpio4_o,GPIO 输出值	如果 gpio4_o=0,则 GPIO4 输出低电平; 如果 gpio4_o=1,则 GPIO4 输出高电平
2	gpio3_o,GPIO 输出值	如果 gpio3_o=0,则 GPIO3 输出低电平; 如果 gpio3_o=1,则 GPIO3 输出高电平
1	gpio2_o,GPIO 输出值	如果 gpio2_o=0,则 GPIO2 输出低电平; 如果 gpio2_o=1,则 GPIO2 输出高电平
0	gpio1_o,GPIO 输出值	如果 gpio1_o=0,则 GPIO1 输出低电平; 如果 gpio1_o=1,则 GPIO1 输出高电平

(14) LO1_Int_Div——寄存器 0F

LO1_Int_Div 寄存器 0F 含有 8 位整数除数值,用于 LO1 分数(Fractional-N)频率合成

器。该频率合成器设置收发器的信道频率。

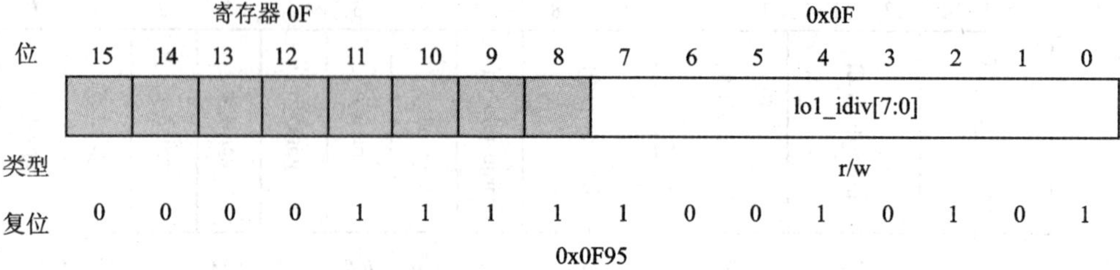

频率合成器的信道操作如表 4－17 所列。

表 4－17　信道操作

信道编号		频率/MHz	整数除数设置 lo1_idiv[7：0] 十进制/十六进制	整数被除数设置 lo1_num[15：0] 十进制/十六进制
十进制	IEEE 802.15.4			
1	11	2405	149/0x95（缺省值）	20480/0x5000(缺省值)
2	12	2410	149/0x95	40960/0xA000
3	13	2415	149/0x95	61440/0xF000
4	14	2420	150/0x96	16384/0x4000
5	15	2425	150/0x96	36864/0x9000
6	16	2430	150/0x96	57344/0xE000
7	17	2435	151/0x97	12288/0x3000
8	18	2440	151/0x97	32768/0x8000
9	19	2445	151/0x97	53248/0xD000
10	20	2450	152/0x98	8192/0x2000
11	21	2455	152/0x98	28672/0x7000
12	22	2460	152/0x98	49152/0xC000
13	23	2465	153/0x99	4096/0x1000
14	24	2470	153/0x99	24576/0x6000
15	25	2475	153/0x99	45056/0xB000
16	26	2480	154/0x9A	0/0x0000

(15) LO1_Num——寄存器 10

LO1_Num 寄存器 10 含有 16 位整数被除数值，用于 LO1 分数(Fractional－N)频率合成器。该频率合成器设置收发器的信道频率，请见表 4－17“信道操作”。

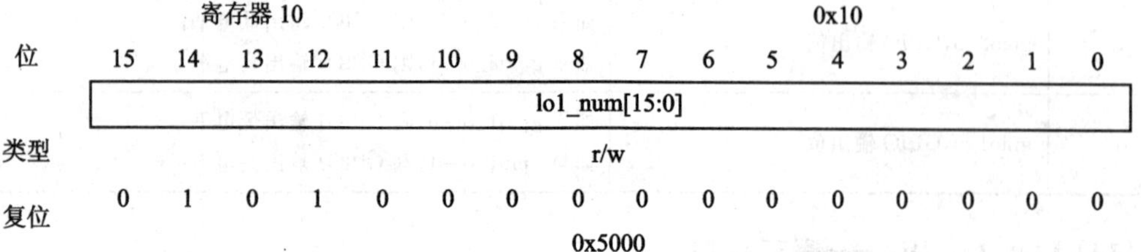

寄存器 0F 和 10 描述如表 4－18 所列。

表 4－18　寄存器 0F 和 10 描述

名　称	位　号	描　述	操　作
寄存器 0F	15～8	保留	缺省值原封不动
	7～0	lo1_idiv[7：0]，LO1 整数除数位，代表分数（Fractional－N）频率合成器的整数除数值	缺省值是 149（0x95）。参见表 4－17 “信道操作”
寄存器 10	15～0	lo1_num[15：0]，LO1 整数被除数位，代表分数（Fractional－N）频率合成器的整数被除数值	缺省值是 20480（0x5000）。见表 4－17 “信道操作”

（16）PA_Lvl——寄存器 12

PA_Lvl 寄存器 12 设置收发器功率放大器的功率电平和驱动电平。（设置功率电平的对应域，请参阅表 4－31）

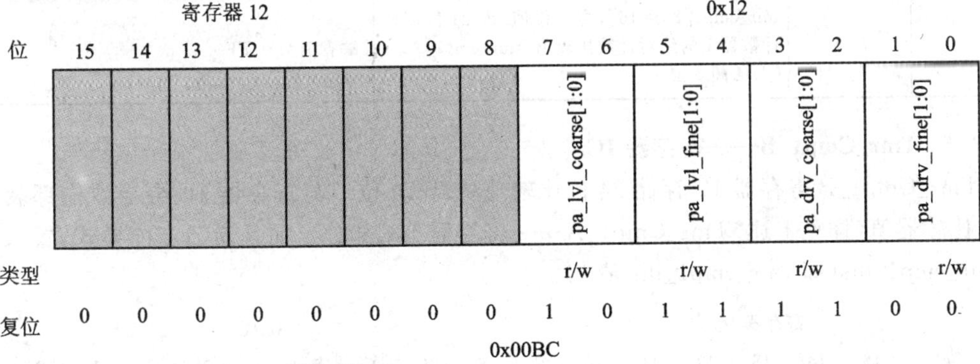

（17）Tmr_Cmp1_A——寄存器 1B

Tmr_Cmp1_A 寄存器 1B 含有一个用于计数器比较器 1 的禁止位，还含有 24 位比较值中的高 8 位（其余低 16 位比较值存储在 Tmr_Cmp1_B 寄存器 1C 中）。使用计数器比较器时的注意事项如下：

- 建议在系统初始化期间，计数器禁止（置 1 tmr_cmp1_dis），而在脱离复位时的缺省模式为计数器使能。
- 寄存器 1B 中的值不装入比较器，计数器禁止位只对写寄存器 1C 产生影响。24 位比较值必须并行装入比较器寄存器，而装入是由于写寄存器 1C 造成的。
- 写寄存器 1B 和寄存器 1C 能够完成 SPI 寄存器递归写处理，或者完成两个分开的单独处理。写寄存器 1C 分开操作，将寄存器 1B 的当前值装入比较器，并且置 1 禁止位。

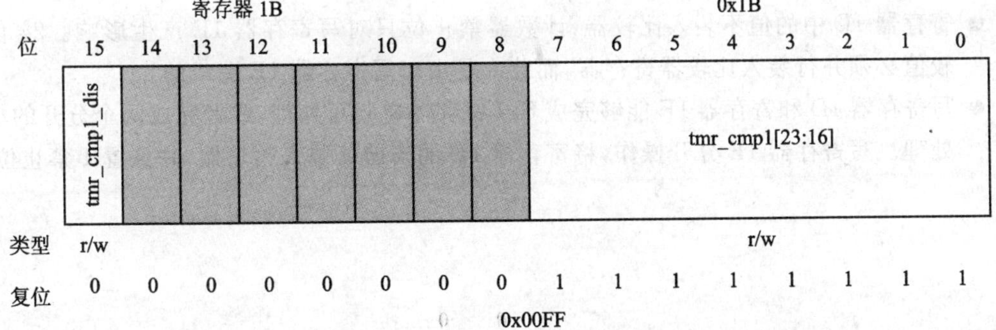

寄存器 12 和 1B 描述如表 4－19 所列。

表 4－19　寄存器 12 和 1B 描述

名　称	位　号	描　述	操　作
寄存器 12	15～8	保留	缺省值不动
	7～6	pa_lvl_coarse[1：0]，用来粗调 PA 功率电平	详见表 4－31
	5～4	pa_lvl_fine[1：0]，用来细调 PA 功率电平	详见表 4－31
	3～2	pa_drv_coarse[1：0]，用来粗调 PA 驱动电平	缺省值不动
	1～0	pa_drv_fine[1：0]，用来细调 PA 驱动电平	缺省值不动
寄存器 1B	15	tmr_cmp1_dis，禁止事件计数器比较器 1 的功能	如果 tmr_cmp1_dis＝0，则使能事件计数器比较器 1 的功能（缺省）；如果 tmr_cmp1_dis＝1，则禁止事件计数器比较器 1 的功能
	14～8	保留	缺省值不动
	7～0	tmr_cmp1[23：16]，高 8 位值，为 24 位事件计数器 1 的绝对计数比较值（tmr_cmp1[23：0]）的高 8 位	缺省值为 0xFF

（18）Tmr_Cmp1_B——寄存器 1C

Tmr_Cmp1_B 寄存器 1C 存储 24 位比较值中低 16 位。写寄存器 1C 会导致内部装入全 24 位比较器值（详见上述"Tmr_Cmp1_A——寄存器 1B"部分），而且激活当前模式，置入控制位 tmr_cmp1_dis（即 tmr_cmp1_dis 清 0）。

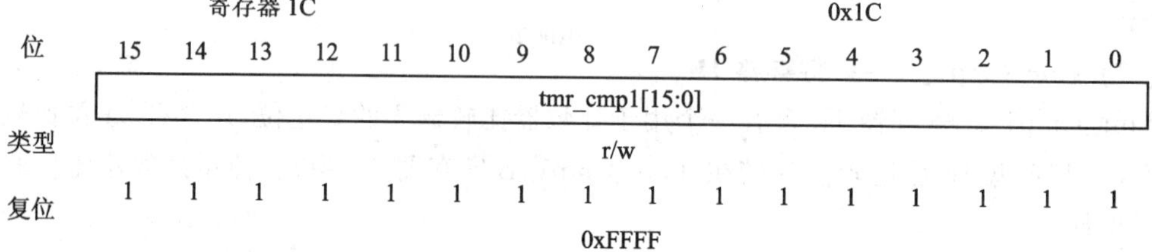

（19）Tmr_Cmp2_A——寄存器 1D

Tmr_Cmp2_A 寄存器 1D 含有一个用于计数器比较器 2 的禁止位，还含有 24 位比较值中的高 8 位（其余低 16 位比较值存储在 Tmr_Cmp2_B 寄存器 1E 中）。使用计数器比较器时的注意事项如下：

- 建议在系统初始化期间，计数器禁止（置 1 tmr_cmp2_dis）；而在脱离复位时的缺省模式为计数器使能。
- 寄存器 1D 中的值不装入比较器，计数器禁止位只对写寄存器 1E 产生影响。24 位比较值必须并行装入比较器寄存器，而装入是由于写寄存器 1E 造成的。
- 写寄存器 1D 和寄存器 1E 能够完成 SPI 寄存器递归写处理，或者完成两个分开的单独处理。写寄存器 1E 分开操作，将寄存器 1D 的当前值装入比较器，并且置 1 禁止位。

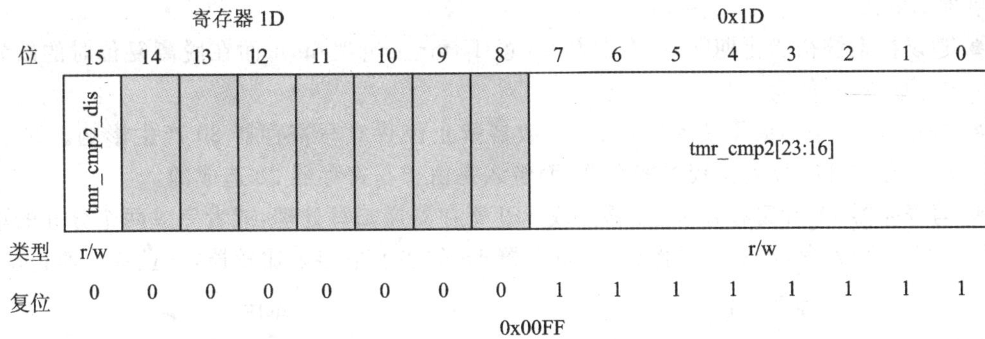

(20) Tmr_Cmp2_B——寄存器 1E

Tmr_Cmp2_B 寄存器 1E 存储 24 位比较值中低 16 位。写寄存器 1E 会导致内部装入全 24 位比较器值(详见上述"Tmr_Cmp2_A——寄存器 1D"部分),而且激活当前模式,置入控制位 tmr_cmp2_dis(即 tmr_cmp2_dis 清 0)。

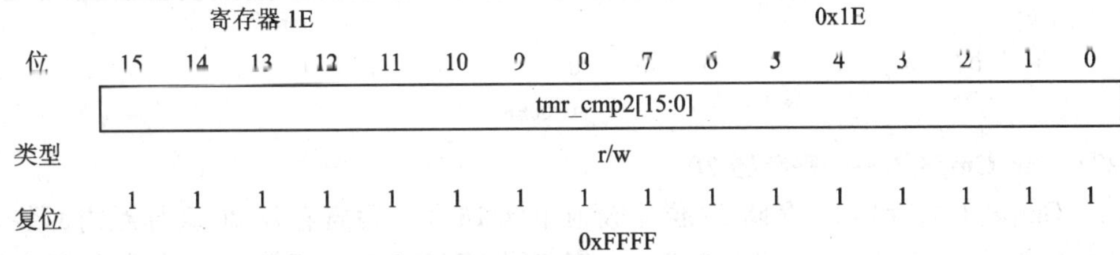

寄存器 1C、1D 和 1E 描述如表 4-20 所列。

表 4-20　寄存器 1C、1D 和 1E 描述

名　称	位　号	描　述	操　作
寄存器 1C	15～0	tmr_cmp1[15：0],低 16 位值,为 24 位事件计数器 1 的绝对计数比较值(tmr_cmp1[23：0])的低 16 位	缺省值为 0xFFFF
寄存器 1D	15	tmr_cmp2_dis,禁止事件计数器比较器 2 的功能	如果 tmr_cmp2_dis=0,则使能事件计数器比较器 2 的功能(缺省);如果 tmr_cmp2_dis=1,则禁止事件计数器比较器 2 的功能
	14～8	保留	缺省值不动
	7～0	tmr_cmp2[23：16],高 8 位值,为 24 位事件计数器 2 的绝对计数比较值(tmr_cmp2[23：0])的高 8 位	缺省值为 0xFF
寄存器 1E	15～0	tmr_cmp2[15：0],低 16 位值,为 24 位事件计数器 2 的绝对计数比较值(tmr_cmp2[23：0])的低 16 位	缺省值为 0xFFFF

(21) Tmr_Cmp3_A——寄存器 1F

Tmr_Cmp3_A 寄存器 1F 含有一个用于计数器比较器 3 的禁止位,还含有 24 位比较值中的高 8 位(其余低 16 位比较值存储在 Tmr_Cmp3_B 寄存器 20 中)。使用计数器比较器时的注意事项如下：

- 建议在系统初始化期间，计数器禁止（置 1 tmr_cmp3_dis）；而在脱离复位时的缺省模式为计数器使能。
- 寄存器 1F 中的值不装入比较器，计数器禁止位只对写寄存器 20 产生影响。24 位比较值必须并行装入比较器寄存器，而装入是由于写寄存器 20 造成的。
- 写寄存器 1F 和寄存器 20 能够完成 SPI 寄存器递归写处理，或者完成两个分开的单独处理。写寄存器 20 分开操作，将寄存器 1F 的当前值装入比较器，并且置 1 禁止位。

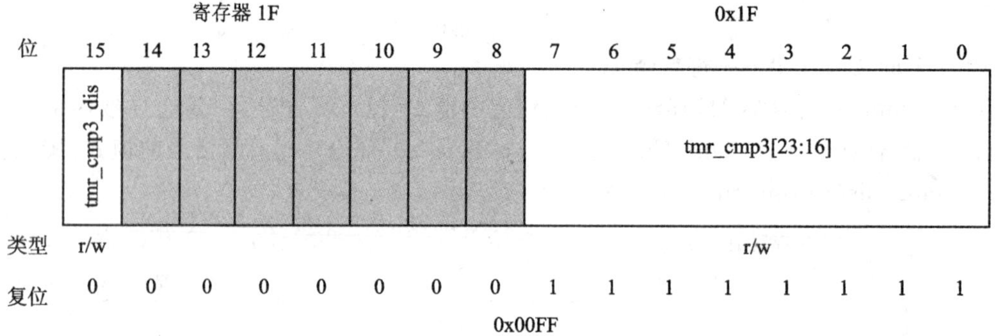

(22) Tmr_Cmp3_B——寄存器 20

Tmr_Cmp3_B 寄存器 20 存储 24 位比较值中低 16 位。写寄存器 20 会导致内部装入全 24 位比较器值（详见上述"Tmr_Cmp3_A——寄存器 1F"部分），而且激活当前模式，置入控制位 tmr_cmp3_dis（即 tmr_cmp3_dis 清 0）。

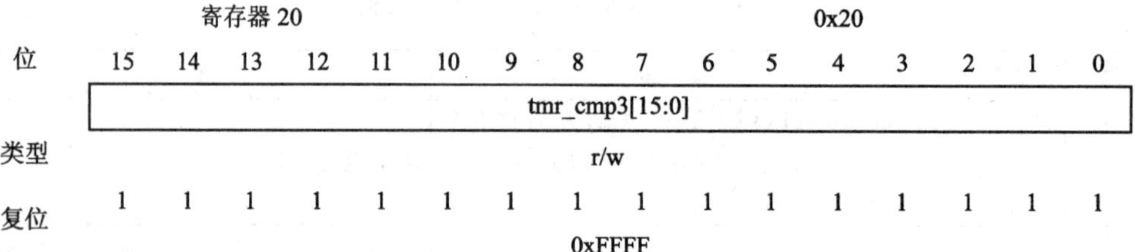

寄存器 1F 和 20 描述如表 4-21 所列。

(23) Tmr_Cmp4_A——寄存器 21

Tmr_Cmp4_A 寄存器 21 含有一个用于计数器比较器 4 的禁止位，还含有 24 位比较值中的高 8 位（其余低 16 位比较值存储在 Tmr_Cmp4_B 寄存器 22 中）。使用计数器比较器时的注意事项如下：

- 建议在系统初始化期间，计数器禁止（置 1 tmr_cmp4_dis）；而在脱离复位时的缺省模式为计数器使能。
- 寄存器 21 中的值不装入比较器，计数器禁止位只对写寄存器 22 产生影响。24 位比较值必须并行装入比较器寄存器，而装入是由于写寄存器 22 造成的。
- 写寄存器 21 和寄存器 22 能够完成 SPI 寄存器递归写处理，或者完成两个分开的单独处理。写寄存器 22 分开操作，将寄存器 21 的当前值装入比较器，并且置 1 禁止位。

表 4-21　寄存器 1F 和 20 描述

名　称	位　号	描　述	操　作
寄存器 1F	15	tmr_cmp3_dis，禁止事件计数器比较器 3 的功能	如果 tmr_cmp3_dis=0，则使能事件计数器比较器 3 的功能（缺省）；如果 tmr_cmp3_dis=1，则禁止事件计数器比较器 3 的功能
	14～8	保留	缺省值不动
	7～0	tmr_cmp3[23：16]，高 8 位值，为 24 位事件计数器 3 的绝对计数比较值（tmr_cmp3[23：0]）的高 8 位	缺省值为 0xFF
寄存器 20	15～0	tmr_cmp3[15：0]，低 16 位值，为 24 位事件计数器 3 的绝对计数比较值（tmr_cmp3[23：0]）的低 16 位	缺省值为 0xFFFF

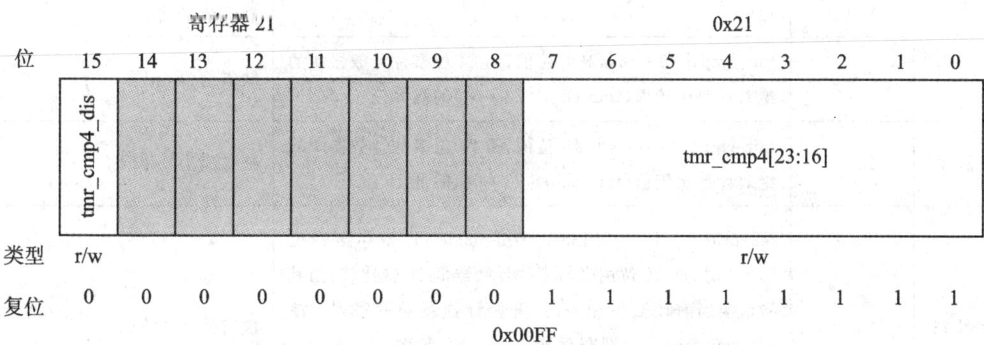

(24) Tmr_Cmp4_B——寄存器 22

Tmr_Cmp4_B 寄存器 22 存储 24 位比较值中低 16 位。写寄存器 22 会导致内部装入全 24 位比较器值（详见上述“Tmr_Cmp4_A——寄存器 21”部分），而且激活当前模式，置入控制位 tmr_cmp4_dis（即 tmr_cmp4_dis 清 0）。

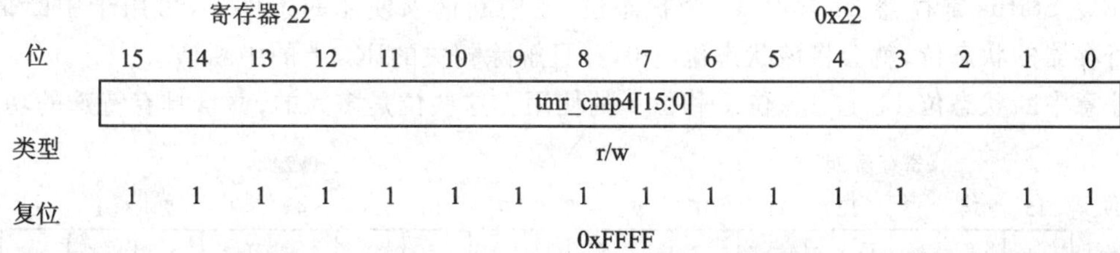

(25) TC2_Prime——寄存器 23

当 MC13192/MC13193 使用流模式（寄存器 7，位 5=1）时，TC2_Prime 寄存器 23 用来代替 24 位 Tmr_Cmp2_A 寄存器 1D 和 Tmr_Cmp2_B 寄存器 1E，开始计数器触发序列。为了产生中断，tmr2_mask（即寄存器 05，位 1）必须置 1，并且通过状态位 tmr2_irq（即寄存器 24，位 2）产生中断。

注意，tmr_cmp2_dis（即寄存器 1D，位 15）应当禁止（清 0 该位），这样，才可使用 tc2_prime[15：0]（即寄存器 23，位 15～0）。

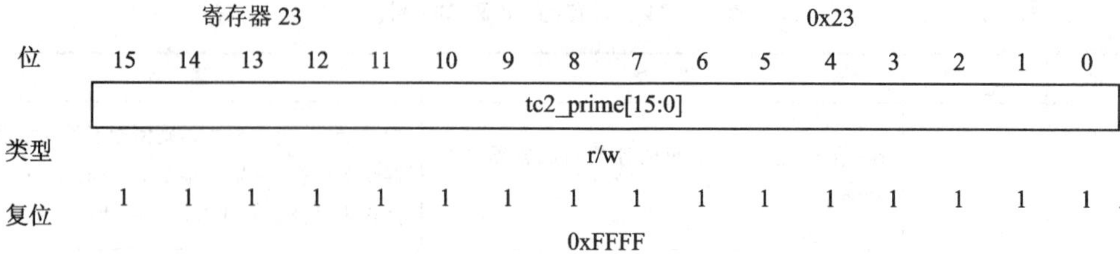

寄存器 21、22 和 23 描述如表 4－22 所列。

表 4－22　寄存器 21、22 和 23 描述

名　称	位　号	描　述	操　作
寄存器 21	15	tmr_cmp4_dis，禁止事件计数器比较器 4 的功能	如果 tmr_cmp4_dis＝0，则使能事件计数器比较器 4 的功能（缺省）；如果 tmr_cmp4_dis＝1，则禁止事件计数器比较器 4 的功能
	14～8	保留	缺省值不动
	7～0	tmr_cmp4[23：16]，高 8 位值，为 24 位事件计数器 4 的绝对计数比较值（tmr_cmp4[23：0]）的高 8 位	缺省值为 0xFF
寄存器 22	15～0	tmr_cmp4[15：0]，低 16 位值，为 24 位事件计数器 4 的绝对计数比较值（tmr_cmp4[23：0]）的低 16 位	缺省值为 0xFFFF
寄存器 23	15～0	tc2_prime [15：0]，当 use_strm_mode（即寄存器 7，位 5）＝1 时，这 16 位用来与事件计数器低 16 位比较；当其数值与当前计数值相等时，开始计数器触发序列。注意：tmr_trig_en（即寄存器 6，位 7）必须置 1。当 use_strm_mode（即寄存器 7，位 5）＝0 时，不使用 TC2_Prime 寄存器 23	缺省值为 0xFFFF

（26）IRQ_Status——寄存器 24

IRQ_Status 寄存器 24 含有 15 个状态位，在中断请求使能的条件下，可用于中断请求。读该寄存器的状态位，就会将该状态位清 0，并且解除相关的$\overline{\text{IRQ}}$上的中断请求。

注意中断状态位 14、位 13、位 7 和位 6 的使用。这些位是多元的，并且具有特殊的功能。

寄存器 24　　0x24

位	15	14	13	12	11	10	9	8	7	6	5	4	3	2	1	0
	pll_lock_irq	ram_addr_err	arb_busy_err	strm_data_err		attn_irq	doze_irq	tmr1_irq	rx_rcvd_i	tx_sent_irq	cca_irq	tmr3_irq	tmr4_irq	tmr2_irq	cca	crc_valid
类型	r	r	r	r	r	r	r	r	r	r	r	r	r	r	r	r
复位	0	0	0	0	0	0	0	0	0	0	0	0	0	0	0	0

0x0000

寄存器 24 描述如表 4-23 所列。

表 4-23 寄存器 24 描述

位 号	描 述	操 作
15	pll_lock_irq,本地振荡器 1 上锁检测中断位。用来指示 LO1 PLL 是上锁还是解锁	如果 pll_lock_irq=0,则 LO1 PLL 上锁;如果 pll_lock_irq=1,则 LO1 PLL 解锁。此时如果 pll_lock_mask 使能,就会引起中断
14	ram_addr_err 或 tx_done_irq, Packet RAM 地址错误中断位,或者流模式 TX 完成中断位。这是一个多元的中断状态位	当 SPI 位 use_strm_mode(即寄存器 7,位 5)=0 时,寄存器 24(位 14)表示 ram_addr_err,ram_addr_err 定义为递归 SPI 读或者写 Packet RAM 的操作,超过了最大的 RAM 地址;当 SPI 位 use_strm_mode(即寄存器 7,位 5)=1 时,寄存器 24(位 14)表示 tx_done_irq,tx_done_irq 定义为 TX 流模式接收完成,且收发器已经返回空闲模式
13	arb_busy_err 或 rx_done_irq, Packet RAM 判别器忙错误中断位,或者流模式 RX 完成中断位。这是一个多元的中断状态位	当 SPI 位 use_strm_mode(即寄存器 7,位 5)=0 时,寄存器 24(位 13)表示 arb_busy_err,arb_busy_err 定义为 SPI 读或者写 Packet RAM 的操作,试图在包接收或者发送期间分别进行;当 SPI 位 use_strm_mode(即寄存器 7,位 5)=1 时,寄存器 24(位 13)表示 rx_done_irq,rx_done_irq 定义为 RX 流模式接收完成,且收发器已经返回空闲模式
12	strm_data_err,流模式数据错误中断位。用来指示流模式数据读或者写错误	对于 RX 流模式,早先的字读出之前,新的 RX 字就更新到 SPI,位 strm_data_err 就会置 1;对于 TX 流模式,下一个 TX 字写入 SPI 之前,当前的 TX 字已经发送完成,位 strm_data_err 也会置 1
11	保留	缺省值不动
10	attn_irq,关注中断位。用来指示引脚 $\overline{\text{ATTN}}$ 已经收到低电平,或指示从复位状态到完成上电状态	位 attn_irq,置 1 指示 $\overline{\text{ATTN}}$ 信号已经收到低电平,或者 MC13192/MC13193 在软件复位($\overline{\text{CE}}$ 解除)之后完成上电,或者硬件复位($\overline{\text{RST}}$ 解除)之后完成上电
9	doze_irq,睡眠计数器中断位	当 tmr_cmp2[23:0]域与当前事件计数器在睡眠模式下的值匹配时,位 doze_irq 置 1,收发器从睡眠模式返回空闲模式
8	tmr1_irq,计数器比较器 1 中断位	当 tmr_cmp1[23:0]域与当前事件计数器的值匹配时,位 tmr1_irq 置 1

续表 4-23

位 号	描 述	操 作
7	rx_ rcvd_irq 或 rx_strm_irq，RX Packet 接收中断位，或者 RX 流数据就绪中断位。这是一个多元的中断状态位	当 SPI 位 use_strm_mode（即寄存器 7，位 5）=0 时，寄存器 24（位 7）表示 rx_rcvd_irq，rx_rcvd_irq 定义为 RX 包模式接收完成，收发器返回空闲模式；当 SPI 位 use_strm_mode（即寄存器 7，位 5）=1 时，寄存器 24（位 7）表示 rx_strm_irq，rx_strm_irq 定义为： ① 首先出现——提供 RX 包长度，用来读； ② 随后出现——下一个接收的流数据字就绪，用来读
6	tx_ sent_irq 或 tx_strm_irq，TX Packet 发送中断位，或者 TX 流数据需要中断位。这是一个多元的中断状态位	当 SPI 位 use_strm_mode（即寄存器 7，位 5）=0 时，寄存器 24（位 6）表示 tx_sent_irq，tx_sent_irq 定义为 TX 包模式操作完成，收发器返回空闲模式；当 SPI 位 use_strm_mode（即寄存器 7，位 5）=1 时，寄存器 24（位 6）表示 tx_strm_irq，tx_strm_irq 定义为收发器就绪，用来写下一个流发送数据字
5	cca_irq，CCA 就绪中断位	当 CCA 操作完成时，位 cca_irq 置 1
4	tmr3_irq，计数器比较器 3 中断位	当 tmr_cmp3[23：0]域与当前事件计数器值匹配时，位 tmr3_irq 置 1
3	tmr4_irq，计数器比较器 4 中断位	当 tmr_cmp4[23：0]域与当前事件计数器值匹配时，位 tmr4_irq 置 1
2	tmr2_irq，计数器比较器 2 中断位	当 tmr_cmp2[23：0]域与当前事件计数器值匹配时，或者当 tc2_prime[15：0]域与当前事件计数器[15：0]匹配，且已经使能时，位 tmr2_irq 置 1
1	cca，空闲信道评估位。用来指示信道忙或者信道空闲	如果 cca=0，则信道空闲已经检测出来；如果 cca=1，则信道忙已经检测出来。注意，对于 cca_type[1：0]（即寄存器 6，位 5-4）=10 时，处于能量检测模式，不检测 cca，而且保持 cca 值为 0
0	crc_valid，RX CRC 结果位。表示 CRC 正确与否	如果 crc_valid=0，则 RX CRC 出错（缺省值）；如果 crc_valid=1，则 RX CRC 正确

(27) RST_Ind——寄存器 25

RST_Ind 寄存器 25 含有复位指示位。复位指示位 reset_ind 在复位期间清 0，复位之后，如果读了寄存器 25，那么该位就会置 1，而且一直保持下去。对于 MCU，该位极其有用，它可以使 MCU 判断收发器是否通过 $\overline{\text{ATTN}}$ 信号从休眠状态返回空闲状态，或者从复位状态恢复为空闲状态。

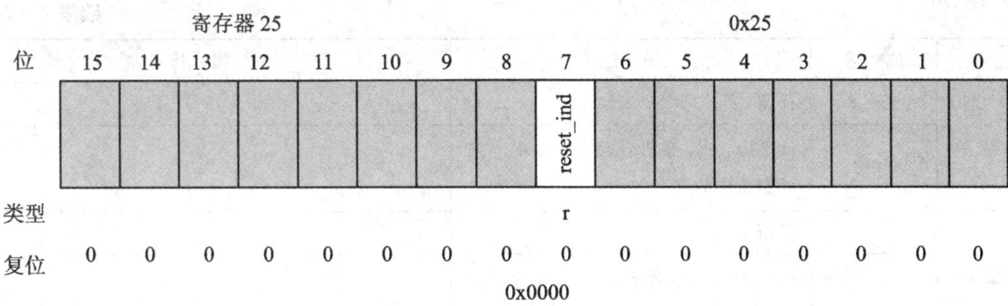

(28) Current_Time_A——寄存器 26

读 Current_Time_A 寄存器 26,用来获得 24 位事件计数器记录的当前计数值的高 8 位。

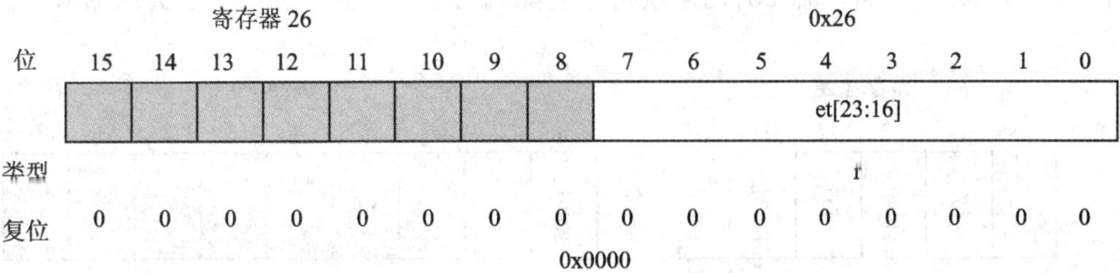

(29) Current_Time_B——寄存器 27

读 Current_Time_B 寄存器 27,用来获得 24 位事件计数器记录的当前计数值的低 16 位。

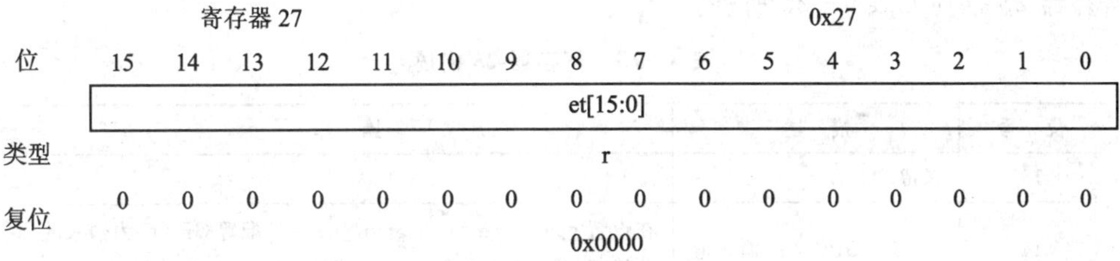

寄存器 25、26 和 27 描述如表 4-24 所列。

表 4-24　寄存器 25、26 和 27 描述

名　称	位　号	描　述	操　作
寄存器 25	15～8	保留	—
	7	reset_ind,复位指示位。用来表示自从上个 $\overline{\text{RST}}$ 收到以来或者程序复位以来,是否已经读过寄存器 25	如果 reset_ind＝0,则表示自从上个 $\overline{\text{RST}}$ 收到以来或者程序复位以来,尚未读过寄存器 25;如果 reset_ind＝1,则表示自从上个 $\overline{\text{RST}}$ 收到以来或者程序复位以来,已经读过寄存器 25。注意:读寄存器 25 将设置 reset_ind(即寄存器 25,位 7)为 1
	6～0	保留	—

续表 4-24

名　称	位　号	描　述	操　作
寄存器 26	15～8	保留	—
	7～0	et[23：16]，事件计数器记录的当前计数值中的高 8 位	—
寄存器 27	15～8	保留	—
	7～0	et [15：0]，事件计数器记录的当前计数值中的低 16 位	—

(30) GPIO_Data_In——寄存器 28

读 GPIO_Data_In 寄存器 28，用来获得已经配置为输入模式的 GPIO 引脚的输入值。

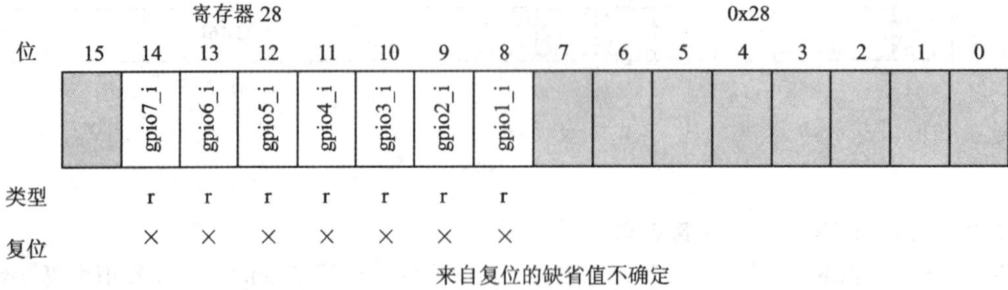

寄存器 28 描述如表 4-25 所列。

表 4-25　寄存器 28 描述

位　号	描　述	操　作
15	保留	
14	gpio7_i，GPIO7 的输入值	在设置 gpio7_oen=0 和 gpio7_ien=1，配置 GPIO7 为输入的前提下，从 gpio7_i 读出的值，就是 GPIO7 的输入值
13	gpio6_i，GPIO6 的输入值	在设置 gpio6_oen=0 和 gpio6_ien=1，配置 GPIO6 为输入的前提下，从 gpio6_i 读出的值，就是 GPIO6 的输入值
12	gpio5_i，GPIO5 的输入值	在设置 gpio5_oen=0 和 gpio5_ien=1，配置 GPIO5 为输入的前提下，从 gpio5_i 读出的值，就是 GPIO5 的输入值
11	gpio4_i，GPIO4 的输入值	在设置 gpio4_oen=0 和 gpio4_ien=1，配置 GPIO4 为输入的前提下，从 gpio4_i 读出的值，就是 GPIO4 的输入值
10	gpio3_i，GPIO3 的输入值	在设置 gpio3_oen=0 和 gpio3_ien=1，配置 GPIO3 为输入的前提下，从 gpio3_i 读出的值，就是 GPIO3 的输入值
9	gpio2_i，GPIO2 的输入值	在设置 gpio2_oen=0 和 gpio2_ien=1，配置 GPIO2 为输入的前提下，从 gpio2_i 读出的值，就是 GPIO2 的输入值
8	gpio1_i，GPIO1 的输入值	在设置 gpio1_oen=0 和 gpio1_ien=1，配置 GPIO1 为输入的前提下，从 gpio1_i 读出的值，就是 GPIO1 的输入值
7～0	保留	—

(31) Chip_ID——寄存器 2C

读 Chip_ID 寄存器 2C，用来获得 9 位芯片版本码，该版本码存储在域 chip_id[8：0]中。当前的版本号包括 0x5000 和 0x5400。版本 0x5400 是收发器的最新版本。

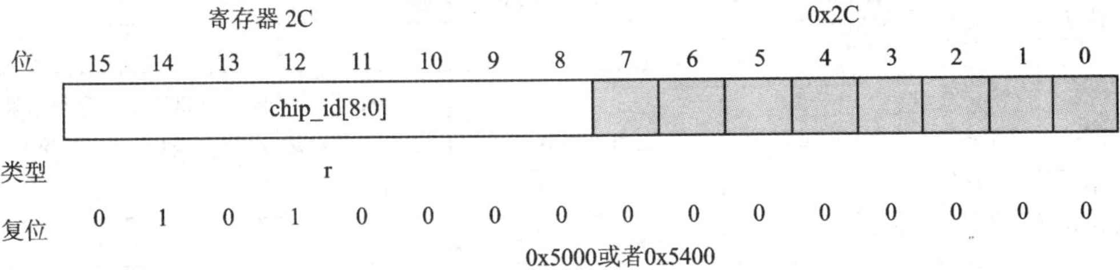

(32) RX_Status——寄存器 2D

RX_Status 寄存器 2D 有两个域：第一个域为 cca_final[7：0]，存储 CCA 算法所得结果的平均值，该算法由 cca_type[1：0](即寄存器 6，位 5-4)选择；第二个域为 rx_pkt_latch[6：0]，在 RX 包模式序列期间，存储解析包头(packet header)得到的接收包的长度值，当 RX 帧开始定界符(SFD)检测出来后，就将该长度值锁存起来。

在 RX 流模式序列期间，将有效的帧长度指示器(FLI)装入 rx_pkt_latch[6：0]，会导致序列中第一个状态位 rx_strm_irq(即寄存器 24，位 7)置 1，并且产生中断；响应第一个 rx_strm_irq 中断，去读 RX_Status 寄存器 2D，就会清 0 该状态位，并且清除该中断。作为以上操作的结果，读 IRQ_Status 寄存器 24 就不需要了(详见 4.5.3 小节中的"流接收模式"部分)。

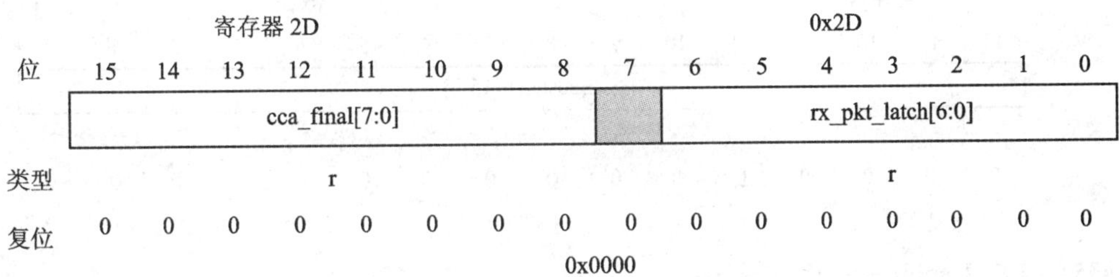

(33) Timestamp_A——寄存器 2E

当接收包开始出现时，Timestamp_A 寄存器 2E 存储 24 位事件计数器(et[23：0])计数值的高 8 位。随着收到 FLI 域，来到有效负荷数据的开始部分时，这些计数值立即锁存。

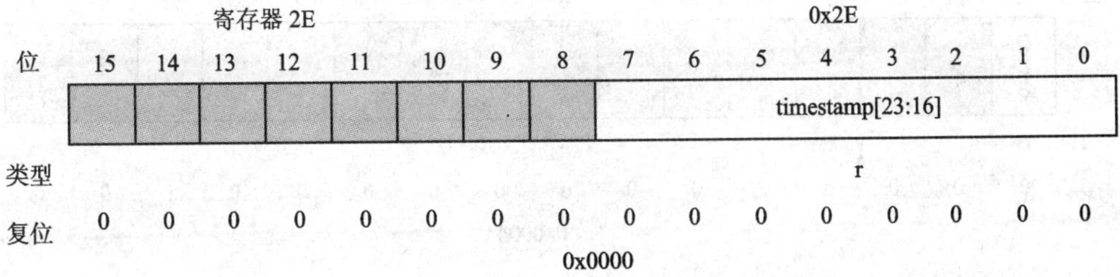

寄存器 2C、2D 和 2E 描述如表 4－26 所列。

表 4－26　寄存器 2C、2D 和 2E 描述

名　称	位　号	描　述	操　作
寄存器 2C	15～7	chip_id[8∶0]，收发器的 9 位芯片版本码	取决于版本
	6～0	保留	—
寄存器 2D	15～8	cca_final [7∶0]，CCA 能量平均值	cca_final [7∶0]域存储 CCA 算法所得结果的平均值，该算法选自 cca_type[1∶0]（即寄存器 6，位 5～4）
	7	保留	—
	6～0	rx_pkt_latch 6∶0]，RX 包长度	rx_pkt_latch[6∶0]存储解析包头（packet header）得到的接收包的长度值，当 RX 帧开始定界符（SFD）检测出来后，就将该长度值锁存起来
寄存器 2E	15～8	保留	—
	7～0	timestamp[23∶16]，接收包开始时锁存的 24 位计数值中的高 8 位	—

(34) Timestamp_B——寄存器 2F

当接收包开始出现时，Timestamp_B 寄存器 2F 存储 24 位事件计数器(et[23∶0])计数值的低 16 位。随着收到 FLI 域，来到有效负荷数据之开始部分时，这些计数值立即锁存。

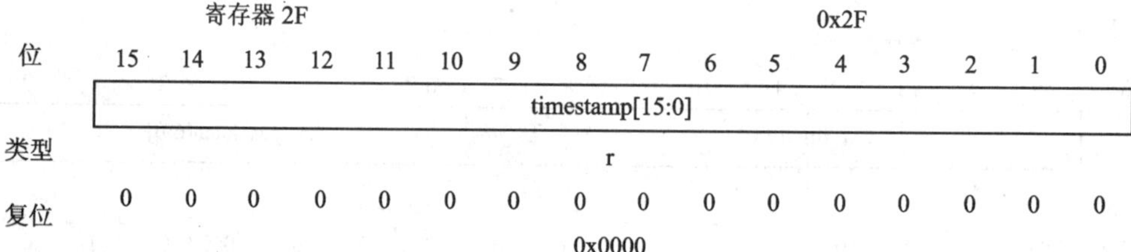

(35) BER_Enable——寄存器 30

BER_Enable 寄存器 30 含有比特差错率（BER）测试使能位。该使能位允许收发器置于连续接收模式或者连续发送模式。在 RF 测试配置中，这个特性很有用。状态的缺省值是禁止连续模式。

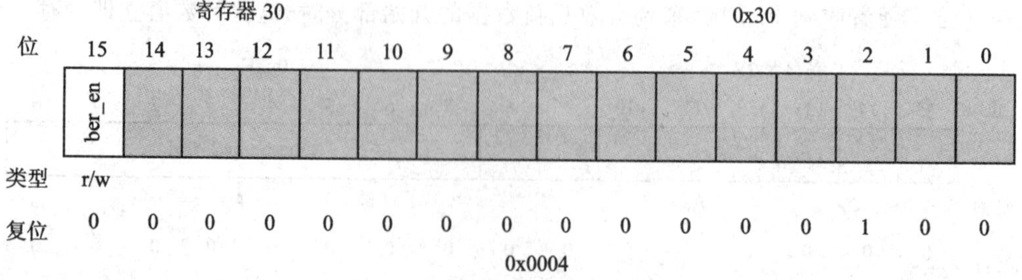

(36) PSM_Mode——寄存器 31

PSM_Mode 寄存器 31 含有相移调制器测试模式域。3 位域 psm_tm[2：0]只在两种模式下使用。当 psm_tm[2：0]=000 时，采用正常 TX 调制和正常操作；当 psm_tm[2：0]=001 时，禁止调制，只发送非调制信号。当非调制信号与连续 TX 操作结合时(见上述“BER_Enable——寄存器 30”部分)，就可以观测发送的非调制频谱。上述模式的缺省值是正常操作模式。

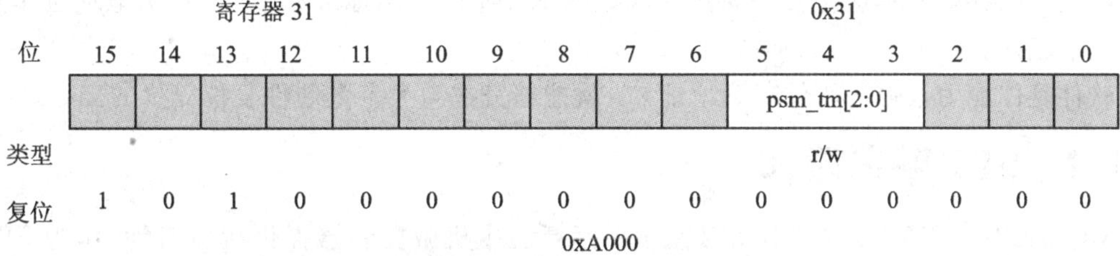

寄存器 2F、30 和 31 描述，如表 4 - 27 所列。

表 4 - 27 寄存器 2F、30 和 31 描述

名 称	位 号	描 述	操 作
寄存器 2F	15～0	timestamp[15：0]，接收包开始时锁存的 24 位计数值中的低 16 位	—
寄存器 30	15	ber_en，比特差错率(BER)测试使能位。该使能位允许收发器置于连续接收模式或连续发送模式。连续 TX 模式在电流测量和搜寻 TX 频谱时很有用；连续 RX 模式在搜寻电流时很有用	如果 ber_en=0，则正常操作，禁止连续操作模式；如果 ber_en=1，则当 TX 操作或者 RX 操作使能时，收发器将保持该操作，直到该操作异常退出
	14～0	保留	—
寄存器 31	15～6	保留	—
	5～3	psm_tm[2：0]，相移调制器测试模式域。只在两种规定的条件下使用	如果 psm_tm[2：0]=000，则正常调制操作；如果 psm_tm[2：0]=001，则禁止调制
	2～0	保留	—

4.4 串行外部设备接口(SPI)

4.4.1 概 述

MC13192/MC13193 的控制和数据传送依靠 4 线串行外部设备接口(SPI)完成。SPI 口为全静态设计，虽然 Packet RAM 存取需要运行基准振荡器，但除了用于内部存取的 SPICLK 之外，SPI 口不需要额外的时钟。这就使得在其他设备掉电而 SPI 必须保持活跃的情况下，收发器仍然以低功耗运行。

虽然标准 SPI 协议以 8 位传送为基础，但是 MC13192/MC13193 利用高层次处理协议，该协议以每次处理多重 8 位传送为基础。在它的最简单的传送方式中，单一的 SPI 读或者写处理含有一个 8 位头传送，随后是两个 8 位数据传送。头表示存取类型和寄存器地址，随后的字节是读或者写数据。SPI 也支持递归“数据猝发段”处理，该处理中，具有附加的数据传送。递归模式主要用于 Packet RAM 存取，可以由 MC13192/MC13193 快速配置。SPI 不支持部分字存取。

全部可存取的 SPI 寄存器配置为 16 位数据宽度。地址长度为 6 位，指向 64 个位置，但并非全部地址的存取都是这样实现的。内部数据 RAM 由专用地址存取，该专用地址位于寄存器的地址域内。

软件复位能力很强。软件写到地址 00，就能够完成与大多数硬件复位等价的工作。

4.4.2 SPI 基本操作

MC13192/MC13193 只作为 SPI 从设备运行。主机微控制器提供接口时钟，作为 SPI 主设备。

1. SPI 引脚定义

MC13192/MC13193 与微控制器的典型连接框图如图 4－11 所示。

图 4－11 SPI 与 MCU 的典型连接框图

以下是 SPI 信号 $\overline{CE}$、SPICLK、MOSI 和 MISO 的定义。

(1) 芯片使能($\overline{CE}$)

通过低电平有效的芯片使能输入信号($\overline{CE}$)实现 SPI 口处理。该输入信号由主机 MCU 驱动。一个处理最少有 3 个 SPI 猝发段，并且能够扩充到很多 SPI 猝发段。

(2) SPI 时钟(SPICLK)

主机驱动 SPI 时钟(SPICLK)到 MC13192/MC13193。数据按照时钟的节拍，在归零 SPI-CLK 的上升沿进入主机或者从机。在 SPICLK 的下降沿，数据输出改变状态。

注意： 对于 Freescale 公司的微控制器，SPI 时钟的格式是时钟相位控制位 CPHA＝0，时钟极性控制位 CPOL＝0。

(3) 主出/从入(MOSI)

MCU 输出它现存的数据到 MC13192/MC13193 收发器(从入)。

(4) 主入/从出(MISO)

MC13192/MC13193 现存的数据通过 MISO 输出到 MCU。该输出由用户配置，用于驱动强度和关断状态。

① 设置 MISO 输出驱动强度。

MISO 输出驱动强度靠编程设置写入 miso_drv[1：0](即 GPIO_Data_Out 寄存器 0C,位 13～12)。域 miso_drv[1：0]中有四级驱动强度。其中,00 为最低强度,而 11 为最高强度,缺省值是 00。

注意：建议用户编程设置 MISO 最大驱动强度,以便获得最好的性能。

② 设置 MISO 关断阻抗。

MISO 关断阻抗(输出状态,引脚$\overline{CE}$为高电平)可以通过写入 miso_hiz_en (即 Control_B 寄存器 07,位 11)来编程设置实现。在 Control_B 寄存器 07 中,设置 miso_hiz_en 为 1,将导致 MISO 在引脚$\overline{CE}$高电平时为三态,而这就是缺省状态。如果收发器与其他从设备共享主机 SPI 总线,那么当引脚$\overline{CE}$高电平时,MOSI 必须为三态。

写 miso_hiz_en 为 0,将导致引脚$\overline{CE}$高电平时 MISO 为低电平。这种情况只有当 MC13192/MC13193 为 SPI 从设备时才可以使用。

2. SPI 猝发段操作

MCU 的 SPI 口以 8 位猝发段传送数据,最高有效位(MSB)先传。主机(MCU)通过MOSI线传送字节到从机(收发器),从机(收发器)通过 MISO 线传送字节到主机(MCU)。MC13192/MC13193 处理有三个或者更多的 SPI 猝发段,单个 SPI 猝发段时序如图 4-12 所示,具体参数如表 4-28 所列。

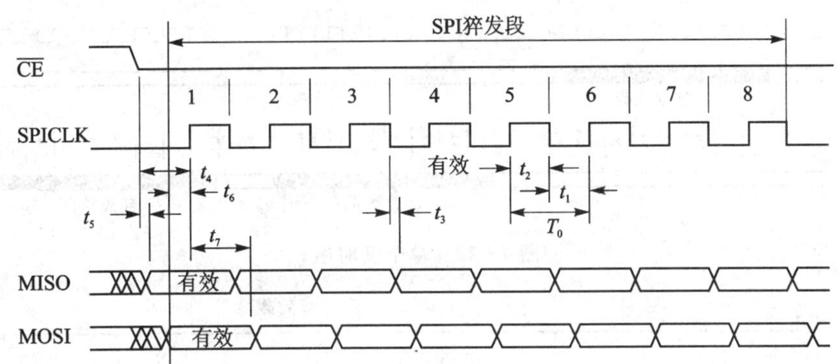

图 4-12　SPI 猝发段时序

表 4-28　SPI 时序参数

参　数	最小值	典型值
SPICLK 周期 t_0/ns	125	—
脉冲宽度(SPICLK 低电平)t_1/ns	50	—
脉冲宽度(SPICLK 高电平)t_2/ns	50	—
延迟时间(从 SPICLK 下降沿起 MISO 数据有效)t_3/ns	—	15
启动时间(从$\overline{CE}$低电平到 SPICLK 上升沿)t_4/ns	—	15
延迟时间(从$\overline{CE}$低电平起 MISO 有效)t_5/ns	—	15
启动时间(一直到 SPICLK 上升沿,MOSI 有效)t_6/ns	—	15
保持时间(从 SPICLK 上升沿起 MOSI 有效)t_7/ns	—	15

4.4.3　SPI 单个处理

虽然 MCU 的 SPI 口以 8 位猝发段传送数据，但是 MC13192/MC13193 还是需要由 CE 实现全部的 SPI 处理，每次处理将有 3 个或者更多的 SPI 猝发段。通常有两种单个递归处理。

1. SPI 单个处理信号

收到$\overline{\text{CE}}$为低电平，就发送开始处理的信号。第一个 SPI 猝发段是写一个 8 位头到收发器(MOSI 有效)，该收发器定义了一个 6 位的内部源存取地址。在这一节中，所谓“写”，就是数据写到 MC13192/MC13193；所谓“读”，就是数据写到 SPI 主机。随后的 SPI 猝发段，既会将数据(MOSI 有效)写入收发器，又会从收发器(MISO 有效)中读出数据来。

虽然 SPI 总线能够在主机和从机之间同时发送数据，但是 MC13192/MC13193 从来不使用这种模式。对于单个的存取，数据的字节数始终是 2 个。最后一个 SPI 猝发段之后，$\overline{\text{CE}}$变为高电平，发送处理结束的信号。SPI 编程设置时，应当采取措施，在$\overline{\text{CE}}$变为高电平之前，提供给 MC13192/MC13193 至少 24 个 SPICLK 上升沿，确保寄存器数据不变，从而避免数据传送失败。

图 4－13 所示为单个读时序，图 4－14 所示为单个写时序。

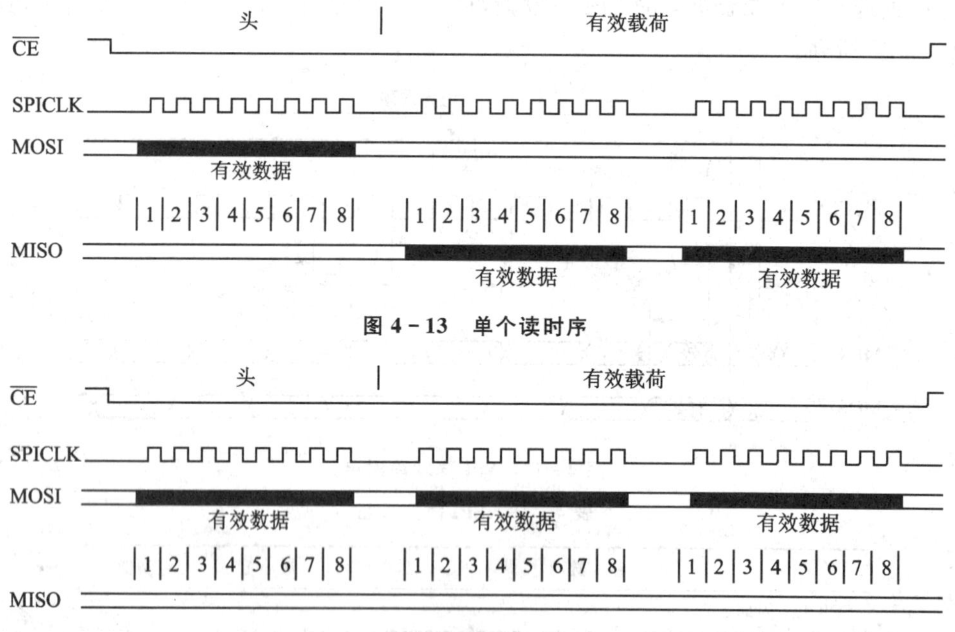

图 4－13　单个读时序

图 4－14　单个写时序

2. SPI 单个处理协议

SPI 处理划分为头域和有效载荷域。头域一直是 8 位，而有效载荷数据是 2 字节或者 16 位的倍数。单个处理包含 24 位信息。头域包含 1 位 R/$\overline{\text{W}}$和 6 位寄存器地址。SPI 头和有效载荷定义如下：

R/$\overline{\text{W}}$	0	地址 5	地址 4	地址 3	地址 2	地址 1	地址 0	数据 15	数据 14	数据 13	数据 12	数据 11	数据 10	数据 9	数据 8	数据 7	数据 6	数据 5	数据 4	数据 3	数据 2	数据 1	数据 0
头								有效载荷1															

R/$\overline{W}$位识别传送的数据属于读(R/$\overline{W}$=1)还是写(R/$\overline{W}$=0)。在头域中的低 6 位决定 SPI 中可能的 64 个地址的一个用来读或者写,尽管这 64 个地址并非全部有效。寄存器的地址域也提供起始地址,用来递归读或者写。这点下面将要介绍。

寄存器地址以最高有效位(MSB)优先。

4.4.4 符号/数据格式

当收发器接收 IEEE 802.15.4 符号时,它们将每个字(16 位)组合成 4 个符号,然后给 RX Packet RAM 或者直接作为一个字(16 位)给 SPI。符号排序与字排序的对比如图 4-15 所示。该图详细地描述了通过设备的 RX 数据流。在包模式中,数据装入 RX Packet RAM;在流模式中,数据直接送到 SPI 缓冲器。当符号通过 SPI 总线读入时,每个 16 位字需要 2 个 SPI 猝发段,MSB 先传送。这样看来,符号以倒转的顺序进入 MCU。

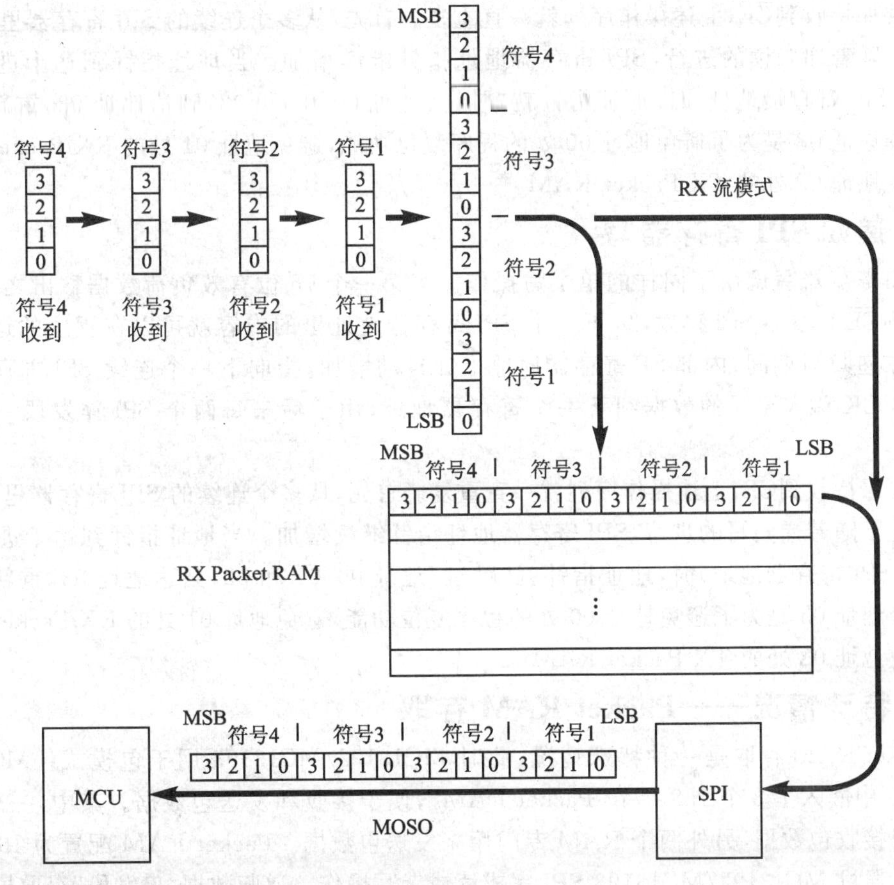

图 4-15　RX 符号流图解

这种 RX 符号/数据流的倒转情况同样存在于 TX 数据/符号流之中。

4.4.5 SPI 递归处理

MC13192/MC13193 SPI 具备合并递归或者“数据猝发段”处理的能力。这就允许多个连续的寄存器在一个头域后面进行存取操作。递归读和写降低了 SPI 的资源消耗,相应提高了程序执行的速度。

- SPI递归处理的主要作用就是让软件能够迅速地配置MC13192/MC13193。
- 递归读和写对于存取超过16位SPI寄存器格式的SPI寄存器数值极为方便。这方面的实例包括写计数器比较器值(从tmr_cmp1[23：0]到tmr_cmp4[23：0])和读时间标记(timestamp[23：0])等。
- 递归存取使得读写Packet RAM的内容更为便利。

1. 递归SPI寄存器读

递归寄存器读调用了同样的单个读操作。当第一个16位有效负荷数据移出之后,通过保持收到$\overline{CE}$来添加SPI猝发段,下一个SPI寄存器地址里的内容就可以提供到MISO引脚上了。在递归读期间,内部SP寄存器地址指针自动增加,指向下一个连续SPI寄存器的位置。SPICLK移出下一个寄存器地址里的内容,用于后来每两个SPI猝发段一批的处理之中。

只要保持收到$\overline{CE}$,上述操作序列就一直重复。首先,从多个连续的SPI寄存器里,开始读头地址。随着递归读的进行,SPI寄存器地址指针继续增加。当地址指针到达十进制数63(最大的SPI寄存器地址)时,地址指针就“跳过”地址00、01和02,到达地址03,重新开始增加。选择地址03是为了避免地址00处的程序复位功能,避免地址01处的RX Packet RAM,以及避免地址02处的TX Packet RAM。

2. 递归SPI寄存器写

递归寄存器写调用了同样的单个写操作。当第一个16位有效负荷数据移出之后,通过保持收到$\overline{CE}$来添加SPI猝发段,下一个SPI寄存器地址里的内容就可以在程序的运行中设置了。在递归写期间,内部SP寄存器地址指针自动增加,指向下一个连续SPI寄存器的位置。SPICLK移入要写的数据到下一个寄存器地址,用于后来每两个SPI猝发段一批的处理之中。

只要保持收到$\overline{CE}$,上述操作序列就一直重复。首先,从多个连续的SPI寄存器里,开始写入头地址。随着递归写的进行,SPI寄存器地址指针继续增加。当地址指针到达十进制数63(最大的SPI寄存器地址)时,地址指针就“跳过”地址00、01和02,到达地址03,重新开始增加。选择地址03是为了避免地址00处的程序复位功能,避免地址01处的RX Packet RAM,以及避免地址02处的TX Packet RAM。

3. 特殊情况——Packet RAM存取

Packet RAM存取是一种特殊情况,此时MC13192/MC13193用于包模式。MC13192/MC13193中嵌入了3个128字节“Packet RAM”,便于接收和发送包数据。其中,一个RAM专门用来接收包数据,另外两个RAM专门用来发送包数据。Packet RAM配置为16位格式的64字,通过MC13192/MC13193 SPI完成读或者写操作。递归数据“猝发段”存取模式用来高效存取Packet RAM数据。

虽然Packet RAM完全静止,但是RAM存取需要MC13192/MC13193处于主动状态;基准时钟电路必须激活。当收发器处于休眠或者睡眠模式时,禁止RAM读和写操作。

通过将SPI猝发段存取到专用Packet RAM寄存器地址,完成MC13192/MC13193 Packet RAM的读和写操作。RX Packet RAM映射到RX_Pkt_RAM寄存器01,而TX Packet RAM映射到TX_Pkt_RAM寄存器02(由tx_ram2_select,即TX_Pkt_Ctl寄存器,位15选

择)。SPI 存取的 16 位数据有效负荷直接映射到 Packet RAM 中的 16 位字。

1) 递归 RX Packet RAM 读

当 MC13192/MC13193 处于包数据模式,而且已经收到一帧有效数据(由状态位 rx_rcvd_irg 和 crc_valid 指出)时,RX Packet RAM 正常存取。队列中接收数据的字节数由 rx_pkt_latch[6:0]域表示(包括加上 2 个 CRC 字节在内的全部有效载荷数据)。

数据以递归读的方式,从 RX_Pkt_RAM 寄存器 01 中读出。在读 RX_Pkt_RAM 寄存器 01 时,SPI 寄存器地址指针并没有增加,增加的是读 Packet RAM 地址指针。因此,使用递归读,只需要单个读一个头域,最多就可以从 SPI 读出 Packet RAM 的 64 个字。读 Packet RAM 通常起始于 RAM 的底部,也就是读地址指针通常起始于所给定读的数据始端。

(1) 读 RX Packet RAM 流程

一旦决定数据在 Packet RAM 中,下面所描述的就是典型的读数据流程。

① 读 rx_pkt_latch[6:0],获得 RX Packet RAM 中的有效载荷字节数。注意,这个数值包括 2 个 CRC 字节。

② 计算需要读 RX Packet 数据的 SPI 猝发段数量,请注意:

- 通常不读 CRC 数据,因此字节数要减去 2。注意,如果读了 2 字节的 CRC 数据,字节的顺序就要颠倒(最后一个 CRC 字节先读)。
- 在读操作期间,所有的数据读必须以 16 位或者 2 字节为单位完成,因此,对于字节的奇数数量,字节的计数值必须规整,加到偶数值。
- 在读 Packet RAM 期间,第 1 个字(或头 2 个字节)应当丢弃,因为读第 1 个字的时候,不读内部 Packet RAM 地址的内容,这就要加上 2 个字节作为字节计数值。

③ 进行 SP 递归读处理应当满足:

- MCU 发送$\overline{\text{CE}}$为低电平。
- MCU 发送 MC13192/MC13193 第 1 个 SPI 猝发段(包括头域的 R/$\overline{\text{W}}$=1,地址域的 Addr[5:0]=0x01)到 RX_Pkt_RAM 寄存器地址。
- MCU 读 MC13192/MC13193 数据根据 SPI 字节猝发段的数量进行,这个数量的计算方法,如同②所述。注意,丢弃从 MC13192/MC13193 中读出的最前面的 2 个字节,而且 SPI 读猝发段的数量必须是偶数。对于字节数量的奇数值,必须丢弃 1 个字节。
- MCU 设置$\overline{\text{CE}}$为高电平后,停止读操作。

(2) 读 RX Packet RAM 错误状况

在读 Packet RAM 期间,会发生下列两类错误:

① RAM 地址错。如果递归读超过 64 个字(128 个 SPI 数据猝发段),那么内部读地址计数器就会超过 RAM 地址,而且通过状态位 ram_addr_err(即 IRQ_Status 寄存器 24,位 14)产生错误指示。在置 1 屏蔽位 ram_addr_mask(即 IRQ_MASK 寄存器 05,位 12)的前提下,中断请求与错误状态位一起产生。

② RAM 判别器忙。在 SPI 读操作期间(RX 序列主动期间,SPI 读),如果收发器内部逻辑试图读 RAM,就会通过状态位 arb_busy_err(即寄存器 24,位 13),产生错误指示。在置 1 屏蔽位 arb_busy _mask(即 IRQ_MASK 寄存器 05,位 11)的前提下,中断请求与错误状态位一起产生。与其他中断请求一样,状态位在读 IRQ_Status 寄存器 24 时清 0。

2）递归 TX Packet RAM 写

当 MC13192/MC13193 处于包数据模式就要发送 1 帧数据时，TX Packet RAM 正常存取。队列中发送数据的字节数存储到 tx_pkt_length[6：0]域（全部有效载荷，包括存储在 tx_pkt_length[6：0]域的数据字节加上 2 个 CRC 字节）。

数据以递归写的方式，写入 TX_Pkt_RAM 寄存器 02。在写 TX_Pkt_RAM 寄存器 02 时，SPI 寄存器地址指针并没有增加，增加的是写 Packet RAM 地址指针；因此，使用递归写，只需要单个写一个头域，就可以通过 SPI 最多写入 Packet RAM 64 个字。写 Packet RAM 通常起始于 RAM 的底部，也就是写地址指针通常起始于所给定写的数据始端。

（1）写 TX Packet RAM 流程

在数据写入 TX Packet RAM 之前，TX 有效负荷长度必须写入 tx_pkt_length[6：0]域（即 TX_Pkt_Ctl 寄存器 03，位 6～1）。最大长度为 127 字节，这是发送的有效负荷字节数，其中包括 2 个 CRC 字节。发送的 CRC 字节由收发器的硬件产生，不装入 Packet RAM。

下面介绍典型的写数据到 Packet RAM 的流程：

① 决定两个 TX Packet RAM 中用哪一个。如果要用 TX Packet RAM2，就要将状态位 tx_ram2_select 置 1（TX_Pkt_Ctl 寄存器 03，位 15＝1）。缺省方式是选择 TX Packet RAM1。注意，状态位 tx_ram2_select 决定了 SPI 处理存取哪个 TX Packet RAM，也决定了在发送模式期间使用哪个 RAM。

② 计算需要写 TX Packet 数据的 SPI 猝发段数量。注意下列情况：

- CRC 字节不写入 TX Packet RAM；
- TX Packet 数据字节的最大数量是 125；
- 在写操作期间，所有的数据写必须以 16 位或者 2 字节为单位完成，因此，对于字节的奇数数量，字节的计数值必须规整，加到偶数值，额外的哑元字节必须写入。

③ 进行 SP 递归写处理应当满足：

- MCU 发送$\overline{CE}$为低电平；
- MCU 发送 MC13192/MC13193 第一个 SPI 猝发段（包括头域的 R/$\overline{W}$＝0，地址域的 Addr[5：0]＝0x02）到 TX_Pkt_RAM 寄存器地址；
- MCU 写 MC13192/MC13193 数据根据 SPI 字节猝发段的数量进行，这个数量的计算方法，如同②所述，SPI 写猝发段的数量必须是偶数。
- MCU 设置$\overline{CE}$为高电平后，停止写操作。

（2）写 TX Packet RAM 错误状况

在写 Packet RAM 期间，会发生下列两类错误：

① RAM 地址错。这类错误会发生在软件开发和调试期间。如果递归写超过 64 个字（128 个 SPI 数据猝发段），那么内部写地址计数器就会超过 RAM 地址，而且通过状态位 ram_addr_err（即 IRQ_Status 寄存器 24，位 14）产生错误指示。在置 1 屏蔽位 ram_addr_mask（即 IRQ_MASK 寄存器 05，位 12）的前提下，中断请求与错误状态位一起产生。

② RAM 判别器忙。在 SPI 读操作期间（RX 序列主动期间，SPI 读），如果收发器内部逻辑试图读 RAM，就会通过状态位 arb_busy_err（寄存器 24，位 13），产生错误指示。在置 1 屏蔽位 arb_busy _mask（即 IRQ_MASK 寄存器 05，位 11）的前提下，中断请求与错误状态位一起产生。与其他中断请求一样，状态位在读 IRQ_Status 寄存器 24 时清 0。

4.4.6　程序复位(写寄存器地址 0x00)

所谓“软件复位”是一种特殊的写操作。当 R/$\overline{\text{W}}$(即寄存器地址 0x00)写入时，就产生了内部芯片数字核心复位。在 MC13192/MC13193 数字核心里面的全部同步逻辑和 SPI 寄存器都返回它们的缺省值。这种软件复位和收到引脚$\overline{\text{RST}}$复位信号相比，除了前者能够保持 RAM 内容而后者不能之外，对 MC13192/MC13193 的数字核心的影响是相同的。

一旦 8 位头域包含的寄存器地址 0 移入引脚 MOSI，并且指定了写操作，就对内发送软件复位。软件复位保持对内发送，直到引脚$\overline{\text{CE}}$的电平翻转。读寄存器 00 不产生复位。

4.5　操作模式

4.5.1　概　述

MC13192/MC13193 有很多低功耗的被动操作模式，也有主动的操作模式。这些模式的定义和转换时间，如表 4-29 所列。

表 4-29　MC13192/MC13193 模式定义和转换时间

模　式	定　义	转换时间
关断	收到$\overline{\text{RST}}$。全部 IC 功能关断，仅有漏电。数字输出包括 IRQ 在内为三态。任何 RAM 缓冲器里的数据丢失	10～25 ms 到空闲
休眠	晶体基准振荡器关断。SPI 无功能。IC 响应$\overline{\text{ATTN}}$。数据仍然保持	8～20 ms 到空闲
睡眠	晶体基准振荡器开通，但 CLKO 只提供 1 MHz 或者更低的频率(此时 SPI 无功能，寄存器 7，位 9=1)。响应$\overline{\text{ATTN}}$，而且能够通过内部时钟比较器，编程设置进入空闲模式	(300+1/CLKO) μs 到空闲
空闲	晶体基准振荡器接通，提供 CLKO 输出，SPI 主动	—
接收	晶体基准振荡器接通，接收器接通	144 μs 从空闲来
发送	晶体基准振荡器接通，发送器接通	144 μs 从空闲来
CCA/能量检测	晶体基准振荡器接通，接收器接通	144 μs 从空闲来

空闲模式为正常状态，它是其他状态的源头。低功耗状态包括关断、休眠和睡眠模式。关断状态的功耗最低，是由硬件复位引起的。当$\overline{\text{RST}}$翻转到高电平时，就从关断模式转换到空闲模式。一旦处于空闲模式，SPI 主动，用来控制 MC13192/MC13193。通过 SPI 可以转换到休眠模式或者睡眠模式。

还有属于主动状态的空闲模式、发送(TX)模式、接收(RX)模式和空闲信道评估(CCA)模式。从空闲模式转换到 TX 或者 RX，首先取决于用户需要的数据模式——包模式或者流模式。

如果使用包模式，写入 xcvr_seq 域 (即寄存器 06，位 1～0)，就可以在包模式中选择接收或者发送。Packet RX 和 Packet TX 也可以修改成像以计数器为基础的序列使用计数器那样使用 Tmr_Cmp2。图 4-16 和图 4-17 所示为包模式收发器操作的状态图解。该操作既可以带计数器初始序列，又可以不带计数器初始序列。

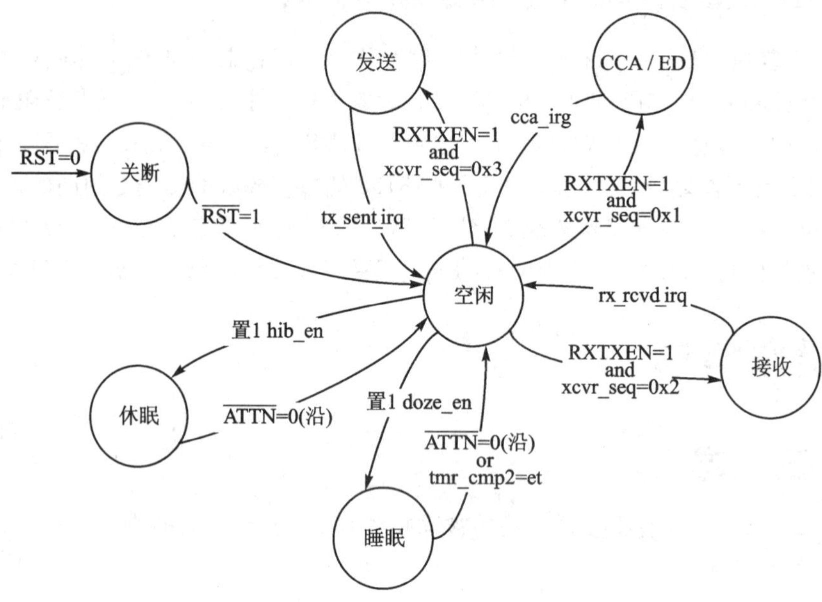

图 4-16　无计数器使能状态的包模式状态图解

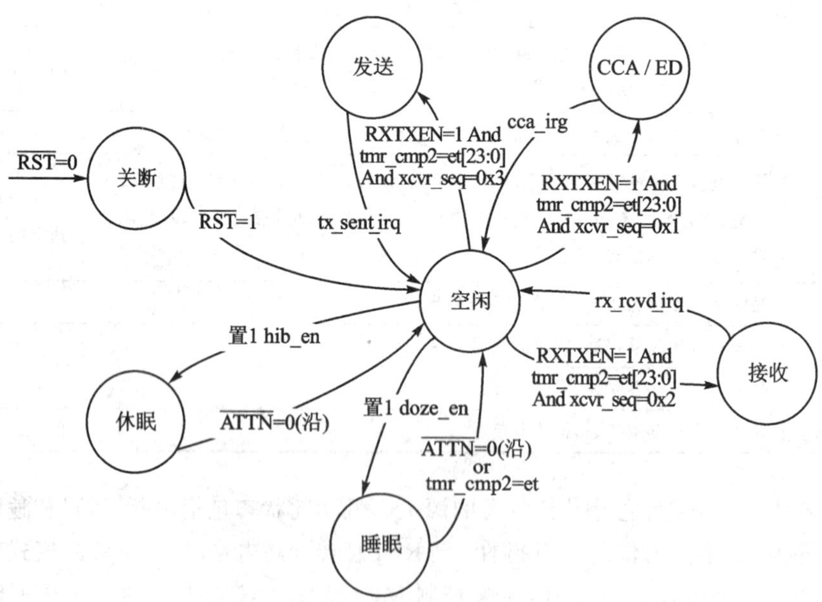

图 4-17　有计数器 Tmr_Cmp2 使能状态(tmr_trig_en=1)的包模式状态图解

如果使用流模式，那么配置 tx_strm、rx_strm 和 use_strm_mode，就可以转换到 TX 或者 RX 序列。Use_strm_mode 是顶层控制位，通过选择 tx_strm 或者 rx_strm 置 1(每次只有 1 位才可以置 1)来使能 TX 序列或者 RX 序列。此外，当使用流模式时，xcvr_seq 域应当设置为 0x00，这样从空闲状态开始，运行已经选择的 TX 序列或者 RX 序列。

正如包模式那样，流模式也能够修改为带计数器初始序列，只用于像使用计数器比较器那样使用 TC2_Prime 的情况。图 4－18 和图 4－19 所示为流模式收发器操作的状态图解。该操作既可以带计数器初始序列，又可以不带计数器初始序列。

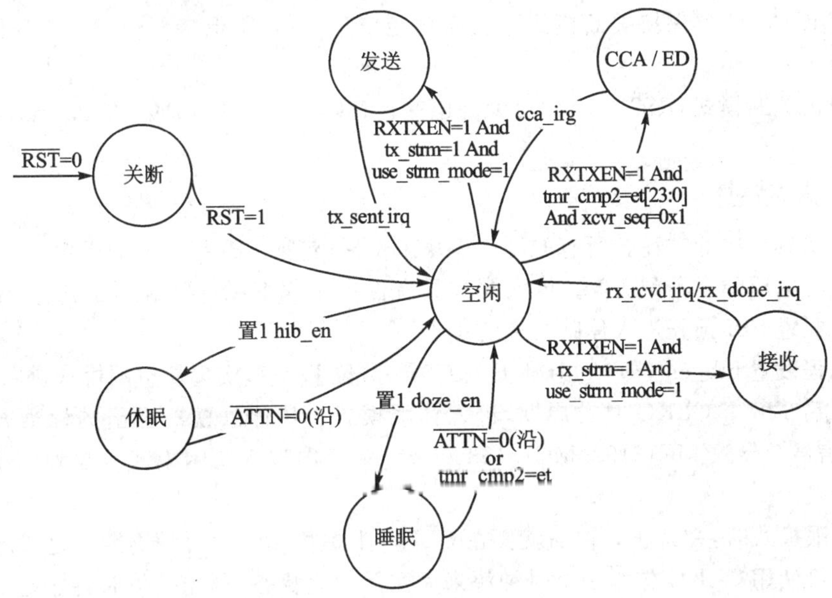

图 4－18　无计数器使能状态的流模式状态图解

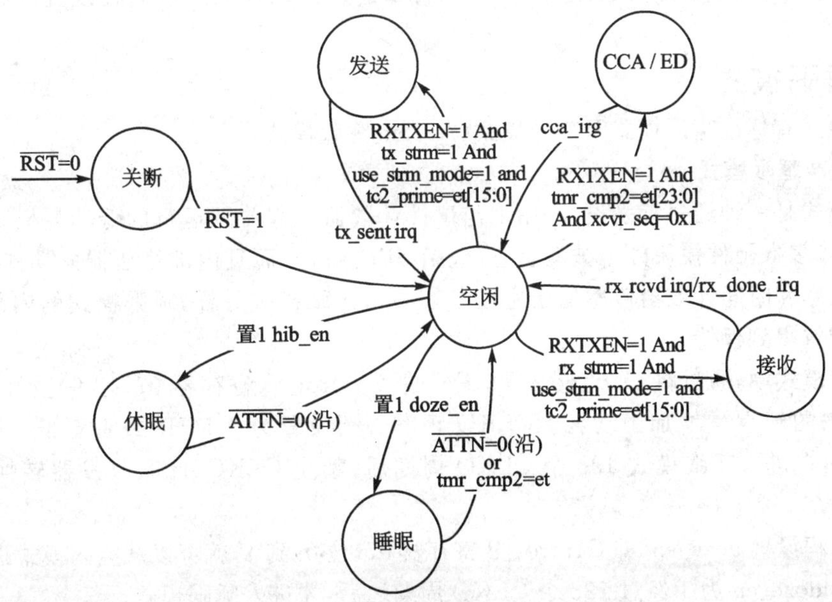

图 4－19　有计数器 Tmr_Cmp2 使能状态(tmr_trig_en＝1)的流模式状态图解

4.5.2　低功耗模式

在收发器电路未激活时，MC13192/MC13193 支持低功耗模式，此时收发器的电路处于被动状态。每种模式具有不同的优点。

1. 关断模式

关断或者复位状态具有最低功耗，由$\overline{\text{RST}}$输入控制。只要收到的$\overline{\text{RST}}$为低电平，MC13192/MC13193 都保持关断模式。全部功能禁止，而且不保持任何 RAM 数据。其电流消耗只是漏电。

要想退出关断模式，$\overline{\text{RST}}$必须翻转到高电平。MC13192/MC13193 在 25 ms 之内转换到空闲模式。

2. 休眠模式

休眠模式具有次低功耗。所有的硬件模块未激活(包括 SPI 接口)，而且没有计数器运行。内部稳压器将电压降至不到 1 V。休眠模式具有保持全部 RAM 数据的优点(关断模式做不到)，还具有配置 SPI 预先进入休眠模式的优点。

通过编程设置 hib_en (即 Control_B 寄存器 07，位 1)＝1，实现从空闲模式进入休眠模式。hib_en 置 1 后 128 个 CLKO 时钟周期，进入休眠模式。从休眠模式退出的标准方法是收到$\overline{\text{ATTN}}$，该信号会导致 MC13192/MC13193 在 20 ms 之内进入空闲模式。收到$\overline{\text{RST}}$立即强制进入关断模式。

进入休眠模式时，在禁止时钟前就要在 CLKO 上提供 128 个时钟周期。这 128 个 CLKO 周期允许主机使用 CLKO 作为一个时钟源来关注低功耗状态，预先丢失时钟。在 128 个 CLKO 周期之后，收发器转换到低功耗状态。

退出休眠模式时，如果已经使能，CLKO 将以进入休眠模式之前编程设置的相同频率重新启动。

3. 睡眠模式

睡眠模式有标准睡眠模式及变异模式(Acoma 睡眠模式)。

(1) 标准睡眠模式

睡眠模式是一种经过特别设计，用来与事件计数器一起协调运行的低功耗模式。运行在这种模式下，多数硬件模块处于被动状态(包括 SPI 接口)，而且内部稳压器的功能也简化了，但是基准频率和时间计数器依然处于主动状态。与休眠模式一样，睡眠模式的内部 RAM 数据和 SPI 配置得到保持。

在睡眠模式中，通过将 clko_doze_en 位 (即 Control_B 寄存器 07，位 9)置 1，就可选取 CLKO；带来的缺点是增加了功耗。CLKO 频率必须设置为 1 MHz 或者更低。如果 clko_doze_en＝0，在进入睡眠模式 128 个 CLKO 周期后，禁止 CLKO，此时收发器转换到低功耗状态。

通过编程设置 doze_en(即 Control_B 寄存器 07，位 0)到 1，就可以从空闲模式进入睡眠模式。在设置 doze_en 为 1 经过 128 个 CLKO 周期之后，才进入睡眠模式。

退出睡眠模式的主要方法是通过“唤醒”计数器，在预定的时间之前返回空闲模式。当事件计数器的值等于 tmr_cmr2[23：0]域 (即 Tmr_Cmp2 寄存器 1D 和 1E)，就会返回空闲模式。此时 MC13192/13193 退出睡眠模式，置 1 状态位 doze_irq(即 IRQ_Status 寄存器 24，位 9)，返回空闲模式。如果已经将 doze_mask(即 IRQ_Mask 寄存器 05，位 4)置 1，那么就会产生中断请求。

如果在睡眠模式前使能 CLKO，在睡眠模式期间禁止 CLKO，那么，除了两个频率之外，

CLKO 会在退出睡眠之后自动重新启动。退出睡眠模式后，最低的两个频率 16.393 kHz 和 32.786 kHz 不重新启动。要重新启动这两个频率，clko_en(即 Control_C 寄存器 09，位 2)必须清 0，然后再置 1。

与休眠模式类似，一旦收到$\overline{\text{ATTN}}$或者$\overline{\text{RST}}$，就可以退出睡眠模式。如果收到$\overline{\text{ATTN}}$而退出睡眠模式，那么就应当禁止计数器；如果事件计数器使能，而且等到了唤醒的超时时间，那么因超时会置 1 状态位，有可能因此产生中断。

(2) Acoma 睡眠模式

没有计数器唤醒的睡眠模式叫“Acoma 睡眠模式”。其优点是：在睡眠模式中，功耗最低，当允许 CLKO 运行时，能够保持数据。该模式禁止事件计数器和预分频器，但是允许运行时钟，提供 CLKO。由于该模式不提供计数器，只有$\overline{\text{ATTN}}$才能使 MC13192/MC13193 返回空闲模式；当然，使用$\overline{\text{RST}}$也可以退出该模式。通过设置 acoma_en(即 IRQ_Mask 寄存器 05，位 8)为 1，就可以进入 Acoma 睡眠模式。

4.5.3 主动模式

MC13192/MC13193 包括 4 种主动模式：空闲模式、TX 模式、RX 模式和 CCA/能量检测(ED)模式。

1. 空闲模式

空闲模式是退出低功耗模式后的缺省模式，也是基本的主动模式，从该模式起，可以转换到其他主动模式。

在空闲模式中，接收器硬件和发送器硬件关断，等待命令。该命令可以使 MC13192/MC13193 转换到 RX 模式、TX 模式、CCA 模式或者任何一种低功耗模式。通过写域 xcvr_seq[1∶0]（即 Control_A 寄存器，位 1～0)可以从空闲模式转换到 CCA/ED 模式。

然而，从空闲模式转换到 RX 模式或者 TX 模式，取决于用户需要的数据模式——包模式或者流模式。在包模式中，要转换到 RX 模式或者 TX 模式就需要写入 xcvr_seq[1∶0]域（即寄存器 06，位 1～0)适当的数值；而在流模式中，要转换到 RX 模式或者 TX 模式就要使用控制位 tx_strm、rx_strm 和 use_strm_mode(在这种情况下，不应当写 xcvr_seq[1∶0]域)。

进入 CCA 模式、RX 模式或者 TX 模式，在完成了选定的操作后，MC13192/MC13193 就会返回空闲模式。对于包模式，在收发器结束操作返回空闲模式时，将不会对 xcvr_seq[1∶0]域清 0 到空闲模式值。在这种情况下，读 xcvr_seq[1∶0]域就会返回上一次程序操作的代码。

在空闲模式中，晶体振荡器激活，提供 CLKO 输出(如果已经使能)，SPI 处于主动状态。

2. 从空闲模式控制转换到其他主动模式

由图 4-16 至图 4-19 所示的状态图解可知，必须接收输入信号 RXTXEN 才能够从空闲模式转换到其他主动模式。建议在配置需要的功能时(写入必需的寄存器)，设置 RXTXEN 为低电平，然后在 SPI 处理时，MCU 将 RXTXEN 升为高电平，使能转换。对于使用计数器的模式转换(使用 tmr_cmp2 或者 tc2_prime)，除了延迟到计数器计数完成后才转换之外，其余过程与上述相同。

3. 包模式数据传送 TX 和 RX 操作

包模式使用片上缓冲器 RAM，具有节省 MCU 资源的优点。空闲模式是开始进入 RX 模式和TX模式的基本状态。写入xcvr_seq[1:0]域适当的数值,可以转换到需要的模式(use_strm_mode=0,tx_strm=0而且rx_strm=0);然而,RXTXEN信号必须是高电平才能发生转换。如果事件计数器使能,转换将与计数器比较事件同步。一旦进入RX模式或者TX模式,在完成了选定的操作后,MC13192/MC13193就会返回空闲模式。表4-30所列为收发器序列域模式。

表4-30　收发器序列域(xcvr_seq[1:0])

模　式	值	描　述
空闲	00	空闲模式,退出低功耗模式后的缺省状态
CCA/ED	01	CCA/ED,用于信道能量监控的特殊接收情况
包接收	10	包接收
包发送	11	包发送

选择的模式由下列因素控制:

① xcvr_seq[1:0]域——见表4-30所列。

② RXTXEN信号——只有当收到的RXTXEN为高电平时,才能够从空闲模式转换到任何其他主动模式。

③ tmr_trig_en(即Control_A寄存器06,位7)——如同与事件计数器有关的章节中描述的那样,当tmr_trig_en设置为1时,会根据tmr_cmp2[23:0]的比较功能,转换到选择的主动模式;当tmr_trig_en清0时,只会根据xcvr_seq[1:0]域的程序设置转换到选择的主动模式。对于这两种情况,RXTXEN都必须是高电平。

④ 对于包模式,控制位tx_strm、rx_strm和use_strm_mode必须始终清0。

(1) 包接收模式

接收模式是收发器等待输入数据帧的状态。包接收模式的优点是:允许MC13192/MC13193不受微控制器的干涉接收整个包。整个包的有效载荷存储在RX Packet RAM中,微控制器在确定了RX包的长度和有效性之后,取走数据。包接收模式的缺点是:在通过SPI递归读RX数据时,有一个明显的延迟时间,用来处理数据帧并且提供应答(如果需要的话),而流模式更适合快速响应时间。

MC13192/MC13193等待帧引导序列,帧开始定界符(SFD)跟随其后。再往后的就是帧长度指示器,用来决定帧长度和计算CRC。接收功能提供下列帧数据:

① 帧有效载荷数据,通过rx_pkt_ram[15:0]域(即RX_Pkt_RAM寄存器01)读出。

② CRC有效状态,通过crc_valid(即IRQ_Status寄存器24,位0)报道。

③ 有效载荷数据长度,通过rx_pkt_latch[6:0]域(即RX_Pkt_Latch寄存器2D,位6~0)报道。

④ 链路质量指示(LQI),这是收到能量的测量值,该能量出现在接收帧期间。一旦检测到帧引导序列,超过64 μs周期,就测量出收到的能量,并且存储在cca_final[7:0]域(即RX_Pkt_Latch寄存器2D,位15~8)。

注意,收到1帧后,应用软件必须确定包的有效性。由于噪声的干扰,可能要报道无效包以及下列情况中的一个:

● 有效 CRC 和帧长度 0、1 或者 2;

● 无效 CRC 和无效帧长度。

应用软件需要校验：CRC 是否有效；帧长度是否有效，其值是否大于等于 3。

注意：包模式不在 Freescale 公司的 IEEE 802.15.4 标准兼容 MAC 软件中使用，而是在 Freescale 公司的 SMAC 软件中使用。如果用户编写自己的软件，则应该添加 TX 帧长度到奇数字节数量。

下列步骤为包接收操作的典型序列（不使用以计数器为基础的启动）：

① RX 频率必须编程设置。

② 如果 RXTXEN 还不是低电平，那么 MCU 设置其为低电平。

③ 控制位清 0（无流模式，而且无计数器），即

tmr_trig_en=0;　　　　　　rx_strm=0;

tx_strm=0;　　　　　　　　use_strm_mode=0。

④ 当收到 RX Packet 时，rx_rcvd_mask（即 Control_A 寄存器 06，位 8）编程设置为 1，使能中断请求。

⑤ 编程设置收发器序列 xcvr_seq[1：0]=0x2，用于接收操作。

⑥ 必须收到 RXTXEN 信号，且保持为高电平。

⑦ 当成功地收到一个包时，就报道下列数据：

● rx_pkt_latch[6：0]（即 RX_Pkt_Latch 寄存器 2D，位 6～0）——报道包有效载荷长度，包括 2 字节的 CRC 数据。

● crc_valid（即 RQ_Status 寄存器 24，位 0）——报道 CRC 校核的结果，如果为 1，那么就表示 CRC 有效。

● cca_final[7：0]（即 RX_Pkt_Latch 寄存器 2D，位 15～8）——报道 LQI。

● rx_rcvd_irq（即 IRQ_Status 寄存器 24，位 7）——报道包接收完成，如果为 1，就表示处于完成状态；而且由于该状态有效，中断产生。

⑧ 在响应来自 MC13192/MC13193 的中断请求时，微控制器执行下列步骤：

● 通过读并且校核 rx_rcvd_irq 和 crc_valid，确定收到帧的有效性；通过读 rx_pkt_latch[6：0]，确定收到帧的有效长度。

● 从 RX Packet RAM 中，通过递归读 rx_pkt_ram[15：0]（即 RX_Pkt_RAM 寄存器 01），读出有效载荷数据。

(2) 异常退出包接收序列

在包接收序列期间，通过将 RXTXEN 变为低电平，或者将 0x00 写入 xcvr_seq[1：0]域，RX 序列就会返回空闲模式，而且并不置 1 状态位。

(3) 包发送模式

包发送模式的优点是：允许 MC13192/MC13193 不受微控制器的干涉发送整个包。整个包的有效载荷预先装入 TX Packet RAM。MC13192/MC13193 发送了该数据帧，然后将发送完成状态传送给 MCU。

注意：包模式不在 Freescale 公司的 IEEE 802.15.4 标准兼容 MAC 软件中使用，而是在 Freescale 公司的 SMAC 软件中使用。在 RX 侧，帧长度的偶数字节数会偶然导致 RX 数据读出为全 0。如果用户编写自己的软件，则应该添加 TX 帧长度到奇数字节数量。

一旦TX序列开始，就不应该异常退出，而应该等待tx_sent_irg状态和中断。如果TX序列异常退出，则最好的处理办法是复位收发器。

下列步骤为包发送操作的典型序列(不使用以计数器为基础的启动)：

① TX频率必须编程设置。

② 如果RXTXEN还不是低电平，那么MCU设置其为低电平。

③ 控制位清0(无流模式，且无计数器)：

tmr_trig_en＝0；　　rx_strm＝0；

tx_strm＝0；　　use_strm_mode＝0。

④ 当TX包已经发送时，tx_sent_mask(即Control_A寄存器06，位9)编程设置为1，使能中断请求。

⑤ MCU装入数据字节数加上2(FCS长度)写入tx_pkt_length[6：0](即TX_Pkt_Ctl寄存器03，位6～0)。

⑥ MCU预先装入真实数据字节数写入tx_pkt_ram[15：0](即TX_Pkt_RAM寄存器02)，采用递归SPI写。由于16位SPI数据格式，数据字节的奇数数值需要填入一个哑元字节。

⑦ 发送序列编程设置xcvr_seq[1：0]＝0x3，用于发送操作。

⑧ 必须收到RXTXEN信号，且保持为高电平。

⑨ 当成功地发送一个包时，tx_sent_irq报道包发送完成。如果为1，就表示处于完成状态，且由于该状态有效，中断产生。

⑩ 在响应来自MC13192/MC13193的中断请求时，微控制器读该状态来清除中断并且校核该成功发送。

4. 流模式数据传送TX和RX操作

流模式不使用片上缓冲器RAM，而是逐字将数据送入SPI缓冲器。空闲模式是开始RX模式和TX模式的基本状态。在流模式中，控制位tx_strm、rx_strm和use_strm_mode控制转换到RX或者TX模式(对于空闲模式，xcvr_seq[1：0]必须等于00)；然而，RXTXEN信号必须处于高电平才能发生转换。如果事件计数器使能，转换将和TC2_Prime比较事件同步。一旦进入RX模式或者TX模式，在完成了选定的操作后，MC13192/MC13193就会返回空闲模式。

选择的模式由下列因素控制：

① 对于流模式，xcvr_seq[1：0]域必须清0。

② use_strm_mode(即Control_B寄存器07，位5)设置为1，使能流模式。

③ 选择了流模式后，tx_strm(即Control_A寄存器06，位11)和rx_strm(即Control_A寄存器06，位12)就用来开始RX或者TX操作——rx_strm设置为1，开始RX序列(tx_strm保持为0)；tx_strm设置为1，开始TX序列(rx_strm保持为0)。

④ 只有当收到的RXTXEN为高电平时，RXTXEN信号才能够从空闲模式转换到任何其他主动模式。该信号可以保持高电平，从而允许以SPI程序设置为基础或者以事件计数器为基础的转换发生。

⑤ 当tmr_trig_en(即Control_A寄存器06，位7)设置为1时，将根据tc2_prime[15：0]的比较功能，转换到选择的主动模式。对于流模式，tc2_prime[15：0]占据tmr_cmp2[23：0]

的位置，使得比较功能以 16 位数值，而不是 24 位数值为基础。当收发器处于流模式时，tc2_prime[15：0]使用 tm2_irg。当 tmr_trig_en 清 0，转换到选择的主动模式只会根据流控制位的程序设置。对于这两种情况，RXTXEN 都必须是高电平。

流模式需要主机 MCU 正常供给 TX 序列每 64 μs 一个数据字，或者每 64 μs 读 RX 序列一个数据字(其余见下面的"注意"项)。如果违反了这些时序需求，将造成 strm_data_err 置 1，导致产生中断请求（如果已经使能)。该中断的使用对于支持流数据模式极为重要。

对于 TX 模式，一旦 TX 序列开始，TX 包(含有 CRC 数据)所需要的每个新数据字会产生一个中断(tx_strm_irg 位)。需要 MCU 在 64 μs 之内写数据字到 TX_Pkt_RAM 寄存器 02。写 TX 字会清除中断请求，因此写入 IRQ_Status 寄存器 24，来解除 $\overline{\text{IRQ}}$。当收发器完成 TX 操作，也会通过 tx_done_irq 位发送信号，产生中断。

RX 模式稍微复杂一些。一旦 RX 序列开始，收到 RX 包，就产生第一个中断(rx_strm_irg 位)，用来让 MCU 从寄存器 2D 中读 RX Packet 的长度。读寄存器 2D 将清除该中断，而且省去了读 IRQ_Status 寄存器 24。接着，每收到一个数据字，就产生一个中断(rx_strm_irg 位)，这些中断可以通过读来自 RX_Pkt_RAM 寄存器 01 的数据而清除。必须在 64 μs 周期中读出这些数据。收到 CRC 数据时，不产生中断。当收发器通过 rx_done_irg 位，得知已经完成 RX 操作，也产生中断。

注意：① 对于流接收序列 64 μs 响应时间，有一个例外：如果包字节长度是奇数，最后的数据传送只有 8 位(1 字节)有效数据，只提供 32 μs 的响应时间；如果包字节长度是偶数，就提供全 64 μs 响应时间。

② 在流接收中，最后的数据传送违反了时序，但是 strm_data_err 状态位并不报道出来。用户在编写自己的软件时，必须高度重视这一点。

(1) 流接收模式

流接收模式的优点是：数据一到，就允许微控制器从 MC13192/MC13193 中取出。当数据帧到来时，MCU 可以开始处理它们；如果需要响应，MCU 可以提供快速周转的时间。流接收模式的缺点是：非功过 MCU 需要的总开销中，有相当大的一部分用来逐字处理收到的数据。

注意：与包接收模式相类似，收到 1 帧后，应用软件必须确定包的有效性。由于噪声的干扰，可能要报道无效包以及下列情况中的一个：有效 CRC 和帧长度 0、1 或者 2；无效 CRC 和无效帧长度。

应用软件需要校验：CRC 是否有效；帧长度是否有效，其值是否大于等于 3。

下列步骤为流接收操作的典型序列(不使用以计数器为基础的启动，且 xcvr_seq[1：0]=00)：

① RX 频率必须编程设置。

② 如果 RXTXEN 还不是低电平，那么 MCU 设置其为低电平。

③ RX 控制位必须初始化(流模式，无计数器)——tmr_trig_en=0；use_strm_mode=0；tx_strm=0。

④ 编程设置 gpio_alt_en=0，使能 GPIO1 为"空闲模式之外"指示器；使能 GPIO2 为 CRC "有效"指示器。

⑤ 当读取 RX 有效载荷数据的一个字就绪时，编程设置 rx_rcvd_mask(即 Control_A 寄存器 06，位 8)为 1，使能中断请求。

⑥ 当 RX 数据全部收到时，编程设置 rx_done_mask(即 Control_B 寄存器 07，位 6)为 1，使能中断请求。

⑦ 编程设置 rx_strm (即 Control_A 寄存器 06，位 11)为 1，使能流接收序列。

⑧ 编程设置收发器序列 xcvr_seq[1：0]=0x2，用于接收操作。

⑨ 必须收到 RXTXEN 信号，且保持为高电平。

⑩ 接收器等待帧引导序列，帧开始定界符(SFD)跟随其后。收到这些之后，下一个字节就是帧长度指示器(FLI)，这些都将存入 rx_pkt_latch[6：0]。Rx_strm_irq(即 IRQ_Status 寄存器 24，位 7)将设置为 1，产生中断请求送到引脚 $\overline{\text{IRQ}}$。

⑪ MCU 应该读 RX_Status 寄存器 2D，取出 rx_pkt_latch[6：0]，将 IRQ 清 0。注意，LQI 此时有效，而且能够在同一次读操作中取出。因为 cca_final[7：0]是 LQI 值，而且位于 RX_Status 寄存器 2D，位 15～8。

注意： MCU 必须在 64 μs 之内响应中断，而且使用帧长度指示器(FLI)来确定所取数据的字节数。

⑫ 当有效载荷数据到来时，就存储在 2 字节长的缓冲器里面。此时，rx_strm_irq 置 1，指出数据已经就绪，并且产生中断请求。

⑬ 微控制器必须通过读 RX 数据响应中断。这些 RX 数据来自 rx_pkt_ram[15：0](即 RX_Pkt_RAM 寄存器 01。读数据就清除了中断请求。

注意： MCU 必须在 64 μs 之内响应中断。由于读取有效载荷数据的需要，上面的两个段落所述的操作步骤重复进行。读帧校验序列(FCS)字的时候，无中断产生，也不提供数据。

⑭ 当成功地收到一个包时，就报道下列数据——

- crc_valid (即 RQ_Status 寄存器 24，位 0)，报道 CRC 校核的结果。如果为 1，就表示 CRC 有效。GPIO2 也报道 CRC 有效。
- cca_final[7：0](即 RX_Pkt_Latch 寄存器 2D，位 15～8)，报道 LQI。
- rx_done_irq(即 IRQ_Status 寄存器 24，位 13)，报道包接收完成。如果为 1，就表示处于完成状态，而且由于该状态有效，中断产生。

⑮ 在响应来自 MC13192/MC13193 的中断请求时，微控制器校核状态，清除中断，校核 RX Packet 的有效性。

MCU 能够处理读取的有效载荷数据。一旦帧验证有效，MCU 就能够在消耗最少的延迟时间的情况下，加上应答(如果需要)来响应中断。

(2) 异常退出流接收序列

如果 RXTXEN 变为低电平，那么，RX 收序列异常退出，收发器返回空闲状态，状态位 rx_done_irq 置 1，产生中断(如果已经使能)。

由于流数据模式有可能在收发器返回空闲状态 64 μs 之内出错，因而设置状态位 strm_data_err 为 1，产生中断。驱动软件必须通过读 IRQ_Status 寄存器 24，清 0 该状态位来处理这个外来的中断。该中断无效就意味着通过使用 GPIO1 指示器(“空闲模式之外”指示器)来监控收发器的空闲状态。如果收发器正处于空闲模式时发生这种中断，那么，该中断就必须清除并且忽略。

(3) 流发送模式

流发送模式的优点是：允许微控制器不需要延迟时间将 TX 数据预装入 TX Packet

RAM 就开始发送。流模式的缺点是：MCU 所需要的总开销中，有相当大的一部分用来逐字处理即将发送的数据。

注意：一旦开始 TX 序列，最好就不要异常退出，应该等待 tx_sent_irq 状态及其引起的中断。如果 TX 序列必须异常退出，最好的处理办法是复位收发器。

下列步骤为流发送操作的典型序列(不使用以计数器为基础的启动，且 xcvr_seq[1：0]=00)：

① TX 频率必须编程设置。

② 如果 RXTXEN 还不是低电平，那么，MCU 设置其为低电平。

③ 控制位必须编程设置(流模式，无计数器)——

tmr_trig_en=0；use_strm_mode=0；rx_strm=0。

④ 编程设置 gpio_alt_en=0，使能 GPIO1 为"空闲模式之外"指示器；使能 GPIO2 为 CRC"有效"指示器。

⑤ 当 TX 有效载荷数据的一个字需要写的时候，编程设置 tx_sent_mask(即 Control_A 寄存器 06，位 9)为 1，使能中断请求。

⑥ 当 TX 数据全部发送时，编程设置 tx_done_mask(即 Control_B 寄存器 07，位 7)为 1，使能中断请求。

⑦ MCU 装载数据字节数加上 2(用于 FCS)所得数值，存储到 tx_pkt_length[6：0](即 TX_Pkt_Ctl 寄存器 03，位 6～0)。

⑧ MCU 预装载第一个数据字，存储到 TX_Pkt_RAM 寄存器 02。

⑨ 编程设置 tx_strm (即 Control_A 寄存器 06，位 12)为 1，使能流发送序列。

⑩ 必须收到 RXTXEN 信号，且保持为高电平。

⑪ 发送器接通，发送帧引导序列、SFD、FLI 以及第一个数据字。当收发器就绪接收下一个数据字时，the tx_sent_irq(即 IRQ_Status 寄存器 24，位 6)置 1(变为有效)，产生中断请求，请求发送下一个有效载荷中的数据字。

⑫ 微控制器必须通过写 TX 数据到 tx_pkt_ram[15：0](即 TX_Pkt_RAM 寄存器 02)来响应中断。

注意：上面的两个段落所述的操作步骤重复进行。必须在 64 μs 之内发送一个字来保持包邻接。轮到帧校验序列(FCS)时，不需要发送数据，因为 FCS 由收发器的片上模块产生。

⑬ 当成功发送出有效载荷数据及其后续的 CRC 字节时，MC13192/MC13193 就会设置 tx_done_irq(即 IRQ_Status 寄存器 24，位 14)为 1，报道数据发送完成。这里的"1"指示完成状态，而且由于该完成状态有效，中断产生。

⑭ 在响应来自 MC13192/MC13193 的中断请求时，微控制器校核状态，清除中断，校核 TX 完成的有效性。

5. 空闲信道评估(CCA)模式(包括链路质量指示 LQI)

空闲信道评估模式(CCA)是接收功能的一种特殊情况，它能够测量从所选择的信道中接收的能量。CCA 功能有两种算法：

- 空闲信道评估——测量信道能量并且与事先设置的阈值比较；
- 能量检测(ED)——测量信道能量并且给出测量强度的指示。

能量检测算法也用于正常 RX 操作期间的链路质量指示(LQI)。

CCA 模式与下列寄存器域有关：

① cca_type[1：0](即 Control_A 寄存器 06,位 5～4)决定信道能量评估算法。该域的值为 0x1,选择 CCA;而该域的值为 0x2,选择 ED。

② cca_vt[7：0] (即 CCA_Thresh 寄存器 04,位 15～8)设置 CCA 功能的阈值。

③ field cca_final[7：0](即 RX_Pkt_Latch 寄存器 2D,位 15～8)表示信号功率平均值。在 RX 操作期间,该域用于 CCA、ED 和 LQI。

④ power_comp[7：0](即 CCA_Thresh 寄存器 04,位 7～0)提供加到平均能量测量值上的偏移量。该平均能量来自 CCA/ED 功能或者来自 RX 功能的 LQI 值。

⑤ 状态位 cca(即 IRQ_Status 寄存器 24,位 1)只用于 CCA 算法。当检测到的信道忙时,该状态位置 1。

⑥ 当 CCA 或者 ED 的功率测量完成时,状态位 cca_irq_status(即 IRQ_Status 寄存器 24,位 5)置 1。如果 cca_mask(即 Control_A 寄存器 06,位 10)已经置 1,那么就会产生中断请求。

⑦ 对于 CCA 模式,首先必须清 0 控制位 tx_strm、rx_strm 和 use_strm_mode。

(1) 空闲信道评估(CCA)功能(use_strm＝0)

CCA 功能为测量信道平均能量并且与事先设置的阈值比较。在 CCA 模式中,接收器首先在 144 μs 内从空闲模式预热。当测量超过下一个 128 μs(8 个符号周期)时,信号功率平均值计算完成并存入 cca_final[7：0]。

为了将存储在 cca_final[7：0]中的十六进制信号功率平均值转换为十进制,必须将该十六进制值除以 2 并改变符号。这样,这个以“dBm”为单位的计算值就等同于接收信号的强度了:

$$\text{信号强度}=-(\text{dec}(\text{cca\_final}[7:0]/2))$$

式中:dec 是一个转换符号,即转换后面括号里的数值为十进制;信号强度的单位为 6 dBm。

存储在 cca_final[7：0]中的值也受存储在 power_comp[7：0](即 CCA_Thresh 寄存器 04,位 7～0)中偏移量的影响。在 CCA/ED/LQI 功能期间,偏移量 power_comp[7：0]的缺省值等于 0x8D,加上测量值,再存储到 cca_final[7：0]域。

补偿量加上内部测量值就是 power_comp[7：0]/2,其结果如图 4-20 所示。

上述求信号强度的公式表明,power_comp[7：0]值每增加或者减少 4 (注意,“4”这个值就是后面所说的 delta 值!),就会导致 1 dBm 的变化。power_comp[7：0]缺省值为 0x8D,该值必须增加,用来添加较低的 CCA 值。例如,如果输入信号强度为－30 dBm,而 cca_final[7：0]报道的信号强度是－26 dBm,在这种情况下,在 power_comp[7：0]中的修正值就应该增加(4×delta)或者(4×4)。power_comp[7：0]新补偿值＝0x8D＋0x10＝0x9D。

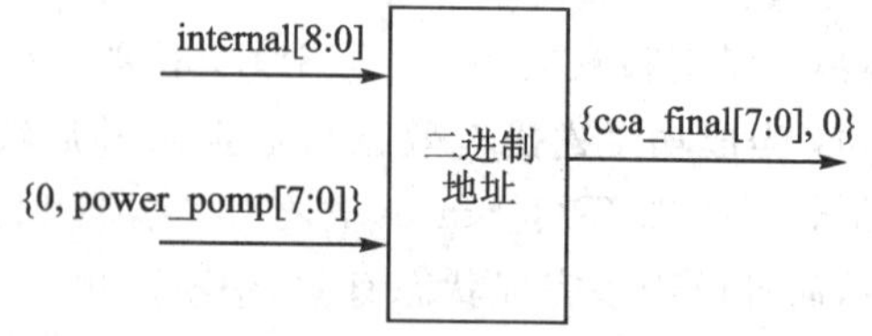

图 4-20　补偿量加上内部 CCA 值形成最后修正值

在 CCA 期间,设置了 AGC 固定增益。由于饱和度的缘故,大于－65 dBm 的输入信号不能得到正确反映。但是这不成问题,因为测量的目的是检测不超过－75 dBm 阈值的信号。详情请见 IEEE 802.15.4 标准。

CCA 功率电平与输入功率的对比如图 4-21 所示。

包含在 cca_final[7：0]中的值对比阈值,该阈值预先设置在 cca_vt[7：0]域(即 CCA_

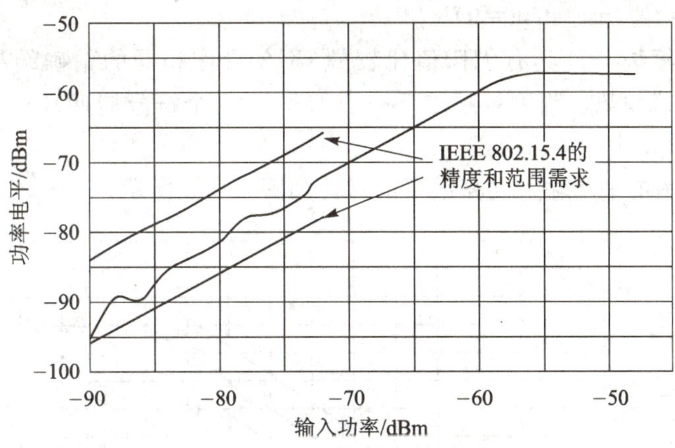

图 4-21　CCA 功率电平与输入功率对比

Thresh 寄存器 04,位 15～8)。如果 cca_final[7∶0]中的值等于或者小于阈值,那么 cca (即 IRQ_Status 寄存器 24,位 1)置 1,表示该信道忙;如果 cca_final[7∶0]中的值大于阈值,那么 CCA (即 IRQ_Status 寄存器 24,位 1)保持为 0。一旦 CCA 操作完成,便立即发送 cca_irq。

阈值 cca_vt[7∶0]根据下式计算:

阈值＝hex(|(以 dBm 为单位的功率阈值)×2|)

式中 hex 是一个转换符号,即转换后面括号里的数值为十六进制。

建议阈值 cca_vt[7∶0]为－82 dBm 或者 0xA4。

以下为 CCA 操作的典型步骤(不使用以计数器为基础的启动):

① TX 频率必须编程设置。

② 如果 RXTXEN 还不是低电平,那么 MCU 设置其为低电平。

③ CCA 阈值必须编程设置(cca_vt[7∶0]＝0xA4)。

④ 当 CCA 操作完成时,cca_mask(即 Control_A 寄存器 06,位 10)编程设置为 1,使能中断请求。

⑤ cca_type[1∶0](即 Control_A 寄存器 06,位 5～4)编程设置为 01,选择 CCA 算法。

⑥ 编程设置收发器序列为 CCA 模式(xcvr_seq[1∶0]＝0x1)。

⑦ 必须收到 RXTXEN 信号,且保持为高电平。

⑧ 当测量完成时,就报道数据——

- cca_final[7∶0](即 RX_Pkt_Latch 寄存器 2D,位 15～8),报道平均功率电平。
- 当检测出忙信道时,cca(即 IRQ_Status 寄存器 24,位 1)设置为 1。
- cca_irq(即 IRQ_Status 寄存器 24,位 5)设置为 1,指示 CCA 完成状态。由于该状态有效,中断产生。

⑨ 为了响应来自 MC13192/MC13193 的中断请求,微控制器执行操作——

- 通过读和校核 cca_irg 和 cca,决定忙状态;
- 如果需要,可用通过读 cca_final[7∶0]来决定功率电平。

⑩ 求反 RXTXEN,使之为低电平。

注意: 控制位 use_strm_mode(即 Control_B 寄存器 07,位 5)应当清 0。

(2) 能量检测功能(use_strm=0)

借助能量检测算法,ED具有无阈值比较的CCA操作相同的精确结果。接收器首先在144 μs内从空闲模式预热。当测量超过下一个128 μs(8个符号周期)时,信号功率平均值计算完成并存入cca_final[7∶0]。

ED和LQI功率电平与输入功率电平的对比如图4-22所示。

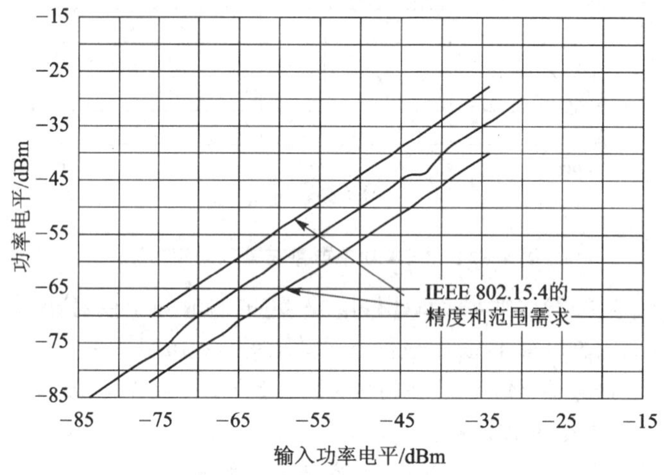

图4-22 ED和LQI功率电平报道与输入功率对比

状态位cca不影响能量检测。一旦能量检测操作完成,立即发送cca_irq。

以下为ED操作的典型步骤(不使用以计数器为基础的启动):

① TX频率必须编程设置。

② 如果RXTXEN还不是低电平,那么MCU设置其为低电平。

③ 当CCA操作完成时,cca_mask(即Control_A寄存器06,位10)编程设置为1,使能中断请求。

④ cca_type[1∶0](即Control_A寄存器06,位5～4)编程设置为10,选择ED算法。

⑤ 编程设置收发器序列为CCA模式(xcvr_seq[1∶0]=0x1)。

⑥ 必须收到RXTXEN信号,且保持为高电平。

⑦ 当测量完成时,就报道数据——

- cca_final[7∶0](即RX_Pkt_Latch寄存器2D,位15～8),报道平均功率电平。
- cca_irq(即IRQ_Status寄存器24,位5)设置为1,指示ED完成状态。由于该状态有效,中断产生。

⑧ 为了响应来自MC13192/MC13193的中断请求,微控制器通过读cca_final[7∶0]确定功率电平。

⑨ 求反RXTXEN,使之为低电平。

注意: 控制位use_strm_mode(即Control_B寄存器07,位5)应当清0。

(3) 处于流模式中的CCA/ED (use_strm=1)

建议CCA/ED操作在控制位use_strm未激活时完成。出于软件时序的考虑,有时不激活控制位use_strm可能更符合需要,而且CCA/ED可以通过交换过程来完成。

CCA/ED操作完成的方式类似前面两节的描述。在发送RXTXEN之前,MCU应该将数值 0x01FF 写入寄存器 38。该数值只用于 CCA 或者 ED 操作而不用于 RX 操作。要开始 RX 操作，写入寄存器 38 的缺省值应该是 0x0008。

(4) 链路质量指示(LQI)

LQI 是实际 RX 操作期间信号质量的测量值，存储在域 cca_final[7：0](即 RX_Pkt_Latch 寄存器 2D，位 15～8)。在流模式中，LQI 有效，可以在读取域 rx_pkt_latch[6：0]时，用同一个读操作读取。LQI 的规格和 CCA 相同：

以 dBm 为单位的信号强度＝－(dec(cca_final[7：0]/2))

注意：从 RX 操作返回的 LQI 典型值大约在－95～－18 dBm，给 cca_final[7：0]的十进制值范围在 190～30(十六进制则在 0xBE～0x24)。当 LQI 在 IEEE 802.15.4 应用中使用时，LQI 必须规整并限制在十进制范围 0～255 之间。超过近似－30～－25 dBm 的 LQI 值就是非线性的了，不能用于绝对接收功率指示。

4.5.4 运行频率

MC13192/MC13193 运行在 2.4 GHz 频段，覆盖 16 个信道，每两个信道之间，占用 5 MHz 空间。MC13192/MC13193 使用两个本地振荡器(LO)。第一个 LO 频率合成器是接收器的主 LO，也是发送器的载频发生器。该模块包含分数(Fractional－N)锁相环(PLL)频率合成器。

分数(Fractional－N)锁相环(PLL)频率合成器的分数和整数成分必须恰当地编程设置，使得收发器在特定的信道上运行。信道及其各自所需的整数除数值设置在 lo1_idiv[7：0]域(即 LO1_Int_Div 寄存器 0F，位 7～0)，其整数被除数值设置在 lo1_num[15：0]域(即 LO1_Num 寄存器 10)，见表 4－17 和表 4－18。

4.5.5 发送功率调整

表 4－31 所列为收发器功率输出对比 SPI 寄存器 12 设置，即设置 pa_lvl_course[1：0](PA_Lvl 寄存器 12，位 7～6)以及 pa_lvl_fine[1：0](PA_Lvl 寄存器 12，位 5～4)。

表 4－31 MC13192/MC13193 功率输出对比 SPI 寄存器 12 设置

PA 功率调整(Hex)寄存器 12[7：0]	典型差动输出功率/dBm	典型 PA 电流/mA	备 注
00	－27.6	1.7	—
04	－20.6	2.5	—
08	－17.7	3.8	—
0C	－16.3	6	寄存器 12[3：0]缺省
1C	－15.7	6.1	寄存器 12[3：0]缺省
2C	－15.2	6.1	寄存器 12[3：0]缺省
3C	－14.6	6.1	寄存器 12[3：0]缺省
4C	－8.9	6.9	寄存器 12[3：0]缺省
5C	－8.2	7	寄存器 12[3：0]缺省
6C	－7.5	7.1	寄存器 12[3：0]缺省
7C	－7.1	7.2	寄存器 12[3：0]缺省
8C	－1.6	9.3	寄存器 12[3：0]缺省
9C	－1.1	9.6	寄存器 12[3：0]缺省

续表 4-31

PA功率调整(Hex)寄存器12[7:0]	典型差动输出功率/dBm	典型PA电流/mA	备　注
AC	-0.7	9.9	寄存器12[3:0]缺省
BC(缺省)	-0.3	10.2	寄存器12[3:0]缺省
CC	1.3	12.2	寄存器12[3:0]缺省
DC	1.9	13.6	寄存器12[3:0]缺省
EC	2.5	16.3	寄存器12[3:0]缺省
FC	2.6	16.6	寄存器12[3:0]缺省
FD	3.2	16.8	—
FE	3.7	16.9	—
FF	4.1	17	—

4.5.6　2.4 GHz锁相环(PLL)解锁中断

成功地收发无线数据必须依靠正确的信道频率，而这些信道频率是由MC13192/MC13193内部维持的。MC13192/MC13193采用了久经考验的控制电路和设计技术，确保了内部2.4 GHz本地振荡器所选择的信道频率准确稳定。非常事件就是PLL失锁，通过“解锁中断”通报主机MCU。如果锁指示电路指向解锁状态，状态位pll_lock_irq(即IRQ_Status寄存器24，位15)置1，正在进行的任何RX或者TX操作自动结束。MC13192/MC13193立即返回空闲状态，等待中断服务程序处理，而且$\overline{\text{IRQ}}$发出中断屏蔽位pll_lock_mask(即IRQ_Mask寄存器05，位9)置1。

注意：在CCA、RX或者TX操作期间，建议软件使能pll_lock_mask。状态位pll_lock_irq会通过解锁状态置1，该状态位必须在其他的CCA、RX或者TX操作使能之前，通过读寄存器IRQ_Status清0。上述解锁状态会异常退出当前操作，如果状态位pll_lock_irq不清0，任何后来的CCA、RX或者TX操作请求都会立即异常退出。

另外，会造成麻烦的实例在包模式接收或者CCA操作中。如果RX或者CCA由于解锁状态而异常退出，状态位rx_done_irq或者cca_irq不会置1，对应的$\overline{\text{IRQ}}$信号不会发出；而且作为结果，没有中断产生，除非pll_lock_irq使能来产生中断。

4.6　计数器信息

4.6.1　事件计数器模块

MC13192/MC13193包含内部事件计数器模块。该模块管理系统时序，简化的模块框图如图4-23所示。

事件计数器包含预分频器和24位计数器，只要晶振时钟在运行，该计数器就正计数。当计数器et[23:0]的“当前计数值”与几个预先决定的值匹配时，就产生了给MCU的中断。这几个预先决定的值，是通过SPI写操作设置在寄存器中的。“当前计数值”可以在任何时间通过SPI读操作取出，也可以通过SPI写操作编程设置在该寄存器中。

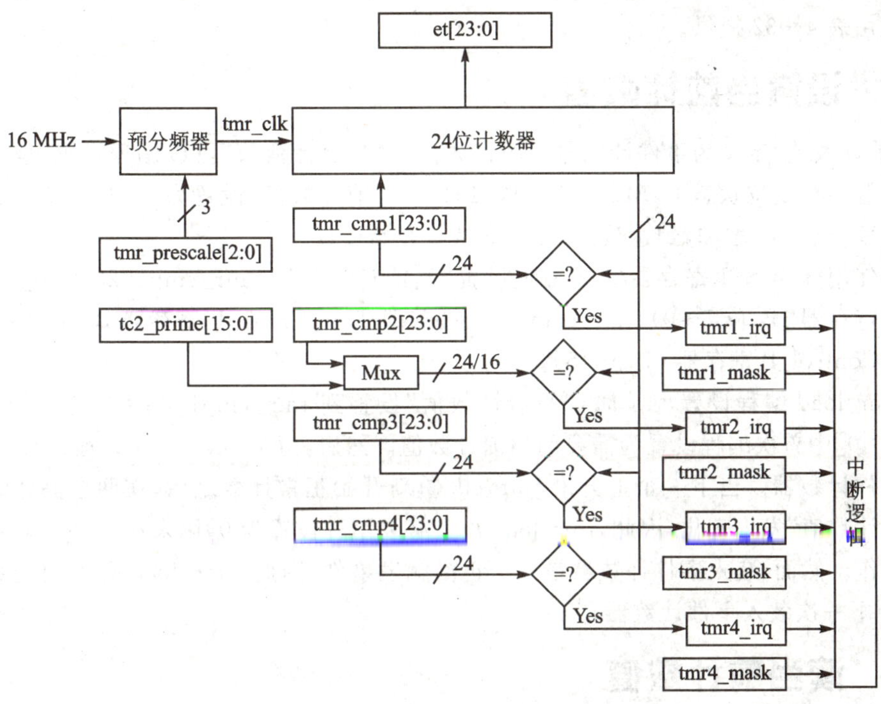

图 4-23　事件计数器模块框图

事件计数器提供下列功能：产生当前系统时间；在预先决定的系统时间，产生中断；在预先决定的系统时间，退出睡眠模式；在包接收期间，锁存"时间标记"值；开始计数器触发序列。

4.6.2　事件计数器时基

事件计数器的基础时钟（tmr_clk）起源于编程设置的预分频器，该预分频器的时钟是 16 MHz 晶体源。预分频器提供给计数器输入频率从 2 MHz 到 15.625 kHz，还设置当前时间的间隔和分辨度。当晶体振荡器有效时，预分频器和事件计数器只是递增计数。tmr_prescale[2：0]域（即 Control_C 寄存器 09 位 2～0）建立了 tmr_clk 频率，如表 4-32 所列。

表 4-32　事件计数器预分频设置

tmr_prescale[2：0]（寄存器 09，位 2～0）	事件计数器时基频率/kHz	事件计数器最长持续时间/s
000	2000	8.389
001	1000	16.777
010	500	33.554
011（缺省）	250	67.109
100	125	134.218
101	62.5	268.436
110	31.25	536.871
111	15.625	1073.742

24位计数器在正计数到达最大值时，自动从0开始正计数，对应的事件计数器最大可能持续时间由表4-32提供。

4.6.3 设置当前计数值

“当前计数值”定义为事件计数器内部计数值。“当前计数值”可以编程设置，但是并非必须编程设置。在复位状态下，MC13192/MC13193“当前计数值”设置为0。“当前计数值”从0开始以速率tmr_clk增加，到达最大值后，又从0开始计数。

通过使用3个SPI寄存器完成编程设置“当前计数值”：tmr_cmp1[23：16]（即Tmr_Cmp1_A寄存器1B，位7～0）、tmr_cmp1[15：0]（即Tmr_Cmp1_B寄存器1C，位15～0）、tmr_load（即Control_B寄存器07，位15）。

当tmr_load编程设置为1时，“当前计数值”设置到tmr_cmp1[23：0]中。这样，tmr_cmp1[23：0]中首次编程设置为需要的当前计数值。然后，由于tmr_load编程设置为1，就开始装入事件计数器。当下一个上升沿tmr_clk重新开始正常计数之后，在两个晶体时钟周期内，“当前计数值”发生变化，因此，tmr_load没有必要编程设置为0，用来让事件计数器重新开始正常操作。然而，装入事件计数器是一个正沿触发事件，因此，tmr_load必须预先编程设置为0，以便下一次装入事件计数器。

4.6.4 读当前计数值

事件计数器的当前值可以通过SPI从et[23：16]（即Current_Time_A寄存器26，位7～0）、从et[23：16]（即Current_Time_B寄存器27，位15～0）中读出。“当前计数值”可以通过两次单独的读操作得到，或者通过一次递归两字SPI读得到。在这些递归SPI读操作期间，或者在连续的SPI读之间使用单独的SPI读，事件计数器中的计数值就有可能增加。因此，在这类读操作期间，MC13192/MC13193锁存“当前计数值”，从而避免主机得到错误的计数值。在读SPI位置最高有效8位（MSB）时，锁存“当前计数值”最低有效16位（LSB）。在读“当前计数值”最低有效16位（LSB）之后，LSB解锁。这就保证了稳定的数值，直至主机完成读取由两个字组成的“当前计数值”为止。

建议采取从MSB地址开始执行两字递归读，来获取MC13192/MC13193中的“当前计数值”。

4.6.5 锁存时间标记

MC13192/MC13193在连续增加其内部计数值的同时，具有创建时间标记或者拷贝“当前计数值”的能力。该时间标记值在事件计数器内部锁存，对应接收包的开始，即对应收到帧长度指示器（FLI）之后，真实有效载荷数据开始的时间。主机从MC13192/MC13193中读出timestamp[23：0]（即寄存器2E，位7～0和寄存器2F，位15～0）。在timestamp[23：0]锁存时，它的值对应“当前计数值”，同时还收到rx_pkt_latch[6：0]（即RX_Pkt_Latch寄存器，位6～0）。时间标记保持锁存直到收到另一个包为止，此时，timestamp[23：0]值更新，并且重新锁存。

4.6.6 事件计数器比较器

MC13192/MC13193 组合 4 个满 24 位的编程设置域，这些域可以和事件计数器的“当前计数值”比较。这些比较的意图是使能主机确定事件与“当前计数值”之间的关系。当“当前计数值”与 4 个计数器比较器中的任何一个相匹配时，对应的标记就送到内部中断逻辑。导致 IRQ_Status 寄存器 24 中的某个中断请求位（与相匹配的计数器对应的中断请求位，即 tmr1_irq、tmr2_irq、tmr3_irq 和 tmr4_irq 中的一个）置 1。如果相应的中断屏蔽控制位已经置 1，那么就会产生一个中断请求信号送到引脚$\overline{\text{IRQ}}$。（见图 4-23“事件计数器模块框图”）

(1) 计数器比较域

共有 4 个计数器比较域：tmr_cmp1[23：0]（即 Tmr_Cmp1_A 寄存器 1B，位 7～0 和 Tmr_Cmp1_B 寄存器 1C，位 15～0）、tmr_cmp2[23：0]（即 Tmr_Cmp2_A 寄存器 1D，位 7～0 和 Tmr_Cmp2_B 寄存器 1E，位 15～0）、tmr_cmp3[23：0]（即 Tmr_Cmp3_A 寄存器 1F，位 7～0 和 Tmr_Cmp3_B 寄存器 20，位 15～0）、tmr_cmp4[23：0]（即 Tmr_Cmp4_A 寄存器 21，位 7～0和 Tmr_Cmp4_B 寄存器 22，位 15～0）。

还有特殊情况下用于流数据模式的 16 位比较域：tc2_prime[15：0]（即 TC2_Prime 寄存器 23，位 15～0）。

(2) 计数器禁止位

每个计数器比较器都有一个禁止位，该禁止位使能或者禁止比较器功能。若禁止位置 1，则禁止对应的计数器，缺省的状态是计数器使能（复位到 0）：tmr_cmp1_dis（即 Tmr_Cmp1_A 寄存器 1B，位 15）、tmr_cmp2_dis（即 Tmr_Cmp2_A 寄存器 1D，位 15）、tmr_cmp3_dis（即 Tmr_Cmp3_A 寄存器 1F，位 15）、tmr_cmp4_dis（即 Tmr_Cmp4_A 寄存器 21，位 15）。

如果计数器比较器禁止使用相关位，那么对应的状态位（tmr$x$_irq）就会清 0，关联的中断将被取消（这里，x=1、2、3 或者 4）。

(3) 计数器状态标志

当使能时，四个域都能连续比较事件计数器中的当前计数值。一旦匹配，下列对应的内部状态标志将置 1：tmr1_irq（即 IRQ_Status 寄存器 24，位 8）、tmr2_irq（即 IRQ_Status 寄存器 24，位 2）、tmr3_irq（即 IRQ_Status 寄存器 24，位 4）、tmr4_irq（即 IRQ_Status 寄存器 24，位 3）。

状态位将保持其设置，直到发生 IRQ_Status 寄存器的读操作为止；或者该寄存器比较器禁止位设置为禁止为止。

(4) 计数器中断屏蔽

当比较器匹配发生而且内部状态标志置 1 时，下列中断屏蔽位就能够使能中断信号到引脚$\overline{\text{IRQ}}$：tmr1_mask（即 IRQ_Mask 寄存器 05，位 0）、tmr2_mask（即 IRQ_Mask 寄存器 05，位 1）、tmr3_mask（即 IRQ_Mask 寄存器 05，位 2）、tmr4_mask（即 IRQ_Mask 寄存器 05，位 3）。

如果中断屏蔽位设置为 1（使能），那么计数器的比较状态就会导致中断，而且中断信号将保持有效，直到该状态位通过读 IRQ_Status 寄存器而清 0。

(5) 设置比较值

由于主计数器比较域是 24 位数值，每次它们分享两个连续的 SPI 寄存器地址。通过两次单独 SPI 写，就能够改变计数器比较值；或者通过一次递归两字 SPI 写，也能够改变计数器比较值。

注意：并非所有计数器比较值的位同时在SPI内更新。为了避免事件计数器与部分更新的计数器比较值产生错误匹配，比较器的硬件临时受到抑制。该抑制特性从计数器比较域的MSB地址解码给SPI写时开始，到完成写LSB域时结束。这样，一旦SPI开始写到MSB位置，比较器禁止，直到SPI写LSB位置完成。用软件改变MC13192/MC13193内部计数器比较值的首选做法是，执行计数器比较域的两字递归写，该写操作从MSB地址开始。

4.6.7　预期的事件计数器用法

可以预期，系统会利用"当前计数值"和事件计数器的比较功能来安排系统事件，包括产生时基中断、退出睡眠模式、触发收发器操作。

注意：复位后，计数器比较功能使能，但是中断屏蔽禁止。用户应当禁止全部计数器并且通过读来清0寄存器IRQ_Status。这些操作应当作为复位之后系统初始化的一部分。

1. 产生时基中断

通过设置计数器与"当前计数值"有关的比较值来产生时基中断，允许事件计数器正计数，直到发生与比较值匹配，利用这个匹配产生中断到主机。一般的过程如下：

- 禁止计数器比较。如果状态标志已经置1，则这个操作将清0状态标志。
- 使能计数器比较中断屏蔽。
- 从et[23：0]域，读"当前计数值"。
- 将该计数值加上偏移量，等于预期的"将来计数值"。
- 编程设置适当的计数器比较值到"将来计数值"。
- 编程设置适当的tmr_cmpx_dis位来使能比较功能。
- 允许一个计数器比较值匹配，从而置1状态寄存器位，并且产生中断。适当的内部状态寄存器位总是根据计数器比较值匹配而置1的。当对应的SPI中断屏蔽位寄存器5，位3、2、1或者0置1时，外部中断产生。
- 编程设置适当的tmr_cmpx_dis位来禁止比较功能。如果不这样做，那么将继续运行比较功能。每当计数器重新开始计数，再次与比较值匹配时，另一个中断产生。

2. 用tmr_cmp2[23：0]退出睡眠模式

事件计数器提供时基机制，可以引导MC13192/MC13193退出睡眠模式。当编程设置doze_en(即Control_B寄存器07，位0)为1时，MC13192/MC13193进入睡眠模式。在睡眠模式中，当"当前计数值"与域tmr_cmp2[23：0]之间匹配时，导致MC13192/MC13193退出睡眠模式返回空闲模式。一般的过程如下：

- 从et[23：0]读"当前计数值"。
- 将该计数值加上偏移量，等于预期的"将来计数值"，退出睡眠模式。
- 编程设置域tmr_cmp2[23：0]到"将来计数值"。
- 编程设置doze_mask(即IRQ_Mask寄存器05，位4)为1。
- 编程设置doze_en(即Control_B寄存器07，位0)为1。MC13192/MC13193进入睡眠模式。(对于睡眠模式，控制位tmr_cmp2_dis无影响)
- 当"当前计数值"等于tmr_cmp2[23：0]时，MC13192/MC13193退出睡眠模式，doze_irq

(即 IRQ_Status 寄存器 24,位 9)置 1。由于此时 doze_mask 已经置 1,外部中断产生。

注意:收到$\overline{\text{ATTN}}$或者$\overline{\text{RST}}$信号,MC13192/MC13193 总是能够退出睡眠模式的。如果 acoma_en(即 IRQ_Mask 寄存器 05,位 8)在进入睡眠模式前置 1,那么就会禁止事件计数器逻辑,用来节省能耗。只有$\overline{\text{ATTN}}$或者$\overline{\text{RST}}$才能导致退出睡眠模式。

3. 计数器触发收发器事件

事件计数器可以用来开始 MC13192/MC13193 收发器操作,比如发送或者接收。通过使用 MC13192/MC13193 的计数器触发操作能力,可以预定需要的操作。在包模式中,通过 tmr_cmp2 [23:0],可以调用计数器触发操作;而在流模式中,通过 tc2_prime[15:0],可以调用计数器触发操作。编程设置大于"当前计数值"的计数值到 tmr_cmp2[23:0](对于包模式),或者 tc2_prime[15:0](对于流模式)中。编程设置 tmr_trig_en(即 Control_A 寄存器 06,位 7)为 1。当"当前计数值"增加到与预先设置在比较域里的值匹配的时候,所选的操作序列就会自动开始,无须主机干涉。这就使得主机能够命令 MC13192/MC13193 在将来的某一个时刻执行需要的操作。结束该操作之后,实现需要的系统功能。

(1) 包模式计数器触发 TX 或者 RX 事件

包模式中,只有 tmr_cmp2 [23:0]能够用来触发收发器事件。一般的过程如下:

- 必须编程设置需要的频率。
- 如果 RXTXEN 还不是低电平,那么 MCU 设置其为低电平。
- 流模式的控制位 rx_strm、tx_strm 和 use_strm_mode 必须清 0。
- 从 et[23:0]中读取"当前计数值"。
- 将该计数值加上偏移量,等于预期的"将来计数值",来触发所选的操作。
- 编程设置域 tmr_cmp2[23:0]到"将来计数值"。
- 编程设置控制位 tmr_cmp2_dis(即 Tmr_Cmp2_A 寄存器 1D,位 15)为 0,使能比较功能。
- 如果需要,编程设置 tmr2_mask(即 IRQ_Mask 寄存器 05,位 1)为 1,当计数器比较功能完成并且触发收发器时,使能中断。
- 只用于 TX 操作,装载 tx_pkt_length[6:0]和有效载荷数据到 tx_pkt_RAM[15:0]。
- 编程设置 tmr_trig_en(即 Control_A 寄存器 06,位 7)为 1,使能时基操作。
- 通过 xcvr_seq[1:0],编程设置 MC13192/MC13193 需要的收发器操作。
- 接收引脚 RXTXEN 信号,并且保持高电平。
- 当"当前计数值"等于 tmr_cmp2[23:0]时,MC13192/MC13193 开始所选的收发器操作。当 tmr2_irq(即 IRQ_Status 寄存器 24,位 2)设置为 1 时,如果中断屏蔽位(tmr2_mask)已经设置为 1,则外部中断产生。

  注意:tmr_trig_en (即 Control_A 寄存器 06,位 7)对电平敏感。到下一个计数器触发操作,不需要预先编程设置它为 0。
- 一旦触发,收发器操作以正常方式开始。

(2) 流模式计数器触发 TX 或者 RX 事件

流模式中,tc2_prime[15:0]用来放置 tmr_cmp2 [23:0],以便触发收发器事件。控制位 tmr_cmp2_dis 必须使能,允许 tc2_prime[15:0]执行功能。一般的过程如下:

- 必须编程设置需要的频率。
- 如果 RXTXEN 还不是低电平,那么 MCU 设置其为低电平。

- 包模式的 xcvr_seq[1：0]域必须清 0。
- 从 et[23：0]中读取"当前计数值"。
- 将该计数值加上偏移量，等于预期的"将来计数值"，来触发所选的操作。注意，只有低 16 位用于 tc2_prime[15：0]。
- 编程设置域 tc2_prime[15：0]到"将来计数值"。
- 如果需要，编程设置 tmr2_mask(即 IRQ_Mask 寄存器 05，位 1)为 1，当计数器比较功能完成并且触发收发器时，使能中断。
- 只用于 TX 操作，装载 tx_pkt_length[6：0]和有效载荷数据的第一个字到 tx_pkt_RAM[15：0]。
- 编程设置控制位 tmr_cmp2_dis(即 Tmr_Cmp2_A 寄存器 1D，位 15)为 0，使能比较功能。
- 编程设置 tmr_trig_en(即 Control_A 寄存器 06，位 7)为 1，使能时基操作。
- 编程设置 use_strm_mode 为 1，用于流数据模式。
- 编程设置 rx_strm 或者 tx_strm，用于需要的操作。
- 接收引脚 RXTXEN 信号，并且保持高电平。
- 当"当前计数值"等于 tc2_prime[15：0]时，MC13192/MC13193 开始所选的收发器操作。当 tmr2_irq(即 IRQ_Status 寄存器 24，位 2)设置为 1 时，如果中断屏蔽位(tmr2_mask)已经设置为 1，则外部中断产生。

  注意：tmr_trig_en (即 Control_A 寄存器 06，位 7)电平敏感。到下一个计数器触发操作，不需要预先编程设置它为 0。
- 一旦触发，收发器操作以正常方式开始。

4.7　中　断

4.7.1　中断源与输出引脚$\overline{\text{IRQ}}$

中断提供 MC13192/MC13193 一种发送片上事件给主机 MCU 的方法，不需要 MCU 不断地查询 MC13192/MC13193 的状态。对于给定的事件，中断流如下：

- 中断源屏蔽使能。
- 功能源使能。
- 事件源发生，导致源状态标志置 1，引脚$\overline{\text{IRQ}}$发送低电平。
- 引脚$\overline{\text{IRQ}}$保持低电平发送，直到 MCU 读 IRQ_Status 寄存器，决定中断源。读 IRQ_Status 寄存器，清 0 状态位，而且解除$\overline{\text{IRQ}}$信号，使之变成高电平。

当多个事件源发生时，MCU 就必须使用 IRQ_Status 寄存器的内容来确定导致中断的所有当前事件，按照其优先次序响应它们。这是通过 MCU 的中断服务程序完成的。

1. 中断源

表 4-33 列出了中断状态位、中断屏蔽位和中断源。

表 4-33 MC13192/MC13193 中断源

序 号	状态位	屏蔽位	中断源描述	中断清除机制*
1	pll_lock_irq	pll_lock_mask	PLL 解锁	读 IRQ_Status 寄存器
2	ram_addr_err/ tx_done_irq	ram_addr_mask/ tx_done_mask	① RAM 地址错。在包数据模式,递归存取 Packet RAMF 已经超过 RAM 地址的最大值。Ram_addr_mask 控制这个模式下产生中断。 ② TX 完成。在流数据模式,TX 操作完成并且收发器已经返回空闲模式。在这个模式,tx_done_mask 控制中断产生	读 IRQ_Status 寄存器 (对所有的模式)
3	arb_busy_err/ rx_done_irq	arb_busy_mask/ rx_done mask	① 判别器忙错。在包数据模式,试图在包接收或者包发送期间执行 SPI 存取。在这个模式,arb_busy_mask 控制中断产生。 ② RX 完成。在流数据模式,RX 操作完成并且收发器已经返回空闲模式。在这个模式,rx_done_mask 控制中断产生	—
4	strm_data_err	strm_data_mask	① 对于 RX 流数据模式,在先前的 RX 数据字读出之前,又收到一个新数据字(这个情况属于数据溢出)。 ② 对于 TX 流数据模式,在下一个 TX 数据写入之前,当前 TX 数据字发送完成(这个情况属于数据装载不足)	—
5	attn_irq	attn_mask	已经收到 $\overline{\text{ATTN}}$ 信号,或者在复位后,MC13192/MC13193 已经完成上电操作	读 IRQ_Status 寄存器
6	doze_irq	doze_mask	在睡眠模式中,已经发生 tmr_cmp2 匹配,且 MC13192/MC13193 将返回空闲模式	读 IRQ_Status 寄存器
7	rx_rcvd_irq/ rx_strm_irq	rx_rcvd_mask	① rx_rcvd_irq。在包数据模式中,当前 RX 包已经收到,Packet RAM 中的数据已经就绪读,收发器已经返回空闲模式。 ② rx_strm_irq。在流数据模式中,一个数据字已经就绪读: a. 首先发生的——PX Packet 长度可以读出。 b. 随后发生的——下一个流数据字已就绪读	① 读 IRQ_Status 寄存器 ② 从寄存器 2D 读 RX Packet 长度; ③ 从寄存器 01 读 RX 数据字
8	tx_sent_irq/ tx_strm_irq	tx_sent_mask	① tx_sent_irq——在包数据模式,已经完成发送 Packet RAM 中的当前 TX 包。收发器已经返回空闲模式。 ② tx_strm_irq——在流数据模式,发送器已经就绪下一个 TX 数据字的写入	① 读 IRQ_Status 寄存器 ② 寄存器 02 中,写入 TX 数据

续表 4-33

序　号	状态位	屏蔽位	中断源描述	中断清除机制*
9	cca_irq	cca_mask	CCA 已经完成	读 IRQ_Status 寄存器
10	tmr1_irq	tmr1_mask	tmr_cmp1 已经匹配	读 IRQ_Status 寄存器，或者将 tmr_cmp1_dis 置 1
11	tmr2_irq	tmr2_mask	tmr_cmp2 或者 tc2_prime 已经匹配。（当 tmr_cmp2 用来退出睡眠模式时，没有这个功能）	读 IRQ_Status 寄存器，或者将 tmr_cmp2_dis 置 1
12	tmr3_irq	tmr3_mask	tmr_cmp3 已经匹配	读 IRQ_Status 寄存器，或者将 tmr_cmp3_dis 置 1
13	tmr4_irq	tmr4_mask	tmr_cmp4 已经匹配	读 IRQ_Status 寄存器，或者将 tmr_cmp4_dis 置 1

*　虽然某些状态位能够用其他的方法清 0，但是读 IRQ_Status 寄存器可以清 0 全部状态位。

2. 输出引脚$\overline{\text{IRQ}}$

$\overline{\text{IRQ}}$信号为漏极开路输出，当中断未决时，以低电平发送。该信号通过 SPI 处理、读 IRQ_Status 寄存器而解除，其电平变高。$\overline{\text{IRQ}}$信号漏极开路输出，需要被动上拉；也可以编程设置它的驱动强度。

(1) 编程设置$\overline{\text{IRQ}}$上拉

$\overline{\text{IRQ}}$需要被动上拉，可以通过两种方法完成：

- 使用片上上拉电阻器(标称阻值为 40 kΩ)——设置 irqb_pup_en 位（即 GPIO_Data_Out 寄存器 0C，位 7）为 1，激活该电阻器。这种方法为缺省模式。
- 使用外部电阻器(阻值必须大于 4 kΩ)。

(2) 设置$\overline{\text{IRQ}}$输出驱动强度

通过写入 irqb_drv[1：0]（即 GPIO_Data_Out 寄存器 0C，位 9－8）来编程设置$\overline{\text{IRQ}}$输出驱动强度。驱动强度有 4 个级别。当 irqb_drv[1：0]域值为 00 时，驱动强度最低；域值为 11 时，驱动强度最高。缺省值为 11。

建议用户不要设置$\overline{\text{IRQ}}$驱动强度为最高值，以得到最好的性能。

4.7.2　状态位 pll_lock_irq 及其操作

如同 4.3.4 小节中的“IRQ_Status——寄存器 24”所述，在收发器 TX、RX 或者 CCA (ED)操作期间，状态位 pll_lock_irq 用来指示 LO1 PLL 是上锁还是解锁。如果在收发器操作期间 LO1 解锁，那么收发器将返回空闲模式，而且状态位 pll_lock_irq 置 1。在试图进入任何收发器主动模式（TX、RX 或者 CCA）之前，应用软件必须读 IRQ_Status 寄存器 24（状态位 pll_lock_irq 清 0）。如果该状态位未清 0，任何随后的主动模式就会立即异常退出。

最好的作法就是使能 pll_lock_irq 中断，这样，如果解锁发生，就会发送$\overline{\text{IRQ}}$，请求中断。

- 如果没有使能 pll_lock_irq 中断，但发生了 LO1 解锁，那么用于 RX 操作的状态位 rx_rcvd_irq 就不会置 1，用于 CCA 操作的状态位 cca_irq 也不会置 1，因为这些操作都异常退出了。结果不会产生中断，随后的任何操作都会异常退出。

● 如果没有使能用来 TX 操作的 pll_lock_irq 中断，但发生了 LO1 解锁，那么，当 TX 异常退出时，状态位 tx_sent_irq 置 1，因此产生中断。然而，如果不读 IRQ_Status 寄存器 24，随后的任何操作都会异常退出。

4.7.3 状态位 attn_irq 及其中断操作

如同 4.3.4 小节中的“IRQ_Status——寄存器 24”所述，状态位 attn_irq 指示：

● 解除$\overline{\text{RST}}$信号之后，收发器进入空闲模式（全上电）。其缺省状况为 attn_irq 中断请求使能，状态位 attn_irq 置 1，发送$\overline{\text{IRQ}}$信号。

● 收到$\overline{\text{ATTN}}$信号，收发器退出低功耗模式（通常情况是退出休眠模式或者睡眠模式）。如果中断尚未屏蔽，就发送$\overline{\text{IRQ}}$信号。对于正在进入休眠模式或者睡眠模式时提前收到$\overline{\text{ATTN}}$信号的反常情况，请见 4.2.8 小节中的“提前收到$\overline{\text{ATTN}}$，退出休眠模式或者睡眠模式”。

4.7.4 退出低功耗模式的中断

MC13192/MC13193 有 3 种低功耗模式。每种模式退出时，产生的中断稍微有些不同。

(1) 退出关断模式(Reset)

收发器收到$\overline{\text{RST}}$信号就处于复位状态并且保持复位状态（关断模式）。初始化在复位时完成，使能 attn_mask，这就允许当 attn_irq 置 1 时产生中断请求。attn_irq 置 1 的一种情况是收发器在解除$\overline{\text{RST}}$信号（变为高电平）之后退出复位状态。其结果是，当退出复位状态时，只要 attn_irq 置 1 都会产生中断请求。

(2) 退出休眠模式

休眠模式通常只是通过收到$\overline{\text{ATTN}}$信号退出（很明显，$\overline{\text{RST}}$信号能够覆盖$\overline{\text{ATTN}}$信号）。收到$\overline{\text{ATTN}}$，就使得状态位 attn_irq 置 1。如果需要以中断来表示重要的事件，在进入休眠模式之前，就必须设置屏蔽位 attn_mask 为 1。这样，由于退出休眠模式时，状态位 attn_irq 置 1，就会产生中断请求。

(3) 退出睡眠模式

通过收到$\overline{\text{ATTN}}$信号或者通过使用 tmr_cmp2 能够退出睡眠模式（当然，复位可以覆盖这两种方法）。即使计数器选项已经使能，收到$\overline{\text{ATTN}}$信号总会导致退出睡眠模式。如果需要中断，在进入睡眠模式之前就要将屏蔽位 attn_mask 设置为 1。这样，当由于退出睡眠模式时状态位 attn_irq 置 1，中断请求就产生了。

另外，使用 tmr_cmp2 能够退出睡眠模式，Acoma 模式除外。因为 Acoma 模式不能使用计数器。当发生 tmr_cmp2 匹配时，状态位 doze_irq 置 1。如果屏蔽位 doze_ask 已经置 1，那么，中断请求就产生了。

4.8 各种功能

4.8.1 复位功能

有两种复位状态。要使 MC13192/MC13193 处于两者之一，可以通过硬件输入$\overline{\text{RST}}$信号，或者通过软件写入 Reset 寄存器 00。

(1) 输入引脚$\overline{\text{RST}}$

输入引脚$\overline{\text{RST}}$收到低电平信号，收发器就处于完全复位状态（关断模式并且掉电）。收发器保持这种复位模式，直到$\overline{\text{RST}}$信号解除，变成高电平。$\overline{\text{RST}}$信号解除后，收发器将在 25 μs 之内转换到空闲模式。复位时，引脚 GPIO 恢复到输入状态。

引脚$\overline{\text{RST}}$已经编程设置上拉，这是缺省状态。为了使功耗最低，也可以编程禁止上拉。

(2) 软件复位(写入 Reset 寄存器 00)

写入 Reset 寄存器 00 导致复位状态。这是数字逻辑复位，没有使收发器掉电，Packet RAM 中的数据得到保持，但强制收发器进入空闲模式，强制全部 SPI 寄存器复位到它们的缺省状态。复位状态保持的时间与收到的$\overline{\text{CE}}$信号一样，当$\overline{\text{CE}}$信号无效时（变成高电平），复位状态解除。

(3) 复位指示位(RST_Ind 寄存器 25，位 7)

确定收发器是否从复位状态恢复空闲状态或者通过$\overline{\text{ATTN}}$信号从低功耗状态返回空闲状态。在复位操作期间，而不是低功耗模式期间（例如睡眠或者休眠），复位指示位（reset_ind 即 RST_Ind 寄存器 25，位 7）清 0。复位操作后第一次读 RST_Ind 寄存器 25，就置 1 复位指示位 reset_ind，而且保持这个设置不变，直到另一个复位操作到来为止。

当退出复位状态，通过 attn_irq（即 IRQ_Status 寄存器 24，位 10）产生中断请求（缺省状态是中断屏蔽位 attn_mask 置 1），通过收到$\overline{\text{ATTN}}$信号退出休眠或者睡眠模式时，也可以使能同样的中断。作为结果来看，reset_ind 能够确定空闲状态究竟来自复位状态还是来自睡眠或者休眠状态。

退出复位状态并且响应 attn_irq 中断之后，用户应当读寄存器 25，这样会设置 reset_ind 为 1。其后，如果收发器进入睡眠模式或者休眠模式，然后通过收到$\overline{\text{ATTN}}$信号唤醒，依旧使用 attn_irq 中断。由于 reset_ind 置 1，表示收发器没有复位，不需要重新初始化。

4.8.2 通用 I/O

MC13192/MC13193 有 7 个通用 I/O 引脚（GPIO1～GPIO7）。其特性包括：

- CMOS 逻辑电平，负载电流为±1 mA；
- 可编程设置为输入或者输出；
- 不提供编程设置上拉电阻器；
- 复位期间禁止输出，作为输入退出复位；
- 没有产生中断的能力；
- 一旦编程设置为输出，GPIO 引脚在收发器转换到睡眠模式或者休眠模式时，仍然保持它的状态。

注意： 不使用的 GPIO 引脚必须采取措施防止浮动输入。第一种方法是，通过硬件接地。如果用户需要留下 GPIO 引脚（不接地），以便以后使用，在初始化收发器的时候，应该编程设置不使用的 GPIO 引脚为输出引脚，输出为低电平，防止输出电流过大，也防止浮动输入。这是第二种方法。如果保持收发器在复位的最低功耗状态，GPIO 就回到输入状态，编程设置的 GPIO 引脚状态就被覆盖了。

(1) 配置 GPIO 方向

使用 GPIO_Dir 寄存器 0B 配置 GPIO。每个 I/O 有一个 gpiox_oen(x=1～7)输出使能位，一个 gpiox_ien(x=1～7)输入使能位。退出复位，这些使能位的缺省状态是 7 个 gpiox_ien 输入使能位设置 1，而 7 个 gpiox_oen 输出使能位清 0。这样，GPIO 引脚的缺省状态就是输入。

注意： 如果同时将任何一位编程设置为输入和输出，那么输入将覆盖输出。

(2) 设置 GPIO 输出驱动强度

如果任何 GPIO 引脚编程设置为输出，那么它们的驱动强度可以编程设置。通过写控制域 gpio1234_drv[1∶0](即 GPIO_Dir 寄存器 0B，位 15～14)，从 GPIO1 到 GPIO4 作为一个组，编程设置驱动强度。通过写 gpio567_drv[1∶0](即 GPIO_Data_Out 寄存器 0C，位 15～14)，从 GPIO5 到 GPIO7 作为一个组，编程设置驱动强度。驱动强度有 4 个级别，最低驱动强度对应域值 00，而最高驱动强度对应域值 11。

(3) 编程设置 GPIO 输出值

GPIO_Data_Out 寄存器 0C 有 7 个 gpiox_o 位(x=1～7)。当 I/O 编程设置为输出时，对应每个 GPIO 引脚，建立输出状态。设置某个 gpiox_o 位为 1，就输出高电平。

(4) 读 GPIO 输入状态

GPIO_Data_In 寄存器 28 有 7 个 gpiox_i 位(x=7)。当 GPIO 编程设置为输入时，它的状态能够通过读该寄存器中对应的 gpiox_i 位来确定。

(5) GPIO1 和 GPIO2 作为状态指示器

为了给 MCU 提供方便、快捷的指示器，GPIO1 和 GPIO2 可以编程设置特殊选择功能。如果 Control_C 寄存器 09 的 gpio_alt_en 位设置为 1，那么：

① GPIO1 变成“空闲模式之外”指示器(除空闲模式之外的主动模式为高电平)——GPIO1 反映收发器的内部状态。如果收发器处于 TX 或者 RX 或者 CCA/ED 序列，那么 GPIO1 将输出高电平。一旦这些序列结束，GPIO1 将返回低电平，表示收发器已经返回空闲模式。在收发器处于睡眠模式或者休眠模式时，GPIO1 也保持低电平。

② GPIO2 变成“CRC 有效”或者“CCA 结果有效”指示器(有效为高电平)——

对于 RX 序列，一旦 RX 操作完成，GPIO2 输出高电平，表示 CRC 有效；GPIO1 输出低电平，表示返回空闲模式。GPIO1 输出电平从高到低的变化在 GPIO2 上锁存了 CRC 结果。直到下一个收发序列，GPIO2 的状态不变。如果操作出错，例如发生 PLL 解锁状况，GPIO2 不会输出高电平，不会表示有效结果。

对于 CCA 序列，一旦 CCA 操作完成，GPIO2 输出高电平，表示 CCA 有效；GPIO1 输出低电平，表示返回空闲模式。GPIO1 输出电平从高到低的变化在 GPIO2 上锁存了 CCA 结果。直到下一个收发序列，GPIO2 的状态不变。如果操作出错，例如发生 PLL 解锁状况，GPIO2 不会输出高电平，不会表示有效结果。

MCU 可以使用 GPIO1 和 GPIO2 这两个信号得知流模式期间收发器的状态，而不必查询收发器的片上状态寄存器。

注意： 为了实现上述功能，GPIO1 和 GPIO2 也应当编程设置为输出状态。

4.8.3　晶体振荡器

用于 MC13192/MC13193 的晶体振荡器使用下列外部引脚：

XTAL1——基准晶振输入。

XTAL2——基准晶振输出。该引脚不应当用作基准源负载，也不应当用来测量频率；而应当使用CLKO来测量或者供应16 MHz频率。

晶体振荡器电路如图4-24所示。

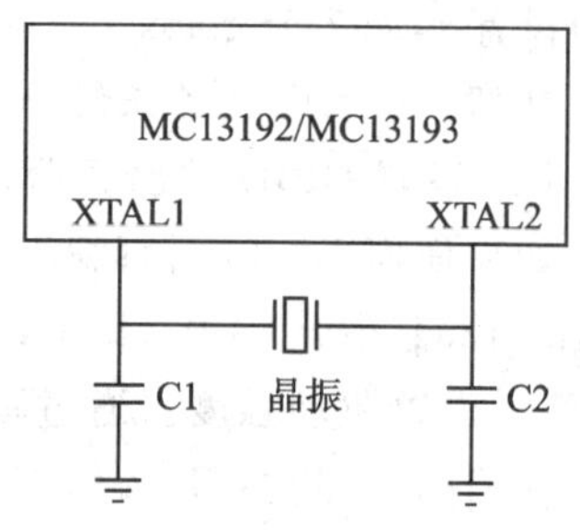

图4-24　晶体振荡器电路

(1) 对晶振电路的要求

MC13192/MC13193只需要16 MHz晶振以及小于9 pF的负载电容。负载电容受内部振荡器电路和振荡频率整理能力需求的限制，该整理能力在下一节介绍。由于IEEE 802.15.4标准需要频率误差保持在$\pm 40\times 10^{-6}$之内，故晶体振荡器的频率误差要求极为严格。这个要求是对整个振荡器电路提出的，而不仅仅限于晶振。

(2) 晶体振荡频率整理操作

MC13192/MC13193使用具有纠偏能力的16 MHz晶体振荡器作为系统基准振荡器。该纠偏能力由MC13192/MC13193通过编程设置xtal_trim[7：0]域(即CLKO_Ctl寄存器0A，位15～8)实现。在整理过程中，取决于晶体的类型，每一步只改变频率几Hz。当设置xtal_trim[7：0]域为0时，就设置了频谱的高端。随着xtal_trim[7：0]的增加，频率下降。可以通过使用频谱分析仪或者频率计数器，跟踪晶体振荡频率信号，观测到该整理过程的精确性。通过编程设置clko_rate[2：0]域(即CLKO_Ctl寄存器0A，位2～0)为000，就可以在引脚CLKO处测量到基准频率。晶体振荡器频率不应该在收发器的引脚26或者27(XTAL1或者XTAL2)处监视，因为这会给振荡器加上负载，造成频率改变。

图4-25所示为典型的晶体振荡器频率相对于xtal_trim[7：0]的编程设置值的变化情况。

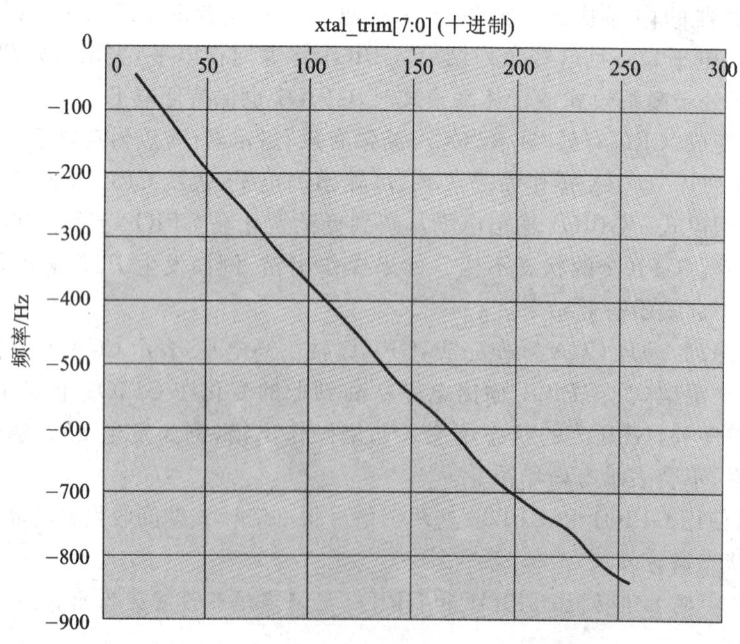

图4-25　晶体振荡器频率相对于xtal_trim[7：0]设置值的变化

4.8.4 时钟输出引脚 CLKO

MC13192/MC13193 能够提供时钟输出，作为微控制器的频率源、频率测试点或者其他用途的基准源。时钟输出由信号 CLKO 提供，可以接通（缺省状态），也可以关断（作为降低能耗的措施）。CLKO 由若干控制域控制。

（1）使能 CLKO（clko_en，即 Control_C 寄存器 09，位 5）

设置 clko_en 位（即 Control_C 寄存器 09，位 5）为 1，使能 CLKO 信号。复位后的缺省状态是时钟输出使能。缺省频率是由 clko_rate[2：0]域设置的 32.768 kHz。

（2）设置 CLKO 频率（clko_rate[2：0]域，即 CLKO_Ctl 寄存器 0A，位 2～0）

编程设置在 3 位域 clko_rate[2：0]（即 CLKO_Ctl 寄存器 0A，位 2～0）中的数值选择输出频率。频率从 16 MHz 到 16 kHz 均可提供。缺省频率是 32.768 kHz，此时，域值 clko_rate[2：0]＝110。（表 4－13 列出了相对于编程设置域值 clko_rate[2：0]的 CLKO 频率）

（3）睡眠模式期间使能 CLKO（clko_doze_en，即 Control_B 寄存器 07，位 9）

在睡眠模式期间，使能位 clko_doze_en（即 Control_B 寄存器 07，位 9）用来控制 CLKO。如果在进入睡眠模式之前设置 clko_doze_en 为 1，则当 MC13192/MC13193 处于睡眠模式时，CLKO 会继续发送。CLKO 频率必须设置为 1 MHz 或者更低。复位之后的缺省值 clko_doze_en＝0，作为节能措施。

如果 clko_doze_en＝0 而且 CLKO 已经使能，那么，编程设置 doze_en 位为 1 之后 128 个基准时钟周期（16 MHz），CLKO 就停止发送。退出睡眠模式之后，除了最低的两个频率 16.393 kHz和 32.786 kHz 之外，CLKO 会自动重新启动。

注意： 退出睡眠模式后，最低的两个频率 16.393 kHz 和 32.786 kHz 不会直接重新启动。要重新启动这些频率的 CLKO，clko_en（即 Control_C 寄存器 09，位 5）必须清 0，然后再次置 1。

（4）设置 CLKO 输出驱动强度（clko_drv[1：0]域，即 GPIO_Data_Out 寄存器 0C，位 11～10）

通过写 clko_drv[1：0]域（即 GPIO_Data_Out 寄存器 0C，位 11～10），CLKO 输出驱动强度可以编程设置为 4 种不同的级别。缺省值是最低驱动强度 00。注意，对于最高频率，例如16 MHz，CLKO 必须编程设置为最高驱动强度。表 4－34 所列为最高频率和最大负载电容的输出驱动强度。

表 4－34 CLKO 驱动强度（clko_drv[1：0]）

驱动强度（clko_drv[1：0]）	最高频率/MHz	最大负载电容 C_{load}/pF
00	1	20
01	8	20
10	16	20
11	16	$20 < C_{load}$

4.8.5 输入引脚 $\overline{\text{ATTN}}$

信号 $\overline{\text{ATTN}}$ 用于退出睡眠模式或者休眠模式。（睡眠模式也可以通过 tmr_cmp2 比较事件退出。）

收到 $\overline{\text{ATTN}}$ 信号低电平也能够产生中断。中断状态位是 attn_irq（即 IRQ_Status 寄存器

24,位10)。中断屏蔽位是attn_mask(即IRQ_Mask寄存器05,位15)。

4.9 应　用

4.9.1 晶体振荡器基准频率

IEEE 802.15.4标准需要保持在±40 ppm精度的频率误差。这就意味着在发送器和接收器之间,合计偏移量高达80 ppm时,其性能仍然能够接受。这里的决定因素是晶体振荡器基准频率的误差。许多因素会影响这个误差：初始(或制成时的)晶振谐振频率本身的误差;随温度的变化;随时间(也就是众所周知的老化)的变化;随负载电容的变化。

晶体谐振频率随负载电容的变化受下列因素影响：

- 外部负载电容值——初始误差以及随温度的变化。
- 内部整理电容值——初始误差以及随温度的变化。
- 晶体引脚节点电容漂移——包括片上电容漂移、封装电容漂移和印刷电路板电容漂移,它们的初始误差以及随温度的变化。

Freescale公司使用小于9 pF负载电容的16 MHz晶振。MC13192/MC13193不包含基准分频器,因此只能使用16 MHz频率。禁止晶振使用高负载电容,因为高负载电容会危及放大器电路的性能。晶振制造商定义负载电容是连接晶振两端的外接电容器。MC13192/MC13193中的振荡器需要配置两个平衡的负载电容器,连接在晶振的两端,并且接地。这样,电容器看起来就串联在晶振上了,因此,每个负载电容器的容量必须小于18 pF。

在参考方案中,每个外接负载电容器是6.8 pF,连接在一个需要8 pF负载电容器的晶振上。缺省的内部整理电容量(2.4 pF)加上电容器漂移量(6.8 pF)为9.2 pF。电容漂移量由经验决定,假设内部整理电容器缺省值用于电路板布线。不同的电路板布线需要不同的外部负载电容器值。片上整理能力可以用来确定最接近标准的负载电容值,通过SPI调整整理值并且观测CLKO上的频率就可以做到。每个片上整理负载电容器有一个整理范围,大约为5 pF。

内部整理电容器的初始误差大约是±15%。

由于MC13192/MC13193包含片上基准频率整理能力,事实上有可能配平所有的初始误差,实现频率精度0.12×10^{-6}。

误差分析涉及上述所有的因素。这是一种工程判断,假设在最差的情况下,引起误差的所有因素变化方向一致,取误差的总和;或者假设那些因素的变化符合统计学规律,取误差的平方根之和。老化因素通常指定为10^{-6}每年,据此,就可以假设产品的寿命年限。考虑了所有的因素之后,就能够决定晶振和外部负载电容器的规格,以适应IEEE 802.15.4标准的需要。

4.9.2 典型电路

图4-26所示为MC13192/MC13193的基本应用电路,表4-35列出了其材料清单(BOM)。

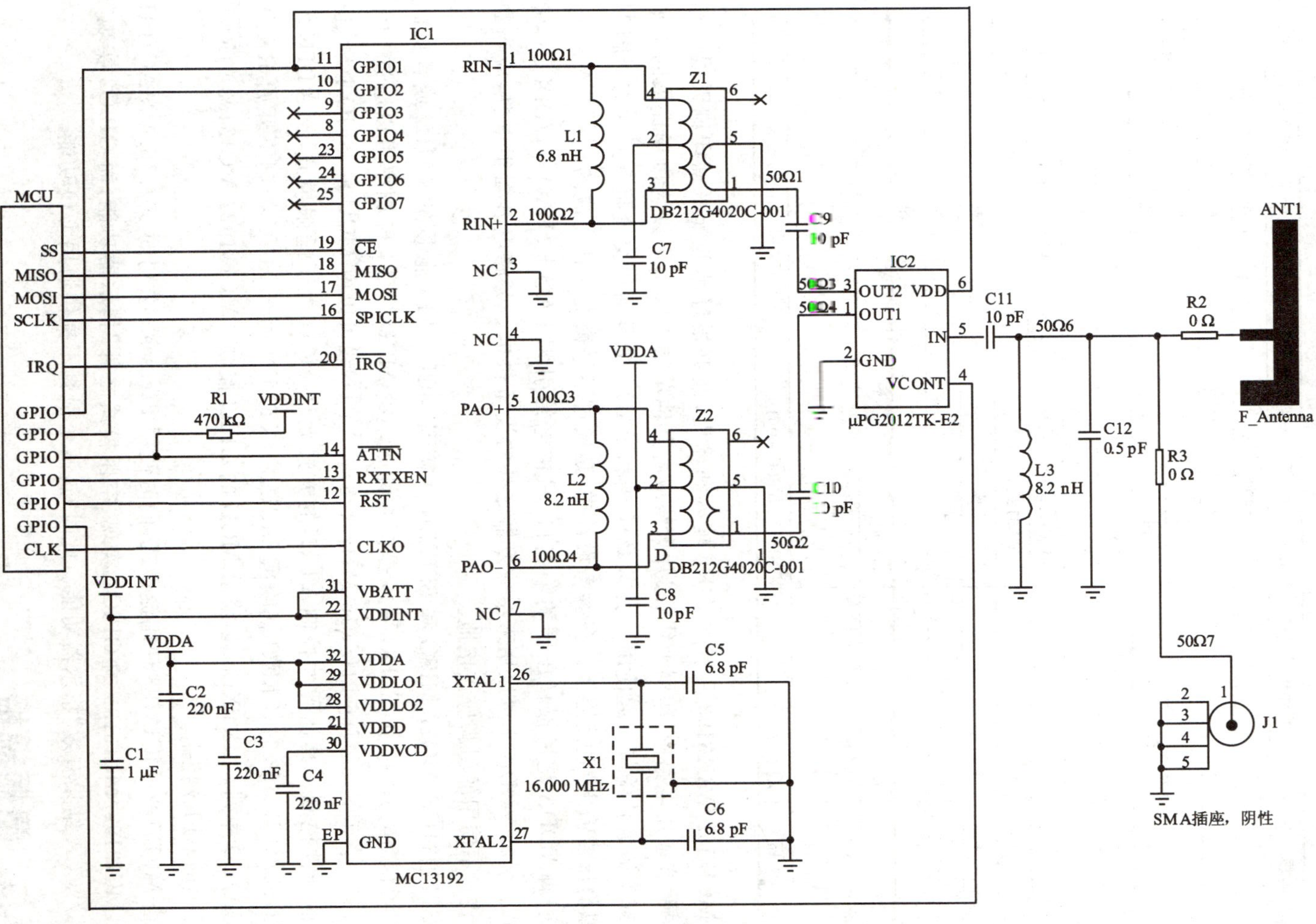

图 4-26　MC13192/MC13193 基本应用电路

表 4-35　基本应用电路的材料清单(BOM)

序　号	元件代号	元件参数或型号	制造商
1	ANT1	F_Antenna	印刷电路的一部分
2	C1	1 μF	略
3	C2, C3, C4	220 nF	略
4	C5, C6	6.8 pF	略
5	C7, C8, C9, C10,C11	10 pF	略
6	C12	0.5 pF	略
7	IC1	MC13192/MC13193	Freescale Semiconductor
8	IC2	μPG2012TK-E2	NEC公司
9	J1	SMA插座,阴性	略
10	L1	6.8 nH	略
11	L2, L3	8.2 nH	略
12	R1	470 kΩ	略
13	R2, R3	0 Ω	略
14	X1	16.000 MHz，型号DSX321G，ZD00882	KDS, Daishinku Corp
15	Z1, Z2	DB212G4020C-001	Murata公司

MC13192/MC13193具有差动RF输入和输出,能够很好地匹配平衡印刷天线。作为一种选择,在应用电路中,印刷天线、芯片天线或者其他单端天线都可以与市场提供的不平衡变压器或者微波传输带一起使用。引脚PAO+和PAO-需要通过交流阻塞元件与引脚VDDA(模拟稳压器输出)直流连接。在参考设计中,是通过不平衡变压器完成的。

引脚VDDA是模拟稳压器的输出口,只供电给引脚PAO+、PAO-、VDDLO1和VDDLO2。引脚VDDA不可以用来给收发器之外的设备供电。旁路电容器很重要,应当靠近芯片安装。不使用的引脚应该接地。

SPI通过$\overline{\text{CE}}$、MOSI、MISO和SPICLK连接到MCU。SPI能够在8 MHz或者更低的频率下运行。作为可选项,CLKO可以提供时钟频率给MCU。CLKO频率可以通过SPI编程设置,其缺省值是32.786 kHz (16 MHz/488)。$\overline{\text{ATTN}}$线可以由MCU的GPIO驱动,也可以由其他硬件控制。其他硬件控制$\overline{\text{ATTN}}$的方式允许MCU处于睡眠模式,当$\overline{\text{ATTN}}$线唤醒MC13192/MC13193时,CLKO就唤醒MCU。RXTXEN用于MUC控制下开始RX、TX或者CCA/ED序列。RXTXEN必须由MCU的GPIO控制。MC13192/ MC13193的$\overline{\text{RST}}$也由MCU上的GPIO控制。

当MC13192/MC13193使用流模式,同时使用Freescale公司的802.15.4 MAC/PHY软件时,MC13192/MC13193的GPIO1实现"空闲模式之外"指示器功能;而GPIO2实现"CRC有效"/"CCA结果有效"指示器功能。此时,这两个引脚不提供通用I/O功能。

4.9.3　晶振规格

MC13192/MC13193使用的晶振规格如表4-36所列。

表 4－36　MC13192/MC13193 使用的晶振规格①

参　数	数　值	条　件
频率/MHz	16.000000	
频率误差(切割误差)②	$\pm 10\times 10^{-6}$	25℃
频率稳定性(温度漂移)③	$\pm 15\times 10^{-6}$	超过需要的温度范围
老化④	$\pm 2\times 10^{-6}$	最大值
等效串联电阻(ESR)⑤/Ω	43	最大值
负载电容⑥/pF	5～9	
寄生电容/pF	<2a	

注：① 用户须确认产品规格是否适合封装需求；
② 若产品的最后测试使用频率整定，则允许更大的频率误差；
③ 若产品的最后测试使用频率整定，则允许更大的温度漂移；
④ 若产品的最后测试使用频率整定，则允许更大的老化误差；
⑤ 若使用较小的负载电容器，就可以接受更大的 ESR；
⑥ 较小的负载电容器可以允许较高的 ESR，而且对于低温下的睡眠模式也较好。

4.10　电气特性

4.10.1　极限参数

使用 MC13192/MC13193 时的极限参数如表 4－37 所列。

表 4－37　极限参数

参数名称	参　数	数　值
电源直流供电电压	V_{BATT}，V_{DDINT}/V	3.6
RF 输入功率	P_{max}/dBm	待定
结点温度	T_J/℃	125
存储温度范围	T_{stg}/℃	－55～125

注意：在使用 MC13192/MC13193 时，如果超过极限参数，就会受到损坏。应当限制在电气特性范围之内，或者按照表 4－38 建议操作条件来使用。

静电保护接触人体模型(HBM)电压为 2 kV，RF 输入/输出引脚无静电保护。

4.10.2　推荐条件

推荐条件如表 4－38 所列。

表 4-38 推荐条件

参数名称	参数符号	最小值	典型值	最大值
直流电源供电电压($V_{BATT}=V_{DDINT}$)*	V_{BATT},V_{DDINT}/V	2.0	2.7	3.4
输入频率	f_{in}/GHz	2.405	—	2.480
环境温度范围	T_A/℃	−40	25	85
逻辑输入电压(低)	V_{IL}/V	0	—	30% V_{DDINT}
逻辑输入电压(高)	V_{IH}/V	70% V_{DDINT}	—	V_{DDINT}
SPI时钟频率	f_{SPI}/MHz	—	—	8.0
RF输入功率	P_{max}/dBm	—	—	10
晶体振荡器频率(±40 ppm,大于IEEE 802.15.4标准规定的操作条件)	f_{ref}/MHz	16		

* 如果供电电压由DC-DC开关电源转换,则波纹峰值电压应当小于100 mV。

4.10.3 直流电气特性

直流电气特性如表4-39所列。

表 4-39 直流电气特性

参数名称		符号	最小值	典型值	最大值	备注
电源供电电流 $V_{BATT}+V_{DDINT}$	关断(OFF)	$I_{leakage}$/μA	—	0.2	1.0	—
	休眠	I_{CCH}/μA	—	2.3	—	
	睡眠(无CLKO)*	I_{CCD}/μA	—	35	—	
	空闲	I_{CCI}/μA	—	500	800	
	发送模式	I_{CCT}/mA	—	30	35	
	接收模式	I_{CCR}/mA	—	37	42	
输入电流(V_{IN}=0 V或者V_{DDINT})		I_{IN}/μA	—	—	±1	数字输入
输入低电压		V_{IL}/V	0	—	30% V_{DDINT}	数字输入
输入高电压		V_{IH}/V	70% V_{DDINT}	—	V_{DDINT}	数字输入
输出低电压		V_{OL}/V	0	—	20% V_{DDINT}	数字输出
输出高电压		V_{OH}/V	80% V_{DDINT}	—	V_{DDINT}	数字输出

注:除特别标注之外,$V_{BATT}=V_{DDINT}$=2.7 V,T_A=25℃;

* CLKO频率缺省值为32.786 Hz。

4.10.4 交流电气特性

注意,所有交流测量参数除了特别标注之外,都是按照SPI寄存器的缺省值设置的。但是,下列寄存器的设置应该以此为准:

寄存器08=0xFFF7;寄存器11=0x20FF。

接收器交流电气特性如表4-40所列。

表 4-40　接收器交流电气特性

参数名称		最小值	典型值	最大值	备　注
包差错率 PER=1%时的灵敏度 $SENS_{per}$/dBm		—	−92	—	−40～+85℃
包差错率 PER=1%时的灵敏度/dBm		—	−92	−87	+25℃
饱和度 $SENS_{max}$/dBm		0	10		最大输入电平
包差错率 PER=1%时的信道抑制/dB	+5 MHz（邻近信道）	—	25	—	需要的信号功率为−82 dBm
	−5 MHz（邻近信道）	—	31	—	
	+10 MHz（交替信道）	—	42	—	
	−10 MHz（交替信道）	—	41	—	
	≥15 MHz	—	49	—	
频率误差/kHz		—	—	200	—
符号速率误差/ppm		—	—	80	—

注：除特别标注之外，$V_{BATT}=V_{DDINT}=2.7$ V，$T_A=25$℃，$f_{ref}=16$ MHz。

发送器交流电气特性如表 4-41 所列。

表 4-41　发送器交流电气特性

参数名称	最小值	典型值	最大值	备　注
频谱功率密度/dBm	—	−47	−30	−40～+85℃，绝对界限
频谱功率密度/dBm	20	40	—	−40～+85℃，相对界限
标称输出功率① Pout/dBm	−3	0	3	—
最大输出功率②/dBm			4	—
误差向量振幅 EVM/(%)	—	20	35	—
输出功率控制范围/dB	—	31	—	典型值−27～+4 dBm
无线数据速率/kbps	—	250	—	—
二次谐波/dBc	—	−42	—	—
三次谐波/dBc	—	−44	—	—

注：除特别标注之外，$V_{BATT}=V_{DDINT}=2.7$ V，$T_A=25$℃，$f_{ref}=16$ MHz；

① SPI 寄存器 12 编程设置为 0x00BC 时输出功率到标称输出功率为的典型值为 0 dBm；

② SPI 寄存器 12 编程设置为 0x00FC 时输出功率到最大输出功率电平为 4 dBm。

第5章 CC2420 RF收发器

5.1 概 述

CC2420是Chipcon公司推出的，用来实现ZigBee应用的单片RF收发器。它具有高度集成、低成本、低电压、低功耗的特点，能够进行鲁棒的(robust)无线通信；支持2.4 GHz IEEE 802.15.4/ZigBee协议，内置一个数字直接序列扩频调制解调模块，提供扩频增益9 dB，其数据通信速率可达250 kbps。

CC2420为包处理、数据缓冲、突发通信、数据加密、数据验证、空闲信道评估、链路质量指示和包定时(packet timing)信息等提供了强有力的硬件支持。这些硬件支持减轻了主控制器的负担，使得它能够使用低成本的微控制器。此外，它通过串行外部设备接口来配置收发FIFO。通常，它与微控制器和少量外部无源元件一起，就可以组成典型的实际应用。

5.2 主要特性

(1) 2400～2483.5 MHz RF收发器

- 适应2.4 GHz IEEE 802.15.4，具备基带调制解调；
- 直接序列扩频(DSSS)收发器；
- 数据速率250 kbps，片码速率为2 Mchip/s；
- 具有半正弦脉冲调制的偏移正交相移键控；
- 超低电流消耗(RX—18.8 mA；TX—17.4 mA)；
- 高灵敏度(－95 dBm)；
- 高相邻信道抑制(30/45 dB)；
- 高交替信道抑制(53/54 dB)；
- 片上电压控制振荡器、低噪声放大器和功率放大器；
- 片上稳压器提供低电压(2.1～3.6 V)；
- 电池监控；
- 可编程设置输出功率；
- 同相信号和正交相位信号低中频软判定(soft decision)接收器；
- 同相信号和正交相位信号直接升频转换发送。

(2) 单独收发FIFO

- 128字节发送数据FIFO；
- 128字节接收数据FIFO。

(3) 外接元器件极少

- 仅需接入晶振和极少量的无源元器件；
- 无需外接滤波器。

(4) 接口易配置

- 4 线串行外部设备接口 SPI；
- 串行时钟频率可达 10 MHz。

(5) 硬件支持 IEEE 802.15.4 MAC

- 自动生成帧引导序列；
- 插入和检测同步字；
- CRC－16 计算和校验；
- 空闲信道评估；
- 能量检测/数字 RSSI；
- 链路质量指示；
- 自动 MAC 安全保护，包括 CTR，CBC－MAC 和 CCM 三种模式。

(6) IEEE 802.15.4 MAC 硬件安全

- 在接收和发送 FIFO 中，自动进行安全操作；
- CTR 加密/解密；
- CBC－MAC 验证；
- CCM 加密/解密＋验证；
- 单独的 AES 加密。

(7) 可利用的开发工具

- 全配置的开发装置；
- 提供微控制器代码的参考设计样板；
- 提供易用软件，用于生成 CC2420 配置数据。

(8) 尺寸及封装

- 小尺寸 QLP－48 封装，7 mm×7 mm。

(9) 遵守的其他协议

- EN 300 328；
- EN 300 440 class 2；
- FCC CFR47 part 15；
- ARIB STD－T66。

5.3 引脚配置

CC2420 的引脚配置如图 5－1 所示。其中，外露的芯片安装衬垫必须连接到 PCB 的接地层，芯片通过该处接地。表 5－1 列出了 CC2420 引脚情况。

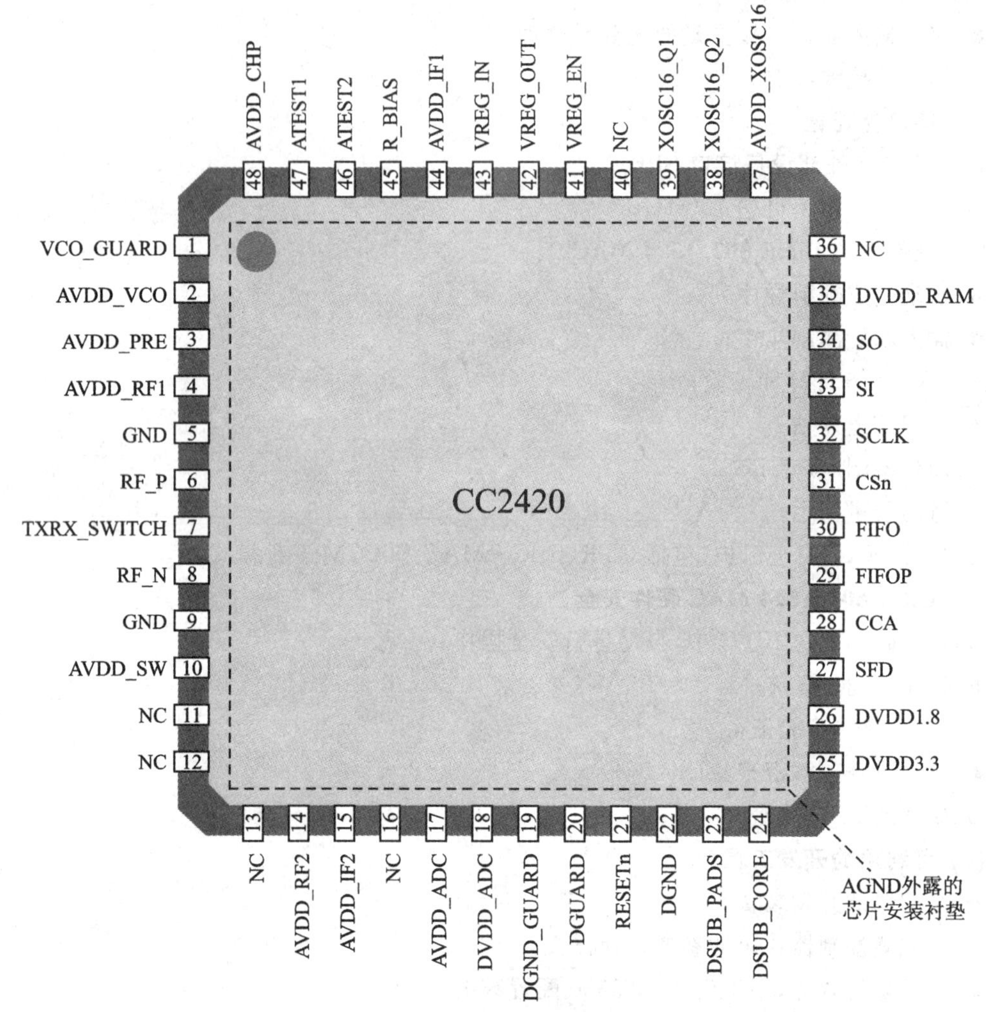

图 5-1　CC2420 的顶视图

表 5-1　CC2420 引脚概况

引　脚	名　称	类　型	描　述
—	AGND	接地（模拟）	外露的芯片安装衬垫必须连接到 PCB 的接地层
1	VCO_GUARD	电源（模拟）	将电压控制振荡器（VCO）连接到 AVDD 的屏蔽保护环
2	AVDD_VCO	电源（模拟）	VCO 的 1.8 V 供电
3	AVDD_PRE	电源（模拟）	预分频器的 1.8 V 供电
4	AVDD_RF1	电源（模拟）	RF 前端的 1.8 V 供电
5	GND	接地（模拟）	RF 屏蔽的接地引脚
6	RF_P	RF I/O	接收模式下，到低噪声放大器（LNA）的正 RF 输入信号 发送模式下，来自功率放大器（PA）的正 RF 输出信号

续表 5－1

引　脚	名　称	类　型	描　述
7	TXRX_SWITCH	电源（模拟）	集成 RF 的前端供电须通过外接直流通路连接引脚 RF_P 和 RF_N
8	RF_N	RF I/O	接收模式下，到 LNA 的负 RF 输入信号 发送模式下，来自 PA 的负 RF 输出信号
9	GND	接地（模拟）	RF 屏蔽接地引脚
10	AVDD_SW	电源（模拟）	LNA/PA 开关的 1.8 V 供电
11	NC	—	未连接
12	NC	—	未连接
13	NC	—	未连接
14	AVDD_RF2	电源（模拟）	接收和发送混频器的 1.8 V 供电
15	AVDD_IF2	电源（模拟）	发送和接收中频链的 1.8 V 供电
16	NC	—	未连接
17	AVDD_ADC	电源（模拟）	ADC 和 DAC 模拟部分的 1.8 V 供电
18	DVDD_ADC	电源（数字）	接收 ADC 数字部分的 1.8 V 供电
19	DGND_GUARD	接地（数字）	隔离数字噪声接地
20	DGUARD	电源（数字）	隔离数字噪声 1.8 V 连接
21	RESETn	数字输入	数字复位，异步、低电平有效
22	DGND	接地（数字）	数字电路核和衬垫接地
23	DSUB_PADS	接地（数字）	数字衬垫接地
24	DSUB_CORE	接地（数字）	数字模块接地
25	DVDD3.3	电源（数字）	数字 I/O 3.3 V 供电
26	DVDD1.8	电源（数字）	数字电路核 1.8 V 供电
27	SFD	数字输出	帧开始定界符（SFD）/数字多路输出
28	CCA	数字输出	空闲信道评估（CCA）/数字多路输出
29	FIFOP	数字输出	在运行模式下，当 FIFO 缓冲器中字节数超过阈值时，该引脚变为高电平；在测试模式下，该引脚作串行 RF 时钟输出
30	FIFO	数字 I/O	在运行模式下，当数据在 FIFO 缓冲器时该引脚变为高电平；在测试模式下，串行 RF 数据输入或输出
31	CSn	数字输入	串行外部设备接口（SPI）芯片选择，低电平有效
32	SCLK	数字输入	SPI 时钟输入，可以高达 10 MHz
33	SI	数字输入	SPI 从输入，取样于 SCLK 的上升沿
34	SO	数字输出（三态）	SPI 从输出，更新于 SCLK 的下降沿。当 CSn 为高电平时，输出为三态
35	DVDD_RAM	电源（数字）	数字 RAM 1.8 V 供电

续表 5-1

引　脚	名　称	类　型	描　述
36	NC	—	未连接
37	AVDD_XOSC16	电源（模拟）	晶振 1.8 V 供电
38	XOSC16_Q2	模拟 I/O	16 MHz 晶体振荡器引脚 2
39	XOSC16_Q1	模拟 I/O	16 MHz 晶体振荡器引脚 1 或外接时钟输入
40	NC	—	未连接
41	VREG_EN	数字输入	使能稳压器，高电平有效。当 VREG_EN 有效时，保持其电平不变
42	VREG_OUT	数字输出	稳压器 1.8 V 供电输出
43	VREG_IN	电源（模拟）	稳压器 2.1～3.6 V 供电输入
44	AVDD_IF1	电源（模拟）	用于发送/接收中频链的 1.8 V 供电
45	R_BIAS	模拟输出	外接精密电阻器，43 kΩ，±1%
46	ATEST2	模拟 I/O	用于芯片研制和生产的模拟测试 I/O
47	ATEST1	模拟 I/O	用于芯片研制和生产的模拟测试 I/O
48	AVDD_CHP	电源（模拟）	相位检测和电荷泵 1.8 V 供电

5.4 电路描述

CC2420 的简化模块如图 5-2 所示。

CC2420 有一个低中频接收器，这是它的特性之一。它接收到的 RF 信号由低噪声放大器(LNA)放大，将同相和正交相位信号(I/Q)降频转换为中频。在中频(2 MHz) 链路中，过滤掉混在中频信号中的 I/Q 信号，只放大中频，然后通过 ADC 进行数字化；接着就进行自动增益控制、信道过滤、解扩频(de-spreading)、符号相关和字节同步等，所有这些都通过数字逻辑实现。

当引脚 SFD 的电平变高时，表明 CC2420 已经检测到帧开始定界符(SFD)。它将收到的数据存放在一个 128 字节的接收 FIFO 之中；用户可以通过串行外部设备接口(SPI)从 FIFO 中读取这些数据。CC2420 用硬件校验 CRC，并且把接收信号强度指示器(RSSI)的相关值添加到接收帧中。在接收模式下，它的一个引脚提供空闲信道评估(CCA)；在测试模式下，提供无缓冲的串行数据模式。

CC2420 的发送基于直接升频转换。数据缓冲存放在 128 字节的发送 FIFO 之中（与接收 FIFO 分开）。帧引导序列和 SFD 由硬件生成。每个符号(4 位)由 IEEE 802.15.4 扩展序列扩展到 32 位片码，并且输出到 DAC；由 DAC 输出的模拟信号通过模拟低通滤波器进入I/Q 升频转换混频器。RF 信号由功率放大器(PA)放大，并且馈送到天线发送。

CC2420 具有内部发送接收(T/R)开关电路，这就使得天线接口的匹配极为容易。RF 采取差动连接；单极天线需要使用不平衡变压器。通过外接直流通路，连接引脚 TXRX_SWITCH 到 RF_P 和 RF_N，实现 PA 和 LNA 的偏置。

频率合成器包括一套完整的片上 LC、VCO 和一个 90°分相器，用来产生 I/Q 和本地振荡

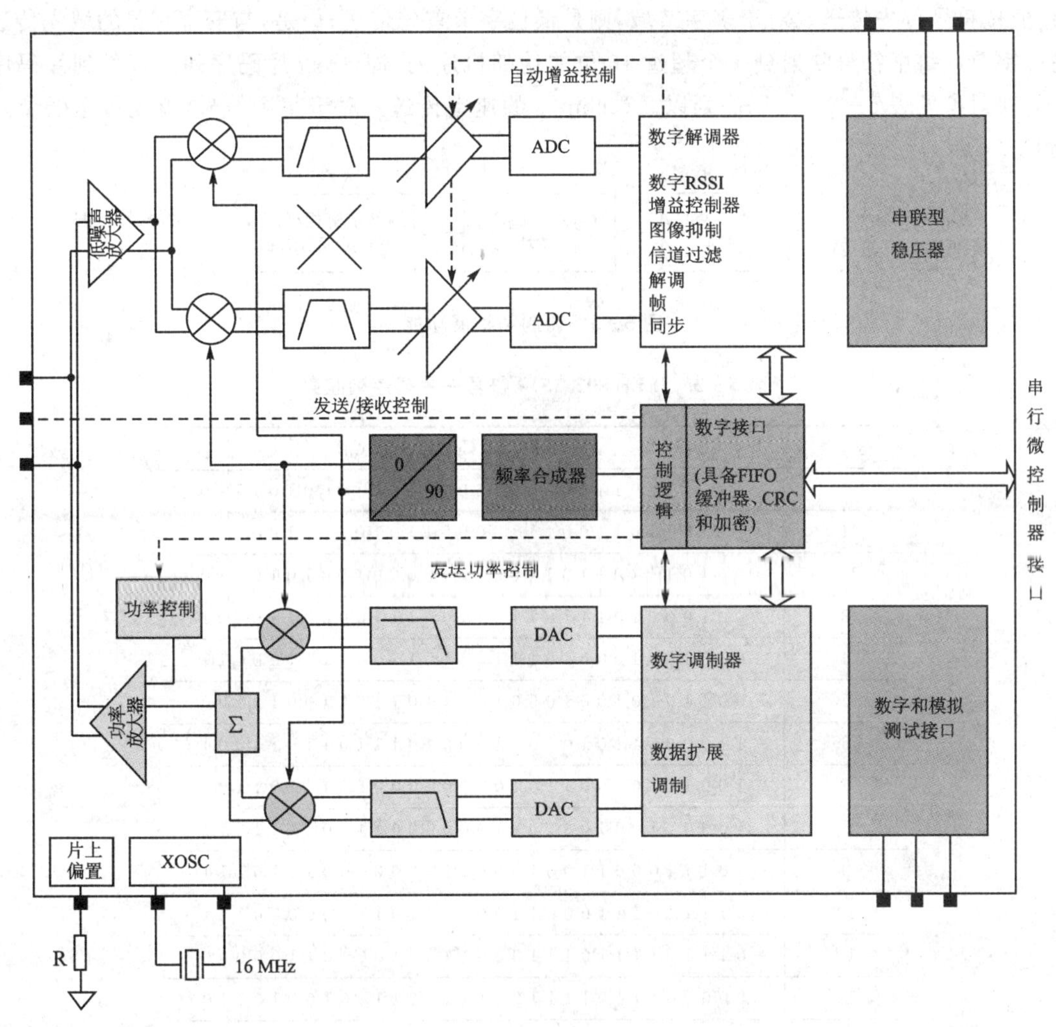

图5-2 CC2420简化模块图

信号。在接收模式下,这些信号到达降频转换混频器;而在发送模式下,这些信号到达升频转换混频器。VCO工作频率为4800~4966 MHz。分相I/Q时,频率一分为二。

在引脚XOSC16_Q1和XOSC16_Q2之间,必须连接一个晶振,为频率合成器提供基准频率。锁相环(PLL)提供数字锁相信号。数字基带包括帧操作支持、地址识别、数据缓冲和MAC安全等。4线SPI串行接口用来配置数据缓冲。片上稳压器提供稳定的1.8 V供电,可以通过隔开的引脚使能或禁止。电池监控器也通过SPI接口配置,用来监控未稳压的供电电压。

5.5 IEEE 802.15.4调制方式

本节概括描述2.4 GHz直接序列扩频(DSSS) RF调制方式。其详细描述参见第2章。

调制和扩展功能在模块层次上的描述如图5-3所示。每个字节分为两组符号,4位一组，低位符号首先传送。对于多字节域，则是低位字节首先传送；但是，与安全有关的域先传送高位字节。每个符号映射到一个超过 16 位的伪随机序列，即 32 位片码序列。符号到片码序列的映射参见表 5－2。片码序列以 2 Mchip/s 的速率传送。对于每个符号，首先传送低位片码 C_0。

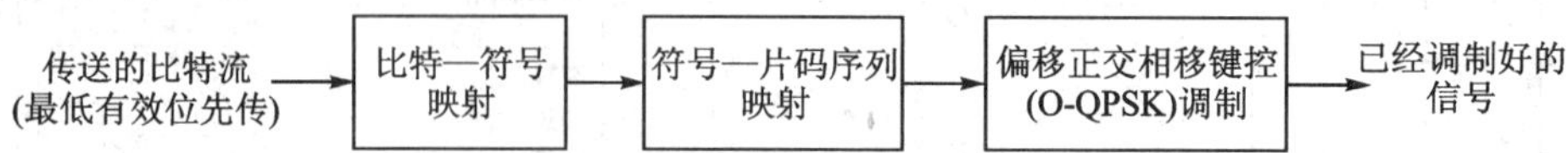

图 5－3　调制和扩展功能

表 5－2　IEEE 802.15.4 符号—片码序列映射

符　号	片码序列(C_0,C_1,C_2,…,C_{31})
0	1 1 0 1 1 0 0 1 1 1 0 0 0 0 1 1 0 1 0 1 0 0 1 0 0 0 1 0 1 1 1 0
1	1 1 1 0 1 1 0 1 1 0 0 1 1 1 0 0 0 0 1 1 0 1 0 1 0 0 1 0 0 0 1 0
2	0 0 1 0 1 1 1 0 1 1 0 1 1 0 0 1 1 1 0 0 0 0 1 1 0 1 0 1 0 0 1 0
3	0 0 1 0 0 0 1 0 1 1 1 0 1 1 0 1 1 0 0 1 1 1 0 0 0 0 1 1 0 1 0 1
4	0 1 0 1 0 0 1 0 0 0 1 0 1 1 1 0 1 1 0 1 1 0 0 1 1 1 0 0 0 0 1 1
5	0 0 1 1 0 1 0 1 0 0 1 0 0 0 1 0 1 1 1 0 1 1 0 1 1 0 0 1 1 1 0 0
6	1 1 0 0 0 0 1 1 0 1 0 1 0 0 1 0 0 0 1 0 1 1 1 0 1 1 0 1 1 0 0 1
7	1 0 0 1 1 1 0 0 0 0 1 1 0 1 0 1 0 0 1 0 0 0 1 0 1 1 1 0 1 1 0 1
8	1 0 0 0 1 1 0 0 1 0 0 1 0 1 1 0 0 0 0 0 0 1 1 1 0 1 1 1 1 0 1 1
9	1 0 1 1 1 0 0 0 1 1 0 0 1 0 0 1 0 1 1 0 0 0 0 0 0 1 1 1 0 1 1 1
10	0 1 1 1 1 0 1 1 1 0 0 0 1 1 0 0 1 0 0 1 0 1 1 0 0 0 0 0 0 1 1 1
11	0 1 1 1 0 1 1 1 1 0 1 1 1 0 0 0 1 1 0 0 1 0 0 1 0 1 1 0 0 0 0 0
12	0 0 0 0 0 1 1 1 0 1 1 1 1 0 1 1 1 0 0 0 1 1 0 0 1 0 0 1 0 1 1 0
13	0 1 1 0 0 0 0 0 0 1 1 1 0 1 1 1 1 0 1 1 1 0 0 0 1 1 0 0 1 0 0 1
14	1 0 0 1 0 1 1 0 0 0 0 0 0 1 1 1 0 1 1 1 1 0 1 1 1 0 0 0 1 1 0 0
15	1 1 0 0 1 0 0 1 0 1 1 0 0 0 0 0 0 1 1 1 0 1 1 1 1 0 1 1 1 0 0 0

调制方式为偏移正交相移键控（O－QPSK），具有半个正弦的形状，相当于最小频移键控（MSK）调制。每片的形状如同半个正弦波，交替在同相(I)和正交相位(Q)信道传送。每个信道占用半个片码偏移周期，见图 5－4。

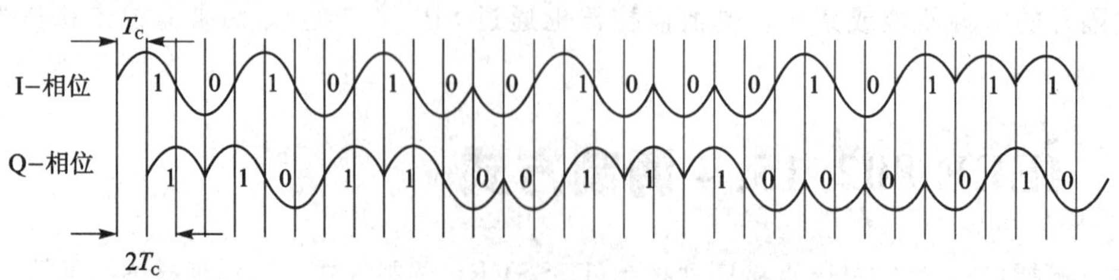

图 5－4　当传送符号 0 片码序列时的 I/Q 相位(T_c＝ 0.5 μs)

5.6 配置简述

CC2420通过配置,可以使不同的应用达到最佳性能。通过编程设置配置寄存器,能够设置下列关键参数:接收/发送模式;RF信道选择;RF输出功率;掉电/上电模式;晶体振荡器上电/掉电;空闲信道评估(CCA)模式;包处理硬件支持;加密/验证模式。

5.7 评估软件

Chipcon公司提供CC2420的同时,还提供软件程序SmartRF Studio(Windows接口)。该软件可用来评估CC2420的性能和功能,可从Chipcon公司的网站(http://www.chipcon.com)上下载。

5.8 4线串行配置和数据接口

CC2420通过一个简单的4线SPI兼容接口(引脚SI、SO、SCLK和CSn)实现其配置。这里,CC2420为从设备。这个接口也用来读/写缓冲器数据,详见5.12节。在SPI上的地址和数据都是最高位先读/写。

5.8.1 引脚配置

数字输入引脚SCLK、SI和CSn为高阻输入(无内部上拉),如果不被驱动,就应配置外部上拉电阻。当引脚CSn为高电平时,引脚SO即为高阻。为避免不稳定的数据输入给微控制器,应该接一个外部上拉电阻。在MCU上不常用的I/O引脚也可以配置其输出为固定的"0"电平,从而避免漏电。

5.8.2 寄存器存取

共有33个16位配置和状态寄存器,15个命令选通寄存器,以及2个8位FIFO寄存器。这两个FIFO寄存器用来访问分开的发送FIFO缓冲器和接收FIFO缓冲器。上述50个寄存器中的每一个都由6位地址确定位置。在进行寄存器存取时,RAM/寄存器位(第7位)必须清0;R/W位(第6位)用来选择读或者写操作。这两位和6位地址一起,构成8位地址。

在每个寄存器读或写周期,24位送到SI上;引脚CSn(片选,低电平有效)在传送期间,必须保持低电平。最先传送的位是RAM/寄存器位(设置为0,用于寄存器存取);接着传送的就是R/W位(0用于写,1用于读);随后传送的6位是地址(A[5:0]),其中A5是地址的最高位,首先送出;然后传送16个数据位(D[15:0]),依然是先传最高位。SPI时序参见图5-5。

配置寄存器可以由微控制器读出。R/W位必须为高,以便回读数据。在微控制器给出寄存器地址16个时钟周期后,CC2420返回指定地址的寄存器内的数据。它将引脚SO作为数据输出使用,其配置与输入引脚相同,也是通过微控制器进行的。

表5-3为SPI时序规范。图5-5参照了表5-3的内容。输入CC2420引脚SI上的数

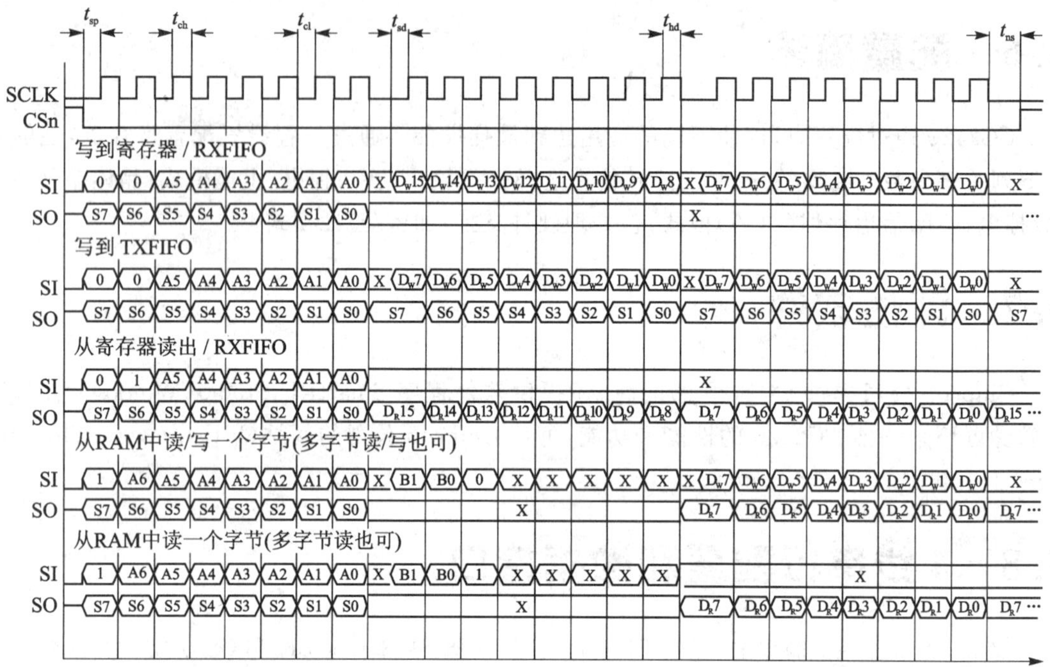

图 5-5 SPI 时序图

据时钟由 SCLK 的上升沿来实现。当 16 个数据位中最后一位 D0 写入时,数据字已经装入内部配置寄存器。可以在 CSn 一直保持低电平时进行多个寄存器写入,详细描述参见 5.8.7 小节。

在掉电模式期间,寄存器数据保持,但是当电源关断(例如,通过引脚 VERG_EN 禁止稳压器)时,寄存器数据丢失。寄存器数据可以通过任何命令由程序设置恢复。

表 5-3 SPI 时序规范

参 数	符 号	最小值	最大值	条 件
SCLK (时钟频率)/MHz	F_{SCLK}		10	
SCLK (低脉冲持续时间)/ns	t_{cl}	25		SCLK 必须是低电平的最短时间
SCLK (高脉冲持续时间)/ns	t_{ch}	25		SCLK 必须是高电平的最短时间
CSn (设置时间)/ns	t_{sp}	25		在 SCLK 的第一个上升沿之前,CSn 必须是低电平的最短时间
CSn (保持时间)/ns	t_{ns}	25		在 SCLK 的最后一个下降沿之后,CSn 必须保持低电平的最短时间
SI (设置时间)/ns	t_{sd}	25		在 SCLK 的第一个上升沿之前,在 SI 上的数据必须就绪的最短时间
SI (保持时间)/ns	t_{hd}	25		在 SCLK 的最后一个下降沿之后,数据必须保持在 SI 上的最短时间
上升时间/ns	t_{rise}		100	对于 SCLK 和 CSn,最长的上升时间
下降时间/ns	t_{fall}		100	对于 SCLK 和 CSn,最长的下降时间

5.8.3 状态字节

在寄存器存取字节传送期间，选通命令，即第一个 RAM 地址字节和数据传送到 TXFIFO 时，CC2420 的状态字节返回到引脚 SO。该状态字节包含 6 个状态位，见表 5－4。

表 5－4　在地址传送和 TXFIFO 写期间返回的状态字节

位编号	名　称	描　述
7	—	保留，忽略值
6	XOSC16M_STABLE	指明 16 MHz 振荡器是否运行： 0，16 MHz 振荡器没有运行；1，16 MHz 振荡器正在运行
5	TX_UNDERFLOW	指出 FIFO 在发送期间是否下溢出(为空)，必须手工用选通命令 SFLUSHTX 清 0： 0，下溢出没有发生；1，下溢出已经发生
4	ENC_BUSY	指出加密模块是否忙： 0，加密模块空闲；1，加密模块忙
3	TX_ACTIVE	指出 RF 发送是否有效： 0，RF 发送空闲；1，RF 发送有效
2	LOCK	指出频率合成器 PLL(锁相环)是否加锁： 0，PLL 解锁；1，PLL 加锁
1	RSSI_VALID	指出 RSSI 值是否有效： 0，RSSI 值无效；1，RSSI 值有效 当接收使能至少 8 个符号周期(128 μs)时，总是为真
0	—	保留，忽略值

发选通命令 SNOP(无操作)可以用来读出状态字节，也可以在芯片存取期间读出状态字节，就像寄存器或者 FIFO 存取一样。

5.8.4 选通命令

选通命令可以看作是传送到 CC2420 的单字节指令，给出选通命令的地址，就开始运行内部寄存器序列。通过这些选通命令，使能晶体振荡器、接收模式，以及开始加密等。

当晶体振荡器禁止时，只有选通命令 SXOSCON 才能使能晶体振荡器，其他所有的选通命令都会被忽略，因而无效。在接受其他选通命令之前，晶体振荡器必须稳定运行(参见表 5－4 中的 XOSC16M_STABLE 状态位)。

选通命令寄存器的存取与寄存器写操作相同，只是没有数据传送。也就是说，只有 RAM/寄存器位(设置为 0)、R/W 位(设置为 0)和其余 6 个地址位(0x00～0x0E)写入。只要引脚 CSn 保持低电平，选通命令就可以跟随任何其他 SPI 存取后运行，直到最后一个 SCLK 下降沿到来为止。

5.8.5 RAM 存取

内部 368 字节 RAM 可以通过 SPI 接口存取。单字节或多字节通过一次读或写来传送地址部分(2 字节)；对于每个新的字节，地址就由 CC2420 硬件自动处理。每次数据读或写一个字节，这是与寄存器存取不同的。寄存器存取在每个地址字节后面，总是需要读或写 2 个字节。当 RAM 存取时，晶体振荡器必须正常运行。

最先传送的 RAM/寄存器位必须设置为 1，以使能 RAM 存取。9 位 RAM 地址包含两个部分：B[1：0](MSB)用来选择 3 个存储器组中的一个；而 A[6：0](LSB)用来选择所选存储器组内的地址。RAM 分为 3 个存储器组：RXFIFO(bank 0)，TXFIFO(bank 1)和安全处理存储器组(bank 2)。FIFO 组有 128 字节，而安全处理存储器组有 112 字节。

如图 5－5 所示，A[6：0]是在 RAM/寄存器位之后直接发送的。对于 RAM 存取，在传送之前，第二字节也是需要的。这个字节包含 B[1：0]，在第 7 和第 6 位；后面紧跟的是 R/W 位(0，读/写；1，读)。第 0～4 位不必考虑。

对于 RAM 写，要写的数据必须在第二个地址字节之后，直接输入到引脚 SI。对于 RAM 读，选择要读的字节在第二个地址字节之后，直接输出到引脚 SO。图 5－6 说明多个 RAM 字节可以由一个操作读或写。

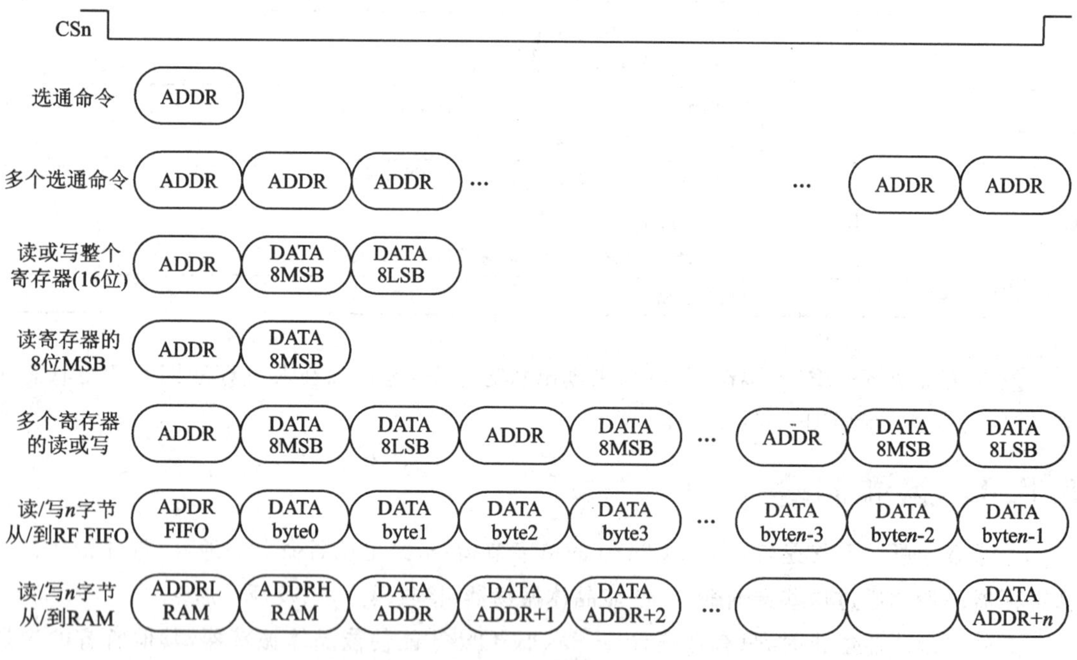

图 5－6　通过 SPI 配置寄存器读/写

FIFO 和 RAM 存取必须通过设置引脚 CSn 高电平终止。由于选通命令和寄存器存取都是在 SCLK 最后一个下降沿完成的，选通命令和寄存器存取可以跟随任何其他存取进行。如果需要，比如仅从一个配置寄存器读取 8 位之后，那么选通命令和寄存器存取可以通过设置引脚 CSn 高电平而终止。

RAM 存储器空间如表 5－5 所列。低 256 个字节用于存储 FIFO 数据。注意，因为 FIFO 计数器不能更新，RAM 存取永远不会用于 FIFO 写操作，而是由 RXFIFO 和 TXFIFO 存取取代(详见 5.8.6 小节)。

在掉电模式期间，寄存器数据和存储在 RAM 中的数据保持不变；但如果断电(例如利用引脚 VREG_EN 使片上稳压器瘫痪)，这些数据就不能保持了。

表 5-5 CC2420 RAM 存储器空间

地 址	字节排序	名 称	描 述
0x16F～0x16C	—	—	不使用
0x16B～0x16A	MSB-LSB	SHORTADR	16位短地址,用于地址识别
0x169～0x168	MSB-LSB	PANID	16位PAN协调器,用于地址识别
0x167～0x160	MSB-LSB	IEEEADR	当前节点的64位IEEE地址,用于地址识别
0x15F～0x150	MSB-LSB	CBCSTATE	暂存,用于CBC-MAC计算
0x14F～0x140	MSB(标志)-LSB	TXNONCE/ TXCTR	当前时间(Nonce)发送,用于内嵌式验证;发送计数,用于内嵌式加密
0x13F～0x130	MSB-LSB	KEY1	加密密钥1
0x12F～0x120	MSB-LSB	SABUF	单独加密缓冲器,用于纯文本输入和加密文本输出
0x11F～0x110	MSB(标志)-LSB	RXNONCE/ RXCTR	当前时间(Nonce)接收,用于内嵌式验证;接收计数,用于内嵌式加密
0x10F～0x100	MSB-LSB	KEY0	加密密钥0
0x0FF～0x080	MSB-LSB	RXFIFO	128字节的接收FIFO
0x07F～0x000	MSB-LSB	TXFIFO	128字节的发送FIFO

5.8.6 FIFO 存取

缓冲器TXFIFO和RXFIFO可以通过寄存器TXFIFO(0x3E)和RXFIFO(0x3F)存取。当FIFO进行存取时,晶体振荡器必须正常运行。

TXFIFO只能写,但是正如5.8.5小节中描述的那样,也可以利用RAM存取回读。当每个新数据字节写入TXFIFO时,状态字节就输出到SO,如图5-5所示。该状态字节可以用来检测TXFIFO的下溢出情况(见5.12节)。RXFIFO既可以写,也可以读;每次读或写一个字节,就像RAM存取那样。写入RXFIFO仅可以用来调试或者进行安全操作(加密/验证)。

如同RAM存取一样,多个FIFO字节可以由一个操作来存取。一旦启动,FIFO存取只能通过设置引脚CSn高电平终止。

引脚FIFO和FIFOP也提供附加信息到RXFIFO的数据之中,这点将在5.9节中加以说明。注意,引脚FIFO和FIFOP只用来监控缓冲器RXFIFO。缓冲器TXFIFO在状态字节中,有它自己的下溢出标志。下达选通命令SFLUSHTX可以清空TXFIFO。类似地选通命令SFLUSHRX可以清空RXFIFO。

5.8.7 SPI 的多个存取

寄存器存取、选通命令、FIFO存取和RAM存取可以连续进行,而不必设置CSn为高电平。例如,用户可以在一个操作中,下达选通命令、读寄存器和写3个字节到TXFIFO中,如图5-7所示。唯一例外的是,只有设置CSn为高电平才能终止FIFO和RAM存取。

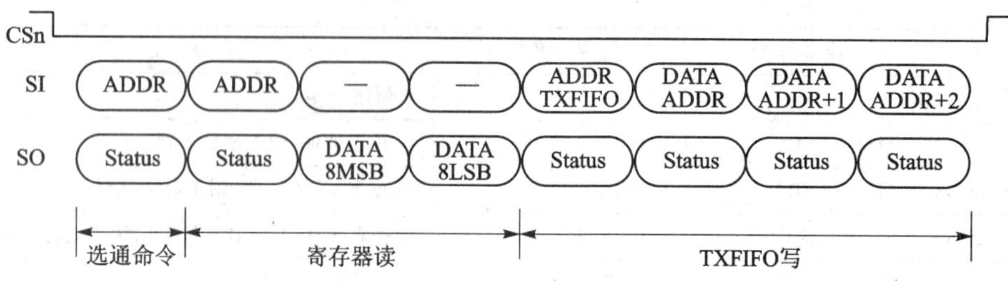

图 5-7 SPI的多个存取实例

5.9 微控制器接口和引脚描述

在一个典型的系统中，CC2420与一个微控制器接口。这个微控制器必须能够做到：

① 编程设置CC2420，使之进入不同的模式；通过4线SPI-bus配置接口（SI、SO、SCLK和CSn），读和写缓冲器数据，回读状态信息。

② 利用状态引脚FIFO和FIFOP，与接收/发送FIFO接口。

③ 与引脚CCA接口，用于空闲信道评估。

④ 与引脚SFD接口，用于时序信息（特别是对于信标网）。

5.9.1 配置接口

CC2420与微控制器的接口实例如图5-8所示。微控制器利用4个I/O引脚为SPI配置接口（引脚SI、SO、SCLK和CSn）。引脚SO应当连接到微控制器的输入口，引脚SI、SCLK和CSn则应当连接到微控制器的输出口，如果微控制器有一个SPI硬件接口会更好。连接到引脚SI、SO和SCLK的微控制器引脚能够与其他具有SPI接口的设备一起分享资源。当引脚CSn电平无效（低电平有效）时，引脚SO处于高阻输出状态。

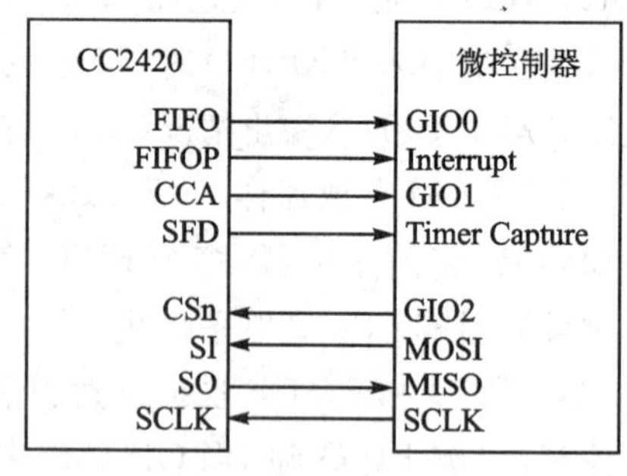

图 5-8 微控制器接口实例

当稳压器关断时，为了避免输入浮空，引脚CSn应当有一个外接上拉电阻器或者被设置为高电平，引脚SI和SCLK应当设置为一个事先定义好的电平。

5.9.2 接收模式

在接收模式下，当帧开始定界符（SFD）全部接收完毕后，引脚SFD电平变高。如果地址识别禁止或者地址识别成功，那么仅当最后一个MAC协议数据单元（MPDU）字节收到后，引脚SFD电平再次变低。如果收到帧的地址识别失败，那么引脚SFD电平立刻变低（如图5-9所示）。

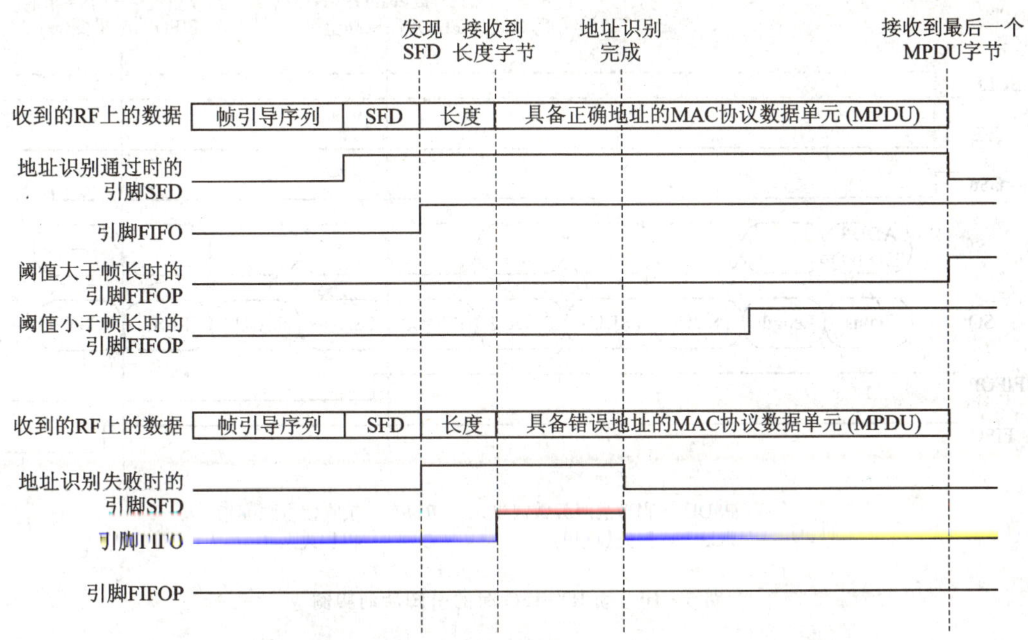

图5-9　接收期间引脚活动实例

当RXFIFO中有一个或多个数据字节时,引脚FIFO的电平为高。存储在RXFIFO中的第一个字节是收到帧的长度域,也就是说,当长度域写入RXFIFO时,引脚FIFO的电平就置高了。引脚FIFO从此保持高电平,直到RXFIFO变空。

如果先前收到帧的全部或部分在RXFIFO中,则引脚FIFO会保持高电平,直到RXFIFO变空。

当RXFIFO中的未读字节超过编程设置在IOCFG0.FIFOP_THR中的阈值时,引脚FIFOP的电平变高。当地址识别使能,即使RXFIFO中的字节数超过编程设置的阈值,引脚FIFOP的电平也不变高;直到输入帧通过地址识别,引脚FIFOP的电平才变高。

当新包的最后一个字节收到时,即使阈值并未超过,引脚FIFOP的电平也会变高。在这种情况下,引脚FIFOP的电平会由于一个字节从RXFIFO中读出而再次变低。

当地址识别使能,且地址尚未全部收到时,数据不可以从RXFIFO中读出。这是由于如果地址识别失败,CC2420就会自动清除收到的帧。这个操作可以由引脚FIFOP来掌握,因为引脚FIFOP只有在收到帧通过地址识别时,其电平才会变高。

图5-10为一个读RXFIFO时的引脚活动实例。该实例描述了从RXFIFO中读出一个包时的引脚活动。在这个实例中,IOCFG0.FIFOP_THR=3,MODEMCTRL0.AUTOCRC已经置1,包的长度是8字节。接收信号强度指示器(RSSI)包含接收包期间的RSSI平均值;帧校验序列/相互关系(FCS/Corr)包含FCS校验结果和相互关系。

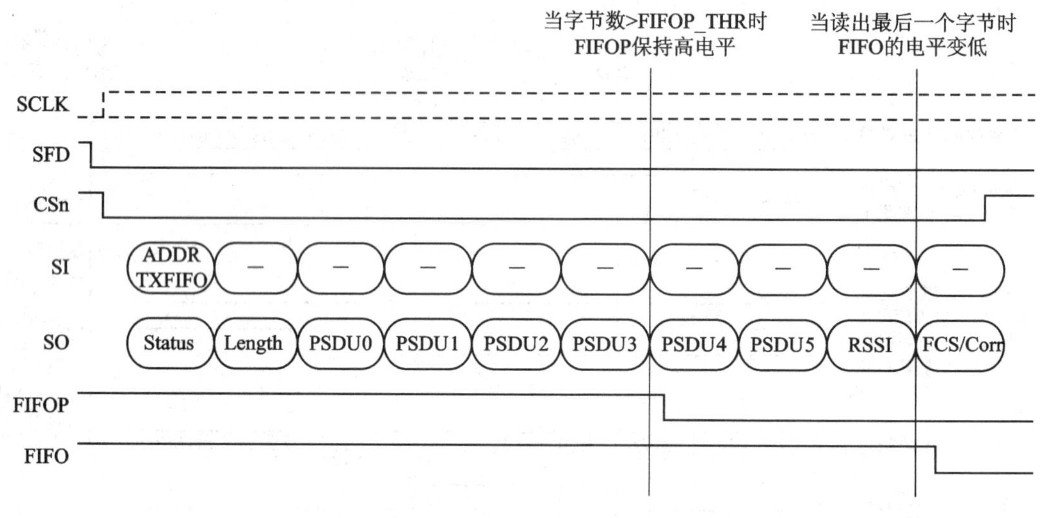

图 5-10　读 RXFIFO 时的引脚活动实例

5.9.3　RXFIFO 溢出

RXFIFO 最多只能在给定的时间内容纳 128 字节，因此就产生了若干 128 字节的帧和一个少于 128 字节的帧。如果 RXFIFO 发生溢出，就会通过引脚 FIFO 变为低电平，引脚FIFOP 变为高电平告知微控制器。此时，已经在 RXFIFO 中的数据不受溢出的影响。也就是说，已经收到的帧可以读出。

RXFIFO 溢出后，需要选通命令 SFLUSHRX 使能接收新数据。注意，选通命令 SFLUSHRX 应当发送两次，确保引脚 SFD 返回它的空闲状态。

对于安全使能帧，MAC 层必须在能够决定采用哪把密钥来解密或验证之前，读出所收到帧的源地址。因此，即使这个数据已经由微控制器从 RXFIFO 中读出，也不得覆盖。如果控制位 SECCTRL0. RXFIFO_PROTECTION 已经置 1，那么 CC2420 将保护安全使能帧的帧头，直到解密完成。如果不使用 MAC 安全或者安全操作在 CC2420 之外执行，则控制位 SECCTRL0. RXFIFO_PROTECTION 可以清 0。上述操作确保 RXFIFO 达到最佳运行状态。

5.9.4　发送模式

在发送期间，引脚 FIFO 和 FIFOP 仍然仅与 RXFIFO 关联。然而，引脚 SFD 在发送数据帧期间有效，如图 5-11 所示。

当 SFD 域已经全部发送时，引脚 SFD 的电平变高。当 MAC 协议数据单元(长度由长度域定义)已经发送或者被检测出下溢出时，引脚 SFD 的电平再次变低，参见 5.12 节。

请看图 5-9 和图 5-11，这两个图是可以比较的。引脚 SFD 在接收和发送一个数据帧期间的行为极为类似。如果在发送一个数据帧期间，比较发送器和接收器的引脚 SFD，就可以发现大约有 2 μs 的微小延迟，这是由于发送器、接收器的带宽限制造成的。

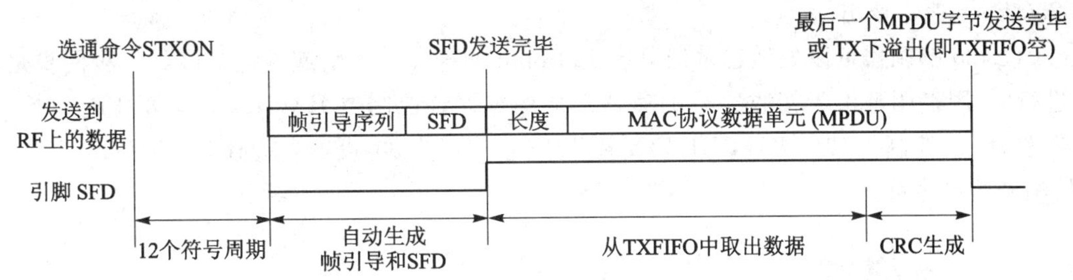

图 5-11　发送期间引脚活动实例

5.9.5　总控和引脚状态

在接收模式下，当 RXFIFO 中的未读字节超过阈值或 RXFIFO 收到一个完整的帧时，引脚 FIFOP 的电平变高。这样，该引脚可以用来连接微控制器的中断引脚。编程设置在 IOCFG0.FIFOP_THR 中的阈值，在接收模式下，引脚 FIFO 可以用来检测在 RXFIFO 中是否有数据。

引脚 SFD 可以用来接收数据帧和扩展发送时序信息。当帧开始定界符全部检测到或者全部发送时，引脚 SFD 的电平会变高。这样，该引脚可以用来连接微控制器上的计数捕获引脚。

在调试方面，引脚 SFD 和 CCA 可以用来监控数个由寄存器 IOCFG1 选择的状态信号。引脚 FIFO、FIFOP、SFD 和 CCA 的极性可以由寄存器 IOCFG0(地址 0x1C)控制。

5.10　解调器、符号同步和数据判定

简化的 CC2420 解调器结构如图 5-12 所示。信道过滤和频率偏移量补偿由数字逻辑实现。信道内信号电平经过评估，产生 RSSI 电平(参见 5.18 节)。数据过滤也包含在内，从而增强了解调器的功能。

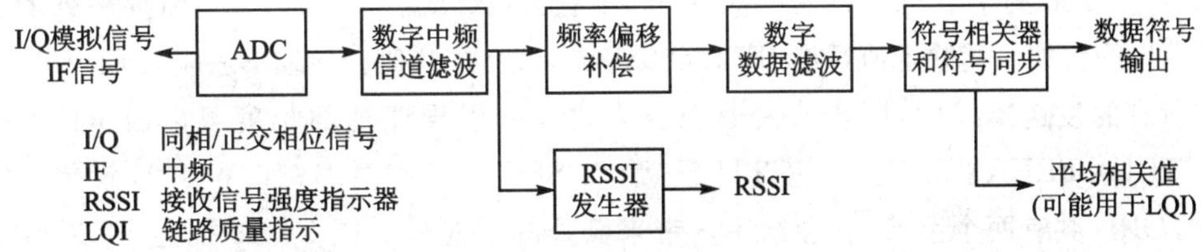

图 5-12　简化的 CC2420 解调器结构图

根据第 2 章所述，频率的精度要达到±40 ppm。接收器必须具备能够补偿最高达 80 ppm 或 200 kHz 的性能。CC2420 解调器可以在最高达 300 kHz 的频率偏移环境下运行，且不会明显降低接收性能，完全能够满足 IEEE 802.15.4 的需要。

软判决(soft decision)用于片码层次。也就是说，解调器并不对每个片码而仅对每个接收的符号作出判决。片码的反扩展采用与符号相关的超取样方法进行。符号同步通过连续搜寻帧开始定界符(SFD)实现。

当检测到了 SFD 时，数据就写入 RXFIFO。该数据就可以由微控制器用低于接收器生成

的 250 kbps 速率读出。

CC2420 解调器可以处理超过误码率 120 ppm 的符号而不引起性能的降低。再同步是连续进行的，用来调整由于接收符号的速率造成的错误。控制位 RXCTRL1. RXBPF_LOCUR 应当置为 1。控制位 MDMCTRL1. CORR_THR 应当置为 20，设置为阈值来检测 IEEE 802.15.4 的帧开始定界符。

5.11　帧格式

CC2420 的硬件支持部分 IEEE 802.15.4 帧格式。本节简要给出 IEEE 802.15.4 帧格式，并且描述如何设置 CC2420 来遵循这些格式。图 5-13 为 IEEE 802.15.4 帧格式的示意图。

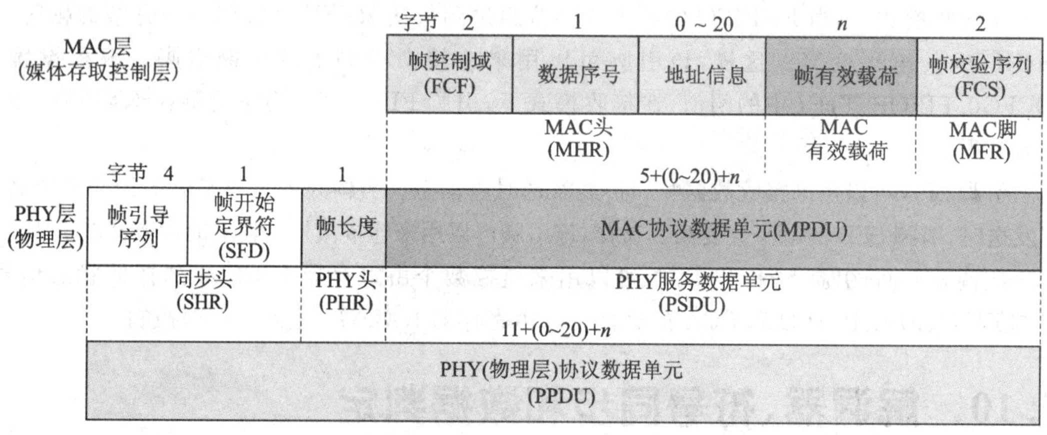

图 5-13　IEEE 802.15.4 帧格式示意图

5.11.1　同步头

同步头(SHR)包含帧引导序列和帧开始定界符(SFD)。IEEE 802.15.4 中，帧引导序列定义为 4 个 0x00 的字节。SFD 是一个字节，设置为 0xA7。CC2420 的帧引导序列的长度和 SFD 是可以配置的。其缺省值适应 IEEE 802.15.4，改变这些值会导致不适应 IEEE 802.15.4。

在所有的发送模式中，同步头总是首先发送。帧引导序列的长度可以由 RF 寄存器的 MDMCTRL0. PREAMBLE_LENGTH 设置，而 SFD 由寄存器 SYNCWORD 设置。寄存器 SYNCWORD 共有两个字节，它会给用户带来额外的适应性。图 5-14 描述了 CC2420 的同步头与 IEEE 802.15.4 之间的关系。

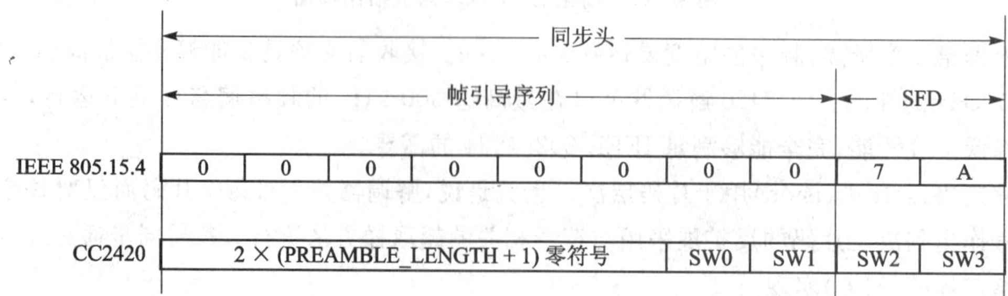

图 5-14　发送的同步头

图 5-14 中每个框对应 4 个字节。因此帧引导序列对应 8×4 个“0”,即 4 个数值为 0 的字节。

- 如果 SYNCWORD[3 : 0]=0xF,SW0=0;如果 SYNCWORD[3 : 0]≠0xF,SW0=SYNCWORD[3 : 0]。
- 如果 SYNCWORD[7 : 4]=0xF,SW1=0;如果 SYNCWORD[7 : 4]≠0xF,SW1=SYNCWORD[7 : 4]。
- 如果 SYNCWORD[11 : 8]=0xF,SW2=0;如果 SYNCWORD[11 : 8]≠0xF,SW2=SYNCWORD[11 : 8]。
- 如果 SYNCWORD[15 : 12]=0xF,SW3=0;如果 SYNCWORD[15 : 12]≠0xF,SW3=SYNCWORD [15 : 12]。

可编程设置的帧引导序列的长度仅用于发送模式,并不影响接收模式。帧引导序列的长度不允许设置得比缺省值短。注意,在引导序列中的 2～8 个零符号是 IEEE 802.15.4 所必需的,它们包含在寄存器 SYNCWORD 之中。因此,CC2420 的帧引导序列只有 6 个符号长度,两个附加的零符号在 SYNCWORD 之中,使得 CC2420 能够适应 IEEE 802.15.4。

在接收时,CC2420 通过接收零符号并且搜寻由寄存器 SYNCWORD 定义的 SFD 序列来实现同步。在 SYNCWORD 中,设置为 0xF 的低位符号将被忽略,需要的是不同于 0xF 的有效符号(缺省值是 0xA70F)。因而需要一个附加的零符号用于同步,这对于减少由于噪声引起的失败帧也是十分有利的。

下面举例说明 CC2420 是如何在接收期间解释执行同步字的。如果同步字=0xA7FF,就需要输入符号序列(从左到右)07A;如果同步字=0xA70F,就需要输入符号序列(从左到右)007A;如果同步字=0xA700,就需要输入符号序列(从左到右) 0007A。

在接收模式下,CC2420 利用帧引导序列来实现符号同步和频率偏移调整,利用 SFD 来实现字节同步。它们都不是存放在 RXFIFO 里面的数据。

5.11.2　帧长度域

帧长度域如图 5-13 所示。它定义了 MAC 协议数据单元(MPDU)中的字节数。注意,该字节数不包含长度域本身的字节,但却包含了帧校验序列(FCS),即使 FCS 是由 CC2420 硬件自动插入的。如果使用了验证,那么它也包含了消息完整性检测码(MIC)。

长度域有 7 位,最大值是 127,最高位保留,而且设置为 0。长度域用于 CC2420 的发送和接收。如同 5.8.6 小节中描述的那样,在发送模式下,长度域用来检测下溢出。

5.11.3　MAC 协议数据单元

如图 5-13 所示,帧控制域(FCF)、数据序号和地址信息,紧随在长度域之后。加上 MAC 数据有效载荷和帧校验序列(FCS),组成了 MAC 协议数据单元(MPDU)。

MPDU 中,数据序号没有硬件支持,该域必须由软件插入和校验。CC2420 包含了硬件地址识别,参见 5.13 节。FCF 的格式如下:

位 0～2	3	4	5	6	7～9	10～11	12～13	14～15
帧类型	安全使能	帧未决	应答请求	内部 PAN	保留	目标地址模式	保留	源地址模式

5.11.4 帧校验序列

两个字节的帧校验序列(FCS)紧随最后一个 MAC 有效载荷字节，如图 5－13 所示。FCS 是通过 MAC 协议数据单元(MPDU)计算出来的，也就是说，长度域不包括在 FCS 之中。当控制位 MDMCTRL0. AUTOCRC 为 1 时，该域由硬件自动生成和校验。因此，除了在调试的情况下，建议控制位 MDMCTRL0. AUTOCRC 置 1。一旦该控制位清 0，CRC 的生成和校验就必须由软件完成。FCS 的表达式是：$X^{16}+X^{12}+X^{5}+1$。

CC2420 硬件执行帧校验序列，如图 5－15 所示(详见第 2 章)。

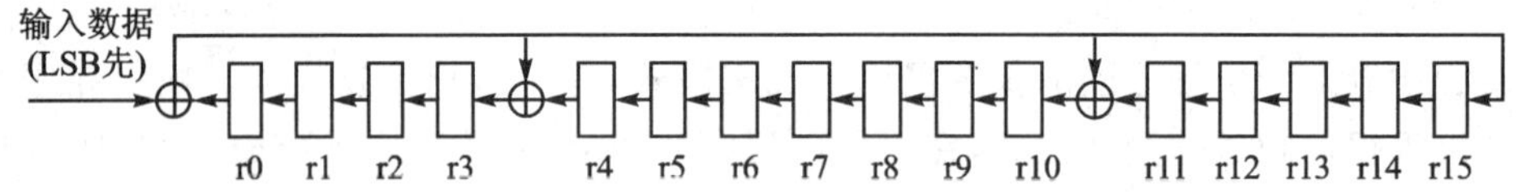

图 5－15 CC2420 帧校验序列(FCS)的硬件执行

在发送模式下，FCS 添加到由长度域定义的正确位置；FCS 没有写入 TXFIFO，而是存放在一个隔离开的 16 位寄存器中。在接收模式下，FCS 由硬件校验。用户通常只对 FCS 的正确性感兴趣，而不是 FCS 本身的序列。因此，在接收期间，FCS 本身的序列不写入 RXFIFO 之中。

当 MDMCTRL0. AUTOCRC 置为 1 时，两个 FCS 字节被接收信号强度指示器(RSSI)值、平均相关值(用于链路质量指示)和 CRC OK/not OK 所取代。上述情况见图 5－16。

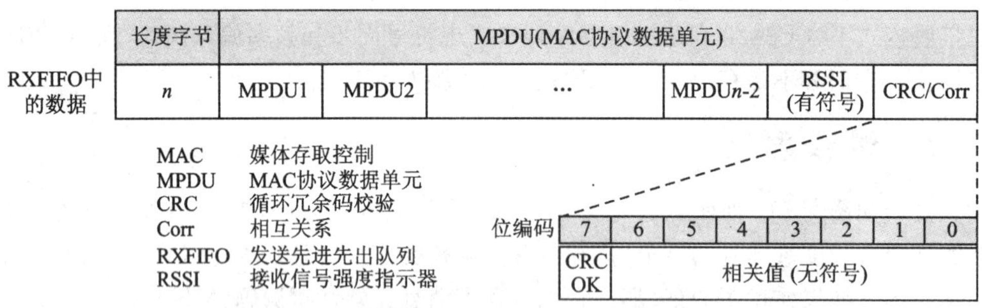

图 5－16 当 MDMCTRL0. AUTOCRC 置为 1 时 RXFIFO 中的数据

第一个 FCS 字节被 8 字节的 RSSI 值取代(详见 5.18 节)，最后一个 FCS 字节的低 7 位由平均相关值取代。该平均相关值来自收到的物理层(PHY)头(长度域)和物理层服务数据单元(PSDU)的前 8 个符号，可以作为计算 LQI 的基础(参见 5.19 节)。如果收到帧的 CRC 正确，则每帧的最后字节的最高位就设置为 1；否则，最高位就设置为 0。

5.12 RF 数据缓冲

通过设置控制位 MDMCTRL1. TX_MODE 和 MDMCTRL1. RX_MODE，CC2420 可以配置为不同的发送和接收模式。缓冲模式(模式 0)用于 CC2420 的正常操作，而其他模式用于测试。

1. 带缓冲的发送模式

在带缓冲的发送模式(TX_MODE 0)中，位于 CC2420 的 RAM 里 128 字节的 TXFIFO，用作发送之前的数据缓冲器。发送期间，同步头自动地插入在长度域之前。对于整个发送帧，长度域必须是发送缓冲器中第一个字节。写一个或多个字节到 TXFIFO，已在 5.8.6 小节中描述。利用 RAM 存取可以从 TXFIFO 中读取数据，但是不能够从 FIFO 中移动数据。

通过下达选通命令 STXON 或 STXONCCA 可以使能发送，详见 5.15 节。如果信道忙，则选通命令 STXONCCA 将被忽略，详见 5.20 节。

选通命令下达后 12 个符号周期，帧引导序列开始了。当可编程设置的帧开始定界符发送之后，要发送的数据就从 TXFIFO 中获取。如果写入 TXFIFO 的字节太少，就会发出 TXFIFO 下溢出信号，发送即刻自动停止。下溢出是由状态位 TX_UNDERFLOW 指出的，该位的值在每个字节写入 TXFIFO 期间返回。该状态位只能够通过发出选通命令 SFLUSHTX 来清 0。

在给定的时间内，TXFIFO 只能够存放一个数据帧。在发送完整的数据帧之后，TXFIFO 自动重新填入最后一个要发送的数据帧。新的选通命令 STXON 或 STXONCCA 下达之后，CC2420 开始发送该数据帧。当一个帧发送完毕后而新的字节尚未写入之前，写入 TXFIFO 将引起 TXFIFO 自动清空。仅有的例外是已经发生了 TXFIFO 下溢出，此时，正好需要选通命令 SFLUSHTX。

2. 带缓冲的接收模式

在带缓冲的接收模式(RX_MODE 0)中，位于 CC2420 RAM 中的 128 字节的 RXFIFO，用作解调器的数据接收缓冲器。RXFIFO 中的数据存取，已经在 5.8.6 小节中描述过了。

引脚 FIFO 和. FIFOP 用来辅助微控制器管理 RXFIFO。请注意，即使 CC2420 处于发送模式，引脚 FIFO 和. FIFOP 也仅与 RXFIFO 有关。

多数据帧可以同时在 RXFIFO 中，但整个长度不得超过 128 字节。由 5.9.3 小节可知：RXFIFO 溢出是如何检测出来，又是如何发出信号的。

3. 不带缓冲的串行模式

不带缓冲的模式仅仅用于评估或调试目的。建议实际应用采取带缓冲的模式。

在不带缓冲的模式中，引脚 FIFO 和 FIFOP 重新设置为数据引脚和数据时钟引脚。缓冲器 TXFIFO 和 RXFIFO 在这种模式中不使用。CC2420 利用引脚 FIFOP 提供同步数据时钟，利用引脚 FIFO 作为数据输入/输出。当数据时钟有效时，FIFOP 时钟频率为 250 kHz。

在串行发送模式(MDMCTRL1. TX_MODE=1)中，与带缓冲的模式相同，硬件将一个同步序列插入到每帧的开始部位。在来自 CC2420 的 FIFOP 的上升沿给数据取样，来自微控制器的 FIFOP 的下降沿给数据更新。图 5-17 说明了在串行发送模式下的时序。在串行模式下，引脚 SFD 和 CCA 也保持它们的正常操作。只要串行发送模式没有手工关断，CC2420 就一直保持串行发送模式。

在串行接收模式(MDMCTRL1. RX_MODE=1)下，字节同步仍然由 CC2420 实现。这就意味着，在帧开始定界符(SFD)检测出来之前，FIFOP 时钟引脚将保持空闲。

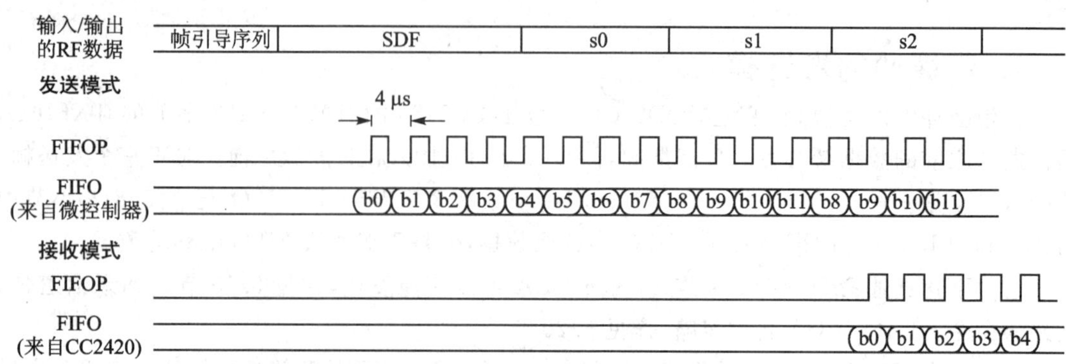

图 5－17 不带缓冲的测试模式下的时序

5.13 地址识别

CC2420 的硬件支持地址识别，它可以利用控制位 MDMCTRL0. ADDR_DECODE 来使能或禁止。地址识别基于下列需要：

① 帧类型子域中，不得包含非法的帧类型。

② 如果帧类型指出该帧为信标帧(beacon frames)，除非 macPANId 等于 0xFFFF，源 PAN 标识符将与 macPANId 匹配。在 macPANId 等于 0xFFFF 的情况下，不管源 PAN 的标识符是什么，信标帧都会被接收。

③ 如果目标 PAN 标识符包含在该帧中，那么它会与 macPANId 匹配或者成为广播 PAN 标识符(0xFFFF)。

④ 如果一个短目标地址包含在该帧中，那么它将要与 macShortAddress 或者广播地址(0xFFFF)中的一个相匹配；如果该帧包含一个扩展的目的地址，那么它要与 aExtendedAddress 匹配。

⑤ 如果仅有源地址域包含在数据或 MAC 命令帧之中，那么该帧只有当外设是 PAN 协调器，而且源 PAN 标识符和 macPANId 匹配时才能够被接收。

如果地址识别使能，而上述的任何需要却不能满足，CC2420 将忽略输入的帧，并且将它从 RXFIFO 中清除。注意，仅仅清除拒绝接收的帧，先前接收的帧仍然在 RXFIFO 中。

当编程设置进入 CC2420 RAM 的 PAN 标识符等于 0xFFFF 时，控制位 IOCFG0. BCN_ACCEPT 必须置 1；否则，该控制位清 0。这个操作特别应用在主动和被动扫描之中。该扫描由 IEEE 802.15.4 定义，需要所有收到的信标给 MAC 子层处理。

当寄存器 MDMCTRL0 的控制位 RESERVED_FRAME_MODE 设置为 1 时，输入的帧加上保留的帧类型(FCF 类型的子域是 4、5、6 或 7)后被接收下来。在这种情况下，这些帧里就没有更多的地址识别了。这个选项包含在将来 IEEE 802.15.4 的扩展之中。

如果输入的帧遭到拒绝，CC2420 仅会在该被拒绝的帧完全收到(如同帧长度定义那样)之后才开始搜寻新的帧，从而避免帧中的 SFD 检测失败。

控制位 MDMCTRL0. PAN_COORDINATOR 必须正确设置，因为部分地址识别程序需要知道当前的外部设备是否 PAN 为协调器。

5.14　应答帧

CC2420 支持如同第 2 章 IEEE 802.15.4 标准所述的发送应答帧。该应答帧的格式如下：

字节	4	1	1	2	1	2
	帧引导序列	帧开始定界符 (SFD)	帧长度	帧控制域 (FCF)	数据序号	帧校验序列 (FCS)
	同步头 (SHR)		PHY 头 (PHR)	MAC 头 (MHR)		MAC 脚 (MFR)

如果 MDMCTRL0.AUTOACK 使能，那么在设置应答请求标志和有效 CRC 的条件下，通过地址识别及送应答帧来答复所有接收到的输入帧。因此，除非 ADDR_DECODE 和 AUTOCRC 都已经使能，否则 AUTOACK 不起作用。数据序号从输入帧中拷贝而来。

AUTOACK 可以在帧未决域清空时用于非信标系统。在最后一个输入帧符号之后，应答帧发送 12 个符号周期。第 2 章中对非信标网络有详细说明。

选通命令 SACK 用来在帧未决域已经清空的情况下发送应答帧；选通命令 SACKPEND 用来在帧未决域已经设置的情况下发送应答帧。只有在 CRC 有效时，才发送应答帧。

对于使用信标的系统，有一个附加的时序需求。那就是应答帧可以在输入帧的最后一个符号之后，第一个补偿时隙（backoff - slot，即 20 个符号周期）内，最短在 12 个符号周期内开始发送。这个时序必须由微控制器通过下达选通命令 SACK 和 SACKPEND 加以控制。该选通命令应当在补偿时隙界限之前 12 个符号周期下达，如图 5-18 所示。

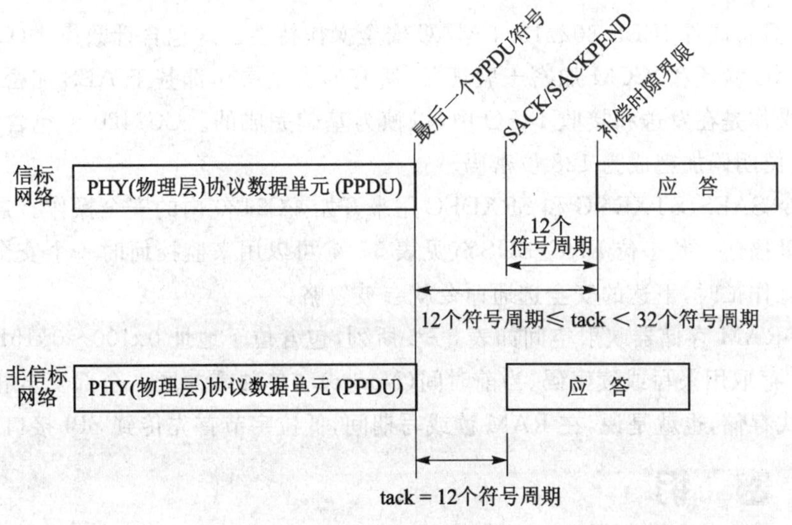

图 5-18　应答帧时序

在使用AUTOACK自动发送应答帧时,SACKPEND用来设置未决数据标志。随后设置的未决标志用于将来的应答帧,直到选通命令SACK下达。如果有急切的需求,应答帧可以选择正规的数据发送方法,采用手工发送。

5.15 无线通信控制状态机

CC2420有一个嵌入的状态机,用于切换不同的操作状态(模式)。既可以通过选通命令,也可以通过内部事件(如接收模式下的SFD检测)来改变状态。无线通信控制状态机如图5-19所示。图中,方括号里面的数字可以从状态寄存器FSMSTATE中读出。读状态寄存器FSMSTATE的主要目的是测试或调试。

在接收或发送模式下,在使用无线通信模块前,稳压器和晶体振荡器必须处于稳定运行状态。通过选通命令SXOSCON/SXOSCOFF的访问,即可控制晶体振荡器。地址传送期间,所返回的状态寄存器中,XOSC16M_STABLE位表明振荡器是否在稳定运行(参见表5-4)。这个状态寄存器在等待振荡器启动时不起作用。

出于测试的目的,频率合成器(FS)也可以手工校准,并且通过命令选通寄存器STXCAL启动。注意,当STXON选通命令下达之前,上述操作不能实现。这些在图5-19上没有描述。通过下达选通命令STXON或STXONCCA,就可以使能发送。通过使用选通命令寄存器SRFOFF,可以关断RF。复位之后,CC2420处于掉电模式;为了使CC2420作好准备,全部配置寄存器都要编程设置。由于启动速度极快,CC2420能够一直保持掉电到新的发送需求到来。

如同5.8节中描述的那样,为了保证RAM和FIFO的存取,晶体振荡器必须运行(空闲模式)。

5.16 MAC安全操作

CC2420具备硬件IEEE 802.15.4 MAC安全操作特性。这包含计数模式(CTR)加密/解密、CBC-MAC验证和"CCM加密+验证"。所有的安全操作都基于AES加密,使用128位密钥。安全操作是在发送和接收FIFO中,以帧为基础完成的。CC2420也包含单独AES加密,其中128位明码加密成为128位密码。

选通命令SAES、STXENC和SRXDEC用来开始CC2420内的安全操作。这些操作会在后面的章节里描述。状态位ENC_BUSY(见表5-4)可以用来监控何时一个安全操作已经完成。当安全操作忙时,下达的安全选通命令就会被忽略。

CC2420 RAM存储器映射空间如表5-5所列,包含位于地址0x100～0x15F的安全相关数据。RAM存取用来写或读密码、当前时间(Nonce)和单独缓冲区。全部安全相关数据以低位在前的方式存储,也就是说,在RAM读或写期间,低位字节首先传到SPI接口。

5.16.1 密 钥

所有的安全操作都基于128位密钥。CC2420的RAM空间有两个单独的存储空间,分别存放密钥KEY0和KEY1。发送、接收和单独加密可以选择两个密钥中的一个。这两个密钥,

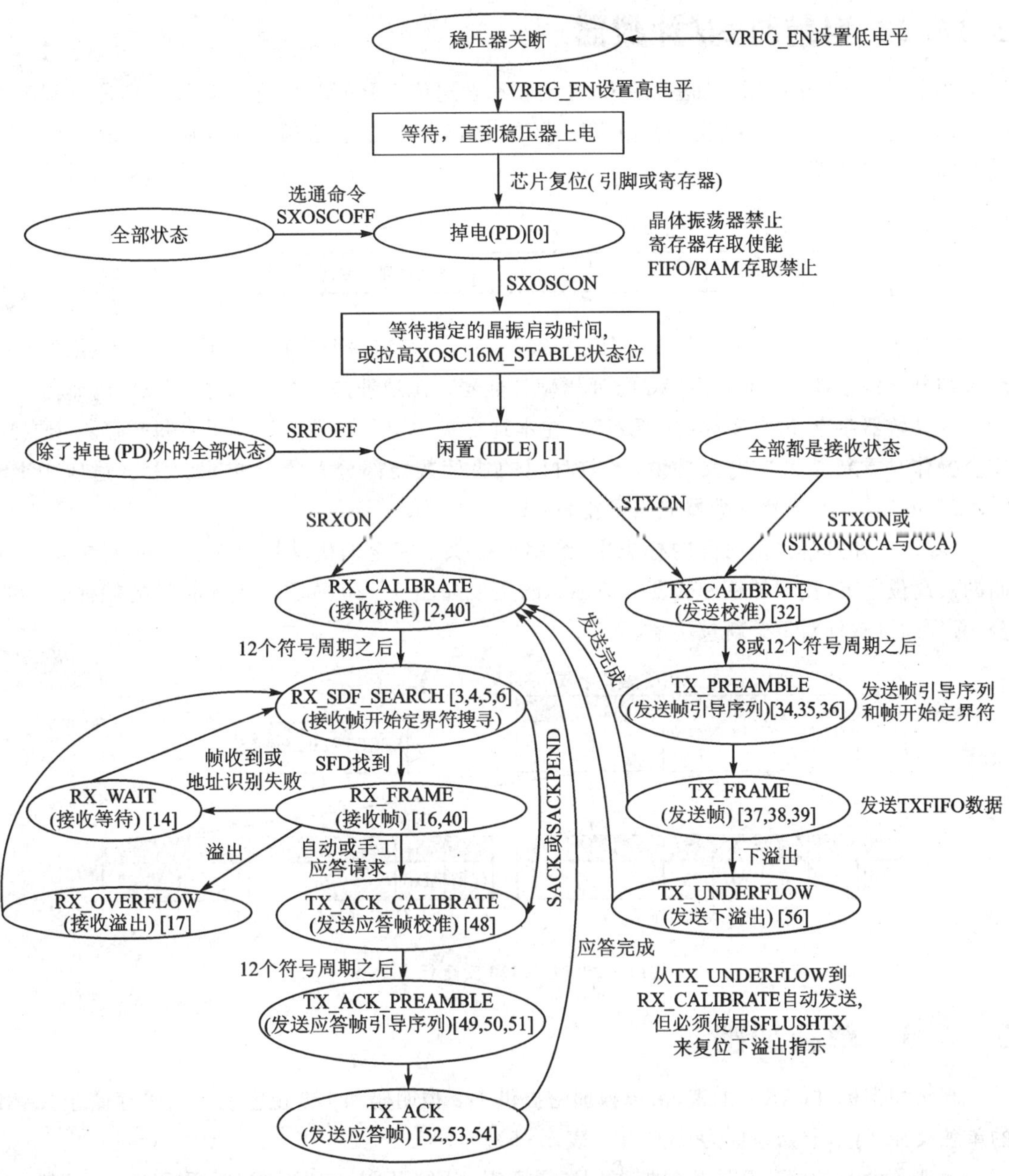

图5-19 无线通信控制状态机

分别由安全控制寄存器0(SECCTRL0)的3个控制位来控制。这3个控制位是：SEC_TXKEYSEL、SEC_RXKEYSEL和SEC_SAKEYSEL。如表5-5所列，KEY0位于地址0x100～0x10F；而KEY1位于地址0x130～0x13F。

必须为每种特殊应用设置密钥，该密钥用于加密和验证。但是，IEEE 802.15.4并没有定义如何设置密钥。这个问题，只有到了更高的协议层才能得到解决。ZigBee采用基于逼近的椭圆曲线加密算法建立密钥。对基于PC的解决方案，可以选择多处理器加强方案，如Diffie-Hellman方案。

5.16.2　当前时间/计数器

当前时间(Nonce)用于加密/解密，其接收和发送位于RAM中，起始地址分别是0x110和0x140，均为16字节。在接收/发送CTR/CCM操作开始之前，必须正确初始化当前时间。当前时间的格式如下：

1字节	8字节	4字节	1字节	2字节
标志	源地址	帧计数器	密钥序列计数器	块计数器

块计数器必须设置为1，以适应IEEE 802.15.4。密钥序列计数器由位于MAC层之上的层来控制。每个新帧必须由MAC层递增帧计数器。源地址是一个64位的IEEE地址。

块计数器字节不在RAM中更新，只在本地拷贝中更新。该本地拷贝在每个新的内嵌式安全操作时重新装入。也就是说，当前时间的块计数器部分不需要重写。为了适应IEEE 802.15.4，CC2420的块计数器应当设置为0x0001。

CC2420在选择当前时间的标志中，给用户提供了完全的机动性。该标志存储在当前时间的最高位字节，用于加密和验证。该标志的生成如图5-20所示。当前时间的帧计数器部分，必须通过软件对每个新包递增。

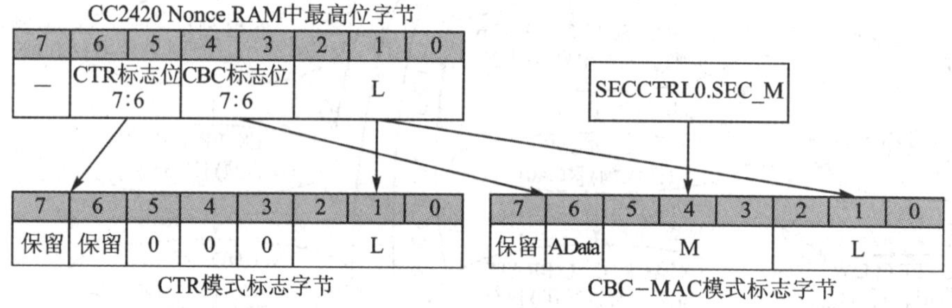

图5-20　CC2420安全标志字节

5.16.3　单独加密

高级加密标准(AES)加密，由单独加密提供128位明码和128位密钥。明码存储在RAM的单独缓冲区中，起始地址为0x120(见表5-5)。

由选通命令SAES开始单独加密。选择密钥(SECCTRL0.SEC_SAKEYSEL)，加密写入单独缓冲区内的明码。完成加密操作后，密码写回单独缓冲区，覆盖原有明码。注意，RAM写操作也输出当前数据到RAM中，因此在读出先前密码的同时，可以写入新的明码。

5.16.4　内嵌式安全操作

CC2420能够对TXFIFO和RXFIFO内的帧进行MAC安全操作(加密、解密和验证)。这种操作称为“内嵌式安全操作”。由于在CC2420中具备MAC硬件支持，内嵌式安全操作依靠位于PHY(物理层)头部的长度域。因此，该长度域必须正确。

在开始任何内嵌式安全操作之前，必须正确设置密钥、当前时间(Nonce，对CBC-MAC

不起作用)、控制寄存器 SECCTRL0 和 SECCTRL1。内嵌式安全模式由 SECCTRL0. SEC_MODE 设置为下列模式之一：禁止；CBC - MAC(验证)；CTR(加密/解密)；CCM(验证和加密/解密)。

在使能的条件下，TX 的内嵌式安全操作从下列两种途径开始：

- 下达选通命令 STXENC。内嵌式安全操作将在 TXFIFO 中完成，但是 RF 发送尚不能开始。密码还要用 RAM 读操作回读。
- 下达选通命令 STXON 或 STXONCCA。内嵌式安全操作将在 TXFIFO 中完成，且密码的 RF 发送开始。

在使能的条件下，RX 的内嵌式安全操作从以下途径开始：下达选通命令 SRXDEC。在 RXFIFO 中的第一帧就按照当前设置的安全模式进行解密/验证。

RX 内嵌式安全操作总是在 RXFIFO 里当前第一帧中完成，即使其中部分已经被 SPI 接口读出，也是这样做的。这就允许接收器在验证整个帧之前，对第一个读出的源地址作出决定——究竟使用哪一个密钥。在 CTR 或 CCM 模式下，只有在安全操作开始之后，才能读出要解密的字节。

当选通命令 SRXDEC 下达后，引脚 FIFO 和 FIFOP 的电平会变低。这就对微控制器表明，在还没有请求对下一个要读的字节进行安全操作之前，没有数据可以读出了。RXFIFO 内的帧可以被 RF 接收，也可以被 SPI 接口写入 RXFIFO，用于调试或更高层的安全操作。

5.16.5　CTR

由 CC2420 分别对存放在 TXFIFO/RXFIFO 内的 MAC 帧完成 CTR 模式加密/解密。SECCTRL1. SEC_TXL/SEC_RXL 分别设置介于长度域和待加/解密的第一个字节之间的字节数量，由此来控制当前帧内明码字节的数量。对于 IEEE 802.15.4 MAC 加密，只有 MAC 有效载荷应当加密，因此，根据当前帧的地址信息，SEC_TXL/SEC_RXL 设置为 3+(0～20)。

当加密开始时，在 TXFIFO 中的明码就如同 IEEE 802.15.4 中规定的那样加密。加密模块将加密当前提供的所有明码，当某些明码没有预先存储在缓冲区时等待。加密操作也可以在 TXFIFO 中没有任何数据时开始，数据在写入 TXFIFO 时加密。随着选通命令 SRXDEC 下达，解密开始。密码就如同 IEEE 802.15.4 中规定的那样解密。

5.16.6　CBC - MAC

CBC - MAC 内嵌式验证由 CC2420 的硬件提供。ECCTRL0. SEC_M 设置消息完整性检测码(MIC)长度 M，编码为$(M-2)/2$。

当使能 CBC - MAC 内嵌式 TXFIFO 验证，生成的 MIC 写入 TXFIFO 用于发送。帧长度必须包含 MIC。ECCTRL1. SEC_TXL/SEC_RXL 设置介于长度域和要验证的第一个字节之间的字节数量。对于 MAC 验证，通常设置为 0。SECCTRL0. SEC_CBC_HEAD 定义验证长度是否作为要验证的数据的第一个字节。该位的设置应当符合 IEEE 802.15.4 的规定。

当使能 CBC - MAC 内嵌式 RXFIFO 验证，生成的 MIC 与 RXFIFO 中的 MIC 进行比较。在 RXFIFO 中，MIC 的最后一个字节被取代为：0x00，如果 MIC 正确；0xFF，如果 MIC 出错。MIC 中其他的字节不变，留在 RXFIFO 中。

5.16.7 CCM

CCM集CTR模式加密/解密和CBC-MAC模式验证为一体。

SECCTRL1.SEC_TXL/SEC_RXL设置了在长度域后面要验证，但尚未加密的字节数量。消息完整性检测码(MIC)的生成和校验很像前面描述过的CBC-MAC。唯一的区别是CCM的需求不同。

5.16.8 时 序

表5-6为使用安全模式不同操作的时间实例。

表5-6 安全时序实例

模 式	l(a)	l(m)	l(MIC)	时间/μs
CCM	50	69	8	222
CTR	—	15	—	99
CBC	17	98	12	99
单独(stand-alone)	—	16	—	14

5.17 线性中频和自动增益控制

CC2420基于线性中频(IF)链在模拟可变增益放大器(VGA)上放大信号。VGA的增益由数字逻辑来控制。自动增益控制(AGC)闭环确保了ADC通过模拟/数字反馈闭环在其内部动态范围内运行。

通过寄存器AGCCTRL、AGCTST0、AGCTST1和AGCTST2设置AGC的特性。复位值应当用于全部AGC控制和测试的寄存器。

5.18 RSSI/能量检测

CC2420有一个内嵌式RSSI(接收信号强度指示器)，通过寄存器RSSI.RSSI_VAL给出8位的数字值，为有符号的二进制补码。RSSI值总是超过8个符号周期(128 μs)的平均值，以适应IEEE 802.15.4。表5-4中的状态位RSSI_VALID指出，当RSSI值有效时，意味着接收器已经使能至少8个符号周期。

RSSI的寄存器值RSSI.RSSI_VAL可以在引脚RF使用下列方程式时，用作功率P的基准：

$$P = (\text{RSSI\_VAL} + \text{RSSI\_OFFSET})\ \text{dBm}$$

式中：RSSI_OFFSET是一个系统开发期间得到的来自前端增益的经验值，近似值为－45。例如，如果从RSSI寄存器读得的值是－20，那么RF输入功率大约就是－65 dBm。

图5-21是一张典型的作为输入功率功能的RSSI_VAL图。从图中可以看到，从CC2420中读出的RSSI值线性极好，具有大约100 dB的动态范围。RSSI寄存器值RSSI.RSSI_VAL计

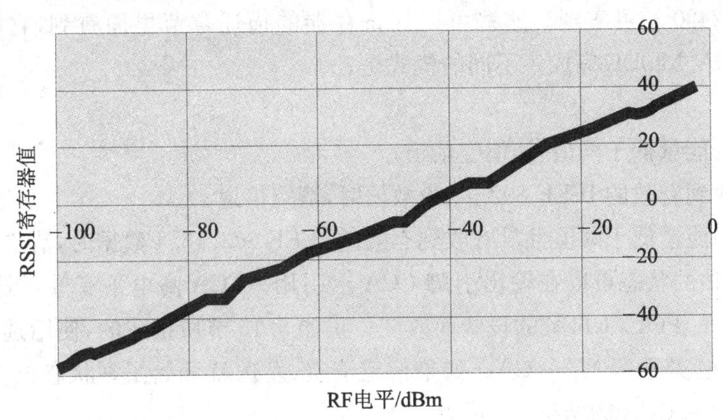

图 5-21　典型的 RSSI 值与输入功率之间的对比

算而得；而且，对于 RSSI 有效以来的每个符号不断地进行更新。

5.19　链路质量指示

根据 IEEE 802.15.4 中的定义，链路质量指示(LQI)计量的就是所收到的包的强度和质量。接收信号强度指示器(RSSI)的值可以用 MAC 软件来产生 LQI 值。IEEE 802.15.4 所需的 LQI 值限制在 0～255，至少需要 8 个唯一的值。对于给定的应用，软件必须产生比例可靠、尺度适当的 LQI 值。

直接使用 RSSI 值计算 LQI 值有若干缺点。例如：窄带干扰内部信道带宽会增加 LQI 值，但事实上，也会降低链路质量。因此，对于每个输入的包，CC2420 提供了一个平均相关值 Corr。该值基于跟随在 SFD 后面的前 8 个符号。这个无符号的 7 位值可以看作是"片码错误率"，虽然 CC2420 不做片码判定。

正如 5.11.4 小节中描述的那样，当 MDMCTRL0.AUTOCRC 已经设置为 1 时，前 8 个符号的平均相关值 Corr 与 RSSI、CRC OK/not OK 一起，附加在每个接收帧上。由 CC2420 检测出来，约为 110 的平均相关值表示质量最好的接收帧，而约为 50 的平均相关值则表示质量最差的接收帧。软件必须将平均相关值 Corr 转换为由 IEEE 802.15.4 定义的，范围为0～255 的值：

$$\text{LQI} = (\text{Corr} - a) \cdot b$$

a 和 b 限制在 0～255，是基于包差错率(PER)测量的经验值。结合 RSSI 和平均相关值，就可以生成 LQI 值。

5.20　空闲信道评估

空闲信道评估(CCA)基于测量的 RSSI 值和可编程设置的阈值。空闲信道评估功能用来实现 IEEE 802.15.4 指定的 CSMA-CA 功能。至少 8 个符号周期后，接收器使能，CCA 有效。

载波探知阈电平由 RSSI.CCA_THR 编程设置。阈值可以按照步长为 1 dB 编程设置，CCA 的滞后作用也可以由控制位 MDMCTRL0.CCA_HYST 编程设置。IEEE 802.15.4 指定的全部 3

个 CCA 模式 CC2420 均可实现。这些可以在寄存器的描述章节里面看到，它们都是依靠设置 MDMCTRL0.CCA_MODE 完成。不同的模式是：

0 保留；

1 当收到的能量低于阈值时，清空信道；

2 当没有收到有效的 IEEE 802.15.4 数据时，清空信道；

3 当收到的能量低于阈值且没有收到有效的 IEEE 802.15.4 数据时，清空信道。

空闲信道评估的状态可以在输出引脚 CCA 上引用。CCA 高电平有效，但其极性可以因控制位 IOCFG0.CCA_POLARITY 的设置而改变。正如 5.15 节所描述的，使用选通命令 STXONCCA 可以很容易地实现 CSMA-CA。如果信道清空，发送就开始了。状态位 TX_ACTIVE（参见表 5-4）用来检测 CCA 的结果。

5.21 频率和信道编程设置

操作频率通过对 10 位频率字编程设置，该频率字位于 FSCTRL.FREQ[9:0]。操作频率由下式表示：

$$F_C = 2048 + \text{FSCTRL.FREQ}[9:0]$$

式中：F_C 的单位是 MHz。频率的分辨率可以编程设置为 1 MHz。

在接收模式下，由于所用的中频(IF)均是 2 MHz，实际的本地振荡器(LO)频率是(F_C-2) MHz。在发送模式下采用直接转换，此时 LO 频率等于 F_C。中频 2 MHz 由 CC2420 自动提供，因此，对于接收和发送，频率的规划是一样的。

IEEE 802.15.4 指定 16 个信道。位于 2.4 GHz 频段之内，步长为 5 MHz，编号为 11～26。信道 k 的 RF 频率由 IEEE 802.15.4 指定如下：

$$F_C = 2405 + 5(k-11) \qquad (k=11,12,\cdots,26)$$

运行在信道 k，寄存器 FSCTRL.FREQ 应当设置为：

$$\text{FSCTRL.FREQ} = 357 + 5(k-11)$$

5.22 电压控制振荡器和锁相环自校准

(1) 电压控制振荡器

电压控制振荡器(VCO)完全集成在 CC2420 上，工作于 4800～4966 MHz。VCO 频率除以 2 来产生所需的频段(2400～2483.5 MHz)。

(2) 锁相环(PLL)自校准

VCO 的特性随温度而变化，随供给电压和所需操作频率的改变而变化。

为了确保操作可靠，VCO 的偏流和调谐范围自动校准。自动校准在每次接收模式和发送模式使能时，也就是在 RX_CALIBRATE、TX_CALIBRATE 和 TX_ACK_CALIBRATE 的控制状态下，如图 5-19 所示。

5.23 输出功率编程设置

设备的 RF 输出功率是可编程设置的,可以由 RF 寄存器 TXCTRL. PA_LEVEL 控制。表 5-7为不同设置的输出功率,包括控制寄存器 TXCTRL 的全部编程设置数据;同时,也显示了典型的电流消耗。

表 5-7 2.45 GHz RF 输出功率设置以及典型电流消耗

PA_LEVEL	RF 寄存器 TXCTRL	输出功率/dBm	电流消耗/mA
31	0xA0FF	0	17.4
27	0xA0FB	−1	16.5
23	0xA0F7	−3	15.2
19	0xA0F3	−5	13.9
15	0xA0EF	−7	12.5
11	0xA0EB	−10	11.2
7	0xA0E7	−15	9.9
3	0xA0E3	−25	8.5

5.24 晶体振荡器

外接时钟信号或者内部晶体振荡器均可以用来作为主基准频率。主基准频率必须是 16 MHz,晶振频率用作数据速率和其他内部信号处理功能的基准,其他频率不可以使用。

如果使用外接时钟信号,该信号应当连接到引脚 XOSC16_Q1,而引脚 XOSC16_Q2 应当空置,MAIN. XOSC16M_BYPASS 位应当设置为 1。使用内部晶体振荡器,晶振必须连接在引脚 XOSC16_Q1 和引脚 XOSC16_Q2 之间;另外,需要负载电容器(C381 和 C391)。负载电容器的值取决于总的负载电容 C_L。

介于晶振两端的总的负载电容应当等于 C_L,使得晶振振荡在指定频率。

$$C_L = \frac{1}{\frac{1}{C_{381}} + \frac{1}{C_{391}}} + C_{寄生}$$

寄生电容是由引脚输入电容和印刷电路板杂散电容组成。总寄生电容的典型值为 2~5 pF。晶体振荡器电路如图 5-22 所示,不同 C_L值的典型元件值由表 5-8 给出。

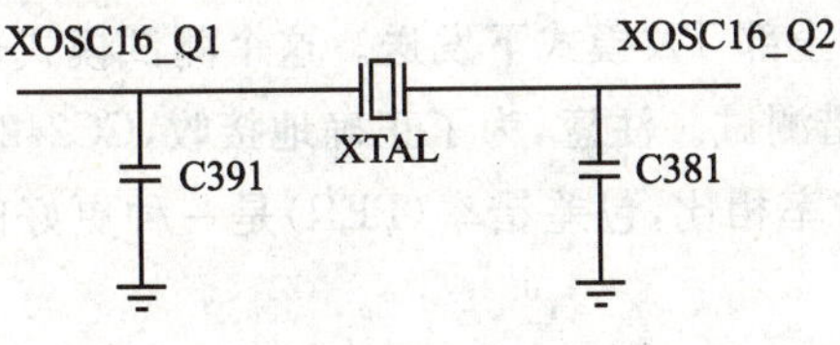

图 5-22 晶体振荡器电路

表 5-8 晶体振荡器元件值

元件编号	C_L=16 pF
C381	27 pF
C391	27 pF

晶体振荡器的振幅是校准的。这意味着要启动振荡器，就需要较高的电流。当振幅形成后，电流就下降到需要维持稳定振荡的大小。这就确保了迅速启动，也确保了保持运行时电能消耗很小。为了确保启动可靠，晶振的等效串联阻抗(ESR)必须符合规范。

5.25 输入/输出匹配

RF的输入和输出是差动的(RF_N和RF_P)。除此之外，有一个对外供电开关引脚(TXRX_SWITCH)，必须有外接直流电路连接到RF_N和RF_P。

在输入模式下，引脚TXRX_SWITCH接地，供电偏置低噪声放大器(LNA)；在输出模式下，引脚TXRX_SWITCH接在所供电压上面，偏置内部功率放大器(PA)。RF输出和直流偏置可以采用不同的拓扑结构来完成。

如果使用了差动天线，就不需要不平衡变压器了。如果需要单端输出(用于单端连接器或单极天线)，则需要不平衡变压器。不平衡变压器从RF_N和RF_P添加信号。这就完成了两路相等的振幅响应，但其相位差有180°。

5.26 发送测试模式

为了实现性能评估，CC2420可以设置为不同的发送测试模式。测试模式首先需要芯片复位，使用选通命令SXOSCON使能晶体振荡器，让晶体振荡器稳定运行。

5.26.1 未调制的载波

通过设置MDMCTRL1.TX_MODE到2或3，在寄存器DACTST中写入0x1800，下达选通命令STXON后，未调制的载波即可发送。当发送器的同相和正交相位信号(I/Q)数/模转换器(DAC)不考虑静态值时，即可使能发送器。这样，未调制的载波就可以提供给RF输出引脚。图5-23为CC2420输出的单载波(single carrier)频谱。

5.26.2 已调制的频谱

CC2420有一个内置的测试样品发生器，该发生器可以使用CRC发生器，生成一个伪随机序列。该功能可以通过设置MDMCTRL1.TX_MODE到3，且下达选通命令STXON来实现。这样，已调制的频谱就可以提供到引脚RF上了。低位字节的CRC字发送出去；对于每个新的字节，CRC更新为0xFF。发送数据序列的长度是65535比特。然后，发送数据序列：

[同步头][0x00,0x78,0xB8,0x4B,0x99,0xC3,0xE9,…]

由于同步头(帧引导序列和帧开始定界符SFD)在全部TX模式下发送。这个测试模式也可以用来发送一个已知伪随机的比特序列，用于比特出错测试。注意，为了正确地接收，CC2420不但需要位同步，而且需要符号同步。因此，与比特差错率相比，包差错率(PER)是一种更好的真正RF性能的测试方法。

另一个用来产生已调制频谱的选项，是用伪随机数据来填充TXFIFO；此时设置MDMCTRL1.TX_MODE到2。CC2420将从TXFIFO中发送数据，而不管该队列是否为空。发送的数

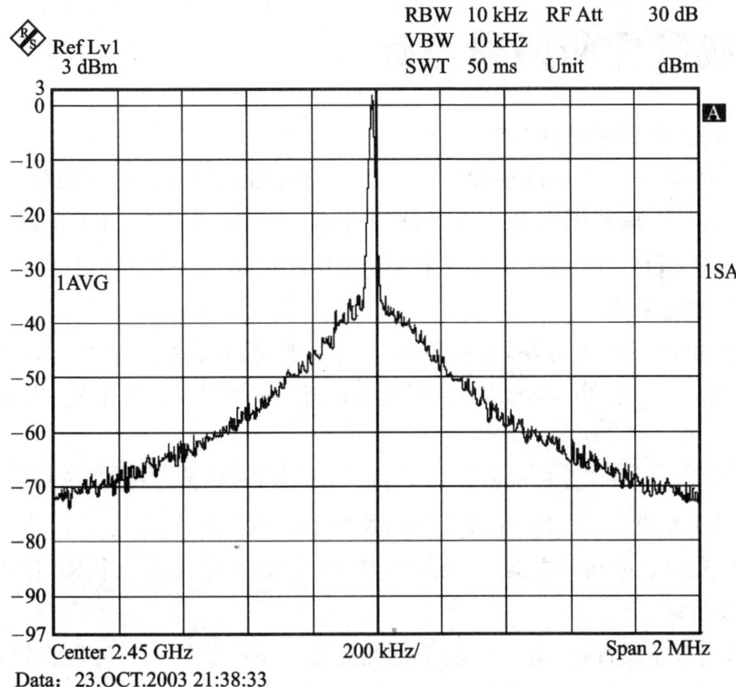

图 5-23　单载波输出

据序列长度是 1 024 比特(128 字节)。

图 5-24 为 CC2420 输出的已调制频谱。注意,为了从已调制频谱中找到输出功率,解析度带宽(RBW)必须设置为 3 MHz 或更高。

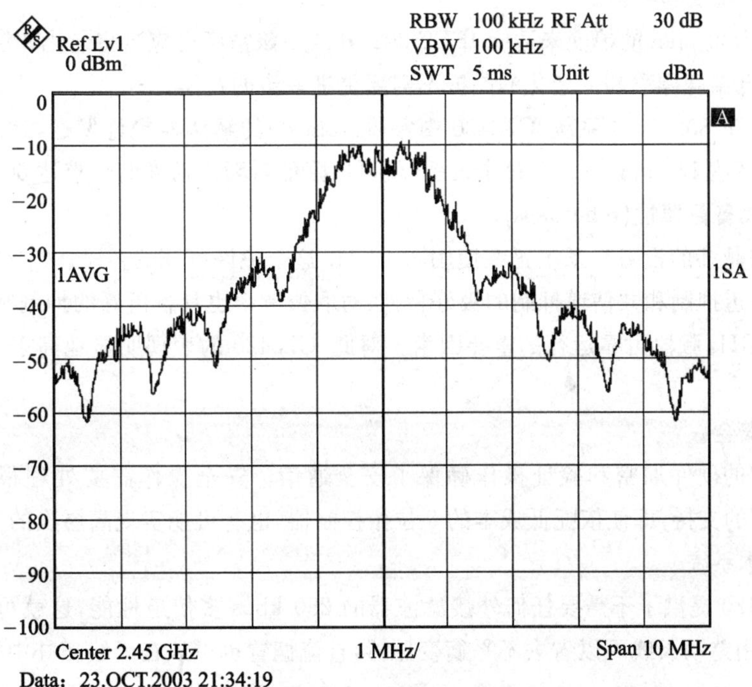

图 5-24　已调制频谱

5.27 系统考虑和指导方针

(1) 短距离设备(SRD)的相关规约

有关的国际规约和不同国家的法律都对无线通信有强制规定。对频段为2.4 GHz的短距离设备(SRD)通信,在全球范围内是免许可证的,相关的规约主要有:ETSI EN 300 328和EN 300 440(欧洲)、FCC CFR-47 part 15.247和15.249(美国)以及ARIB STD-T66(日本)。

(2) 跳频和多信道系统

2.4 GHz频段由许多系统分享,这些系统应用于工业、办公室和家庭。CC2420使用IEEE 802.15.4定义的直接序列扩频(DSSS)来扩展输出功率,即使在噪音环境中,也使得通信更加鲁棒(robust)。

有了CC2420,在一个非IEEE 802.15.4系统中,结合DSSS和FHSS(跳频扩展频谱)也成为可能。这是在使能RX或TX之前,通过编程设置操作频率实现的(参见5.21节)。注意,必须在该系统的MAC层实现频率同步方案,从而使得发送和接收操作在同一个RF信道中进行。

(3) 数据突发传输

CC2420内部的数据缓冲区,有一个处于微控制器和RF设备之间的数据链,其数据传输率低于RF的比特传输率250 kbps。这就使得微控制器到缓冲区的数据能够以它自己的速度运行,减轻了工作负担,降低了对时间的需求。

而IEEE 802.15.4定义的868/915 MHz频段只提供40 kbps的比特传输率。对于给定传输的数据量,由于CC2420数据传输率相对较高,降低了平均功率消耗。

(4) 晶振的精度和漂移

晶振需要±40 ppm的精度来适应IEEE 802.15.4。该精度也应当将老化和温度漂移考虑在内。使用具有低温度漂移和低老化的晶振不需要更进一步的补偿。

对于非IEEE 802.15.4系统,CC2420中鲁棒(robust)的解调器允许发送器和接收器之间的总频率偏移量高达120 ppm。对于每个设备,就可以降低对频率精度的需求达60 ppm。

(5) 通信具备鲁棒性(robustness)

当前,越来越多的设备和系统正在使用2.4 GHz这个免许可证的频段。CC2420具有相邻信道抑制、交替信道抑制和共信道抑制的极好特性,对假像频率也具备极好的抑制和阻塞能力。这些都是在2.4 GHz频段可靠运行的重要因素。对此,CC2420的表现明显地高于IEEE 802.15.4的需要。

(6) 通信安全

CC2420中的硬件加密和验证操作确保了安全通信。安全操作需要处理很多数据。有了CC2420中硬件的支持,即使依托低成本的8位微控制器,也有可能实现高层次的安全操作。

(7) 低成本系统

由于CC2420提供了不需要任何外接滤波器的250 kbps多信道性能,这就可能组成成本极低的系统。使用差动天线可以省去不平衡变压器,直流偏置也可以在天线拓扑中完成。

(8) 电池供电系统

在低功率应用中,CC2420 在未激活时,会掉电运行。当禁止稳压器时,可以达到极低的能耗。

(9) 比特差错率/包差错率(BER/PER)测量

CC2420 包含测试模式。在该模式下,数据无限接收,而且输出到引脚(RX_MODE 2,见 5.12 节)。这个模式可以用于比特差错率(BER)测量。然而,为了完成这个测量,必须首先进行下列操作:

① 接收直接序列扩频(DSSS)调制信号需要符号同步,而不是像 2FSK 系统那样的比特同步,因此即使发送的是伪随机数据,也必须使用帧引导序列和帧开始定界符(SFD)序列。如果需要,同步字 SYNCWORD 可以设置为另一个值来适应测量的设置。

② 数据在空气中发送,必须根据 IEEE 802.15.4 扩展。这就意味着,测量期间使用的发送必须能够从比特数据扩展到片码数据。由测试设置的片码序列发送不同于比特发送,是由 CC2420 输出的。

③ 当操作等于或低于敏感界限时,在无限接收模式下,CC2420 就会失去符号同步。为了重新获得同步,需要接收器的新 SFD 和重启动。

在一个 IEEE 802.15.4 系统中,所有的通信都基于包。由 IEEE 802.15.4 指定的敏感界限基于包出错率(PER)。PER 是一种更精确的真实 RF 性能测量,因而取代了 BER 测量。Chipcon 公司建议以 PER 测量取代 BER 测量来评估 IEEE 802.15.4 系统的性能。要进行 PER 测量,应当按照下列步骤进行:

① 对每一个包,必须使用有效的帧引导序列、帧开始定界符(SFD)和长度域。

② 物理层服务数据单元(PSDU),如同 IEEE 802.15.4 所指定的那样,长度应当为 20 字节,用于敏感测量。

③ IEEE 802.15.4 所指定的敏感界限是测量结果在 1%PER 之内的 RF 层。对于给定的测量,包样本空间必须≫100,从而有一个足够大的样本空间。例如,至少应当有 1000 个包用于敏感测量。

④ 数据在空气中发送,必须根据 IEEE 802.15.4 扩展。虽然 IEEE 802.15.4 需要的 PER 是随机 PSDU 数据的平均值,但还是可以使用预生成包。

⑤ 由于 CC2420 的接收 FIFO 能够缓冲高达 128 字节,因而可以在 PER 测量期间,用作接收数据的缓冲器。

⑥ 控制寄存器 MDMCTRL1.CORR_THR 应当如同 5.10 节中描述的那样,设置为 20。

⑦ 控制位 RXCTRL1.RXBPF_LOCUR 应当设置为 1。

测量 PER 最简单的方法是利用另外一个 CC2420 作为基准发送器。然而,这样使得测量准确的接收器的行为产生困难。

使用信号发生器,既可以设置为具有半正弦形状的偏移正交相移键控(O-QPSK),也可以设置为最小频移键控(MSK)。如果使用 O-QPSK,则相位必须按照 IEEE 802.15.4 的指定来选择。如果使用 MSK,则片码序列必须修正为被调整的 MSK 信号具有与先前定义的O-QPSK 序列相同的相移。

对于一个需要得到的长度为 n 的符号序列"$s_0, s_1, \cdots, s_{n-1}$"，从表 5－2 中可以查到长度为 $32n$ 的片码序列"$c_0, c_1, c_2, \cdots, c_{32n-1}$"。比较 O－QPSK 和 MSK 可以看到，MSK 片码序列按如下方式生成：

$$(c_0 \text{ XNOR } c_1), (c_1 \text{ XOR } c_2), (c_2 \text{ XNOR } c_3), \cdots, (c_{32n-1} \text{ XOR } c_{32n})$$

式中：c_{32n} 可以任意选择。

5.28　印刷电路板设计建议

根据 Chipcon 公司的参考设计，建议如下：

① 在参考设计中，顶层用于信号路由；空白的地方，用通过若干过孔接地的金属箔填充。第二层在 CC2420 参考设计中不使用。第三层用作电源路由。底层用作接地，带有少量路由。位于芯片下面的空间，用于接地，而且必须通过若干过孔牢靠接地。

② 芯片的接地引脚接地，距离使用单独过孔的封装引脚越近越好。退耦电容器也应安放在尽可能靠近供电引脚处，并且通过单独的过孔连接到印刷电路板(PCB)的接地面。电源滤波极为重要。

③ 外接元件越小越好(建议使用 0402)，必须使用表面贴装器件。为了避开 RF 电路的接口，安放微控制器时要特别小心。

④ 开发装置提供了组合评估模块。建议参照这些进行设计，从而获得最好的成果。Chipcon 公司为用户的参考设计提供了所有的示意图，以及 BOM 和 Gerber 文件(制造 PCB 板必需)。这些资料都可以从 Chipcon 公司的网站上获取。

5.29　天线的考虑

CC2420 可以使用各种型号的天线。差动天线(differential antenna)，例如偶极天线，不需要使用不平衡变压器就可以很方便地与系统接口。λ/2 偶极天线的长度由下式给定：

$$L = 14\,250/f$$

式中：f 的单位是 MHz，L 的单位是 cm。例如，用于 2 450 MHz 的天线长 5.8 cm。每个臂长为 2.9 cm。

其他一般用于短距离通信的天线为单极天线、螺旋状和环状的天线。单端单极和螺旋状的天线需要不平衡变压器。该变压器位于差动输出和天线之间。具备 1/4 电波长度(λ/4)的单极天线能够和电波共振，因此可以将它作为一段导线，甚至集成到 PCB 中加以实现。λ/4 单极天线的长度由下式给定：

$$L = 7\,125/f$$

式中：f 的单位是 MHz，L 的单位是 cm。例如，用于 2 450 MHz 的天线长 2.9 cm。

也可以使用短于 λ/4 的不与电波共振的天线，但是，这就要缩小通信范围。将天线装入高绝缘材料的封套中，可以减小天线的尺寸。许多厂商提供此类天线安装在 PCB 上。

螺旋状天线可以看成是单极天线和环状天线的一种结合体。它是在应用中出于尺寸考虑的一个折中产物，但它的优化比起简单的单极天线要困难得多。

环状天线可以很容易地集成到印刷电路板中。但是，由于它的发射阻抗很低，阻抗匹配困难，造成效率低下，因此不推荐使用。对于低功耗的应用场合，由于差动天线构造简单，而且通信范围最大，因此推荐使用。

天线的连接离 IC 越近越好。如果天线远离 RF 引脚，那么应该匹配一根馈送发射线(50 Ω)。

5.30 配置寄存器

CC2420 的配置是由编程设置 16 位配置寄存器完成的。这些寄存器的描述如表 5-9 所列。芯片复位(通过引脚 RESETn 或者通过可编程设置的配置位 MAIN. RESETn)之后，全部寄存器恢复缺省值。

注意：寄存器 MAIN 是唯一使用引脚 RESETn 复位的。当写入这个寄存器时，所有的位会得到写入值，而不是缺省值。这也意味着 MAIN. RESETn 位必须通过串行接口，先写入 0 然后写入 1 来完成芯片复位。

表 5-9 配置寄存器一览

地 址	寄存器	寄存器类型	描 述
0x00	SNOP	S	无操作
0x01	SXOSCON	S	接通晶体振荡器(设置 XOSC16M_PD=0 和 BIAS_PD=0)
0x02	STXCAL	S	TX 使能和校准频率合成器；从 RX/TX 到只有该合成器运行的等待状态
0x03	SRXON	S	使能 RX
0x04	STXON	S	校准频率合成器(如果还没有完成)之后，使能 TX
0x05	STXONCCA	S	如果 CCA 指出一个空闲信道，则使能校准，然后 TX；如果 SPI_SEC_MODE≠0，启动内嵌式加密。否则，什么都不做
0x06	SRFOFF	S	禁止 RX/TX 以及频率合成器
0x07	SXOSCOFF	S	关断晶体振荡器以及 RF
0x08	SFLUSHRX	S	清空 RXFIFO 缓冲器，复位解调器。在下达选通命令 SFLUSHRX 之前，从 RXFIFO 中至少读一个字节
0x09	SFLUSHTX	S	清空 TXFIFO 缓冲器
0x0A	SACK	S	清空未决域，发送应答帧
0x0B	SACKPEND	S	设置未决域，发送应答帧
0x0C	SRXDEC	S	开始 RXFIFO 内嵌式加密/验证(如同 SPI_SEC_MODE 设置)
0x0D	STXENC	S	开始 TXFIFO 内嵌式加密/验证(如同 SPI_SEC_MODE 设置)，但并不开始 TX
0x0E	SAES	S	选通 AES 单独加密。不需要 SPI_SEC_MODE 为 0，但加密模式必须空闲；否则，该选通舍弃
0x0F	—	—	不使用

续表 5-9

地　址	寄存器	寄存器类型	描　述
0x10	MAIN	R/W	主控寄存器
0x11	MDMCTRL0	R/W	调制解调器控制寄存器 0
0x12	MDMCTRL1	R/W	调制解调器控制寄存器 1
0x13	RSSI	R/W	RSSI 和 CCA 的状态和控制寄存器
0x14	SYNCWORD	R/W	同步字控制寄存器
0x15	TXCTRL	R/W	发送控制寄存器
0x16	RXCTRL0	R/W	接收控制寄存器 0
0x17	RXCTRL1	R/W	接收控制寄存器 1
0x18	FSCTRL	R/W	频率合成器的控制和状态寄存器
0x19	SECCTRL0	R/W	安全控制寄存器 0
0x1A	SECCTRL1	R/W	安全控制寄存器 1
0x1B	BATTMON	R/W	电池监控器的控制和状态寄存器
0x1C	IOCFG0	R/W	输入/输出控制寄存器 0
0x1D	IOCFG1	R/W	输入/输出控制寄存器 1
0x1E	MANFIDL	R/W	制造商标识符,低 16 位字节
0x1F	MANFIDH	R/W	制造商标识符,高 16 位字节
0x20	FSMTC	R/W	有限状态机的持续时间
0x21	MANAND	R/W	手工信号 AND 覆盖寄存器
0x22	MANOR	R/W	手工信号 OR 覆盖寄存器
0x23	AGCCTRL	R/W	AGC 控制寄存器
0x24	AGCTST0	R/W	AGC 测试寄存器 0
0x25	AGCTST1	R/W	AGC 测试寄存器 1
0x26	AGCTST2	R/W	AGC 测试寄存器 2
0x27	FSTST0	R/W	频率合成器的测试寄存器 0
0x28	FSTST1	R/W	频率合成器的测试寄存器 1
0x29	FSTST2	R/W	频率合成器的测试寄存器 2
0x2A	FSTST3	R/W	频率合成器的测试寄存器 3
0x2B	RXBPFTST	R/W	接收器带通滤波器的测试寄存器
0x2C	FSMSTATE	R	有效状态机状态的状态寄存器
0x2D	ADCTST	R/W	ADC 测试寄存器
0x2E	DACTST	R/W	DAC 测试寄存器
0x2F	TOPTST	R/W	顶层（top level）测试寄存器
0x30	RESERVED	R/W	保留,由将来的控制/状态寄存器使用
0x31～0x3D	—	—	不使用
0x3E	TXFIFO	W	发送 FIFO 字节寄存器
0x3F	RXFIFO	R/W	接收 FIFO 字节寄存器

15 个选通命令寄存器列于表 5-9 之中，访问这些寄存器就会改变内部的状态或模式；33 个 16 位通用寄存器也列于该表中。这些寄存器中，多数仅仅用于测试目的，对于 CC2420 的正常操作，不需要访问。

通过两个 8 位寄存器 TXFIFO 和 RXFIFO 来实现 FIFO 的访问。寄存器 TXFIFO 只写，但仍可以通过正规的 RAM 存取读出(见 5.8.5 小节)TXFIFO 中的数据；然而，数据不能从该 FIFO 中移出。注意，对于所有的 FIFO 和 RAM 存取，晶体振荡器必须稳定运行。

在地址传送期间，当写入 TXFIFO 时，状态字节返回到串行输出引脚 SO。全部配置和状态寄存器都在表 5-10 中分别描述。

表 5-10　配置和状态寄存器具体描述

位	名　称	复　位	读/写	描　述
MAIN (0x10)——主控寄存器				
15	RESETn	1	R/W	清 0 有效，复位整个电路，应当在做其它任何事情之前使用。与其等价的操作就是复位引脚 RESETn
14	ENC_RESETn	1	R/W	清 0 有效，复位加密模式（仅用于测试目的）
13	DEMOD_RESETn	1	R/W	清 0 有效，复位解调模式（仅用于测试目的）
12	MOD_RESETn	1	R/W	清 0 有效，复位调制模式（仅用于测试目的）
11	FS_RESETn	1	R/W	清 0 有效，复位频率合成器模式（仅用于测试目的）
10：1	—	0	W0	保留，写为 0
0	XOSC16M_BYPASS	0	R/W	旁路晶体振荡器，直接使用来自引脚 XOSC16_Q1 的缓冲器信号。可以用来使用外接到引脚 XOSC16_Q1 的接轨（rail-rail）时钟
MDMCTRL0(0x11)——调制解调器控制寄存器 0				
15：14	—	0	W0	保留，写为 0
13	RESERVED_FRAME_MODE	0	R/W	当地址识别使能时，用于接受保留的 IEEE 802.15.4 帧类型模式(MDMCTRL0.ADR_DECODE=1) 0：保留帧类型（100，101，110，111）被地址识别拒绝 1：保留帧类型（100，101，110，111）总是被地址识别接受。没有更多的地址译码 当地址识别禁止（MDMCTRL0.ADR_DECODE = 0）时，不管 RESERVED_FRAME_MODE 是什么，所有的帧都接收
12	PAN_COORDINATOR	0	R/W	当外设是 PAN 协调器时，应当设置为 1。如同 IEEE 802.15.4 中所指定的，用于无目标地址的过滤包
11	ADR_DECODE	1	R/W	使能硬件地址译码：0，地址译码禁止；1，地址译码使能
10：8	CCA_HYST[2：0]	2	R/W	CCA 滞后，以 dB 为计量单位，数值为 0～7 dB
7：6	CCA_MODE[1：0]	3	R/W	0：保留 1：CCA=1，当 RSSI_VAL<CCA_THR－CCA_HYST； CCA=0，当 RSSI_VAL≥CCA_THR 2：CCA=1，当没有接收有效的 IEEE 802.15.4 数据时； CCA=0，其余情况 3：CCA=1，当 RSSI_VAL<CCA_THR－CCA_HYST，而且没有接收有效的 IEEE 802.15.4 数据时； CCA=0，当 RSSI_VAL ≥ CCA_THR 或者接收了一个包时

续表 5-10

位	名 称	复 位	读/写	描 述
5	AUTOCRC	1	R/W	在包模式下，在 TX 内最后一个数据字节之后，计算并且发送 CRC-16 (ITU-T)。在 RX 内，为了校验有效性，计算并且核对 CRC
4	AUTOACK	0	R/W	如果设置了 AUTOACK，所有被地址识别接受的包（这些包具有应答请求标志和有效 CRC）在收到后 12 个符号周期内发出应答
3:0	PREAMBLE_LENGTH[3:0]	2	R/W	在发送模式下，要预先发送到 SYNCWORD（同步字）的帧引导序列的字节（2 个 0 符号）数，按照 2 步编码。复位值 2 适应 IEEE 802.15.4，由于第 4 个 0 字节包含在 SYNCWORD 以内 0：1 个前导 0 (leading zero) 字节（不推荐） 1：2 个前导 0 字节（不推荐） 2：3 个前导 0 字节（适应 IEEE 802.15.4） 3：4 个前导 0 字节 ⋮ 15：16 个前导 0 字节
MDMCTRL1(0x12)——调制解调器控制寄存器 1				
15:11	—	0	W0	保留，写为 0
10:6	CORR_THR[4:0]	0	R/W	在 SFD 搜寻之前需要的解调器相关阈值。应当永远设置为 20
5	DEMOD_AVG_MODE	0	R/W	频率偏移量平均过滤行为： 0：帧引导序列匹配后，锁住频率偏移量滤波器 1：连续更新频率偏移量滤波器
4	MODULATION_MODE	0	R/W	为 RX/TX，设置两个 RF 调制模式中的一个： 0：适应 IEEE 802.15.4 的模式 1：保留相位，适应非 IEEE（可以用来安装一个不接收 IEEE 802.15.4 包的系统）
3:2	TX_MODE[1:0]	0	R/W	设置 TX 的测试模式： 0：带缓冲的模式，使用 TXFIFO（正常操作） 1：串行模式，使用串行接口上的发送数据，无限发送，仅用于实验室测试 2：TXFIFO 循环发送，忽略 TXFIFO 的下溢出，读循环，无限制发送，仅用于实验室测试 3：从 CRC 发送随机数据，无限制发送，仅用于实验室测试
1:0	RX_MODE[1:0]	0	R/W	设置 RX 的测试模式： 0：带缓冲的模式，使用 RXFIFO（正常操作） 1：接收串行模式，在引脚上输出收到的数据，无限接收，仅用于实验室测试 2：RXFIFO 循环发送，忽略 RXFIFO 的上溢出，写循环，无限制接收，仅用于实验室测试 3：保留

续表 5-10

位	名　称	复　位	读/写	描　述
RSSI(0x13)——RSSI 和 CCA 的状态和控制寄存器				
15∶8	CCA_THR[7∶0]	−77	R/W	空闲信道评估（CCA）阈值，有符号二进制补码，用于与 RSSI 比较。单位为 1 dB，偏移量与 RSSI_VAL 相同。当保留信号低于该值时，CCA 信号变高。CCA 信号在引脚 CCA 上提供。复位值近似为 −77 dB
7∶0	RSSI_VAL[7∶0]	−128	R	在对数比例尺上进行 RSSI 评估，有符号二进制补码。单位为 1 dB，偏移量的描述参见 5.18 节。RSSI_VAL 值由超过 8 个符号周期平均而得。核对状态位 RSSI_VALID 可以校验接收器已经使能至少 8 个符号周期。复位值为 −128，也指出 RSSI_VAL 值无效
SYNCWORD(0x14)——同步字				
15∶0	SYNCWORD[15∶0]	0xA70F	R/W	同步字。SYNCWORD 处理从最低有效半字节（复位时为 0xF）到最高有效半字节(复位时为 0xA)。SYNCWORD 用于调制期间（此时 0xF 被 0x0 取代），也用于解调期间（此时帧同步不需要 0xF）。接收 SYNCWORD 所需的第一个符号之前，需要隐含 0。复位值适应 IEEE 802.15.4
TXCTRL(0x15)——发送控制寄存器				
15∶14	TXMIXBUF_CUR[1∶0]	2	R/W	TX 混频器缓冲器偏置电流 0：690 μA 1：980 μA 2：1.16 mA(标称) 3：1.44 mA
13	TX_TURNAROUND	1	R/W	设置等待时间，该时间在 STXON 之后、发送开始之前 0：8 个符号周期（128 μs) 1：12 个符号周期（192 μs)
12∶11	TXMIX_CAP_ARRAY[1∶0]	0	R/W	在发送混频器中，选择设置变容二极管阵列
10∶9	TXMIX_CURRENT[1∶0]	0	R/W	发送混频器电流 0：1.72 mA 1：1.88 mA 2：2.05 mA 3：2.21 mA
8∶6	PA_CURRENT[2∶0]	3	R/W	功率放大器（PA）的电流编程设置 0：−3 电流调整 1：−2 电流调整 2：−1 电流调整 3：标称设置 4：+1 电流调整 5：+2 电流调整 6：+3 电流调整 7：+4 电流调整

续表 5-10

位	名　称	复　位	读/写	描　述
5	—	1	W1	保留,写为1
4:0	PA_LEVEL[4:0]	31	R/W	输出PA电平(近0 dBm)
RXCTRL0(0x16)——接收控制寄存器0				
15:14	—	0	W0	保留,写为0
13:12	RXMIXBUF_CUR [1:0]	1	R/W	RX混频器缓冲器偏置电流 0:690 μA 1:980 μA(标称) 2:1.16 mA 3:1.44 mA
11:10	HIGH_LNA_GAIN [1:0]	0	R/W	自动增益控制(AGC)高增益模式下,在低噪声放大器(LNA)增益补偿分支里的控制电流 0:禁止补偿 1:100 μA补偿电流 2:300 μA补偿电流(标称) 3:1000 μA补偿电流
9:8	MED_LNA_GAIN [1:0]	2	R/W	自动增益控制(AGC)中增益模式下,在低噪声放大器(LNA)增益补偿分支里的控制电流
7:6	LOW_LNA_GAIN [1:0]	3	R/W	自动增益控制(AGC)低增益模式下,在低噪声放大器(LNA)增益补偿分支里的控制电流
5:4	HIGH_LNA_CURRENT[1:0]	2	R/W	自动增益控制(AGC)高增益模式下,在低噪声放大器(LNA)里的主要控制电流 0:240 μA LNA电流(x2) 1:480 μA LNA电流(x2) 2:640 μA LNA电流(x2) 3:1280 μA LNA电流(x2)
3:2	MED_LNA_CURRENT[1:0]	1	R/W	自动增益控制(AGC)中增益模式下,在低噪声放大器(LNA)里的主要控制电流
1:0	LOW_LNA_CURRENT[1:0]	1	R/W	自动增益控制(AGC)低增益模式下,在低噪声放大器(LNA)里的主要控制电流
RXCTRL1(0x17)——接收控制寄存器1				
15:14	—	0	W0	保留,写为0
13	RXBPF_LOCUR	0	R/W	到RX带通滤波器的控制基准偏置电流(低): 0:4 μA(复位值),使用1来取代 1:3 μA(推荐)
12	RXBPF_MIDCUR	0	R/W	到RX带通滤波器的控制偏置电流(中): 0:4 μA(缺省值) 1:3.5 μA

续表 5-10

位	名　称	复　位	读/写	描　述
11	LOW_LOWGAIN	1	R/W	AGC 低增益模式下，设置 LNA 低增益模式
10	MED_LOWGAIN	0	R/W	AGC 中增益模式下，设置 LNA 低增益模式
9	HIGH_HGM	1	R/W	AGC 高增益模式下，设置 RX 混频器高增益模式
8	MED_HGM	0	R/W	AGC 中增益模式下，设置 RX 混频器高增益模式
7：6	LNA_CAP_ARRAY[1：0]	1	R/W	在 LNA 中，选择设置变容二极管阵列 0：关断 1：0.1 pF(x2)(标称) 2：0.2 pF(x2) 3：0.3 pF(x2)
5：4	RXMIX_TAIL[1：0]	1	R/W	控制接收混频器输出电流 0：12 μA 1：16 μA（标称） 2：20 μA 3：24 μA
3：2	RXMIX_VCM[1：0]	1	R/W	混频器的反馈闭环中，控制虚拟信道存储器(Virtual Channel Memory，VCM)电平 0：8 μA 混频器电流 1：12 μA 混频器电流（标称） 2：16 μA 混频器电流 3：20 μA 混频器电流
1：0	RXMIX_CURRENT[1：0]	2	R/W	混频器中的控制电流 0：360 μA 混频器电流(x2) 1：720 μA 混频器电流(x2) 2：900 μA 混频器电流(x2)(标称) 3：1260 μA 混频器电流(x2)
FSCTRL(0x18)——频率合成器的控制和状态				
15：14	LOCK_THR[1：0]	1	R/W	具有成功同步窗口的连续基准时钟的周期数量需要加锁 0：64 1：128(推荐) 2：256 3：512
13	CAL_DONE	0	R	频率合成器 FS)校准 0：上次 FS 接通之后，频率校准未完成 1：上次 FS 接通之后，频率校准已经完成
12	CAL_RUNNING	0	R	校准状态 0：校准没有进行 1：校准正在进行

续表 5-10

位	名 称	复 位	读/写	描 述
11	LOCK_LENGTH	0	R/W	同步纯窗口脉冲宽度 0：2 预分频器时钟周期(推荐) 1：4 预分频器时钟周期
10	LOCK_STATUS	0	R	频率合成器的锁状态 0：频率合成器未锁 1：频率合成器已锁
9：0	FREQ[9：0]	357 (2405 MHz)	R/W	频率控制字,控制 RF 操作频率 F_C。 在发送模式下,本地振荡器(LO)频率等于 F_C。 在接收模式下,本地振荡器(LO)频率低于 F_C 2 MHz。F_C=(2048+FREQ[9：0]) MHz (更多的信息见 5.21 节)
SECCTRL0(0x19)——安全控制寄存器 0				
15：10	—	0	W0	保留,写为 0
9	RXFIFO_PROTECTION	1	R/W	保护 RXFIFO 使能(见 5.9.3 小节)。如果 MAC 层安全不使用或者在 CC2420 之外执行,就应当清 0 RXFIFO_PROTECTION
8	SEC_CBC_HEAD	1	R/W	对于 CBC-MAC(不作用于 CCM 的 CBC-MAC 部分)内的第一个字节,定义如何使用 0：使用第一个数据字节为进入 CBC-MAC 中的第一个字节 1：使用要验证的数据的长度（计算方法如同包长度域,SEC_TXL 用于发送,或 SEC_RXL 用于接收）作为进入 CBC-MAC 中的第一个字节（在第一个数据字节之前） 对于 CBC-MAC IEEE 802.15.4 内嵌式安全模式,SEC_CBC_HEAD 应当设置为 1
7	SEC_SAKEYSEL	1	R/W	选择单独密钥 0，使用密钥 0;1,使用密钥 1
6	SEC_TXKEYSEL	1	R/W	选择发送密钥 0,使用密钥 0;1,使用密钥 1
5	SEC_RXKEYSEL	1	R/W	选择接收密钥 0,使用密钥 0;1,使用密钥 1
4：2	SEC_M[2：0]	1	R/W	CBC-MAC 验证域的字节数,编码为(M−2)/2 0：保留 1：4 2：6 3：8 4：10 5：12 6：14 7：16

续表 5 - 10

位	名　称	复　位	读/写	描　述
1：0	SEC_MODE[1：0]	0	R/W	安全模式 0：禁止内嵌式安全模式 1：CBC - MAC 2：CTR 3：CCM
SECCTRL1(0x1A)——安全控制寄存器 1				
15	—	0	W0	保留，写为 0
14：8	SEC_TXL	0	R/W	多用途长度字节，用于 TX 的内嵌式安全操作 CTR：介于长度字节和第一个要加密字节之间的明码字节数 CBC - MAC：介于长度字节和第一个要验证字节之间的明码字节数 CCM：定义要验证的字节数，但是不加密 单独：不受 SEC_TXL 的影响
7	—	0	W0	保留，写为 0
6：0	SEC_RXL	0	R/W	多用途长度字节，用于 RX 的内嵌式安全操作 CTR：介于长度字节和第一个要加密字节之间的明码字节数 CBC - MAC：介于长度字节和第一个要验证字节之间的明码字节数 CCM：定义要验证的字节数，但是不加密 单独：不受 SEC_RXL 的影响
BATTMON(0x1B)——电池监控的控制寄存器				
15：7	—	0	W0	保留，写为 0
6	BATT_OK	0	R	电池监控比较器输出，只读。BATT_OK 在 BATTMON_EN 已经使能，而且 BATTMON_VOLTAGE 已经编程设置后 5 μs 有效 0：电源供应<切换电压 1：电源供应>切换电压
5	BATTMON_EN	0	R/W	使能电池监控器 0，电池监控器禁止；1，电池监控器使能
4：0	BATTMON_VOLTAGE [4：0]	0	R/W	电池切换电压。该电压由下式给出： $V_{toggle}=1.25\ \mathrm{V}\times\frac{72-\mathrm{BATTMON\_VOT}}{27}$
IOCFG0(0x1C)——I/O 配置寄存器 0				
15：12	—	0	W0	保留，写为 0
11	BCN_ACCEPT	0	R/W	当地址识别使能时，接收所有信标帧。 当编程设置进入 CC2420 RAM 的 PAN 标识符等于 0xFFFF 时，BCN_ACCEPT 位必须置 1，否则清 0。 当 MDMCTRL0. ADR_DECODE=0 时，BCN_ACCEPT 位不起作用 0：只接收具有源 PAN 标识符的信标。该源 PAN 的标识符与编程设置进入 CC2420 RAM 的 PAN 标识符匹配 1：接收所有的信标，而不管源 PAN 的标识符

续表 5-10

位	名　称	复　位	读/写	描　述
10	FIFO_POLARITY	0	R/W	输出信号 FIFO 的极性 0：极性和规格描述的相同 1：极性与规格描述的相反
9	FIFOP_POLARITY	0	R/W	输出信号 FIFOP 的极性 0：极性和规格描述的相同 1：极性与规格描述的相反
8	SFD_POLARITY	0	R/W	引脚 SFD 的极性 0：极性和规格描述的相同 1：极性与规格描述的相反
7	CCA_POLARITY	0	R/W	引脚 CCA 的极性
6：0	FIFOP_THR[6：0]	64	R/W	FIFOP_THR[6：0]设置的在 RXFIFO 中字节数的阈值，用于引脚 FIFOP 的电位变高
IOCFG1(0x1D)——I/O 配置寄存器 1				
15：13	—	0	W0	保留，写为 0
12：10	HSSD_SRC[2：0]	0	R/W	HSSD(高速串行调试)模式按下列方式使用 0：关断 1：输出 AGC 状态(增益设置/峰值检测器状态/累加器值) 2：输出 ADC I/Q 值 3：在数字下行混频(down mix)和信道过滤后，输出 I/Q 4：保留 5：保留 6：输入 ADC I/Q 值 7：输入 DAC I/Q 值 HSSD 模块需要频率合成器（FS）不停地运行。因为该模块使用 CLK_PRE(约 150 MHz) 来产生约 37.5 MHz 数据时钟并且连续输出字
9：5	SFDMUX[4：0]	0	R/W	多路器（Multiplexer）设置，用于引脚 SFD
4：0	CCAMUX[4：0]	0	R/W	多路器（Multiplexer）设置，用于引脚 CCA
MANFIDL(0x1E)——厂商 ID，低 16 位				
15：12	PARTNUM[3：0]	2	R	设备零件号。CC2420 的零件号是 0x002
11：0	MANFID[11：0]	0x33D	R	给出 JEDEC 厂商 ID。真实厂商 ID 可以在 MANIFID[7：1]中找到。延续的字节数在 MANFID[11：8]，MANFID[0]=1。Chipcon 公司的 JEDEC 厂商 ID 是 0x7F 0x7F 0x7F 0x9E
MANFIDH(0x1F)——厂商 ID，高 16 位				
15：12	VERSION[3：0]	2	R	版本号(当前版本是 2)
11：0	PARTNUM[15：4]	0	R	设备零件号。CC2420 的零件号是 0x002

续表 5-10

位	名　称	复　位	读/写	描　述
FSMTC(0x20)——有限状态机时间常数				
15：13	TC_RXCHAIN2RX [2：0]	3	R/W	介于 RX 链、解调器和 AGC 使能之间的时间是 5 μs 步长。当带通滤波器校准（6.5 符号周期之后）时，RX 链启动
12：10	TC_SWITCH2TX [2：0]	6	R/W	在使能 TX 之前，预先将 RXTX 开关置 1 的时间(单位为 μs)
9：6	TC_PAON2TX[3：0]	10	R/W	在使能 TX 之前，预先将 PA 通电的时间(单位为 μs)
5：3	TC_TXEND2SWITCH [2：0]	2	R/W	包里最后一个片码发送后，且 RXTX 开关禁止的时间(单位为 μs)
2：0	TC_ TXEND2PAOFF [2：0]	4	R/W	包里最后一个片码发送后，且 PA 设置为掉电的时间。也就是调制器禁止的时间(单位为 μs)
MANAND(0x21)——手工信号 AND 覆盖寄存器*				
15	VGA_RESET_N	1	R/W	在 RX 链的 VGA 中，信号 VGA_RESET_N 用于复位峰值检测器
14	BIAS_PD	1	R/W	为 1 时，全局偏置掉电
13	BALUN_CTRL	1	R/W	通过控制输出开关 RXTX 控制 PA，根据 BALUN_CTRL 0：PA 不接收外接偏置电压 1：PA 接收它所需要的外接偏置电压
12	RXTX	1	R/W	控制所使用的缓冲器 0：使用 LO 缓冲器 1：使用 PA 缓冲器
11	PRE_PD	1	R/W	预分频器掉电
10	PA_N_PD	1	R/W	PA 掉电(负路径)
9	PA_P_PD	1	R/W	PA 掉电(正路径)。当 PA_N_PD=1 且 PA_P_PD=1 时，升频转换混频器(up-conversion mixers)掉电
8	DAC_LPF_PD	1	R/W	TX DAC 掉电
7	XOSC16M_PD	1	R/W	
6	RXBPF_CAL_PD	1	R/W	复杂的带通接收滤波器校准振荡器的掉电控制
5	CHP_PD	1	R/W	电荷泵的掉电控制
4	FS_PD	1	R/W	VCO、I/Q 发生器和 LO 缓冲器的掉电控制
3	ADC_PD	1	R/W	ADC 的掉电控制
2	VGA_PD	1	R/W	VGA 的掉电控制
1	RXBPF_PD	1	R/W	复杂的带通接收滤波器的掉电控制
0	LNAMIX_PD	1	R/W	LNA、降频转换混频器(down-conversion mixers) 和前端偏置的掉电控制
MANOR(0x22)——手工信号 OR 覆盖寄存器*				
15	VGA_RESET_N	0	R/W	在 RX 链的 VGA 中，信号 VGA_RESET_N 用于复位峰值检测器
14	BIAS_PD	0	R/W	为 1 时，全局偏置掉电

续表 5-10

位	名　称	复　位	读/写	描　述
13	BALUN_CTRL	0	R/W	通过控制输出开关 RXTX 控制 PA，根据 BALUN_CTRL 0：PA 不接收外接偏置电压 1：PA 接收它所需要的外接偏置电压
12	RXTX	0	R/W	控制所使用的缓冲器 0：使用 LO 缓冲器 1：使用 PA 缓冲器
11	PRE_PD	0	R/W	预分频器掉电
10	PA_N_PD	0	R/W	PA 掉电（负路径）
9	PA_P_PD	0	R/W	PA 掉电（正路径）。当 PA_N_PD=1 且 PA_P_PD=1 时，升频转换混频器掉电
8	DAC_LPF_PD	0	R/W	TX DAC 掉电
7	XOSC16M_PD	0	R/W	
6	RXBPF_CAL_PD	0	R/W	复杂的带通接收滤波器校准振荡器的掉电控制
5	CHP_PD	0	R/W	电荷泵的掉电控制
4	FS_PD	0	R/W	VCO、I/Q 发生器和 LO 缓冲器的掉电控制
3	ADC_PD	0	R/W	ADC 的掉电控制
2	VGA_PD	0	R/W	VGA 的掉电控制
1	RXBPF_PD	0	R/W	复杂的带通接收滤波器的掉电控制
0	LNAMIX_PD	0	R/W	LNA、降频转换混频器和前端偏置的掉电控制
AGCCTRL(0x23)——AGC 控制				
15∶12	—	0	W0	保留，写为 0
11	VGA_GAIN_OE	0	R/W	在 RX 期间，使用 VGA_GAIN 值取代 AGC 值。
10∶4	VGA_GAIN[6∶0]	0x7F	R/W	写入完成，由手工设置的 VGA 增益值覆盖；读出完成，得到当前设置的 VGA 增益值
3∶2	LNAMIX_ GAINMODE_O[1∶0]	0	R/W	覆盖已经设置的 LNA/混频器增益模式 0：增益模式由 AGC 算法设置 1：增益模式设置为低增益 2：增益模式设置为中增益 3：增益模式设置为高增益
1∶0	LNAMIX_ GAINMODE[1∶0]	0	R	状态位，定义当前选择的增益模式。该模式由 AGC 选择，或者由 LNAMIX_GAINMODE_O 的设置覆盖
AGCTST0(0x24)——AGC 测试寄存器 0				
15∶12	LNAMIX_HYST[3∶0]	3	R/W	切换不同的 RF 前端增益模式的滞后作用，定义步长为 2 dB
11∶6	LNAMIX_THR_H [5∶0]	25	R/W	切换 RF 前端中增益模式和高增益模式之间的阈值，定义步长为 2 dB

续表 5-10

位	名　称	复　位	读/写	描　述
5：0	LNAMIX_THR_L[5：0]	9	R/W	切换 RF 前端低增益模式和中增益模式之间的阈值，定义步长为 2 dB
				AGCTST1(0x25)——AGC 测试寄存器 1
15	—	0	W0	保留，写为 0
14	AGC_BLANK_MODE	0	R/W	当切换超过增益级别（gain stage）时，设置 VGA 空模式 当 VGA_GAIN_OE=0 时： 0：当 AGC 算法超出一个或多个 14 dB 增益级别时，完成 VGA 空模式 1：不设置 VGA 空模式 当 VGA_GAIN_OE=1 且 AGC_BLANK_MODE=1 时，完成 VGA 空模式
13	PEAKDET_CUR BOOST	0	R/W	PEAKDET_CUR_BOOST 置 1 时，将 VGA 级别中间的峰值检测器的偏置电流加倍
12：11	AGC_SETTLE_WAIT[1：0]	1	R/W	选择时间，用来等待模拟增益安定下来
10：8	AGC_PEAK_DET_MODE[2：0]	0	R/W	设置 AGC 模式，用于 VGA 峰值检测器 Bit2：数字 ADC 峰值检测器使能/禁止 Bit1：模拟固定级别峰值检测器使能/禁止 Bit0：模拟变量增益级别峰值检测器使能/禁止
7：6	AGC_WIN_SIZE[1：0]	1	R/W	窗口尺寸，用于 AGC 中的积累和倾卸(accumulate and dump)功能 0：8 个样本 1：16 个样本 2：32 个样本 3：64 个样本
5：0	AGC_REF[5：0]	20	R/W	目标值，用于 AGC 闭环控制。给定步长为 2 dB。复位值符合 ADC 接收动态范围近似值的 25%
				AGCTST2(0x26)——AGC 测试寄存器 2
15：10	—	0	W0	保留，写为 0
9：5	MED2HIGHGAIN[4：0]	9	R/W	在寄存器 LNA/MIXER 中设置从中增益模式到高增益模式的增益值，用于 AGC 安置正确的前端增益模式
4：0	LOW2MEDGAIN[4：0]	10	R/W	在寄存器 LNA/MIXER 中设置从低增益模式到中增益模式的增益值，用于 AGC 安置正确的前端增益模式
				FSTST0(0x27)——频率合成器测试寄存器 0
15：12	—	0	W0	保留，写为 0
11	VCO_ARRAY_SETTLE_LONG	0	R/W	当 VCO_ARRAY_SETTLE_LONG 置为 1 时，加倍允许 VCO 校准期间的 VCO 设置时间
10	VCO_ARRAY_OE	0	R/W	使能 VCO 阵列手工覆盖

续表 5-10

位	名 称	复 位	读/写	描 述
9∶5	VCO_ARRAY_O[4∶0]	16	R/W	VCO 阵列覆盖值
4∶0	VCO_ARRAY_RES [4∶0]	—	R	来自上一个校准设置的 VCO 阵列的结果
FSTST1(0x28)——频率合成器测试寄存器 1				
15	VCO_TX_NOCAL	0	R/W	0：当即将 RX 或 TX 时，VCO 总是执行校准 1：仅当即将 RX 或使用选通命令 STXCAL 时，VCO 执行校准
14	VCO_ARRAY_CAL_LONG	1	R/W	当 VCO_ARRAY_CAL_LONG 置为 1 时，加倍允许 VCO 校准期间的 VCO 频率测量时间。 0：锁相环（PLL）校准时间是 37 μs 1：锁相环（PLL）校准时间是 57 μs
13∶10	VCO_CURRENT_REF [3∶0]	4	R/W	电流校准基准值与 VCO 校准期间的电流值冲突
9∶4	VCO_ CURRENT _ K [5∶0]	0	R/W	VCO 电流校准常数（当 FSTST2. VCO_CURRENT_OE＝1 时，电流 B 覆盖值）
3	VC_DAC_EN	0	R/W	控制 VCO 源，电压控制（VC）节点正常操作。TOPTST. VC_IN_TEST_EN＝0 时： 0：循环过滤（关闭循环 PLL） 1：电压控制 DAC（打开循环 PLL）
2∶0	VC_DAC_VAL[2∶0]	2	R/W	电压控制 DAC 输出值
FSTST2(0x29)——频率合成器测试寄存器 2				
15	—	0	W0	保留，写为 0
14∶13	VCO_CURCAL_SPEED [1∶0]	0	R/W	VCO 电流校准速度 0：正常 1：2 倍速 2：半速 3：未定义
12	VCO_CURRENT_OE	0	R/W	使能 VCO 电流手工覆盖
11∶6	VCO_CURRENT_O [5∶0]	24	R/W	VCO 电流覆盖值（电流 A）
5∶0	VCO_CURRENT_RES [5∶0]	—	R	来自上一个校准设置的 VCO 电流的结果
FSTST3(0x2A)——频率合成器测试寄存器 3				
15	CHP_CAL_DISABLE	1	R/W	当 CHP_CAL_DISABL 置 1 时，在校准 VCO 期间，禁止电荷泵

续表 5-10

位	名　称	复　位	读/写	描　述
14	CHP_CURRENT_OE	0	R/W	使能电荷泵的电流 0：由校准设置电荷泵的电流 1：由 START_CHP_CURRENT 设置电荷泵电流
13	CHP_TEST_UP	0	R/W	CHP_TEST_UP 置 1 时，迫使电荷泵输出“上升”电流
12	CHP_TEST_DN	0	R/W	CHP_TEST_DN 置 1 时，迫使电荷泵输出“下降”电流
11	CHP_DISABLE	0	R/W	CHP_DISABLE 置 1 时，通过屏蔽鉴相(phase-detector)的上升和下降脉冲，手工禁止电荷泵
10	PD_DELAY	0	R/W	在鉴相 (phase-detector) 时，选择复位延迟的长短： 0，复位延迟短；1，复位延迟长
9：8	CHP_STEP_PERIOD [1：0]	2	R/W	电荷泵电流值步长周期 0：0.25 μs 1：0.5 μs 2：1 μs 3：4 μs
7：4	STOP_CHP_CURRENT[3：0]	13	R/W	在电流从 START_CHP_CURRENT 一步一步下降到 VCO 校准完成之后，电荷泵电流停止。电流一步一步下降的周期，由 CHP_STEP_PERIOD 定义
3：0	START_CHP_CURRENT[3：0]	13	R/W	VCO 校准完成之后，电荷泵电流开始。然后该电流值周期性地一步一步下降到 STOP_CHP_CURRENT 值。该值具有 CHP_STEP_PERIOD 定义的间隔
				RXBPFTST(0x2B)——接收器带通滤波器测试寄存器
15	—	0	W0	保留，写为 0
14	RXBPF_CAP_OE	0	R/W	使能 RX 带通滤波器电容校准覆盖
13：7	RXBPF_CAP_O[6：0]	0	R/W	RX 带通滤波器电容校准覆盖值
6：0	RXBPF_CAP_RES [6：0]	—	R	RX 带通滤波器电容校准结果 0：反馈电容最小值 1：设置的电容次小(Second smallest)值 ⋮ 127：反馈电容最大值
				FSMSTATE(0x2C)——有限状态机信息
15：6	—	0	W0	保留，写为 0
5：0	FSM_CUR_STATE [5：0]	—	R	给出 FIFO 的当前状态和帧控制(FFCTRL)有限状态机。详见 5.15 节

续表 5-10

位	名　称	复　位	读/写	描　述
ADCTST(0x2D)——ADC测试寄存器				
15	ADC_CLOCK_DISABLE	0	R/W	禁止ADC时钟 0：当使能ADC时，使能时钟 1：即使使能ADC，仍然禁止时钟
14：8	ADC_I[6：0]	—	R	读当前ADC的同相信号分支(I-branch)值
7	—	0	W0	保留，写为0
6：0	ADC_Q[6：0]	—	R	读当前ADC的正交相位信号分支(Q-branch)值
DACTST(0x2E)——DAC测试寄存器				
15	—	0	W0	保留，写为0
14：12	DAC_SRC[2：0]	0	R/W	由DAC_SRC选择TX DAC数据源，根据： 0：正常操作（从调制器来） 1：DAC_I_O和DAC_Q_O下面的覆盖值 2：ADC的高位字节 3：数字下行混频和信道过滤后的I/Q 4：全频谱白噪音(从CRC来) 5：ADC的低位字节 6：RSSI/坐标旋转数字计算(Cordic)巨量输出 7：HSSD模式 本特征将在MANOR（手工信号OR覆盖寄存器）AND TOPTST.ATESTMOD_MODE=4条件下，打开需要手工接通的DAC
11：6	DAC_I_O[5：0]	0	R/W	同相信号分支，DAC覆盖值
5：0	DAC_Q_O[5：0]	0	R/W	正交相位信号分支，DAC覆盖值
TOPTST(0x2F)——顶层(top level)测试寄存器				
15：8	—	0	W0	保留，写为0
7	RAM_BIST_RUN	0	R/W	使能RAM的内置自测(BIST) 0：禁止RAM BIST，正常操作 1：使能RAM BIST，如同在IOCFG1中设置那样，结果输出到引脚
6	TEST_BATTMON_EN	0	R/W	使能电池监控的测试输出
5	VC_IN_TEST_EN	0	R/W	当ATESTMOD_MODE=7时，VC_IN_TEST_EN控制ATEST2用来： 0：输出电压控制(VC)的节点电压 1：控制电压控制(VC)的节点电压
4	ATESTMOD_PD	1	R/W	模拟测试模块掉电 0：上电(power up) 1：掉电

续表 5-10

位	名 称	复 位	读/写	描 述
3:0	ATESTMOD_MODE [3:0]	—	—	当 ATESTMOD_PD=0 时,模拟测试模块的功能如下: 0:从 RxMIX(接收混频器)输出"I"(ATEST1)和"Q"(ATEST2) 1:输入"I"(ATEST1)和"Q"(ATEST2)到 BPF(带通滤波器) 2:从 VGA 输出"I"(ATEST1)和"Q"(ATEST2) 3:输入"I"(ATEST1)和"Q"(ATEST2)到 ADC 4:从 LPF(低通滤波器)输出"I"(ATEST1)和"Q"(ATEST2) 5:输入"I"(ATEST2)和"Q"(ATEST1)到 TxMIX (发送混频器) 6:从预分频器输出"P"(ATEST 1)和"N"(ATEST 2) 7:连接发送中频到接收中频,同时连接引脚 ATEST 1 到内部电压控制节点(见 VC_IN_TEST_EN) 8:连接 ATEST 1(输入)到 ATEST 2(输出),用于测量测试接口
RESERVED(0x30)——保留寄存器,包含空余的控制位和状态位				
15:0	RES[15:0]	0	R/W	保留,将来使用
TXFIFO(0x3E)——发送 FIFO 字节寄存器				
7:0	TXFIFO[7:0]	—	W	发送 FIFO 字节寄存器,只写。仅使用 RAM 读才有可能读 TXFIFO。注意,要写入 TXFIFO,晶体振荡器必须运行
RXFIFO(0x3F)——接收 FIFO 字节寄存器				
7:0	RXFIFO[7:0]	—	R/W	接收 FIFO 字节寄存器,可以读/写。 注意,要 RXFIFO 存取,晶体振荡器必须运行

* 对于某些重要的信号,用于模拟和数字模块的数值可以手工覆盖。手工覆盖的实现,与下列等式中假设的重要信号 IS 一样:

$$IS\_USED=(IS\times IS\_AND\_MASK)+IS\_OR\_MASK$$

注意: 上式中使用布尔符号。

AND_MASK 和 OR_MASK 分别是寄存器 MANAND 和 MANOR 中的重要信号。例如:

- 将 0xFFFE 写入 MANAND,以及将 0x0000 写入 MANOR 均会迫使 LNAMIX_PD≡0,而其他信号不受影响。
- 将 0xFFFF 写入 MANAND,以及将 0x0001 写入 MANOR 均会迫使 LNAMIX_PD≡1,而其他信号不受影响。

5.31 测试输出信号

通过 IOCFG1.CCAMUX 和 IOCFG1.SFDMUX 的定义,数字输出引脚 CCA 和 SFD 可以设置为输出信号,如表 5-11 和表 5-12 所列。

表 5-11　CCA 测试信号选择表

CCAMUX	输出到引脚 SFD 的信号	描　述
0	CCA	正常操作
1	ADC_Q[0]	用于生成随机数的 ADC、正交相位信号分支（Q-branch）、LSB
2	DEMOD_RESYNC_ LATE	置 1 时，每次解调器重新同步迟到一个 16 MHz 时钟周期
3	LOCK_STATUS	锁的状态，与 FSCTRL. LOCK_STATUS 相同
4	MOD_CHIPCLK	发送期间的片码速率时钟信号
5	MOD_SERIAL_CLK	发送期间的比特速率时钟信号
6	FFCTRL_FS_PD	频率合成器掉电，高电平有效
7	FFCTRL_ADC_PD	ADC 掉电，高电平有效
8	FFCTRL_VGA_PD	VGA 掉电，高电平有效
9	FFCTRL_RXBPF_PD	接收器的带通滤波器掉电，高电平有效
10	FFCTRL_LNAMIX_PD	接收器的 LNA/混频器掉电，高电平有效
11	FFCTRL_PA_P_PD	功率放大器掉电，高电平有效
12	AGC_UPDATE	置 1 时，每次 AGC 更新其增益设置，需要一个 16 MHz 时钟周期
13	VGA_PEAK_DET[1]	VGA 峰值检测器，一级增益
14	VGA_PEAK_DET[3]	VGA 峰值检测器，三级增益
15	AGC_LNAMIX_GAINMODE[1]	RF 接收器前端增益模式，位 1(Bit 1)
16	AGC_VGA_GAIN[1]	VGA 增益设置，位 1(Bit 1)
17	VGA_RESET_N	VGA 峰值检测器复位信号，低电平有效
18	—	保留
19	—	保留
20	—	保留
21	—	保留
22	—	保留
23	CLK_8M	输出 8 MHz 时钟信号
24	XOSC16M_STABLE	16 MHz 晶体振荡器已经稳定运行，与表 5-4 所列状态位相同
25	FSDIG_FREF	频率合成器的 4 MHz 基准信号
26	FSDIG_FPLL	频率合成器的 4 MHz 分隔信号
27	FSDIG_LOCK_WINDOW	频率合成器的窗口锁
28	WINDOW_SYNC	频率合成器的同步窗口锁
29	CLK_ADC	ADC 的信号 1 锁(clock signal 1)
30	ZERO	高电平
31	ONE	低电平

表 5-12　SFD 测试信号选择表

SFDMUX	输出到引脚 CCA 的信号	描　述
0	SFD	正常操作
1	ADC_Q[0]	用于生成随机数的 ADC、同相信号分支（I-branch）、LSB
2	DEMOD_RESYNC_EARLY	置 1 时，每次解调器重新同步提前一个 16 MHz 时钟周期
3	LOCK_STATUS	锁的状态，与 FSCTRL. LOCK_STATUS 相同
4	MOD_CHIP	发送期间的片码速率数据信号
5	MOD_SERIAL_DATA_OUT	发送期间的比特速率数据信号
6	FFCTRL_FS_PD	频率合成器掉电，高电平有效
7	FFCTRL_ADC_PD	ADC 掉电，高电平有效
8	FFCTRL_VGA_PD	VGA 掉电，高电平有效
9	FFCTRL_RXBPF_PD	接收器的带通滤波器掉电，高电平有效
10	FFCTRL_LNAMIX_PD	接收器的 LNA/混频器掉电，高电平有效
11	FFCTRL_PA_P_PD	功率放大器掉电，高电平有效
12	VGA_PEAK_DET[0]	VGA 峰值检测器，零级增益
13	VGA_PEAK_DET[2]	VGA 峰值检测器，二级增益
14	VGA_PEAK_DET[4]	VGA 峰值检测器，四级增益
15	AGC_LNAMIX_GAINMODE[0]	RF 接收器前端增益模式，位 0(Bit 0)
16	AGC_VGA_GAIN[0]	VGA 增益设置，位 0(Bit 0)
17	RXBPF_CAL_CLK	接收器的带通滤波器校准时钟
18	—	保留
19	—	保留
20	—	保留
21	—	保留
22	—	保留
23	—	保留
24	PD_F_COMP	频率合成器频率比较器值
25	FSDIG_FREF	频率合成器的 4 MHz 基准信号
26	FSDIG_FPLL	频率合成器的 4 MHz 分隔信号
27	FSDIG_LOCK_WINDOW	频率合成器的窗口锁
28	WINDOW_SYNC	频率合成器的同步窗口锁
29	CLK_ADC_DIG	ADC 信号 2 锁(clock signal 2)
30	ZERO	高电平
31	ONE	低电平

5.32　应用电路

CC2420 只需要很少的外接元件就可以运行。外接元件的描述如表 5－13 所列，典型数据如表 5－14 所列。可参考 5.24 节。

表 5－13　外接元件概述

元件编码	描　述	元件编码	描　述
C42	稳压器负载电容器	L61	DC 偏置的电感器
C61	不平衡变压器的匹配电容器	L62	DC 偏置的电感器
C62	到天线的直流(DC)模块的匹配电容器	L71	DC 偏置的电感器
C71	前端偏置退耦的匹配电容器	L81	不平衡变压器的匹配电感器
C81	不平衡变压器的匹配电容器	R451	用于生成电流基准值的精密电阻器
C381	16 MHz 晶振的负载电容器	XTAL	16 MHz 晶振
C391	16 MHz 晶振的负载电容器		

表 5－14　应用电路的元件清单

元件编码	单端输出，发射电缆不平衡变压器	单端输出，单独不平衡变压器	差动天线
C42	10 μF，0.5 Ω<ESR<5 Ω	10 μF，0.5 Ω<ESR<5 Ω	10 μF，0.5 Ω<ESR<5 Ω
C61	不使用	0.5 pF，±0.25 pF，NP0，0402	不使用
C62	不使用	5.6 pF，±0.25 pF，NP0，0402	不使用
C71	不使用	5.6 pF，10%，X5R，0402	5.6 pF，10%，X5R，0402
C81	5.6 pF，±0.25 pF，NP0，0402	0.5 pF，±0.25 pF，NP0，0402	不使用
C381	27 pF，5%，NP0，0402	27 pF，5%，NP0，0402	27 pF，5%，NP0，0402
C391	27 pF，5%，NP0，0402	27 pF，5%，NP0，0402	27 pF，5%，NP0，0402
L61	8.2 nH，5%，单片电路/多层，0402	7.5 nH，5%，单片电路/多层，0402	27 nH，5%，单片电路/多层，0402
L62	不使用	5.6 nH，5%，单片电路/多层，0402	不使用
L71	22 nH，5%，单片电路/多层，0402	不使用	12 nH，5%，单片电路/多层，0402
L81	1.8 nH，± 0.3 nH，单片电路/多层，0402	7.5 nH，5%，单片电路/多层，0402	不使用
R451	43 kΩ，1%，0402	43 kΩ，1%，0402	43 kΩ，1%，0402
XTAL	16 MHz 晶振，16 pF 负载(CL)，ESR<60 Ω	16 MHz 晶振，16 pF 负载(CL)，ESR<60 Ω	16 MHz 晶振，16 pF 负载(CL)，ESR<60 Ω

1. 输入/输出匹配

RF 的输入/输出是高阻和差动的。适合 RF 口的差动负载是(115+j180) Ω。

当使用不平衡天线(如单极天线)时,为了优化性能,应当使用不平衡变压器。不平衡变压器可以运行在使用低成本的电感器和电容器的场合,或者加上了发射线缆的场合。

图 5-25 所示为不平衡变压器用在双层 PCB 上的参考设计。它由一根半波发射线缆,以及 C81、L61、L71 和 L81 等元件组成。该电路适合 RF 终点到 CC2420 的连接,这个连接具有 50 Ω 的天线负载。与图 5-26 所示的设计相比,该电路改进了误差向量振幅(EVM)性能,以及灵敏度和谐波抑制性。参见 5.25 节,可以得到更详细的说明。

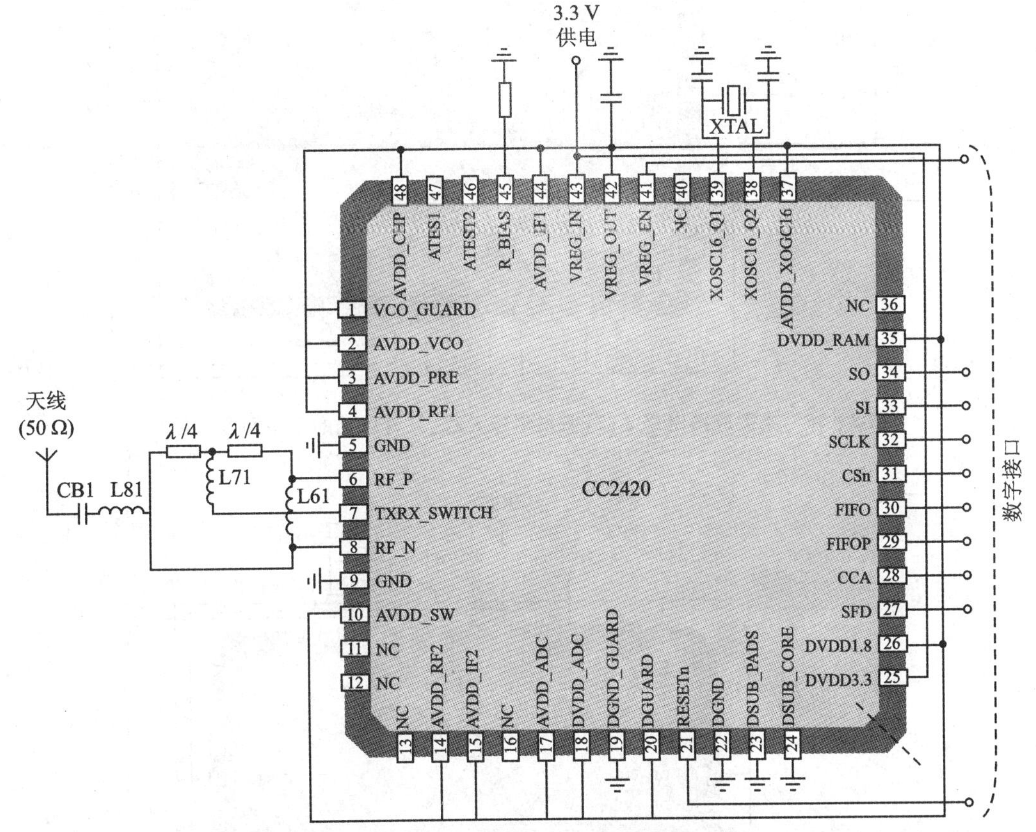

图 5-25 典型应用电路之一(使用单极天线,具有带发射电缆的不平衡变压器)

图 5-26 中的不平衡变压器由 C61、C62、C71、C81、L61、L62 和 L81 组成。该电路也适合 RF 终点到 CC2420 的连接。这个连接具有 50 Ω 的天线负载。可以添加一个低通滤波器,以便加强对二级谐波的抑制,该抑制在美国联邦电信委员会(FCC)的有关规定中是必须的。

如果使用平衡天线(如折叠式偶极天线),则可以省略不平衡变压器。如果天线提供从引脚 TXRX_SWITCH 到引脚 RF 的直流通路,那么直流偏置就不需要电感器了。

图 5-27 所示为推荐使用的差动天线应用电路。该天线是一种标准的折叠式偶极类型。偶极有一个虚的接地点,因而提供偏置的同时并不降低天线的性能。

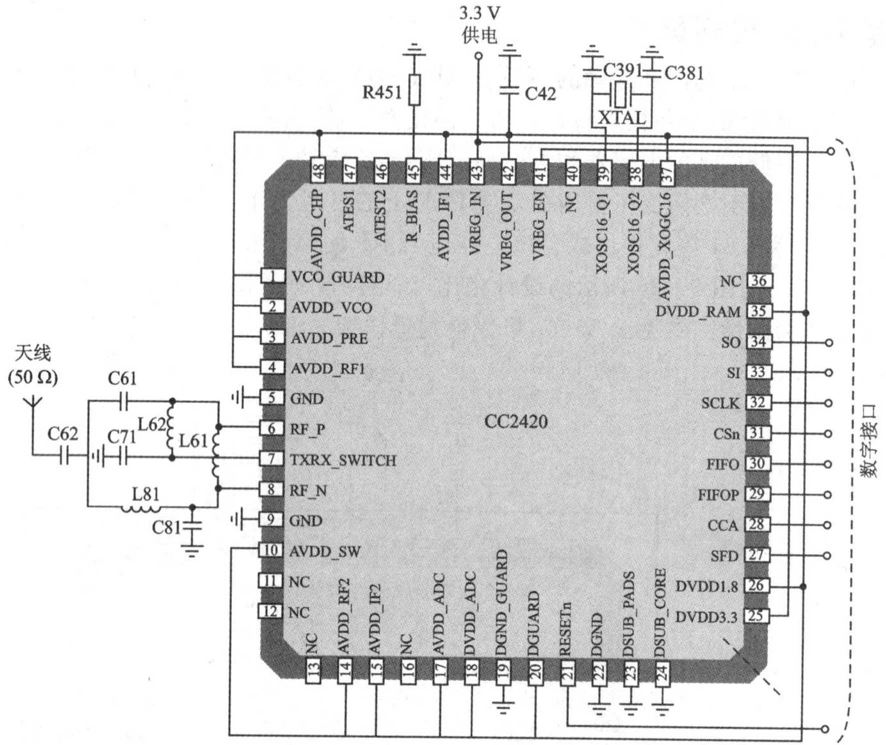

图5-26 典型应用电路之二(使用单极天线,具有单独的不平衡变压器)

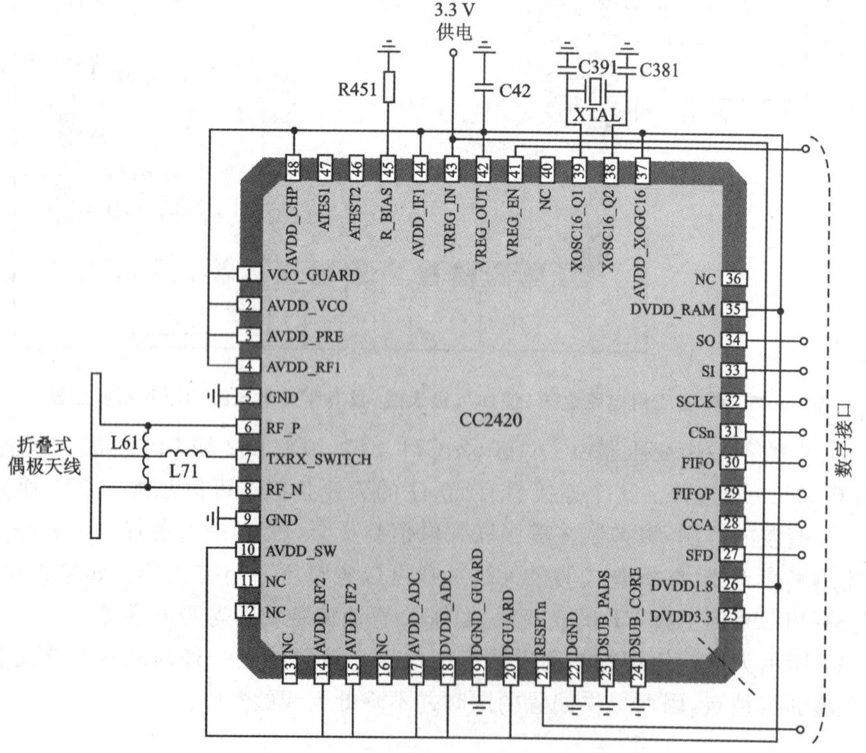

图5-27 推荐的应用电路(使用差动天线)

2. 偏置电阻器

偏置电阻器 R451 用来设置精确的偏置电流。

3. 晶 振

1 个外接的晶振与 2 个负载电阻器(C381 和 C391)一起用于晶体振荡器(详见 5.24 节)。

4. 稳压器

片上稳压器提供全部 1.8 V 电源供应引脚和内部电源,需要 C42 来稳定稳压器的运行。

5. 电源退耦和滤波

为了得到优良的性能,需要电源退耦。为了在应用中获得最佳性能,电源退耦电容器的尺寸、布局和电源的滤波极为重要。Chipcon 公司提供了一种紧凑的参考设计,用户在开发应用的设计中,可参照进行。

5.33 极限参数

CC2420 的极限参数如表 5-15 所列。

表 5-15 极限参数

参 数	最小值	最大值	条件/备注
片上稳压器的供电电压/V	−0.3	3.6	引脚 43,即 VREG_IN
数字 I/O 的供电电压 V_{DDIO}/V	−0.3	3.6	引脚 25,即 DVDD3.3
供电电压 V_{DD}/V	−0.3	2.0	引脚 AVDD_VCO, DVDD1.8 等(引脚 1~4、10、14~15、17~18、20、26、35、37、44 和 48)
任何数字 I/O 引脚上的电压/V	−0.3	V_{DDIO}+0.3 V(最大 3.6 V)	引脚 21、27~34 和 41
其他引脚上的电压/V	−0.3	V_{DD}+0.3 V (最大 2.0 V)	引脚 6~8、11~13、16、36、38~40 以及 45~47
输入 RF 电平/dBm		10	
储存温度范围/℃	−50	150	芯片尚未编程设置
回流焊接温度/℃		260	T=10 s

注:只要超出一个或一个以上的极限参数值,就会导致 CC2420 永久损害。CC2420 是静电(ESD)敏感器件。在获取和放置芯片时,必须采取预防措施,防止该芯片被永久损害。

5.34 运行条件

CC2420 的运行条件如表 5-16 所列。

表 5-16 运行条件

参 数	最小值	典型值	最大值	条件/备注
片上稳压器的供电电压/V	2.1		3.6	引脚 43,即 VREG_IN
数字 I/O 的供电电压 V_{DDIO}/V	1.6		3.6	引脚 25,即 DVDD3.3 VDDIO 必须与外部接口电路(如外部微控制器)匹配
供电电压 V_{DD}/V	1.6	1.8	2.0	引脚 AVDD_VCO, DVDD1.8 等(引脚 1~4、10、14~15、17~18、20、26、35、37、44 和 48)。典型应用使用片上稳压器提供的 1.8 V 电压
运行环境温度范围 T_A/℃	−40		85	

5.35 电气规范

测量时使用 Chipcon 公司的 CC2420 EM、发射电缆和不平衡变压器。若无其他规定,则 T_A=25℃,DVDD3.3=VREG_IN=3.3 V,使用内部稳压器。电气规范概况见表 5.17。

表 5-17 电气规范概况

参 数	最小值	典型值	最大值	条件/备注
RF 频率范围/MHz	2400		2483.5	1 MHz 步长可编程设置,5 MHz 步长适应 IEEE 802.15.4

电气规范详细描述如表 5-18 所列。

表 5-18 电气规范详述

参 数	最小值	典型值	最大值	条件/备注
RF 发送				
发送比特率/kbps	250		250	与 IEEE 802.15.4 定义相同
发送片码率/(kchip/s)	2000		2000	与 IEEE 802.15.4 定义相同
标称输出功率/dBm	−3	0		通过不平衡变压器送到单端负载 50 Ω。IEEE 802.15.4 需要的标称输出功率最小值为−3 dBm
可编程设置的输出功率范围/dB		24		输出功率可编程设置近似为−24~0 dBm,8 等份
谐波/dBm 2 次谐波 3 次谐波		 −44 −64		由解析度带宽为 1 MHz 的频谱分析仪测量。在最大输出功率时,通过不平衡变压器送到单端负载 50 Ω
伪发射/dBm 30~1000 MHz 1~12.75 GHz 1.8~1.9 GHz 5.15~5.3 GHz		 −56 −44 −56 −51		最大输出功率遵循规程 EN 300 328、EN 300 440、FCC CFR47 Part 15 和 ARIB STD-T-66

续表 5-18

参 数	最小值	典型值	最大值	条件/备注
向量误差值(EVM)/(%)		11		根据 IEEE 802.15.4 的定义测量,IEEE 802.15.4 需要最大的 EVM 为 35%
最佳负载阻抗/Ω		115+j180		差动阻抗,从 RF 口(RF_P 和 RF_N)到天线
RF 接收				
接收器灵敏度/dBm	−90	−95		根据 IEEE 802.15.4, PER=1%。用不平衡变压器单端负载 50 Ω 测量。IEEE 802.15.4 需要的灵敏度为−85 dBm
饱和度(最高输入电平)/dBm	0	10		根据 IEEE 802.15.4,PER = 1%。用不平衡变压器单端阻抗 50 Ω 测量。IEEE 802.15.4 需要的饱和度为−20 dBm
相邻信道抑制/dB (信道间距+5 MHz)		45		要求信号@−82 dBm,相邻的已调制信道间距为+5 MHz, 根据 IEEE 802.15.4, PER = 1%。IEEE 802.15.4 需要的相邻信道抑制为 0 dBm
相邻信道抑制/dB (信道间距−5 MHz)		30		要求信号@−82 dBm,相邻的已调制信道间距为−5 MHz, 根据 IEEE 802.15.4, PER = 1%。IEEE 802.15.4 需要的相邻信道抑制为 0 dBm
交替信道抑制/dB (信道间距+10 MHz)		54		要求信号@−82 dBm,相邻的已调制信道间距+10 MHz, 根据 IEEE 802.15.4, PER = 1%。IEEE 802.15.4 需要的交替信道抑制为 30 dBm
交替信道抑制/dB (信道间距−10 MHz)		53		要求信号@−82 dBm,相邻的已调制信道间距−10 MHz, 根据 IEEE 802.15.4, PER = 1%。IEEE 802.15.4 需要的交替信道抑制为 30 dBm
信道抑制/dB ≥+15 MHz ≤−15 MHz		 62 62		要求信号@−82 dBm。不需要的信号在 802.15.4 调制的信道中,逐步通过 2405~2480 MHz 的整个信道。PER=1%
共信道抑制/dB		−3		要求信号@−82 dBm。不需要的信号在 802.15.4 调制的信道中,与所需信号的频率相同。PER=1%
阻塞/脱敏/dBm 距离带宽边缘±5 MHz 距离带宽边缘±20 MHz 距离带宽边缘±30 MHz 距离带宽边缘±50 MHz		 −28 −28 −27 −28		要求信号强度高于灵敏度电平 3 dB,等幅波干扰发射,PER=1%。 根据 EN 300 440 class 2
伪发射/dBm 30~1000 MHz 1~12.75 GHz		 −73 −58		单端负载 50 Ω。遵循规程 EN 300 328, EN 300 440 class 2, FCC CFR47, Part 15 和 ARIB STD-T-66

续表 5-18

参　数	最小值	典型值	最大值	条件/备注
频率误差/kHz	－300		＋300	收到的RF信号的中心频率与本地振荡频率＋中频之间的误差。IEEE 802.15.4需要的频率误差为200 kHz
符号速率误差/ppm			120	收到的符号速率和内部产生的符号速率之间的误差。IEEE 802.15.4需要的符号速率误差为80 ppm
数据延迟时间/μs		2		接收器中处理延迟。 从完全发送SFD到完全收到SFD的时间，也就是从SFD在发送器中变高到SFD在接收器中变高
RSSI/载波				
载波监听电平/dBm		－77		在RSSI.CCA_THR上可编程设置
RSSI动态范围/dB		100		范围近似为－100～0 dBm
RSSI精度/dB		±6		
RSSI线性/dB		±3		
RSSI平均时间/μs		128		8个符号周期，与IEEE 802.15.4的指定相同
中　频				
中频(IF)/MHz		2		
频率合成器				
晶振频率/MHz		16		
晶振频率精度/ppm	－40		40	包括对老化和温度的依赖，与IEEE 802.15.4的指定相同
晶振运行		并行		参见5.24节
晶振负载电容器/pF	12	16	20	推荐16 pF
晶振等效串连阻抗(ESR)/Ω			60	
晶体振荡器启动时间/ms		1.0		负载电容器16 pF
相位噪声/dBc/Hz		 －109 －117 －117 －117		未调制的载波 偏移载波±1 MHz 偏移载波±2 MHz 偏移载波±3 MHz 偏移载波±5 MHz
锁相环(PLL)带宽/kHz		100		
锁相环加锁时间/μs			192	当晶体振荡器运行时，在RX/TX转换期间，频率合成器的启动时间
数字输入/输出				
概述				信号电平基准引脚DVDD3.3的电压电平
逻辑“0”输入电压/V	0		0.3DVDD	
逻辑“1”输入电压/V	0.7DVDD		DVDD	

续表 5-18

参 数	最小值	典型值	最大值	条件/备注
逻辑"0"输出电压/V	0		0.4	输出电流-8 mA,3.3 V 供电
逻辑"1"输出电压/V	2.5		V_{DD}	输出电流 8 mA,3.3 V 供电
逻辑"0"输入电流/μA	NA		-1	输入信号等于 GND
逻辑'1"输入电流/μA	NA		1	输入信号等于 VDD
FIFO 启动时间/ns	20			TX 无缓冲器模式,FIFO 必须在 FIFOP 正沿之前就绪的最短时间
FIFO 保持时间/ns	10			TX 无缓冲器模式,FIFO 必须在 FIFOP 正沿之后保持的最短时间
串行接口引脚时序规范				引脚 SCLK、SI、SO 和 CSn,参见表 5-3
稳压器				
概述				内部稳压器只能给 CC2420 供电而不能给外电路供电
输入电压/V	2.1	3.0	3.6	在引脚 VREG_IN 上
输出电压/V	1.7	1.8	1.9	在引脚 VREG_OUT 上
静态电流/μA	13	20	29	无电流从引脚 VREG_OUT 流出,输入电压为 2.1~3.6 V
启动时间/ms		0.3	0.6	
电池监控				
电流消耗/μA	6	30	90	当电池监控使能时
启动时间/μs			100	稳压器已经使能
设置时间/μs			2	
步长尺寸/mV			50	
滞后/mV			10	
绝对精度/mV	-80		80	可以对已知基准电压用软件校准
相对精度/mV	-50		50	
供 电				
电流消耗的不同模式				电流通过稳压器 VREG_IN 流入
关断稳压器(OFF)/μA 断电模式(PD)/μA 空闲模式(IDLE)/μA		0.02 20 426	1	稳压器关断 稳压器接通 包括晶体振荡器和稳压器
电流消耗,接收模式/mA		18.8		
电流消耗,发送模式/mA P=-25 dBm P=-15 dBm P=10 dBm P=-5 dBm P=0 dBm		 8.5 9.9 11 14 17.4		通过不平衡变压器,输出功率信号到 50 Ω 单端负载

第 6 章　CC2430 片上系统

6.1　概　述

CC2430 是 Chipcon 公司推出的用来实现嵌入式 ZigBee 应用的片上系统。它支持 2.4 GHz IEEE 802.15.4/ZigBee 协议。根据芯片内置闪存的不同容量，提供给用户 3 个版本，即 CC2430－F32/64/128，分别对应内置闪存 32/64/128 KB。

如图 6－1 所示，CC2430 片上系统的功能模块集成了 CC2420 RF 收发器、增强工业标准

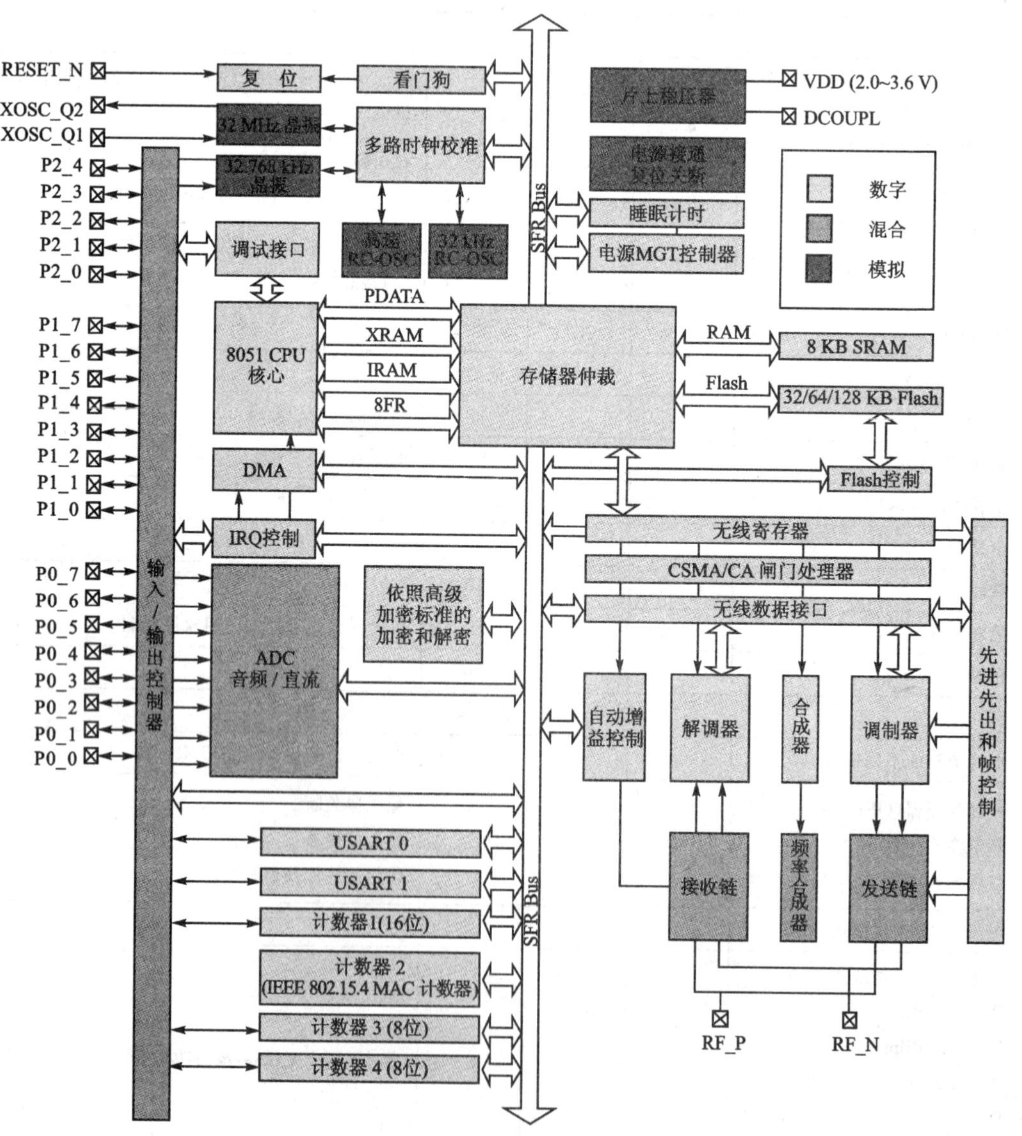

图 6－1　CC2430 片上系统的功能模块

的 8051 MCU、32/64/128 KB 闪存、8 KB SRAM 等高性能模块，并内置了 ZigBee 协议栈。加上超低能耗，使得它可以用很低的费用构成 ZigBee 节点，具有很强的市场竞争力。

6.2 主要特性

- 高性能、低功耗的 8051 微控制器内核；
- 适应 2.4 GHz IEEE 802.15.4 的 RF 收发器；
- 极高的接收灵敏度和抗干扰性能；
- 32/64/128 KB 闪存；
- 8 KB SRAM，具备在各种供电方式下的数据保持能力；
- 强大的 DMA 功能；
- 只需极少的外接元件；
- 只需一个晶体，即可满足组网需要；
- 电流消耗小（当微控制器内核运行在 32 MHz 时，RX 为 27 mA，TX 为 25 mA）；
- 掉电方式下，电流消耗只有 0.9 μA，外部中断或者实时钟（RTC）能唤醒系统；
- 挂起方式下，电流消耗小于 0.6 μA，外部中断能唤醒系统；
- 硬件支持避免冲突的载波侦听多路存取（CSMA - CA）；
- 电源电压范围宽（2.0～3.6 V）；
- 支持数字化的接收信号强度指示器/链路质量指示（RSSI/LQI）；
- 电池监视器和温度传感器；
- 具有 8 路输入 8～14 位 ADC；
- 高级加密标准（AES）协处理器；
- 2 个支持多种串行通信协议的 USART；
- 看门狗；
- 1 个 IEEE 802.15.4 媒体存取控制（MAC）定时器；
- 1 个通用的 16 位和 2 个 8 位定时器；
- 支持硬件调试；
- 21 个通用 I/O 引脚，其中 2 个具有 20 mA 的电流吸收或电流供给能力；
- 提供强大、灵活的开发工具；
- 小尺寸 QLP - 48 封装，7 mm×7mm。

6.3 引脚和 I/O 口配置

图 6 - 2 为 CC2430 的顶视图。其中，外露的芯片安装衬垫必须连接到 PCB 的接地层，芯片通过该处接地。其引脚的具体描述如表 6 - 1 所列。

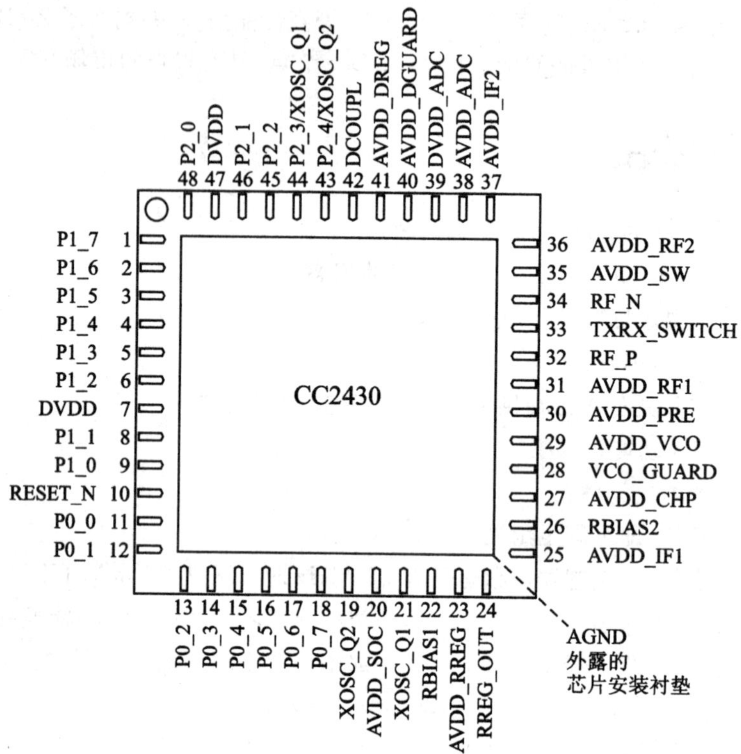

图 6-2 CC2430 的顶视图

表 6-1 CC2430 引脚描述

引脚号	名 称	类 型	描 述
—	AGND	接地	外露的芯片安装衬垫必须连接到 PCB 的接地层
1	P1_7	数字 I/O	Port 1.7
2	P1_6	数字 I/O	Port 1.6
3	P1_5	数字 I/O	Port 1.5
4	P1_4	数字 I/O	Port 1.4
5	P1_3	数字 I/O	Port 1.3
6	P1_2	数字 I/O	Port 1.2
7	DVDD	电源(数字)	用于数字 I/O 的 2.0～3.6 V 数字供电
8	P1_1	数字 I/O	Port 1.1,具有 20 mA 驱动能力
9	P1_0	数字 I/O	Port 1.0,具有 20 mA 驱动能力
10	RESET_N	数字输入	复位,低电平有效
11	P0_0	数字 I/O	Port 0.0
12	P0_1	数字 I/O	Port 0.1
13	P0_2	数字 I/O	Port 0.2
14	P0_3	数字 I/O	Port 0.3
15	P0_4	数字 I/O	Port 0.4

续表 6-1

引脚号	名 称	类 型	描 述
16	P0_5	数字 I/O	Port 0.5
17	P0_6	数字 I/O	Port 0.6
18	P0_7	数字 I/O	Port 0.7
19	XOSC_Q2	模拟 I/O	32 MHz 晶体振荡器引脚 2
20	AVDD_SOC	电源(模拟)	2.0～3.6 V 模拟供电连接处
21	XOSC_Q1	模拟 I/O	32 MHz 晶体振荡器引脚 1，或外接时钟输入
22	RBIAS1	模拟 I/O	用于连接提供基准电流的外接精密偏置电阻器
23	AVDD_RREG	电源(模拟)	2.0～3.6 V 模拟供电连接处
24	RREG_OUT	电源输出	1.8 V 稳压供电输出。仅供给模拟电路的 1.8 V 部分，用于引脚 25，27～31，35～40
25	AVDD_IF1	电源(模拟)	1.8 V 供电，用于接收器带通滤波器、模拟测试模块、总偏置以及可变增益放大器的第一部分
26	RBIAS2	模拟输出	外接精密电阻器，43 kΩ，±1 %
27	AVDD_CHP	电源(模拟)	1.8 V 供电，用于相位检测、电荷泵和闭环滤波的第一部分
28	VCO_GUARD	电源(模拟)	连接电压控制振荡器(VCO)到 AVDD 屏蔽的保护环
29	AVDD_VCO	电源(模拟)	1.8 V 供电，用于 VCO 锁相环(PLL)滤波器的最后部分
30	AVDD_PRE	电源(模拟)	1.8 V 供电，用于预分频器、Div-2 和本地振荡器缓冲器
31	AVDD_RF1	电源(模拟)	1.8 V 供电，用于低噪声放大器(LNA)、前端偏置和功率放大器(PA)
32	RF_P	RF I/O	接收时，正 RF 输入信号到 LNA； 发送时，来自 PA 的正 RF 输出信号
33	TXRX_SWITCH	电源(模拟)	用于 PA 的校准电压
34	RF_N	RF I/O	接收时，负 RF 输入信号到 LNA； 发送时，来自功率放大器的负 RF 输出信号
35	AVDD_SW	电源(模拟)	1.8 V 供电，用于 LNA/PA 开关
36	AVDD_RF2	电源(模拟)	1.8 V 供电，用于接收和发送的混频器
37	AVDD_IF2	电源(模拟)	1.8 V 供电，用于发送低通滤波器和最后阶段的可变增益放大器
38	AVDD_ADC	电源(模拟)	1.8 V 供电，用于 ADC 和 DAC 的模拟部分
39	DVDD_ADC	电源(数字)	1.8 V 供电，用于 ADC 的数字部分
40	AVDD_DGUARD	电源(数字)	供电连接，用于数字噪声隔离
41	AVDD_DREG	电源(数字)	2.0～3.6 V 数字供电，用于数字核心的稳压器
42	DCOUPL	电源(数字)	1.8 V 数字供电退耦，不需要外接电路
43	P2_4/XOSC_Q2	数字 I/O	Port 2.4，32.768 kHz XOSC
44	P2_3/XOSC_Q1	数字 I/O	Port 2.3，32.768 kHz XOSC
45	P2_2	数字 I/O	Port 2.2
46	P2_1	数字 I/O	Port 2.1
47	DVDD	电源(数字)	2.0～3.6 V 数字供电，用于数字 I/O
48	P2_0	数字 I/O	Port 2.0

6.4 8051 CPU

6.4.1 简 介

CC2430 集成了增强工业标准的 8051 MCU 核心。该核心使用标准 8051 指令集。每个机器周期中的一个时钟周期与标准 8051 每个机器周期中的 12 个时钟周期相对应,因此其指令执行的速度比标准 8051 快。由于指令周期在可能的情况下包含了取指令操作所需的时间,故绝大多数单字节指令在一个时钟周期内完成。

除了速度改进之外,CC2430 的 8051 核心也包含了下列增强的架构:

- 第二数据指针;
- 扩展了 18 个中断源。

CC2430 核心的 8051 的目标代码与工业标准 8051 目标代码兼容。但是,由于与标准 8051 使用不同的指令定时,因此以往编写的标准 8051 目标代码的定时循环程序需要修改;此外,扩充的外部设备所使用的特殊功能寄存器(SFR)涉及的指令代码也有所不同。

鉴于篇幅的限制,读者所熟悉的标准 8051 微控制器的寄存器、堆栈及其指针、指令集等就不再详细介绍了。

6.4.2 复 位

CC2430 有 3 个复位源:

- 强置输入引脚 RESET_N 为低电平;
- 上电复位;
- 看门狗复位。

复位后的初始状况如下:

- I/O 引脚设置为输入、上拉状态;
- CPU 的程序计数器设置为 0x0000,程序从这里开始运行;
- 所有外部设备的寄存器初始化到它们的复位值(参考有关寄存器的描述);
- 看门狗禁止。

6.4.3 存储器

8051 CPU 有 4 个不同的存储空间:

- 代码(CODE):16 位只读存储空间,用于程序存储。
- 数据(DATA):8 位可存取存储空间,可以直接或间接被单个的 CPU 指令访问。该空间的低 128 字节可以直接或间接访问,而高 128 字节只能够间接访问。
- 外部数据(XDATA):16 位可存取存储空间,通常需要 4~5 个 CPU 指令周期来访问。
- 特殊功能寄存器(SFR):7 位可存取寄存器存储空间,可以被单个的 CPU 指令访问。

1. 存储器映射图

与标准 8051 存储器映射图不同之处有两个方面:

① 为了使得 DMA 控制器访问全部物理存储空间,全部物理存储器都映射到 XDATA 存储空间;

② 代码存储器空间可以选择，因此全部物理存储器可以通过使用代码存储器空间的统一映射，映射到代码空间。

有关 8051 全部存储器的映射如图 6－3～图 6－11 所示。注意代码存储器空间。

0xFF
数据存储器空间
0x00
0xFF
SFR存储空间
0x80
0xFFFF
外部数据存储器空间
0x0000
0xFFFF
快速存取 RAM
0xFF00
慢速存取 RAM 或程序存储器在 RAM中的空间
0xE000
0xDFFF
0xDF80 硬件寄存器
0xDF00
0xDEFF
未使用的存储空间
23 KB
0x8000
0x7FFF
非易失性程序存储器
32 KB
0x0000
8 KB SRAM
硬件SFR寄存器
硬件RF寄存器
0x7FFF
32 KB闪存
0x0000
8051存储器空间
CC2430−F32
外部数据存储器空间
物理存储器

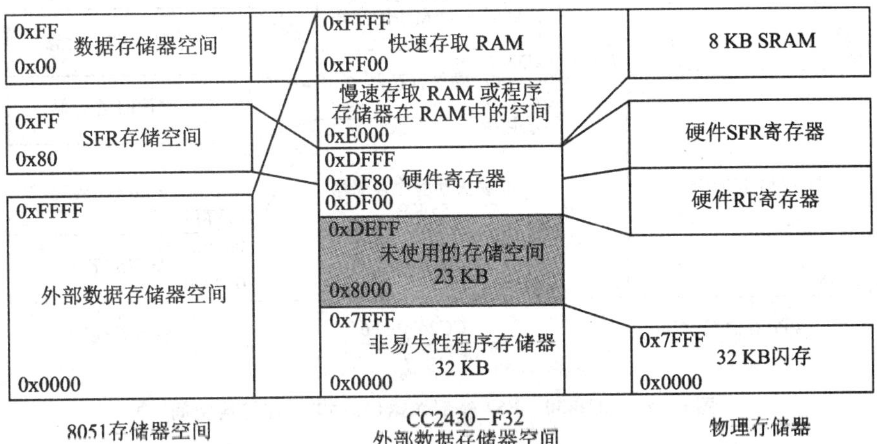

图 6－3　CC2430－F32 外部数据（XDATA）存储器空间

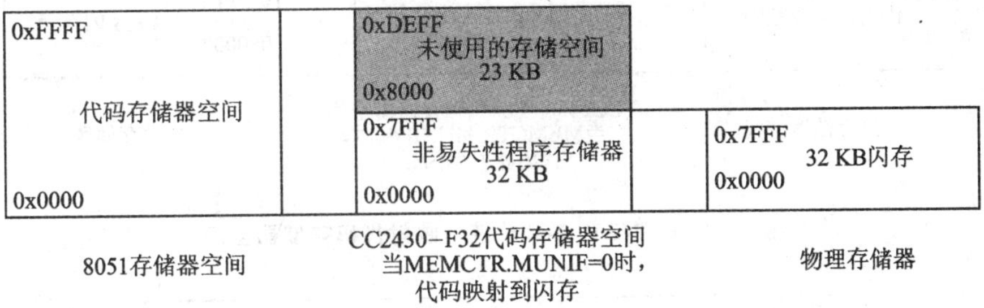

0xFFFF
代码存储器空间
0x0000
0xDEFF
未使用的存储空间
23 KB
0x8000
0x7FFF
非易失性程序存储器
32 KB
0x0000
0x7FFF
32 KB闪存
0x0000
8051存储器空间
CC2430−F32代码存储器空间
当MEMCTR.MUNIF=0时，
代码映射到闪存
物理存储器

图 6－4　CC2430－F32 非统一映射代码存储器空间

0xFFFF
快速存取RAM
0xFF00
慢速存取RAM或
程序存储器在RAM中的空间
0xE000
0xDFFF
0xDF80 硬件寄存器
0xDF00
0xDEFF
未使用的存储空间
23 KB
0x8000
0x7FFF
非易失性程序存储器
32 KB
0x0000
8 KB SRAM
硬件SFR寄存器
硬件RF寄存器
0x7FFF
32 KB 闪存
0x0000
CC2430−F32代码存储器空间
物理存储器
当MENCTR.MUNIF=1时，
代码映射到统一的存储器

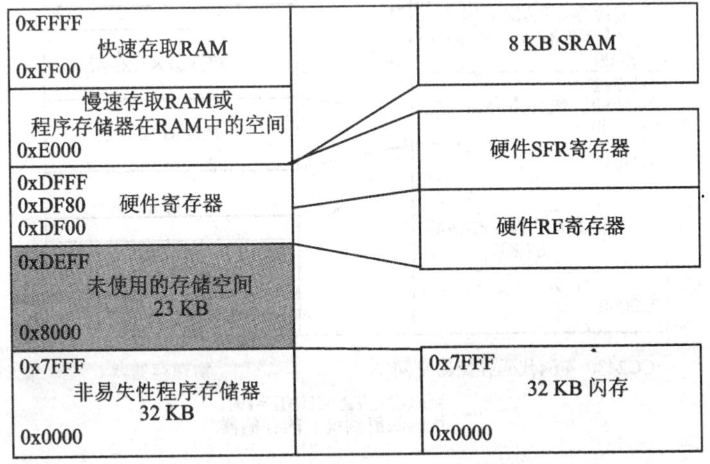

图 6－5　CC2430－F32 统一映射代码存储器空间

0xFF
数据存储器空间
0x00
0xFF
0xEEFF
SFR 存储空间
0x80
0xFFFF
外部数据存储器空间
0x0000
0xFFFF
快速存取 RAM
0xFF00
慢速存取 RAM或程序存储器在RAM中的空间
0xE000
0xDFFF
0xDF80
硬件寄存器
0xDF00
0xDEFF
非易失性程序存储器
55 KB
0x0000
8 KB SRAM
硬件SFR寄存器
硬件RF寄存器
64 KB闪存
0xFFFF
0xDEFF
低端55 KB
0x0000
8051存储器空间
CC2430-F64
外部数据存储器空间
物理存储器

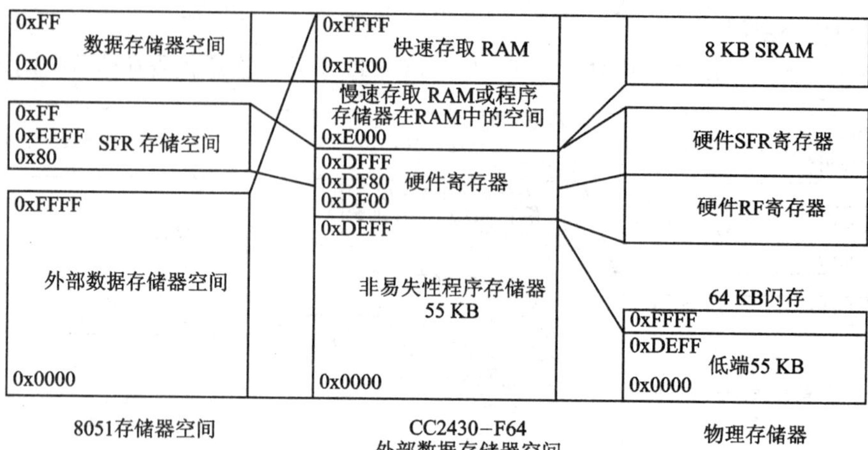

图6-6　CC2430-F64外部数据(XDATA)存储器空间

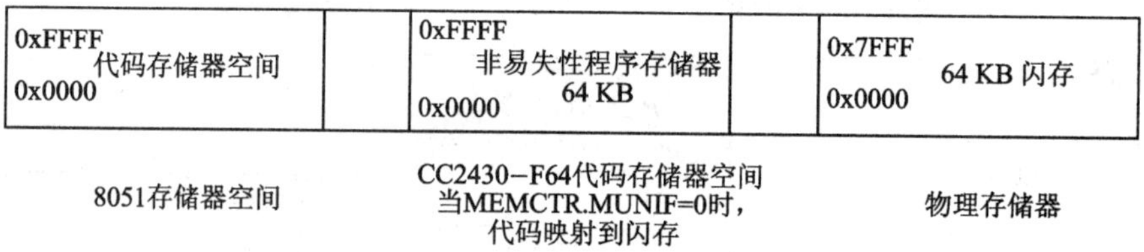

0xFFFF
代码存储器空间
0x0000
0xFFFF
非易失性程序存储器
64 KB
0x0000
0x7FFF
64 KB 闪存
0x0000
8051存储器空间
CC2430-F64代码存储器空间
当MEMCTR.MUNIF=0时，
代码映射到闪存
物理存储器

图6-7　CC2430-F64非统一映射代码存储器空间

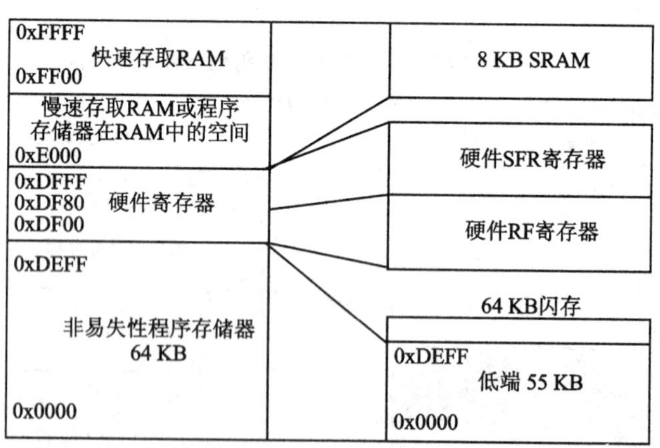

0xFFFF
快速存取RAM
0xFF00
慢速存取RAM或程序存储器在RAM中的空间
0xE000
0xDFFF
0xDF80
硬件寄存器
0xDF00
0xDEFF
非易失性程序存储器
64 KB
0x0000
8 KB SRAM
硬件SFR寄存器
硬件RF寄存器
64 KB闪存
0xDEFF
低端 55 KB
0x0000
CC2430-F64代码存储器空间
物理存储器
当MENCTR.MUNIF=1时，
代码映射到统一的存储器

图6-8　CC2430-F64统一映射代码存储器空间

0xFF
数据存储器空间
0x00
0xFF
0xEEFF
SFR 存储空间
0x80
0xFFFF
外部数据存储器空间
0x0000
0xFFFF
快速存取RAM
0xFF00
慢速存取RAM或程序存储器在RAM中的空间
0xE000
0xDFFF
0xDF80 硬件寄存器
0xDF00
0xDEFF
非易失性程序存储器
55 KB
0x0000
8 KB SRAM
硬件SFR寄存器
硬件RF寄存器
128 KB 闪存
0xFFFF
0xDF00
0xDEFF
低端 55 KB
0x0000
8051存储器空间
CC2430−F128
外部数据存储器空间
物理存储器

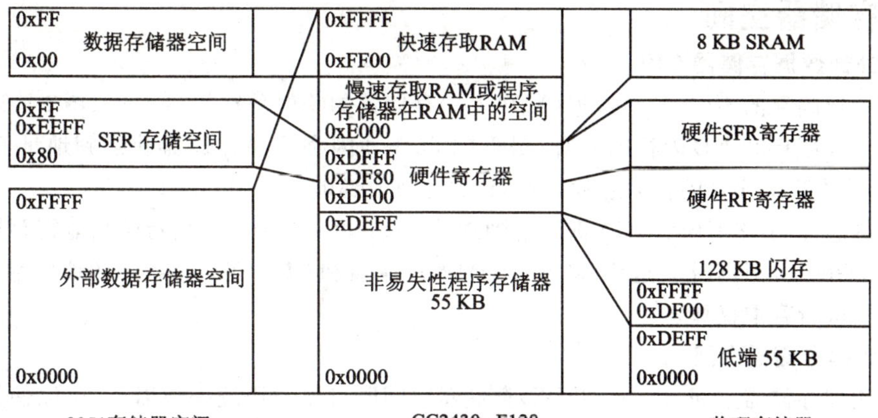

图 6－9　CC2430－F128 外部数据(XDATA)存储器空间

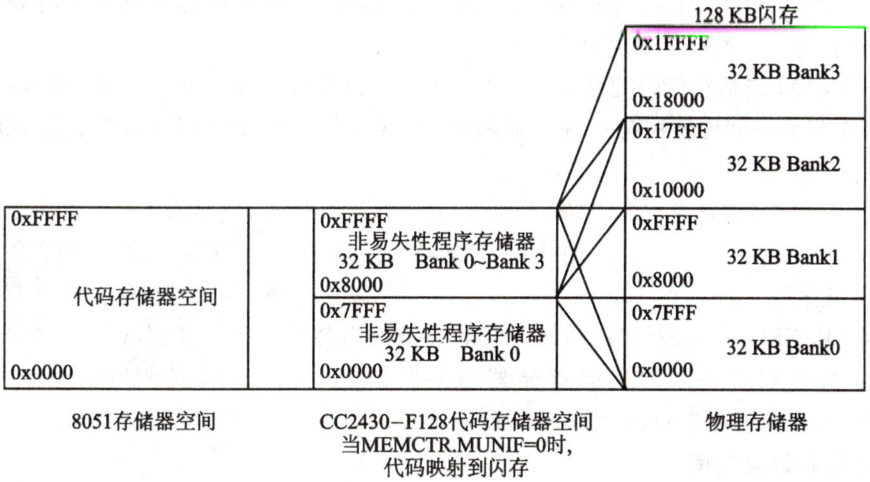

128 KB闪存
0x1FFFF
32 KB Bank3
0x18000
0x17FFF
32 KB Bank2
0x10000
0xFFFF
代码存储器空间
0x0000
0xFFFF
非易失性程序存储器
32 KB Bank 0~Bank 3
0x8000
0x7FFF
非易失性程序存储器
32 KB Bank 0
0x0000
0xFFFF
32 KB Bank1
0x8000
0x7FFF
32 KB Bank0
0x0000
8051存储器空间
CC2430−F128代码存储器空间
当MEMCTR.MUNIF=0时，
代码映射到闪存
物理存储器

图 6－10　CC2430－F128 非统一映射代码存储器空间

0xFFFF
快速存取RAM
0xFF00
慢速存取RAM或程序存储器在RAM中的空间
0xE000
0xDFFF
0xDF80 硬件寄存器
0xDF00
0xDEFF
非易失性程序存储器
55 KB
0x0000
8 KB SRAM
硬件SFR寄存器
硬件RF寄存器
128 KB 闪存
0xFFFF
0xDF00
0xDEFF
低端 55 KB
0x0000
CC2430−F128代码存储器空间
物理存储器
当MENCTR.MUNIF=1时，
代码映射到统一的存储器

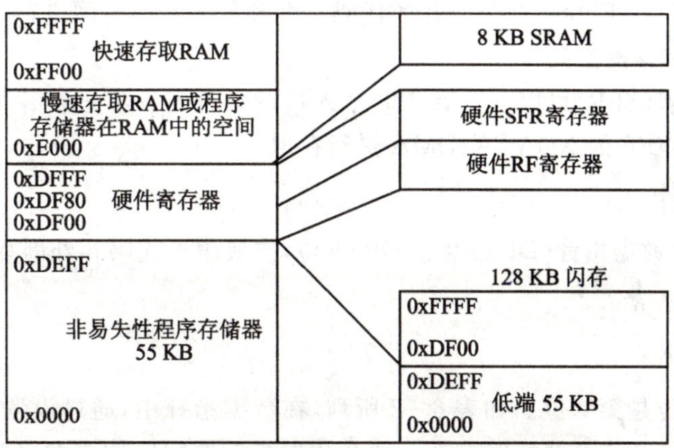

图 6－11　CC2430－F128 统一映射代码存储器空间

2. 存储器空间

(1) 外部数据存储器空间

根据所选闪存的不同,外部数据(XDATA)存储器的映射分别如图 6-3、图 6-6 和图 6-9 所示。对于大于 32 KB 闪存的芯片,最低的 55 KB 闪存程序存储器映射到地址 0x0000～0xDEFF;而对于 32 KB 闪存的芯片,32 KB 闪存映射到地址 0x0000～0x7FFF。

所有的芯片,其 8 KB SRAM 都映射到地址 0xE000～0xFFFF,而特殊功能寄存器的地址范围是 0xDF00～0xDFFF。这样,就允许 DMA 控制器和 CPU 在一个统一的地址空间对所有物理存储器进行存取操作。

(2) 代码存储器空间

对于物理存储器空间,代码(CODE)存储器空间既可以使用统一映射,又可以使用非统一映射(分别如图 6-4、图 6-5、图 6-7、图 6-8、图 6-10 和图 6-11 所示)。代码存储器空间的统一映射类似外部存储器空间的统一映射。

对于大于 32 KB 的闪存存储器,在采用统一映射时,其最低端的 55 KB 闪存映射到代码存储器空间。这与外部存储器空间的映射类似。

8 KB SRAM 包括在代码地址空间之内,从而允许程序的运行可以超出 SRAM 的范围。注意,为了在代码空间内使用统一存储器映射,特殊功能寄存器(SFR)的指定位 MEMCTR. MUNIF 必须置 1。

闪存为 128 KB 的芯片(CC2430-F128),对于代码存储器,就要使用分区的办法。由于物理存储器是 128 KB,大于 32 KB 的代码存储器空间需要通过闪存区的选择位映射到 4 个 32 KB物理闪存区中的一个,如图 6-10 所示。闪存区的选择,由设置特殊功能寄存器的对应位(MEMCTR. FMAP)完成。注意,闪存区的选择仅当使用非统一映射代码存储器空间时才能够进行。当使用统一映射代码存储器空间映射时,代码存储器映射到位于 0x0000～0xDEFF 的 55 KB 闪存空间,如图 6-11 所示。

(3) 数据存储器空间

数据(DATA)存储器的 8 位地址,映射到 8 KB SRAM 的高端 256 字节。在这个范围中,也可以对地址范围为 0xFF00～0xFFFF 的代码空间和外部数据空间进行存取。

(4) 特殊功能寄存器空间

特殊功能寄存器(SFR)可以对具有 128 个入口的硬件寄存器进行存取,也可以对地址范围为 0xDF80～0xDFFF 的 XDATA/DMA 进行存取。

3. 数据指针

CC2430 有 2 个数据指针(DPTR0 和 DPTR1),主要用于代码和外部数据的存取。例如:

```
MOVC A, @A+DPTR
MOV A, @DPTR
```

数据指针选择位是第 0 位。如表 6-2 所列,在数据指针中,通过设置寄存器 DPS(0x92)就可以选择哪个指针在指令执行时有效。两个数据指针的宽度均为两个字节,存在于特殊功能寄存器之中,详细描述如表 6-3 所列。

表 6-2　选择数据指针

位	名　称	复　位	读/写	描　述
7:1	—	0x00	R0	不使用
0	DPS	0	R/W	数据指针选择，用来使选中的数据指针有效 0：DPTR0　　1：DPTR1

表 6-3　两个数据指针的高低位字节

位	名　称	复　位	读/写	描　述
DPH0(0x83)——DPTR0 的高位字节				
7:0	DPH0[7:0]	0	R/W	数据指针 0，高位字节
DPL0(0x82)——DPTR0 的低位字节				
7:0	DPL0[7:0]	0	R/W	数据指针 0，低位字节
DPH1(0x85)——DPTR1 的高位字节				
7:0	DPH1[7:0]	0	R/W	数据指针 1，高位字节
DPL1(0x84)——DPTR1 的低位字节				
7:0	DPL1[7:0]	0	R/W	数据指针 1，低位字节

4. 外部数据存储器存取

CC2430 提供一个附加的特殊功能寄存器 MPAGE(0x93)，详细描述见表 6-4。该寄存器在执行指令“MOVX A, @Ri”和“MOVX @R, A”时使用。MPAGE 给出高 8 位的地址，而寄存器 Ri 给出低 8 位的地址。

表 6-4　MPAGE 选择存储器页

位	名　称	复　位	读/写	描　述
7:0	MPAGE[7:0]	0x00	R/W	存储器页，执行 MOVX 指令时地址的高位字节

6.4.4 特殊功能寄存器

特殊功能寄存器(SFR)用于控制 8051 CPU 核心和外部设备。一部分 8051 CPU 核心寄存器与标准 8051 特殊功能寄存器的功能相同；另一部分寄存器不同于标准 8051 特殊寄存器。它们用来与外部设备单元接口，以及控制 RF 收发器。

CC2430 的全部特殊功能寄存器地址如图 6-12 所示。其中，标准 8051 特殊功能寄存器用小写字母表示，而 CC2430 独有的特殊功能寄存器用大写字母表示。

注意：所有标准 8051 特殊功能寄存器只能够通过该寄存器的空间存取，因为这些寄存器没有映射到外部数据(XDATA)空间。

CC2430 独有的特殊功能寄存器如表 6-5 所列。

8字节

80	p0	sp	dpl0	dph0	dpl1	dph1	U0CSR	pcon	87
88	tcon	P0IFG	P1IFG	P2IFG	PICTL	P1IEN	—	P0INP	8F
90	p1	RFIM	dps	MPAGE	T2CMP	ST0	ST1	ST2	97
98	s0con	HSRC	ien2	s1con	T2PEROF0	T2PEROF1	T2PEROF2	—	9F
A0	p2	T2OF0	T2OF1	T2OF2	T2CAPLPL	T2CAPHPH	T2TLD	T2THD	A7
A8	ien0	ip0	—	FWT	FADDRL	FADDRH	FCTL	FWDATA	AF
B0	—	ENCDI	ENCDO	ENCCS	ADCCON1	ADCCON2	ADCCON3	RCCTL	B7
B8	ien1	ip1	ADCL	ADCH	RNDL	RNDH	SLEEP	—	BF
C0	ircon	U0BUF	U0BAUD	T2CNF	U0UCR	U0GCR	CLKCON	MEMCTR	C7
C8	t2con	WDCTL	T3CNT	T3CTL	T3CCTL0	T3CC0	T3CCTL1	T3CC1	CF
D0	psw	DMAIRQ	DMA1CFGL	DMA1CFGH	DMA0CFGL	DMA0CFGH	DMAARM	DMAREQ	D7
D8	TIMIF	RFD	T1CC0L	T1CC0H	T1CC1L	T1CC1H	T1CC2L	T1CC2H	DF
E0	acc	RFST	T1CNTL	T1CNTH	T1CTL	T1CCTL0	T1CCTL1	T1CCTL2	E7
E8	ircon2	RFIF	T4CNT	T4CTL	T4CCTL0	T4CC0	T4CCTL1	T4CC1	EF
F0	b	PERCFG	ADCCFG	P0SEL	P1SEL	P2EL	P1INP	P2INP	F7
F8	U1CSR	U1BUF	U1BAUD	U1UCR	U1GCR	P0DIR	P1DIR	P2DIR	FF

图 6-12 全部特殊功能寄存器地址

表 6-5 CC2430 独有的特殊功能寄存器

寄存器名	SFR 地址	模 块	描 述
ADCCON1	0xB4	模/数转换(ADC)	模/数转换控制 1
ADCCON2	0xB5	模/数转换(ADC)	模/数转换控制 2
ADCCON3	0xB6	模/数转换(ADC)	模/数转换控制 3
ADCL	0xBA	模/数转换(ADC)	模/数转换低位数据
ADCH	0xBB	模/数转换(ADC)	模/数转换高位数据
RNDL	0xBC	模/数转换(ADC)	随机数发生器低位数据
RNDH	0xBD	模/数转换(ADC)	随机数发生器高位数据
ENCDI	0xB1	高级加密标准(AES)	加密/解密输入数据
ENCDO	0xB2	高级加密标准(AES)	加密/解密输出数据
ENCCS	0xB3	高级加密标准(AES)	加密/解密控制和状态
DMAIRQ	0xD1	存储器直接存取(DMA)	DMA 中断标志
DMA1CFGL	0xD2	存储器直接存取(DMA)	DMA 信道 1～4 配置低位地址
DMA1CFGH	0xD3	存储器直接存取(DMA)	DMA 信道 1～4 配置高位地址
DMA0CFGL	0xD4	存储器直接存取(DMA)	DMA 信道 0 配置低位地址
DMA0CFGH	0xD5	存储器直接存取(DMA)	DMA 信道 0 配置高位地址

续表 6－5

寄存器名	SFR 地址	模　块	描　述
DMAARM	0xD6	存储器直接存取(DMA)	DMA 信道有保护
DMAREQ	0xD7	存储器直接存取(DMA)	DMA 信道开始请求和状态
FWT	0xAB	闪存(Flash)	写闪存定时
FADDRL	0xAC	闪存(Flash)	闪存低位地址
FADDRH	0xAD	闪存(Flash)	闪存高位地址
FCTL	0xAE	闪存(Flash)	闪存控制
FWDATA	0xAF	闪存(Flash)	闪存写数据
P0IFG	0x89	输入/输出控制(IOC)	口 0 中断状态标志
P1IFG	0x8A	输入/输出控制(IOC)	口 1 中断状态标志
P2IFG	0x8B	输入/输出控制(IOC)	口 2 中断状态标志
PICTL	0x8C	输入/输出控制(IOC)	口的引脚中断屏蔽和触发沿
P1IEN	0x8D	输入/输出控制(IOC)	口 1 中断屏蔽
P0INP	0x8F	输入/输出控制(IOC)	口 0 输入模式
PERCFG	0xF1	输入/输出控制(IOC)	外部设备输入/输出控制
ADCCFG	0xF2	输入/输出控制(IOC)	ADC 输入配置
P0SEL	0xF3	输入/输出控制(IOC)	口 0 功能选择
P1SEL	0xF4	输入/输出控制(IOC)	口 1 功能选择
P2SEL	0xF5	输入/输出控制(IOC)	口 2 功能选择
P1INP	0xF6	输入/输出控制(IOC)	口 1 输入模式
P2INP	0xF7	输入/输出控制(IOC)	口 2 输入模式
P0DIR	0xFD	输入/输出控制(IOC)	口 0 方向
P1DIR	0xFE	输入/输出控制(IOC)	口 1 方向
P2DIR	0xFF	输入/输出控制(IOC)	口 2 方向
MEMCTR	0xC7	存储器	存储器系统控制
RFIM	0x91	RF	RF 中断屏蔽
RFD	0xD9	RF	RF 数据
RFST	0xE1	RF	RF 选通命令
RFIF	0xE9	RF	RF 中断标志
ST0	0x95	睡眠计时器(ST)	睡眠计时器 0
ST1	0x96	睡眠计时器(ST)	睡眠计时器 1
ST2	0x97	睡眠计时器(ST)	睡眠计时器 2
SLEEP	0xBE	电源管理控制(PMC)	睡眠模式控制
CLKCON	0xC6	电源管理控制(PMC)	时钟控制

续表 6-5

寄存器名	SFR 地址	模　块	描　述
T1CC0L	0xDA	计数器 1(Timer1)	计数器 1 信道 0 捕获/比较的低位字节
T1CC0H	0xDB	计数器 1(Timer1)	计数器 1 信道 0 捕获/比较的高位字节
T1CC1L	0xDC	计数器 1(Timer1)	计数器 1 信道 1 捕获/比较的低位字节
T1CC1H	0xDD	计数器 1(Timer1)	计数器 1 信道 1 捕获/比较的高位字节
T1CC2L	0xDE	计数器 1(Timer1)	计数器 1 信道 2 捕获/比较的低位字节
T1CC2H	0xDF	计数器 1(Timer1)	计数器 1 信道 2 捕获/比较的高位字节
T1CNTL	0xE2	计数器 1(Timer1)	计数器 1 计数低位
T1CNTH	0xE3	计数器 1(Timer1)	计数器 1 计数高位
T1CTL	0xE4	计数器 1(Timer1)	计数器 1 的控制和状态
T1CCTL0	0xE5	计数器 1(Timer1)	计数器 1 信道 0 捕获/比较的控制
T1CCTL1	0xE6	计数器 1(Timer1)	计数器 1 信道 1 捕获/比较的控制
T1CCTL2	0xE7	计数器 1(Timer1)	计数器 1 信道 2 捕获/比较的控制
T2CMP	0x94	计数器 2(Timer2)	计数器 2 比较值
T2PEROF0	0x9C	计数器 2(Timer2)	计数器 2 溢出计数比较 0
T2PEROF1	0x9D	计数器 2(Timer2)	计数器 2 溢出计数比较 1
T2PEROF2	0x9E	计数器 2(Timer2)	计数器 2 溢出计数比较 2
T2OF0	0xA1	计数器 2(Timer2)	计数器 2 溢出计数 0
T2OF1	0xA2	计数器 2(Timer2)	计数器 2 溢出计数 1
T2OF2	0xA3	计数器 2(Timer2)	计数器 2 溢出计数 2
T2CAPLPL	0xA4	计数器 2(Timer2)	计数器 2 计数周期低位
T2CAPHPH	0xA5	计数器 2(Timer2)	计数器 2 计数周期高位
T2TLD	0xA6	计数器 2(Timer2)	计数器 2 计数数值低位
T2THD	0xA7	计数器 2(Timer2)	计数器 2 计数数值高位
T2CNF	0xC3	计数器 2(Timer2)	计数器 2 配置
T3CNT	0xCA	计数器 3(Timer3)	计数器 3 计数
T3CTL	0xCB	计数器 3(Timer3)	计数器 3 控制
T3CCTL0	0xCC	计数器 3(Timer3)	计数器 3 信道 0 捕获/比较的控制
T3CC0	0xCD	计数器 3(Timer3)	计数器 3 信道 0 捕获/比较的数值
T3CCTL1	0xCE	计数器 3(Timer3)	计数器 3 信道 1 捕获/比较的控制
T3CC1	0xCF	计数器 3(Timer3)	计数器 3 信道 1 捕获/比较的数值
T4CNT	0xEA	计数器 4(Timer4)	计数器 4 计数
T4CTL	0xEB	计数器 4(Timer4)	计数器 4 控制
T4CCTL0	0xEC	计数器 4(Timer4)	计数器 4 信道 0 捕获/比较的控制
T4CC0	0xED	计数器 4(Timer4)	计数器 4 信道 0 捕获/比较的数值
T4CCTL1	0xEE	计数器 4(Timer4)	计数器 4 信道 1 捕获/比较的控制
T4CC1	0xEF	计数器 4(Timer4)	计数器 4 信道 1 捕获/比较的数值

续表 6-5

寄存器名	SFR 地址	模　块	描　述
TIMIF	0xD8	TMINT	计数器 1/3/4 连接中断屏蔽/标志
U0CSR	0x86	通用同步/异步收发器 0(USART0)	USART0 控制和状态
U0BUF	0xC1	通用同步/异步收发器 0(USART0)	USART0 收/发数据缓冲器
U0BAUD	0xC2	通用同步/异步收发器 0(USART0)	USART0 波特率控制器
U0UCR	0xC4	通用同步/异步收发器 0(USART0)	USART0 UART 控制
U0GCR	0xC5	通用同步/异步收发器 0(USART0)	USART0 通用控制
U1CSR	0xF8	通用同步/异步收发器 1(USART1)	USART1 控制和状态
U1DBUF	0xF9	通用同步/异步收发器 1(USART1)	USART1 收/发数据缓冲器
U1BAUD	0xFA	通用同步/异步收发器 1(USART1)	USART1 波特率控制器
U1UCR	0xFB	通用同步/异步收发器 1(USART1)	USART1 UART 控制
U1GCR	0xFC	通用同步/异步收发器 1(USART1)	USART1 通用控制
WDCTL	0xC9	看门狗(WDT)	看门狗计时器控制

6.4.5 CPU 寄存器和指令集

CC2430 的 CPU 寄存器与标准 8051 的 CPU 寄存器相同，包括寄存器 R0～R7、程序状态字 PSW、累加器 ACC、B 寄存器和堆栈指针 SP 等；CC2430 的 CPU 指令集与标准 8051 的指令集相同。这里就不详细叙述了。

6.4.6 中　断

CPU 有 18 个中断源。每个中断源有它自己的、位于一系列特殊功能寄存器中的中断请求标志。中断分别组合为不同的、可以选择的优先级别，见表 6-6。

表 6-6　CC2430 中断

中断号	中断名称	中断向量	中断屏蔽	中断标志	描　述
0	RFERR	03h	IEN0. RFERRIE	TCON. RFERRIF	RF 发送先进先出队列空，或 RF 接收先进先出队列满
1	ADC	0Bh	IEN0. ADIE	TCON. ADIF	ADC 转换结束
2	URX0	13h	IEN0. URX0IE	TCON. URX0IF	USART0 接收完成
3	URX1	1Bh	IEN0. URX1IE	TCON. URX1IF	USART1 接收完成
4	ENC	23h	IEN0. ENCIE	S0CON. ENCIF	AES 加密/解密完成
5	ST	2Bh	IEN0. STIE	IRCON. STIF	睡眠计时器比较
6	P2INT	33h	IEN2. P2IE	IRCON2. P2IF	口 2 输入
7	UTX0	3Bh	IEN2. UTX0IE	IRCON2. UTX0IF	USART0 发送完成
8	DMA	43h	IEN1. DMAIE	IRCON. DMAIF	DMA 传送完成

续表 6-6

中断号	中断名称	中断向量	中断屏蔽	中断标志	描　述
9	T1	4Bh	IEN1. T1IE	IRCON. T1IF	计数器 1(16 位)捕获/比较/溢出
10	T2	53h	IEN1. T2IE	IRCON. T2IF	计数器 2(媒体存取控制计数器)
11	T3	5Bh	IEN1. T3IE	IRCON. T3IF	计数器 3(8 位)捕获/比较/溢出
12	T4	63h	IEN1. T4IE	IRCON. T4IF	计数器 4(8 位)捕获/比较/溢出
13	P0INT	6Bh	IEN1. P0IE	IRCON. P0IF	口 0 输入
14	UTX1	73h	IEN2. UTX1IE	IRCON2. UTX1IF	USART1 发送完成
15	P1INT	7Bh	IEN2. P1IE	IRCON2. P1IF	口 1 输入
16	RF	83h	IEN2. RFIE	S1CON. RFIF	RF 通用中断
17	WDT	8Bh	IEN2. WDTIE	IRCON2. WDTIF	看门狗计时溢出

1. 中断屏蔽

如表 6-7 所列，每个中断请求可以通过设置特殊功能寄存器中特定位 IEN0、IEN1 或 IEN2，使能或禁止。某些外部设备会因为若干事件产生中断请求。这些中断请求可以作用在口 0、口 1、口 2、DMA、计数器 1、计数器 3、计数器 4 或者 RF 上。对于每个内部中断源对应的特殊功能寄存器，这些外部设备都有中断屏蔽位。

表 6-7　中断使能 0～2

位	名　称	复　位	读/写	描　述
IEN0(0xA8)——中断使能 0				
7	EAL	0	R/W	禁止所有中断 0：无中断被确认 1：通过设置对应的使能位，将每个中断源分别使能或禁止
6	—	0	R0	不使用，读出来是 0
5	STIE	0	R/W	睡眠计时器中断使能 0：中断禁止　　1：中断使能
4	ENCIE	0	R/W	AES 加密/解密中断使能 0：中断禁止　　1：中断使能
3	URX1IE	0	R/W	USART1 RX 中断使能 0：中断禁止　　1：中断使能
2	URX0IE	0	R/W	USART0 RX 中断使能 0：中断禁止　　1：中断使能
1	ADCIE	0	R/W	ADC 中断使能 0：中断禁止　　1：中断使能

续表 6-7

位	名　称	复　位	读/写	描　述
0	RFERRIE	0	R/W	RF TX/RX FIFO 中断使能 0：中断禁止　1：中断使能
IEN1(0xB8)——中断使能 1				
7∶6	—	00	R0	不使用，读出来是 0
5	P0IE	0	R/W	口 0 中断使能 0：中断禁止　1：中断使能
4	T4IE	0	R/W	计数器 4 中断使能 0：中断禁止　1：中断使能
3	T3IE	0	R/W	计数器 3 中断使能 0：中断禁止　1：中断使能
2	T2IE	0	R/W	计数器 2 中断使能 0：中断禁止　1：中断使能
1	T1IE	0	R/W	计数器 1 中断使能 0：中断禁止　1：中断使能
0	DMAIE	0	R/W	DMA 传输中断使能 0：中断禁止　1：中断使能
IEN2(0x9A)——中断使能 2				
7∶6	—	00	R0	不使用，读出来是 0
5	WDTIE	0	R/W	看门狗计时器中断使能 0：中断禁止　1：中断使能
4	P1IE	0	R/W	口 1 中断使能 0：中断禁止　1：中断使能
3	UTX1IE	0	R/W	USART1 发送中断使能 0：中断禁止　1：中断使能
2	UTX0IE	0	R/W	USART0 发送中断使能 0：中断禁止　1：中断使能
1	P2IE	0	R/W	口 2 中断使能 0：中断禁止　1：中断使能
0	RFIE	0	R/W	RF 通用中断使能 0：中断禁止　1：中断使能

为了使用 CC2430 中的中断功能，应当执行下列步骤：

① 设置 IEN0 中的 EAL 位为 1；

② 设置寄存器 IEN0、IEN1 和 IEN2 中对应的各中断使能位为 1；

③ 如果有，则设置特殊功能寄存器中对应的各中断使能位为 1；

④ 在该中断对应的向量地址上，运行该中断的服务程序。

2. 中断处理

当中断发生时,CPU就指向表6-6所描述的中断向量。一旦中断服务开始,就只能够被更高优先级的中断打断;中断服务程序由中断指令RETI终止。当RETI执行时,CPU将返回到中断发生时的下一条指令。

当中断发生时,不管该中断使能或禁止,CPU都会在中断标志寄存器中设置中断标志位。当中断使能时,首先设置中断标志,然后在下一个指令周期,由硬件强行产生一个LCALL到对应的向量地址,运行中断服务程序。

新中断的响应,取决于该中断发生时CPU的状态。当CPU正在运行的中断服务程序,其优先级大于或等于新的中断时,新的中断暂不运行,直至新的中断的优先级高于正在运行的中断服务程序。中断响应的时间取决于当前的指令,最快的为7个机器指令周期。其中,1个机器指令周期用于检测中断,其余6个用来执行LCALL。

3. 中断优先级

中断组合成为6个中断优先组,每组的优先级通过设置寄存器IP0和IP1实现。为了给中断(也就是它所在的中断优先组)赋值优先级,需要设置IP0和IP1的对应位,如表6-8和表6-9所列。

表6-8 优先级的设置

IP1_x	IP0_x	优先级	IP1_x	IP0_x	优先级
0	0	0(最低)	1	0	2
0	1	1	1	1	3(最高)

表6-9 中断优先级0～1

位	名 称	复 位	读/写	描 述
IP1(0xB9)——中断优先级1				
7:6	—	00	R/W	不使用
5	IP1_5	0	R/W	中断第5组,优先级控制位1
4	IP1_4	0	R/W	中断第4组,优先级控制位1
3	IP1_3	0	R/W	中断第3组,优先级控制位1
2	IP1_2	0	R/W	中断第2组,优先级控制位1
1	IP1_1	0	R/W	中断第1组,优先级控制位1
0	IP1_0	0	R/W	中断第0组,优先级控制位1
IP0(0xA9)——中断优先级0				
7:6	—	00	R/W	不使用
5	IP0_5	0	R/W	中断第5组,优先级控制位0
4	IP0_4	0	R/W	中断第4组,优先级控制位0
3	IP0_3	0	R/W	中断第3组,优先级控制位0
2	IP0_2	0	R/W	中断第2组,优先级控制位0
1	IP0_1	0	R/W	中断第1组,优先级控制位0
0	IP0_0	0	R/W	中断第0组,优先级控制位0

中断优先级及其赋值的中断源如表 6-10 所列。每组赋值为 4 个中断优先级之一。当进行中断服务请求时,不允许被同级或较低级别的中断打断。当同时收到几个相同优先级的中断请求时,采取如同表 6-11 所列的轮流检测顺序来判定哪个中断优先响应。

表 6-10 中断优先级组

组	中断			组	中断		
IP0	RFERR	RF	DMA	IP3	URX1	UTX1	T3
IP1	ADC	P2	T1	IP4	ENC	P1INT	T4
IP2	URX0	UTX0	T2	IP5	ST	WDT	P0INT

表 6-11 中断轮流检测顺序

中断向量编号	中断名称	轮流检测顺序	中断向量编号	中断名称	轮流检测顺序
0	RFERR	↓	10	ENC	↓
12	RF		5	T4	
7	DMA		11	ST	
8	ADC		6	P0INT	
2	T1		13	P2	
1	URX0B		14	UTX0	
3	T2		15	UTX1	
9	URX1		16	P1INT	
4	T3		17	WDT	

6.4.7 振荡器和时钟

CC2430 有一个内部系统时钟。该时钟的振荡源既可以用 16 MHz 高频 RC 振荡器,也可以采用 32 MHz 晶体振荡器。时钟的控制可以由设置特殊功能寄存器的 CLKCON 字节来实现。系统时钟同时也可以提供给 8051 所有外部设备使用。

振荡器可以选择高精度的晶体振荡器,也可以选择低成本的 RC 振荡器。注意,运行 RF 收发器,必须使用高精度的晶体振荡器。

6.5 外部设备

6.5.1 I/O 口

CC2430 有 21 个数字 I/O 引脚,可以配置为通用数字 I/O,也可以作为外部 I/O 信号,配置为连接 ADC、计数器(计时器)或者 USART 等外部设备。这些 I/O 口的用途,可以通过一系列寄存器配置,由用户软件加以实现。

I/O 口具备如下重要特性: 21 个数字 I/O 引脚;可以配置为通用 I/O 或外部设备 I/O;输入口具备上拉或下拉能力;具有外部中断能力。

1. 通用 I/O

当用作通用 I/O 时,引脚可以组成 3 个 8 位口(口 0～2),定义为 P0、P1 和 P2。其中,P0

和 P1 是完全的 8 位口，而 P2 仅有 5 位可用。所有的口均可以位寻址，或通过特殊功能寄存器由 P0、P1 和 P2 字节寻址。每个口都可以单独设置为通用 I/O 或外部设备 I/O。

除了两个高输出口 P1_0 和 P1_1 之外，所有的口用于输出，均具备 4 mA 的驱动能力；而 P1_0 和 P1_1 具备 20 mA 的驱动能力。

寄存器 PxSEL(其中 x 为口的标号，其值为 0～2)，用来设置 I/O 口为 8 位通用 I/O 或者是外部设备 I/O。任何一个 I/O 口在使用之前，必须首先对寄存器 PxSEL 赋值。

作为缺省的情况，每当复位之后，所有的输入/输出引脚都设置为通用 8 位 I/O；而且，所有通用 I/O 都设置为输入。在任何时候，要改变一个引脚口的方向，使用寄存器 PxDIR 即可。只要设置 PxDIR 中的指定位为 1，其对应的引脚口就被设置为输出了。

用作输入时，每个通用 I/O 口的引脚可以设置为上拉、下拉或三态模式。作为缺省的情况，复位之后，所有的口均设置为上拉输入。要将输入口的某一位取消上拉或下拉，就要将 PxINP 中的对应位设置为 1。

2. 通用 I/O 中断

通用 I/O 引脚设置为输入后，可以用于产生中断。中断可以设置在外部信号的上升或下降沿触发。每个 P0、P1 或 P2 口的各位都可以中断使能，整个口中所有的位也可以中断使能。P0、P1、P2 口对应的寄存器为 IEN1 和 IEN2：

- IEN1. P0IE：P0 中断使能；
- IEN2. P1IE：P1 中断使能；
- IEN2. P2IE：P2 中断使能。

除了所有的位中断使能之外，每个口的各位都可以通过位于 I/O 口的特殊功能寄存器实现中断使能。P1 中的每一位都可以单独使能，P0 中的低 4 位或高 4 位可以各自使能，P2_0～P2_4 可以共同使能。

用于中断的 I/O 特殊功能寄存器，其中断功能如下：

- P1IEN：P1 中断使能；
- PICTL：P0/P2 中断使能，P0～P2 中断触发沿设置；
- P0IFG：P0 中断标志；
- P1IFG：P1 中断标志；
- P2IFG：P2 中断标志。

3. 通用 I/O DMA

当用作通用 I/O 引脚时，每个 P0 和 P2 口都关联一个 DMA 触发。对于 P0 中的任何一个引脚，当输入传送发生时，DMA 的触发为 IOC_0；同样，对于 P1 中的任何一个引脚，当输入传送发生时，DMA 的触发为 IOC_1。

4. 外部设备 I/O

数字 I/O 引脚可以配置为外部设备 I/O。通常，选择数字 I/O 引脚上的外部设备 I/O 功能，需要将对应的寄存器位 PxSEL 置 1。注意，该外部设备具有两个可以选择的位置对应它们的 I/O 引脚。外部设备 I/O 引脚映射参见表 6-12。

1) USART0

SFR 寄存器位 PERCFG. U0CFG 选择计数器上 I/O 的位置，确定是位置 1 或者位置 2。

在表 6－12 中，USART0 的信号如下：

UART：

- RX(RXDATA)
- TX(TXDATA)
- RT(RTS)
- CT(CTS)

SPI：

- MI(MISO)
- MO(MOSI)
- C(SCK)
- SS(SSN)

表 6－12 外部设备 I/O 引脚映射

外部设备/功能	P0								P1								P2				
	7	6	5	4	3	2	1	0	7	6	5	4	3	2	1	0	4	3	2	1	0
ADC	A7	A6	A5	A4	A3	A2	A1	A0													
USART0 SPI Alt. 2			C	SS	MO	MI															
											MO	MI	C	SS							
USART0 UART			RT	CT	TX	RX															
											TX	RX	RT	CT							
USART1 SPI Alt. 2			MI	MO	C	SS															
									MI	MO	C	SS									
USART1 UART			RX	TX	RT	CT															
									RX	TX	RT	CT									
TIMER1 Alt. 2				2	1	0															
														0	1	2					
TIMER3 Alt. 2												1	0								
									1	0											
TIMER4 Alt. 2															1	0					
																		1			0
32.768 kHz XOSC																	Q2	Q1			
DEBUG																			DC	DD	

注：DC 为调试时钟；DD 为调试数据。

当指派若干外部设备到口 0 时，由 P2DIR. PRIP0 选择其优先顺序。当设置为 00 时，USART0优先。注意，如果选择了 UART 模式而且此时硬件流控制禁止，则 USART1 或者计数器 1 就会优先使用 P0_4 和 P0_5。

当指派若干外部设备到口 1 时，由 P2SEL. PRI3P1 和 P2SEL. PRI0P1 选择其优先顺序。当 P2SEL. PRI3P1 和 P2SEL. PRI0P1 均设置为 0 时，USART0 优先。注意，如果选择了 UART 模式而且此时硬件流控制禁止，则计数器 1 或者计数器 3 就会优先使用 P1_2 和 P1_3。

2）USART1

SFR 寄存器位 PERCFG. S1CFG 选择计数器上 I/O 的位置，确定是位置 1 或者位置 2。如表 6－12 所列，USART1 的信号与 USART0 相同。

当指派若干外部设备到口 0 时，由 P2DIR. PRIP0 选择其优先顺序。当设置为 01 时，USART1 优先。注意，如果选择了 UART 模式而且此时硬件流控制禁止，则 USART0 或者计数器 1 就会优先使用 P0_2 和 P0_3。

当指派若干外部设备到口 1 时，由 P2SEL. PRI3P1 和 P2SEL. PRI2P1 选择其优先顺序。当

P2SEL. PRI3P1 设置为 1 而 P2SEL. PRI2P1 设置为 0 时，USART1 优先。注意，如果选择了 UART 模式而且此时硬件流控制禁止，则 USART0 或者计数器 3 就会优先使用 P2_4 和 P2_5。

3) 计数器 1

SFR 寄存器位 PERCFG. T1CFG 选择计数器上 I/O 的位置，确定是位置 1 或者位置 2。在表 6-12 中，计数器 1 的信号如下：

- 0：信道 0 捕获/比较引脚；
- 1：信道 1 捕获/比较引脚；
- 2：信道 2 捕获/比较引脚。

当指派若干外部设备到口 0 时，由 P2DIR. PRIP0 选择其优先顺序。当设置为 10 或者 11 时，计数器 1 信道优先。

当指派若干外部设备到口 1 时，由 P2SEL. PRI1P1 和 P2SEL. PRI0P1 选择其优先顺序。当 P2SEL. PRI1P1 设置为 0 而 P2SEL. PRI0P1 设置为 1 时，计数器 1 信道优先。

4) 计数器 3

SFR 寄存器位 PERCFG. T3CFG 选择计数器上 I/O 的位置，确定是位置 1 或者位置 2。在表 6-12 中，计数器 3 的信号如下：

- 0：信道 0 捕获/比较引脚；
- 1：信道 1 捕获/比较引脚。

当指派若干外部设备到口 1 时，由 P2SEL. PRI2P1 选择其优先顺序。当设置为 1 时，计数器 3 信道优先。

5) 计数器 4

SFR 寄存器位 PERCFG. T4CFG 选择计数器上 I/O 的位置，确定是位置 1 或者位置 2。在表 6-12 中，计数器 4 的信号如下：

- 0：信道 0 捕获/比较引脚；
- 1：信道 1 捕获/比较引脚。

当指派若干外部设备到口 1 时，由 P2SEL. PRI1P1 选择其优先顺序。当设置为 1 时，计数器 4 信道优先。

5. ADC

当使用 ADC 时，口 0 引脚必须配置为 ADC 输入。ADC 输入最多可以使用 8 个。为了配置口 0 的引脚为 ADC 输入，寄存器 ADCCFG 的对应位必须设置为 1。该寄存器的缺省值为选择口 0 的引脚为非 ADC I/O，即数字 I/O。

要将口 0 引脚配置为 ADC 输入，通常是在初始化代码中，设置所需配置的引脚在寄存器 ADCCFG 中的对应位为 1。寄存器 ADCCFG 中的设置将覆盖在 P0SEL 中的设置。

6. 调试接口

口 P2_1 和 P2_2 分别用作调试数据或时钟信号。该功能在表 6-12 中用 DD(调试数据)和 DC(调试时钟)表示。使用时，应将 P2DIR 设置为输入，此时 P2SEL 的状态将被覆盖。当片码改变方向，为外部主机提供数据时，P2DIR 所设置的方向也将被覆盖。

7. 32.768 kHz XOSC 输入

当 CLKCON. OSC32K 设置为 0 时，口 P2_3 和 P2_4 用来连接外接 32.768 kHz 晶振。这

两个口将设置为模拟模式。

8. 未使用的引脚

未使用的引脚应当定义电平，而不能浮空。一种方法是：该引脚不连接任何元器件，将其配置为具有上拉电阻器的通用输入口。这也是所有的引脚在复位期间的状态。这些引脚也可以配置为通用输出口。为了避免额外的能耗，无论引脚配置为输入口还是输出口，都不可以直接与 VDD 或者 GND 连接。

9. I/O 寄存器

I/O 寄存器有 19 个，分别是：P0（口 0）、P1（口 1）、P2（口 2）、PERCFG（外部设备控制寄存器）、ADCCFG（ADC 输入配置寄存器）、P0SEL（口 0 功能选择寄存器）、P1SEL（口 1 功能选择寄存器）、P2SEL（口 2 功能选择寄存器）、P0DIR（口 0 方向寄存器）、P1DIR（口 1 方向寄存器）、P2DIR（口 2 方向寄存器）、P0INP（口 0 输入模式寄存器）、P1INP（口 1 输入模式寄存器）、P2INP（口 2 输入模式寄存器）、P0IFG（口 0 中断状态标志寄存器）、P1IFG（口 1 中断状态标志寄存器）、P2IFG（口 2 中断状态标志寄存器）、PICTL（口中断控制寄存器），以及 P1IEN（口 1 中断屏蔽寄存器）。

其中，主要的寄存器及其功能如表 6－13 所列。

表 6－13　主要寄存器及其功能

位	名　称	复　位	读/写	描　述
				P0(0x80)——口 0
7：0	P0[7：0]	0x00	R/W	口 0，通用 I/O 口，可以位寻址
				P1(0x90)——口 1
7：0	P1[7：0]	0x00	R/W	口 1，通用 I/O 口，可以位寻址
				P2(0xA0)——口 2
7：5	—	000	R0	不使用
4：0	P2[4：0]	0x00	R/W	口 1，通用 I/O 口，可以位寻址
				ADCCFG(0xF2)——ADC 输入配置
7：0	ADCCFG[7：0]	0x00	R/W	ADC 输入设置，ADCCFG[7：0]选择 P0_7～P0_0 作为 ADC 输入的 AIN7～AIN0 0，ADC 输入禁止；1，ADC 输入使能
				PERCFG(0xF1)——外部设备控制
7	—	0	R0	不使用
6	T1CFG	0	R/W	计数器 1 的 I/O 位置：0，选择到位置 1；1，选择到位置 2
5	T3CFG	0	R/W	计数器 3 的 I/O 位置：0，选择到位置 1；1，选择到位置 2
4	T4CFG	0	R/W	计数器 4 的 I/O 位置：0，选择到位置 1；1，选择到位置 2
3：2	—	00	R0	不使用
1	U1CFG	0	R/W	USART 1 的 I/O 位置：0，选择到位置 1；1，选择到位置 2
0	U0CFG	0	R/W	USART 0 的 I/O 位置：0，选择到位置 1；1，选择到位置 2
				P0SEL(0xF3)——口 0 功能选择

续表 6-13

位	名 称	复 位	读/写	描 述
7	SELP0_7	0	R/W	P0_7 功能选择：0,通用 I/O;1,外部设备功能
6	SELP0_6	0	R/W	P0_6 功能选择：0,通用 I/O;1,外部设备功能
5	SELP0_5	0	R/W	P0_5 功能选择：0,通用 I/O;1,外部设备功能
4	SELP0_4	0	R/W	P0_4 功能选择：0,通用 I/O;1,外部设备功能
3	SELP0_3	0	R/W	P0_3 功能选择：0,通用 I/O;1,外部设备功能
2	SELP0_2	0	R/W	P0_2 功能选择：0,通用 I/O;1,外部设备功能
1	SELP0_1	0	R/W	P0_1 功能选择：0,通用 I/O;1,外部设备功能
0	SELP0_0	0	R/W	P0_0 功能选择：0,通用 I/O;1,外部设备功能
P1SEL(0xF4)——口 1 功能选择				
7	SELP1_7	0	R/W	P1_7 功能选择：0,通用 I/O;1,外部设备功能
6	SELP1_6	0	R/W	P1_6 功能选择：0,通用 I/O;1,外部设备功能
5	SELP1_5	0	R/W	P1_5 功能选择：0,通用 I/O;1,外部设备功能
4	SELP1_4	0	R/W	P1_4 功能选择：0,通用 I/O;1,外部设备功能
3	SELP1_3	0	R/W	P1_3 功能选择：0,通用 I/O;1,外部设备功能
2	SELP1_2	0	R/W	P1_2 功能选择：0,通用 I/O;1,外部设备功能
1	SELP1_1	0	R/W	P1_1 功能选择：0,通用 I/O;1,外部设备功能
0	SELP1_0	0	R/W	P1_0 功能选择：0,通用 I/O;1,外部设备功能
P2SEL(0xF5)——口 2 功能选择				
7	—	0	R0	不使用
6	PRI3P1	0	R/W	口 1 外部设备优先级控制。其值在 PERCFG 分配 USART0 和 USART1 到同一个引脚时,判定两者优先级的顺序 0,USART0 优先;1,USART1 优先
5	PRI2P1	0	R/W	口 1 外部设备优先级控制。其值在 PERCFG 分配 USART1 和 Timer3 到同一个引脚时,判定两者优先级的顺序 0,USART1 优先;1,Timer 3 优先
4	PRI1P1	0	R/W	口 1 外部设备优先级控制。其值在 PERCFG 分配 Timer1 和 Timer4 到同一个引脚时,判定两者优先级的顺序 0,Timer 1 优先;1,Timer 4 优先
3	PRI0P1	0	R/W	口 1 外部设备优先级控制。其值在 PERCFG 分配 USART0 和 Timer1 到同一个引脚时,判定两者优先级的顺序 0,USART0 优先;1,Timer 1 优先
2	SELP2_4	0	R/W	P2_4 功能选择：0,通用 I/O;1,外部设备功能
1	SELP2_3	0	R/W	P2_3 功能选择：0,通用 I/O;1,外部设备功能
0	SELP2_0	0	R/W	P2_0 功能选择：0,通用 I/O;1,外部设备功能
P0DIR(0xFD)——口 0 方向				
7	DIRP0_7	0	R/W	P0_7 I/O 方向：0,输入;1,输出

续表 6-13

位	名 称	复 位	读/写	描 述
6	DIRP0_6	0	R/W	P0_6 I/O 方向：0,输入;1,输出
5	DIRP0_5	0	R/W	P0_5 I/O 方向：0,输入;1,输出
4	DIRP0_4	0	R/W	P0_4 I/O 方向：0,输入;1,输出
3	DIRP0_3	0	R/W	P0_3 I/O 方向：0,输入;1,输出
2	DIRP0_2	0	R/W	P0_2 I/O 方向：0,输入;1,输出
1	DIRP0_1	0	R/W	P0_1 I/O 方向：0,输入;1,输出
0	DIRP0_0	0	R/W	P0_0 I/O 方向：0,输入;1,输出
P1DIR(0xFE)——口 1 方向				
7	DIRP1_7	0	R/W	P1_7 I/O 方向：0,输入;1,输出
6	DIRP1_6	0	R/W	P1_6 I/O 方向：0,输入;1,输出
5	DIRP1_5	0	R/W	P1_5 I/O 方向：0,输入;1,输出
4	DIRP1_4	0	R/W	P1_4 I/O 方向：0,输入;1,输出
3	DIRP1_3	0	R/W	P1_3 I/O 方向：0,输入;1,输出
2	DIRP1_2	0	R/W	P1_2 I/O 方向：0,输入;1,输出
1	DIRP1_1	0	R/W	P1_1 I/O 方向：0,输入;1,输出
0	DIRP1_0	0	R/W	P1_0 I/O 方向：0,输入;1,输出
P2DIR(0xFF)——口 2 方向				
7：6	PRIP0[1：0]	0	R/W	口 0 外部设备优先级控制。这两位决定当 PERCFG 指派若干外部设备到同一个引脚时的优先顺序 00,USART0—USART1 01,USART1—USART0 10,计数器 1 信道 0 和信道 1—USART1 11,计数器 1 信道 2—USART0
5	—	0	R0	不使用
4	DIRP2_4	0	R/W	P2_4 I/O 方向：0,输入;1,输出
3	DIRP2_3	0	R/W	P2_3 I/O 方向：0,输入;1,输出
2	DIRP2_2	0	R/W	P2_2 I/O 方向：0,输入;1,输出
1	DIRP2_1	0	R/W	P2_1 I/O 方向：0,输入;1,输出
0	DIRP2_0	0	R/W	P2_0 I/O 方向：0,输入;1,输出
P0INP(0x8F)——口 0 输入模式				
7	MDP0_7	0	R/W	P0_7 I/O 输入模式：0,上拉/下拉;1,三态
6	MDP0_6	0	R/W	P0_6 I/O 输入模式：0,上拉/下拉;1,三态
5	MDP0_5	0	R/W	P0_5 I/O 输入模式：0,上拉/下拉;1,三态
4	MDP0_4	0	R/W	P0_4 I/O 输入模式：0,上拉/下拉;1,三态
3	MDP0_3	0	R/W	P0_3 I/O 输入模式：0,上拉/下拉;1,三态
2	MDP0_2	0	R/W	P0_2 I/O 输入模式：0,上拉/下拉;1,三态
1	MDP0_1	0	R/W	P0_1 I/O 输入模式：0,上拉/下拉;1,三态

续表 6-13

位	名　称	复　位	读/写	描　述
0	MDP0_0	0	R/W	P0_0 I/O 输入模式：0,上拉/下拉;1,三态
P1INP(0xF6)——口 1 输入模式				
7	MDP1_7	0	R/W	P1_7 I/O 输入模式：0,上拉/下拉;1,三态
6	MDP1_6	0	R/W	P1_6 I/O 输入模式：0,上拉/下拉;1,三态
5	MDP1_5	0	R/W	P1_5 I/O 输入模式：0,上拉/下拉;1,三态
4	MDP1_4	0	R/W	P1_4 I/O 输入模式：0,上拉/下拉;1,三态
3	MDP1_3	0	R/W	P1_3 I/O 输入模式：0,上拉/下拉;1,三态
2	MDP1_2	0	R/W	P1_2 I/O 输入模式：0,上拉/下拉;1,三态
1：0	—	00	R0	不使用
P2INP(0xF7)——口 2 输入模式				
7	PDUP2	0	R/W	口 2 上拉/下拉选择。对所有口 2 引脚设置为上拉/下拉输入：0,上拉;1,下拉
6	PDUP1	0	R/W	口 1 上拉/下拉选择。对所有口 1 引脚设置为上拉/下拉输入：0,上拉;1,下拉
5	PDUP0	0	R/W	口 0 上拉/下拉选择。对所有口 0 引脚设置为上拉/下拉输入：0,上拉;1,下拉
4	MDP2_4	0	R/W	P2_4 I/O 输入模式：0,上拉/下拉;1,三态
3	MDP2_3	0	R/W	P2_3 I/O 输入模式：0,上拉/下拉;1,三态
2	MDP2_2	0	R/W	P2_2 I/O 输入模式：0,上拉/下拉;1,三态
1	MDP2_1	0	R/W	P2_1 I/O 输入模式：0,上拉/下拉;1,三态
0	MDP2_0	0	R/W	P2_0 I/O 输入模式：0,上拉/下拉;1,三态
P0IFG(0x89)——口 0 中断状态标志				
7：0	P0IF[7：0]	0x00	R/W0	口 0,位 7～位 0 输入中断状态标志。当输入口的一个引脚上有中断请求未决信号,其对应的标志位将置 1
P1IFG(0x8A)——口 1 中断状态标志				
7：0	P1IF[7：0]	0x00	R/W0	口 1,位 7～位 0 输入中断状态标志。当输入口的一个引脚上有中断请求未决信号,其对应的标志位将置 1
P2IFG(0x8A)——口 2 中断状态标志				
7：5	—	000	R0	不使用
4：0	P2IF[4：0]	0x00	R/W0	口 2,位 4～位 0 输入中断状态标志。当输入口的一个引脚上有中断请求未决信号,其对应的标志位将置 1
PICTL(0x8C)——口中断控制				
7	—	0	R0	不使用
6	PADSC	0	R/W	选择输出驱动能力,由 DVDD 引脚提供：0,最小驱动能力;1,最大驱动能力
5	P2IEN	0	R/W	口 2 ,P2_4～P2_0 输入模式下的中断使能：0,中断禁止;1,中断使能

续表 6-13

位	名 称	复 位	读/写	描 述
4	P0IENH	0	R/W	口 0 ,P0_7～P0_4 输入模式下的中断使能：0,中断禁止;1,中断使能
3	P0IENL	0	R/W	口 0 ,P0_3～P0_0 输入模式下的中断使能：0,中断禁止;1,中断使能
2	P2ICON	0	R/W	口 2 ,P2_4～P2_0 输入模式下的中断配置： 0,输入的上升沿引起中断;1,输入的下降沿引起中断
1	P1ICON	0	R/W	口 1 ,P1_7～P1_0 输入模式下的中断配置： 0,输入的上升沿引起中断;1,输入的下降沿引起中断
0	P0ICON	0	R/W	口 1 ,P1_7～P1_0 输入模式下的中断配置： 0,输入的上升沿引起中断;1,输入的下降沿引起中断
P1IEN(0x8D)——口 1 中断屏蔽				
7	P1_7IEN	0	R/W	口 P1_7 中断使能：0,中断禁止;1,中断使能
6	P1_6IEN	0	R/W	口 P1_6 中断使能：0,中断禁止;1,中断使能
5	P1_5IEN	0	R/W	口 P1_5 中断使能：0,中断禁止;1,中断使能
4	P1_4IEN	0	R/W	口 P1_4 中断使能：0,中断禁止;1,中断使能
3	P1_3IEN	0	R/W	口 P1_3 中断使能：0,中断禁止;1,中断使能
2	P1_2IEN	0	R/W	口 P1_2 中断使能：0,中断禁止;1,中断使能
1	P1_1IEN	0	R/W	口 P1_1 中断使能：0,中断禁止;1,中断使能
0	P1_0IEN	0	R/W	口 P1_0 中断使能：0,中断禁止;1,中断使能

6.5.2 DMA 控制器

CC2430 内置一个存储器直接存取(DMA)控制器。该控制器可以用来减轻 8051 CPU 核传送数据时的负担,实现 CC2430 在高效利用电源的条件下的高性能。只需要 CPU 极少的干预,DMA 控制器就可以将数据从 ADC 或 RF 收发器传送到存储器。

DMA 控制器匹配所有的 DMA 传送,确保 DMA 请求和 CPU 存取之间按照优先等级协调、合理地进行。DMA 控制器含有若干可编程设置的 DMA 信道,用来实现存储器—存储器的数据传送。

DMA 控制器控制数据传送超过整个外部数据存储器空间。由于 SFR 寄存器映射到 DMA 存储器空间,使得 DMA 信道的操作能够减轻 CPU 的负担。例如,从存储器传送数据到 USART,按照定下来的周期在 ADC 和存储器之间传送数据;通过从存储器中传送一组参数到 I/O 口的输出寄存器,产生需要得到的 I/O 波形。使用 DMA 可以保持 CUP 在休眠(即低能耗模式下)与外部设备之间传送数据,这就降低了整个系统的能耗。

DMA 控制器的主要性能如下：

- 5 个独立的 DMA 信道；
- 3 个可以配置的 DMA 信道优先级；
- 31 个可以配置的传送触发事件；
- 源地址和目标地址的独立控制；

- 3种传送模式：单独传送、数据块传送和重复传送；
- 支持数据从可变长域传送到固定长度域；
- 既可以工作在字(word-size)模式，又可以工作在字节(byte-size)模式。

1. DMA操作

DMA控制器有5个信道，即DMA信道0～4。每个DMA信道能够从DMA存储器空间传送数据到外部数据(XDATA)空间。DMA操作流程如图6-13所示。

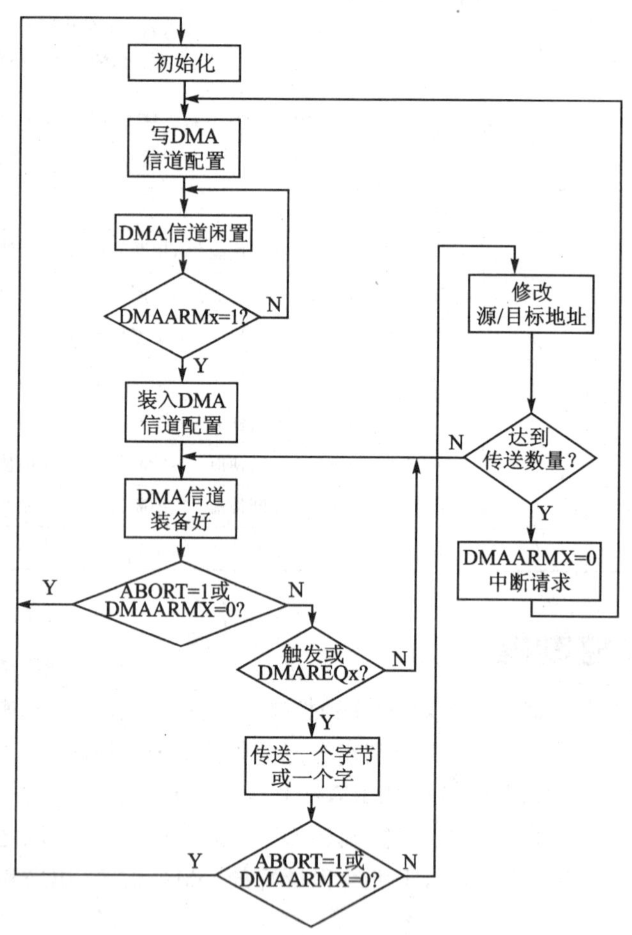

图6-13　DMA操作流程

当DMA信道配置完毕后，在允许任何传送初始化之前，必须进入工作状态。DMA信道通过将DMA信道工作状态寄存器中指定位(即DMAARM)置1，就可以进入工作状态。

一旦DMA信道进入工作状态，当设定的DMA触发事件发生时，传送就开始了。可能的DMA触发事件有31个，例如UART传送、计数器溢出等。DMA信道要使用的触发事件在配置DMA信道时设置，所有的这些触发事件如表6-14所列。

补充一点，为了通过DMA触发事件开始DMA传送，用户软件可以设置对应的DMAREQ位，使DMA传送开始。

表 6-14 DMA 触发源

DMA 触发序号	DMA 触发名称	功能单位	描 述
0	NONE	DMA	无触发,设置 DMAREQ. DMAREQx 位,开始传送
1	PREV	DMA	DMA 信道因前一个信道完成而触发
2	T1_CH0	计数器 1	计数器 1,比较,信道 0
3	T1_CH1	计数器 1	计数器 1,比较,信道 1
4	T1_CH2	计数器 1	计数器 1,比较,信道 2
5	T2_COMP	计数器 2	计数器 2,比较
6	T2_OVFL	计数器 2	计数器 2,溢出
7	T3_CH0	计数器 3	计数器 3,比较,信道 0
8	T3_CH1	计数器 3	计数器 3,比较,信道 1
9	T4_CH0	计数器 4	计数器 4,比较,信道 0
10	T4_CH1	计数器 4	计数器 4,比较,信道 1
11	ST	睡眠计时器	睡眠计时器比较
12	IOC_0	I/O 控制器	口 0 的 I/O 引脚输入转换
13	IOC_1	I/O 控制器	口 1 的 I/O 引脚输入转换
14	URX0	USART0	USART0 RX 完成
15	UTX0	USART0	USART0 TX 完成
16	URX1	USART1	USART1 RX 完成
17	UTX1	USART1	USART1 TX 完成
18	FLASH	闪存控制器	完成写闪存数据
19	RADIO	无线模块	RF 包字节接收完毕/发送完毕
20	ADC_CHALL	ADC	ADC 结束一次转换,采样已经准备好
21	ADC_CH11	ADC	ADC 结束信道 0 的一次转换,采样已经准备好
22	ADC_CH21	ADC	ADC 结束信道 1 的一次转换,采样已经准备好
23	ADC_CH32	ADC	ADC 结束信道 2 的一次转换,采样已经准备好
24	ADC_CH42	ADC	ADC 结束信道 3 的一次转换,采样已经准备好
25	ADC_CH53	ADC	ADC 结束信道 4 的一次转换,采样已经准备好
26	ADC_CH63	ADC	ADC 结束信道 5 的一次转换,采样已经准备好
27	ADC_CH74	ADC	ADC 结束信道 6 的一次转换,采样已经准备好
28	ADC_CH84	ADC	ADC 结束信道 7 的一次转换,采样已经准备好
29	ENC_DW	AES	AES 加密处理器请求下载输入数据
30	ENC_UP	AES	AES 加密处理器请求上传输出数据

2. DMA 配置参数

DMA 的安装和控制由用户软件完成。DMA 信道能够使用之前,必须配置参数。每个 DMA 信道的特性都与下列参数有关:源地址、目标地址、传送长度、可变长度(VLEN)设置、优先级别、触发事件、源地址和目标地址增量、DMA 传送模式、字节传送或字传送、中断屏蔽和设置 M8 模式。

(1) 源地址

DMA信道要读的数据的首地址。

(2) 目标地址

DMA信道从源地址读出的要写数据的首地址。用户必须确认该目标地址可写。

(3) 传送长度

在DMA信道重新进入工作状态或者解除工作状态之前，以及预警CPU即将有中断请求到来之前，要传送的长度。可以在配置DMA参数时设置该长度，或者将DMA读出的第一个字节/字用作该长度。

(4) 可变长度(VLEN)设置

DMA信道可以利用源数据中的第一个字节或字(对于字，使用[12：0]位)作为传送长度。使用可变长度传送时，要给出不同的传送字节长度。在任何情况下，都是设置传送长度(LEN)为传送的最大长度。注意，仅在选择字节长度传送数据时，才可以使用M8位模式。可以同VLEN一起设置的选项如下：

- 要传送的字节/字的长度，设置在第1字节/字+1处；
- 要传送的字节/字的长度，设置在第1字节/字处；
- 要传送的字节/字的长度，设置在第1字节/字+2处；
- 要传送的字节/字的长度，设置在第1字节/字+3处。

VLEN选项如图6-14所示。

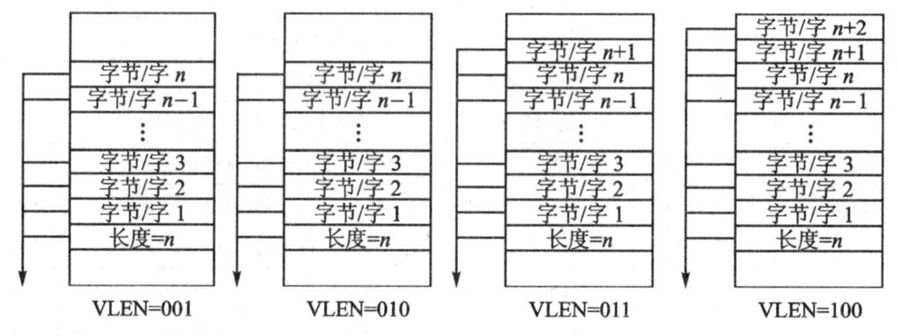

图6-14　可变长(VLEN)传送选项

(5) 优先级别

DMA传送的优先级别与每个DMA存取口相关，而且对每个DMA信道可以配置。DMA优先级别用于判定同时发生的多个内部存储器请求中的哪一个优先级别最高，以及DMA存储器存取的优先级别是否超过同时发生的CPU存储器存取的优先级别。在同属内部关系的情况下，采用轮转调度(round-robin)方案应对所有的请求，确认存取对象。

DMA优先级别有3级：

- 高级：最高内部优先级别。DMA存取总是优于CPU存取。
- 保证级：中等内部优先级别。保证DMA存取至少在每秒一次的尝试中优于CPU存取。
- 低级：最低内部优先级别。DMA存取总是劣于CPU存取。

(6) 触发事件

可以设置每个DMA信道接受单个事件的触发。这样一来，就可以判定DMA信道会接受哪一个事件的触发。

(7) 源地址和目标地址增量

当 DMA 信道进入工作状态或者重新进入工作状态时，源地址和目标地址传送到内部地址指针。其地址增量可能有下列 4 种：

- 增量为 0：每次传送之后，地址指针将保持不变。
- 增量为 1：每次传送之后，地址指针将加上 1。
- 增量为 2：每次传送之后，地址指针将加上 2。
- 减量为 1：每次传送之后，地址指针将减去 1。

(8) DMA 传送模式

共有 4 种 DMA 传送模式：

- 单一模式：每当触发时，发生单一 DMA 传送；此后，DMA 信道等待下一个触发。完成指定的传送长度后，传送结束，通报 CPU 解除 DMA 信道的工作状态。
- 阻塞(Block)模式：每当触发时，若干 DMA 传送按照指定的传送长度尽快传送；此后，通报 CPU 解除 DMA 信道的工作状态。
- 重复的单一模式：每当触发时，发生单一 DMA 传送；此后，DMA 信道等待下一个触发。完成指定的传送长度后，传送结束，通报 CPU DMA 信道重新进入工作状态。
- 重复的阻塞(Block)模式：每当触发时，若干 DMA 传送按照指定的传送长度尽快传送；此后，通报 CPU DMA 信道重新进入工作状态。

(9) 字节传送或字传送

判定已经完成的传送究竟是 8 位(字节)还是 16 位(字)。

(10) 中断屏蔽

在完成 DMA 传送的基础上，该 DMA 信道能够产生一个中断到 CPU。但是，该中断可以被屏蔽位 IRQMASK 所屏蔽。

(11) 设置 M8 模式

这个域的值，决定是否采用 7 位还是 8 位长的字节来传送数据。此模式仅仅适用于字节传送。

3. DMA 配置安装

DMA 的参数(诸如地址模式、传送模式和优先级别等)必须在 DMA 信道进入工作状态之前有效。参数不直接通过 SFR 寄存器配置，而是通过写入存储器中特殊的 DMA 配置数据结构中配置。对于每个 DMA 信道，需要有它自己的 DMA 配置数据结构。DMA 配置数据结构可以存放在由用户软件设定的任何位置，而地址通过 DMAxCFGH：DMAxCFGL(x=0～1)送到 DMA 控制器。一旦 DMA 信道进入工作状态，DMA 控制器就会读取该信道的配置数据结构。

需要注意的是，指定 DMA 配置数据结构开始地址的方法十分重要。这些地址对于 DMA 信道 0 和 DMA 信道 1～4 是不同的：

- DMA0CFGH:DMA0CFGL 给出 DMA 信道 0 配置数据结构的开始地址；
- DMA1CFGH:DMA1CFGL 给出 DMA 信道 1 配置数据结构的开始地址，其后跟着信道 2～4 的配置数据结构。

4. 停止 DMA 传送

停止正在运行的 DMA 传送有两种方法：

- 将1写入DMAARM.ABORT，就会取消所有进入工作状态的DMA信道；
- 将0写入DMA信道对应的进入工作状态位（即DMAARM.DMAARMx），就会停止该DMA信道。

5. DMA中断

每个DMA信道可以配置为一旦完成DMA传送，就产生中断到CPU。该功能由IRQMASK位在信道配置时实现。当中断产生时，特殊功能寄存器DMAIRQ中所对应的中断标志位置1。

一旦DMA信道完成传送，不管在信道配置中IRQMASK位是何值，中断标志都会置1。这样，当重新进入工作状态时，软件总是能够检测（以及清除）这个寄存器，即使IRQMASK已经置1。

6. DMA配置数据结构

对于每个DMA信道，DMA数据结构由8个字节组成，见表6-15。

表6-15　DMA配置数据结构

字节偏移量	位	名　称	描　述
0	7：0	SRCADDR[15：8]	DMA信道源地址，高位
1	7：0	SRCADDR[7：0]	DMA信道源地址，低位
2	7：0	DESTADDR[15：8]	DMA信道目标地址，高位。注意，闪存不可直接写
3	7：0	DESTADDR[7：0]	DMA信道目标地址，低位。注意，闪存不可直接写
4	7：5	VLEN[2：0]	可变长度传送模式。在字模式，第一个字的[12：0]位被认为是传送长度 000/111 采用LEN作为传送长度 001　传送由第一个字节/字+1（最大到由LEN指定的）指定的长度。传送长度不包括该字节/字之长 010　传送由第一个字节/字（最大到由LEN指定的）指定的长度。传送长度不包括该字节/字之长 011　传送由第一个字节/字+2（最大到由LEN指定的）指定的长度 100　传送由第一个字节/字+3（最大到由LEN指定的）指定的长度 101　保留 101　保留
	4：0	LEN[12：8]	DMA信道传送长度。当VLEN使能时，采用最大运行长度；当运行于字模式时，DMA信道长度以字计量，否则以字节计量
5	7：0	LEN[7：0]	DMA信道传送长度。当VLEN使能时，采用最大运行长度；当运行于字模式时，DMA信道长度以字计量，否则以字节计量
6	7	WORDSIZE	选择每个DMA传送采用8位（0），还是16位（1）
	6：5	TMODE[1：0]	DMA信道传送模式 00，单一；01，阻塞 10，重复单一；11，重复阻塞
	4：0	TRIG[4：0]	选择要使用的DMA触发 00000　无触发（写到DMAREQ的仅仅是触发） 00001　前一个DMA信道完成的 00010～11111　选择表6-14中的一个触发（依照，序号）

续表 6-15

字节偏移量	位	名　称	描　述
7	7:6	SRCINC[1:0]	源地址增量模式(每次传送之后) 00,0 字节/字;01,1 字节/字 10,2 字节/字;11,-1 字节/字
	5:4	DESTINC[1:0]	目标地址增量模式(每次传送之后) 00,0 字节/字;01,1 字节/字 10,2 字节/字;11,-1 字节/字
	3	IRQMASK	中断屏蔽 DMA 信道 0,禁止中断产生;1,使能 DMA 信道完成时的中断产生
	2	M8	使用字节作 VLEN 传送单位长度(仅应用在 WORDSIZE=0 时) 0:使用字节的全部 8 位作为传送单位长度 1:使用字节的低 7 位(LSB)作为传送单位长度
	1:0	PRIORITY[1:0]	DMA 信道优先级别 00:低级,CPU 优先 01:保证级,DMA 至少在每秒一次的尝试中优先 10:高级,DMA 优先 11:最高级,DMA 优先,保留 DMA 口存取

7. DMA 寄存器

与 DMA 控制器有关的 SFR 寄存器如表 6-16 所列。

表 6-16　与 DMA 控制器有关的 SFR 寄存器

位	名　称	复　位	读/写	描　述
DMAARM(0xD6)——DMA 信道进入工作状态				
7	ABORT	0	R0/W	DMA 取消。该位用于停止运行 DMA 传送 0,正常操作;1,取消所有进入工作状态的 DMA 信道
6:5	—	00	R/W	不使用
4	DMAARM4	0	R/W	DMA 进入工作状态信道 4。为了 DMA 信道 4 能够传送,该位必须置 1。对于非重复传送模式,一旦完成传送,该位自动清 0。对该位写 0,将立即停止 DMA 信道 4
3	DMAARM3	0	R/W	DMA 进入工作状态信道 3。为了 DMA 信道 3 能够传送,该位必须置 1。对于非重复传送模式,一旦完成传送,该位自动清 0。对该位写 0,将立即停止 DMA 信道 3
2	DMAARM2	0	R/W	DMA 进入工作状态信道 2。为了 DMA 信道 2 能够传送,该位必须置 1。对于非重复传送模式,一旦完成传送,该位自动清 0。对该位写 0,将立即停止 DMA 信道 2
1	DMAARM1	0	R/W	DMA 进入工作状态信道 1。为了 DMA 信道 1 能够传送,该位必须置 1。对于非重复传送模式,一旦完成传送,该位自动清 0。对该位写 0,将立即停止 DMA 信道 1
0	DMAARM0	0	R/W	DMA 进入工作状态信道 0。为了 DMA 信道 0 能够传送,该位必须置 1。对于非重复传送模式,一旦完成传送,该位自动清 0。对该位写 0,将立即停止 DMA 信道 0

续表 6-16

位	名 称	复 位	读/写	描 述
DMAREQ(0xD7)——DMA 信道开始请求及其状态				
7:5	—	000	R0	不使用
4	DMAREQ4	0	R/W1H0	DMA 传送请求,信道 4。置 1 该位,DMA 信道 4 有效(与单一触发事件有同样效果)。如果该信道已经开始运行,则只有将寄存器 DMAARM 的位 DMAARM4 清 0,该信道才能够停下来。一旦该信道 DMA 传送完成,硬件清 0 该位
3	DMAREQ3	0	R/W1H0	DMA 传送请求,信道 3。置 1 该位,DMA 信道 3 有效(与单一触发事件有同样效果)。如果该信道已经开始运行,则只有将寄存器 DMAARM 的位 DMAARM3 清 0,该信道才能够停下来。一旦该信道 DMA 传送完成,硬件清 0 该位
2	DMAREQ2	0	R/W1H0	DMA 传送请求,信道 2。置 1 该位,DMA 信道 2 有效(与单一触发事件有同样效果)。如果该信道已经开始运行,则只有将寄存器 DMAARM 的位 DMAARM2 清 0,该信道才能够停下来。一旦该信道 DMA 传送完成,硬件清 0 该位
1	DMAREQ1	0	R/W1H0	DMA 传送请求,信道 1。置 1 该位,DMA 信道 1 有效(与单一触发事件有同样效果)。如果该信道已经开始运行,则只有将寄存器 DMAARM 的位 DMAARM1 清 0,该信道才能够停下来。一旦该信道 DMA 传送完成,硬件清 0 该位
0	DMAREQ0	0	R/W1H0	DMA 传送请求,信道 0。当置 1 该位,DMA 信道 0 有效(与单一触发事件有同样效果)。如果该信道已经开始运行,则只有将寄存器 DMAARM 的位 DMAARM0 清 0,该信道才能够停下来。一旦该信道 DMA 传送完成,硬件清 0 该位
DMA0CFGH(0xD5)——DMA 信道 0 配置地址高位字节				
7:0	DMA0CFG[15:8]	0x00	R/W	DMA 信道 0 配置地址,高位字节
DMA0CFGL(0xD4)——DMA 信道 0 配置地址低位字节				
7:0	DMA0CFG[7:0]	0x00	R/W	DMA 信道 0 配置地址,低位字节
DMA1CFGH(0xD3)——DMA 信道 1~4 配置地址高位字节				
7:0	DMA1CFG[15:8]	0x00	R/W	DMA 信道 1~4 配置地址,高位字节
DMA1CFGL(0xD2)——DMA 信道 1~4 配置地址低位字节				
7:0	DMA1CFG[7:0]	0x00	R/W	DMA 信道 1~4 配置地址,低位字节
DMAIRQ(0xD1)——DMA 中断标志				
7:5	—	000	R/W0	不使用
4	DMAIF4	0	R/W0	DMA 信道 4 中断标志 0,DMA 信道传送未完成;1,DMA 信道传送完成/中断未决
3	DMAIF3	0	R/W0	DMA 信道 3 中断标志 0,DMA 信道传送未完成;1,DMA 信道传送完成/中断未决
2	DMAIF2	0	R/W0	DMA 信道 2 中断标志 0,DMA 信道传送未完成;1,DMA 信道传送完成/中断未决
1	DMAIF1	0	R/W0	DMA 信道 1 中断标志 0,DMA 信道传送未完成;1,DMA 信道传送完成/中断未决
0	DMAIF0	0	R/W0	DMA 信道 0 中断标志 0,DMA 信道传送未完成;1,DMA 信道传送完成/中断未决

6.5.3 MAC 计数器

MAC(媒体存取控制)计数器(计数器 2)主要用来提供用于 IEEE 802.15.4 CSMA－CA 的算法定时和 IEEE 802.15.4 MAC 层上的通用时间保持。在本小节中,除非特别指出,否则所述计数器均指 MAC 计数器。

MAC 计数器的主要特性如下:

- 16 位正计数,提供符号(symbol)周期 16 μs,帧(frame)周期 320 μs;
- 周期可调,精度为 31.25 ns;
- 8 位计数器比较功能;
- 20 位溢出计数;
- 20 位溢出计数比较功能;
- 帧开始定界符的捕获功能;
- 计数器的开始/停止与外部 32.768 kHz 时钟同步,而且由睡眠时钟保持;
- 中断由比较和溢出产生;
- DMA 的触发能力。

1. 计数器操作

(1) 概　述

复位后,MAC 计数器处于空闲(IDLE)模式,此时已经停止运行。当 T2CNF.RUN 设置为 1 时,MAC 计数器就开始进入运行(RUN)模式了。该操作可以立即进行,也可以与 32.768 kHz 时钟同步进行。

进入运行模式的 MAC 计数器,当 T2CNF.RUN 设置为 0 时,就会停止,从而进入空闲模式。该操作可以立即进行,也可以与 32.768 kHz 时钟同步进行。

(2) 正计数

MAC 计数器是一个 16 位的正计数器,其计数随每个时钟节拍递增。

(3) 计数器溢出

当计数器所计数值等于或大于寄存器 T2CAPHPH:T2CAPLPL 所设置的计数器周期值时,发生溢出。如果溢出中断屏蔽位 T2PEROF2.PERIM 为 1,则产生中断请求。不管中断屏蔽位是什么值,此时中断标志位 T2CNF.PERIF 置 1。

(4) 计数器的 delta 倒计数

计数器周期可以在一个计数周期里面通过写计数器的 delta 值予以调整。当 delta 值写入寄存器 T2THD:T2TLD 时,计数器在它当前计数值处停止计数;同时,从写入 delta 值起,开始倒计数,直到 0 为止,然后计数器重新开始计数。

delta 倒计数的速率与计数器等同。当 delta 倒计数变为 0 时,就不再倒计数了。除非 delta 值再一次写入。用这种方法,可以通过 delta 的值增加计数器周期,从而调整计数器的溢出值。

(5) 计数器的比较

当计数器的计数值接近或大于由寄存器 T2 CMP 中预置的 8 位用于比较的数值时,就发生了计数器比较。注意,这个比较值是 8 位,而计数器究竟由高位字节还是低位字节参与比较,取决于 T2CNF.CMSEL 的设置。

当发生计数器比较时,中断标志 T2CNF. CMP 置 1。如果此时中断屏蔽位 T2PEROF2. CMPIM 置 1,则产生中断请求。

(6) 输入捕获

MAC 计数器具有捕获功能,它在无线模块的帧开始定界符(SFD)的状态变高时动作。参见 6.6.7 和 6.6.9 小节中关于 SFD 的描述。

当捕获事件发生时,当前计数器内的数值就送到捕获寄存器 T2CAPHPH. T2CAPLPL 中,而且可以从该寄存器中读出。溢出值也可以在捕获事件发生时捕获。该溢出值可以从寄存器 T2PEROF2：T2EROF1：T2PEROF0 中读出。

(7) 溢出计数

每当计数器溢出时,20 位的溢出计数器加 1。溢出计数器的值可以从特殊功能寄存器 T2OF2：T2OF1：T2OF0 中读出。注意该寄存器的内容,当 T2OF0 读出时,T2OF2：T2OF1 是锁存的。也就是说,T2OF0 必须首先读出。

当计数器空闲时,溢出计数器的值可以通过写入寄存器 T2OF2：T2OF1：T2OF0 得到更新。计数器在运行状态下,可以通过写入寄存器 T2OF2：T2OF1：T2OF0 设置溢出计数器的递增值一次。写入这些寄存器的值会在下一次计数器溢出时加上正常的递增值 1。溢出计数器的递增值将在接下来的递增时,返回原来的正常值 1。

(8) 溢出计数比较

通过写入寄存器 T2PEROF2：T2PEROF1：T2PEROF0 可以设置溢出计数器的比较值。当溢出计数器的值大于或等于溢出计数器的比较值时,发生比较事件。如果此时溢出比较中断屏蔽位 T2PEROF2. OFCMPIM 是 1,就立刻产生一个中断请求;而不管中断屏蔽值是什么,此时中断标志位 T2CNF. OFCMPIF 置 1。

2. 中 断

计数器有 3 个可以各别屏蔽的中断源。它们是:

- 计数器溢出;
- 计数器比较;
- 溢出计数器比较。

中断标志只能通过硬件写入 T2CNF 寄存器,只能由软件通过写特殊功能寄存器(SFR)加以清除。每个中断源可以通过寄存器 T2PEROF2 的屏蔽位加以屏蔽。

3. DMA 触发

计数器 2 可以产生两个 DMA 触发,它们分别由两个事件使之有效:

- T2_COMP:计数器 2 比较事件;
- T2_OVFL:计数器 2 溢出事件。

4. 计数器开始/停止同步

1) 概 述

计数器可以通过 32 .768 kHz 时钟的上升沿实现开始和停止的同步。注意,这个事件来自 32. 768 kHz 时钟,而该时钟与 32 MHz 的系统时钟同步。因此,一个周期近似等于 32 .768 kHz 时钟周期。

开始同步时,计数器要重新装入新计算出来的计数值和溢出值。

2) 计数器同步的停止

当计数器开始运行时，进入计数器的运行模式。如果 T2CNF.SYNC 是 1，可以通过将 0 写入 T2CNF.RUN 停止同步。当 T2CNF.RUN 已经调整到 0 之后，计数器继续运行，直到 32.768 kHz 时钟的上升沿触发为止。此时，计数器停止运行，并且存储当前睡眠计时器值。

3) 计数器同步的开始

当计数器处于空闲模式，且 T2CNF.SYNC 是 1 时，通过把 1 写入 T2CNF.RUN 开始同步。当 T2CNF.RUN 已经置 1 后，计数器将保持这种空闲模式，直到 32.768 kHz 时钟的上升沿被检测出来。当这些发生时，计数器将首先计算新的值，用于 16 位计数器值和 20 位计数器溢出值，该计算基于当前存储的睡眠计时器值和当前 16 位计数器值。新的 MAC 计数器值和溢出计数器值装入计数器后，计数器就进入运行模式。从 32.768 kHz 时钟上升沿被取样起，同步开始过程经历了 75 个时钟周期。

同步的启动和停止功能，需要选择系统时钟频率为 32 MHz。如果系统时钟频率选择为 16 MHz，则需要补偿新的计算值。

下面给出新 MAC 计数器值和溢出计数值的计算方法。事实上，由于 MAC 计数器的时钟频率是 32 MHz，而睡眠时钟频率是 32.768 kHz，它们之间的比率不是整数。这样，计算出来的计数器值与理想值之间的误差最大达到±1。

4) 计算新的计数器值和溢出计数值

$N_c = \text{CurrentSleepTimerValue}$

$N_s = \text{StoredSleepTimerValue}$

$K_c k = \text{ClockRatio} = 976.5625$

（注：MAC 计数器时钟频率为 32 MHz，睡眠时钟频率为 32.768 kHz。）

$stw = \text{SleepTimerWidth} = 24$

$P = \text{Timer2Period}$

$O_c = \text{CurrentOverFlowCountValue}$

$T_c = \text{CurrentTimerValue}$

$T_{OH} = \text{Overhead} = 75$

$N_t = N_c - N_s$

$N_t \leqslant 0 \Rightarrow N_d = 2stw + N_t$；$N_t > 0 \Rightarrow N_d = N_t$

$C = N_d \cdot K_c k + T_c + T_{OH}$（规整到最接近的整数值）

$T = C \bmod P$

$$O = \frac{(C-T)}{P} + O_c$$

$\text{Timer2Value} = T$

$\text{Timer2OverflowCount} = O$

5. 计数器 2 的寄存器

特殊功能寄存器与计数器 2(Timer 2)有关的部分列举如下：

- T2CNF——Timer 2 配置
- T2HD——Timer 2 计数/delta 高位

- T2LD——Timer 2 计数/delta 低位
- T2CMP——Timer 2 比较
- T2OF2——Timer 2 溢出计数 2
- T2OF1——Timer 2 溢出计数 1
- T2OF0——Timer 2 溢出计数 0
- T2CAPHPH——Timer 2 捕获/周期高位
- T2CAPLPL——Timer 2 捕获/周期低位
- T2PEROF2——Timer 2 溢出比较/捕获 2
- T2PEROF1——Timer 2 溢出比较/捕获 1
- T2PEROF0——Timer 2 溢出比较/捕获 0

这些寄存器具体描述如表 6-17 所列。

表 6-17 与计数器 2 相关的特殊功能寄存器

位	名 称	复 位	读/写	描 述
T2CNF(0xC3)——计数器 2 配置				
7	CMPIF	0	R/W0	计数器比较中断标志。当计数器比较事件发生时,该位设置为 1。只能够通过软件清除为 0,而用软件将 1 写到该位不起作用
6	PERIF	0	R/W0	溢出中断标志。当周期事件发生时,该位设置为 1。只能够通过软件清除为 0,而用软件将 1 写到该位不起作用
5	OFCMPIF	0	R/W	溢出比较中断标志。当溢出比较发生时,该位设置为 1。只能够通过软件清除为 0,而用软件将 1 写到该位不起作用
4	—	0	R0	不使用,永远置 0
3	CMSEL	0	R/W	选择计数器比较源 0：与 16 位计数器高位字节比较[15：8] 1：与 16 位计数器低位字节比较[7：0]
2	—	0	R/W	保留,永远置 0
1	SYNC	1	R/W	使能同步开始和停止 0：立即运行计数器的开始或停止。 1：计数器的开始或停止与 32.768 kHz 沿同步。计数器的新值重新装入
0	RUN	0	R/W	启动计数器。写该位将启动/停止计数器。读该位时,计数器返回当前状态 0：计数器停止（空闲状态） 1：计数器启动（运行状态）
T2THD(0xA7)——计数器 2 高位字节的值				
7：0	THD[7：0]	0x00	R/W	该寄存器读出的值来自计数器的高位字节。当最后 T2TLD 读出瞬间,计数器的高位字节才得以读出 当计数器运行时,写到这个寄存器的值是计数器 delta 计数值的高位字节。该 delta 计数值的低位字节是最后写给 T2TLD 的值。当 delta 周期结束,计数器停止 当计数器空闲时,写给该寄存器的值,将写到计数器的高位字节

续表 6－17

位	名 称	复 位	读/写	描 述
T2TLD(0xA6)——计数器 2 低位字节的值				
7：0	TLD[7：0]	0x00	R/W	该寄存器读出的值来自计数器的低位字节 当计数器运行时，写到这个寄存器的值是计数器 delta 计数值的低位字节。当 delta 周期结束，计数器停止。只有当 T2THD 写入数值后，写入 T2TLD 的值才有效 当计数器空闲时，写给该寄存器的值，将写到计数器的低位字节
T2CMP(0x94)——计数器 2 比较值				
7：0	CMP[7：0]	0x00	R/W	计数器的比较值。当由 T2CNF. CMSEL 选择到的比较源的数值等于设置在 CMP 中的数值时，发生计数器比较事件
T2OF2(0xA3)——计数器 2 溢出计数 2				
7：4	—	0000	R0	不使用，读为 0
3：0	OF2[3：0]	0x00	R/W	溢出计数。高位 T2OF[19：16]。T2OF 每当计数器溢出时（即计数器的值大于或等于设定周期）就加 1。当这个寄存器被读取时，所读得的数值就是读 T2OF0 时的锁存数值 当计数器处于空闲或运行状态时，写这个寄存器就会迫使溢出计数将该数值写入 T2OF2：T2OF1：T2OF0；否则，如果当寄存器写入时，计数值递增 1，然后 1 就加到写入的值中
T2OF1(0xA2)——计数器 2 溢出计数 1				
7：0	OF1[7：0]	0x00	R/W	溢出计数。中位 T2OF[15：8]。T2OF 每当计数器溢出时（即计数器的值大于或等于设定周期）就加 1。当读取这个寄存器时，所读得的数值就是读 T2OF0 时的锁存数值 当计数器处于空闲或运行状态时，写这个寄存器会迫使溢出计数将该数值写入 T2OF2：T2OF1：T2OF0；否则，如果当寄存器写入时，计数值递增 1，然后 1 就加到写入的值中 所写的值，只有当 T2OF2 写入时才有效
T2OF0(0xA1)——计数器 2 溢出计数 0				
7：0	OF0[7：0]	0x00	R/W	溢出计数。低位 T2OF[7：0]。T2OF 每当计数器溢出时（即计数器的值大于或等于设定周期）就加 1。当读取这个寄存器时，所读得的数值就是读 T2OF0 时的锁存数值 当计数器处于空闲或运行状态时，写这个寄存器会迫使溢出计数将该数值写入 T2OF2：T2OF1：T2OF0；否则，如果当寄存器写入时，计数值递增 1，然后 1 就加到写入的值中 所写的值，只有当 T2OF2 写入时才有效
T2CAPHPH(0xA5)——计数器 2 周期高位字节				
7：0	CAPHPH[7：0]	0xFF	R/W	捕获高位数值/计数器周期高位值。写该寄存器时，设置计数器周期高位[15：8]。在最后一个捕获事件中，读该寄存器得到计数器的高位值[15：8]
T2CAPLPL(0xA4)——计数器 2 周期低位字节				

续表 6-17

位	名 称	复 位	读/写	描 述
7：0	CAPLPL[7：0]	0xFF	R/W	捕获低位数值/计数器周期低位值。写该寄存器时，设置计数器周期低位[7：0]。在最后一个捕获事件中，读该寄存器得到计数器的低位值[7：0]
T2PEROF2(0x9E)——计数器 2 溢出计数 2				
7	CMPIM	0	R/W	比较中断屏蔽 0：在比较事件中，不产生中断 1：在比较事件中，产生中断
6	PERIM	0	R/W	溢出中断屏蔽 0：当计数器溢出时，不产生中断 1：当计数器溢出时，产生中断
5	OFCMPIM	0	R/W	溢出计数比较中断屏蔽 0：当溢出计数比较时，不产生中断 1：当溢出计数比较时，产生中断
4	—	0	R0	不使用，读为 0
3：0	PEROF2[3：0]	0000	R/W	溢出数值捕获/溢出计数比较。写这 4 位，设置溢出计数比较值的高位[19：16]；读这 4 位，返回最后一个捕获事件时溢出计数值的高位[19：16]
T2PEROF0(0x9D)——计数器 2 溢出计数 1				
7：0	PEROF1[7：0]	0x00	R/W	溢出数值捕获/溢出计数比较。写这 8 位，设置了溢出计数比较值的中位[15：8]；读这 8 位，返回最后一个捕获事件时溢出计数值的中位[15：8]
T2PEROF0(0x9C)——计数器 2 溢出计数 0				
7：0	PEROF0[7：0]	0x00	R/W	溢出数值捕获/溢出计数比较。写这 8 位，设置了溢出计数比较值的低位[7：0]；读这 8 位，返回最后一个捕获事件时溢出计数值的低位[7：0]

6.5.4 AES(高级加密标准)协处理器

CC2430 数据加密是由支持高级加密标准的协处理器完成的。正是由于有了 AES 协处理器的加密/解密操作，极大地减轻了 CC2430 内置 CPU 的负担。

AES 协处理器具有下列特性：

- 支持 IEEE 802.15.4 的全部安全机制。
- ECB(电子编码加密)、CBC(密码防护链)、CBF(密码反馈)、OFB(输出反馈加密)、CTR(计数模式加密)和 CBC-MAC(密码防护链消息验证代码)模式。
- 硬件支持 CCM(CTR+CBC-MAC)模式。
- 128 位密钥和初始化向量(IV)/当前时间(Nonce)。
- DMA 传送触发能力。

1. AES 操作

加密一条消息的步骤如下：

① 装入密码；

② 装入初始化向量(IV)；

③ 为加密/解密而下载/上传数据。

AES 协处理器中，运行 128 位的数据块。数据块一旦装入 AES 协处理器，就开始加密。在处理下一个数据块之前，必须将加密好的数据块读出。每个数据块装入之前，必须将专用的开始命令送入协处理器。

2. 密钥和初始化向量

密钥或初始化向量(IV)/当前时间装入之前，应当发送装入密钥或 IV/当前时间的命令给协处理器。装入密钥或初始化向量，将取消任何协处理器正在运行的程序。密钥一旦装入，除非重新装入，否则一直有效。在每条消息之前，必须下载初始化向量。通过 CC2430 复位，可以清除密钥和初始化向量值。

3. 填充输入数据

AES 协处理器运行于 128 位数据块。最后一个数据块少于 128 位，因此必须在写入协处理器时，填充 0 到该数据块中。

4. CPU 接口

CPU 与协处理器之间，利用以下 3 个特殊功能寄存器进行通信：ENCCS(加密控制和状态寄存器)、ENCDI(加密输入寄存器)以及 ENCDO(加密输出寄存器)。

状态寄存器通过 CPU 直接读/写，而输入/输出寄存器则必须使用存储器直接存取(DMA)。

有两个 DMA 信道必须使用。其中一个用于数据输入，另一个用于数据输出。在开始命令写入寄存器 ENCCS 之前，DMA 信道必须初始化。写入一条开始命令会产生一个 DMA 触发信号，传送开始。当每个数据块处理完毕时，产生一个中断。该中断用于发送一个新的开始命令到寄存器 ENCCS。

5. 操作模式

当使用 CFB、OFB 和 CTR 模式时，128 位数据块分为 4 个 32 位的数据块。每 32 位装入 AES 协处理器，加密后再读出，直到 128 位加密完毕。注意，数据是直接通过 CPU 装入和读出的。当使用 DMA 时，就由 AES 协处理器产生的 DMA 触发自动进行。

实现加密和解密的操作类似。

CBC - MAC 模式与 CBC 模式不同。运行 CBC - MAC 模式时，除了最后一个数据块，每次以 128 位的数据块下载到协处理器。最后一个数据块装入之前，运行的模式必须改变为 CBC。当最后一个数据块下载完毕后，上传的数据块就是 MAC 值了。CCM 是 CBC - MAC 和 CTR 的结合模式。因此有部分 CCM 必须由软件完成。

1) CBC - MAC

当运行 CBC - MAC 加密时，除了最后一个数据块改为运行于 CBC 模式之外，其余都是由协处理器按照 CBC - MAC 模式，每次下载一个数据块。当最后一个数据块下载完毕后，上传的数据块就是MAC消息(message)了。

CBC-MAC解密与加密类似。上传的MAC消息必须通过与MAC比较加以验证。

2) CCM模式

CCM模式下的消息加密,应该按照下列顺序运行(密码已经装入)。

(1) 数据验证阶段

① 软件将0装入初始化向量(IV)。

② 软件创建数据块B0。数据块B0是CCM模式中第一个验证的数据块,其结构如下:

字节	0	1	2	3	4	5	6	7	8	9	10	11	12	13	14	15
	标 志	NONCE									L_M					

其中,NONCE(当前时间)值没有限制。L_M是以字节为单位的消息长度。对于IEEE 802.15.4,NONCE有13个字节,而L_M有2个字节。

FLAG/B0为CCM模式的验证标志域。验证的内容和标志字节如下所示:

在这个实例中,L设置为6。因此,L-1为5。M和A_Data可以设置为任意值。

位	7	6	5	4	3	2	1	0
	保 留	A_Data	(M_2)/2			L-1		
	0	×	×	×	×	1	0	1

③ 如果需要某些添加的验证数据(即A_Data=1),则软件就会创建A_Data的长度域,称为L(a)。设l(a)为字符串的长度,则:

- 如果l(a)=0,即A_Data=0,那么L(a)是一个空字符串。注意l(a)是用字节表示的。
- 如果$0<l(a)<2^{16}-2^8$,则L(a)是2个l(a)编码的8位字节。

添加的验证数据附加到A_Data长度域L(a)。附加的验证数据块用0来填充,直到最后一个附加的验证数据块填满。该字符串的长度没有限制。

AUTH_DATA=L(a)+验证数据+(0填充)

④ 最后一个消息数据块用0填满(当该消息的程度不是128的整数倍时)。

⑤ 软件将B0数据块、附加的验证数据块(如果有)和消息连接起来。

输入消息=B0+AUTH_DATA+消息+(消息的0填充)

⑥ 一旦由CBC-MAC输入消息验证结束,软件将脱离上传的缓冲器。该缓冲器的内容保持不变(M=16),或者保持缓冲器的高位M字节不变。与此同时,设置低位为0(M≠16),结果称为T。

(2) 消息加密

① 软件创建密钥数据块A0。数据块A0是用于CCM模式的第一个CTR值(在当前有CTR产生的例子中,L=6)。其结构如下:

字节	0	1	2	3	4	5	6	7	8	9	10	11	12	13	14	15
	标 志	NONCE											CTR			

注意：除了 0 之外，所有的数值都可以用于 CTR 值。

FLAG/A0 为用于 CCM 模式的加密标志域。加密标志字节的内容如下：

位	7	6	5	4	3	2	1	0
	保　留		—			L-1		
	0	0	0	0	0	1	0	1

② 软件通过选择 IV/Nonce 命令装载 A0。只有在选择装入 IV/Nonce 命令时，设置模式为 CFB 或 OFB 才能完成这个操作。

③ 软件在验证数据 T 中，调用 CFB 或 OFB 加密。上传缓冲内容保持不变(M=16)，至少 M 的首字节不变，其余字节设置为 0(M-16)。这时的结果为 U，后面将会用到。

④ 软件立刻调用 CTR 模式，为刚填充完毕的消息块加密。不必重新装入 IV/CTR。

⑤ 加密验证数据 U 附加到加密消息之中。这样给出最后结果 c：

结果 c=加密消息(m)+U

(3) 消息解密

采用 CCM 模式解密。

在协处理器中，CTR 的自动生成需要 32 位空间。因此最大的消息长度为 128×2^{32} 位，即 2^{36} 字节。其幂指数可以写入一个 6 位的字中，因而数值 L 设置为 6。要解密一个 CCM 模式已处理好的消息，必须按照下列顺序进行(密码已经装入)。

(a) 消息分解阶段

① 软件通过分开 M 的最右面的 8 位组(命名为 U，剩余的其他 8 位组，称为“字符串 C”)来分解消息。

② C 用 0 来填充，直到能够充满一个整数数值的 128 位数据块。

③ U 用 0 来填充，直到能够充满一个 128 位的数据块。

④ 软件创建密钥数据块 A0。所用的方法和 CCM 加密一样。

⑤ 软件通过选择 IV/Nonce 命令装入 A0，只有在选择装入 IV/Nonce 命令时，设置模式为 CFB 或 OFB 才能完成这个操作。

⑥ 软件调用 CFB 或 OFB 加密验证数据 U。上传的缓冲器的内容保持不变(M=16)，至少这些内容的前 M 个字节保持不变。其余的内容设置为 0(M≠16)，此时的结果为 T。

⑦ 软件立刻调用 CTR 模式解密已经加密的消息数据块 C，而不必重新装入 IV/CTR。

(b) 基准验证标签生成阶级

这个阶段，与 CCM 加密的验证阶段相同。唯一不同的是，此时的结果名称是 MACTag，而不是 T。

(c) 消息验证校核阶段

该阶段中，利用软件来比较 T 和 MACTag。

6. 在各个通信层次之间共享 AES 协处理器

AES 协处理器是各个层次共享的通用源。AES 协处理器每次只能用来处理一个实例。因此需要在软件中设置某些标签来安排这个通用源。

7. AES 中断

当一个数据块的加密或解密完成时，就产生 AES 中断(ENC)。该中断的使能位是 IEN0.

ENCIE，中断标志位是 S0CON. ENCIF。

8. AES DMA 触发

与 AES 协处理器有关的 DMA 触发有两个，分别是 ENC_DW 和 ENC_UP。当输入数据需要下载到寄存器 ENCDI 时，ENC_DW 有效；当输出数据需要从寄存器 ENCDO 上传时，ENC_UP 有效。

要使 DMA 信道传送数据到 AES 协处理器，寄存器 ENCDI 就需要设置为目的寄存器；而要使 DMA 信道从 AES 协处理器接收数据，寄存器 ENCDO 就需要设置为源寄存器。

9. AES 寄存器

AES 寄存器具体描述见表 6－18。

表 6－18 AES 寄存器

位	名 称	复 位	读/写	描 述
ENCCS(0xB3)——加密控制和状态				
7	—	0	R0	不使用，总是读为 0
6：4	MODE[2：0]	000	R/W	加密/解密模式： 000，CBC；001，CFB；010，OFB；011，CTR 100，ECB；101，CBC MAC；110，不使用；111，不使用
3	RDY	1	R	加密/解密就绪状态： 0，加密/解密正在进行；1，加密/解密完成
2：1	CMD[1：0]	00	R/W	当 1 写入 ST 位，命令即将执行： 00，加密数据块；01，解密数据块；10，装入密钥；11，装入 IV/Nonce
0	ST	0	R/W1 H0	开始执行由 CMD 设置的命令。对每个命令或 128 位数据块必须分别下达，由硬件清除该位
ENCDI(0xB1)——加密输入数据				
7：0	DIN[7：0]	0x00	R/W	加密输入数据
ENCDO(0xB2)——加密输出数据				
7：0	DOUT[7：0]	0x00	R/W	加密输出数据

6.5.5 USART

USART0 和 USART1 是串行通信接口，它们能够分别运行于异步 UART 模式或者同步 SPI 模式。两个 USART 具有同样的功能，可以设置在分隔开的 I/O 引脚。

1. UART 模式

UART 模式提供异步串行接口。在 UART 模式中，接口使用 2 线或者含有 RXD、TXD、RTS 和 CTS 的 4 线。UART 模式的操作具有下列特点：8 位或者 9 位数据；奇校验、偶校验或者无奇偶校验；配置起始位和停止位电平；配置 LSB 或者 MSB 首先传送；独立收发中断；独立收发 DMA 触发；奇偶校验和帧校验出错状态。

UART 模式提供全双工传送，接收器中的位同步不影响发送功能。传送一个 UART 字节包含1个起始位、8个数据位、1个作为可选项的第9位数据或者奇偶校验位再加上1个(或2个)停止位。注意,虽然真实的数据包含8位或者9位,但是,数据传送只涉及一个字节。

UART操作由USART控制和状态寄存器UxCSR以及UART控制寄存器来控制。这里的x是USART的编号,其数值为0或者1。当UxCSR. MODE设置为1时,就选择了UART模式。

(1) UART发送

当USART收/发数据缓冲器、寄存器UxBUF(这里的x是USART的编号,其数值为0或者1,寄存器UxBUF双缓冲)写入数据时,该字节发送到输出引脚TXDx。

当字节传送开始时,UxCSR. ACTIVE位设置为1,而当字节传送结束时UxCSR. ACTIVE位清0。当传送结束时,TX_BYTE位设置为1。当USART收/发数据缓冲寄存器就绪,准备接收新的发送数据时,就产生了一个中断请求。该中断在传送开始之后立刻发生,因此,当字节正在发送时,新的字节能够装入数据缓冲器。

(2) UART接收

当1写入UxCSR. RE位时,在UART上数据接收就开始了。然后UART会在输入引脚RXDx中寻找有效起始位,并且设置UxCSR. ACTIVE位为1。当检测出有效起始位时,收到的字节就传入接收寄存器,UxCSR. RX_BYTE位设置为1。该操作完成时,产生接收中断。通过寄存器UxBUF提供收到的数据字节。当UxBUF读出时,UxCSR. RX_BYTE位由硬件清0。

(3) UART硬件流控制

当UxUCR. FLOW设置为1,硬件流控制使能。然后,当接收寄存器空而且接收使能时,RTS输出变低。在CTS输入变低之前,不会发生字节传送。

(4) UART特征格式

如果寄存器UxUCR中的BIT9和奇偶校验位设置为1,那么奇偶校验产生而且检测使能。奇偶校验计算出来,作为第9位来传送。在接收期间,奇偶校验位计算出来而且与收到的第9位进行比较。如果奇偶校验出错,则UxCSR. ERR位设置为1。当UxCSR读取时,UxCSR. ERR位清0。

要传送的停止位的数量设置为1或者2,这取决于寄存器位UxUCR. STOP。接收器总是要核对一个停止位。如果在接收期间收到的第一个停止位不是期望的停止位电平,就通过设置寄存器位UxCSR. FE为1,发出帧出错信号。当UxCSR读取时,UxCSR. FE位清0。当UxCSR. SPB设置为1时,接收器将核对两个停止位。

2. SPI模式

在SPI模式中,USART通过3线接口或者4线接口与外部系统通信。接口包含引脚MOSI、MISO、SCK和SSN。参见6.5.1小节中有关如何将USART引脚指派到I/O引脚的描述。

SPI模式包含下列特征：3线或者4线SPI接口;主/从模式;可配置的SCK极性和相位;可配置的LSB或MSB传送。

当UxCSR. MODE设置为0时,选中SPI模式。在SPI模式中,USART可以通过写UxCSR. SLAVE位来配置SPI为主模式或者从模式。

1) SPI主模式操作

当寄存器UxBUF写入字节后,SPI主模式字节传送就开始了。USART使用波特率发生器生成SCK串行时钟,而且传送发送寄存器提供的字节到输出引脚MOSI。与此同时,接收寄存器从输入引脚MISO获取收到的字节。

当传送开始时UxCSR. ACTIVE位变高,而当传送结束后,UxCSR. ACTIVE位变低。当传送结束时,UxCSR. RX_BYTE位和UxCSR. TX_BYTE位设置为1。当收到的新数据在USART收/发数据寄存器UxBUF中就绪时,接收中断产生。

串行时钟SCK的极性由UxGCR. CPOL位选择,其相位由UxGCR. CPHA位选择。字节传送的顺序由UxGCR. ORDER位选择。

传送结束时,收到的数据字节由UxBUF提供,供读取。当SPI就绪接收另一个字节用来发送时,发送中断产生。由于UxBUF是双缓冲,这个操作刚好在发送开始时就发生了。

2) SPI从模式操作

SPI从模式字节传送由外部系统控制。输入引脚MISO上的数据传送到接收寄存器,该寄存器由串行时钟SCK控制。SCK为从模式输入。与此同时,发送寄存器中的字节传送到输出引脚MOSI。

当传送开始时UxCSR. ACTIVE位变高,而当传送结束后,UxCSR. ACTIVE位变低。当传送结束时,UxCSR. RX_BYTE位和UxCSR. TX_BYTE位设置为1。接收中断产生。

串行时钟SCK的极性由UxGCR. CPOL位选择,其相位由UxGCR. CPHA位选择。字节传送的顺序由UxGCR. ORDER位选择。

传送结束时,收到的数据字节由UxBUF提供,供读取。当SPI从模式操作开始时,发送中断产生。

3) 波特率发生器

当运行在UART模式时,内部的波特率发生器设置UART波特率。当运行在SPI模式时,内部的波特率发生器设置SPI主时钟频率。

由寄存器UxBAUD. BAUD_M[7:0]和UxGCR. BAUD_E[4:0]定义波特率。该波特率用于UART传送,也用于SPI传送的串行时钟速率。波特率由下式给出:

$$\text{Baudrate} = \frac{(256 + \text{BAUD\_M}) \times 2^{\text{BAUD\_E}}}{2^{28}} \times F$$

式中:F是系统时钟频率,等于16 MHz或者32 MHz。

标准波特率所需的寄存器值如表6-19所列。该表适用于典型的32 MHz系统时钟。真实波特率与标准波特率之间的误差,用百分数表示。

当BAUD_E等于16且BAUD_M等于0时,UART模式的最大波特率是$F/16$(F是系统时钟频率)。当BAUD_E等于19且BAUD_M等于0时,SPI模式的最大波特率(即SCK频率)是$F/2$。如果设置比这个更高的波特率就会出错。

4) 清除USART

通过设置寄存器位UxUCR. FLUSH可以取消当前的操作。这一事件会立即停止当前操作并且清除全部数据缓冲器。

表 6-19　32 MHz 系统时钟的常用波特率设置

波特率/bps	UxBAUD.BAUD_M	UxGCR.BAUD_E	误差/(%)
2400	59	6	0.14
4800	59	7	0.14
9600	59	8	0.14
14400	216	8	0.03
19200	59	9	0.14
28800	216	9	0.03
38400	59	10	0.14
57600	216	10	0.03
76800	59	11	0.14
115200	216	11	0.03
230400	216	12	0.03

5) USART 中断

每个 USART 都有两个中断：RX 完成中断(URXx)和 TX 完成中断(UTXx)。USART 的中断使能位在寄存器 IEN0 和寄存器 IEN2 中，中断标志位在寄存器 TCON 和寄存器 IRCON2 中。6.4.6 小节中有详细描述。

中断使能：

- USART0 RX：IEN0.URX0IE
- USART1 RX：IEN0.URX1IE
- USART0 TX：IEN2.UTX0IE
- USART1 TX：IEN2.UTX1IE

中断标志：

- USART0 RX：TCON.URX0IF
- USART1 RX：TCON.URX1IF
- USART0 TX：IRCON2.UTX0IF
- USART1 TX：IRCON2.UTX1IF

6) USART DMA 触发

有两个 DMA 触发与每个 USART 相关。DMA 触发由事件 RX 或者 TX 完成激活，也就是说，该事件作为 DMA 中断请求。可以配置 DMA 信道使用 USART 收/发缓冲器(即 UxBUF)作为它的源地址或者目标地址。DMA 触发的概况参见表 6-14。

7) USART 寄存器

对于每个 USART，有 5 个寄存器(x 是 USART 的编号，为 0 或者 1)：

- UxCSR：USARTx 控制和状态；
- UxUCR：USARTx UART 控制；
- UxGCR：USARTx 通用控制；
- UxBUF：USARTx 收/发数据缓冲器；

● UxBAUD：USARTx 波特率控制。

上述寄存器描述见表 6－20。

表 6－20　USART 寄存器

位	名　称	复　位	读/写	描　述
U0CSR(0x86)——USART0 控制和状态				
7	MODE	0	R/W	USART 模式选择： 0，SPI 模式；1，UART 模式
6	RE	0	R/W	USART 接收器使能： 0，接收器禁止；1，接收器使能
5	SLAVE	0	R/W	SPI 主模式或从模式选择： 0，SPI 主模式；1，SPI 从模式
4	FE	0	R/W0	UART 帧错误状态： 0，没有检测出帧错误；1，收到的字节停止位出错
3	ERR	0	R/W0	UART 奇偶校验错误状态： 0，没有检测出奇偶校验错误；1，收到的字节奇偶校验出错
2	RX_BYTE	0	R/W0	接收字节状态： 0，没有收到字节；1，收到的字节就绪
1	TX_BYTE	0	R/W0	发送字节状态： 0，没有发送字节；1，写到数据缓冲器寄存器的最后字节已发送
0	ACTIVE	0	R	USART 收/发激活状态： 0，USART 空闲；1，在发送或者接收模式中，USART 忙
U0BAUD(0xC2)——USART0 波特率控制				
7：0	BAUD_M[7：0]	0x00	R/W	波特率尾数值。BAUD_E 连同 BAUD_M 一起决定了 USART 波特率和 SPI 主 SCK 时钟频率
U0UCR(0xC4)——USART0 UART 控制				
7	FLUSH	0	R/W1	清除单元。当设置为 1 时，该事件立即停止当前操作，返回空闲状态单元
6	FLOW	0	R/W	UART 硬件流使能。选择使用硬件流来控制引脚 RTS 和 CTS： 0，流控制禁止；1，流控制使能
5	D9	0	R/W	UART 数据位 9 的内容。使用该位传送数值使能。当奇偶校验禁止而数据位 9 使能时，写入 D9 的数值就像数据位 9 那样传送。如果奇偶校验使能，那就用该位设置奇偶校验： 0，奇校验；1，偶校验
4	BIT9	0	R/W	UART 9 位数据使能。当 BIT9 为 1 时，数据为 9 位，而且数据位 9 的内容由 D9 和 PARITY 给出： 0，8 位传送；1，9 位传送
3	PARITY	0	R/W	UART 奇偶校验使能： 0，奇偶校验禁止；1，奇偶校验使能
2	SPB	0	R/W	UART 停止位数量： 0，1 个停止位；1，2 个停止位

续表 6 - 20

位	名 称	复 位	读/写	描 述
1	STOP	0	R/W	UART 停止位电平： 0,停止位电平低;1,停止位电平高
0	START	0	R/W	UART 起始位电平： 0,起始位电平低;1,起始位电平高
U0GCR(0xC5)——USART0 通用控制				
7	CPOL	0	R/W	SPI 时钟极性： 0,负时钟极性;1,正时钟极性
6	CPHA	0	R/W	SPI 时钟相位： 0：当来自 CPOL 的 SCK 反相之后又返回 CPOL 时,数据输出到 MOSI;当来自 CPOL 的 SCK 返回 CPOL 反相时,输入数据取样到 MISO 1：当来自 CPOL 的 SCK 返回 CPOL 反相时,数据输出到 MOSI;当来自 CPOL 的 SCK 反相之后又返回 CPOL 时,输入数据取样到 MISO
5	ORDER	0	R/W	用于传送的位顺序： 0,LSB 先传送;1,MSB 先传送
4：0	BAUD_E[4：0]	0x00	R/W	波特率典型值。BAUD_E 连同 BAUD_M 一起决定了 USART 波特率和 SPI 主 SCK 时钟频率
U0BUF(0xC1)——USART0 收/发数据缓冲器				
7：0	DATA[7：0]	0x00	R/W	USART 接收和发送数据。数据写入该寄存器就是将数据写入内部数据传送寄存器;读取该寄存器,就是将来自内部数据读取寄存器中的数据读出
U1CSR(0xF8)——USART1 控制和状态				
7	MODE	0	R/W	USART 模式选择： 0,SPI 模式;1,UART 模式
6	RE	0	R/W	USART 接收器使能： 0,接收器禁止;1,接收器使能
5	SLAVE	0	R/W	SPI 主模式或从模式选择： 0,SPI 主模式;1,SPI 从模式
4	FE	0	R/W0	UART 帧错误状态： 0,没有检测出帧错误;1,收到的字节停止位出错
3	ERR	0	R/W0	UART 奇偶校验错误状态： 0,没有检测出奇偶校验错误;1,收到的字节奇偶校验出错
2	RX_BYTE	0	R/W0	接收字节状态： 0,没有收到字节;1,收到的字节就绪
1	TX_BYTE	0	R/W0	发送字节状态： 0,没有发送字节;1,写到数据缓冲器寄存器的最后字节已发送

续表 6-20

位	名 称	复 位	读/写	描 述
0	ACTIVE	0	R	USART 收/发激活状态： 0,USART 空闲;1,在发送或者接收模式中 USART 忙
U1UCR(0xFB)——USART1 UART 控制				
7	FLUSH	0	R/W1	清除单元。当设置为 1 时，该事件立即停止当前操作，返回空闲状态单元
6	FLOW	0	R/W	UART 硬件流使能。选择使用硬件流来控制引脚 RTS 和 CTS： 0,流控制禁止;1,流控制使能
5	D9	0	R/W	UART 数据位 9 的内容。使用该位传送数值使能。当奇偶校验禁止而数据位 9 使能时，写入 D9 的数值就像数据位 9 那样传送。如果奇偶校验使能，那就用该位设置奇偶校验： 0,奇校验;1,偶校验
4	BIT9	0	R/W	UART 9 位数据使能。当 BIT9 为 1 时，数据为 9 位，而且数据位 9 的内容由 D9 和 PARITY 给出： 0,8 位传送;1,9 位传送
3	PARITY	0	R/W	UART 奇偶校验使能： 0,奇偶校验禁止;1,奇偶校验使能
2	SPB	0	R/W	UART 停止位数量： 0,1 个停止位;1,2 个停止位
1	STOP	0	R/W	UART 停止位电平： 0,停止位电平低;1,停止位电平高
0	START	0	R/W	UART 起始位电平： 0,起始位电平低;1,起始位电平高
U1GCR(0xFC)——USART1 通用控制				
7	CPOL	0	R/W	SPI 时钟极性： 0,负时钟极性;1,正时钟极性
6	CPHA	0	R/W	SPI 时钟相位： 0：当来自 CPOL 的 SCK 反相之后又返回 CPOL 时，数据输出到 MOSI;当来自 CPOL 的 SCK 返回 CPOL 反相时，输入数据取样到 MISO 1：当来自 CPOL 的 SCK 返回 CPOL 反相时，数据输出到 MOSI;当来自 CPOL 的 SCK 反相之后又返回 CPOL 时，输入数据取样到 MISO
5	ORDER	0	R/W	用于传送的位顺序： 0,LSB 先传送;1,MSB 先传送
4：0	BAUD_E[4：0]	0x00	R/W	波特率典型值。BAUD_E 连同 BAUD_M 一起决定了 USART 波特率和 SPI 主 SCK 时钟频率

续表 6－20

位	名　称	复　位	读/写	描　述
U1BUF(0xF9)——USART1 收/发数据缓冲器				
7：0	DATA[7：0]	0x00	R/W	USART 接收和发送数据。数据写入该寄存器就是将数据写入内部数据传送寄存器；读取该寄存器，就是将来自内部数据读取寄存器中的数据读出
U1BAUD(0xFA)——USART1 波特率控制				
7：0	BAUD_M[7：0]	0x00	R/W	波特率尾数值。BAUD_E 连同 BAUD_M 一起决定了 USART 波特率和 SPI 主 SCK 时钟频率

6.6　无线模块

图 6－15 为简化的适应 IEEE 802.15.4 的无线模块，该模块内置于 CC2430 中。其核心为领先工业界的 RF 收发器 CC2420。

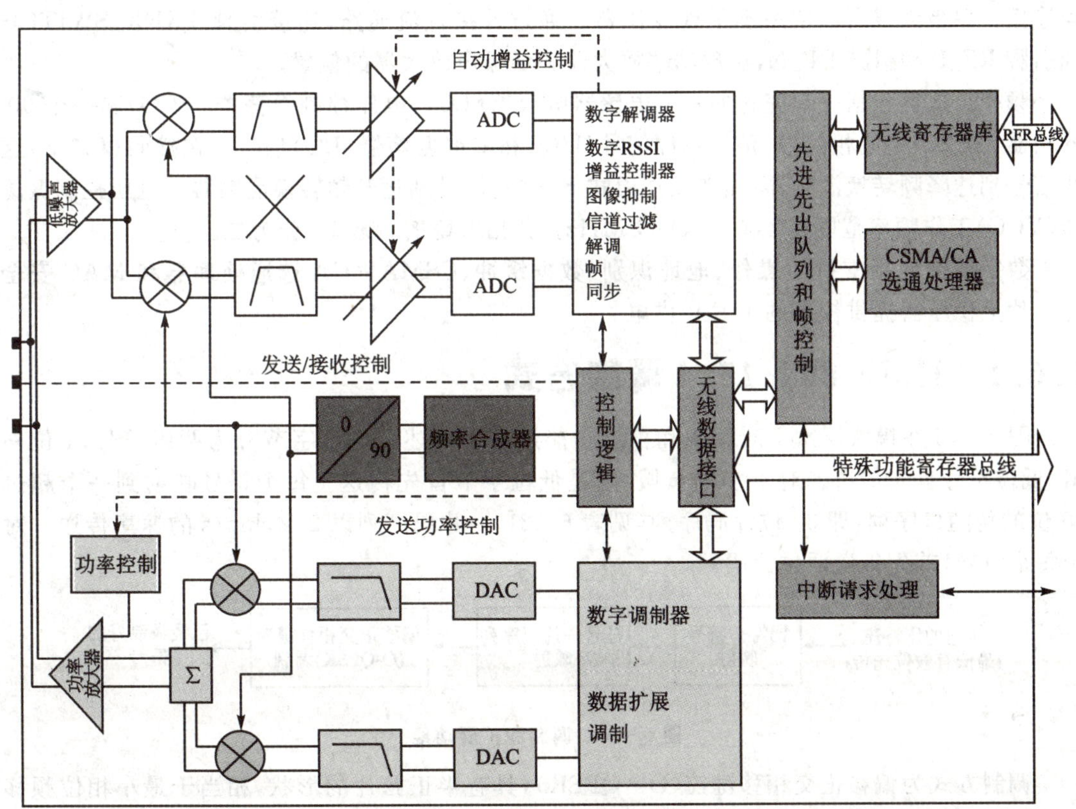

图 6－15　CC2430 无线模块

低中频(low - IF)接收是CC2430的特性之一。CC2430收到的RF信号被低噪声放大器(LNA)放大,并且将收到的同相信号和正交相位信号(I/Q)降频转换为中频(IF)信号。过滤掉残余在中频(2 MHz)信号中的I/Q信号后,放大中频信号。然后通过ADC数字化、自动增益控制,以及信道的过滤、解扩频(de - spreading)、符号相关(symbol correlation)和字节同步(byte synchronization)等,所有这些都通过数字逻辑完成。

检测出帧开始定界符,就产生中断。CC2430将收到的数据缓冲存入128字节的先进先出(FIFO)接收(RX)队列。用户可以通过特殊功能寄存器来读这个RXFIFO队列。建议采用存储器直接存取(DMA)来传送存储器和FIFO之间的数据。

CC2430通过硬件校验CRC,将接收信号强度指示器(RSSI)的相关数值附加到数据帧之中;在接收模式下,通过中断提供空闲信道评估(CCA)。

CC2430的发送基于直接升频转换。数据存放在128字节的TXFIFO之中(与RXFIFO彼此分隔)。要发送的帧引导序列和帧开始定界符由硬件产生。每个符号(4位)使用IEEE 802.15.4扩展序列扩展为32位码片序列,输出到DAC之中。

经过DAC变换的信号,通过模拟低通滤波器送到90° I/Q相移升频转换混频器。无线射频(RF)信号通过功率放大器(PA)馈送到天线。

由于采用了内部发送/接收(T/R)开关电路,天线的接口以及匹配很容易实现。RF为差动连接。单极天线可以使用不平衡变压器。通过外接直流通路,连接引脚TXRX_SWITCH到引脚RF_P和引脚RF_N,实现功率放大器和低噪声放大器的偏置。

频率合成器包括一套完整的片上电感器电容器(LC)、电压控制振荡器(VCO)和一个90°分相器,用来产生同相信号、正交相位信号(I/Q)和本地振荡器(LO)信号。在接收模式下,这些信号到达降频转换混频器;而在发送模式下,这些信号到达升频转换混频器。电压控制振荡器(VCO)工作频率范围是4800~4966 MHz。分相I/Q时,频率一分为二。

数字基带包括支持帧操作、地址识别、数据缓冲、CSMA - CA选通处理器和MAC安全等。片上稳压器提供校准的1.8 V供电。

6.6.1 IEEE 802.15.4调制方式

图6-16在模块层次上对调制和扩展功能进行了描述。每个字节分为两组符号,4位一组,低位符号首先传送。对于多字节域,则是低位字节首先传送。每个符号映射到一个超过16位的伪随机序列,即32位片码序列(见表6-21)。片码序列以2 Mchip/s的速率传送。对于每个符号,首先传送低位片码 C_0。

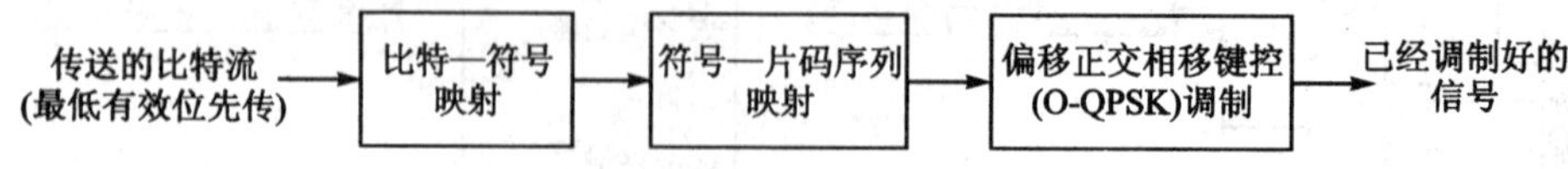

图6-16 调制和扩展功能

调制方式为偏移正交相移键控(O - QPSK),具有半正弦片的形状,相当于最小相位频移键控(MSK)。每片的形状如同半个正弦波,交替在同相(I)信道和正交相位(Q)信道传送。每个信道占用半个片码偏移周期,参见图6-17。

表 6-21　IEEE 802.15.4 符号—片码序列映射

符　号	片码序列($C_0,C_1,C_2,\cdots,C_{31}$)
0	1 1 0 1 1 0 0 1 1 1 0 0 0 0 1 1 0 1 0 1 0 0 1 0 0 0 1 0 1 1 1 0
1	1 1 1 0 1 1 0 1 1 0 0 1 1 1 0 0 0 0 1 1 0 1 0 1 0 0 1 0 0 0 1 0
2	0 0 1 0 1 1 1 0 1 1 0 1 1 0 0 1 1 1 0 0 0 0 1 1 0 1 0 1 0 0 1 0
3	0 0 1 0 0 0 1 0 1 1 1 0 1 1 0 1 1 0 0 1 1 1 0 0 0 0 1 1 0 1 0 1
4	0 1 0 1 0 0 1 0 0 0 1 0 1 1 1 0 1 1 0 1 1 0 0 1 1 1 0 0 0 0 1 1
5	0 0 1 1 0 1 0 1 0 0 1 0 0 0 1 0 1 1 1 0 1 1 0 1 1 0 0 1 1 1 0 0
6	1 1 0 0 0 0 1 1 0 1 0 1 0 0 1 0 0 0 1 0 1 1 1 0 1 1 0 1 1 0 0 1
7	1 0 0 1 1 1 0 0 0 0 1 1 0 1 0 1 0 0 1 0 0 0 1 0 1 1 1 0 1 1 0 1
8	1 0 0 0 1 1 0 0 1 0 0 1 0 1 1 0 0 0 0 0 0 1 1 1 0 1 1 1 1 0 1 1
9	1 0 1 1 1 0 0 0 1 1 0 0 1 0 0 1 0 1 1 0 0 0 0 0 0 1 1 1 0 1 1 1
10	0 1 1 1 1 0 1 1 1 0 0 0 1 1 0 0 1 0 0 1 0 1 1 0 0 0 0 0 0 1 1 1
11	0 1 1 1 0 1 1 1 1 0 1 1 1 0 0 0 1 1 0 0 1 0 0 1 0 1 1 0 0 0 0 0
12	0 0 0 0 0 1 1 1 0 1 1 1 1 0 1 1 1 0 0 0 1 1 0 0 1 0 0 1 0 1 1 0
13	0 1 1 0 0 0 0 0 0 1 1 1 0 1 1 1 1 0 1 1 1 0 0 0 1 1 0 0 1 0 0 1
14	1 0 0 1 0 1 1 0 0 0 0 0 0 1 1 1 0 1 1 1 1 0 1 1 1 0 0 0 1 1 0 0
15	1 1 0 0 1 0 0 1 0 1 1 0 0 0 0 0 0 1 1 1 0 1 1 1 1 0 1 1 1 0 0 0

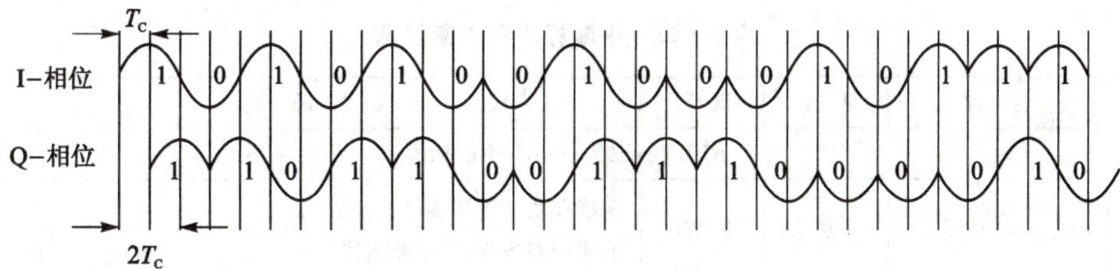

图 6-17　传送符号 0 片码序列时的 I/Q 相位(T_c=0.5 μs)

6.6.2　选通命令

CPU 使用了一系列选通命令来控制 CC2430 的无线操作。选通命令可以看成是单字节指令,每条命令用来控制某个无线模块的功能。这些命令可以实现使能频率合成器、使能接收模式、使能发送模式,以及其他功能。

为无线模块的功能定义的选通命令共计 9 条,这 9 条命令可以单独使用,也可以组合为简单的程序下达给无线模块。所有从 CPU 到无线模块的选通命令都通过 CSMA-CA 选通命令处理器(CSP)下达。有关 CSP 及其如何使用选通命令,参见 6.6.33 小节。

6.6.3　RF 寄存器

无线模块的操作是通过一系列射频寄存器进行的。这些射频寄存器映射在外部数据存储器空间,如图 6-9 所示。

RF 寄存器也提供无线模块的状态信息。RF 寄存器的控制/状态位参见后面几小节的描述,而全部 RF 寄存器的描述见 6.6.34 小节。

6.6.4 中　断

无线模块具有两个中断向量：RFFERR 中断(中断 0)和 RF 中断(中断 12)。其功能如下：

- RFERR：TXFIFO 下溢出(TXFIFO 空)、RXFIFO 上溢出(RXFIFO 满)；
- RF：所有其他 RF 中断由 RFIF 中断标志给出。

注意：这些 RF 中断均由上升沿触发。RF 中断也可以用来触发计数器 1。

两个主要的中断控制 SFR 寄存器用于使能 RF 和 RFERR 中断：

- RFERR：IEN0.RFERRIE；
- RF：IEN2.RFIE。

两个主要的中断标志用来保持 RF 和 RFERR 中断标志：

- RFERR：TCON.RFERR；
- RF：S1CON.RFIF。

RF 中断与 8 个不同的无线源有关。两个 SFR 寄存器(即 RFIF 和 RFIM)用于分别设置 8 个 RFIF 无线中断标志及其中断使能。

SFR 寄存器中的中断标志 RFIF 表示每个 RF 中断向量的中断源所对应的状态。RFIM 中的中断使能位用来禁止各 RF 中断向量的中断源。注意，RFIM 屏蔽中断源并不影响 RFIF 寄存器状态的更新。中断标志和中断屏蔽详见表 6-22。

表 6-22　中断标志和中断屏蔽

位	名　称	复　位	读/写	描　述
RFIF(0xE9)——RF 中断标志				
7	IRQ_RREG_ON	0	R/W0	无线模块的稳压器已经开启： 0,无中断未决；1,中断未决
6	IRQ_TXDONE	0	R/W0	包发送完成： 0,无中断未决；1,中断未决
5	IRQ_FIFOP	0	R/W0	RXFIFO 中的字节数已超出 IOCFG0.FIFOP_THR 设置的阈值： 0,无中断未决；1,中断未决
4	IRQ_SFD	0	R/W0	帧开始定界符 (SFD) 已经检测到： 0,无中断未决；1,中断未决
3	IRQ_CCA	0	R/W0	空闲信道评估 (CCA) 指出，信道已经清空： 0,无中断未决；1,中断未决
2	IRQ_CSP_WT	0	R/W0	CSMA-CA/选通处理器 (CSP) 等待条件为真： 0,无中断未决；1,中断未决
1	IRQ_CSP_STOP	0	R/W0	CSMA-CA/选通处理器 (CSP) 程序运行停止： 0,无中断未决；1,中断未决
0	IRQ_CSP_INT	0	R/W0	CSMA-CA/选通处理器 (CSP) INT 指令已经执行： 0,无中断未决；1,中断未决
RFIM(0x91)——RF 中断屏蔽				

续表 6-22

位	名 称	复 位	读/写	描 述
7	IM_RREG_PD	0	R/W	无线模块的稳压器已经开启： 0,中断禁止;1,中断使能
6	IM_TXDONE	0	R/W	包发送完成： 0,中断禁止;1,中断使能
5	IM_FIFOP	0	R/W	RXFIFO 中的字节数已经超出 IOCFG0. FIFOP_THR 设置的阈值： 0,中断禁止;1,中断使能
4	IM_SFD	0	R/W	帧开始定界符（SFD）已经检测到： 0,中断禁止;1,中断使能
3	IM_CCA	0	R/W	空闲信道评估（CCA）指出,信道已经清空： 0,中断禁止;1,中断使能
2	IM_CSP_WT	0	R/W	CSMA-CA/选通处理器（CSP）等待条件为真： 0,中断禁止;1,中断使能
1	IM_CSP_STOP	0	R/W	CSMA-CA/选通处理器（CSP）程序运行停止： 0,中断禁止;1,中断使能
0	IM_CSP_INT	0	R/W	CSMA-CA/选通处理器（CSP）INT 指令已经执行： 0,中断禁止;1,中断使能

由于在 RFIM 中个别中断屏蔽位的使用,加上用于由 IEN2. RFIE 所给的 RF 中断的主要中断屏蔽,这就使得这个中断屏蔽有两层。特别要注意的是处理下面描述的这类中断。

为了清除 RF 中断,S1CON. RFIF 和 RFIF 中的中断标志需要清 0。代码如下：

```
MOV      RFIF, #00h          ;清 0 所有中断标志
MOV      S1CON, #00h         ;清 0 主要的中断标志
MOV      RFIM, RFIM          ;设置中断屏蔽
```

注意： S1CON 在 RFIF 之后清 0,否则 S1CON. RFIF 可能由于同一个中断而再次置位。

6.6.5 FIFO 存取

TXFIFO 和 RXFIFO 可以通过 SFR 寄存器 RFD(见表 6-23)进行存取。写寄存器 RFD 就是写 TXFIFO,读寄存器 RFD 就是读 RXFIFO。注意,RFSTATUS. FIFO 和 RFSTATUS. FIFOP 仅仅用于 RXFIFO。可以通过下达选通命令 SFLUSHTX 清除 TXFIFO;同样,也可以通过下达选通命令 SFLUSHRX 清除 RXFIFO。

表 6-23　RFD(0xD9)——RF 数据

位	名 称	复 位	读/写	描 述
7:0	RFD[7:0]	0x00	R/W	数据写入寄存器,就是写入 TXFIFO; 读该寄存器,就是从 RXFIFO 中读取数据

6.6.6 DMA

在绝大多数实际应用中，推荐使用存储器直接存取(DMA)在存储器和无线模块之间传送数据。6.5.2 小节中已介绍过如何安装和使用 DMA 传送。RADIO DMA 触发(DMA 触发 19)与无线模块有关，该触发支持 DMA 控制器。下列两个事件使该触发有效：

- 当第一个数据存入 RXFIFO，即当 RXFIFO 从空状态变成非空状态时；
- 当数据通过 SFR 寄存器的 RFD，从 RXFIFO 中读出时。

6.6.7 接收模式

在接收模式中，当帧开始定界符 SFD 全部收到之后，中断标志 RFIF.IRQ_SFD 置 1，而且发出 RF 中断请求。如果地址识别已经禁止或者已经获得成功，则 RFSTATUS.SFD 位清 0。活动实例见图 6-18。

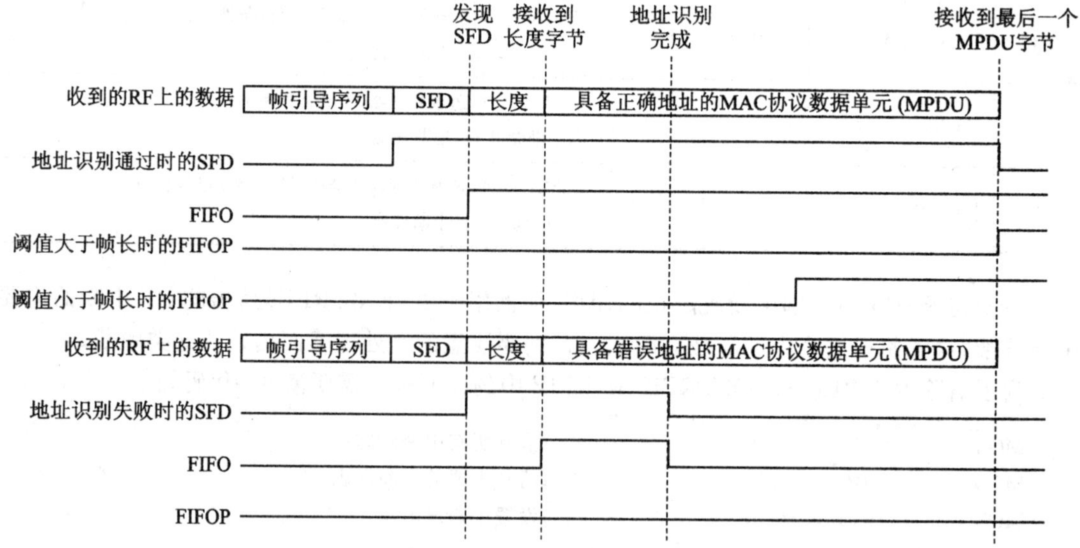

图 6-18 接收期间 SFD、FIFO 和 FIFOP 的活动实例

当 RXFIFO 中有数据时，RFSTATUS.FIFO 置 1。存放在 RXFIFO 中的第一个字节是收到的帧长度所在域。也就是说，当长度域写入 RXFIFO 时，RFSTATUS.FIFO 置 1。在 RXFIFO 变空之前，RFSTATUS.FIFO 一直置高。RF 寄存器 RXFIFOCNT 存放当前 RXFIFO 中的字节的数量。

当 RXFIFO 中未读过的字节超过编程设置在 IOCFG0.FIFOP_THR 中的阈值时，RFSTATUS.FIFOP 置 1；而当地址识别使能时，除非收到的帧通过地址识别，否则，即使 RXFIFO 中的字节超过编程设置的阈值，RFSTATUS.FIFOP 也不会置 1。

当收到新的包中最后一个字节时，即使 RXFIFO 中的字节没有超过阈值，RFSTATUS.FIFOP 也会置 1。一旦读出 RXFIFO 一个字节，RFSTATUS.FIFOP 就立即清 0。

当地址识别使能时，如果地址没有全部收到，则数据不能够从 RXFIFO 读出。这是由于如果地址识别失败，接收帧就会被 CC2430 自动清除。由于 RFSTATUS.FIFOP 只有接收帧通过地址识别才会置 1，可以利用这项功能来控制数据的读出。

图 6－19 为一个实例。该实例表明从 RXFIFO 中读一个包时状态位的活动情况。包的尺寸是 8 字节，IOCFG0. FIFOP_THR＝3，MODEMCTRL0. AUTOCRC 置 1，数据长度是 8 字节。图中，在接收包期间，RSSI 存放 RSSI 电平的平均值；FCS/Corr 存放 FCS 信息的校验结果及相互关系。

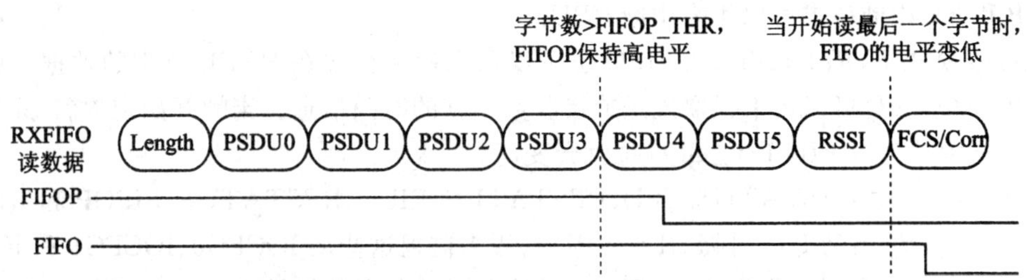

图 6－19　读 RXFIFO 时的状态活动实例

6.6.8　FIFO 溢出

在指定的时间内，RXFIFO 最多只能存放 128 字节。这样，接收帧有可能划分为两种类型：一种长度为 128 字节；另一种长度小于 128 字节。如果 RXFIFO 发生溢出，而此时 RFERR 中断已经使能，则产生溢出中断，并发往 CPU；另外，此刻如果 RFSTATUS. FIFOP 为 1，则无线模块会将 RFSTATUS. FIFO 清 0。已经在 RXFIFO 中的数据不会受到溢出的影响，也就是说，收到的帧可以读出。

RXFIFO 溢出后，需要选通命令 SFLUSHRX 来使能接收新数据。注意，选通命令 SFLUSHRX 应当发出两次，以确保 RFSTATUS. SFD 位回到它的空闲状态。

6.6.9　发送模式

发送期间，RFSTATUS. FIFO 位和 RFSTATUS. FIFOP 位依然与 RXFIFO 关联。在数据帧发送期间，RFSTATUS. SFD 置 1，如图 6－20 所示。

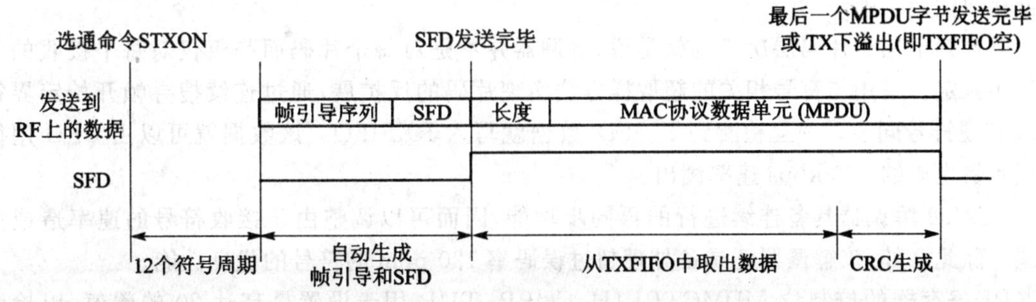

图 6－20　发送期间 SFD 的状态活动实例

当帧开始定界符 SFD 全部发送后，RFIF. IRQ_SFD 中断标志置 1，请求 RF 中断。

当完成 MAC 协议数据单元（MPDU）的发送，或者检测出下溢出（TXFIFO 为空）时，RFIF. IRQ_SFD 中断标志再次清 0。此时，如果中断 RFERR 使能，则该中断即刻发生。参见 6.6.17 小节。

通过比较图 6－18 和图 6－20，可以看出 RFSTATUS. SFD 在接收和发送数据帧期间的活动极为相似。

6.6.10　总控和状态

在接收模式下，当超过接收阈值或已经收到一个完整的帧时，产生的中断标志 RFIF. IRQ_FIFOP 和 RF 中断请求可以用来中断 CPU。

在接收模式下，RFSTATUS. FIFO 位可以用来检测全部在 RXFIFO 中的数据。中断标志 RFIF. IRQ_SFD 可以用来提取发送或接收数据帧的时间信息。当帧开始定界符 SFD 已经检测或发送完毕时，RFIF. IRQ_SFD 位就会变高。

为了实现调试，RFSTATUS. SFD、RFSTATUS. FIFO、RFSTATUS. FIFOP 和 RFSTATUS. CCA 可以输出到 I/O 引脚 P1.7～P1.4，用来监视这些从 IOCFG0、IOCFG1 和 IOCFG2 寄存器选送来的信号。如果需要，则调试时输出的这些信号的极性可以由 IOCFG0－2 寄存器控制。

6.6.11　解调器、符号同步器和数据判定

CC2430 解调器的结构如图 6－21 所示。信道过滤和频率偏移补偿由数字逻辑完成。信道内的信号电平通过评估产生 RSSI 电平，参见 6.6.23 小节。为了增强执行的能力，数据过滤也包括在内。

图 6－21　简化的解调器结构图

根据第 2 章所述，频率的精度要达到±40 ppm。适应这个精度的接收器必须能够补偿最高达 80 ppm 或 200 kHz。CC2430 解调器可以容忍最高达 300 kHz 的频率偏移量，而不明显降低接收性能。

软件判定用于片码层次。也就是说，解调器并不是对每个片码而是仅仅对每个接收的符号作出判定。采用与符号相关的超取样方法实现片码的反扩展，通过连续搜寻帧开始定界符 SFD 实现符号同步。一旦检测到了 SFD，数据就写入 RXFIFO。该数据就可以由 CPU 用低于接收器生成的 250 kbps 速率读出。

CC2430 解调器具备连续进行的再同步功能，因而可以调整由于接收符号的速率造成的错误。除此之外，该解调器还具备处理超过误码率 120 ppm 的符号的优良性能。

RF 寄存器的控制位 MDMCTRL1H. CORR_THR 用于设置最高达 20 的阈值，以检测 IEEE 802.15.4 的帧开始定界符。

6.6.12　帧格式

CC2430 的硬件支持部分 IEEE 802.15.4 帧格式。本小节简要介绍 IEEE 802.15.4 帧格式，并且描述如何设置 CC2430 来遵循这些格式。

图 6－22 为 IEEE 802.15.4 帧格式的示意图。

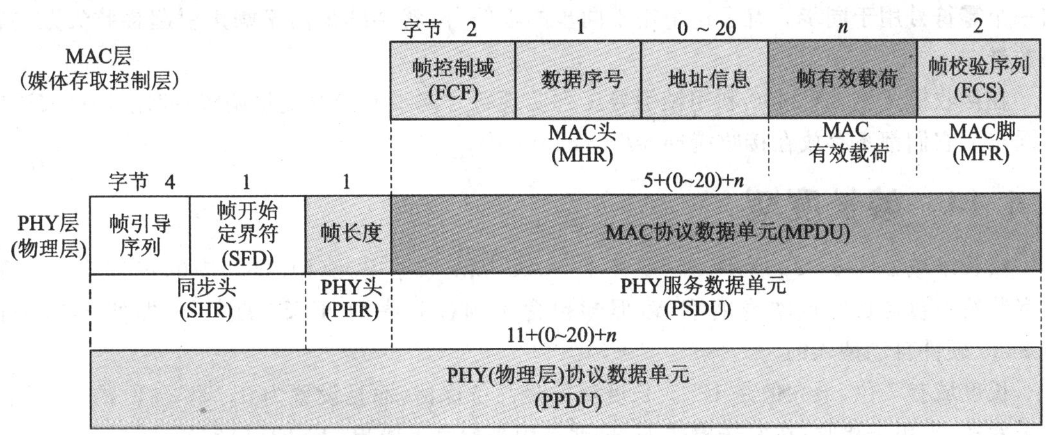

图 6－22 IEEE 802.15.4 帧格式示意图

6.6.13 同步头

同步头(SHR)包含帧引导序列和帧开始定界符(SFD)。IEEE 802.15.4 中,定义帧引导序列为 4 个字节 0x00;SFD 是 1 个字节,设置为 0xA7。CC2430 的帧引导序列的长度和 SFD 是可以配置的。缺省值适应 IEEE 802.15.4 协议,不可随意改变。

在所有的发送模式中,总是首先发送同步头。帧引导序列的长度可以由 RF 寄存器的 MDMCTRL0L.PREAMBLE_LENGTH 设置,而 SFD 由寄存器 SYNCWORDH：SYNCWORDL 设置。寄存器 SYNCWORDH：SYNCWORDL 共有两个字节,使用该寄存器可以给用户带来极大的便利。图 6－23 描述了 CC2430 的同步头与 IEEE 802.15.4 之间的关系。

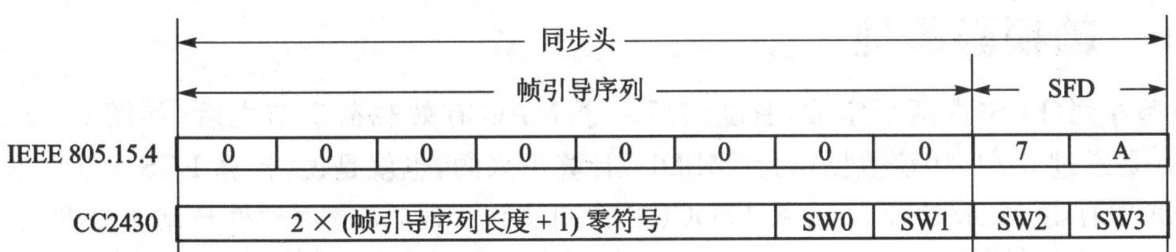

图 6－23 发送的同步头

可编程设置的帧引导序列的长度仅用于发送模式,并不影响接收模式。帧引导序列的长度设置不得短于缺省值。注意,在引导序列中的 2～8 个零符号是 IEEE 802.15.4 所需的,它们包含在寄存器 SYNCWORDH：SYNCWORDL 之中。因此,CC2430 的帧引导序列只有 6 个符号长度,两个附加的零符号在寄存器 SYNCWORDH：SYNCWORDL 之中。这样,CC2430 就能够适应 IEEE 802.15.4 协议。

在接收时,CC2430 通过接收零符号并且搜寻由寄存器 SYNCWORDH：SYNCWORDL 定义的 SFD 序列来实现同步。在寄存器 SYNCWORDH：SYNCWORDL 中,设置为 0xF 的低位符号将被忽略,需要的是不同于 0xF 的符号,这些符号的缺省值是 0xA70F。因此需要附加一个零符号用于同步。有了这个用于同步的零符号，就会减少由于噪声引起接收失败的帧的数量。

在接收模式下，CC2430利用帧引导序列实现符号同步和频率偏移调整，利用SFD实现字节同步。它们都不存放在接收缓冲器(RXFIFO)中。

6.6.14　帧长度域

帧长度域如图6-22所示。它定义了MAC协议数据单元(MPDU)中的字节数。注意，该字节数不包含长度域本身的字节，但却包含了帧校验序列(FCS)的字节，即使FCS是由CC2430硬件自动插入的。

长度域有7位，最大值是127。长度域的最高位保留，而且设置为0。CC2430的长度域既用于发送，也用于接收；在发送模式下，长度域用来检测下溢出(TXFIFO空)。

6.6.15　MAC协议数据单元

如图6-22所示，帧控制域(FCF)、数据序号和地址信息紧随长度域之后，加上MAC数据有效载荷和帧校验序列，组成了MAC协议数据单元(MPDU)。MPDU中，数据序号没有硬件支持，该域必须由软件插入和校核。

FCF的格式如下(细节请参见第2章)：

位 0～2	3	4	5	6	7～9	10～11	12～13	14～15
帧类型	安全使能	帧未决	应答请求	内部PAN	保留	目标地址模式	保留	源地址模式

6.6.16　帧校验序列

帧校验序列(FCS)占两个字节，紧随最后一个MAC有效载荷字节之后(如图6-22所示)。FCS是通过MAC协议数据单元(MPDU)计算出来的，也就是说，计算FCS不包括长度域。当RF寄存器MDMCTRL0L.AUTOCRC控制位为1时，该域由硬件自动生成和校验。因此，除了在调试的情况下，建议控制位MDMCTRL0L.AUTOCRC置1。一旦该控制位清0，CRC的生成和校验就必须由软件完成。

FCS的表达式是：$X^{16}+X^{12}+X^{5}+1$。

硬件执行帧校验序列如图6-24所示。详细内容请参见第2章。

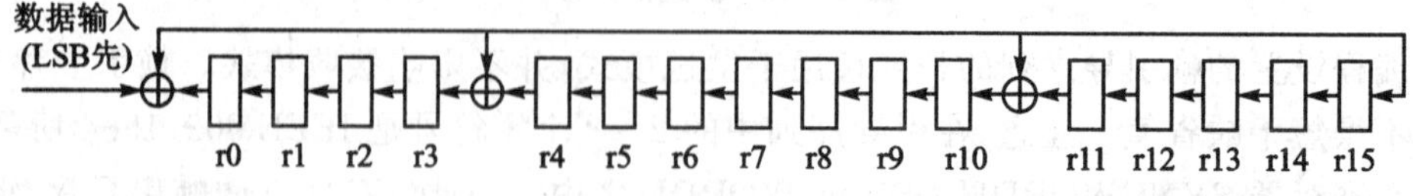

图6-24　CC2430硬件执行帧校验序列

在发送模式下，FCS添加到由长度域定义的正确位置。FCS并不写入TXFIFO，而是存放在一个分隔开的16位寄存器中。在接收模式下，FCS由硬件校核。用户通常只对FCS的正确性感兴趣，而不计较FCS本身的序列。因此，在接收期间，FCS本身的序列不写入RXFIFO之中。

当 MDMCTRL0L. AUTOCRC 置为 1 时，两个 FCS 字节被 RSSI 值、平均相关值（用于链路质量指示 LQI）和 CRC OK/not OK 所取代。上述情况见图 6-25。

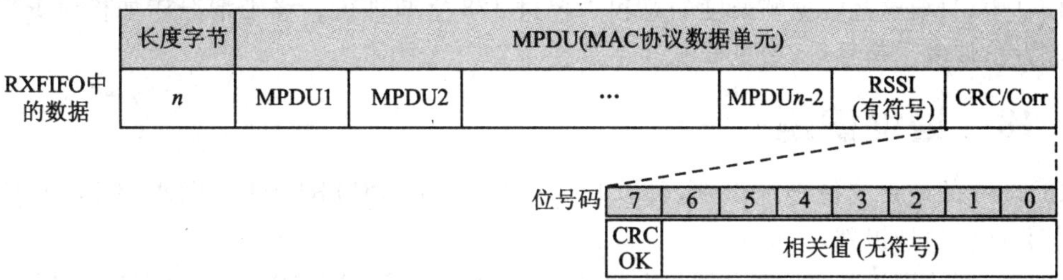

图 6-25　当 MDMCTRL0L. AUTOCRC 置为 1 时 RXFIFO 中的数据

第一个帧校验序列（FCS）字节被 8 字节的 RSSI 值取代。最后一个 FCS 字节的低 7 位由平均相关值取代。该平均相关值来自收到的物理层（PHY）头（长度域）和物理层服务数据单元（PSDU）的前 8 个符号，可以用来作为计算 LQI 的基础。6.6.23 和 6.6.24 小节会有详细介绍。

如果收到帧的 CRC 正确，则每帧的最后字节的最高位设置为 1，即 CRC OK。

6.6.17　RF 数据缓冲器

通过设置控制位 MDMCTRL1L. TX_MODE 和 MDMCTRL1L. RX_MODE，CC2430 可以配置为不同的发送和接收模式。带缓冲器的模式（模式 0）用于 CC2430 的正常操作，而其他模式用于 CC2430 的测试操作。

(1) 带缓冲器的发送模式

在带缓冲器的发送模式（TX_MODE 0）中，TXFIFO 位于 CC2430 的 RAM 中，占 128 字节，用作发送之前的数据缓冲器。发送期间，同步头自动插入到长度域之前。长度域必须是整个发送帧的第一个字节。

可以配置 DMA 传送将发送数据写入 TXFIFO。通过下达选通命令 STXON 或 STXONCCA 使能发送（详见 6.6.20 小节）。该小节说明了发送选通命令如何影响 CC2430 的状态。如果信道忙，则忽略 STXONCCA 选通，6.6.25 小节有详细描述。

选通命令下达后 12 个符号周期，开始帧引导序列。当发送可编程设置的帧开始定界符（SFD）之后，就从 TXFIFO 中获取发送的数据。在给定的时间内，TXFIFO 只能够存放一个数据帧。在发送完整的 128 字节数据帧之后，TXFIFO 自动重新填入最后一个要发送的数据帧。当选通命令 STXON 或 STXONCCA 下达之后，该数据帧立即发送。

当帧发送完毕而新的字节尚未写入之前，写入 TXFIFO 将引起 TXFIFO 自动清空。仅有的例外是发生了下溢出（TXFIFO 空），此时需要选通命令 SFLUSHTX 来清除 TXFIFO。

(2) 带缓冲器的接收模式

在带缓冲器的接收模式（RX_MODE 0）中，RXFIFO 位于 CC2430 的 RAM 中，占 128 字节，用作解调器的数据接收缓冲器。

寄存器位 RFSTATUS. FIFOP 产生 RF 中断，RFSTATUS. FIFO 和 RFSTATUS. FIFOP 辅助 CPU 管理 RXFIFO。请注意，即使 CC2430 处于发送模式，上述的寄存器位也只与 RXFIFO 有关。

DMA传送可以用来从RXFIFO中读取数据。在这种情况下，可以通过设置DMA信道，利用DMA触发将RFD寄存器作为DMA源，开始DMA传送。多个数据帧可以同时存放在RXFIFO中，只要这些数据帧长度的总和不超过128字节即可。详细情况诸如检测RXFIFO溢出和发出该溢出信号等，参见6.6.8小节。

6.6.18 地址识别

CC2430的硬件支持地址识别，可以利用控制位MDMCTRL0H.ADDR_DECODE来使能或禁止硬件地址识别。

地址识别使用下列RF寄存器：IEEE_ADDR7～IEEE_ADDR0，PANIDH：PANIDL和SHORTADDRH：SHORTADDRL。地址识别应当满足下列需求：

① 帧类型子域中，不得包含非法的帧类型。

② 如果帧类型指出该帧为信标帧(beacon frames)，除非macPANId等于0xFFFF，否则源PAN标识符应当与macPANId匹配。在macPANId等于0xFFFF的情况下，不管源PAN的标识符是什么，都会接受信标帧。

③ 如果目标PAN标识符包含在该帧中，那么它应当与macPANId匹配，或者变成为广播PAN标识符(0xFFFF)。

④ 如果一个短目标地址包含在该帧中，那么它应当与macShortAddress或者广播地址(0xFFFF)中的一个相匹配。否则，如果该帧包含一个扩展的目的地址，那么它就应当与aExtendedAddress匹配。

⑤ 如果只有源地址域包含在数据帧或MAC命令帧之中，那么只有当外设是PAN协调器而且源PAN标识符与macPANId匹配时，才能够接受该帧。

如果地址识别使能，但是任何上述的需求却不能满足，那么CC2430将忽略输入的帧，并将它从RXFIFO中清除。注意，仅仅清除拒绝接受的帧，先前接受的帧仍然在RXFIFO中。

输入帧首先加入到帧类型，根据寄存器位MDMCTRL0H.FRAMET_FILT的设置进行过滤。

当RF寄存器MDMCTRL0H的控制位RESERVED_FRAME_MODE设置为1时，通过所需类型的过滤，输入帧保留了其中部分类型(FCF类型子域是4、5、6或7)后被接受下来。在这种情况下，这些帧里面就没有更多的地址识别了。该功能包含在未来IEEE 802.15.4的扩展之中。

如果输入帧遭到拒绝，那么CC2430仅仅会在该帧全部收到(如同帧长度定义那样)之后才开始搜寻新的帧，从而避免帧中的SFD检测失败。

必须正确设置控制位MDMCTRL0.PAN_COORDINATOR，因为部分地址识别程序需要知道当前的外部设备是否为PAN协调器。

6.6.19 应答帧

CC2430支持第2章中所述的发送应答帧(Acknowledge Frames)。该应答帧的格式如下：

字节	4	1	1	2	1	2
	帧引导序列	帧开始定界符(SFD)	帧长度	帧控制域(FCF)	数据序号	帧校验序列(FCS)
	同步头(SHR)		PHY 头(PHR)	MAC 头(MHR)		MAC 脚(MFR)

如果 MDMCTRL0L. AUTOACK 使能，那么通过地址识别，在设置应答请求标志和有效 CRC 的条件下发送应答帧，以答复所有接收到的输入帧。除非 ADDR_DECODE 和 AUTOCRC 都已经使能，否则 AUTOACK 不起作用。数据序号从输入帧里面拷贝而来。

选通命令 SACK 用来在帧未决域已经清空的情况下发送应答帧；选通命令 SACKPEND 用来在帧未决域已经设置的情况下发送应答帧。只有在 CRC 有效时，才能发送应答帧。

对于使用信标的系统，有一个附加的时序需求。那就是应答帧可以在输入帧的最后一个符号之后，第一个补偿时隙(backoff - slot，即 20 个符号周期)内，最短在 12 个符号周期内开始发送。当 RF 寄存器的控制位 MDMCTRL1H. SLOTTED_ACK 设置为 1 时，在输入帧之后 12～30 个符号周期内发送应答帧。应答帧时序定义为：介于输入包 SFD 和发送应答帧 SFD 之间，有整数倍的 20 符号周期的补偿时隙。该应答帧时序参见图 6 - 26。

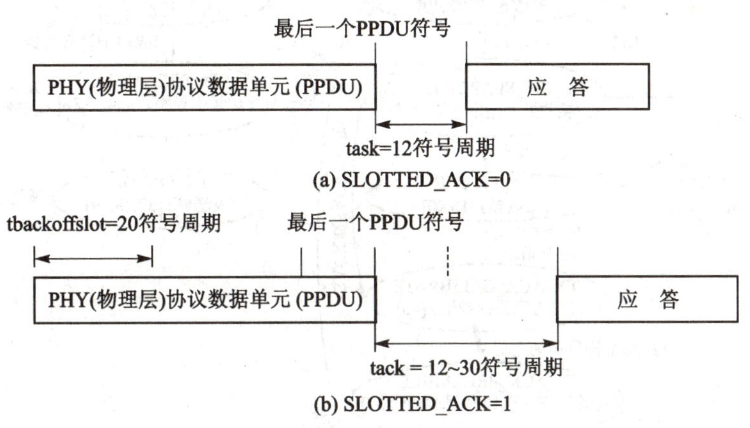

图 6 - 26　应答帧时序

在使用 AUTOACK 自动发送应答帧时，SACKPEND 用来设置未决数据标志。随后设置的未决标志都用于未来的应答帧，直到下达选通命令 SACK 为止。发送的未决数据标志将要与 FSMTC1. PENDING_OR 值进行逻辑“或”操作。这样，通过这个寄存器控制位就能够设置未决标志为 1。

应答帧还可以根据需求用正规的数据发送方法，采用手工发送。

6.6.20　无线控制状态机

CC2430 有一个嵌入的状态机，用于切换不同的运行模式。既可以通过选通命令，也可以通过内部事件(例如接收模式下的 SFD 检测)来改变运行模式。

无线控制状态机如图 6 - 27 所示。图中，方括号里面的数字可以从状态寄存器 FSMSTATE 中读出。读状态寄存器 FSMSTATE 的主要目的是测试或调试。图 6 - 27 假定设备处于 PM0 电源模式(全功能模式,稳压器到数字核心全部接通,HS－RCOSC、32 MHz XOSC 或两者正在运行,32.768 kHz RCOSC 或 32.768 kHz XOSC 正在运行)。

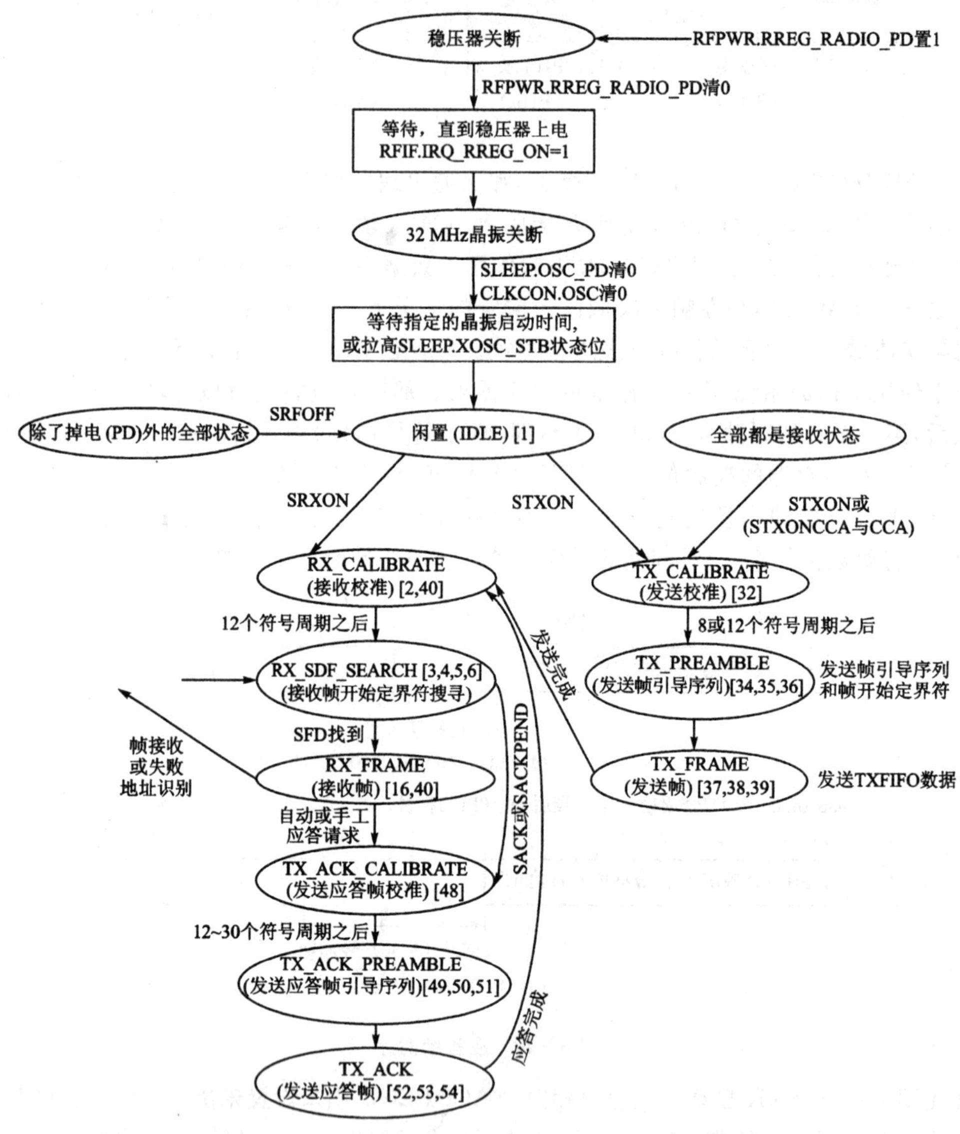

图 6－27　无线控制状态机

无线模块使用接收或发送模式之前,稳压器和晶体振荡器必须起振并且稳定运行。振荡器的运行状态由 SLEEP.XOSC_STB 位表示,1 表示稳定,0 表示不稳定。

通过设置 RF 寄存器的 RFPWR.RREG_RADIO_PD 位为 1,可以使稳压器为无线模块供电。当稳压器接通电源时,中断标志 RFIF.IRQ_RREG_ON 置 1。

出于测试的目的,频率合成器(FS)也可以手工校准,并且通过命令选通寄存器 STXCAL 启动。注意,当 STXON 选通命令下达之前,上述操作不能实现。这种情况在图 6－27 中没有描述。通过下达选通命令 STXON 或 STXONCCA,就可以使能发送;通过下达选通命令 SRFOFF,就可以关断 RF。

当 CC2430 从低耗电模式，例如电源模式 3(PM3，稳压器到数字核心关断，没有振荡器运行；系统复位或外部中断时可以进入 PM0 模式)上升到电源模式 0(PM0)时，所有的 RF 寄存器都保留原有的值不变。这样就能够确保 CC2430 正确运行。由于转换的速度极快，CC2430 可以在发送数据的请求到来之前，保持低电耗的电源模式。

6.6.21　MAC 安全操作

CC2430 的硬件支持 IEEE 802.15.4 的 MAC 安全操作(加密和验证)，详见 6.5.4 小节。

6.6.22　线性中频和自动增益控制设置

CC2430 基于线性中频(IF)通道运行，该中频通道通过一个可变增益放大器(VGA)工作。VGA 的增益由数字逻辑来控制。

自动增益控制(AGC)闭环运行确保了模/数转换器(ADC)在片内操作，详见 6.5.4 小节中关于 AES 加密单位的描述。动态范围通过使用模拟/数字闭环反馈加以实现。通过寄存器 AGCCTRLL：AGCCTRLH 来设置 AGC 的特性。其结果值供所有的 AGC 控制寄存器使用。

6.6.23　接收信号强度指示器/能量检测

CC2430 有一个内置的接收信号强度指示器(RSSI)，其数字值为 8 位有符号的二进制补码，可以从寄存器 RSSIL.RSSI_VAL 读出。RSSI 值是通过 8 个符号周期内(128 μs)取平均值得到的。

RSSI 寄存器值 RSSI.RSSI_VAL 在 RF 上涉及的电能 P，由下式表示：

$$P=(RSSI\_VAL+RSSI\_OFFSET)\ dBm$$

式中：RSSI_OFFSET 是一个系统开发期间得到的来自前端增益的经验值。RSSI_OFFSET 近似值为−45。例如，从 RSSI 寄存器中读到的值是−20，那么 RF 的输入功率大约是−65 dBm。

典型的作为输入功率功能的 RSSI_VAL 图如图 6-28 所示。从图中可以看到，从 CC2430 中读出的 RSSI 值线性极好，且具有大约 100 dB 的动态范围。

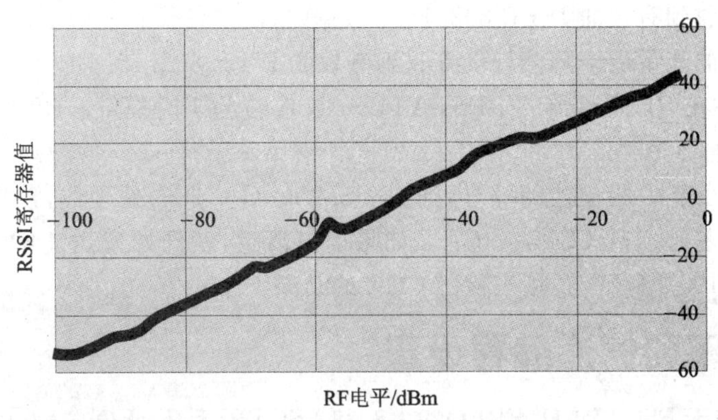

图 6-28　典型的 RSSI 值与输入功率之间的对比

6.6.24　链路质量指示

如同 IEEE 802.15.4 中的定义，链路质量指示(LQI)计量的就是所收到的包的强度和质量。

上一小节所描述的接收信号强度指示器(RSSI)的值可以用于MAC软件产生LQI值。IEEE 802.15.4所需的LQI值限制在0～255,至少需要8个唯一的值。对于给定的应用,软件必须产生比例和尺度适当的LQI值。

直接使用RSSI值计算LQI值有若干缺点。例如:窄带干扰内部信道带宽会增加LQI值。事实上也会降低链路质量。因此,对于每个输入的包,CC2430提供了一个平均相关值Corr。该值基于跟随在SFD后面的前8个符号。虽然CC2430不做片码判定,但是这个无符号的7位数值可以看作是"片码错误率"。

正如6.6.16小节中描述的那样,当MDMCTRL0L.AUTOCRC已经设置为1时,前8个符号的平均相关值与RSSI、CRC OK/not OK一起,附加在每个接收帧上。由CC2430检测出来,约为110的平均相关值表示最好质量的接收帧,而约为50的平均相关值表示典型的质量最差的接收帧。

软件必须将平均相关值CORR转换为由IEEE 802.15.4定义的,范围为0～255的数值:

$$\text{LQI}=(\text{Corr}-a)\cdot b$$

式中:a和b限制为0～255,是基于包差错率(PER)测量的经验值。

6.6.25 空闲信道评估

空闲信道评估(CCA)基于RSSI值的测量和编程设置的阈值。空闲信道评估功能用来实现IEEE 802.15.4指定的CSMA-CA功能。至少在8个符号周期后,接收器使能,CCA有效。载波探知阈电平由RSSI.CCA_THR编程设置。阈值可以按照步长为1 dB编程设置。CCA的滞后作用也可以由控制位MDMCTRL0H.CCA_HYST编程设置。

CC2430可以实现全部3种IEEE 802.15.4指定的CCA模式。这3种模式都是依靠设置MDMCTRL0L.CCA_MODE完成的。对于不同的模式:

- 0:保留;
- 1:当收到的能量低于阈值时,清空信道;
- 2:当没有收到有效的IEEE 802.15.4数据时,清空信道;
- 3:当收到的能量低于阈值且没有收到有效的IEEE 802.15.4数据时,清空信道。

空闲信道评估在RF寄存器的RFSTATUS.CCA位为1时提供。RF寄存器也设置中断标志位RFIF.IRQ_CCA。

正如6.6.20小节中所描述的那样,通过CSMA-CA/选通处理器,使用选通命令STX-ONCCA可以很容易地实现CSMA-CA。如果信道清空,就开始发送。RF寄存器RFSTA-TUS中的状态位TX_ACTIVE用来检测CCA的结果。

6.6.26 频率和信道编程设置

可以通过对位于FSCTRLH.FREQ[9:8]和FSCTRLL.FREQ[7:0]的10位频率字编程设置操作频率。以MHz为单位的操作频率F_C由下式表示:

$$F_C=2048+\text{FREQ}[9:0]$$

式中:FREQ[9:0]是由FSCTRLH.FREQ[9:8]:FSCTRLL.FREQ[7:0]提供的值。

在接收模式下,由于所用的中频(IF)是2 MHz,因此实际的本地振荡器(LO)频率是

F_C-2 MHz。在发送模式下，采用直接转换，此时本地振荡器频率等于 F_C。中频 2 MHz 由 CC2430 自动提供。

IEEE 802.15.4 指定 16 个信道。它们位于 2.4 GHz 频段之内，步长为 5 MHz，编号为 11～26。信道 k 的 RF 频率由 IEEE 802.15.4 指定如下：

$$F_C=2405+5(k-11)\ \text{MHz} \qquad (k=11,\ 12,\cdots,\ 26)$$

运行在信道 k，寄存器 FSCTRLH.FREQ：FSCTRLL.FREQ 应当设置为：

$$\text{FSCTRLH.FREQ : FSCTRLL.FREQ}=357+5(k-11)$$

6.6.27 电压控制振荡器和锁相环自校准

(1) 电压控制振荡器

电压控制振荡器(VCO)集成在 CC2430 上，工作频率为 4800～4966 MHz。VCO 频率除以 2 来产生所需的频段(2400～2483.5 MHz)。

(2) 锁相环自校准

电压控制振荡器(VCO)的特性随温度而变化，随供给电压和所需操作频率的改变而变化。为了确保操作可靠，VCO 的偏流和调谐范围必须自动校准。自动校准在每次接收(RX)模式或者发送(TX)模式使能时，即 RX_CALIBRATE、TX_CALIBRATE 或者 TX_ACK_CALIBRATE 处于控制状态时进行(如图 6-27 所示)。

6.6.28 输出功率编程设置

设备的 RF 输出功率是可编程设置的，可以由 RF 寄存器 TXCTRLL.PA_LEVEL 控制。表 6-24 列出了不同设置的输出功率，其中包括控制寄存器 TXCTRLL 的全部编程设置和当前无线模块自身的电流消耗。

表 6-24 输出功率设置

PA_LEVEL	RF 寄存器 TXCTRLL	输出功率/dBm	电流消耗/mA
31	0xFF	0	17.4
27	0xFB	−1	16.5
23	0xF7	−3	15.2
19	0xF3	−5	13.9
15	0xEF	−7	12.5
11	0xEB	−10	11.2
7	0xE7	−15	9.9
3	0xE3	−25	8.5

6.6.29 输入/输出匹配

RF 的输入和输出(RF_N 和 RF_P)是有差别的。除此之外，有一个对外供电开关引脚(TXRX_SWITCH)。该引脚必须由外接直流电路连接到 RF_N 和 RF_P。

在输入模式下，引脚 TXRX_SWITCH 接地，给低噪声放大器（LNA）提供偏置电压。在输出模式下，引脚 TXRX_SWITCH 接在所供电压上面，给内部功率放大器（PA）提供偏置电压。RF 输出和直流偏置可以采用不同的拓扑结构完成。

如果使用了差动天线，就不需要不平衡变压器了。如果需要单端输出（用于单端连接器或单极天线），则需要不平衡变压器。

6.6.30 发送测试模式

为了实现性能评估，CC2430 可以设置成为不同的发送测试模式。测试模式首先需要芯片复位，使用选通命令 SXOSCON 使能晶体振荡器，让其稳定运行。

1. 未调制的载波

设置 MDMCTRL1L. TX_MODE 到 2，当寄存器 DACTSTH ：DACTSTL 中写入 0x1800，且下达选通命令 STXON 后，未调制的载波即可发送。当发送器的同相信号和正交相位信号 DAC 不考虑静态值时，即可使能发送器。这样，未调制的载波就可以提供给 RF 输出引脚。图 6-29 为 CC2430 输出的单载波（single carrier）频谱。

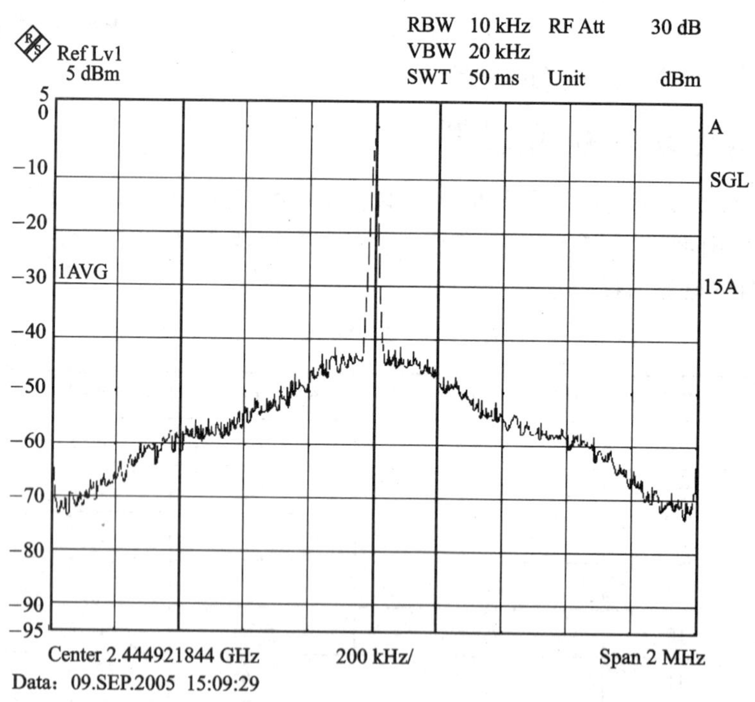

图 6-29 单载波输出

2. 已调制的频谱

CC2430 有一个内置的测试样品发生器。可以通过设置 MDMCTRL1L. TX_MODE 为 3，且下达选通命令 STXON，使得该发生器使用 CRC 发生器生成一个伪随机数据序列。这样，就可以提供已调制的频谱到 RF 引脚，发送低位字节的 CRC 字。对每个新字节，CRC 更新为 0xFF。

发送数据序列的长度是 65535 比特。该数据序列为：

[同步头][0x00,0x78,0xB8,0x4B,0x99,0xC3,0xE9,…]

由于同步头(帧引导序列＋SFD)在 TX 模式下发送，因此这个测试模式也可以用来发送一个已知伪随机数据的比特序列，用于比特出错测试。注意，为了确保正确接收，CC2430 不但需要位同步，也需要符号同步。因此，与比特差错率相比，包差错率是测试 RF 性能的更好的方法。

另一种用来产生已调制频谱的方法，是用伪随机数据来填充 TXFIFO。此时设置 MDMCTRL1L.TX_MODE 为 2，CC2430 将从 TXFIFO 中发送数据，而不管 TXFIFO 是否为空。发送的伪随机数据序列长度是 1024 比特(128 字节)。

图 6-30 为 CC2430 输出的已调制频谱。注意，为了从已调制频谱中找到输出功率，解析度带宽(RBW)必须设置为 3 MHz 或更高。

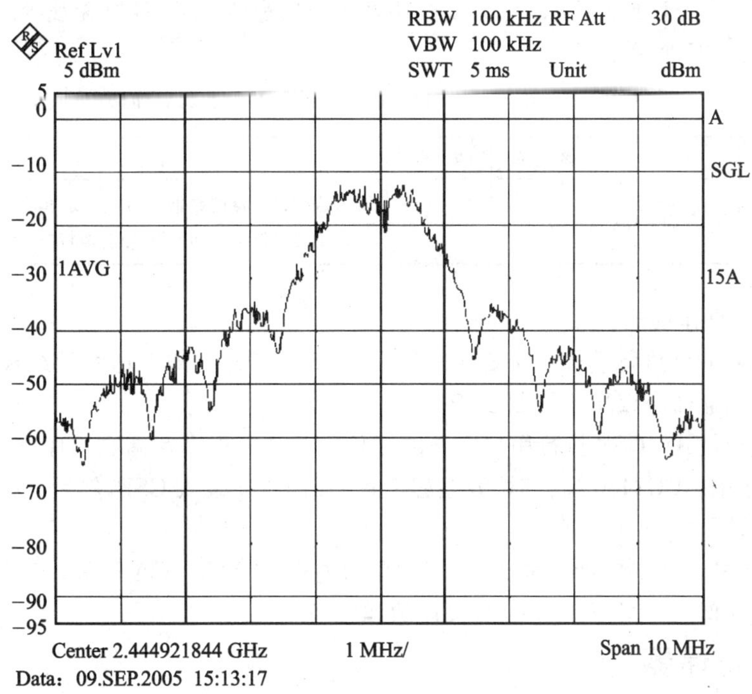

图 6-30　已调制的频谱

6.6.31　印刷电路板设计建议

推荐双层印刷电路板(PCB)。在 Chipcon 公司提供的参考设计中，双层 PCB 的顶层用于信号路由，空白处和位于芯片下面的空间一样，采用金属箔填充，通过若干过孔牢靠接地。

电源滤波极为重要，退耦电容器应尽可能靠近供电引脚，并且通过单独的过孔连接到印刷电路板的接地面。芯片的接地引脚，距离使用单独过孔的封装引脚越近越好。外接元件越小越好，必须使用表面贴装器件。如果在 PCB 上要使用高速外接数字设备，那么必须避开 RF 电路。

开发装置 CC2430DK 为用户提供了组合评估模块。建议用户参照该模块进行应用开发设计，以便获得最好的成果。Chipcon 公司为用户的参考设计提供了所有的示意图、BOM 和 Gerber 文件(制造 PCB 板必需的)。这些都可以从 Chipcon 公司的网站上获取。

6.6.32　天线的考虑

CC2430 使用的天线与 CC2420 使用的天线相同。这部分在本书第 5 章的 5.29 节中已详细描述，这里不再重复。

6.6.33　CSMA－CA/选通处理器

在 CC2430 中，CSMA－CA/命令选通处理器(CSP)提供 CPU 和无线模块之间的控制接口。

CSP 通过 SFR 寄存器 RFST 以及 RF 寄存器 CSPX、CSPY、CSPZ、CSPT 和 CSPCTRL 与 CPU 接口。CSP 向 CPU 发出中断请求。除此之外，CSP 与 MAC 计数器接口，接收 MAC 计数器溢出事件。CSP 允许 CPU 对无线模块发布选通命令，从而控制无线模块的运行。CSP 具体描述如表 6－25 所列。

表 6－25　RFST(0xE1)—RF CSMA－CA/选通处理器

位	名　称	复　位	读/写	描　述
7：0	INSTR[7：0]	0xC0	R/W	写入这个寄存器的数据会写入 CSP 指令存储器；读这个寄存器会返回 CSP 当前即将执行的指令

CSP 有两种操作模式：

- 直接选通命令执行模式：直接将命令写给 CSP，CSP 立即下达给无线模块。该模式中的直接选通命令仅用于控制 CSP。
- 程序执行模式：CSP 执行用户定义的短程序。该短程序存储在程序存储器(即指令存储器)之中。CC2430 运行时，该短程序首先由 CPU 装入 CSP，然后 CPU 指示 CSP 开始执行。

程序执行模式与 MAC 计数器允许 CSP 自动进行 CSMA－CA 运算。这样，CSP 就成为 CPU 的一个协处理器。下面介绍 CSP 操作的详细情况。

1. 指令存储器

CSP 执行从 24 字节指令存储器读出的单字节指令。通过 SFR 寄存器 RFST 连续写入指令存储器，指令写指针保留在 CSP 中。

复位之后，指令写指针复位到位置 0。在每次寄存器 RFST 写入期间，指令写指针累加 1，直至到达存储器的终点；此时，指令写指针停止累加。第一个写入 RFST 的指令将存放在位置 0，也就是程序运行的起始点。至此，24 条指令通过寄存器 RFST 写入指令存储器。

指令写指针可以通过下达立即命令选通指令 ISSTOP 复位到 0。除此之外，指令写指针也可以由于在程序中执行选通命令 SSTOP 复位到 0。复位之后，指令存储器中充满 SNOP (无操作)指令。

当 CSP 运行程序时，不可以使用 RFST 将指令写入指令存储器，否则会导致程序出错，进而破坏指令存储器的内容。然而，立即命令选通指令可以写到 RFST。

2. 数据寄存器

CSP有4个数据寄存器CSPT、CSPX、CSPY和CSPZ。它们像RF寄存器一样,可以被CPU读/写,也可以被某些指令读取或修改。这样,CPU就可以设置CSP的程序能够使用的参数,也可以读取CSP的程序状态。

任何指令都不可以修改数据寄存器CSPT。数据寄存器CSPT用来设置MAC计数器溢出比较值。一旦运行的程序已经启动CSP,该寄存器的内容就会因为每次MAC计数器的溢出而递减1。当CSPT递减到0时,程序挂起,中断请求IRQ_CSP_STOP发出。如果CPU将0xFF写入数据寄存器CSPT,则CSPT就不递减1了。

注意: 如果寄存器CSPT不使用比较功能,那么该寄存器必须在程序运行之前设置为0xFF。

3. 程序运行

指令存储器填充完毕之后,当立即命令选通指令ISSTART写入寄存器RFST时,就开始运行程序。程序将一直运行到指令的最后位置,即运行到数据寄存器CSPT的内容为0,或者运行到SSTOP指令已经执行,或者运行到立即停止指令ISSTOP已经写入RFST,或者运行到指令SKIP返回到超过指令存储器的最后位置。

当程序即将运行时,可以将立即命令选通指令写入RFST。在这种情况下,立即指令会绕过指令存储器里的指令执行,而指令存储器里的指令会在立即指令完成后执行。程序运行期间,读RFST将返回当前指令即将执行的位置。只有一个例外,就是正在执行立即选通命令。届时,RFST将返回C0h。

4. 中断请求

CSP有3个中断标志,它们可以产生RF中断向量:

- IRQ_CSP_STOP:当CSP执行完毕存储器中最后一个指令,或者CSP由于下达指令SSTOP或ISSTOP而停止,或者寄存器CSPT等于0时,该中断标志有效;
- IRQ_CSP_WT:当CSP在指令"WAIT W"或"WAITX"之后,继续执行下一条指令时,该中断标志有效;
- RQ_CSP_INT:当CSP执行指令INT时,该中断标志有效。

5. 随机数指令

在更新指令RANDXY使用的随机数时,应当有一段时间延迟。如果指令RANDXY在上一个指令RANDXY之后立即发送随机数,则两次发送的随机数数值相同。

6. 运行CSP程序

装入和运行CSP程序的基本流程如图6-31所示。当程序由于结束而停止运行时,当前程序遗留在程序存储器之中。这样一来,执行命令ISSTART就可以开始重新运行同样的程序。然而,当程序通过执行指令SSTOP或ISTOP而停止时,将清空程序存储器。

7. 指令集概况

指令集概况如表6-26所列。每条指令包含一个字节用来写入寄存器RFST,最终存储到指令存储器。

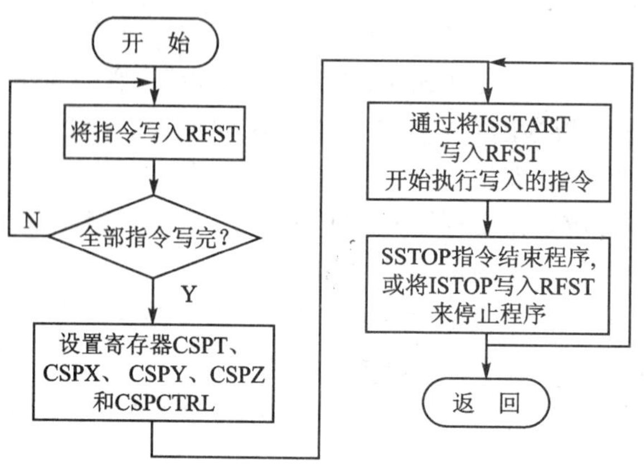

图 6-31　运行 CSP 程序

表 6-26　指令集概况

记忆符	操作码位数								描　述
	7	6	5	4	3	2	1	0	
SKIP C,S	0	S			N	C			当（C xor N）为真时，跳到 S
WAIT W	1	0	0	W					等待 MAC 计数器溢出计数等于 W
WEVENT	1	0	1	1	1	0	0	0	等待，直到 MAC 计数器第一次比较
WAITX	1	0	1	1	1	0	1	1	等待 MAC 计数器溢出计数等于 CSPX
LABEL	1	0	1	1	1	0	1	0	当循环开始，标注下一条指令
RPT	1	0	1	0	N	C			当(C xor N)为真，从循环的起点，重复运行
INT	1	0	1	1	1	0	0	1	宣称中断
INCY	1	0	1	1	1	1	0	1	递增 CSPY
INCMAXY	1	0	1	1	0	M			递增 CSPY，不大于 M
DECY	1	0	1	1	1	1	1	0	递减 CSPY
DECZ	1	0	1	1	1	1	1	1	递减 CSPZ
RANDXY	1	0	1	1	1	1	0	0	将 CSPY 的随机值装入. CSPX
Sxxx	1	1	0	STRB					命令选通指令
ISxxx	1	1	1	STRB					立即选通指令

直接选通指令(ISxxx)不在程序中使用。当 ISxxx 写入寄存器 RFST 时，就立即执行。此时，如果 CSP 正在运行程序，则当前的指令延迟执行，直到 ISxxx 执行完毕，才重新执行 CSP 所运行的程序。对于未定义的操作码，CSP 定义为选通命令 SNOP(无操作)。

8. 指令集定义

指令的基本类型有 14 类。每条选通命令和立即选通指令可以分为 11 类子指令，这些子指令给出有效的 34 类不同的指令。为了描述方便，定义下列符号(仅在本小节使用)：PC＝CSP 程序计数器；X＝RF 寄存器 CSPX；Y＝RF 寄存器 CSPY；Z＝RF 寄存器 CSPZ；T＝RF 寄存器 CSPT。

(1) DECZ

功能： Z 减去 1。

描述： 寄存器 Z 减去 1。原始值 0x00 减去 1 后，将下溢出至 0xFF。

操作： Z：＝Z－1

(2) DECY

功能： Y 减去 1。

描述： 寄存器 Y 减去 1。原始值 0x00 减去 1 后，将下溢出至 0xFF。

操作： Y：＝Y－1

(3) INCY

功能： Y 加上 1。

描述： 寄存器 Y 加上 1。原始值 0xFF 加上 1 后，将上溢出至 0x00。

操作： Y：＝Y＋1

(4) INCMAXY

功能： Y 加上 1，结果不大于 M。

描述： 如果结果小于 M，则寄存器 Y 加上 1；否则，寄存器 Y 装入 M。

操作： Y：＝min(Y＋1, M)

(5) RANDXY

功能： 将随机数装入 X。

描述： 寄存器 X 的[Y]的低位(LSB)装入随机值。注意，如果两个 RANDXY 指令接连下达，则会产生两个相同的随机值。

操作： X[Y－1：0]：＝RNG_DOUT[Y－1：0]，X[7：Y]：＝0

(6) INT

功能： 中断。

描述： 执行这条指令时，即宣称(asserted)IRQ_CSP_INT 中断。

操作： RQ_CSP_INT＝1

(7) WAITX

功能： 等待到 MAC 计数器溢出次数 X。

描述： 等待，直到 MAC 计数器溢出的次数等于寄存器 X。每次检测到 MAC 计数器溢出，寄存器 X 的内容就减去 1，程序继续运行。当等待状态为真时，即宣称中断标志位 IRQ_CSP_WT 置 1。

操作： X：＝X－1(当 MAC 计数器溢出＝true)

PC：＝PC(当 MAC 计数器溢出的次数＝true<X)

PC：＝PC＋1(当 MAC 计数器溢出的次数＝true＝X)

(8) WAIT W

功能： 等待到 MAC 计数器溢出次数 W。

描述： 等待，直到 MAC 计数器溢出的次数等于寄存器 W。如果 W＝0，则指令就要等待 32 次溢出。程序继续运行。当等待状态为真时，即宣称中断标志位 IRQ_CSP_WT 置 1。

操作： PC：＝PC(当 MAC 计数器溢出的次数＝true<W)

PC：＝PC＋1(当 MAC 计数器溢出的次数＝true＝W)

(9) WEVENT

功能：等待到 MAC 计数器比较。

描述：等待，直到下一个 MAC 计数器比较到来。当等待状态为真时，程序继续运行。

操作：PC：=PC(当 MAC 计数器比较=false)

PC：=PC+1(当 MAC 计数器比较=true)

(10) LABEL

功能：设置循环标签。

描述：设置下一条指令为循环的起始点。如果当前指令是指令存储器中最后一条指令，那么当前的 PC 就设置为循环的起始点。仅支持一层循环。

操作：LABEL：=PC+1

(11) RPT C

功能：条件重复。

描述：如果条件 C 为真，那么跳转到上一个 LABEL 指令定义的位置，即循环的起始点。如果条件 C 为假，或者没有执行 LABEL 指令，则程序将执行下一条指令。可以通过设置 N=1 来取消条件 C。详细情况见表 6-27。

表 6-27　条件重复功能及描述

条件	描述	功能	条件	描述	功能
000	CCA=True	CCA=1	100	寄存器 X=0	X=0
001	接收包	SFD=1	101	寄存器 Y=0	Y=0
010	CPU 控制为真	CSPCTRL.CPU_CTRL=1	110	寄存器 Z=0	Z=0
011	指令存储器结束	PC=23	111	未使用	—

操作：PC：=LABEL(当(C xor N)=true)

PC：=PC+1(当(C xor N)=false 或 LABEL=未设置)

(12) SKIP S, C

功能：条件跳转。

描述：如果条件 C 为真，那么跳转到 S 指令。设置 N=1 就取消条件 C。详细情况见表 6-28。

操作：PC：=PC+S+1(当(C xor N)=true)

PC：=PC+1(当(C xor N)=false)

表 6-28　条件跳转功能及描述

条件	描述	功能	条件	描述	功能
000	CCA=True	CCA=1	100	寄存器 X=0	X=0
001	接收包	SFD=1	101	寄存器 Y=0	Y=0
010	CPU 控制为真	CSPCTRL.CPU_CTRL=1	110	寄存器 Z=0	Z=0
011	指令存储器结束	PC=23	111	未使用	—

(13) STOP

功能： 停止程序运行。

描述： 指令 SSTOP 停止 CSP 程序运行。清空指令存储器，由指令 LABEL 设置的任何循环起始位置无效，中断标志位 IRQ_CSP_STOP 置 1，宣称中断。

操作： 停止运行，PC：=0；写指针：=0

(14) SNOP

功能： 无操作。

描述： 操作持续到下一条指令。

操作： PC：=PC+1

(15) STXCALN

功能： 为 TX 使能和校准频率合成器。

描述： 指令 STXCALN 为 TX 使能和校准频率合成器。该指令在执行下一条指令之前，等待无线模块应答。

操作： STXCALN

(16) SRXON

功能： 为 RX 使能和校准频率合成器。

描述： 指令 SRXON 宣称输出 FFCTL_SRXON_STRB，为 RX 使能和校准频率合成器。该指令在执行下一条指令之前，等待无线模块应答。

操作： SRXON

(17) STXON

功能： 在频率合成器校准之后使能 TX。

描述： 指令 STXON 在频率合成器校准之后使能 TX。该指令在执行下一条指令之前，等待无线模块应答。

操作： STXON

(18) STXONCCA

功能： 如果 CCA 指出需要一个清空的信道，则频率合成器校准后，使能 TX。

描述： 如果 CCA 指出需要一个清空的信道，则频率合成器校准后，指令 STXONCCA 使能 TX。该指令在执行下一条指令之前，等待无线模块应答。

操作： STXONCCA

(19) SRFOFF

功能： 禁止 RX/TX 和频率合成器。

描述： 指令 SRFOFF 宣称禁止 RX/TX 和频率合成器。该指令在执行下一条指令之前，等待无线模块应答。

操作： SRFOFF

(20) SFLUSHRX

功能： 清空 RXFIFO 缓冲器并复位解调器。

描述： 指令 SFLUSHRX 清空 RXFIFO 缓冲器，并且复位解调器。该指令在执行下一条指令之前,等待无线模块应答。

操作: SFLUSHRX

(21) SFLUSHTX

功能: 清空 TXFIFO 缓冲器。

描述: 指令 SFLUSHTX 清空 TXFIFO 缓冲器。该指令在执行下一条指令之前,等待无线模块应答。

操作: SFLUSHTX

(22) SACK

功能: 传送具有已经清 0 的未决域的应答帧。

描述: 指令 SACK 传送具有已经清 0 的未决域的应答帧。该指令在执行下一条指令之前,等待无线模块应答。

操作: SACK

(23) SACKPEND

功能: 传送具有已经设置的未决域的应答帧。

描述: 指令 SACKPEND 传送具有已经设置的未决域的应答帧。该指令在执行下一条指令之前,等待无线模块应答。

操作: SACKPEND

(24) ISSTOP

功能: 停止程序运行。

描述: 指令 ISSTOP 停止 CSP 程序运行。清空指令存储器,任何由指令 LABEL 设置的循环的起始位置无效。中断标志位 IRQ_CSP_STOP 置 1,宣称中断。

操作: 停止运行

(25) ISSTART

功能: 开始程序运行。

描述: 指令 ISSTART 从写入指令存储器中的第一条指令开始运行 CSP 程序。

操作: PC:=0(开始运行)

(26) ISTXCALN

功能: 为 TX 使能并且校准频率合成器。

描述: 指令 ISTXCALN 为 TX 立即使能并且校准频率合成器。该指令在执行下一条指令之前,等待无线模块应答。

操作: FFCTL_STXCALN_STRB=1

(27) ISRXON

功能: 为 RX 使能并且校准频率合成器。

描述: 指令 ISRXON 为 RX 立即使能并且校准频率合成器。该指令在执行下一条指令之前,等待无线模块应答。

操作: FFCTL_SRXON_STRB=1

(28) ISTXON

功能: 在频率合成器校准之后使能 TX。

描述: 指令 ISTXON 在频率合成器校准之后使能 TX。该指令在执行下一条指令之前，等待无线模块应答。

操作: FFCTL_STXON_STRB=1

(29) ISTXONCCA

功能: 如果 CCA 指出需要一个清空的信道，则校准频率合成器后，使能 TX。

描述: 如果 CCA 指出需要一个清空的信道，则指令 ISTXONCCA 校准频率合成器之后立即使能 TX。该指令在执行下一条指令之前，等待无线模块应答。

操作: FFCTL_STXONCCA_STRB=1

(30) ISRFOFF

功能: 禁止 RX/TX 和频率合成器。

描述: 指令 ISRFOFF 禁止 RX/TX 以及频率合成器。该指令在执行下一条指令之前，等待无线模块应答。

操作: FFCTL_SRFOFF_STRB=1

(31) ISFLUSHRX

功能: 清空 RXFIFO 缓冲器并且复位解调器。

描述: 指令 ISFLUSHRX 立即清空 RXFIFO 缓冲器并且复位解调器。该指令在执行下一条指令之前，等待无线模块应答。

操作: FFCTL_SFLUSHRX_STRB=1

(32) ISFLUSHTX

功能: 清空 TXFIFO 缓冲器。

描述: 指令 ISFLUSHTX 立即清空 TXFIFO 缓冲器。该指令在执行下一条指令之前，等待无线模块应答。

操作: FFCTL_SFLUSHTX_STRB=1

(33) ISACK

功能: 传送具有已清 0 的未决域的应答帧。

描述: 指令 ISACK 立即传送应答帧。该指令在执行下一条指令之前，等待无线模块应答。

操作: FFCTL_SACK_STRB=1

(34) ISACKPEND

功能: 传送具有未决域设置的应答帧。

描述: 指令 ISACKPEND 立即传送具有未决域设置的应答帧。该指令在执行下一条指令之前，等待无线模块应答。

操作: FFCTL_SACKPEND_STRB=1

9. 程序实例

第一个 CSP 程序实例表明由 IEEE 802.15.4 定义的时隙式(slotted)CSMA-CA 算法如

何实现。代码如下：

```
0xba,   //  LABEL
0xbb,   //  WAITX          为随机补偿(backoffs)而延迟
0x22,   //  SKIP 2, C2     RX开启?
0xc2,   //  SRXON          是的, RX开启
0xb8,   //  WEVENT         等待RX稳定
0x58,   //  SKIP 5, !C0    CCA=TRUE?
0xb8,   //  WEVENT         CCA=TRUE, CW=CW-1
0x38,   //  SKIPC 3, !C0   CCA=TRUE?
0xc3,   //  STXON          TX开启
0xb9,   //  INT            是的,信号成功到达CPU
0xdf,   //  SSTOP          CSMA成功完成,停止处理
0x12,   //  SKIP 1, C2     为节约电能,关断RX?
0xc5,   //  SRFOFF         是的, 关断RX
0xb5,   //  INCMAXY 5      BE=min(BE+1, aMaxBE)
0xbc,   //  RANDXY         下一个延迟随机单位补偿周期
0xbf,   //  DECZ           NB=NB-1
0xae,   //  RPT !C6        继续,直到NB=0(NB>macMaxCSMABackoffs)
```

第二个CSP程序实例表明由IEEE 802.15.4定义的非时隙式(non-slotted)以及CSMA-CA算法如何通过CSP实现。代码如下：

```
0xba,   //  LABEL
0xbb,   //  WAITX          为随机补偿(backoffs)而延迟
0x22,   //  SKIP 2, C2     RX开启?
0xc2,   //  SRXON          是的, RX开启
0xb8,   //  WEVENT         等待RX稳定
0x38,   //  SKIP 3, !C0    CCA=TRUE?
0xc3,   //  STXON          TX开启
0xb9,   //  INT            是的,信号成功到达CPU
0xdf,   //  SSTOP          CSMA成功完成,停止处理
0x12,   //  SKIP 1, C2     为节约电能,关断RX?
0xc5,   //  SRFOFF         是的, 关断RX
0xb5,   //  INCMAXY 5      BE=min(BE+1, aMaxBE)
0xbc,   //  RANDXY         下一个延迟随机单位补偿周期
0xbf,   //  DECZ           NB=NB-1
0xae,   //  RPT !C6        继续,直到NB=0(NB>macMaxCSMABackoffs)
```

6.6.34 无线寄存器

所有的无线(RF)寄存器均用于控制和检测无线模块状态。RF寄存器驻留在XDATA存储器空间。它们的地址如表6-29所列,表6-30则具体描述每个寄存器。

表 6-29 RF 寄存器的名称和地址

寄存器名	XDATA 地址	寄存器名	XDATA 地址
MDMCTRL0H	0xDF02	保留	0xDF28～0xDF38
MDMCTRL0L	0xDF03	FSMSTATE	0xDF39
MDMCTRL1H	0xDF04	保留	0xDF3A
MDMCTRL1L	0xDF05	保留	0xDF3B
RSSIH	0xDF06	DACTSTH	0xDF3C
RSSIL	0xDF07	DACTSTL	0xDF3D
SYNCWORDH	0xDF08	保留	0xDF3F
SYNCWORDL	0xDF09	保留	0xDF40
TXCTRLH	0xDF0A	保留	0xDF41
TXCTRLL	0xDF0B	IEEE_ADDR0	0xDF43
RXCTRL0H	0xDF0C	IEEE_ADDR1	0xDF44
RXCTRL0L	0xDF0D	IEEE_ADDR2	0xDF45
RXCTRL1H	0xDF0E	IEEE_ADDR3	0xDF46
RXCTRL1L	0xDF0F	IEEE_ADDR4	0xDF47
FSCTRLH	0xDF10	IEEE_ADDR5	0xDF48
FSCTRLL	0xDF11	IEEE_ADDR6	0xDF49
CSPX	0xDF12	IEEE_ADDR7	0xDF4A
CSPY	0xDF13	PANIDH	0xDF4B
CSPZ	0xDF14	PANIDL	0xDF4C
CSPCTRL	0xDF15	SHORTADDRH	0xDF4D
CSPT	0xDF16	SHORTADDRL	0xDF4E
RFPWR	0xDF17	IOCFG0	0xDF4F
FSMTCH	0xDF20	IOCFG1	0xDF50
FSMTCL	0xDF21	IOCFG2	0xDF51
MANANDH	0xDF22	IOCFG3	0xDF52
MANANDL	0xDF23	RXFIFOCNT	0xDF53
MANORH	0xDF24	FSMTC1	0xDF54
MANORL	0xDF25	CHVER	0xDF60
AGCCTRLH	0xDF26	CHIPID	0xDF61
AGCCTRLL	0xDF27	RFSTATUS	0xDF62

表 6－30　RF 寄存器具体描述

位	名　称	复　位	读/写	功　能
MDMCTRL0H(0xDF02)				
7：5	—	000	R/W	保留，永远设置为 000
4	PAN_COORDINATOR	0	R/W	使能 PAN 协调器(PAN coordinator)来过滤无目标地址的包 0，外部设备不是 PAN 协调器；1，外部设备是 PAN 协调器
3	ADR_DECODE	1	R/W	使能硬件地址解码 0，禁止地址解码；1，使能地址解码
2：0	CCA_HYST[2：0]	010	R/W	CCA(空闲信道评估)以 dB 为计量单位滞后，滞后值为 0～7 dB
MDMCTRL0L(0xDF03)				
7：6	CCA_MODE[1：0]	11	R/W	空闲信道评估(CCA)模式选择 00：保留 01：CCA＝1(当 RSSI<CCA_THR－CCA_HYST 时) CCA＝0(当 RSSI≥CCA_THR 时) 10：CCA＝1(当没有收到包时) 11：CCA＝1(当 RSSI<CCA_THR－CCA_HYST 且没有收到包时) CCA＝0(当 RSSI≥CCA_THR 或收到包时)
5	AUTOCRC	1	R/W	计算包的 CRC－16(ITU－T)。 对于 TX 模式，CRC 在最后一个数据字节后发送； 对于 RX 模式，计算 CRC 且校验确保有效
4	AUTOACK	0	R/W	如果 AUTOACK 置 1，所有的包被带有应答请求标志的地址识别接收；在收到之后的 12 个符号周期，应答有效的 CRC
3：0	PREAMBLE_LENGTH[3：0]	010	R/W	在 TX 模式下，要发送的帧引导序列字节数(2 个 0 符号)位于同步字(SYNCWORD)前面，2 步之内解码。复位值为 2，适应 IEEE 802.15.4 0000：2 个前导 0 字节 0001：4 个前导 0 字节 1101：6 个前导 0 字节 ⋮ 1111：32 个前导 0 字节
MDMCTRL1H(0xDF04)				
7	SLOTTED_ACK	0	R/W	SLOTTED_ACK 定义自动发送应答帧的时间 0：应答帧在收到输入帧 12 个符号周期之后发送 1：应答帧在收到输入帧 12～30 个符号周期之后发送。时间的定义是这样的，在收到的和发送的 SFD 之间，间隔整数倍的 20 个符号周期。在一个信标使能的网络中，该方法可以用来发送时隙应答帧
6	—	0	R/W	保留

续表 6-30

位	名　称	复　位	读/写	功　能
5	CORR_THR_SFD	1	R/W	CORR_THR_SFD 定义的电平，该电平是用来过滤收到帧的 CORR_THR 相关阈值。 0：与 CC2430 相同的过滤，应当与 0x14 的 CORR_THR 结合 1：执行更加广泛的过滤，其结果是帧检测出错(诸如噪声引起的出错)较少
4：0	CORR_THR[4：0]	0x10	R/W	在 SFD 搜寻之前必需的解调器的相关阈值
		MDMCTRL1L(0xDF05)		
7：6	—	00	R0	保留，读出是 0
5	DEMOD_AVG_MODE	0	R/W	直流平均滤波 0：帧引导序列匹配之后，锁定要移开的直流电平 1：连续更新直流平均电平
4	MODULATION_MODE	0	R/W	为 RX/TX 设置两个 RF 调制模式中的一个 0：适应 IEEE 802.15.4 的模式 1：反相，不适应 IEEE 802.15.4(可以用来安装一个不接收 IEEE 802.15.4 包的系统)
3：2	TX_MODE[1：0]	00	R/W	为 TX 设置测试模式 00：正规操作，发送 TXFIFO 01：串行模式，使用串行接口的发送数据进行无限制发送 10：TXFIFO 循环，忽略 TXFIFO 的下溢出(TXFIFO 空)和读循环，进行无限制发送 11：从 CRC 中传送随机数，无限制发送
1：0	RX_MODE[1：0]	00	R/W	设置 RX 的测试模式 00：正规操作，使用 RXFIFO 01：接收串行模式，在引脚上输出收到的数据，无限制接收 10：RXFIFO 循环忽略 RXFIFO 的溢出(RXFIFO 满)和写循环，进行无限制接收 11：保留
		RSSIH(0xDF06)		
7：0	CCA_THR[7：0]	0xE0	R/W	CCA 阈值，有符号的二进制补码，用来与 RSSI 比较。计量单位是 1 dB，偏移量待定，取决于 RX 链的绝对增益，包括外接元件都需要测量的。当接收信号低于这个值时，CCA 信号变高。复位值在 −70 dBm 范围
		RSSIL(0xDF07)		
7：0	RSSI_VAL[7：0]	0x00	R	RSSI 以对数为尺度的估计值，有符号的二进制补码。计量单位是 1 dB，偏移量待定，取决于 RX 链的绝对增益，包括外接元件都需要测量的。RSSI 值是一个超过 8 个符号周期的平均值。复位值为 −120 dBm 时，RSSI 值无效

续表 6-30

位	名　称	复　位	读/写	功　能
SYNCWORDH(0xDF08)				
7∶0	SYNCWORD[15∶8]	0xA7	R/W	同步字。SYNCWORD处理从最低有效半字节(复位时为0xF)到最高有效半字节(复位时为0xA)。 SYNCWORD用于调制期间(此时0xF被0x0取代),也用于解调期间(此时帧同步不需要0xF)。 接收SYNCWORD所需的第一个符号之前,需要隐含0。复位值适应IEEE 802.15.4
SYNCWORDL(0xDF09)				
7∶0	SYNCWORD[7∶0]	0x0F	R/W	同步字。SYNCWORD处理从最低有效半字节(复位时为0xF)到最高有效半字节(复位时为0xA)。 SYNCWORD用于调制期间(此时0xF被0x0取代),也用于解调期间(此时帧同步不需要0xF)。 接收SYNCWORD所需的第一个符号之前,需要隐含0。复位值适应IEEE 802.15.4
TXCTRLH(0xDF0A)				
7∶6	TXMIXBUF_CUR[1∶0]	10	R/W	TX混频器缓冲器偏置电流 00：690 μA 01：980 μA 10：1.16 mA(标称) 11：1.44 mA
5	TX_TURNAROUND	1	R/W	设置等待时间,该时间在STXON之后,发送开始之前 0：8个符号周期(128 μs) 1：12个符号周期(192 μs)
4∶3	TXMIX_CAP_ARRAY[1∶0]	0	R/W	在发送混频器中,选择设置变容二极管阵列
2∶1	TXMIX_CURRENT[1∶0]	0	R/W	发送混频器电流 00：1.72 mA 01：1.88 mA 10：2.05 mA 11：2.21 mA
0	PA_DIFF	1	R/W	功率放大器(PA)输出选择,选择差动或单极PA输出 0：单极输出 1：差动输出

续表 6-30

位	名　称	复　位	读/写	功　能
TXCTRLL(0xDF0B)				
7：5	PA_CURRENT[2：0]	011	R/W	功率放大器(PA)的电流编程设置 000：－3 电流调整 001：－2 电流调整 010：－1 电流调整 011：标称设置 100：＋1 电流调整 101：＋2 电流调整 110：＋3 电流调整 111：＋4 电流调整
4：0	PA_LEVEL[4：0]	0x1F	R/W	输出 PA 电平(～0 dBm)
RXCTRL0H(0xDF0C)				
7：6		00	R0	保留，读出为 0
5：4	RXMIXBUF_CUR[1：0]	01	R/W	RX 混频器缓冲器偏置电流 00：690 μA 01：980 μA(标称) 10：1.16 mA 11：1.44 mA
3：2	HIGH_LNA_GAIN[1：0]	0	R/W	自动增益控制(AGC)高增益模式下，在低噪声放大器(LNA)增益补偿分支里的控制电流 00：禁止补偿 01：100 μA 补偿电流 10：300 μA 补偿电流(标称) 11：1000 μA 补偿电流
1：0	MED_LNA_GAIN[1：0]	10	R/W	自动增益控制(AGC)中增益模式下，在低噪声放大器(LNA)增益补偿分支里的控制电流
RXCTRL0L(0xDF0D)				
7：6	LOW_LNA_GAIN[1：0]	11	R/W	自动增益控制(AGC)低增益模式下，在低噪声放大器(LNA)增益补偿分支里的控制电流
5：4	HIGH_LNA_CURRENT[1：0]	10	R/W	自动增益控制(AGC)高增益模式下，在低噪声放大器(LNA)里的主要控制电流 00：240 μA LNA 电流(x2) 01：480 μA LNA 电流(x2) 10：640 μA LNA 电流(x2) 11：1280 μA LNA 电流(x2)
3：2	MED_LNA_CURRENT[1：0]	01	R/W	自动增益控制(AGC)中增益模式下，在低噪声放大器(LNA)里的主要控制电流

续表 6-30

位	名　称	复　位	读/写	功　能
1∶0	LOW_LNA_CURRENT [1∶0]	01	R/W	自动增益控制(AGC)低增益模式下,在低噪声放大器(LNA)里的主要控制电流
RXCTRL1H(0xDF0E)				
7∶6	—	0	R0	保留,读出为 0
5	RXBPF_LOCUR	1	R/W	到 RX 带通滤波器的控制偏置电流(低) 0：4 μA 1：3 μA (缺省值)
4	RXBPF_MIDCUR	0	R/W	到 RX 带通滤波器的控制偏置电流(中) 0：4 μA(缺省值) 1：3.5 μA
3	LOW_LOWGAIN	1	R/W	AGC 低增益模式下,设置 LNA 低增益模式
2	MED_LOWGAIN	0	R/W	AGC 中增益模式下,设置 LNA 低增益模式
1	HIGH_HGM	1	R/W	AGC 高增益模式下,设置 RX 混频器高增益模式
0	MED_HGM	0	R/W	AGC 中增益模式下,设置 RX 混频器高增益模式
RXCTRL1L(0xDF0F)				
7∶6	LNA_CAP_ARRAY [1∶0]	01	R/W	在 LNA 中,选择设置变容二极管阵列 00：关断 01：0.1 pF(x2)(标称) 10：0.2 pF(x2) 11：0.3 pF(x2)
5∶4	RXMIX_TAIL[1∶0]	01	R/W	控制接收混频器输出电流 00：12 μA 01：16 μA(标称) 10：20 μA 11：24 μA
3∶2	RXMIX_VCM[1∶0]	01	R/W	混频器的反馈闭环中,控制 VCM(Virtual Channel Memory,虚拟信道存储器)电平 00：8 μA 混频器电流 01：12 μA 混频器电流(标称) 10：16 μA 混频器电流 11：20 μA 混频器电流
1∶0	RXMIX_CURRENT [1∶0]	10	R/W	混频器中的控制电流 00：360 μA 混频器电流(x2) 01：720 μA 混频器电流(x2) 10：900 μA 混频器电流(x2)(标称) 11：1 260 μA 混频器电流(x2)

续表 6-30

位	名 称	复 位	读/写	功 能
FSCTRLH(0xDF10)				
7:6	LOCK_THR[1:0]	01	R/W	具有成功同步窗口的连续基准时钟的周期数量需要加锁 00:64 01:128 10:256 11:512
5	CAL_DONE	0	R	频率合成器(FS)校准 0:上次 FS 接通之后,频率校准未完成 1:上次 FS 接通之后,频率校准已完成
4	CAL_RUNNING	0	R	校准状态,当校准正在进行时,该状态为"1"
3	LOCK_LENGTH	0	R/W	LOCK_WINDOW 脉冲,其宽度 0:2 CLK_PRE 周期 1:4 CLK_PRE 周期
2	LOCK_STATUS	0	R	锁相环(PLL)的锁状态 0:PLL 未锁 1:PLL 已锁
1:0	FREQ[9:8]	01 (2405 MHz)	R/W	频率控制字。在 TX 模式下直接使用。在 RX 模式下,本地振荡器(LO)频率自动设置为 2 MHz,在 RF 频率之下 Freqency division $=\frac{2048+\text{FREQ}[9:0]}{4}$ ⟺ $f_{RF}=(2048+\text{FREQ}[9:0])$ MHz $f_{LO}=(2048+\text{FREQ}[9:0]-2\cdot\text{RXEN})$ MHz
FSCTRLL(0xDF11)				
7:0	FREQ[7:0]	0x65 (2405 MHz)	R/W	频率控制字。在 TX 模式下直接使用。在 RX 模式下,本地振荡器(LO)频率自动设置为 2 MHz,在 RF 频率之下 Freqency division $=\frac{2048+\text{FREQ}[9:0]}{4}$ ⟺ $f_{RF}=(2048+\text{FREQ}[9:0])$ MHz $f_{LO}=(2048+\text{FREQ}[9:0]-2\cdot\text{RXEN})$ MHz
CSPX(0xDF12)				
7:0	CSPX	0x00	R/W	CSMA-CA 选通处理器(CSP)的 X 数据寄存器。由 CSP 的 WAITX 和 RANDXY 等条件指令使用
CSPY(0xDF13)				
7:0	CSPY	0x00	R/W	CSMA-CA 选通处理器(CSP)的 Y 数据寄存器。由 CSP 的 INCY、DECY、INCMAXY 和 RANDXY 等条件指令使用

续表 6-30

位	名　称	复　位	读/写	功　能
CSPZ(0xDF14)				
7:0	CSPZ	0x00	R/W	CSMA-CA选通处理器(CSP)的Z数据寄存器。由CSP的DECZ等条件指令使用
CSPCTRL(0xDF15)				
7:1	—	0x00	R0	保留,读出为0
0	CPU_CTRL	0	R/W	CSMA-CA选通处理器,CPU控制输入。由CSP的条件指令使用
CSPT(0xDF16)				
7:0	CSPT	0x00	R/W	CSMA-CA选通处理器(CSP)的T数据寄存器。当CSP运行时,其内容随每次MAC计数器的溢出而减1。当该内容就要到0时,CSP程序停止。如果设置T=0xFF,则禁止该寄存器减1的功能
RFPWR(0xDF17)				
7:5	—	0x00	R0	保留,读出为0
4	ADI_RADIO_PD	0	R	ADI_RADIO_PD是RREG_RADIO_PD的延时版本。其延时由RREG_DELAY[2:0]设置。 当ADI_RADIO_PD为0时,所有在无线模块内的模拟模块均设置为掉电。 ADI_RADIO_PD是只读位
3	RREG_RADIO_PD	1	R/W	稳压器到无线模块中的模拟部分断电。这个信号用于使能或禁止无线模块的模拟部分 0,上电;1,断电
2:0	RREG_DELAY[2:0]	100	R/W	用于稳压器上电后的延时值: 000:0 μs 001:31 μs 010:63 μs 011:125 μs 100:250 μs 101:500 μs 110:1000 μs 111:2000 μs
FSMTCH(0xDF20)				
7:5	TC_RXCHAIN2RX[2:0]	011	R/W	5 μs之内的时间间隔,处于RX链使能与解调器和AGC使能之间。一旦带通滤波器已经校准(6.5个符号周期之后),RX链就开始工作
4:2	TC_SWITCH2TX[2:0]	110	R/W	功率放大器(PA)上电之前,TX使能之前的时间(单位为μs)
1:0	TC_PAON2TX[3:2]	10	R/W	开关RXTX设置高位之前,TX使能之前的时间(单位为μs)

续表 6－30

位	名　称	复　位	读/写	功　能
		FSMTCL(0xDF21)		
7：6	TC_PAON2TX[1：0]	10	R/W	开关 RXTX 设置高位之前，TX 使能之前的时间(单位为 μs)
5：3	TC_TXEND2SWITCH [2：0]	010	R/W	最后一个在包内的片码发送之后，开关 RXTX 禁止之后的时间(单位为 μs)
2：0	TC_TXEND2PAOFF [2：0]	100	R/W	最后一个在包内的片码发送之后，PA 设置为掉电之后，以及禁止调制器之后的时间(单位为 μs)
		MANANDH(0xDF22)		
7	VGA_RESET_N	1	R/W	用于复位 RX 链中可变增益放大器(VGA)里面的峰值检测器
6	BIAS_PD	1	R/W	保留，读出为 0
5	BALUN_CTRL	1	R/W	通过控制 RX/TX 输出开关，用于控制 PA 0，不接收外接偏置；1，接收它所需要的外接偏置
4	RXTX	1	R/W	控制应当使用的缓冲器 0，本地振荡(LO)缓冲器；1，功率放大器(PA)缓冲器
3	PRE_PD	1	R/W	预分频器掉电
2	PA_N_PD	1	R/W	PA 掉电(负路径)
1	PA_P_PD	1	R/W	PA 掉电(正路径)。当 PA_N_PD=1 且 PA_P_PD=1 时，升频转换混频器掉电
0	DAC_LPF_PD	1	R/W	TX 的 DAC 掉电
		MANANDL(0xDF23)		
7	—	0	R0	保留，读出为 0
6	RXBPF_CAL_PD	1	R/W	掉电控制。用于综合带通接收滤波器和校准振荡器
5	CHP_PD	1	R/W	掉电控制。用于电荷泵(charge pump)
4	FS_PD	1	R/W	掉电控制。用于电压控制振荡器(VCO)，同相信号/正交相位信号 (I/Q)发生器，以及本地振荡(LO)缓冲器
3	ADC_PD	1	R/W	掉电控制。用于模/数变换器(ADC)
2	VGA_PD	1	R/W	掉电控制。用于可变增益放大器(VGA)
1	RXBPF_PD	1	R/W	掉电控制。用于综合带通接收滤波器
0	LNAMIX_PD	1	R/W	掉电控制。用于低噪声放大器(LNA)、降频转换混频器和前端偏置
		MANORH(0xDF24)		
7	VGA_RESET_N	0	R/W	用于复位 VGA 和 RX 链中的峰值检测器
6	BIAS_PD	0	R/W	置 1 时，全部偏置掉电
5	BALUN_CTRL	0	R/W	通过控制 RX/TX 输出开关来控制 PA 0，不接收外接偏置；1，接收它所需要的外接偏置
4	RXTX	0	R/W	控制应当使用的缓冲器 0，本地振荡(LO)缓冲器；1，功率放大器(PA)缓冲器

续表 6-30

位	名 称	复 位	读/写	功 能
3	PRE_PD	0	R/W	预分频器掉电
2	PA_N_PD	0	R/W	PA 掉电(负路径)
1	PA_P_PD	0	R/W	PA 掉电(正路径)。当 PA_N_PD=1 且 PA_P_PD=1 时,升频转换混频器掉电
0	DAC_LPF_PD	0	R/W	TX 的 DAC(DAC)掉电
MANORL(0xDF25)				
7	—	0	R0	保留,读出为 0
6	RXBPF_CAL_PD	0	R/W	掉电控制。用于综合带通接收滤波器和校准振荡器
5	CHP_PD	0	R/W	掉电控制。用于电荷泵(charge pump)
4	FS_PD	0	R/W	掉电控制。用于电压控制振荡器(VCO),同相信号/正交相位信号(I/Q)发生器,以及本地振荡(LO)缓冲器
3	ADC_PD	0	R/W	掉电控制。用于模/数变换器(ADC)
2	VGA_PD	0	R/W	掉电控制。用于可变增益放大器(VGA)
1	RXBPF_PD	0	R/W	掉电控制。用于综合带通接收滤波器
0	LNAMIX_PD	0	R/W	掉电控制。用于低噪声放大器(LNA)、降频转换混频器和前端偏置
AGCCTRLH(0xDF26)				
7	VGA_GAIN_OE	0	R/W	在 RX 期间,使用 VGA_GAIN 值,取代 AGC 值
6:0	VGA_GAIN[6:0]	0x7F	R/W	写入值:覆盖手工设置的 VGA 增益值 读出值:当前设置的 VGA 增益值
AGCCTRLL(0xDF27)				
7:4	—	0	R0	保留,读出为 0
3:2	LNAMIX_GAINMODE_O [1:0]	00	R/W	覆盖设置低噪声放大器/混频器的增益模式 00:增益模式由 AGC 算法设置 01:增益模式设置为永远低增益 10:增益模式设置为永远中增益 11:增益模式设置为永远高增益
1:0	LNAMIX_GAINMODE [1:0]	00	R	状态位,定义当前选择的增益模式。该模式选择自 AGC 或 LNAMIX_GAINMODE_O 的覆盖设置
FSMSTATE(0xDF39)				
7:6	—	0	R0	保留,读出为 0
5:0	FSM_FFCTRL_STATE [5:0]	—	R	给出当前的 FIFO 和帧控制(FFCTRL)有限的状态机
DACTSTH(0xDF3C)				
7	—	0	R0	保留,读出为 0

续表 6-30

位	名 称	复 位	读/写	功 能
6：4	DAC_SRC[2：0]	000	R/W	DAC_SRC 选择 TX 的 DAC 数据源 000：正常操作(从调制器来) 001：DAC_I_O 和 DAC_Q_O 下面的覆盖值 010：来自 ADC,高位字节 011：数字降频混频 (down mix)和信道过滤后的 I/Q 100：全频谱白噪声(来自 CRC) 101：来自 ADC,低位字节 110：RSSI/坐标旋转数字计算(Cordic)巨量输出 111：高速串行数据(HSSD)模式 本特征将在 MANOVR AND PAMTST. ATESTMOD_MODE =4 条件下,打开需要手工接通的 DAC
3：0	DAC_I_O[5：2]	0000	R/W	同相信号分支(I-branch),DAC 覆盖值
DACTSTL(0xDF3D)				
7：6	DAC_I_O[1：0]	00	R/W	同相信号分支(I-branch),DAC 覆盖值
5：0	DAC_Q_O[5：0]	0x00	R/W	正交相位信号分支(Q-branch),DAC 覆盖值
IEEE_ADDR0(0xDF43)				
7：0	IEEE_ADDR0[7：0]	0x00	R/W	IEEE 地址字节 0
IEEE_ADDR1(0xDF44)				
7：0	IEEE_ADDR1[7：0]	0x00	R/W	IEEE 地址字节 1
IEEE_ADDR2(0xDF45)				
7：0	IEEE_ADDR2[7：0]	0x00	R/W	IEEE 地址字节 2
IEEE_ADDR3(0xDF46)				
7：0	IEEE_ADDR3[7：0]	0x00	R/W	IEEE 地址字节 3
IEEE_ADDR4(0xDF47)				
7：0	IEEE_ADDR4[7：0]	0x00	R/W	IEEE 地址字节 4
IEEE_ADDR5(0xDF48)				
7：0	IEEE_ADDR5[7：0]	0x00	R/W	IEEE 地址字节 5
IEEE_ADDR6(0xDF49)				
7：0	IEEE_ADDR6[7：0]	0x00	R/W	IEEE 地址字节 6
IEEE_ADDR7(0xDF4A)				
7：0	IEEE_ADDR7[7：0]	0x00	R/W	IEEE 地址字节 7
PANIDH(0xDF4B)				
7：0	PANIDH[7：0]	0x00	R/W	PAN 标识符高字节
PANIDL(0xDF4C)				
7：0	PANIDL[7：0]	0x00	R/W	PAN 标识符低字节
SHORTADDRH(0xDF4D)				
7：0	SHORTADDRH[7：0]	0x00	R/W	短地址高字节

续表 6-30

位	名　称	复　位	读/写	功　能
SHORTADDRL(0xDF4E)				
7:0	SHORTADDRL[7:0]	0x00	R/W	短地址低字节
IOCFG0(0xDF4F)				
7	—	0	R0	保留,读出为0
6:0	FIFOP_THR[6:0]	0x40	R/W	设置RXFIFO中的字节数。设置的条件是寄存器RFSTATUS的FIFOP位必须为1
IOCFG1(0xDF50)				
7	—	0	R0	保留,读出为0
6	OE_CCA	0	R/W	当OE_CCA为1时,CCA输出到P1.7
5	IO_CCA_POL	0	R/W	IO_CCA信号的极性。这一位与内部信号CCA"异或"
4:0	IO_CCA_SEL	000000	R/W	CCA信号多路设置。为了输出CCA状态,必须为0x00
IOCFG2(0xDF51)				
7	—	0	R0	保留,读出为0
6	OE_SFD	0	R/W	当OE_SFD为1时,SFD输出到P1.6
5	IO_ SFD_POL	0	R/W	IO_SFD信号的极性。这一位与内部信号SFD"异或"
4:0	IO_ SFD_SEL	000000	R/W	SFD信号多路设置。为了输出SFD状态,必须为0x00
IOCFG3(0xDF52)				
7:6	—	00	R0	保留,读出为0
5:4	HSSD_SRC	00	R/W	配置高速串行数据(HSSD)接口。与CC2420相比较,仅使用前4个设置 00:关断 01:输出AGC状态(增益设置/峰值检测器状态/累加器ACC的值) 10:输出ADC、同相信号和正交相位信号(I/Q)值 11:数字降频混频(down mix)和信道过滤后的I/Q
3	OE_FIFOP	0	R/W	当OE_FIFOP为1时,FIFOP输出到P1.5
2	IO_FIFOP_POL	0	R/W	IO_FIFOP信号的极性。这一位与内部信号IO_FIFOP"异或"
1	OE_FIFO	0	R/W	当OE_FIFO为1时,FIFO输出到P1.4
0	IO_FIFO_POL	0	R/W	IO_FIFO信号的极性。这一位与内部信号FIFO"异或"
RXFIFOCNT(0xDF53)				
7:0	RXFIFOCNT[7:0]	0x00	R	RXFIFO中的字节数
FSMTC1(0xDF54)				
7:6	—	00	R0	保留,读出为0
5	ABORTRX_ON_SRXON	1	R/W	当SRXON选通下达,则取消RX 0:当SRXON下达,不取消包接收 1:当SRXON下达,取消包接收

续表 6-30

位	名 称	复 位	读/写	功 能
4	RX_INTERRUPTED	0	R	由选通命令引起 RX 中断。当下一个选通命令检测到时，这一位清 0 0：检测到选通命令 1：包接收被选通命令中断
3	AUTO_TX2RX_OFF	0	R/W	TX 之后自动进入 RX。既应用在数据包，又应用在 ADK 包 0：TX 之后，自动进入 RX 1：TX 之后，不自动进入 RX
2	RX2RX_TIME_OFF	0	R/W	在包接收结束之后，超时 12 个符号关断。设置为 1
1	PENDING_OR	0	R/W	在 FFCTRL 去调制器之前，PENDING OR 位与来自 FFCTRL 的未决位"或"
0	ACCEPT_ACKPKT.	1	R/W	接受 ACK 包控制 0：拒绝所有的 ACK 包 1：接受 ACK 包
		CHVER(0xDF60)		
7:0	VERSION[7:0]	0x01	R	芯片的版本号码
		CHIPID(0xDF61)		
7:0	CHIPID[7:0]	0x85	R	芯片的标识符，读出总是为 0x85
		RFSTATUS(0xDF62)		
7:5	—	000	R0	保留，读出为 0
4	TX_ACTIVE	0	R	TX_ACTIVE 表示发送是否进行之中 0：发送不进行 1：发送正进行
3	FIFO	0	R	RXFIFO 可以提供数据 0：RXFIFO 不提供数据 1：一个或多个字节可以由 RXFIFO 提供
2	FIFOP	0	R	RX 阈值标志 0：RXFIFO 中的字节数小于或等于由 IOCFG0. FIFOP_THR 设置的阈值 1：RXFIFO 中的字节数超过由 IOCFG0. FIFOP_THR 设置的阈值
1	SFD	0	R	在 RX 期间，检测到帧开始定界符(SFD) 0：SFD 未检测到 1：SFD 已检测到
0	CCA	R	0	空闲信道评估

6.6.35 无线测试输出信号

为了调试 CC2430，输出 RFSTATUS. SFD、RFSTATUS. FIFO、RFSTATUS. FIFOP 以及 RFSTATUS . CCA 位到 P1.7～P1.4 I/O 引脚，以便监控这些信号。这些测试输出信号由寄存

器 IOCFG0、IOCFG1 和 IOCFG2 选择。I/O 引脚与测试信号的对应关系如表 6-31 所列。

表 6-31 I/O 引脚与测试信号的对应关系

引 脚	测试信号	引 脚	测试信号
P1.4	FIFO	P1.6	SFD
P1.5	FIFOP	P1.7	CCA

6.7 系统考虑和指导方针

CC2430 的系统考虑和指导方针与 CC2420 相同，在本书第 5 章的 5.27 节中已经详细描述，这里就不再重复了。

6.8 应用电路

CC2430 只需要很少的外接元件就可以运行了。典型的应用电路如图 6-32 所示。外接元件的典型数据及其描述如表 6-32 所列。

表 6-32 外接元件概况(不包括电源退耦电容器)

元 件	描 述	单极 50 Ω 输出	差动天线
C191，C211	32 MHz 晶振的负载电容器	22 pF，5%，NP0，0402	22 pF，5%，NP0，0402
C241，C421	电源稳压器的负载电容器	220 nF，10%，0402	220 nF，10%，0402
C341	用于天线匹配和隔断直流	5.6 pF，+/- 0.25 pF,NP0,0402	不用
C431，C441	32.768 kHz 晶振负载电容器(如果在应用中,需要低频晶振)	15 pF，5%，NP0，0402	15 pF，5%，NP0，0402
L321	单独的不平衡变压器及其匹配	8.2 nH，5%,单块集成电路/多层，0402	27 nH，5%,单块集成电路/多层，0402
L331	单独的不平衡变压器及其匹配	22 nH，5%,单块集成电路/多层，0402	12 nH，5%,单块集成电路/多层，0402
L341	单独的不平衡变压器及其匹配	1.8 nH，5%,单块集成电路/多层，0402	不用
R221	精密电阻器,用于片上系统的基准电流发生器	56 kΩ，1%，0402	56 kΩ，1%，0402
R261	精密电阻器,用于 RF 的基准电流发生器	43 kΩ，1%，0402	43 kΩ，1%，0402
XTAL1	32 MHz 晶振	32 MHz 晶振，ESR (电子自旋谐振)<60 Ω	32 MHz 晶振，ESR(电子自旋谐振)<60 Ω
XTAL2	可选项 32.768 kHz 时钟晶振(如果在应用中需要低频晶振)	32.768 kHz 晶振，Epson MC 306	32.768 kHz 晶振，Epson MC 306

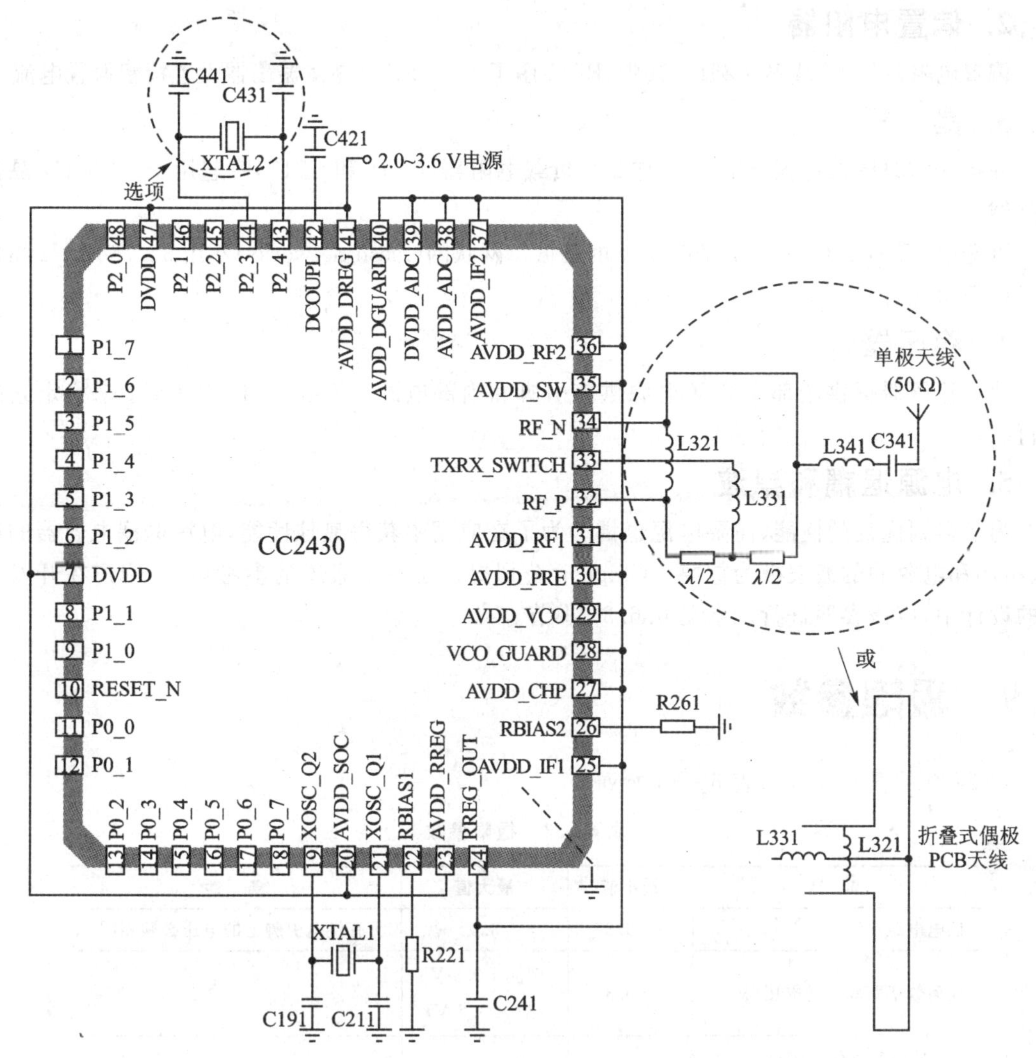

图 6-32 CC2430 典型应用电路(数字 I/O 和 ADC 接口未连接,退耦电容器未显示)

1. 输入/输出匹配

RF 的输入/输出是高阻和差动的。用于 RF 口最合适的差动负载是(115+j180) Ω。

图 6-32 描述了使用单极天线的应用电路。当使用不平衡天线(例如单极天线时),为了优化性能,就应当使用不平衡变压器。不平衡变压器可以运行在使用低成本的单独电感器和电容器的场合。推荐使用的不平衡变压器及其配套元件有:C341,L341,L321 和 L331。它们与一根印刷电路板微波传送带线(λ/2 偶极)配合,匹配 RF 输入/输出阻抗 50 Ω。CC2430 内部,在低噪声放大器和功率放大器之间,使用发送接收(T/R)开关电路。详细说明请参见 6.6.29小节。

使用平衡天线,例如折叠式偶极天线,可以省略不平衡变压器。如果天线提供从引脚 TXRX_SWITCH 到引脚 RF 的直流通路,那么对于直流偏置就不需要电感器了。

图 6-32 也描述了使用差动天线的应用电路。该天线是一种标准的折叠式偶极类型。偶极有一个虚的接地点,因而提供偏置并不降低天线的性能。

2. 偏置电阻器

偏置电阻器是 R221 和 R261。其中,R221 用于为 32 MHz 晶体振荡器设置精密偏置电流。

3. 晶　振

外接 32 MHz 的晶振 XTAL1,与 2 个负载电阻器(C191 和 C211)一起用于 32 MHz 晶体振荡器。

可选项 XTAL2 是一个 32.768 kHz 的晶振。网状网(mesh networks)不用 32.768 kHz 晶振也可以正常运行。

4. 稳压器

片上稳压器提供全部 1.8 V 电源供应引脚和内部电源。需要 C241 和 C421 来稳定它的运行。

5. 电源退耦和滤波

为了得到优良的性能,需要电源退耦。为了在应用中获得最佳性能,电源退耦电容器的尺寸、布局和电源的的滤波极为重要。Chipcon 公司提供了一个紧凑的参考设计,用户在开发应用的设计中,应该参照进行。参见 6.6.31 小节。

6.9　极限参数

CC2430 的极限参数如表 6-33 所列。

表 6-33　极限参数

参　数	最小值	最大值	条　件
供电电压/V	−0.3	3.6	所有供电引脚上的电压必须相同
任何数字引脚上的电压/V	−0.3	V_{DD}+0.3 V (最大 3.6 V)	
1.8 V 引脚上的电压/V (引脚 22、25～40 和 42)	−0.3	2.0	
输入 RF 电平/dBm		10	
储存温度范围/℃	−50	150	芯片尚未编程设置
回流焊接温度/℃		260	根据 IPC/JEDEC J-STD-020C

注:只要超出一个或一个以上的极限参数值,就会导致 CC2430 永久损害。CC2430 是静电(ESD)敏感器件。在获取和放置芯片时,必须采取预防措施,防止该芯片被永久损害。

6.10　运行条件

CC2430 的运行条件如表 6-34 所列。

表 6-34　运行条件

参　数	最小值	最大值	条　件
运行环境温度范围 T_A/℃	−40	85	
运行供电电压/V	2.0	3.6	到无线模块引脚的供电必须由片上稳压器提供

6.11　电气规范

如果没有其他规定，则 T_A=25℃，V_{DD}=3.0 V。电气规范如表 6-35 所列。

表 6-35　电气规范

参　数	最小值	典型值	最大值	条　件
上电复位电压/V 掉电电压/V		1.1 1.8		未稳压供电监控稳压的 DVDD 监控
当前耗电				
MCU 主动模式(静态)/μA		492		数字稳压器接通，高速 RC 振荡器运行，无 RF、晶振和外部设备
MCU 主动模式(动态)/(μA ·MHz^{-1})		210		数字稳压器接通，高速 RC 振荡器运行，无 RF、晶振和外部设备
MCU 主动模式(最高速)/mA		7.0		MCU 全速运行 (32 MHz)，32 MHz XOSC 运行，无外部设备
MCU 主动、RX 模式/mA		27		MCU 全速运行 (32 MHz)，32 MHz XOSC 运行，无外部设备，无线模块运行于 RX 模式
MCU 主动、TX 模式/mA (0 dBm)		24.7		MCU 全速运行 (32 MHz)，32 MHz XOSC 运行，无外部设备，无线模块运行于 TX 模式
电源模式 1/μA		296		数字稳压器接通，高速 RC 振荡器和晶体振荡器关闭，32.768 kHz XOSC 有效，上电复位和睡眠计时器有效，RAM 有效
电源模式 2/μA		0.9		数字稳压器关闭，高速 RC 振荡器和晶体振荡器关闭，32.768 kHz XOSC 有效，上电复位和睡眠计时器有效，RAM 有效
电源模式 3/μA		0.6		无时钟，RAM 有效，上电复位有效
外部设备耗电(如果外设单元使能，则加入上述当前耗电之中)				
计数器 1/(μA · MHz^{-1})		10		当使能时
计数器 2/(μA · MHz^{-1})		10		当使能时
计数器 3/(μA · MHz^{-1})		10		当使能时

续表 6-35

参数	最小值	典型值	最大值	条件
计数器4/(μA·MHz^{-1})		10		当使能时
睡眠计时器/μA		0.5		包括低功耗RC振荡器或者32.768 kHz XOSC
AES/(μA·MHz^{-1})		50		当加密/解密时
ADC/mA		0.9		当转换时
USART1/USART2/(μA·MHz^{-1})		12		当每个USART使用时,不包括驱动I/O引脚的电流
DMA/(μA·MHz^{-1})		30		当DMA运行时,不包括存储器存取的电流
写闪存/mA		3		

6.11.1 特性概述

如果没有其他规定,则 T_A=25℃,V_{DD}=3.0 V。特性概述见表6-36。

表 6-36 特性概述

参数	最小值	典型值	最大值	条件
唤醒及时序				
电源模式1→电源模式0/μs		2		数字稳压器接通,高速RC振荡器和晶体振荡器关闭。高速RC振荡器启动
电源模式2或3→电源模式0/μs		54		数字稳压器关闭,高速RC振荡器和晶体振荡器关闭。稳压器和高速RC振荡器启动
使能→RX/μs(32 MHz XOSC最初关闭稳压器最初关闭)		450		时间从电源模式0中使能无线模块直到RX启动。包括启动稳压器和晶体振荡器,ESR=16 Ω
使能→TX/μs(32 MHz XOSC最初关闭稳压器最初关闭)		525		时间从电源模式0中使能无线模块直到TX启动。包括启动稳压器和晶体振荡器,ESR=16 Ω
使能→RX/μs(稳压器最初关闭)		250		时间从电源模式0中使能无线模块直到RX启动。包括启动稳压器
使能→TX/μs(稳压器最初关闭)		320		时间从电源模式0中使能无线模块直到TX启动。包括启动稳压器
使能→RX或TX/μs			192	无线模块已经使能。时间直到RX或TX启动
RX/TX切换/μs			192	
无线模块				
RF频率范围/MHz	2400		2483.5	可编程设置步长1 MHz或者5 MHz,以适应IEEE 802.15.4
无线比特率/kbps		250		与IEEE 802.15.4定义的相同
无线片码率/Mchip/s		2.0		与IEEE 802.15.4定义的相同

6.11.2 RF 接收

测量按照 Chipcon 公司 CC2430 EM 设计参考进行，若无其他规定，则 T_A＝25℃，V_{DD}＝3.0 V。RF 接收见表 6-37。

表 6-37 RF 接收

参 数	最小值	典型值	最大值	条 件
接收器灵敏度/dBm		－90		根据 IEEE 802.15.4，PER＝1%。用不平衡变压器单端负载 50 Ω 测量。IEEE 802.15.4 需求的灵敏度为－85 dBm
饱和度/dBm (最大输入电平)	0	10		根据 IEEE 802.15.4，PER＝1%。用不平衡变压器单端阻抗 50 Ω 测量。IEEE 802.15.4 需求的饱和度为－20 dBm
相邻信道抑制/dB (信道间隔＋5 MHz)		41		要求信号强度高丁灵敏度电平 3 dB，相邻的已调制信道间隔＋5 MHz，根据 IEEE 802.15.4，PER＝1%。IEEE 802.15.4 需求的相邻信道抑制为 0 dBm
相邻信道抑制/dB (信道间隔－5 MHz)		29		要求信号强度高于灵敏度电平 3 dB，相邻的已调制信道间隔－5 MHz，根据 IEEE 802.15.4，PER ＝ 1%。IEEE 802.15.4 需求的相邻信道抑制为 0 dBm
交替信道抑制/dB (信道间隔＋10 MHz)		54		要求信号强度高于灵敏度电平 3 dB，相邻的已调制信道间隔＋10 MHz，根据 IEEE 802.15.4，PER ＝ 1%。IEEE 802.15.4 需求的交替信道抑制为 30 dBm
交替信道抑制/dB (信道间隔 －10 MHz)		53		要求信号强度高于灵敏度电平 3 dB，相邻的已调制信道间隔－10 MHz，根据 IEEE 802.15.4，PER＝1%。IEEE 802.15.4 需求的交替信道抑制为 30 dBm
信道抑制/dB ≥＋15 MHz ≤－15 MHz		 53 57		要求信号强度@－82 dBm。不需要的信号在 802.15.4 调制的信道中，逐步通过 2405～2480 MHz 的整个信道。PER＝1%
共信道抑制/dB		－4		要求信号强度@－82 dBm。不需要的信号在 802.15.4 调制的信道中，与所需信号的频率相同。PER＝1%
阻塞/钝化/dBm 距离带宽边缘±5 MHz 距离带宽边缘±20 MHz 距离带宽边缘±30 MHz 距离带宽边缘±50 MHz		 －29 －25 －19 －17		要求信号强度高于灵敏度电平 3 dB，等幅波干扰发射，PER ＝ 1%。根据 EN 300 440 class 2 测量
伪发射/dBm 30～1000 MHz 1～12.75 GHz		 －57 －47		测量时，单端负载 50 Ω。 遵循规程 EN 300 328，EN 300 440 class 2，FCC CFR47，Part 15 和 ARIB STD-T-66
频率误差/kHz	－300		＋300	收到的 RF 信号的中心频率与本地振荡频率＋中频之间的误差。IEEE 802.15.4 需求的频率误差为 200 kHz
符号速率误差/ppm		120		收到的符号速率和内部产生的符号速率之间的误差。IEEE 802.15.4 需求的符号速率误差为 80 ppm

6.11.3　RF 发送

测量按照 Chipcon 公司 CC2430 EM 设计参考进行，若无其他规定，则 $T_A=25℃$，$V_{DD}=3.0$ V。RF 发送见表 6-38。

表 6-38　RF 发送

参　数	最小值	典型值	最大值	条　件
标称输出功率/dBm	−3	0		通过不平衡变压器送到单端负载 50 Ω。 IEEE 802.15.4 需求的标称输出功率最小值为−3 dBm
可编程设置的输出功率范围/dB		24		输出功率可编程设置近似为−24～0 dBm，8 等份
谐波/dBm 2 次谐波 3 次谐波		 −56 −60		由解析度带宽为 1 MHz 的频谱分析仪测量。 在最大输出功率时，通过不平衡变压器送到单端负载 50 Ω
伪发射/dBm 30～1 000 MHz 1～12.75 GHz 1.8～1.9 GHz 5.15～5.3 GHz		 −58 −48 −58 −56		最大输出功率。 Chipcon 公司的 CC2430 EM 设计参考，遵循规程 EN 300 328，EN 300 440，FCC CFR47 Part 15 和 ARIB STD-T-66
向量误差振幅(EVM)/(%)		11		根据 IEEE 802.15.4 的定义测量 IEEE 802.15.4 需求最大的 EVM 为 35%
最佳负载阻抗/Ω		115+j180		差动阻抗，从 RF 口(RF_P 和 RF_N)到天线

6.11.4　32 MHz 晶体振荡器

如果没有其他规定，则 $T_A=25℃$，$V_{DD}=3.0$ V。32 MHz 晶体振荡器参数如表 6-39 所列。

表 6-39　32 MHz 晶体振荡器参数

参　数	最小值	典型值	最大值	条　件
晶振频率/MHz		32		
所需晶振频率精度/ppm	−40		40	包括老化和运行时的温度，由 IEEE 802.15.4 指定
等效串连阻抗(ESR)/Ω	6	16	60	
C0/pF	1	1.9	7	
CL/pF	10	13	16	
启动时间/ms	0.2	0.3	1.4	

6.11.5　32.768 kHz 晶体振荡器

如果没有其他规定，则 $T_A=25℃$，$V_{DD}=3.0$ V。32.768 kHz 晶体振荡器参数如表 6-40 所列。

表 6－40　32.768 kHz 晶体振荡器参数

参　数	最小值	典型值	最大值	条　件
晶振频率/kHz		32.768		
所需晶振频率精度/ppm	－40		40	包括老化和运行时的温度，由 IEEE 802.15.4 指定
等效串连阻抗(ESR)/kΩ		40	130	
C0/pF		0.9	2.0	
CL/pF		12	16	
启动时间/ms			450	

6.11.6　低能耗 RC 振荡器

如果没有其他规定，则 T_A＝25℃，V_{DD}＝3.0 V。低能耗 RC 振荡器参数如表 6－41 所列。

表 6－41　低能耗 RC 振荡器参数

参　数	最小值	典型值	最大值	条　件
校准频率/kHz		32.768		低能耗 RC 振荡器频率校准为 XTAL 频率乘以 16/15 625
校准后频率精度/(%)		±0.2		
温度系数/(%·℃$^{-1}$)		＋0.4		校准后，当温度变化时的频率漂移
供电系数/(%·V^{-1})		＋3		校准后，当供电电压变化时的频率漂移
初始校准时间/ms		4		当低能耗 RC 振荡器使能时，在与晶体振荡器运行时间相同的情况下，校准连续完成

6.11.7　高速 RC 振荡器

如果没有其他规定，则 T_A＝25℃，V_{DD}＝3.0 V。高速 RC 振荡器参数如表 6－42 所列。

表 6－42　高速 RC 振荡器参数

参　数	最小值	典型值	最大值	条　件
频率/MHz		16		高速 RC 振荡器频率校准为 XTAL 频率乘以 1/2
未校准的频率精度/(%)		±18		测量按照 Chipcon 公司 CC2430 EM 设计参考进行
校准频率精度/(%)		±0.6	±1	
启动时间/μs			10	
温度系数/(ppm·℃$^{-1}$)			－325	校准后，当温度变化时的频率漂移
供电系数/(ppm·mV^{-1})			28	校准后，当供电电压变化时的频率漂移
初始校准时间/μs		50		当高速 RC 振荡器使能时，在与晶体振荡器运行时间相同的情况下，校准连续完成

6.11.8　频率合成器

测量按照 Chipcon 公司 CC2430 EM 设计参考进行，若无其他规定，则 T_A＝25℃，V_{DD}＝3.0 V。频率合成器参数如表 6－43 所列。

表 6-43　频率合成器参数

参　数	最小值	典型值	最大值	条件/备注
相位噪声/(dBc·Hz^{-1})		 −107 −113 −119 −121		未调制的载波 偏移载波±1 MHz 偏移载波±2 MHz 偏移载波±3 MHz 偏移载波±5 MHz
锁相环(PLL) 锁定时间/μs			192	当晶体振荡器运行时,在RX/TX转换期间,频率合成器的启动时间

6.11.9　模拟温度传感器

如果没有其他规定,则 T_A=25℃,V_{DD}=3.0 V。模拟温度传感器参数如表6-44所列。

表 6-44　模拟温度传感器参数

参　数	最小值	典型值	最大值	条件/备注
−40℃时的输出电压/V	0.638	0.648	0.706	
0℃时的输出电压/V	0.733	0.743	0.793	
+40℃时的输出电压/V	0.828	0.840	0.891	
+80℃时的输出电压/V	0.924	0.939	0.992	
+120℃时的输出电压/V	1.022	1.039	1.093	
温度系数/(mV·$℃^{-1}$)	2.35	2.45	2.46	适合−20℃～+80℃
计算温度的绝对误差/℃	−14	−8	+14	−20℃～+80℃,假设最适合的绝对精度:0℃时0.763 V,2.44 mV/℃
校准后计算温度的误差/℃	−2		+2	−20℃～+80℃,于室温一点校准后,使用2.44 mV/℃
使能时耗电的增加值/mA		0.3		

6.11.10　8～14位ADC

如果没有其他规定,则 T_A=25℃,V_{DD}=3.0 V。8～14位ADC特性如表6-45所列。

表 6-45　8～14位ADC特性

参　数	最小值	典型值	最大值	条件/备注
输入电压/V	0		AVDD	AVDD是引脚AVDD_SOC上的电压
外接基准电压/V		TBD		待定
外接基准电压误差/V		TBD		待定
位数	8		14	ADC是delta-sigma型,其有效分辨率取决于采样速率
偏移量/LSB		TBD		待定

续表 6-45

参　数	最小值	典型值	最大值	条件/备注
转换时间/μs	20		132	
微分非线性(DNL)/LSB		±0.5		8 位分辨率
积分非线性(INL)/LSB		±1.2		8 位分辨率
SIND(正弦输入)/dB		47 62 76 80		8 位分辨率 10 位分辨率 12 位分辨率 14 位分辨率

6.11.11　控制输入交流特性

如果没有其他规定，则 $T_A=-40℃\sim85℃$，$V_{DD}=3.0\ V$。控制输入交流特性如表 6-46 所列。

表 6-46　控制输入交流特性

参　数	最小值	典型值	最大值	条件/备注
系统时钟 f_{SYSCLK}/MHz $t_{SYSCLK}=1/f_{SYSCLK}$	16		32	当使用 32 MHz 晶体振荡器时，系统时钟为 32 MHz；当使用 RC 振荡器时，系统时钟为 16 MHz
RESET_N 低宽度/ns	2.5			见图 6-33 第 1 项。这是最短的脉冲，用来确保识别复位引脚的请求
中断脉冲宽度/ns	t_{SYSCLK}			见图 6-33 第 2 项。这是最短的脉冲，用来确保识别中断请求。在电源模式(PM)2/3 中，内部同步装置旁路，因此在 PM2/3 中，不提出该请求

6.11.12　SPI 交流特性

如果没有其他规定，则 $T_A=-40℃\sim85℃$，$V_{DD}=3.0\ V$。SPI 交流特性如表 6-47 所列。

表 6-47　SPI 交流特性

参　数	最小值	典型值	最大值	条件/备注
串行时钟(SCK)周期/ns				主 SCK，见图 6-34 中的第 1 项
SCK 占空比		50%		主 SCK
MISO 启动/ns	10			主 SCK，见图 6-34 中的第 2 项
MISO 保持/ns	10			主 SCK，见图 6-34 中的第 3 项
SCK 到 MOSI/ns			25	主 SCK，见图 6-34 中的第 4 项 负载=10 pF
SCK 周期/ns	100			从 SCK，见图 6-34 中的第 1 项

续表 6-47

参　数	最小值	典型值	最大值	条件/备注
SCK 占空比		50%		从 SCK
MOSI 启动/ns	10			从 SCK,见图 6-34 中的第 2 项
MOSI 保持/ns	10			从 SCK,见图 6-34 中的第 3 项
SCK 到 MOSI/ns			25	从 SCK,见图 6-34 中的第 4 项 负载=10 pF

注：串行时钟周期典型值参见 6.5.5 小节中有关波特率发生器的描述。

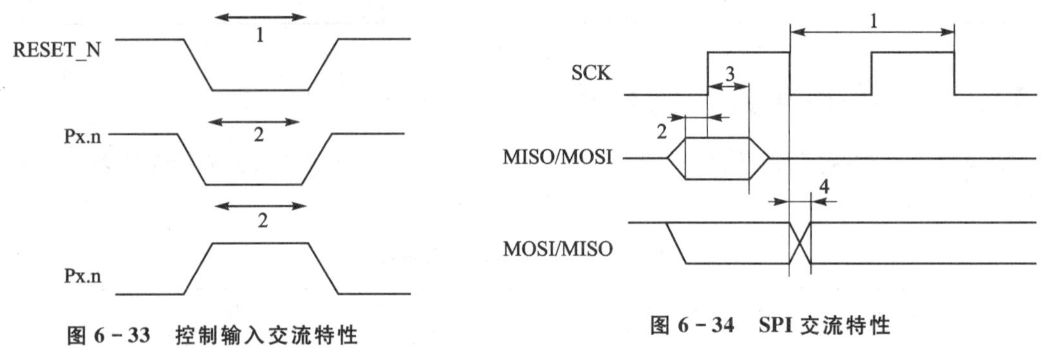

图 6-33　控制输入交流特性

图 6-34　SPI 交流特性

6.11.13　调试接口交流特性

如果没有其他规定,则 $T_A=-40℃\sim+85℃$,$V_{DD}=3.0\ V$。调试接口交流特性如表 6-48 所列。

表 6-48　调试接口交流特性

参　数	最小值	典型值	最大值	条件/备注
调试时钟周期/ns	31.25			见图 6-35 中的第 1 项
调试数据设置/ns	5			见图 6-35 中的第 2 项
调试数据保持/ns	5			见图 6-35 中的第 3 项
数据时钟延迟/ns			10	见图 6-35 中的第 4 项
P2_2 上升沿之后 RESET_N 停止活动的时间/ns	10			见图 6-35 中的第 5 项

6.11.14　口输出交流特性

如果没有其他规定,则 $T_A=-40℃\sim+85℃$,$V_{DD}=3.0\ V$。口输出交流特性如表 6-49 所列。

表 6-49　口输出交流特性

参　数	最小值	典型值	最大值	条件/备注
口 P0、P1、P2 的输出引脚 输出波形上升和下降时间/ns		10		负载=10 pF,时序与 10% V_{DD}和 90% V_{DD}电平相关

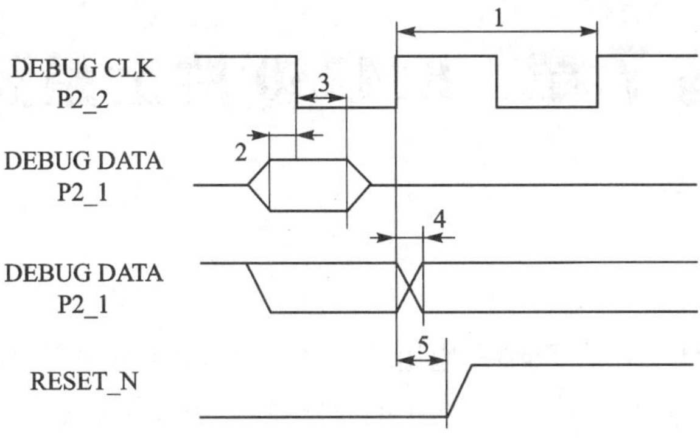

图 6-35　调试接口交流特性

6.11.15　计数器输入交流特性

如果没有其他规定，则 $T_A=-40℃\sim+85℃$，$V_{DD}=3.0\ V$。计数器输入交流特性如表 6-50 所列。

表 6-50　计数器输入交流特性

参　数	最小值	典型值	最大值	条件/备注
输入捕获脉冲宽度/ns	t_{SYSCLK}			可识别的输入脉冲的最短宽度由同步决定。同步运行于当前系统的时钟频率

6.11.16　直流特性

如果没有其他规定，则 $T_A=25℃$，$V_{DD}=3.0\ V$。直流特性如表 6-51 所列。

表 6-51　直流特性

参　数	最小值	典型值	最大值	条件/备注
逻辑“0”输入电压/V	0	0.7	0.9	
逻辑“1”输入电压/V	$V_{DD}-0.25$ V	V_{DD}	V_{DD}	
逻辑“0”输出电压/V	0	0	0.25	除了引脚 P1_0 和 P1_1 输出最大电流可达 20 mA 之外，其余所有引脚输出最大电流可达 4 mA
逻辑“1”输出电压/V	$V_{DD}-0.25$ V	V_{DD}	V_{DD}	除了引脚 P1_0 和 P1_1 输出最大电流可达 20 mA 之外，其余所有引脚输出最大电流可达 4 mA
逻辑“0”输入电流/μA	NA（无）	−1	−1	输入等于 0 V
逻辑“1”输入电流/μA	NA（无）	1	1	输入等于 V_{DD}
I/O引脚上拉和下拉电阻/kΩ	17	20	23	

第 7 章　EM250 片上系统

7.1　概　述

作为一种低成本、低功耗的 ZigBee 应用片上系统，EM250 集成了一个 16 位的 XAP2b 微控制器、一个适应 2.4 GHz IEEE 802.15.4 的收发器，还集成了足够的存储器和外部设备，包括稳压器、电压控制振荡器、循环过滤器和功率放大器等。这些确保了整个系统只需极少的外接元件就可以正常运行，其功能模块框图如图 7－1 所示。

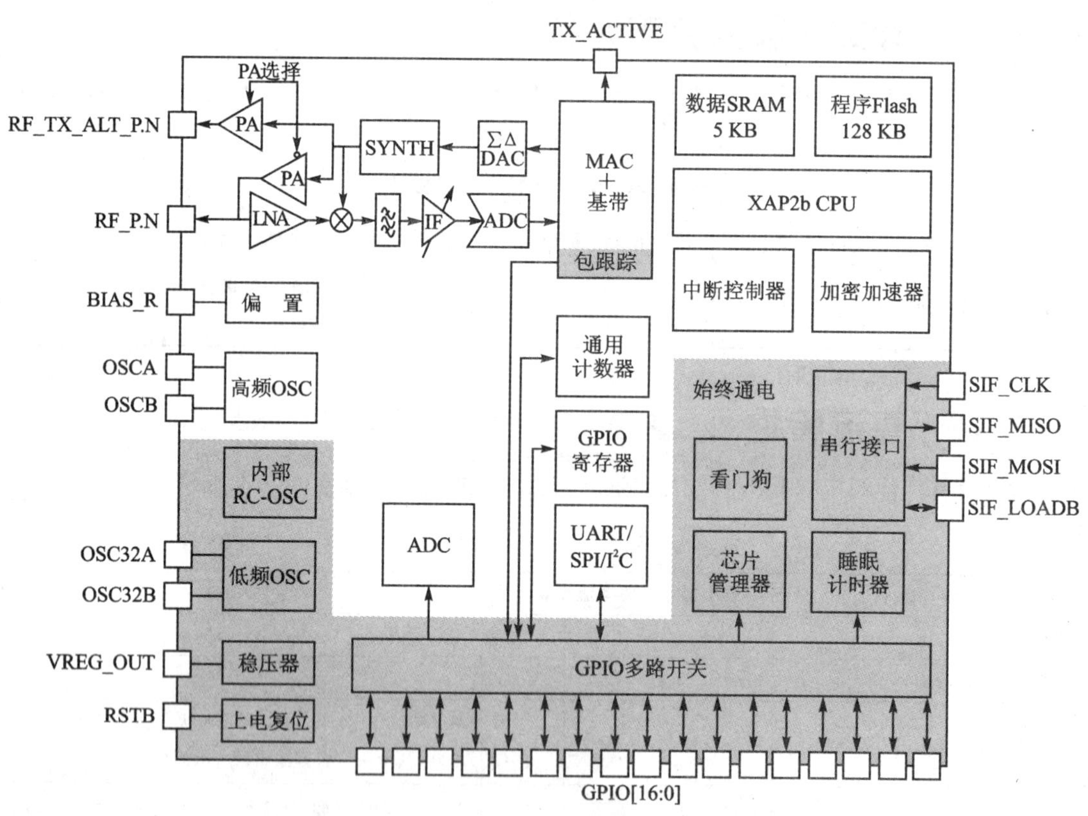

图 7－1　EM250 片上系统的功能模块框图

EM250 具有如下特性：

① EM250 的 RF 接收器采用了高效架构，使得它接收的动态范围超过 IEEE 802.15.4—2003 标准所规定动态范围 15 dB。其信道过滤器在 2.4 GHz 频谱上与其他通信标准（如 IEEE 802.11(b, g)和蓝牙等)能相互兼容。它还可以通过软件选择高性能无线模式（增强模式），进一步增强动态范围 3 dB。

② EM250 集成的微控制器 XAP2b，支持两种不同的操作模式——系统模式和应用模式。

系统模式运行EmberNet栈，具备对整个芯片所有存储器的存取功能；而应用模式运行应用代码，只有部分存取功能。这就允许用户在安排自己程序的同时，避免了修改受限制的存储器和寄存器空间。这种架构加强了系统配置方案的稳定性和可靠性。

③ EM250嵌入了128 KB闪存和5 KB的RAM，用于存储程序和数据，并通过一种有效的磨损程度测量算法来延长嵌入闪存的寿命。为了适应ZigBee和IEEE 802.15.4—2003标准的需求，EM250集成了一系列MAC功能于硬件中。MAC硬件自动处理ACK的发送和接收、延时补偿、空闲信道评估以及自动过滤收到包等。此外，EM250还允许通过集成的包跟踪接口进行真正的MAC层调试。

④ EM250集成了一系列外部设备GPIO、UART、SPI、I^2C、ADC和通用计数器等来支持用户的应用；还集成了稳压器、上电复位电路和睡眠计时器等。为便于用户的应用，EM250利用不介入的SIF模块进行软件调试和对微控制器XAP2b编程设置。

⑤ EM250提供了低功耗睡眠模式，其耗电小于1 μA，使电池具有很长的寿命。在购买EM250时，即获得了EmberZNet 2.0软件栈。EM250给用户准备好了加载的配置文件和适应解决方案的平台，还提供给用户详细的技术数据手册，便于用户使用Ember软件栈。

7.2 主要特性

- 适应2.4 GHz、IEEE 802.15.4的收发器：
  - ➢ 250 kbps O-QPSK调制；
  - ➢ 16个间隔为5 MHz、带宽为2 MHz的信道；
  - ➢ 具有鲁棒特性的接收过滤器，与IEEE 802.11(b,g)以及蓝牙设备兼容；
  - ➢ −97dBm的RX灵敏度(1%包差错率，20字节包)；
  - ➢ 标称输出功率为+3 dBm；
  - ➢ 高性能无线模式(增强模式)，提供−98 dBm的RX灵敏度和+5 dBm的发送功率；
  - ➢ 集成了电压控制振荡器和循环过滤器。
- 16位微控制器XAP2b。
- IEEE 802.15.4 PHY和具备DMA的底层MAC。
- 为开发环境集成了包跟踪接口支持硬件。
- 提供集成的RC振荡器(用于低功率操作)。
- 支持用于高精度需求的可选32.768 kHz晶体振荡器。
- 内嵌存储器：闪存128 KB、SRAM 5 KB。
- 可配置存储器保护方案。
- 可配置DMA信道接口：收发器(接收和发送信道)、通用同步/异步收发器、同步串行口。
- 两种睡眠模式：
  - ➢ 空闲模式；
  - ➢ 休眠模式：1.5 μA(使能外接32 kHz振荡器)、1.0 μA(使能内部RC振荡器)。
- 17个可以改变功能的GPIO引脚。
- 2个具备DMA的串行控制器：
  - ➢ SC1：主模式I^2C，主模式SPI，UART；

➢ SC2：主模式 I^2C，主/从模式 SPI。
- 2个16位通用计数器，1个16位睡眠计时器。
- 看门狗计时器和上电复位电路。
- 非介入式调试接口(SIF)。
- 高级加密标准(AES)的加密处理器。
- 具有12位分辨率的ADC模块，一阶 Σ－Δ 转换器。
- 1.8 V稳压器。
- 塑料48引脚QFN封装，7 mm×7 mm×0.9 mm。

7.3 引脚配置与说明

图7－2为EM250的顶视图。EM250引脚说明参见表7－1。如果要选择或改变引脚的功能，请参见表7－8和表7－10。

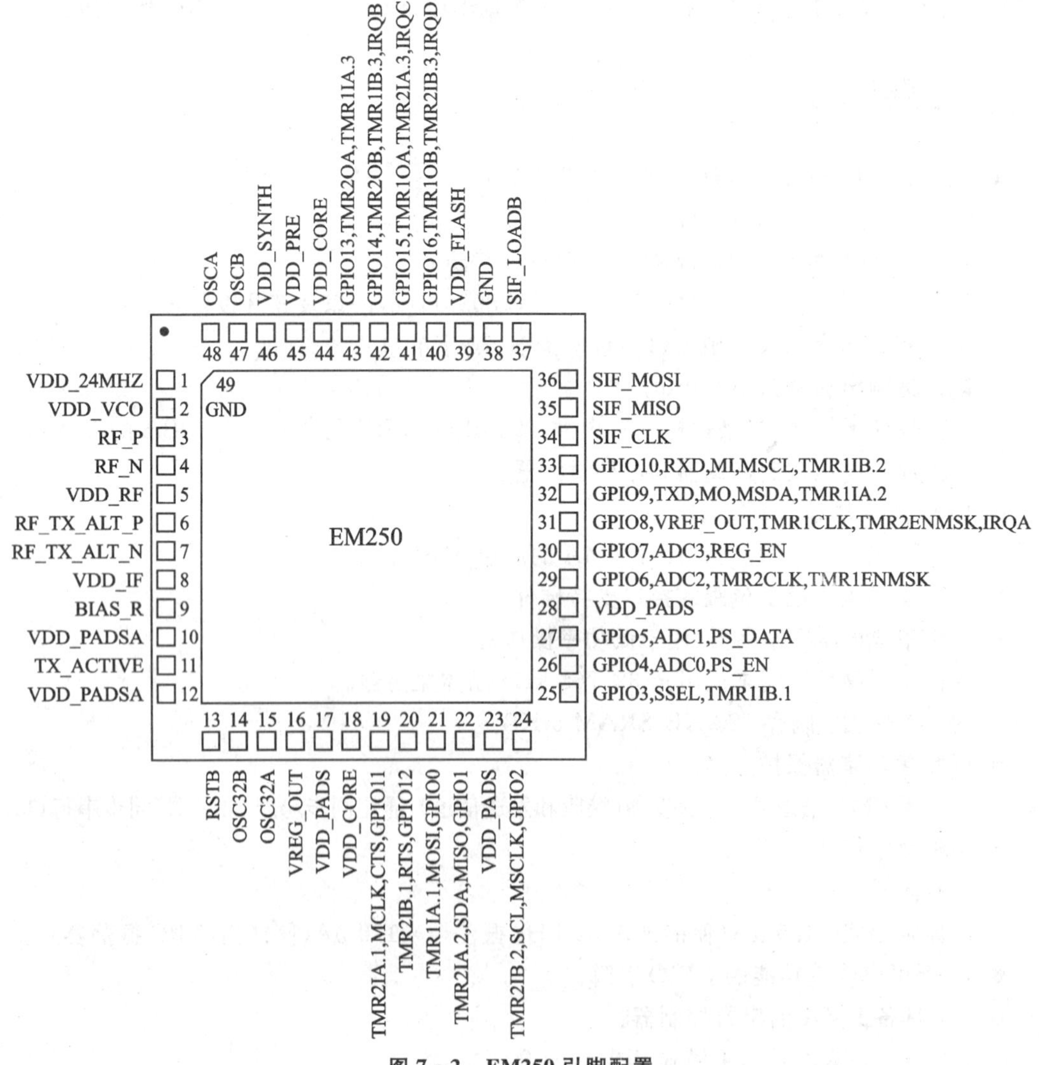

图7－2　EM250引脚配置

表 7-1 EM250 引脚说明

引脚号	名 称	类 型	描 述
1	VDD_24MHZ	电源	1.8 V 高频振荡器供电
2	VDD_VCO	电源	1.8 V 电压控制振荡器(VCO)供电
3	RF_P	I/O	差动(与 RF_N 一起)接收器输入/发送器输出
4	RF_N	I/O	差动(与 RF_P 一起)接收器输入/发送器输出
5	VDD_RF	I/O	1.8 V RF 供电,给低噪声放大器(LNA)和功率放大器(PA)
6	RF_TX_ALT_P	O	差动(与 RF_TX_ALT_N 一起)发送器输出(选项)
7	RF_TX_ALT_N	O	差动(与 RF_TX_ALT_P 一起)发送器输出(选项)
8	VDD_IF	电源	1.8 V 中频供电(混频器和过滤器)
9	BIAS_R	I	接偏置电阻器
10	VDD_PADSA	电源	模拟衬垫供电(1.8 V)
11	TX_ACTIVE	O	用于外部 RX/TX 开关的逻辑电平控制
12	VDD_PADSA	电源	模拟衬垫供电(1.8 V)
13	RSTB	I	芯片复位,低电平有效(内部上拉)
14	OSC32B	I/O	32.768 kHz 晶体振荡器,或当 OSC32A 使用外接时钟时悬空
15	OSC32A	I/O	32.768 kHz 晶体振荡器,或数字时钟输入
16	VREG_OUT	电源	稳压器输出(1.8 V)
17	VDD_PADS	电源	衬垫供电(2.1~3.6 V)
18	VDD_CORE	电源	1.8 V 数字核心供电
19	GPIO11	I/O	数字 I/O (由 GPIO_CFG[7:4]使能 GPIO11)
	CTS	I	串行控制器 SC1 的 UART CTS 握手信号接口(由 GPIO_CFG[7:4]使能 SCI-4A,由 SC1_MODE 选择 UART)
	MCLK	O	串行控制器 SC1 的 SPI 主时钟(由 GPIO_CFG[7:4]使能 SC1-3M,由 SC1_MODE 选择 SPI,由 SC1_SPICFG[4]使能主时钟)
	TMR2IA.1	I	计数器 2 的捕获输入 A(由 GPIO_CFG[7:4]使能 CAP2-0)
20	GPIO12	I/O	数字 I/O(由 GPIO_CFG[7:4]使能 GPIO12)
	RTS	O	串行控制器 SC1 的 UART RTS 握手信号接口(由 GPIO_CFG[7:4]使能 SCI-4A,由 SC1_MODE 选择 UART)
	TMR2IB.1	I	计数器 2 的捕获输入 B (由 GPIO_CFG[7:4]使能 CAP2-0)
21	GPIO0	I/O	数字 I/O(由 GPIO_CFG[7:4]使能 GPIO0)
	MOSI	O	串行控制器 SC2 的 SPI 主数据输出(由 GPIO_CFG[7:4]使能 SC2-3M,由 SC2_MODE 选择 SPI,由 SC2_SPICFG[4]使能主数据)
	MOSI	I	串行控制器 SC2 的 SPI 从数据输入(由 GPIO_CFG[7:4]使能 SC2-4S,由 SC2_MODE 选择 SPI,由 SC2_SPICFG[4]使能从数据)
	TMR1IA.1	I	计数器 1 的捕获输入 A(由 GPIO_CFG[7:4]使能 CAP1-0)

续表 7-1

引脚号	名　称	类　型	描　述
22	GPIO1	I/O	数字 I/O(由 GPIO_CFG[7：4]使能 GPIO1)
	MISO	I	串行控制器 SC2 的 SPI 主数据输入(由 GPIO_CFG[7：4]使能 SC2-3M，由 SC2_MODE 选择 SPI，由 SC2_SPICFG[4]使能主数据)
	MISO	O	串行控制器 SC2 的 SPI 从数据输出(由 GPIO_CFG[7：4]使能 SC2-4S，由 SC2_MODE 选择 SPI，由 SC2_SPICFG[4]使能从数据)
	SDA	I/O	串行控制器 SC2 的 I^2C 数据(由 GPIO_CFG[7：4]使能 SC2-2，由 SC2_MODE 选择 I^2C)
	TMR2IA.2	I	计数器 2 的捕获输入 A(由 GPIO_CFG[7：4]使能 CAP2-1)
23	VDD_PADS	电源	衬垫供电(2.1～3.6 V)
24	GPIO2	I/O	数字 I/O(由 GPIO_CFG[7：4]使能 GPIO2)
	MSCLK	O	串行控制器 SC2 的 SPI 主时钟(由 GPIO_CFG[7：4]使能 SC2-3M，由 SC2_MODE 选择 SPI，由 SC2_SPICFG[4]使能主时钟)
	MSCLK	I	串行控制器 SC2 的 SPI 从时钟(由 GPIO_CFG[7：4]使能 SC2-4S，由 SC2_MODE 选择 SPI，由 SC2_SPICFG[4]使能从时钟)
	SCL	I/O	串行控制器 SC2 的 I^2C 时钟(由 GPIO_CFG[7：4]使能 SC2-2，由 SC2_MODE 选择 I^2C)
	TMR2IB.2	I	计数器 2 的捕获输入 B(由 GPIO_CFG[7：4]使能 CAP2-1)
25	GPIO3	I/O	数字 I/O(由 GPIO_CFG[7：4]使能 GPIO3)
	SSEL	I	串行控制器 SC2 的 SPI 从选择(由 GPIO_CFG[7：4]使能 SC2-4S，由 SC2_MODE 选择 SPI，由 SC2_SPICFG[4]使能从选择)
	TMR1IB.1	I	计数器 1 的捕获输入 B(由 GPIO_CFG[7：4]使能 CAP1-0)
26	GPIO4	I/O	数字 I/O(由 GPIO_CFG[12]和 GPIO_CFG[8]使能 GPIO4)
	ADC0	模拟	ADC 输入 0(由 GPIO_CFG[12]和 GPIO_CFG[8]使能 ADC0)
	PS_EN	O	包跟踪接口(PTI)的帧信号(由 GPIO_CFG[12]使能 PTI)
27	GPIO5	I/O	数字 I/O(由 GPIO_CFG[12]和 GPIO_CFG[9]使能 GPIO5)
	ADC1	模拟	ADC 输入 1(由 GPIO_CFG[12]和 GPIO_CFG[9]使能 ADC1)
	PS_DATA	O	包跟踪接口(PTI)的数据信号(由 GPIO_CFG[12]使能 PTI)
28	VDD_PADS	电源	衬垫供电(2.1～3.6 V)
29	GPIO6	I/O	数字 I/O(由 GPIO_CFG[10]使能 GPIO6)
	ADC2	模拟	ADC 输入 2(由 GPIO_CFG[10]使能 ADC2)
	TMR2CLK	I	计数器 2 的外接时钟
	TMR1ENMSK	I	计数器 1 的外部使能屏蔽
30	GPIO7	I/O	数字 I/O(由 GPIO_CFG[13]和 GPIO_CFG[11]使能 GPIO7)
	ADC3	模拟	ADC 输入 3(由 GPIO_CFG[13]和 GPIO_CFG[11]使能 ADC3)
	REG_EN	O	外接稳压器集电极开路输出(由 GPIO_CFG[13]使能 REG_EN)

续表 7-1

引脚号	名 称	类 型	描 述
31	GPIO8	I/O	数字 I/O(由 GPIO_CFG[14]使能 GPIO8)
	VREF_OUT	模拟	ADC 基准输出(由 GPIO_CFG[14]使能 VREF_OUT)
	TMR1CLK	I	计数器 1 的外接时钟输入
	TMR2ENMSK	I	计数器 2 的外部使能屏蔽
	IRQA	I	外部中断源 A
32	GPIO9	I/O	数字 I/O(由 GPIO_CFG[7:4]使能 GPIO9)
	TXD	O	串行控制器 SC1 的 UART 发送数据(由 GPIO_CFG[7:4]使能 SC1-4A 或 SCI-2,由 SC1_MODE 选择 UART)
	MO	O	串行控制器 SC1 的 SPI 主数据输出(由 GPIO_CFG[7:4]使能 SCI-3M,由 SC1_MODE 选择 SPI,由 SC1_SPICFG[4]使能主数据)
	MSDA	I/O	串行控制器 SC1 的 I²C 数据(由 GPIO_CFG[7:4]使能 SCI-2,由 SC1_MODE 选择 I²C)
	TMR1IA.2	I	计数器 1 的捕获输入 A(由 GPIO_CFG[7:4]使能 CAP1-1 或者 CAP1-1h)
33	GPIO10	I/O	数字 I/O(由 GPIO_CFG[7:4]使能 GPIO10)
	RXD	I	串行控制器 SC1 的 UART 接收数据(由 GPIO_CFG[7:4]使能 SC1-4A 或 SCI-2,由 SC1_MODE 选择 UART)
	MI	I	串行控制器 SC1 的 SPI 主数据输入(由 GPIQ_CFG[7:4]使能 SCI-3M,由 SC1_MODE 选择 SPI,由 SC1_SPICFG[4]使能主数据)
	MSCL	I/O	串行控制器 SC1 的 I²C 时钟(由 GPIO_CFG[7:4]使能 SCI-2,由 SC1_MODE 选择 I²C)
	TMR1IB.2	I	计数器 1 的捕获输入 B(由 GPIO_CFG[7:4]使能 CAP1-1)
34	SIF_CLK	I	串行接口,时钟(内部下拉)
35	SIF_MISO	O	串行接口,主输入/从输出
36	SIF_MOSI	I	串行接口,主输出/从输入
37	SIF_LOADB	I/O	串行接口,装入选通(具备内部上拉的集电极开路 I/O)
38	GND	电源	接地
39	VDD_FLASH	电源	1.8 V 闪存供电
40	GPIO16	I/O	数字 I/O(由 GPIO_CFG[3]使能 GPIO16)
	TMR1OB	O	计数器 1 的波形输出 B(由 GPIO_CFG[3]使能 TMR1OB)
	TMR2IB.3	I	计数器 2 的捕获输入 B(由 GPIO_CFG[7:4]使能 CAP2-2)
	IRQD	I	外部中断源 D
41	GPIO15	I/O	数字 I/O(由 GPIO_CFG[2]使能 GPIO15)
	TMR1OA	O	计数器 1 的波形输出 A(由 GPIO_CFG[2]使能 TMR1OA)
	TMR2IA.3	I	计数器 2 的捕获输入 A(由 GPIO_CFG[7:4]使能 CAP2-2)
	IRQC	I	外部中断源 C

续表 7-1

引脚号	名 称	类 型	描 述
42	GPIO14	I/O	数字 I/O(由 GPIO_CFG[1]使能 GPIO14)
	TMR2OB	O	计数器 2 的波形输出 B(由 GPIO_CFG[1]使能 TMR2OB)
	TMR1IB. 3	I	计数器 1 的捕获输入 B(由 GPIO_CFG[7:4]使能 CAP1-2)
	IRQB	I	外部中断源 B
43	GPIO13	I/O	数字 I/O(由 GPIO_CFG[0]使能 GPIO13)
	TMR2OA	I	计数器 2 的波形输出 A(由 GPIO_CFG[0]使能 TMR2OA)
	TMR1IA. 3	I	计数器 1 的捕获输入 B(由 GPIO_CFG[7:4]使能 CAP1-2 或者 CAP1-2h)
44	VDD_CORE	电源	1.8 V 数字核心供电
45	VDD_PRE	电源	1.8 V 预换算装置供电
46	VDD_SYNTH	电源	1.8 V 频率合成器供电
47	OSCB	I/O	24 MHz 晶体振荡器,或者当 OSCA 使用使用外接时钟时悬空
48	OSCA	I/O	24 MHz 晶体振荡器,或者外接时钟输入
49	GND	接地	用于接地的芯片封装底部中心衬垫(见 EM250 的 PCB 参考设计)

7.4 顶层功能

EM250 片上系统的功能模块如图 7-1 所示。

无线接收器是一个低中频的超外差式接收器。它利用差动信号达到噪声最小的效果,与其他通信标准的设备(如 IEEE 802.11g 以及蓝牙等)在 2.4 GHz 频段兼容。接收到的模拟信号经过混频、放大和滤波,通过 ADC 转换为数字信号。

数字接收器完成连续解调,为由硬件实现的 MAC 生成片码流。此外,在数字接收器中,还含有无线校准模拟程序和接收信道内的增益控制。

无线发送器采用了一个高效架构,在该架构中,数据流直接调制压控振荡器(VCO)。可编程功率放大器(PA)将调制好的信号放大输出。由数字部分控制校准发送(TX)信道和输出功率。

集成在 EM250 片上的还有 4.8 GHz VCO 和循环过滤器,以最大限度地减少片外电路。只需接入 24 MHz 晶振及其负载电容器,就可以建立合适的锁相环(PLL)基准信号。

MAC 是数据存储器与 RX 和 TX 基带模块之间的接口。MAC 提供了由硬件实现的的 IEEE 802.15.4 包级(packet-level)过滤器,以及精确的符号时序基础,使得软件栈的同步操作最小化,并且适应通信协议的需求。除此之外,它还提供了计数器和用于 IEEE 802.15.4 CSMA-CA 算法的同步辅助功能。

EM250 集成的支持包跟踪的硬件模块,可以进行基于包的调试。该模块是 Ember 软件集成开发环境(IDE)智能平台的重要组成部分。当连接了智能适配器之后,该 IDE 可提供先进的网络调试功能。

EM250 集成了一个由剑桥咨询有限公司(Cambridge Consultants Ltd.)开发的 16 位 XAP2b 微控制器。这个高效的核心提供了面向 ZigBee 应用需求的处理能力。由 128 KB 闪存和 5 KB SRAM 组成了程序存储器和数据存储器。EM250 配置了通常在高级微控制器上才能找到的存储器保护方案。此外,EM250 集成的 SIF 模块提供了非介入式编程设置和调试接口,该接口可以用来进行实时应用调试。

EM250 含有 17 个可以改变功能的 GPIO 引脚。集成的串行控制器 SC1 可以配置 SPI(仅用于主模式)、I^2C(仅用于主模式)或 UART 功能;集成的串行控制器 SC2 可以配置 SPI(主模式或者从模式),或者 I^2C(仅用于主模式)功能。

EM250 集成的 ADC 能够从 4 个 GPIO 引脚采样单端或者差动模拟信号,并且非稳压供电 VDD_PADS、稳压供电 VDD_PADSA、电压基准 VREF 和 GND 均可采样。用于 ADC 的集成电压基准 VREF 也可以提供给外部电路使用。

EM250 集成的稳压器从非稳压供电产生 1.8 V 稳压电压。该电压通过外部路由供给核心逻辑模块。集成的上电复位(POR)模块,确保 EM250 冷启动可靠。

EM250 含有一个高频(24 MHz)晶体振荡器和一个低频振荡器(内部 10 kHz RC 振荡器或外部 32.768 kHz 晶体振荡器)。它有两个供电区:其一为始终供电区,高电压供电,用于 GPIO 和芯片的关键功能引脚;其二为低电压供电区,用于芯片的其余引脚。该低压供电在睡眠期间关断,从而降低整个系统的功耗。

7.5 系统模式功能

EM250 支持两种操作模式——系统模式和应用模式,用来确保应用开发的微控制器带宽以及保护应用开发,避免软件存取出错。

在系统模式期间,整个芯片范围内(包括 RF 收发器、MAC、包跟踪接口、睡眠计时器、电源管理模块、看门狗计时器和上电复位模块)均可以访问。

由于 EM250 与 EmberZNet(即适应 ZigBee 的 Ember 软件栈)许可证捆绑出售,因此该软件栈在应用模式中不提供给应用开发者。下列模式的简单描述,提供了 EM250 所需的操作背景(要获得更多的信息,可访问 www.ember.com/support)。

7.5.1 接收(RX)信道

EM250 接收(RX)信道扫描模拟域和数字域。RX 的架构以低中频的超外差式接收器为基础,利用差动信号达到噪声最小的效果。输入的 RF 信号通过同相和正交相位信号(I/Q)降频,转换为中频 4 MHz。混频器输出的信号经过过滤和组合,将 4 MHz 的中频传送给 12 Msps 的 ADC。RX 信道中 RX 过滤器经过优化设计,使得 EM250 与其他 2.4 GHz 收发器(例如 IEEE 802.11g 和蓝牙)兼容。

1. RX 基带

EM250 RX 基带(在数字域之内)实现相关解调器的最佳性能。基带解调 O-QPSK 信号到具有 IEEE 802.15.4—2003 帧引导序列的片码层次。一旦帧引导序列检测出来,则立即解扩频已经解调的数据为 4 位符号。这些符号经过缓冲,由基于硬件的 MAC 模块进行过滤。

除此之外,RX 基带还提供校准和控制接口到模拟 RX 模块。RX 模块包括低噪声放大器(LNA)、RX 基带过滤器和解调模块。EmberZNet 软件提供校准算法,该算法用来减小接收过程中信号处理和温度变化造成的影响。

2. 接收信号强度指示器和空闲信道评估

EM250 计算超过 8 符号周期的 RSSI，也在收到包末端计算 RSSI。它利用 RX 增益设置，并且输出算法之内的 ADC 电平。

EM250 RX 基带提供支持 IEEE 802.15.4—2003 所需的 CCA 方法。该方法归纳在表 7-2 中。其中，模式 1、2 和 3 由 IEEE 802.15.4—2003 定义；而模式 0 则是一种私人所有的模式。

表 7-2　CCA 模式特征

CCA 模式	模式特征
0	如果载波检测或者 RSSI 超过它们的阈值，那么空闲信道报告媒体忙
1	如果 RSSI 超过它的阈值，那么空闲信道报告媒体忙
2	如果载波检测超过它的阈值，那么空闲信道报告媒体忙
3	如果 RSSI 和载波检测都超过它们的阈值，那么空闲信道报告媒体忙

7.5.2　发送(TX)信道

EM250 发送器利用模拟电路和数字逻辑来生成 O-QPSK 调制信号。其高效率的 TX 架构调制预先扩频的符号用来发送。它使用差动信道避免了增加噪声，而且为外接的不平衡变压器提供了一个公共接口。

EM250 TX 基带(在数字域之内)实现扩频 4 位符号到 IEEE 802.15.4—2003 定义的 I/Q 32 位片码序列。除此之外，TX 基带还提供接口，以便使用软件来校准 TX 模块，从而减小发送过程中信号处理和温度变化造成的影响。

7.5.3　集成的 MAC 模块

EM250 在硬件中集成了 IEEE 802.15.4—2003 MAC 功能的关键部分。这就使得微控制器在网络应用中可以提供更宽的带宽。除此之外，该硬件还起第一线过滤器的作用，用来过滤掉不需要的包。当传送或者接收包时，EM250 MAC 利用 DMA 与 RAM 存储器接口，减轻了微控制器的负担。

当用来发送的包就绪时，软件通过指出包缓冲器 RAM 的位置来配置 TX MAC DMA。该 MAC 等待补偿周期，然后传送基带到 TX 模式，进行信道评估。当信道空闲时，MAC 从 RAM 缓冲器中读取数据，计算 CRC，然后提供 4 位符号到基带。当最后字节已经读取而且送到基带时，则读出余下的 CRC 并且发送出去。

MAC 在多数时间里处于 RX 模式，格式过滤器和地址过滤器阻止了不需要的包使用 RAM 缓冲器，也防止了因此而引起的 CPU 中断。当包接收开始时，MAC 从基带中读取 4 位符号并计算 CRC，将收到的数据安置到 RAM 缓冲器中。RX MAC DMA 提供直接存取到 RAM 存储器空间。添加的数据为软件栈提供了包统计信息。

MAC 的主要特性是：

- 生成、添加和校核 CRC；
- 采用硬件计时和中断来完成 MAC 符号时序；
- 自动预置帧引导序列和 SFD 到 TX 包；

- 地址识别和过滤收到包；
- 自动确认发送；
- 从存储器中自动发送包；
- 如果信道空闲，则补偿时间之后就开始自动发送；
- 自动确认校核；
- 收到时间标记和发送消息；
- 附属包信息到收到包(LQI、RSSI、时间标记和包状态)；
- IEEE 802.15.4 时序和时隙/非时隙时序。

7.5.4　包跟踪接口

EM250 集成了一个真正的物理层(PHY)包跟踪接口(PTI)，用于高效的网络层调试。这个双信号的接口在 MAC 和基带模块之间，以不介入的风格监控全部物理层的 TX 和 RX 包。这是一个异步 500 kbps 接口，不能用来将包注入 PHY/MAC 接口。来自 EM250 的双信号是帧信号 PTI_EN 和数据信号 PTI_DATA。Ember 软件集成开发环境(IDE)智能平台支持 PTI。

7.5.5　微控制器 XAP2b

EM250 集成了微控制器 XAP2b。该微控制器是 Cambridge Consultants 有限公司开发的，用于构成一个真正的片上系统。XAP2b 是一个 16 位哈佛架构的控制器，具有分隔开的程序和数据地址空间。字长 16 位，既用于程序存储又用于数据存储。数据地址总是指定为字节，虽然它们既可以按照字节存取，又可以按照字存取；而程序地址总是指定为字，按照字来存取。数据地址总线 15 位有效，允许存取空间为 32 KB；程序地址总线宽 16 位，为 64K 字的地址。

EM250 中的 XAP2b 时钟频率为 12 MHz。当它与 EmberZNet 栈一起使用时，代码通过无线方式装入闪存或者通过串行连接，用嵌入式引导装入器装入闪存。作为选择，代码可以通过 SIF 接口，基于 RAM 的协助装入。应用程序也可以通过 SIF 装入。

EM250 中的 XAP2b 得到增强，可以支持两个分隔开的保护层。EmberZNet 栈按照系统模式运行，系统模式允许对 EM250 芯片上全部空间无限制存取。应用代码按照应用模式运行。当运行在应用模式时，写入某些存储器空间或寄存器受到限制，这样可以防止应用软件的错误影响 EmberZNet 栈的运行。捕获这些错误，将细节报告给开发者，从而辅助开发者跟踪并且纠正这些错误。

7.5.6　嵌入的存储器

图 7-3 所示为程序地址空间，包含映射到集成的闪存和 RAM 上的地址。图 7-4 所示为数据地址空间，同样包含映射到集成的闪存和 RAM 上的地址，还包含寄存器和分隔开的闪存信息空间。

(1) 闪　存

EM250 集成了 128 KB 闪存。闪存在室温下保存数据的时间大于 100 年。每页闪存 1024 字节，保证额定写入/擦除 1000 个循环。

闪存映射到程序地址空间和数据地址空间。在程序地址空间，前 112 KB 闪存映射到对应的前 56K 字地址，用来存储程序代码(见图 7-3)。在程序地址空间，闪存按照整个字来读

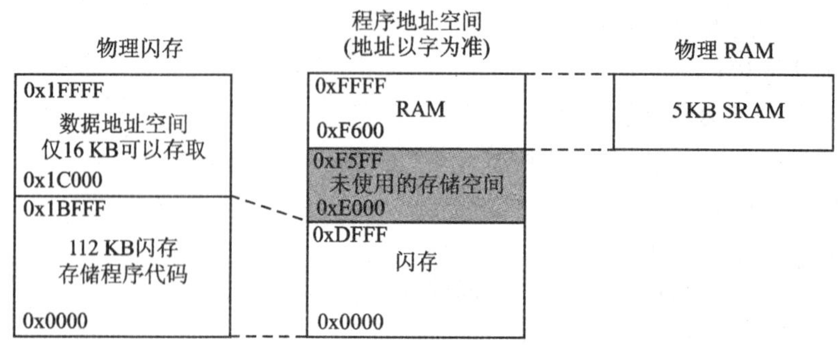

图 7-3 程序地址空间

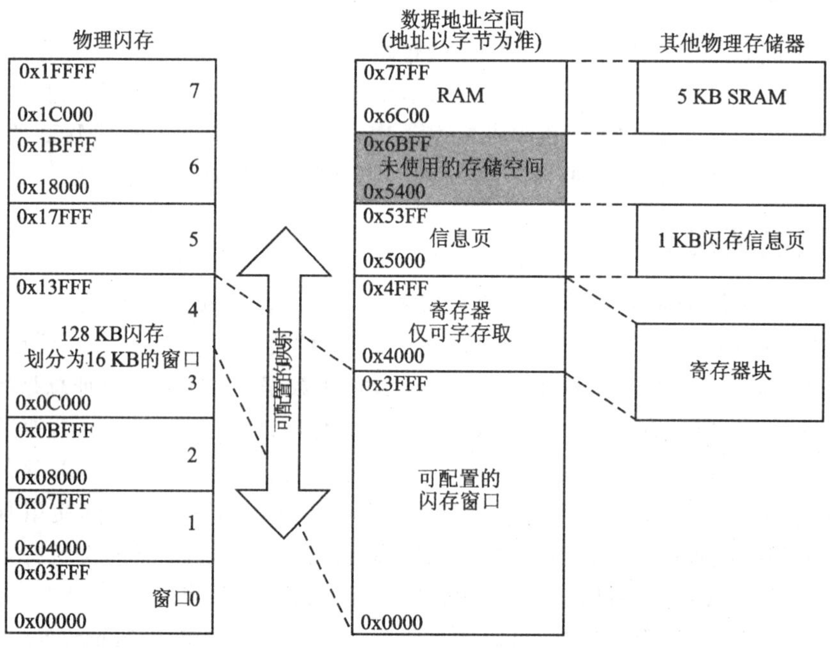

图 7-4 数据地址空间

取。在数据地址空间,闪存划分为 8 部分,每部分 16 KB,分别映射到闪存窗口,用来存储不变的数据和模拟 EEPROM。如图 7-4 所示,闪存窗口对应前 16 KB 数据地址空间。在数据地址空间,闪存按照字节来读取,只是在利用 EmberZNet 栈和硬件抽象层(HAL)的程序中,可以每次写入一个字。

(2) 模拟 EEPROM

Ember 栈储备一部分闪存用来模拟 EEPROM 给栈和用户标记。EM250 利用闪存顶部的 8 KB,这 8 KB 在数据地址空间映射到闪存窗口的闪存中,是唯一可存取的。由于闪存单元可以确保 1000 次写循环,模拟 EEPROM 将执行一个有效的磨损算法,以增加个别标记写循环的次数。

(3) 闪存信息页(FIA)

EM250 的闪存中,也包含一个分隔开的 1024 字节的 FIA,可以用来在生产期间存储数据,这些数据包括顺序号码和校准值。该 FIA 映射到从地址 0x5000 开始的数据地址空间。FIA 可以按照个别的字节读出,但是它只能够每次写入一个字,只能够一次整个地全部擦除。

要对这部分特殊的闪存编程设置，只能够使能 SIF 接口，预防意外的损坏或擦除。EmberZNet 栈存储该 FIA 的一小部分供它自己使用，余下部分可以提供给用户使用。

(4) RAM

EM250 集成了 5 KB SRAM。同闪存一样，这些 RAM 也映射到程序地址空间和数据地址空间。RAM 映射到程序地址空间顶部的 2.5 KB，用于闪存中写入或者擦除代码。RAM 也映射到数据地址空间顶部，占据 5 KB(如图 7-3 和图 7-4 所示)。

除此之外，EM250 还支持保护机制，预防应用代码覆盖存储在 RAM 中的系统代码。为了实现这个功能，将 RAM 分割成为若干 32 字节的段，每段具有一个可配置的位，用来在 EM250 运行应用模式时允许或拒绝写入该段。读操作在整个 RAM 中总是允许的，不加限制；全部存取操作在 EM250 运行系统模式时也是允许的，不加限制。EmberZNet 栈提供的保护机制可以用来辅助跟踪许多应用错误。

(5) 寄存器

EM250 中全部可存取应用寄存器的简要描述由表 7-31 提供，详细描述见各应用功能的相关章节。寄存器映射到数据地址空间，其起始地址为 0x4000。这些寄存器用来控制和设置不同的外部设备和模块。寄存器只能够整字存取，对它们进行字节存取会导致未定义的结果。另外，还有若干寄存器在 EM250 运行系统模式时，由 EmberZNet 使用，用来控制 MAC、基带和其他内部模块；在 EM250 运行应用模式时，受到保护，不会被修改。

7.5.7 加密加速器

EM250 嵌入了一个硬件 AES 加密加速器，该加速器附属于 CPU，使用存储器映射接口。由硬件实现了国家标准和技术协会(NIST)规定的 CCM、CCM* 、CBC-MAC 和 CTR 模式。这些模式除 CCM* 之外，都在 IEEE 802.15.4—2003 协议中描述过了；而 CCM* 则在 ZigBee 安全服务协议 1.0 中描述。EmberZNet 栈实现了安全应用程序接口(API)。

7.5.8 复位检测

EM250 具有多个复位源。复位事件登录到复位源寄存器，该寄存器让 CPU 确定复位的原因。检测出来的复位原因如下：

- 上电复位；
- 看门狗；
- 程序计数器翻转(PC rollover)；
- 软件复位；
- 核心掉电。

7.5.9 上电复位

每个电压域(1.8 V 数字核供电 VDD_CORE 和焊盘供电 VDD_PADS)有上电复位(POR)单元。VDD_PADS POR 单元保持上电高压域复位，除非遇到下列情况：

- 高电压焊盘供电 VDD_PADS 电压上升，超过阈值；
- 内部 RC 时钟启动并且产生了 3 个时钟脉冲；
- 1.8 V POR 单元保持主数字核复位，除非稳压器输出电压上升，超过阈值。

除此之外，在24 MHz晶体振荡条件下，到主数字核的复位解除之前，数字域计数1024个时钟脉冲沿。

表7-3列出了EM250 POR电路的规范。

表7-3 POR规范

参 数	最小值	典型值	最大值
VDD_PADS POR解除值/V	1.0	1.2	1.4
VDD_PADS POR额定值/V	0.5	0.6	0.7
1.8 V POR解除值/V	1.35	1.5	1.65
1.8 V POR滞后值/V	0.08	0.1	0.12

7.5.10 时钟源

EM250集成了3个振荡器：高频24 MHz晶体振荡器、低频32.768 kHz晶体振荡器和低频内部10 kHz RC振荡器。

1. 高频晶体振荡器

集成的高频晶体振荡器需要外接24 MHz晶振，其精度为±40 ppm，基于应用材料清单和电流消耗的需求，外接晶振能够覆盖所需ESR的范围。低ESR晶振的价格高，但整体电流消耗降下来了；反过来，高ESR的价格低，但整体电流消耗增加。因此，设计者应当选择适合应用所需的晶振。

表7-4列出了高频晶振的规范。

表7-4 高频晶振规范

参 数	最小值	典型值	最大值	条件/备注
频率/MHz		24		
占空比/(%)	40		60	
相位噪声/(dBc·Hz^{-1})			−120	从1 kHz到100 kHz
精度/ppm	−40		+40	初始，温度及老化
晶振ESR/Ω			100	负载电容器10 pF
晶振ESR/Ω			60	负载电容器18 pF
从启动时间到时钟稳定/ms			1	最大偏置
从启动时间到时钟稳定/ms			2	最适宜的偏置
电流消耗/mA		0.2	0.3	好晶振：20 Ω ESR，负载10 pF
电流消耗/mA			0.5	最坏情况下的晶振：(60 Ω，负载18 pF)或者(100 Ω，负载10 pF)
电流消耗/mA			1	最大偏置

2. 低频晶体振荡器

集成的低频晶体振荡器需要外接32.768 kHz晶振，这是一个可选元件。表7-5列出了低频晶振的规范。低频晶振用在需要精度比RC振荡器所能提供精度更高的场合。晶体振荡器适合使用任何具备100 kΩ ESR的标准钟表晶振。

表7-5 低频晶振规范

参数	最小值	典型值	最大值	条件/备注
频率/kHz		32.768		
精度/ppm	-100		+100	初始,温度及老化
负载电容器/pF			12.5	双倍容量,每边接地
晶振 ESR/kΩ			100	负载电容器18 pF
启动时间/s			1	
电流消耗/μA			0.5	

3. 低频内部RC振荡器

EM250有一个低功耗、低频RC振荡器,该振荡器一直在运行,其标称频率为10 kHz。RC振荡器有一个粗糙的模拟控制,它首先调整频率,使之尽可能接近10 kHz。由此得到的时钟很是粗糙,该时钟使用不同的分频器划分到1 kHz,进而使用软件来校准其精度。这个校准的时钟提供给睡眠计时器。

计时精度依赖于环境温度、电源阻抗以及上述的精度校准。但总的来说,其精度好于150 ppm(包括40 ppm的晶振精度)。

表7-6列出了RC振荡器的规范。

表7-6 RC振荡器规范

参数	最小值	典型值	最大值	条件/备注
频率/kHz		10		
模拟整理步长/kHz		1		
频率随电压的变化/(%)			0.5	当电压从3.6 V下降到3.1 V,或者从2.6 V下降到2.4 V时

7.5.11 随机数发生器

EM250通过RX ADC随机发生比特来产生随机数。模拟噪声电流通过RX信道,由接收ADC采样获得数值,并且存储到寄存器中。该数值可以通过软件随机数发生器生成随机数。EmberZNet栈在MAC的随机时隙发生器和加密密钥发生器之中利用这些随机数。

7.5.12 看门狗计时器

EM250包含一个看门狗计时器,其时钟来自内部振荡器。看门狗计时器的缺省状态为禁止,但可以通过软件使能或禁止。

当看门狗计时器到达其近似超时值2 s时,将产生一个复位信号;而当应用软件正常运行时,就会在适当的时候恢复该计时器的初始值,从而避免这个复位信号。

看门狗计时器会在真正复位EM250之前,产生低水线中断(low watermark interrupt)。

该中断在看门狗计时器启动后近似1.75 s时发生。该中断可以用来辅助调试应用软件。

7.5.13 睡眠计时器

一直通电的数字模块包含16位睡眠计时器。它具有下列特性：

- 2个具有中断的输出比较寄存器；
- 只有比较器A产生唤醒信号；
- 2^N时钟分频器，$N=0\sim10$。

用于睡眠计时器的时钟源可以是32.768 kHz时钟或者是校准的1 kHz时钟（见表7-7）。选择时钟源之后，通过2^N时钟分频器将频率降低，产生最后的计时器时钟（见表7-8）。N的值是0～10。睡眠计时器的最长计时是$2^{16}\times2^{10}/1$ kHz≈67109 s≈1118.48 min≈18.6 h。

表7-7 选择睡眠时钟源

CLK_SEL	时钟源
0	校准的1 kHz时钟
1	32.768 kHz时钟

表7-8 睡眠时钟源预分频

CLK_DIV[3：0]	时钟源预分频系数
$N=0..10$	2^N
$N=11..15$	2^{10}

EmberZNet软件允许用户定义时钟源和预分频值。因此，可编程设置的睡眠/唤醒循环可以根据实际应用的需要来配置。

7.5.14 电源管理

EM250支持3种不同的电源模式：运行模式、空闲模式和休眠模式。

空闲模式停止执行XAP2b代码，直至任何中断发生或者收到外接SIF发送的唤醒命令。该模式下，EM250所有的外部设备（包括无线模块）都正常运行。

休眠模式下，多数EM250的电源关断，但保留EM250的关键功能，诸如GPIO和RAM通过高压供电（VDD_PADS）。可以通过设置睡眠计时器在一个周期之后产生中断来唤醒EM250，也可以通过外部中断或者SIF来实现，还可以设置用串行接口上的活动来唤醒EM250。依赖于串行数据的速率，可能在一个字节的中部完成唤醒。另一个唤醒的条件是GPIO引脚上的正常活动。这些活动的监控将在7.6.1小节中描述。

处于休眠模式时，内部寄存器禁止，并且VRE_OUT关断。所有GPIO的输出信号维持冻结状态。除此之外，在EM250的掉电低压域中，所有寄存器存储的状态全部丢失。根据需要，在实际应用中，外部设备的寄存器设置应当预先存储起来。实际上，休眠模式的运行由EmberZNet的应用编程接口控制，该接口自动预存系统外部设备所需的状态。当进入休眠模式时，内部XAP2b CPU的寄存器通过硬件自动存储到RAM中；当退出休眠模式时，这些寄存器也通过硬件自动从RAM恢复，让代码从停止运行的位置继续执行。

7.6 应用模式功能描述

在应用模式中，封锁了特权存储空间的存取，而特殊的应用模块（如GPIO、串行控制器SC1和SC2、通用计数器和事件管理器）则使能。

7.6.1 GPIO

EM250 有 17 个多用途 GPIO 引脚，能够用多种方法配置。这些引脚都有下列可编程设置特性：

- 选择为输入、输出或者双向；
- 输出可以标识极性，如同开路漏极或者开路源极那样，用于“线或”输出；
- 可以内部上拉或下拉。

在 GPIO 引脚和它的源之间的信息流由各自的 GPIO 数据寄存器控制。寄存器 GPIO_INH 和 GPIO_INL 表明了 GPIO 引脚的输入电平。寄存器 GPIO_DIRH 和 GPIO_DIRL 为 GPIO 使能输出信号。寄存器 GPIO_PUH 和 GPIO_PUL 使能 GPIO 引脚上的上拉寄存器，而寄存器 GPIO_PDH 和 GPIO_PDL 使能 GPIO 引脚上的下拉寄存器。寄存器 GPIO_OUTH 和 GPIO_OUTL 控制输出电平。

可以运用有限的改变来取代通过一次性的写操作改变整个寄存器 OUT/DIR 的内容。写入寄存器 GPIO_SETH/L 或者 GPIO_DIRSETH/L 改变别寄存器位（从 0 到 1），此时，数据位为 1，而且继续维持。写入寄存器 GPIO_CLRH/L 或者 GPIO_DIRCLRH/L 改变个别寄存器位（从 1 到 0），此时，数据位为 0，而且继续维持。

注意： 从寄存器 GPIO_OUTH/L、GPIO_SETH/L 和 GPIO_CLRH/L 读出的值可以不反映当前引脚的状态。要观测引脚的状态，应当读寄存器 GPIO_INH/L。

所有控制 GPIO 引脚定义的寄存器不受主要核心电压（VDD_CORE）周期变化的影响。

寄存器 GPIO_DBG 必须保持设置为 0。如表 7-9 所列，寄存器 GPIO_CFG 控制 GPIO 信号的路由用于改变 GPIO 功能。要改变各别引脚的功能，参见表 7-1。表 7-10 定义了改变通往 GPIO 路由的功能。为了更加灵活，计数器信号可以来自改变源（如 TIM1IA.1、TIM1IA.2 和 TIM1IA.3），这取决于使用哪个串行控制器的功能。

表 7-9 GPIO 引脚配置

GPIO_CFG[15 : 0]	模 式
0010 0000 0000 0000	缺省
---1 ---- ---- ----	使能 PTI_EN+PTI_DATA
---0 ---1 ---- ----	使能 模拟输入 ADC0
---0 ---0 ---- ----	使能 GPIO4
---0 --1- ---- ----	使能 模拟输入 ADC1
---0 --0- ---- ----	使能 GPIO5
---- -1-- ---- ----	使能 模拟输入 ADC2
---- -0-- ---- ----	使能 GPIO6
--1- ---- ---- ----	使能 REG_EN
--0- 1--- ---- ----	使能 模拟输入 ADC3
--0- 0--- ---- ----	使能 GPIO7
-1-- ---- ---- ----	使能 VREF_OUT
-0-- ---- ---- ----	使能 GPIO8

续表 7-9

GPIO_CFG[15:0]	模 式	
---- ---- 0000 ----	使能+CAP2-0+CAP1-0	模式+GPIO[12,11,10,9,3,2,1,0]
---- ---- 0001 ----	使能 SC1-2+SC2-2+CAP2-0+CAP1-0	模式+GPIO[12,11,3,0]
---- ---- 0010 ----	使能 SC1-4A+SC2-4S+CAP2-2+CAP1-2h	模式
---- ---- 0011 ----	使能 SC1-3M+SC2-3M+CAP2-2+CAP1-2	模式+GPIO[12,3]
---- ---- 0100 ----	使能 SC2-2+CAP2-0+CAP1-0	模式+GPIO[12,11,10,9,3,0]
---- ---- 0101 ----	使能 SC1-2+SC2-4S+CAP2-0+CAP1-2h	模式+GPIO[12,11]
---- ---- 0110 ----	使能 SC1-4A+SC2-3M+CAP2-2+CAP1-2	模式+GPIO[3,]
---- ---- 0111 ----	使能 SC1-3M+CAP2-1+CAP1-0	模式+GPIO[12,3,2,1,0]
---- ---- 1000 ----	使能 SC2-4S+CAP2-0+CAP1-1h	模式+GPIO[12,11,10,9]
---- ---- 1001 ----	使能 SC1-2+SC2-3M+CAP2-0+CAP1-2	模式+GPIO[12,11,3]
---- ---- 1010 ----	使能 SC1-4A+CAP2-1+CAP1-0	模式+GPIO[3,2,1,0]
---- ---- 1011 ----	使能 SC1-3M+SC2-2+CAP2-2+CAP1-0	模式+GPIO[12,3,0]
---- ---- 1100 ----	使能 SC2-3M+CAP2-0+CAP1-1	模式+GPIO[12,11,10,9,3]
---- ---- 1101 ----	使能 SC1-2+CAP2-0+CAP1-0	模式+GPIO[12,11,3,2,1,0]
---- ---- 1110 ----	使能 SC1-4A+SC2-2+CAP2-2+CAP1-0	模式+GPIO[3,0]
---- ---- 1111 ----	使能 SC1-3M+SC2-4S+CAP2-2+CAP1-2h	模式+GPIO[12]
---- ---- ---- ---1	使能 TMR2OA	
---- ---- ---- ---0	使能 GPIO13	
---- ---- ---- --1-	使能 TMR2OB	
---- ---- ---- --0-	使能 GPIO14	
---- ---- ---- -1--	使能 TMR1OA	
---- ---- ---- -0--	使能 GPIO15	
---- ---- ---- 1---	使能 TMR1OB	
---- ---- ---- 0---	使能 GPIO16	

表 7-10 GPIO 引脚功能

引脚号	始终连接的输入功能	计数器功能	串行数字功能	模拟功能	输出电流驱动
0	IO	TMR1IA.1 (CAP1-0 模式)	MOSI		标准
1	IO	TMR2IA.2(CAP2-1 模式)	MISO/SDA		标准
2	IO	TMR2IB.2 (CAP2-1 模式)	MSCLK/SCL		标准
3	IO	TMR1IB.1 (CAP1-0 模式)	SSEL (input)		标准
4	IO		PTI_EN	ADC0 输入	标准
5	IO		PTI_DATA	ADC1 输入	标准
6	IO	TMR2CL,TMR1ENMSK		ADC2 输入	标准
7	IO		REG_EN (为外部寄存器集电极开路使能)	ADC3 输入	标准
8	IO/IRQA	TMR1CLK, MR2ENMSK		VREF_OUT	标准

续表 7-10

引脚号	始终连接的输入功能	计数器功能	串行数字功能	模拟功能	输出电流驱动
9	IO	TMR1IA.2 (CAP1-1 或 CAP1-1h 模式)	TXD/MO/MSDA		标准
10	IO	TMR1IB.2 (CAP1-1 模式)	RXD/MI/MSCL		标准
11	IO	TMR2IA.1 (CAP2-0 模式)	CTS/MCLK		标准
12	IO	TMR2IB.1 (CAP2-0 模式)	RTS		标准
13	IO	TMR2OA,TMR1IA.3 (CAP1-2h 或 CAP1-2 模式)			高
14	IO/IRQB	TMR2OB,TMR1IB.3 (CAP1-2 模式)			高
15	IO/IRQC	TMR1OA,TMR2IA.3 (CAP2-2 模式)			高
16	IO/IRQD	TMR1OB,TMR2IB.3 (CAP2-2 模式)			高

当核心掉电后,外部设备停止驱动正确的输出信号。为了维持正确的输出信号,系统软件会确保 GPIO 的输出信号在进入休眠模式之前冻结。

当 GPIO 引脚的逻辑状态改变时,监控电路就置于检测状态。应当监控的低 16 位 GPIO 引脚可以由软件通过寄存器 GPIO_WAKEL 来选择。其结果事件可以用来唤醒休眠,请看 7.5.14 小节的描述。GPIO 控制逻辑如图 7-5 所示。

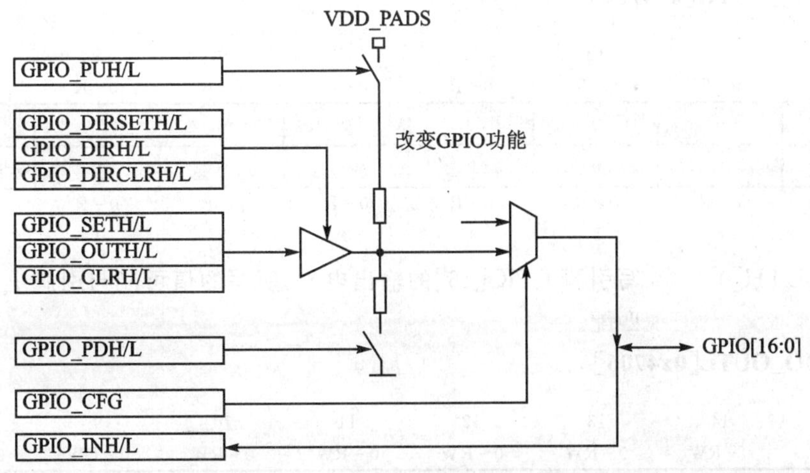

图 7-5　GPIO 控制逻辑

寄存器

(1) GPIO_CFG[0x4712]

15	14	13	12	11	10	9	8
0-R	0-RW	1-RW	0-RW	0-RW	0-RW	0-RW	0-RW
0	GPIO_CFG						
GPIO_CFG							
0-RW	0-RW	0-RW	0-RW	0-RW	0-RW	0-RW	0-RW
7	6	5	4	3	2	1	0

GPIO_CFG[14:0]　GPIO 配置模式的设置,参见表 7-1 和表 7-9。

(2) GPIO_INH[0x4700]

15	14	13	12	11	10	9	8
0-R	0-R	0-R	0-R	0-R	0-R	0-R	0-R
0	0	0	0	0	0	0	0
0	0	0	0	0	0	0	GPIO_INH
0-R	0-R	0-R	0-R	0-R	0-R	0-R	0-R
7	6	5	4	3	2	1	0

GPIO_INH[0]　读引脚 GPIO[16]的输入电平。

(3) GPIO_INL[0x4702]

15	14	13	12	11	10	9	8
0-R	0-R	0-R	0-R	0-R	0-R	0-R	0-R
GPIO_INL							
GPIO_INL							
0-R	0-R	0-R	0-R	0-R	0-R	0-R	0-R
7	6	5	4	3	2	1	0

GPIO_INL[15:0]　读引脚 GPIO[15:0]的输入电平。

(4) GPIO_OUTH[0x4704]

15	14	13	12	11	10	9	8
0-R	0-R	0-R	0-R	0-R	0-R	0-R	0-R
0	0	0	0	0	0	0	0
0	0	0	0	0	0	0	GPIO_OUTH
0-R	0-R	0-R	0-R	0-R	0-R	0-R	0-RW
7	6	5	4	3	2	1	0

GPIO_OUTH[0]　写引脚 GPIO[16]的输出电平,所写的值可能与引脚上的真实值不匹配。

(5) GPIO_OUTL[0x4706]

15	14	13	12	11	10	9	8
0-RW	0-RW	0-RW	0-RW	0-RW	0-RW	0-RW	0-RW
GPIO_OUTL							
GPIO_OUTL							
0-RW	0-RW	0-RW	0-RW	0-RW	0-RW	0-RW	0-RW
7	6	5	4	3	2	1	0

GPIO_OUTL[15:0] 写引脚 GPIO[15:0]的输出电平，所写的值可能与引脚上的真实值不匹配。

(6) GPIO_SETH[0x4708]

15	14	13	12	11	10	9	8
0-R	0-R	0-R	0-R	0-R	0-R	0-R	0-R
0	0	0	0	0	0	0	0
0	0	0	0	0	0	0	GPIO_SETH
0-R	0-R	0-R	0-R	0-R	0-R	0-R	0-W
7	6	5	4	3	2	1	0

GPIO_SETH[0] 设置引脚 GPIO[16]的输出电平，只有将 16 个 1 写入该寄存器才会有效。如果只将其中任意一位置 1，则会导致寄存器 GPIO_OUTH 所有的对应位变成 1。

(7) GPIO_SETL[0x470A]

15	14	13	12	11	10	9	8
0-W	0-W	0-W	0-W	0-W	0-W	0-W	0-W
GPIO_SETL							
GPIO_SETL							
0-W	0-W	0-W	0-W	0-W	0-W	0-W	0-W
7	6	5	4	3	2	1	0

GPIO_SETL[15:0] 设置引脚 GPIO[15:0]的输出电平，只有将 16 个 1 写入该寄存器才会有效。若只将其中任意一位置 1，则会导致寄存器 GPIO_OUTL 所有的对应位变成 1。

(8) GPIO_CLRH[0x470C]

15	14	13	12	11	10	9	8
0-R	0-R	0-R	0-R	0-R	0-R	0-R	0-R
0	0	0	0	0	0	0	0
0	0	0	0	0	0	0	GPIO_CLRH
0-R	0-R	0-R	0-R	0-R	0-R	0-R	0-W
7	6	5	4	3	2	1	0

GPIO_CLRH[0] 清 0 引脚 GPIO[16]的输出电平，只有将 16 个 1 写入该寄存器才会有效。若只将其中任意一位置 1，则会导致寄存器 GPIO_OUTH 所有的对应位变成 0。

(9) GPIO_CLRL[0x470E]

15	14	13	12	11	10	9	8
0-W	0-W	0-W	0-W	0-W	0-W	0-W	0-W
GPIO_CLRL							
GPIO_CLRL							
0-W	0-W	0-W	0-W	0-W	0-W	0-W	0-W
7	6	5	4	3	2	1	0

GPIO_CLRL[15：0] 清0引脚GPIO[15：0]的输出电平，只有将16个1写入该寄存器才会有效。若只将其中任意一位置1，则会导致寄存器GPIO_OUTL所有的对应位变成0。

(10) GPIO_DIRH[0x4714]

15	14	13	12	11	10	9	8
0-R	0-R	0-R	0-R	0-R	0-R	0-R	0-R
0	0	0	0	0	0	0	0
0	0	0	0	0	0	0	GPIO_DIRH
0-R	0-R	0-R	0-R	0-R	0-R	0-R	0-RW
7	6	5	4	3	2	1	0

GPIO_DIRH[0] 引脚GPIO[16]输出使能。

(11) GPIO_DIRL[0x4716]

15	14	13	12	11	10	9	8
0-RW	0-RW	0-RW	0-RW	0-RW	0-RW	0-RW	0-RW
GPIO_DIRL							
GPIO_DIRL							
0-RW	0-RW	0-RW	0-RW	0-RW	0-RW	0-RW	0-RW
7	6	5	4	3	2	1	0

GPIO_DIRL[15：0] 引脚GPIO[15：0]输出使能。

(12) GPIO_DIRSETH[0x4718]

15	14	13	12	11	10	9	8
0-R	0-R	0-R	0-R	0-R	0-R	0-R	0-R
0	0	0	0	0	0	0	0
0	0	0	0	0	0	0	GPIO_DIRSETH
0-R	0-R	0-R	0-R	0-R	0-R	0-R	0-W
7	6	5	4	3	2	1	0

GPIO_DIRSETH[0] 设置引脚GPIO[16]输出使能，只有将16个1写入该寄存器才会有效。若只将其中任意一位置1，则会导致寄存器GPIO_DIRH所有的对应位变成1。

(13) GPIO_DIRSETL[0x471A]

15	14	13	12	11	10	9	8
0-W	0-W	0-W	0-W	0-W	0-W	0-W	0-W
GPIO_DIRSETL							
GPIO_DIRSETL							
0-W	0-W	0-W	0-W	0-W	0-W	0-W	0-W
7	6	5	4	3	2	1	0

GPIO_DIRSETL[15：0] 设置引脚GPIO[15：0]输出使能，只有将16个1写入该寄存器才会有效。若只将其中任意一位置1，则会导致寄存器

GPIO_DIRL 所有的对应位变成1。

(14) GPIO_DIRCLRH[0x471C]

15	14	13	12	11	10	9	8
0-R	0-R	0-R	0-R	0-R	0-R	0-R	0-R
0	0	0	0	0	0	0	0
0	0	0	0	0	0	0	GPIO_DIRCLRH
0-R	0-R	0-R	0-R	0-R	0-R	0-R	0-W
7	6	5	4	3	2	1	0

GPIO_DIRCLRH[0]　　清0引脚 GPIO[16]输出使能,只有将16个1写入该寄存器才会有效。若只将其中任意一位置1,则会导致寄存器 GPIO_DIRH 所有的对应位变成0。

(15) GPIO_DIRCLRL[0x471E]

15	14	13	12	11	10	9	8
0-W	0-W	0-W	0-W	0-W	0-W	0-W	0-W
GPIO_DIRCLRL							
GPIO_DIRCLRL							
0-W	0-W	0-W	0-W	0-W	0-W	0-W	0-W
7	6	5	4	3	2	1	0

GPIO_DIRCLRL[15:0]　　清0引脚 GPIO[15:0]输出使能,只有将16个1写入该寄存器才会有效。若只将其中任意一位置1,则会导致寄存器 GPIO_DIRL 所有的对应位变成0。

(16) PIO_PDH[0x4720]

15	14	13	12	11	10	9	8
0-R	0-R	0-R	0-R	0-R	0-R	0-R	0-R
0	0	0	0	0	0	0	0
0	0	0	0	0	0	0	GPIO_PDH
0-R	0-R	0-R	0-R	0-R	0-R	0-R	0-RW
7	6	5	4	3	2	1	0

GPIO_PDH[0]　　置1该位,则使能引脚 GPIO[16]的下拉寄存器。

(17) GPIO_PDL[0x4722]

15	14	13	12	11	10	9	8
0-RW	0-RW	0-RW	0-RW	0-RW	0-RW	0-RW	0-RW
GPIO_PDL							
GPIO_PDL							
0-RW	0-RW	0-RW	0-RW	0-RW	0-RW	0-RW	0-RW
7	6	5	4	3	2	1	0

GPIO_PDL[15:0]　　置1该位,则使能引脚 GPIO[15:0]的下拉寄存器。

(18) GPIO_PUH[0x4724]

15	14	13	12	11	10	9	8
0-R	0-R	0-R	0-R	0-R	0-R	0-R	0-R
0	0	0	0	0	0	0	0
0	0	0	0	0	0	0	GPIO_PUH
0-R	0-R	0-R	0-R	0-R	0-R	0-R	0-RW
7	6	5	4	3	2	1	0

GPIO_PUH[0]　置 1 该位，则使能引脚 GPIO[16]的上拉寄存器。

(19) GPIO_PUL[0x4726]

15	14	13	12	11	10	9	8
0-RW	0-RW	0-RW	0-RW	0-RW	0-RW	0-RW	0-RW
GPIO_PUL							
GPIO_PUL							
0-RW	0-RW	0-RW	0-RW	0-RW	0-RW	0-RW	0-RW
7	6	5	4	3	2	1	0

GPIO_PUL[15∶0]　置 1 该位，则使能引脚 GPIO[15∶0]的上拉寄存器。

(20) GPIO_WAKEL[0x4728]

15	14	13	12	11	10	9	8
0-RW	0-RW	0-RW	0-RW	0-RW	0-RW	0-RW	0-RW
GPIO_ WAKEL							
GPIO_ WAKEL							
0-RW	0-RW	0-RW	0-RW	0-RW	0-RW	0-RW	0-RW
7	6	5	4	3	2	1	0

GPIO_WAKEL[15∶0]　置 1 该位，则使能 GPIO 唤醒监控，用来改变引脚 GPIO[15∶0]的状态。

(21) GPIO_INTCFGA[0x4630]

15	14	13	12	11	10	9	8
0-R	0-R	0-R	0-R	0-R	0-R	0-R	0-RW
0	0	0	0	0	0	0	GPIO_INTFILT
GPIO_INTMOD			0	0	0	0	0
0-RW	0-RW	0-RW	0-R	0-R	0-R	0-R	0-R
7	6	5	4	3	2	1	0

GPIO_INTFILT[8]　置 1 该位，则使能 GPIOIRQA 过滤器。

GPIO_INTMOD[7∶5]　GPIO IRQA 输入沿触发选择：0＝禁止；1＝上升沿；2＝下降沿；3＝上升沿和下降沿；4＝高电平有效触发；5＝低电平有效触发；6、7＝保留。

(22) GPIO_INTCFGB[0x4632]

15	14	13	12	11	10	9	8
0-R	0-R	0-R	0-R	0-R	0-R	0-R	0-RW
0	0	0	0	0	0	0	GPIO_INTFILT
GPIO_INTMOD			0	0	0	0	0
0-RW	0-RW	0-RW	0-R	0-R	0-R	0-R	0-R
7	6	5	4	3	2	1	0

GPIO_INTFILT[8] 置1该位,则使能GPIO IRQB过滤器。

GPIO_INTMOD[7:5] GPIO IRQB输入沿触发选择:0=禁止;1=上升沿;2=下降沿;3=上升沿和下降沿;4=高电平有效触发;5=低电平有效触发;6、7=保留。

(23) GPIO_INTCFGC[0x4634]

15	14	13	12	11	10	9	8
0-R	0-R	0-R	0-R	0-R	0-R	0-R	0-RW
0	0	0	0	0	0	0	GPIO_INTFILT
GPIO_INTMOD			0	0	0	0	0
0-RW	0-RW	0-RW	0-R	0-R	0-R	0-R	0-R
7	6	5	4	3	2	1	0

GPIO_INTFILT[8] 置1该位,则使能GPIO IRQC过滤器。

GPIO_INTMOD[7:5] GPIO IRQC输入沿触发选择:0=禁止;1=上升沿;2=下降沿;3=上升沿和下降沿;4=高电平有效触发;5=低电平有效触发;6、7=保留。

(24) GPIO_INTCFGD[0x4636]

15	14	13	12	11	10	9	8
0-R	0-R	0-R	0-R	0-R	0-R	0-R	0-RW
0	0	0	0	0	0	0	GPIO_INTFILT
GPIO_INTMOD			0	0	0	0	0
0-RW	0-RW	0-RW	0-R	0-R	0-R	0-R	0-R
7	6	5	4	3	2	1	0

GPIO_INTFILT[8] 置1该位,则使能GPIO IRQD过滤器。

GPIO_INTMOD[7:5] GPIO IRQD输入沿触发选择:0=禁止;1=上升沿;2=下降沿;3=上升沿和下降沿;4=高电平有效触发;5=低电平有效触发;6、7=保留。

(25) INT_GPIOCFG[0x4628]

15	14	13	12	11	10	9	8
0-R	0-R	0-R	0-R	0-R	0-R	0-R	0-R
0	0	0	0	0	0	0	0
0	0	0	0	INT_GPIOD	INT_GPIOC	INT_GPIOB	INT_GPIOA
0-R	0-R	0-R	0-R	0-RW	0-RW	0-RW	0-RW
7	6	5	4	3	2	1	0

INT_GPIOD[0] GPIO IRQA 中断使能。
INT_GPIOD[1] GPIO IRQB 中断使能。
INT_GPIOD[2] GPIO IRQC 中断使能。
INT_GPIOD[3] GPIO IRQD 中断使能。

(26) INT_GPIOFLAG[0x4610]

15	14	13	12	11	10	9	8
0-R	0-R	0-R	0-R	0-R	0-R	0-R	0-R
0	0	0	0	0	0	0	0
0	0	0	0	INT_GPIOD	INT_GPIOC	INT_GPIOB	INT_GPIOA
0-R	0-R	0-R	0-R	0-RW	0-RW	0-RW	0-RW
7	6	5	4	3	2	1	0

INT_GPIOD[0] GPIO IRQA 中断未决。
INT_GPIOD[1] GPIO IRQB 中断未决。
INT_GPIOD[2] GPIO IRQC 中断未决。
INT_GPIOD[3] GPIO IRQD 中断未决。

(27) GPIO_DBG[0x4710]

15	14	13	12	11	10	9	8
0-R	0-R	0-R	0-R	0-R	0-R	0-R	0-R
0	0	0	0	0	0	0	0
0	0	0	0	0	0	GPIO_DBG	
0-R	0-R	0-R	0-R	0-R	0-R	0-RW	0-RW
7	6	5	4	3	2	1	0

GPIO_DBG[1:0] 该寄存器必须保持为0。

7.6.2 串行控制器SC1

EM250 SC1模块提供异步(UART)和同步(SPI或I^2C)串行通信。图7-6是SC1模块的结构框图。

SC1模块的全双工接口可以配置成为这三种通信模式之一,但不可以同时运行这三种模式。为了减少CPU的中断服务请求,SC1模块为这三种通信模式准备了数据缓冲方案。带缓冲的专用DMA控制器提供给SPI和UART控制器,而FIFO则提供给所有模式。除此之外,在这三种模式中,SC1数据寄存器允许应用软件直接存取SC1数据,最后由SC1模块发送接口信号到GPIO引脚。这些功能由寄存器GPIO_CFG控制,而且与其他功能共享。为了选择和改变引脚的功能,请参考表7-9和表7-10。

1. UART模式

设置SC1_MODE为1,即可使能SC1 UART控制器。UART模式具有下列特性:

- 波特率(300 bps~921 kbps);
- 数据位(7或8位);
- 奇偶校验位(不校验、奇校验或偶校验);
- 停止位(1或2位)。

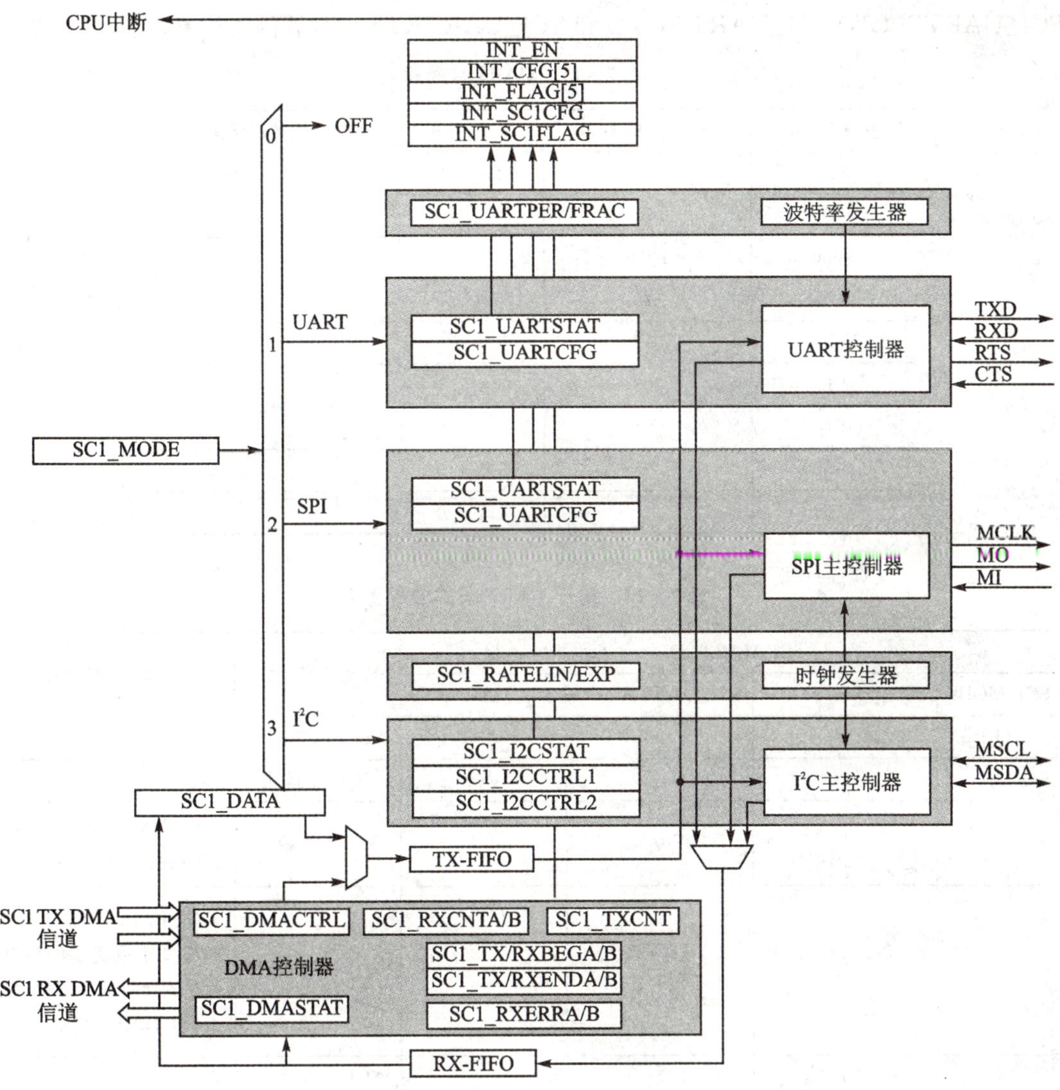

图 7-6 SC1 模块结构框图

可以提供给引脚 GPIO 下列信号：TXD、RXD、RTS(选项)和 CTS(选项)。

SC1 模块从可编程设置的波特率发生器得到基准波特率时钟。通过 24 MHz 时钟分频来设置波特率：

$$波特率=24\ \text{MHz}/(2\times(N+(0.5\times F)))$$

式中：整数部分 N，将写入寄存器 SC1_UARTPER；余下的小数部分 F，将写入寄存器 SC1_UARTFRAC。表 7-11 列出了 EM250 支持的波特率及其误差。其中，允许给 SC1_UARTPER 设置的最小参数值是 8。

UART 模块支持多种帧格式，这些帧格式依赖于数据位的数量(SC1_UART8BIT)、停止位的数量(SC1_UART2STP)和奇偶校验位(SC1_UARTPAR 加上 SC1_UARTODD)。寄存器位 SC1_UART8BIT、SC1_UART2STP、SC1_UARTPAR 和 SC1_UARTODD 在寄存器 SC1_UARTCFG 中定义。除此之外，UART 模块支持由寄存器 SC1_UARTCFG 在寄存器

SC1_UARTFLOW、SC1_UARTAUTO 和 SC1_UARTRTS 中设置的流控制(见表 7-12)。

表 7-11 UART 波特率

波特率/bps	SC1_UARTPER	SC1_UARTFRAC	波特率误差/(%)
300	40000	0	0
4800	2500	0	0
9600	1250	0	0
19200	625	0	0
38400	312	1	0
57600	208	1	−0.08
115200	104	0	0.16
460800	26	0	0.16
921600	13	0	0.16

表 7-12 用于 UART 模式的配置表

SC1_UARTCFG				GPIO_CFG[7:4]	引脚 GPIO 功能
SC1_MODE	SC1_UARTFLOW	SC1_UARTAUTO	SC1_UARTRTS		
1	0	—	—	SC1-2 模式	TXD/RXDI/O
1	1	—	—	SC1-2 模式	非法
1	1	0	0/1	SC1-4A 模式	TXD/RXD/CTS,O/I/I RTS 输出=ON/OFF
1	1	1	—	SC1-4A 模式	TXD/RXD/CTS, O/I/I 如果 2 个或更多的字节移送到接收缓冲器中,那么 RTS 输出=ON
1	0	1	—	SC1-4A 模式	保留
1	0	0	—	SC1-4A 模式	非法
1	—	—	—	SC1-3M 模式	非法

通过 TXFIFO 和 RXFIFO 发送和接收数据。TXFIFO 和 RXFIFO 的深度为 4 字节。FIFO 通过访问数据寄存器 SC1_DATA,在软件的控制之下存取;或者通过 SC1 DMA,在硬件的控制下存取。

当发送字符写入(空的)TXFIFO 时,寄存器 SC1_UARTSTAT 中的寄存器位 SC1_UARTTXIDLE 清 0,表明并非所有的字符都已发送完毕,更多要发送的字符可以写入 TXFIFO,直至 TXFIFO 满。一旦 TXFIFO 满,会导致寄存器 SC1_UARTSTAT 中的寄存器位 SC1_UARTTXFREE 清 0。在移出一个发送字符到引脚 TXT 之后,TXFIFO 就可以提供用于字符发送的空间了,这就导致寄存器 SC1_UARTSTAT 中的寄存器位 SC1_UARTTXFREE 置 1。当所有的字符都移送完毕时,TXFIFO 就空了,从而导致寄存器 SC1_UARTSTAT 中的寄存器位 SC1_UARTTXIDLE 置 1。

收到的字符与其奇偶校验位和帧格式出错状态一起存放在 RXFIFO 中。在寄存器 SC1_UARTSTAT 中的寄存器位 SC1_UARTRXVAL 置 1，表明并非所有收到的字符都已从 RXFIFO 中读出。借助寄存器 SC1_UARTSTAT 中的寄存器位 SC1_UARTPARERR 和 SC1_UARTFRMERR，就可以获得收到字符中的错误状态。当 DMA 控制器将数据从 RXFIFO 传送到存储器的缓冲器时，校核已经存储的奇偶校验位和帧格式错误状态标志。当已经标志出错误时，寄存器 SC1_RXERRA/B 开始更新，标注第一个收到的字符与奇偶校验错误之间的偏移量。

当已经存放 3 个字符的 RXFIFO 收到第 4 个字符时，为避免发生溢出事件，需要使用流控制器。一种方法是使用软件握手，发送 XON/XOFF。XOFF 由发送终端解释，从而暂停继续发送字符到 RXFIFO；另一种方法是使用硬件握手，通过 RTS 信号发送 XOFF。

有两个方案可用来发送 RTS 信号：第一个方案是，软件通过设置寄存器 SC1_UARTCFG 中的寄存器位 SC1_UARTRTS 为 1 来发送 RTS 信号；第二个方案是，依靠 RXFIFO 的填充状态来自动发送 RTS 信号。第二个方案由寄存器 SC1_UARTCFG 中的寄存器位 SC1_UARTAUTO 使能。

UART 也容忍 FIFO 和 DMA 选项的过分保护。如果发送终端在 RXFIFO 中已经存有 4 个字符的情况下，继续发送字符到 RXFIFO，那么 RXFIFO 中也仅存有 4 个字符，多余的字符抛弃；此时，寄存器 SC1_UARTSTAT 中的寄存器位 SC1_UARTRXOVF 置 1。这种接收溢出发生在 DMA 运行期间，此时，寄存器 SC1_RXERRA/B 记录下错误偏移量，RXFIFO 硬件产生 INT_SCRXOVF 中断。但是，寄存器 DMA 一直要到 RXFIFO 排空，才会指出上述错误。一旦 DMA 记录了 RX 错误，有两种方法可以清除错误记录：其一是设置寄存器 SC1_DMACTRL 中恰当的寄存器位 SC_TX/RXDMARST 为 1；其二是当 DMA 缓冲器卸载之后，适当装入。

中断由下列事件产生：

- TXFIFO 空，而且移送出了最后一个字符(SC1_UARTTXIDLE 从 0 跳变到 1)；
- TXFIFO 从满到非满(SC1_UARTTXFREE 从 0 跳变到 1)；
- RXFIFO 从空到非空(SC1_UARTRXVAL 从 0 跳变到 1)；
- 发送 DMA 缓冲器 A/B 完成(SC_TXACTA/B 从 1 跳变到 0)；
- 接收 DMA 缓冲器 A/B 完成(SC_RXACTA/B 从 1 跳变到 0)；
- 收到的字符奇偶校验错；
- 收到的字符帧格式出错；
- 当 RXFIFO 为满时，收到字符丢弃(接收溢出错)。

要产生中断到 CPU，寄存器 INT_SC1CFG 和 INT_CFG 中的中断屏蔽必须使能。

2. SPI 主模式

SC1 模块的 SPI 模式只有主模式，其固定字长为 8 位。通过将 SC1_MODE 设置为 2，并且设置寄存器 SC1_SPICFG 中的寄存器位 SC_SPIMST 为 1，实现 SC1 SPI 控制器使能。

SP1 模式有下列特性：

- 全双工操作；
- 时钟频率可编程设置(最高 12 MHz)；
- 时钟极性和相位可编程设置；

● 数据移动方向可选(LSB 或者 MSB 均可)。

下列信号在 GPIO 引脚上有效：MO(主输出)、MI(主输入)和 MCLK(串行时钟)。

SC1 SPI 主模式从可编程设置的时钟发生器得到基准时钟。时钟速率由时钟分频器从 24 MHz时钟获得：

$$时钟速率=24\ \text{MHz}/(2\times(\text{LIN}+1)\times 2^{\text{EXP}})$$

EXP 写入寄存器 SC1_RATEEXP，LIN 写入寄存器 SC1_RATELIN。两者的大小都是 0～15，最高的数据速率是 12 Mbps，最低的数据速率是 22.9 bps。

SC1 SPI 主模式支持多种帧格式，这些帧格式依赖于时钟极性(SC_SPIPOL)、时钟相位(SC_SPIPHA)和数据的方向(SP_SPIORD)(见表 7－13)。在寄存器 SC1_SPICFG 里，定义了寄存器位 SC_SPIPOL、SC_SPIPHA 和 SC_SPIORD。

注意： 转换 SPI 的配置从 SC_SPIPOL＝1 到 SC_SPIPOL＝0，如果不立即设置 SC1_MODE＝0 并且重新初始化 SPI，就会导致在应当传送的第一个字符之前传送额外的字符(0xFE)。

表 7－13　SC1 SPI 主模式帧格式

SC1_MODE	SC1_SPICGG				GPIO_CFG[7:4]	帧格式
	SC1_SPIMST	SC1_SPIORD	SC1_SPIPHA	SC1_SPIPOL		
2	1	0	0	0	SC1－3M 模式	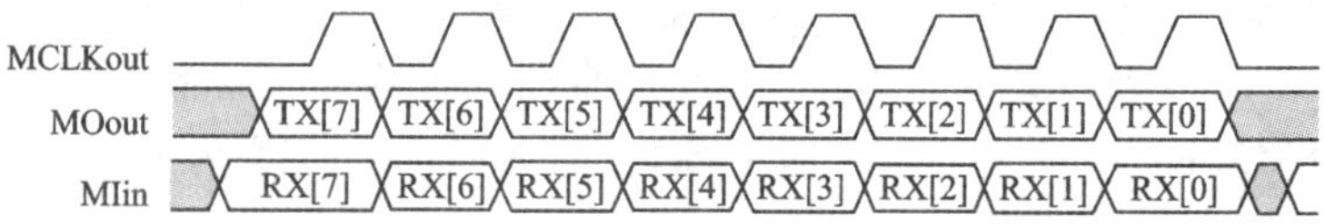 MCLKout MOout TX[7] TX[6] TX[5] TX[4] TX[3] TX[2] TX[1] TX[0] MIin RX[7] RX[6] RX[5] RX[4] RX[3] RX[2] RX[1] RX[0]
2	1	0	0	1	SC1－3M 模式	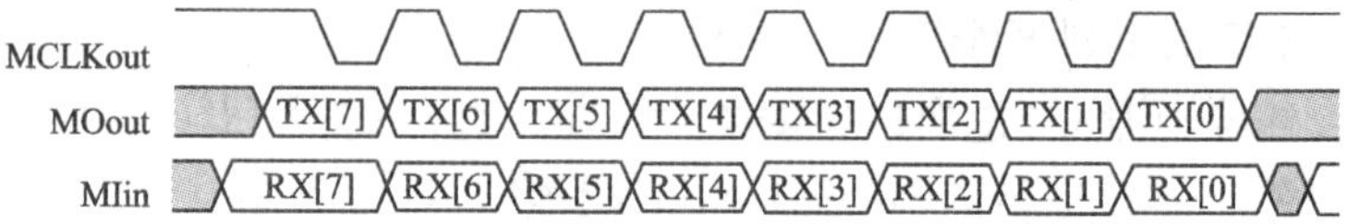 MCLKout MOout TX[7] TX[6] TX[5] TX[4] TX[3] TX[2] TX[1] TX[0] MIin RX[7] RX[6] RX[5] RX[4] RX[3] RX[2] RX[1] RX[0]
2	1	0	1	0	SC1－3M 模式	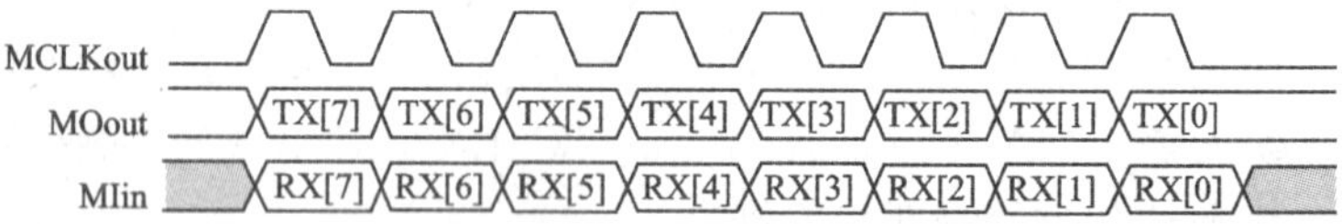 MCLKout MOout TX[7] TX[6] TX[5] TX[4] TX[3] TX[2] TX[1] TX[0] MIin RX[7] RX[6] RX[5] RX[4] RX[3] RX[2] RX[1] RX[0]
2	1	0	1	1	SC1－3M 模式	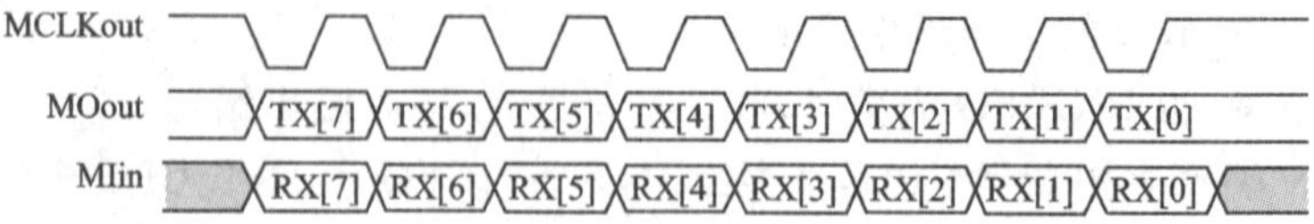 MCLKout MOout TX[7] TX[6] TX[5] TX[4] TX[3] TX[2] TX[1] TX[0] MIin RX[7] RX[6] RX[5] RX[4] RX[3] RX[2] RX[1] RX[0]
2	1	1	—	—	SC1－3M 模式	同上，除了将 LSB 先行取代了 MSB 先行之外
2	1	—	—	—	SC1－2 模式	非法
2	1	—	—	—	SC1－4A 模式	非法

SC1 SPI 发送数据到输出引脚 MO,从输入引脚 MI 接收数据。为了生成从选择信号送到 SPI 从设备,就必须使用其他的 GPIO 引脚,这需要软件控制它们的收发。

通过 TXFIFO 和 RXFIFO 实现字符的发送和接收。TXFIFO 和 RXFIFO 的深度都是 4 字节。这些 FIFO 的存取可以通过访问数据寄存器 SC1_DATA,在软件的控制下完成;也可以使用 DMA 控制器,在硬件的控制下完成。

当发送字符写入(空的)TXFIFO 时,寄存器 SC1_SPISTAT 中的寄存器位 SC_SPITXIDLE 清 0,表明并非所有的字符都已发送完毕。更多要发送的字符可以写入 TXFIFO,直至 TXFIFO 满;而 TXFIFO 满,会导致寄存器 SC1_SPISTAT 中的寄存器位 SC_SPITXFREE 清 0。在移出一个发送字符到引脚 MO 之后,TXFIFO 就可以提供用于字符发送的空间了,这将导致寄存器 SC1_SPISTAT 中的寄存器位 SC_SPITXFREE 置 1。当所有的字符都移送完毕时,TXFIFO 就空了,寄存器 SC1_SPISTAT 中的寄存器位 SC_SPITXIDLE 置 1。

所有收到的字符存放在 RXFIFO 中,寄存器 SC1_SPISTAT 中的寄存器位 SC_SPIRXVAL 置 1,表明并非所有收到的都字符已从 RXFIFO 中读出。如果软件或者 DMA 没有从 RXFIFO 中读,则 RXFIFO 将最多存放 4 个字符,接收的任何更多的字符都会丢弃,并且 SC1_SPISTAT 中的寄存器位 SC_SPIRXOVF 将设置为 1,RXFIFO 硬件产生 SC_SPIRXOVF 中断。但是,直到 RXFIFO 排空,寄存器 DMA 才会指出上述错误。一旦 DMA 记录了 RX 错误,有两种方法可以清除错误记录:其一是设置寄存器 SC1_DMACTRL 中的寄存器位 SC_TX/RXDMARST 为 1;其二是当 DMA 缓冲器卸载之后,适当装入。

要接收一个字符,始终需要发送一个字符。在这种情况下,当期待接收一个长字符串时,就必须产生一个长字符串(哑元)用来发送。为了避免软件或者 DMA 开始这种传送,可以让 SPI 的串行器重发最后一个发送的字符,或者发送一个 BUSY 记号(0xFF),该记号会被寄存器 SC1_SPICFG 中的寄存器位 SC_SPIRPT 检测出来。要使能或禁止上述功能的条件是:寄存器 SC1_SPISTAT 中的寄存器位 SC_SPITXIDLE 为 0。这表明 TXFIFO 为空,而且串行器空闲。

每当开始自动发送字符时,发送装载不足会被检测出来(原因是 TXFIFO 中没有数据)。此时,寄存器 INT_SC1FLAG 中的寄存器位 INT_SCTXUND 设置为 1。禁止自动发送字符之后,就停止了接收新字符;此时,RXFIFO 保持刚接收到的字符。

注意:接收 DMA 非自动完成意味着 RXFIFO 为空。

中断由下列事件产生:

- TXFIFO 空,而且移送出了最后一个字符(SC_SPITXIDLE 从 0 跳变到 1);
- TXFIFO 从满到非满(SC_SPITXFREE 从 0 跳变到 1);
- RXFIFO 从空到非空(SC_SPIRXVAL 从 0 跳变到 1);
- 发送 DMA 缓冲器 A/B 完成(SC_TXACTA/B 从 1 跳变到 0);
- 接收 DMA 缓冲器 A/B 完成(SC_RXACTA/B 从 1 跳变到 0);
- 当 RXFIFO 为满时,收到却丢弃字符(接收溢出错);
- 当 TXFIFO 为空时,发送字符(发送装载不足错)。

要产生中断到 CPU,寄存器 INT_SC1CFG 和 INT_CFG 中的中断屏蔽必须使能。

3. I²C 主模式

SC1 I²C 控制器只有在主模式下才能够使用。通过设置寄存器 SC1_MODE 为 3,使能 SC1 I²C 控制器。SC1 I²C 主控制器支持标准(100 kbps)和快速(400 kbps)I²C 模式。地址仲裁尚未实现,因此不支持多主机应用。I²C 信号是纯集电极开路信号,因此需要上拉电阻。

SC1 I²C 模式具有下列特性：

- 时钟频率可编程设置；
- 支持 7 位地址和 10 位地址。

下列信号在 GPIO 引脚上有效：MSDA(串行数据)和 MSCL(串行时钟)。

I²C 主控制器从可编程设置的时钟发生器得到基准时钟。时钟速率由时钟分频器从 24 MHz 时钟获得：

$$标称时钟速率=24\ \mathrm{MHz}/(2\times(\mathrm{LIN}+1)\times 2^{\mathrm{EXP}})$$

EXP 写入寄存器 SC1_RATEEXP，LIN 写入寄存器 SC1_RATELIN。为设置标准 I²C 模式(100 kbps)和快速 I²C 模式(400 kbps)所用时钟速率如表 7－14 所列。

表 7－14　I²C 标称时钟速率编程设置

标称速率/kbps	SC1_RATELIN	SC1_RATEEXP
100	14	3
375	15	1
400	14	1

快速 I²C 模式下，由于 I²C 规定 SCL 所需的最小周期是 1.3 μs，因此为了严格地遵从 I²C 的规定，时钟速率需要降低为 375 kbps。

I²C 主控制器支持产生多种帧分段，这些分段由寄存器 SC1_I²CCTRL1 中的寄存器位 SC_I²CSTART、SC_I²CSTOP、SC_I²CSEND 和 SC_I²CCRECV 控制。表 7－15 归纳了这些帧分段。

表 7－15　I²C 主模式帧分段

SC1_MODE	SC1_I²CCTRL1				GPIO_CFG[7:4]	帧分段
	SC_I²CSTART	SC_I²CSEND	SC_I²CRECV	SC_I²CSTOP		
3	1	0	0	0	SC1－2 模式	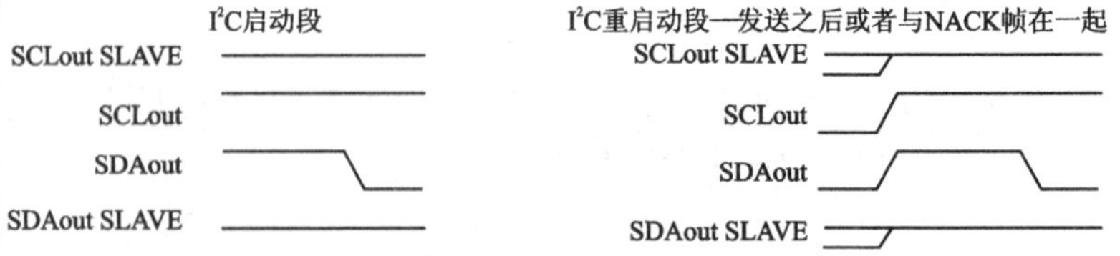 I²C启动段：SCLout SLAVE、SCLout、SDAout、SDAout SLAVE I²C重启动段—发送之后或者与NACK帧在一起：SCLout SLAVE、SCLout、SDAout、SDAout SLAVE
3	0	1	0	0	SC1－2 模式	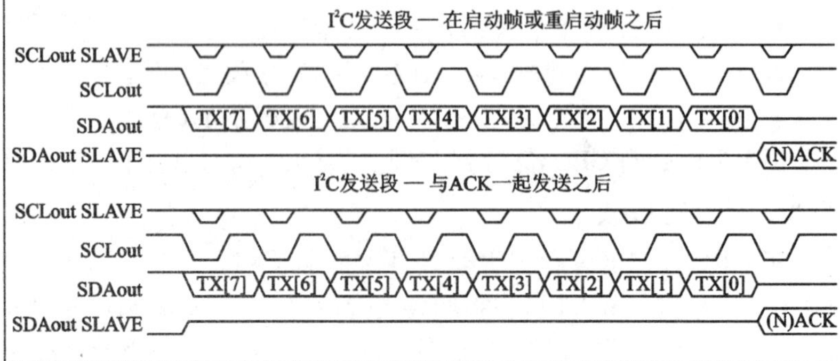 I²C发送段 — 在启动帧或重启动帧之后：SCLout SLAVE、SCLout、SDAout（TX[7] TX[6] TX[5] TX[4] TX[3] TX[2] TX[1] TX[0]）、SDAout SLAVE（(N)ACK） I²C发送段 — 与ACK一起发送之后：SCLout SLAVE、SCLout、SDAout（TX[7] TX[6] TX[5] TX[4] TX[3] TX[2] TX[1] TX[0]）、SDAout SLAVE（(N)ACK）

续表 7－15

SC1_MODE	SC1_I²CCTRL1				GPIO_CFG[7:4]	帧分段
	SC_I²CSTART	SC_I²CSEND	SC_I²CRECV	SC_I²CSTOP		
3	0	0	1	0	SC1－2 模式	I²C接收段 — 与ACK一起发送 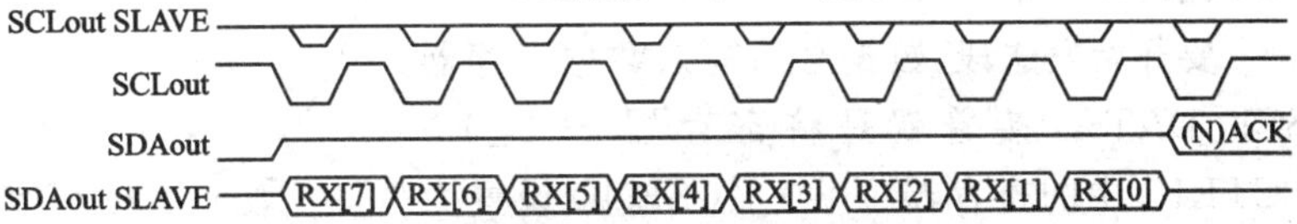 SCLout SLAVE SCLout SDAout (N)ACK SDAout SLAVE RX[7] RX[6] RX[5] RX[4] RX[3] RX[2] RX[1] RX[0] I²C接收段 — 与ACK一起接收之后 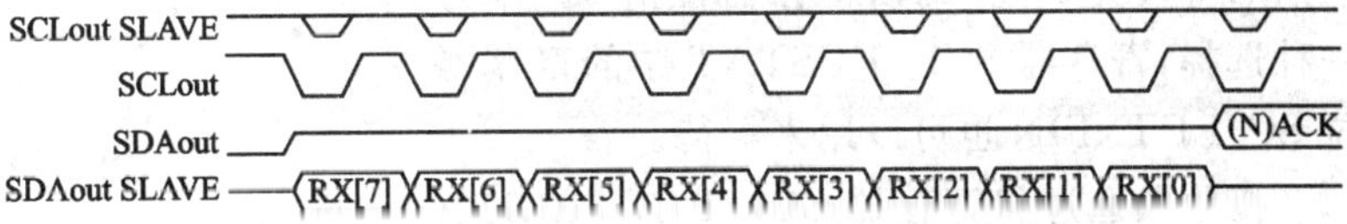 SCLout SLAVE SCLout SDAout (N)ACK SDAout SLAVE RX[7] RX[6] RX[5] RX[4] RX[3] RX[2] RX[1] RX[0]
3	0	0	0	1	SC1－2 模式	I²C停止段 — 与NACK一起的帧之后或者停止之后 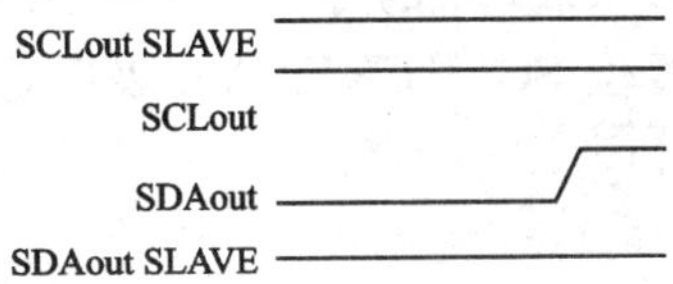 SCLout SLAVE SCLout SDAout SDAout SLAVE
3	0	0	0	0	SC1－2 模式	无未决帧分段
3	1 — — 1	1 1 — —	— 1 1 —	— — 1 1	SC1－2 模式	非法
3	—	—	—	—	SC1－4M 模式	非法
3	—	—	—	—	SC1－4A 模式	非法

全 I²C 帧必须通过产生各个 I²C 段，置于软件控制之下。全部所需的段转换见图 7－7。由寄存器 SC1_I²CCTRL2 中的寄存器位 SC_I²CACK 决定，由 ACK 还是 NACK 生成 I²C 接收帧分段。

由发送段产生 7 位地址，发送字符的高 7 位含 7 位地址。余下的低位含命令类型（“读”或“写”）。由两个发送段产生 10 位地址。第一发送段发送字符的高 5 位必须设置为 0x1E，接下来的 2 位是 10 位地址的最高位，余下的低位含命令类型（“读”或“写”）；第二发送段是 10 位地址中余下的 8 位。

收发字符由 RXFIFO 和 TXFIFO 实现。SC1 I²C 主 TXFIFO 和 RXFIFO 的深度都是 1

个字节，其存取由软件控制。

通过将寄存器 SC1_I²CCTRL1 中的寄存器位 SC_I²CSTART 或 SC_I²CSTOP 设置为 1 来启动/重启动或者停止段，该寄存器位直到清 0 之前都在等待。作为一种选择，寄存器 SC1_I²CSTAT 中的寄存器位 SC_I²CCMDFIN 也可以用来等待。

要开始发送段，数据必须写入数据寄存器 SC1_DATA，接着就是将寄存器 SC1_I²CCTRL1 中的寄存器位 SC_I²CSEND 设置为 1，然后等待完成，直到该寄存器位清 0。作为一种选择，寄存器 SC1_I²CSTAT 中的寄存器位 SC_I²CTXFIN 也可以用来等待。

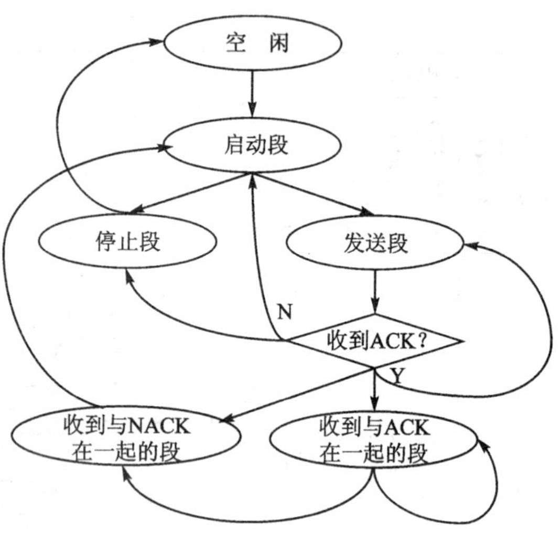

图 7-7　I²C 段发送

接收段通过将寄存器 SC1_I²CCTRL1 中的寄存器位 SC_I²CRECV 设置为 1，等待该寄存器位清 0，然后从数据寄存器 SC1_DATA 中读出。作为一种选择，寄存器 SC1_I²CSTAT 中的寄存器位 SC_I²CRXFIN 也可以用来等待；而寄存器 SC1_I²CSTAT 中的寄存器位 SC_I²CRXNAK 表明，是否由 I²C 从设备中收到 NACK 或 ACK。

中断由下列事件产生：

- 总线命令(SC_I²CSTART/SC_I²CSTOP)完成(SC_I²CCMDFIN 从 0 跳变到 1)；
- 字符发送完毕，从设备用 NACK 响应；
- 字符发送完毕(SC_I²CTXFIN 从 0 跳变到 1)；
- 收到字符(SC_I²CRXFIN 从 0 跳变到 1)；
- 当 RXFIFO 为满时，收到但丢弃字符(接收溢出错)；
- 当 TXFIFO 为空时，发送字符(发送装载不足错)。

要产生中断到 CPU，寄存器 INT_SC1CFG 和 INT_CFG 中的中断屏蔽必须使能。

4. 寄存器

(1) SC1_MODE[0x44AA]

15	14	13	12	11	10	9	8
0-R	0-R	0-R	0-R	0-R	0-R	0-R	0-R
0	0	0	0	0	0	0	0

7	6	5	4	3	2	1	0
0	0	0	0	0	0	SC1_MODE	
0-R	0-R	0-R	0-R	0-R	0-R	0-RW	0-RW

SC1_MODE[1:0]　SC1 模式：0=禁止；1=UART 模式；2=SPI 模式；3=I²C 模式。

注意：在两个模式之间转换时，必须首先禁止前一种模式。

(2) SC1_DATA[0x449E]

15	14	13	12	11	10	9	8
0-R	0-R	0-R	0-R	0-R	0-R	0-R	0-R
0	0	0	0	0	0	0	0
SC1_DATA							
0-RW	0-RW	0-RW	0-RW	0-RW	0-RW	0-RW	0-RW
7	6	5	4	3	2	1	0

SC1_DATA[7:0]　　数据发送和数据接收寄存器。写这个寄存器，就把一个字节存入 TXFIFO；而读这个寄存器，就从 RXFIFO 中取出一个字节。

(3) SC1_UARTPER[0x44B4]

15	14	13	12	11	10	9	8
0-RW	0-RW	0-RW	0-RW	0-RW	0-RW	0-RW	0-RW
SC1_UARTPER							
SC1_UARTPER							
0-RW	0-RW	0-RW	0-RW	0-RW	0-RW	0-RW	0-RW
7	6	5	4	3	2	1	0

SC1_UARTPER[15:0]　　波特率的时钟分频系数(N)，见下式：

波特率$=24\ \text{MHz}/(2\times(N+(0.5\times F)))$

(4) SC1_UARTFRAC[0x44B6]

15	14	13	12	11	10	9	8
0-R	0-R	0-R	0-R	0-R	0-R	0-R	0-R
0	0	0	0	0	0	0	0
0	0	0	0	0	0	0	SC1_UARTFRAC
0-R	0-R	0-R	0-R	0-R	0-R	0-R	0-RW
7	6	5	4	3	2	1	0

SC1_UARTFRAC[0]　　波特率所余小数部分 F，来自时钟分频等式：

波特率$=24\ \text{MHz}/(2\times(N+(0.5\times F)))$

(5) SC1_UARTCFG[0x44AE]

15	14	13	12	11	10	9	8
0-R	0-R	0-R	0-R	0-R	0-R	0-R	0-R
0	0	0	0	0	0	0	0
0	SC1_UARTAUTO	SC1_UARTFLOW	SC1_UARTODD	SC1_UARTPAR	SC1_UART2STP	SC1_UART8BIT	SC1_UARTRTS
0-R	0-RW	0-RW	0-RW	0-RW	0-RW	0-RW	0-RW
7	6	5	4	3	2	1	0

SC1_UARTAUTO[6]　　置1该位，则使能硬件自动发送 RTS。在 FIFO 满之前，当 UART 只能接收一个字符时，不再发送 RTS；当 UART 可以接收多于一个字符时，重新发送 RTS。当置1该位时，寄存器位 SC1_UARTRTS 不受影响。

SC1_UARTFLOW[5] 置1该位,则使能RTS/CTS信号;清0该位,则禁止RTS/CTS信号。当该位清0时,由硬件接收CTS信号使能UART发送器。寄存器GPIO_CFG可以配置SC1-4A模式,这就具有RTS/CTS的硬件握手功能;也可以配置SC1-2模式,这就无握手功能。

SC1_UARTODD[4] 清0该位,则具备偶校验;置1该位,则具备奇校验。

SC1_UARTPAR[3] 清0该位,则无奇偶校验位;置1该位,则有奇偶校验位。

SC1_UART2STP[2] 清0该位,则有一个停止位;置1该位,则有两个停止位。

SC1_UART8BIT[1] 清0该位,则有7个数据位;置1该位,则有8个数据位。

SC1_UARTRTS[0] RTS是输出信号。置1该位,则发送RTS信号(等于TTL逻辑0,GPIO为低电平,“XON”,RS232正电压),发送继续。清0该位,就不发送RTS信号(等于TTL逻辑1,GPIO为高电平,“XOFF”,RS232负电压),发送受到抑制。

(6) SC1_UARTSTAT[0x44A4]

15	14	13	12	11	10	9	8
0-R	0-R	0-R	0-R	0-R	0-R	0-R	0-R
0	0	0	0	0	0	0	0
0	SC1_UARTTXIDLE	SC1_UARTPARERR	SC1_UARTFRMERR	SC1_UARTRXOVF	SC1_UARTTXFREE	SC1_UARTRXVAL	SC1_UARTCTS
0-R	1-R	0-R	0-R	0-R	0-R	0-R	0-R
7	6	5	4	3	2	1	0

SC1_UARTTXIDLE[6] 当TXFIFO为空且发送器空闲时,置1该位。

SC1_UARTPARERR[5] 当RXFIFO发现奇偶校验出错时,置1该位;
当数据寄存器SC1_DATA读出时,清0该位。

SC1_UARTFRMERR[4] 当RXFIFO发现帧出错时,置1该位;
当数据寄存器SC1_DATA读出时,清0该位。

SC1_UARTRXOVF[3] 当RXFIFO发现帧出错时,置1该位;
当数据寄存器SC1_DATA读出时,清0该位。

SC1_UARTTXFREE[2] 当TXFIFO就绪时,可以接收至少一个字节时,置1该位。

SC1_UARTRXVAL[1] 当RXFIFO里至少存有一个字节时,置1该位。

SC1_UARTCTS[0] 该位表示引脚CTS上(引脚19,GPIO11)当前输入信号CTS的状态。
当CTS为1时,接收该信号(等于TTL逻辑0,GPIO为低电平,“XON”,RS232正电压),发送继续;为0时,不接收该信号(等于TTL逻辑1,GPIO为高电平,“XOFF”,RS232负电压),在当前字符的结束点发送受到抑制,任何在TXFIFO中的字符都在原地保留。

(7) SC1_RATELIN[0x44B0]

15	14	13	12	11	10	9	8
0-R	0-R	0-R	0-R	0-R	0-R	0-R	0-R
0	0	0	0	0	0	0	0
0	0	0	0	SC1_RATELIN			
0-R	0-R	0-R	0-R	0-RW	0-RW	0-RW	0-RW
7	6	5	4	3	2	1	0

SC1_RATELIN[3:0] 时钟速率的线性部分(LIN)来自时钟速率等式：

时钟速率 $=24\ \text{MHz}/(2\times(\text{LIN}+1)\times 2^{\text{EXP}})$

(8) SC1_RATEEXP[0x44B2]

15	14	13	12	11	10	9	8
0-R	0-R	0-R	0-R	0-R	0-R	0-R	0-R
0	0	0	0	0	0	0	0
0	0	0	0	SC1_RATEEXP			
0-R	0-R	0-R	0-R	0-RW	0-RW	0-RW	0-RW
7	6	5	4	3	2	1	0

SC1_RATEEXP[3:0] 时钟速率的指数部分(EXP)来自时钟速率等式：

时钟速率 $=24\ \text{MHz}/(2\times(\text{LIN}+1)\times 2^{\text{EXP}})$

(9) SC1_SPICFG[0x44AC]

15	14	13	12	11	10	9	8
0-R	0-R	0-R	0-R	0-R	0-R	0-R	0-R
0	0	0	0	0	0	0	0
0	0	SC_SPIRXDRV	SC_SPIMST	SC_SPIRPT	SC_SPIORD	SC_SPIPHA	SC_SPIPOL
0-R	0-R	0-RW	0-RW	0-RW	0-RW	0-RW	0-RW
7	6	5	4	3	2	1	0

SC_SPIRXDRV[5] 该位是接收-驱动模式选择位(只有 SPI 主模式)。当发送数据可以提供时，就清 0 该位，开始处理这些数据；当接收缓冲器(RXFIFO 或 DMA)有空间时，置 1 该位，开始处理这些数据。

SC_SPIMST[4] 该位始终置 1，使 SPI 为主模式(从模式无效)。

SC_SPIRPT[3] 在从模式、TXFIFO 装载不足的情况下，该位控制 TXFIFO 的行为。清 0 该位，则发送 BUSY 记号(0xFF)；置 1 该位，则重复最后一个字节。只有当 TXFIFO 空且发送串行器空闲时，改变该位才会有效。

SC_SPIORD[2] 清 0 该位，则 MSB 先发送；置 1 该位，则 LSB 先发送。

SC_SPIPHA[1] 时钟相位选择：清 0 该位，为第一个时钟相位沿采样；置 1 该位，为第二个时钟相位沿采样。

SC_SPIPOL[0] 时钟极性选择：清 0 该位，为上升引导沿极性；置 1 该位，为下降引导沿极性。

(10) SC1_SPISTAT[0x44A0]

15	14	13	12	11	10	9	8
0-R	0-R	0-R	0-R	0-R	0-R	0-R	0-R
0	0	0	0	0	0	0	0
0	0	0	0	SC_SPITXIDLE	SC_SPITXFREE	SC_SPIRXVAL	SC_SPIRXOVF
0-R	0-R	0-R	0-R	0-R	0-R	0-R	0-R
7	6	5	4	3	2	1	0

SC_SPITXIDLE[3] 当TXFIFO空且发送器空闲时，置1该位。

SC_SPITXFREE[2] 当TXFIFO就绪，准备至少接收一个字节时，置1该位。

SC_SPIRXVAL[1] 当RXFIFO至少存有一个字节时，置1该位。

SC_SPIRXOVF[0] 当TXFIFO装载不足时，置1该位；当数据寄存器(SC1_DATA)读出时，清0该位。

(11) SC1_I²CCTRL1[0x44A6]

15	14	13	12	11	10	9	8
0-R	0-R	0-R	0-R	0-R	0-R	0-R	0-R
0	0	0	0	0	0	0	0
0	0	0	0	SC_I²CSTOP	SC_I²CSTART	SC_I²CSEND	SC_I²CRECV
0-R	0-R	0-R	0-R	0-RW	0-RW	0-RW	0-RW
7	6	5	4	3	2	1	0

SC_I²CSTOP[3] 置1该位，则发送STOP命令；STOP命令完成后，自动清0该位。

SC_I²CSTART[2] 置1该位，则发送或重复START命令；START命令完成后，自动清0该位。

SC_I²CSEND[1] 置1该位，则发送一个字节；该命令完成后，自动清0该位。

SC_I²CRECV[0] 置1该位，则接收一个字节；该命令完成后，自动清0该位。

(12) SC1_I²CCTRL2[0x44A8]

15	14	13	12	11	10	9	8
0-R	0-R	0-R	0-R	0-R	0-R	0-R	0-R
0	0	0	0	0	0	0	0
0	0	0	0	0	0	0	SC_I²CACK
0-R	0-R	0-R	0-R	0-R	0-R	0-R	0-RW
7	6	5	4	3	2	1	0

SC_I²CACK[0] 置1该位，在收到字节之后发送ACK信号；清0该位，在收到字节之后发送NACK信号。

(13) SC1_I²CSTAT[0x44A2]

15	14	13	12	11	10	9	8
0-R	0-R	0-R	0-R	0-R	0-R	0-R	0-R
0	0	0	0	0	0	0	0
0	0	0	0	SC_I²CCMDFIN	SC_I²CRXFIN	SC_I²CTXFIN	SC_I²CRXNAK
0-R	0-R	0-R	0-R	0-R	0-R	0-R	0-R
7	6	5	4	3	2	1	0

SC_I^2CCMDFIN[3]　当 START 或 STOP 命令完成时,置 1 该位;在下一个 I^2C 总线活动时,自动清 0 该位。

SC_I^2CRXFIN[2]　当收到一个字节时,置 1 该位;在下一个 I^2C 总线活动时,自动清 0 该位。

SC_I^2CTXFIN[1]　当发送了一个字节时,置 1 该位;在下一个 I^2C 总线活动时,自动清 0 该位。

SC_I^2CRXNAK[0]　当收到来自从设备的 NACK 时,置 1 该位;在下一个 I^2C 总线活动时,自动清 0 该位。

(14) SC1_DMACTRL[0x4498]

15	14	13	12	11	10	9	8
0-R	0-R	0-R	0-R	0-R	0-R	0-R	0-R
0	0	0	0	0	0	0	0
0	0	SC_TXDMARST	SC_RXDMARST	SC_TXLODB	SC_TXLODA	SC_RXLODB	SC_RXLODA
0-R	0-R	0-W	0-W	0-RW	0-RW	0-RW	0-RW
7	6	5	4	3	2	1	0

SC_TXDMARST[5]　置 1 该位,则复位发送 DMA。该位自动清 0。

SC_RXDMARST[4]　置 1 该位,则复位接收 DMA。该位自动清 0。

SC_TXLODB[3]　置 1 该位,则装入 DMA 发送缓冲器 B 的地址,DMA 控制器开始处理发送缓冲器 B;完成该处理后,自动清 0 该位。该位写入 0 无任何影响。如果该位读出是 1,则表明 DMA 处理发送缓冲器 B 有效或者未定;是 0,则表明 DMA 处理发送缓冲器 B 完成或者空闲。

SC_TXLODA[2]　置 1 该位,则装入 DMA 发送缓冲器 A 的地址,DMA 控制器开始处理发送缓冲器 A;完成该处理后,自动清 0 该位。该位写入 0 无任何影响。如果该位读出是 1,则表明 DMA 处理发送缓冲器 A 有效或者未定;是 0,则表明 DMA 处理发送缓冲器 A 完成或者空闲。

SC_RXLODB[1]　置 1 该位,则装入 DMA 接收缓冲器 B 的地址,DMA 控制器开始处理接收缓冲器 B;完成该处理后,自动清 0 该位。该位写入 0 无任何影响。如果该位读出是 1,则表明 DMA 处理接收缓冲器 B 有效或者未定;是 0,则表明 DMA 处理接收缓冲器 B 完成或者空闲。

SC_RXLODA[0]　置 1 该位,则装入 DMA 接收缓冲器 A 的地址,DMA 控制器开始处理接收缓冲器 A;完成该处理后,自动清 0 该位。该位写入 0 无任何影响。如果该位读出是 1,则表明 DMA 处理接收缓冲器 A 有效或者未定;是 0,则表明 DMA 处理接收缓冲器 A 完成或者空闲。

(15) SC1_DMASTAT[0x4496]

15	14	13	12	11	10	9	8
0-R	0-R	0-R	0-R	0-R	0-R	0-R	0-R
0	0	0	0	0	0	SC1_RXFRMB	SC1_RXFRMA
SC1_RXPARB	SC1_RXPARA	SC_RXOVFB	SC_RXOVFA	SC_TXACTB	SC_TXACTA	SC_RXACTB	SC_RXACTA
0-R	0-R	0-R	0-R	0-R	0-R	0-R	0-R
7	6	5	4	3	2	1	0

SC1_RXFRMB[9] 当DMA接收缓冲器B传递了来自低位硬件FIFO的帧错误时,置1该位。下一次装入缓冲器B或者接收DMA复位时,该位自动清0。

SC1_RXFRMA[8] 当DMA接收缓冲器A传递了来自低位硬件FIFO的帧错误时,置1该位。下一次装入缓冲器A或者接收DMA复位时,该位自动清0。

SC1_RXPARB[7] 当DMA接收缓冲器B传递了来自低位硬件FIFO的奇偶校验错误时,置1该位。下一次装入缓冲器B或者接收DMA复位时,该位自动清0。

SC1_RXPARA[6] 当DMA接收缓冲器A传递了来自低位硬件FIFO的奇偶校验错误时,置1该位。下一次装入缓冲器A或者接收DMA复位时,该位自动清0。

SC_RXOVFB[5] 当DMA接收缓冲器B传递了来自低位硬件FIFO的溢出错误时,置1该位。接收缓冲器A或B都不能再接收任何字节,而且FIFO装满。缓冲器B就是下一次装入的缓冲器,当它排空FIFO时,溢出错误传递到DMA,并且在该位作上标记。下一次装入缓冲器B或者接收DMA复位时,该位自动清0。

SC_RXOVFA[4] 当DMA接收缓冲器A传递了来自低位硬件FIFO的溢出错误时,置1该位。接收缓冲器A或B都不能再接收任何字节,而且FIFO装满。缓冲器A就是下一次装入的缓冲器,当它排空FIFO时,溢出错误传递到DMA,并且在该位作上标记。下一次装入缓冲器A或者接收DMA复位时,该位自动清0。

SC_TXACTB[3] 当前DMA发送缓冲器B有效时,置1该位。

SC_TXACTA[2] 当前DMA发送缓冲器A有效时,置1该位。

SC_RXACTB[1] 当前DMA接收缓冲器B有效时,置1该位。

SC_RXACTA[0] 当前DMA接收缓冲器A有效时,置1该位。

(16) SC1_RXCNTA[0x4490]

15	14	13	12	11	10	9	8
0-R	0-R	0-R	0-R	0-R	0-R	0-R	0-R
0	0	0	SC1_RXCNTA				
SC1_RXCNTA							
0-R	0-R	0-R	0-R	0-R	0-R	0-R	0-R
7	6	5	4	3	2	1	0

SC1_RXCNTA[12:0] 字节(离开字节 0)偏移量。该偏移量表明将要放置的下一个字节在 DMA 接收缓冲器 A 里的位置。当该缓冲器填满且随后卸载时,该寄存器将保持偏移量 0(指向缓冲器的首位置)。

(17) SC1_RXCNTB[0x4492]

15	14	13	12	11	10	9	8
0-R	0-R	0-R	0-R	0-R	0-R	0-R	0-R
0	0	0	SC1_RXCNTB				
SC1_RXCNTB							
0-R	0-R	0-R	0-R	0-R	0-R	0-R	0-R
7	6	5	4	3	2	1	0

SC1_RXCNTB[12:0] 字节(离开字节 0)偏移量。该偏移量表明将要放置的下一个字节在 DMA 接收缓冲器 B 里的位置。当该缓冲器填满且随后卸载时,该寄存器将保持偏移量 0(指向缓冲器的首位置)。

(18) SC1_TXCNT[0x4494]

15	14	13	12	11	10	9	8
0-R	0-R	0-R	0-R	0-R	0-R	0-R	0-R
0	0	0	SC1_TXCNT				
SC1_TXCNT							
0-R	0-R	0-R	0-R	0-R	0-R	0-R	0-R
7	6	5	4	3	2	1	0

SC1_TXCNT[12:0] 字节(离开字节 0)偏移量。该偏移量表明将要放置的下一个字节在有效 DMA 发送缓冲器里的位置。当该缓冲器填满且随后卸载时,该寄存器将保持偏移量 0(指向缓冲器的首位置)。

(19) SC1_RXBEGA[0x4480]

15	14	13	12	11	10	9	8
0-R	1-R	1-R	0-RW	0-RW	0-RW	0-RW	0-RW
0	1	1	SC1_RXBEGA				
SC1_RXBEGA							
0-RW	0-RW	0-RW	0-RW	0-RW	0-RW	0-RW	0-RW
7	6	5	4	3	2	1	0

SC1_RXBEGA[12:0] 接收缓冲器 A 中 DMA 的 START 地址(字节排列)。

(20) SC1_RXENDA[0x4482]

15	14	13	12	11	10	9	8
0 - R	1 - R	1 - R	0 - RW	0 - RW	0 - RW	0 - RW	0 - RW
0	1	1	SC1_RXENDA				
SC1_RXENDA							
0 - RW	0 - RW	0 - RW	0 - RW	0 - RW	0 - RW	0 - RW	0 - RW
7	6	5	4	3	2	1	0

SC1_RXENDA[12 : 0]　接收缓冲器 A 中 DMA 的 END 地址(字节排列)。

(21) SC1_RXBEGB[0x4484]

15	14	13	12	11	10	9	8
0 - R	1 - R	1 - R	0 - RW	0 - RW	0 - RW	0 - RW	0 - RW
0	1	1	SC1_RXBEGB				
SC1_RXBEGB							
0 - RW	0 - RW	0 - RW	0 - RW	0 - RW	0 - RW	0 - RW	0 - RW
7	6	5	4	3	2	1	0

SC1_RXBEGB[12 : 0]　接收缓冲器 B 中 DMA 的 START 地址(字节排列)。

(22) SC1_RXENDB[0x4486]

15	14	13	12	11	10	9	8
0 - R	1 - R	1 - R	0 - RW	0 - RW	0 - RW	0 - RW	0 - RW
0	1	1	SC1_RXENDB				
SC1_RXENDB							
0 - RW	0 - RW	0 - RW	0 - RW	0 - RW	0 - RW	0 - RW	0 - RW
7	6	5	4	3	2	1	0

SC1_RXENDB[12 : 0]　接收缓冲器 B 中 DMA 的 END 地址(字节排列)。

(23) SC1_TXBEGA[0x4488]

15	14	13	12	11	10	9	8
0 - R	1 - R	1 - R	0 - RW	0 - RW	0 - RW	0 - RW	0 - RW
0	1	1	SC1_TXBEGA				
SC1_TXBEGA							
0 - RW	0 - RW	0 - RW	0 - RW	0 - RW	0 - RW	0 - RW	0 - RW
7	6	5	4	3	2	1	0

SC1_TXBEGA[12 : 0]　发送缓冲器 A 中 DMA 的 START 地址(字节排列)。

(24) SC1_TXENDA[0x448A]

15	14	13	12	11	10	9	8
0 - R	1 - R	1 - R	0 - RW	0 - RW	0 - RW	0 - RW	0 - RW
0	1	1	SC1_TXENDA				
SC1_TXENDA							
0 - RW	0 - RW	0 - RW	0 - RW	0 - RW	0 - RW	0 - RW	0 - RW
7	6	5	4	3	2	1	0

SC1_TXENDA[12：0] 发送缓冲器 A 中 DMA 的 END 地址(字节排列)。

(25) SC1_TXBEGB[0x448C]

15	14	13	12	11	10	9	8
0-R	1-R	1-R	0-RW	0-RW	0-RW	0-RW	0-RW
0	1	1	SC1_TXBEGB				
SC1_TXBEGB							
0-RW	0-RW	0-RW	0-RW	0-RW	0-RW	0-RW	0-RW
7	6	5	4	3	2	1	0

SC1_TXBEGB[12：0] 发送缓冲器 B 中 DMA 的 START 地址(字节排列)。

(26) SC1_TXENDB[0x448E]

15	14	13	12	11	10	9	8
0-R	1-R	1-R	0-RW	0-RW	0-RW	0-RW	0-RW
0	1	1	SC1_TXENDB				
SC1_TXENDB							
0-RW	0-RW	0-RW	0-RW	0-RW	0-RW	0-RW	0-RW
7	6	5	4	3	2	1	0

SC1_TXENDB[12：0] 发送缓冲器 B 中 DMA 的 END 地址(字节排列)。

(27) SC1_RXERRA[0x449A]

15	14	13	12	11	10	9	8
0-R	0-R	0-R	0-R	0-R	0-R	0-R	0-R
0	0	0	SC1_RXERRA				
SC1_RXERRA							
0-R	0-R	0-R	0-R	0-R	0-R	0-R	0-R
7	6	5	4	3	2	1	0

SC1_RXERRA[12：0] 字节(离开字节 0)偏移量。该偏移量表明第一个错误在 DMA 接收缓冲器 A 里的位置。如果没有错误,则该偏移量保持为 0。该寄存器不会被随后来到 DMA 的错误更改。下一次记录错误只能在缓冲器卸载且重新装入或者 DMA 复位之后。

(28) SC1_RXERRB[0x449C]

15	14	13	12	11	10	9	8
0-R	0-R	0-R	0-R	0-R	0-R	0-R	0-R
0	0	0	SC1_RXERRB				
SC1_RXERRB							
0-R	0-R	0-R	0-R	0-R	0-R	0-R	0-R
7	6	5	4	3	2	1	0

SC1_RXERRB[12：0] 字节(离开字节 0)偏移量。该偏移量表明第一个错误在 DMA 接收缓冲器 B 里的位置。如果没有错误,则该偏移量保持为 0。该寄存器不会被随后来到 DMA 的错误更改。下一次记录错误只能在缓冲器卸载且重新装入或者 DMA

复位之后。

(29) INT_SC1CFG[0x4624]

15 0-R	14 0-RW	13 0-RW	12 0-RW	11 0-RW	10 0-RW	9 0-RW	8 0-RW
0	INT_SC1PARERR	INT_SC1FRMERR	INT_SCTXULDB	INT_SCTXULDA	INT_SCRXULDB	INT_SCRXULDA	INT_SCNAK
INT_SCCMDFIN	INT_SCTXFIN	INT_SCRXFIN	INT_SCTXUND	INT_SCRXOVF	INT_SCTXIDLE	INT_SCTXFREE	INT_SCRXVAL
0-RW 7	0-RW 6	0-RW 5	0-RW 4	0-RW 3	0-RW 2	0-RW 1	0-RW 0

INT_SC1PARERR[14] UART 收到奇偶校验错中断使能。
INT_SC1FRMERR[13] UART 收到帧出错中断使能。
INT_SCTXULDB[12] DMA 发送缓冲器 B 卸载中断使能。
INT_SCTXULDA[11] DMA 发送缓冲器 A 卸载中断使能。
INT_SCRXULDB[10] DMA 接收缓冲器 B 卸载中断使能。
INT_SCRXULDA[9] DMA 接收缓冲器 A 卸载中断使能。
INT_SCNAK[8] I^2C 收到 NACK 中断使能。
INT_SCCMDFIN[7] I^2C 完成 START/STOP 命令中断使能。
INT_SCTXFIN[6] I^2C 完成发送操作中断使能。
INT_SCRXFIN[5] I^2C 完成接收操作中断使能。
INT_SCTXUND[4] 发送缓冲器装载不足中断使能。
INT_SCRXOVF[3] 接收缓冲器溢出中断使能。
INT_SCTXIDLE[2] 发送缓冲器空闲中断使能。
INT_SCTXFREE[1] 发送缓冲器为空时中断使能。
INT_SCRXVAL[0] 接收缓冲器存有数据中断使能。

(30) INT_SC1FLAG[0x460C]

15 0-R	14 0-RW	13 0-RW	12 0-RW	11 0-RW	10 0-RW	9 0-RW	8 0-RW
0	INT_SC1PARERR	INT_SC1FRMERR	INT_SCTXULDB	INT_SCTXULDA	INT_SCRXULDB	INT_SCRXULDA	INT_SCNAK
INT_SCCMDFIN	INT_SCTXFIN	INT_SCRXFIN	INT_SCTXUND	INT_SCRXOVF	INT_SCTXIDLE	INT_SCTXFREE	INT_SCRXVAL
0-RW 7	0-RW 6	0-RW 5	0-RW 4	0-RW 3	0-RW 2	0-RW 1	0-RW 0

INT_SC1PARERR[14] UART 收到奇偶校验错中断未决。
INT_SC1FRMERR[13] UART 收到帧出错中断未决。
INT_SCTXULDB[12] DMA 发送缓冲器 B 卸载中断未决。
INT_SCTXULDA[11] DMA 发送缓冲器 A 卸载中断未决。
INT_SCRXULDB[10] DMA 接收缓冲器 B 卸载中断未决。

INT_SCRXULDA[9]　DMA 接收缓冲器 A 卸载中断未决。
INT_SCNAK[8]　I^2C 收到 NACK 中断未决。
INT_SCCMDFIN[7]　I^2C 完成 START/STOP 命令中断未决。
INT_SCTXFIN[6]　I^2C 完成发送操作中断未决。
INT_SCRXFIN[5]　I^2C 完成接收操作中断未决。
INT_SCTXUND[4]　发送缓冲器装载不足中断未决。
INT_SCRXOVF[3]　接收缓冲器溢出中断未决。
INT_SCTXIDLE[2]　发送缓冲器空闲中断未决。
INT_SCTXFREE[1]　发送缓冲器为空时中断未决。
INT_SCRXVAL[0]　接收缓冲器存有数据中断未决。

7.6.3 串行控制器 SC2

EM250 SC2 模块提供同步(SPI 或 I^2C)串行通信。图 7－8 是 SC2 模块的结构框图。

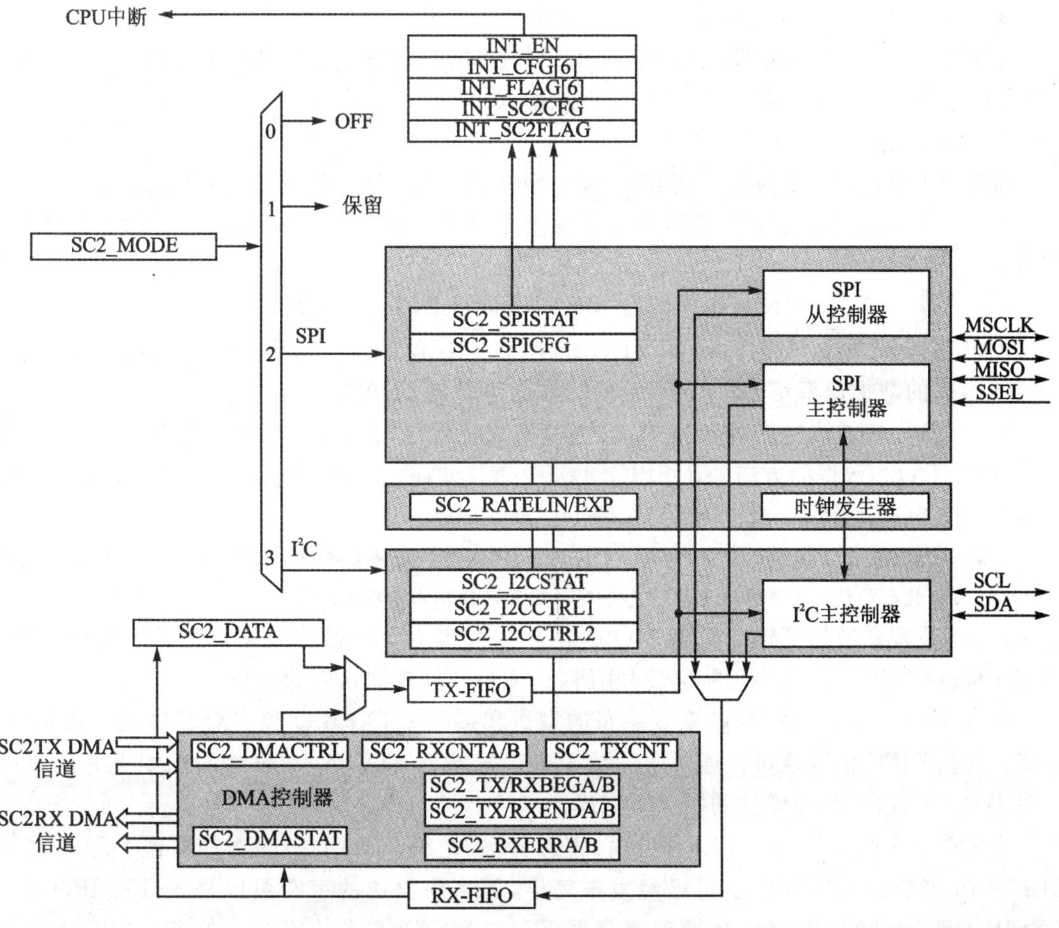

图 7－8　SC2 模块结构框图

SC2 模块的全双工接口可以配置为两种通信模式之一，但不可以同时运行这两种模式。为了减少 CPU 的中断服务请求，SC2 模块给这两种通信模式准备了数据缓冲方案。带缓冲的专用 DMA 控制器提供给 SPI，而 FIFO 则提供给所有模式。除此之外，在这两种模式中，SC2 数据寄存器允许应用软件直接存取 SC2 数据，最后由 SC2 模块发送接口信号到 GPIO 引脚。这些功能由寄存器 GPIO_CFG 控制，而且与其他功能共享。为了选择和改变引脚的功能，请参考表 7-9 和表 7-10。

1. SPI 模式

SC2 模块的 SPI 模式既支持主模式，又支持从模式，其固定字长为 8 位。通过将 SC2_MODE 设置为 2，实现 SC2 SPI 控制器使能。SP2 模式有下列特性：

- 主模式和从模式；
- 全双工操作；
- 主模式时钟频率可编程设置(最高为 12 MHz)；
- 从模式时钟频率最高为 5 MHz；
- 时钟极性和相位可编程设置；
- 数据移动方向可选(LSB 或者 MSB 均可)；
- 可以选择的从选择输入。

下列信号在 GPIO 引脚上有效：MOSI(主输出/从输入)、MISO(主输入/从输出)、MSCLK(串行时钟)和 SSEL(从选择，仅在从模式中)。

1) SPI 主模式

SC2 SPI 主控制器通过置 1 寄存器 SC2_SPICFG 中的寄存器位 SC_SPIMST 使能。

SC2 SPI 主模式从可编程设置的时钟发生器得到基准时钟。时钟速率由时钟分频器从 24 MHz时钟获得：

$$时钟速率 = 24\ \text{MHz}/(2\times(\text{LIN}+1)\times 2^{\text{EXP}})$$

EXP 写入寄存器 SC2_RATEEXP，LIN 写入寄存器 SC2_RATELIN。两者的大小都是 0～15，最高的数据速率是 12 Mbps，最低的数据速率是 22.9 bps。

SC2 SPI 主模式支持多种帧格式，这些帧格式依赖于时钟极性(SC_SPIPOL)、时钟相位(SC_SPIPHA)和数据的方向(SP_SPIORD)(见表 7-16)。在寄存器 SC2_SPICFG 里，定义了寄存器位 SC_SPIPOL、SC_SPIPHA 和 SC_SPIORD。

注意：转换 SPI 的配置从 SC_SPIPOL=1 到 SC_SPIPOL=0，如果随后不设置 SC2_MODE=0 并且重新初始化 SPI，就会导致在应当传送的第一个字符之前发送额外的字符(0xFE)。

SC2 SPI 发送数据到输出引脚 MOSI，从输入引脚 MISO 接收数据。为了生成从信号送到 SPI 从设备，就要使用其他的 GPIO 引脚，这需要软件控制它们的收发。

通过 TXFIFO 和 RXFIFO 实现字符的发送和接收。TXFIFO 和 RXFIFO 的深度都是 4 字节。这些 FIFO 的存取可以通过访问数据寄存器 SC2_DATA，在软件的控制下完成；也可以使用 DMA 控制器，在硬件的控制下完成。

当发送字符写入(空的)TXFIFO 时，寄存器 SC2_SPISTAT 中的寄存器位 SC_SPITXIDLE 清 0，表明并非所有的字符已经发送完毕，更多要发送的字符可以写入 TXFIFO，直至 TXFIFO 满；而 TXFIFO 满，会导致寄存器 SC2_SPISTAT 中的寄存器位 SC_SPITXFREE 清 0。在移出一个发送字符到引脚 MOSI 之后，TXFIFO 就可以提供用于字符发送的空间了。这就导致寄存器 SC2_SPISTAT 中的寄存器位 SC_SPITXFREE 置 1。当所有的字符都移送完毕时，TXFIFO 就空了，寄存器 SC2_SPISTAT 中的寄存器位 SC_SPITXIDLE 置 1。

表 7-16 SC2 SPI 主模式帧格式

SC2_MODE	SC2_SPICGG				GPIO_CFG[7:4]	帧格式
	SC2_SPIMST	SC2_SPIORD	SC2_SPIPHA	SC2_SPIPOL		
2	1	0	0	0	SC2-3M 模式	MSCLKout MOSIout TX[7] TX[6] TX[5] TX[4] TX[3] TX[2] TX[1] TX[0] MISOin RX[7] RX[6] RX[5] RX[4] RX[3] RX[2] RX[1] RX[0]
2	1	0	0	1	SC2-3M 模式	MSCLKout MOSIout TX[7] TX[6] TX[5] TX[4] TX[3] TX[2] TX[1] TX[0] MISOin RX[7] RX[6] RX[5] RX[4] RX[3] RX[2] RX[1] RX[0]
2	1	0	1	0	SC2-3M 模式	MSCLKout MOSIout TX[7] TX[6] TX[5] TX[4] TX[3] TX[2] TX[1] TX[0] MISOin RX[7] RX[6] RX[5] RX[4] RX[3] RX[2] RX[1] RX[0]
2	1	0	1	1	SC2-3M 模式	MSCLKout MOSIout TX[7] TX[6] TX[5] TX[4] TX[3] TX[2] TX[1] TX[0] MISOin RX[7] RX[6] RX[5] RX[4] RX[3] RX[2] RX[1] RX[0]
2	1	1	—	—	SC2-3M 模式	同上,除了将 LSB 先行取代了 MSB 先行之外
2	1	—	—	—	SC2-4S 模式	非法
2	1	—	—	—	SC2-2 模式	非法

所有收到的字符存放在 RXFIFO 中,寄存器 SC2_SPISTAT 中的寄存器位 SC_SPIRXVAL 置 1,表明并非所有收到的字符已经从 RXFIFO 中读出。如果软件或者 DMA 没有从 RXFIFO 中读,则 RXFIFO 将最多存放 4 个字符,接收的任何更多的字符都会丢弃,并且 SC2_SPISTAT 中的寄存器位 SC_SPIRXOVF 将设置为 1,RXFIFO 硬件产生 SC_SPIRXOVF 中断。但是,直到 RXFIFO 排空,寄存器 DMA 才会指出上述错误。一旦 DMA 记录了 RX 错误,有两种方法可以清除错误记录:其一是设置寄存器 SC2_DMACTRL 中的寄存器位 SC_TX/RXDMARST 为 1;其二是当 DMA 缓冲器卸载之后,适当装入。

要接收一个字符,始终需要发送一个字符。在这种情况下,当期待接收一个长字符串时,就必须产生一个长字符串(哑元)用来发送。为了避免软件或者 DMA 开始这种传送,可以让

SPI的串行器重发最后一个发送的字符，或者发送一个BUSY记号(0xFF)，该记号会被寄存器SC2_SPICFG中的寄存器位SC_SPIRPT检测出来。要使能或禁止上述功能的条件是：寄存器SC2_SPISTAT中的寄存器位SC_SPITXIDLE为0。这表明TXFIFO为空，而且串行器空闲。

每当开始自动发送字符时，发送装载不足会被检测出来(原因是TXFIFO中没有数据)，此时，寄存器INT_SC2FLAG中的寄存器位INT_SCTXUND设置为1。禁止自动发送字符之后，就停止了接收新字符，此时，RXFIFO保持刚接收到的字符。

注意：接收DMA非自动完成意味着RXFIFO为空。

中断由下列事件产生：

- TXFIFO空，而且移送出了最后一个字符(SC_SPITXIDLE从0跳变到1)；
- TXFIFO从满到非满(SC_SPITXFREE从0跳变到1)；
- RXFIFO从空到非空(SC_SPIRXVAL从0跳变到1)；
- 发送DMA缓冲器A/B完成(SC_TXACTA/B从1跳变到0)；
- 接收DMA缓冲器A/B完成(SC_RXACTA/B从1跳变到0)；
- 当RXFIFO为满时，收到却丢弃字符(接收溢出错)；
- 当TXFIFO为空时，发送字符(发送装载不足错)。

要产生中断到CPU，寄存器INT_SC2CFG和INT_CFG中的中断屏蔽必须使能。

2) SPI从模式

SC2 SPI从控制器通过清0寄存器SC2_SPICFG中的寄存器位SC_SPIMST使能；从外部SPI主设备接收时钟，支持的速率最高达5 MHz。

SC2 SPI从模式支持多种帧格式，这些帧格式依赖于时钟极性(SC_SPIPOL)、时钟相位(SC_SPIPHA)和数据的方向(SP_SPIORD)(见表7-17)。在寄存器SC2_SPICFG中，定义了寄存器位SC_SPIPOL、SC_SPIPHA和SC_SPIORD。

注意：转换SPI的配置从SC_SPIPOL=1到SC_SPIPOL=0，随后不设置SC2_MODE=0并且重新初始化SPI，就会导致额外的字符(0xFE)在应当传送的第一个字符之前立即传送。

当主控制器发送从模式选择信号(SSEL)时，SC2 SPI发送数据到输出引脚MISO，从输入引脚MOSI接收数据。SSEL用来使能串化器数据输出信号MISO，SSEL也用来复位SC2_SPI的从模式移动寄存器。

通过TXFIFO和RXFIFO实现字符的发送和接收。TXFIFO和RXFIFO的深度都是4字节。这些FIFO的存取可以通过访问数据寄存器SC2_DATA，在软件的控制下完成；也可以使用DMA控制器，在硬件的控制下完成。

所有收到的字符存放在RXFIFO中，寄存器SC2_SPISTAT中的寄存器位SC_SPIRXVAL置1，表明并非所有收到的字符已经从RXFIFO中读出。如果软件或者DMA没有从RXFIFO中读，则RXFIFO将最多存放4个字符，接收的任何更多的字符都会丢弃，并且SC2_SPISTAT中的寄存器位SC_SPIRXOVF将设置为1，RXFIFO硬件产生SC_SPIRXOVF中断。但是，直到RXFIFO排空，寄存器DMA才会指出上述错误。一旦DMA记录了RX错误，有两种方法可以清除错误记录：其一是设置寄存器SC2_DMACTRL中的寄存器位SC_TX/RXDMARST为1；其二是当DMA缓冲器卸载之后，适当装入。

表 7-17　SC2 SPI 从模式帧格式

SC2_MODE	SC2_SPICGG				GPIO_CFG[7:4]	帧格式
	SC2_SPIMST	SC2_SPIORD	SC2_SPIPHA	SC2_SPIPOL		
2	0	0	0	0	SC2-4S 模式	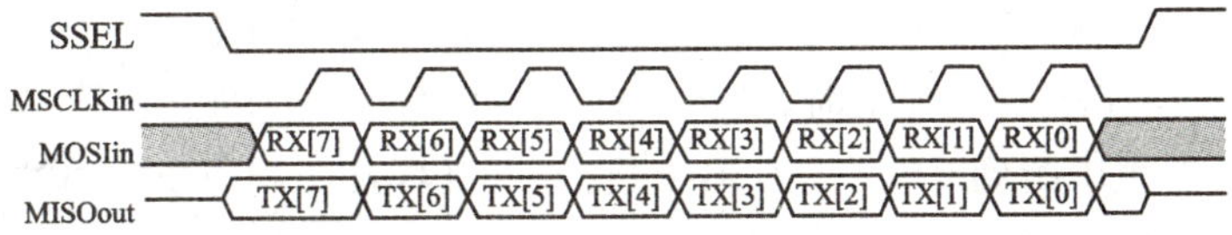 SSEL MSCLKin MOSIin RX[7] RX[6] RX[5] RX[4] RX[3] RX[2] RX[1] RX[0] MISOout TX[7] TX[6] TX[5] TX[4] TX[3] TX[2] TX[1] TX[0]
2	0	0	0	1	SC2-4S 模式	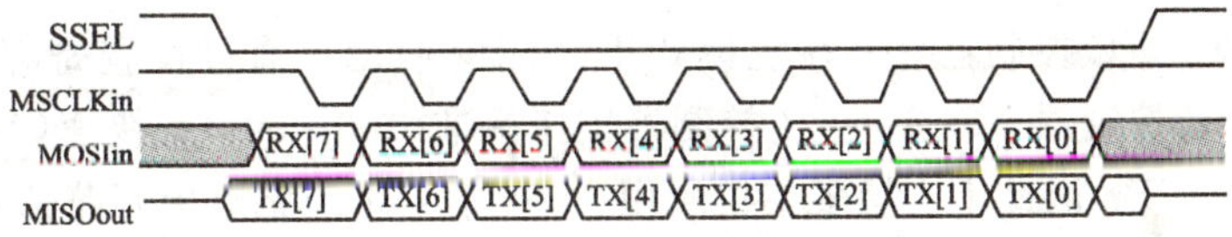 SSEL MSCLKin MOSIin RX[7] RX[6] RX[5] RX[4] RX[3] RX[2] RX[1] RX[0] MISOout TX[7] TX[6] TX[5] TX[4] TX[3] TX[2] TX[1] TX[0]
2	0	0	1	0	SC2-4S 模式	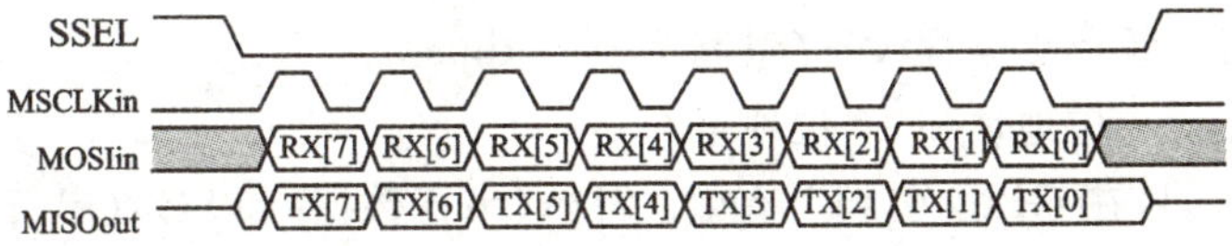 SSEL MSCLKin MOSIin RX[7] RX[6] RX[5] RX[4] RX[3] RX[2] RX[1] RX[0] MISOout TX[7] TX[6] TX[5] TX[4] TX[3] TX[2] TX[1] TX[0]
2	0	0	1	1	SC2-4S 模式	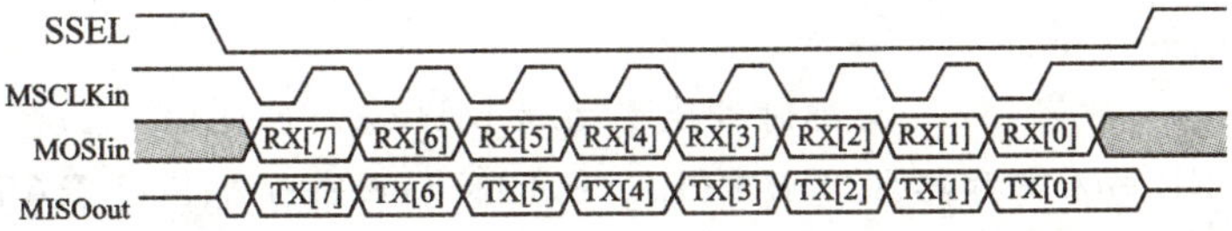 SSEL MSCLKin MOSIin RX[7] RX[6] RX[5] RX[4] RX[3] RX[2] RX[1] RX[0] MISOout TX[7] TX[6] TX[5] TX[4] TX[3] TX[2] TX[1] TX[0]
2	0	1	—	—	SC2-4S 模式	同上，除了将 LSB 先行取代了 MSB 先行之外
2	0	—	—	—	SC2-3M 模式	非法
2	0	—	—	—	SC2-2 模式	非法

接收一个字符总会导致从 TXFIFO 拉出串化的发送字符。当 TXFIFO 为空时，发送装载不足（TXFIFO 中无数据）就检测出来了，而且寄存器 INT_SC2FLAG 中的寄存器位 INT_SCTXUND 置 1。由于此时没有字符用来串化，SPI 串化器发送最后一个已经发送的字符或者 BUSY 记号（0xFF），该记号由寄存器 SC2_SPICFG 中的寄存器位 SC_SPIRPT 决定。

当发送字符写入（空的）TXFIFO 时，寄存器 SC2_SPISTAT 中的寄存器位 SC_SPITXIDLE 清 0，表明并非所有的字符已经发送完毕，更多要发送的字符可以写入 TXFIFO，直至 TXFIFO 满；而 TXFIFO 满，会导致寄存器 SC2_SPISTAT 中的寄存器位 SC_SPITXFREE 清 0。在移出一个发送字符到引脚 MOSI 之后，TXFIFO 就可以提供用于字符发送的空间了。这就导致寄存器 SC2_SPISTAT 中的寄存器位 SC_SPITXFREE 置 1。当所有的字符都移送完毕时,TXFIFO就空了,寄存器SC2_SPISTAT中的寄存器位SC_SPITXIDLE置1。

中断由下列事件中的一个产生:

- TXFIFO空,而且移送出了最后一个字符(SC_SPITXIDLE从0跳变到1);
- TXFIFO从满到非满(SC_SPITXFREE从0跳变到1);
- RXFIFO从空到非空(SC_SPIRXVAL从0跳变到1);
- 发送DMA缓冲器A/B完成(SC_TXACTA/B从1跳变到0);
- 接收DMA缓冲器A/B完成(SC_RXACTA/B从1跳变到0);
- 当RXFIFO为满时,收到但丢弃字符(接收溢出错);
- 当TXFIFO为空时,发送字符(发送装载不足错)。

要产生中断到CPU,寄存器INT_SC2CFG和INT_CFG中的中断屏蔽必须使能。

2. I²C主模式

SC2 I²C控制器只有在主模式下才能够使用。通过设置寄存器SC2_MODE为3,使能SC2 I²C控制器。SC2 I²C主控制器支持标准(100 kbps)和快速(400 kbps)I²C模式。地址仲裁尚未实现,因此不支持多主机应用。I²C信号是纯集电极开路信号,因此需要上拉电阻。

SC2 I²C模式具有下列特性:

- 时钟频率可编程设置(最高为400 kbps);
- 支持7位地址和10位地址。

下列信号在GPIO引脚上有效:SDA(串行数据)和SCL(串行时钟)。

I²C主控制器从可编程设置的时钟发生器得到基准时钟。时钟速率由时钟分频器从24 MHz时钟获得:

$$标称时钟速率=24\ \text{MHz}/(2\times(\text{LIN}+1)\times 2^{\text{EXP}})$$

EXP写入寄存器SC2_RATEEXP,LIN写入寄存器SC2_RATELIN。为设置标准I²C模式(100 kbps)和快速I²C模式(400 kbps)所用时钟速率如表7-18所列。

快速I²C模式下,由于I²C规定SCL所需的最小周期是1.3 μs,因此为了严格地遵从I²C的规定,时钟速率需要降低为375 kbps。

表7-18 I²C标称时钟速率编程设置

标称速率/kbps	SPPR	SPR
100	14	3
375	15	1
400	14	1

I²C主控制器支持产生多种帧分段,这些分段由寄存器SC2_I²CCTRL1中的寄存器位SC_I²CSTART、SC_I²CSTOP、SC_I²CSEND和SC_I²CRECV控制。表7-19归纳了这些帧分段。

全I²C帧必须通过产生个别I²C段,置于软件控制之下。全部所需的段转换见图7-7。由寄存器SC2_I²CCTRL2中的寄存器位SC_I²CACK决定ACK或者NACK生成I²C接收帧分段。

由发送段产生7位地址,发送字符的高7位含7位地址。余下的低位含命令类型(“读”或“写”)。由两个发送段产生10位地址。第一发送段发送字符的高5位必须设置为0x1E,接下来的2位是10位地址的最高位,余下的低位含命令类型(“读”或“写”);第二发送段是10位地址中余下的8位。

表 7－19　I²C 主模式帧分段

SC2_MODE	SC2_I²CCTRL1 SC_I²CSTART	 SC_I²CSEND	 SC_I²CRECV	 SC_I²CSTOP	GPIO_CFG[7:4]	帧分段
3	1	0	0	0	SC2－2 模式	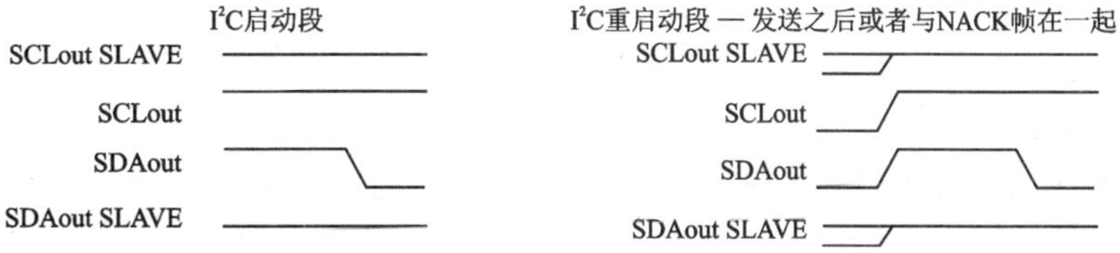 I²C启动段 SCLout SLAVE SCLout SDAout SDAout SLAVE I²C重启动段 — 发送之后或者与NACK帧在一起 SCLout SLAVE SCLout SDAout SDAout SLAVE
3	0	1	0	0	SC2－2 模式	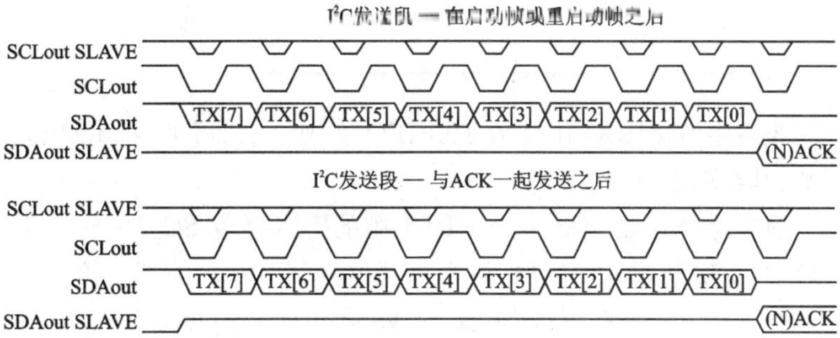 I²C发送段 — 在启动帧或重启动帧之后 SCLout SLAVE SCLout SDAout TX[7] TX[6] TX[5] TX[4] TX[3] TX[2] TX[1] TX[0] SDAout SLAVE (N)ACK I²C发送段 — 与ACK一起发送之后 SCLout SLAVE SCLout SDAout TX[7] TX[6] TX[5] TX[4] TX[3] TX[2] TX[1] TX[0] SDAout SLAVE (N)ACK
3	0	0	1	0	SC2－2 模式	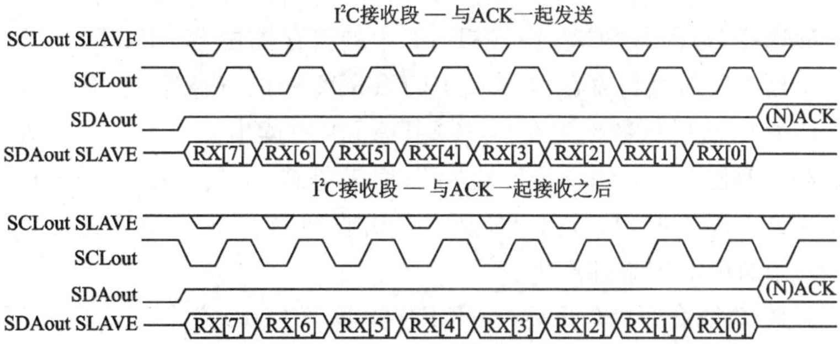 I²C接收段 — 与ACK一起发送 SCLout SLAVE SCLout SDAout (N)ACK SDAout SLAVE RX[7] RX[6] RX[5] RX[4] RX[3] RX[2] RX[1] RX[0] I²C接收段 — 与ACK一起接收之后 SCLout SLAVE SCLout SDAout (N)ACK SDAout SLAVE RX[7] RX[6] RX[5] RX[4] RX[3] RX[2] RX[1] RX[0]
3	0	0	0	1	SC2－2 模式	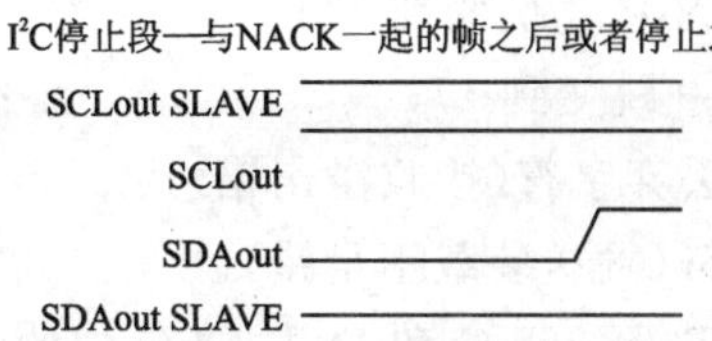 I²C停止段—与NACK一起的帧之后或者停止之后 SCLout SLAVE SCLout SDAout SDAout SLAVE
3	0	0	0	0	SC2－2 模式	无未决帧分段

续表 7-19

SC2_MODE	SC2_I²CCTRL1				GPIO_CFG[7:4]	帧分段
	SC_I²CSTART	SC_I²CSEND	SC_I²CRECV	SC_I²CSTOP		
3	1 — — 1	1 1 — —	— 1 1 —	— — 1 1	SC2-2模式	非法
3	—	—	—	—	SC2-4M模式	非法
3	—	—	—	—	SC2-4A模式	非法

收发字符由 RXFIFO 和 TXFIFO 实现。SC2 I²C 主 TXFIFO 和 RXFIFO 的深度都是 1 字节，其存取由软件控制。

通过将寄存器 SC2_I²CCTRL1 中的寄存器位 SC_I²CSTART 或 SC_I²CSTOP 设置为 1 来启动/重启动或者停止段，该寄存器位直到清 0 之前都在等待。作为一种选择，寄存器 SC2_I²C STAT 中的寄存器位 SC_I²CCMDFIN 也可以用来等待。

要开始发送段，数据必须写入数据寄存器 SC2_DATA，接着就是将寄存器 SC2_I²CCTRL1中的寄存器位 SC_I²CSEND 设置为 1，然后等待完成，直到该寄存器位清 0。作为一种选择，寄存器 SC2_ I²C STAT 中的寄存器位 SC_I²CTXFIN 也可以用来等待。

接收段通过将寄存器 SC2_I²CCTRL1 中的寄存器位 SC_I²CRECV 设置为 1，等待该寄存器位清 0，然后从数据寄存器 SC2_DATA 中读出。作为一种选择，寄存器 SC2_ I²CSTAT 中的寄存器位 SC_I²CRXFIN 也可以用来等待；而寄存器 SC2_ I²CSTAT 中的寄存器位 SC_I²CRXNAK表明，是否由 I²C 从设备中收到 NACK 或 ACK。

中断由下列事件产生：

- 总线命令(SC_I²CSTART/SC_I²CSTOP)完成(SC_I²CCMDFIN 从 0 跳变到 1)；
- 字符发送完毕，从设备用 NACK 响应；
- 字符发送完毕(SC_I²CTXFIN 从 0 跳变到 1)；
- 收到字符(SC_I²CRXFIN 从 0 跳变到 1)；
- 当 RXFIFO 为满时，收到但丢弃字符(接收溢出错)；
- 当 TXFIFO 为空时，发送字符(发送装载不足错)。

要产生中断到 CPU，寄存器 INT_SC2CFG 和 INT_CFG 中的中断屏蔽必须使能。

3. 寄存器

(1) SC2_MODE[0x442A]

15	14	13	12	11	10	9	8
0-R	0-R	0-R	0-R	0-R	0-R	0-R	0-R
0	0	0	0	0	0	0	0
0	0	0	0	0	0	SC2_MODE	
0-R	0-R	0-R	0-R	0-R	0-R	0-RW	0-RW
7	6	5	4	3	2	1	0

SC2_MODE[1：0]　SC2 模式：0＝禁止；1＝禁止；2＝SPI 模式；3＝I^2C 模式。

注意：在两个模式之间转换时，必须首先禁止前一种模式。

(2) SC2_DATA[0x441E]

15	14	13	12	11	10	9	8
0-R	0-R	0-R	0-R	0-R	0-R	0-R	0-R
0	0	0	0	0	0	0	0
SC2_DATA							
0-RW	0-RW	0-RW	0-RW	0-RW	0-RW	0-RW	0-RW
7	6	5	4	3	2	1	0

SC2_DATA[7：0]　数据发送和数据接收寄存器。写这个寄存器，就把一个字节存入 TXFIFO；而读这个寄存器，就从 RXFIFO 中取出一个字节。

(3) SC2_RATELIN[0x4430]

15	14	13	12	11	10	9	8
0-R	0-R	0-R	0-R	0-R	0-R	0-R	0-R
0	0	0	0	0	0	0	0
0	0	0	0	SC2_RATELIN			
0-R	0-R	0-R	0-R	0-RW	0-RW	0-RW	0-RW
7	6	5	4	3	2	1	0

SC2_RATELIN[3：0]　时钟速率的线性部分(LIN)来自时钟速率等式：

时钟速率＝24 MHz/(2×(LIN＋1)×2^{EXP})

(4) SC2_RATEEXP[0x4432]

15	14	13	12	11	10	9	8
0-R	0-R	0-R	0-R	0-R	0-R	0-R	0-R
0	0	0	0	0	0	0	0
0	0	0	0	SC2_RATEEXP			
0-R	0-R	0-R	0-R	0-RW	0-RW	0-RW	0-RW
7	6	5	4	3	2	1	0

SC2_RATEEXP[3：0]　时钟速率的指数部分(EXP)来自时钟速率等式：

时钟速率＝24 MHz/(2 ×(LIN＋1)×2^{EXP})

(5) SC2_SPICFG[0x442C]

15	14	13	12	11	10	9	8
0-R	0-R	0-R	0-R	0-R	0-R	0-R	0-R
0	0	0	0	0	0	0	0
0	0	SC_SPIRXDRV	SC_SPIMST	SC_SPIRPT	SC_SPIORD	SC_SPIPHA	SC_SPIPOL
0-R	0-R	0-RW	0-RW	0-RW	0-RW	0-RW	0-RW
7	6	5	4	3	2	1	0

SC_SPIRXDRV[5]　该位是接收-驱动模式选择位(只有 SPI 主模式)。当可以提供发送数据时,就清 0 该位,开始处理这些数据;当接收缓冲器(RXFIFO 或者 DMA)有空间时,置 1 该位,也开始处理这些数据。

SC_SPIMST[4]　置 1 该位,使 SPI 为主模式;清 0 该位,使 SPI 为从模式。

SC_SPIRPT[3]　该位控制 TXFIFO 的行为,条件是从模式且 TXFIFO 装载不足。清 0 该位,则发送 BUSY 记号(0xFF);置 1 该位,则重复最后一个字节。只有当 TXFIFO 空且发送串行器空闲时,改变该位才会有效。

SC_SPIORD[2]　清 0 该位,则 MSB 先发送;置 1 该位,则 LSB 先发送。

SC_SPIPHA[1]　时钟相位选择:清 0 该位,为第一个时钟相位沿采样;置 1 该位,为第二个时钟相位沿采样。

SC_SPIPOL[0]　时钟极性选择:清 0 该位,为上升引导沿极性;置 1 该位,为下降引导沿极性。

(6) SC2_SPISTAT[0x4420]

15	14	13	12	11	10	9	8
0-R	0-R	0-R	0-R	0-R	0-R	0-R	0-R
0	0	0	0	0	0	0	0
0	0	0	0	SC_SPITXIDLE	SC_SPITXFREE	SC_SPIRXVAL	SC_SPIRXOVF
0-R	0-R	0-R	0-R	0-R	0-R	0-R	0-R
7	6	5	4	3	2	1	0

SC_SPITXIDLE[3]　当 TXFIFO 空且发送器空闲时,置 1 该位。

SC_SPITXFREE[2]　当 TXFIFO 就绪,准备至少接收一个字节时,置 1 该位。

SC_SPIRXVAL[1]　当 RXFIFO 至少存有一个字节时,置 1 该位。

SC_SPIRXOVF[0]　当 TXFIFO 装载不足,置 1 该位;当数据寄存器(SC2_DATA)读出时,清 0 该位。

(7) SC2_I²CCTRL1[0x4426]

15	14	13	12	11	10	9	8
0-R	0-R	0-R	0-R	0-R	0-R	0-R	0-R
0	0	0	0	0	0	0	0
0	0	0	0	SC_I²CSTOP	SC_I²CSTART	SC_I²CSEND	SC_I²CRECV
0-R	0-R	0-R	0-R	0-RW	0-RW	0-RW	0-RW
7	6	5	4	3	2	1	0

SC_I^{2}CSTOP[3]　　置 1 该位，则发送 STOP 命令；STOP 命令完成后，自动清 0 该位。

SC_I^{2}CSTART[2]　　置 1 该位，则发送或重复 START 命令；START 命令完成后，自动清 0 该位。

SC_I^{2}CSEND[1]　　置 1 该位，则发送一个字节；命令完成后，自动清 0 该位。

SC_I^{2}CRECV[0]　　置 1 该位，则接收一个字节；命令完成后，自动清 0 该位。

(8) SC2_I^{2}CCTRL2[0x4428]

15	14	13	12	11	10	9	8
0-R	0-R	0-R	0-R	0-R	0-R	0-R	0-R
0	0	0	0	0	0	0	0
0	0	0	0	0	0	0	SC_I^{2}CACK
0-R	0-R	0-R	0-R	0-R	0-R	0-R	0-RW
7	6	5	4	3	2	1	0

SC_I^{2}CACK[0]　　置 1 该位，在收到字节之后发送 ACK 信号；清 0 该位，在收到字节之后发送 NACK 信号。

(9) SC2_I^{2}CSTAT[0x4422]

15	14	13	12	11	10	9	8
0-R	0-R	0-R	0-R	0-R	0-R	0-R	0-R
0	0	0	0	0	0	0	0
0	0	0	0	SC_ I^{2}CCMDFIN	SC_ I^{2}CRXFIN	SC_ I^{2}CTXFIN	SC_ I^{2}CRXNAK
0-R	0-R	0-R	0-R	0-R	0-R	0-R	0-R
7	6	5	4	3	2	1	0

SC_I^{2}CCMDFIN[3]　　当 START 或 STOP 命令完成时，置 1 该位。在下一个 I^{2}C 总线活动时，自动清 0 该位。

SC_I^{2}CRXFIN[2]　　当收到一个字节时，置 1 该位；在下一个 I^{2}C 总线活动时，自动清 0 该位。

SC_I^{2}CTXFIN[1]　　当发送了一个字节时，置 1 该位；在下一个 I^{2}C 总线活动时，自动清 0 该位。

SC_I^{2}CRXNAK[0]　　当收到来自从设备的 NACK 时，置 1 该位；在下一个 I^{2}C 总线活动时，自动清 0 该位。

(10) SC2_DMACTRL[0x4418]

15	14	13	12	11	10	9	8
0-R	0-R	0-R	0-R	0-R	0-R	0-R	0-R
0	0	0	0	0	0	0	0
0	0	SC_ TXDMARST	SC_ RXDMARST	SC_ TXLODB	SC_ TXLODA	SC_ RXLODB	SC_ RXLODA
0-R	0-R	0-W	0-W	0-RW	0-RW	0-RW	0-RW
7	6	5	4	3	2	1	0

SC_TXDMARST[5]　　置 1 该位，将复位发送 DMA。该位自动清 0。

SC_RXDMARST[4]　　置 1 该位，将复位接收 DMA。该位自动清 0。

SC_TXLODB[3]　置 1 该位，则装入 DMA 发送缓冲器 B 的地址，DMA 控制器开始处理发送缓冲器 B；完成该处理后，自动清 0 该位。该位写入 0 无任何影响。如果该位读出是 1，则表明 DMA 处理发送缓冲器 B 有效或者未定；是 0，则表明 DMA 处理发送缓冲器 B 完成或者空闲。

SC_TXLODA[2]　置 1 该位，则装入 DMA 发送缓冲器 A 的地址，DMA 控制器开始处理发送缓冲器 A；完成该处理后，自动清 0 该位。该位写入 0 无任何影响。如果该位读出是 1，则表明 DMA 处理发送缓冲器 A 有效或者未定；是 0，则表明 DMA 处理发送缓冲器 A 完成或者空闲。

SC_RXLODB[1]　置 1 该位，则装入 DMA 接收缓冲器 B 的地址，DMA 控制器开始处理接收缓冲器 B；完成该处理后，自动清 0 该位。该位写入 0 无任何影响。如果该位读出是 1，则表明 DMA 处理接收缓冲器 B 有效或者未定；是 0，则表明 DMA 处理接收缓冲器 B 完成或者空闲。

SC_RXLODA[0]　置 1 该位，则装入 DMA 接收缓冲器 A 的地址，DMA 控制器开始处理接收缓冲器 A；完成该处理后，自动清 0 该位。该位写入 0 无任何影响。如果该位读出是 1，则表明 DMA 处理接收缓冲器 A 有效或者未定；是 0，则表明 DMA 处理接收缓冲器 A 完成或者空闲。

(11) SC2_DMASTAT[0x4416]

15	14	13	12	11	10	9	8
0-R	0-R	0-R	0-R	0-R	0-R	0-R	0-R
0	0	0	0	0	0	0	0
0	0	SC_RXOVFB	SC_RXOVFA	SC_TXACTB	SC_TXACTA	SC_RXACTB	SC_RXACTA
0-R	0-R	0-R	0-R	0-R	0-R	0-R	0-R
7	6	5	4	3	2	1	0

SC_RXOVFB[5]　当 DMA 接收缓冲器 B 传递了来自低位硬件 FIFO 的溢出错误时，置 1 该位。接收缓冲器 A 或 B 都不能再接收任何字节，且 FIFO 装满。缓冲器 B 是下一次装入的缓冲器，当它排空 FIFO 时，溢出错误传递到 DMA，并在该位作上标记。下一次装入缓冲器 B 或者接收 DMA 复位时，该位自动清 0。

SC_RXOVFA[4]　当 DMA 接收缓冲器 A 传递了来自低位硬件 FIFO 的溢出错误时，置 1 该位。接收缓冲器 A 或 B 都不能再接收任何字节，且 FIFO 装满。缓冲器 A 是下一次装入的缓冲器，当它排空 FIFO 时，溢出错误传递到 DMA，并在该位作上标记。下一次装入缓冲器 A 或者接收 DMA 复位时，该位自动清 0。

SC_TXACTB[3]　当前 DMA 发送缓冲器 B 有效时，置 1 该位。

SC_TXACTA[2]　当前 DMA 发送缓冲器 A 有效时，置 1 该位。

SC_RXACTB[1]　当前 DMA 接收缓冲器 B 有效时，置 1 该位。

SC_RXACTA[0]　当前 DMA 接收缓冲器 A 有效时，置 1 该位。

(12) SC2_RXCNTA[0x4410]

15	14	13	12	11	10	9	8
0-R	0-R	0-R	0-R	0-R	0-R	0-R	0-R
0	0	0	SC2_RXCNTA				

SC2_RXCNTA							
0-R	0-R	0-R	0-R	0-R	0-R	0-R	0-R
7	6	5	4	3	2	1	0

SC2_RXCNTA[12：0]　字节(离开字节 0)偏移量。该偏移量表明将要放置的下一个字节在 DMA 接收缓冲器 A 里的位置。当该缓冲器填满且随后卸载时，该寄存器将保持偏移量 0(指向缓冲器的首位置)。

(13) SC2_RXCNTB[0x4412]

15	14	13	12	11	10	9	8
0-R	0-R	0-R	0-R	0-R	0-R	0-R	0-R
0	0	0	SC2_RXCNTB				

SC2_RXCNTB							
0-R	0-R	0-R	0-R	0-R	0-R	0-R	0-R
7	6	5	4	3	2	1	0

SC2_RXCNTB[12：0]　字节(离开字节 0)偏移量。该偏移量表明将要放置的下一个字节在 DMA 接收缓冲器 B 里的位置。当该缓冲器填满且随后卸载时，该寄存器将保持偏移量 0(指向缓冲器的首位置)。

(14) SC2_TXCNT[0x4414]

15	14	13	12	11	10	9	8
0-R	0-R	0-R	0-R	0-R	0-R	0-R	0-R
0	0	0	SC2_TXCNT				

SC2_TXCNT							
0-R	0-R	0-R	0-R	0-R	0-R	0-R	0-R
7	6	5	4	3	2	1	0

SC2_TXCNT[12：0]　字节(离开字节 0)偏移量。该偏移量表明将要放置的下一个字节在有效 DMA 发送缓冲器里的位置。当该缓冲器填满且随后卸载时，该寄存器将保持偏移量 0(指向缓冲器的首位置)。

(15) SC2_RXBEGA[0x4400]

15	14	13	12	11	10	9	8
0-R	1-R	1-R	0-RW	0-RW	0-RW	0-RW	0-RW
0	1	1	SC2_RXBEGA				

SC2_RXBEGA							
0-RW	0-RW	0-RW	0-RW	0-RW	0-RW	0-RW	0-RW
7	6	5	4	3	2	1	0

SC2_RXBEGA[12：0]　接收缓冲器 A 中 DMA 的 START 地址(字节排列)。

(16) SC2_RXENDA[0x4402]

15	14	13	12	11	10	9	8
0 - R	1 - R	1 - R	0 - RW	0 - RW	0 - RW	0 - RW	0 - RW
0	1	1	SC2_RXENDA				

SC2_RXENDA							
0 - RW	0 - RW	0 - RW	0 - RW	0 - RW	0 - RW	0 - RW	0 - RW
7	6	5	4	3	2	1	0

SC2_RXENDA[12：0] 接收缓冲器A中DMA的END地址(字节排列)。

(17) SC2_RXBEGB[0x4404]

15	14	13	12	11	10	9	8
0 - R	1 - R	1 - R	0 - RW	0 - RW	0 - RW	0 - RW	0 - RW
0	1	1	SC2_RXBEGB				

SC2_RXBEGB							
0 - RW	0 - RW	0 - RW	0 - RW	0 - RW	0 - RW	0 - RW	0 - RW
7	6	5	4	3	2	1	0

SC2_RXBEGB[12：0] 接收缓冲器B中DMA的START地址(字节排列)。

(18) SC2_RXENDB[0x4406]

15	14	13	12	11	10	9	8
0 - R	1 - R	1 - R	0 - RW	0 - RW	0 - RW	0 - RW	0 - RW
0	1	1	SC2_RXENDB				

SC2_RXENDB							
0 - RW	0 - RW	0 - RW	0 - RW	0 - RW	0 - RW	0 - RW	0 - RW
7	6	5	4	3	2	1	0

SC2_RXENDB[12：0] 接收缓冲器B中DMA的END地址(字节排列)。

(19) SC2_TXBEGA[0x4408]

15	14	13	12	11	10	9	8
0 - R	1 - R	1 - R	0 - RW	0 - RW	0 - RW	0 - RW	0 - RW
0	1	1	SC2_TXBEGA				

SC2_TXBEGA							
0 - RW	0 - RW	0 - RW	0 - RW	0 - RW	0 - RW	0 - RW	0 - RW
7	6	5	4	3	2	1	0

SC2_TXBEGA[12：0] 发送缓冲器A中DMA的START地址(字节排列)。

(20) SC2_TXENDA[0x440A]

15	14	13	12	11	10	9	8
0 - R	1 - R	1 - R	0 - RW	0 - RW	0 - RW	0 - RW	0 - RW
0	1	1	SC2_TXENDA				

SC2_TXENDA							
0 - RW	0 - RW	0 - RW	0 - RW	0 - RW	0 - RW	0 - RW	0 - RW
7	6	5	4	3	2	1	0

SC2_TXENDA[12：0] 发送缓冲器A中DMA的END地址(字节排列)。

(21) SC2_TXBEGB[0x440C]

15	14	13	12	11	10	9	8
0-R	1-R	1-R	0-RW	0-RW	0-RW	0-RW	0-RW
0	1	1	SC2_TXBEGB				
SC2_TXBEGB							
0-RW	0-RW	0-RW	0-RW	0-RW	0-RW	0-RW	0-RW
7	6	5	4	3	2	1	0

SC2_TXBEGB[12：0] 发送缓冲器B中DMA的START地址(字节排列)。

(22) SC2_TXENDB[0x440E]

15	14	13	12	11	10	9	8
0-R	1-R	1-R	0-RW	0-RW	0-RW	0-RW	0-RW
0	1	1	SC2_TXENDB				
SC2_TXENDB							
0-RW	0-RW	0-RW	0-RW	0-RW	0-RW	0-RW	0-RW
7	6	5	4	3	2	1	0

SC2_TXENDB[12：0] 发送缓冲器B中DMA的END地址(字节排列)。

(23) SC2_RXERRA[0x441A]

15	14	13	12	11	10	9	8
0-R	0-R	0-R	0-R	0-R	0-R	0-R	0-R
0	0	0	SC2_RXERRA				
SC2_RXERRA							
0-R	0-R	0-R	0-R	0-R	0-R	0-R	0-R
7	6	5	4	3	2	1	0

SC2_RXERRA[12：0] 字节(离开字节0)偏移量。该偏移量表明第一个错误在DMA接收缓冲器A里的位置。如果没有错误,则该偏移量保持为0。该寄存器不会被随后来到DMA的错误更改。下一次记录错误只能在缓冲器卸载且重新装入或者DMA复位之后。

(24) SC2_RXERRB[0x441C]

15	14	13	12	11	10	9	8
0-R	0-R	0-R	0-R	0-R	0-R	0-R	0-R
0	0	0	SC2_RXERRB				
SC2_RXERRB							
0-R	0-R	0-R	0-R	0-R	0-R	0-R	0-R
7	6	5	4	3	2	1	0

SC2_RXERRB[12：0] 字节(离开字节0)偏移量。该偏移量表明第一个错误在DMA接收缓冲器B里的位置。如果没有错误,则该偏移量保持为0。该寄存器不会被随后来到DMA的错误更改。下一次记录错误只能在缓冲器卸载且重新装入或者DMA复位之后。

(25) INT_SC2CFG[0x4626]

15	14	13	12	11	10	9	8
0-R	0-R	0-R	0-RW	0-RW	0-RW	0-RW	0-RW
0	0	0	INT_SCTXULDB	INT_SCTXULDA	INT_SCRXULDB	INT_SCRXULDA	INT_SCNAK
INT_SCCMDFIN	INT_SCTXFIN	INT_SCRXFIN	INT_SCTXUND	INT_SCRXOVF	INT_SCTXIDLE	INT_SCTXFREE	INT_SCRXVAL
0-RW	0-RW	0-RW	0-RW	0-RW	0-RW	0-RW	0-RW
7	6	5	4	3	2	1	0

INT_SCTXULDB[12] DMA 发送缓冲器 B 卸载中断使能。
INT_SCTXULDA[11] DMA 发送缓冲器 A 卸载中断使能。
INT_SCRXULDB[10] DMA 接收缓冲器 B 卸载中断使能。
INT_SCRXULDA[9] DMA 接收缓冲器 A 卸载中断使能。
INT_SCNAK[8] I^2C 收到 NACK 中断使能。
INT_SCCMDFIN[7] I^2C 完成 START/STOP 命令中断使能。
INT_SCTXFIN[6] I^2C 完成发送操作中断使能。
INT_SCRXFIN[5] I^2C 完成接收操作中断使能。
INT_SCTXUND[4] 发送缓冲器装载不足中断使能。
INT_SCRXOVF[3] 接收缓冲器溢出中断使能。
INT_SCTXIDLE[2] 发送缓冲器空闲中断使能。
INT_SCTXFREE[1] 发送缓冲器为空时中断使能。
INT_SCRXVAL[0] 接收缓冲器存有数据中断使能。

(26) INT_SC2FLAG[0x460E]

15	14	13	12	11	10	9	8
0-R	0-R	0-R	0-RW	0-RW	0-RW	0-RW	0-RW
0	0	0	INT_SCTXULDB	INT_SCTXULDA	INT_SCRXULDB	INT_SCRXULDA	INT_SCNAK
INT_SCCMDFIN	INT_SCTXFIN	INT_SCRXFIN	INT_SCTXUND	INT_SCRXOVF	INT_SCTXIDLE	INT_SCTXFREE	INT_SCRXVAL
0-RW	0-RW	0-RW	0-RW	0-RW	0-RW	0-RW	0-RW
7	6	5	4	3	2	1	0

INT_SCTXULDB[12] DMA 发送缓冲器 B 卸载中断未决。
INT_SCTXULDA[11] DMA 发送缓冲器 A 卸载中断未决。
INT_SCRXULDB[10] DMA 接收缓冲器 B 卸载中断未决。
INT_SCRXULDA[9] DMA 接收缓冲器 A 卸载中断未决。
INT_SCNAK[8] I^2C 收到 NACK 中断未决。
INT_SCCMDFIN[7] I^2C 完成 START/STOP 命令中断未决。
INT_SCTXFIN[6] I^2C 完成发送操作中断未决。
INT_SCRXFIN[5] I^2C 完成接收操作中断未决。
INT_SCTXUND[4] 发送缓冲器装载不足中断未决。

INT_SCRXOVF[3]　　接收缓冲器溢出中断未决。
INT_SCTXIDLE[2]　　发送缓冲器空闲中断未决。
INT_SCTXFREE[1]　　发送缓冲器为空时中断未决。
INT_SCRXVAL[0]　　接收缓冲器存有数据中断未决。

7.6.4　通用计数器

EM250 集成了两个通用 16 位计数器——TMR1 和 TMR2。每个计数器包含下列特性：可配置的时钟源，计数装载，两个输出比较寄存器，两个输入捕获寄存器，双向计数（用于 PWM 电机驱动相位修正），以及单步操作模式（计数器在 0 或者阈值停止）。

图 7－9 是计数器 TMR1 模块框图，计数器 TMR2 与此相同。

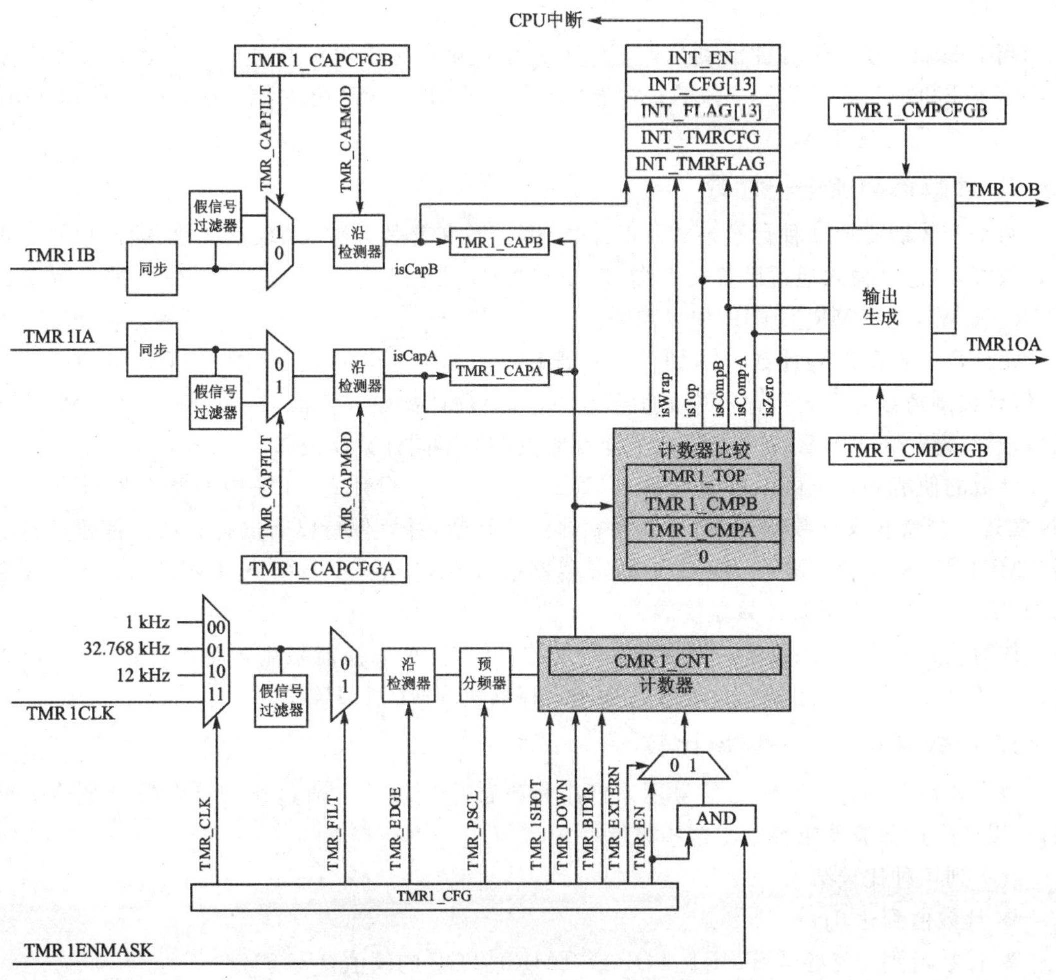

图 7－9　计数器 TMR1 模块框图

1. 时钟源

每个计数器的时钟源可以从主时钟选取，主时钟有 12 MHz 时钟、32.768 kHz 时钟、1 kHz RC 时钟等；也可以通过 TMR1CLK 或者 TMR2CLK 从外接源选取，外接源最高频率可达 100 kHz。选择时钟源（见表 7－20）之后，频率可以进一步划分，产生最终频率提供给计数控制器(见表 7-21)。除此之外,还可以选择包括上升沿和下降沿的频率时钟沿(见表 7-22)。

表 7-20　设置 TMR1 和 TMR2 时钟源

TMR_CLK[1:0]	时钟源	TMR_CLK[1:0]	时钟源
0	1 kHz RC 时钟	2	12 MHz 时钟
1	32.768 kHz 时钟	3	GPIO 时钟输入

表 7-21　设置时钟源分频器

TMR_PSCL[3:0]	时钟源预分频因素
$N=0,\cdots,10$	2^N
$N=11,\cdots,15$	2^{10}

表 7-22　设置时钟沿

TMR_EDGE	时钟源
0	上升沿
1	下降沿

当下一个计数器的时钟沿到来时,所改变的配置才起作用。通过分别设置计数寄存器 TM1_CFG 和寄存器 TM2_CFG 的寄存器位 TMR_CLK、TMR_FILT、TMR_EDGE 和 TMR_PSCL 来实现上述功能。

2. 计数器功能——计数

每个计数器支持 3 种计数模式:正计数、倒计数和交替计数(采取正计数、倒计数然后再正计数等)。这些模式通过设置寄存器 TMR1_CFG 或者寄存器 TMR2_CFG 中的寄存器位 TMR_DOWN 和 TMR_BIDIR 加以控制。

正计数一直持续到计数值达到存储在寄存器 TMR1_TOP 或 TMR2_TOP 中的阈值为止;倒计数则持续到上述寄存器中的值等于 0;当交替计数模式使能时,会创建一个计数值的三角波形。图 7-10～图 7-13 描述了计数器提供的不同计数模式。

计数的使能和禁止可以由寄存器 TMR1_CFG 或者 TMR2_CFG 中的寄存器位 TMR_EN 实现。当禁止某计数器时,该计数器立即停止计数,并且保持已有的计数值。依赖于寄存器 TMR1_CFG 或者 TMR2_CFG 中的寄存器位 TMR_EXTEN,引脚 TMR1ENMSK 或者 TMR2ENMSK 可以屏蔽计数器使能。

作为缺省的设置,计数器的操作都是重复的。但是,可以使能限制为单次计数,只需设置寄存器 TMR1_CFG 或者 TMR2_CFG 中的寄存器位 TMR_1SHOT。

3. 计数器功能——输出比较

每个计数器都有两种输出信号用来产生特殊的应用波形。通过比较计数器计数值的结果,可以产生这些波形或者改变这些波形。

有下列 4 种比较结果:

- 计数值到达 0;
- 计数值到达寄存器 TMR1_TOP 或 TMR2_TOP 的阈值;
- 计数值到达寄存器 TMR1_CMPA 或 TMR2_CMPA 的比较值;
- 计数值到达寄存器 TMR1_CMPB 或 TMR2_CMPB 的比较值。

输出波形从每个计数器中产生(由寄存器位 TMR_CMPMOD 控制)或翻转(由寄存器位 TMR_CMPINV 控制)。这寄存器位属于寄存器 TMR1_CMPCFGA、TMR1_CMPCFGB、TMR2_CMPCFGA 和 TMR2_CMPCFGB。

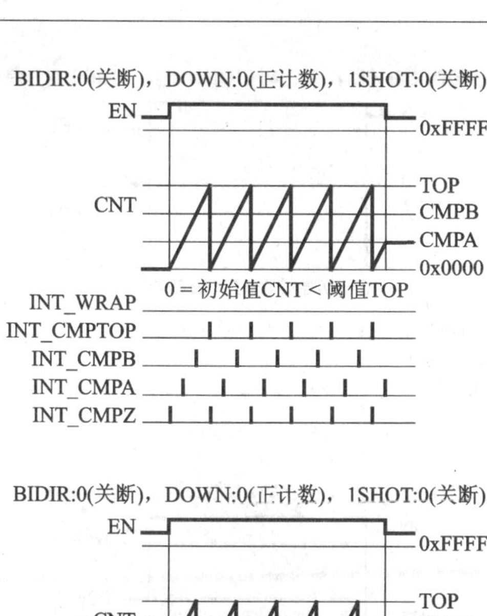

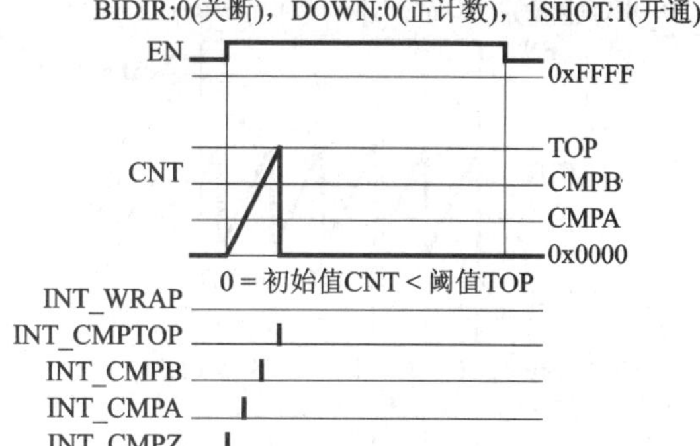

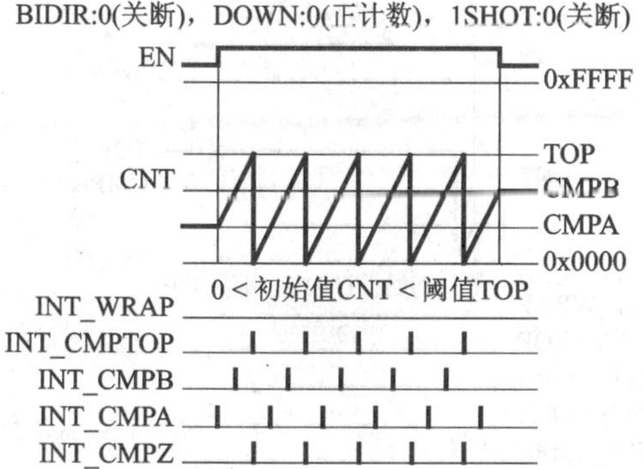

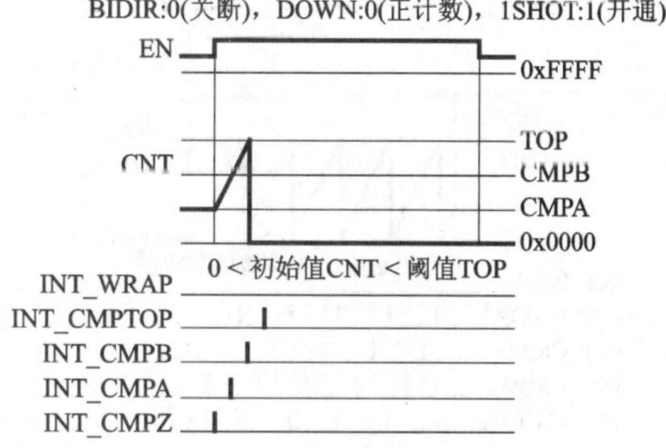

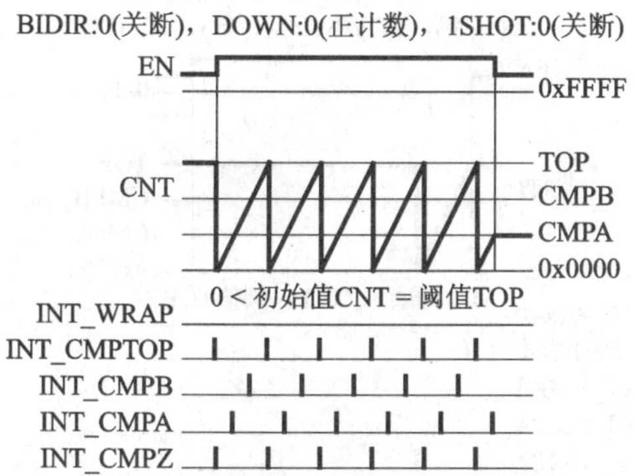

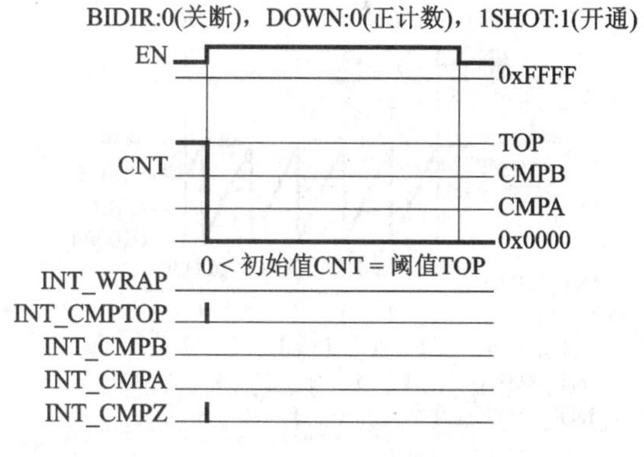

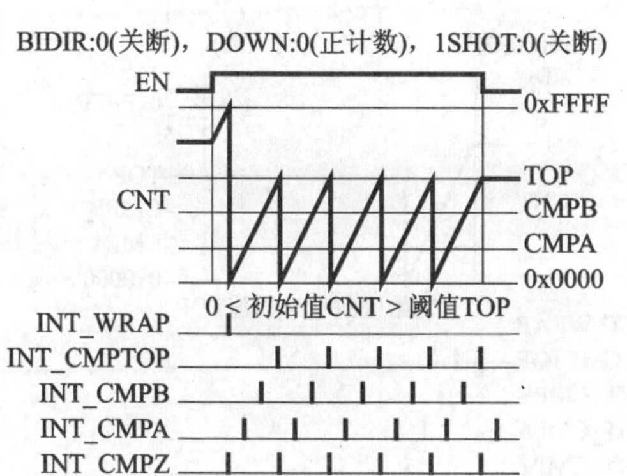

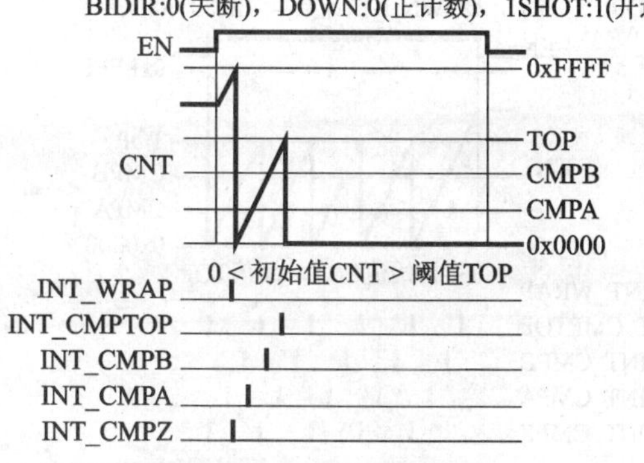

图 7-10　计数器计数模式 1——锯齿形，正计数

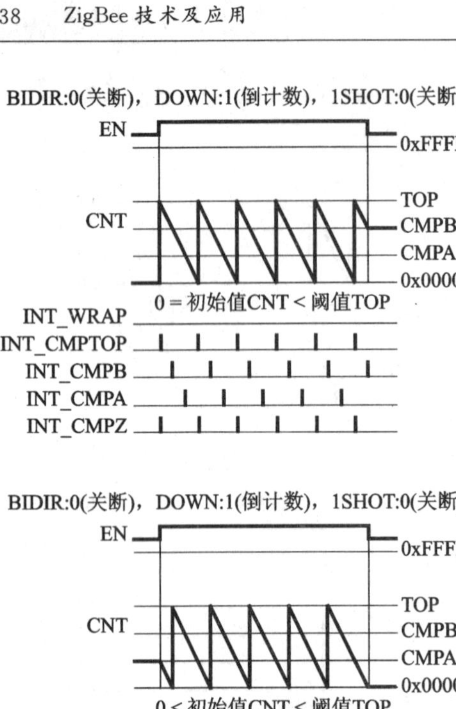

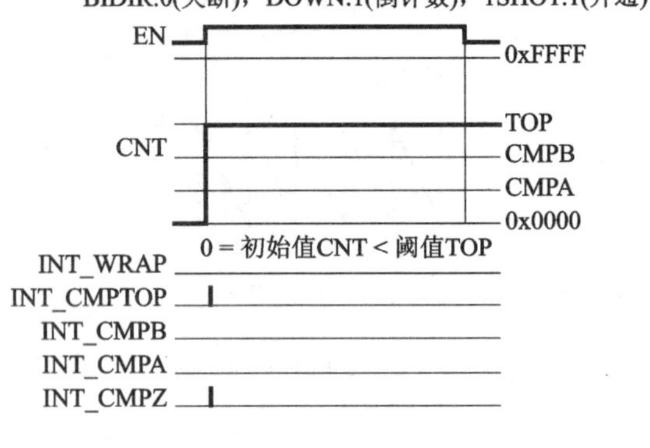

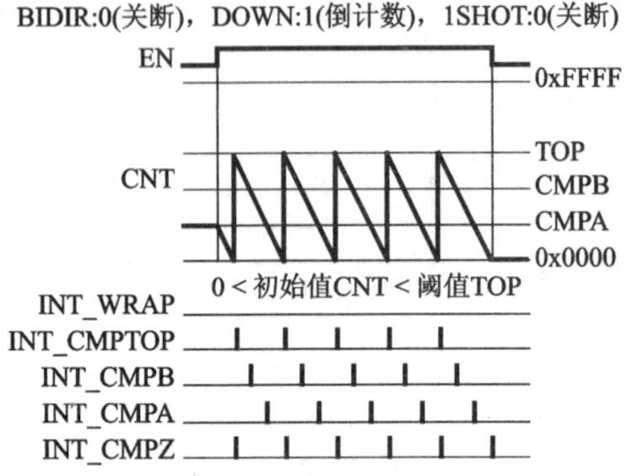

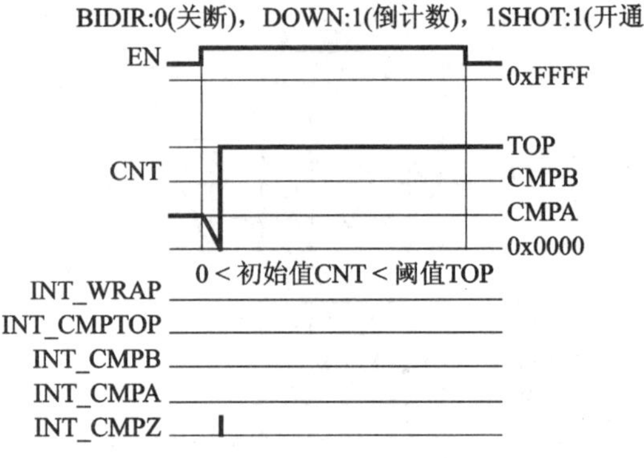

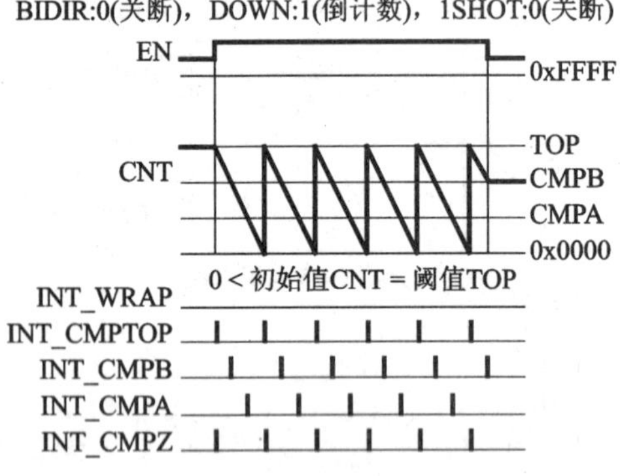

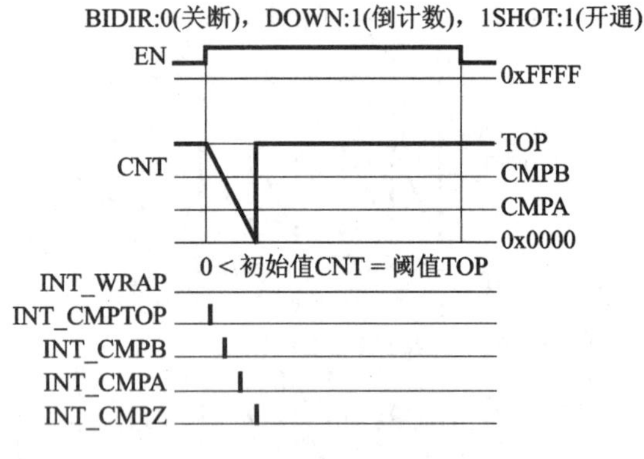

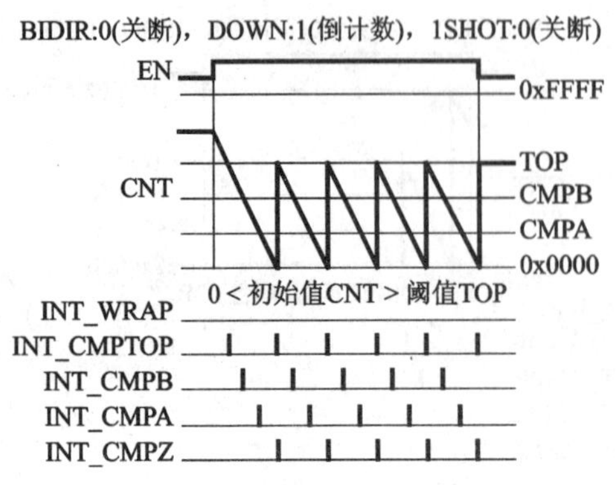

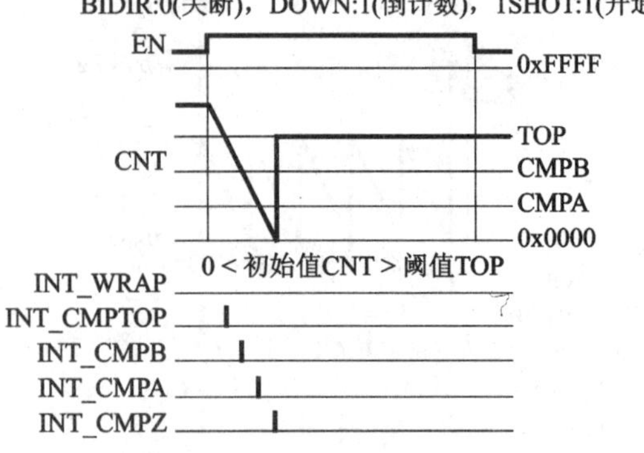

图7-11　计数器计数模式2——锯齿形，倒计数

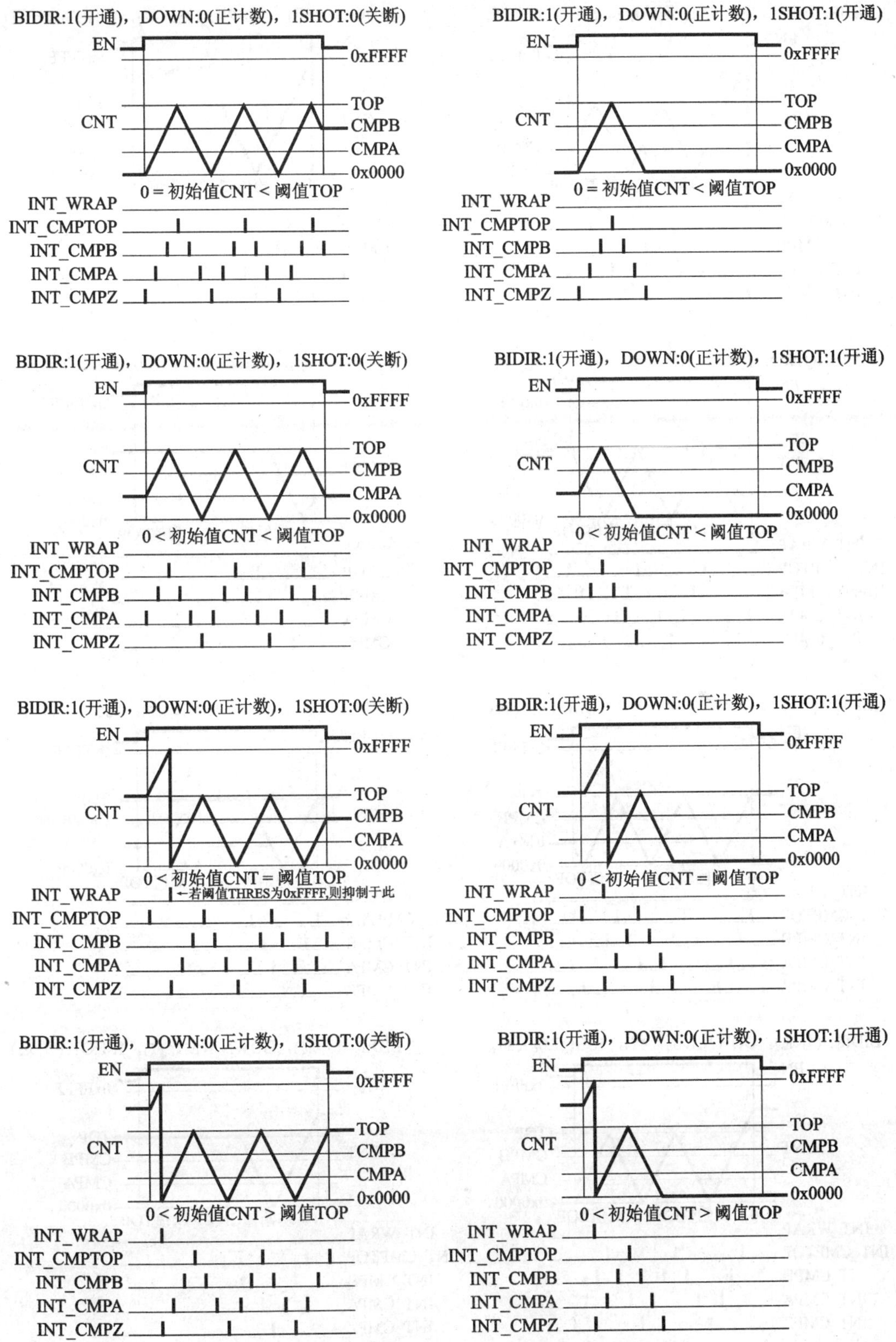

图 7-12 计数器计数模式 3——交替计数,开始时正计数

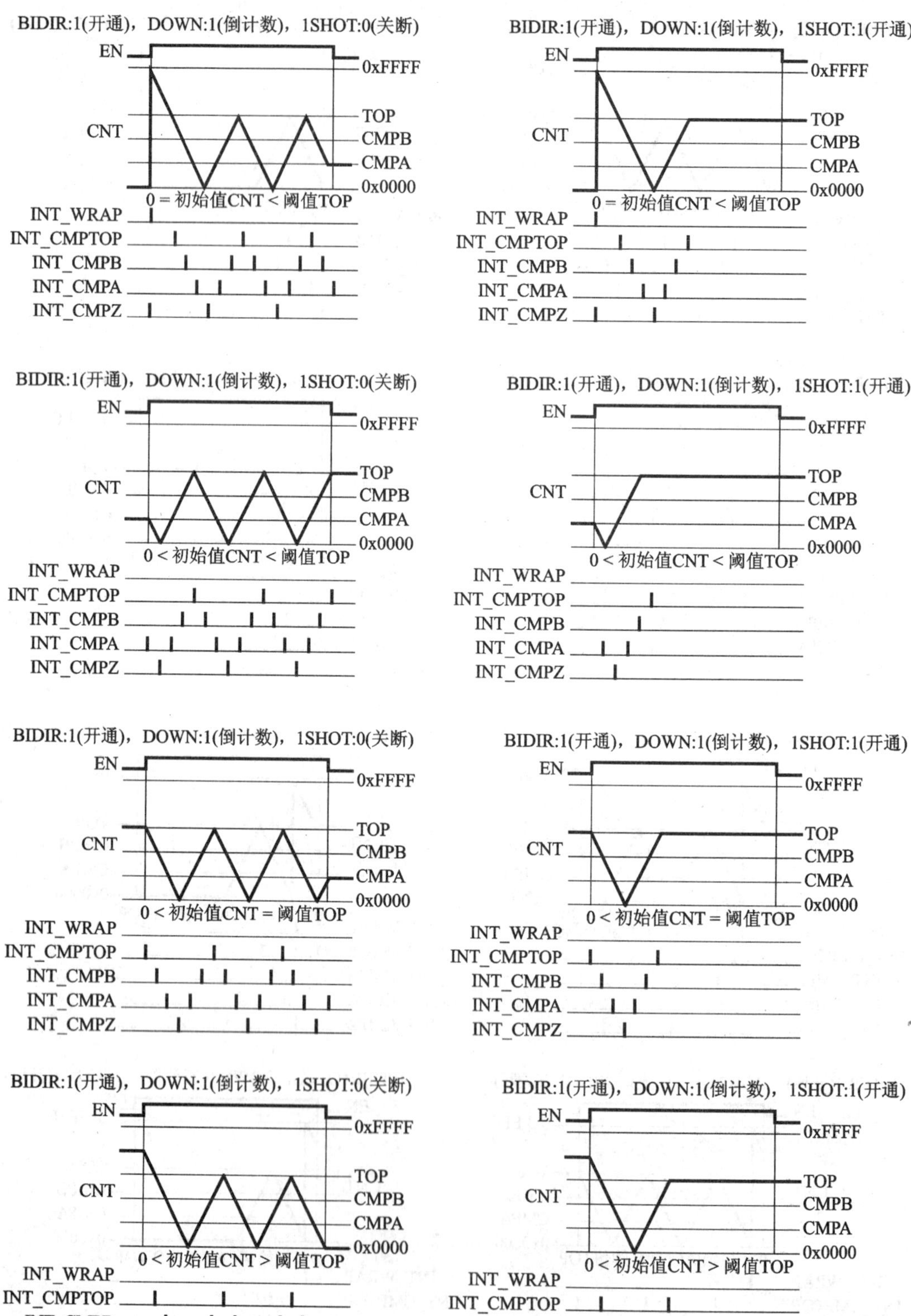

图 7-13　计数器计数模式 4——交替计数，开始时倒计数

表 7－23 总结了输出波形的产生模式。

表 7－23　输出波形设置

TMR_CMPMOD[3：0]	输出波形的产生模式
0	禁止改变
1	计数＝TOP 时触发
2	计数＝TOP 时置 1,计数＝CMPA 时清 0
3	计数＝TOP 时置 1,计数＝CMPB 时清 0
4	置 1
5	计数＝CMPA 时置 1,计数＝TOP 时清 0
6	计数＝CMPA 时触发
7	计数＝CMPA 时置 1,计数＝CMPB 时清 0
8	清 0
9	计数＝CMPB 时置 1,计数＝TOP 时清 0
10	计数＝CMPB 时置 1,计数＝CMPA 时清 0
11	计数＝CMPB 时触发
12	计数＝ZERO 时触发
13	计数＝ZERO 时置 1,计数＝TOP 时清 0
14	计数＝ZERO 时置 1,计数＝CMPA 时清 0
15	计数＝ZERO 时置 1,计数＝CMPB 时清 0

计数器 TMR1 的输出信号 TMR10A 和 TMR10B,以及计数器 TMR2 的输出信号 TMR20A 和 TMR20B 由引脚 GPIO 提供。引脚功能的选择和改变见表 7－9 和表 7－10。

图 7－14 和图 7－15 为全部计数器输出波形产生模式的实例。

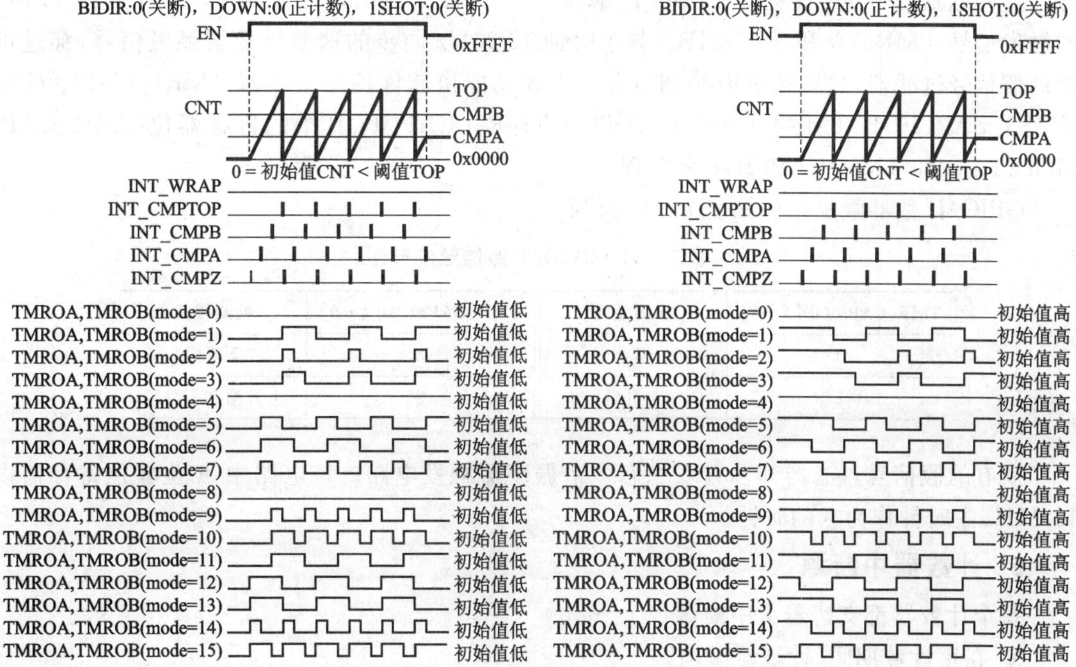

图 7－14　计数器输出波形产生模式的实例 1——锯齿波,无翻转

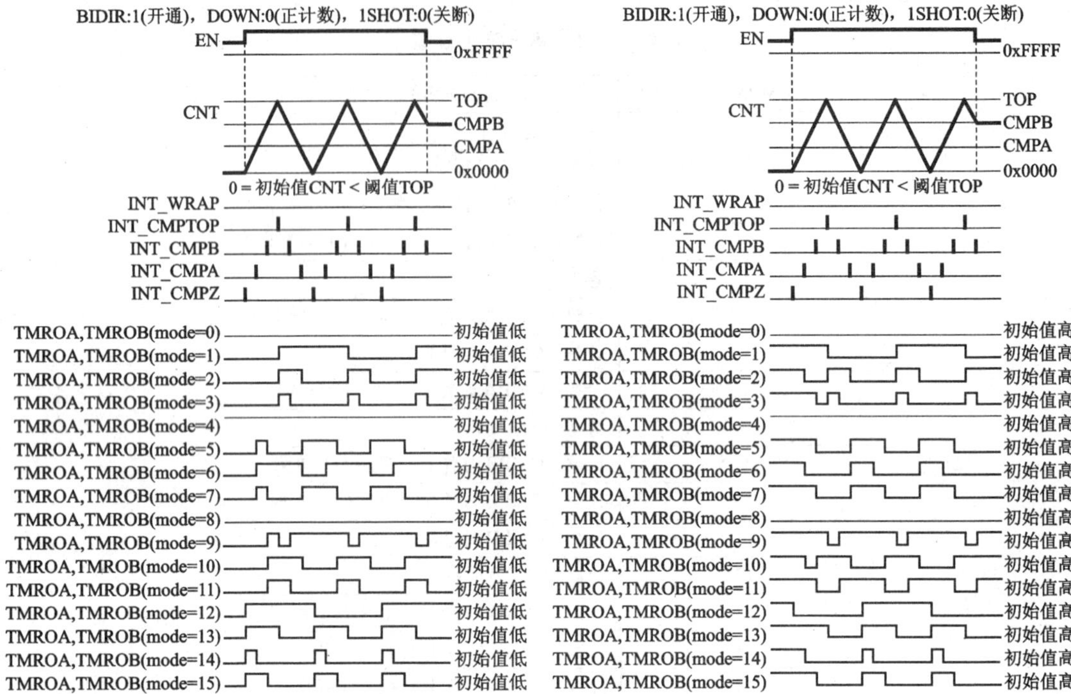

图 7-15　计数器输出波形产生模式的实例 2——交替计数，无翻转

4. 计数器功能——输入捕获

有两个捕获寄存器用来存储计数器的计数值，这些计数值来自引脚 GPIO 的外部触发信号。这些触发信号是：计数器 TMR1 的触发信号 TMR11A 和 TMR11B，以及计数器 TMR2 的触发信号 TMR21A 和 TMR21B。与主时钟 12 MHz 同步的这些计数器触发信号，穿过可选的假信号过滤器，然后穿过沿检测电路。上述功能由软件控制寄存器 TMR1_CAPCFGA、TMR1_CAPCFGB、TMR2_CAPCFGA 以及 TMR2_CAPCFGB 中的寄存器位 TMR_CAPMOD[1：0]和 TMR_CAPFILT 来实现。

GPIO/计数器触发条件如表 7-24 所列。

表 7-24　GPIO/计数器触发条件

TMR_CAPMOD[1：0]	检测模式	TMR_CAPMOD[1：0]	检测模式
0	禁止	2	下降沿
1	上升沿	3	上升沿和下降沿

所有的假信号过滤器都含有双稳态多谐振荡器触发电路。该电路中，4 位移位寄存器以 12 MHz 主时钟作为它的时钟。

5. 计数器中断源

每个计数器都支持若干中断源：

● 在正计数期间，计数器溢出；

● 计数接近输出所比较的数值，这些数值存储在寄存器 TMR1_CMPA、TMR1_CMPB、

TMR2_CMPA 和 TMR2_CMPB 中；

- 计数接近 0、TMR1_TOP 或者 TMR2_TOP；
- 从 GPIO 捕获事件。

要产生中断到 CPU，在寄存器 INT_TMRCFG 和 INT_CFG 中的中断屏蔽必须使能。

6. 寄存器

(1) TMR1_CFG[0x450C]

15	14	13	12	11	10	9	8
0-R	0-R	0-R	0-RW	0-RW	0-RW	0-RW	0-RW
0	0	0	TMR_EXTEN	TMR_EN	TMR_BIDIR	TMR_DOWN	TMR_1SHOT
TMR_PSCL				TMR_FILT	TMR_EDGE	TMR_CLK	
0-RW	0-RW	0-RW	0-RW	0-RW	0-RW	0-RW	0-RW
7	6	5	4	3	2	1	0

TMR_EXTEN[12]	控制位，用于引脚上外部使能屏蔽。清 0 该位，则不再校核引脚 TMR1ENMAS 的状态，置 1 该位，则应校核引脚 TMR1ENMAS 的状态。
TMR_EN[11]	置 1 该位，则使能计数。要改变寄存器的其他位，该位必须清 0。
TMR_BIDIR[10]	置 1 该位，则使能双向交替计数模式。
TMR_DOWN[9]	使能计数器之后的初始计数方向。清 0 该位，则正计数；置 1 该位，则倒计数。
TMR_1SHOT[8]	清 0 该位，则自动重复计数；置 1 该位，则只执行一次计数。
TMR_PSCL[7：4]	时钟分频器设置(N)。时钟频率的除数是 $0\sim 2^N$($N=0,1,\cdots,10$)。
TMR_FILT[3]	置 1 该位，则使能时钟源假信号过滤器。
TMR_EDGE[2]	时钟源沿选择。清 0 该位，则选择上升沿；置 1 该位，则选择下降沿。
TMR_CLK[1：0]	时钟源选择：0＝校准的 RC 振荡器(缺省)；1＝32 kHz；2＝12 MHz；3＝外接(GPIO)。

(2) TMR1_CNT[0x4500]

15	14	13	12	11	10	9	8
0-RW	0-RW	0-RW	0-RW	0-RW	0-RW	0-RW	0-RW
TMR1_CNT							
TMR1_CNT							
0-RW	0-RW	0-RW	0-RW	0-RW	0-RW	0-RW	0-RW
7	6	5	4	3	2	1	0

TMR1_CNT[15：0]　当前计数器 TMR1 的计数值。读该计数器，则返回其当前计数值；写该计数器，则覆盖其计数值，并且重启动计数。

(3) TMR1_TOP[0x4506]

15	14	13	12	11	10	9	8
1-RW	1-RW	1-RW	1-RW	1-RW	1-RW	1-RW	1-RW
TMR1_TOP							
TMR1_TOP							
1-RW	1-RW	1-RW	1-RW	1-RW	1-RW	1-RW	1-RW
7	6	5	4	3	2	1	0

TMR1_TOP[15:0]　　计数器 TMR1 的阈值。

(4) TMR1_CMPCFGA[0x450E]

15	14	13	12	11	10	9	8
0-R	0-R	0-R	0-R	0-R	0-R	0-R	0-R
TMR_CMPEN	0	0	0	0	0	0	0
0	0	0	TMR_CPPINV	TMR_CMPMOD			
0-R	0-R	0-R	0-RW	0-RW	0-RW	0-RW	0-RW
7	6	5	4	3	2	1	0

TMR_CMPEN[15]　　置 1 该位，则使能输出 A。

TMR_CMPINV[4]　　置 1 该位，则翻转输出 A。

TMR_CMPMOD[3:0]　输出模式选择位。该模式参见表 7-23。

(5) TMR1_CMPCFGB[0x4510]

15	14	13	12	11	10	9	8
0-R	0-R	0-R	0-R	0-R	0-R	0-R	0-R
TMR_CMPEN	0	0	0	0	0	0	0
0	0	0	TMR_CPPINV	TMR_CMPMOD			
0-R	0-R	0-R	0-RW	0-RW	0-RW	0-RW	0-RW
7	6	5	4	3	2	1	0

TMR_CMPEN[15]　　置 1 该位，则使能输出 B。

TMR_CMPINV[4]　　置 1 该位，则翻转输出 B。

TMR_CMPMOD[3:0]　输出模式选择位。该模式参见表 7-23。

(6) TMR1_CMPA[0x4508]

15	14	13	12	11	10	9	8
0-RW	0-RW	0-RW	0-RW	0-RW	0-RW	0-RW	0-RW
TMR1_CMPA							
TMR1_CMPA							
0-RW	0-RW	0-RW	0-RW	0-RW	0-RW	0-RW	0-RW
7	6	5	4	3	2	1	0

TMR1_CMPA[15:0]　计数器 TMR1 的比较值 A。

(7) TMR1_CMPB[0x450A]

15	14	13	12	11	10	9	8
0-RW	0-RW	0-RW	0-RW	0-RW	0-RW	0-RW	0-RW
TMR1_CMPB							
TMR1_CMPB							
0-RW	0-RW	0-RW	0-RW	0-RW	0-RW	0-RW	0-RW
7	6	5	4	3	2	1	0

TMR1_CMPB[15:0]　计数器 TMR1 的比较值 B。

(8) TMR1_CAPCFGA[0x4512]

15	14	13	12	11	10	9	8
0-R	0-R	0-R	0-R	0-R	0-R	0-R	0-RW
0	0	0	0	0	0	0	TMR_CAPFILT
0	TMR_CAPMOD		0	0	0	0	0
0-R	0-RW	0-RW	0-R	0-R	0-R	0-R	0-R
7	6	5	4	3	2	1	0

TMR_CAPFILT[8]　　置1该位，则使能输入A过滤器。

TMR_CAPMOD[6：5]　　输入沿触发选择：0=禁止；1=上升沿；2=下降沿；3=上升沿和下降沿。

(9) TMR1_CAPCFGB[0x4514]

15	14	13	12	11	10	9	8
0-R	0-R	0-R	0-R	0-R	0-R	0-R	0-RW
0	0	0	0	0	0	0	TMR_CAPFILT
0	TMR_CAPMOD		0	0	0	0	0
0-R	0-RW	0-RW	0-R	0-R	0-R	0-R	0-R
7	6	5	4	3	2	1	0

TMR_CAPFILT[8]　　置1该位，则使能输入B过滤器。

TMR_CAPMOD[6：5]　　输入沿触发选择：0=禁止；1=上升沿；2=下降沿；3=上升沿和下降沿。

(10) TMR1_CAPA[0x4502]

15	14	13	12	11	10	9	8
0-R	0-R	0-R	0-R	0-R	0-R	0-R	0-R
TMR1_CAPA							
TMR1_CAPA							
0-R	0-R	0-R	0-R	0-R	0-R	0-R	0-R
7	6	5	4	3	2	1	0

TMR1_CAPA[15：0]　　计数器TMR1的捕获值A。

(11) TMR1_CAPB[0x4504]

15	14	13	12	11	10	9	8
0-R	0-R	0-R	0-R	0-R	0-R	0-R	0-R
TMR1_CAPB							
TMR1_CAPB							
0-R	0-R	0-R	0-R	0-R	0-R	0-R	0-R
7	6	5	4	3	2	1	0

TMR1_CAPB[15：0]　　计数器TMR1的捕获值B。

(12) TMR2_CFG[0x458C]

15	14	13	12	11	10	9	8
0-R	0-R	0-R	0-RW	0-RW	0-RW	0-RW	0-RW
0	0	0	TMR_EXTEN	TMR_EN	TMR_BIDIR	TMR_DOWN	TMR_1SHOT
TMR_PSCL				TMR_FILT	TMR_EDGE	TMR_CLK	
0-RW	0-RW	0-RW	0-RW	0-RW	0-RW	0-RW	0-RW
7	6	5	4	3	2	1	0

TMR_EXTEN[12]　控制位,用于引脚上外部使能屏蔽。清0该位,则不再校核引脚TMR1ENMAS的状态;置1该位,则应当校核引脚TMR2ENMAS的状态。

TMR_EN[11]　置1该位,则使能计数。要改变寄存器的其他位,该位必须清0。

TMR_BIDIR[10]　置1该位则使能双向交替计数模式。

TMR_DOWN[9]　使能计数器之后的初始计数方向。清0该位,则正计数;置1该位,则倒计数。

TMR_1SHOT[8]　清0该位,则自动重复计数;置1该位,则只执行一次计数。

TMR_PSCL[7:4]　时钟分频器设置(N)。时钟频率的除数是$0\sim2^N$($N=0,1,\cdots,10$)。

TMR_FILT[3]　置1该位,则使能时钟源假信号过滤器。

TMR_EDGE[2]　时钟源沿选择。清0该位,则选择上升沿;置1该位,则选择下降沿。

TMR_CLK[1:0]　时钟源选择:0=校准的RC振荡器(缺省);1=32 kHz;2=12 MHz;3=外接(GPIO)。

(13) TMR2_CNT[0x4580]

15	14	13	12	11	10	9	8
0-RW	0-RW	0-RW	0-RW	0-RW	0-RW	0-RW	0-RW
TMR2_CNT							
TMR2_CNT							
0-RW	0-RW	0-RW	0-RW	0-RW	0-RW	0-RW	0-RW
7	6	5	4	3	2	1	0

TMR2_CNT[15:0]　当前计数器TMR2的计数值。读该计数器,则返回其当前计数值;写该计数器,则覆盖其计数值,并且重启动计数。

(14) TMR2_TOP[0x4586]

15	14	13	12	11	10	9	8
1-RW	1-RW	1-RW	1-RW	1-RW	1-RW	1-RW	1-RW
TMR2_TOP							
TMR2_TOP							
1-RW	1-RW	1-RW	1-RW	1-RW	1-RW	1-RW	1-RW
7	6	5	4	3	2	1	0

TMR2_TOP[15:0]　计数器TMR2的阈值。

(15) TMR2_CMPCFGA[0x458E]

15	14	13	12	11	10	9	8
0-R	0-R	0-R	0-R	0-R	0-R	0-R	0-R
TMR_CMPEN	0	0	0	0	0	0	0
0	0	0	TMR_CPPINV	TMR_CMPMOD			
0-R	0-R	0-R	0-RW	0-RW	0-RW	0-RW	0-RW
7	6	5	4	3	2	1	0

TMR_CMPEN[15]　　置 1 该位,则使能输出 A。

TMR_CMPINV[4]　　置 1 该位,则翻转输出 A。

TMR_CMPMOD[3:0]　输出模式选择位。该模式参见表 7-23。

(16) TMR2_CMPCFGB[0x4590]

15	14	13	12	11	10	9	8
0-R	0-R	0-R	0-R	0-R	0-R	0-R	0-R
TMR_CMPEN	0	0	0	0	0	0	0
0	0	0	TMR_CPPINV	TMR_CMPMOD			
0-R	0-R	0-R	0-RW	0-RW	0-RW	0-RW	0-RW
7	6	5	4	3	2	1	0

TMR_CMPEN[15]　　置 1 该位,则使能输出 B。

TMR_CMPINV[4]　　置 1 该位,则翻转输出 B。

TMR_CMPMOD[3:0]　输出模式选择位。该模式参见表 7-23。

(17) TMR2_CMPA[0x4588]

15	14	13	12	11	10	9	8
0-RW	0-RW	0-RW	0-RW	0-RW	0-RW	0-RW	0-RW
TMR2_CMPA							
TMR2_CMPA							
0-RW	0-RW	0-RW	0-RW	0-RW	0-RW	0-RW	0-RW
7	6	5	4	3	2	1	0

TMR2_CMPA[15:0]　计数器 TMR2 的比较值 A。

(18) TMR2_CMPB[0x458A]

15	14	13	12	11	10	9	8
0-RW	0-RW	0-RW	0-RW	0-RW	0-RW	0-RW	0-RW
TMR2_CMPB							
TMR2_CMPB							
0-RW	0-RW	0-RW	0-RW	0-RW	0-RW	0-RW	0-RW
7	6	5	4	3	2	1	0

TMR2_CMPB[15:0]　计数器 TMR2 的比较值 B。

(19) TMR2_CAPCFGA[0x4592]

15	14	13	12	11	10	9	8
0-R	0-R	0-R	0-R	0-R	0-R	0-R	0-RW
0	0	0	0	0	0	0	TMR_CAPFILT
0	TMR_CAPMOD		0	0	0	0	0
0-R	0-RW	0-RW	0-R	0-R	0-R	0-R	0-R
7	6	5	4	3	2	1	0

TMR_CAPFILT[8] 置1该位,则使能输入A过滤器。

TMR_CAPMOD[6:5] 输入沿触发选择:0=禁止;1=上升沿;2=下降沿;3=上升沿和下降沿。

(20) TMR2_CAPCFGB[0x4594]

15	14	13	12	11	10	9	8
0-R	0-R	0-R	0-R	0-R	0-R	0-R	0-RW
0	0	0	0	0	0	0	TMR_CAPFILT
0	TMR_CAPMOD		0	0	0	0	0
0-R	0-RW	0-RW	0-R	0-R	0-R	0-R	0-R
7	6	5	4	3	2	1	0

TMR_CAPFILT[8] 置1该位,则使能输入B过滤器。

TMR_CAPMOD[6:5] 输入沿触发选择:0=禁止;1=上升沿;2=下降沿;3=上升沿和下降沿。

(21) TMR2_CAPA[0x4582]

15	14	13	12	11	10	9	8
0-R	0-R	0-R	0-R	0-R	0-R	0-R	0-R
TMR2_CAPA							
TMR2_CAPA							
0-R	0-R	0-R	0-R	0-R	0-R	0-R	0-R
7	6	5	4	3	2	1	0

TMR2_CAPA[15:0] 计数器TMR2的捕获值A。

(22) TMR2_CAPB[0x4584]

15	14	13	12	11	10	9	8
0-R	0-R	0-R	0-R	0-R	0-R	0-R	0-R
TMR2_CAPB							
TMR2_CAPB							
0-R	0-R	0-R	0-R	0-R	0-R	0-R	0-R
7	6	5	4	3	2	1	0

TMR2_CAPB[15:0] 计数器TMR2的捕获值B。

(23) INT_TMRCFG[0x462C]

15 0-R	14 0-RW	13 0-RW	12 0-RW	11 0-RW	10 0-RW	9 0-RW	8 0-RW
0	INT_TMR2CAPB	INT_TMR2CAPA	INT_TMR2CMPTOP	INT_TMR2CMPZ	INT_TMR2CMPB	INT_TMR2CMPA	INT_TMR2WRAP
0	INT_TMR1CAPB	INT_TMR1CAPA	INT_TMR1CMPTOP	INT_TMR1CMPZ	INT_TMR1CMPB	INT_TMR1CMPA	INT_TMR1WRAP
0-R 7	0-RW 6	0-RW 5	0-RW 4	0-RW 3	0-RW 2	0-RW 1	0-RW 0

INT_TMR2CAPB[14]　计数器 TMR2 捕获 B 中断使能。
INT_TMR2CAPA[13]　计数器 TMR2 捕获 A 中断使能。
INT_TMR2CMPTOP[12]　计数器 TMR2 比较 TOP 中断使能。
INT_TMR2CMPZ[11]　计数器 TMR2 比较 ZERO 中断使能。
INT_TMR2CMPB[10]　计数器 TMR2 比较 B 中断使能。
INT_TMR2CMPA[9]　计数器 TMR2 比较 A 中断使能。
INT_TMR2WRAP[8]　计数器 TMR2 溢出中断使能。
INT_TMR1CAPB[6]　计数器 TMR1 捕获 B 中断使能。
INT_TMR1CAPA[5]　计数器 TMR1 捕获 A 中断使能。
INT_TMR1CMPTOP[4]　计数器 TMR1 比较 TOP 中断使能。
INT_TMR1CMPZ[3]　计数器 TMR1 比较 ZERO 中断使能。
INT_TMR1CMPB[2]　计数器 TMR1 比较 B 中断使能。
INT_TMR1CMPA[1]　计数器 TMR1 比较 A 中断使能。
INT_TMR1WRAP[0]　计数器 TMR1 溢出中断使能。

(24) INT_TMRFLAG[0x4614]

15 0-R	14 0-RW	13 0-RW	12 0-RW	11 0-RW	10 0-RW	9 0-RW	8 0-RW
0	INT_TMR2CAPB	INT_TMR2CAPA	INT_TMR2CMPTOP	INT_TMR2CMPZ	INT_TMR2CMPB	INT_TMR2CMPA	INT_TMR2WRAP
0	INT_TMR1CAPB	INT_TMR1CAPA	INT_TMR1CMPTOP	INT_TMR1CMPZ	INT_TMR1CMPB	INT_TMR1CMPA	INT_TMR1WRAP
0-R 7	0-RW 6	0-RW 5	0-RW 4	0-RW 3	0-RW 2	0-RW 1	0-RW 0

INT_TMR2CAPB[14]　计数器 TMR2 捕获 B 中断未决。
INT_TMR2CAPA[13]　计数器 TMR2 捕获 A 中断未决。
INT_TMR2CMPTOP[12]　计数器 TMR2 比较 TOP 中断未决。
INT_TMR2CMPZ[11]　计数器 TMR2 比较 ZERO 中断未决。
INT_TMR2CMPB[10]　计数器 TMR2 比较 B 中断未决。
INT_TMR2CMPA[9]　计数器 TMR2 比较 A 中断未决。
INT_TMR2WRAP[8]　计数器 TMR2 溢出中断未决。

INT_TMR1CAPB[6] 计数器 TMR1 捕获 B 中断未决。
INT_TMR1CAPA[5] 计数器 TMR1 捕获 A 中断未决。
INT_TMR1CMPTOP[4] 计数器 TMR1 比较 TOP 中断未决。
INT_TMR1CMPZ[3] 计数器 TMR1 比较 ZERO 中断未决。
INT_TMR1CMPB[2] 计数器 TMR1 比较 B 中断未决。
INT_TMR1CMPA[1] 计数器 TMR1 比较 A 中断未决。
INT_TMR1WRAP[0] 计数器 TMR1 溢出中断未决。

7.6.5 ADC 模块

ADC 是一个一阶 Sigma - delta 模/数转换器。它具有 12 位等效解析样本，转换率为 1 MHz，后接 $sinc^2$ 数字过滤器。转换率可以通过编程设置寄存器 ADC_CFG 中的寄存器位 ADC_RATE 完成，具体如表 7-25 所列。

表 7-25 ADC 转换率

ADC_RATE[2:0]	转换时间/μs	转换率/sps	ADC_DATA 的精度	有效位数
0	32	31250	10 位([5:0]是 0)	5.0
1	64	15625	12 位([3:0]是 0)	6.0
2	128	7812.5	14 位([1:0]是 0)	7.0
3	256	3906.25	16 位	8.0
4	512	1953.125	16 位	9.0
5	1024	976.5625	16 位	10.0
6	2048	488.28125	16 位	11.0
7	4096	244.140625	16 位	12.0

当模/数转换完成时，中断信号 INT_ADC 就产生了。为了使这个信号能够中断 CPU，中断屏蔽 INT_ADC 必须在寄存器 INT_CFG 中使能。ADC 的模拟输入信号可以从若干来源中选择(见表 7-26)，通过配置寄存器 ADC_CFG 中的寄存器位 ADC_SEL 来实现这些选择。

表 7-26 ADC 模拟源选择

ADC_SEL[3:0]	ADC 模拟源	ADC_DATA[15:0]
0	ADC0 到 GND	$N_{ADC0}=(V_{ADC0}/V_{ref})(N_{REF}-N_{GND})+N_{GND}$
1	ADC1 到 GND	$N_{ADC1}=(V_{ADC1}/V_{ref})(N_{REF}-N_{GND})+N_{GND}$
2	ADC2 到 GND	$N_{ADC2}=(V_{ADC2}/V_{ref})(N_{REF}-N_{GND})+N_{GND}$
3	ADC3 到 GND	$N_{ADC3}=(V_{ADC3}/V_{ref})(N_{REF}-N_{GND})+N_{GND}$
4	V_{VDD_PADS}(衬垫供电 2.1~3.6 V)	$N_{PADS}=0.25(V_{VDD\_PADS}/V_{ref})(N_{REF}-N_{GND})+GND$
5	V_{VDD_PADSA}(模拟衬垫供电 1.8 V)	$N_{PADS}=0.5(V_{VDD\_PADSA}/V_{ref})(N_{REF}-N_{GND})+GND$
7	V_{GND}	N_{GND}
8	V_{ref}	$N_{REF(\leqslant 0xFFFF)}$
9	ADC0 到 ADC1	$N_{ADC0-1}=(V_{ADC0}-V_{ADC1})/V_{ref})(N_{REF}-N_{GND})+N_{GND}$
10	ADC2 到 ADC3	$N_{ADC2-3}=(V_{ADC2}-V_{ADC3})/V_{ref})(N_{REF}-N_{GND})+N_{GND}$
其他	保留	保留

EM250 提供 1.2 V 内部基准电压，又称为 V_{ref}。这个内部基准电压可以用来改变引脚功能 VREF_OUT。要选择改变引脚功能，请参考表 7－9 和表 7－10。

模拟信号由 ADC 采样转换为数字，可以通过软件从寄存器 ADC_DATA 中以无符号二进制格式读出。使能 ADC 后，跟随来的第一轮转换无效，此时由 ADC 采样转换的数字必须丢弃（与 $sinc^2$ 数字过滤器过滤后相同）。

ADC 使能后，寄存器位 ADC_SEL 或 ADC_RATE 改变，随后的 ADC 采样转换的第一和第二个数字无效（与 $sinc^2$ 数字过滤器过滤后相同），也必须丢弃。因此，在设置寄存器位 ADC_SEL 或 ADC_RATE 之前，首选的操作方法就是禁止 ADC。

表 7－27 列出了 ADC 的规范。

表 7－27　ADC 规范

参　数	最小值	典型值	最大值
转换时间/μs	32		4 096
用于 ADC0、ADC1、ADC2 和 ADC3 的信号范围/V	0		VDD_PADSA
用于 ADC0、ADC1、ADC2 和 ADC3 的公共模式范围/V	0		V_{ref}
ADC 偏移量/mV	－10		10
V_{ref}/V		1.2	
V_{ref}输出电流/mA			1
V_{ref}输出负载电容/nF			10

寄存器

(1) ADC_CFG[0x4902]

15	14	13	12	11	10	9	8
0－R	0－RW	0－RW	0－RW	0－RW	0－RW	0－RW	0－RW
0	ADC_RATE			ADC_SEL			
0	0	0	0	0	0	ADC_DITH	ADC_EN
0－R	0－R	0－R	0－R	0－R	0－R	0－RW	0－RW
7	6	5	4	3	2	1	0

ADC_RATE[14：12]　ADC 转换速率选择。细节请参考表 7－25。

ADC_SEL[11：8]　ADC 输入选择。细节请参考表 7－27。

ADC_DITH[1]　置 1 该位，禁止抖动。

ADC_EN[0]　置 1 该位，使能 ADC。

(2) ADC_DATA[0x4900]

15	14	13	12	11	10	9	8
0－R	0－R	0－R	0－R	0－R	0－R	0－R	0－R
ADC_DATA							
ADC_DATA							
0－R	0－R	0－R	0－R	0－R	0－R	0－R	0－R
7	6	5	4	3	2	1	0

ADC_DATA[15：0]　ADC 采样值。细节请参考表 7-25。

7.6.6　事件管理器

XAP2b 核心支持 IRQ 和 WAKE_UP 输入。EM250 嵌入了一个高级的事件管理器，该管理器从多种外部源中获得 IRQ 和 WAKE_UP，并且提供给 XAP2b。事件管理器允许 CPU 将每个事件各别地屏蔽起来并且清 0，确保所有的事件适当、迅速地得到处理。

事件源包括：计数器事件，GPIO 事件，SC1 和 SC2 事件，以及系统模式源（MAC、看门狗等）。

所有的源信号（除电平触发的 GPIO 信号之外）都是瞬间脉冲，这些源信号保证在一个 12 MHz 主时钟周期之内。它们与对应的中断源比特同步，处于一系列分等级的中断源寄存器之中。中断控制器融合这些分等级的中断源为一个单独的中断信号输入 CPU。表 7-28说明了 EM250 中每个事件的使能和配置状态。

表 7-28　事件的使能和配置状态

事　件	配　置
到 CPU 的中断引脚	INT_EN
最高等级：INT_FLAG	INT_CFG
第二等级：INT_periphFLAG	INT_periphCFG

中断源及其相关屏蔽的寄存器分为两个等级，用来精确地控制中断处理。最高等级寄存器 INT_FLAG 和 INT_CFG 对于 EM250 的每个主要功能模块都有一个控制位；第二等级寄存器是寄存器系列 INT_periphFLAG 和 INT_periphCFG，对于 EM250 的每个对应的次要功能模块也都有一个控制位。某些模块（例如 ADC）没有第二等级。对于最高等级事件，要实际中断 CPU，必须使能最高等级寄存器 INT_CFG；第二等级事件必须使能它们对应的第二等级系列寄存器 INT_periphCFG。

要清除（应答）中断，软件必须置 1 第二等级系列寄存器 INT_periphFLAG 对应位。例如，要应答 ADC 中断，若该中断没有第二等级，则软件必须置 1 最高等级寄存器 INT_FLAG 的寄存器位 INT_ADC。要应答 SC1 RXVALID 第二等级中断，软件就必须置 1 第二等级寄存器 INT_SC1FLAG 中的寄存器位 INT_SCRXVAL。如果有其他的 SC1 中断未决，那么最高等级寄存器 INT_FLAG 中的寄存器位 INT_SC1 将保持原有设置，表示与所有的第二等级 SC1 中断事件"或"操作。如果在相关的寄存器位要清 0 来应答先前发生的事件的同时，该事件重新发生，则中断源寄存器位保持其原有设置。

如果在中断服务程序（ISR）应答之前，发生了其他同一类型的中断使能，那么该中断使能就可能丢失，因为此时并没有使用计数或者排队。这种情况会被最高等级寄存器 INT_MISS 检测到并且存储下来，以便软件发现此类问题。就像"应答"寄存器 INT_FLAG 那样，软件以同一种方式"应答"寄存器 INT_MISS，这就是置 1 将要清 0 的那个对应的寄存器位。

如果在应答之后，发生另一个中断使能，但此时保持中断禁止，那么当 ISR 返回且被禁止的中断重新使能时，CPU 将再次中断来执行其服务程序。

应用软件只访问（写）最高等级寄存器 INT_FLAG、INT_CFG 和 INT_MISS 中确定的寄存器位，这些寄存器位对应引起中断的外部设备。对于外部设备的第二等级寄存器系列 periphFLAG和 INT_periphCFG，应用软件既可以写，也可以读。通过应用接口对系统外部设备事件及其屏蔽提供保护。

应用软件也能通过写寄存器 INT_SWCTRL 触发软件中断。系统软件能够可靠地处理和应答该中断。EM250 也提供全局使能位 INT_EN 来使能或者禁止全部进入 CPU 的中断。该位可以方便地用来保护系统软件或者应用软件的重要部分。

寄存器

(1) INT_EN[0x4618]

15	14	13	12	11	10	9	8
0-R	0-R	0-R	0-R	0-R	0-R	0-R	0-R
0	0	0	0	0	0	0	0
0	0	0	0	0	0	0	INT_EN
0-R	0-R	0-R	0-R	0-R	0-R	0-R	0-RW
7	6	5	4	3	2	1	0

INT_EN[0]　　对 CPU 使能 IRQ。

(2) INT_CFG[0x461A]

15	14	13	12	11	10	9	8
0-RW	0-RW	0-RW	0-RW	0-RW	0-RW	0-RW	0-RW
INT_WDOG	INT_FAULT	INT_TMR	INT_GPIO	INT_ADC	INT_MACRX	INT_MACTX	INT_MACTMR
INT_SEC	INT_SC2	INT_SC1	INT_SLEEP	INT_BB	INT_SIF	INT_SW	0
0-RW	0-RW	0-RW	0-RW	0-RW	0-RW	0-RW	0-R
7	6	5	4	3	2	1	0

INT_WDOG[15]　　看门狗低水线中断(low watermark interrupt)使能。在应用模式下,写操作无效。

INT_FAULT[14]　　存储器保护出错中断使能。在应用模式下,写操作无效。

INT_TMR[13]　　计数器中断使能。

INT_GPIO[12]　　GPIO 中断使能。

INT_ADC[11]　　ADC 中断使能。

INT_MACRX[10]　　MAC 接收中断使能。在应用模式下,写操作无效。

INT_MACTX[9]　　MAC 发送中断使能。在应用模式下,写操作无效。

INT_MACTMR[8]　　MAC 计数器中断使能。在应用模式下,写操作无效。

INT_SEC[7]　　安全中断使能。在应用模式下,写操作无效。

INT_SC2[6]　　SC2 中断使能。

INT_SC1[5]　　SC1 中断使能。

INT_SLEEP[4]　　睡眠计时器中断使能。在应用模式下,写操作无效。

INT_BB[3]　　基带中断使能。在应用模式下,写操作无效。

INT_SIF[2]　　SIF 中断使能。在应用模式下,写操作无效。

INT_SW[1]　　软件中断使能。在应用模式下,写操作无效。

(3) INT_FLAG[0x4600]

15	14	13	12	11	10	9	8
0-RW	0-RW	0-R	0-R	0-RW	0-R	0-R	0-R
INT_WDOG	INT_FAULT	INT_TMR	INT_GPIO	INT_ADC	INT_MACRX	INT_MACTX	INT_MACTMR
INT_SEC	INT_SC2	INT_SC1	INT_SLEEP	INT_BB	INT_SIF	INT_SW	0
0-R	0-R	0-R	0-R	0-R	0-RW	0-RW	0-R
7	6	5	4	3	2	1	0

INT_WDOG[15] 看门狗低水线中断(low watermark interrupt)未决。在应用模式下,写操作无效。
INT_FAULT[14] 存储器保护出错中断未决。在应用模式下,写操作无效。
INT_TMR[13] 计数器中断未决。
INT_GPIO[12] GPIO 中断未决。
INT_ADC[11] ADC 中断未决。
INT_MACRX[10] MAC 接收中断未决。在应用模式下,写操作无效。
INT_MACTX[9] MAC 发送中断未决。在应用模式下,写操作无效。
INT_MACTMR[8] MAC 计数器中断未决。在应用模式下,写操作无效。
INT_SEC[7] 安全中断未决。在应用模式下,写操作无效。
INT_SC2[6] SC2 中断未决。
INT_SC1[5] SC1 中断未决。
INT_SLEEP[4] 睡眠计时器中断未决。在应用模式下,写操作无效。
INT_BB[3] 基带中断未决。在应用模式下,写操作无效。
INT_SIF[2] SIF 中断未决。在应用模式下,写操作无效。
INT_SW[1] 软件中断未决。在应用模式下,写操作无效。

(4) INT_MISS[0x4602]

15	14	13	12	11	10	9	8
0-RW	0-RW	0-RW	0-RW	0-RW	0-RW	0-RW	0-RW
INT_WDOG	INT_FAULT	INT_TMR	INT_GPIO	INT_ADC	INT_MACRX	INT_MACTX	INT_MACTMR
INT_SEC	INT_SC2	INT_SC1	INT_SLEEP	INT_BB	INT_SIF	INT_SW	0
0-RW	0-RW	0-RW	0-RW	0-RW	0-RW	0-RW	0-R
7	6	5	4	3	2	1	0

INT_WDOG[15] 看门狗低水线中断(low watermark interrupt)丢失。在应用模式下,写操作无效。
INT_FAULT[14] 存储器保护出错中断丢失。在应用模式下,写操作无效。
INT_TMR[13] 计数器中断丢失。
INT_GPIO[12] GPIO 中断丢失。
INT_ADC[11] ADC 中断丢失。
INT_MACRX[10] MAC 接收中断丢失。在应用模式下,写操作无效。

INT_MACTX[9] MAC 发送中断丢失。在应用模式下,写操作无效。
INT_MACTMR[8] MAC 计数器中断丢失。在应用模式下,写操作无效。
INT_SEC[7] 安全中断丢失。在应用模式下,写操作无效。
INT_SC2[6] SC2 中断丢失。
INT_SC1[5] SC1 中断丢失。
INT_SLEEP[4] 睡眠计时器中断丢失。在应用模式下,写操作无效。
INT_BB[3] 基带中断丢失。在应用模式下,写操作无效。
INT_SIF[2] SIF 中断丢失。在应用模式下,写操作无效。
INT_SW[1] 软件中断丢失。在应用模式下,写操作无效。

(5) INT_SWCTRL[0x4638]

15	14	13	12	11	10	9	8
0-RW	0-RW	0-RW	0-RW	0-RW	0-RW	0-RW	0-RW
INT_SWCTRL							
INT_SWCTRL							
0-RW	0-RW	0-RW	0-RW	0-RW	0-RW	0-RW	0-RW
7	6	5	4	3	2	1	0

INT_SWCTRL[15 : 0] 写该寄存器产生软件中断。要写入的值由 EmberZNet 软件栈解释和控制。

7.6.7 集成稳压器

EM250 集成了一个小幅降压调节器。它是一个低静态电流稳压器,用于给它的内核提供精确电压。表 7-29 列出了该集成稳压器的规范。当稳压器使能时,输入的衬垫供电电压 VDD_PADS 就一步一步降到 1.8 V 稳压器输出引脚 VREG_OUT 所示基准电压。输出的电压 VDD_OUT 必须去耦,再送到 1.8 V 核心供电引脚 VDD_24MHz、VDD_VCO、VDD_RF、VDD_IF、VDD_PRE、VDD_SYNTH、VDD_PADSA、VDD_CORE 和 VDD_FLASH。

表 7-29 集成稳压器规范

规范点	最小值	典型值	最大值	备 注
稳压器输入范围/V	2.1		3.6	VDD_PADS
稳压输出/V	1.7	1.8	1.9	
电源抑制比(PSRR)/dB			−40	@100 kHz
供应电流/mA	0		50	
电流/μA		200		无负载电流(能带隙,稳压器、反馈)
静态电流/nA		10		

外部稳压器可以取代内部稳压器。在休眠期间,EM250 可以使得集电极开路输出使能引脚 REG_EN 信号为低电平来禁止外部稳压器。解除 REG_EN 信号需要外接上拉电阻。当 REG_EN 信号为高电平时,就表明即将提供 1.8 V 核心供电。提供 REG_EN 信号和改变引脚 GPIO 功能所用的方法相同。如果要选择或改变引脚的功能,请参考表 7-9。

7.7 SIF 模块编程设置和调试接口

SIF 是剑桥咨询有限公司(Cambridge Consultants Ltd.)开发的同步串行接口。它是 EM250 的主要编程设置和接口模块。SIF 模块允许外部设备在不改变 XAP2b 核心的功能或时序的前提下,实时读/写存储器映射的寄存器。

SIF 接口提供了下列功能: IC 产品测试(尤其是模拟集成电路产品测试);PCB 产品测试;XAP2b 核心开发;产品控制和描述。

引脚包括: SIF_LOADB、SIF_CLK、SIF_MOSI 和 SIF_MISO。

由于 SIF 模块直接连接到 EM250 中程序和数据存储器总线,因此能够访问整个闪存和 RAM 模块,也能够访问片上寄存器。

SIF 接口最高的串行移动速率是 48 MHz。即使在 EM250 处于空闲或休眠模式时,SIF 接口的存取操作也可以开始。引脚 SIF_LOADB 上的信号沿可以唤醒 EM250,从而开始 SIF 操作。

7.8 典型应用

图 7-16 是 EM250 的典型应用电路。图中不包括全部 EM250 所需的去耦电容器。不平衡变压器提供从天线到 EM250 TX 模式和 RX 模式之间的阻抗转换。需要 24 MHz 晶振及其负载电容器给 EM250 提供高频时钟源。32.768 kHz 晶振产生用于睡眠计时器的时钟源,但该晶振并不一定要使用,因为可以使用内部 RC 振荡器。

表 7-30 为图 7-16 所示应用电路的材料清单。

表 7-30 材料清单

项目	数量	代号	描述	制造商
1	1	C2	电容器, 5 pF, 50 V, NPO, 0402	不指定
2	2	C1,C3	电容器, 0.5 pF, 50 V, NPO, 0402	不指定
3	4	C4,C5,C6,C7	电容器, 22 pF, 50 V, NPO, 0402	不指定
4	1	C8	电容器 10 μF, 10 V, TANTALUM, 3216 (SIZE A)	不指定
5	2	L1, L2	电感器 6.8 nH, ±5%, 0402	MURATA LQG15HS6N8S02D
6	1	L3	电感器 5.6 nH, ±5%, 0402	MURATA LQG15HS6N8S02D
7	1	R1	电阻器 169 kΩ, ±1%, 0402	不指定
8	1	U1	EM250 片上系统	Ember EM250
9	1	X1	晶振 24.0 MHz, ±10 ppm, 18 pF, −40℃～+85℃	ILSI ILCX08-JG5F18-24.000MHz
10	1	X1 (可选)	晶振 32.768 kHz, ±20 ppm	ILSI

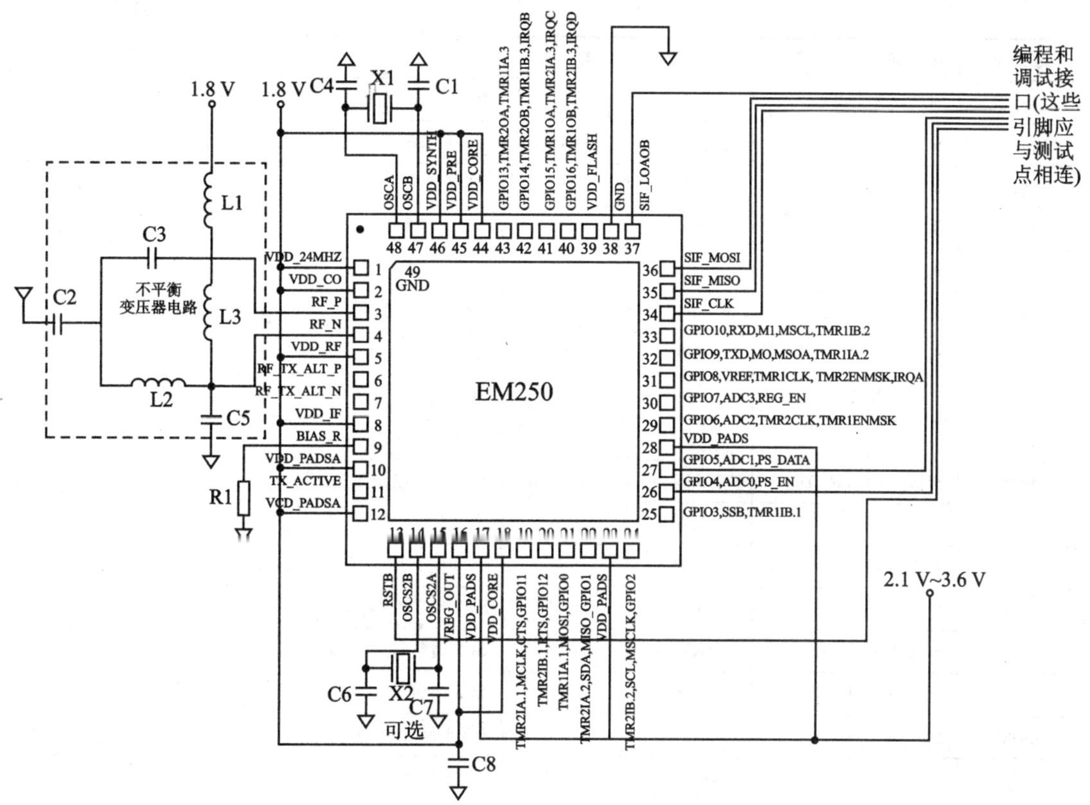

图 7-16　EM250 典型应用电路

7.9　寄存器地址表

地址、复位值以及 EM250 寄存器的描述参见表 7-31。用户可以访问这些寄存器。

表 7-31　寄存器地址表

地　址	名　称	类　型	复　位	描　述
4400～44B6 SC1 和 SC2 的控制和状态寄存器(模块：串行控制器)				
4400	SC2_RXBEGA	RW	6000	RX DMA 起始地址 A
4402	SC2_RXENDA	RW	6000	RX DMA 结束地址 A
4404	SC2_RXBEGB	RW	6000	RX DMA 起始地址 B
4406	SC2_RXENDB	RW	6000	RX DMA 结束地址 B
4408	SC2_TXBEGA	RW	6000	TX DMA 起始地址 A
440A	SC2_TXENDA	RW	6000	TX DMA 结束地址 A
440C	SC2_TXBEGB	RW	6000	TX DMA 起始地址 B
440E	SC2_TXENDB	RW	6000	TX DMA 结束地址 B
4410	SC2_RXCNTA	R	0000	RX DMA 缓冲器 A 字节偏移量

续表 7-31

地　址	名　称	类　型	复　位	描　述
4412	SC2_RXCNTB	R	0000	RX DMA 缓冲器 B 字节偏移量
4414	SC2_TXCNT	R	0000	TX DMA 缓冲器偏移量
4416	SC2_DMASTAT	R	0000	DMA 状态
4418	SC2_DMACTRL	RW	0000	DMA 控制
441A	SC2_RXERRA	R	0000	RX DMA 缓冲器 A 第一个出错标记偏移量
441C	SC2_RXERRB	R	0000	RX DMA 缓冲器 B 第一个出错标记偏移量
441E	SC2_DATA	RW	0000	SC2 数据
4420	SC2_SPISTAT	R	0000	SC2 SPI 状态
4422	SC2_I^{2}CSTAT	R	0000	SC2 I^{2}C 状态
4426	SC2_I^{2}CCTRL1	RW	0000	SC2 I^{2}C 控制 1
4428	SC2_I^{2}CCTRL2	RW	0000	SC2 I^{2}C 控制 2
442A	SC2_MODE	RW	0000	SC2 模式控制
442C	SC2_SPICFG	RW	0000	SC2 SPI 控制
4430	SC2_RATELIN	RW	0000	SC2 时钟速率的线性部分
4432	SC2_RATEEXP	RW	0000	SC2 时钟速率的指数部分
4480	SC1_RXBEGA	RW	6000	RX DMA 起始地址 A
4482	SC1_RXENDA	RW	6000	RX DMA 结束地址 A
4484	SC1_RXBEGB	RW	6000	RX DMA 起始地址 B
4486	SC1_RXENDB	RW	6000	RX DMA 结束地址 B
4488	SC1_TXBEGA	RW	6000	TX DMA 起始地址 A
448A	SC1_TXENDA	RW	6000	TX DMA 结束地址 A
4400～44B6 SC1 和 SC2 的控制和状态寄存器(模块：串行控制器)				
448C	SC1_TXBEGB	RW	6000	TX DMA 起始地址 B
448E	SC1_TXENDB	RW	6000	TX DMA 结束地址 B
4490	SC1_RXCNTA	R	0000	RX DMA 缓冲器 A 字节偏移量
4492	SC1_RXCNTB	R	0000	RX DMA 缓冲器 B 字节偏移量
4494	SC1_TXCNT	R	0000	TX DMA 缓冲器字节偏移量
4496	SC1_DMASTAT	R	0000	DMA 状态
4498	SC1_DMACTRL	RW	0000	DMA 控制
449A	SC1_RXERRA	R	0000	RX DMA 缓冲器 A 中第一个出错标记偏移量
449C	SC1_RXERRB	R	0000	RX DMA 缓冲器 B 中第一个出错标记偏移量
449E	SC1_DATA	RW	0000	SC1 数据
44A0	SC1_SPISTAT	R	0000	SC1 SPI 状态
44A2	SC1_I^{2}CSTAT	R	0000	SC1 I^{2}C 状态
44A4	SC1_UARTSTAT	R	0040	SC1 UART 状态
44A6	SC1_I^{2}CCTRL1	RW	0000	SC1 I^{2}C 控制 1

续表 7－31

地 址	名 称	类 型	复 位	描 述
44A8	SC1_I^{2}CCTRL2	RW	0000	SC1 I^{2}C 控制 2
44AA	SC1_MODE	RW	0000	SC1 模式控制
44AC	SC1_SPICFG	RW	0000	SC1 SPI 控制
44AE	SC1_UARTCFG	RW	0000	SC1 UART 控制
44B0	SC1_RATELIN	RW	0000	SC1 时钟速率的线性部分
44B2	SC1_RATEEXP	RW	0000	SC1 时钟速率的指数部分
44B4	SC1_UARTPER	RW	0000	SC1 波特率周期
44B6	SC1_UARTFRAC	RW	0000	SC1 波特率所余小数部分
4500～4514 计数器 1 的控制和状态寄存器(模块：计数器 1)				
4500	TMR1_CNT	RW	0000	计数器 1 计数
4502	TMR1_CAPA	R	0000	计数器 1 捕获 A
4504	TMR1_CAPB	R	0000	计数器 1 捕获 B
4506	TMR1_TOP	RW	FFFF	计数器 1 阈值
4508	TMR1_CMPA	RW	0000	计数器 1 比较 A
450A	TMR1_CMPB	RW	0000	计数器 1 比较 B
450C	TMR1_CFG	RW	0000	计数器 1 配置
450E	TMR1_CMPCFGA	RW	0000	计数器 1 输出 A 配置
4510	TMR1_CMPCFGB	RW	0000	计数器 1 输出 B 配置
4512	TMR1_CAPCFGA	RW	0000	计数器 1 输入捕获 A 配置
4514	TMR1_CAPCFGB	RW	0000	计数器 1 输入捕获 B 配置
4580～4594 计数器 2 的控制和状态寄存器(模块：计数器 2)				
4580	TMR2_CNT	RW	0000	计数器 2 计数
4582	TMR2_CAPA	R	0000	计数器 2 捕获 A
4584	TMR2_CAPB	R	0000	计数器 2 捕获 B
4586	TMR2_TOP	RW	FFFF	计数器 2 阈值
4588	TMR2_CMPA	RW	0000	计数器 2 比较 A
458A	TMR2_CMPB	RW	0000	计数器 2 比较 B
458C	TMR2_CFG	RW	0000	计数器 2 配置
4592	TMR2_CAPCFGA	RW	0000	计数器 2 输入捕获 A 配置
4594	TMR2_CAPCFGB	RW	0000	计数器 2 输入捕获 B 配置
458E	TMR2_CMPCFGA	RW	0000	计数器 2 输出 A 配置
4590	TMR2_CMPCFGB	RW	0000	计数器 2 输出 B 配置
4600～4638 事件的控制和状态寄存器(模块：事件)				
4600	INT_FLAG	RW	0000	输入源
4602	INT_MISS	RW	0000	中断事件丢失
460C	INT_SC1FLAG	RW	0000	SC1 中断源
460E	INT_SC2FLAG	RW	0000	SC2 中断源
4610	INT_GPIOFLAG	RW	0000	GPIO 中断源

续表 7－31

地　址	名　称	类　型	复　位	描　述
4614	INT_TMRFLAG	RW	0000	计数器中断源
4618	INT_EN	RW	0000	中断使能
461A	INT_CFG	RW	0000	中断配置
4624	INT_SC1CFG	RW	0000	SC1 中断配置
4626	INT_SC2CFG	RW	0000	SC2 中断配置
4628	INT_GPIOCFG	RW	0000	GPIO 中断配置
462C	INT_TMRCFG	RW	0000	计数器中断配置
4630	GPIO_INTCFGA	RW	0000	GPIO 中断 A 配置
4632	GPIO_INTCFGB	RW	0000	GPIO 中断 B 配置
4634	GPIO_INTCFGC	RW	0000	GPIO 中断 C 配置
4636	GPIO_INTCFGD	RW	0000	GPIO 中断 D 配置
4638	INT_SWCTRL	RW	0000	软件中断
4700～4728 GPIO 的控制和数据(模块：GPIO)				
4700	GPIO_INH	R	0000	GPIO 输入数据高位
4702	GPIO_INL	R	0000	GPIO 输入数据低位
4704	GPIO_OUTH	RW	0000	GPIO 输出数据高位
4706	GPIO_OUTL	RW	0000	GPIO 输出数据低位
4708	GPIO_SETH	RW	0000	GPIO 置 1 输出数据高位
470A	GPIO_SETL	W	0000	GPIO 置 1 输出数据低位
470C	GPIO_CLRH	RW	0000	GPIO 清 0 输出数据高位
470E	GPIO_CLRL	W	0000	GPIO 清 0 输出数据低位
4710	GPIO_DBG	RW	0000	GPIO 调试
4712	GPIO_CFG	RW	2000	GPIO 设置
4714	GPIO_DIRH	RW	0000	GPIO 输出使能高位
4716	GPIO_DIRL	RW	0000	GPIO 输出使能低位
4718	GPIO_DIRSETH	RW	0000	GPIO 置 1 使能高位
471A	GPIO_DIRSETL	W	0000	GPIO 置 1 使能低位
471C	GPIO_DIRCLRH	RW	0000	GPIO 清 0 使能高位
471E	GPIO_DIRCLRL	W	0000	GPIO 清 0 使能低位
4720	GPIO_PDH	RW	0000	GPIO 引脚下拉使能高位
4722	GPIO_PDL	RW	0000	GPIO 引脚下拉使能低位
4724	GPIO_PUH	RW	0000	GPIO 引脚上拉使能高位
4726	GPIO_PUL	RW	0000	GPIO 引脚上拉使能低位
4728	GPIO_WAKEL	RW	0000	GPIO 唤醒监控寄存器
4900～4902 ADC 的控制和数据(模块：ADC)				
4900	ADC_DATA	R	0000	ADC 数据
4902	ADC_CFG	RW	0000	ADC 配置

7.10 电气特性

7.10.1 极限参数

表 7-32 列出了 EM250 的极限参数。

表 7-32 极限参数

参 数	最小值	最大值	条件/备注
稳压器输入电压/V	-0.3	3.6	引脚 VDD_PADS
核心部分输入电压/V	-0.3	2.0	引脚 VDD_24MHZ、VDD_VCO、VDD_RF、VDD_IF、VDD_PADSA、VDD_FLASH、VDD_PRE、VDD_SYNTH 和 VDD_CORE
部分引脚上的电压/V	-0.3	3.6	引脚 RF_P、RF_N、RF_TX_ALT_P 和 RF_TX_ALT_N
部分引脚上的电压/V	-0.3	VDD_PADS+0.3 V	所有的 GPIO[16:0]引脚、引脚 SIF_CLK，SIF_MISO、SIF_MOSI、SIF_LOADB、OSC32A、OSC32B、RSTB 和 VREG_OUT
部分引脚上的电压/V	-0.3	VDD_CORE+0.3 V	引脚 TX_ACTIVE，BIAS_R，OSCA，OSCB
储存温度/℃	-40	+140	

7.10.2 工作条件

表 7-33 列出了 EM250 的额定工作条件。

表 7-33 工作条件

参 数	最小值	典型值	最大值	条件/备注
稳压器输入电压/V	2.1		3.6	引脚 VDD_PADS
核心部分输入电压/V	1.7	1.8	1.9	引脚 VDD_24MHZ、VDD_VCO、VDD_RF、VDD_IF、VDD_PADSA、VDD_FLASH、VDD_PRE、VDD_SYNTH 和 VDD_CORE
运行温度/℃	-40		+85	

7.10.3 环境特性

表 7-34 列出了 EM250 的环境特性。

表 7-34 环境特性

参 数	最小值	典型值	最大值	条件/备注
静电(人体模型)/kV	-2		+2	任何引脚
静电(带电设备模型)/V	-400		+400	非 RF 引脚
静电(带电设备模型)/V	-225		+225	RF 引脚
湿度(MSL)		待定		

7.10.4 直流特性

表7-35列出了EM250的直流特性。

表7-35　直流特性

参　数	最小值	典型值	最大值	条件/备注
稳压器输入电压/V	2.1		3.6	引脚VDD_PADS
供电电压/V	1.7	1.8	1.9	引脚VDD_CORE、稳压器输出或者外接输入
休眠电流				
静止电流/μA			1.0	包括内部RC振荡器，环境25℃
静止电流/μA			1.5	包括32.768 kHz振荡器，环境25℃
RX电流				
无线接收器、MAC和基带/mA		29.0		基带为增强模式
无线接收器、MAC和基带/mA		27.0		
CPU、RAM和闪存/mA		8.5		环境25℃，1.8 V核心
总RX电流(无线接收器、MAC、基带、CPU、RAM和闪存耗电)/mA		35.5		环境25℃，VDD_PADS=3.0 V
TX电流				
无线发送器、MAC和基带(基带为增强模式)/mA		33.0		最大发送功率（典型值+5 dBm)
无线发送器、MAC和基带/mA		27.0		最大发送功率(典型值+3 dBm)
		24.3		典型值0 dBm
		19.5		最小发送功率(典型值−32 dBm)
CPU、RAM和闪存/mA		8.5		环境25℃，VDD_PADS=3.0 V
总TX电流(无线接收器、MAC、基带、CPU、RAM和闪存耗电)/mA		35.5		环境25℃，1.8 V核心，最大功率输出

表7-36列出了EM250的数字I/O规范。数字I/O电压（VDD_PADS）来自3个专用引脚（引脚17、23和28）。作用在这些引脚上的电压产生了I/O电压。

表7-36　数字I/O规范

参　数	名　称	最小值	典型值	最大值
供电/V	VDD_PADS	2.1		3.6
逻辑"0"输入电压/V	V_{IL}	0		0.2×VDD_PADS
逻辑"1"输入电压/V	V_{IH}	0.8×VDD_PADS		VDD_PADS
逻辑"0"输入电流/μA	I_{IL}			−0.5
逻辑"1"输入电流/μA	I_{IH}			0.5
输入上拉电阻器阻值/kΩ	R_{IPU}		30	

续表 7-36

参　数	名　称	最小值	典型值	最大值
输入下拉电阻器阻值/kΩ	R_{IPD}		30	
逻辑"0"输出电压/V	V_{OL}	0		0.18×VDD_PADS
逻辑"1"输出电压/V	V_{OH}	0.82×VDD_PADS		VDD_PADS
输出源电流/mA(标准电流焊盘)	I_{OHS}			4
输出吸收电流/mA(标准电流焊盘)	I_{OLS}			4
输出源电流/mA(高电流焊盘：GPIO[16：13])	I_{OHH}			8
输出吸收电流/mA(高电流焊盘：GPIO[16：13])	I_{OLH}			8
总输出电流/mA(I/O 焊盘)	$I_{OH}+I_{OL}$			40
OSC32A 输入电压阈值/V		0.2		0.8×VDD_PADS
OSCA 输入电压阈值/V		0.2		0.8×VDD_CORE
输出电压(TX_ACTIVE)/V		0.18×VDD_CORE		0.82×VDD_CORE

7.10.5　交流特性

1. 接收特性

表 7-37 列出了集成在 EM250 上的 IEEE 802.15.4 接收器的关键参数。

表 7-37　接收特性

参　数	最小值	典型值	最大值	条件/备注
频率范围/MHz	2400		2500	
灵敏度/dBm(增强模式)	−93	−98		IEEE 802.15.4 定义,20 字节的包,1%PER
灵敏度/dBm	−92	−97		IEEE 802.15.4 定义,20 字节的包,1%PER
高端相邻信道抑制/dB		35		IEEE 802.15.4 信号,−82 dBm
低端相邻信道抑制/dB		35		IEEE 802.15.4 信号,−82 dBm
二次高端相邻信道抑制/dB		40		IEEE 802.15.4 信号,−82 dBm
二次低端相邻信道抑制/dB		40		IEEE 802.15.4 信号,−82 dBm
对其他所有信道的信道抑制/dB		40		IEEE 802.15.4 信号,−82 dBm
中心在+12 MHz 或−12 MHz 的 802.11g 抑制/dB		40		IEEE 802.15.4 信号,−82 dBm
用于正确运行(低增益)的最大输入信号电平/dBm	0			
镜像抑制/dB		30		
共信道抑制/dBc		−6		
相对频率误差/ppm(IEEE 802.15.4 需求的 2×40ppm)	−120		+120	
相对时序误差/ppm(IEEE 802.15.4 需求的 2×40ppm)	−120		+120	
线性 RSSI 范围/dB	40			

2. 发送特性

表 7-38 列出了集成在 EM250 上的 IEEE 802.15.4 发送器的关键参数。

表 7-38 发送特性

参　数	最小值	典型值	最大值	条件/备注
最大发送功率/dBm(增强模式)		5		在最大功率时设置
最大发送功率/dBm	0	3		在最大功率时设置
最小发送功率/dBm		−32		在最小功率时设置
向量大小的误差/(%)		15	25	IEEE 802.15.4 定义,向量大小的误差最大值设置为 35%
载波频率误差/ppm	−40		+40	
负载阻抗/Ω		200		
能源谱系密度(PSD)相对屏蔽/dB	−20			3.5 MHz
能源谱系密度(PSD)绝对屏蔽/dBm	−30			3.5 MHz

3. 频率合成器

表 7-39 列出了集成在 EM250 上的 IEEE 802.15.4 频率合成器的关键参数。

表 7-39 频率合成器特性

参　数	最小值	典型值	最大值	条件/备注
频率范围/MHz	2400		2500	
频率分辨率/kHz		11.7		
加锁时间/μs			100	在正确设置 VCO DAC 的条件下,从未加锁到加锁的时间
重新加锁时间/μs			100	改变信道或 RX/TX 切换所用时间(802.15.4 定义切换时间为 192 μs)
100 kHz 时,相位噪声/(dBc · Hz^{-1})		−71		
1 MHz 时,相位噪声/(dBc · Hz^{-1})		−91		
4 MHz 时,相位噪声/(dBc · Hz^{-1})		−103		
10 MHz 时,相位噪声/(dBc · Hz^{-1})		−111		

第 8 章 ZigBee 光感应节点开发实例

8.1 引 言

ZigBee 协议是为传感器网络设计的，用于控制居家照明、安保系统、楼宇自动化等。传统的计算工业关注节点的计算能力，而传感网络则有所不同。个人计算机在可控环境下执行确定的任务，而传感网络则可以分布在物理世界的各个角落，因此传感网络节点要处理的事务也具有不确定性。如今，传感网络已经普遍应用于方方面面，成为一种大有前途的无线通信技术。尽管通常认为个人计算机稳定、价廉并且计算效率高，但个人计算机的几点不足阻碍了它在传感网络中的应用。首先是能耗方面，如果没有持续的电源供电，PC 机在蓄电设备供电下只能工作几小时；但在传感网络中，由于庞大的网络规模和复杂的布设环境，经常更换电池显然是不现实的。其次是物理尺寸，虽然 PC 的尺寸越来越小，但还不至于小到能够放在鸟巢里、动物项圈上或战场上；PC 机现有的重量和尺寸将明显破坏布设环境的固有状态。再次就是价格，尽管 PC 机的价格已经降得很低了，但是传感网络应用要求的是完全不同的价格定位。如今，低端 PC 机的价格已经不过三四千元，但是传感节点要求的价格是 PC 机的十分之一，甚至更低。因为在传感网络中，传感节点通常是广范围、大数量布设的，所以目前的 PC 机作为节点设备还是太昂贵了。

传感网络的工作过程是基于大量简单的、细小的、价廉的并且计算高效的节点。每个节点感应监测区域内的一个或多个参数，通过这些参数的联合作用来完成单个节点所不能完成的特定任务。目前，产业界已经生产出了 1 mm^3 的传感节点设备，但其处理能力尚显不足，只能应用于有限的范围。随着计算机的处理能力以摩尔定律增长，有理由相信不久的将来就会出现体积越来越小、计算能力越来越强的节点设备。目前，节点的体积和成本是实现中面临的主要问题。本章通过分析光感应(LSM)应用的功能需求，对 ZigBee 协议栈进行裁剪和软件优化，在 Freescale 公司 MC13192 - EVB 评估板上实现了居家照明应用中的光传感节点。

Freescale 公司 MC13192 - EVB 评估板配置了一个温度和光感应模块，这里只关注它的光感应器和使用 IEEE 802.15.4 及 ZigBee 协议栈的无线通信功能。体积、成本和能量消耗是 ZigBee 节点设计的主题，而最小化应用中的存储容量则可以同时减小节点体积，降低成本和能量消耗。较小容量的存储器意味着节点以更小的物理尺寸、更低的成本和能量来维持存储状态。通过忙闲周期控制，只在需要时才开启节点上的部件可以进一步降低功耗。

为了减小实现源码，只实现 ZigBee 标准的强制原语，而忽略应用中所不需要的那些可选功能，所以确定应用必需的功能也是分析实现过程中不可或缺的一部分。为了优化源码，节省存储空间，使用 TinyOS 嵌入式操作系统和 nesC 语言来实现 ZigBee 协议。TinyOS 是为无线嵌入式传感器网络设计的一种开放源码操作系统，它的实现语言是 nesC。TinyOS 操作系统是基于组件的，它的内核代码只有 300～400 字节。TinyOS 基于组件的设计思想使得实现 ZigBee 协议栈时只需包含必要的操作系统特性和应用，有利于压缩实现源码。

Freescale 公司只提供了 IEEE 802.15.4 MAC 层的 C 程序库。要在 TinyOS 操作系统上

开发 ZigBee 节点，必须首先把 IEEE 802.15.4 MAC 层的 C 程序库转化成 nesC 语言，然后在此之上继续用 nesC 语言构造 ZigBee 协议栈的上层部分。在开发过程中遵循自下而上的方法：首先分析光传感节点必需的功能，依照 ZigBee 规范实现协议栈；然后在协议栈的基础之上，按照 ZigBee LSM 设备描述实现光传感应用。

8.2 光传感节点的功能

ZigBee 联盟定义了一系列配置文件(profile)，每个配置文件规范了一类应用的基本框架，这样，不同厂商生产的设备只要遵循相同的配置文件就能互操作。家庭控制照明就是 ZigBee 联盟定义的配置文件之一，该配置文件主要致力于居家环境下的光强度感应和控制。家庭控制照明配置文件又定义了不同的设备描述，将要实现的 LSM 就是该系统中的一个设备描述，此外还有开关遥控器、开关加载控制器、调光器遥控等。一个配置文件可定义 2^{16} 个设备描述和 256 个簇(cluster)。每个簇最多可包含 2^{16} 个属性，每个设备描述包含了配置文件中的一组簇作为强制和可选的输入和输出簇。输入簇包含的是能够被其他设备设置的属性，如 LSM 输入簇中的属性 ReportTime，它控制光感应器读取光强度的时间间隔；输出簇中包含的属性是能够提供给其他设备的数据，如 LSM 输出簇中的属性 CurrentLevel，它表示光感应器当前的读数。一个终端设备的强制簇是必须实现的，而可选簇则由设备根据实际应用决定是否支持。如果设备支持一个可选簇，则它必须实现该簇中的每一个属性。终端设备每个端点上的应用对象实现一个设备描述，如将要实现的光传感应用就是这样的一个应用对象。

ZigBee 网络支持 3 种拓扑结构，即星状、树状和网状(mesh)拓扑。实际上，星状拓扑是树状拓扑的一个子集，而树状拓扑又是网状拓扑的子集。对于家庭控制照明系统，可以采用最简单的星状拓扑结构来构建 ZigBee 网络。

光传感节点(LSM)通过评估板上的光感应设备感知环境的光强度，并提供给其他的设备。LSM 的设备描述定义了 2 个簇：1 个强制输出簇 LightLevelLSM 和 1 个可选输入簇 ProgramLSM。输出簇 LightLevelLSM 只有唯一的属性 CurrentLevel，它表示光感应器测得的当前光强度。输入簇 ProgramLSM 包含有 8 个属性，其他设备可以通过设置输入簇的属性来控制 LSM 的状态和输出行为。LSM 输入簇的属性如表 8-1 所列。如果同时设置 LSM 输入簇的多个属性，那么设备描述中除存在模糊之处，还要根据需要在实现过程中作出明确解释。如果同时设置了 MinLevelChange 和 Min/MaxThreshold，则可以有以下两种解释：一是两个条件都满足时才输出新的光强度值；二是只要满足其中一个条件就输出新的光强度值。相信消费者将愿意接收到不必要的光强度值而不愿错过可能必需的值。因为如果应用对象不需要某个光强度值，它只需直接丢弃而无需付出更多的代价，因此选择第二种解释。当然，如果应用非常在意电池寿命这个参数，那么应该选择第一种解释。设备描述中另一个模糊之处是 ReportTime 属性的优先级问题。如果在 ReportTime 属性有效的情况下同时使能 MinLevelChange 或 Min/MaxThreshold 属性，则 ReportTime 属性的优先级存在以下两种处理方式：一是 ReportTime 属性的优先级高于其他属性，LSM 至少每 ReportTime 时间间隔要输出一次光强度值；二是 ReportTime 表示 LSM 轮询光感应器的时间间隔，至于是否输出光强度值则还要根据 MinLevelChange 和 Min/MaxThreshold 的属性值来决定，因此 LSM 最多每 ReportTime 时间间隔输出一次光强度值。但是，这两种处理都有其不足之处。第一种处理的缺点是显而易见的：用户无法控制检测 MinLevelChange 和 Min/MaxThreshold 属性的频度。选用第一种处理方法时，如果不同的应用中需要改变检测这些属性的时间间隔，那么用户可采用的唯一途径就是修改 LSM 的源码，这显然是不大现实的。第二种处理存在的问题是 MinLevelChange 和 Min/MaxThreshold 属性的行为依赖于 ReportTime 属性。设想一个应用要求传感器不但要以设定的时间间隔输出光强度值，而且在光强度发生急剧变化时也要输出光强度值，此时第二种选择对这种要求就无能为力了。尽管两种选择都有其不足之处，但在实现的时候，还是倾向于选择第二种处理方法。因为毕竟还能够干预检测 MinLevelChange 和 Min/MaxThreshold 属性的频度。

表 8-1　LSM 输入簇的属性

属性 ID	功　能
ReportTime	决定节点读光感应器的频率。如果不设置其他属性，则节点每读一次光感应器都向外输出一次光强度
MinLevelChange	相对上一次输出的改变达到该属性值时才输出新的光强度值
MinThreshold	定义了输出新的光强度值前要达到的下门限和上门限。如果光强度低于 MinThreshold，则只有强度超过 MaxThreshold 时节点才输出新的光强度值；如果光强度达到了 MaxThreshold 以上，则只有强度低于 MinThreshold 时节点才输出新的光强度值
MaxThreshold	
Offset	用来修正光感应器所有的读数值。它可以是正数或负数
Override	Override 用来抑制节点输出，但保持设备的交互状态；Auto 则用以开启输出
Auto	
FactoryDefault	把设备复位到出厂时的默认状态

根据 LSM 的应用需求，下面分析它必需的功能和可省略的功能，以最大限度地减少后续实现过程中的资源需求。展开一个光传感节点，通常包括 3 个基本步骤：加入网络、绑定设备和传输数据。设备加电、无线模块和相关组件初始化后，设备必须做的第一件事就是扫描发现可用网络并加入到一个网络中。因为一个终端设备只能加入到一个网络中，因此加入网络的过程由 ZDO 处理而不是每个单独的应用对象。当设备成功加入网络后，ZDO 就通知给各个应用对象。设备加入网络后，应用就可以发出请求与网络中的匹配设备进行绑定。为了与另一个设备上的应用绑定，LSM 设备要把配置文件标识以及支持的输入和输出簇标识发送给协调器。当一个设备成功绑定后，就进入了可传输数据的工作模式。当然，设备在工作模式的任何时刻也可以初始化与另一个设备的绑定。LSM 设备输出的数据是光强度值，它是 LSM 中唯一要求强制支持的部分，也是设备描述指定的唯一输出。光强度值将通过 APSDE-DATA. request 原语以消息的方式发送，该数据包的目的地址将是家庭控制照明（HCL）配置中与 LSM 设备输出簇绑定的所有设备，如开关控制器。LSM 支持可选的输入簇 ProgramLSM，因此该簇定义的属性就是 LSM 要接收的数据。在应用过程中设备可能会发出要求确认的 KVP 命令，因为 APS 层支持确认，所以选择在应用层不支持确认。从前面的章节可以知道，ZigBee 规范既可以设置指定簇中的属性，又可以读取这些属性的状态。如果一个 LSM 设备可以由多个设备来编程设置，则读取属性值也是必要的；但

是,实例中所实现的LSM将仅由一个编程设备来设置LSM输入簇中的属性值,所以在实现过程中将省略读取属性值的功能。

为了加入一个PAN,ZDO必须向NWK层管理实体发送网络发现请求NLME-NETWORK-DISCOVERRY.request。ZDO常数:Config_NWK_Mode_and_Params指定要扫描的信道,发送网络发现请求的次数由:Config_NWK_Scan_Attemps指定,重发发现请求的时间间隔由:Config_NWK_Time_btwn_Scans指定。NLME-NETWORK-DISCOVERRY.request将使用MAC层管理实体的MLME-SCAN.request来扫描指定的信道,此时MAC层可使用主动扫描和被动扫描两种模式。执行主动扫描时,终端设备发送信标请求并开启接收机,协调器和路由器收到信标请求就会送一个信标,信标中的PAN描述符描述了它所在PAN的特性。相比之下,被动扫描时终端设备只是开启接收机来侦听协调器和路由器送出的周期性信标。被动扫描模式不需发送信标请求将节省部分能量,但它接收机的开启时间通常也比主动扫描模式要长。具体选择哪种扫描模式来发现网络,需要权衡考虑能量效率和加入网络的耗时。将选用主动扫描模式以尽量加快入网过程。终端设备通过MLME-BEACON-NOTIFY.indication原语来接收协调器或路由器发送的信标,信标中的PAN描述符包含了PAN标识码和其他一些参数。扫描过程中发现的每个PAN描述符都存在本地网络描述列表中,最后用来决定加入哪个网络。同时,终端设备还要构造一个近邻表,因为如果其无线覆盖范围内存在路由器则有可能接收到同一个PAN标识码的多个信标。终端设备最后将通过近邻表中链路成本最小的协调器或路由器加入到选中的PAN中。扫描发现的PAN将通过NLME-NETWORK-DISCOVERY.confirm中的网络描述符列表提供给ZDO。ZDO将根据网络是否接受新设备、安全级别和其他因素选择一个PAN来加入。一旦选定了要加入的PAN,ZDO就向NWK层发送包含选定PAN标识码的加入网络请求原语NLME-NETWORK-JOIN.request。选定父设备(协调器或路由器)后,加入网络的终端设备的能力也确定了。设备能力包括供电模式,终端设备空闲时接收机是否开启,是否支持MAC层安全保护等。终端设备请求通过父设备加入网络时,发送MAC层原语MLME-ASSOCIATE.request,该原语包含了设备的能力信息。终端设备的NWK层收到MLME-ASSOCIATE.confirm原语后,保存PAN协调器分配的短地址并把近邻表中父设备对应的关系字段设为“父设备”。然后,NLME-JOIN.confirm原语通知ZDO,设备已成功加入PAN。为了证实加入,终端设备ZDO用APS数据实体向父设备发送End_Device_annce,其中包含有终端设备的短地址和扩展地址。接收到父设备的响应End_Device_annce_rsp后,终端设备完成了加入网络的过程并通知到了各个活动端点。在入网过程完成之前,任何一个端点上的应用如果发送命令,都将返回一个错误。

终端设备绑定使用“简单绑定”来实现,通常两个终端设备响应用户动作(如按按钮)来完成绑定。例如要绑定一个LSM设备和一个开关控制器,每个终端设备的应用对象都向各自的ZDO发送End_Device_Bind_req,其中包含了该应用对象的配置文件标识以及输入和输出簇列表。然后,两个终端设备的ZDO分别向协调器发送一个绑定请求。协调器收到这两个绑定请求后,比较试图绑定的两个应用对象的输入和输出簇。只有一个设备的输入簇与另一个设备的输出簇匹配时,才能绑定成功。如果两个终端设备的输入和输出簇匹配,协调器就向两个绑定的终端设备分别发送状态为SUCCESS的End_Device_Bind_rsp;否则,状态为NO_MATCH。如果协调器在预置的时间内只收到一个绑定请求,就向绑定终端设备发送状态为

TIMEOUT 的响应。

应用对象需要发送数据时，就通过 APS 数据实体发送 APSDE - DATA. request 原语。应用对象数据在 APS、NWK 和 MAC 层分别加上帧头，构成最终的数据包。为了接收数据，ZDO 使用 NWK 管理实体向 PAN 协调器发送轮询请求 NLME - SYNC. request；相应地，NWK 层也向 MAC 层发送轮询 MLME - POLL. request。如果协调器上有数据等待该终端设备接收，它就发送一个响应来指示。如果终端设备的 MAC 层接收到响应指示协调器上有数据要发送，设备将保持无线接收机开启。发出指示后，协调器将发出第一个待发送的消息；当终端设备再次轮询协调器时，它将发送下一条消息，如此类推。如果协调器的响应指示没有数据要发送到终端设备，终端设备将立即关闭接收机。当终端设备接收到消息时，MAC 层就向 NWK 层发出 MCPS - DATA. indication 原语，随后 NWK 层将向 APS 层发出 NLDE - DATA. indication 原语。APS 层收到 NLDE - DATA. indication 后分析帧头和帧的类型并决定如何处理。如果应用对象请求的数据发送要求确认，APS 层将把 APS 帧头部分的确认请求位置为 1，并等待接收证实原语 APSDE - DATA. confirm。

为了找到其他终端设备及其提供的服务，ZDO 提供了几个原语：NWK_addr_req 和 NWK_addr_rsp、IEEE_addr_req 和 IEEE_addr_rsp、Node_desc_req 和 Node_desc_rsp、Power_desc_req 和 Power_desc_rsp、Simple_desc_req 和 Simple_desc_rsp、Active_EP_req 和 Active_EP_rsp、Match_desc_req 和 Match_desc_rsp。其中，发送发现请求对终端设备来说是可选支持的，但响应设备和服务发现请求则是必须支持的。这些服务原语在大型 ZigBee 网络配置中很有用，但在要实现的家庭照明控制网络中，LSM 的绑定和数据收发并不需要这些原语，所以在实现过程中将省略这些请求原语，而只实现必须支持的响应原语。

通过对 LSM 设备功能的分析和裁剪，将 LSM 要实现的原语总结在图 8 - 1 中。

Freescale 公司提供了 7 种 IEEE 802.15.4 MAC 层的 C 程序库，如表 8 - 2 所列。各种程序库分别实现了不同的功能。在这个实例中，最终目的是以尽可能低的成本实现光传感网络中的最简单的终端设备应用，所以不选用 FFD 程序库。另外，终端设备不需要信标功能，是为了节省存储空间，也可以省略安全处理功能，这样，就可以选用表 8 - 2 中最简单的 RFDNBNS 程序库来实现光传感节点协议栈的物理层和 MAC 层，力求用不超过 32 KB 的存储空间来实现 ZigBee 协议栈。

表 8 - 2 Freescale 公司 MAC 层程序库

设备类型	程序库描述	源码大小/KB
FFD	实现了 IEEE 802.15.4 标准的全集，包括安全机制	37
FFDNGTS	除了没有 GTS 能力，其余同 FFD	33
FFDNB	除了没有信标能力，其余同 FFD	28
FFDNBNS	除了没有信标能力和安全机制，其余同 FFD	21
RFD	实现了 IEEE 802.15.4 精简功能设备的全部特性	29
RFDNB	除了没有信标能力，其余同 RFD	25
RFDNBNS	除了没有信标能力和安全机制，其余同 RFD	18

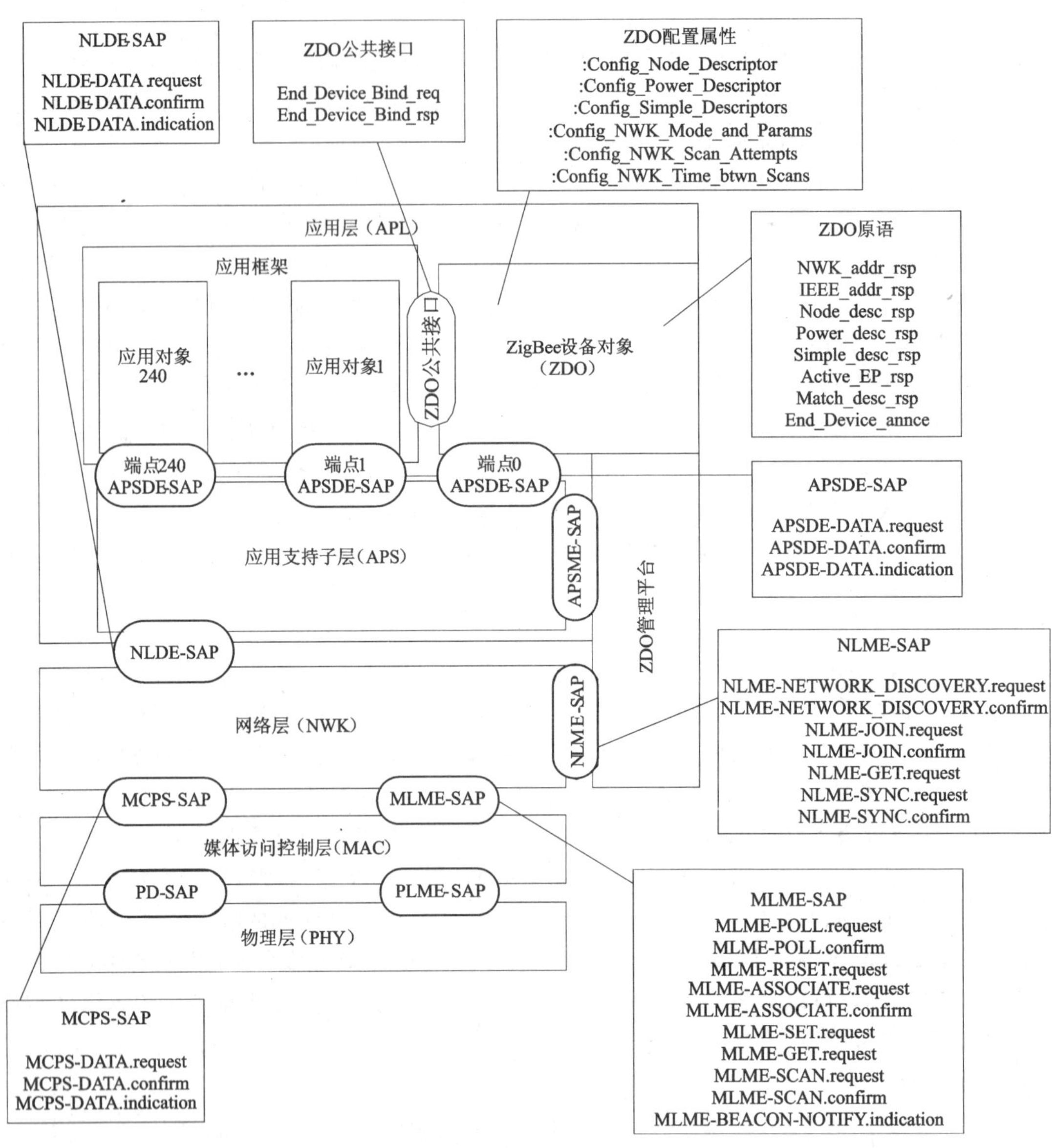

图 8-1　LSM 实现的原语

8.3　TinyOS 操作系统和 nesC 语言

在这个实例中，采用加州大学伯克利分校研发人员开发的微型操作系统 TinyOS 和编程语言 nesC 来实现 ZigBee 协议栈。TinyOS 是针对 ZigBee 节点处理能力和存储能力有限的特点专门设计的一种嵌入式操作系统，它具有更强的网络处理和资源收集能力，满足无线传感器网络的要求。下面简要介绍 TinyOS 和 nesC 的概念。

在 TinyOS 上实现的应用是基于一系列组件的，如发光二极管(LED)、定时器(timer)、模数转换器(ADC)等。组件是对软硬件进行功能抽象，整个系统是由组件构成的，通过组件提高软件的重用度和兼容性。各种应用是通过配线文件把各种组件连接起来，满足当前的任务需求。组件的实现是基于任务、命令和事件的。长时间运行的计算通常被划分成多个任务并加入到一个任务队列中，TinyOS 任务调度根据简单的 FIFO 原则来执行任务。当队列中没有任务等待执行时，任务调度器就使处理器进入睡眠状态，直到接收到下一次中断才被唤醒。FIFO 队列中的任务执行过程中，任务间没有竞争；但中断处理程序可以打断任务执行。组件调用命令来实现另一个组件上的功能。硬件中断触发的组件事件的执行可以抢占 FIFO 队列中正在执行的任务和其他事件，响应硬件中断的事件用关键字 async 来标记。在长延时的操作中使用分阶段(split - phase)操作，命令用来初始化请求的动作，如 component. request，事件作为完成分阶段操作的响应，如 component. requestDone。这种事件不能抢占硬件中断触发事件的执行。

TinyOS 操作系统最初是用 C 语言实现的，产生的目标代码比较长。后来研究设计出基于组件化和并行模型的 nesC 语言，产生的目标代码相对较小。用 nesC 语言可开发 TinyOS 操作系统和其上运行的应用程序。nesC 使用两个概念来表示组件：模块文件和配线文件。模块文件包含的是单个组件的实现代码，而配线文件则是完成多个组件之间的接口连接。一个应用可以用配线文件把一个或多个组件组合成一个新的组件，一个顶级配线文件可以把应用中的所有组件装配在一起。模块文件实现一个或多个接口，接口描述组件能提供命令和事件。配线文件将把使用一个给定接口的模块与提供该接口实现的组件连接起来。因为 TinyOS 是用 nesC 实现的，nesC 的编程是基于大量组件的。这样，TinyOS 实现的应用可以根据需要来编译这些模块。如 TinyOS 允许使用定时器，但是只有应用中确实使用了定时器时才包含定时器模块的代码。

8.4　光传感节点的实现

8.4.1　评估板硬件简介

实现 ZigBee 协议栈的 TinyOS 运行在 Freescale 公司的 MC13192 - EVB 平台上，MC13192 - EVB 是一个基于 Freescale MC13192 2.4 GHz 无线收发器的评估板。控制 MC13192 的是 Freescale 公司 MC9S08GT60 微控制单元(MCU)，该微处理器包含 1 个 40 MHz的 HCS08 CPU、4 KB 的 RAM、60 KB 片上可编程 Flash 和 1 个 ADC。在这个实例中，将使用 CodeWarior C 编译器来开发程序并用 USB 口向微控制单位下载编译的代码。MC13192 - EVB 上有 4 个按钮，使用这些按钮来初始化终端设备绑定和其他功能。由于没有 TinyOS 参考接口，所以首先定义一个简单的硬件表示层键盘中断接口 HPLKI，该接口提供一个初始化按钮的命令和按下按钮时触发的一个事件。MC13192 - EVB 的按钮功能使用直接分页寄存器和键盘中断(KBI)来实现。init()命令初始化 KBI，开启 4 个按钮的中断。按下按钮触发键盘中断，启动 switchDown()事件。

8.4.2　ZigBee 协议栈总体结构

在总体结构上，协议栈的每层作为一个模块，这样就可以得到实现 ZigBee 协议栈的组件图，如图 8 - 2 所示。图中黑色箭头表示上一层调用命令，白色箭头表示触发的指向上一层的事件。箭头下面的数字表示接口包含的命令或事件数，如 Timer 接口有 8 个命令和 1 个事件。

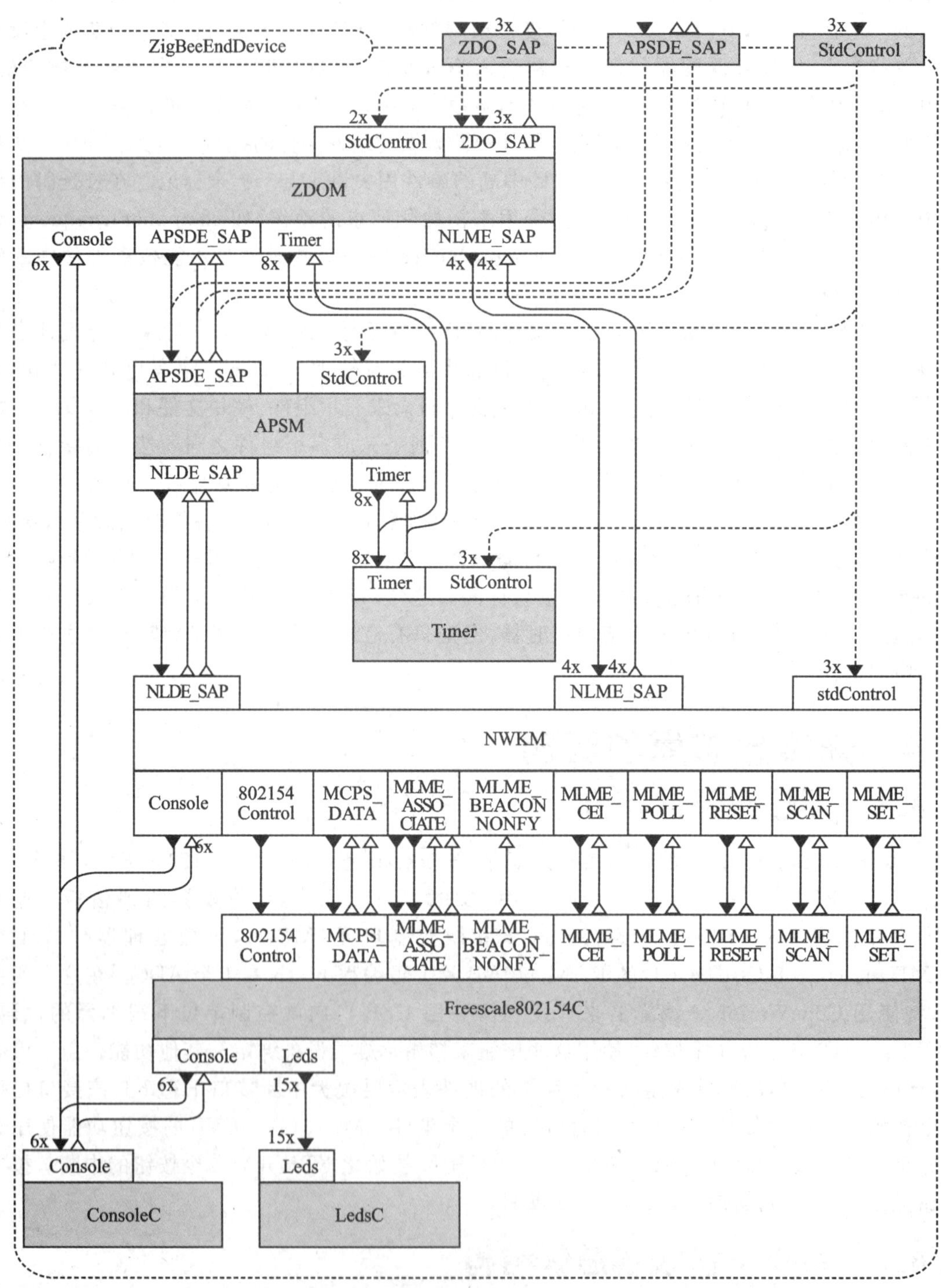

图 8－2　ZigBee 协议栈的组件图

实际应用对象使用的配线文件中的一个配线文件把协议栈各层连接起来，这个配线文件名是 ZigBeeEndDevice，表示实际的协议栈。应用对象再通过配线文件和协议栈连接起来，每个应用对象有一个简单描述符，ZDO 通过简单描述符来对应用对象操作。

8.4.3　协议层的实现

实现 ZigBee 协议栈之前，将 Freescale MAC 程序库转换成 TinyOS 封装。实际使用的评估板上没有包含 MAC 层初始化程序和 IEEE 扩展地址的 EEPROM，但是这种初始化又是必须的，所以只能在 Control. init()上实现。MAC 层提供两个接口 MLME - SAP 和 MCPS - SAP，MAC 程序库分别用 MLME_NWK_SapHandler 和 MCPS_NWK_SapHandler 来处理两个接口的中断。在这个实例中，只实现了图 8 - 1 中列出的 LSM 应用必需的 MAC 层原语，接收到其他的原语都将被 MAC 层丢弃。

网络层提供两个接口 NLME_SAP 和 NLDE_SAP，NWK 模块使用了 MAC 模块提供的所有接口。实现过程中把命令和任务都共享在一个联合中，这些命令和任务包括 MLME_ASSOCIATE_request、MLME_ASSOCIATE_confirm、MLME_POLL_confirm、MLME_SCAN_confirm、NLME_JOIN_request、NLME_NETWORK_DISCOVERY_request、NLME_SYNC_request。

APS 层提供 2 个接口 APSME_SAP 和 APSDE_SAP，其中 APSDE_SAP 允许多个应用对象使用该接口发送或接收数据。

ZDO 模块提供 1 个接口 ZDO_SAP，该接口用来访问 ZDO 中的公共原语。ZDO_SAP 接口提供的唯一原语是可选的 End_Device_Bind_req 原语，但该原语在 LSM 配置文件中是必需的。除了这个原语外，ZDO_SAP 接口还提供一个事件 End_Device_Bind_rsp。

8.4.4　LSM 应用实现

在实现过程中，应用框架部分只有一个端点，即 LSM。除了 ZigBee 协议栈组件 ZigBeeEndDevice 外，还将使用下面这些组件：

- TimerC——触发定时事件；
- Litht——读光感应器；
- HPLKBIC——处理按下按钮的动作；
- LedsC——在节点的 Led 上指示事件；
- ConsoleC——输出调制信息到控制台。

最终的 LSM 组件将和 ZigBeeEndDevice 组件的 APSDE_SAP 和 ZDO_SAP 接口连接，并提供一个 StdControl 接口用来初始化。最终实现的 LSM 的组件图如图 8 - 3 所示，整体应用的配线图如图 8 - 4 所示。

在终端设备上实现的一个应用必须提供一个简单描述符。LSM 应用简单描述符的内容包括：配置文件标识码 0x0001、设备标识 0xFFFF、输入簇标识 0x07、输出簇标识 0x06。加入网络过程由 ZDO 初始化，节点成功加入网络后通过 ZDO_SAP 通知各个端点。实现过程中通过点亮 LED1 来指示设备入网成功。设备入网成功后，就可以通过 ZDO_SAP. End_Device_Bind_req 执行终端设备绑定了。绑定通过手工按下按钮 1 来执行，当设备与另一个终端设备绑定成功后，LSM 设备接收到 ZDO_SAP. End_Device_Bind_rsp 事件，绑定过程中通过电量

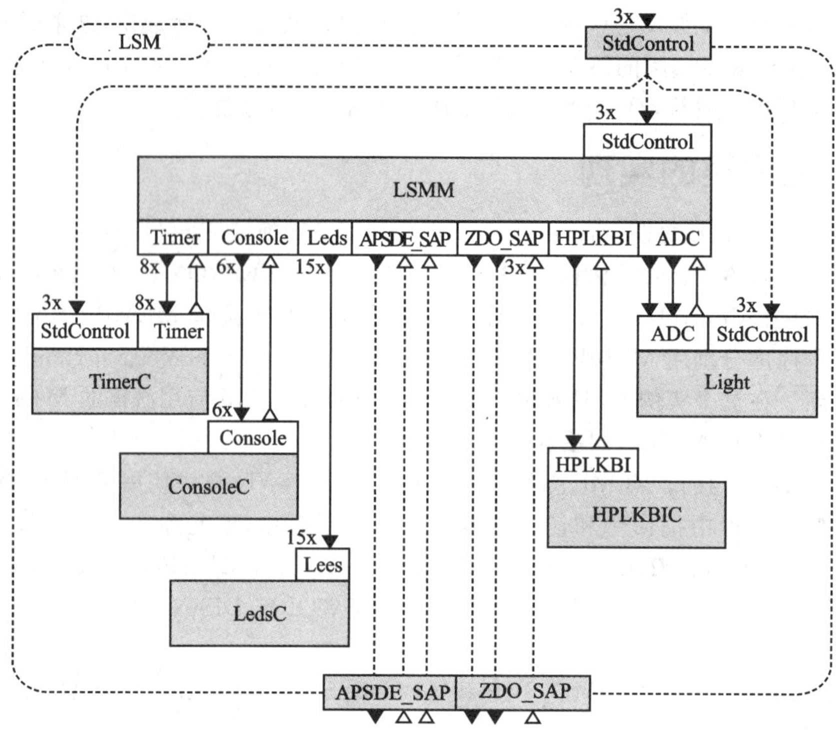

图 8-3　实现 LSM 的组件图

LED2 来指示设备绑定成功。读光感应器由一个定时器组件 Timer 来控制，它以设定的频率触发事件。设置定时器的频率就可以控制输出光强度的频率。关闭定时器就可以使得节点不输出光强度。于是可以简单地通过启动或停止定时器来实现 LSM 节点的 Auto 模式或 Override 模式。当定时器开启时，用 Light. getData 从光感应器读取光强度值。读到光强度值后，触发 Light. dataReady 事件。因为这是一个异步事件，所以把光强度值存在一个全局变量中，并把 handleLightReading 任务放到队列中来处理读得的光强度值。该任务开始执行后，它将检测是否满足输出光强度的条件。如果满足条件，就产生 Light-LevelLSM 属性的数据，把它封装到 KVP 消息中用间接寻址方式发送出去。

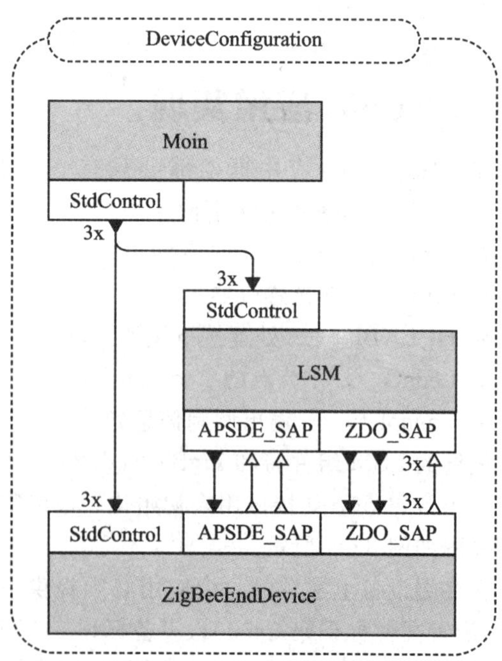

图 8-4　LSM 的整体配线图

第9章　CC2420开发套件2.4 GHz ZigBee Development Kit

9.1　简　述

CC2420 ZigBee DK(Development Kit)开发套件是对以前推出的CC2420套件应用的很好补充。例如:CC2420DK开发套件和CC2420DBK DEMO板的硬件是实际应用的一个典型案例,适合作为各种ZigBee应用的原型设计、评估和演示平台。借助这个套件可以演示用CC2420实现IEEE802.15.4定义的两种逻辑设备类型——全功能设备(FFD)和简化功能设备(RFD)。根据ZigBee逻辑设备类型的配置,FFD可作为ZigBcc协调器、路由器或终端设备,而RFD仅能作为ZigBee终端设备。

CC2420 DK具备演示ZigBee低功耗的能力,它捆绑了F8无线ZigBee协议栈模块,可用于评价、演示、原型设计和Z-Stack应用开发。其硬件平台是基于CC2420DB的演示板,包括:

- 1个集成的PCB天线;
- 符合IEEE802.15.4标准的RF收发器和必要的支持部件;
- 1个Atmega128L AVR微控制器;
- 32 KB外部RAM;
- 1个操作杆、若干按键和LED灯。

CC2420 DB包含的32 KB外部存储器主要用于调试和在必要时存储数据,低成本的ZigBee逻辑设备可以省略外部存储器。此外,它还提供了PCB板间内部信号的连接器,在需要时可很容易地连接一块传感器子板到主板的边上。

CC2420 DK包括5个CC2420DB、1个CC2400EB和1个CC2420EM。CC2400EB和CC2420EM可联合运行嗅探器应用软件。该嗅探器新增加了ZigBee数据包的分析功能。

本章简要描述如何使用CC2420 DK开发套件。在购买了该套件后,F8 Z-Stack、工具和使用文档作为发行包可从“Chipcon ZigBee Developer Site”站点下载。购买时,用户会得到访问站点下载Z-Stack发行包的用户名和口令。

对于AVR微控制器,可参考Atmel的相关文档来使用有关开发工具。

9.2　开发套件组成

CC2420 ZigBee DK开发套件及其硬件、软件的组成分别如表9-1至表9-3所列。

CC2420DK开发套件实物示例如图9-1所示。

表 9-1　CC2420 ZigBee DK 开发套件

序　号	名　称	数　量	序　号	名　称	数　量
1	CC2420DB 演示板	5	8	Atmel JTAG ICE	1
2	CC2400EB 评估板	1	9	AC-DC 适配器	6
3	CC2420EM 评估模块	1	10	电池盒/适配器	5
4	CC2420 样片	1	11	RS-232 电缆	3
5	快速使用说明	1	12	USB 电缆	1
6	CC2420DB 重要说明	1	13	2.4 GHz 天线	1
7	网站下载用户名和口令	1			

表 9-2　CC2420 ZigBee DK 开发套件硬件组成

序　号	名　称	数　量	描　述
1	CC2420DB	5	每个 CC2420DB 演示板含 1 片 CC2420 及一些必要的辅助支持器件实现完整的 IEEE 802.15.4 及 ZigBee 功能。板上含有一个 Atmel ATMega 128L AVR 微控制器、外部 RAM、PCB 天线、RS-232 串口、操纵杆、电位计、温度传感器、按钮以及可用于用户接口应用的 LED 指示灯
2	RS-232 电缆	3	用于 CC2420DB 板与 PC 机连接
3	CC2400EB	1	CC2420 收发器母板，连接到 PC 后可运行 Chipcon 嗅探器软件，还可进行 RF 性能评价
4	CC2420EM	1	CC2420 收发器子板，连接到 CC2400EB 板
5	USB 电缆	1	实现 CC2400EB、CC2420EM 到 PC 的连接
6	天线	1	50 Ω 1/4 波长单极天线，SMA 阳性连接头到 CC2420EM
7	电源适配器	3	带通用连接器的 DC 电源适配器(供电 CC2420DB/CC2400EB)
8	Atmel JTAGICE mkll	1	基于 Atmel JTAG 的调试/编程工具，通过 USB 或串口连接到 PC
9	电池盒	5	用来级联 3 节 1.5 V AA 电池演示低功耗性能

表 9-3　CC2420 ZigBee DK 开发套件软件组成

序　号	名　称	描　述
1	Chipcon 包嗅探器	IEEE 802.15.4/ZigBee 包嗅探器，从 Chipcon 网站下载。在 CC2400EB/CC2420EM 硬件平台上运行，通过 USB 与 PC 连接
2	Chipcon MAC 层目标码	适配 Atmel AVR 微控制器的目标码
3	GCC 工具	参见 F8 Wireless Z-Stack 用户指南
4	编程手册	参见 F8 Wireless Z-Stack 用户指南
5	F8 无线 ZigBee 栈(Z-Stack)	适用于 Ateml AVR 微控制器的软件源码、目标码，完全符合 ZigBee 联盟规范，满足 V 0.92 及以上版本要求。完整的 ZigBee 安全功能在 V1.00 版本时可用。文档包括：用户指南(包括如何获得 Atmel 和 GCC 工具组的说明)、对每个 ZigBee层 API 的描述、对每个简单应用实例的编程指导、串行接口文档、OS 抽象层文档(OSAL)、ZigBee 实现指南
6	F8 无线 Z-Stack 应用实例	照明 ZigBee 应用实例源码包括：开关远程控制、开关负载控制器、光传感器、调光器远程控制、调光负载控制器、占位传感器

续表 9-3

序　号	名　称	描　述
7	F8 无线 Z-Stack 配置器	Z-Stack 配置器(可执行)是一个 Windows 应用软件，可自动定制已使能的 ZigBee 应用。其性能如下： ● 选择 ZigBee 逻辑目标设备的类型为 RFD 或 FFD； ● 选择支持关联表、路由表和绑定表所需的资源； ● 选择 ZigBee 应用的配置文件和分配端点； ● 选择设备配置的网络配置要素(如信标阶数等)； ● 自动选择合适的源码和库放入设备生成目录中并据此创建设备； ● 终端用户可以进一步优化应用效果
8	F8 无线 Z—配置文件构造器	Z-Stack ZigBee 配置文件构造器是一个 Windows 应用软件，让用户生成自己的应用配置文件。配置文件构造器可与 Z—Stack 配置器接口，允许配置器把用户生成的配置文件分配给设备端点。配置文件构造器允许用户作如下操作： ● 根据 ZigBee 联盟分配的配置文件 ID 生成一个新的配置文件； ● 根据用户生成的配置文件定义私有设备； ● 定义簇和属性； ● 公告端点上的簇，以允许使用用户私有配置文件、设备和簇时能执行标准 ZigBee 服务发现和绑定操作； ● 允许用户组织和使用标准 ZigBee 特性，并在一个指定接口进行通播，在仍作为一个专用设备工作期间，允许与其他标准的 ZigBee 设备在一定控制级上实现互操作性
9	F8 无线 Z-Trace 工具	Z-Trace ZigBee 协议栈追踪工具是一个 Windows 应用软件，可运行在 Windows2000 和 XP 上。Z-Trace 用来实现测试和调试功能，并通过一个串口电缆连接实现对封装了 ZigBee/IEEE 802.15.4 的 CC2420DB 的操作——观察测试目标的追踪和调试信息。 Z-Trace 的组件包括：Windows 可执行文件、Z-Trace 用户手册及版本说明

图 9-1　CC2420DK 开发套件示例

CC2420 ZigBee DK 套件中可单独获取的软件有：F8 无线 ZigBee 协议栈和 Chipcon MAC 层源码。

9.3 开发套件的主要特性与接口

1. CC2420DB PCB 板图示

CC2420DB 均采用工业级元器件，可在－30～＋85℃温度范围内工作。

图 9-2、图 9-3 展示了 CC2420DB 大致外观及主要器件位置。

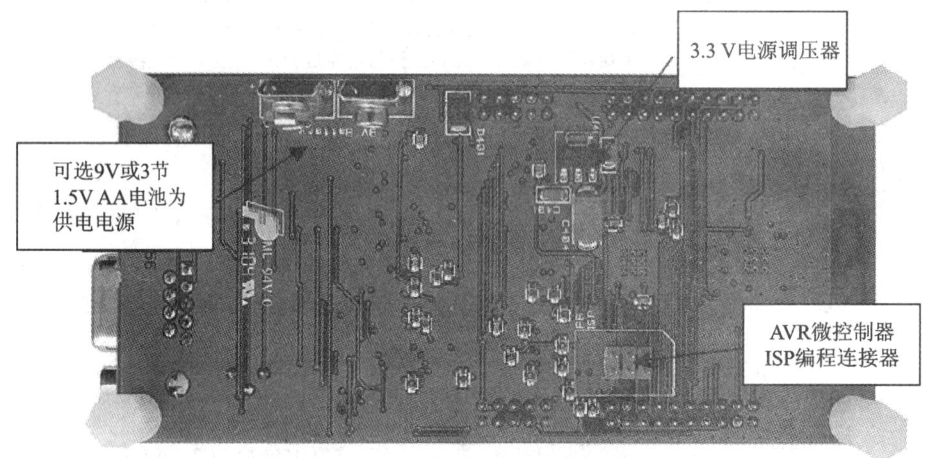

图 9-2 CC2420DB PCB 板背面

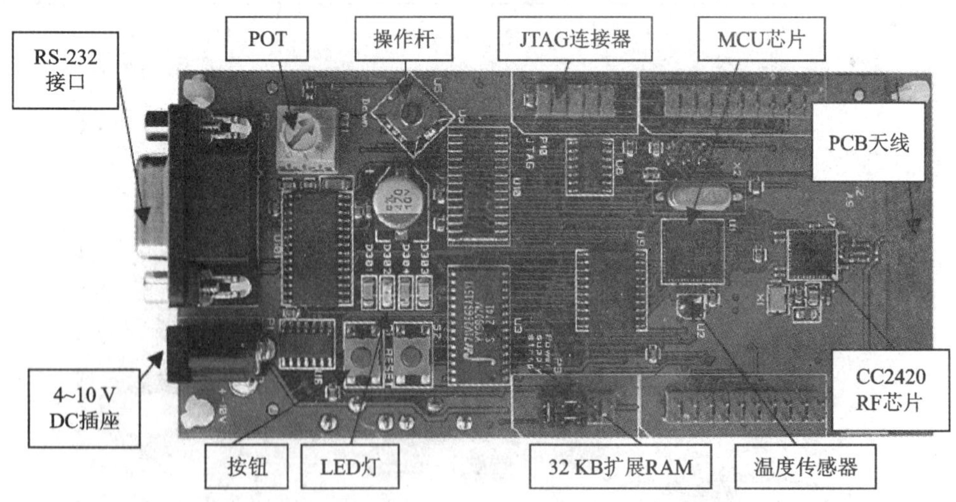

图 9-3 CC2420DB PCB 板正面

CC2420 ZigBee DK 硬件平台基于成熟的 Chipcon CC2420 芯片组。包括在这个开发套件中有关软硬件的详细信息可从 Chipcon CC2420 产品网站下载(http://www.chipcon.com/index.cfm?kat_id=2&subkat_id=12&dok_id=115)。

2. 供电部分

供电部分电路包括两个电压调整器：一个是供微控制器和 CC2420 I/O 引脚使用的外部 3.3 V 调压器；另一个是为 CC2420 内核供电的 1.8 V 内部调压器(CC2420 芯片内置)。板上用一个二极管来防止电源极性反接时的损坏，有两个电源连接器：一个是 2.5 DC 插头，可连接一个无稳压的整流器(中间接头为正极)；另一个插头在 PCB 底侧，适配 9 V 电池连接。建议采用 3 或 4 节 AA 或 AAA 碱性电池。

3. RS-232 接口

CC2420DB 上配置有 1 个串口，支持 RTS/CTS 硬件流控制(握手信号)，跳线器缺省是使能这个端口(参见本节“CC2420DB 的跳线设置”部分)。

4. 微控制器和用户接口

微控制器使用 AVR ATmega128L，具有 128 KB 闪存程序存储器，4 KB SRAM 数据存储器和 4 KB EEPROM 数据存储器。MCU 连接了 4 个 LED、1 个操纵杆和 1 个按钮作为用户接口，不同的应用将采用不同的外设。另外，MCU 的外设还包括 1 个模拟温度传感器、1 个电位器和 1 个 32 KB 扩展 RAM。控制器通过内置的 SPI 和几个通用 I/O 引脚与 CC2420 接口。1 个 ISP 和 1 个 JTAG ICE 连接器用于 AVR 的编程而无须使用串口。此时，Atmel AVR JTAG 或 ISP 编程器将插接在相应的连接器上。P3、P4 口的所有 I/O 脚都连接到几个 2×10 封装的连接器上，连接器与安捷伦的逻辑分析仪的探头兼容，它可以用于测试或初始输出；如可连接包含附加电路的子板等。

P3 连接器引脚定义如表 9-4 所列；P4 连接器引脚定义如表 9-5 所列。

表 9-4 P3 连接器引脚定义

引脚号	信号名称	引脚作用	AVR 微控制器引脚
1	NC	N/A	N/A
2		未受控电压	N/A
3	FORCE_ON	RS-232 强迫打开	N/A
4	PE4	黄色 LED/RS-232 强行开控制线	06 PE4
5	PE2	操纵杆中心按钮	04 PE2
6	PE0	ISP MOSI/操纵杆向上	02 PE0
7	PG3	外部 32 kHz 时钟信号成通用 I/O 脚	18 PG3
8	PE1	ISP MISO/操纵杆向右	03 PE1
9	PG4	外部 32 kHz 时钟信号成通用 I/O 引脚	19 PG4
10	PE5	按钮 S2	07 PE5
11	PE3	红色 LED	05 PE3
12	PE6	操纵杆中断信号	08 PE6
13	RTS	RS-232 握手信号	30 PD5
14	PE7	外部中断信号成通用 I/O 引脚	09 PE7
15	RXD1	RS-232 数据信号(PC 输出)	27 PD2
16	PB7	绿色 LED	17 PB7

续表 9-4

引脚号	信号名称	引脚作用	AVR微控制器引脚
17	CTS	RS-232握手信号	32 PD7
18	PB4	橙色LED	14 PB4
19	TXD1	RS-232数据信号(发送到PC)	32 PD7
20	GND	地	N/A

表 9-5　P4连接器引脚定义

引脚号	信号名称	引脚作用	CC2420引脚	AVR微控制器引脚
1	NC	N/A	N/A	N/A
2	AREF	A/D转换器参考电压	N/A	62
3	RESET	复位	N/A	20
4	SCLK	CC2420 SPI时钟	32(SCLK)	11
5	PF1	操纵杆向左	N/A	60
6	SO	CC2420 SPI输出	34(SO)	13
7	PF2	操纵杆	N/A	59
8	SI	CC2420 SPI输入	33(SI)	12
9	PF3	温度传感器	N/A	58
10	VREG_EN	CC2420电压调整器使能	41(VREG_EN)	15
11	PF0	电位器	N/A	61
12	FIFO	CC2420 FIFO	30(FIFO)	26
13	CSn	CC2420 SPI片选	31(CSn)	10
14	FIFOP	CC2420 FIF OP	29(FIFOP)	25
15	3.3 V	提供3.3 V调整电压	N/A	N/A
16	RESETn	CC2420复位	21(RESETn)	16
17	N.C	N/A	N/A	N/A
18	CCA	CC2420清除通道评估	28(CCA)	31
19	SFD	CC2420帧分隔符起始位置	27(SFD)	29
20	GND	地信号	N/A	N/A

5. 外部RAM

外部RAM的低4 KB字节是Atmega128L处理器内部寄存器和RAM的重映射空间，它可用于调试，也可用来缓冲和存储数据。对于低成本ZigBee设备，并不一定需要外部RAM。

ZigBee应用对RAM的要求：终端设备为最小为1.5 KB；协调器或路由器为最小为2.5 KB。

需要说明的是，设备需要的RAM容量与用户采取的解决方案是紧密相关的。

重要提示：CC2420DB是CC2420 DK开发套件的组成部分，它安置有一块32 KB外部SRAM。注意在测量ZigBee设备电流消耗量时，由于不可能关闭RAM的供电，所以RAM在所有功耗模式下都将消耗2 mA电流。

6. 软件代码存储器需求

Z－Stack 将运行在含有 AVR Atmega128L 微控制器的 CC2420DB 演示板上，整个 Z－Stack 的存储器的需求主要取决于编译器、代码优化等级、应用程序、微控制器平台以及其他一些性能要求(如安全等)。如果要使用另一种微控制器平台，则上面描述的这些项目同样决定 Z－Stack 占用存储器的大小。

对于 ZigBee 协调器，完整的 F8 无线 ZigBee 栈(Z－Stack)要占用 60 KB 左右的存储空间，对应用程序还需要另外的 Flash 空间。60 KB 的值只是初步估算，它是和使用的微控制器密切相关的。

ZigBee 设备的代码和 RAM 大小要根据具体情况而定，不同的 ZigBee 应用和配置将有不同的存储器需求。同样还需要考虑 ZigBee 栈的配置，它定义了一个路由器/协调器最多要处理多少其他的路由器/终端设备的信息。这通常是影响存储器需求的重要因素，如 ZigBee 在家庭应用和工业应用中的存储需求是不同的。当然，应用也需要一定量的资源，而这在现阶段是很难估计的。

7. CC2420DB 低功耗模式支持

为了在应用开发中使用一些低功耗模式，需要用一个 8 MHz 的晶振作为时钟源。Atmega128L提供定时/计数器晶振引脚 TOSC1 和 TOSC2，这两个引脚连接到 CC2420DB 的 P3 连接器上。晶振频率的最优选择是 32.768 kHz。这个时钟源有两种连接方法：

① 晶振直接连到引脚上；

② 在 TOSC1 引脚上加载一个外部时钟信号源(Atmel 公司不建议采用这种方式)。

定时器 0 通过 32.768 kHz 晶振计时，在溢出或与匹配值比较相同后，用定时器中断将 Atmega128L 从节电模式唤醒。对于微控制器的多种掉电模式，更详细的描述请参考 Atmega128L数据手册。

低功耗模式信号引脚如表 9－6 所列。

下面演示了掉电模式的一种应用：

① 将 3 节 1.5 V AAA 电池放进电池夹中；

② 程序库中的宏调用可以设置 Atmega128L 到各种电源模式，以便在 CC2420DB 上能有最小的电流消耗；

③ 使用游戏杆产生外部中断来唤醒 Atmega128L 到空闲模式，并执行一个应用程序。

8. CC2420DB 的跳线设置

CC2420DB 设置有 3 个跳线 J1、J2、J3，其位置如图 9－4 所示，位于连接器 P9 上，可参考 CC2420DBK 用户手册原理图的第 1 页。跳线器说明如表 9－7 所列。

表 9－6　低功耗模式信号引脚

引脚名称	连接器 3 引脚号	Atmega128L 引脚号
TOSC1(PG4)	9	19
TOSC2(PG3)	7	18

图 9－4　CC2420DB 跳线器 J1、J2、J3

表 9－7　跳线器说明

跳线器	用　途	注　释
J1	加载 3.3 V 电源到 PCB 板上的电路	可选择去掉跳线并串联进一个安培表来测量电流消耗
J2	加载 3.3 V 电源到电压表和 PCB 板上的温度传感器上	为了减少电流消耗，可以去掉跳线，不连接无用器件
J3	始终有 RS－232 驱动使能，因此驱动器被强制开	跳线器可以不连接，需要时可通过软件替代控制

J3 跳线器可以将 RS－232 接口始终禁止掉。方法是将 P9 连接器的 P6 和 P8 引脚用跳线器连接到一起，即将控制信号接地。

跳线器 J3 移去后，可以用软件来控制 RS－232 驱动的使能：

① 移去 RS－232 跳线器 J3，它在 P9 到 P3 的引脚 3、4 上；

② 端口 PE4 与黄色 LED 共享一个引脚，因此当 RS－232 串口开时 LED 灯也亮。

9. CC2320DB 电流测量及消耗

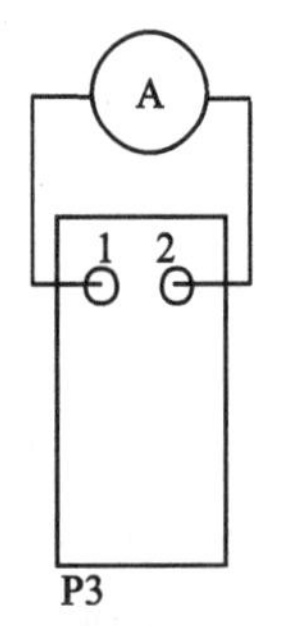

图 9－5　在 P3 上连接电流表

测量 CC2420DB 的实际电流消耗时，先将 J1 跳线移去再串接电流表，便可测出总的电流消耗，如图 9－5 所示。

如需要尽量减少 CC2420DB 的电流消耗，可以将跳线器 P3 移去，采用软件来控制 RS－232 驱动。

扩展 RAM 在任何掉电模式下都要消耗 2 mA 电流，且供电不能被关掉，因此，如果去掉扩展 RAM，则又能减少 2 mA 电流。

跳线器 J2 用来连接电压表或温度传感器，当然也要消耗一些电流。

9.4　使用 CC2400EB 和 CC2320EM 的 ZigBee 包探测软件

探测 ZigBee 网络通信流量是通过使用 CC2400EB、CC2420EM 以及 Chipcon 包探测软件来实现的。该软件还可以用作 IEEE 802.15.4 的解析器。图 9－6 为配有 CC2420 收发器的母板 CC2400EB，附加在其上带有竖起无线的是 CC2420EM 子板。

使用 CC2400EB、CC2420EM 板，再加上 chipcon 包嗅探器软件来进行包探测的具体步骤如下：

① 安装包探测软件，下载网址为 http://www.chipcon.com/index.cfm? kat_id＝2&subkat_id＝12&dok_id＝115。

② 用 USB 电缆把 PC 与 CC2400EB 连接起来。

③ 接上电源。

④ 重启计算机，以便 Windows 检测到 CC2400EB 板。

⑤ 按下复位按钮，复位 CC2400EB(也可不操作)。

⑥ 大约 5 s 后，LED 灯就像二进制计数器一样闪亮计数。

图 9-6　开发套件中的演示板 CC2400EB 和子板 CC2420EM

⑦ 启动包探测器(LED 继续闪亮),CC2400EB 将在所选中的窗体中检测到,如图 9-7 所示。

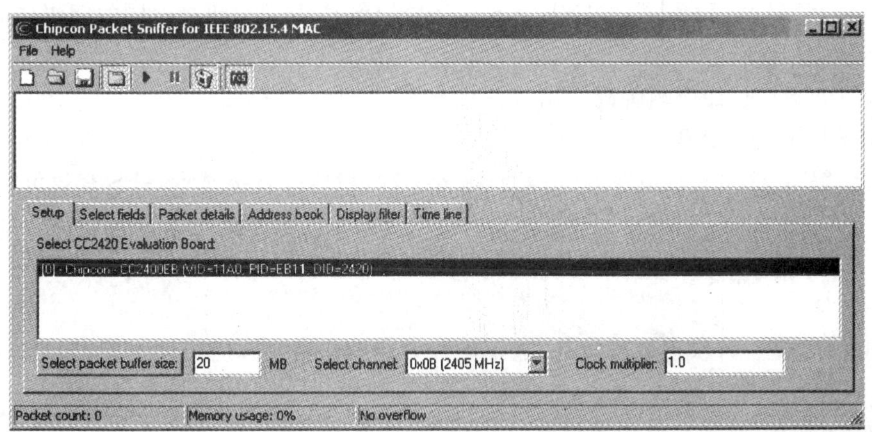

图 9-7　包探测器软件主窗体

⑧ 选择一个 IEEE 802.15.4 信道。

⑨ 按下菜单中的"捕获"钮,启动探测器(LED 灯将熄灭)。当包探测器运行时,如果接收到包,则 LED 灯会闪烁,如图 9-8 所示。

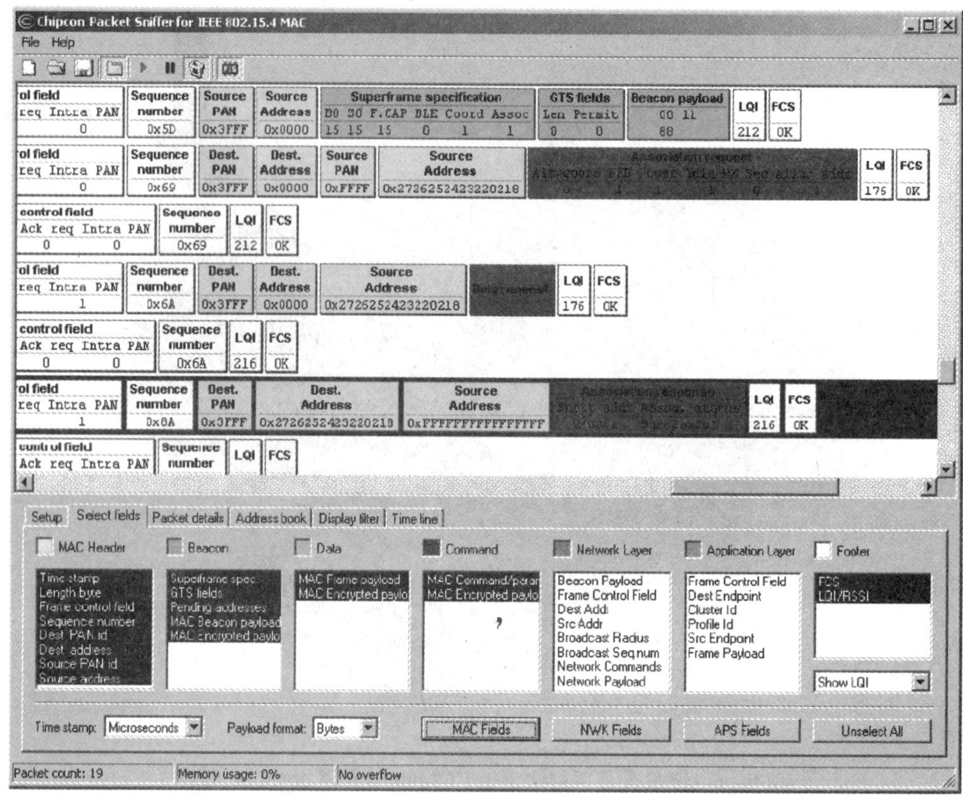

图 9-8　包探测器捕获窗口

为了实现 ZigBee 网络层(NWK)或应用支持子层的解码，进入探测器的“Select Fields”(选择区)，使用“MAC Fields”、“NWK Fields”和“APS Fields”按钮在不同的解码层间切换，如图 9-7 示例：

- 执行 NWK 层命令帧解码；
- APS 层命令帧解码；
- 无法解析 ZigBee 设备对象(ZDO)/配置文件信息，即直接显示 APS 有效负载。

9.5　使用带有 Z-Stack 的 CC2420DB 演示板

CC2420DB 是一种快速原型设计，它还可以方便地作为实际应用评估板，如测试 Z-Stack ZigBee 逻辑设备的覆盖范围。

使用外部编程器(如套件中提供的 AVR JTAG ICE mkll)可以对 Atmega128L 微控制器进行软件编程；另一个可选择的方式是使用 AVR ISP 编程器。

在 CC2420 ZigBee 开发套件中，CC2420DB 没有被预编程为 ZigBee 家居控制照明配置文件的设备。

1. IEEE 64 位扩展地址

每个 CC2420DB 编程设置一个 IEEE 扩展地址，地址存储在 Atmega128L 微控制器 EEPROM 的单元 0x0000 中。

2. 使用 AVR Studio 4 对 CC2420DBZ－Stack 进行下载和调试

使用一根串口电缆连接 CC2420DB 和 PC 机，运行 AVR Studio 和 Z－Trace 获取图 9－9 所示的无线 Z－Stack 的调试信息。当 CC2420DB 的 RS－232 串口连接上时，如果在生成文件(make file)中的编译开关设置为开，则 Z－Trace 将显示调试信息。可参考 Z－Stack 编译可选项和图 9－10 所示的硬件配置图。

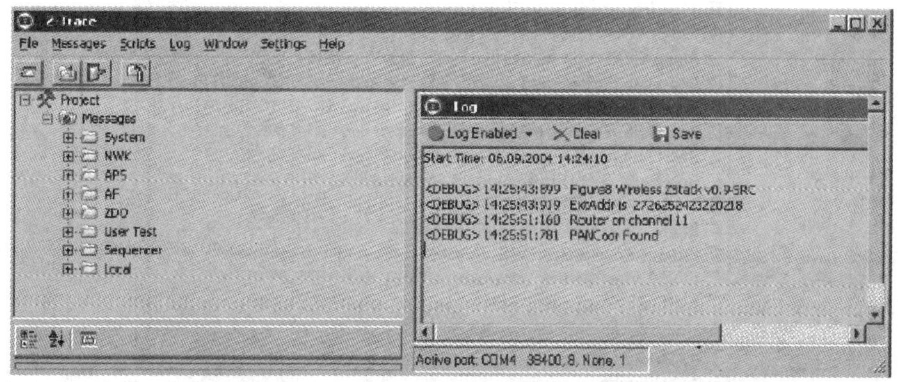

图 9－9 Z－Trace 窗口

注：Chipcon 的 SmartRF Studio 不能与 CC2420DB 通信，但能用来发现 CC2420 的最优寄存器值。

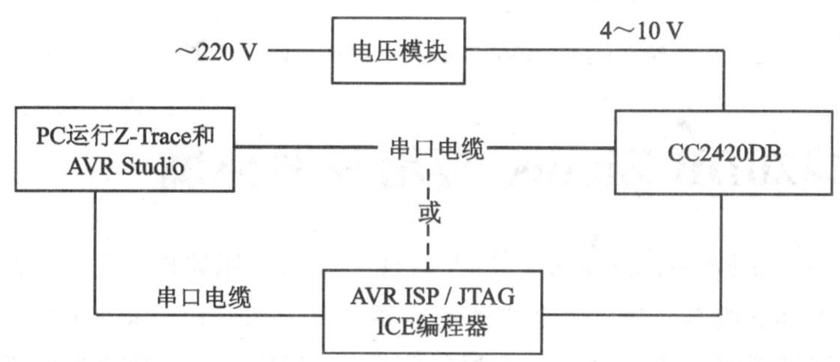

图 9－10 使用 AVR Studio 4 下载软件

3. 预编程熔丝

处理器的编程可采用 AVR ISP 或 JTAG ICE 编程器，并用 AVR Studio 4 通过 SPI 接口完成配置。JTAG ICE 的软件窗口如图 9－11 所示。CC2420DB 可通过下列编程参数使能来配置：

① 片上 DEBUG 使能；

② JTAG 接口使能；

③ 串行编程下载(SPI)使能；

④ 通过片擦除周期保护 EERPOM；

⑤ 引导闪存段尺寸＝512，引导起始地址；

⑥ Brown－out 检测电平 V_{CC}＝2.7 V；

⑦ Brown－out 检测使能；

⑧ 外部晶振/振荡器高频，起始上升时间：1CK＋4ms[CKSEL＝111 SUT＝11]。

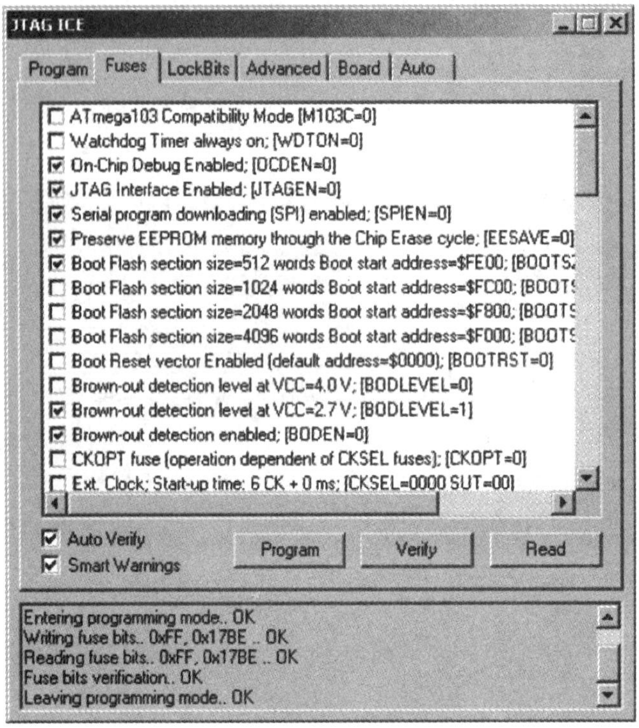

图 9－11 AVR Stuido 编程参数配置窗口

9.6 CC2420DB ZigBee 应用开发环境

对基于 CC2420 和 F8 Wireless Z－Stack 软件工具的应用软件开发，所需要的 CC2420DB 开发环境是三类工具的组合：选择 1 个文本编辑器（如 UltraEdit－32）、1 个 GNU AVR GCC 编译器/汇编器/链接器以及 1 个由微处理器厂家提供的 Windows 环境下的下载、调试应用软件。CC2420DB 开发环境初步归纳如下。

(1) 文本编辑器

文本编辑器（如程序员记事本、带原程序编写语法辅助检查功能的 Ultra 编辑器）通过使用宏链接到 AVR GCC 的生成文件（make file），来配置编辑器的执行。

(2) AVR GCC

免费的 GNU AVR GCC 交叉开发工具用于生成 CC2420DB 运行 Atmega128L 微控制器的映像代码。可参考相关文档以获得对编译器选件和生成文件等更详细的信息。

(3) AVR Studio

AVRStudio 仅与 AVR ISP 编程器或 AVR JTAG ICE mkll 一起使用，配置微控制器开关，下载代码和调试程序。CC2420 ZigBee DK（开发套件）中的 CC2420DB 没有装载引导段。如果读者对装载引导段有兴趣，可到 Chipcon 的站点下载。

装载引导段与 AVR Studio 和串口一起使用，详细说明请参考 CC2420DBK 用户手册

(http://www.chipcon.com/index.cfm?kat_id=2&subkat_id=12&dok_id=115)。

演示板套件的 Chipcon 工具组是免费的，可快速进入开发过程，而不需要购买昂贵的编译器和集成开发环境。当然，这些 CC2420DB 工具组是非集成的，它们是来自不同提供者的三个单独工具的组合。

9.7　JTAG ICE

CC2420DB 提供一个到 JTAG ICE 编程器的连接器 P10，用来与 AVR Studio 通信。

JTAG 接口用来调试或下载源代码，代码使用 Z-Stack(.cof)或者(.hex)文件，由所提供的一个 ZigBee 设备生成文件(make file)生成。F8 无线 Z-Stack 用户指南中详细描述了 CC2420DB 如何使用 JTAG。

图 9-12 是编程器 Notepad 记事本软件界面的一个例子。

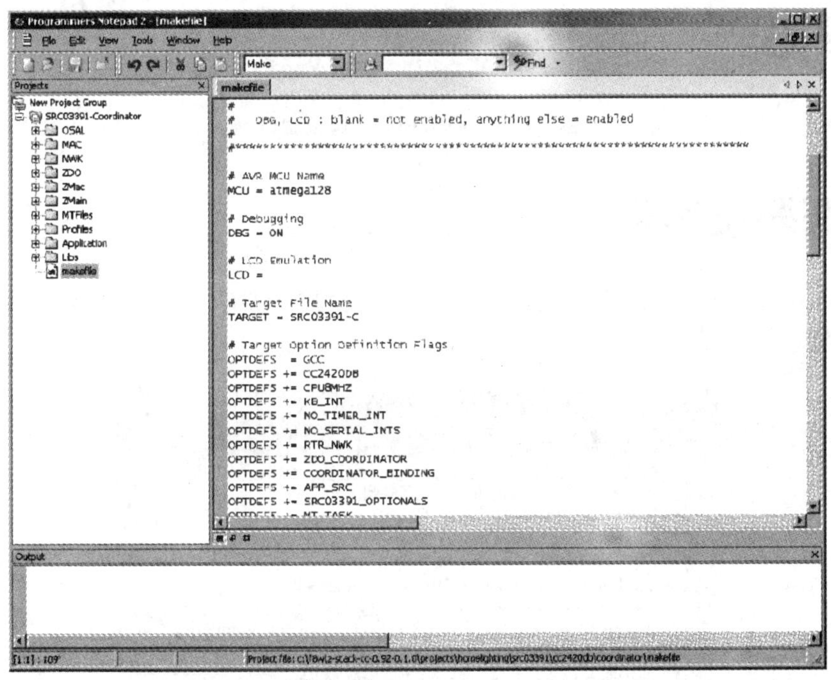

图 9-12　一个编程器 Notepad 记事本软件界面实例

查看实例设备 Z-Stack 软件生成文件(make file)可按照下面步骤进行：

① 连接 JTAG ICE 到 P10；

② 连接外部电源到 CC2420DB；

③ 启动 AVR Studio；

④ 装载所选择的 .cof 文件，建立生成文件(make file)的选件 extcoff 格式(可参阅 F8 无线 Z-Stack 用户指南中对 CC2420DB 如何建立一个样例设备的详细介绍)；

⑤ 下载生成的 .cof 或 .hex 文件，如图 9-13 所示；

⑥ 在 CC2420DB 上启动运行 ZigBee 设备应用的样例程序；

⑦ 使用包嗅探器(Packet Sniffer)去监测网络传输。

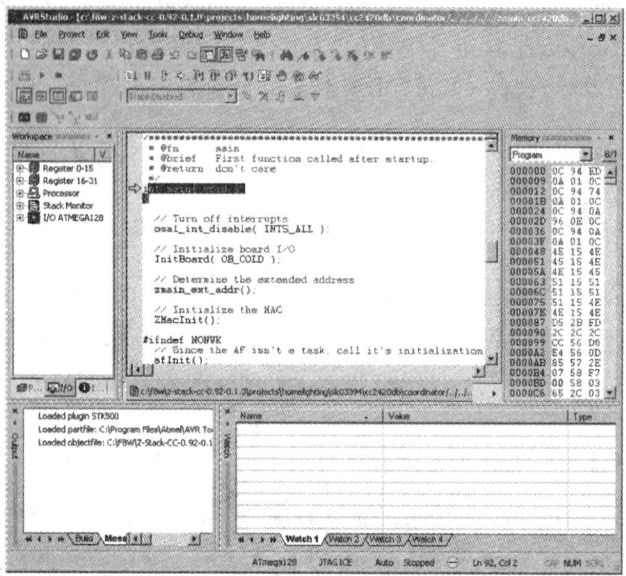

图 9－13　AVR Studio 调试窗口

9.8　在系统编程

使用 AVR ISP 在电路编程器或类似设备，可对微控制器的程序存储器(Flash)和 EEPROM 多次编程，如图 9－14 所示。

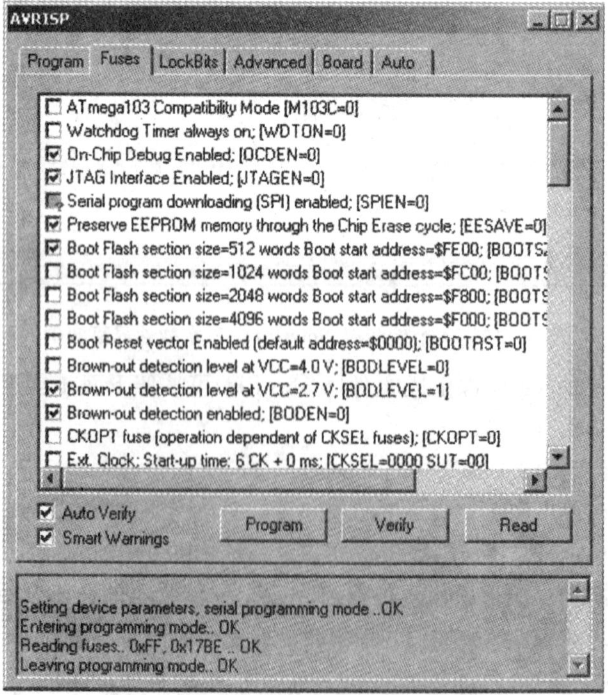

图 9－14　用来对 Flash 或 EEPROM 进行编程的 AVR ISP 窗口

编程器需要连接到 CC2420DB 的 ISP 连接器上。该编程接口使用 4 个信号线，在 P6 这个 6 脚的连接器上。引脚输出和有关说明如表 9－8 所列。

表 9－8　ISP 连接器定义

信号/引脚	AVR 编程套件引脚	信号/引脚	AVR 编程套件引脚
MISO	1	RESET	5
SCK	3	VCC	2
MOSI	4	GND	6

9.9　故障排查

① 确认给 CC2420DB 提供电源时，是否将电源引脚正确连接到连接器上。

② 确认提供的电源电压极性是否正确。如果不正确，保护二极管将避免 PCB 板上的"＋"、"－"之间有电流流动。在 DC 插座上，中间插头是"＋"，外环圈是"－"。

③ 如果在 AVR Studio 上获得下列错误信息：OCD JTAG 适配器检测到了，但目标板没有供电。这可能是电源未加载引起的，请检查 JTAG ICE mkll 或已加载电源的 CC2420DB，加载电源给目标应用板或目标设备，然后再按一下板上的按钮试一下。

④ 如果在 AVR Studio 上获得下列错误信息：

- OCD JTAG 适配器检测到了，但目标板不能返回一个有效的 JTAG ID(这可能是目标设备引起)；
- 目标设备的 JTAGEN 熔丝位不能编程，由此禁止了 JTAG 接口；
- 编程到目标设备的应用代码禁止了 JTAG 接口，则需要外部复位引脚去激活它。如何连接，请参见 JATG ICE 用户指南。调整 JTAG ICE mkll 的固件代码可尝试使用 AVR Studio，或者检查是否有未被擦掉的 JTAG 熔丝位，[Tools]→[STK500/AVRISP/JTAGICE]。

附录　缩略语

AC	Alternating Current	交流
ACL	Access Control List	访问控制列表
ADC	Analog to Digital Converter	模/数转换器
AES	Advanced Encryption Standard	高级加密标准
AF	Application Framework	应用框架
AGC	Automatic Gain Control	自动增益控制
AIB	APS Information Base	应用支持层信息库
APDU	APS sub-layer PDU	应用支持子层协议数据单元
APL	Application Layer	应用层
APS	Application Support	应用支持子层
APSDE	APS Data Entity	应用支持子层数据实体
APSDE-SAP	APS Data Entity - Service Access Point	应用支持子层数据实体-服务访问点
APSME	APS Management Entity	应用支持子层管理实体
APSME-SAP	APS Management Entity - Service Access Point	应用支持子层管理实体-服务访问点
ARIB	Association of Radio Industries and Businesses	无线电工商业协会
AWGN	Additive White Gaussion Noise	加性高斯白噪声
BE	Backoff Exponent	回退指数
BER	Bit Error Rate	比特差错率
BI	Beacon Interval	信标间隔
BO	Beacon Order	信标阶数
BOM	Bill of Materials	材料清单
BPSK	Binary Phase Shift Keying	二进制相移键控
BRT	Broadcast Retry Timer	广播重发定时器
BSN	Beacon Sequence Number	信标序号
BTR	Broadcast Transaction Record	广播事务记录
BTT	Broadcast Transaction Table	广播事务表
CAP	Contend Access Period	竞争访问周期
CBC	Cipher Block Chaining	密码防护链
CBC-MAC	Cipher Block Chaining Message Authentication Code	密码防护链消息验证代码
CCA	Clear Channel Assessment	空闲信道评估
CFB	Cipher FeedBack	密码反馈
CFP	Contention-Free Period	无竞争周期
CFR	Code of Federal Regulations	(美国)联邦法规代码
CID	Cluster Identifier	簇标识
CLH	Cluster Head	簇头
CRC	Cyclic Redundancy Check	循环冗余校核

CSMA-CA	Carrier Sense Multiple Access with Collision Avoidance	避免冲突的载波侦听多路存取
CSP	CSMA-CA Strobe Processor	CSMA-CA 选通处理器
CW	Contention Window	竞争窗口(长度)
DAC	Digital to Analog Converter	数/模转换器
DC	Direct Current	直流
DCD	Differential Chip Decoding	差动片码解调
DMA	Direct Memory Access	直接存储器存取
DSN	Data Sequence Number	数据序号
DSSS	Direct Sequence Spread Spectrum	直接序列扩频
DSP	Digital Signal Processing	数字信号处理
ECB	Electronic Code Book (encryption)	电子编码加密
ED	Energy Detection	能量检测
ESD	Electro Static Discharge	静电放电
ESR	Equivalent Series Resistance	等效串连阻抗
ETSI	European Telecommunications Standards Institute	欧洲电信标准学会
EVM	Error Vector Magnitude	误差向量振幅
FCC	Federal Communications Commission	(美国)联邦通信委员会
FCF	Frame Control Field	帧控制域
FCS	Frame Check Sequence	帧校验序列
FFD	Full Functional Device (ZigBee)	全功能设备
FH	Frequency Hopping	跳频
FHSS	Frequency Hopping Spread Spectrum	跳频扩展频谱
FIA	Flash Information Area	闪存信息页
FIFO	First In First Out	先进先出
FLI	Frame Length Indicator	帧长度指示器
GPIO	General Purpose I/O	通用输入输出
GTS	Guaranteed Time Slot	确保时隙
HAL	Hardware Abstract Layer	硬件抽象层
HCL	Home Control Lighting	家庭控制照明
HSSD	High Speed Serial Data	高速串行数据
I/O	Input / Output	输入/输出
I/Q	In-phase / Quadrature-phase	同相/正交相位
IC	Integrated Circuit	集成电路
IDE	Integrated Development Environment	集成开发环境
IEEE	Institute of Electrical and Electronics Engineers	电气和电子工程学会
IF	Intermediate Frequency	中频
IFS	InterFrame Spacing	帧间隔
I^2C	Inter-Integrated Circuit bus	内部集成电路总线
IB	Information Base	信息库
IOC	I/O Controller	输入/输出控制

IR	Infrared	红外
IRQ	Interrupt Request	中断请求
ISM	Industrial, Scientific and Medical	工业、科学和医学
ISR	Interrupt Service Routine	中断服务程序
IV	Initialization Vector	初始化向量
JEDEC	Joint Electron Device Engineering Council	联合电子设备工程理事会
KBI	KeyBoard Interrupt	键盘中断
KVP	Key-Value Pair	键值对
LAN	Local Area Network	局域网
LC	Inductor-Capacitor	电感-电容
LED	Light-Emitting Diode	发光二极管
LIFS	Long Interframe Spacing	长帧间隔
LLC	Logical Link Control	逻辑链路控制
LNA	Low-Noise Amplifier	低噪声放大器
LO	Local Oscillator	本地振荡器
LPDU	LLC Protocol Data Unit	LLC 协议数据单元
LQ	Link Quality	链路质量
LQI	Link Quality Indication	链路质量指示
LR-WPAN	Low-Rate Wireless Personal Area Network	低速无线个域网
LSB	Least Significant Bit / Byte	最低有效位/字节
LSM	Light Sensor Monochromatic	光传感器
MAC	Medium Access Control	媒体存取控制
MAC	Message Authentication Code	消息验证代码
MCPS	MAC Common Part Sublayer	MAC 公共部分子层
MCPS-SAP	MAC Common Part Sublayer-Service Access Point	MAC 公共部分子层-服务访问点
MCU	Microcontroller Unit	微控制器单元
MFR	MAC Footer	MAC 帧尾
MHR	MAC Header	MAC 帧头
MIC	Message Integrity Code	消息完整性检测码
MISO	Master In Slave Out	主入从出
MLME	MAC sublayer Management Entity	MAC 层管理实体
MLME-SAP	MAC sublayer Management Entity-Service Access Point	MAC 层管理实体-服务访问点
MODEM	Modulator-Demodulator	调制解调器
MOSI	Master Out Slave In	主出从入
MPDU	MAC Protocol Data Unit	MAC 协议数据单元
MSB	Most Significant Bit / Byte	最高有效位/字节
MSDU	MAC Service Data Unit	MAC 服务数据单元
MSG	Message service type	消息服务类型
MSK	Minimum Shift Keying	最小频移键控
MSPS	Mega Samples Per Second	每秒百万次(采样)

MUX	Multiplexer	多路器
NB	Number of Backoff (periods)	退避(周期)数
NBDT	Network Broadcast Delivery Time	网络广播发送时间
NHLE	Next Higher Layer Entity	上一层实体
NIB	Network layer Information Base	网络层信息库
NIST	National Institute of Standards and Technology	国家标准和技术协会
NLDE	Network Layer Data Entity	网络层数据实体
NLDE-SAP	Network Layer Data Entity-Service Access Point	网络层数据实体-服务访问点
NLME	Network Layer Management Entity	网络层管理实体
NLME-SAP	Network Layer Managementl Entity-Service Access Point	网络层管理实体-服务访问点
NPDU	Network Layer Protocol Data Unit	网络层协议数据单元
NSDU	Network Layer Service Data Unit	网络层服务数据单元
NWK	Network	网络
OFB	Output Feedback (encryption)	输出反馈(加密)
O-QPSK	Offset - Quadrature Phase Shift Keying	偏移正交相移键控
OSC	Oscillator	振荡器
OSI	Open Systems Interconnection	开放系统互连
PA	Power Amplifier	功率放大器
PAN	Personal Area Network	个域网
PANPC	Personal Area Network Computer	个域网计算机
PCB	Printed Circuit Board	印刷电路板
PD-SAP	PHY layer Data-Service Access Point	PHY 数据服务访问点
PDU	Protocol Data Unit	协议数据单元
PER	Packet Error Rate	包差错率/误帧率
PHY	Physical Layer	物理层
PIB	PAN Information Base	PAN 信息库
PLL	Phase Locked Loop	锁相环
PLME	Physical layer Management Entity	物理层管理实体
PLME-SAP	Physical layer Management Entity-Service Access Point	物理层管理实体-服务访问点
PM	Power Mode	电源模式
PMC	Power Management Controller	电源管理控制器
PN	Pseudo-random Noise	伪随机噪声
POR	Power On Reset	上电复位
POS	Personal Operating Space	个人工作空间
PPDU	PHY Protocol Data Unit	PHY 服务数据单元
PSD	Power Spectral Density	能源谱系密度
PSDU	PHY Service Data Unit	PHY 服务数据单元
PSK	Phase Shift Keying	相位键控
PSRR	Power Supply Rejection Ratio	供电拒绝率
PTI	Packet Trace Interface	包跟踪接口
PWM	Pulse Width Modulation	脉宽调制
QoS	Quality of Service	服务质量

RBW	Resolution BandWidth	解析度带宽
RC	Resistor-Capacitor	电阻-电容
RCOSC	RC Oscillator	RC 振荡器
RF	Radio Frequency	无线射频
RFD	Reduced Function Device	简化功能设备
RN	Routing Node	路由节点
RoHS	Restriction of Hazardous Substances	危险物质的限制
RREP	Route Reply	路由应答
RREQ	Route Request	路由请求
RSSI	Received Signal Strength Indication	接收信号强度指示
RTC	Real-Time Clock	实时钟
SAP	Service Access Point	服务访问点
SCK	Serial Clock	串行时钟
SD	Superframe Duration	超帧周期
SDU	Service Data Unit	服务数据单元
SFD	Start of Frame Delimiter	帧开始定界符
SFR	Special Function Register	特殊功能寄存器
SHR	Synchronization Header	同步头
SIF	Serial Interface	串行接口
SIFS	Short InterFrame Spacing	短帧间隔
SKG	Secret Key Generation	密钥产生
SKKE	Symmetric-Key Key Establishment	对称密钥建立
SO	Superframe Order	超帧阶数
SPDU	SSCS Protocol Data Unit	SSCS 协议数据单元
SPI	Serial Peripheral Interface	串行外部设备接口
SSCS	Service Specific Convergence Sublayer	特定服务会聚子层
SSP	Synchronous Serial Port	同步串行接口
SSS	Security Services Specification	安全服务规范
ST	Sleep Timer	睡眠计时器
T/R	Transmit / Receive	发送/接收
TBD	To Be Decided (To Be Defined)	待定
UART	Universal AsynchronousReceiver/Transmitter	通用异步收发器
USART	Universal Synchronous/Asynchronous Receiver/ Transmitter	通用同步/异步收发器
VCO	Voltage Controlled Oscillator	电压控制振荡器
VGA	Variable Gain Amplifier	可变增益放大器
WDT	WatchDog Timer	看门狗计时器
WLAN	Wireless Local Area Network	无线局域网
WPAN	Wireless Personal Area Network	无线个域网
ZDO	ZigBee Device Object	ZigBee 设备对象

参考文献

[1] IEEE Std 802.15.4-2003:Wireless Medium AccessControl (MAC) and Physical Layer (PHY)Specifications for Low-Rate Wireless Personal Area Networks (LR-WPANs)[OL]. http://www.ieee802.org/15/pub/TG4.html.

[2] ZigBee Alliance. ZigBee Specification 1.0[OL]. http://www.zigbee.org.

[3] Jacob Munk-Stander, Martin Skovgaard, and Toke Nielsen Bachelor's Thesis: Implementing a ZigBee Protocol Stack and Light Sensor in TinyOS, 2005.10[OL]. http://www.diku.dk/forskning/distlab/Publication/Papers/2005/ba.zigbee.pdf.

[4] CC2420 Data Sheet[OL]. http://www.ember.com.

[5] CC2420DK User Manual[OL]. http://www.chipcon.com/index.cfm?kat_id=2&subkat_id=12&dok_id=115.

[6] CC2420DBK User Manual[OL]. http://www.chipcon.com/index.cfm?kat_id=2&subkat_id=12&dok_id=115.

[7] Packet Sniffer User Manual[OL]. http://www.chipcon.com/index.cfm?kat_id=2&subkat_id=12&dok_id=115.

[8] CC2430 Data Sheet[OL]. http://www.chipcon.com/index.cfm?kat_id=2&subkat_id=12&dok_id=115.

[9] EM250 Data Sheet[OL]. http://www.ember.com.

[10] MC13192 Data Sheet[OL]. http://www.freescale.com.

[11] MC13192 Reference Manual[OL]. http://www.freescale.com.

[12] Atmel ATmega 128L Data Sheet[OL]. http://www.atmel.com/dyn/resources/prod_documents/doc2467.pdf.

[13] AVR Studio[OL]. http://www.avrfreaks.net/Home/News/article.php?NewsID=457.

[14] WinAVR/AVR GCC[OL]. http://www.avrfreaks.net/AVRGCC/index.php.

[15] Figure 8 Wireless [OL]. http://www.figure8wireless.com.

[16] 周怡寤,凌志浩,吴勤勤. ZigBee无线通信技术及其应用探讨[J]. 自动化仪表,2005,26(6)

[17] 刘新,吴秋峰. 无线个域网技术及相关协议[J]. 计算机工程,2006,32(22)